生命科学名著

进　　化

Evolution

〔英〕　N. H. 巴顿
〔美〕　D. E. G. 布里格斯
　　　　J. A. 艾森
　　　　D. B. 戈尔茨坦
　　　　N. H. 帕特尔

宿　兵等　译

科学出版社
北　京

图字：01-2008-2170 号

内 容 简 介

本书是一部全面、系统介绍进化生物学的教科书。本书的作者均是多年从事进化生物学研究并对本领域有卓越贡献的欧美学者。本书涵盖了进化生物学的产生和发展的历史，从西方早期的自然神学到达尔文的进化论。本书介绍了进化生物学的重要科学问题和相应的研究领域，如生命的起源、物种形成与生命多样性产生的机制、体制发育的进化、突变和遗传重组、DNA 和蛋白质的变异、生命复杂性状的遗传基础、自然选择在分子水平的作用机制、进化中的冲突与合作、进化中新性状的产生以及人类起源和进化的历史等。本书的讲述深入浅出并提供了大量实际研究的例证和精美直观的图表。

本书适合于作为本科生和研究生的专业教材，同时也是从事生命科学研究的学者不可多得的参考书。

图书在版编目（CIP）数据

进化（Evolution）/（英）巴顿（Barton，N. H.）等著；宿兵等译. —北京：科学出版社，2010
（生命科学名著）
ISBN 978-7-03-027175-4

Ⅰ. 进… Ⅱ. ①巴…②宿… Ⅲ. ①生物-进化学说 Ⅳ. ①Q111

中国版本图书馆 CIP 数据核字（2010）第 060439 号

责任编辑：罗 静 席 慧/责任校对：宋玲玲
责任印制：徐晓晨/封面设计：陈 敬

科学出版社出版
北京东黄城根北街 16 号
邮政编码：100717
http://www.sciencep.com

保定市中画美凯印刷有限公司印刷
科学出版社发行 各地新华书店经销

*

2010 年 4 月第 一 版 开本：787×1092 1/16
2025 年 1 月第八次印刷 印张：56
字数：1 291 000

定价：198.00 元

（如有印装质量问题，我社负责调换）

翻译人员名单

主　　译： 宿　兵

参译人员： 石　宏　祁学斌　张　锐　彭　忆

石　磊　卢志祥　王金凯　张雁峰

牛傲蕾　杨立新　李　明

作 者 简 介

Nicholas H. Barton 英国爱丁堡大学进化生物学研究所进化遗传学教授。他早期的研究是关于导致亚群体分化的有限区域杂交，曾研究过多个物种，如蝗虫、蝴蝶和蟾蜍。近期他的研究主要在理论方面，包括探讨选择对复杂性状的影响、建立物种形成的数学模型、了解重组和性的进化的关系以及共祖过程。

Derek E. G. Briggs 美国耶鲁大学地理与地质学资深教授，生物圈研究所所长。他的研究包括在加拿大英属哥伦比亚发现的寒武纪三叶虫等重要化石的进化意义以及化石的保存。他目前的研究主要是了解从生命到化石形成过程中化学物质的变化。

Jonathan A. Eisen 美国加州大学戴维斯分校生态与进化学系医学微生物与免疫学教授。他采用基因组测序和进化重构的方法研究微生物崭新性状的起源。他之前将系统发育基因组学方法应用于在实验室培养的极端环境微生物的研究。他目前用系统发育基因组学方法研究天然微生物，如在寄主中生活的寄生物种和在开阔海洋中的浮游物种。

David B. Goldstein 美国杜克大学群体基因组学与药物遗传学研究中心主任。他的研究兴趣包括人类遗传多样性、神经系统疾病的遗传基础、群体基因组学，以及药物遗传学。他的实验室目前研究人类的遗传变异如何影响治疗神经和代谢系统疾病药物的药效。

Nipam H. Patel 美国加州大学伯克利分校分子与细胞生物学系和整合生物学系教授，Howard Hughes 医学研究院研究员。他起初研究了几个模式和非模式物种的发育，包括奶牛、鸡、蝗虫和黑腹果蝇。他的小组研究发育的进化，重点探讨体节的进化、神经发生的进化、附肢构造的进化，以及基因调控的进化。

前　言

进化生物学是现代科学的基石之一。1859 年达尔文《物种起源》的发表，永远改变了人们对我们这个小小星球上生命的看法。150 多年来，对进化的研究本身也在不断进化之中。在过去 20 年间，分子生物学与进化生物学的交叉导致了一系列激动人心的发现，使进化的研究发生了质的飞跃。分子标记、遗传测序，以及遗传操作等强有力的研究手段的应用为理解进化提供了独特的视角。除此之外，一个令人神往的自然史新领域已经向我们敞开了大门，为我们清楚地展示了各种各样的分子适应以及一系列在整个生命世界中出奇保守的基本分子机制。

然而，在进化生物学的教学中却很少反映这些重要的研究进展。其他的教科书通常将有关分子进化和发育进化方面的最新研究进展放在次要章节中。我们的目的是将这些分子进化和发育进化以及其他的现代生物学的重大突破整合成一套完整的对进化生物学的看法，这也是本书的主题所在。

我们在整个组织水平（从单个分子到生物有机体）和生物多样性水平（从微生物到人类）上反复举例说明了有关进化的基本原理。利用对 RNA 分子的体外选择和加拉帕哥斯地雀（*Galapagos finches*）来举例说明自然选择的基本原理（第 17 章）。我们在实验室的酵母群体和自然鹿群中介绍了如何测定选择的作用（第 19 章）。我们利用粪蝇（dung fly）的交配行为和大肠杆菌的代谢流通量来举例说明进化优化论，以及利用细菌毒素的产生和蜥蜴的交配行为来说明进化博弈论（第 20 章）。我们利用在转座元件及其宿主基因组以及一个蜂房中的不同蜜蜂来介绍进化冲突是如何发生的（第 21 章）。

我们采用的跨学科方法会对那些掌握整个生物有机体背景的学生非常有用（绝大多数的学生在学习进化课程），因为它将开阔他们对进化生物学领域的视野，同时为他们展示在当前研究中非常重要的一些新方法。分子生物学与进化生物学的整合同样会吸引那些主要学习分子生物学并对其感兴趣的学生，以及那些在分子生物学系开展现代进化课程教学工作的教师们。

本书结构

本书分为四个部分。在第一部分中，我们对进化与分子生物学历史以及由自然选择导致进化的证据进行了概述。在回顾历史的同时，这一部分还将简要地汇总一些能够帮助读者了解本书的当前进展。第二部分描述生命的起源和生物的多样性，其中包括了生物化学和形态学的复杂特性。我们也将全面地阐述细菌、古生菌以及真核生物的多样性特征。这一部分的章节将介绍生物学领域近年来一些激动人心的发现。例如，发现并且鉴定了在动植物发育过程中起重要作用的一些特异的基因或是遗传通路等。第三部分，我们将阐释进化中一些基本的过程：突变、随机漂变、重组、基因流以及非常重要的自然选择。由此我们将引申一些关键问题：为什么有机体会衰老？为什么有性生殖这么普遍？新的性状如何进化而来？在本书的最后两章中（第三部分），我们讨论人类本身，描述我们自身的进化历史以及探讨进化生物学对人类的意义。

本书是一本全面介绍进化生物学基本知识的参考书：从回顾进化与分子生物学的历史，到说明生命起源与生物多样性，再到解释进化中的过程及它们之间的一些互作，最后讨论人类的进化。本书的一些部分也可以作为小型课程的教材。

- 第一部分简明阐述进化这一学科。
- 第二部分可以作为生命起源和生物多样性的课程材料。尤其是第 5～8 章可用于微生物进化课程的基本用书。
- 第三部分着重讨论一般教材中均涉及的进化过程这一内容，但本书强调了分子层面上的进化。通常，这一部分内容应当在理解本书第二部分后作为课程用书讲授。
- 第 14、17、19 和 26 章是最新的数量遗传学内容，这是其他书本所不能媲美的。

网络资源

与该书配套的还有很多的网站资源（http://www.evolution-textbook.org），便于教师以及学有余力的学生查看。

- 许多图例表格都可以从网上获得，方便在课堂上使用。
- 在本书后面的术语表也可以从网上获得。在一个章节中，首次出现的术语将用粗体标出，这样便于读者检索。
- 每个章节都提供用于讨论的主题，这有利于引导学生总结和思考。
- 第三部分的每个章节中还有问题提出。这个环节对于学生来说是相当重要的，它将会加深学生对这一部分内容的认识。其中有些问题相对深奥，需要查看在线的部分章节（见下一说明）。
- 正文的主体部分描述了数量和群体遗传学的基本知识。网站上还包括补充的两个章节，便于学生在掌握基础知识的同时能够多了解更多数量遗传学方面的知识。第 27 章解释了推断系统进化关系的方法；第 28 章描述了进化过程如何用模型阐释（这些章节不在检索之列，但是它们依旧可以搜索，也配有网上的注解，见下文）。

文献追踪

读者可以将此书作为一个进化生物学文献追踪的平台，这方面是很重要的。科学的成功依赖于我们能够追踪支持每一个观点的证据和论点，使大家可以公开地讨论。在本书中，我们并没有把主体内容部分与参考文献混在一起，但我们提供了许多文献查找的路径。在每章结尾都会包括推荐进一步阅读的部分，它列举所讲内容的一些综述文献。网站上也包含了相应领域最有价值的一些期刊，并且网站还说明了如何更好地利用网上数据库资源，如 ISI Web of Knowledge 和 Google Scholar 来检索我们的文献。本书的每一节都附有网站注释，包括正文内容中一些基本的材料来源以及一些延伸的内容。因此，网站资源使得读者能根据我们在书里面的介绍去深入地探究所感兴趣的主题。

进化生物学是一个充满活力和日新月异的学科领域。虽说许多理论已经确立，但是还有很多问题有待解决，而且新的发现将会继续引发新的问题，那时将会更显此书的重要性。我们意在展示我们目前所知道的以及我们如何去回答新的问题。此书是唯一一本把分子生物学和进化生物学整合的教材——这一整合反映了近年这些学科领域的交叉汇合。

致谢

首先，我们要感谢 Jim Watson，是他构思出这本分子与进化生物学整合的教材。本书酝酿过程中也得到了 Cold Spring Harbor Laboratory Press 的鼎力相助：尤其是 John Inglis 和 Alex Gann 在导引本书作者顺利写完此书中表现出非凡的才能。在此书撰写过程中，Michael Zierler、Judy Cuddihy 和 Hans Neuhart 做了文笔润色的工作，使得全书成为一体并具有吸引力。我们也要感谢 Jan Argentine、Elizabeth Powers、Maryliz Dickerson、Carol Brown、Mary Cozza、Maria Fairchild、Nora McInerny、Denise Weiss、Susan Schaefer、Kathleen Bubbeo 在本书撰写中的帮助。也感谢 Cold Spring Harbor Laboratory 图书和档案室主任 Mila Pollock 和他的职员们，尤其是 Clare Clark、Gail Sherman、Claudia Zago 和 Rhonda Veros。

我们也收到了同行对本书初稿提出的宝贵意见，在此感激他们在纠正我们的错误以及改进我们的写作中做出的努力。我们感谢 Peter Andolfatto、Maria-Inés Benito、Brian、Deborah Charlesworth、Satoshi Chiba、Nick Colegrave、Jerry Coyne、Angus Davison、Laura Eisen、Michael Eisen、Andy Gardner、Paul Glenn、Ilkka Hanski、Amber Hartman、Bill Hill、Holly Huse、Saul Jacobson、Chris Jiggins、Mark Kirkpatrick、John Logsdon、Hanna Miedema、Erling Norrby、Josephine Pemberton、Mihai Pop、Rosie Redfield、Jay Rehm、Jeffrey Robinson、Denis Roze、Michael Turelli、Craig Venter、Peter Visscher、Naomi Ward、Stu West 和 Merry Youle。我们还要感谢在 Darwin 的图书管理员还有 University of Edinburgh 的新学院图书馆的协助。

我们还要感谢那些在本书撰写初期对本书提出意见和建议的审稿人：Tiffany M. Doan、David H. A. Fitch、Joerg Graf、Rick Grosberg、Thomas Hansen、Kevin Higgins、Trenton W. Holliday、Robert A. Krebs、David C. Lahti、Richard E. Lenski、Michael P. Lombardo、James Mallet、Jennifer B. H. Martiny、Rachel J. Waugh O'Neill、Kevin J. Peterson、Michael Petraglia、Ray Pierotti、Richard Preziosi、David Raubenheimer、Mark D. Rausher、Gary D. Schnell、Eric P. Scully、David Smith、Steve Tilley、Martin Tracey、John R. Wakeley 和 Susan Wessler。

最后，我们特别感谢我们的朋友和家人，尽管我们经常不能和他们在一起，他们却给予我们大力支持。

Nicholas H. Barton
Derek E. G. Briggs
Jonathan A. Eisen
David B. Goldstein
Nipam H. Patel

本书的目的和范围

"Nothing in biology makes sense except in the light of evolution"

——Theodosius Dobzhansky

进化生物学描述生命的进化历史以及解释现有的各种生物是如何进化而来的

地球上充满了各种各样的复杂生命形式（图 A&S 1）。细菌、藻类和植物等利用太阳光获得生存的能量，甚至地球上每一种化学能量都能被生物利用，如氢气和一氧化碳也能被某些微生物利用。从南极大陆的岩石到海底火山口，甚至地壳下几英里深的岩缝中，生命在大多数极端环境中也依然活跃。生物能感知生存环境中的细微变化，例如，细菌通过感知地球磁场的变化来指导运动方向，蛾类能根据很少量的体外性激素信息分子就可找到交配对象，猫头鹰在漆黑的晚上能从很远的地方发现猎物，有些鸟类能利用特殊工具帮助它们挖掘食物，蜜蜂能根据蜂箱的位置来协调蜂群的活动，人类可利用语言和工具来克服自身生理功能上的不足。

但是，所有这些复杂多样的生物都具有最基本的维持生命的生化系统。遗传信息都是储存在 DNA 的碱基链中，遗传信息链能转录为 RNA 链，之后 RNA 链上的遗传信息翻译成为氨基酸链，氨基酸链构建和维持生物体的生命活动。生命活动也像生命本身一样不可思议。例如，DNA 序列的复制，上十亿个碱基都很少会出现一个碱基的错误。蛋白质分子在常温下就能催化生化反应，而化学家则需要在极端条件下才能实现特异性不是很精确的相似反应。完整构建复杂生命体的各种结构是依赖于 DNA 和蛋白质对基因表达的精确调控来实现的，甚至是能够完成和控制各种复杂行为的人类大脑的构建。所有复杂的生命体构建只需要很少量的信息来决定，编码人类基因的所有 DNA 序列信息比一台个人电脑的储存量还少。

我们大体上已经知道 DNA 序列信息如何被翻译成蛋白质，蛋白质是怎样影响生物代谢和基因表达，以及多细胞生物体是如何由一个单细胞发育而来的。我们也大体上了解现在生存的各种复杂的生命形式是如何形成的。所有这些生命体（也包括人类）是由生活于 30 亿年前的一种或很少几种"共同祖先"发展而来的，而这些祖先类型又是由更简单的生命体发展出来的。在最原始的简单生命体中 RNA 执行了高等生物体中 DNA 和蛋白质的功能。因此，所有现存生物多样性的生化过程、形态和行为都是由很少量的原始基因进化而来的。

组成生命体的精致构件看似为其执行功能而精心设计构造，从而被认为是"神创论"的证据。我们现在知道所有执行生物功能元件的构造和维持是自然选择的结果：遗传变异是随机发生的，有利的变异会逐步积累，因为这些有利的遗传变异有利于携带它

图 A&S 1　适应的多样性。（上排）在极端环境中的生物。生物可以生活在南极洲极度寒冷、干燥的峡谷中（左）或深海中地热的出口（管虫群落，右）。（中排）形态适应的多样性。飞蛾结构精细的天线（左）可以探测仅有几个分子的信息素。苍鸮（*Otus guatemalae*，右）的大眼睛使它可以在夜间发现猎物。（下排）行为适应。新喀里多尼亚乌鸦（*Corvus moneduloides*，左）可以为了特殊目的制作工具，图中显示它用树枝获得昆虫。蜜蜂（*Apis mellifera*，右）在一个有秩序的“社会”中生活和工作，它们分工协作以维持蜂群。

们的生物体的生存和繁殖。进化论是达尔文自然选择学说和孟德尔遗传理论的综合体。

进化论不但阐述生命的发展和进化过程，而且还阐述它们为什么会进化成现在这样：包括生命为什么是由单细胞发育而来？遗传密码为什么要以现在的形式存在？以及为什么会出现有性生殖？

进化生物学—— 一件有用的工具

人们对生命历史以及生命进化机制的理解实际上已经影响到了人类社会的各个方面，从文学到医药。然而，进化生物学不仅仅是一门历史性的科学。在学习进化生物学的过程中，我们会懂得进化的知识并且对其理论进行运用，而这些也同时在地质学、计算机科学以及流行病学等各个领域都有很多实际的用途。在这里，我们举三个例子。

由于亲缘关系相近的物种通常会有相似的特征，所以将一个物种和它的近亲相比较，通过进化关系进行分类就可以帮助我们预测一个物种的生物学特征。这在微生物的研究中最为普遍。通常，微生物的研究需要把它们分离培养。然而，绝大多数的微生物目前还不能实验培养。结合运用分子生物学和进化生物学的手段，我们可以克隆不能培养的物种的基因并分析而获得信息，从而把它标记在生命之树上。这使得科学家推断出很多关于这些不能培养的微生物的信息，如它们具体的代谢过程以及它们和其他物种的相互作用。

这个方法已经应用于治疗疟疾和相关疾病新药的研发。疟疾是由传染性的寄生虫恶性疟原虫（*Plasmodium falciparum*）导致的。传统的通过杀死恶性疟原虫的抗疟疾的药物对人体有很大的毒性，因为它们破坏了真核细胞共有的代谢通路。20 世纪 70 年代，科学家在恶性疟原虫体内发现了一个特殊的细胞器，它含有自身的 DNA。令人吃惊的是，基于该 DNA 上的基因构出的进化树显示这种细胞器与植物的叶绿体非常相近（图 A&S 2）。植物叶绿体是由植物的祖先和一种与现在的蓝细菌（cyanobacteria）相近的细菌内共生（endosymbiosis）起源的。进化分析显示疟原虫这一支是通过与另一个含有一个叶绿体的真核细胞（最可能的是藻类）共生而获得这个质粒的。尽管这种似藻类共生体的很多特征已经丢失了，但是这个质粒一直保留并且成为靶向残遗质体（apicoplast）。尽管疟原虫不能进行光合作用，但是靶向残遗质体的代谢功能对其存活是很关

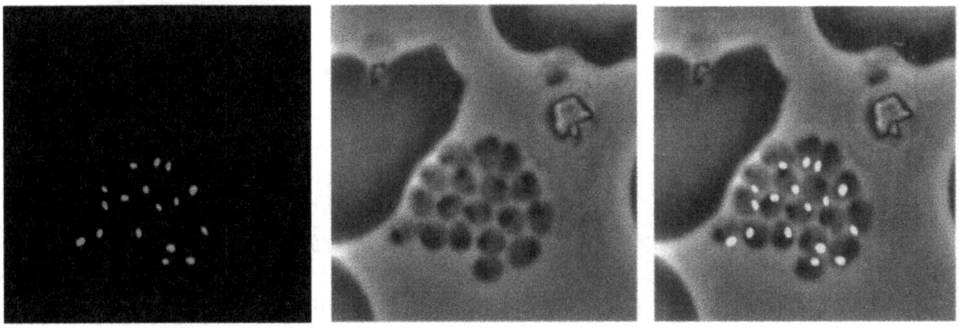

图 A&S 2　用绿色荧光蛋白可以看到靶向残遗质体（左）；中央的圆形球为寄生的疟原虫（中）；绿色的靶向残遗质体在寄生物之内（右）。

键的。哺乳动物中靶向残遗质体代谢通路的缺失提示了它可以作为抗寄生虫药物的新靶点。很多以靶向残遗质体为靶点的抗生素、酶抑制剂，以及除草剂在杀死恶性疟原虫以及其他导致弓形体病（toxoplasmosis）和隐孢子虫病（cryptosporidiosis）的近缘种方面显示了很好的前途。

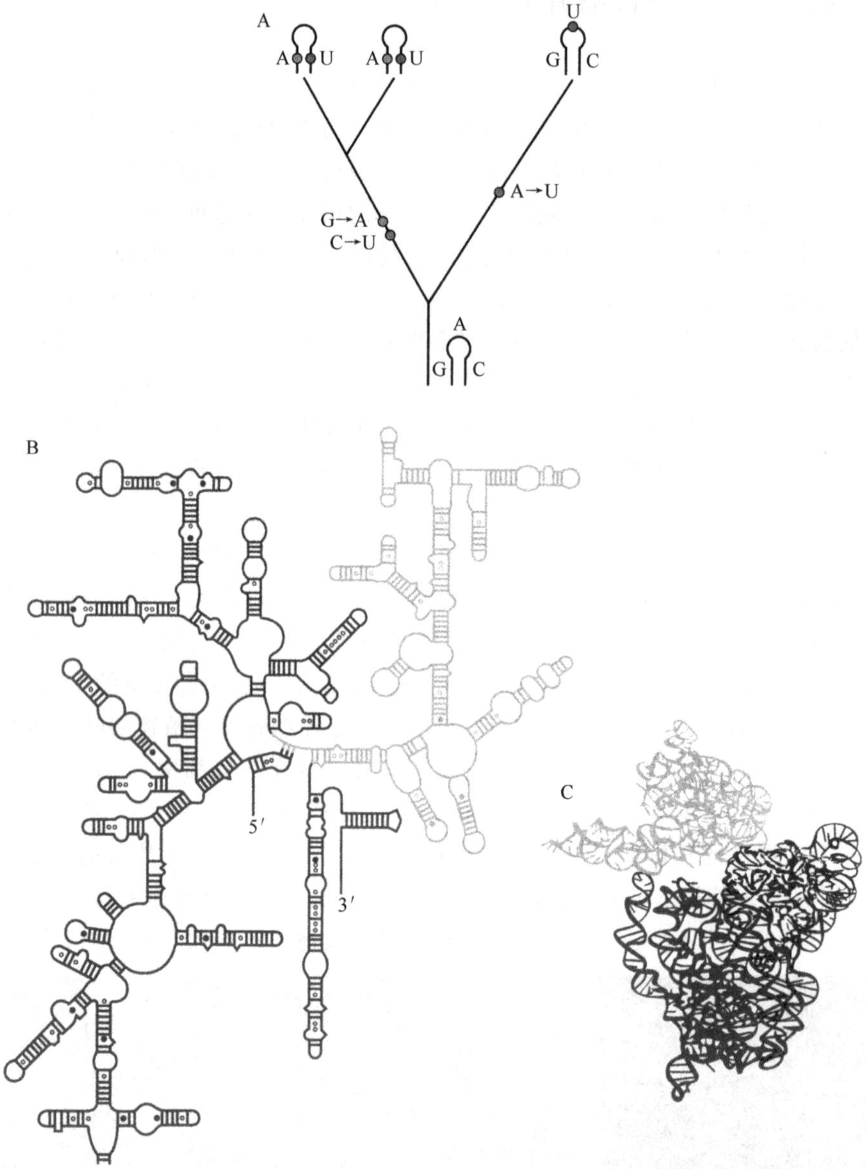

图 A&S 3　RNA 分子进化的模式可以用来推断其结构。A. 配对的 RNA 分子的两部分如果一条链发生碱基的改变，为了要维持配对，另一条链会发生相应的改变［如 G 变为 A（红色）和 C 变为 U（蓝色）］。相反，在非配对区域，变化可以独立发生［如单个变化由 A 变为 U（绿色）］。B. 根据 7000 种不同细菌序列的比较而推导出的 16S 核糖体 RNA 分子的二级结构。阶梯表示配对的区域。C. 在 2000 年解析的该分子的三维晶体结构证实了通过比较推导的结论。有 97%预测的配对位点在晶体结构中得到证实。在 B 图和 C 图中的不同颜色表示分子的不同结构域。

进化生物学在帮助我们解构大分子的结构方面也非常有用。对核糖体 RNA (rRNA) 的研究可能最能说明这一点。在所有的生物中，rRNA 用来把信使 RNA 翻译成蛋白质。rRNA 分子会形成复杂结构，碱基配对是驱动结构形成的部分原因，这和碱基配对形成 DNA 的双螺旋结构是类似的（图 A&S 3)。对 rRNA 的生化分析不能成功地解决 rRNA 的折叠问题，部分是因为有太多的碱基配对组合要检验。直到最近，对 rRNA 的结构研究仍然没能取得成功，因为 rRNA 分子不容易形成晶体，从而不能用 X 射线晶体衍射的方法来解析结构。然而，通过追踪核苷酸改变的进化历史并鉴定那些在分子上不同的部分同时发生的核苷酸改变，科学家们已经确定了 rRNA 分子内的碱基配对。通过鉴定成千的相关联的改变，研究者已经能够确定核苷酸的配对关系。

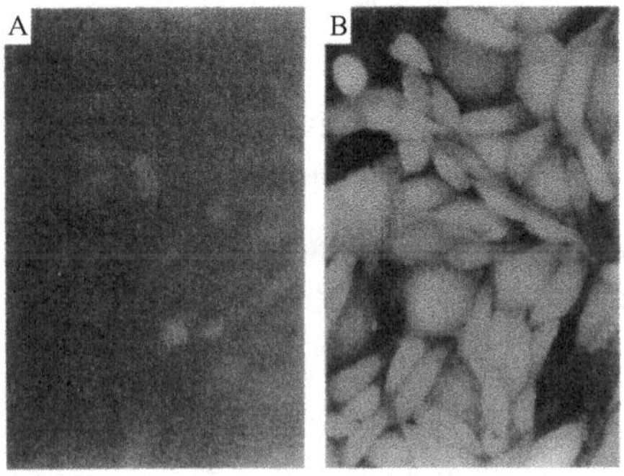

图 A&S 4 分子进化可以用来解决复杂的现实问题。这里显示的是通过选择而获得一个比天然类型（A）荧光更强的合成绿色荧光蛋白（GFP）(B)。

人类的很多工作都从我们对进化的理解中受益。通过对群体遗传学原理的运用，动植物的繁殖工程不断地发展。通过对分子育种 (molecular breeding) 的运用，相似的方法也在生物技术中得到应用（参考图 17.2)。一个例子就是制造有新功能或者功能增强的设计蛋白 (designer protein)。荧光蛋白 (fluorescent protein) 在生物学研究中是非常有用的工具（如图 A&S 2)。在合适的条件下，可以用荧光显微镜和其他光敏设备来检测荧光蛋白发出的光。为了更好地利用荧光蛋白，拥有能够发出不同颜色光的多种蛋白质是非常有用的。最初的绿色荧光蛋白是从一种水母 *Aequorea victoria* 中分离得到的。运用体外分子育种的方法，科学家们已经改造了绿色荧光蛋白，制造了发射其他波长荧光的荧光蛋白。分子育种的方法是依赖于我们对进化机制的理解而使设计的大分子得以产生（图 A&S 4)。在自然界中，新功能的进化，拿蛋白质来讲，可能会受到限制，因为一定的基因一般只会有必要的突变组合。重组（在分子育种中广泛应用）把不同的突变组合在一起，可以极大地提高体外选择的效率（参考图 23.21)。

分子生物学和进化生物学是交叉的领域

分子生物学和进化生物学都是活跃的领域。但是，近半个世纪以来，这两个领域在大多数时候都是独立发展的。当然，进化生物学会使用一些分子技术，也会像研究形态和行为差异一样研究分子层面的差异。相对地，分子生物学会利用进化生物学的方法建立物种或基因间的相互关系，判定功能性序列。但总的来说这两个领域目前都还保持相对的独立，研究不同的问题。我们写这本书的目的是希望用一种分子生物学家觉得明白、有趣的方式解释进化生物学，也希望阐述进化的方法在最近一些分子生物学进展中所发挥的作用。

本书第一部分追溯两个领域的发展历史，并概述其主要进展和关键概念。同时也阐述了支持进化理论和自然选择是进化理论的核心内容的令人信服的证据。第二部分描述了生命的多样性，从开篇叙述生命起源于35亿年以前，到物种的三界系统——真细菌、古细菌和真核生物的分化历程。这一部分也从化石证据和最近对发育生物学方面的研究证据两方面描述了多细胞生物的进化历史。第三部分以第二部分为基础，解释遗传变异的本质，进化的机制和后果。几乎所有的群体都包含大量的变异，这些变异主要通过DNA的突变和重组产生。我们可以在DNA和蛋白质水平观测到这些变异，也可以从个体形态和行为学的特征中观察到差异，因为这些特征是由大量基因的相互作用决定的。自然选择作用在这些变异上，使得各个物种具有很强的适应性。这一部分也描述了各种进化机制是如何相互作用，从而产生适应性进化，分化出大量物种，形成目前的遗传系统。第四部分主要探讨了人类自身的进化，以及进化和进化生物学对人类了解自身的探索方面所起的作用。

这本教科书有对应的网站，给学生和老师提供了大量有用的资源。网站上包括书上的大多数图片、表格和术语。网站上附有每章节对应的思考题，用于帮助学生复习所学概念，加深对所学章节的认识。第12～24章还附有练习题（附带答案）。网站也包括章节注释，注释中提供对应章节的所有参考文献，对某些论点的扩展，以及其他有用的网站链接。通过网站资料和本书每章节末尾提供的延伸阅读资料的结合，可以指导学生深入学习进化生物学方面的文献，也为老师提供了有用的背景资料。网站上还包括两个书上没有介绍的章节（第27章和第28章），主要介绍用于研究进化理论的数学方法。第27章介绍了系统发生树的推导及其在揭示物种关系中的作用。第28章是对进化建模理论的具体介绍。

我们希望本书不仅能提供一个对生物进化的清晰解释，也有助于分子生物学和进化生物学的结合。近一个世纪以来，分子生物学和进化生物学领域都有了长足的发展，希望在下一个十年，这两个领域能更加地活跃。

延伸阅读

Meagher T.R. and Futuyma D. 2001. Evolution, science, and society. *Am. Nat.* **158:** 1–46.
讨论进化生物学的多种多样的应用的例子，见网页 http://evonet.sdsc.edu.evoscisociety/.

Working Group on Teaching Evolution, National Academy of Sciences. 1998. *Teaching about evolution and the nature of science.* National Academies Press, Washington, D.C.

网页

http://evonet.org is a Web site that provides a good overview of evolutionary biology.

AAAS Press Room—Evolution on the Front Line: http://www.aaas.org/new/press_room/evolution/

National Center for Science Education: http://www.natcenscied.org/

Understanding Evolution: http://evolution.berkeley.edu/

目　　录

第四部分 人类进化

网上章节（http://www.evolution-textbook.org）

详 细 目 录

第三部分 进化的历程

第四部分 人类进化

第一部分　进化生物学概论

  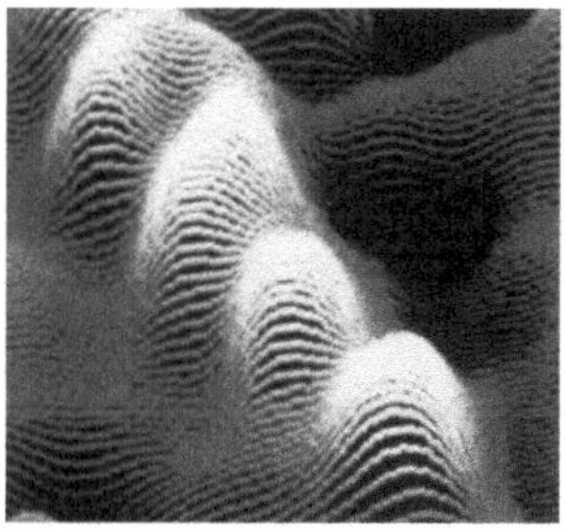

进化生物学致力于阐明生命的多样性和起源。进化的概念始于查尔斯·达尔文的论断，即所有有机体共享一个共同祖先，且进化的核心机制是自然选择。在人们重新发现孟德尔的工作并建立经典遗传学后，进化生物学成为一门现代科学，而经典遗传学为进化过程的定量分析提供了工具。本书第 1 章回溯进化生物学的历史，并概述目前如何通过实验与理论的结合以及对基因和基因组序列的分析来回答这些关键问题。

第 2 章简述分子生物学的产生。遗传学和进化的分子基础大约在 1953 年发现 DNA 结构后的十年中建立。分子生物学技术革新了进化生物学的研究，并且两者的关系更加密切，并最终导致一个世纪前提出的达尔文进化论和孟德尔遗传学的整合。

第 3 章总结由自然选择而导致进化的证据。这方面的讨论会回溯到达尔文时代。在那时，进化的证据已经非常令人信服了。纵贯全书，我们会看到更多的实例，用以说明在本章中所列举的观点。

在阅读本书的后续章节时，重新回顾第一部分的内容将有助于了解后面对进化的具体讨论如何同这里介绍的理论框架相对应，以及在进化的一些关键问题上我们已经了解了多少。

对于进化生物学而言，当今是一个令人激动的时代。我们在新的信息洪流中徜徉，诸如系统发育关系、新发现的物种、遗传变异的特性，以及发育的根本机制等。然而，当代对进化的争论都要回溯到进化生物学产生的初期。因此，回顾历史对于我们理解当今的进化生物学课题尤为重要。

第 1 章

进化生物学的历史：进化论与遗传学

所有的现生生物都是生活在 35 亿年前为数不多的生命体的后代。每一个现生物种的所有基因都起源于几个祖先基因。这些对生命世界的现代认识也是在最近才建立起来的。1859 年，查尔斯·达尔文的著作《基于自然选择的物种起源》论证了“改变的后裔”以及进化的核心机制——自然选择。在 1865 年，格雷格·孟德尔阐释了遗传的规律，但他的工作在当时被忽视了。直到 1900 年，孟德尔的工作被重新重视，并触发了经典遗传学的成长。1953 年，詹姆斯·沃森和弗朗西斯·克里克对 DNA 结构的阐明建立了遗传学的物质基础。

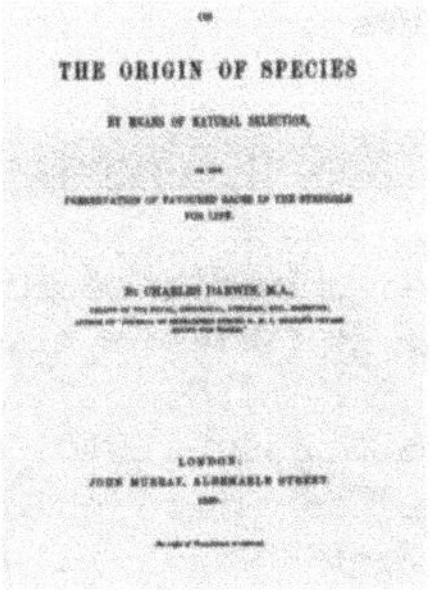

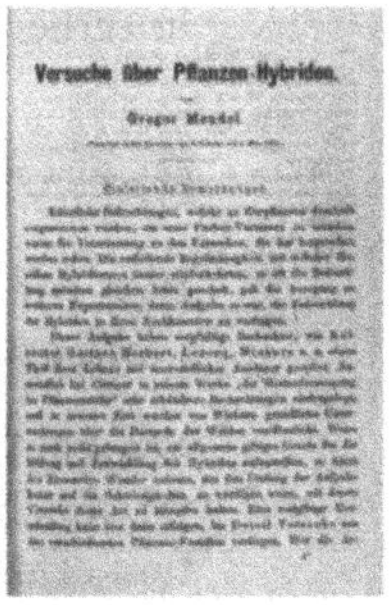

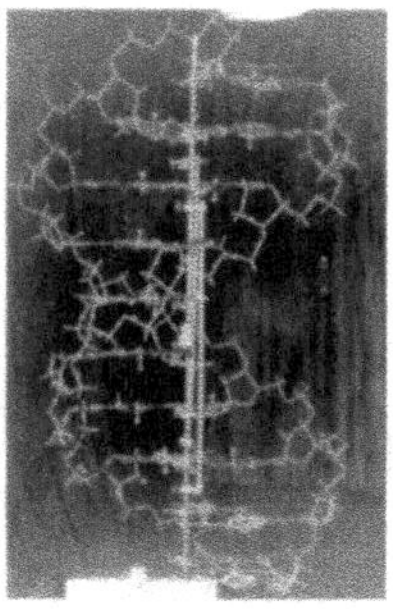

在这些近代理论提出之前，人类对遗传和物种起源的认识是截然不同的，以至于我们难以理解过去的思想。即使现在，许多对遗传学和进化论的误解以及对现代进化生物学的争议都可以追溯到早期这些观点。因此，为了理解当今的争论以及回顾我们对世界认识的改变历程，我们至少对历史需要有一个简明的了解。由于对遗传和进化的认识是相互关联的，所以我们放在一起来考虑。

现代遗传学和进化论简述

在开始介绍进化生物学的历史之前，我们需要强调以下当代遗传学和进化论的关键概念。

- **DNA 通过与细胞和环境的相互作用来决定表型**　DNA 序列本身是没有意义的。它必须被转录为信使 RNA（mRNA）、核糖体 RNA（rRNA）以及其他具有功能的 RNA 序列。mRNA 由核糖体翻译成蛋白质。而后，这些蛋白质通过与各自以及各种 RNA 分子和 DNA 的相互作用来决定细胞中基因表达的时机、对外界的反应以及形态与行为的发育（图 1.1）。这种相互作用的顺序决定了我们所观察到的所有特征，即表型。

- **群体是进化的单元**　一个物种并非是一个均匀的单元，而是一个由多样的个体构成的一个集群。一个物种是以其多样个体变化的比例来进化的，而不是突然的不连续的转变。
- **进化过程类似于树的分叉**　群体发生变化并分化为不同的物种，而后通常走向绝灭。往后追溯，大多数个体将不会留下后代且多数物种会走向绝灭。往前追溯，亲缘关系相近的物种共享最近的共同祖先，而远缘物种则共享更久远的共同祖先（图 1.2）。
- **进化并没有一个设定的目标**　在进化过程中，群体的变化是对随机的遗传变异和环境变异的反应。这就导致进化中随机的变化以及多样性，而并非是朝着一个特定的终点演进。
- **所有适应均源于自然选择**　虽然有很多因素会影响进化，但只有自然选择会导致适应，即产生复杂且精细的结构以使有机体在多样的环境中生存和繁衍。有机体并非是被设计成现在的形式，而是它们的祖先通过积累有利于繁衍的变异而形成的。

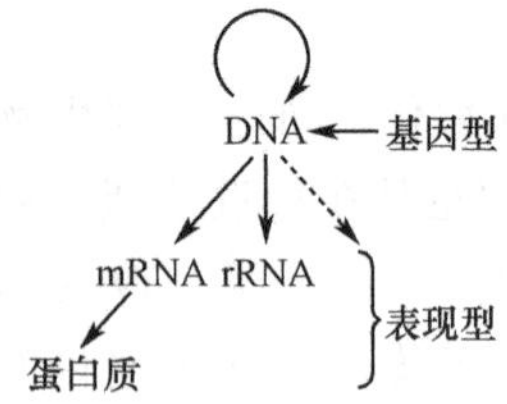

图 1.1　中心法则：以 DNA 为模板合成 RNA，以 RNA 为模板合成蛋白质。

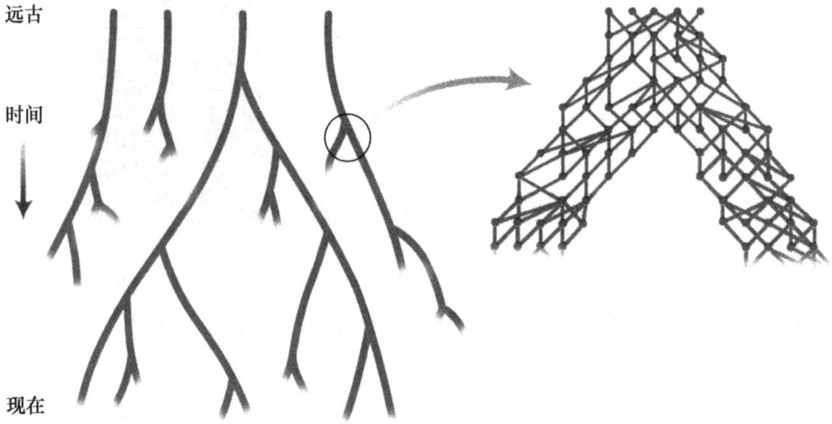

图 1.2　物种随时间的进化过程。左边的每一条线表示一个群体，而截图部分代表由有性个体组成的群体。

我们在本书中会详细探讨这些主题。读者应该记住这些观点并与之前截然的观点进行比较。

达尔文之前的进化论

过去对遗传和物种起源的理解同现在的观点存在根本分歧

长期以来，从实践和宗教角度人类一直对遗传和自然变异充满好奇。生活于狩猎和采集时代的人们对动植物已有详细的分类。他们的分类同现代生物学家的分类异乎寻常地相似。农业文明起始于对谷物和家畜的驯化。这种驯化过程有意无意地依靠对有利变异的筛选以及对相关性状遗传规律的一些了解。同实践截然不同的是，所有人类社会对他们自身的起源都有或详尽或简单的信仰。

对自然解释的系统探索源于古希腊的哲学家们。柏拉图认为我们所生活的世界只是永恒本质的投影。这种观点在西方世界产生过深远的影响，但它不能解释从一个物种到另外一个物种的渐变过程。亚里士多德曾师从柏拉图，但他却提出了不同的观点。他强调直接观察的重要性，而不是抽象推理。他对有关生命的问题非常关注。亚里士多德比较过有关生殖和发育的两种可能机制。一个复杂的胚胎可能是通过均匀物质的分化形成的（表观发生），或者结构在一开始就存在（预先形成），只是在发育过程中展现而已。这些观点贯穿于发育生物学的整个历史。我们现在对发育的认识包含了这两种观点的基本因素，即发育是一个在遗传编码程序指导下的分化过程。亚里士多德将生物按简单到复杂分成一个系列（图 1.3）。然而，他同柏拉图一样认为物种具备固定的本质，世界是永恒不变的。这种观点排除了任何形式的进化。

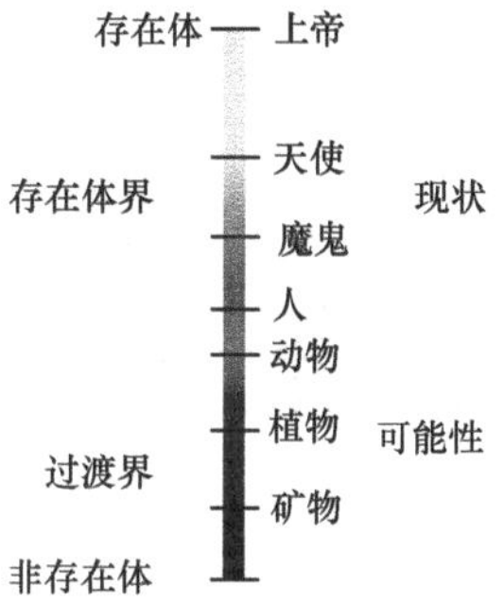

图 1.3　亚里士多德的“存在体巨链”的中世纪版本。

亚里士多德的观点对中世纪的基督教思想影响深远。当然，当局禁止对他的理论进行进一步的探究。亚里士多德强调生物的精细适应。St. Thomas Aquinas 用这种观点来阐述神创论。以此为据，他认为生物界的秩序是神创的证据。在达尔文以前，这种自然神学触发了人们在神创论的框架下研究生物学。基督教思想同以前的根本差异在于，他们提出神创世界是比较晚近的事情。但是，他们不认为在神创以后世界还在发展。因此，这种思想正如亚里士多德的永恒世界理论一样，与进化的观念相比格格不入。

对世界的机械论解释并未导致进化思想的产生

15 世纪末，文艺复兴开启了现代科学的先河。对世界的研究不再是基于凭空想象或解释圣典，而是通过观察和实验。哥白尼和伽利略的崭新天文学理论否定了人类（即地球）是宇宙中心的信条，向人们展现了一个前所未闻的无比辽阔的宇宙。牛顿在他的《自然哲学的数学原理》（1687 年）中阐述了简单的物理定律。这个普适定律可以解释行星的运动、潮汐的涨落和万有引力。这些发现促使人们去寻找完全物质性的解释，其中最具影响的是 Rene Descartes 的机械哲学学说。这种将复杂现象简化为简单机制的思想在现代分子生物学中也有所体现，即用物理和化学的原理解释所有的生命现象。

虽然这种对物质世界的新观点开启了对生命世界进行科学探索的可能性，但它对生物学的推动并不如人们所推测的那样。人们仍然认为上帝建立了自然法则，自然法则以机械方式构造了宇宙，从此以后上帝再也没有任何干预（一种称为自然神论的哲学理论）。至此，重点被放在了通过研究有机体对环境的适应来理解神创的意图。自然神学者热衷于研究个体适应的细节以期了解神创的伟大［这种思想在 John Ray（图 1.4）的

图 1.4　John Ray 提出了第一个系统的对植物的描述。

著作——《上帝在创世中的智慧》中显而易见]。物种仍然是一成不变的，亚里士多德的 *Scala Naturae* 变成了“存在体巨链”（图 1.3）。然而，新的观察很快便质疑这种简单的链式递进观点，但是却仍然立足于揭示上帝的法则。因此，灭绝生物种化石的存在被“生命巨链”学说解释为创造的过程，他们仍然相信一个神创固定法则和结构的存在，人类仍然在“存在体巨链”中被排在天使之下。林奈于 1735 年出版的《自然系统》建立了现代生物命名法的体系，将物种在属和目上进行归类。但是，尽管我们现在知道这样的归类是反映共同祖先的信息，但林奈当时把它看做是神圣法则的体现，即神创不同类群的结果。

新地质科学揭示古老且变化的地球

基督教神学宣称地球是上帝在比较晚近的时候创造的。1650 年，大主教 James Ussher 根据圣经的纪年记载推算神创地球的时间是公元前 4004 年。但文艺复兴后的科学发现支持地球的物质起源说。1644 年，Descartes 提出地球是从一个恒星冷却演变而来的。

到了 18 世纪，人们已经很清楚，大部分的沉积岩存在于古老海洋的洋底。化石是早期生物的遗迹。因此，在沉积岩中的海洋生物化石可以证实这些生物的起源（图 1.5）。深厚的沉积岩要么是由地质巨变造成的，要么是远比圣经描述的更为漫长的时间形成的。这些不同的解释形成了相互对立的两大阵营——“灾难论者”和“均变论者”，两者的争论一直持续到 19 世纪中叶。当然，我们在当今对化石的学术争论中仍然可以看到上述两个学说的影子，即化石记录是否表现出“中断平衡”以及大规模的生物绝灭是否源于小行星撞击地球的影响（见第 10 章）。

图 1.5　学识渊博的 Robert Hooke 理清了化石与现生物种的关系。这幅版画显示了在英国怀特岛的化石种同现生种的对比。

对于新地质科学而言，在干燥的陆地上出现沉积岩是一个令人费解的问题。要么是海洋退缩（“水成论”）造成的，要么是火山喷发（“火山论”）将海洋中的沉积岩抬升形成的。中世纪时在法国中部发现的纺锤形状的火山山脉支持“火山论”（图 1.6）。1788 年，James Hutton 提出，磨损的岩石不断地被冲刷入海洋中而形成沉积岩。这个过程和由于地球内部的热量而导致的地震以及由此造成的新陆地的抬升之间形成一种平衡。Hutton 用实验说明熔岩在缓慢冷却时会形成晶体矿，而花岗岩和玄武岩都是火成岩石。Hutton 认为磨损和抬升之间存在一个平衡，所以既不存在起始的残留，也没有期望的结束。

图 1.6　18 世纪关于"火山论"和"水成论"的地理构想持续发展。上图：在法国中部的纺锤形火山；下图：James Hutton 在采集化石，他提出了一个将"火山论"和沉积综合在一起的理论。

化石对新地质学的发展至关重要

Georges Cuvier（图 1.7）在当时新建的巴黎自然历史博物馆负责脊椎动物的搜集。他仔细比较了不同现生物种的解剖差异，并首次运用这些知识重建化石的形态。他采用这种方法说明，很多化石种，如猛犸象和乳齿象是绝灭的物种，并以此推断不同时间地层的序列。Cuvier 认为地层间的剧烈变化表明地质灾难的存在，尽管这样的地质灾难通常是区域性的。他认为物种躯体的各个部分之间存在内在的联系，进而断言物种是不变的，反对进化更替的看法。

由 Cuiver 和其他人建立的对岩层断代的方法显示了生命随时间的变化。1824 年，William Buckland 发现了一个巨大的食肉物种并命名为 Megalosaurus（斑龙），这是第一个发现的恐龙（图 1.8）。随后几年中，Adam Sedgwick 和 Roderick Murchison 建立了威尔士

图 1.7　Georges Cuvier 将林奈的分类体系扩展以便将化石种和现生种一起归类。他认为功能是划分物种的基础，且新物种的产生是经历了灾难性的绝灭以后。

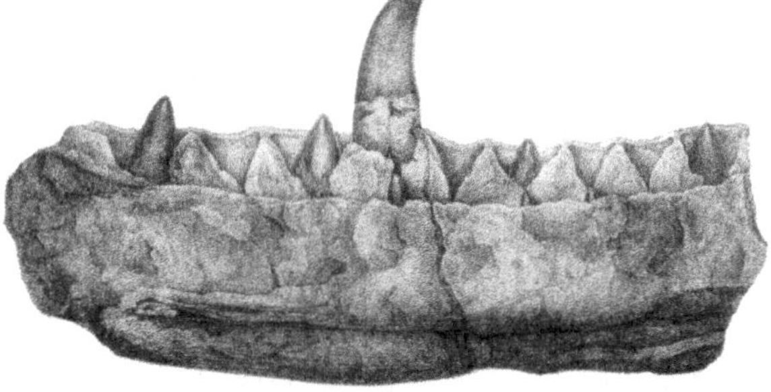

图 1.8　Buckland 发现的斑龙颌骨——第一个公开的关于恐龙的细节。

图 1.9 Charles Lyell 的著作——《地质学原理》（1830）的扉页。图中的塔在那不勒斯附近，作者以此说明地表的高度会随时间而变化。建于 2000 年前的古塔曾经部分陷入地下而后又抬高。下陷的痕迹可以从塔的粗糙表面的部分反映出来，这是由海生产土蚌的活动造成的。塔的下部比较光滑，是由于沉积岩的保护。

古岩层的时间序列，并一直追溯到寒武纪（图 10.1）。新地质学初步描绘了生命的历史以及不同类群的顺序出现。首先是鱼类，然后是爬行类，接着是哺乳类。当时公认的解释是一系列的地质灾难形成了不同的地层年代。

1830 年，Charles Lyell 发表了《地质学原理》，并提出了截然不同的观点，即均变说。Lyell 复兴了 Hutton 的稳态理论，他认为我们看到的岩石磨损和火山活动的快慢自古如此，如果时间足够长，它们将导致巨大的变化。Lyell 指出，西西里的埃特纳火山是通过漫长的火山喷发形成的，且远在人类有记载之前。然而，埃特纳火山的岩石却比较晚近，它覆盖在含有化石的沉积岩之上。这些化石在地中海区域也存在。Lyell 的均变论和《地质学原理》（1830 年，图 1.9）对达尔文有很大的影响。后者正是用现时过程的累积效应来解释生命的进化。但是，Lyell 的稳态学说无法解释长期的化石记录的更迭，也不能解释生命进化。

前达尔文时代各种进化观点的出现

18 世纪是“开悟的时代”，生命科学广受喜爱。根植于牛顿物理学的成功，人们对科学解释自然界重拾信心。同时，始于北欧的系统农业改良以及探险活动使欧洲人接触到生命的多样性。当新的作物和新的市场被发现时，新生物学具有巨大的经济价值。政府开始资助探险活动，如资助 James Cook。这些探险活动往往有博物学家参与，而他们的任务就是系统收集新发现的动植物（图 1.10 和图 1.11）。

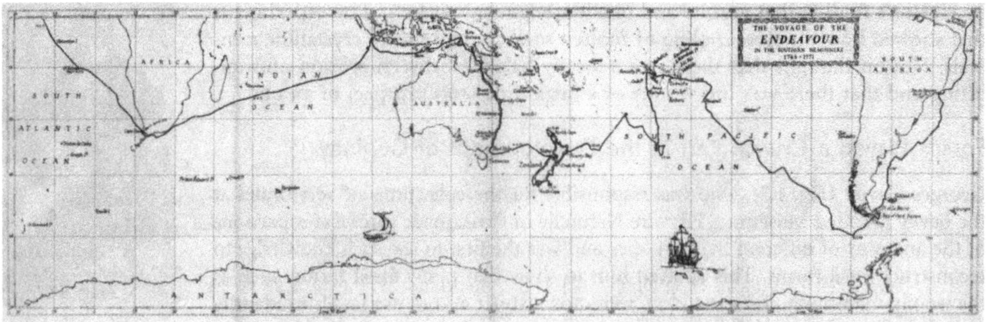

图 1.10 James Cook 乘坐挑战者号（1768～1771）进行环球航行的路线图。

随着社会和经济的发展，人们提出生命演变的可能性。Pierre de Maupertuis（图

1.12A）探讨了人类肤色变黑的道理，要么是传承了随机的肤色变异，要么是太阳对遗传因子的直接影响。Buffon提出，近缘物种可能共享共同的祖先，尽管他认为每个科的物种共享同样的“内在模式”。林奈也认为属内的物种可以发生进化上的更替并强调杂交在新种产生中的重要性。Erasmus Darwin（查尔斯・达尔文的祖父）曾在他写的诗歌中有一些对进化的猜测。

图 1.11　Joseph Banks 是参加挑战者号航海的博物学家。他和他的同事鉴定了在欧洲没有的 2400 多种动植物。

拉马克是第一位提出进化概念的人（图 1.12B）。1800 年，拉马克受聘担任巴黎自然博物馆馆长，他在那时开始怀疑物种不变论。最初使他产生怀疑的是看到软体动物化石的连续性。这也是迄今具有最完整进化记录的类群之一。但拉马克的理论同达尔文截然不同。他提出原始的有机体是偶然发生的，然后沿着一个生物链条不断改进。由于新的类型不断产生并进化为更复杂的生命体，所以我们看到的是一系列独立的物种进化链条。拉马克在他所著的《动物哲学》中阐述了他的进化理论，但在当时并没有什么反响。Cuvier 摒弃了拉马克的理论，因为它同发动法国革命的保守运动格格不入。19 世纪晚期，颇具影响的“新拉马克主义”强调获得性状是可以遗传的。然而，获得性遗传并不是拉马克提出的，而是当时大家广泛接受的观点。

A　　B

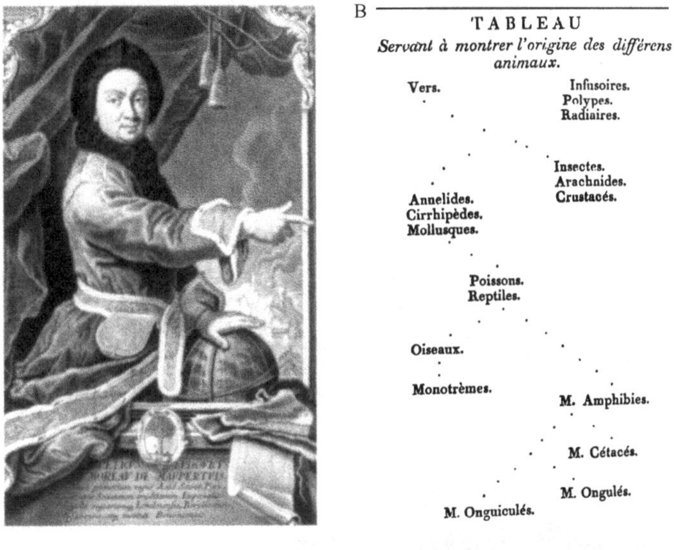

图 1.12　（A）Pierre de Maupertuis 提出了一个包含遗传颗粒和自发生命的遗传理论。（B）拉马克认为进化是相互隔离的独立支系的演进。他在他的《动物哲学》（1809）中发表了关于动物界链条的理论。

19 世纪经济和技术的发展步伐加快，西方对进化理论的认同增强

西方对进化观点的认同在不同的国家情形不同。在法国，社会进步被认为是知识增长的必然后果。但是，人的本性是不变的，这同生物进化的思想是不相容的。在德国，生物哲学主宰了生命科学，它反对由牛顿和笛卡尔建立的机械世界观。进化的观点在德国很流行，并被认为是类似个体发育的过程，但没有明确的描述。在英国，出现了一种循规蹈矩的实用哲学，这种哲学深受 Adam Smith（图 1.13）的著作——《国家财富本质和原因之拷问》（1776）的影响。个体间的竞争被认为会产生对大家都有利的高效经济。这种观点显然影响了达尔文。但是，由 Smith 提出的市场经济中的“无形之手”被认为是积极的、有利的，它同达尔文强调的“生存竞争”是不同的。

图 1.13　苏格兰经济学家 Adam Smith 的经济理论对达尔文产生了很大影响。

1844 年，Chambers 的匿名著作《造物自然史之遗迹》发表（图 1.14）。这本书提出了同拉马克的观点类似的进化理论，它认为有机体是偶然产生的，然后再逐渐进化为更复杂的形式。这本书在当时很流行，但也遭到强烈批评，因为在这本书中 Chambers 将人类包含在进化的链条中，这同基督教的教义是冲突的。这本书的重要之处不在于它的科学观点，而是体现大众对进化观点的巨大兴趣以及反对者的强烈反响。

A　B

图 1.14　(A) Rober Chambers 相信自然法则可以解释物质世界。(B) 他匿名发表的《造物自然史之遗迹》描述了涵盖从宇宙起源到生命和人类诞生的理论。

查尔斯 · 达尔文

达尔文乘猎犬号航海考察并由此提出进化论

查尔斯 · 达尔文于 1809 年生于一个富裕的知识分子家庭。他的祖父母是 Erasmus Darwin 和 Josiah Wedgwood。他的祖辈当时为陶器交易带来了“工业革命”。虽然达尔文在学校并不出众且不喜欢传统教育，但他在早年已经是一个热心的博物学迷（图 1.15）。达尔文后来被送到爱丁堡学习医学，但他惧怕解剖台，转而师从一位著名的拉马克学说的支持者 Robert Grant 开始研究海洋无脊椎动物。两年后，达尔文放弃了在医学院学习并开始在剑桥接受宗教礼仪的学习。这并非基于对宗教的热情，而是希望能够借此成为乡村牧师以便开展自然历史的研究。在剑桥的学位要求达尔文掌握 William Paley 的《自然神学》(1802)，书中讲述生命体近乎完美的适应特征并以此作为神创的证据。就像在爱丁堡一样，达尔文的课余学习给了他更加重要的训练。他热衷于搜集甲虫（图 1.16），选修 John Stevens Henslow 的植物学课程并参加他的科学社交聚会，在 1831 年跟随 Adam Sedgwick 到北威尔士做地理探险。那一年晚些时候，他作为一个博物学家进入剑桥的科学圈子，这最终使他被邀请乘猎犬号参与到南美的、为期 5 年的航海考察。

图 1.15　1840 年年轻时的达尔文。

图 1.16　“查理，捉住它！”是达尔文在剑桥的同学给达尔文画的漫画。在剑桥时，达尔文热衷于收集甲虫。正像他在他的自传中描述的——“没有比搜集甲虫更上瘾和令人愉快的事了。其实我只是热衷于采集，从来也不做解剖和根据文献进行外部特征比较，尽管采集的甲虫都有名字。”

在航海考察的初期，尽管严重晕船，达尔文还是阅读了当时出版的 Lyell 的《地质学原理》。加上他在 Sedgwick 那里得到的训练，他开始关注地质问题。在佛得角群岛，他看到由火山喷发而从海底抬升至地面的沉积岩床。1835 年的大地震后达尔文到达智利，他看到陆地被抬升了几个英尺[1)]。作为对地质学的第一个重要贡献，他提出珊瑚礁的形成是珊瑚不断生长并逐渐沉积到海底的过程（图 1.17）。所有这些使达尔文相信 Lyell 均变论的正确性，即现时的连续变化过程是导致地球上地质形态形成的原因。

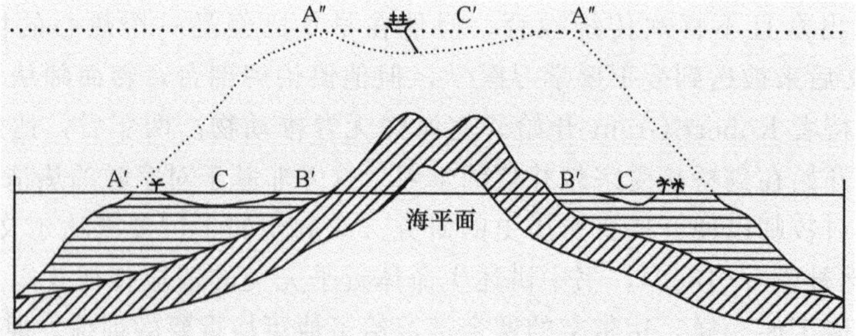

图 1.17 在《猎犬号航海日记》中达尔文对珊瑚礁的解释。他解释说，当新的环绕礁滩慢慢下沉，珊瑚就不断向上生长。在海水的侵蚀下，只有环礁（打点的曲线）保留下来。

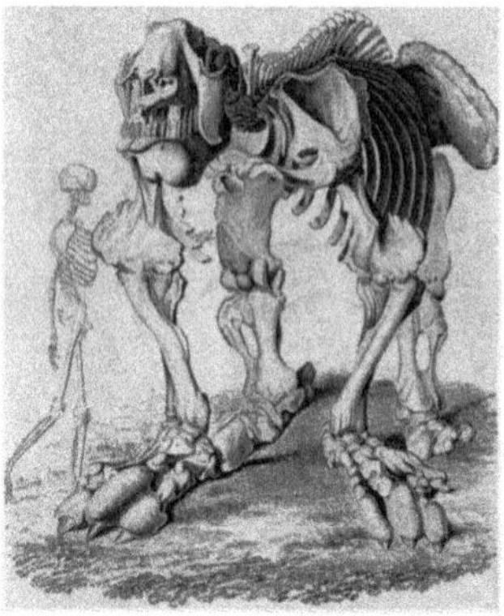

图 1.18 达尔文在猎犬号航海中发现的化石，包括这个大懒兽的骨骼化石（藏于伦敦 Wellcome 图书馆）。

自然而然地，达尔文会想到现时过程是否也能解释"谜中之谜"，即多样且能很好适应环境的物种的起源。他在南美发现的哺乳动物化石同当地的现生物种，如犰狳、树懒和美洲驼相似，从而表明物种的延续性（图 1.18）。更为重要的是他对物种地理分布的观察。在阿根廷的开阔平原，达尔文发现（并食用）了两种略有差异的美洲鸵鸟（无飞行能力的鸟类）似乎在同一地区竞争领地。在加拉帕戈斯群岛，他发现每个海岛都有独特的嘲鸫物种，这些物种又都同陆地上的物种相关。

《物种起源》提出自然选择导致进化

1836 年达尔文回到英国，他确信物种是可以演变的。在他一生中最忙碌的两年里，他开始寻求进化过程的自然机制。他相信进化一定是建立在个体微小变异逐渐积累的基础上。1838 年 9 月，在阅读了马尔萨斯的《人口论》后，达尔文产生了自然选择的想法，因为马尔萨斯提出，资源是有限的而物种繁殖是指数增长的，所以个体间为生存而竞争是不可避免的。达尔文认为，如果个体间的生存能力有差别且这种差别可以遗传，那么它就会受到自然选择。

"既然人类为了各种目的驯养出了千姿百态的家养动物，那么一些野生动物中会产

1) 1 英尺（ft）＝0.3048m。

生偶然变异也就毋庸置疑了。既然我们知道性状和特征的相似性源于遗传，那这些变异性状可以遗传也就不足为奇了。我们知道食物量和繁殖能力之间的指数关系，那自然选择就成为始终在发挥作用的因素。地理环境差异带来的外部条件的变化会导致偶然形成与上代略有不同的新的种系。”

这些写于 1842 年的论述出自达尔文的手稿。只有他当时去世，这些手稿才会发表。然而，达尔文很清楚他的理论会产生巨大的争议，更何况他的理论可能遭遇到同 Chambers 遗迹论同样的命运。所以达尔文花了 20 年的时间搜集证据，并只对他的几个好友提过他的想法。他那时开始研究人工选择并做遗传实验。他花了很多精力在藤壶的研究上，其结果显示了进化的法则如何用于分类。他进一步发展了他的理论，尤其是他用 Adam Smith 提出的人类经济社会的分工解释物种的分化。就像一个工人在一个新的行业有所专长而获得经济上的优势一样，物种也会通过探索利用环境的新方式而在竞争中取胜。

图 1.19　华莱士寄给达尔文一篇描述和他的理论几乎一样的论文。

1858 年，正在达尔文为他的理论辛勤工作时，他收到了华莱士（图 1.19）的论文，文中提出了同他一样的理论。那时华莱士在他参加的第二次主要探险中是东印度公司的职业采集人员。同达尔文一样，从动植物的地理分布上华莱士意识到进化的存在，并在他读过马尔萨斯的著作后提出自然选择。华莱士的论文和达尔文的概述在伦敦林奈学会被宣读过，但并没有引起什么即时的反应。正如林奈学会主席在 1858 年描述的那样——“这一年度在科学领域没有什么令人惊奇和革命性的发现……”。第二年，达尔文发表了他的学说的“摘要版”——《关于自然选择导致的物种起源》。这本书 1250 册的印量在发行第一天就销售一空。

《物种起源》发表 15 年后，大多数受过教育的人士已将进化当成事实

人们世界观的快速改变源于达尔文在积累证据和预见反对意见方面的才能。正如达尔文所说的，对《物种起源》会是一个长期的争论，也会是最终令人信服的争论。他的成功也基于他对进化机制的探讨。我们会看到，在后来的半个世纪中，人们一直不承认自然选择是适应和物种多样化的原动力。然而，达尔文提出了一个可以检验和连贯的机制，从而将进化论带进了科学的范畴而不仅仅是猜想。

达尔文理论的力量在于展示了进化论如何解释众多不相关的实事——地理分布、化石记录、表型联系和比较胚胎学。进化论开创了“一个巨大的，几乎是全新的探索领域”，使得生物学家可以研究以前无从下手的问题。考古学和比较胚胎学尤其受到激励。在 19 世纪末，寻找进化关联成为生物学的主题。然而，在发展达尔文对进化机制的理解方面进展甚微。

自然选择学说的衰落

自然选择作为进化机制不为众人接受

《物种起源》中提出，进化是通过自然选择实现的，即通过微小变异的积累。这些变异由于可以增加一个个体相对于其他个体的繁殖力而被固定下来。然而，虽然达尔文的进化论已经被广为接受，但大家不认为自然选择是进化的主要原因，甚至最支持达尔文的人也会轻视基于个体间微小差异的自然选择学说的重要性。华莱士是自然选择学说的最有力支持者，但他倾向于这只存在于不同类群和物种间而不是个体间。赫胥黎，这位因当众捍卫达尔文而家喻户晓的学者（图 1.20），在他自己的比较解剖学研究中也不采用自然选择理论。他认为，进化是由于具有显著效应（“跳跃”）的变异引发的。在德国，海克尔是达尔文主义的坚强支持者，但他也不认为自然选择是进化的机制。他将选择看做是由定向过程导致的对变异的过滤，并认为进化是一个向如人类这样的更高形式的演替过程。

图 1.20　《名利场》杂志刊登的主教 Wiberforce（左）、Thomas Henry Huxley（中）和达尔文（右）的漫画。在 1860 年英国联合会的会议上 Wiberforce 攻击达尔文的学说，而 Huxley 作为“达尔文的斗犬”为达尔文辩护。

达尔文的进化论最受博物学家的推崇，因为他们最能理解尺度巨大的自然变异和物种为生存而进行的挣扎。Henry Walter Bates（图 1.21）和 Fritz Muller 对拟态的研究为自然选择提供了迄今为止最好的例证之一。不同种的蝴蝶会进化出非常相似的外观，因为模仿那些外观不受捕食鸟类欢迎的蝴蝶更不容易被吃掉（图 1.22）。但是，后来这一方面并没有系统的研究。在《物种起源》发表 50 年的时候，仅有两个关于自然选择的研究。1899 年，Herman Bumpus 提出，在新英格兰一次暴风雨后幸存下来的麻雀和死去的麻雀在形态上不同。同时，W. F. R. Weldon 发现，在英国一个地方的螃蟹的形态由于选择产生变化（图 1.23）。

图 1.21　Henry Walter Bates 是 Afred Russel Wallace 的朋友，并鼓励他对进化的构想。Bates 为众人所知的工作是对蝴蝶色彩模式贝氏拟态的解释。

图 1.22　贝氏拟态。一个无毒蝴蝶物种（下排）模仿另一个有毒物种（上排）的警戒色以增加生存机会。

自然选择理论遇到实质性障碍，直到 20 世纪才得以解决

图 1.23　W. F. R. Weldon 研究了螃蟹（*Carcinus maenas*）的自然选择。

由于过渡类型极少发现，因此进化和进化机制的证据只能是间接的。达尔文强调进化同人工选择的相似性，如养鸽爱好者培育的鸽子的各种羽毛形态和行为（图 1.24）。然而，反对意见总是说人工选择并没有产生新物种，只是在有限的范围内产生一些变异。更强烈的反对意见认为，一个复杂器官的前身，如脊椎动物的眼睛开始可能没有任何优势可言。达尔文的回应是：① 即使一个很局限的功能也可能会是有利的（如即便不能形成清晰图像的对光线的感知能力）；②功能中间体应该是存在的（如不同复杂程度的眼睛）；③器官在进化过程中可能发生功能的转变，从一个功能变成另一个功能。这些问题在第 3 章和第 24 章中有更详细的谈论。

一个更难于解释的问题源于物理学家 William Thomson 对地球年龄的计算。他认为地球在形成过程中将热量辐射到外太空并逐渐冷却大概花上 2500 万年。这比达尔文认为的由于逐渐的地理变迁和自然选择导致渐进进化所需的时间少很多。Thomson 计

图 1.24 各种各样的鸽子显示人工选择的结果。达尔文当时收集有这样的鸽子。

算的错误直到20世纪才知道，因为人们发现，放射衰减足以抵消地球降温需要散失的热量。放射性同位素的方法将地球年龄定为大约45亿年，这同达尔文的估算大致相当。

让达尔文最难解释的是那些同遗传相关的问题。在一篇1867年发表的对《物种起源》的评论文章中，工程师Fleeming Jenkin将微小变异同突变区分开。他认为，尽管前者会受到选择作用，但会在一定的局限之内。相反，如果一个“突变”被选择出来，那突变个体仍然需要和原来的群体一起繁殖，从而由于混合而回复到以前的性状。混合遗传会去除产生的可遗传变异，从而使选择不起作用。达尔文的表亲，Francis Galton基于不同的原因也强调“突变”的重要性。他设计了一个回复的统计方法用以计量连续

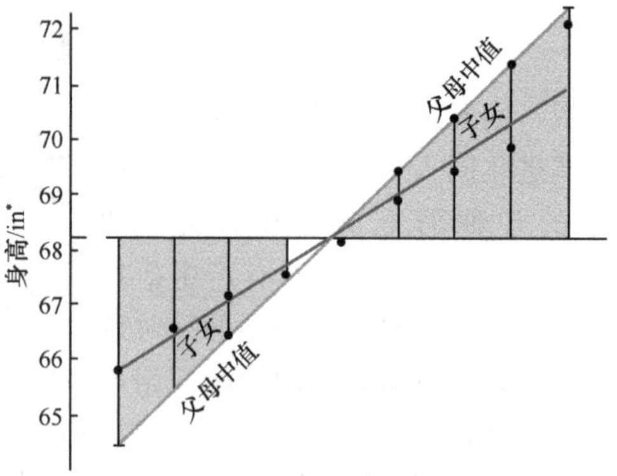

图 1.25 Galton 的关于子女（y 轴）和父母（x 轴）身高关系的原始数据。Galton 发现，子女身高同人群均值的差异小于父母，并将其称为“回归平常”。他认为，一个选定群体后代的身高均值会回归到一个固定数值，因此将减小由选择带来的差异。实际上，回归会最终趋向群体当时的均值，并且这一均值会随时间变化。

* 1in＝2.54cm。

变异的遗传。他错误地相信，后代会回复到原来群体的平均值，因此不会改变（图 1.25）。

其他流行的进化机制

文化的偏见和科学上的反对意见相比更会阻挠人们接受自然选择学说。达尔文进化论同圣经的阐述是格格不入的。宗教和道德伦理上对自然选择的反对更加微妙。根据达尔文的进化观点，生命形式的进化不存在向“高级”发展的趋势，人在自然界中也没有什么特别。自然神论认为上帝是利用自然定律而非是制造奇迹来创造世界的。他们认为达尔文进化论在这一点上和他们是一致的。然而，他们并不认同基于随机死亡和绝灭的自然选择学说。

其他的进化机制似乎更合理。对器官的使用或不使用的直接效应以及获得性状的遗传（拉马克主义）被认为可以导致更快的进化和引入进步的趋势。面对以上总结的反对意见，达尔文在他的《物种起源》较晚版本中给予了更多的重视，尽管他并不认为这些比自然选择更重要。August Weismann 认为，至少对动物来说，生殖系同机体是分开的。因此，那些可遗传的性状不会受到环境的直接影响。他是唯一一个仅用自然选择解释进化的知名学者。“新拉马克”遗传直到 20 世纪仍被看做是进化的关键动力。

另外一个截然不同的理论引入了定向进化的概念。达尔文主义的重要支持者，如 Ernst Haeckel 和 Herbert Spencer 就持此观点。他们只是在解释由其他因素导致的变异时才会提到自然选择。那些强调“突变”的学者，如 Huxley 和 Galton 也持类似的看法。这些理论同达尔文的自然选择学说是相冲突的，他们认为复杂的适应性状可以直接产生而不是如达尔文所说通过渐变和选择产生。

在英国，关于进化是基于连续的变异还是“突变”的争论愈演愈烈。一方面，Weldon（图 1.26）开始了关于选择如何作用于连续变异的研究项目（如图 1.23），并促使数学家 Karl Pearson 发展了相应的统计方法。在 Galton 的支持下，Weldon 和 Pearson 在皇家协会成立了一个委员会以支持他们的研究。另一方面，William Bateson 在 1894 年发表了他的巨著——《变异研究的素材》，强调非连续进化（不连续变异）的重要性。Bateson 强烈批评 Weldon 和 Pearson 的生物统计研究并在 1896 年进入进化委

图 1.26　W. F. R. Weldon（左）、Karl Pearson（中）和 Francis Galton（右）。

员会。4 年后，生物统计学派衰落，委员会被 Bateson 和他的支持者所掌控。这场争论直到 1906 年 Weldon 去世仍未见分晓。

孟德尔遗传理论的重新发现加剧了渐变论者和突变论者之间的分歧

19 世纪末对进化机制的争论源于对遗传机制的无知。具有讽刺意味的是，我们现代遗传学的基本理论是在 1866 年由一个叫格里格·孟德尔的牧师建立的（图 1.27）。如果当时对他的理论有正确的理解，那半个世纪的争论就可以避免了。然而，1900 年对孟德尔理论的重新发现却加深了渐变论者和突变论者的分歧。对这段历史的了解非常重要，因为它不仅决定了 20 世纪生物学的发展方向，而且当今很多有关进化的议题都可以追溯到那时渐变论者和突变论者的争论。

图 1.27　孟德尔和他的豌豆。

孟德尔在 25 岁时成为牧师并被培养为维也纳大学的自然科学讲师。在孟德尔回到在布尔诺的修道院后，他开始了 15 年的用豌豆和其他物种进行的遗传学实验。他的主要创新在于集中对明确性状（如圆滑种子和皱皮种子或花在树干上的位置等）进行研究，并对后代的性状进行细心的统计。孟德尔研究了 22 种自交豌豆品系，观察了 3 万多株植物。他发现两个纯合系杂交的后代（称为 F_1）总是一样的。对于每一个性状来说，F_1 代总是表现两种亲本类型中的一种。F_1 代自交产生 F_2 代群体，其中 3/4 的植物表现为在 F_1 代中看到的显性性状，但也有 1/4 重新表现出隐性性状。之后孟德尔又将 F_2 代进行自交。他发现那些在 F_2 代表现为显性性状的个体中有 1/3 是纯系的，而另外的 2/3 的后代产生 3∶1 的比例，同 F_1 代相同（图 1.28）。如果两个在若干性状上有差异的品系杂交，每个性状会在后代中发生独立的性状分离。

	圆型	皱型

1.	45	12
2.	27	8
3.	24	7
4.	19	16
5.	32	11
6.	26	6
7.	88	24
8.	22	10
9.	28	6
10.	25	7
总数	336	107

图 1.28　孟德尔豌豆10株植物的 F_1 代，皱皮种子和光滑种子总体上呈3∶1的比例。

孟德尔的解释是，他实验的每一个性状都是由一对因子控制的。这一对因子一个来自父系，一个来自母系。一株携带了两个因子的植物只表现其中的一种，但它会产生携带两种因子的雌性细胞和花粉。每个配子以相同的比率携带两种因子之一。由于这些因子在生殖中随机组合，所以在后代中配子仍然是相同的比率。孟德尔遗传的关键之处在于指出因子（我们现在称为基因）的稳定性。因此，“混杂”并不能稀释变异，环境对其并没有直接的影响（正如 Weisman 所说，遗传是“刚性”的）。并且，通过不同因子的随机组合可以产生大量的多样性。以前在达尔文、Weisman 和其他人提出的理论中也提到了遗传颗粒的概念。但在他们的模型中，一个性状由多个颗粒控制，所以不会出现简单的比率。

为什么孟德尔的理论被忽视了这么久？他并不是一个多产的作者。他 8 年的豌豆实验只总结了一篇题为《植物杂交实验》的论文，1865 年在 Brunn 自然历史学会宣读，次年在学会杂志上发表。这份学会杂志还是具有知名度的，在欧洲一百多家图书馆中都有。对孟德尔忽视的一个最根本的原因是那个时代还没有准备好接受他的理论。19 世纪中叶，很少人对研究遗传学本身感兴趣。人们只关注遗传在物种起源和个体发育中的作用。而孟德尔的工作对这些问题没有显而易见的解释。

19 世纪 80 年代早期，微生物学的进展导致对细胞基础生物学的解析

对孟德尔理论的重新发现和阐明更多是基于细胞生物学的发展。研究表明生物体都是由细胞组成的。并且，细胞的内部结构在不同的生物中大致相同。Theodor Boveri 的实验证明了细胞核是决定细胞形态的主要因素。他将一种海胆的细胞核移植到另一种海胆的卵细胞中，结果幼虫表现出提供细胞核的亲本的特征。细胞核的组成形式为长且呈丝状的染色体，并不断地分裂。每个成体细胞都有同样数量的染色体，但生殖细胞只有一半数量的染色体（图 1.29）。一个新个体通过有性结合形成，父系和母系各贡献一半的染色体。所有这些我们认为理所当然的发现均在不到十年的时间内完成。Hugo de Vries 和 Weismann 的著作——《细胞内的再生》（1889）和《生殖浆》（1892）激发了人们对遗传学的兴趣。de Vries 开始从事繁育实验并发现夜来香（*Oenothera lamarckiana*）有时会产生令人惊奇的变异。在 1900 年出版的颇具影响力的著作《突变理论》中，他提出新物种就是通过产生这些不连续的变异而起源的。

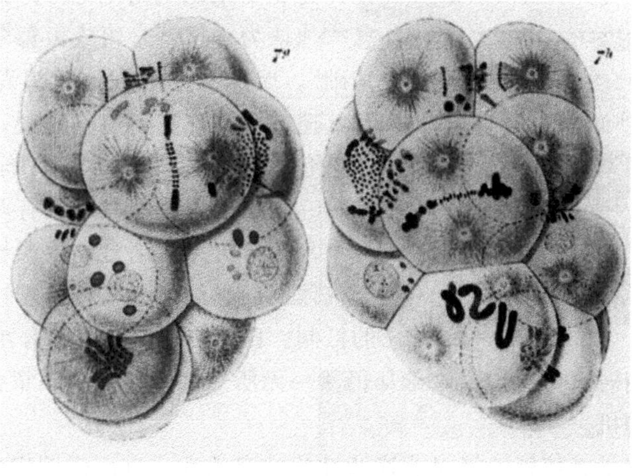

图 1.29　Theodor Boveri 的对蛔虫（*Ascaris*）卵染色体的研究回答了许多关于生殖细胞和体细胞染色体数量和行为的问题。

在世纪交接的时候，很多植物实验已清楚地表明 3∶1 的分离比，从而导致 Carl Correns、de Vries 和 Erich Tschermak 均独立提出正确的遗传颗粒理论。当他们要撰写相关论文的时候，他们才发现孟德尔已早于他们 35 年提出了这个理论。对孟德尔理论

的重新发现立即成为举足轻重的进展并导致以后十年经典遗传学的建立。人们意识到孟德尔遗传理论适用于动植物的各种性状，并发现了连锁、不完全显性和多等位基因。Bateson 杜撰了“遗传学”这个名词并对新孟德尔理论充满热情。他认为新孟德尔理论是进化中不连续变异重要性的证据。然而生物统计学家却争辩说，孟德尔的理论无法应用于他们认为是进化动力的连续性状。

摩尔根引进了作为遗传研究模式物种的黑腹果蝇（*Drosophila melanogaster*）

孟德尔在他的实验中是非常仔细地挑选具有简单模式的品系和特征的。在重新发现孟德尔理论以后的十年中，研究已经扩展到同现在基本相同的体系。用现在的术语讲，每个基因具有不同的形式或等位基因，且它们之间也不一定总是简单的显隐性关系，因此杂合子可以有所不同。几个基因可以同时影响一个表型而几个表型可能由一个基因控制。另外，基因也不总是独立分离的，有时它们会连锁。1909 年，在哥伦比亚大学“果蝇屋”（图 1.30）工作的摩尔根小组开始进行大规模寻找突变的实验，并根据连锁关系说明基因可能是线性排列的。

图 1.30　摩尔根在他哥伦比亚大学的果蝇实验室。摩尔根和他的同事，包括 Calvin B. Bridges、Alfred Sturtevant、Theodosius Dobzhansky，以及 Hermann Muller 在突变、连锁群和基因方面都有重要的发现。同时，他们还建立了成对染色体是孟德尔遗传的物质基础的理论。

随后几年的主要结果显示，这些连锁的基因群同染色体对应。早在 1902 年，Walter Sutton 就曾经提出，染色体由同源对组成，一个来自父系，另一个来自母系，且每对都携带独特的信息。他认为“这就是组成孟德尔遗传定律的物质基础”。摩尔根的研究通过追踪染色体连锁变异及其遗传模式证实了这一假说。最重要的发现是性染色体连锁基因。雄性果蝇只有一条 X 染色体，一个基因拷贝，而雌性有两条 X 染色体，有两个基因拷贝。这清楚地说明性连锁基因是在性染色体上的。然而，染色体理论受到了令人吃惊的抵制。Bateson 从来都没有承认它。尽管理论已经建立，但人们对遗传的物质基础却仍然一无所知。我们在下一章会看到，半个世纪以后情况才有了转机。

早期的孟德尔学者怀疑选择对非连续性状的有效性，进而强调突变是进化的基本原因。丹麦植物育种家 Wilhelm Johannsen 在这方面影响深远。他首次区分基因型和表现型并正确指出，选择对只有一种基因型的纯系是没有效果的。他在棕色豌豆上的实验似乎证实了这一点，即选择尽管可以影响由若干自交纯系构成的群体，但对每个纯系并没有什么影响。因此，他推论，选择只是从一个现有的混合群体中筛分，但并不会制造新的东西。我们现在可以理解这些论断是相当误导的，即因为亲本在很多基因上都是不同的，因此 F_2 代在无数可能的重组中只会表现其中很少一部分的组合（图 1.31）；经过很多代，没有突变选择也会发生效应。当时，人们普遍认为 Johannsen 的“纯系理论”是孟德尔遗传和达尔文自然选择之间不可调和矛盾的证据。

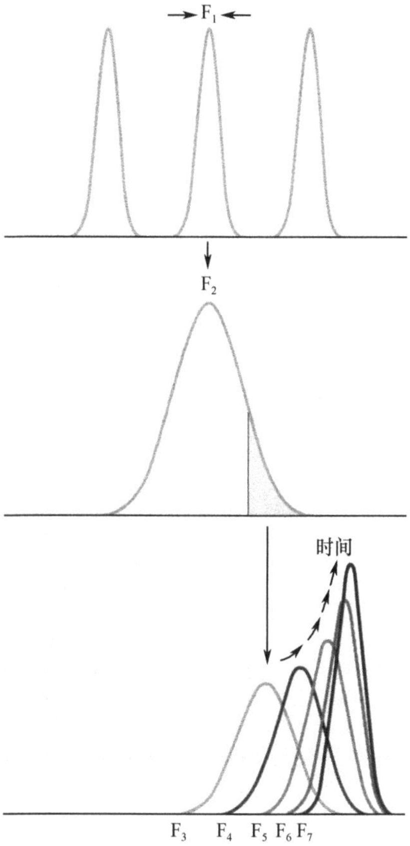

图 1.31　举例说明自然选择如何累积并导致原来群体中没有的表型的产生。两个在一些性状上有显著差异的纯系（这里定义差异为 20 个标准差）。这些表型差异由 10 个互不连锁的基因等效累积控制。两个纯系杂交的 F_1 代表现出介于两个亲本之间的表型（上图）。如果 F_1 代互相交配产生 F_2 代，重组将导致遗传变异的产生（中图）。理论上，每种可能的基因型都会在 F_2 代的群体中出现。但是，出现亲本表型的概率非常低（2^{-20}），还不到百万分之一。因此，F_2 代群体的表型分布和亲本并不重叠。但是，选择可以在几代中就使其表型分布回复到亲本之一的状态。下图显示，如果群体中最大的 10%被选择，那么只要 5 代就可以回复到亲本的表型分布。

微效不连续孟德尔基因可以解释连续变异

到 1910 年，孟德尔遗传学已经成为一个欣欣向荣的研究领域。然而，大家仍然普遍认为它同基于微效变异选择的达尔文选择理论是不相容的。随后的十年中，实验和理论在这种分歧之间架起了桥梁。连续变异可以用多孟德尔因子的效应来解释，且选择对这些变异是非常有效的。这种调和成为后一个世纪中叶更广的综合理论的基石。

我们现在知道，多种孟德尔因子中的每一个对所研究特征的贡献都是微效的，加上环境因素的随机影响就导致连续变异的产生。孟德尔自己曾经通过研究豌豆红花和白花杂交 F_2 代花的颜色提出过这种解释。Bateson、Pearson 和其他人也了解这种看法，并且在 1902 年由 George Udny 的论文给予了较为详尽的阐述。然而，起初它由于孟德尔学派学者和生物统计学家的激烈争论而被忽视了。1908 年，瑞典植物育种学家 Herman Nilsson-Ehle 报道了他对燕麦和小麦的研究成果。他发现对种子颜色微小变异的仔细分析仍然可以看到孟德尔分离率。例如，棕色种子和白色种子的燕麦杂交会产生 15∶1 的后代比率，并且后代棕色种子会有连续的颜色变化。他用两个孟德尔因子来解释，即双隐性纯合子为白色，频率为 1/16；其他的组合产生不同程度的棕色。图 1.32 显示三个孟德尔因子如何变化产生和 Nilsson-Ehle 所研究性状类似的连续性状。

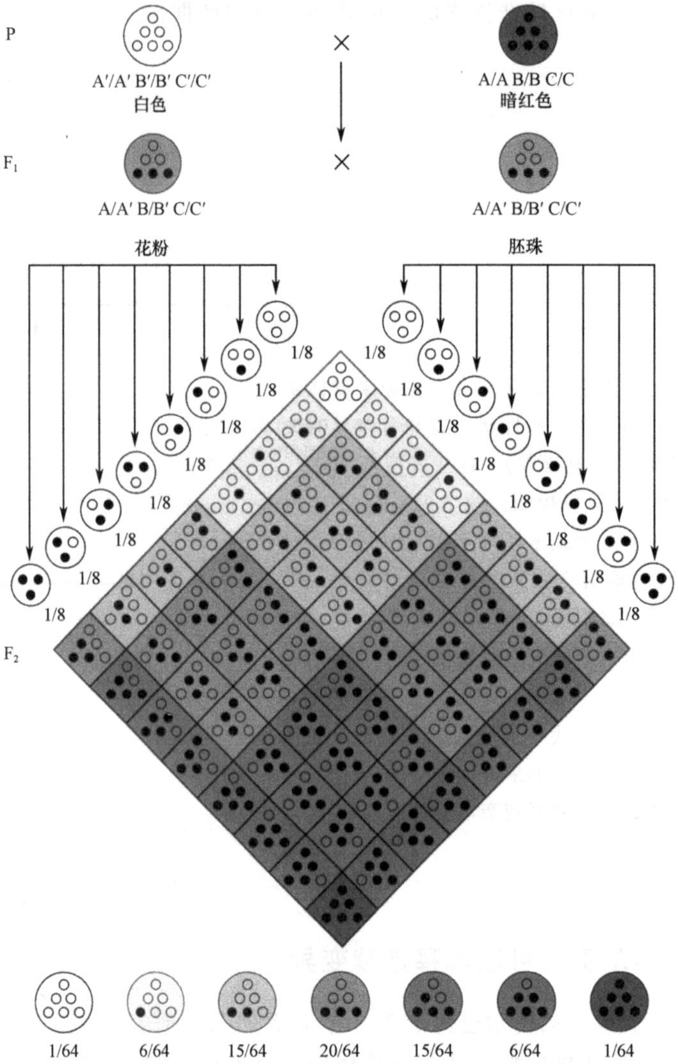

图 1.32　两个在三个孟德尔基因上不同的亲本杂交可以产生几乎连续的变异。一个亲本是 A、B、C 三个等位基因的纯合子产生暗红色种子；另一个亲本是 A′、B′、C′三个等位基因的纯合子且产生白色种子。F_1 代种子的颜色居中，F_2 代的颜色就变化很大。如果种子颜色同继承了多少亲本等位基因有关，如图所示，在 F_2 代中的 64 种基因型会表现出 7 种不同的表型。实际上，这样会出现连续的表型变异。我们将在第 14 章中详细讨论这类变异。

在第 14 章中我们将了解到，即便今天我们仍然很难阐明连续性状的真正遗传基础，也就是说明那些基因以及它们如何控制连续性状的。然而，Nilsson-Ehle 的工作和摩尔根发现的果蝇微效突变很快使遗传学家相信，基本上所有的变异都可以用孟德尔的理论解释。同时，这些发现表明，遗传背景不同的个体间的有性生殖可以产生大量的多样性。至此，有性生殖产生变异的全部意义才被人们了解（第 23 章）。

根据 Johannsen 的“纯系”实验，大家普遍认为选择不会导致一个群体在 F_2 代走向极端，因为毕竟在 F_2 代所有的可能组合都会出现。然而，后来的选择实验表明，这个理论是有问题的。例如，1889 年开始实验的高油和低油玉米到 1910 年已经和原来的品系大为不同了（这个实验仍在继续，品系仍在分离，见图 17.31B）。William E. Castle关于大鼠的实验影响很大。他将携带决定背部黑条纹纯合隐性基因的“斗篷”大鼠同身体全黑的爱尔兰大鼠杂交（图 1.33）。当杂交后代通过回交试图回复纯合隐性性状时，他发现隐性纯合个体的黑色条纹更宽。而后，Castle 进行宽或窄条纹的选择，并在 4 年后看到极端的分化。起初 Castle 认为他在筛选条纹基因的不同等位基因。然而，到了 1919 年，更多的杂交实验表明，极端分化是由多个基因的差异造成的。正是由于这些多个微效变异的积累导致群体产生同原来群体截然不同的表型（图 1.31）。

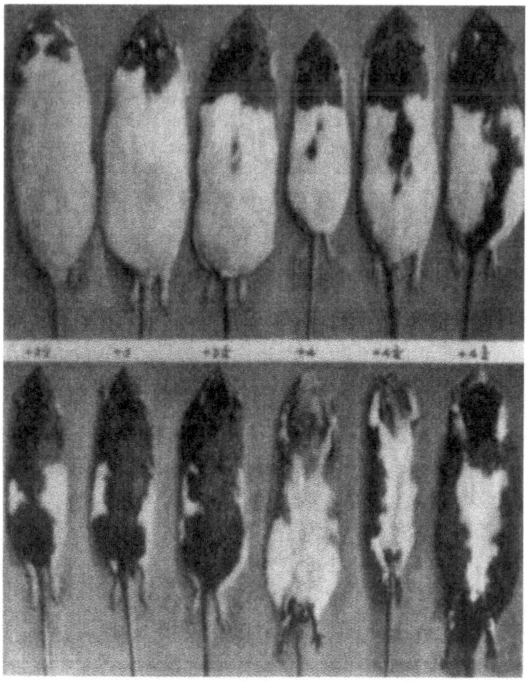

图 1.33　William E. Castle 用大鼠毛色实验显示选择的效应。图中展示了由毛色基因表达差异控制的一个毛色梯度系列，而不是 3∶1 的比率。对白毛色的选择（上图）；对深毛色的选择（下图）。

当初，孟德尔变异在一个群体中是如何分布的，这一问题令人困惑不解。人们清楚地知道，在随机交配时，F_2 代群体会在而后的世代中产生同样的 1∶2∶1 的比率。但直到 1908 年才将这一规律推广到任意组成的群体中。著名数学家哈迪在《科学》上发表了一篇短文，而德国医生温伯格独立地发表了一系列详细探讨孟德尔遗传的数学推论的文章（曾长期被忽视）。这就是我们现在所知的哈迪-温伯格定律。这一定律告诉我们，起初性状 Q 和 P 的频率分别为 q 和 p 的等位基因通过一代随机交配，将会在群体中以对应于基因型 QQ∶PQ∶PP 的 q^2∶$2pq$∶q^2 的频率存在。它最关键的要点是孟德尔遗传不会消除变异。因此，诸如选择等其他因素可以比较自由地逐渐改变群体的构成（注解框 1.1）。

注解框 1.1　哈迪-温伯格定律

在孟德尔遗传下，不同基因型的频率随着世代是如何变化的？这是一个基本的群体遗传学问题，而哈迪-温伯格定律回答了这个问题。我们用一个包含两个等位基因的单基因的简单例子来说明。我们用P和Q分别表示这两个等位基因（遗传术语见注解框13.1）。

试想一个二倍体的物种产生雌雄两种配子，而后雌雄配子随机结合形成下一代的二倍体（许多海洋无脊椎动物具有这样的生命周期）。我们假设P和Q等位基因的频率分别为 p 和 q。由于只有两种等位基因，因此 $p+q=1$。为了简化，我们假设雌雄配子的等位基因频率相同。

现在，一个新的二倍体具有QQ基因型的机会是它从父系和母系获得Q等位基因的概率，即 $q\times q=q^2$。杂合子PQ的概率是 $(q\times p)+(p\times q)=2pq$，而PP基因型的频率为 p^2。因此，配子的随机组合形成 $q^2+2pq+p^2$ 的基因型频率分布。基因型频率的总和等于1，因为 $q^2+2pq+p^2=(p+q)^2=1$。

图1.34A是对此的图解。纵向的长度代表雌配子的等位基因频率，而横向的长度代表雄配子的等位基因频率。图中4个长方形的面积代表经过随机结合形成的二倍体基因型的频率。QQ的频率为 q^2（左上），PQ的为 $2pq$（右上和左下），PP的为 p^2（右下）。

如果成年二倍体随机交配会怎样？那就有9种交配情况，如图1.34B所示。QQ雄性和QQ雌性交配后代全部为QQ（左上）；PQ雄性和QQ雌性交配后代一半是PQ，一半是QQ（中上）；PQ雄性和PQ雌性交配后代会产生QQ∶PQ∶PP为1∶2∶1的比例（中）等。从图1.34中我们可以看到，QQ后代占据一个长方形（左上，红色标记）。它的边长等于QQ的频率加上PQ频率的一半。这恰好是Q在成年二倍体群体中的频率——q。因此，QQ后代的频率为 q^2。依此类推，PQ和PP的频率分别是 $2pq$ 和 p^2。

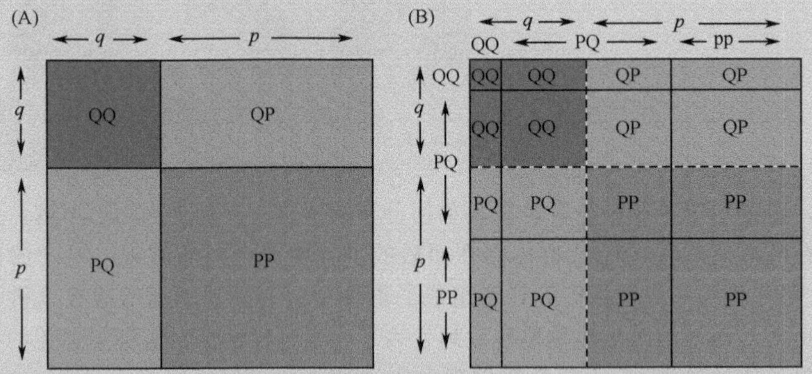

图1.34　哈迪-温伯格公式给出的由单倍体自由组合（A）或二倍体自由交配产生（B）的二倍体基因型的频率。(A) 方块的面积同由单倍体自由组合产生的二倍体基因型频率成正比。边长代表等位基因 q 和 p 的频率。(B) 二倍体基因型的频率标注在侧边。图中9个方框（实线边）表示9种交配组合的频率。将各个方框代表的基因型相加仍然是哈迪-温伯格公式给出的频率（比较A图和B图中彩色方框）。

我们也看到，即使二倍体群体不是处在哈迪-温伯格频率，经过一代随机交配，下一代就回复到哈迪-温伯格频率。这对于将配子释放到一个混合池的物种来说更容易理解（正如我们在图 1.34A 中假设的那样），因为唯一重要的就是这些配子的等位基因频率。然而，我们从图 1.34B 中也可以看出，当二倍体通过自交产生后代时仍然如此。

综合进化论

在经典群体遗传学中孟德尔和达尔文的观点得以调和

对孟德尔遗传、生物统计和自然选择在理论上的完全综合要归功于 R. A. Fisher、Sewall Wright 和 J. B. S. Haldane 的工作（图 1.35）。第一次也是最重要的贡献来自 Fisher 于 1918 年发表的题为《孟德尔遗传假定下的亲属之间的相关性》的论文。这篇论文指出，一直以来被 Galton、Pearson 和其他人测定的亲属间的相关性可以用多孟德尔因子和随机的非遗传影响来解释。但 Fisher 所做的工作还远不止这些。他定义了方差并且表明它可以用遗传与非遗传因素的综合来表示。遗传因素本身可以进一步分解为源于加性效应、显性以及基因互作的因素。Fisher 于 1918 年的论文建立了当今群体遗传学理论的大部分内容，同时也成为方差分析的关键统计技术。

图 1.35　R. A. Fisher（左）、Sewall Wright（中）和 J. B. S. Haldane（右）。他们的工作综合了孟德尔遗传、生物统计和自然选择。

Sewall Wright 在做 Castle 的研究生时，就开始了他的研究。他用毛斑大鼠进行的繁育实验显示：对选择的反应是由多种修饰因子引起的。他后来继续用豚鼠做实验，探讨基因间如何相互作用来决定像毛色这样的表型。他主要的理论贡献在于对近亲繁殖以及与之密切相关的随机遗传漂变的理解。孟德尔早已提出，在一个自交系的群体中，每一代杂合子的频率减少一半。尽管近亲繁殖有其现实重要性，但人们并不知道在其他交配系统中遗传背景是如何变化的。Wright 在 1921 年发表了一系列的论文，对近亲繁殖进行了总体的分析，并提出：在一个小群体中不可避免的近亲繁殖将导致基因频率的随机波动。他将这个过程称为遗传漂变并探讨了它同选择、突变和迁徙的相互作用（见第15章和第18章）。

直到1924年才有严密的论证理论解析自然选择如何作用于孟德尔变异。当时，J. B. S. Haldane发表了他相关系列论文的第一篇——《自然选择和人工选择的数学理论》。他探讨了一个或两个孟德尔基因如何在不同生存力和繁殖力条件下改变一个群体。

这些理论的发展奠定了群体遗传学的基础并被总结在三部重要的著作中，包括Fisher的《自然选择的遗传理论》(1930)、Haldane的《进化的动因》(1932）和Wright的《孟德尔群体的进化》(1931)。Fisher、Haldane和Wright对进化的看法截然不同。Fisher强调在一个大群体中由选择导致的许多微效变异是逐步变化的。但Haldane重视对单个基因的强选择作用。同时，作为一个生化学家，他也关心遗传的物质基础。例如，他在1923年发表了一篇探讨生命如何起源于前生命化学物质的论文（第4章)。最后，Wright认为，如果一个物种被分成众多小群体，适应就会变得更加有效。因此，不同的进化过程之间可能存在一种摇摆的平衡。然而，尽管这些观点有差异，但群体遗传学的三位奠基人都为整合孟德尔和达尔文的理论做出了重要贡献，并为在生物学领域更为广泛的综合开辟了道路。

"综合进化论"整合众多领域

始于20世纪早期的学术分歧不只局限于孟德尔学派和生物统计学家之间的分歧，更大的分歧在于实验模式动物的实验生物学家与野外考察自然群体的博物学家之间的分歧（正如我们将在第2章中看到的一样，现在类似的分歧也存在于从不同角度探讨进化的学者，即研究分子变异的学者和研究整个生命体的学者之间的分歧)。在实验生物学家中流行的进化理论，如de Vries的突变理论，侧重于探讨突变是如何产生的。他们对生物体如何能变得适应环境不做解释，而只是假设新物种不断产生。相反，博物学家认为变异总是存在的，并把物种看成繁育的群体。他们探究群体如何分离成为新物种以及如何适应变化的环境。因此，现代进化论的出现，不能局限于在20世纪20年代对孟德尔学派和生物统计学家之间分歧的调和。新的遗传达尔文学说必须能适用于自然界，并且生物学的不同领域应该被统一在一个一致的框架下。这次发生在20世纪40年代的整合就是众所周知的综合进化论。

图1.36 Theodosius Dobzhansky在他的著作《遗传学与物种起源》(1937）中将达尔文主义和遗传学融合在一起。

俄国学者在将遗传学请出实验室的过程中起到了重要作用。育种实验很廉价，所以即使在俄国内战（1918～1920）刚结束的动荡年代也可以进行。并且，在俄国已有很强的达尔文主义的传统并强调生态问题。Sergei Chetverikov提出，果蝇自然群体中存在很高的隐性等位基因的遗传变异。其效应在近亲繁殖时会显现出来，且在环境变化时有可能被自然选择保留。1927年，Theodosius Dobzhansky（图1.36）加入摩尔根已搬迁到加州理工大学的实验室，并带去了俄国的学术思想。他开始在 Sierra Nevada 进行野外采集并再次发现了大量的隐性变异。他同时还开展了对果蝇杂种不育遗传机制的研究，在 1931 年召开的第六届国际遗传学大会上，Dobzhansky 对 Wright 提出的进化的摇摆平衡理论印象深刻。6 年以后，Dobzhansky 出版了《遗传学与物种起源》，综合了 Wright 的理论和 Chetverikov 对自然群体的看法。这本书产生了广泛的影响，因为它用新遗传学解释博物学家关心的问题，特别是对自然和物种起源的关注。

在英国，当时也发生了同样的进展。E. B. Ford（图 1.37）采用 Fisher 的思路研究自然选择对蛾和蝴蝶可见变异的影响。1924 年，Haldane 提出，黑化蛾群体的扩张可以用其比浅色蛾高出 50%的生存概率来解释，因为在工业污染区黑暗背景更利于黑化蛾的隐蔽（图 1.38）。Ford 证实这样的强选择是普遍存在的，他和 Fisher 一起认定 Wright 的随机遗传漂变不会有显著效应。Ford 的学生进一步阐明，即使是微小的差别也可能受到自然选择的强烈影响，如蜗牛的条带布局和 Galapagos 雀的喙的形状。与此类似，Dobzhansky 也倾向于强调自然选择，他发现在果蝇种 *Drosophila pseudoobscura* 中的染色体倒位随季节规律变化，从而表明是选择而不是漂变的作用（图 1.39）。总之，直到 20 世纪 50 年代大家倾向于：大多数种内和种间的差异都是由适应自然选择导致的，而不是随机的。

图 1.37　采用 Fisher 的构想，Edmund Brisco Ford 研究了蛾和蝴蝶可见多态性的选择。

图 1.38　工业黑化蛾的两种形态（上图为普通型，下图为黑化型）。Haldane 提出，黑化型的蛾子由于和污染区的树干背景更接近，所以比普通型有更大的生存概率。

继由 Fisher、Haldane 和 Wright 在 20 世纪 20 年代提出的理论框架以及后来 1937 年 Dobzhansky 在他的书中对这个框架的应用以来，其他领域也进入了进化综合论。Ernst Mayr 在 1942 年出版的《系统学与物种起源》讨论了物种的本质、起源和地理分布；George Gaylord Simpson 在 1944 年出版的《进化的时空与状态》中提出，化石看到的变化格局和群体遗传学的理论是一致的（图 1.40）；之后，G. Ledyard Stebbins 在 1950 年出版的《植物的变异与进化》中将植物学引入综合论。由此，进化生物学成为

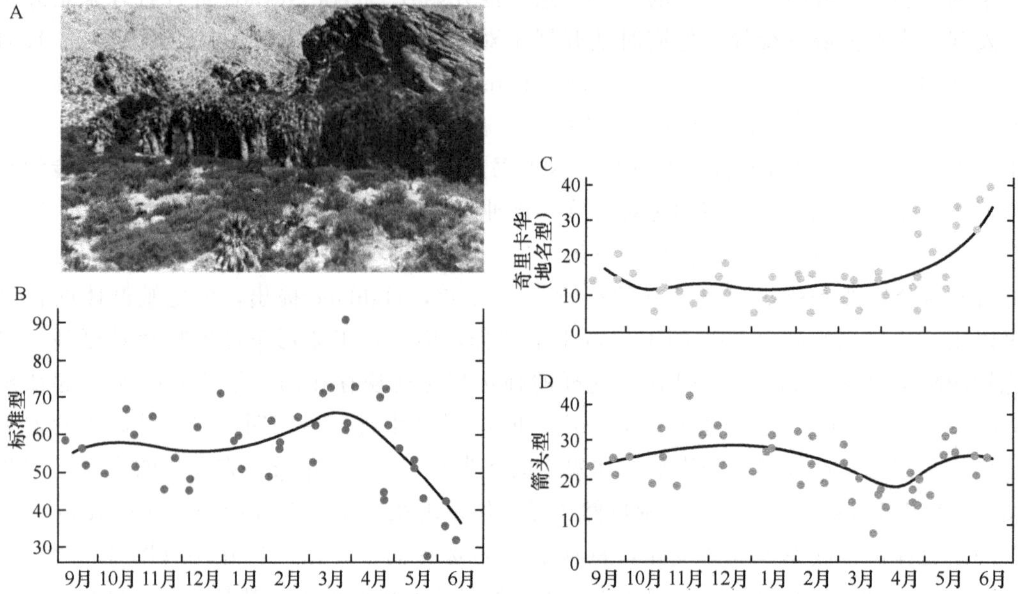

图 1.39　Dobzhansky 对随时间变化的染色体倒位的研究。(A) 在加利福尼亚的研究地点。(B~D) 三种染色体类型频率在一年中的规律变化。这个结果提示自然选择（而不是随机漂变）的存在。

一个学科规范，拥有了讲授课程和研究基金并在 1946 年拥有了自己的杂志——《进化》。

图 1.40　左图——Ernst Mayr（右）研究物种的特性、起源以及地理分布；右图——George Gaylord Simpson 提出，在化石记录中看到的变化模式和群体遗传学的理论是一致的。

适应是自然选择作用于孟德尔变异的结果

经过一个世纪的迷惘和争论，以自然选择为核心的达尔文进化论同孟德尔遗传学相结合形成综合进化论。它可以解释生物学的不同领域，并在两个关键问题上得到认同。

- **孟德尔遗传学有助于解释自然选择**

——可遗传变异在传代中被保留而不是被混合效应所稀释。

——环境不直接作用于遗传变异；换言之，不存在获得遗传。

——突变对适应而言是随机的，并不存在向更好适应突变的趋势。

- **自然选择是适应的唯一原因**

——虽然很多因素（如随机漂变、迁移和突变）影响进化，但这些非自然选择因素不会导致具备更好生存和繁殖能力的物种的出现。

——微小的差异也会受到自然选择的影响，即使很弱的自然选择也会非常有效。

在第 12～14 章中，我们将列举这些基本理论的证据。虽然这些理论已被进化生物学家所接受，但争论仍然存在，且争论的问题和 20 世纪初提出的一样。这些反对的意见我们概括在第 3 章。

对于综合进化论的奠基者来说，他们对在更广泛领域推动此理论充满热情，并有战胜迷惘的自豪感。然而，很多方面仍然是未知的，并且综合进化论的核心内容并未被大多数生物学家所接受。例如，在 1955 年 Mayr、Simpson 和 Wright 缺席的美国国家研究咨询委员会的会议上，自然选择并没有被确立为生物学的基本规律之一。在后面的内容中，我们将概述那些仍然没有答案的问题。

综合进化论的主要问题仍然悬而未决

在综合进化论提出的时代，人们还无法直接观察遗传变异，基因的物质基础也尚不清楚。当时大家普遍认为遗传变异是广泛存在的，长期进化可以用在现在的群体中发生的过程来解释。但是，人们对跨越物种和时空遗传变异的更为详尽的了解则是在分子生物学发展之后。

回顾历史，我们可以看到，当时综合进化论对一些主要问题仍没有解决。至少一部分人们已经知道解决问题的可能途径，但无法进行直接的研究。在随后的章节中，我们会看到即使现在我们仍然常常没有确定的答案。

遗传变异的本质是什么？

正如达尔文提出并被早期的遗传学所证实的那样，各类物种中都存在丰富的遗传变异。然而，我们仍然不知道基因是如何组合而整体地影响有机体，以及这些基因是如何保持变异的。有多少个基因会影响像果蝇翅膀、小麦的产量和人的智慧这样的性状？每个基因会有多少个等位基因？这些基因的效应是简单的累加还是复杂的组合？什么样的基因会与此相关？当前的人类遗传学正在关注这么一些问题，即我们的健康受基因间复杂的相互作用、病原体的基因，以及环境条件的影响。在第 14 章和第 26 章，我们会再讨论这些问题。

是什么维持遗传变异?

从某种角度讲，确实存在一些纯遗传学问题，即探讨基因型和表型的关系。但是，对这些问题的回答依赖于我们对遗传变异是如何进化以及如何维持的理解。在综合进化论的时代，对这个问题有两种不同的看法。传统的观点很简单，可以追溯到摩尔根和他的学生 Herman Muller。他们认为在任何一个特定环境中都存在一个适合度最高的野生型等位基因，而其他的变异都是由有害突变造成的。相反，平衡观点以 Dobzhansky 和他的学生为代表，认为遗传变异具有更为积极的因素，不同的等位基因通过平衡选择而得以维持。这种多样性使物种可以较快适应不断变化的外部条件。我们在第 19 章中会看到，这两种观点随着时间也在变化，但关于两种观点孰轻孰重的争论仍在继续。

自然选择作用的对象是什么?

达尔文认为，自然选择作用于个体，群体的改变是因为群体中的一些个体比其他个体产生更多的后代。Fisher、Haldane 和 Wright 都相信达尔文的论点，并认为种群和物种的生存差异是不足为道的。由于种群增殖发生的频率低于个体的繁殖频率，所以对种群的选择速率会远低于对个体的速率。并且，仅对种群和物种有利的适应常常会被个体利用以牺牲种群为代价来获取个体的优势。然而，在综合进化论的时代，由于更多强调适应而不是随机漂变和突变，这个问题常常被忽视了。研究自然群体的人常常不会区分适应是对个体有利还是对物种有利。例如，V. C. Wynne-Edwards 曾提出，动物会朝个体繁殖力减弱的方向进化以避免对资源的过度消耗。这引发了对选择作用于个体观点的推崇。例如，George C. William 的著作——《适应与自然选择》(1966) 以及 W. D. Hamilton 对该理论在社会行为方面的延伸，即对个体的选择导致近亲之间的社会交往。问题的要点在于，在 20 世纪 60 年代以前，人们并不认同对个体的选择是解释适应的关键。选择在哪个层面起作用仍然是有争议的。这种争议已延伸到从生命起源到社会行为等一系列问题 (第 21 章)。

进化中的主要演替是如何发生的?

我们今天看到的如此不同的物种是如何从共同祖先那里进化而来的? 生命是如何在早期的地球上产生的? 达尔文曾私下猜测，生命起源于某种“温暖的小池塘”。1923 年，Haldane 提出，一种简单的类似病毒的生命体起源于生命前的化合物世界。1936 年 Alexander Oparin 的著作——《生命的起源》更进一步提出，曾经存在一个化学进化时期，自然选择青睐富集有机小分子的液滴。Haldane 和 Oparin 关于简单的有机分子可以从地球早期的无氧环境中偶然产生的想法后来得到实验的证实。例如，1953 年 Stanley Miller 进行了模拟闪电球的实验并产生了氨基酸。然而，在我们不知道遗传信息是如何编码之前 (见第 4 章)，进展极其缓慢。同样地，如果没有对所有有机体共有的遗传机制进行了解，那些含有各种细胞器的真核细胞的进化、脊椎动物的体节形成，以及遗传控制导致复杂形态的发育 (第 9 章和第 24 章) 是如何产生的诸如此类问题同样会令人费解。

分子生物学使进化生物学的研究脱胎换骨

如果忽略分子层面的细节，在经典遗传学的帮助下，有些问题还是可以取得一些进展的。的确，在过去 50 年中采用对进化生物学奠基者们来说比较熟悉的经典方法，取得了相当多的进展。例如，由 Pearson 和 Fisher 发展的统计方法成为寻找数量性状（quantitative trait loci）改善动植物性状和人类复杂疾病的基础。但是，分子生物学的发展从根本上改变了进化生物学的研究。

- **分子生物学提供了强大的新技术**　大量遗传标记的发现使人们可以更加精确地建立所有有机体内的进化关系。
- **分子生物学通常能出人意料地回答进化的老问题**　举个例子，我们现在可以客观地度量遗传变异的水平，且适用于所有有机体（第 13 章）。再有，我们现在可以清楚地理解同源对生物体的含义。例如，为什么昆虫和脊椎动物的眼睛是同源共祖的而不是为了同一功能需要而独立演化来的？
- **分子生物学提出全新的问题**　分子世界的发现打开了自然历史的新纪元。例如，我们现在可以追问，尽管独立复制且具不同的进化利益，细胞器间是如何共存的（第 21 章）。尽管同线粒体有冲突，真核生物的核基因组是如何在自私的转座子中生存的？这些问题相当于追问尽管选择作用于个体的自身利益，但群体及物种是如何很好的适应的。我们也可以提出关于遗传机制的根本问题（第 4 章和第 23 章）：为什么遗传密码是这样的？为什么基因会这样被调控？为什么多细胞生物会如此发育？每一个已知的分子现象都会有一个对应的进化问题。

在下一章中，我们将回顾分子生物学在 20 世纪后半叶的出现，它同进化生物学的关系以及目前两者新的综合。

小结

几个方面的证据建立了我们对进化及其机制的理解。18 世纪地理学的发展告诉我们地球非常古老，诸如风化和火山活动等过程可以解释为长久的地理变更。化石是现在已经绝灭的物种的遗存与现生类群在时间上的连续。达尔文的进化论是基于对他乘猎犬号航海时所看到的物种地理格局。例如，在相距很远的海岛上存在多样且相关的物种。《物种起源》使大多数受过教育的人们相信进化论，但对自然选择的争论一直持续到 20 世纪。最大的障碍之一是对遗传学的无知。即便 1900 年孟德尔的工作被重新发现并导致经典遗传学的建立，但仍然存在强调显著效应突变的重要性和强调对微小变异自然选择的重要性两者之间的争论。这个争论在 20 世纪 20 年代得以解决，群体遗传学家提出孟德尔遗传变异可以导致性状的连续变异并且自然选择可以有效地用于这些变异。在之后的几十年中，综合进化论整合了生物学的各个层面。但仍然存在很多悬而未决的问题，特别是关于遗传变异的本质和原因，以及选择对类群和物种的不适用性仍不是很清楚。现在，分子生物学的技术和数据改变了进化生物学。它不仅有助于解答老问题，而且为研究打开了新的局面。

延伸阅读

Bowler P.J. 1989. *Evolution: The history of an idea.* University of California Press, Berkeley; Ruse M. 1996. *Monad to man: The concept of progress in evolutionary biology.* Harvard University Press, Cambridge, Massachusetts.
两篇很好的介绍进化思想的历史发展的书籍。

Browne E.J. 1996, 2002, 2 volumes. *Charles Darwin: A biography.* Princeton University Press, Princeton, New Jersey; Desmond A. and Moore J.R. 1991, 2 volumes. *Darwin.* Michael Joseph, London; Viking Penguin, New York.
两部较好的达尔文撰记。

Provine W.B. 2001. *The origins of theoretical population genetics,* 2nd ed. University of Chicago Press, Chicago.
介绍20世纪20年代对遗传学和进化的激烈争议以及后来形成的综合进化论。

经典工作

Darwin C. 1839. *Journal of researches into the geology and natural history of the various countries visited by H.M.S. Beagle, under the command of Captain FitzRoy, R.N., from 1832 to 1836.* Henry Colburn, London.
既是一本很好的旅行读物又是一本记录导致达尔文提出进化论的观察与思考。

Darwin C. 1859. *On the origin of species by means of natural selection.* John Murray, London.
有许多这部关键著作的重印本，我们推荐第一版。

Dobzhansky T. 1937. *Genetics and the origin of species.* Columbia University Press, New York.
将群体遗传学应用于自然群体研究的教科书。它对现代综合进化论的建立至观重要。

Fisher R.A. 1930. *The genetical theory of natural selection.* Clarendon Press, Oxford.
一本简明的群体遗传学丛书，包括Fisher对优生学的观点。

Haldane J.B.S. 1932. *The causes of evolution.* Longmans, Green, New York.
一本清晰易懂的介绍基础群体遗传及其与进化的关系的书籍。

第 2 章

分子生物学的出现

在遗传学和进化逐步融合并形成**综合进化论**的过程中，几乎没有关于基因物质基础的知识或者关于这些基因是怎样引导生物各种功能和发育的知识。在 20 世纪上半叶建立起了小分子生物化学的基础，但关于核酸和蛋白质的作用和性质仍然有很多争论。在 1940～1965 年，人们对于生物学的理解发生了巨大的变化，遗传、基因调控和酶功能的物质基础已经建立并揭示了生命令人惊奇的简单性。

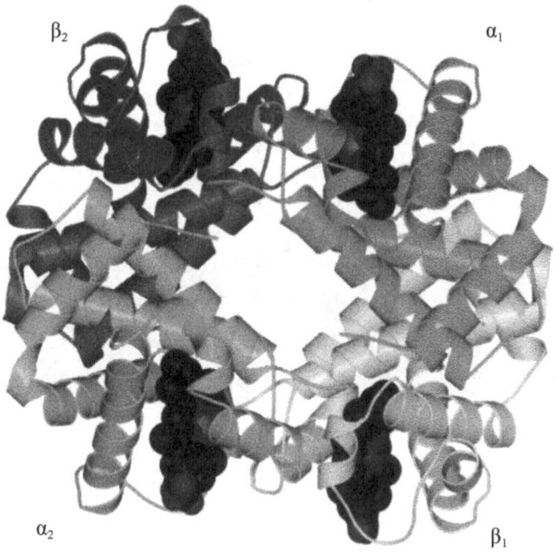

随着分子生物学的诞生，对生命机制性的解释成为可能。这个新的学科集中于信息的流动而不是能量，关注大分子的三级结构而不是有机化学。而后技术上取得的巨大进步，特别是在 1972 年和 1980 年期间，使 DNA 测序和遗传操作变得更加快捷和方便。但经典分子生物学基础在 20 世纪中叶已经得到了确立。

在本章中，我们将概述分子生物学的发展从而补充第 1 章中关于进化生物学的历史，进而有助于我们理解这两个领域之间的关系。同样，它可作为分子生物学中关键原理的总结，从而有助于理解我们后面部分讨论到的具体例子。在本书的后面部分，我们将试图解释生物是怎样和为什么进化出共享的基本结构，这些基本结构又是怎样通过经典的分子生物学来解释的。

分子生物学的开始

直到 1950 年才理解生命的物质基础

18 世纪末人们试图用物理和化学理论来解释生命现象，这远远早于可以完全用物质观点解释生命之前。天体运动的牛顿力学、Gottfried Wilhelm 和 René Descartes 的理性哲学刺激了这些解释的产生。在 1770 年前后，Antoine-Laurent Lavoiser（图 2.1）说明了呼吸和燃烧会引起相似的化学变化，生命和非生命体都可以用同样的方式分解为各种组成元素。在 1830 年早期，在麦芽酒、杏仁和胃液里发现了“发酵”（酶）现象；这些加速的化学反应却不为它们自身所消耗。Jöns Jacob Berzelius（图 2.2）称这为催化并且将这个术语应用于有机和无机化学反应中。

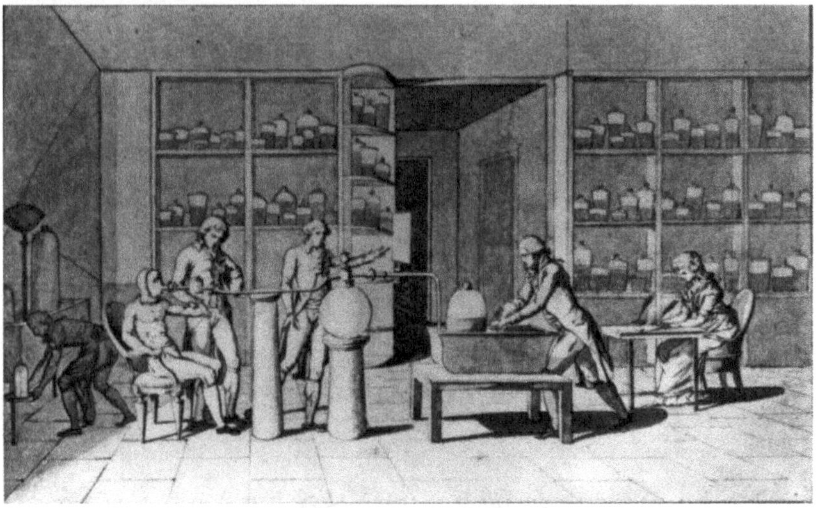

图 2.1 Antoine-Laurent Lavoiser 演示了关于人呼吸的一个实验。Lavoiser 定量了通过代谢消耗的氧气和产生的二氧化碳并且确定呼吸是一个很慢的燃烧过程。这幅图是 Lavoiser 的妻子 Marie-Anne Paulze 所画，她出现在图的右边。

直到 19 世纪末期人们才更好地理解了酶的功能。关于发酵是否需要活着的细胞或者就是一个简单的化学问题有很多的争论。Louis Pasteur（图 2.3）在 1861 年左右做了各种实验表明了发酵的发生需要活细胞（例如，从无菌身体取出的血液和尿样在三年内是不吸收氧气的。然而，一旦暴露于微生物中则会很快吸收氧气）。但是，在 1897 年，Eduard（图 2.4）和 Hand Buchner 表明了酵母细胞提取物也能产生催化反应。到了 20 世纪初，人们才明白酶可以在细胞内外产生催化反应而不取决于任何“关键力”。

有机物一个典型的特征就是其光学上的非对称性。例如，偏振光通过植物来源的酒石酸溶解液时会转为右旋，化学结构相同但人工合成的酒石酸却没有这种效应。在 1848 年，Paster 发现了酒石酸晶体的两种类型，两者互为镜像结构。Paster 用手性将其分开表明了它们偏振光的方向是相反的，并且它们与其他有机物的反应也不同。在 1874 年，

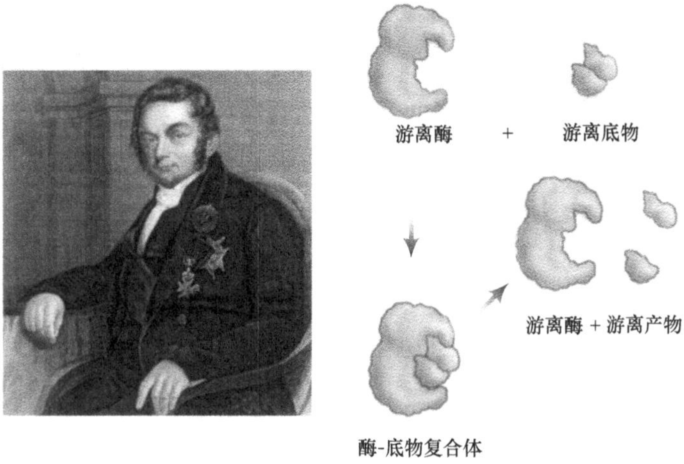

图 2.2 Jöns Jacob Berzelius（左图）除了发现几种化学元素外还说明了现在的化学符号，确定和命名理解酶功能机制的关键催化过程。

图 2.3 Louis Pasteur 的实验表明发酵是一种在活着的细胞中发生的生理过程。Pasteur 的成就是建立起了立体化学（见图 2.5）从而认识到微生物在感染性疾病中的作用并且发现了抗狂犬病的疫苗。

图 2.4 Eduard Buchner 在非细胞的发酵工作将催化和发酵过程联系起来，使得他获得了 1907 年的诺贝尔化学奖。他的无细胞发酵研究使用酵母来分离有活性的细胞物质，进而研究其组分特别是酶，他将动植物细胞的酶的活动称之为“监工”似的工作。

Jacobus Hendricus vant'Hoff 和 Joseph-Achille Le Bel 独立给出了不需要任何关键力的解释：光学上的不对称性反映了酒石酸中碳原子的不对称性，形成右手构象或左手构象（图 2.5A）。以这种方式区别开来的分子称之为**立体异构体**。在 1890 年，Emil Fischer 通过合成 16 种可能的葡萄糖异构体从而证实了这种假说，因为葡萄糖的 4 种非对称碳原子的构象是不同的（图 2.5B）。Fischer 发现对于特别的异构体有很强的特异性，他通过假设催化只有当酶和底物像“锁和钥匙”一样的结合时才会有效应。一个半世纪后，随着分子生物学的到来，人们才认识到三维空间结构的重要性。

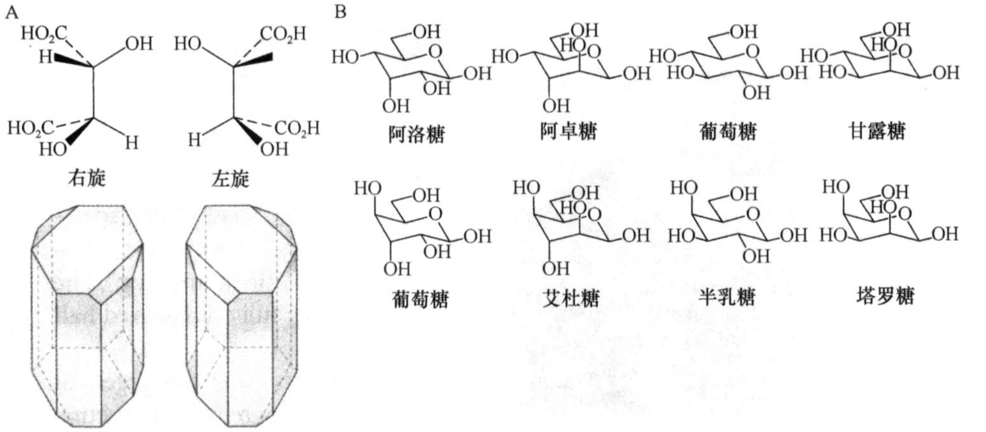

图 2.5　(A) 酒石酸分子有两种形式互为镜像（如立体异构体）。每一种形式的晶体结构表明了镜像的非对称形式。(B) 葡萄糖含有 4 个非对称的碳原子，所以有 $2^4=16$ 个立体异构体，这里显示的只有 8 种 D 型；另外 8 种 L 型是这些 D 型的镜像结构。

尽管，在 Berzelius 的时代，人们非常明确酶是由蛋白质组成的，但蛋白质的结构和催化活性的位点仍然是不清楚的。1902 年，Fischer 和 Franz Hofmeister 独立提出了氨基酸组成蛋白质，再由肽链首尾相连。然而，人们普遍认为蛋白质由短肽组成，再以一定的胶体形式连接在一起，并且这种胶体状态决定了生物学的活性。胶体以前被认为是一种无定型固体物质而不是已定义的晶体。胶体被准确定义为两个不同相的混合物形成的物质（如水和土的乳状液）。生命“动力学”特征的思想，特别是酶的催化功能源于它们是胶体组织的想法是非常吸引人的，部分是因为“相”之间的广泛接触面使许多胶体有一定的催化活性。

胶体理论在 1920 年被三方面的证据所推翻。首先，纤维素和丝的纤维物质产生清晰的 X 射线衍射模式提示这是一种正常的分子结构（见注解框 2.1）。其次，Theodor

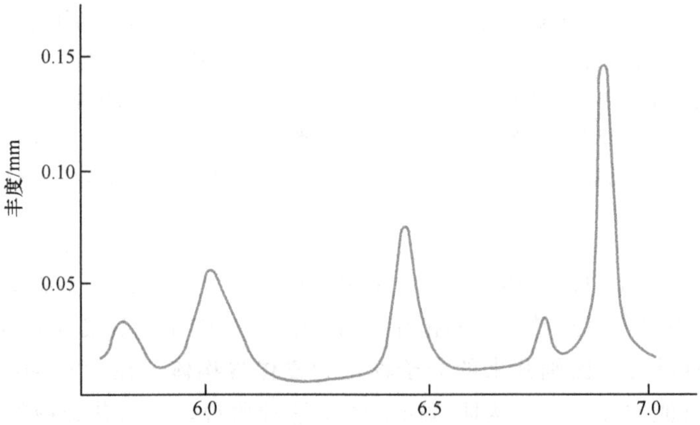

图 2.6　Theodor Svedberg 使用超速离心来准确测量蛋白质分子的大小，因为各个蛋白质在强引力场下沉淀的速率不一样。图中显示的是 *Limulus hemocyanin* 4 个主要成分的图，还包括一小部分的第五组分。

Svedberg 使用超高速离心表明大部分蛋白质都有很高的分子质量，这是每一类蛋白质的特征（图 2.6）。例如，Svedberg 表明血红蛋白分子的 4 个亚基的每一个亚基的相对分子质量都是 16 700。最后，Hermann Staudinger 对自然聚合体和合成聚合体的研究给出了令人信服的化学证据。这些是亚基的长链单位通过共价键联合在一起，而不是假定的胶体理论的弱键。Staudinger 命名了这类长链大分子。

注解框 2.1　技术进步是分子生物学出现的关键

分离：各种类型的色谱设计方法就是使用不同液相通过固相的方式达到分离样品的目的。例如，Frederick Sanger 使用纸上层析法来分离蛋白质片段来确定它们的氨基酸顺序。在 19 世纪 20 年代中期，Svedberg 设计了**超速离心**，随后他的学生 Arne Tiselius 在后面的十年发明了**电泳**，根据电荷量和泳动率来分离分子。

检测：同位素原子质量不同但却有着一样的化学特征。1931 年发现了氘，氢的重同位素，后来发现了重氮（N^{15}）。尽管，重同位素占据了早期的研究，但检测到它们只能通过区别密度上的微小不同或采用质谱方法。在第二次世界大战后，放射性同位素已经可以获得而且可以用来检测标记分子的最小量。

结构：尽管在开始的半个世纪，X 射线结晶在决定分子结构方面有着惊人的成功，但很难将它们应用于大的生物分子。重建大分子的结构需要通过分析 X 射线轰击的分子形成的成千上万个点的密集度。这也需要了解散射的 X 射线的阶段（如顶点和低谷的时间），而这是非常难掌握的。简单的结构可以通过“尝试性的方法”解决，从一些可能的模型中计算偏差再与观察到的结果进行比较。DNA 结构就是用这种方法解析出来的，但这种方法对于蛋白质却行不通，因为蛋白质基本上是无序的。进一步说，偏差点的数目和计算需要随着分子数目的增加而增加。在 1940 年晚期发展了电子计算机，这对解决第一批蛋白质结构非常关键。

起初，这些新技术是既困难又费力的，并且使用起来也有危险。最初的超速离心机的转子发生了爆炸。在 19 世纪 40 年代，所有这些技术得到了更为广泛的应用，从而使很多实验室可以步入这个研究领域。

1926 年 James Sumner 从白凤豆中结晶了尿素酶（图 2.7），从而出现了否定胶体理论的确凿证据；三年之后，John Northorp 拿到了胃蛋白酶的最纯结晶体并且表明了它们具有酶的活性。

到了 1940 年，生物化学家对于基本的代谢和合成途径以及细胞的能量流动已经有了很好的理解。两种核酸（DNA 和 RNA）和蛋白质分别是由长链核酸和氨基酸组成的大分子。然而，对于这些大分子的结构和功能却知之甚少。大分子的序列被认为是一种正常的排序方式：特别是“四核苷酸假说”表明了核酸是由 4 种不同的碱基：腺嘌呤、胸腺嘧啶、鸟嘌呤和胞嘧啶的重复组合组成（如 ATGCATGCATGC……）。当时并不知道核酸和蛋白质是稳定的。事实上，实验表明氨基酸在蛋白质之间是频繁交换的。人们普遍认为体内的单个大分子没有稳定的构象而是一种动态平衡。例如，1940 年 Linus

Pauling 提出抗体识别抗原是通过自身折叠形成与抗原的互补形状从而可以识别一定种类的抗原分子（图 2.8 和图 2.9）。但这种解释缺少了现代特异性的概念——单个分子形成一个稳定的结构从而形成特定的生物学功能。此外，所有的生物化学知识同经典遗传学是隔裂开的。引用 Jacques Monod 的一句话“基因的物质性是存在于人类思想中的一种像银河系中的物质一样不可及的东西。”

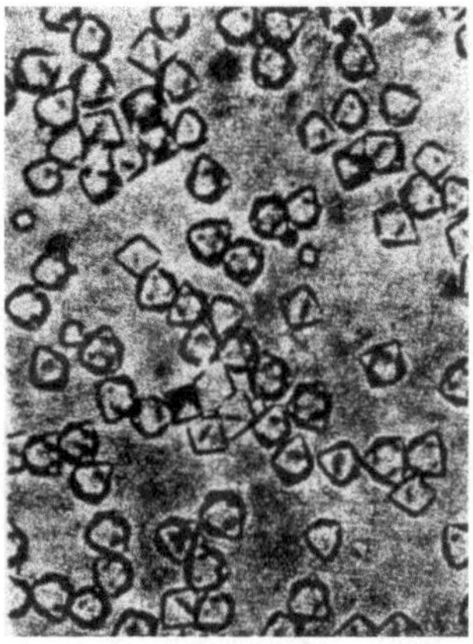

图 2.7　分离尿素酶的结晶有助于反驳蛋白质结构的胶体理论，因为尿素酶蛋白质分子有一个常规的三维结构。

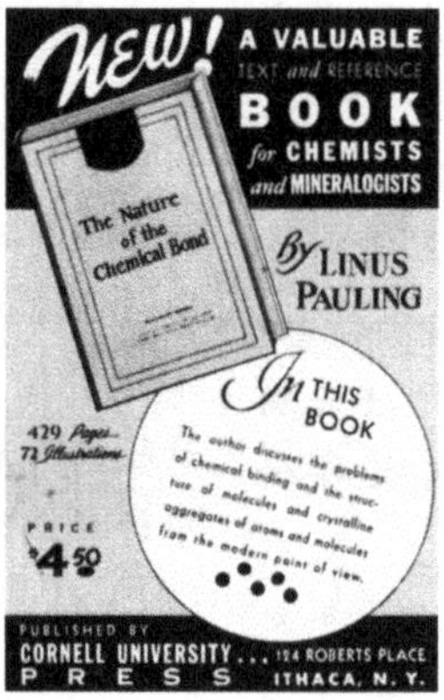

图 2.8　Linus Pauling 的《化学键的性质》(1939) 被认为是 20 世纪最具影响力的科技著作之一。

图 2.9　Linus Pauling 和 Lawrence Bragg 在 1953 年检测了核酸的结构。Bragg 发展了确定分子结构的关键工具——X 射线晶体学。

分子生物学根植于一些定律和技术

在 20 世纪中期左右，生物学解释的基础从小分子积聚的动力学特征变换成具体的稳定大分子结构。这些根本转变不是个别原因造成的，而是源自于几个领域概念和技术的进步（注解框 2.1）。

物理化学

到了 19 世纪 30 年代，Pauling 提出用量子力学原则是可以准确定量描述化学键的性质。例如，通过共享一个单电子形成一个共价键，这种键可以旋转。然而，共享两个电子的双键是固定的。Pauling 也区分了弱氢键形成的强共价键。后者在稳定蛋白质和核酸三级结构方面是非常关键的，并且赋予分子之间相互作用的特异性。

X 射线晶体力学

因为 X 射线的波长与原子之间的空间距离可以有一个比值，所以它们可以用来解析分子结构。在 1912 年，尽管 William Lawrence Bragg（图 2.9）还是一名剑桥大学的本科生，但已经认识到 X 射线衍射角度和晶体中原子层空间之间有一种简单的关系。他进而确定了简单分子的结构从而开创了 X 射线晶体学（注解框 2.1）。Bragg 和 Pauling 最终转向研究大的生物学分子——一个难以克服，直到 40 年后才解决的难题。

微生物学

对细菌的普遍认识是因为它们与动植物非常的不同，它们能够适应环境并且能够被环境直接影响（Salvador Luria 称细菌学为"**拉马克学说**的最后根据地"）。在 19 世纪 30 年代时期，这种观点开始转变，因为人们认识到细菌与其他大的生物有相同的生物学基础。在 1923 年，Oswald Avely 表明肺炎双球菌可以分化为多样的纯系，其差别主要是多糖衣鞘。在巴斯德研究所工作的 André Lwoff 表明细菌和动物一样需要许多维生素并且这些维生素可以作为蛋白质催化时的辅酶。这些早期的工作导致了 1943 年 Luria 和 Max Delbrück 以及随后一年 Monod 和 Alice Audureau 对于细菌随机突变的发现。然后，在 1946 年，Joshua Lederberg 发现了细菌的**遗传重组**从而开始了经典遗传学的应用。

遗传

经典遗传学用抽象的方法表示染色体上基因的位置和基因之间相互作用决定表型的方式。然而，单靠这些无法建立基因的物质结构，并且这也受代时和复杂的生物（如果蝇、玉米和小鼠）生理特性的限制。科学家们在两个方面取得了进展。首先，逐渐建立起来基因和酶的对应关系。Archibald Garrod 在 1908 年提出人类遗传疾病是因为"固有的代谢错误"，这涉及特定代谢步骤的紊乱。在 19 世纪 20 年代，J. B. S. Haldane 和 Rose Scott-Moncrieff 确定了樱草属植物中控制色素合成的特定步骤的基因。这类的工作促进 George Beadle 和 Edward Tatum 在黑根霉 *Neurospora crassa* 中发展了生化遗传学，从而为生化途径的遗传分析提供了一个通用方法。在 1945 年，Beadle 提出了"一个基因一个酶"的学说（图 2.10）。

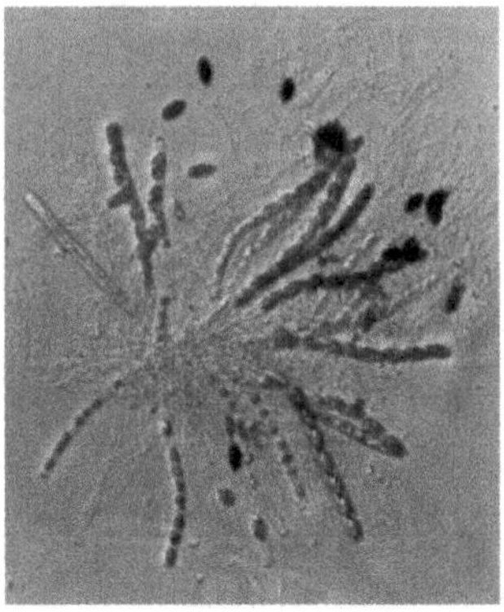

图 2.10　George Beadle 和 Edward Tatum 在实验中使用 *Neurospora* 模式生物，从而在基因和蛋白质之间建立了关系，即"一个基因一个酶"的学说。

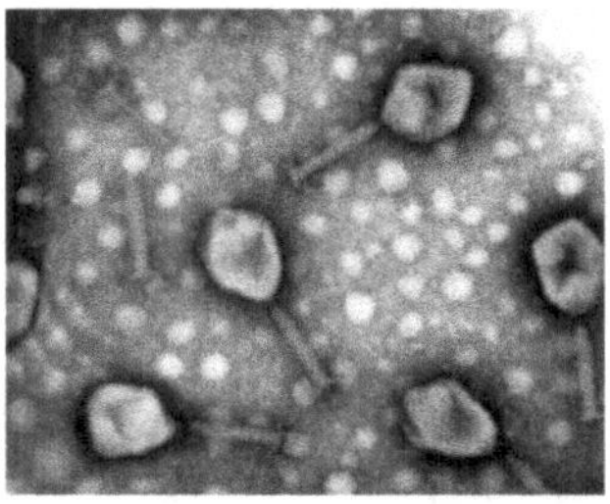

图 2.11　分子生物学上巨大的进步。研究噬菌体过程中采用检测突变和重组的方法可以显示单个基因的突变位置。

第二个关键的进步就是新的模式生物的发展。正如引入细菌和古细菌遗传学一样，它们的突变可以通过生化上的缺失来得到证明，一个独特的研究**噬菌体**遗传学的研究项目开始发展起来（图 2.11）。以帕萨迪纳市 Delbrück 的小组和巴黎的 Lwoff 小组为核心，研究人员发展了一套有效的方法来研究这些细菌性病毒，这导致他们检测到非常罕有的突变和重组。到 19 世纪 50 年代早期，Seymour Benzer 利用这些技术绘制了第一张关于单个基因突变位置的图谱，并且可以精确到一个碱基。

生物化学

正如我们看到的，通过结合 X 射线晶体学与物理化学的方法揭示了 DNA 结构。然而，随后遗传密码的建立即 DNA 序列决定氨基酸序列从而决定蛋白质结构，使得我们可以建立成分清楚的体外无细胞蛋白合成体系。这一进展建立在 20 世纪初 Buchner 通过证明酵母提取物可以用来发酵这一工作的基础上。

生物化学的另外两个贡献非常引人注目。在 1951 年，Sanger（图 2.12）发表了胰岛素 B 链的 30 个氨基酸的全序列。Erwin Chargaff（图 2.13）准确测定了 DNA 4 个碱基的比例。到了 1950 年，他提出不同物种之间的碱基成分是经常变化的，但总是腺嘌呤和胸腺嘧啶是相同的比例，鸟嘌呤和胞嘧啶是相同的比例。Sanger 对于蛋白质的工作和 Chargaff 对于 DNA 的工作反驳了那种认为蛋白质或 DNA 是重复氨基酸或重复核酸序列的观点。

图 2.12　Frederick Sanger 对蛋白质测序（特别是胰岛素）和核酸测序的贡献为他赢得了两项诺贝尔奖。

图 2.13　Erwin Chargaff 证明了 4 种碱基的比例——腺嘌呤＝胸腺嘧啶，鸟嘌呤＝胞嘧啶，这对于确定 DNA 的结构是非常关键的。

概念上和技术上的进步产生了分子生物学不同的学科。这么快的进步并不是单个突破的结果，也不是一个机会的问题。石油大亨 John D. Rockefeller 在 1913 年成立了洛克菲勒基金会，并着力发展分子生物学——这一由基金会主任 Warren Weaver 定义的词汇。这个基金会支持 Lwoff、Thomas Hunt Morgan、Pauling、Svedberg 和许多其他科学家的工作。

DNA 的结构奠定了遗传的物质基础

在 20 世纪 40 年代之前，人们认为基因是含有蛋白质或者一类核酸和蛋白质的复合体。DNA 自身被认为是重复 4 个碱基的“愚蠢的分子”，然而蛋白质却被认为是具有多样的功能。因为在肺炎链球菌 *Streptococcus pneumoniae* 的研究工作中，科学家们认为 DNA 是主要的遗传物质。这种细菌存在于有毒的 S 品系和无毒的 R 品系之中（这种品系

图 2.14　Oswald Avery 同 Maclyn McCarty 和 Colin Macleod 对 DNA 进行化学分析表明 DNA 才是在肺炎球菌细胞里“转化的关键”，即遗传物质。Avery 写到“核酸不仅仅在结构上是重要的而且在功能上也是活跃的，它决定生化活性和特定的细胞特征。并且，借助于一个已知的化学物质是很有可能使得细胞呈现可见和可预测的遗传变化”。

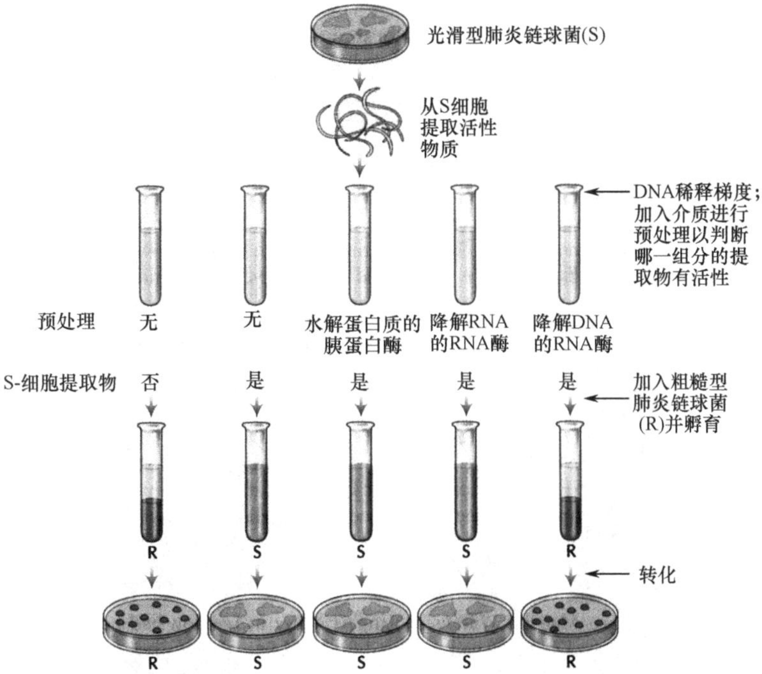

图 2.15　Oswald Avery 和他的同事使用在光滑型和粗糙型 *Streptococcus pneumoniae* 进行转化的方法，还有不同的酶用来破坏多糖、脂类、DNA、蛋白质和 RNA 来决定转化原则的特性。可以通过添加狗的肠黏膜提取物进行预处理，因为它能够破坏 DNA 从而能够消除转化活性。因而，DNA 是遗传物质，在同一时间曾经许多人怀疑过这个结果，因为在这个实验之前，大多数科学家相信基因是由蛋白质组成的。

以它们出现的克隆是光滑型或粗糙型而命名)。Frederick Griffith 在 1928 年发现 R 品系可以通过杀死 S 品系而转化为有毒的形式。此外，这种有毒的形式实际上是 S 品系。Avery（图 2.14）的实验室通过一系列的需要花费大量时间的实验表明转化因子含有 DNA（图 2.15）。例如，它只对降解 DNA 的酶敏感但对降解蛋白质的酶不敏感。

由 Avery、Colin Mcleod 和 Maclyn McCarty 在 1944 年发表的证据并不是 DNA 是普遍遗传物质的直接证据，因为 DNA 也许只是操纵两种形式的细菌间的简单互换。然而，其他一些证据也在慢慢积累：以同样的方式也可获得青霉素抗性；精子和卵子的 DNA 正好是其他细胞的一半；DNA 比蛋白质的更新要慢很多说明 DNA 是遗传信息的稳定携带者。到了 20 世纪 40 年代末，人们已普遍认为 DNA 是遗传物质。更进一步的证据来自实验中使用放射性标记的噬菌体。一旦细菌被噬菌体感染，DNA 就会转移进入细菌内，然而噬菌体的蛋白外衣只留在细菌的外面。

Watson 在 1951 年 10 月到了剑桥大学 Bragg 的 X 射线晶体学实验室。在这之前他刚刚与 Luria 完成了一个关于噬菌体遗传学的课题。在剑桥，他遇见了比他大 12 岁的 Francis Crick，当时 Crick 仍然在寻找关于蛋白质结构的课题。这种在英国学院式的结构生物学和美国式的噬菌体遗传学之间的碰撞，激发了 Watson 和 Crick 通过 Pauling 建立的模型的方法来解析 DNA 的结构（图 2.16）。

图 2.16　前人的工作使得 Watson（左）和 Crick（右）在 1953 年发现了 DNA 的结构。他们同一年的两篇发表在 *Nature* 的文章建立了分子的双螺旋结构模型，并且描述了分子的碱基是怎样配对的，而这也是分子复制的基础——遗传的分子基础。Watson 和 Crick 展示他们双螺旋的原始模型。

一年之前，伦敦国王学院的 Maurice Wilkins 开始了对 DNA 进行 X 射线研究并且邀请 Rosalind Franklin 一起对这个问题进行研究（图 2.17）。到了 1951 年秋季，Franklin 已经认识到 DNA 纤维的两种形式（A 和 B）取决于它们含水的量，这些密度暗示一个 DNA 分子可能有两条或三条链。1951 年 11 月，在 Watson 参加的一次小会议上她展示了这些结果。基于 Watson 在会议上收集的某些并不准确的资料以及 Crick 从双螺旋分子 X 射线衍射图得出的理论，Watson 和 Crick 提出了在分子内有三条核糖-磷酸骨架并且碱基外突的模型。几天后，当国王学院的小组看到了这个模型，他们立刻意识到这个是不正确的：这种骨架压缩得太紧而不能维持住水含量，并且在任何情况下，很强的螺旋衍射模式需要的重磷酸原子露在外面。经过这次失败之后，Bragg 不允许 Watson 和 Crick 再进行 DNA 结构方面的工作。

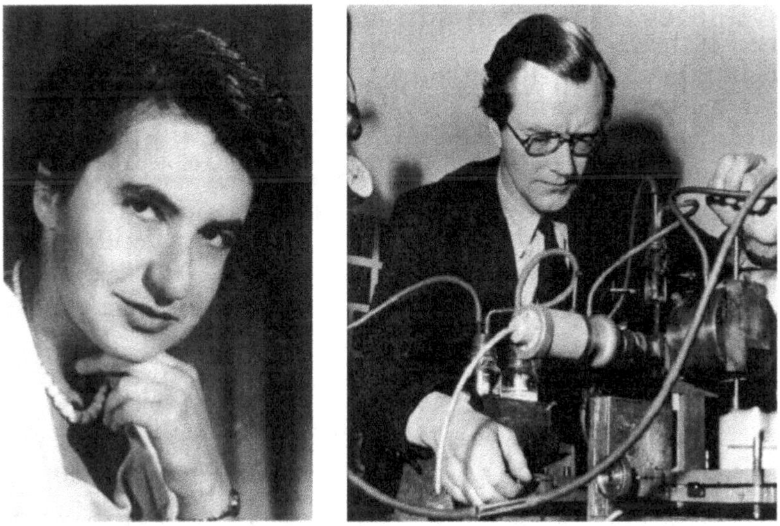

图 2.17　Rosalind Franklin（左）和 Maurice Wilkins（右）为 DNA 分子结构提供了关键的物理证据。

来年的春天，Franklin 拿到了 DNA B 型结构最好的一张图，这对于问题的最后解决是至关重要的（图 2.18）。这种模式表明核苷酸之间的距离是 3.4Å，这种分子经过 10 次重复后直径变为 20Å。但 Franklin 不再对 B 型进行进一步的工作，反之转向了对 A 型模式进行费神的计算和解析。

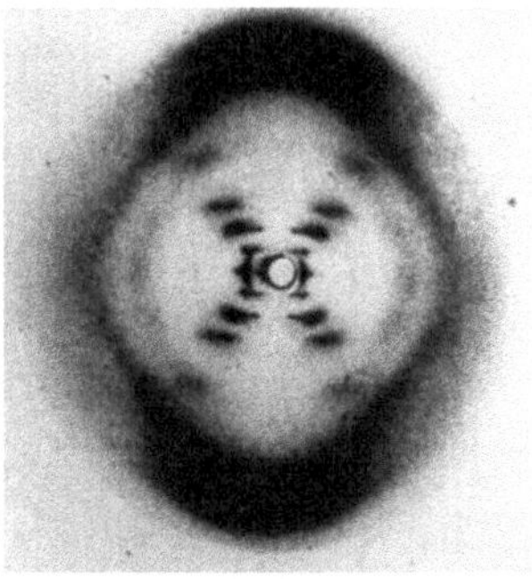

图 2.18　Rosalind Franklin 和 Ray Gosling 拍摄了关键的 DNA B 型 X 射线衍射图。X 形状的模式意味着 DNA 分子是螺旋的，这对于 Watson 和 Crick 的模型构建是非常关键的。

大约在相同的时间，Crick 问了一位数学家 John Griffith 像碱基这类东西会如何相互吸引。Griffith 认为根据初步的量子机械计算，腺嘌呤会吸引胸腺嘧啶而鸟嘌呤会吸引胞嘧啶。Chargaff 后来访问了剑桥并告诉 Crick，腺嘌呤和胸腺嘧啶比例及鸟嘌呤和胞嘧啶的比例总是一样的

(如 A=T、G=C)。Crick 立刻明白了这与 Griffith 的计算是相符的，同时这表明了互补复制的机制。然而，在这个阶段仍然不清楚这种思路如何同结构联系在一起。

1953 年 1 月，Watson 和 Crick 阅读了 Pauling 和 Robert Corey 合写的一篇论文，文中提出的模型与他们第一次尝试的模型很相似——自然以同样的原因失败了。他们重新以极大的热情回到了 DNA 方面的工作。Watson 在接下来的一个月访问了国王学院并且看到了 Franklin 的 B 型衍射图（图 2.18)。后来跟 Wilkins 讨论了之后，他第一次得知 DNA A 型和 B 型两种形式之间的不同以及它们准确的体积，这些可以通过国王学院小组的简报得到证实，其中总结了他们前一个秋季工作的结果。Crick 见到了衍射图的对称性之后明白，这肯定是有两条相反的链，所以这样的结构在旋转 180°之后还能保持不变。

当 Watson 意识到他和 Crick 假定的碱基间的化学形式是不正确的之后，最后的疑惑便迎刃而解。换成正确的形式之后，Watson 立刻发现腺嘌呤是与胸腺嘧啶配对的，鸟嘌呤是与胞嘧啶配对的，每一对都是通过氢键紧密连接在一起的（图 2.19)。这可以通过 Chargaff 比例得到解释，此外因为大的嘌呤（A，G）与小的嘧啶配对，每一对碱

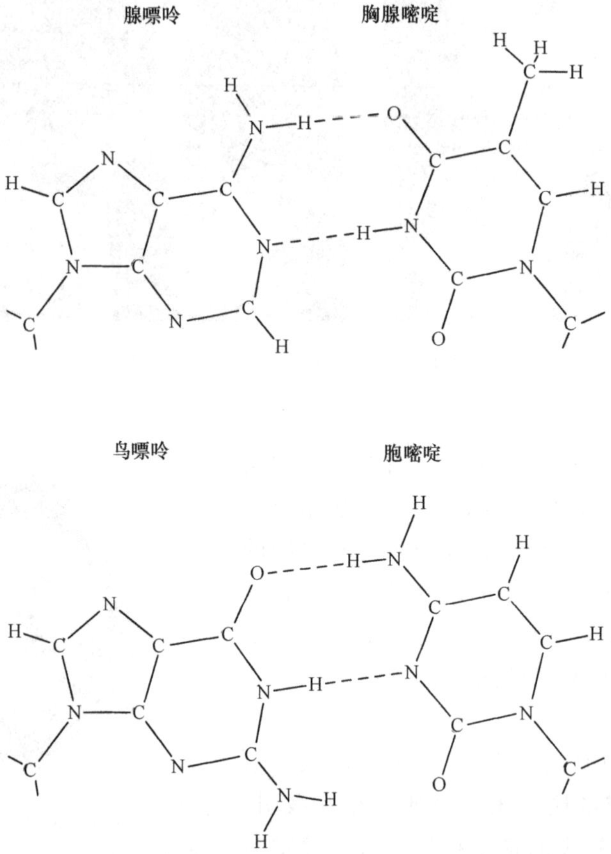

图 2.19　基于 1953 年 Watson 和 Crick 的文章所展示的 DNA 双螺旋的碱基配对情况。氢键通过虚线表示。后来 Pauling 表明鸟嘌呤和胞嘧啶共享第三个位于氮原子（蓝色）与氧原子（红色）之间的氢键。

基基本上是正好嵌在双螺旋内的。Watson 在 1953 年 2 月底完成了他的第一个草稿模型。这个结构在当年的 4 月底由 Watson 和 Crick 发表于 *Nature* 杂志上，同时伴随着有国王学院小组的实验证据的报道。

DNA 序列是通过遗传密码来表达的

Watson 和 Crick 在他们文章的结尾写到：“值得我们去关注的是这种特定的配对肯定在暗示关于遗传密码的复制机制”。也就是说，双螺旋的两条链解旋之后，新的碱基通过互补配对才有可能掺入到正确的序列中。

到了 1958 年，Matthew Meselson 和 Franklin Stahl 已经表明用重氮标记 DNA 可以揭示出 DNA 的复制是**半保留复制**的：第一代子链携带有一条从亲本来的重链和一条新合成的轻链（图 2.20）。同时，Arthur Kornberg 从 *E. coli* 中纯化出了 DNA 聚合酶。他表明在体外新链的腺嘌呤和胸腺嘧啶及鸟嘌呤和胞嘧啶部分也是匹配的，并且新链的组成与原始链相同。

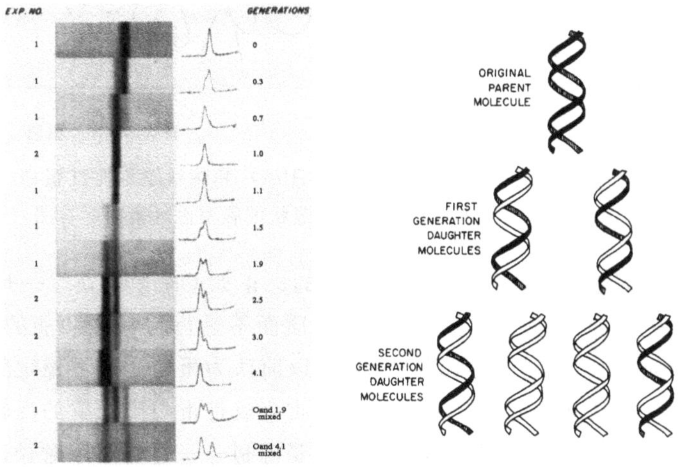

图 2.20　Matthew Meselson 和 Franklin Stahl 表明 DNA 复制是半保留式的——第一代 DNA 分子携带有一条母链和一条新合成的子链。（左图）在这个精巧的实验中，使细菌的群体在含有氮同位素（^{15}N）的培养基上同步生长，繁殖。然后细菌转移到没有标记的培养基上再利用高速离心来衡量分子的密度。这幅图表明了 DNA 条带的结果。同样密度的区域在一样的水平线上。旁边的是微密度计测定的曲线。（右图）所有的 DNA 都是标记的。在第一代，所有的 DNA 都含有 1 条标记链和 1 条未标记链。在第二代，半数的 DNA 是杂合性的，另外半数是未标记的。

DNA 作为含有 4 个碱基的线性序列结构的确立立刻引发了新的问题，即这样的序列是怎样编码和表达遗传信息的。尽管复制的机制很快就阐明了，但遗传密码是怎样翻译的问题花了很多年才完全弄明白。

到了这个时候，已经存在遗传变化与蛋白质变化之间联系的证据（如联系遗传型和表型，见第 14 章)。例如，在 1949 年，Pauling 和 Harvey Itano 表明镰状细胞贫血症是由缺陷型血红蛋白导致的。同一年，他们阐明这种病是一种孟德尔遗传的隐性缺陷症。1955 年，Vernon Ingram 使用纸层析方法表明镰状细胞血红蛋白与正常蛋白的差别只有一个氨基酸（图 2.21)。这首次证明遗传变化可以通过蛋白质的特定变化来表达。

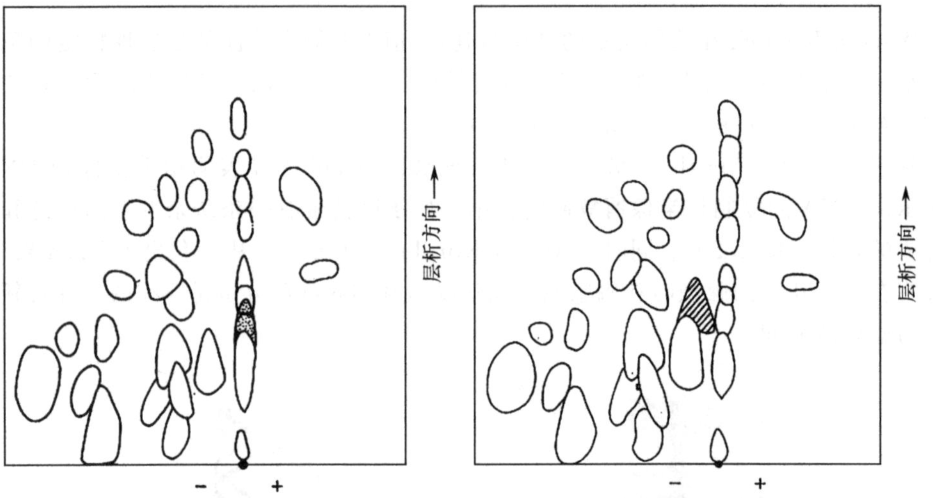

图 2.21　Vernon Ingram 揭示了正常血红蛋白（HbA）和镰状细胞血红蛋白（HbS）在 β-球蛋白链上 6 号位置上的不同。正常（左图）和镰状细胞型血红蛋白（右图）电泳图指纹。

很明显 DNA 肯定是直接引导蛋白质合成的。正如 Crick 写到“一旦我们承认蛋白质的唯一核心角色，那么基因肯定是编码蛋白质而不是行使其他功能的”。然而，仍然有很多关于蛋白质及其合成性质的误解。人们以前认为蛋白质是不稳定的，并且相互持续交换氨基酸；酶是从前体分子合成的；蛋白质合成是蛋白质降解的反转途径。对于蛋白质合成的真实机制的阐明，即基因表达的主要机制——通过三条途径：遗传密码的抽象分析、正统遗传学和经典生物化学。尽管分析编码问题和分析模式生物遗传学如噬菌体产生了许多精彩的争论和证据，但详细的生物化学分析提供了决定性的证据。

编码问题

DNA 结构文章发表后不久，对宇宙的起源提出了大爆炸理论的物理学家 George Gamow 于 1946 年写信给 Crick 提出了一个简单的想法。他注意到在双螺旋里的碱基排列产生了一系列的口袋，每一个口袋都有 4 个碱基围着，从而说明特定的氨基酸也许是正好嵌入到特定的空穴处的（图 2.22)。此外，Gamow 指出应该有 20 类这样的空穴，正好对应氨基酸的平均数目。

尽管 Gamow 的模型在生化上是有缺陷的，但是推动了清晰定义问题的思考。首先就是从逻辑原理推出密码，它的即时效应就是激励 Crick 和 Watson 列出了 20 种氨基酸，抛弃了那些翻译后修饰形成的不常见的类型（如在珊瑚中发现的溴化酪氨酸，在胸腺中发现的碘化酪氨酸)。令人惊讶的是，起初罗列的 20 种氨基酸竟然是完全正确的。

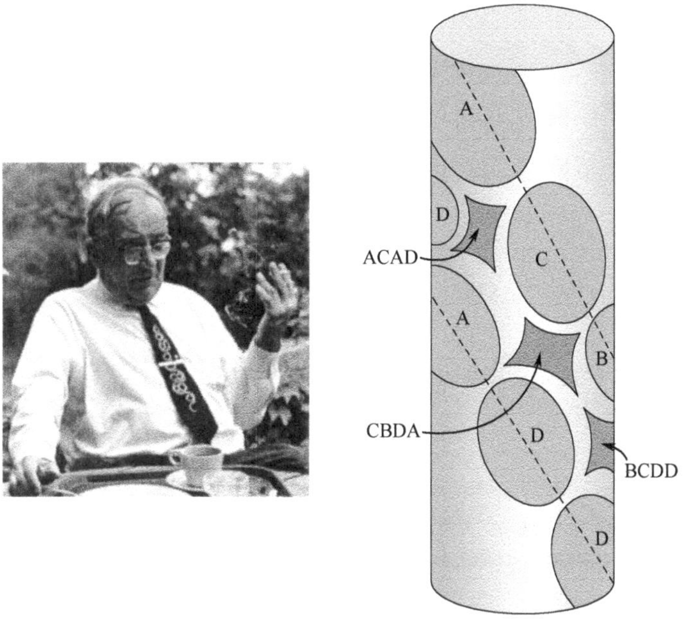

图 2.22　George Gamow 表明了遗传密码的物理基础。双螺旋含有由 4 个碱基（蓝色；标记 A、B、C、D）围绕着的口袋（棕色）。Gamow 说明这些口袋可以有 20 种不同的碱基组合，可能编码 20 种氨基酸。

Gamow 的模型其实是一个重叠的密码，因为 4 个碱基决定每一个氨基酸同样也对编码邻近氨基酸有作用（图 2.22）。这就限制了在蛋白质中发现的可能编码氨基酸序列。例如，羊胰岛素 β 链和牛的区别只是在一个位置上，在羊中是甘氨酸而在牛中是丝氨酸。如果用 Gamow 的模型，一个碱基改变会改变不止一个氨基酸，并且多个改变会导致问题进一步的复杂性。到了 1956 年，已经测序了足够多的蛋白质。Sydney Brenner 的计算表明，理论上 20×20＝400 种可能的邻位氨基酸组合中的大多数已在蛋白质序列中观察到。所以，任何重叠的三联体密码都是不可能的。

Crick 立刻意识到 Gamow 所提出的在核酸模板和蛋白质链之间存在有直接的联系是不可能的。一些氨基酸化学结构上是相似的（如苯丙氨酸和酪氨酸只有一个氢氧根的不同）。但是，其他的氨基酸有不同大小和电荷的侧链（图 2.23）。因此，任何直接的识别机制是很难行得通的。DNA 化学上的同质性与蛋白质的异质性是矛盾的，并且分别反映了作为稳定遗传信息携带者的作用和作为多功能的化学物质执行遗传程序的作用。对于编码直接机制不可能性的推论导致 Crick 提出替代理论：连接物假说。根据这样的理论，碱基序列能够被一个连接物的末端识别，这个连接物的另外一端携带有氨基酸。至少需要 20 种这样的分子，每一个都是偶联针对特定碱基序列的特定氨基酸。这类的分子就是在 Crick 提出的理论基础上被发现了，现在我们知道就是**转运 RNA**（tRNA）（图 2.24）。

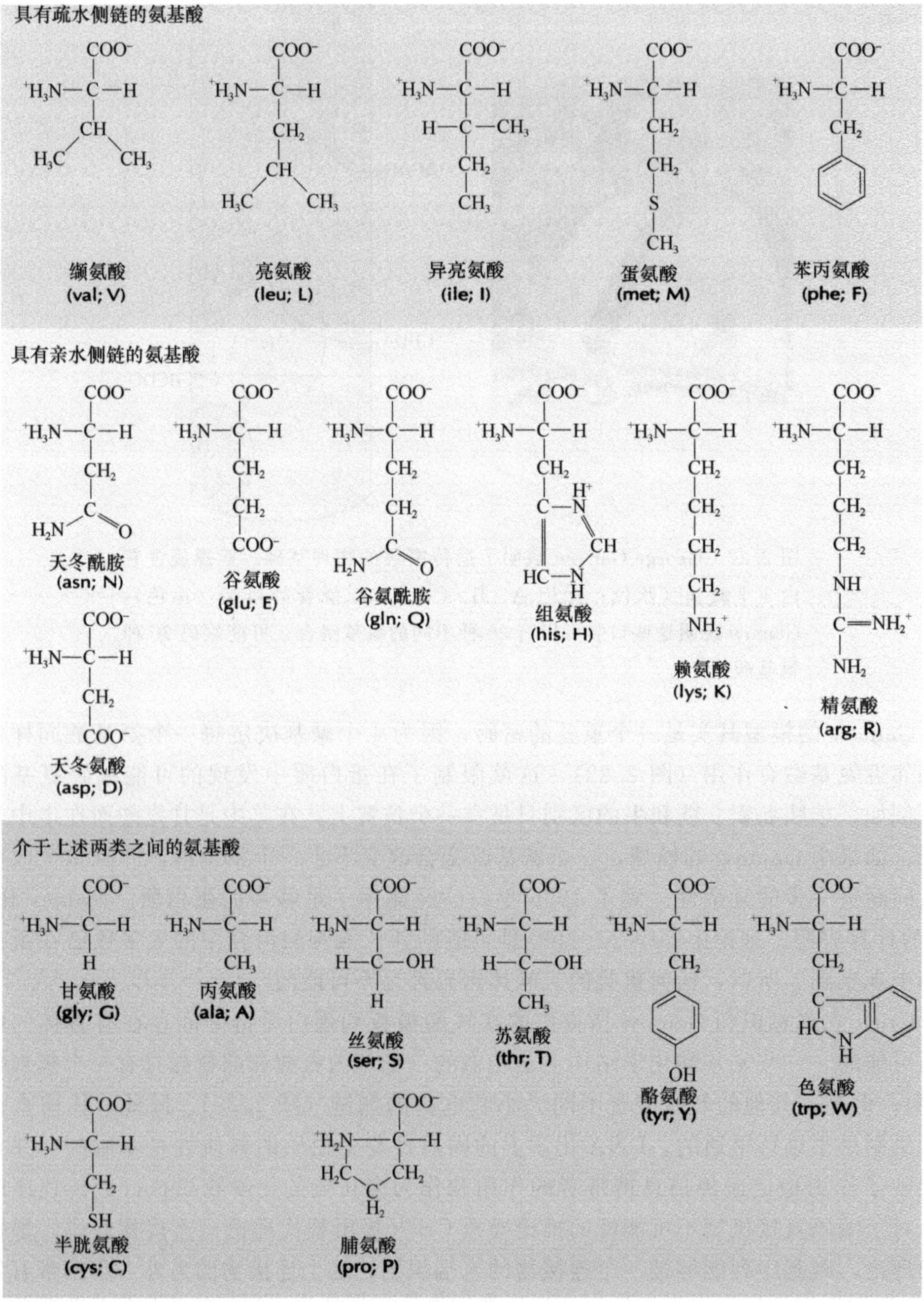

图 2.23　带有不同侧链的 20 种氨基酸。在每一个氨基酸名字下给出了三个字母和一个字母的简写。

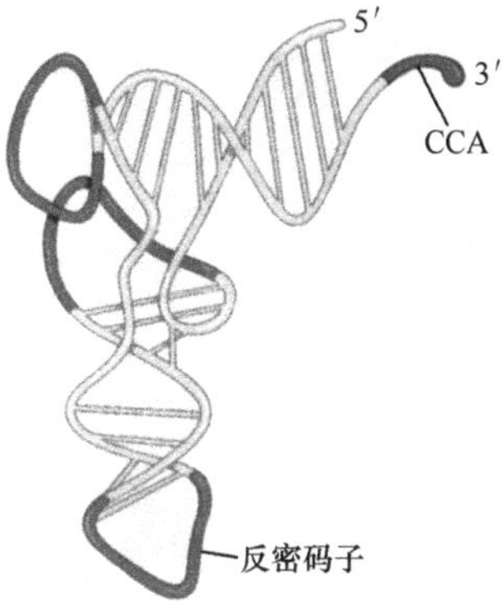

图 2.24　转运 RNA（tRNA）在翻译中作为连接物分子，反密码子一端是连接三联体密码，而 CCA 末端与另外一端氨基酸结合。tRNA 与特定的酶及结合它们的氨基酸一起决定了遗传密码。

艰难的生物化学实验解决了遗传密码问题

一旦认识到遗传密码不是重叠的，并且通过连接物来识别，显然由初始原理推导遗传密码是行不通的。尽管遗传理论和实验对于我们理解遗传密码有贡献。但遗传密码几乎肯定是随机的，因而只有通过费力的生化实验来解决并建立每一个氨基酸的密码。

20 世纪 40 年代，得到了 RNA 参与蛋白质合成的证据。斯德哥尔摩的 Torbjörn Caspersson 和布鲁塞尔的 Jean Brachet 发现高 RNA 水平与快速生长是有关系的；尽管 DNA 是存在于染色体中，但细胞质中主要发现的是 RNA；这种细胞质 RNA 大多数与小的蛋白质颗粒相关，现在称为**核糖体**。在 1946 年，Brachet 首先阐明，这些颗粒是蛋白质合成的场所。

到了 1955 年，波士顿的 Paul Zamecnik 和 Mahlon Hoagland 已发现，蛋白质合成的第一步是发生在离核糖体很远的可溶性碎片中。每一个氨基酸通过共价键偶联一个腺苷单磷酸（AMP）从而为形成肽键提供能量。然后氨基酸和 AMP 结合小的 RNA 分子并且整个复合体移到核糖体内。在 1956 年的夏天，Zamecnik 和 Hoagland 分离到了结合标记亮氨酸的 RNA 分子。当这种 RNA 分子加到了提取出来的核糖体内，亮氨酸便立即掺入到蛋白质中。因此，Crick 的连接物分子（如 tRNA）在他提出理论的基础后不久就得到了鉴定。

至此，体外工作还没有表明特定蛋白质合成是通过特定核苷酸引导的。遗传密码最终被位于马里兰州的国家卫生健康研究院的 Marshall Nirenberg（图 2.25，左）和 Johann Matthaei 所破译。他们发现如果无细胞系统用 RNA 酶处理的话，蛋白质合成就会立即停止。但是，一旦重新加入 RNA，蛋白质合成会立即恢复。在 1961 年早期，Marshall Nirenberg 和 Johann Matthaei 使用从烟草花叶病毒提取的 RNA 来刺激蛋白质的大量合成。然而，很难确认这种蛋白质，直到 1961 年 5 月才有了突破：当 Matthaei 加入合成的多聚尿嘧啶到系统里面时，产生了多聚苯丙氨酸。基于三联体密码，UUU 肯定是编码苯丙氨酸的（图 2.25，右）。

1961 年 8 月，在莫斯科召开的国际遗传学大会上首个破译的遗传密码被公布。尽管竞争激烈，但却花了另外 6 年时间密码子才被完全破译。现在为我们所熟悉的密码表就是采用 Crick 提出的形式（图 2.26）。图 2.27 展示了蛋白质合成的关键步骤。

TABLE 6

TENTATIVE SUMMARY OF CODE WORDS *

C^{14}-amino acid	M-codewords			
Alanine	CCG			
Arginine	CGC			
Aspartic acid[36]	ACA			
Asparagine[36]	UAC or UAA†			
Cysteine	UUG or UGG‡			
Glutamic acid[36]	ACA	AGA	AGU§	
Glycine	UGG			
Histidine	ACC			
Isoleucine	UUA			
Leucine	GUU	CUU	AUU†	(UUU)
Lysine	AAA	AAC	AAG	AAU
Methionine	UGA§			
Phenylalanine	UUU			
Proline	CCC	CCU	CCA	CCG
Serine	UCG	UCU		
Threonine	CAC	CAA		
Tryptophan	UGG			
Tyrosine	UAU			
Valine	UGU			

图 2.25 Marshall Nirenberg（左图）在 1962 年的文章中总结了遗传密码（右图）。

2nd→ 1st↓	U	C	A	G	3rd↓
U	Phe Phe Leu Leu	Ser Ser Ser Ser	Tyr Tyr Stop Stop	Cys Cys Stop Trp	U C A G
C	Leu Leu Leu Leu	Pro Pro Pro Pro	His His Gln Gln	Arg Arg Arg Arg	U C A G
A	Ile Ile Ile Met	Thr Thr Thr Thr	Asn Asn Lys Lys	Ser Ser Arg Arg	U C A G
G	Val Val Val Val	Ala Ala Ala Ala	Asp Asp Glu Glu	Gly Gly Gly Gly	U C A G

图 2.26 根据 Crick 提出的标准模式而制订的密码表。

Jacod 和 Monod 率先揭示了基因调控的机制

仅仅知道翻译蛋白质的遗传密码是远远不够的，我们必须知道基因表达是怎样调控的。对于所有的生物而言，关键问题是蛋白质产生的时间和地点：如果所有的基因一直都在表达的话，生物也许就是无序的蛋白质聚合。基因必须在细胞循环的合适时间内表达，并且能够应付变化的条件——如食物来源里有破坏或变化 DNA 的成分时。

在巴黎的巴斯德研究所，科学家发现了理解基因调控的两种模式系统：一种是 Jacques Monod 通过研究 *E. coli* 是怎样利用乳糖作为能量和碳源；另一种是由 André Lwoff、Elie Wollman 和 Francois Jacob 揭示的噬菌体**溶原现象**（图 2.28）。

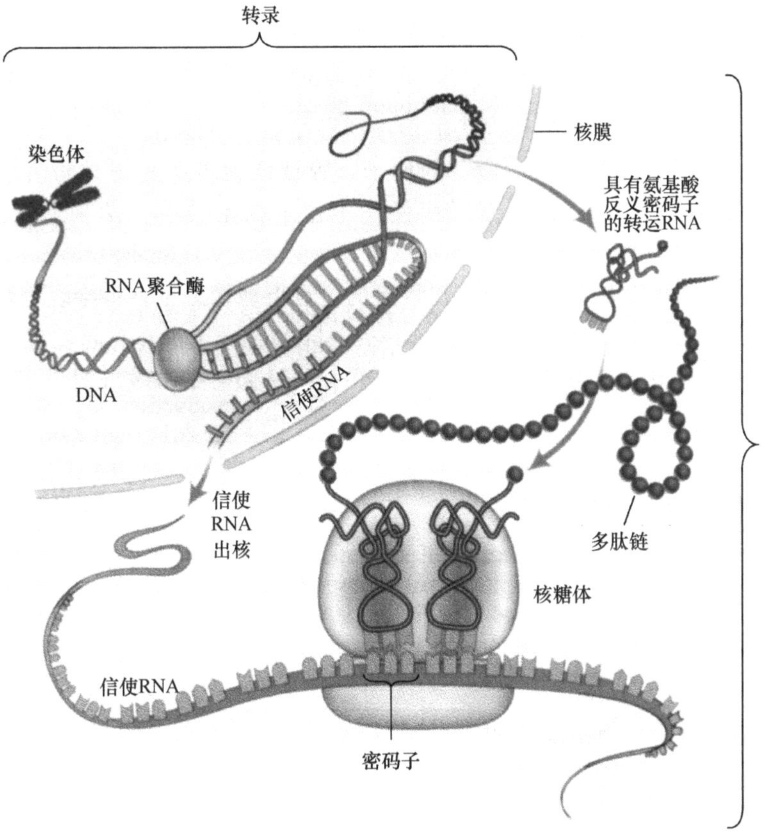

图 2.27　真核生物蛋白质合成的一般机制。主要的步骤包括在核仁内将 DNA 序列转录为信使 RNA，再将 DNA 密码子转化为氨基酸，然后形成多肽。这些过程的重要调节器就是转运 RNA、剪切元件和核糖体。

图 2.28　Francois Jacob、Jacques Monod 和 AndréLwoff（从左到右）因为研究 *E. coli* 和噬菌体决定基因调控的机制而共同获得了诺贝尔奖。

Lac 系统

Monod 在 1940 年完成了他的博士论文，他发现当 *E. coli* 长在葡萄糖和乳糖混合培养基上时，生长有两个步骤：起初很快生长直到将葡萄糖消耗殆尽，而后通过利用乳糖再次快速生长。这就是称为“酶适应”的例子，曾被认为表明底物对酶活性的直接效应。此外，人们还认为存在一种动态平衡使并不稳定的蛋白质在两种形式之间转换。Monod 的工作推翻了这两种误解。

酶将乳糖消化成葡萄糖和半乳糖，在特定的位点上剪切分子，即半乳糖环的β-碳原子。因此，将这种酶称为β-半乳糖苷酶。Monod 与 Melvin Cohn 一起发现了其他底物也含有这样能被β-半乳糖苷酶剪切的位点并且在某些时候会更有效（图 2.29）。

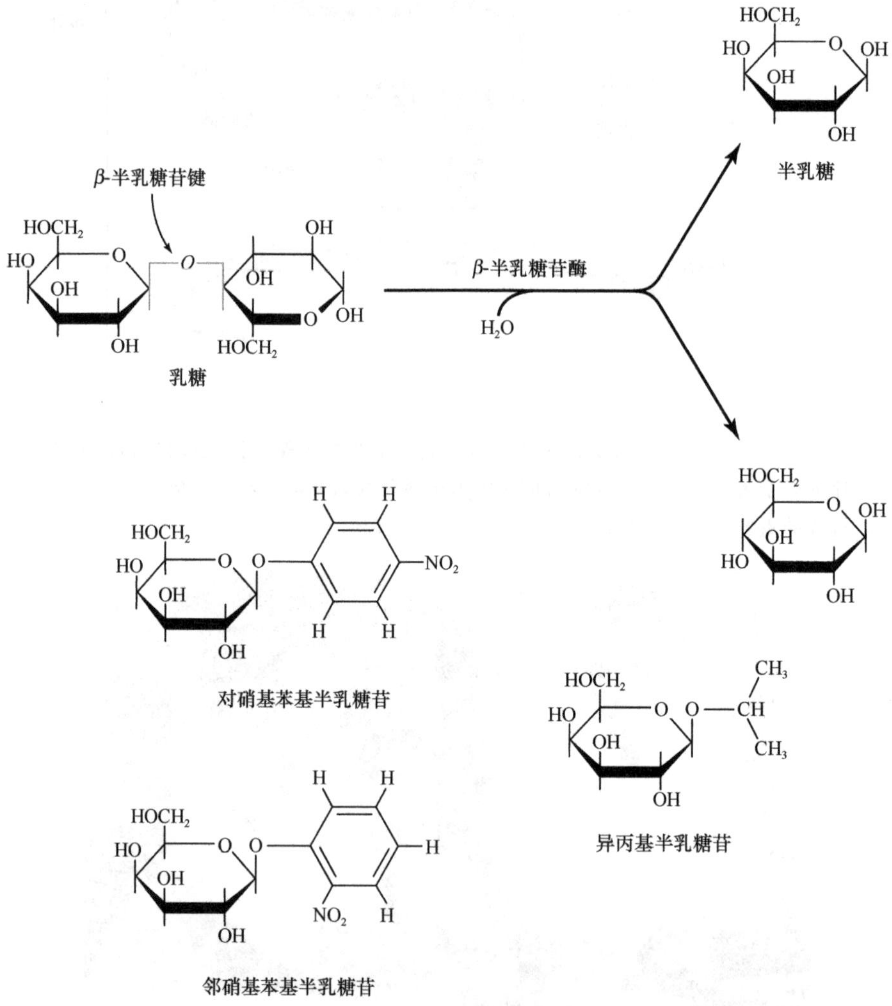

图 2.29 可以通过使用化学类似物来研究β-半乳糖苷酶调控和催化功能。这种酶剪切特定的位点（标记为红色）。对位和邻位的硝基苯基半乳糖比半乳糖要剪切得更有效，但不能够激活酶的产生。相反的是，异丙基半乳糖是激活酶产生的更有效的诱导物，但其不能被酶消化。

这个乳糖类似物的实验是非常关键的。一方面，它提供了非常有用的实验工具；另一方面，它在概念上表明，酶的诱导产生与酶自身的催化活性是各自独立的现象。这种独立性是通过 1955 年发现乳糖透性酶得到证实的。这种酶可以促进细胞吸收乳糖并且调控方式与 β-半乳糖苷酶一样。为了更准确认定这样的现象并且将它区别于其他种类的进化**适应**，巴斯德小组重新将其命名为**诱导**。

λ 系统

噬菌体一般都是溶原性生长的，也就是一旦感染，能够产生新的噬菌体并溶解细胞。然而，一些噬菌体能够在宿主内成休眠状态并且能够自我复制。含有潜伏噬菌体的细菌称为溶原性细菌。它们有时会产生新的噬菌体，所以常常在溶原性的培养基内有低水平的噬菌体。这种现象自 1920 年以来就知道，但一直是个谜团。通过培养巨大芽孢杆菌的个体，Lwoff 表明游离噬菌体是通过正常方式偶然裂解小部分细胞产生的。令人惊讶的是，剩余的溶原性细菌没有任何噬菌体的迹象。1949 年，他提出噬菌体基因整合进入宿主基因组内，从而抑制它们自身基因的表达及新感染的噬菌体的基因表达。

1951 年，Esther Lederberg 通过感染他命名的 λ 噬菌体确定了 *E. coli* 的 K12 品系的溶原性。两年之后，发现了 *E. coli* 的 Hfr 品系以很高的频率将其基因转移给其他细菌细胞（即细菌结合）。1954 年，Wollman 使用搅拌器在特定的时间内突然打断这种结合从而发现 Hfr 染色体是以不变的频率从一个固定的起始点转移到另一个细菌内的。因此，基因转移所需的时间就提示了染色体的位置。这种技术使得噬菌体感染的表型遗传学研究成为可能。例如，Jacob 和 Wollman 发现，如果溶原性细菌将基因转移到非溶原性细胞内，那么这种受体细胞很快溶解从而释放上百个噬菌体。这暗示溶原性细菌胞质中的一些物质抑制了噬菌体基因的表达。研究溶原性和 β-半乳糖苷酶都是用同样的细菌品系 K12 并且使用同样的技术，两种现象都用同一个词描述，即诱导。然而，当时还没有意识到这两种系统之间的相似性。

揭示调控的突变

揭示 β-半乳糖苷酶调控机制的关键实验是 1958 年由 Arthur Pardee、Jacob 和 Monod 完成的，并由此建立了关于基因调控的一般性理论（以 PaJaMo 的实验著称；图 2.30）。所发现的突变是组成型的，即细菌即使在没有诱导物的情况下也能表达 β-半乳糖苷酶和乳糖透性酶。同 Jacob 和 Wollman 的噬菌体工作类似，他们将野生型细菌的基因转移到没有功能性 β-半乳糖苷酶的品系中。从而，在没有诱导物的情况下，供体和受体都不会表达 β-半乳糖苷酶。细菌接合 3min 后，受体细胞开始合成 β-半乳糖苷酶，但过了大约 90min，酶的产量开始下降。正如对 λ 噬菌体的研究实验，这都暗示在没有诱导物的情况下，胞质中的阻遏物分子会阻止基因的表达。在将功能性 β-半乳糖苷酶转移到缺少阻遏物的受体细胞中，β-半乳糖苷酶的基因就会表达。然而，一个功能性的阻遏物基因也同样会被转移，所以 β-半乳糖苷酶基因最终会再次被关闭。

Jacob 在 1958 年夏天开始认识到两种系统的相似性：在两种情况下，一种阻遏物控制了多种基因的表达。而后经过丰富的实验数据的积累，人们详尽地检测了这两种系

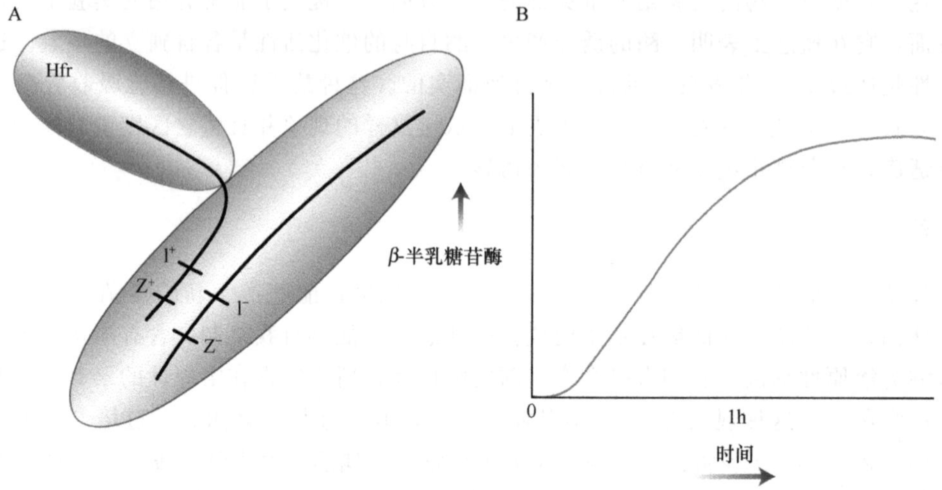

图 2.30 PaJaMo（Pardee、Jacob、Monod）实验。A. 野生型 *E. coli*（I^+，Z^+）与缺少正常β-半乳糖苷酶（Z^-）的细菌，即这种携带有组成型突变的细菌能引起 Lac 的操纵子即使在没有乳糖的情况下也能表达（称为 I^-，因为它们并不受乳糖诱导）进行混合。野生型细菌来自 Hfr 品系所以可以作为雄性起作用，将基因传给双突变的品系。B. 经过结合后一段时间，β-半乳糖苷酶即使在没有乳糖的情况下也能以很高的速率表达，然而，酶的产量后来就下降了。

统里的模型。例如，其中的一种预测认为，正如缺少阻遏物（如 PaJaMo 实验）的组成型突变一样，应该会有缺少阻遏物结合位点的突变。这样的突变确实被发现了。

中心法则：DNA 转录为 RNA 再产生蛋白质

1958 年，Crick 提出了分子生物学的中心法则（图 2.31）："一旦'信息'传递给蛋白质，就不能够再传出来……这里的信息指的是精确确定序列在核酸上的碱基或者在蛋白质上的氨基酸残基。"正如 Crick 后来提到的，这是一种"没有任何理性证据的思想"，是一种逻辑可能性的声明。这可以用两种方式来证明：第一，我们现在知道（当时只是猜测）遗传密码是简并性的，每一个氨基酸都有几个三联体密码；所以根据蛋白质序列是很难准确得到重构 DNA 序列。第二，更激烈的争论是关于从蛋白质到核酸序列的翻译也需要如转运 RNA、氨酰转移酶、核糖这样的系统。"没有这种翻译机器的踪迹，那就没有理由去相信需要这样的复杂机器。"

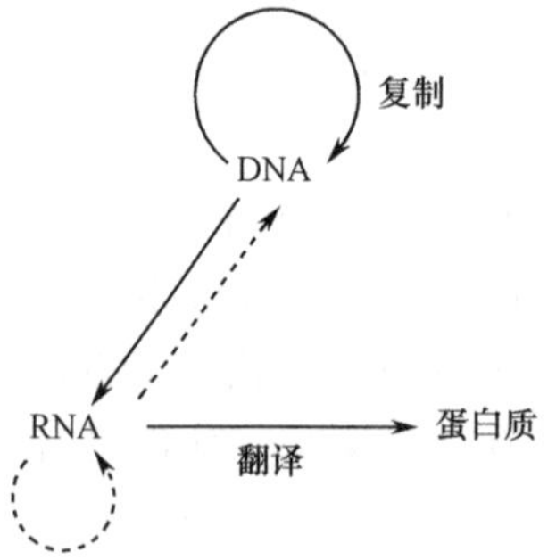

图 2.31 分子生物学的中心法则就是信息流从 DNA 到 RNA 再到蛋白质。实线箭头表示在所有细胞中发生的信息流动包括 DNA 复制，将 DNA 转录为 RNA，将 mRNA 翻译为蛋白质。虚线箭头表示偶尔发生的信息流动包括 RNA 复制和逆转录。关键是，信息流不能够从蛋白质到核苷酸序列。

尽管关于"DNA 转录为 RNA 再产生

蛋白质”的论断在 1947 年就已经提出来了，但在后来 13 年中，人们对从 DNA 到蛋白质携带信息的 RNA 的真实作用仍然模糊不清。过去广泛认为在每一个核糖体发现的 RNA 分子（现在称之为**核糖体 RNA** 或 rRNA）就是编码一定蛋白质的 DNA 转录物。从而，对于每一种蛋白质会有不同组合的核糖体。这种观点到了 1960 年，人们感觉到了有两个问题。第一，基因怎么做到像在 PaJaMo 实验中看到的那样打开和关闭如此之快？第二，只有两种长度的核糖体 RNA 分子如何编码大小不同的各种蛋白质？更糟糕的是，Andrei Belozerskii 和Alexander Spirin 在 1958 年提出尽管细菌 DNA 物种之间的组成差别很大，但 RNA 组成没有相对应的变化。

这些问题在 1960 年耶稣受难节那天，巴黎与剑桥的研究小组在一次会议上讨论 PaJaMo 的实验结果时得到解决。科学家们认识到非稳定的**信使 RNA**（mRNA）携带从 DNA 来的遗传信息而核糖体只是“阅读的脑袋”，负责翻译这些信息。这就立刻解释了细菌 RNA 的代谢稳定性和一致性组成——这主要是核糖体 RNA，是高度保守的。这同样也解释了基因关闭和打开的速度：阻遏物分子可以直接结合基因防止其转录为信使 RNA。仅仅在几个月里，科学家们就分离到了信使 RNA 从而证实了这个假说。

Jacob 和 Monod 在 1961 年提出了信使 RNA 的观点和一组基因（**操纵子**）调控的思想。到了这个阶段，分子生物学所有的基本原理已基本建立。然而，蛋白质催化化学反应和它们是怎样调控催化的仍然不清楚。

蛋白质功能取决于形状的改变：变构现象

DNA 结构的发现使得人们理解了 DNA 序列决定蛋白质序列因而大体上决定蛋白质三级结构。然而，关于蛋白质的结构（或者任何一种蛋白质）还一无所知；也不知道蛋白质是怎样执行它们催化功能的。对于这些问题的答案主要来自 Max Perutz 40 年间对血红蛋白的研究工作（图 2.32）。

图 2.32　Max Perutz（右边）花了他职业生涯的大部分时间研究血红蛋白分子的结构和功能。John Kendrew（左边）测定了肌红蛋白的结构。

1936 年，Perutz 来到剑桥与 Bernal 一起工作，而 Bernal 刚刚拿到了第一批蛋白质晶体的清晰 X 射线衍射照片。Perutz 选择研究血红蛋白因为其能够形成对称的晶体结构而简化了 X 射线分析。尽管 Perutz 当时还没有意识到，但血红蛋白的功能是所有蛋白质理解最透彻的。血红蛋白起“分子肺”的作用，携带氧气到组织里。随着氧气释放出来，血红蛋白对于剩余氧气的结合能力就会下降，所以氧气可以几乎完全卸载干净。这种行为可以反映为氧压力和氧饱和之间的 S 形关系（图 2.33，右图）而这取决于血红蛋白分子的 4 个亚基之间的关系，每一个亚基都是一个血红素基团（图 2.33 左图）。一旦 1 个氧气分子从一个血红素基团释放出来，其他剩余的 3 个氧气分子的结合就会变得不是很紧。这种生化的微妙之处直到 1920 年才知道。然而，科学家们花了半个世纪的时间才根据血红蛋白结构解释清楚。

Perutz 早期希望问题的解决基于蛋白质共享一些正常的重排这个假设，使得简单

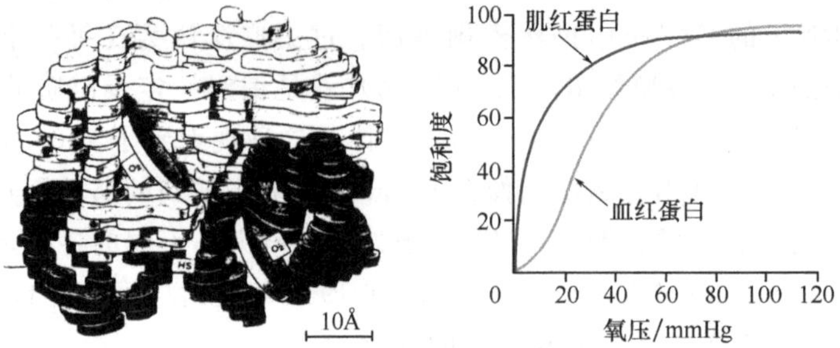

图 2.33　(左图) Perutz 提出的血红蛋白分子结构。另一种血红蛋白分子的模型结构在前面插图中显示。(右图) 血红蛋白分子的 4 个亚基之间的相互作用使得运输氧气更有效。肌球蛋白 (一种与血红蛋白最相关的蛋白质) 只有一个亚基显示结合氧的程度和氧的部分压力 (上曲线) 之间的双曲线图。相反的是，血红蛋白显示的是 S 形的图，从而使得在一些组织里处于更高局部压力的情况下卸载氧气。

和一般的模型可以解释不同的模式。这种观点受到 1949 年发现 α 螺旋的 Pauling 的激励。然而，这种希望在一次会议上 (题为“狂热的追求”) 却受到了 Crick 的冲击，因为他证明血红蛋白肯定是不规则的，如果结构含有重复的元件的话，那么我们在现实中看到的这些重复元件会产生更强的衍射模式。

然而，血红蛋白微弱的散射模式后来被证明是一种优点。在“同晶置换”的方法里，重原子插入分子效应就是用来推断 X 射线衍射的时期和完整的晶体结构。Perutz 过去以为在这么大的分子上改变一个原子的效应是可以忽略的，然而，因为蛋白质的不规则空间原子的反射大部分是可以对消的，所以一个重原子事实上对于衍射模式确实是有重要影响。

1953 年首先应用了这种方法并且取得了稳定的进步。人们需要自动衡量点密度的方法以及解释它们的计算程序。直到 1957 年，Perutz 的同事 John Kendrew 拿到了肌球蛋白的粗略结构，一种肌肉中发现的带有一个亚基的血红蛋白同源物。两年后，Perutz 拿到了血红蛋白的粗略结构。到了 1968 年，Perutz 很详细地解释了这个分子的结构和功能。那时已经获得了几种酶的结构。

然而，即使知道结构也不能对于阐明功能有太多的提示。事实上，第一批结果是令人困惑的，所发现的血红素基团是远远分离的，这就很难理解它们相互作用来协同运输氧气。将携带氧气的结构与脱掉氧气的结构进行比较才发现这种作用是当氧气释放时，通过分开 β 链引起的。然而，直到 1970 年，Perutz 才明白这种机制。当氧气释放时，血红素基团中心的铁原子会被推出 0.6Å，这就取代了吸附铁原子的组氨酸位置，从而这种分子的运动水平打断了连接两边分子的盐键 (图 2.34)。

1962 年，Jacob、Monod 和 Jean-Pierre Changeux 汇集了血红素的研究和他们自己在 *lac* 基因和 λ 噬菌体基因调控方面的工作中产生的思想。在所有的例子中，不同形状的分子结合同样的蛋白质并且借助于结构的机械变化而相互作用 (在血红蛋白中，在血

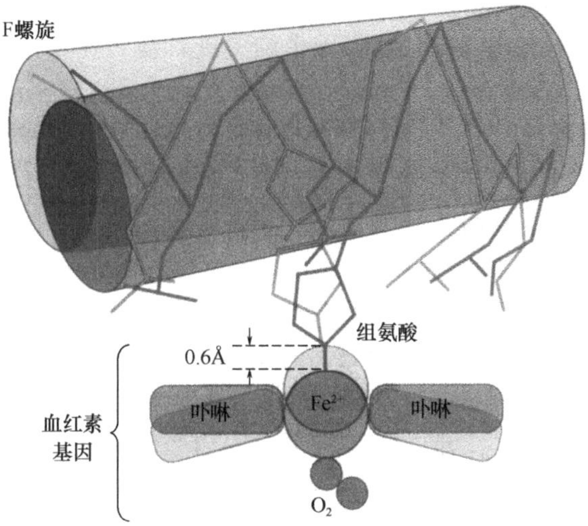

图 2.34　血红蛋白亚基之间的变构作用帮助血红蛋白有效地承载和卸载氧气。当氧气结合到中心的铁原子时，血红素基团就是平的（红色）。当氧气释放时，血红素基团就会被拉出来，取代结合的组氨酸（箭头）。这就移动了蛋白质链（上面圆柱）并且打断了盐键之间的联系。这就扭曲了其他血红素基团从而使得它们能够卸载氧气。

红素基团结合氧的位置和血红素分子其他地方结合氢原子的位置之间的相互作用正如血红素基团之间一样；并且在 lac 阻遏子，结合乳糖就会放松结合 DNA 的不同位点）。他们称这种现象为**变构现象**并且强调了基础的重要性：其能够耦合任意分子结构进入分子电路从而执行基因调控和代谢逻辑功能。Monod 写道："这对于生物是很有价值的，因为自然选择肯定是用它来进行限制从而起作用的。"

直接观察 DNA 揭示了一些（但却很少）新的现象

在分子生物学诞生的十年期间，巩固了基础发现，但却没有产生新的基础科学。许多奠基者转向了其他问题：发育机制、神经系统、真核生物细胞生物学等的研究工作中。技术革新驱动了下个十年的快速转变而不是关于生命本质的新发现。

在 20 世纪 70 年代期间，引进了几个有广泛应用潜能的关键技术。

- **结构**　对于用 X 射线晶体学推导分子结构的方法是逐渐被引入的：更好的单色 X 射线来源、冰冻晶体减缓辐射带来的衰减和快速运行计算器的使用。核磁共振这种新方法也被用于结构研究中。到了 20 世纪末，整个核糖体结构已经被确定（图 2.35）。
- **测序**　20 世纪 70 年代，首先测定蛋白质序列的 Sanger 发明了快速测定 DNA 序列的方法。在同样的年代，Allan Maxam 和 Water Gilbert 发明了替代型 DNA 测序方法。起初人们通过比较费力的方法以电泳来分离不同长度的 DNA 分子。以后，Sanger 发明了可行的、大规模自动测序方法。
- **控制**　1972 年，斯坦福的 Paul Berg 表明，利用那些进化到能操作细胞自身 DNA 的酶，人工重组来自不同物种的 DNA。细菌的限制性内切核酸酶特别有用，因为其能在特定的 DNA 序列进行剪切。在经历了对新技术可能存在危险性的评价的短暂间歇后，新的重组技术立刻应用到众多的生物中进行遗传操作，其中包括很多以前存在遗传操作限制的模式生物。

- **PCR** 近年来最重要的发明就是 1983 年 Kary Mullis 发明的聚合酶链反应（PCR）。变性和退火的重复循环可以扩增非常少的特定 DNA 分子。在许多例子中，这就减少了必须从细菌中克隆基因的局限性，并且有可能检测单细胞的遗传组成，如不能培养的微生物或者人类胚胎。

图 2.35 *Thermus thermophilus* 的核糖体 30S 亚基 3Å 的分辨率。核糖体能够将编码在 mRNA 上的信息翻译为蛋白质，它是一个由 30S 亚基和一个 50S 亚基组成的核蛋白复合体。

这些新的技术揭示了新的现象并且在旧的发现上进行了详细阐述。特别是在真核生物中，基因调控比起简单的β-半乳糖模型和λ噬菌体模型要更复杂、更多样。基因可以像被抑制一样也可以被激活并且在许多阶段可以发生调控：除了基因结合调控元件之外，肯定也有处理和降解信使 RNA 的过程、调控翻译的过程、定位和修饰蛋白质产物的过程等。信号也许是沿着相互作用的蛋白质传递的，并且各种转录因子也许是与该基因的启动子结合的。事后，这样的复杂性并不让人感到惊讶；自然选择能够挖掘各种可能的机制来改变基因表达的方式从而产生一定的表型。

最惊人的发现就是来自对真核生物 DNA 序列的研究。人们发现真核生物的编码区常常被内含子打断并在翻译之前就从 mRNA 中剪接出来。大多数真核生物 DNA 并不编码蛋白质并且事实上也许没有功能但却有利于整个生物。例如，大部分基因组含有复制时会牺牲宿主适应性的转座子元件。遗传操作揭示在诸如酵母、果蝇或者小鼠这样的生物中，大多数的单个基因可以被除掉而没有产生坏的效应。而经典遗传学方法不能够很容易检测到这类冗余基因。

两个现象对分子生物学的核心，即 DNA 转录 RNA 再翻译为蛋白质带来了挑战。在酵母和哺乳动物中发现了**朊病毒**，它能够在两种可稳定遗传的构象间进行转换。人们发现了能使 DNA 甲基化的酶，这种遗传修饰可以稳定遗传。这些例子尽管很少并且有一定的限制性，但遗传不仅仅基于核酸之间的配对。1970 年，发现了**逆转录酶**。这种酶可以使转座子元件和 RNA 病毒合成 DNA 从而整合进入到基因组内。在细胞中发现这样的例子，细胞会操纵自己的遗传物质，如酿酒酵母两种交配型的转换或者脊椎动物免疫系统的细胞。

这些例子都不能对中心法则提出挑战：蛋白质序列是绝对不能翻译回核酸序列的。它们最多被看做是例外情况，它使得遗传机器具有局部的优势。事实上，更有可能的理论是，科学家可以利用一些复制、转录、翻译和变构调控的简单法则来构建生物体。

Thomas Cech 和 Sidney Altman 在 1982 年发现了催化性的 RNA，这无疑是自分子生物学建立以来一个重要的新发现（图 2.36）。尽管很久之前就知道许多蛋白质与小

RNA 分子是相关的（最明显的就是核糖体 RNA），这些 RNA 被认为起着一种被动结构的作用，然而，现在明白了它们中的大多数执行的是基本的催化步骤。例如，rRNA 结合合成的肽是早期世界的遗迹。在这个世界里，RNA 既是基因也是酶。

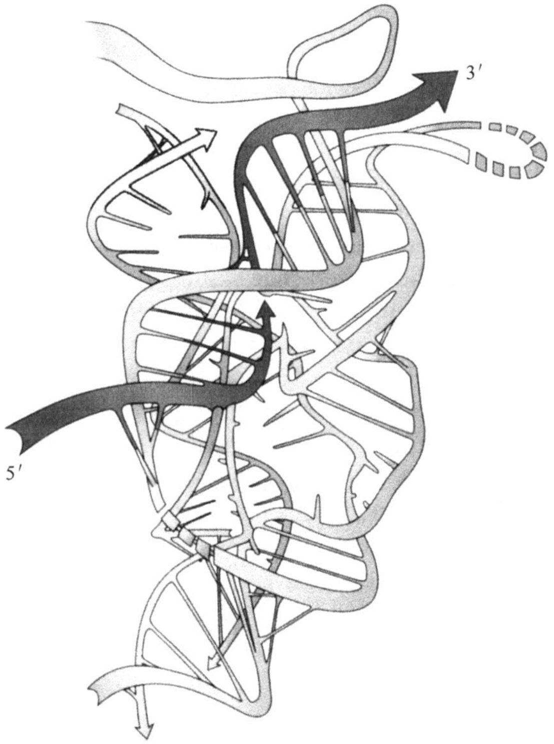

图 2.36　催化 RNA 或核酶的例子：*Tetrahymena* 组 I 内含子（蓝色）催化中心。剪切底物 RNA（红色）的位置在两个螺旋区域结合的活性位点（中心的红色箭头）。令人惊奇的是，这种 RNA 分子能够催化自身剪切，将自身从前体 RNA 剪切出来从而产生成熟的、可以翻译的 RNA。

从进化的角度来看，分子生物学过去 40 年最让人惊讶的发现就是基本生物学不同一般的保守性。也许这并不让人惊讶，因为复制、转录和翻译所需的遗传密码和基本机制在所有生物体中是非常相似的。更让人留下深刻印象的就是在广泛的生物类群中，诸如发育、细胞周期、细胞迁移和对病原菌防卫过程中使用的分子保留了序列上和功能上的相似性（图 2.37）。这样的例子包括转运体蛋白质：伴侣蛋白引导蛋白质合成；细胞骨架结构成分，如微管；蛋白酶，主要在调控蛋白质中起作用和调控细胞过程的激酶，如磷酸酶。这种分子上的保守性使生物学更加简单，因为同样的原理和技术可以应用于许多生物体。然而，这也更难解释生命的最基本的特征，因为进化提供给我们的只有单一的例子。

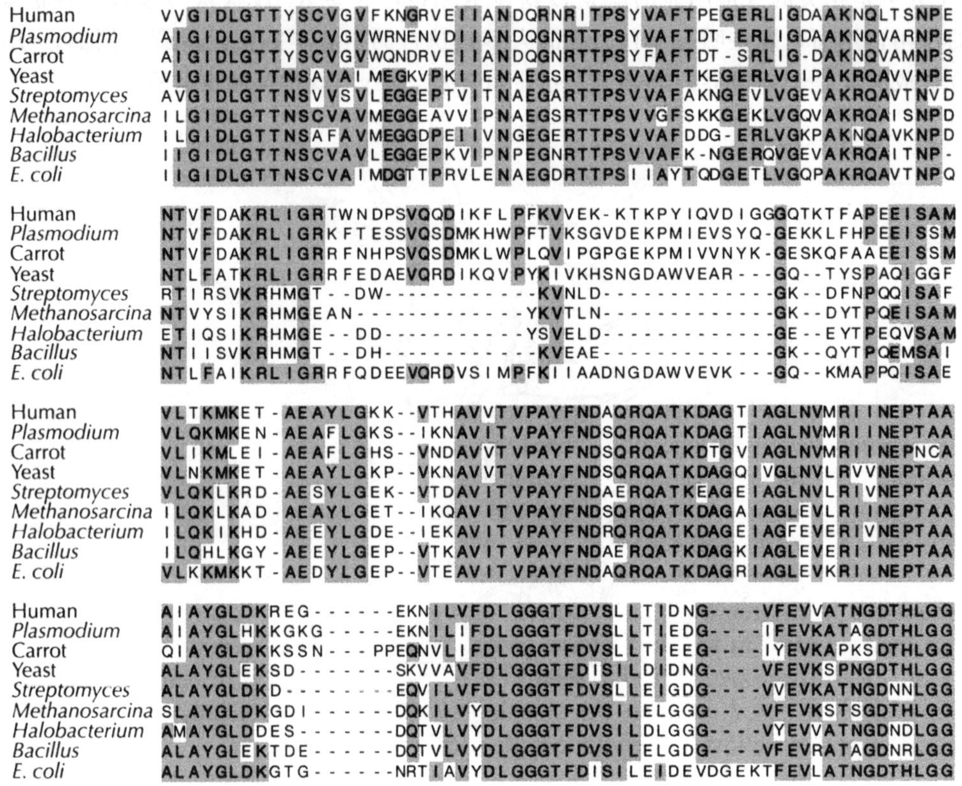

图 2.37　在所有细胞生物中发现的 HSP70 蛋白质家族高度保守区域比对的结果。阴影部分突出了保守的氨基酸（红色指相同而蓝色指相似）。氨基酸使用标准的单字母密码表示（见图 2.23）。

进化和分子生物学：新的综合？

现代进化生物学和分子生物学大约在相同的年代产生而两者都成为庞大而繁荣的领域。然而，它们两者之间却又是相对独立的，所探索的也是关于生物方面的不同问题。在这个部分，我们概括出两个领域之间的联系、差别及其相互之间作用最有成效的方式途径。

分子生物学开始研究生命是怎样演化的

分子结构的惊人保守性强调了所有生命的共同起源。因为其实际效应，这就使得进化生物学家在许多生物中研究很多基因，并且这种研究可以在自然界中而非在实验室中进行。进化遗传学的早期工作（如 Theodosius Dobzhansky 和 E. B. Ford 在进化遗传学上的工作）局限于那些正好可以检测到的变化基因：人的血型、蝴蝶的翅膀、蜗牛的壳、果蝇的染色体倒位。遗传需要杂交，所以局限于那些可以进行人工培育的物种。现在，有可能选择任意种类的基因并且使用如 PCR 这样的技术从自然群体里采集样本：

从野生型灵长类的粪便，从尼安德特人的化石，或从在实验室不能培养的微生物中。

随着 19 世纪 60 年代中期蛋白质电泳的开始，以及最近使用直接检测 DNA 的方法，这样的工作揭示了预料之外的结果，即物种内高水平的遗传变异。相似的是，Sanger 的首次研究表明了物种间氨基酸序列上的不同，这也使得有可能比较更大分类范围内的相同蛋白质。此外，科学家很快发现蛋白质分化速率，即使是在不同的物种之间也是相似的。换句话说，应该存在一个**分子钟**（图 2.38）。

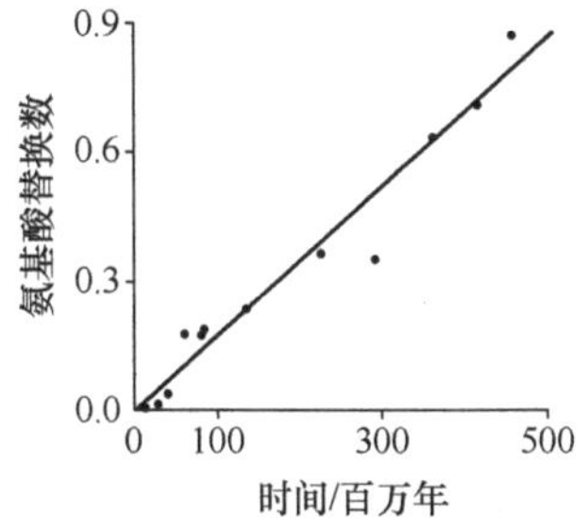

图 2.38　对于任意一个蛋白质，分子钟都是在稳定运行。本图表明相对于人类 DNA 序列每个位点氨基酸差异的数目。这种差异随着分化时间增加而增加，变化速率在非常不同的世系里基本是不变的。来自鲨鱼、鲤鱼、蝾螈、鸡、针鼹鼠、袋鼠、狗和几种灵长类物种的 α-球蛋白的序列（从右到左）。

这种遗传变化的丰富使得我们可以研究物种内形成变化的进化过程，并且可以重塑联系不同物种及其共同祖先的系统发育树。这些由进化生物学家提出的问题可以用于研究更多的新基因和新物种。应用相同的技术来获得的可比较数据，带来了对研究目的的简化性和统一性。进化生物学家一直试图寻找对于生命的统一解释，但如果没有分子生物学提供的统一机制，这是很难实现的。

分子变异的模式表明大多数变化并不影响适合度："中性理论"

由于首次对分子变异和分化的观察促使 Motoo Kimura（图 2.39）在 1968 年提出**中性进化理论**。首先，Kimura 认为对分子钟的最好解释是稳定积累的突变对适合度没有显著的效应；其次，物种内虽然存在大量的遗传变异，但只有一小部分受到自然选择。中性理论无论是在过去还是现在都是有争议的，特别是在 Kimura 刚刚提出这个理论的那段时间内，因为当时的进化生物学家非常强调选择的作用，即便是对微小的表型变异（见第 1 章）。正如我们将在第 19 章看到的，这个问题仍然没有得到解决。现在我们已经很清楚，至少在真核生物中，大多数非编码区域的变异是中性的，因为在其基因组内有大量的 DNA。然而，现在不清楚究竟有多大比例的个体间或物种内氨基酸的变异是由选择保持的。另外，有确凿的证据表明，选择作用于一些**同义突变**（这些变化不改变蛋白质序列，但可能影响基因表达）。

图 2.39　Motoo Kimura 是分子进化中性理论的代表。

中性理论通过对现存理论的不同应用而改变了进化生物学。原来，群体遗传学用来说明观察与自然选择作用以及其他进化过程是一致的。例如，化石记录的变化速率可以很容易通过微小的适合度的不同得到解释，或者不同地方人类或果蝇的有害突变频率可以通过**随机遗传漂变**得到解释。中性理论定义了一个简单且明确的零假说，这个假设只依赖于群体大小和突变速率而不依赖既复杂又细节未知的选择（第 15 章）。因此，从遗传数据（至少突变被视为中性）通过各种拒绝中性假设的统计检验来估计群体大小和突变速率成为可能。中性理论也证明了分子进化的简单模型，从而发展了检验和估计系统发育关系的严格方法。这样的方法在可以获得 DNA 序列数据时变得非常有用。

生命物质基础的发现并不能回答进化生物学的问题

对孟德尔遗传学的再发现改变了进化生物学，结合达尔文的自然选择理论，建立了综合进化理论，这个理论仍然是进化理论的核心。相反的是，基因的物质基础和机制的发现对这个领域架构的影响微乎其微。分子方法已经在很大程度上改变了进化生物学的研究，但它并不能立刻回答任何核心问题，甚至不能改变这些问题的性质。基本上现在新的遗传标记被用来解决进化的问题。例如，我们现在通过序列分析可以了解鸟类个体间的亲缘关系，从而更好研究它们的社会行为，而不像以前通过形态学的研究来确定系统发育关系。当然，我们也可以像研究形态特征一样探讨分子水平的问题。例如，我们可以探讨血红蛋白的生化活性如何同肺和鳃一样辅助生存和繁殖。关于中性理论的这些争论可以被视为关于遗传变异的**平衡理论**和**经典理论**之间的一种古老争论，即遗传变化在多大程度上是由选择来维持而不是由那些有害或中性的变异来维持。事实上，进化理论的构架并没有因为分子生物学的革命而产生明显的变化，直到现在分子生物学的兴起只是推动了进化生物学一小部分的发展。

分子生物学问“如何?”；进化生物学问“为什么?”

在某种程度上，分子生物学和进化生物学领域仍然保持隔离，因为它们问的是不同类型的问题。一个问生物体的特征是怎样工作的。例如，血红蛋白是怎样结合氧气的？如果生物体已经进化，我们会问：什么样的祖先序列导致了现在的状态？再如，从什么种类的基因，在什么种类的生物里，血红蛋白起源了？最后，我们会问为什么特征是其原来的样子。又如，为什么血红蛋白含有 4 个亚基而非 1 个？有时，对于这类问题的答案并不涉及进化过程。原则上，我们可以追溯某类血红蛋白基因的替代而不用知道为什么会发生那种替代，并且阐明这是一个非常有效的方式（血红蛋白有效的氧气卸载是由于其不同亚基相互作用的结果），从而解释这种机制。然而，这类非进化的解释常常是误解，不完全或不充分的。在这本书的后面，我们将会解释可能存在的隐患以及如何避免（第 20 章）。

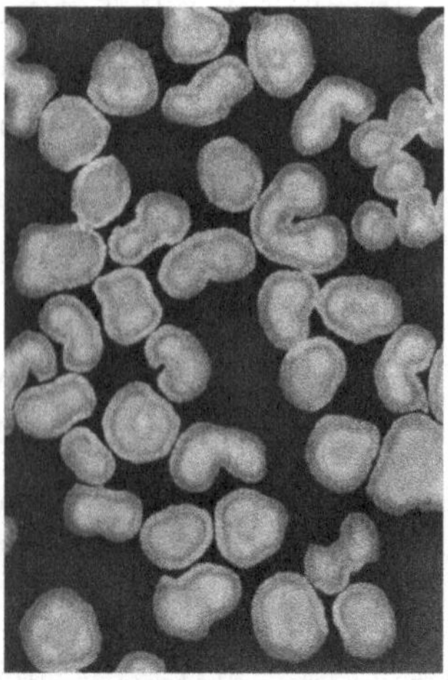

图 2.40　人类流感病毒类型 A（原始放大倍数，191 700×）。

我们以流感病毒为例阐明不同类型的问题（图 2.40）。分子生物学的方法也许会问 RNA 是如何进入宿主细胞的，是如何复制的；病毒编码的 RNA 聚合酶是如何复制病毒基因组而不是宿主 RNA 的。不同品系是在何时何地共享一个共同祖先的？那个祖先是在猪、鸭或人上吗？最后，我们会问为什么病毒会有其自身的特征。为什么其基因组分为三类不同的 RNA 分子？为什么它常常引起温和的病症而不是快速死亡？这类问题并不能通过任何最优化解释来回答：在这个例子里，其实存在一个是对宿主最好还是对病毒最好的矛盾。这些关于生命历史和遗传系统的进化问题，我们会在第 20 章、第 21 章和第 23 章进行详细探讨。对这些问题的回答需要我们追溯单个基因的进化历程。

进化问题很难回答

对于发生过的历史的追溯以及探讨历史为什么会这样，比起对现存机制的解释更为困难。实际上，许多这类问题也许是无法回答的。对进化关系的理解依赖于对原始祖先的推断。这里化石记录是没有什么帮助的，因为只有一小部分的物种和特征保存了下来，且不太可能建立世系的直线联系。因此，我们侧重于依赖比较现存的物种。如果只有很少的物种生存下来或者现存物种之间分歧太大，那么关于过去的信息也许就被不可挽回地丢失了。

我们仍然很难解释为什么生命就是这样？我们必须想象其他可能的理论以及这些理论如何解释进化过程。我们当然不能像 Pangloss 假设的那样——我们生活在“所有可能中的最好世界里”。然而，我们必须找出对可能性的限制因素，不是用“最好”的简单思想来解释问题，而是了解进化过程如何决定在不同可能性的竞争中选择哪一个。例如，以流感病毒为例，我们并不清楚病原性到了什么程度或什么样的基因组是“最好的”，或者在任何情况下，是否所有的“优化”解决方法事实上都在进化。

我们可以使用各种各样的方法来解决进化问题。举一个具体的例子，假设我们希望解释马鹿精巧的鹿角（图 2.41）。我们可以提出一些理论上的推断，如雌性鹿可能喜欢具有大鹿角的雄鹿，或者尽管大鹿角有明显的不利，但在雄鹿间的竞争中更为有利。我们可以观察自然群体来寻找鹿角大小和交配成功率之间的统计相关性。我们有可能对鹿角做一些实验性的改变来检验究竟是鹿角大小本身的原因还是其他相关的因素（如营养状况）在起作用。我们可以比较不同种类鹿的鹿角大小从而探讨鹿角大小同雄性竞争程度是否有关。理论上，我们可以采用人工选择的方法来研究是否不同的选择会导致不同的鹿角大小。实际上，常常需要这些综合的方法，包括群体遗传学的理论、野外观察、实验操作、不同物种的比较和人工选择。

图 2.41 可以以很多方式研究马鹿鹿角的进化。

因为推论是间接的并且预测是常常违反直觉的，这就需要相当细心。事实上，在早期对综合进化理论一段追捧之后，在进化生物学领域开始强烈反对松散的推理和过分乐观的解释。科学家常常提出可能但不能验证的说法来解释为什么是这种或那种特征进化。在 Rudyard Kipling 的（非进化生物学）解释之后，就被称之为“如此理论”。例如，豹子是怎样有了斑点或者大象是怎样有了象鼻（图 2.42）。

图 2.42 Kipling“如此理论”中对大象是怎样有了象鼻的解释。

对于假说应该有清晰的定义，它应该建立在基于基因群以及对观察数据进行检验的手段之上的连贯性解释。特别是，并没有足够的证据表明，一些特征是“为了有利于物种”而进化的。这里可以举两个分子生物学的例子。人们认为内含子的起源是为了使蛋白质可以通过重排不同功能区域而产生新蛋白，从而使有断裂基因的物种长期来看具有进化优势。此外，最近有人提出，同时表达的一组基因在基因组上是聚集在一起的，从而使新的调控模式能够很容易进化。然而，即使新蛋白质实际上是通过外显子洗牌来进化或者新的调控模式是通过转换整块基因的表达来进化的，这也不能表明这些特征就是因为那个原因而进化的。这就需要一个一致的模型表明单个基因的复制是怎样导致这些结果的。进一步说，需要一些方法来分辨从适应性解释和其他解释的区别。例如，断裂基因有可能只是内含子随机插入而产生的，协同表达基因的进化只是因为当特定的基因在特定的时间表达时个体适合度是最大的。

分子生物学和进化生物学在若干领域的交融卓有成效

尽管我们强调了分子生物学和进化生物学是独立发展的，并且这两个领域倾向于探讨不同方面的问题，但它们在许多领域都有富有成效的交流。这些交流远远超出了共享技术的范畴，它将以前不太相关的研究领域联系在了一起。这里，我们简述三个例子。在后面的章节中我们将会给出更详尽的讨论。

- **发育的进化** （见第 9 章和第 24 章）在《物种起源》发表后不久，对发育和进化的研究就紧密地交织在一起：比较胚胎学被认为是了解进化关系的关键，而进化历程被认为是由“形态定律”来主导的。然而，在 20 世纪这两个领域却分道扬镳。孟德尔遗传学对进化给予了直接的阐述，但对于发育问题却没有什么帮助。现代分子生物学已经表明，同样类型的基因和机制是导致不同形态发育的共同原因，并可能应用新的发育遗传学的方法来解决进化问题。特别是，我们可以探索形态学上的主要变化是怎样通过一步一步的遗传替代而发生的，以及理解单个基因的变异如何导致群体内的形态变化。
- **基因组之间的比较** 直接观察 DNA 已经揭示了物种及其栖息地惊人的多样性（图 2.43）。这就带来了分子机制的问题（生物是怎样在 100℃以上的环境中生存）、生态学问题（海水是怎样支持这么多细菌种类和病毒生存的?）和进化问题（新的代谢功能的进化是怎样使得物种能够占据极端环境以及这类适应的极限是什么?）。比较大量的序列乃至整个基因组——揭示了大量从单个基因到整个细胞器基因组的基因转移。这对物种的概念是个挑战（第 22 章）。极端地讲，假设存在大量遗传交换的可能性，我们会问物种是否还存在，它其实只是临时组建起来的一个基因库。换句话说，就像 John Maynard Smith 所称的“足球队”的进化模式。
- **为什么生命就是这样?** 我们试图重建根深叶茂的生命之树的努力凸显了生命共同祖先的复杂性。它一定已经具备了遗传密码以及相关的转录和翻译机制，还有精巧

图 2.43　热带雨林的存在表明通过进化产生了丰富的生物多样性。

的代谢系统。尽管很难知道生命的祖先是如何进化的，但自生命在 35 亿年前起源开始，已经发生了惊人的进步。特别是，RNA 催化活性的发现提示生命祖先的前身可能是一个 RNA 世界，其中 RNA 既作为酶又作为遗传物质。研究这个失去的世界依赖于对诸如什么可能进化出来以及对 RNA 分子特性的研究等进化问题的紧密整合。进化生物学已经发展了了解 RNA 是如何行使功能的研究方法（例如，什么限制了基因组的大小，有性生殖是否是有效进化所必需的），但这些必须通过深刻理解真实分子的特性来完成。在实验方面，RNA 分子的体外选择实验提示了 RNA 世界的可能特性，并且也使得我们可以通过人工改造产生新的并且有用的分子特性。

小结

从 18 世纪晚期有机化学的诞生到 20 世纪 30 年代现代生物化学的出现，我们对于生命的物质基础的理解是逐渐发展起来的。然而，尽管我们已经知道大分子（特别是蛋白质和核酸）的化学组成，也明白了基本的代谢原理，但根本的概念仍然迷失：大分子三维结构和序列特异性的重要性是什么？除了能量和物质流动，信息流的作用是什么？这些问题是分子生物学的主要领域。1953 年，取得了关键的进展，Crick 和 Watson 揭示 DNA 结构是双螺旋的，其中根据特定碱基配对原则，含有 4 个碱基（A、T、C、G）的序列能够与互补序列配对。在后面的十年，分子生物学的基础得以建立。通过艰苦的努力，我们揭示了 DNA 序列是怎样通过遗传密码编码蛋白质序列；Jacob 和 Monod 揭示了基因是怎样调控的；并且阐明了信使 RNA 中间角色的作用。经过 30 年的研究积累，Perutz 使用 X 射线衍射方法确定了血红蛋白的三级结构。他揭示了蛋白质形状的变构变化，通过联系不同的活性位点而能够灵活的调控。分子生物学以后的发展，导致了 DNA 扩增的 PCR 技术、限制性内切核酸酶操作技术和测序等强大技术的出现。尽管有了快速的进步，分子生物学早期确立的基础理论仍然是坚实的。其后的一个不同于早期理论的重要发现就是揭示 RNA 在一些关键的生化途径中起着酶的作用。

进化生物学和分子生物学现在结合得更紧密了。分子机制的保守性使得科学家可以使用相同的研究方法来研究所有的生物。DNA 序列以恒定的速率进化以及许多物种的庞大基因组表明，物种内和物种间大多数 DNA 序列的变异对适合度的影响是可以忽略的。在这本书的后面部分，我们会明白这种中性理论是如何提供一个很有用的零假设模型从而使我们可以分析复杂的序列变化。我们也将明白进化和分子手段是如何结合在一起来阐释发育的进化过程，建立物种间的系统发育关系以及理解为什么生物体就是这样的。

延伸阅读

Crick F. 1970. Centra dogma of molecular biology. *Nature* **227:** 561–563.
中心法则原来的作者对理论的更新和对批评意见的回复。

Hunter G.K. 2000. *Vital forces: The discovery of the molecular basis of life.* Academic Press, New York.
介绍生物化学从头发展的历史。

Judson H.F. 1995. *The eighth day of creation.* Penguin, London.
一部根据对主要人们的采访全面介绍经典分子生物学产生的历史及包括对一些关键论著的深入介绍。

Monod J. 1971. *Chance and necessity: An essay on the natural philosophy of modern biology.* Alfred A. Knopf, New York.
通过对基因调控机制的共同发现讨论生命本质的一部著作。

Morange M. 1998. *A history of molecular biology.* Harvard University Press, Cambridge, Massachusetts.
总结最近分子生物学的发展历史。

第 3 章

进化的证据

进化生物学已深刻地改变了我们对于自然和人类自身的看法。在这本书的开头，我们介绍了进化生物学在农业、生物技术和医学方面的实际应用。更广泛地来讲，进化理论增长了我们的生物学知识，解释了生物是怎么形成的（描述历史和形成的过程）以及它们为什么就是这样（为什么生物要进行有性生殖，为什么生物会变老等）。不管怎样，可以认为进化理论最主要的影响是对我们对自身及我们在这个世界上的地位的看法。进化领域的基本观点对于很多人来说是很难接受的，这也导致了很多人对进化的误解和反对。在这一章中，我们总结了进化的证据，澄清了一些普遍的误解并且讨论了自然选择下进化的更广泛的含义。

1859 年《物种起源》发表后不久，生物进化论就迅速被广泛地接受了。达尔文关于来自一个或一些共同祖先的所有生物的“后代渐变”促发了“一次长久的辩论”。他汇集了来自物种分类，化石记录和物种的地理分布的证据并且通过人工选择进行类推。正如我们在第 1 章中提到的，直到 20 世纪初遗传定理的建立以前，人们对进化的详细过程一直不清楚。20 世纪中叶到了**综合进化论**的时代，我们对这些过程都有了很好的理解，并且明确了进化是由**自然选择**而导致适应的过程。现在，进化作为一个事实已被人们所接受，积极的研究正在加深我们对于进化过程的理解。

尽管在科学上毋庸置疑，但很多人并不接受生命纯粹是由于自然选择进化而来的事实。这种怀疑主义是有一些根源的。对于一些人，怀疑来源于和先前宗教观念的冲突；另外一些人，也许会质疑具有令人吃惊多样性的生命世界竟然来自同一简单的祖先生物，以及像人类思维这样的复杂适应是通过对随机变异的自然选择来建立的。与宗教观念的冲突大多数是尖锐地针对那些相信神圣上帝信条的人。这样的信徒一定会反对大部分科学，包括物理学、天文学、地理学以及生物学。当然，他们也会反对科学的方法论。

人们对生命起源存在各种各样的认识，从对创世纪造物之谜的信仰到本书中纯粹的物质上的解释。一些人认为圣经上描述创世纪的 6 天中，每一天对应的都是很多万年。这些人虽然接受地球是古老的，但仍然认为物种（至少高等物种）是一个一个被创造出来的。主流基督教的立场是**有神进化论**，即上帝通过自然法则来左右进化，他对这一过程几乎没有任何干预。天主教虽然接受物质进化借助于自然选择和其他的进化过程，但它援引了人类灵魂的超自然力量。在进化生物学与宗教之间的大多数冲突来自于一些人相信世界上只有一个神圣的造物主。其他宗教并不接受这样的一个造物主，如佛教和印度教一致将进化的思想看成与他们对于这个世界的信念是一致的，即世界处于不断的变化之中。

在本书后面的部分，我们会陈述进化的具体历史过程（第 4 章至第 11 章）；解释自然选择和其他进化过程的机制（第 12 章至第 17 章）；解释怎样导致适应、物种形成和一些新特征的出现（第 18 章至第 24 章）。我们同样对于人类进化会做详细的探讨（第 25 章和第 26 章）。在本章中，我们总结了导致生命方程式出现的自然选择的证据。我们讨论了科学过程是怎么作用的和科学与宗教及精神信仰的关系，这种精神信仰很大程度上引起对自然选择导致进化的反对。这里关于自然选择进化本质的许多观点会在后面的章节详细讨论。本章只是作为关键论点的一个简要总结。

进化论的证据

关联模式为进化提供了最强大的证据

尽管直接观察和化石记录都提供了强有力的支持，但最引人注目的证据来自于现存生物模式的相似性。它揭示了所有生物共享的特征：群体内的嵌合群体模式，许多不同性状的相容交叉，生物的亲缘关系与地质历史和地理分布的相关性。

图 3.1　查尔斯·达尔文——“对于生命的这种认识具备某种庄严，因为造物主最初将生命造化为一种或几种具备自身力量的形式”（引自《物种起源》的结论）。

共同特征

甚至在达尔文时代，所有现生生物的相似性对于他提出所有生命来自于一个或最多几个祖先这一观点来说是足够清楚的（图 3.1）。不管怎样，当分子生物学的普遍原理在 20 世纪中叶被发现时，这种相似性的全部内容才得到阐释。几乎所有的生物都用 DNA 来编码它们的遗传信息，通过将 DNA 转录为 RNA，再进一步通过共同遗传密码翻译为蛋白质序列［一些病毒是基于 RNA 而不是 DNA，且在遗传密码里只有很小的变化（表 5.3），但这些都是很少的例外］。在很多物种中，许多分子的功能是非常保守的。例如，酵母中控制细胞周期的基因缺陷型可以被相同功能的人类基因所弥补。事实上，在所有生物中复制、转录和翻译的基本机制是保守的。分子生物学的成功依赖于这些机制在本质上的一致性（第 2 章）。

生物体共有的生化反应体系基本上是随机形成的，这些共同特征很难用物理或化学定律来解释。例如，尽管左手和右手构象分子的生化功能一样，但蛋白质只含有 L-氨基酸，而不是其镜像结构的 D 型异构体（图 2.5）。这种共同的手性可以很容易用共同祖先来解释。遗传密码很大程度上是一种“定格的意外”，通过将 64 种可能的三联体密码投射到 20 种氨基酸上的任意一种密码子，并简单地借助于可能的一组转运 RNA 来实施作用。这种观点已通过研究密码子偶然的天然突变和在实验室人为制造密码子突变的实验得到证实（图 3.2）（后面我们会讨论一些遗传密码的规律从而说明遗传密码在整体上并不是随机的）。作为最后一个例子，在第 2 章我们看到 RNA 具有重要的催化功能——通过肽键连接氨基酸来形成蛋白质。这些被认为是 RNA 世界的遗迹，那些是 RNA 分子而不是蛋白质分子负责细胞中的化学过程，同时也携带遗传信息。

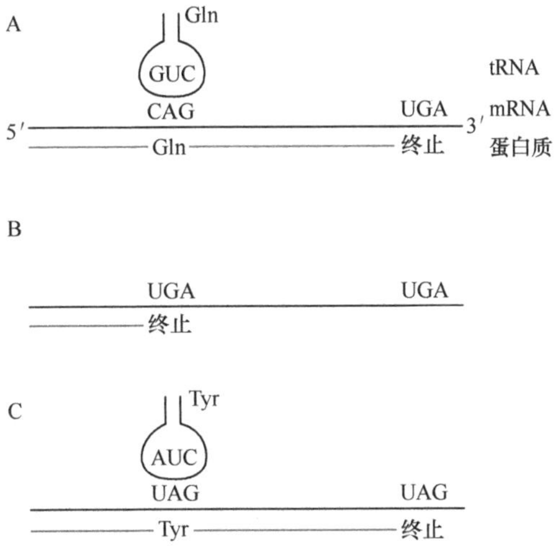

图 3.2　抑制突变表明通用遗传密码并非局限于现存的编码方式。无义突变产生了终止密码提前结束了蛋白质的翻译。但在识别终止密码子的转运 RNA 产生突变时，这种效应会受到抑制从而继续完成蛋白质的翻译。实际上，这些突变改变了遗传密码。A. 翻译野生型的序列通过 UAG 终止密码子而终止。B. CAG（编码谷氨酸）突变为终止密码，UAG 导致翻译提前终止。C. 一种转运 RNA 突变，由原来编码酪氨酸的反义密码子突变为 AUC 识别 UAG 的无义突变从而使蛋白质可以被完整地翻译出来，且原来编码的谷氨酰胺被酪氨酸所替代。

分级分类

在林奈的种、属、科的分类系统里，类群是以自然的分级被分组的，这种分类方式很容易用“后代渐变”来解释，因为分类直接反映了共同祖先。此外，在分类中最有用的特征不是使物种适应它们个体生存方式的特征，而是在整个类群中保留的祖先状态。在达尔文之前便意识到了**相似**和**同源**之间的区别（图 3.3）。比如说，鲸和鱼类流线型体型是一个**相似的**特征。换句话说，这是它们趋同生活方式的结果。相反的是，即使蝙蝠、人类和海豚肢的使用目的有很大的不同，但哺乳动物肢的结构一直保持不变。这样的**同源结构**很容易用共同起源来解释。物种间在一定的胚胎时期是相似的，甚至在那些具有很大成体差异的物种之间（图 3.4）。达尔文解释了这种模式，并指出选择会使物种的成体形式多样化，但会在胚胎阶段抑制可能具有破坏性的变化。

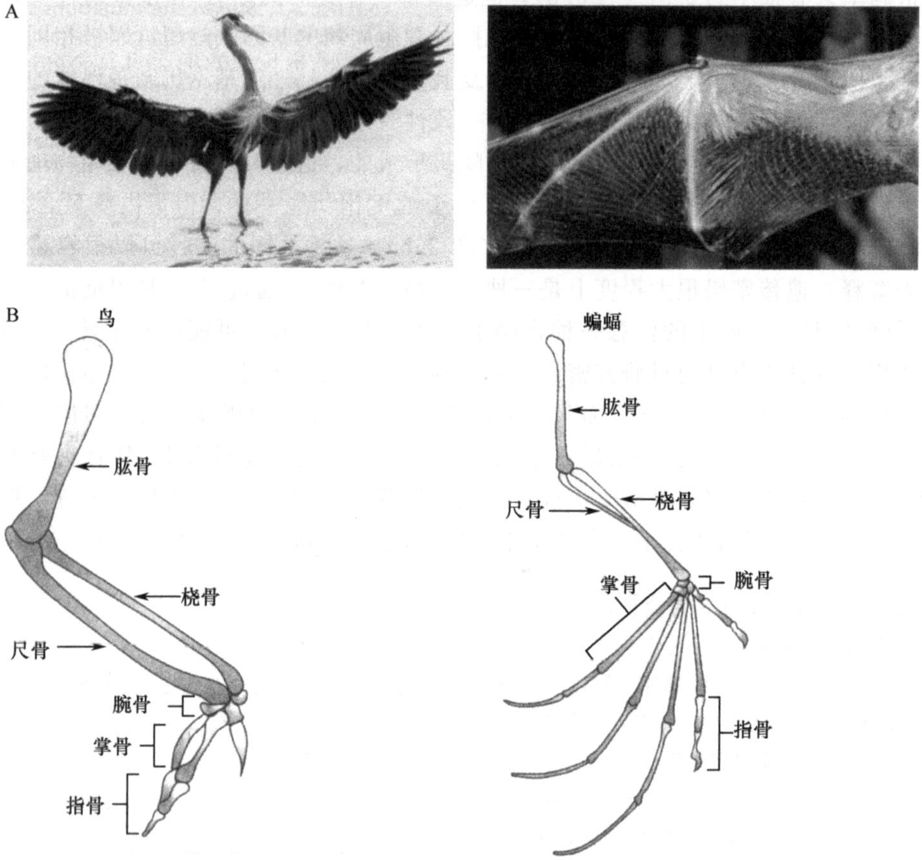

图 3.3　(A) 鸟的翅膀与蝙蝠的翅膀是相似的，因为它们具有相同的功能，但它们并不是来自于具有飞翔功能的共同祖先结构（左图，大蓝苍鹭；右图，雄性红蝙蝠）。(B) 鸟的前肢骨骼与蝙蝠的是同源的，因为它们来自于共同祖先的相同结构。

这样的类群内又有特定方式导致嵌套型的分类，每一个类群由一组独特的共同特征来确定。如脊椎动物（脊椎动物亚门）有一个脊柱和具有同样五趾结构的侧肢。在脊椎动物门里有能够产乳汁和有毛覆盖的哺乳动物（经典哺乳类动物）。反刍动物（如羚羊，绵羊和牛；哺乳动物亚目）都有分隔的胃和一个特化的消化系统。这种嵌套分类的方法可以一直延续到单个物种水平，如 *Bos taurus*（家养奶牛）（图 3.5）。

值得注意的是，分子特征支持了同样的分类。例如，脊椎动物共享一种特殊的 *Hox* 基因的排列，基于众多 DNA 或者蛋白质序列进行的分类得出的是同样的嵌套模式。具有共同祖先的树状模式很容易解释这种类群内的嵌套分类及其特征的一致性。这种模式显然与人工设计的模式有很大的区别。例如，尽管同样品牌的汽车都有一些表面的相似性，但不同品牌汽车的不同功用特征却是散乱分布的。

正如我们在第 27 章解释到的，从一组任何特征推测出来的系统树是不可能十分确定的，因为这通常是基于统计来预测的分类关系，所以不会非常精确。然而，互不相关

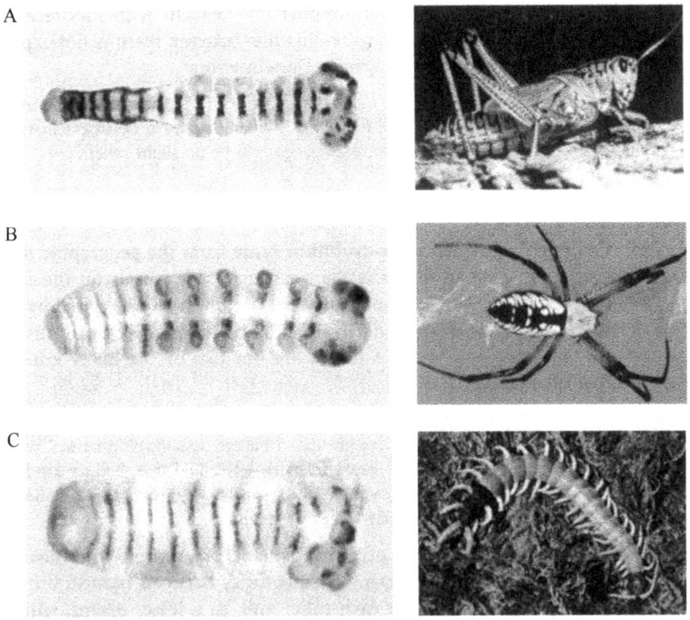

图 3.4　发育早期阶段胚胎的相似性。蝗虫的胚胎（昆虫；A），蜘蛛（螯肢动物；B），蜈蚣（多足动物；C）三种并列的成体形式。尽管三种节肢动物的成体形式有差别，但胚胎发育阶段却是惊人的相似（对胚胎的染色是通过显示一个基因的产物以突出它们体节的保守性）。

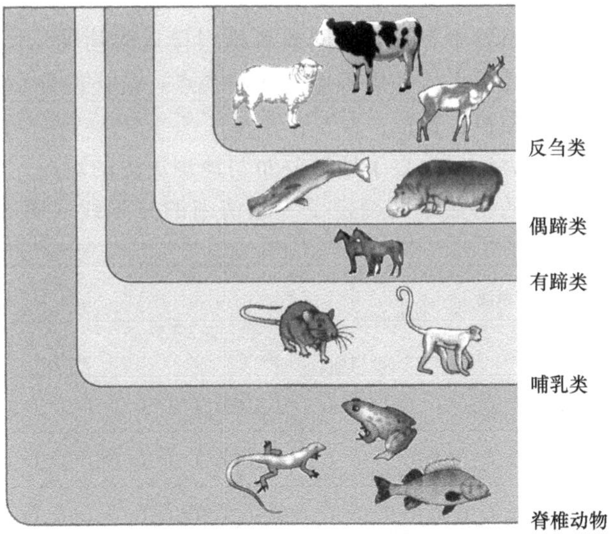

图 3.5　脊椎动物可以被分成一系列的嵌套类群，每一个类群共享一组独特特征。通过联系物种的系统发育关系可以解释这种模式（图 9.18）。偶蹄类（偶数趾的蹄）是一个多样的类群，包括反刍动物（如图显示），也包括高度特化的类群如鲸鱼。

的分子和形态特征之间惊人的一致性是共同起源的强有力证据。

在判断两种生物是不同的种还是种内的不同变异时常常会遇到困难，而这种困难被达尔文视为对“后代渐变”的进一步支持。种内的变异是物种形成的初期，所以不同变异之间是看不到清晰的分界线的。在《物种起源》一书中，达尔文写到：

“现在的分类学家在孜孜不倦地从事分类研究，他们不会一直被确定这个或那个生物究竟是不是一个物种所困惑。但根据我的经验，我可以确定，他们今后的研究也不会有可以松口气的机会。”

地理分布

达尔文最强大的进化证据来自于他在猎犬号旅途中见到的无数动物和植物的地理分布。不管他在哪里见到的，即使是在不同的生境下，达尔文发现生物也会通过与其他生物的相似性联系起来。澳洲的有袋动物和南美洲的无牙动物是许多例子里的两个典型。达尔文写到：

“……旅行中的自然学家，例如，在从北到南的旅途中都会惊讶于生物类群的连续分布，特别是存在明显关联的不同物种的相互替代。他会看到很相似的不同种类的鸟，它们有着相似但不同的雀巢构造以及几乎相同花纹的蛋。”

在大洋岛屿上的这种生物模式是特别令人感到惊讶的。例如，达尔文在加拉帕戈斯群岛上发现，各个岛上的知更鸟都不相同，但它们之间也有一定程度的相似性，并且同它们的大陆祖先差别更大一些。如今我们在大洋岛屿上有很多这样**适应辐射**的例子，包括在夏威夷岛上发现的很多物种和在非洲的大湖地区发现的丽体鱼类。达尔文解释了横贯欧洲和北美的不同高山植物中存在有相同或者是很接近的物种是由冰河消退造成的，这使许多物种处于隔离的高山上。如果不用进化的观点，这样的分布是很难解释的，除非这些是由上帝各自单独随机创造的。

对于进化的一些最有力证据来自于地理分布与地理历史的对应。华莱士在东印度群岛地区基于动植物群分布的明显不同确定了一条清晰的分界线（图 3.6）。现在我们知

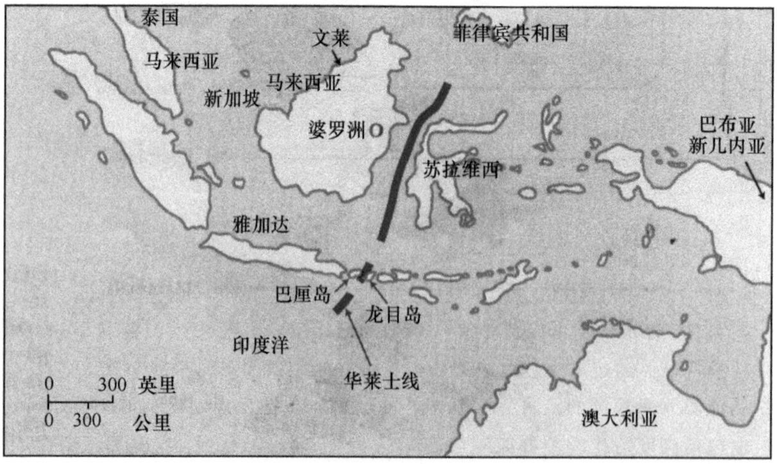

图 3.6　华莱士线（红色粗线）分隔了现今不同的陆地动物群。

道，更新世期间，在两块陆地之间有一条古老的深水通道，即使在海平面比现在低100m 的情况下这条深水通道依然使陆地间分离。更让人感到惊讶的一个例子是分布在南半球的有袋类动物、肺鱼和南方山毛榉（*Nothofagus*）。尽管这些南半球的陆地现在是分开的，但在 1.2 亿年前它们都是一个超级大陆——冈瓦纳古陆的一部分（见图 10.5）。如果物种是从它们起源的一刻开始慢慢分散开来的话，这样的模式用进化的观点是最容易解释的。

直接观察进化过程

人工选择的惊人成功在决定达尔文进化思想中起到了很大的作用。农业依赖于家养动物和植物的多样性，这个过程通过简单地对人类所需特征的持续选择而形成。一个物种常常产生截然不同的多样性。不同驯养的狗在形态和行为上与典型的哺乳动物差别很大。简单地说，芸薹属（*Brassica*）的物种可以被选择来产生明显不同的作物（图 3.7）。

图 3.7　*Brassica oleracea* 不同的种类包括（A）卷心菜；（B）椰菜；（C）花椰菜；（D）孢子甘蓝；（E）羽衣甘蓝。

在自然界也可以见到快速进化的变化。一个很好的例子就是自从 1852 年麻雀被引进到北美洲以来，其形态发生了变化。另外，无患子科植物的臭虫对 1920 年引来的一个新的寄主的反应是不同的（图 3.8）。当感染了人类免疫缺陷型病毒（HIV）的人们用抗病毒药物进行治疗时，HIV 自身会发生氨基酸替代使得它们具有抗性。这种进化变化在不同的感染类型中都可以见到（图 3.9）。

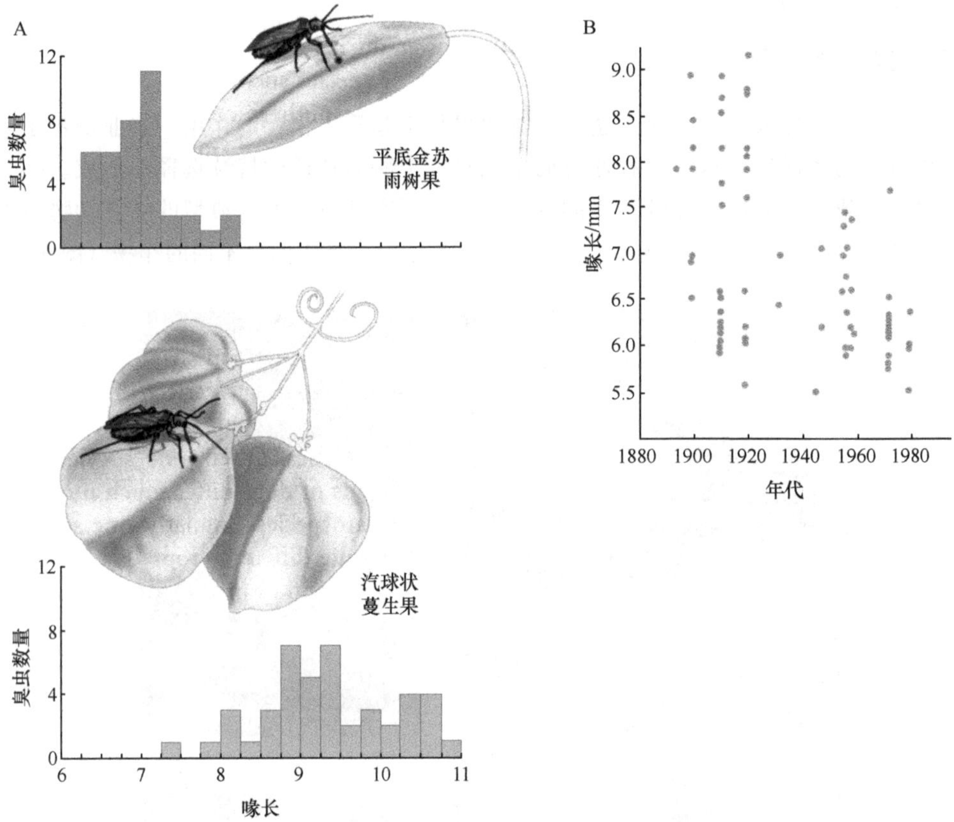

图 3.8　无患子科植物的臭虫以它们本地的寄主——倒地铃属植物为生（A 图下），用它们锋利的喙去刺穿果实。在 1920 年，从亚洲引进的平底金苏雨树（A 图上），其果实有比较薄的皮。以新寄主为生的臭虫就进化出短的喙。（B）散布的每个点代表了从博物馆收集来的每只臭虫的喙的长度。

新物种的起源常常因为太慢而不能直接观察到，但是我们有几个惊人的例子。在有些情况下，昆虫会转向一个新的寄主植物，从而按照它们自己的方式产生出不同的物种。我们会在后面讨论这样的例子。另一个令人惊讶的例子是新物种通过种间杂交而快速产生。杂交 F_1 代的个体偶尔会发生基因组加倍从而产生一个不能与亲本物种交配的新的**多倍体**物种，有相当大的比例的植物物种是以这种方式形成的。在许多情况下，它们杂交的起源是通过人工杂交推测的亲本物种而得到证实（图 3.10）。事实上，这种方法常用来产生新的园艺品种，特别是在兰花品种中（图 3.11）。

在本书后面部分我们将看到，现在我们对多样的进化过程不管是在实验室还是在自

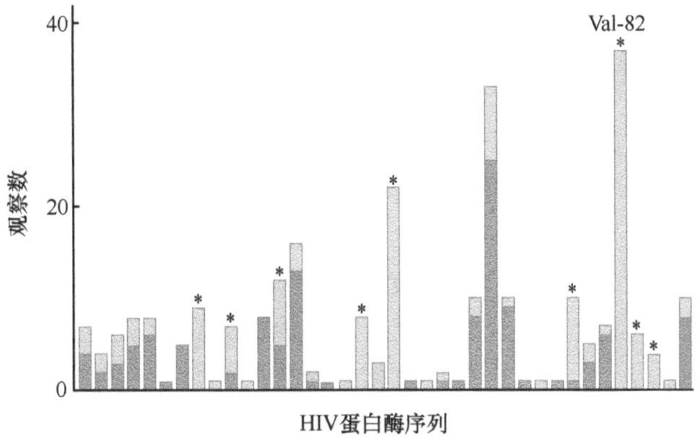

图 3.9　HIV 通过对药物的靶标 HIV 蛋白酶的多样的替代进化出对抗病毒药物 ritonavir 的抵抗性。在 42 个患者中跟踪这种酶的进化。红色柱状图代表在基础群体中观察到的变化。绿色柱状图代表经药物治疗后出现的变化，大多数是在不同的时机下出现的。9 个星号标志的表示变化导致了其对 HIV 抗性，但显著的抗性需要几个替代。例如，在 82 号位置上的缬氨酸在大多数患者中首先出现，但仅有这个突变不能导致对药物的抗药性。

图 3.10　*Primula kewensis*（左）通过 *Primula verticillata*（中间）与 *Primula floribunda*（右）杂交得到。它有亲本物种 2 倍的染色体，所以不能与它们进行交配。

图 3.11　兰花通过杂交和染色体多倍化得到。(左图) 凤仙花与兰花杂交后的兰花品种。(右图) 多倍体兰花 *lonocidium*。

然界都已有丰富详尽的考察。

化石为进化提供了证据

尽管我们关于化石证据的知识比起达尔文时代要充足得多，但仍然有差距。任何一个个体被保存下来或被发现的概率都是很小的，那些软躯体或生活在局限地区里的物种也许会完全消失掉。除此之外，一块特殊的化石被发现的概率是非常低的，因为这个世界太大了。有些被发现的化石不在导致现生生物形成的直接链条上，这使得构建系统发育树的关系非常困难（图 3.12）。只有很少的化石物种和物种内的很少个体是今天生物的真实祖先。现在我们有很多例子表明持续的进化变化是可以追溯的（图 3.13），但这些例子很特殊。化石确实为进化提供了强有力的证据，但对于大部分来说，无法对进化过程进行直接观察。

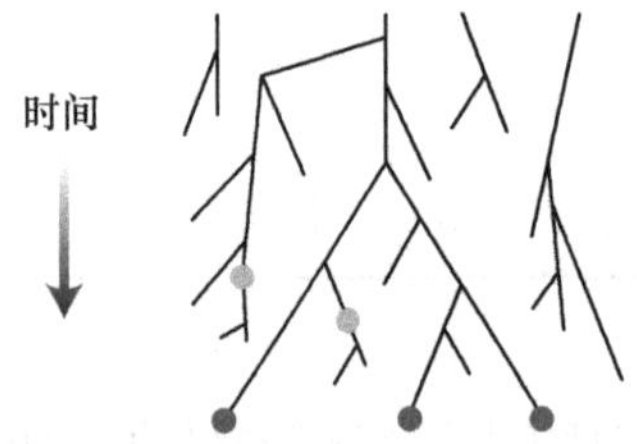

图 3.12　化石（蓝色）很少是产生现存物种的直接途径。

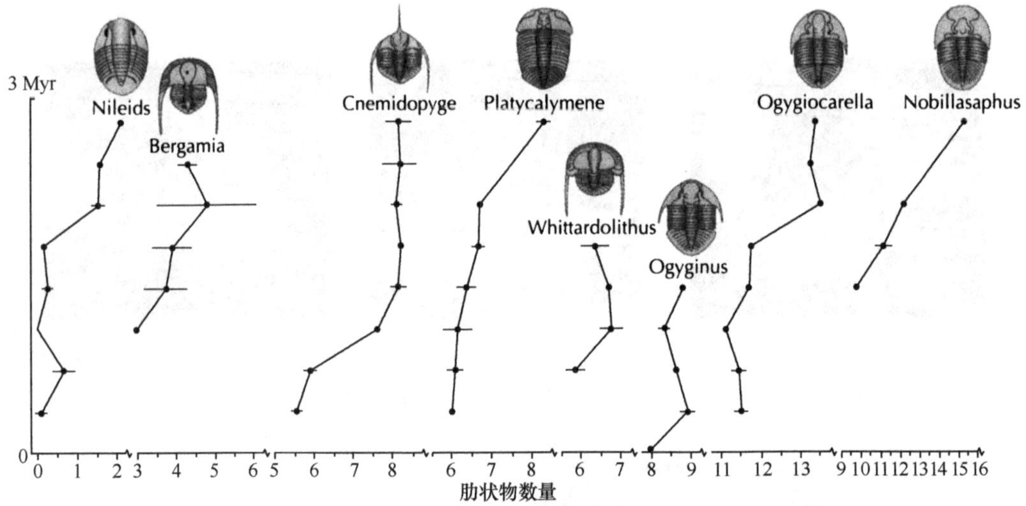

图 3.13　这些奥陶纪三叶虫 8 个世系显示了逐渐而不是跳跃性的变化。此图显示了标注标准误的肋状物的平均数目。

我们在第 1 章看到，19 世纪关于地球只有几百万年历史的讨论似乎是对进化的强烈反对。放射性的发现解决了这些争论，因为可以用来精确测量化石和地质样本的年龄。现在我们知道，各种各样的证据表明，我们的地球在 46.5 亿年前形成，随后适应生命出现的条件相继出现。形态和分子的变化（在化石证据直接看到的和从比较现生生物推测的）非常迅速，因此进化的发生仍然有很充足的时间。

我们预期最近分化的类群在化石证据中应当出现在较晚的底层中，实际的观察印证了这一点（图 3.5）。因此，脊索动物和鱼类首次出现在大约 5.25 亿年前，两栖动物首次出现在 2.47 亿年前，哺乳动物首次出现在 2.25 亿年前。需要指出的是，这种预测是来自于比较现今物种而构建的系统发育关系以及据此我们预期会在化石记录中看到的出现顺序。J. B. S. Haldane 以一种含蓄的方式阐释了这一点，当他被问起有什么观测有可能驳倒进化论时，J. B. S. Haldane 回答说，“前寒武纪的兔子”。

另一种模式能支持进化的是达尔文所谓的“继承法”，它指的是在任何地区的化石与该地区现存生存的物种相关（图 3.14）。随着大洲位置和气候的变化，这种模式只对最近的化石有用。如果过了一段相当长的时间，我们必须考虑到地质的变化。例如，有袋类的化石已经在南极洲发现，正如所预期的它们分布在南半球的大陆上。（图 3.15 和图 10.5）

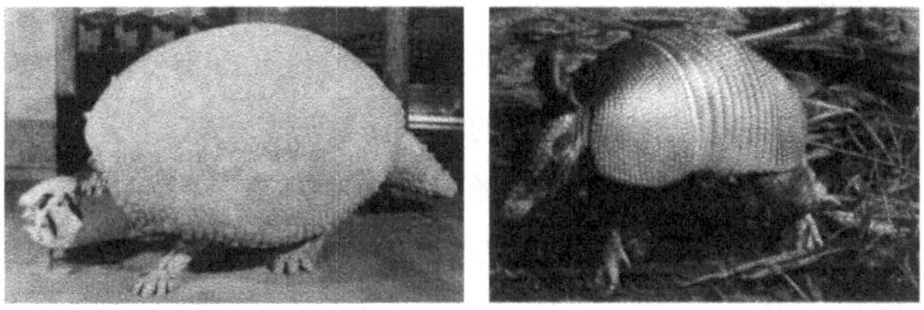

图 3.14　达尔文采集的已灭绝的巨大无齿动物的化石 *Glyptodont*（左图）。他意识到这与生活在南美洲同样地区的犰狳（右图）有关。

图 3.15　南极洲有袋类动物的化石。左图是上始新世时期在位于南极半岛西摩岛上发现的低颌骨有袋类的化石。右图是由艺术家重塑的这个 20cm 长的有袋类动物的形象。

自然选择导致生物结构的出现

微小变化的累积选择对于产生复杂适应有惊人的作用。HIV 通过对药物靶标蛋白的多种变化来产生抗药性（图 3.8）。细菌通过质粒带有多种抗性基因获得抵抗抗生素的能力。在体外进行的对分子的人工选择以产生有效的功能，是我们不能用第一定律设计出来的（如荧光蛋白的例子，图 A&S4）。更为显而易见的是，我们在过去几千年中对大量的家养动植物进行了重塑（图 3.7）。在计算分析中，进化程序常会对困难的问题提出新颖的解决方案。我们将在书后面部分检验这些和其他一些选择的例子（特别是第 17 章和第 24 章）。

当然，一个有足够才智的设计者会直接发现这些答案。对于适应这样一种理想机制会避免伴随自然选择的**遗传负荷**。如果一种类型的基因取代另一种，那么这种取代的产生要求许多后代的大量个体要么死亡要么不能繁殖。我们将在第 19 章进一步讨论对于自然选择的限制。这里，我们只是需要指出，自然选择是一个不完美的机制。因此，在生命世界中因自然选择导致生物结构出现的证据也就来自于适应的不完美的特征。

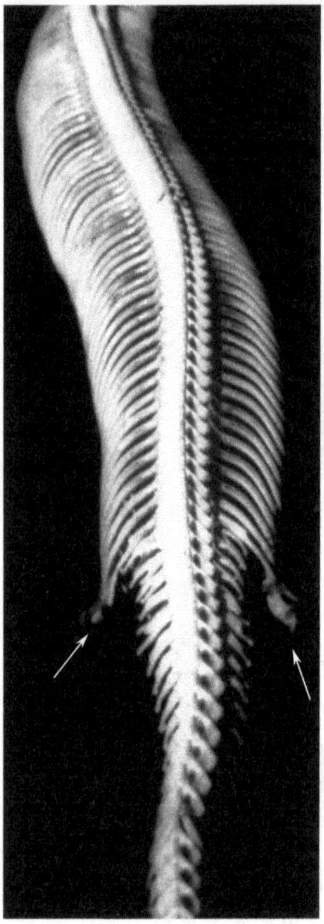

图 3.16　大蟒骨骼显示了退化的骨盆的侧肢。

退化结构如鲸类和蛇类的基底骨盆（图 3.16 和图 3.18)、隐藏在小牛上颌骨牙床下的牙齿或者是洞穴盲鱼残留的眼睛，如果是理性设计的或是根据某一普遍的定理塑造的就会使人感到非常困惑。然而，如果残留结构是在原祖先中起作用的话，那么这些结果就是可以预料的。在分子水平上，基因的多余拷贝是通过随机突变产生的，这些额外拷贝常常会产生有害的突变而失去它们的功能。这些没有功能的**假基因（pseudogene）**是在产生新功能基因进化过程中的副产物（第 7 章）。

自然选择只能作用于已经存在的变异，因此适应是基于为其他目的进化所需的结构的选择。例如，脊椎动物的五指附肢用于各种不同的目的（图 3.3)。在《物种起源》一书中，达尔文讨论了这样一些例子：

用一般神创的观点来看这些事实是多么令人费解啊！为什么大脑会被包裹在由如此多的古怪形状的骨头组成的匣子里呢？……为什么相似的骨头会被用来形成蝙蝠的腿和翅膀，而它们的使用目的竟然完全不同？为什么由许多部分组成的复杂的嘴的甲壳类动物总是只有较少的附足？为什么所有花的萼片、花瓣、雄蕊和雌蕊用于不同的目的但却以同样的模式形成？

分子方面的例子包括代谢酶的使用，如乳酸脱氢酶在脊椎动物的晶状体里作为透明的物质。一组相同的 *HOx* 基因在所有哺乳动物里指导早期发育。在 Jacques Monod 值得纪念的阐述中就有“修补进化”的例子。

自然选择通过个体之间的竞争起作用。正如我们在第 21 章介绍的，这种竞争驱动了大部分的进化。一些令人惊人的例子涉及**性选择（sexual selection）**，雄性为了使雌性受精而相互竞争。如许多雄性昆虫产生一个“交配栓”来防止雌性被其他雄性授精。涉及性选择快速进化的例子有自私基因的扩散或宿主和寄主之间的冲突。如果适应是通过“设计”以最佳方式来进行的话，这些进化上的冲突是无法用自然选择来解释的。

对进化论的反对意见

对进化事实的反对

在这部分和下面部分内容里，我们列出一些提出过的对自然选择导致进化的反对意见，并给出一个简要的阐释来驳斥这些论点。这里我们并不包括根据科学可以轻易驳倒的论点。例如，声称地球只有几千年——因为他们在整体上否认了科学。我们也不会考虑那些认为人类进化会导致有害社会效应的反对意见；在这里，我们驳斥那些对进化论的反对论调；在后面部分，我们反驳那些对作为进化主要机制的自然选择的反对论调。

争论：进化不能直接观察所以无法证明。

辩驳：正如在科学的其他领域，进化生物学很大部分并不依赖于直接观察。在物理学方面，我们并没有观察到地球和月球之间的吸引力（我们怎么能呢?）。取而代之，我们收集了各方面的证据——来自实验室的和来自天文学的，从而建立一个简单和满意的解释。相似地，在地质学方面，我们能够观察到腐蚀的缓慢过程和直接的大陆漂移，但我们必须推断会产生一个持续大范围的变化。同样地，进化生物学家使用直接观察来深刻理解和揭示这样的过程，但在很大范围内，依赖于许多渠道提供间接的证据来解释进化。

没有哪个假说能够被绝对肯定地证明。事实上，一个有创造性的理论会导致新的研究从而对理论进行修订。例如，牛顿的重力定律对于天体的运动做出了极其准确的预测，但稍微的偏离则支持爱因斯坦的相对论——但仍然是较准确的理论，对于理解时间和空间带来了深远的影响。1900 年，孟德尔遗传定理的重新发现后又被重新修正，从而涵盖了连锁这样的遗传现象。过了半个世纪，在 DNA 的物质基础被发现后导致了我们对基因理解的进一步细化。进化生物学与科学的其他学科以同样的方式发展，即在我们对更多的现象做出解释后其理论不断变化并越来越丰富。

争论：进化理论不是可检验的。

辩驳：如果基于理论的许多预测是可检验的，并且经受住了检验，那么一个科学理论就是成功的。这些检验并不一定涉及实验室的试验。对进化生物学来说，它们常涉及对现生生物之间关系、对化石记录或者基因组结构等的预测。我们已经介绍过对进化的几个关键检验：从不同特征推测出来的一致的系统发育，在化石记录中不同分类阶元的顺序出现以及地理分布的模式。我们将在书的其他部分见到更多这种类型的证据。

争论：没有中间形式。

辩驳：只有在最有利的例子里面才能看到持续的转变（图 3.13）。然而，确实存在很多令人吃惊的中间形式，这些中间形式携带了由系统发育关系预测的祖先特征的组合。最令人惊讶的例子是 1996 年在中国发现的有羽毛的恐龙（图 3.17），以及河马和鲸鱼之间的中间形式，显示了哺乳动物对于生活在海洋的适应性（图 3.18）。化石清晰地展现了不同特征的独立演化而不是一起同时出现或呈线性累积的顺序。例如，我们在第 25 章看到的原始人类的化石嵌合进化的模式——增大的大脑、性二型、牙齿的变化和对于直立行走

图 3.17　有羽毛的恐龙，鸟类正是从类似的物种中演化而来的。这些早白垩纪霸王恐龙椎骨的化石显示了丝状的结构（岩石的部分），被认为是原始羽毛。

的适应这些特征都是独立进化的。

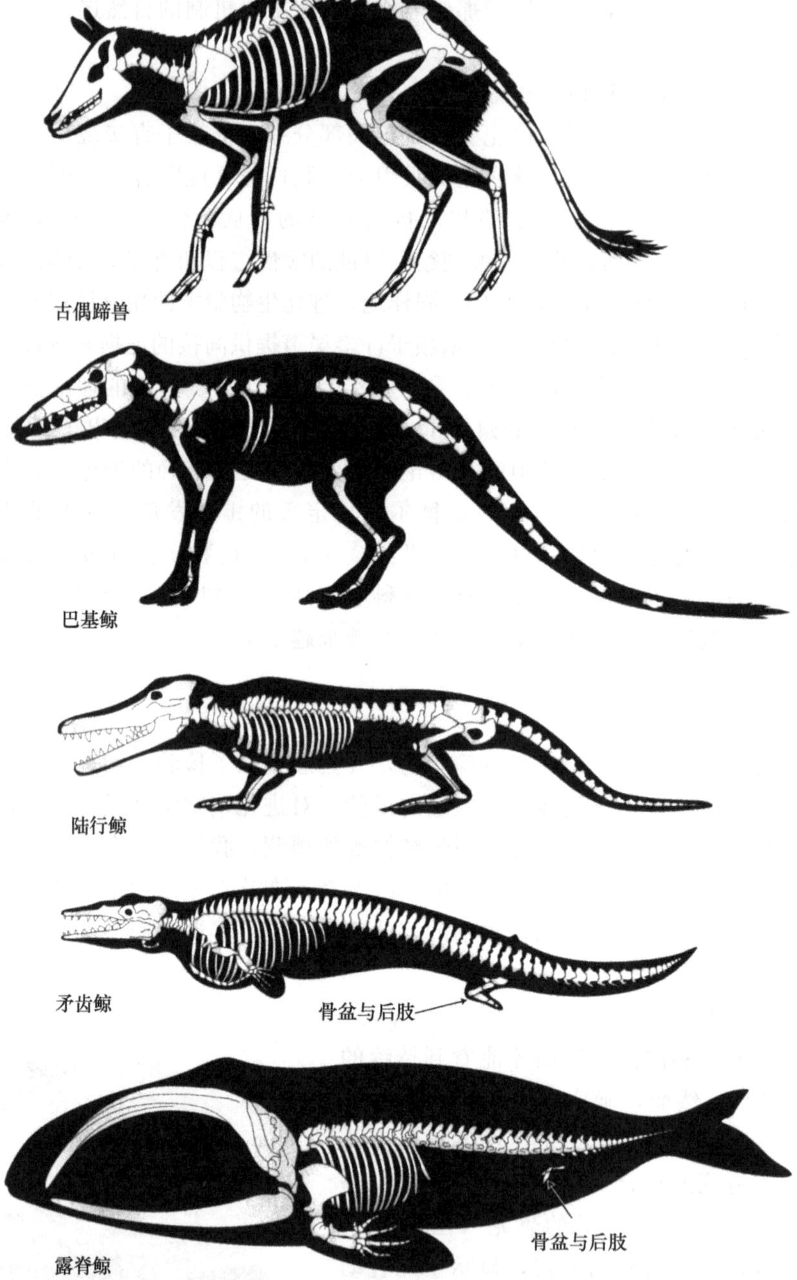

图 3.18 一系列从始新世（约 50Mya）类似海马的偶蹄动物（*Diacodexis*）到现代鲸鱼骨骼的化石（如 *Balaena*），展现了哺乳动物怎样适应海洋生活。最重要的转变是骨盆和后肢的减小，尾部加长是为了在水里游动，下颚因以浮游动物为食而发生了改变。

对自然选择是适应机制的反对

在达尔文发现自然选择的过程之前，人们一直认为复杂的结构和功能是神创的结果。正如我们在第一章提到的，长期存在的**"神创论"**（argument from design）对于19 世纪初的**自然神学**（natural theology）有很大的影响。自然选择对于只依赖于自然原因的设计出现提供了另一种解释。在此部分，我们反驳一些对自然选择过程可信度表示质疑的观点。

争论：机会不能产生复杂性。

辩驳：19 世纪很有影响力的天文学家 John Herschel 反对自然选择中的随机因素，称之为"无秩序的定律"。随后，人们一直认为随机突变不能导致有序的复杂性。由自然选择组装的结构可能性是很小的：100 个核苷酸的可能序列是 4^{100}，或者比 10^{60} 更多。不管怎样，正如在第 17 章和第 24 章阐述的，选择的累积效应是为了精确地建立不太可能的结构（图 3.19）。尽管个体繁殖和新突变的产生，每一个改变都是高度随机的，大量这样事件发生的结果本质上是决定性的——正如每一个分子随机运动的平均，得出了热动力学的定律。

图 3.19　R. A. Fisher"自然选择是导致产生高度不可能性的机制"。

对于在自然选择还没有发挥作用的第一个繁殖系统的起源，这种反对意见确实有些道理。我们关于第一个有机生命是怎样产生的知道得很少，但正如我们在第 4 章提到的，存在几个可能的假说。特别是第一个复制的分子并不需要 100 个碱基的精确序列，数目众多的不同的短序列也许就满足了。实际上，第一个复制子可能比今天的核酸要简单得多。

争论：走向复杂适应的第一步不太可能发生。

辩驳：达尔文感到这是对自然选择进化最强烈的反对之一，因此他在《物种起源》用一部分篇幅来辩驳，并用脊椎动物的眼睛作为例子。最近，人们用**不可或缺的复杂性**（irreducibly complex）来描述缺少一个部件就不能正常工作的系统。细菌鞭毛就是一个例子，我们会在第 24 章详细讨论。但这里我们给出两个基本的观点。首先，起始的步骤需要一些稍微的选择优势。就像高度近视的著名进化生物学家 John Maynard Smith 所说的那样，他不完美的视力比瞎子要好得多。其次，相比最后的复杂结构，起始阶段也许在演化之初是为了不同的目的（第 24 章）。最后，如果系统的大多数组成部分发生改变会导致系统功能的丧失，但只需要一个改进适应性的途径，它可以在现有结构和祖先之间建立联系（图 3.20），这一点会在后面详细讨论。

争论：自然选择无法创造新的东西。

辩驳：一轮的选择当然是从现有的变异中筛选。然而，连续的选择会增加每一个有利变异的频率，所以很快新组合就会显现，而它在原来的群体中是几乎看不到的（图

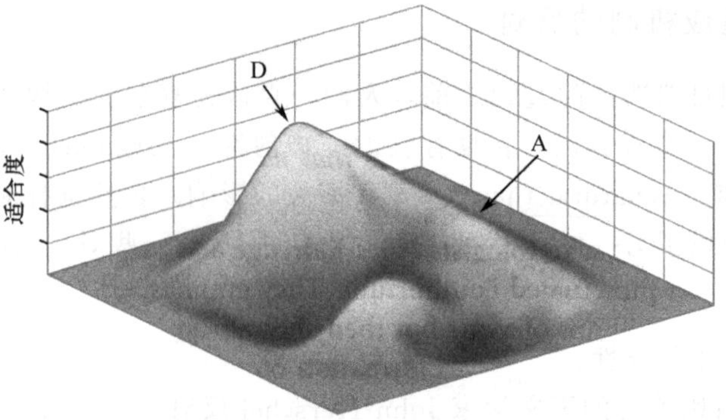

图 3.20 即使每一个变化会降低其适合度，一个复杂的结构仍可以进化。所有这些需要的只是至少有一条从祖先（A）到后代（D）的路径，沿着这条路径，适合度是很高的，而且在增加。这张图显示了**适应性分布**（adaptive landscape），它表示群体状态（形态和等位基因的频率等）同平均适合度的关系。在现实中，地标的变动对进化的变化给出更多的路径。此外，进化可以沿着很多轴线延伸，而不仅仅是这里显示的两条。

1.31)。正如我们在第 17 章所解释的，这种批评就好像说一个作家只是将字母重新组合了一下，没有创造任何新东西。

争论：自然选择违背了热力学的第二定律。

辩驳：在一个封闭的系统里，无序必然要增加。更准确地说，一个封闭的系统的熵——对混乱度的定量衡量——肯定会增加。然而，生命系统是开放的，它们吸收营养和自由能（最终来自太阳或者来自一些化学能源）并且输出废物和热量。总之，在一个开放系统里熵值也会增加。生物以一种有序的方式生长和繁殖，但这足以平衡由化学废物和热量导致的偏离。

争论：人类智力不能通过自然选择而进化。

辩驳：我们已经考虑过了选择会创造复杂适应的争论，如人类语言就存在一个明显的选择值（在第 25 章，我们将讨论导致复杂语言起源的详细步骤）。一个明显的反对论点认为，人类的许多才能——音乐和计算能力、宗教情感等等——没有任何生存价值，所以是不能够被选择的［华莱士，是独立于达尔文发现自然选择的（图 1.19），也同意这样的观点，所以从来没有接受关于人性的自然解释］。对这个论点，有两个解释。第一，我们知道，完全没有用的特征也能增加适合度。例如，通过影响社会地位或配偶选择（第 20 章）。第二，那些对适合度没有直接效应的表型会作为对其他表型直接选择的负效应而进化。因此，数学能力可能是一般思维能力和好奇心的副产品。

符号语言有利于抽象的推理能力的培养，对于个人是有很大价值的，无论是直接的（更有效的狩猎及制造工具等）还是间接的（通过增强社会能力和对配偶的吸引力）。正如我们在第 17 章中提到并详细讨论的，对世界的好奇和对了解精细模式的兴趣可能导致了对适合度没有直接效应的智力的起源。

争论： 间断平衡暗示物种内的自然选择是无效的。

辩驳： 1972 年，古生物学家 Niles Eldredge 和 Stephen Jan Gould 提出了一个著名的理论——**间断平衡**（punctuated equilibrium）。他们强调物种常常几百万年保持不变然后会突然转向一个新的形式（图 3.21）。如果这些突然转变和新物种的形成相对应的话，那么对**宏观进化**（macroevolution）来说，在绝灭和物种形成的过程中，自然选择对物种间的作用比对种内的作用更有效。

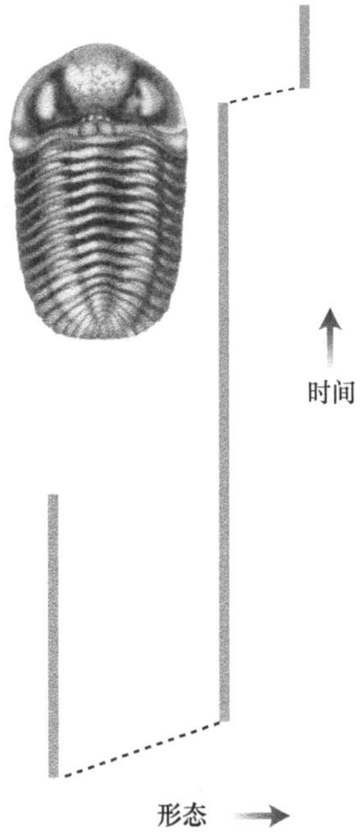

图 3.21　一个间断平衡的例子。图示的是三叶虫 *Phacopsrana*（用来研究发展这种理论的）的进化。时间是纵轴（实心线），形态是横轴（虚线）。三个物种的时间范围（三条垂直线）标在图中。间断平衡显示了在相对短的时间区域内（点线）形态上的突然变化。

Eldredge 和 Gould 同意物种内的自然选择会塑造适应性的观点。他们更为关注大范围的进化趋势：如体型的增加。然而，他们的理论被其他人误解为对于自然选择导致进化的批评。事实上，间断平衡的模式同通过自然选择的转变是一致的。间断平衡只是提示选择会长时间的保持同样的表型，但如果转变的确发生的话，那是很迅速的。尽管“间断”在进化的时间范围上是很迅速的，但“间断”能够跨越上千年并且很容易用自然选择来解释（图 17.30）。相反，正如我们在第 21 章介绍的，物种间的选择是非常慢的，简单说来是因为物种产生和消失比个体出生和死亡要慢得多。因此，尽管物种选择会导致宏观进化的趋势，但不能形成复杂适应。

争论： 人类基因组过于简单，不能解释人体的复杂性。

辩驳： 当人类基因组的草图在 2001 年完成时，许多科学家非常惊讶于只发现了大约30 000个基因，并且很快降到大约只有 25 000 个蛋白质编码基因。先前，人们估计我们的基因组大约包含 80 000 个或者更多的基因，尽管没有可靠的数据去证实这种预计。出乎预料的低基因数目令人惊异，如此复杂的生命被如此少的遗传信息编码。少于 20Mb 的信息竟能够指导人类发育，并且能够决定我们具有的 1000 亿个神经元之间的互接。这确实不可思议。然而，甚至在序列数据给出如此低的基因数目之前，这种困惑也是显而易见的。正如我们在第 21 章和第 24 章提到的，基因数目对于复杂程度来说是一个很差的指标。首先，选择性剪接会产生出比基因数目多得多的蛋白质（注解框 13.1）。在任何情况下，许多生物的差异性涉及基因调控的变化，这些是由非蛋白质编码序列决定的。

正如在第 14 章提到的，基因型和表型之间不是简单的对应关系。每一个基因都会影响很多性状，每一种性状都会被许多基因影响。DNA 序列并不编码表型，它是通过很大数量的基因与基因之间或者基因与细胞质之间相互作用来调控生物体的生长发育。我们大脑中的神经元分布并不是事先精确设定的，它是通过神经元的相互作用以及神经元同环境的相互作用来实现的。DNA 序列本身是没有意义的，它必须在细胞中表达才有意义。大多数用于构建生物体的信息包含在细胞器内而不是基因组本身。

一个明显的比较就是问人与黑猩猩的不同是否能被其基因组的差异所解释？人和黑猩猩之间大约有 40 000 个氨基酸不同，其中大约 1/3 是因自然选择造成的，此外，还有一些在非编码区的差异是通过选择被保留并且可能具有功能性。我们将在后面部分看到，这么多的不同很容易在区分后的 600 万年中通过自然选择来确立。我们和我们最近的物种间的差异用这成千上万的序列差别是可以解释的。

科学与社会

进化理论解释进化的事实

人们通常对进化及其机制的辩论往往会混淆科学上所谓的“事实”和“理论”。有时，人们说进化“只是一种理论”，即它只是一种猜测，没有什么证据。在科学上，一个**理论**（theory）是指由相互交织的假说形成的网络。这个理论会做出同我们所见一致的预测，并做出新的预测以激发更进一步的研究。经过很多检验证实的理论我们会将其作为一个事实而接受。这适用于重力理论、板块构造理论、量子力学和进化——它们都可以作为已经成立的事实。

进化的事实可以用一个复杂的理论体系来解释，从而说明进化是怎么产生的，其中大多数已牢固建立。我们理解进化过程是怎样进行的，并且我们有很多例子说明进化是如何产生适应和分化的。我们同样在古生物学和系统发育生物学方面对于生命历史有很多了解。正如我们在这本书从头到尾强调的，许多问题都还没有答案。例如，什么样的变化差异是受选择的，怎样选择？什么是复杂表型的遗传学基础？在细菌和古细菌分化时，不同进化世系中基因交换扮演什么样的角色？为什么大多数的真核生物是有性生殖？原始的自由生物聚集在一起是怎样在真核生物细胞、多细胞生物、社会集落里协调合作的？进化生物学家在回答这样的问题方面正在取得快速的进展。但无疑，新的困惑也将产生。进化理论的优势以及它为什么会这么快被接受是因为它能用几个简单的原理解释各种各样的现象，它将继续成为思想的源泉，这些思想可以在自然界或在实验室进行验证。

当然，我们见到的所有事物也可以用神创来解释，即物种就是像它们所进化的一样被创造，化石在地层中的顺序就像它们进化过一样。然而，这种夸张的选择解释不了任何东西。如果这样，每一个物种就会按照它自己的方式而存在，我们对上面描述的任何模式都将无法解释。神创论只能依据随意的假设来解释生物学的事实。神创论是不能检验的，所以不属于科学的范畴。

有些人接受进化的思想，也承认自然选择可以解释物种内和物种以上的进化。但是，他们提出一些特殊的复杂适应性状是由神（智慧设计者）偶然干预假设形成的。如果这种干预是随意的，那么这种假设是不能被检验的，因为任何事情都有可能发生。此外，如果智慧设计者可以有一定的特征（如总是给出优化或有利于人类的设计），那么这种假说就会被驳斥。正如我们在前一部分看到的，自然界的适应表明了正是一种我们预期的来自自然选择而不是万能造物主的不完美。无论如何，从一个理论的观点来看，用“空缺之神”（God of gaps）来解释是无法令人满意的，因为随着科学的发展，我们能够解释的也更多，这种空缺就会越来越小。

理解自然和人性

对于自然选择进化的反对来自于与他们宗教信念冲突的一些人。或者，从更广意义上来说，来自于反对唯物主义世界观的一些人。反对同样也来自于一些担心进化会被用来支持他们曾经反对的道德观念的一些人，或者相信进化会削弱道德观念的一些人。(正如 1981 年，一位路易斯安那州的妇女在一次教授进化的课上说的，“我认为如果你们告诉孩子们他们是从猿类进化而来的，那么他们会开始学猿类一样的行为。”)

很显然，进化的确与圣经的书面教义或是其他的圣典相矛盾。然而，这种教义违背了整个科学，不仅仅是进化论。神创论包括对于创造的两种不同的解释。大多数主流宗教并不认为他们的信仰与进化有冲突。比如，天主教已经接受了自然选择的进化，包括我们自己肉体的进化。一个普遍的说法是，上帝通过自然法则包括自然选择和其他一些进化过程来创造。对个人来说，许多进化生物学家在协调他们多样的宗教信仰与科学信念之间没有任何困难。许多人持与 Gould 相同的观点，即科学和宗教是两个不同的范畴——科学解释自然界，而宗教解释人生的意义。

进化和自然选择的观点有时候用来支持一些不好的政策。种族隔离曾经被以体现内在的差异而被认同；**正优生学**（positive eugenics）（如对于精神疾病患者强迫绝育）被认为是协助自然选择；并且**社会达尔文主义**（Social Darwinism）在经济和社会政策方面宣扬“适者生存”。然而，对于这类政策的科学证明现在看来是毫无基础的。事实上，我们关于进化的知识非常合理地支持了大多数人同意的许多政策。Hermann Muller 发起反对核武器实验运动的依据是辐射会引起突变从而对后代造成严重的影响；人群间的高度相似性，以及不存在明确的人种支持了对所有人类需平等相待的观点。进化上人们强调合作的重要性（第 21 章），而不是天真地强调冲突的重要（按 Tennyson 的话说，“自然就是牙齿和爪子上的血腥”）。

从根本来说，进化本身对任何道德规范既不支持也不反对。哲学家将之视为自然主义错误，即“存在的就是合理的”的观点。当然，在宗教上也是一样，比如世界是如何开始的或者神的存在并没有告诉我们应该如何行事。然而，科学和宗教信仰确实会间接地影响我们的价值观。例如，对于我们在生命世界延续性的认知使我们重视其他物种的存在，而不是将它们纯粹看作只是对我们有用的东西。类似地，对于进化中变异的重要性的认知，使我们更加重视物种间和物种内的多样性。在这方面，我们和达尔文 1942 年完成他理论的初稿时的感受一样：

> “生命有一种朴素的伟大，因为生命的生长，代谢和繁殖的力量，最初只是以一种或几种形式开始的。我们的星球也依据既定法则在不停地循环，土地和水也在循环中变化。生命不停地取代彼此。从如此一个简单的起源，经过对微小变化逐渐选择的过程，无穷无尽地进化出最美丽最令人惊奇的生命形式。”

小结

许多生物学家接受进化是因为进化解释了生命的多样性，接受自然选择是因为自然选择是适应的唯一原因。然而，许多非生物学家并不接受这种科学共识。

进化的证据来自于类群套类群的阶元分类，这与分子学和形态学特征的变化是一致的，它们来自于实验室或农场的直接观察和化石记录。自然选择的证据来自于人工选择的模拟，来自于自然适应的不完美特性（如退化器官），来自于为了新的目的而使用原始祖先的结构。这里我们简要地概括了对各种误解和反对观点的解释。在这本书后面部分将进行具体地讨论（特别是第 17 章和第 24 章）。

进化理论解释了进化的事实——正如其他科学理论的建立一样，如量子力学、板块构造或分子遗传学。这个理论同主要的宗教理论和进化生物学家所持的各种各样的宗教信仰是一致的。尽管进化理论没有印证任何特别的道德观念（也不能对任何的道德缺失负责），但进化理论的确对自然界中人类的位置给了一个崭新的理解。正如达尔文在《物种起源》结尾写到的“生命有一种伟大……”

延伸阅读

Eldredge N. 2005. *Darwin: Discovering the tree of life.* W.W. Norton, New York.

作为2005～2006年在美国历史博物馆（www.amnh.org）达尔文展览的随展作品，总结了达尔文思想的发展及其在生物学和社会上的当前地位。

Futuyma D.J. 1995. *Science on trial: The case for evolution.* Sinauer Associates, Sunderland, Massachussetts.

对创造论的反对，但是在“智能设计”争论出现之前写的。对于这场争论最近更多的阐述可以阅读 Futuyma D.J. 2005. Evolution. Sinauer Associates, Sunderland, Masschussetts.

Pennock R. 1999. *The tower of Babel: Evidence against the new creationism.* MIT Press, Cambridge, Massachussetts; Young M. and Edis T. (eds.). 2004. *Why intelligent design fails.* Rutgers University Press, Piscataway, New Jersey.

最近一些驳斥“智能设计”的书的其中两本书。

Pope John Paul II. 1996. *Message to the Pontifical Academy of Sciences.* Reprinted in *Q. Rev. Biol* **72:** 381–406. 附有4篇评论文章，更加笼统地探讨科学与宗教之间的关系。

网络资源

www.NationalAcademies.org/evolution/

来自于国家科学院的资源和说明。

www.amnh.org/exhibitions/darwin/

纪念达尔文两百年诞辰的展览。

www.pbs.org/wgbh/evolution/

与PBS系列电视节目——《进化》有关的很广范围的资料。

www.talkorigins.org

一个新闻组织，致力于讨论生命和物质起源。

www.pamd.uscourts.gov/kitzmiller/kitzmiller_342.pdf

2005年在宾西法尼亚多佛社区学校的一件案例中的裁定；总结了科学的特征以及驳斥“智能设计”的科学论点。

第二部分　生命的起源和分化

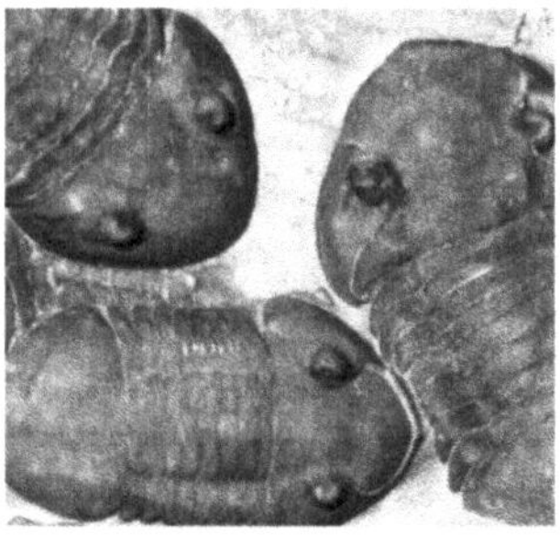
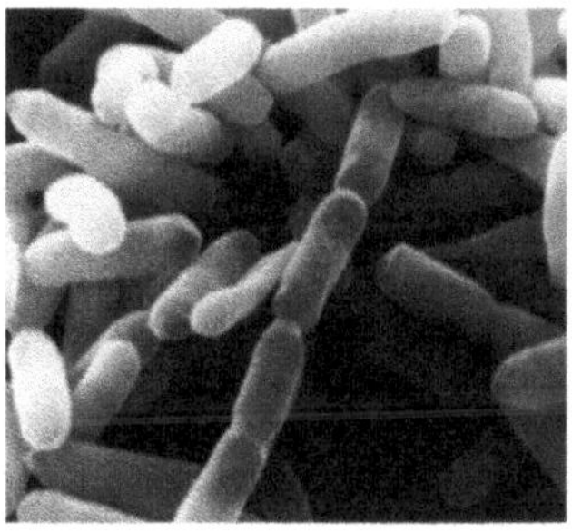

第二部分讲述生命的历史，从几十亿年前生命的起源直到现在奇妙多样的生命世界。最近这些年的主要进展，最值得提及的就是发现了原始生命似乎用 RNA 来完成现代生命体用 DNA 和蛋白质来完成的任务，这可以使我们能够更好地理解生命是怎么起源的（第 4 章）。第 5 章介绍宏观的系统发生树，它把所有现存的生物体联系起来并且讨论它们（和我们）的共同祖先。

第 6～8 章描述生命的三大支系：细菌、古细菌和真核生物。在进化长河中，单细胞的生物体占据着统治地位并且形成生物圈。分子技术揭示了微生物体之间的相互关系，并且揭示了它们非凡的生化多功能性。

第二部分的余下内容探讨多细胞生物体是如何进化并分化的。第 9 章解释了细胞是如何相互作用以构成复杂的生物体并且描述了作为极其多样的生命形式所赖以存在的基础——高度保守的遗传机制。第 10 章从化石记录的角度介绍植物和动物的历史。化石提供了我们进化历史的精确数据并且揭示出大部分物种没有留下后代。如果没有地质学的证据，我们就不会知道恐龙或者三叶虫曾经存在过，也不会知道地球曾经经历了一系列生物大灭绝。第 11 章解释了发育的变化是如何导致植物和动物主要的和微小的形态变化。这些都是为第三部分详细地讨论进化过程做准备。

第二部分提出了后续章节阐述的问题。一个物种是怎样分化成两个物种？为什么大多数真核生物是有性生殖？一个多细胞生物体的细胞，或者一种昆虫的成员，或者人类社会是如何相互合作的？新的生化的、形态的以及行为的适应性是如何进化的？当你纵观第二部分有关生命的历史并继续阅读本书时，请随时回顾上述问题。

第 4 章

生命的起源

地球上所有现存的生命体拥有共同的祖先，这是超乎寻常的。几十亿年前，当生命起源的时候地球是什么样子？生命是怎么产生的？在哪里产生的？

要研究生命的起源需要知道生命体区别于非生命体的特征。根据我们的目的，我们使用以下定义：生命是由有组织的物质构成的，它能够生殖并被自然选择。这个定义使我们能够区分生命系统和非生命系统，并且能够鉴别出一些所有生命系统都应该存在的功能。为了生殖，一个生命系统必须能够积累生物物质并使其结构化为一体的、可遗传的生物结构。这些过程需要能量，一个化学反应的网络（如代谢）以及一些特征的记忆。更进一步，为了使自然选择能够发生作用，这个系统必须能够产生可遗传的多样性。

本章我们主要讨论地球上生命的起源和早期进化。我们着重讨论两个主要的问题：生命是什么时候在什么地方开始的？

生命什么时候开始在地球上出现？

确定生命什么时候开始在地球上出现是重要的，因为它可以使我们把生命起源的重要事件放在地球的历史环境里。这个信息对理解生命的起源是关键的，因为它告诉我们有多少时间使得这些过程得以发生，以及在那些时期地球可能是什么样子的。

确定地球上生命开始出现的时间的一般方法是给这个起源定一个上限和一个下限。下限（生命可能存在的一个时间点）由生命起源的地质研究和地球自身形成来确定。上限（生命明确地存在的时间）由化石和地质化学研究来确定。这两种方法在下面的部分都有讨论。

对地球年龄的估计提供了生命开始出现的时间的下限

有两种方法用来估计地球的年龄。通过天文学和行星学的方法，太阳系的年龄已经计算出来了。地质学研究也已经用来估计地球上最古老岩石和矿石的年龄。

地质学方法

有很多种方法用来推算古老岩石的年龄。最常用的方法是**放射性同位素年代测定(radioisotope dating)**，它通过分析岩石样本中不同同位素的含量（注解框 4.1）。岩石中的任何同位素从它形成开始都会随着时间而衰变。衰变导致放射性同位素含量减少并随之造成稳定产物的含量升高。因为放射性同位素的衰变随着时间的变化是一致的，所以可以估算样本的年龄（见图 4.1）。因此，寻找地球上最古老的岩石包括寻找可能古老的材料（如我们已经知道位于或者接近岩石层底层的岩石是古老的）以及通过放射性同位素的方法估算它们的年龄。

注解框 4.1　放射性同位素年代测定

化学元素是由原子序号来定义的，它等于核内的质子数。很多元素有多种同位素，它们有不同的核内中子数。有些同位素不稳定并且可以不停地释放粒子而改变自身的属性，所以它们被称为**放射性同位素（radioactive isotope）**。每种同位素都有专一的并且非常特定的衰变模式，它可以用“半衰期”来描述，它表示有一半的原子核发生衰变的时间（图 4.1）。这个有规律的衰变模式是**放射测年代（radiometric dating）**的基础，是测定物质绝对年龄的方法。

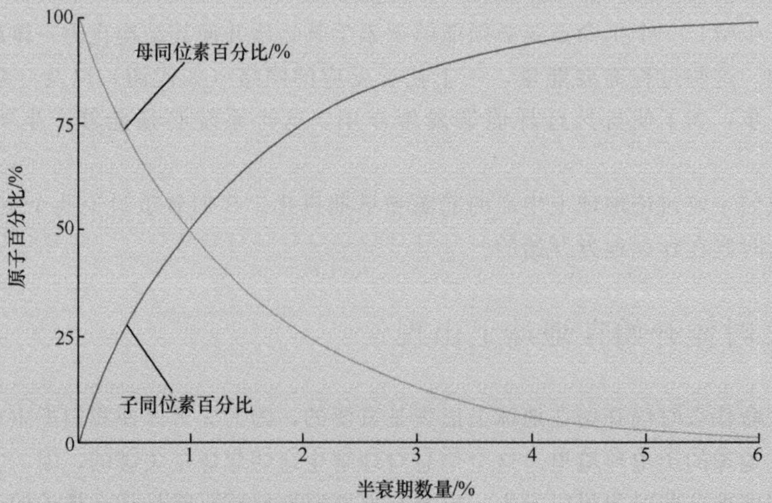

图 4.1　放射性年代测定。图中所示为放射性母同位素原子数量的下降（蓝线）和所产生的子同位素原子数量的上升（红线）。

为了理解放射性年代测定，从一个假定的例子出发会更容易理解。假定有个未知的盒子，在未知时间（t）前在里面放置1mol放射性同位素（X）。已知X变成它的同位素Y的半衰期是10亿年，那么怎么计算t呢？假设现在有1/8mol X存在。因为开始的时候是1mol，这就是说已经经过了3个半衰期（1/2×1/2×1/2）或者30亿年。为了验证这个计算，Y的总量是可以测量的，它应该等于X衰变的量——7/8mol。可以用这种计算测定样本的时间，只要该放射性同位素的半衰期和其物质的总量知道。

现实情况下，起始的X（继续使用前图的命名法）的总量通常不知道。在这种情况下，一种计算样本时间的方法是计算X和Y的比例。一个半衰期后，它们的比例将会是1∶1，两个半衰期后为1∶3（其实X的总量剩下1/4），三个半衰期后为1∶7。只要知道半衰期，就可以通过上述比例计算出t。

世界上真实样品的时间测定通常是通过分析不同时间X和Y的绝对量和X与Y的比例。然而，这种方法通常比我们例举的未知盒子的方法复杂很多。例如，上述两种方法假定了在真实样品中不存在Y，而这是不正确的。假定的情况是没有物质进入或者离开样品。另外，样本中必须含有一种半衰期和该样品年龄相似的放射性同位素。为了更详细地讲解是怎样处理这个问题的，我们列举以下两个放射性年代测定的例子。

例1：用^{14}C测定近期生物样品的年代

虽然本章主要讲述生命的起源，这是发生在几十亿年前的事件，但是仍然有必要讨论一个基于碳^{14}C测定现存生物样品时间的普遍使用方法。碳以三种同位素形式存在：^{14}C、^{13}C和^{12}C。^{14}C是放射性的，它的半衰期是5730年，这使它非常适合测定年代在60 000年左右的样本。^{14}C在宇宙射线的作用下在空气中恒定的产生，一旦碳被固定，新鲜的^{14}C就会进入食物链。当^{14}C衰变的时候，它产生^{14}N和β粒子。不幸的是，X∶Y比值的方法不太适用于这种情况，因为没有可靠的方法来估计原始样本的Y的总量（如^{14}N）。^{14}C年代测定法的成功源于它可以精确估计原始样本中X的总量（如^{14}C）。这种测定方法是准确的，因为三种碳同位素的比例在现存的生物体内是相对一致的（约98.89%^{12}C，1.11%^{13}C，0.000 000 000 1%^{14}C）。假设这个比例在不远的过去的活体生物中是大致相同的，重要的是^{12}C和^{13}C是稳定的同位素。所以，对生物样本来说，起始的^{14}C的量可以通过现存的^{12}C和^{13}C的量来估计。然后样本的年龄可以通过样本中现存的^{14}C的总量和^{14}C的半衰期来计算。

例2：对锆石进行放射性年代测定来估算地球的年龄

^{14}C的半衰期是5730年，因此^{14}C不能用来测定地球的年龄；而可以使用半衰期更长的同位素（见表4.1）。当然，从^{14}C的例子就可以看出，仅仅有合适的半衰期是不够的，正确的材料与环境的组合对精确估计地球的年龄也是非常必要的。例如，当特定的石头在火山岩的活动中被熔化，起始材料中的很多同位素将会和周围的物质再平衡因此不能用来测定起始材料的年龄。这里我们介绍如何通过分析锆石来测定地球的年龄，尽管这个方法仍然存在挑战。

锆石是一种含有化合物$ZrSiO_4$的矿

表 4.1 长同位素半衰期的元素

父元素	稳定的子元素	半衰期
铀 238	铅 206	45 亿年
铀 235	铅 207	7.04 亿年
钍 232	铅 208	140 亿年
铷 87	锶 87	488 亿年
钾 40	氩 40	12.5 亿年
钐 147	钕 143	1060 亿年

摘自 http://interactive2.usgs.gov/learningweb/teachers/geoage.htm.

石。锆石的晶体是熔化后再冷却形成的。即使晶体受热，它仍然可以保持它第一次结晶时的信号。锆石里含有大量的放射性铀，包括铀238(^{238}U)，它以45.10亿年的半衰期衰变成铅206(^{206}Pb)。幸运的是用于放射性同位素年代测定时，铅经常在起始的晶体里缺失。如果铅存在，^{206}Pb在起始样本里的总量可以通过样本中现存的^{204}Pb(铅的一种稳定的同位素)的量来估计，这非常类似于^{12}C用于估计^{14}C的总量。因此锆石晶体的年龄可以通过^{238}U和^{206}Pb的比例来估算。其他的同位素如^{235}U也存在于锆石晶体中，也可以用来估算锆石晶体的年龄。^{235}U以7.04亿年的半衰期衰变成^{207}Pb。用多种放射性同位素测定年龄为年代测定提供了一套内参。

已知最古老的由岩石估计的年龄约为 40 亿年，是来自加拿大大奴湖的片麻岩。很多其他已知的岩石年龄大约有 38 亿年。除此之外，另外发现的很多矿石甚至更加古老。例如，在澳大利亚发现的锆石晶体年龄大约为 43 亿年。这些晶体被发现埋在比它们年轻得多的岩石里，其最终来源现在仍然未知。如果它们来自于地球，这些晶体的年龄说明地球年龄至少有 43 亿年。

行星学方法

人们认为地球的形成是一个涉及陨石和其他早期太阳系物质增长的过程。于是，地球年龄的下限可以通过寻找和地球大约同时产生但没有参与增长的材料，并测定它的时间来估计。这种材料有很多来源，包括月岩、流星和陨石等。放射性测定在地球产生之前形成的陨石的年龄发现大约为 45 亿年。于是，地球的增长和形成很可能发生在 43 亿年前和 45 亿年前之间。

很多研究表明早期的地球不适合任何形式的生命生存。当地球形成的时候，它被流星和其他的大天体攻击，有些有行星那么大（如当月球形成时）。这些碰撞会产生大量的热，会蒸发掉地球表面的所有水分并使地球不适合生存。即使生命已经进化出来，也会被毁灭。于是就有一个关键的问题：大量的碰撞是什么时候停止的？尽管这个非常难以估计，但是大多数研究表明它大概在 40 亿年前结束。

化石证据以及和现代物种比较表明生命的进化发生在地球开始变得适合生命生存后不久

为了找到地球上的生命体最早存在的证据，我们向化石寻找答案（保存的生命或其活动的遗迹）。化石的研究将会在第 10 章详细介绍。这里我们集中探讨一个话题：能找到的最古老的生命残留是什么？

寻找早期生命残留的研究过去主要集中在两类踪迹：化石化的细胞和古老细胞残留

物（化学残留或者这些细胞的地球化学效应）。古老化石的一个潜在的案例是在类似叠层的古老岩石里发现的。叠层是由一种光合细菌蓝藻的群落形成的（图 4.2）。已发现的古老的类叠层结构年代大约为 35 亿年。因为这些和现在的叠层很相似，它们被认为是古老生命的残留。另外，电子显微镜观察发现一些古老的叠层的结构和现存的蓝藻细胞非常相似（图 4.3）。尽管它们当然是非常古老的化石化的叠层，但还不清楚这些 35 亿年前的结构是否是生命体的残留，因为堆积的结构和类细胞的显微镜可见的形式也可以由纯粹的非生命过程形成。如果这些真的是化石化的细胞，那么考虑到它们明确的复杂性和多样性，生命应该在 35 亿年前就开始进化了，这把生命起源的时间推到了更久远的过去。

图 4.2　叠层由蓝藻或者其他光合微生物成层堆积成类似岩石形状。

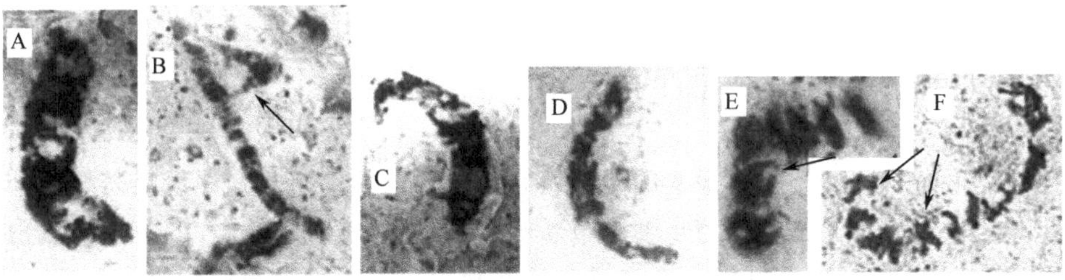

图 4.3　古老的蓝藻？在澳大利亚西部发现的约 34.65 亿年前的 Warrawoona Group 顶燧石的结构起初被认为是有机的微生物化石，这种解释现在有争论。科学家认为它们可能是那些假定生物的化石：(A) *Primaevifilum laticellulosum*；(B) *Primaevifilum delicatulum* 的侧枝；(C) *Primaevifilum conicoterminatum*；(D) 窄的细丝；(E，F) 香毛簇（初始的生长）上能看到清楚的分歧（箭头所指），这是散布的石英颗粒造成的。

有足够的证据表明地球上的生命在 30 亿年前出现。这来自于化学化石的研究，它是生命体独有的过程留下的化学残留。一种化学化石是油母岩质，是一种生命体在腐烂和变态的过程中形成的机体成分。油母岩质发现于格陵兰 38.5 亿年前的沉积岩。为了确证那些油母岩质来自于生命体，科学家比较油母岩质的 ^{12}C 和 ^{13}C 的比例和同一岩石的非生命体的碳化合物的该比例。在注解框 4.1 中我们已经讨论了 ^{12}C 和 ^{13}C 都是碳的稳定的同位素（与 ^{14}C 不同）。因此，一旦物质形成，^{12}C 和 ^{13}C 的比例不会改变。然而，该比例在所有含碳的物质中并不是一致的。特别是生物体固定的碳（如 CO_2 向糖的转变），因为较轻的碳更容易被固定。在格陵兰发现的岩石中，油母岩质中的 ^{12}C 和 ^{13}C 的比例和源自生物体碳的期望比例是一致的。然而，同位素的比例可能在岩石重新形成的过程中被重新设定，更加可靠的信号追踪到约 35 亿年前。

小结

综合所有信息，生命很可能起源于地球最后的主要增长阶段（约 40 亿年前）和最早的已知的化学化石形成（38 亿年前）之间的 2 亿年间。和地球的年龄相比，生命历史是一个相对短的时间（图 4.4）。

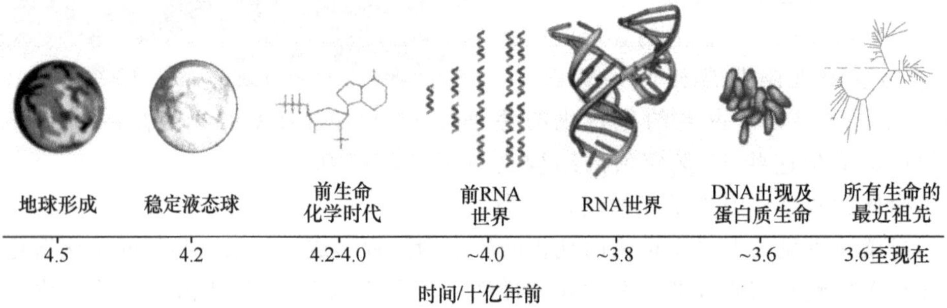

图 4.4　生命起源的步骤。

生命是怎样在地球上开始的？

比确定生命开始的时间更根本的是确定它是怎样开始的。生命系统是怎样从非生命系统起源的呢？需要什么关键的步骤和革新呢？在现在的生物体中 DNA 编码蛋白质而非蛋白质复制 DNA。那么其中一个又是怎样在缺少另一个的时候进化出来的呢？通常，科学家采用两种思路来回答是如何进化出现存的生物体所共有的特征的。其中一个方法从地球变得适合生存的那一刻来着手。研究者着重于研究现存的生命体的特征是怎样出现的，并且运用实验方法和理论方法模拟早期生命或者早期地球的条件。

在另一种思路中，比较现存的生命体以确定什么系统是古老的，什么是新起源的。尽可能地回溯是为了确定最早的生命形式的特征像什么。它们的遗传系统是什么？它们拥有怎样的代谢过程？

这两个方法并不是相互独立的，任何一个都会为另一个提供信息并优化另一个方法。通过使用不同的方法，很多生命起源中必要的关键步骤被鉴定。这些步骤可能发生的途径也已经被鉴定。在本章剩下的部分，我们讨论这些步骤中的 7 个：

1. 从无机分子形成简单的有机分子。
2. 化学“进化”形成较为复杂的有机分子和原始的代谢网络。
3. 自我复制和“基因型”的起源。
4. 结构化和细胞的产生。
5. **基因型**（**genotype**）和**表现型**（**phenotype**）的关联。
6. 遗传密码的起源。
7. 早期涉及 DNA 的自我复制系统的发生。

尽管每个步骤对生命的起源都是关键的，但是它们的顺序是不确定的。有些步骤可能是同时起源的。在接下来的章节里，我们把这 7 个关键的步骤视为生命起源的相互分离的部分。

很多生命必需的分子可以用化学或物理的方法合成

“人们常常认为第一个生命体产生的所有条件现在都存在，它们应该一直存在。但是，如果（当然这是一个很大的假设）我们设想一些温暖的小池塘，里面有各种氨水、磷盐、光、热、电等，蛋白质化合物可以化学形成并准备去经历更复杂的变化。在现今，这些物质会很快被毁坏和吸收，而这不会在生命产生之前发生。”

来自达尔文给植物学家 Joseph Hooker 的信

很多研究者都关心的一个问题是：生命起源必需的分子是从哪里产生的？有机化学实验（追溯到 19 世纪）已经证明复杂的有机分子可以由简单的无机分子合成，有机化合物尿素[$CO(NH_2)_2$]可以通过加热两种无机盐氯化铵和氰酸银（图 4.5）来合成，它们会形成不稳定的中间产物氰酸铵，然后再形成尿素。这个实验帮助证伪了活机论，这个理论声称生命系统和非生命系统的化学组成是根本不同的。在 19 世纪 50 年代，丙氨酸可以通过把甲酰胺和水暴露在紫外照射和电火花中产生。此后不久，人们就发现混合甲醛和氢氧化钠可以产生糖。于是在《物种起源》出版前后，人们已经知道有机分子可以由无机分子通过简单的化学反应产生。

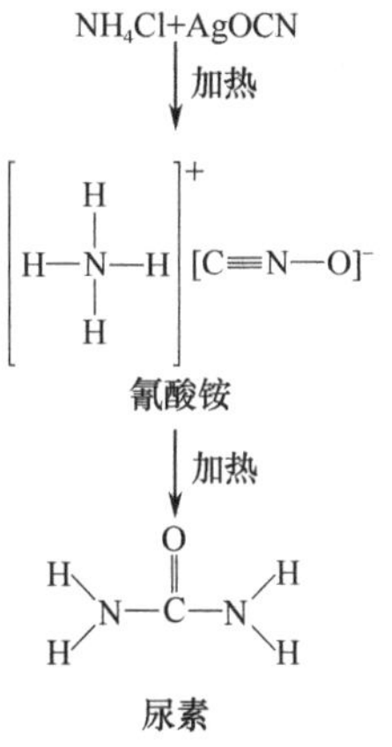

图 4.5　无机盐通过 Wöhler 反应合成尿素。

在 20 世纪 20 年代和 30 年代，A. I. Oparin 和 J. B. S. Haldane 独立提出早期地球的条件可能导致有机分子的累积并可能产生生命的前体。然而，这些理论和其他的理论建议，简单地运用化学研究的结果，并把它们和生命的起源联系起来。他们没有试图回答早期的地球曾经形成了什么。

直到 20 世纪中叶，科学家才试图在实验室模拟早期地球上可能存在的条件。一个由 Stanley L. Miller 完成的突破性实验改变了大多数科学家对于前生命合成实验的看法。Miller 当时是一个在 Harold C. Urey 实验室工作的学生，他设计了一个海洋-空气界面，在它里面甲烷、氨水、氢气和沸腾的水混合循环并放电（模拟闪电）（图 4.6）。在这种条件下，仅仅几天后，反应产物里含有高产量的氨基酸，其中包括很多现在的蛋白质里发现的氨基酸（图 4.2）。人们用相似的条件在后来的实验中创造了一系列的有机分子，包括腺嘌呤、鸟嘌呤、丙炔腈（一个尿嘧啶和胞嘧啶的可能的前体）以及很多种的糖类。一个例子是核糖，核酸的关键糖，可以在前生命的条件下通过一系列甲醛聚糖反应合成（图 4.7）。当其他条件加入，如干燥循环和蒸发作用（这些在前生命条件下是应当存在的），产生的有机物种类会大大增加（图 4.8）。

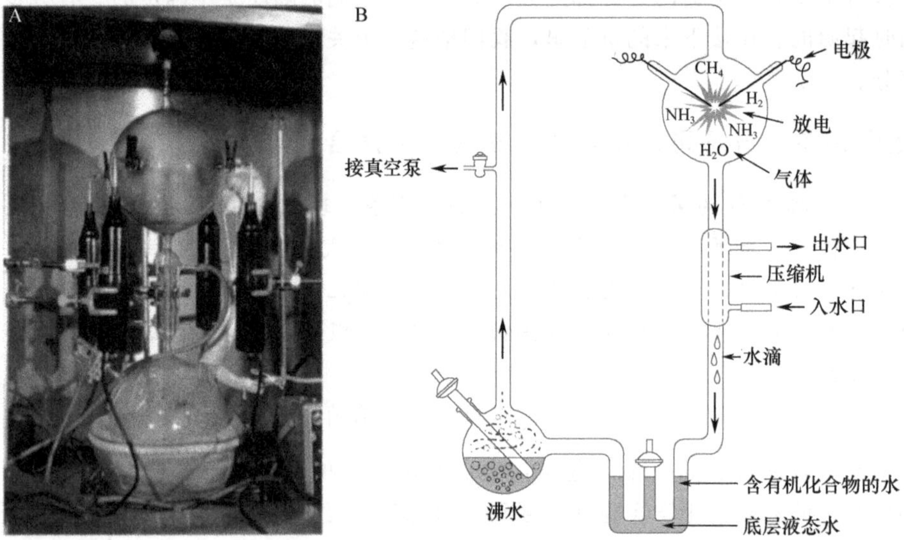

图 4.6　Miller-Urey 实验中所使用的装置。(A) 复原的原始装置。(B) 装置的示意图。

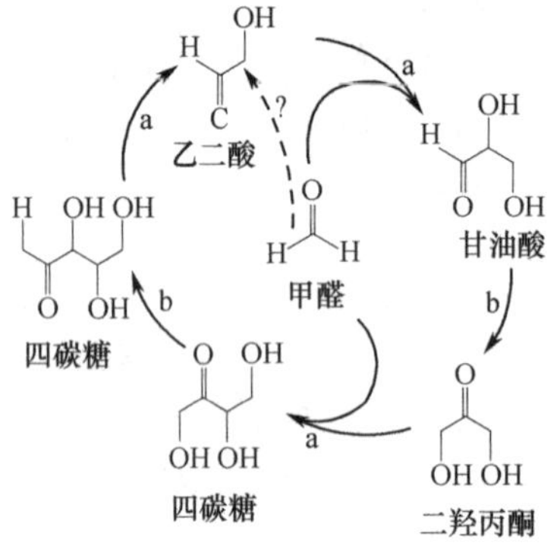

图 4.7　合成甲醛聚糖的化学途径。在这个反应中，甲醛能够聚合产生长链的糖分子。反应产物（如 C_4 糖）能够转化成核糖。标记为 b 的箭头表示酮醇异构化作用。标记为 a 的箭头表示 aldo/retroaldol反应。

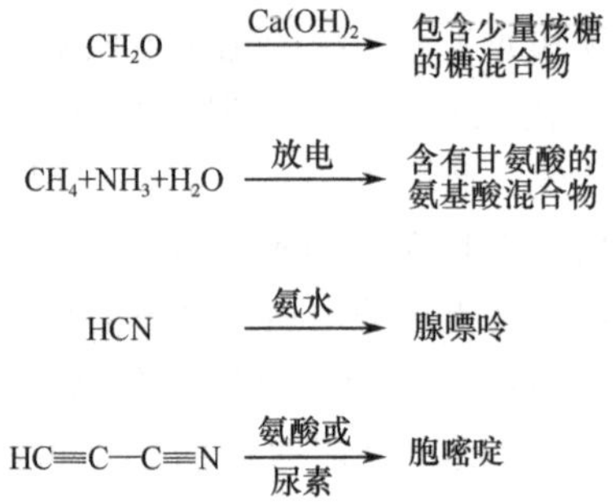

图 4.8　合成一些生命起源必要分子的途径的示意图。甲醛（CH_2O）可以聚合以形成多种糖（如甲醛聚糖；图 4.7），这个聚合物得到了活性基团 $Ca(OH)_2$ 的帮助。甲烷（CH_4）、氨（NH_3）和水（H_2O）如果在放电（类似 Miller-Urey 的设计）的条件下混合会形成氨基酸（及其他化合物）。氰化氢（HCN）在有氨水的条件下会产生腺嘌呤。最后丙炔腈和尿素混合会产生胞嘧啶。

Miller-Urey 的实验和很多后续的研究都是在还原性的条件下完成的，这意味着没有 O_2 存在，存在的化合物是氧少而氢多（如是 CH_4 而不是 CO_2，是 NH_3 而不是 NO_2）。Miller 采用强还原性的条件是因为当时很多科学家相信地球早期是强还原性的环境。最近很多的研究表明这可能是不正确的。其实，在地球近表面很像是有更多的弱还原性的 CO_2、N_2、水和其他组分的混合物。在这些条件下，会产生更少种类的有机分子。于是，科学家就去关注其他的可能存在还原性条件的地方。

表 4.2　Miller-Urey 实验中得到的氨基酸

氨基酸	产生的量			氨基酸	产生的量		
	实验 1	实验 2	实验 3		实验 1	实验 2	实验 3
蛋白质氨基酸				β-丙氨酸	4.3	—	—
甘氨酸	100	100	100	α-氨基-η-丁酸	61	—	—
丙氨酸	180	2.4	0.87	α 氨基异丁酸	7	—	—
缬氨酸	4.4	0.005	<0.001	β-氨基-η-丁酸	0.1	—	—
亮氨酸	2.6	—	—	β 氨基异丁酸	0.1	—	—
异亮氨酸	1.1	—	—	γ-氨基丁酸	0.5	—	—
脯氨酸	0.3	—	—	*N*-甲基-β-丙氨酸	1.0	—	—
天门冬氨酸	7.7	0.09	0.14	*N*-乙基-β-丙氨酸	0.5	—	—
谷氨酸	1.7	0.01	<0.001	哌啶甲酸	0.01	—	—
丝氨酸	1.1	0.15	0.23	α-氢氧根-γ-氨基丁酸	17	—	—
苏氨酸	0.2	—	—	α,β-二氨基丁酸	7.6	—	—
非蛋白氨基酸				α,β-二氨基丙酸	1.5	—	—
肌氨酸	12.5	—	—	异丝氨酸	1.2	—	—
N-乙基甘氨酸	6.8	—	—	戊氨酸	14	—	—
N-丙基甘氨酸	0.5	—	—	异缬氨酸	1	—	—
N-异丙基甘氨酸	0.5	—	—	己氨酸	1.4	—	—
N-甲基丙氨酸	3.4	—	—	别苏氨酸	0.2	—	—
N-乙基丙氨酸	Trace	—	—				

摘自 Maynard-Smith 等 1995 年论文的表 3.1 和表 3.2。Maynard-Smith J. and Szathmary E. 1995. *The major transitions in evolution*. Oxford University Press，Oxford；and based in part on Miller S. L. 1987. *Cold Spring Harbor Symp. Quant. Biol.* 52：16-27.

以甘氨酸为 100 标准化后的摩尔比。

实验 1 含 $CH_4/N_2/NH_4Cl$ 摩尔比例为 1∶1∶0.05。实验 2 含 $CO/N_2/H_2$ 摩尔比例为 1∶1∶3。实验 3 含 $CO_2/N_2/H_2$ 摩尔比例为 1∶1∶3。

外部空间是一个符合这种条件的地方，一般情况下，这是一个强还原性的环境。缺少大气的太空天体，比如彗星和流星，在合适的条件下可以作为 Miller-Urey 类型反应发生的基础。几十亿年前，这些化学反应产物可能在天体碰撞地球的时候带到地球上来。这个假说得到了陨石和彗星研究的支持，如 1969 年在澳大利亚 Murchison 着陆的陨石。Murchison 陨石年龄为 46 亿年并含有很多 Miller-Urey 类型实验形成的产物，包括很多的氨基酸。

太空并不是我们要寻找生命起源的唯一地方。即使地球早期的大气并不是还原性的环境，地球上当然也有其他地方是还原性的环境。可能最好的例子是深海底的热水口(图 4.9)。这些热水口是海底的板块分离的地方，因为海底的构造板块是漂移的，大量的上升的高热强还原性的化合物从这里释放出去。40 亿年前，生命起源所必需的分子在这样的深海地区合成。重要的是，当热水口的涌出物遇到深海底部的冷环境时，在高温下产生的不稳定的有机分子会被低温的水固定下来。另外，如果生命的确是在热水口起源的，这些分子和原始的有机体还会被保护而不被地球表面的辐射所伤害。

尽管生命在深海里起源的观点曾经被认为似乎显得有些牵强，但是这种想法在1977年发生了改变。这一年科学家在地表下几千米的热水口发现了丰富的生命。这些生命丰富的地方是一些地球上最富有多样性最不同寻常的生态系统（图4.9）。这些地方食物链的基础是化学合成——利用化学能固定碳。因此这些系统不依赖于太阳。

图4.9　热水口的生命。图片显示热水口的动物群落。

化学反应可以“进化”以产生复杂的分子和原初的代谢

即使几十亿年前真的存在一个合适的还原性的环境，前生命合成实验的结果也不能充分解释生命的起源。第一，不管采用什么样的实验条件，有些重要的化合物还从来没有在任何前生命合成实验中产生。其中最重要的是核苷，它是核酸的结构元件。第二，很多反应产物产量非常少而不足以使生命起源。第三，很多对生命很重要的化合物是很不稳定的，尤其是在水溶液中。它们可能不会随着时间不断积累而是降解。例如，糖类（如核糖）的半衰期很短，特别是在高温下。早期的生命体可能必须非常迅速地利用这些不稳定的化合物或者把它们转变成更稳定的化合物。这些前生命合成实验的其他的不足将在下面的部分讨论，比如缺少长的聚合物以及化合物的右手性或左手性。

前生命合成实验的不足可以用下面几种方式来解释。可能我们还要去尝试更佳的实验条件。可能温度和压力需要更高，或者简单的起始化学物质的混合物应该更改；或者有些特别的能量需要添加；或者也可以这么说，可能最需要的只是足够的时间以使分子得到积累；或者也可能制造的分子对早期生命的进化是充足的。比如，如果早期进化系统不以核苷作为遗传物质就可以解释核苷的缺乏。尽管这种解释有一定的事实支持，但是很多科学家认为另外一种可能性更接近真实的情况。其他的一些化学反应利用前生命合成实验所产生的分子而产生了生命起源所必需的全部分子。如果我们接受地球早期的环境是在时间和空间上不同的话，这一点是很接近事实的，那么它产生的分子也会是种类繁多的。另外，也可能最重要的是有足够的时间，很多反应是可以发生的。那么前生命合成实验所产生的分子在长时间的反应中能产生什么样的分子呢？科学家已经在寻找预测的方法。这些长时间反应被称为**化学进化**（**chemical evolution**）。

化学进化的一个例子是容易形成的金属硫化物反应产生生物学上重要的化合物。硫化离子和硫化氢可以提供很多的自由能以促进反应进行，而不需要外部能量如光和热。这种化学能可以用来将单碳的化合物（如CO_2或CO）转变成有机化合物并可以产生复杂的聚合物。如果有原始代谢的合适条件，在没有生命的时候，富含金属硫化物的岩石和泥土可能作为反应中心和化合物高度聚集的地点（图4.10）。金属硫化物在热水口很丰富，这很可能是生命起源必需分子产生的地方之一。

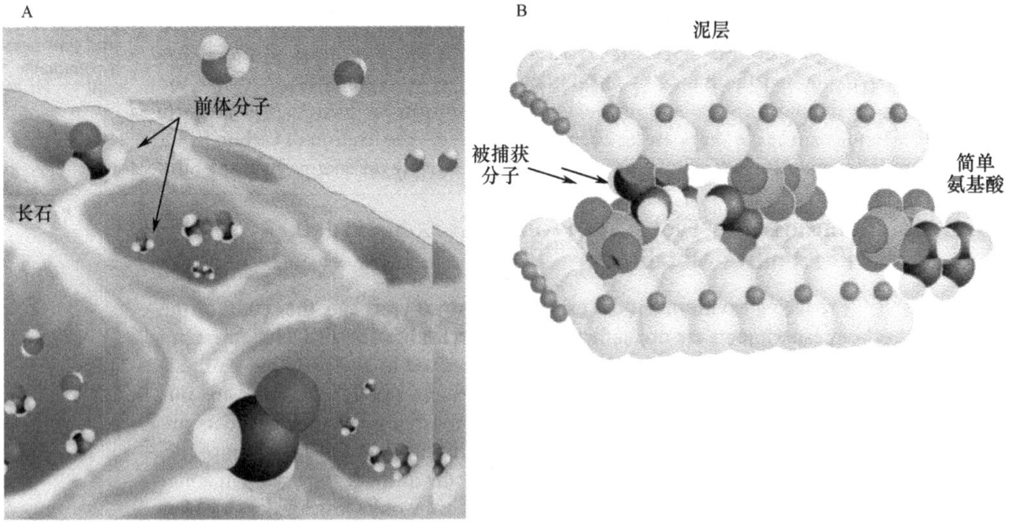

图 4.10　矿石可能帮助了化学进化。(A) 矿石表面是不规则的，比如这里展示的长石。小的凹陷应该可以保护分子不受环境的破坏（如紫外线）并可以使分子在里面富集。(B) 分层的泥土可以保留住分子，可以把分子集中在小空间从而增加分子间相互作用的机会。泥土常常是有活性的，更加促进了化学反应。

化学进化理论经常假设一些化学反应形成闭合的环，同现在的代谢环路（如 Krebs 循环）相似，闭合环中的组分不会在系统中消失。环的维持需要连续的能量输入和化学物质的输入输出。这种系统就是**自身催化网络（autocatalytic network）**（图 4.11）。如果自身催化网络能够在早期地球上形成，它们可能作为推动生命起源的核心动力。

或许更重要的是，化学进化促进了复杂聚合物的产生。其中最受关注的是氨基酸和核苷聚合物的产生，因为它们对现在的生命系统是非常关键的。前面已经提到，氨基酸聚合物可以在前生命合成实验中形成而不需要化学进化。更多种的聚合物可以通过化学进化产生。然而，最重要的是核苷聚合物，因为它的进化能力最强（见接下来的讨论）。

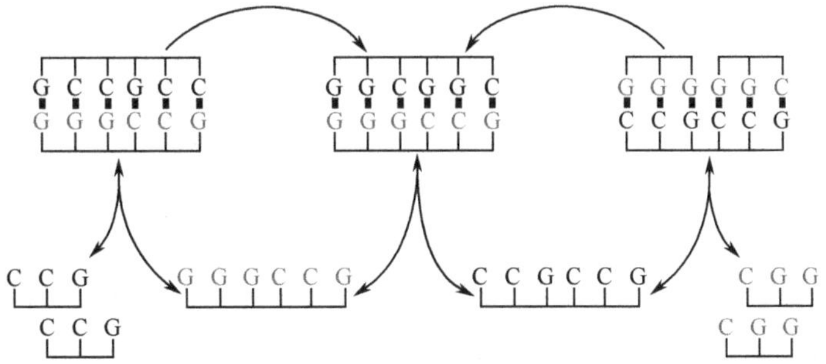

图 4.11　关于 DNA 复制的自身催化网络的例子。在 DNA 聚合酶出现前，DNA 分子可以作为骨架以使 DNA 和来自样品中的寡聚核苷酸的互补链组合。这里由 6 个 G 组成的 DNA 分子作为模板，两个 CCC 的分子和它互补结合。如果它们连接到一起，它们就可以作为模板来结合最初的 GGGGGG 分子。

但是核苷聚合物是怎么形成的现在还不清楚。一方面，在起始物中含有核苷的实验中，很多的化学进化反应可以使其变成聚合物。一个例子是图 4.11 中描述的自身催化网络。另一个例子是在 UV 的照射下核苷和寡聚核苷连接成长链（图 4.12）。另一方面，如果起始物反应物中不包含核苷，那在实验中形成有用的长核苷多聚物是不太可能的。前生命合成实验还没有产生任何可以用来合生核酸多聚物的核苷。可能最重要的问题是不能形成所有亚基立体异构相同的多聚物（图 4.18）。

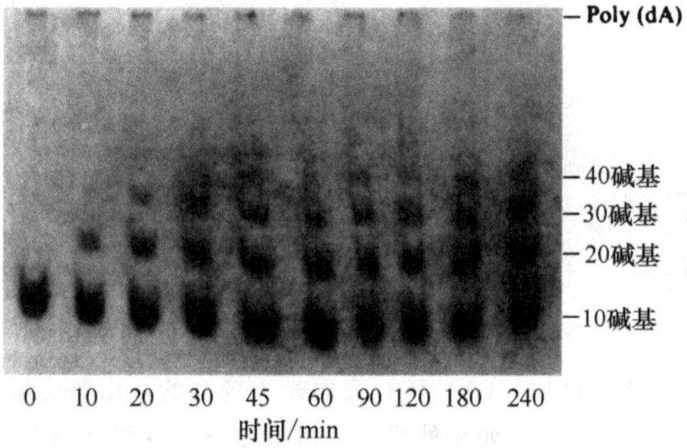

图 4.12 UV 胶联的寡核苷的聚合。DNA 寡聚物（10 个碱基长）的溶液在 UV 下照射不同时间。较长时间的照射产生更长的聚合物。

进化必需的自身复制

不管怎么讲，复杂的化合物和化学循环对生命来讲都是不够的。关键的是复制的能力，当一个变异了的复制体产生，当它再被复制的时候，产生的是变异体的拷贝而不是原始拷贝，这是基因型自我复制的特征。在本节，我们讨论自我复制系统是怎样进化的。

为了更好地了解一些复制系统起源的问题，从简单的复制系统着手是非常有用的。可能最简单的情况涉及成核现象，在复合物组装或者由单体形成聚合物时，当组装的第一步从能量上不如连续增长更容易发生时，成核现象就会发生。为了让第一步反应发生，复合物或者聚合物的小部分应该形成元件。当复合物或者聚合物的特性取决于元件的特性时，成核现象就是一种自我复制。图 4.13A 是一个元件驱动的成核现象的例子。这种系统可以产生不同类型的聚合物，这取决于不同的元件单体的搭配（图 4.13B）。朊病毒，引发牛绵状脑病（**bovine spongiform encephalopathy，BSE**）的病毒，可能是靠成核现象复制的。

尽管基于成核的系统满足了一些自我复制系统的要求，但是在其他方面还存在问题。例如，因为它们是基于元件的并会产生重复的由多个拷贝组合在一起的聚合物，所以成核系统不会产生多样的聚合物。也就是说，如果聚合物发生了变异，它是不能遗传的，因为是元件驱动了聚合物的形成。因此，对于导致早期生命形成的大量的进化来说，成核系统是不充分的。

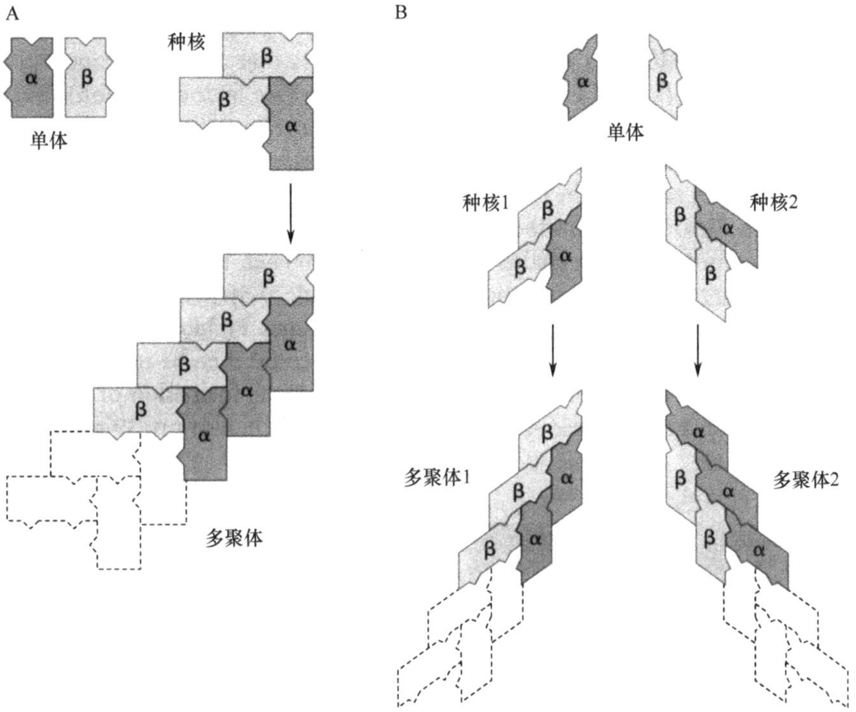

图 4.13　单体成核。(A) 单体通过成核系统形成聚合物。单体 α 和 β 代表两个不同但是有联系的分子。单体通过三角凹槽（内部的和外部的）相互结合，如果这种结合只能是一个分子和两个其他的分子结合，那么元件就可能利用成核的方式产生聚合化。(B) 如果元件不同，通过成核会产生不同的聚合物。继续用 A 中的单体 α 和 β，它们可以形成两种不同的元件，这取决于三角凹槽是怎么结合的。这些元件可以催化聚合，但是产生的聚合物是不同的。

在另一种自我复制系统中，起始“复制子”通过受到引导的聚合过程来起作用，其中单体组合成链的顺序会受到化学或者物理环境的影响。一种很有意思的方式是单体通过和矿物底物（如黏土）作用而“自组织”成聚合物。这种方式已经用核苷单体进行的实验阐明了，实验中核苷是“活化的”或者能够和其他的单体或寡聚物起反应而形成短链。

产生由任何单体组成的寡聚物的自我复制系统都是可以“进化”的。尽管寡聚物群体是最稳定的或者是形成最快的分子，这种对“稳定性和速度”的选择不是自然选择驱动的进化，因为它难以产生多样性而且变异体的生存能力没有差异。

对生命起关键作用的是自然选择驱动的进化能力。这要求聚合物能够产生自身的拷贝以及可遗传的变异。可遗传变异可以使复制子产生错误（产生变异体）而且新的变异体能产生自身的拷贝。虽然很多种化合物能够成核或者自我复制，但是核酸作为潜在的早期复制子是最被关注的，因为它们能形成基于温度的碱基配对而聚合化。对于一个利用碱基配对作为复制机制的核苷寡聚物来说，所需要的只是一个能够把和寡聚物配对的单体连接起来的系统。不管是什么机制，实现自我复制的实体就可以称作**“复制酶”**

(**replicase**)。尽管很容易想象复制酶是怎么进化的，但是当考虑到诸如精确复制和区域分隔这样的问题时就会遇到问题，这些将在后面讨论。

分隔方便了自我复制系统并加速了进化

研究复制系统起源的科学家发现了限制简单系统变得更加复杂的瓶颈。如果早期复制系统能够被分隔的话，很多这样的障碍就可以得到解决。在本节，我们介绍三个这样的问题，讲述分隔是如何解决这些问题的，并讨论早期的分隔系统是怎么进化的。

早期复制系统的一个问题是关于突变速率和基因组大小的（这个问题叫做 Eigen 悖论，是 Manfred Eigen 在 1971 年提出的)。这些系统的突变速率非常快，因为涉及的酶是不精确的。为了降低突变率，就需要复杂的系统来校正错误。但是这种系统又必须在大的基因组里编码。然而大的基因组只有在突变率低的时候才能进化出来，因为只有小的基因组才能被精确复制。Eigen 提出如果没有校错酶，复制的分子不会超过 100 个碱基，这个长度太小而不能编码纠错酶。

第二个困难是早期的复制系统很容易被寄生。如果多个复制系统和另一个相互作用，比如在原始海洋里，一个系统的产物会被第二个系统利用。如果一个复制系统也编码另一个分子（非复制)，就会产生第三个问题。在一个不断地被混合的环境里（如原始海洋)，编码信息和其产物之间的联系很难维持，因为混合会打断正在进行的反应和分子作用。

一个绕开这些问题的方法就是将复制系统分隔成部分。对复制系统的分隔减少了寄生状态，因为它限制了分子的流动并让能量稳定。另外，代谢物的局部浓度会非常高，这又会促进反应的进行。可能最重要的是，分隔创造了一个不同的实体（如不同的分隔里的反应）可以合作的框架。它也为 Eigen 悖论找到了一个解决办法：每个被分隔的复制系统都足够小以减少致命的突变速率，但是这些复制系统在另一个水平相互合作而形成更加复杂的结构和过程。我们将在第 21 章讨论多水平的选择。

第一个分隔系统是什么样的呢？组成现在的分隔系统的脂质是一种可能。脂质自发地形成分隔因为它们**两性分子的（amphipathic)** 结构。分子的一端即头部基团容易和水作用［**亲水的（hydrophilic)**］，而另一端是长的碳氢化合物，尾巴不容易和水相互作用［**疏水的（hydrophobic)**］（图 4.14A)。脂质会自发形成双层，这种结构是两层相互作用，疏水端向内而亲水端面向水（图 4.14B)。科学家发现，稍微剧烈地混合，水溶液里的双分子层会被诱导形成细胞样结构，其中双层分子自己折叠形成球状，将水包装在内部，使其自身处在水环境中。这种结构叫做**脂质体（liposome)**（图 4.14C)。

那脂质体是不是最早的分隔呢？可能不是。脂质和形成碳氢化合物的长脂酸链都不是前生命合成实验里的常见产物。尽管类似“化学进化”的过程可能能形成这些化合物，也可能前生命和早期生命会利用其他的分隔系统，而它后来又被脂质代替。一种可能性是蛋白质微球，它可以通过两性的肽很容易形成，而这种在前生命合成实验中很常见。

当我们介绍分隔时，我们注意到复制系统只能和它的环境部分隔离。一定会有一定程度的分子进出分隔的运动。今天，细胞膜蛋白负责这些转运。已经有很多理论解释原始的分隔在没有转运蛋白的情况下是如何允许这些运动的。例如，分隔可能是不连续的，会有一些物质比如矿物表面或大分子造成的间隙（图 4.10）。这些间隙可以像洞口一样——物质可以由这个孔进出，但是总体上里面和外面是相对分离的。

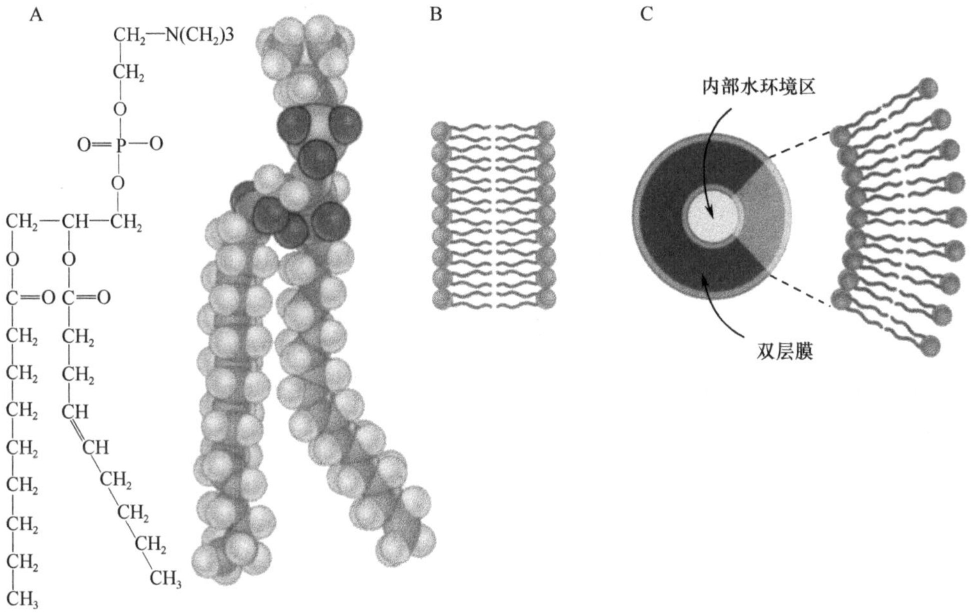

图 4.14 脂质。(A) 磷脂的一般结构。磷脂由脂酸、甘油、磷酸基团组成。它们是两性的，有一个疏水端和一个亲水端。(B) 当亲水部分在水中自发聚集时，双层结构形成。疏水端在双层的中心相互吸引而亲水端被水包围。(C) 脂质体在脂质双分子层自我折叠时形成。

不管分隔是基于什么分子，它的优点是原始的自我复制体能够自己保持它的产物和代谢物并保护该复制机器不被寄生，所以它可以允许自然选择驱动的进化开始并最终变得更快。

先有鸡和先有蛋问题的解决：RNA 可以同时作为信息的载体和催化剂

今天，所有的细胞生物都用 DNA 作为遗传物质而蛋白质（和 RNA）来实现其功能。当我们从现在的细胞生物向前回溯思考生命起源的时候，我们遇到了一个先有鸡和先有蛋的问题。DNA 编码所要合成的蛋白质的信息，而蛋白质是不能自身复制的。但是 DNA 的复制又需要蛋白质的催化。这样的完整系统是不可能在最早期同时进化出来。那蛋白质是否曾经能够自我复制呢？这也不太可能。而 DNA，一种相对惰性的分子，曾经有催化活性也不太可能。

在 20 世纪 60 年代，Francis Crick 提出这个谜题的一种可能的解决方法——当生命起源的时候，RNA 可能同时作为信息的载体和催化剂。他的学说主要是理论上的，但是当实验揭示即使现在的 RNA 都还可以作为催化剂时，RNA 可以同时是“基因型和表型”的观点得到了巨大的推进。这里我们列出支持“RNA 世界”在过去曾经存在可能性的理论和实验上的证据。

在现生生物体中，RNA 具备很多细胞学的功能（表 4.3），然而 RNA 作为遗传物质的功能是很有限的。RNA 最为熟知的功能是作为信使（mRNA）将 DNA 上的信息传递给蛋白质的翻译装置。另外 RNA 在翻译中起关键作用，在此过程中转运 RNA（tRNA）和核糖体 RNA（rRNA）发挥了关键作用。其他的 RNA 的作用包括 DNA 复制和基因调控。RNA 的多功能性是它曾经在过去发挥了更加核心的功能的证据。

表 4.3　现生 RNA 的功能示例

功能	RNA 类型	RNA 的功能
翻译	mRNA	DNA 转录的产物
	tRNA	参与遗传密码子的翻译
	rRNA	核糖体亚基的一部分
DNA 复制	RNA 引物	从 RNA 引物起始合成后随链
	端粒末端转移酶 RNA	在线性染色体的末端需要
剪接和 RNA 的加工	核小 RNA（snRNA）	参与剪接
	核仁小 RNA（snoRNA）	在转录后 rRNA 的加工时需要
	RNA 酶 P	对 tRNA 加工很关键
翻译质量控制	TmRNA	在细菌中定位异常蛋白以使其降解
蛋白质转移	信号识别颗粒（srpRNA）	信号识别颗粒（SRP）的一种组分
RNA 干扰（RNAi）	很多种	参与真核细胞调节 RNA 的稳定性，核内翻译
转录识别	6S	调节细菌 RNA 聚合酶的功能

另外，考虑现生 RNA 和核糖核苷酸涉及的分子和过程，很多是普遍存在的而且是古老的。因此，这些分子和过程被称为分子化石。例如，很多生物体内的关键辅酶（如 NAD^+ 和 FAD）是来源于核糖核苷酸的。脱氧核糖核苷酸是从核糖核苷酸合成的（图 4.15）。DNA 复制需要 RNA 引物。ATP，这种普遍的能量载体也是核糖核苷酸。RNA 这些古老的功能提示它在早期生命起源过程中起到了关键作用。

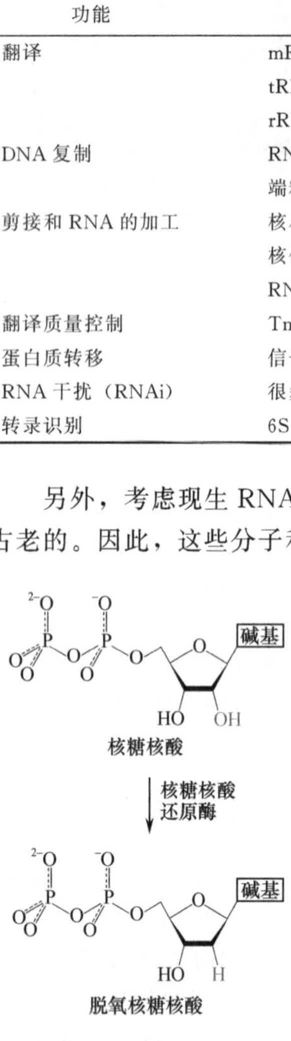

图 4.15　核糖核苷酸还原酶。在现生生物中，脱氧核糖核苷酸是由核糖核苷酸在核糖核苷酸还原酶的作用下合成的。这同脱氧核糖核苷酸的出现比核糖核苷酸更晚是相符的。

RNA 被证明在很多的现代细胞学生理过程中作为一种有催化功能的组分（图 4.4）。它们的功能包括一些 RNA 转录物的**剪接（splicing）**、DNA 末端的复制、蛋白质翻译和 tRNA 前体的剪切。似乎还有一些其他的具有催化功能的 RNA 分子尚未发现。另外，体外的进化实验能够制造出有多种催化活性并表现出**变构效应（allostery）**（第 2 章和第 17 章）的 RNA 分子。

RNA 的变构活性主要源于两个特征。首先，RNA 分子可以折叠成不同的三维结构。这种折叠利用碱基配对形成所谓的二级结构（茎环结构），然后再产生复杂的三维结构（图 4.16）。尽管单链的 DNA 能够折叠成多种结构，但它缺乏能够催化反应的反应活性。

RNA 催化的另一个关键的组分是它的反应活性。RNA

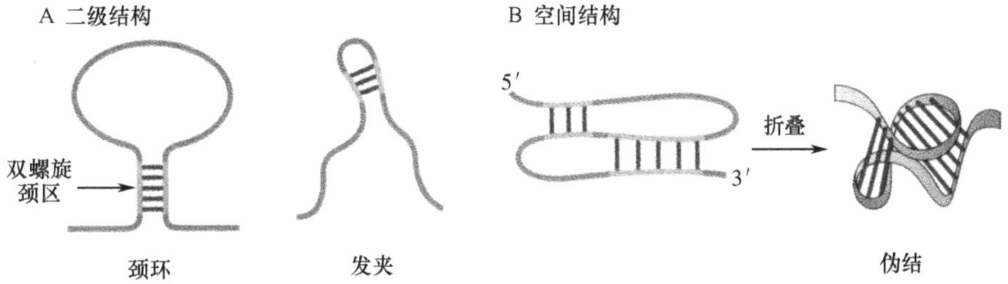

图 4.16　RNA 的结构。结构基序可以由 RNA 分子折叠形成。(A) 茎环、发夹以及其他的二级结构可以由较远距离的 RNA 分子的互补片段的碱基配对形成。在茎环结构中，配对的螺旋环（红色）之间的单链的环（蓝色）可能会有几百或者几千个碱基长，然而在发夹结构中，短的转折可能只含有 6～8 个碱基。(B) 柔性的环之间的相互作用可以导致继续折叠以形成三级结构，如伪结。这种三级结构很类似 8 字形结，但是自由的末端并不通过环，所以并没有真正的结形成。

比 DNA 更具有化学反应活性，因为它在 2 号碳位置存在—OH 基团。这种额外的反应活性部分地使 RNA 具有更多的催化潜能。相反，DNA 有限的化学反应活性使其很适合作为信息存储分子。

上述证据说明了一个被广泛接受的结论，即早期的生命是一个 RNA 的世界，RNA 同时作为基因型和表现型。

先有鸡和先有蛋问题的第二部分：RNA 复制系统是怎么进化出来的?

RNA 复制系统是怎么起源的呢? 可能活化的 RNA 单体只是用来形成链。这已经可以足够形成多样的 RNA 链。如果这些 RNA 链中的一个有 RNA 连接酶的活性，就可以产生很多的长链。这种连接酶的形成被体外的进化实验所支持，其中 RNA 连接酶由随机的序列通过几次突变和选择产生。体外进化实验在后面描述。

通过碱基配对，连接酶活性可以作为复制的原始形式。从 RNA 连接酶到 RNA 聚合酶并不是生化上的一个大跳跃。一旦这种聚合酶产生，它就可以自我复制（图 4.17)。然而，复制酶也应该可以复制其他的 RNA 分子，可能还要抑制寄生 RNA 的

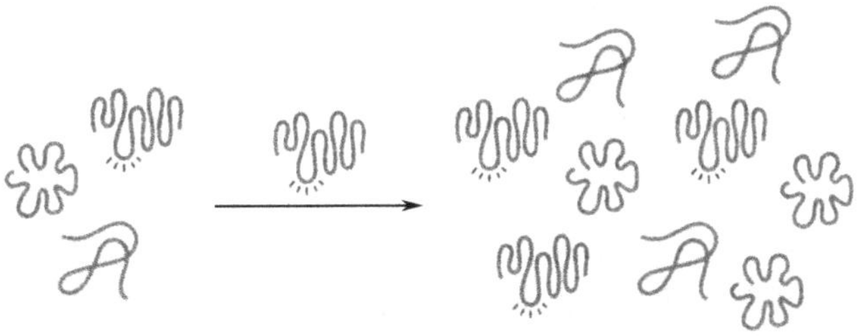

图 4.17　RNA 复制。(左) 复制酶。一个假定的可以催化自身复制的 RNA 分子。这种假定的过程需要催化产生第二条链以及用第二条链作为模板以形成大量原始序列的 RNA。短线代表这个假定的 RNA 酶的活性位点。(右) 寄生复制。一个假定的 RNA 的混合物，其中有一个复制酶。它可以复制其他的 RNA 除非它们被分离。

RNA 聚合酶。我们已经知道，分隔可以通过促进合作的进化以及抑制寄生的进化来解决这个问题。

RNA 复制子进化的一个限制性因素是核酸单体可以有两种形式：L 型和 D 型（如图 4.18），这取决于分子内特定的键的方向。如果这个系统是基于碱基配对的话，L 型和 D 型核苷的混合会打断核酸聚合物的复制。科学家已经在寻找实验的方法以实现只产生两种形式中的一种或者去找到自我复制系统倾向于使用其中一种形式的条件。

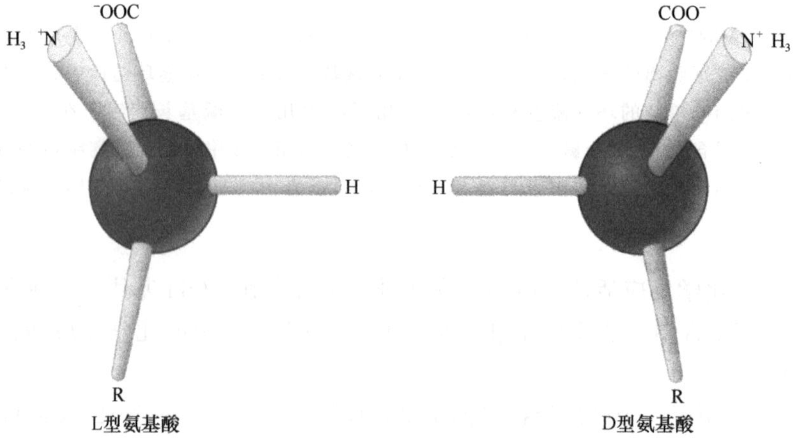

图 4.18 L 和 D 氨基酸。L 型和 D 型是立体异构型（即有相同的化学构成但是键的位置是镜像的）。产生聚合物（氨基酸或者核苷）常常需要整个聚合物只使用其中的一种异构形式。

摆脱 RNA 世界需要翻译系统的进化和遗传密码

在本章开始时，我们介绍科学家正在使用的两个相互依赖的用以研究生命是如何起源的方法——从上到下和从下到上。如果 RNA 世界在以前存在，我们就会问一个问题：是怎样从 RNA 世界变成现在的由 RNA、DNA 和蛋白质组成的世界的呢？具体来说，通用的遗传密码和与它相关的翻译机器是怎么产生的呢？

为了理解关于翻译系统起源的理论，回顾一些现代蛋白质翻译的特征是很有用的。转运 RNA 分子（tRNA）和氨基酸在氨酰化或装载的过程中相连接。每个 tRNA 会装载与它特异的氨基酸。装载过的 tRNA 通过它的反密码子序列与蛋白编码基因的第一个密码子碱基配对。第二个装载过的 tRNA 和下一个密码子匹配，而第一个的氨基酸通过形成肽键被添加到第二个上。接下来的 tRNA 结合上第三个密码子，而肽链接着延伸直到它遇到翻译终止信号。前面讲到 RNA 是现代翻译系统的催化组分（表 4.4），所以一些形式的翻译系统出现之前并不需要蛋白质出现。

表 4.4　核酶

核酶	描述
自我剪接内含子	有些内含子的自我剪接是自身催化的过程。越来越多的证据表明 GU-AG 内含子的剪接通路至少包括了一些 snRNA 催化的步骤
核糖核酸酶 P	这种酶产生细菌 tRNA 的 5′端。它由一个 RNA 亚基和一个蛋白质亚基组成，催化活性是在 RNA 亚基
核糖体 RNA	蛋白质合成中肽键的形成需要肽基转移酶活性，这和核糖体大亚基的 23S rRNA 有关
病毒基因组	一些病毒的 RNA 基因组的复制涉及自身催化的对新合成的头尾相连的基因组的剪切。植物的类病毒和拟病毒以及动物的 δ 肝炎病毒都是例子。这些病毒形成不同种由不同的碱基配对结构产生的剪切活性，包括一种研究得很清楚的锤头形状
端粒酶	在有些物种中，DNA 末端的复制是被端粒酶的 RNA 亚基催化的

来自 Brown T. A. 2002. Genomes，2nd ed.，Table 10.4，BIOS Scientific Publishers Ltd.，Oxford. snRNA，small nuclear RNA；tRNA，transfer RNA.

研究遗传密码起源时，很重要的是认识到尽管遗传密码是冗余的，但不是随机的冗余（见图 2.23 和图 2.26）。例如，被多个三联体编码的氨基酸中，三联体（**密码子**）常常只在第三个位置有变化（这里有三个例外：丝氨酸、精氨酸和亮氨酸，它们都是被 6 个密码子编码）。另一个重要的特征是化学上相关的氨基酸，在一些情况下，被相似的密码子编码。例如，GAU 和 GAC 都编码天门冬氨酸，而其他氨基酸，谷氨酸被 GAG 和 GAA 编码。第三个特征是尽管大家都称之为**"通用遗传密码子"（universal genetic code）**，但是密码子并不是真的通用。事实是，很多物种都使用的密码子可以被称为**标准密码子（standard code）**或**典型密码子（canonical code）**。标准遗传密码子的例子存在于很多生物体和细胞器（见表 5.3）。现代遗传密码子的特征帮助我们了解了 RNA 世界是什么样的以及翻译是如何进化来的。

基于上面所列出的信息，遗传密码起源的 4 个步骤已经被鉴定出来：

1. 编码系统的起源，包括密码子的使用和 tRNA 接头的使用。
2. 编码系统扩展到添加氨基酸。
3. 编码系统的适应。
4. 一些支系对该系统的修饰。

这里我们主要关注编码系统的起源（密码子的扩张不做更详细的讨论，密码子的适应在第 20 章讨论，密码子的修饰在第 7 章和第 10 章讨论）。为了阐述清楚编码系统的起源，我们需要研究①RNA 指导的蛋白质合成；②特定的 RNA 序列和特定的氨基酸的对应；③tRNA 接头的作用和进化。

在翻译出现之前，RNA 分子和氨基酸很可能以某种形式相互作用。氨基酸可以稳定 RNA 的结构，就如同现代的蛋白质对 RNA 的作用。氨基酸也可以作为酶的辅助因子以提高 RNA 分子的催化活性或者便于它发展出新的功能。最后，RNA 可能进化出了作为翻译系统基础的功能。它们可能形成了氨基酸合成和稳定的通路、接收特定的氨基酸的机制、形成氨基酸短链的能力。就像现今的非核内肽的合成通路和氨酰 tRNA

的合成以及将氨基酸接到其他 RNA 的能力。

氨基酸和 tRNA 分子的一对一关联很大程度上决定了现代的蛋白质翻译系统的特征。这种关联是如何起源的这是生命起源的一个关键问题。有两个流行的假说（图 4.19）。第一个认为这种关联是因为制造小肽的 tRNA 接头的进化。有可能有些 RNA 进化出了使其他的 RNA 具有装载氨基酸的能力。这种可能性得到了体外进化实验的支持。在漫长的年代里，如果自然选择对于每种（或者多数、一些）氨基酸都有倾向性的 RNA ，这种系统就可以进化得更加精确。在现代的翻译系统，tRNA 和 mRNA 在核糖体结合。如果有一种 mRNA 的类似物来指导布置装载好的 RNA 分子并有一种机制连接氨基酸和肽，原始的翻译系统就可能会有相似的结果。通过不断的精密调整，基于三联体密码子的指导系统就会形成。如果这种模型是正确的，那么密码子和特异的氨基酸的对应关系大体上是随机的。这种理论就是“冻结机遇”模型。

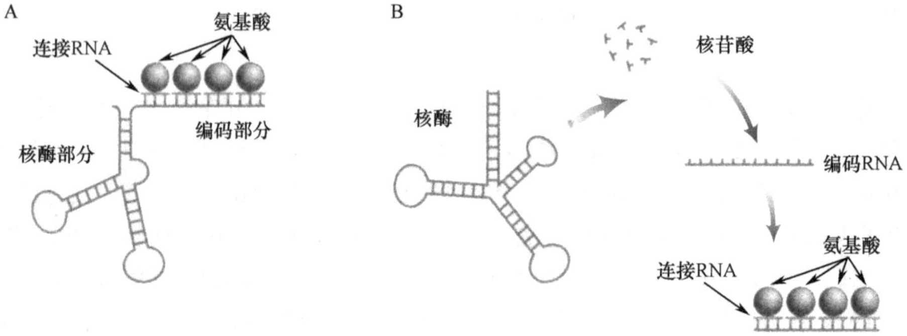

图 4.19　RNA 到氨基酸。第一个编码 RNA 的两种可能的进化情形。核酶有可能进化并同时具有催化和编码的功能。（A）核酶合成一个编码分子。（B）在两个实验中，氨基酸通过小接头 RNA 连接到编码分子上，这种小接头分子是现代的 tRNA 的前体。

另一个模型假设原始的氨基酸相互作用是通过立体化学限制来与指导 RNA 联系的（这就是所说的立体化学模型）。Carl Woese 最初提出这种观点是简单地基于寻找密码子和氨基酸的结构匹配。这也得到了一些实验的支持，这些实验显示 RNA 可以被选择，这基于它们和特定氨基酸的倾向性结合。在很多情况下，被选择的 RNA 含有一个特定的氨基酸的规范密码子。更进一步，这些密码子是那些氨基酸的合适的结合位点。目前为止，结果显示现生蛋白质使用的 20 种密码子有一半倾向于和它们相应的三联体密码子结合而不是其他可能的 RNA 三联体。于是，遗传密码子的起源可能是序列特异的 RNA 和氨基酸相互作用的扩展。这种特定的 RNA 序列和特定的氨基酸相互作用的能力可能也为 RNA-氨基酸相互作用的初始进化做出了贡献。这样就可以解释，如为什么地球上存在的一些早期氨基酸并没有在遗传密码子里面使用。立体化学理论仍然需要一种使用接头分子的方式而不是和指导 RNA 直接作用。可能最早的氨基酸和特定的 RNA 的相互作用是通过类似 tRNA 的分子，而指导 RNA 是后来加入的，就像“冻结机遇”模型中阐述的一样。

DNA 代替 RNA

在 RNA 世界，RNA 是基因型和表现型。这是生命起源的一个关键步骤。然而，一旦翻译系统进化出来，蛋白质很快就承担了多数的催化功能——它们保留至今的角色。蛋白质代替 RNA 作为酶有很多好处。蛋白质有更复杂的序列，于是可以形成更多种的聚合物，这使它们有更加多样的催化活性。例如，没有发现任何 RNA 分子能够催化氧化还原反应或者打开 C—C 键。因为 RNA 不再作为广泛的表现型，进化压力可能开始选择新的遗传分子。最终 DNA 被选上（至少在细胞生物里）。

对于为什么 DNA 代替 RNA 成为信息中心有很多可能的原因。DNA 的低反应活性使其成为更加稳定的遗传物质载体。RNA 的高反应活性在一定程度上使其更好地发挥催化功能。然而，这也使 RNA 更容易受到能破坏遗传物质的化学反应的影响（第 12 章）。DNA 参与的一个可能的好处是使 RNA 和 DNA 分工。RNA 承担了很多的化学反应和代谢过程，它可能不太适合复制过程或者更容易受到潜在的有害化学物质的影响。于是，用 DNA 作为遗传物质可以使 RNA 行使其催化和结构功能时受到的限制更小。对于信息中心（DNA）和信息载体（RNA）使用不同的核酸可以更容易分清楚哪些分

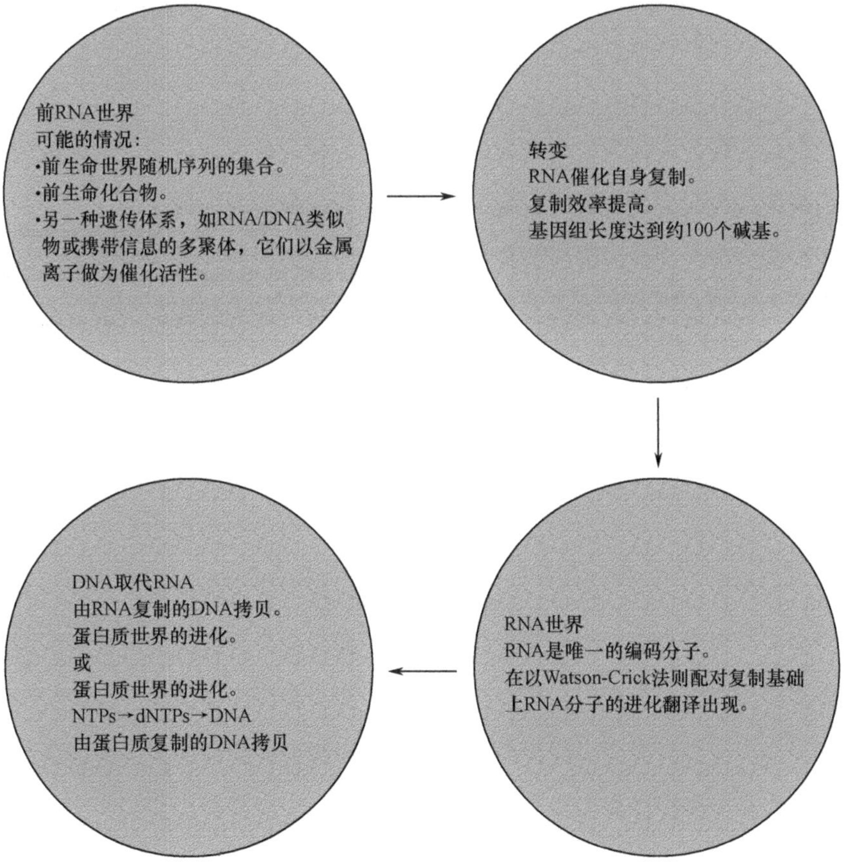

图 4.20　DNA 代替 RNA 作为基因型的一个模型。

子应该参与哪些过程（DNA 和 RNA 有很多化学上的不同）。

有很多 DNA 可能代替 RNA 作为遗传物质的原因，大多数的研究集中在这种变化是如何产生的。在现代生物体中，DNA 前体是从 RNA 前体来的，这提示一旦生物体能够制造 RNA，那制造 DNA 就会相对容易。仍然需要有一种方式把 RNA 的信息转移到 DNA。现在，逆转录酶能够完成这个工作，它在很多病毒和转座子上都被发现了，而且很可能在从 RNA 世界变成 DNA 世界的时候遗留下来。可能 RNA 向 DNA 的转变只是在蛋白质（如逆转录酶）合成出来后才发生的（图 4.20）。换句话说，可能简单的 RNA 复制酶进化成原始的逆转录酶后，能够将 RNA 分子转变成 DNA 分子。

小结

在本章节，我们讨论一些非生命系统产生原始生命形式并最终演变成进化的生物体的方式。只要自然选择驱动的进化开始了，变化的步伐就大大地加快了，意识到这一点是很重要的。另外，在本书的后面的章节将会讨论关于早期原始生命系统的进化原理。重组会加速适应的过程。合作和冲突会发生。遗传系统自身将会进化。最根本的是，从简单化合物到生命所需要的复杂化合物的途径是比较清楚的，从此便进入了一个相对简单的进化体系。

延伸阅读

Dalrymple G.B. 1991. *The age of the earth.* Stanford University Press, California.
Fenchel T. 2002. *The origin and early evolution of life.* Oxford University Press, Oxford.
Knoll A.H. 2003. *Life on a young planet: The first three billion years of evolution on earth.* Princeton University Press, Princeton, New Jersey.
Maynard Smith J. and Szathmáry E. 1997. *The major transitions in evolution.* Oxford University Press, Oxford.
McKay C.P. 2004. What is life—And how do we search for it in other worlds? *PLoS Biol.* 2(9): e302. Epub 2004 Sep.
Miller S.L. 1987. Which organic compounds could have occurred on the prebiotic earth? *Cold Spring Harbor Symp. Quant. Biol.* **87**: 17–27.
Newman W.L. 1997–2001. *Geologic time,* Online Edition. http://pubs.usgs.gov/ gip/geotime/.

第 5 章

生命的最近共同祖先与生命之树

在第 4 章，我们讨论了生命系统是怎样从非生命系统进化而来的。在本章，我们集中讨论生命的早期进化并特别关注两个相关的问题：可能存在的一个所有现存生命形式

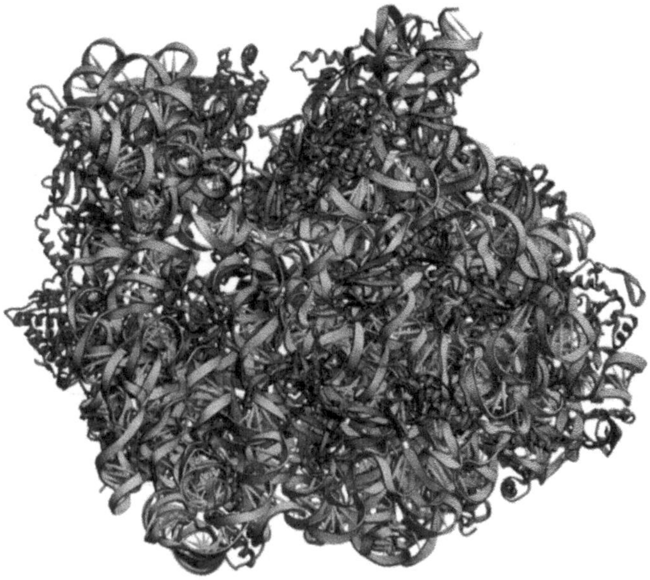

的共同祖先以及展示所有生命进化历史的生命之树。由于我们要知道这个**最近共同祖先**（**last universal common ancestor，LUCA**）可能是什么样的，我们将介绍一些关键的进化生物学的概念，包括**垂直进化**（**vertical descent**）、**同源**（**homology**）、**分化**（**divergence**）和**系统发生树**（**phylogenetic tree**）。这些概念用来说明已经灭绝的生物如 LUCA 的特征是怎么样推断出来的。本章也将讨论为什么展示所有生命关系的系统树对这种重构是至关重要的。正是对这样系统树的分析才揭示了早期的生命进化分化成了三个主要的细胞生物支系：**细菌**（**bacteria**）、**古细菌**（**archaea**）和**真核生物**（**eukaryotes**）。本章最后讨论为什么关于生命起源的一个关键假设——垂直进化并不总是有效，以及生物体的基因交换怎样影响我们对生命起源的理解。

追溯早期的进化史

进化可以用分支过程表述

达尔文对生物学的一个基本洞察就是物种随时间进化的过程可以由一个分支过程所表述。在该过程中，一个物种可以分裂成两个或更多的明显不同的子物种。这些子物种作为不同的进化单位直到其中一个或全部再次分裂，这种过程不断进行，产生越来越多的分支。

尽管达尔文并不知道遗传的具体机制，但是他能够将物种的进化延伸到我们所知道的父代和子代间的性状的传递。事实上，达尔文认为**垂直遗传**（**vertical inheritance**）的概念是如此的重要以至于这个分支过程是他在《物种起源》里唯一展示的图（图 5.1）。这个图，就是所说的**系统发生树**（**phylogenetic tree**）或者进化树，将在注解框 5.1 中详细讨论。

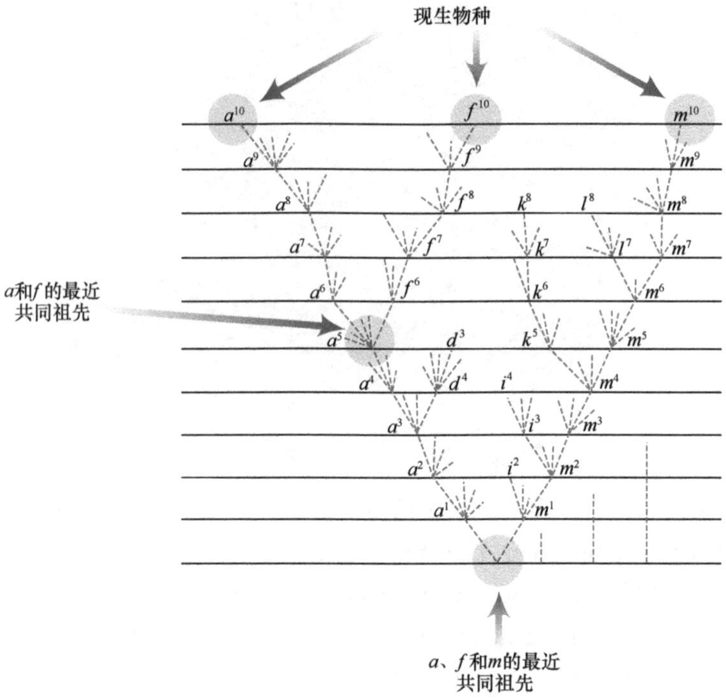

图 5.1　《物种起源》里唯一展示垂直进化的图。物种随着时间的进化可以由树的分支代表，一个物种产生一个或更多的后代物种。后代物种以垂直遗传的方式从父代物种继承表型。现存的物种用 a^{10}、f^{10} 和 m^{10} 代表，其他的分支都灭绝了。a^{10} 和 f^{10} 都可以追溯它们的共同祖先到 a^5。而 a^{10} 和 f^{10} 合起来同 m^{10} 可以追溯它们的共同祖先到图最底层的物种。

后代渐变的概念可以用来推断进化关系

在物种进化中，物种分歧后的一定时间里两个子分支会很相像，就像后代彼此很相像而且和父母也相似。后代像父母或者后代物种像祖先物种当然是由于遗传物质的传递。这种因为有共同的祖先而拥有同样的表型就是所说的**同源**（**homology**），共享的表型称为**同源的**（**homologous**）。同源可以用很多方式来阐述，包括不同的基因间、形态和行为（表5.1）。例如，人类手臂的骨头和四足哺乳动物的前腿骨头被认为是同源的，人类血液中的不同种类的球蛋白也是同源的。随着时间的延长，子分支的相似性会降低，这是我们所知道的**分化**（**divergence**）或者**后代渐变**（**descent with modification**）过程的结果。

注解框 5.1　进化树

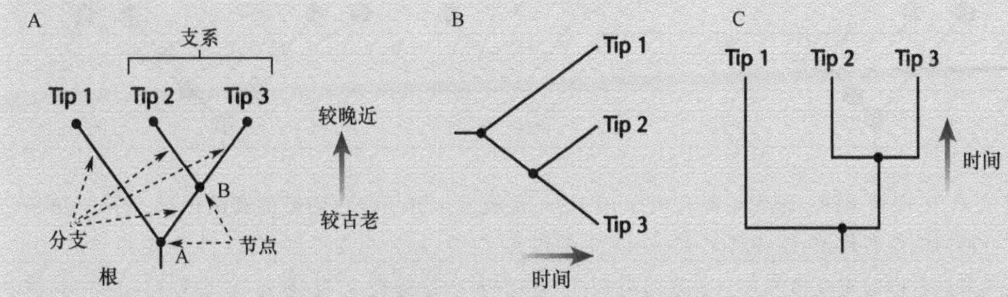

图5.2　展示进化顶端、节点和分支的模式系统发生树。(A) 系统发生树的所有关键元件。这个树展示了三个**操作分类单元**（**operational taxonomic unit, OTU**）的进化历史。OTU可以代表物种、个体、基因组、基因或者其他有进化历史的实体。（蓝色粗线）分支代表OTU随着时间的进化。这个树的进化历程是从底部到顶部，就是所说的垂直树。当我们从古至今考虑的时候，节点（蓝色圈）代表一个谱系分歧成两个的时间点。如果由今至古地考虑，节点代表节点上面的物种的共同祖先。在本例中，进化顶端2和进化顶端3有一个共同祖先节点B。B的所有后代，包括顶端2和顶端3，可以看做一个进化分支或者单系群（关于进化分支的更多细节见图5.3)。水平轴的分类和分支的角没有意义，只是为了直观。(B) A中的树旋转90度。这种水平树和垂直树包含有相同的信息。在本例中，进化时间从左到右，y轴方向的分离是没有意义的。(C) T形分支树。它同A和B含有相同的信息，只是分支被画成T形的连接而不是V形。在所有的这些树中，树的“根”就是延伸至树上所有分类的共同祖先的分支。

系统发生树包括三个主要的组分：**分支**（**branche**）、节点和进化顶端（图5.2)。分支（每条清晰的线）代表进化时间。**节点**（**node**）即多个分支连接在一起的点，代表一个谱系分成多个谱系。进化**顶端**（**tip**）［也叫树叶，操作分类单元（OTU）或者终端节点］是特定分支的尾端。它们代表现存的分类单元（如现存的物种）或者那些已经灭绝的。节点也代表从那个分支点产生的不同分支的后代的假定的共同祖先。树状图最早是用来表示物种的进化，但是现在它们也用来表示其他的进化，如基因和群体内的个体。图的精确结构随着它代表的事物不同而变化。图5.2及图注描述了进化树的更多细节。

在进化树里面讨论不同群之间的相互关系是很有用的（图 5.3 和图 5.4）。最简单的群的划分是**单系的**（**monophyletic**）群或者进化**分支**（**clade**），它由一个祖先和它所有的后代组成。有时，拥有一个共同祖先的物种聚成一个群，但是这个祖先的一些后代却不在同一个群，这就是**并系群**（**paraphyletic**）。例如，爬行类（图 5.4）都有共同的祖先，但是由于鸟类是从爬行类的一支进化出来的，因此，并不是爬行类共同祖先的所有后代都是爬行类。在一些情况下，一些物种被分在同一个群只是因为它们有一些共同的特征，尽管它们没有区别于其他物种的共同祖先。这样的一群物种就是**多源群**（**polyphyletic**）（起源于多个祖先；图 5.3），如滑翔哺乳类（由与狐狸和松鼠相关的物种组成）、革兰氏阴性菌（图 6.2）和海藻。

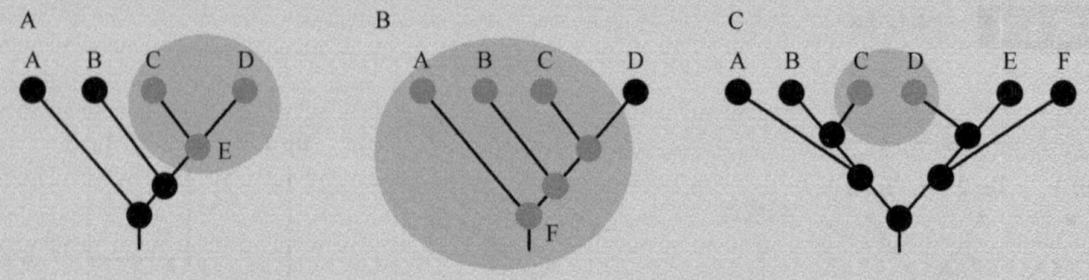

图 5.3 不同种类的系统发生群。在每个图中，系统发生群用绿色阴影的圆圈标识。(A) 单系群。群内的所有物种（C 和 D）有一个共同的祖先（E），这个祖先不再是其他物种的祖先。(B) 并系群。群内的所有物种有一个共同祖先（F），但是一些物种（D）被排除在群外。(C) 多源群。群内的每个谱系和群外的物种之间的关系比群内的物种之间的关系更加接近。

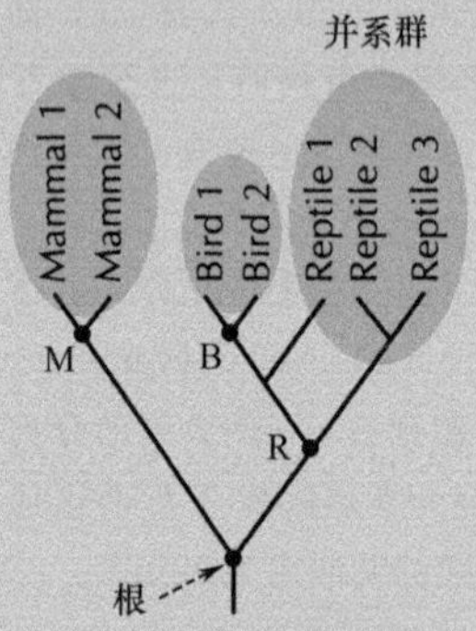

图 5.4 脊椎动物进化的单系群和并系群的例子。图中展示了关于两种哺乳动物、两种鸟类和三种爬行类的关系的系统发生树。哺乳动物有一个共同祖先（节点 M）而排除鸟类和爬行类，因此是一个单系群。鸟类也是一个单系群（在节点 B 有共同祖先）。尽管爬行类有共同祖先（节点 R），但并不是这个共同祖先的所有的后代都是爬行类，其中有些是鸟类。因此，爬行类不是单系群而是并系群。

目前为止，所展示的树只包括关于进化顶端和节点的分支特征的信息。它们被称为**进化分支图**（**cladogram**）。在很多情况下，它能够很好地表示不同的分支上发生的进化改变。它的**支长**（**branch length**）和总的进化改变成比例从而可以实现这一点。当所有的分支都可以有不同的长度时，它就是**加性**（**additive**）树或者**系统发生图**（**phylogram**）（图 5.5）。这种树，时间轴上的距离对应于变化量，刻度是显示出来的。在一些情况下，需要限制分支的长度变化以使所有的进化终端到根的距离一致（如这种树可以用来代表从共同祖先分化后的进化时间）。这种叫做**系统树图**（**dendrogram**）或者**等距进化树**（**ultrameric**）。

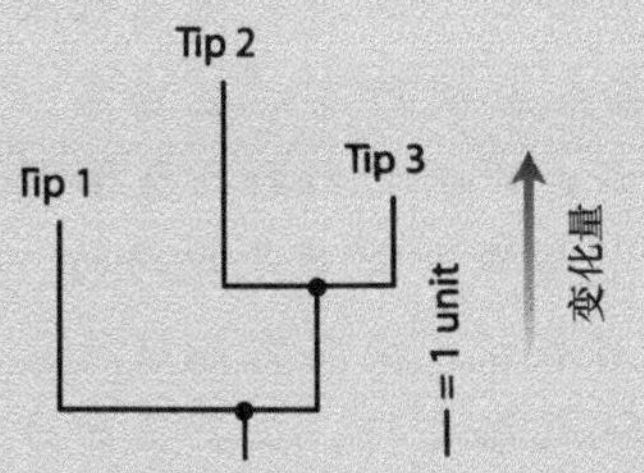

图 5.5　系统发生图是显示进化量和分支顺序的系统发生树。进化量沿着时间轴的分支长度表示（在本例中是垂直轴）。在这个树中，进化顶端 2 和进化顶端 3 有一个共同祖先而不包括顶端 1。然而，在它们从共同祖先分化后的时间里，进化顶端 2 发生了更多的变化。如果进化顶端 2 和进化顶端 3 都是现代物种，这就表示向进化顶端 2 的进化速率比向进化顶端 3 的进化速率大。不同的进化速率是很常见的，这是由于一些因素如不同的突变速率、不同的群体大小和不同的选择压的影响。不管是什么原因，把这些因素整合到进化树上是非常有用的。在系统发生图中，刻度尺表示每个单位长度代表的进化变化量。

树图上分支的相对距离经常可以改变而不改变树的信息，因为树的信息组分是分支样式和分支长度。例如，图 5.6 中的进化顶端 2 和进化顶端 3 的位置可以旋转而不改变树的含意。从树上可以知道进化顶端 2 和进化顶端 3 在连接它们的节点处有一个共同祖先，从而形成一个不包括进化顶端 1 的进化分支。

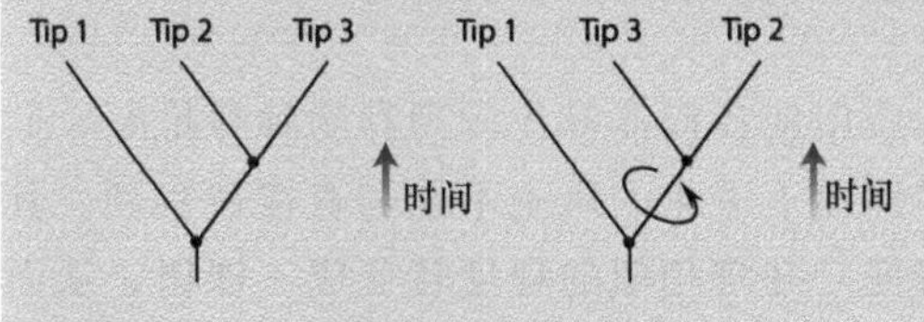

图 5.6　分支旋转并不改变系统发生树的信息。这两个树是相同，只是导向进化顶端 2 和进化顶端 3 的共同祖先的分支被旋转了，从而造成顶端 3 在左边而顶端 2 在右边。左图和右图的树是同一个树的两种不同的形式。把系统发生树看作是移动的是很有用的：分支是可以随便旋转的，而分支的样式不会改变。

尽管大多数的树都是两个分支产生于一个节点（如两个谱系来自于同一个共同祖先），但是节点可以和多个分支连接。这个就叫做多歧分叉（**polytomy**）（图 5.7），多歧分叉有时用来表示一些进化事件，如从同一个共同祖先可能同时分化出多个谱系。另外，它们也用来表示系统发生树的不确定性，这意味着谱系分化的顺序不能够合理地推断出来。

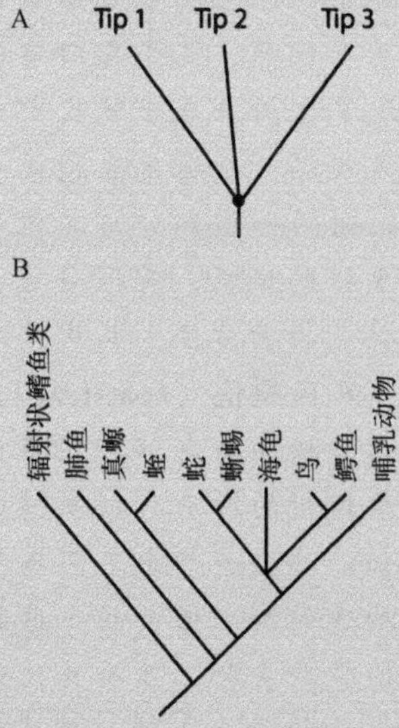

图 5.7　从一个节点分出三个分支的系统发生树，它代表多歧分叉。(A) 一个基因的多歧分叉。多歧分叉在系统发生树中有很多用处。在一些情况下，它们被用来代表星状爆发式的进化，即很多谱系在很短的时间内（如实质上同时发生）从一个共同祖先产生。(B) 多歧分叉也用来代表模型中的不确定信息。例如，在这个树中，不太确定龟、蛇/蜥蜴和鸟类/鳄鱼间的进化关系。

迄今的系统发生树都是有根树的例子，它们在底部都有一个根的分支。所有的树上的实体都有一个共同祖先，它是那个连接根和树的其他部分的节点。然而，鉴定树的根并不总是可行的。没有根的树是无根树。由于我们假定无根树上的所有的物种都有共同祖先，于是这些树是有根的。问题是根的位置是不知道的，它可以定位在树的任何位置。图 5.8展示了一个有 3 个进化顶端的无根树。对无根树的解释需要小心，根的位置对如何解读树的信息有着很重要的提示。无根树的问题将在后面内容（在线）进行更加详细的讨论。

多歧分叉表示存在不确定性，这会造成在通过系统发生树来表示进化时出现一个的重要问题，几乎在所有的情况下，用系统发生树来表示进化都是通过推断而不是观察。系统发生树是一个进化的模型，树的一些部分与其他部分相比可能有更强的证据。有很多为树的特定部分提供支持的方法。其中一个经常使用的是计算**自展值（bootstrap）**，这是一个用来估计树的特定部分在多大程度上被用来构建树的所有数据支持的统计方法。例如，对于一个由不同类型的骨头的数据构建的树，树内的一些群可能会被所有的骨头支持，然而其他的群可能只能被少量的骨头支持。自展值的计算要通过建立新的数据集（基于原始的数据），新的数据集和原始的数据集的大小相同，但是又和原始数据不同，因为有些性状被用了多次而其他的却没有包括。然后对每个新的数据集都构建一棵树。最后，分析所有的数据集（如树），观察有多大比例的新数据集和原始数据集在某个分群方式上是相同的。这个比例就是自展值，值越大，该进化分支就更好地被数据支持。自展值的方法在第 27 章（在线）会进行更深入的讨论。自展值标记在系统发生树上，数值靠近树上特定的节点。

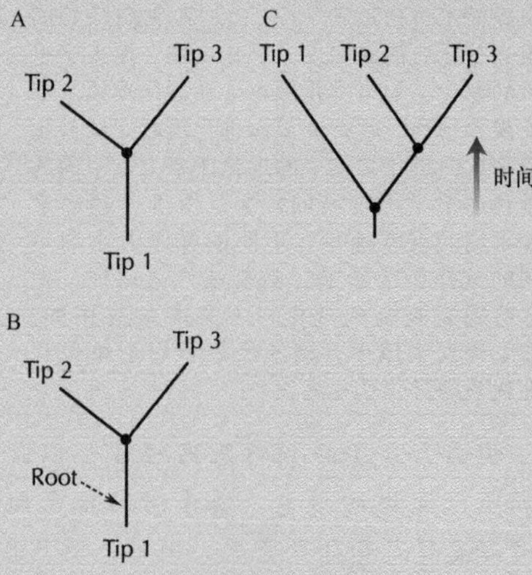

图 5.8　确定树的根。（A）没有根的系统发生树。（B）鉴定树根的位置。（C）重新绘制 B 中的树，此时包含树根。在本例中，根所在的导向进化顶端 1、2、3 的分支相互之间的距离都比它们到顶端 1 的距离更近。改变根的位置可以导致得到关于进化顶端的关系的不同结论。

后代渐变的概念和物种进化的分支样式的应用使我们能够比较现存物种并推断它们的进化关系。这种推断是重要的，因为在很多情况下进化的历史不能够直接观察到。其过程就是通过比较物种（或者基因或其他的特征）并将相似的程度转变成一棵树，从而相似的物种在这个树上聚在一起。树上所有的分支可以基于对相似性的测量而填充到树上。本质上，我们可以利用相似性来回溯树上的两个物种分支连接在一起的点。然而，进化推断并不是这样的直接；不幸的是，由计算相似性出发往回推断关系并不是每次都可行的。

这个方法的一个障碍是不同谱系间的进化速率可能不同。这些不同是由于一些特征的差异，如突变速率、群体大小、代时和选择的强度（这些过程将在的第 12、15 和 19 章详细讨论）。一旦速率不同，总的相似度水平就不直接与进化历史相关。例如，图

5.9 中的树展示了三个物种的进化历史，其中一个物种（物种 3）比其他的两个有更高的进化速率。在这个树上，两个物种之间的相似度可以通过测量连接它们的总的支长来近似估计。在图 5.9 中，从物种 2 到物种 1 的长度比从物种 3 到物种 2 的长度短，说明物种 2 更类似于物种 1（与物种 3 相比）。于是，在这种情况下，相似度的水平不能够反映进化关系。

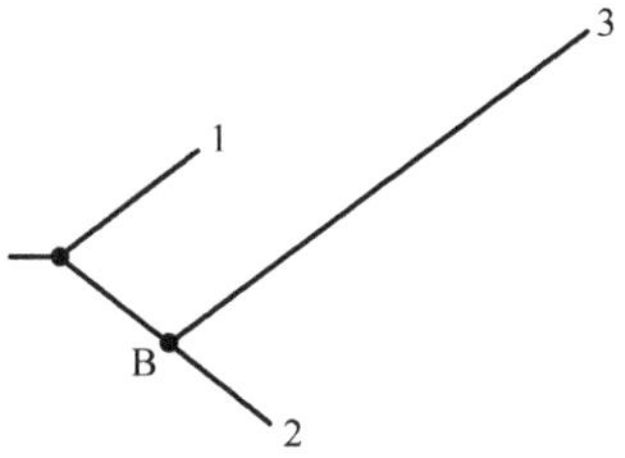

图 5.9　不同的进化速率。一个假定的表示三个物种关系的系统发生树。导向物种 3 的谱系的进化速率相对于物种 2 要快，因为它和它们的共同祖先（节点 B）之间的分支更长。

尽管有些表型和其他的很像，但它们可能会有独立的起源，于是它们的相似性并不反映同源。这种类型的关系就叫做**类似（analogy）**，它提出了在我们由测量相似性来推断关系时的第二个复杂的因素。有两个主要的过程可以导致类似的特征：**趋同（convergence）**和**平行进化（parallel evolution）**。在趋同的情况下，相似性源于不同谱系的不同特征，这是适应相似环境或者生活策略的结果。例如，提高飞行能力的进化导致鸟类、蝙蝠和一些昆虫的翅膀和飞行机器的趋同进化。这些远缘物种的飞行器官有表面上的相似性但是并不同源。在平行进化的情况下，不同谱系产生的相似性是源于对同一个特征的独立修饰。例如，包括狐猴、狐狸、松鼠和有袋动物在内的哺乳动物的滑翔有各自不同的起源。滑翔的机制经常涉及对前腿的相似修饰，但是它们独自起源于不同的类群。另一个平行进化的例子在图 5.10 中显示，在这个例子中，节肢动物的不同谱系独自进化出了螃蟹样的外表，很像是通过对相同的发育通路的简单改变。其他关于同源和类似的例子在表 5.1 和图 3.3 中给出。

表 5.1　同源和类似

性状类型	同源的例子	类似的例子
形态	人的手和蝙蝠的翼	鸟类和昆虫的翅膀
生理学	ATP 结合的离子通道 cassette 转运蛋白	在高盐下生长的藻类和嗜盐的古细菌
生物化学	蓝细菌和叶绿体的叶绿素捕捉光	叶绿素捕光和视紫质捕光
DNA 构成	人和黑猩猩线粒体基因组的高的 A+T 含量	线粒体和支原体基因组的高 A+T 含量

定义为同源的特征是由于它们有共同的世系，然而定义为类似的特征是由于它们有共同的形式或者功能但是有不同的起源。同源和类似可见于每种生物特征，表中给出了一些例子。

不能过度强调相似水平和进化关系之间的不完美对应联系。这是理解物种进化历史的一个关键的概念。例如，为了推断物种的进化历史，所选用的表型必须不容易发生趋同进化而且要在不同的进化分支有相对统一的进化速率。进化重建的方法和不同速率进化结果的问题以及趋同和其他现象将在第 27 章（在线）中进行更加详细地讨论。

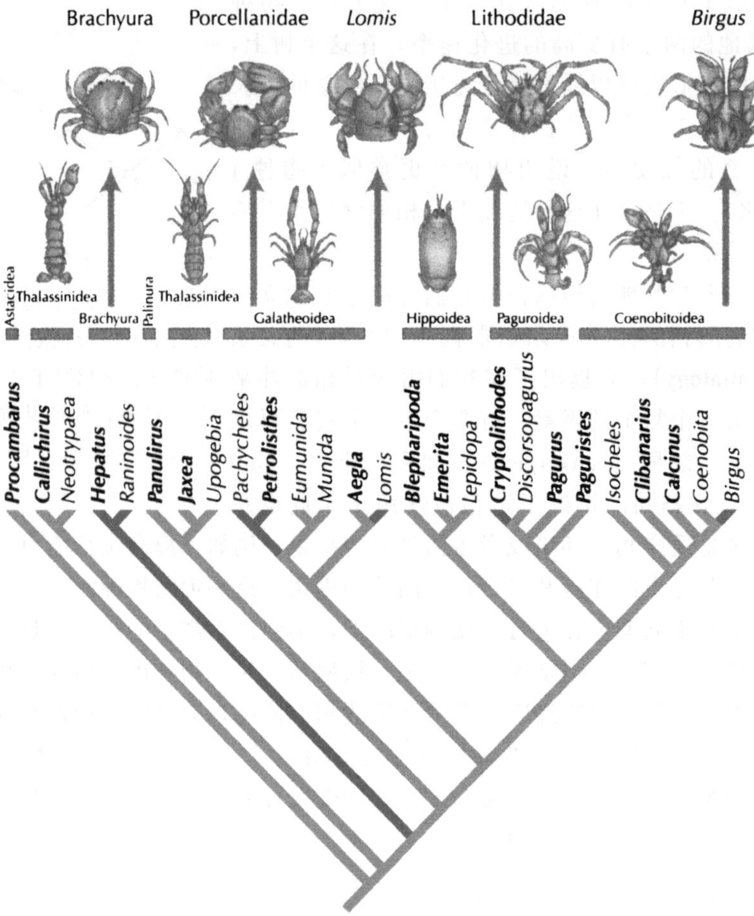

图 5.10　节肢动物螃蟹样外表的进化。这个树展示了有螃蟹样外表的多种节肢动物类群的系统发生树。它们的大体外表显示在分类名称的上面。螃蟹样的外表在图的顶端。箭头表示哪个属是哪个外表。红色的分支代表螃蟹样结构的多起源。多起源很像是它们共同发育通路的相同或者很相似改变的结果（第 11 章）。这被认为是平行进化的例子。

共相同源、最近共同祖先与生命之树

共相同源的存在暗示生命的单一起源和最近共同祖先的存在

当考虑生命起源和早期进化时，产生了两个基本的问题：从非生命系统进化成生命系统发生了多少次？是不是所有的现存生命都有一个共同祖先？尽管所有生命的共同祖先的存在被广泛地接受，但是还有其他的可能。什么是这个共同祖先存在的证据？这个证据就是**共相同源（universal homology）**，这个已经在第 2 章和第 3 章提到。共相同源（表 5.2）的例子包括以下几方面。

1. DNA 是遗传物质。
2. DNA 复制使用模板和碱基配对机制。
3. 将 DNA 转录成 RNA 使用有同源催化机制的 RNA 聚合酶。
4. 使用三联体密码子把 RNA 翻译成蛋白。
5. 使用核糖体 RNA、转运 RNA（tRNA）和核糖体蛋白的混合物来翻译蛋白质。
6. 使用 ATP 作为细胞内能量储存和合成 DNA、RNA 的材料。
7. 细胞质被包裹在膜内，营养物质和废物可以通过。

表 5.2　生命的共相同源

特征	性状
核心的细胞学特征	
遗传物质	DNA
DNA 使用的碱基	A、C、T、G
RNA 使用的碱基	A、C、U、G
遗传密码子	三联体
细胞膜	磷脂蛋白膜
蛋白质组成	20 种主要的氨基酸
所有生物体中发现的细胞复合物（例子）	
翻译	rRNA 小亚基
	rRNA 大亚基
	多种核糖体蛋白
	氨基乙酰-tRNA 合成
	tRNA
转录	RNA 聚合酶
膜转运系统	ABC 转运体

rRNA，核糖体 RNA；tRNA，转运 RNA；ABC，ATP 结合组件。

假设性状只能通过垂直的向后代传递，那么对于共相同源存在的唯一解释就是所有的现存生物体都能追溯到一个共同祖先。这个观点的逻辑如下：如果两个物种有共同的特征（而且这些特征的传递只能垂直传递），那么这两个物种只能有一个共同祖先，它们共同特征起源于这个共同祖先。这些物种不可能是独立生命起源的不同谱系的一部分。如果把这个逻辑从两个物种推广到所有物种，那么如果所有的物种都有一些同源的特征（如共相同源），那么所有的生命都有一个共同的祖先，而这些共相同源就是由它来源的。于是就有可能绘制一个代表所有物种从一个共同的祖先节点开始的进化历史的树。这个树就叫做**生命树（tree of life）**。而祖先节点所代表的生物体，即推测的所有生命的共同祖先，就是 LUCA（图 5.11），即最近的共同祖先或者最近的细胞祖先，也就是达尔文在《物种起源》中提到的生物体。他在书中写到“可能所有曾经在地球上存在的生物都是某个原始形式生命的后代，生命正是从它开始呼吸”。在本章的后面部分，我们将接触到**横向基因转移（lateral gene transfer）**，这破坏了垂直进化的规律，为 LUCA 的概念引入了问题。

重要的是要理解 LUCA 并不是所有生命的唯一的共同祖先，但是是最近的一个。导向 LUCA 的分支上还有其他的共同祖先，它们生活的年代更久远。因此 LUCA 绝不

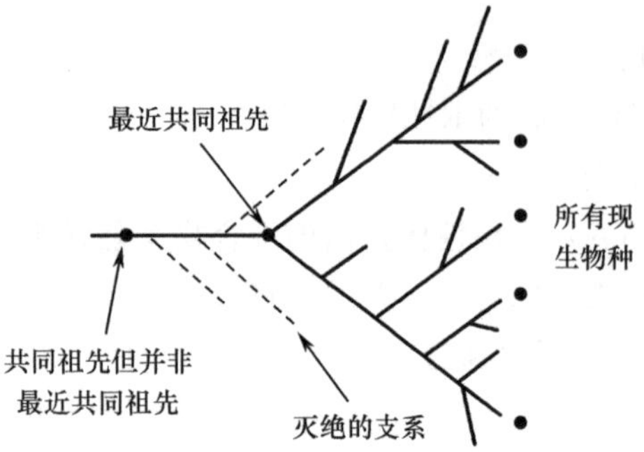

图 5.11　展示生命最近共同祖先（LUCA）的进化树。这个树也展示了一些在 LUCA 产生前产生但是最后灭绝了的分支（虚线分支）以及生命的共同祖先但不是最近共同祖先。

是第一个活的生物体。它是所有现存生命的共同祖先和三个主要的类群（真核生物、细菌和古细菌）的前身。另外，很重要的是要认识到 LUCA 并不是当时唯一存在的生命形式。这些其他的形式并没有留下现存的后代是因为它们的谱系灭绝了，而 LUCA 衍生出了所有的现存生命形式（图 5.11）。

LUCA 的特征可以由普遍性状或者进化重构推断出来

LUCA 是什么样的呢？它有什么样的细胞结构呢？它的代谢过程是什么样的呢？它的基因组的结构是什么样的呢？为了回答这些问题，我们需要使用**进化性状重建**

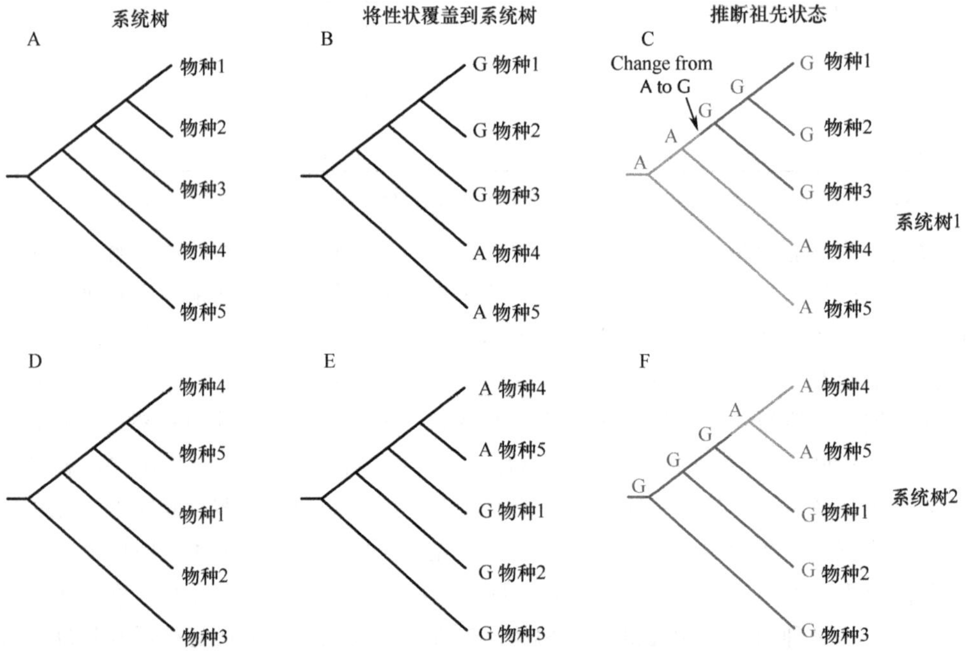

图 5.12　进化性状重建。表现 5 个物种的进化关系的树，这 5 个物种的一个同源的性状是已知的。这个性状有两个状态，A 或者 G（如一个基因的保守位置的核苷）。物种 1、2、3 是 G 状态，而物种 4、5 是 A 状态。性状重建的方法使我们推断哪个性状状态是祖先的，哪个是新起源的。（A，D）5 个物种的两个不同的树。（B，E）性状的状态覆盖到树上。（C，F）使用性状重建的方法推断祖先节点可能的状态。C 中的祖先节点性状状态是 A，F 中是 G。于是，两个不同的物种树导致对祖先的性状状态的不同推断。

(**evolutionary character state reconstruction**) 的方法。在第 27 章（在线）中有更详细地讨论。这就是把任何感兴趣的一群生物体的性状覆盖到它们的进化树上（图 5.12）。于是这个树就可以用来推断树上某个节点生物体可能的过去性状。不断地回溯，越来越深的节点的可能性状就可以被推断出来，直到到达所有生命的共同祖先。特征性状就是生物体的特定部分。它们可以是结构（如蹼足）、器官（如心脏）或者基因（如核糖体 RNA 基因）。性状的特定形式就称为它的性状状态（如三室的心脏和四室的心脏）。当比较不同生物体时，我们可以研究特征性状的起源（如心脏的起源）或者特定性状的性状状态的改变（如从三室心脏到四室心脏）。在最直截了当的特征性状重建的方法中，使用**奥卡姆剃刀（Occam's razor）**定律或者**简约法（parsimony）**来推断祖先节点的特征状态或性状。简约法的原则是，如果所有其他的都相等，那么选择最简单的解释。运用这种逻辑，被选择的进化历史应该是以最少的性状变化产生所见特征的那个。

LUCA 的性状重建中，最简单的情景是一个性状是普遍的，它在所有的生物体中都是一样的状态。如果性状覆盖在树上并回溯，最直截了当的可能性是过去和现在的所有个体都有那个性状。于是，前面介绍的共相同源（表 5.2）就可以推断为在 LUCA 中也存在。例如，因为同源的小亚基 rRNA 在所有的物种中都存在，于是就可以推断 LUCA 有小亚基 rRNA。

当性状是普遍的但是性状状态不同时，事情就变得复杂起来。我们可以推断 LUCA 有那个性状但是我们也想知道那个性状的状态。一个很好的例子涉及遗传密码子。多数物种使用**标准遗传密码子（standard genetic code）**（图 2.23），然而也有很多的物种使用不同的三联体密码子（表 5.3）。例如，在支原体（表 6.2）中，UGA 密码子编码色氨酸，但是在标准遗传密码子中，UGA 是终止密码子，是翻译的终止信号。UGA 也在很多的线粒体中编码色氨酸［注意线粒体是真核生物中提供能量的细胞器，它从自由生活的细菌进化而来，并且有自己的基因组且仍然能实现如复制、转录、翻译（图 7.5）的功能］。在标准遗传密码子中，UAA 和 UAG 是另外两个终止密码子，但是在很多纤毛虫中（如嗜热四膜虫 *Tetrahymena thermophila*），它们编码谷氨酸。有些物种甚至扩展遗传密码到超过 20 种氨基酸。例如，横跨整个树的物种（包括人类和大肠杆菌）用一种修饰过的 tRNA 来插入硒氨酸到蛋白质，这是第 21 种氨基酸。

表 5.3　其他的遗传密码子

密码子	标准密码子	细胞基因组中的其他密码子				线粒体密码子		
		支原体	纤毛虫	游仆虫	很多物种	酵母	原生动物	哺乳动物
UGA	终止	色氨酸	s	半胱氨酸	硒氨酸	色氨酸	色氨酸	色氨酸
UAA/UAG	终止	s	谷氨酸	s	s	s	s	s
AUA	异亮氨酸	s	s	s	s	蛋氨酸	蛋氨酸	蛋氨酸
CUA	亮氨酸	s	s	s	s	苏氨酸	s	s
AGA/AGG	精氨酸	s	s	s	s	s	s	s

数据部分来自 Madigan M. T., martinko J. and Parker J. 1997. Brock biology of microorganisms, 8th ed. Prentice Hall, New York, Table 6.7, p. 222.

s 表示和标准遗传密码子相同。

考虑到存在不同形式的遗传密码子，我们如何推断出 LUCA 的状态（可以称之为祖先特征状态），以及哪个代表更近的修饰呢（称为衍生特征状态）（图 5.13）？在没有其他的信息时，认为标准密码子是祖先状态而例外的是衍生状态的提法似乎有道理，但是例外中的一个是祖先状态而标准密码子和其他例外是衍生状态的提法也有道理。为了做出这种推断，我们需要一个关键的数据——一个展示所有生命形式关系的有根树。这就是生命树，在前面的章节已经介绍了（见注解框 5.2）。

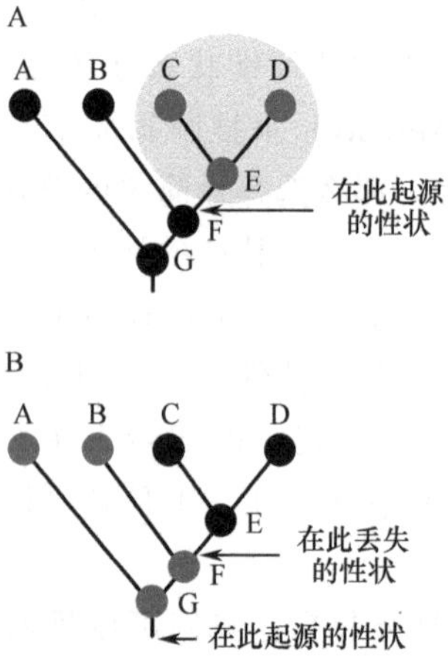

图 5.13 祖先和衍生性状。（A）衍生性状。考虑一个进化支中的物种 A、B、C、D，C 和 D 共享一个性状而 A 和 B 没有。如果这个性状是从 C 和 D 的共同祖先（标记为 E）进化出来的，那么在 A、B、C、D 的群中，这就是一个衍生性状，因为它在所有的 4 个物种的祖先中没有。（B）祖先性状。考虑一个进化枝的物种 A、B、C、D，A 和 B 共享一个性状而 C 和 D 没有。如果这个性状是从 A 和 B 的共同祖先（标记为 G）进化出来的，那么它就是 A、B、C、D 的群中的祖先状态，因为它存在于所有 4 个物种的共同祖先中（这个性状后来在 E、C、D 谱系中丢失了）。

注解框 5.2　生命之树的简要历史

分类与生命之树密切相关：在接受生命体是通过后代渐变而相互关联的这个思想之前，已经发展出了很多分类的方法。但大部分方法都是令人迷惑且仅仅集中用在一小类群（如鸟类）或者只是一小片地方的生物。完全不同的策略被用来解释不同地方同类生物或者同一个地方的不同生物。特别是，物种的命名还没有组织，有些物种有很多名字。这些分类策略后来几乎完全被一个瑞典植物学家 Carolus Linnaeus 代替。Linnaeus 的分类策略有两个主要的组分。第一，所有的物种都被赋予一个由两部分组成的名字，第一部分是它的种类，第二部分是它的物种特异的名字。这个**双命名法则（binomial nomenclature）**系统很快就被采用并沿用到现在。Linnaeus 也形成了一个系统，其中所有的物种都被组织到一系列不同水平的类别。**层次分类（hierarchical classification）**系统一直沿用至今。在很长时间里，所用的分类阶元是界（kingdom）、门（phylum）、纲（class）、目（order）、科（family）、属（genus）、种（species）（有很多记忆法使这个系列容易记忆，一个例子是"kings plays chess on fine grained sand"）。最近，增加了域（见下文）作为界上面的分类阶元。

尽管 Linnaeus 的分级策略是革命性的，决定分类阶元本身的方法并没有得到统一的认识。这一点首次在显微镜下观察微生物来分类时表现得尤其明显。Antoni van Leeuwenhoek 称他发现的微生物为"微动物"，将它划分到了动物类群。其他的人认为它们属于植物。当然，这种争论是基于人为的假定，因为大多数的微生物既不是动物也不是植物。直到人们更加普遍接受物种进化后，人们才相信分类阶元应该是依据进化树上的分支样式而不是根据观察到的表型特征。换句话说，微生物分类的问题应该是“这个微生物在进化树上与动物及植物有怎样的关系”。为了搞清楚这些，我们需要一个生命之树。

生命之树的概念经历了很多的改变：最早尝试绘制生命之树的人是 Ernst Haeckel（图 5.14）。这个树有三个主要的分支谱系——动物、植物和原生生物。细菌划分到无核原虫类，暗示细菌是其他生命体的祖先。对这个树的一个主要的优化来自 Edouard Chatton，他生于 1937 年，他把生命划分为两个主要的类群——原核生物（prokaryotes）和真核生物（eukaryotes），这基于一个生物体是否有细胞核，即真核细胞内包裹大批 DNA 的细胞器。另一个优化是来自 Robert Whittaker 于 1959 年提出的五界树（图 5.15）。在这个树中，真核生物和原核生物的界限依然在，原核生物仍然在树的底部。而一个新的真核生物类群被加入——真菌类。

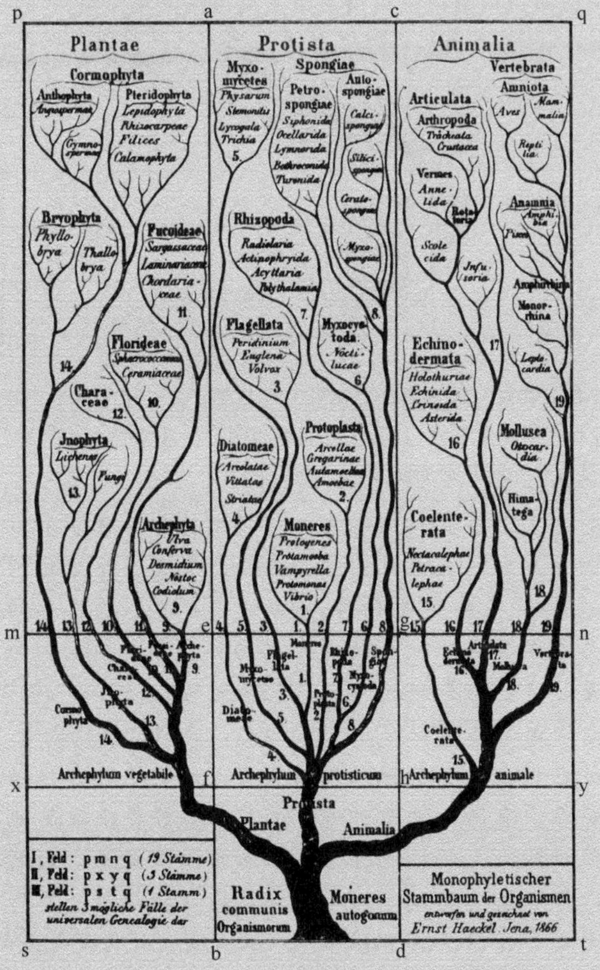

图 5.14　Ernst Haeckel 于 1866 年构建的生命之树。这是人们第一次尝试绘制包括所有已知生命形式的进化树。

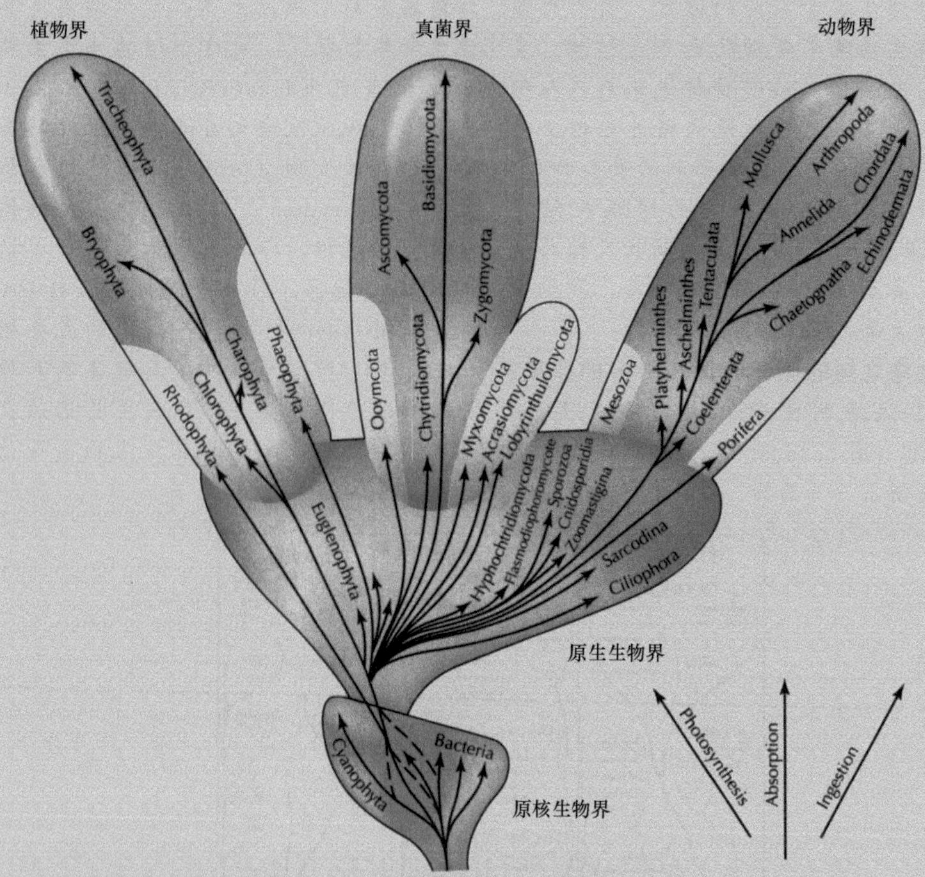

图 5.15　Whittaker 的五界树。这个系统包括的五界是基于三个组织水平：原核生物（原核生物界）、真核单细胞（原生生物界）、真核多细胞和多核（真菌界、动物界、植物界）。图顶部的三界主要通过营养学的差别来区分。

通常，当一个关于生命之树新的描述发展出来，真核分支内的关系就会变得越来越详细，尤其是多细胞生命体，而微生物内部的关系尤其是原核生物并没有很详细。于是，这些生命之树大体上并不完整——无论是忽略掉很多的微生物还是把它们放在树上而和其他的物种保持不确定的关系。有两个主要的原因来解释为什么很难把微生物包括在生命之树上。首先，很多微生物缺乏可观察的性状。相比之下，真核生物有很多性状如骨头、器官或者树叶可以直接被测量和比较。另外，没有性状可以用来将微生物和其他物种联系起来。这很重要因为要建一个进化树需要比较用来推断进化历史（更详细的内容请见在线第 27 章）的分类中同源性状（有共同的进化历史的）。例如，为了推断脊椎动物的历史，我们需要比较骨头的结构和样式。然而，为了推断脊椎动物和无脊椎动物的关系，需要比较其他的性状因为无脊椎动物没有骨头。通常，越深的分支越需要普遍的特征。要研究生命之树上最早的分支，就需要普遍的同源性状。

分子分析革新了我们对生命之树的看法，导致了现代的“三域树”：在分子生物学的时代之前，即使有也只有很少的共相同源被鉴定出来，于是推断早期的分支点更是基于直觉而不是真实的数据。分子生物学的到来改变了这些并导致很多新的共相同源被发现，比如表 5.2 中描述的那些。另一个研究生命之树的关键进步是用序列数据分析进化历史的技术发展，这个技术就是分子系统学。它的标准形式是用充足的 DNA 和蛋白质的序列信息推断系统发生的历史。这个

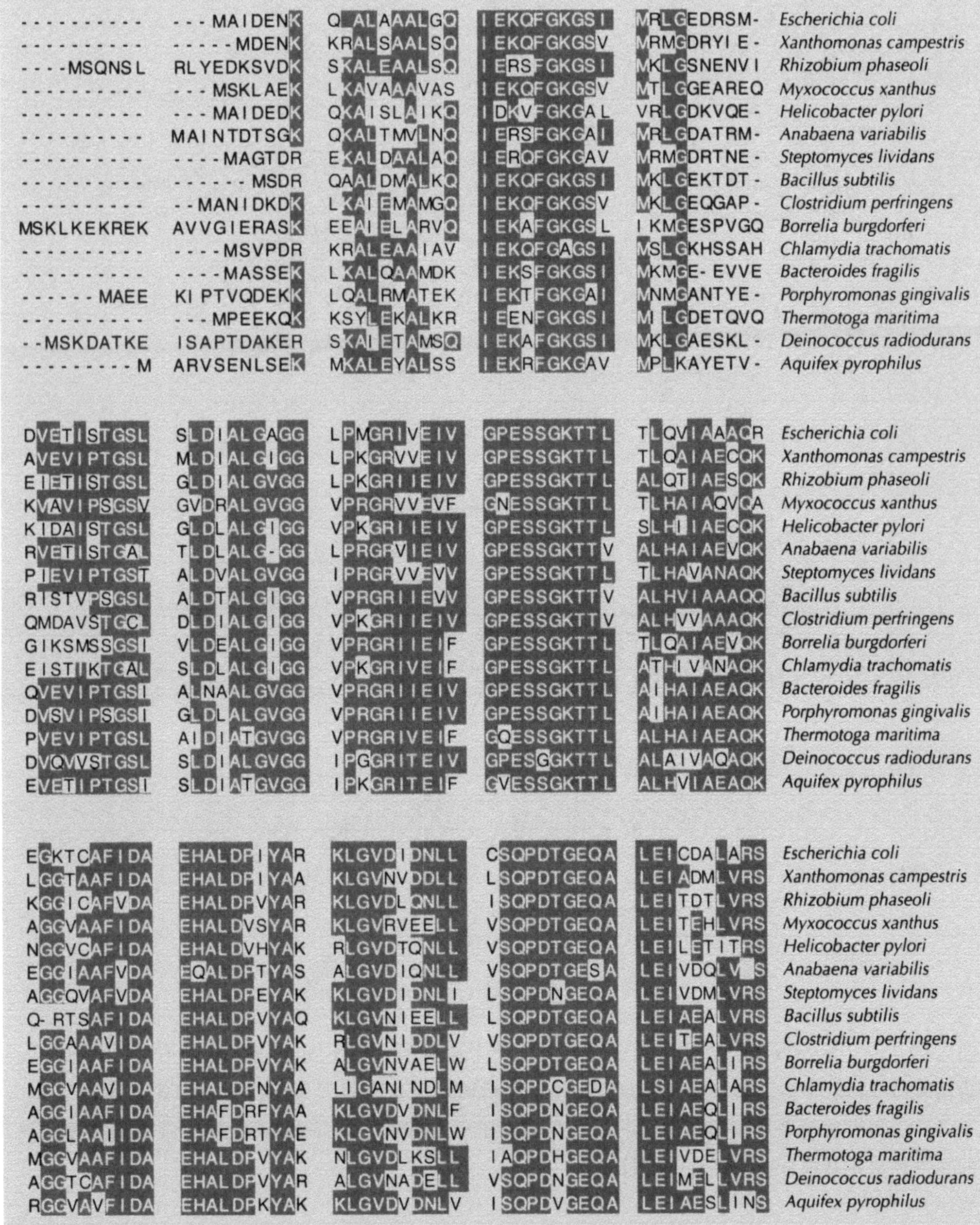

图 5.16　多序列比对的例子，图中展示了不同细菌物种的 RecA 蛋白质的一段的比对结果。几乎在所有的物种中都保守的氨基酸被标记为红色。字母是不同的氨基酸的简写（见图 2.23）。

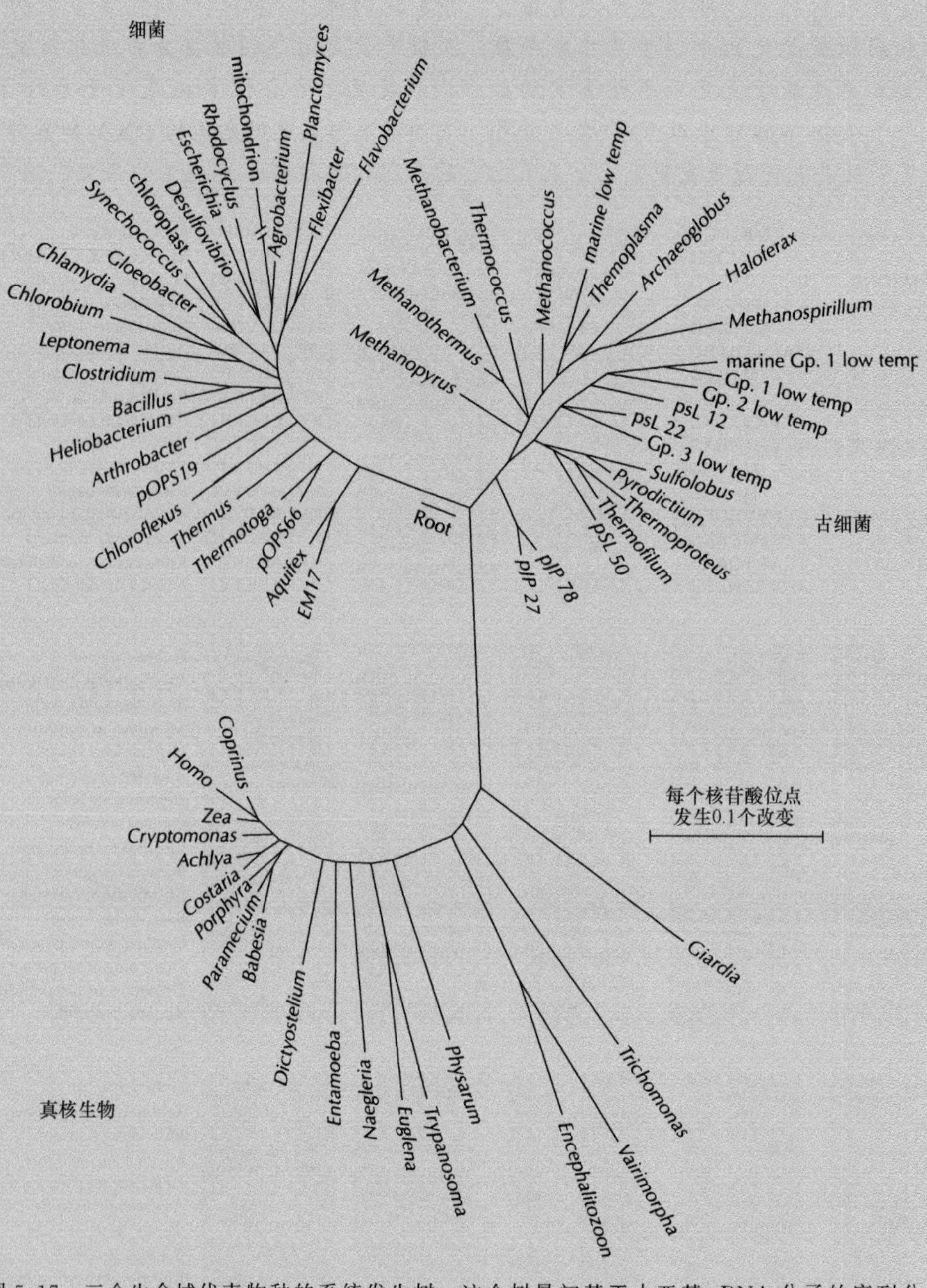

图 5.17　三个生命域代表物种的系统发生树。这个树最初基于小亚基 rRNA 分子的序列分析。人们相信这个树上的有些物种的位置并不能精确地反映系统发生的位置（如注解框 8.1 对真核生物进化的更加彻底的讨论以及封底内页中更新的树）。不管怎样，对生命的三个域的划分被很多其他特征的分析所支持。

基于序列的分子系统学通过多序列比对的形式把不同物种的基因或者一个物种的一个基因的不同形式排列在一起。比对好的基因的每个位点都可以看做一个独立的特征性状，而不同的残基用做不同的特征状态（图 5.16）。

用分子系统学研究生命之树的顶端来自 Woese 和他的同事 1970 的研究。他们着眼于分析 rRNA 分子的序列。rRNA 是所有物种合成蛋白质的机器核糖体的一个组分。

Woese 关于 rRNA 的进化分析揭示了一个惊人的发现，生命之树主要划分为三个谱系，其中一个谱系以前没有被认识到（图 5.17）。第一个是细胞内有核的生物类群（真核生物）。第二个类群涵盖多数的已知细菌物种，包括所有已知的病原体（如大肠杆菌 *E. coli*、霍乱狐菌 *Vibrio cholerae*、结核分支杆菌 *Mycobacterium tuberculosis* 和流感嗜血杆菌 *Haemophilus influenzae*）以及很多已知的自由生活的细菌（如蓝细菌）。第三个类群包括大多数常常很少了解的极端环境物种，如生活在高盐、高温或者高压下的物种。Woese 把这个类群叫做古细菌（*archaebacteria*），archae 是指这些物种生活的小环境和人们认为的原始地球条件是相似的。这个发现的创新之一是将原核生物（无核的生物体）分成了两个清楚的谱系（细菌和古细菌）。因此，以前将所有的无核生物划分在一起是不对的。这个发现的另一个创新是发现了以前没有认识到的生命之树的主要分支。接下来对其他分子的分析支持了这种生命的三分法，在 1990 年，这三个类群被指定了一个新的分类学地位（域），并且古细菌（archaebacteria）被改称为古细菌（archaea）以强调它们的独特性。

尽管域之间的精确关系仍然存在争议，Woese 的工作展示了分子系统学技术绘制的微生物世界和传统的形态学方法构建的图谱的不同。生命的第三个域的发现是现代分子进化生物学的一个巨大胜利，分子系统学中至今仍然使用 rRNA。尽管其他的基因，甚至整个基因组现在都被用来推断微生物的系统发生，分子系统学仍然被认为是唯一可靠的构建包含所有生物体的生命之树的方法。

我们需要有根树来推断 LUCA 的特征

这些年我们对生命之树的理解经历了很多大的修改，其中一些在注解框 5.2 中做过总结。最重要的认识开始于科学家们开始使用在所有物种中都存在的基因［共有基因（universal gene）］的 DNA 和蛋白质的序列数据进行分子系统学分析。这导致了对于三个域的生命之树的现代认识（图 5.17）。一个类群是真核生物，它们是有核的生物体。另外两个类群只包含原核生物（无核的物种）：其中细菌，包含了大多数了解得很清楚的原核谱系；另外一个是以前没有认识到的现在被称为古细菌的类群，包含了绝大多数了解不多的在极端环境下生活的原核物种，如生活在高盐、高温和高压（注解框 5.2）环境下的物种。很多科学家认为原核生物的概念是陈旧的，并且会造成误解，因为两个分开的原核生物谱系（以及真核生物）是两个独立的但是同样重要的类群。因此，“原核生物”和“原核生物的”这两个词语在本书中会谨慎使用。

虽然根据 rRNA 基因构建的包含三个域的生命之树革新了我们对生命多样性涵盖

范围的认识，但我们很难推导 LUCA 的特征，因为它是一个无根的树（与图 5.8 比较），所以无法显示祖先节点的位置。在这种情况下，祖先节点就是 LUCA 本身（图 5.11），在图 5.18 中解释了关于无根树的更多细节，确定根的位置意味着什么以及共同生命之树的关系。这里最重要的是我们需要一个有根树来推断 LUCA 的众多特征。

有根的生命之树的重要性尤其体现在三个域内保守而域间不保守的性状，这样的性状有很多（表 5.4）。在这些情况下，我们需要决定哪些特征状态是祖先的，以确定 LUCA 是什么样的。为了举例说明，我们来考虑核膜的起源，或者更特异地，定义为"把 DNA 和 DNA 的功能与细胞的其他部分分隔的膜"的性状。对于这个性状，真核生物的该性状状态叫做"存在"，而原核生物的该性状状态叫做"不存在"。问题是 LUCA 是有核膜（意思是状态为"存在"）的吗？或者核膜是后来进化出来（意思是它是衍生的）的吗？为了检验这个问题，我们需要一个有根的生命之树。

表 5.4　细菌、古细菌和真核生物的主要差异特征的示例

特征	细菌	古细菌	真核的核/细胞质
染色体结构	一般是环状	经常是环状	经常是线状的
操纵子	有	有	无
mRNA 内含子	无	无	有
膜包裹核	无[a]	无	有
膜脂	酯连接的无分支的碳氢化合物	醚连接的有时有分支的碳氢化合物	酯连接的无分支的碳氢化合物
起始 tRNA	甲酰基-甲硫氨酸	甲硫氨酸	甲硫氨酸
质粒	常见	偶尔	很少
tRNA 的内含子	稀少	有	有
基于沉降系数的核糖体大小	70S	70S	80S
mRNA 的加冒和多聚 A 尾巴	无	无	有
甲烷生成	无	有	无
N_2 的固定	有	有	无
还原 S_0 为 H_2S	有	有	无
对氯霉素、链霉素和卡那霉素的敏感性	是	否	否
基于叶绿素的光合作用	有	无	有（细胞器）
RNA 聚合酶类型	Ⅰ	Ⅱ	Ⅰ、Ⅱ、Ⅲ

部分摘自于 Zilling W. 1991. *Curr. Opin. Genet. Dev.* 1：544－551。

a 在一类细菌中发现了类似核的结构。mRNA，信使 RNA；tRNA，转运 RNA。

理论上，三域树的树根可以在很多地方（图 5.18）。现在已经提出了三个不同的对生命之树根的定位，在每种定位中都会比较如果核膜是祖先的或者是衍生的那么会需要多少的进化事件来解释。对于两种定根的方式（图 5.18D，中间和底行），最简单的解释（就是最符合简约法的那个）是核膜是衍生性状。这是最简单的解释，因为它只需要一个进化事件——在产生真核生物的分支产生核膜。另外的情况是核膜是祖先的，这需要三个进化事件：在 LUCA 前产生核膜，然后在细菌和古细菌分支独立地丢失核膜。尽管这种平行进化的事件也是可能的，除非有其他的证据和这个情况相关，我们一般会使用简约法的原则并得出结论：较简单的情况是最可能正确的。

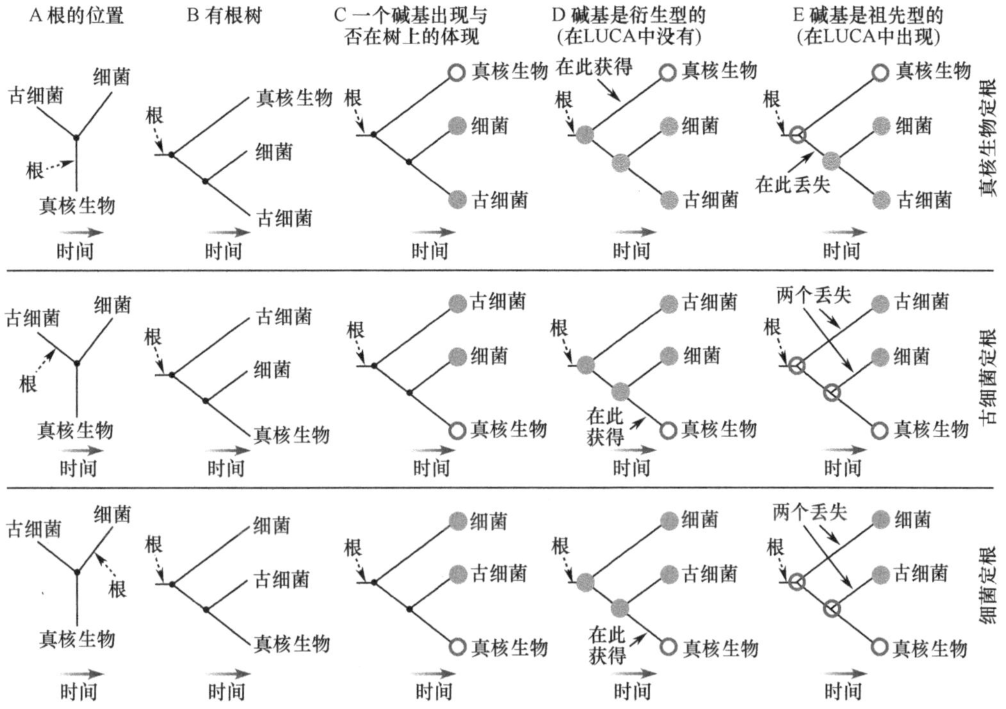

图 5.18　对三域树的不同定根方式对推断 LUCA 的特征的效应。(A) 对生命之树的三种不同的定根方式。(B) 这些树的有根树形式。(C) 存在（红圈）或不存在（蓝色实圈）核膜的性状状态覆盖到有根树上。(D，E) 进化性状重建被用来检验不同的关于核膜起源的假说。(D) 假定核膜是衍生的情况下，对进化中获得或者丢失核膜的重建。(E) 假定核膜是祖先的情况下，对进化中获得或者丢失核膜的重建。对每种定根方式，D 和 E 被用来比较以观察哪个更简约。当根在细菌或者古细菌谱系时，核膜是衍生的这种情况需要更少的进化事件，那么就是更简约的。如果根在真核生物谱系，核膜是衍生的情况也是更加简约，但是只是稍稍更简约，因为核膜是祖先的情况只需要在细菌和古细菌的祖先中丢失核膜。

如果生命之树的根在真核生物分支（意味着细菌和古细菌有一个不是真核生物祖先的共同祖先；图 5.18，顶部的一行），如果有核膜是祖先的，那么丢失核膜只需要发生一次。于是，核膜是衍生的情况仍然是被支持的，但是这种支持度没有在其他的定根情况下那么可靠。

对生命之树定根的最初尝试提示古细菌和真核生物是姐妹类群

我们怎样推断根在生命之树上的位置呢？任何的系统发生树的定根都常常由外群来推断的，外群是一个分支在所有被研究的分类群的共同祖先存在之前的谱系（图 5.19）。例如，在研究灵长类进化时，我们可以使用任何啮齿动物作为外群［见第 27 章（在线）了解怎样使用外群定位树根的更详细的介绍］。不幸的是，没有整个生命之树的外群，因为所有的已知物种都在树上，而所有现存生命的共同祖先之前分支的谱系都已经灭绝了（图 5.11）。

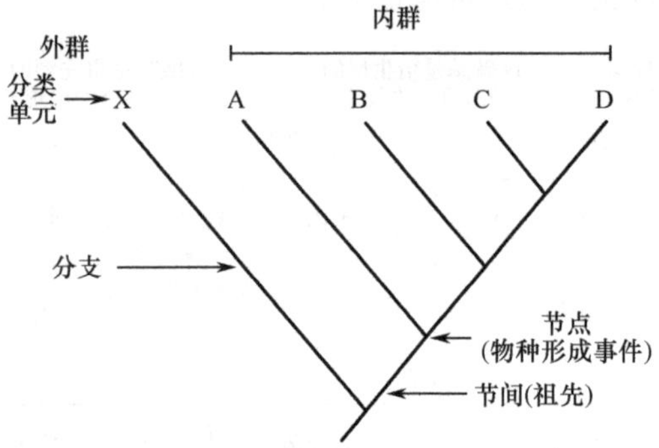

图 5.19 用外群为树定根。为树定根的一个方法是利用外群。外群是进化上分支于所有待研究的分类群的共同祖先之前的分类单位。例如，鲑鱼是人、黑猩猩、大猩猩和狐猴的外群。这个系统发生树展示的是一个有 1 个外群和 4 个分类单位作为内群的系统树。

在 1980 年，有一个很有独创性的方法来定位生命之树的树根。它基于对古老的基因重复的分析。为了理解这种分析，我们首先介绍一些基因重复的背景。基因重复发生在一个特定基因的一个拷贝添加到一个个体基因组上的时候。重复的基因是相互同源的（因为它们有共同的祖先），它们有一个专门的名字**“旁系同源”（paralogs）**，因为它们在那个物种内是平行进化的。为了和旁系同源相区分，由物种分化而产生的同源叫做**“直系同源”（orthologs）**（ortho 表示“相同”）。直系同源是说不同的物种中相同的基因。图 5.20 展示了直系同源和旁系同源的进化树（一个树展示物种内的基因的进化，而其他的树展示基因本身的进化）。

血红蛋白是直系同源和旁系同源的很好例子。血红蛋白由 4 个不同的球蛋白亚基组成。不同形式的血红蛋白（如母亲和胎儿的）由不同的亚基组合而成。在人类中，至少有 6 种不同的球蛋白用来形成不同的血红蛋白，包括 α-球蛋白和 β-球蛋白。球蛋白是相互同源的，它们都是一个大的球蛋白家族的成员。进化分析显示编码不同球蛋白的基因是由一系列基因重复事件产生的，最可能是来自于一个编码祖先型类肌红蛋白的基因。因此不同的球蛋白是旁系同源。我们先来考虑两个不同的球蛋白并追溯它们的进化历史。在脊椎动物进化的某些时间，α-球蛋白和 β-球蛋白由于基因重复事件而产生。此时基因开始相互分化。这个物种的所有后代物种都从这个物种那里继承了 α-球蛋白和 β-球蛋白。在继承了这两个基因的任何物种中，它的 α-球蛋白是其他的 α-球蛋白的直系同源，它的 β-球蛋白是其他的 β-球蛋白的直系同源。所有的 α-球蛋白是所有的 β-球蛋白的旁系同源。

有些基因在 LUCA 存在之前就已经发生了基因重复，这个发现使人们能够有专门的方法来为生命之树定根。一个这种古老的重复基因的例子是和翻译时延伸步骤相关的蛋白质。延伸因子 Tu（EF-Tu）和延伸因子 G（EF-G）都参与蛋白质翻译的延伸，并且由一个古老的基因重复事件而相互联系，所以它们是旁系同源（图 5.20）。所有的物种都有 EF-Tu 和 EF-G。于是 EF-Tu 构建出来的树可以用 EF-G 作为外群来确定根的位置。另外，EF-G 的树也可以用 EF-Tu 作为外群来确定根的位置。这两种不同的构建方法产生了相同的树，它们根的位置是相同的。在第一个使用这种分析古老的重复基因的方法的研究中，生命之树的根被确定，细菌在一边而古细菌和真核生物在另一边（图 5.20）。

图 5.20 中的有根树给出的一个提示是古细菌和真核生物有一个共同祖先，而它不

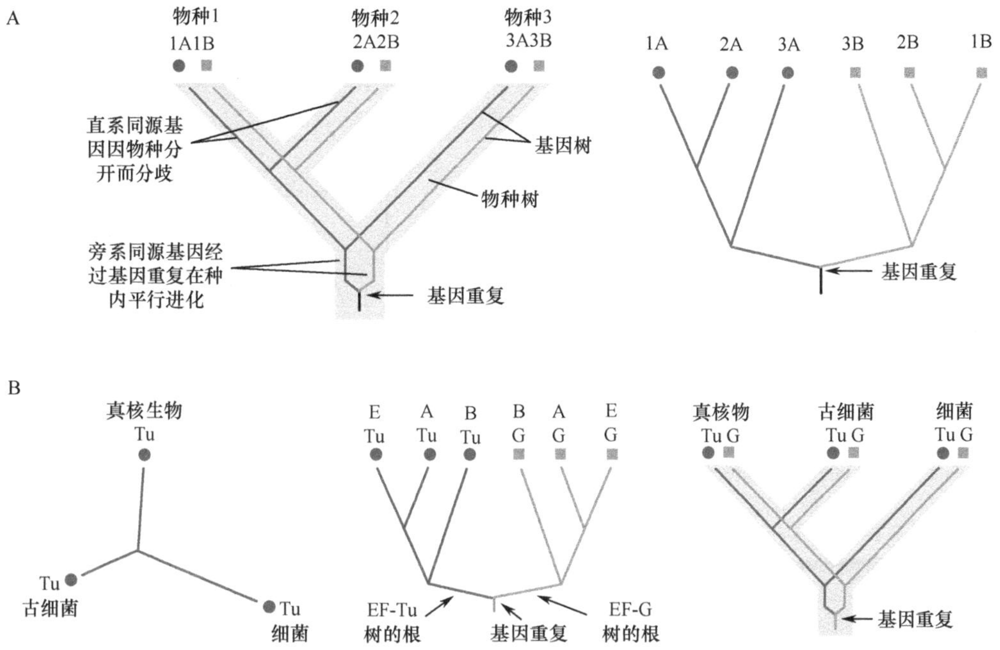

图 5.20　直系同源、旁系同源以及生命之树树根的位置确定。(A) 物种进化树和代表基因重复事件的基因。(左) 这个树包括物种树 (粗的灰线) 和基因树 (蓝色和红色线)。一个基因重复事件导致在物种树的树根同时存在蓝色和红色的旁系同源，这个事件被标记。物种树接下来发生了两次分歧，产生了三个物种，每个物种都继承了蓝色和红色的旁系同源。(右) 从物种树中提取基因树并展开。红色的基因都是直系同源，它们之间的相互关系比和任何蓝色的基因都要更近。蓝色的基因树也是这样。注意物种的相互关系在两个直系同源群 (红色和蓝色) 中都是一样的。(B) 和 A 中相同类型的树。只是这是关于延伸因子 EF-Tu 和 EF-G 在三个生命的域中的进化。最右边的蓝色和红色的分支各自对应于生命之树，它们都是由旁系同源的延伸因子来确定根的位置。

是细菌的祖先。因此，古细菌不仅和细菌不同，而且它们事实上更接近于真核生物。换句话说，尽管古细菌和细菌有很多表型的相似性 (如没有核)，但是这两个类群在三个域中并没有最近的进化关系 [要知道相似性并不是相关性的直接度量 (图 5.9)]。于是原核生物是个多起源的类群。这个有根树得到很多研究古细菌分子生物学的学者的认可，并且他们发现了很多古细菌和真核生物分子特征上的相似性。图 5.20 (关于延伸因子) 中的有根树的一个重要的运用是为其他的树确定根的位置，如 rRNA 的生命之树 (图 5.21)。这很重要，因为 rRNA 树更充实，而这得益于无数的 rRNA 序列都是可以得到的。

在 LUCA 的研究中更为重要的是，有根的生命之树使我们能更好地推断各个分类群间的不同特征中，哪个是祖先特征，哪个是衍生特征。例如，再次考虑核膜的进化历史 (图 5.18)，图 5.21 的有根树支持了核膜更可能是衍生的，是 LUCA 产生后某个时间在真核生物中进化出来的这个结论，因为其他的情况需要更多的“获得”和“丢失”事件。另外，有根树使推断普遍性状的那个状态是祖先的成为可能。例如，可能推断使用标准密码子是祖先状态，而在其他的物种如支原体以及线粒体中的密码子是衍生的。

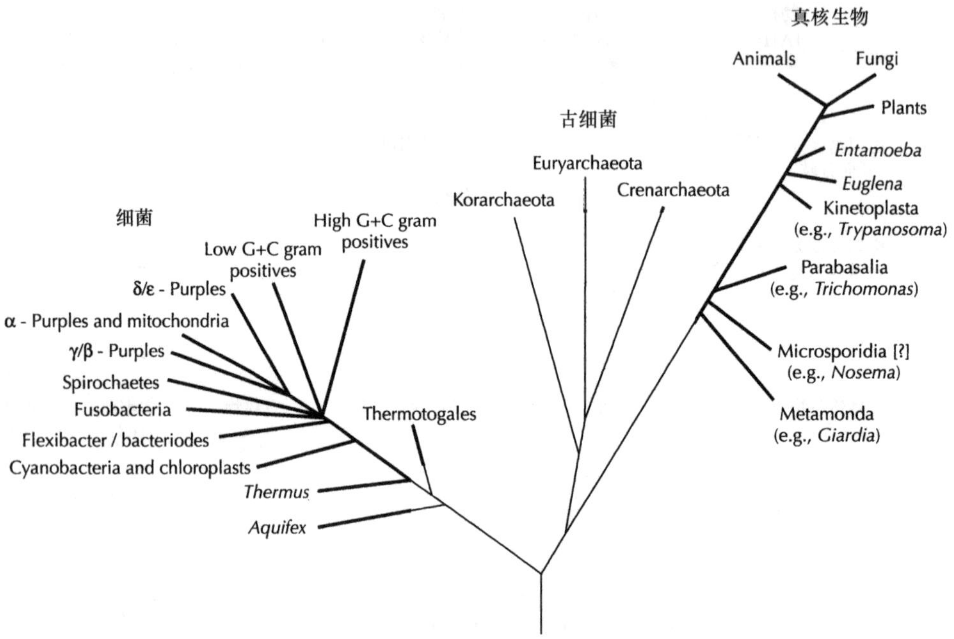

图 5.21 有根的生命之树。这个树是通过利用古老的重复基因的研究结果给基于 rRNA 的树（图 5.17）定根而构建出来的。注意每个域内都有一些特定的物种，它们的位置现在认为是不正确的（第 6～8 章）。

这个结论是可以做出的，因为其他的情况（如支原体密码子是祖先的）需要更多的进化事件。遗传密码子的进化将在第 20 章更详细地讨论。

LUCA 和现生细胞有共同的蛋白质翻译的特征

运用性状状态重建的方法分析共相同源，我们开始更好地了解 LUCA 是什么样的。在很多方面，LUCA 很像现生的单细胞、被膜的并且可能还有细胞壁包被的生物体。生命的最基本的分子机器已经存在：基于 DNA 的基因组、RNA 的转录、通过由蛋白质和非编码 RNA 组成的核糖体把 RNA 翻译成蛋白质。DNA 由 DNA 聚合酶复制，很多的 DNA 修复酶用来修复 DNA 损伤并限制突变的发生。LUCA 其他的可能特征在表 5.5中展示。

表 5.5 推断 LUCA 中存在的分子过程和基因家族

特征	细节	相关的基因家族
蛋白质翻译	核糖体由 RNA 和蛋白质组成	16S/18S rRNA
		23S/28S rRNA
	使用被装载的 tRNA	5S rRNA
		很多核糖体蛋白
		延伸因子 Tu
		延伸因子 G
		多种氨酰 tRNA 合成酶

续表

特征	细节	相关的基因家族
转录	至少一个三亚基的依赖于 DNA 的 RNA 聚合酶	RpoA
		RpoB
		RpoC
DNA 复制	DNA 是遗传物质	Pol1 型的外切核酸酶
		DnaN（滑动钳）
DNA 重组		RecA
插入膜的蛋白		SecY
		FtsY

数据部分来自 Harris J. K. et al. 2003. Genome Res. 13：407-412.

rRNA，核糖体 RNA；tRNA，转运 RNA。

LUCA 中的翻译很可能和现代生物体一样。很多现代的结构以及基因都是存在的，包括 rRNA、tRNA、延伸因子、核糖体蛋白、氨酰 tRNA 合成酶。尽管有些现生蛋白质的翻译组分在 LUCA 中不存在（如一些另外的核糖体蛋白），但是总体上这个过程大部分都没有改变。

尽管现代生物体的蛋白质翻译和 LUCA 中的很相似，但是 DNA 复制和转录看起来从 LUCA 开始发生了很多的变化。现在并不清楚是否 LUCA 有较完善的复制和转录系统，并在后来的进化过程中被修饰，或者 LUCA 使用的是非常简单的形式而后用不同的结构域使其变得更精细。例如，能够推断出 LUCA 的转录是由 RpoA、RpoB、RpoC 的同源蛋白组成的酶来执行的，这些蛋白质为现存的 RNA 聚合酶所使用。然而，很多起始、调节、延伸和终止的分子细节看起来是在三个域中独自进化出来的。

为什么 LUCA 中的翻译要比 DNA 复制和转录要相对复杂呢？这里有一个相对简单的解释。因为翻译的出现需要从 RNA 世界转变为蛋白质世界，这个发生在 DNA 替代 RNA 作为遗传物质之前。于是，当三个域的生命相互分歧时，翻译与复制或转录相比，有更多的时间来完成进化。于是有可能 LUCA 在很多方面都是一个处于发展阶段的细胞。这个可能性最早被 Woese 提出，他把该理论称为原生命假说。

细菌作为生命之树树根的观点受到了很多研究的挑战

当我们要推断很古老的事件时，进化研究一般会变得越来越困难。这对于为生命之树定根的尝试来说正是如此，因为相关的分支发生在很久很久以前。尽管很多发表的论文支持细菌作为生命之树的根，但是也有一定数量的研究对此提出了挑战。我们认为对这个问题的讨论是很重要的。一个主要的被批评的地方是很多系统发生分析的方法学上造成的假像，这就是**长支吸引（long-branch attraction）**可能造成结果的偏差。这种现象发生时，很长的进化分支的末端的物种倾向于在树上聚在一起，而不管它们是否真正具有最相近的关系（图 5.22）。长支容易聚在一起的原因将在第 27 章（在线）更加详细地讨论。重要的是，长支吸引可能会导致细菌被错误地拉向外群而成为最深的分支（图 5.22D）。当尝试排除或减少这种影响后，细菌作为生命之树的根的观点不再被强烈支持。

还有另一个事实使为生命之树定根变得更加复杂，它比长支吸引更加重要，即对垂

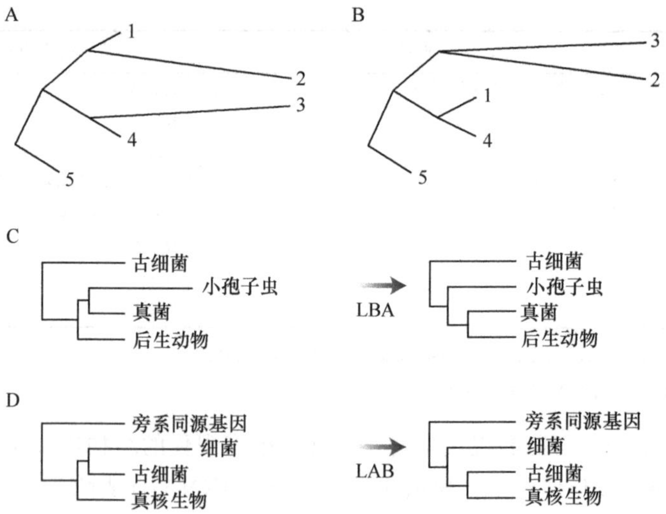

图 5.22 长支吸引是一个方法学上的假象，它可以导致系统发生树不准确地描绘进化的历史。当被研究的两个（或者更多）进化实体在它们的真正系统树上是在长支的末端但又不是姐妹分类群时，这种现象就会导致系统发生重建出错。(A) 在这个假定的有 5 个物种的真实树上，物种 2 和 3（根据图，它们不是姐妹分类）和其他的物种相比有较高的进化速率，于是它们在长支的末端。很多推断物种进化的系统发生重建的方法会导致长支显得非常相近而产生不正确的树（在 B 中显示）。(C) 在小孢子虫（真菌的一个亲属，左边的树）的进化分析中，长支吸引被认为使它被错误地鉴定为很深的真核分支（右边的树）（小孢子虫的进化将在后面内容中有更详细地讨论）。(D) 在用古老重复基因构建的树上，长支吸引可能会把细菌向作为树根的旁系同源基因的方向拉近，因为旁系同源的是在长支的末端（右边的树），当细菌的进化速率比古细菌和真核生物快时（像左边的树那样），这种情况就会发生。

直进化的假设可能并不适用。

物种间基因传递的发生意味着不同基因可能有它们自己的 LUCA

当我们试图从现代物种的特征去推断 LUCA 的特征时，一个关键的假设就是物种是通过垂直传递的方式进化的。然而，垂直传递并不是遗传的唯一方式。非常相近的物种可以相互杂交而产生受精的后代。偶尔，关系较远的物种也能杂交。可能最引人注意的是，DNA 可能通过一个叫做横向基因传递的过程从一个进化谱系传递到另一个谱系（图 5.23A），这在后面内容中有更详细的描述。横向传递是性的一种形式，性和基因转移的重要性在第 23 章有更多的讨论。对我们来讲，重要的是横向基因转移会产生嵌合的生物体——不同部分的基因组有不同历史的生物体。例如，在真核生物的历史中，很清楚的是线粒体和叶绿体曾经是内共生的细菌。这些细胞器以细胞样结构、功能和 DNA 的形式保存着它的进化历史。很多曾经在细胞器中编码的基因组已经传递到它们的宿主核基因组中去了。还有其他的水平基因传递的例子，如抗生素抗性基因在细菌物种间的运动。这也符合不可能只有一个“生命之树”的观点。这种观点是仅仅一个生命之树不能够正确地代表生命的进化。用有相互连接的分支的网（图 5.23B）来代表生命的进化会更好。

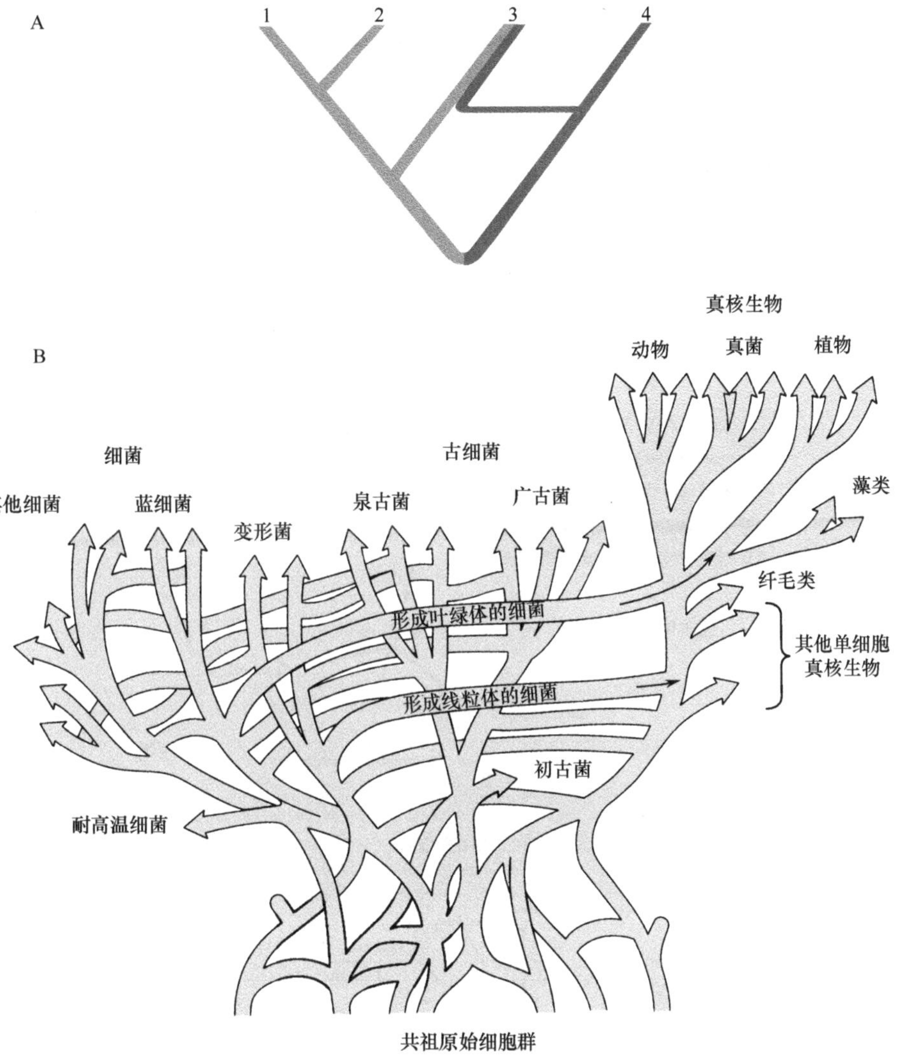

图 5.23　横向基因传递和生命之树。(A) 在 4 个物种组成的假定树上展示的基因传递。水平的红线表示基因从物种 4 的谱系传递到物种 3 的。传递的基因接下来和物种 3 的谱系的内源基因合并产生一个嵌合体，其中有些基因有“蓝色”的祖先而有些基因有“红色”的祖先。(B) 生命之树上的基因传递。图中显示的是网状树，它采用和图 5.21 中的以细菌为最深分支的有根的生命之树相同的大体策略。然而，很多的分支交叉事件产生了一个网络而不是一个树。注意这里不只有一个 LUCA，也就是所有现存的生物体并不是只有一个祖先，因为基因传递事件使物种树不能够回溯到单个物种。然而，单个的基因树可能仍然只有一个 LUCA。

横向基因传递的可能性是前面提到的原生命假说的组成部分。如果那些远古的基本细胞相互自由地交换遗传信息，那么生命的三个域就不是以一个树状的进化模式产生的。而是它们在当时可能是独自地从可以获得的遗传信息库中取样。不同于追溯起源到一个 LUCA，生命之树的底部应该有多个节点（图 5.23）。

横向基因传递可能使我们使用共相同源或者性状状态重建的方法推断 LUCA 特征的能力受到怀疑。例如，假想对 rRNA 的使用是在生命之树的细菌分支进化出来的，然后横向传递到古细菌和真核生物并最终到所有的物种。如果这样的事件真的发生过，那么核糖体 RNA 在所有生物中的存在就会给人它在 LUCA 中也存在的错误印象。理论上，任何特征都可能有一个嵌合的历史。所以，为了推断 LUCA 的特征，需要确定这些特性是不是发生过横向传递。

LUCA 的特征重建和研究早期的进化历史的难度部分地决定于发生了多少横向传

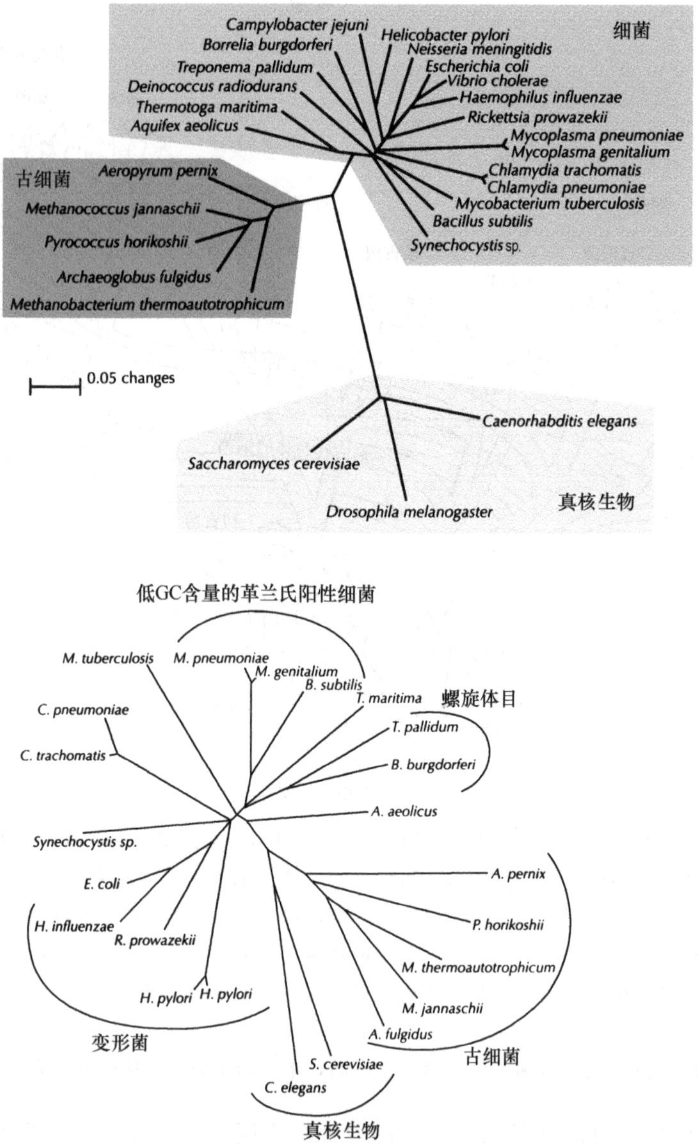

图 5.24　一旦有很多基因组可以使用，就可以比较 rRNA 的系统发生树（上）和基于比较整个基因组的树（下）。这两个树的大致的拓扑结构是相似的，说明不管横向传递怎样发生，它并没有颠覆这些物种的核心系统发生信息。

递以及发生传递的基因的细节。全基因组序列分析正在开始回答这些问题。正在呈现的画面是生物体，特别是微生物，看起来随时准备从所有其他的 DNA 源获得 DNA。然而，这个 DNA 极少扩散到受体生物体的群体（可能因为那些 DNA 不产生有利的突变）。更进一步，即使外源的基因能够在受体生物体的群体里扩散，它们很少在很长的进化时间里在生物体谱系中保留，可能是因为新获得的 DNA 经常用来适应特定的环境条件（如存在抗生素的环境），而一旦环境改变，DNA 就消失了。

这并不是说横向传递不会发生，只是它比较稀有而且需要很强的选择优势以使外源的 DNA 得到维持。这样一个结果就是基因组上倾向于有一个“核心”部分没有经历很多的横向基因传递（如看家基因、核糖体蛋白）以及经历了大量传递的外周部分。于是，为了研究一个物种的进化历史，对“核心”基因的系统发生研究可以用来得到一个物种的“平均”历史的画面。图 5.24 的右图提供了一个这样的例子，它展示了一个基因组系统发生树，它是基于合并一组核心基因，这些基因在一个大范围的比对中显示存在于各种类群的细菌物种中。这个“核心”树接下来可以被用来提出关于祖先性状和基因传递的发生、丢失以及重复事件的问题。用这种方法，研究者就能够研究生命之树，尽管它的一部分是一个网络而不是一个树。另外，利用全基因组水平的方法，研究者已经发现生命之树的“三域”的观点是正确的。由于有越来越多的可使用的基因组，应该能够更加准确地验证关于这些域的相互关系以及生命的早期历史事件问题。

病毒在生命之树上是什么位置?

病毒是非细胞专性寄生的，因此在讨论生命之树时它经常不包括在细胞生物体中。然而，由于病毒有自身的基因组，这很可能是个错误。线粒体和叶绿体曾经是自由生活的细菌，而现在是专性的依赖寄生的细胞器，它们是研究生命之树的活跃话题。细胞专性的寄生虫，如导致疟疾的病原体疟原虫（*Plasmodium*）也在研究生命之树时给予了一定的地位。另外，尽管一些病毒几乎在任何方面都依赖于宿主，其他一些却非常复杂，且编码一些以前只在细胞生物体中发现的功能。例如，最近发现的巨型病毒有 1.2Mb 的基因组编码超过 900 种蛋白质。

病毒进化或多或少是独立的，这使得在系统发生研究中可以像细胞生物体一样对待。例如，研究 HIV（人免疫缺陷病毒）或者流感病毒的进化是基于这些病毒的基因组所编码的蛋白质的系统发生分析。然而，这只是对病毒近期的进化是正确的；回溯到更早的时间，病毒的进化研究就变得困难。在本节，我们阐述关于早期病毒进化的两个问题。第一，病毒之间是什么样的关系？第二，病毒是怎么起源的？换个说法，我们能否构建一个病毒的树以及我们能不能把这个树连接到生命之树上？

首先有必要介绍一下病毒的多样性。病毒在形状、大小、与宿主作用的方式、基因组含量、生活史以及进化的方式都不相同。病毒的分类一般基于它们复制的常规机制和基因组的结构。运用这些参数，已经鉴定出 6 个纲（表 5.6）。基于多种病毒的特征，更详细到科的分类已经完成。现今已知有超过 60 个主要的科。

表 5.6　病毒的类型

病毒纲	被描述的科	病毒的例子
双链 DNA	20	SV40，T4 噬菌体，疱疹病毒，天花
单链 DNA	5	噬菌体 ΦX174，噬菌体 M13
DNA-RNA 逆转录病毒	5	HIV，B 型肝炎病毒
双链 RNA 病毒	6	稻矮小病毒
(一) 正义的单链 RNA 病毒	7	埃博拉病毒，腮腺炎病毒，狂犬病病毒，流行性感冒病毒
(十) 反义的单链 RNA 病毒	19	脊髓灰质炎病毒，SARS，登革热病毒，C 型肝炎病毒

摘自 Mindell D. P.，Rest J. S. and Vallareal L. P. 2004. Viruses and the tree of life，pp. 107-118. In Assembling the Tree of Life (J. Cracraft and M. J. Donoghueed)，Oxford University Press，New York 中的表8.1。更多的信息详见国际病毒分类委员会(International Committee on the taxonomy of viruses，ICTV)的网站：http://phene.cpmc.columbia.edu/index.htm。

HIV，人免疫缺陷病毒；SARS，非典型肺炎。

对近期病毒进化的分析是相对直接的，因为在任何一个科，不同的病毒中度紧密相关，因此，可以用标准的方法来比较，如基于比对的系统发生分析［第 27 章（在线）］。在研究比较远古的病毒进化时，有三个主要的挑战。第一，病毒一般进化得比细胞生物体快。这使它难以鉴定出不同类型的病毒间的同源基因，即便它们存在。第二，病毒特别容易发生横向基因传递，这意味着一个病毒基因组内的不同基因经常有不同的历史。第三，也是最重要的，没有在所有病毒中都存在的基因以使它们很容易放在一个树上。很多用来研究细胞生物体早期进化事件的“普遍”基因不是在病毒实体中缺失就是只存在于很少的科中。

尽管有这些困难，最近能够获得很多病毒的完整基因组，这使我们可以通过使用以前不可能用的新的系统发生的方法来大大地提高我们对病毒进化的认识。一个例子是图 5.25 中展示的“噬菌体蛋白质组树”。这个树基于分析很多的噬菌体（它们是感染细菌和古细菌的病毒）的完整基因组的总体相似性。这个树能揭示很多的信息。例如，它显示在一个树上，不同类型的病毒［单链 DNA（ssDNA），单链 RNA（ssRNA）和双链 DNA（dsDNA）］能够连接在一起，尽管没有一个基因是所有病毒都有的。噬菌体蛋白组树也揭示了一些先前的病毒分类与它们的进化历史不吻合；因此这些分类可能需要更改（就像基于 rRNA 的树革新了微生物的分类）。基因组水平的分析也帮助揭示出，很多病毒谱系经历了很高频率的重组和横向基因转移，暗示与细胞生物体相比，病毒进化更应该被看作是网络而不是一个树。

全基因组分析以及类似系统发生的噬菌体蛋白组树大大地提高了我们对病毒分类的能力，但是仍不能帮助我们回答这个问题：“病毒最早是从哪里来的?”在本节的最后部分，我们讲述三种关于病毒起源的理论。考虑到病毒的多样性，我们随时要想到不同的病毒可能有独立的起源。

第一种可能性是病毒是前细胞世界的遗留物。病毒可能在生命起源的早期就已经存在了，而且一直存在到现在。在很多的病毒中存在一些很古老的生物过程和基因，这支持了这种可能性。例如，很多病毒编码它们自己形式的核糖核苷酸还原酶，这个酶把核糖核苷酸转化为脱氧核糖核苷酸。另外一些在很多的病毒中发现的常见和古老的酶包括

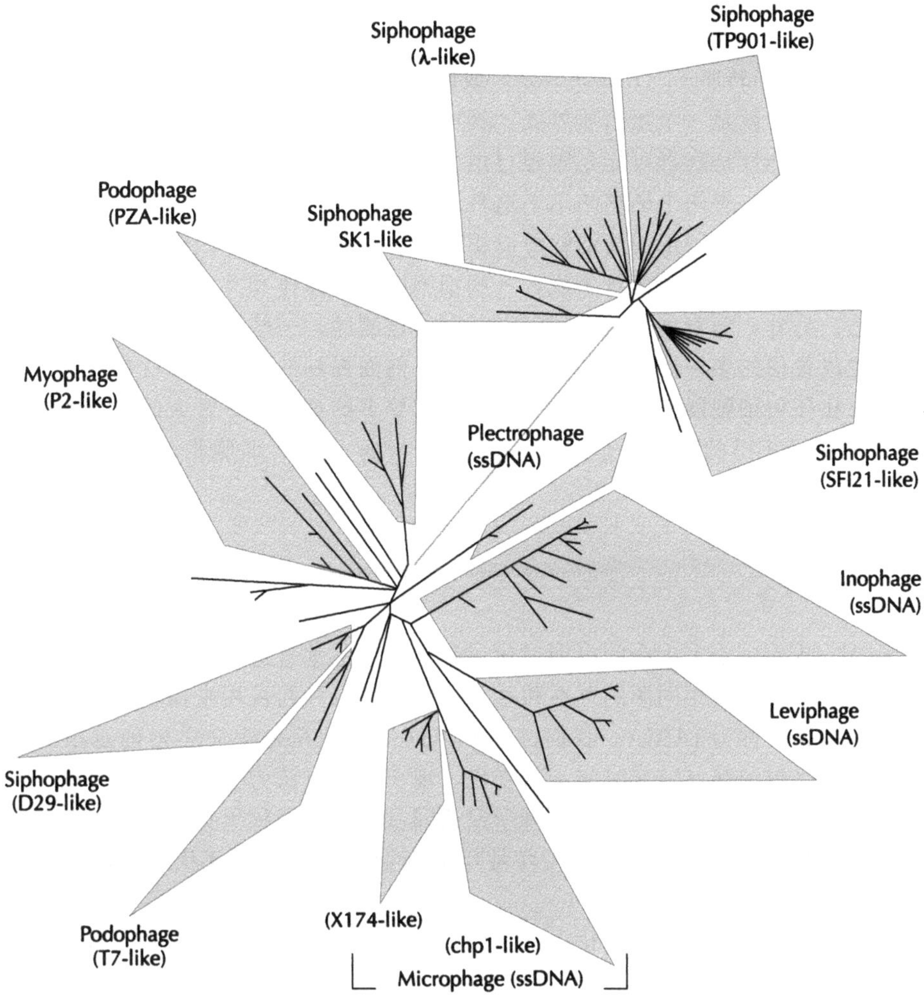

图 5.25 噬菌体蛋白组树。这个树由 105 个测序的噬菌体基因组构建。为了使这个图更容易观看，siphophage 类群被人为地从其他类群去掉。浅褐色的线表示它和其他的类群连接。绿色的形状强调不同的类群。

DNA 修复酶、逆转录酶和 DNA 聚合酶。另外，许多病毒基因表现出与它们在细胞生物中对应基因的关系很远，暗示它们并不是最近从宿主生物体那里获得的。这个理论的一个困难是现在的病毒对宿主的依赖；病毒怎么能够在细胞生物体出现之前存在呢？很多病毒编码它们自己的复制机器，于是，病毒可以作为 RNA 复制机器而存在，其中 RNA 实现催化功能。当细胞生物体进化时，很多原始的 RNA 可能就变成了这些细胞生命体的寄生者，也就是我们今天所说的病毒。

第二种理论认为，病毒是从细胞生物体中“逃脱”的部分。与此吻合的是很多病毒很像转座元件（transposable element）。这个被称为“逃脱的转录物”模型假定病毒曾经是正常的细胞组分，这在很多方面和关于转座元件起源的模型相似，它也可能是起源于正常细胞的组分。根据这个理论，要变成一个病毒，特定的细胞组分必须获得一个蛋白质外壳和一些调节自身复制的方法。很容易想象的是逆转录病毒，它可从成为细胞中的 RNA 分子开始，而后再连接上一个逆转录酶。另外，病毒还可以以一个可移动的 DNA 元件开始，如转座子（transposon）或质粒（plasmid）。一个可移动的质粒转变为病毒需要的差不多就是一个蛋白质外壳。转座子的进化将在第 21 章讨论。

最后一种可能性是病毒可能是曾经自由生活的生物体的遗留物。目前，这种观点似乎是牵强的。然而，有两个证据暗示了这种理论的可能。第一个，细胞器和细胞内生命体的基因组分析显示基因组的简洁化可以很极端。一些线粒体基因组只编码很少的它们自己的基因，而且拿基因组含量来说，一些细胞内的病原体和共生体表现出将要变成细胞器的状态。另外，随着越来越多的病毒基因组被测序，一些拥有很大的基因组的病毒和能进行难以置信的多种活动的病毒也被发现。前面提到的巨型病毒就是目前最好的例子。它包含比任何细胞器、任何细菌和古细菌都要多的基因。尽管大的病毒基因组可能是长时间的基因获得的结果，但是它们的存在与病毒是从细胞祖先起源的观点是吻合的。

小结

在本章，我们讨论了生命的早期进化，我们讲述了垂直进化的概念以及横向基因传递所导致的复杂化。共相同源的存在和垂直进化的观点一起被用来揭示所有的生命都有一个共同的祖先，称为 LUCA。我们讨论了为进化树尤其是生命之树确定根的位置的重要性。生命之树的观点随着时间不断变化，现今的观点认为生命之树被分成了三个域——细菌、古细菌和真核生物。许多科学家认同古细菌和真核生物之间的关系比细菌更接近。另外，我们知道了进化树是怎样被用来帮助推断祖先特征状态的，如确定 LUCA 可能的特征。

推断发生在几十亿年前的进化事件是非常有挑战性的，而且常常不能得到完美的结论。在接下来的章节中，由于讨论更近的进化事件，我们推断进化事件的能力会大大提高。例如，我们对三个域（第 6～8 章）之间的相互关系的了解要比我们对非常早的进化事件的了解要更好。然而，随着越来越多的基因组序列数据的汇集，我们推断生命起源的早期进化事件的能力也将会提高。

延伸阅读

给生命之树定根

Brown J.R. and Doolittle W.F. 1997. Archaea and the prokaryote-to-eukaryote transition. *Mol. Microbiol. Biol. Rev.* **61:** 456–502.

Doolittle W.F. 2000. Uprooting the tree of life. *Sci. Am.* **282 (2):** 90–95.

Forterre P. and Philippe H. 1999. Where is the root of the universal tree of life? *BioEssays* **21:** 871–879.

Philippe H. and Forterre P. 1999. The rooting of the universal tree of life is not reliable. *J. Mol. Evol.* **49:** 509–523.

共相同源与LUCA的特征

Doolittle W.F. 2000. The nature of the universal ancestor and the evolution of the proteome. *Curr. Opin. Struct. Biol.* **10:** 355–358.

Kyrpides N., Overbeek R., and Ouzounis C. 1999. Universal protein families and the functional content of the last universal common ancestor. *J. Mol. Evol.* **49:** 413–423.

Penny D. and Poole A. 1999. The nature of the last universal common ancestor. *Curr. Opin. Genet. Dev.* **9:** 672–677.

Woese C.R. 1998. The universal ancestor. *Proc. Natl. Acad. Sci.* **95:** 6854–6859.

病毒与生命之树

Mindell D.P., Rest J.S., and Villareal L.P. 2004. Viruses and the Tree of Life. In *Assembling the Tree of Life* (ed. J. Cracraft and M.J. Donoghue), pp. 107–118. Oxford University Press, New York.

Rohwer F. and Edwards R. 2002. The Phage Proteomic Tree: A genome-based taxonomy for phage. *J. Bacteriol.* **184:** 4529–4535.

生命之树的历史和三域树

Pace N.R. 1997. A molecular view of microbial diversity and the biosphere. *Science* **776:** 734–740.

Woese C.R. and Fox G.E. 1977. Phylogenetic structure of the prokaryotic domain: The primary kingdoms. *Proc. Natl. Acad. Sci.* **74:** 5088–5090.

Woese C.R., Kandler O., and Wheelis M.L. 1990. Towards a natural system of organisms: Proposal for the domains Archaea, Bacteria, and Eukarya. *Proc. Natl. Acad. Sci.* **87:** 4576–4579.

第 6 章

真细菌和古细菌的多样化Ⅰ：系统发育与生物学

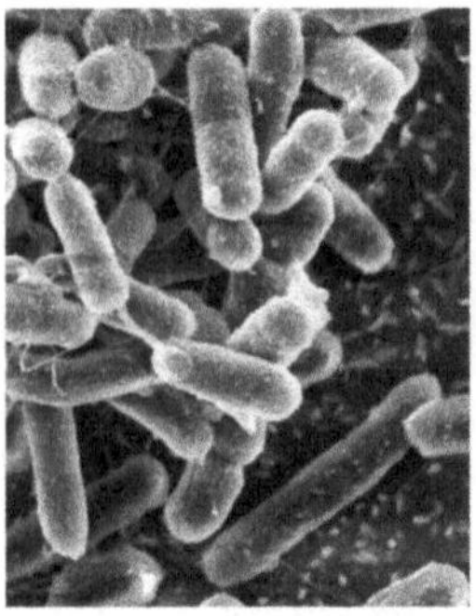

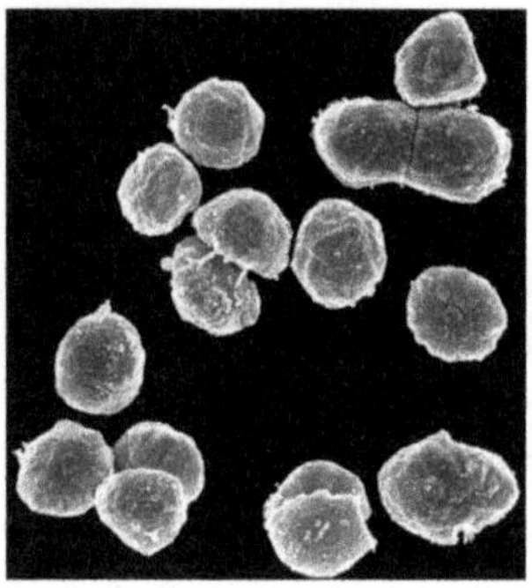

我们已经在第 5 章讨论过无核的生物体包括两个不同的进化谱系：细菌和古细菌，它们都有各自的独特特征。尽管它们的进化距离比较远，但是它们也有很多共同的特征（表 6.1）。事实上正是由于这些相似性使我们在很长时间里把它们归为"原核生物"。最重要的是，它们生物学性质的很多方面，如单倍体、二分裂、显著的**横向基因传递（lateral gene transfer）**，以及转录和翻译的关联，导致它们与真核生物有着相似的多样性和进化的机制。在本章，我们一起讨论这两类生物，着重阐述它们的相似性和不同。首先，我们介绍细菌和古细菌并勾画它们的系统发生类群。然后，我们展示一些它们生物进化的例子、它们在极端环境下生活的能力、它们从环境中获得能量和碳源的一系列机制，以及它们与其他生物体的相互作用（有利的和不利的）。在第 7 章，我们讨论它们多样化的基因组基础。

表 6.1　细菌和古细菌有很多相同的却和真核生物不同的特征

特征	古细菌和细菌	真核生物
核膜	无	有
基因组	常常是一个环状的染色体，经常有一个或多个小的 DNA 环（质粒）	多个线状的染色体
有丝分裂	无	有
内含子	很少	常见
微管组成的细胞骨架	无	有
内膜	简单而且和稀少	复杂且常见
遗传重组的初级方式	横向基因传递	有性生殖
大小	小，1～5μm	大，20～100μm
细胞器	无	有
倍性	单倍型	二倍性或更多

真细菌和古细菌的概况

细菌共享众多关键特征

细菌域的系统发生和生物学多样性是非常大的。这个类群中，有遗传学研究的模式生物［如大肠杆菌（*Escherichia coli*）和枯草杆菌（*Bacillus subtilis*）］，很多疾病的病原体［如霍乱（*Vibrio cholerae*）、肺结核（*Mycobacterium tuberculosis*）、炭疽热（*Bacillus anthracis*）和鼠疫（*Yersinia pestis*）］，在工农业中非常重要的生物体［如用于奶酪生产的乳酸乳球菌（*Lactococcus lactis*）和纯化出第一个用于聚合酶链反应（PCR）的热稳定 DNA 聚合酶的水生栖热菌（*Thermus aquaticus*）］，一些全球营养圈中的主要参与者（如豆科植物共生的固氮细菌），甚至还有真核生物中的线粒体和叶绿体（图 6.1）。

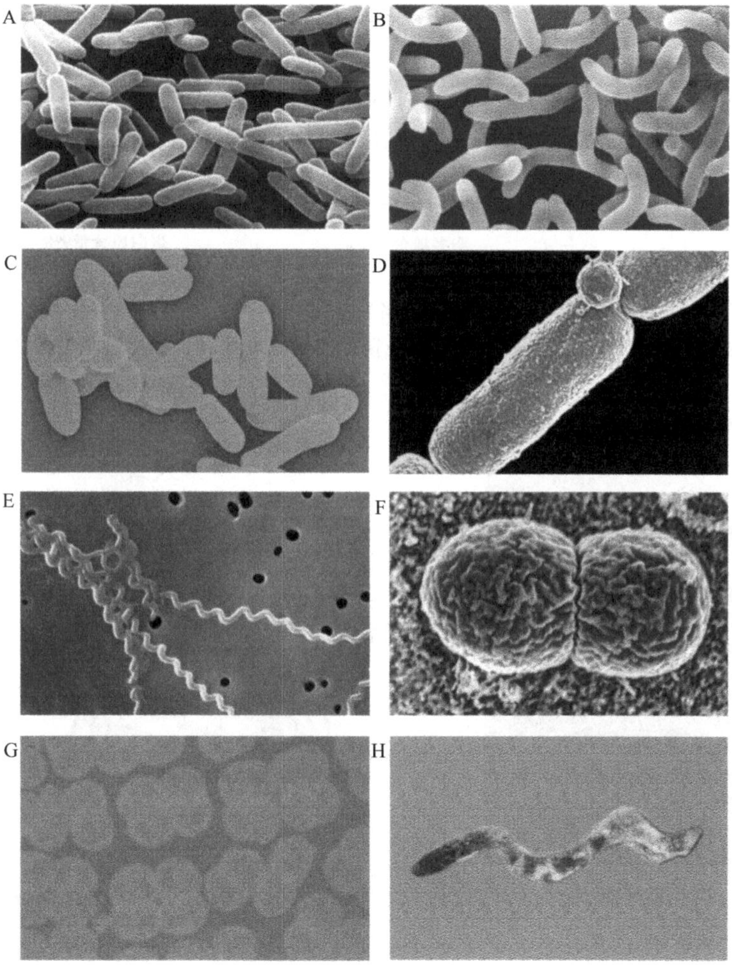

图 6.1　细菌的例子。（A）*Bacillus subtilis*；（B）*Vibrio cholerae*；（C）*Mycobacterium tuberculosis*；（D）*Bacillus anthracis*；（E）问号钩体（*Leptospira interrogans*）；（F）*Lactococcus lactis*；（G）耐放射缩球菌（*Deinococcus radiodurans*）；（H）布氏疏螺旋体（*Borrelia burgdorferi*）。

尽管细菌有着很丰富的多样性，但大多数物种有很多代表性的特征。一个典型的细菌是一个单细胞的生物体，它们的细胞比大多数的真核生物小很多（最短的轴通常只有0.8～2μm）。这种细胞常常是杆状（称为杆菌）或球状（称为球菌），也有其他的形状被发现。不管是什么形状，这些细胞被磷脂膜包裹，而磷脂膜又被由蛋白质和碳水化合物组成的细胞壁包裹。在有些物种中，细胞壁是厚而坚硬的；而其他一些物种的细胞壁则较薄，并被多孔渗水的外膜包裹。细胞壁组成的差异是**革兰氏染色（Gram stain）**（图 6.2）机制的基础。

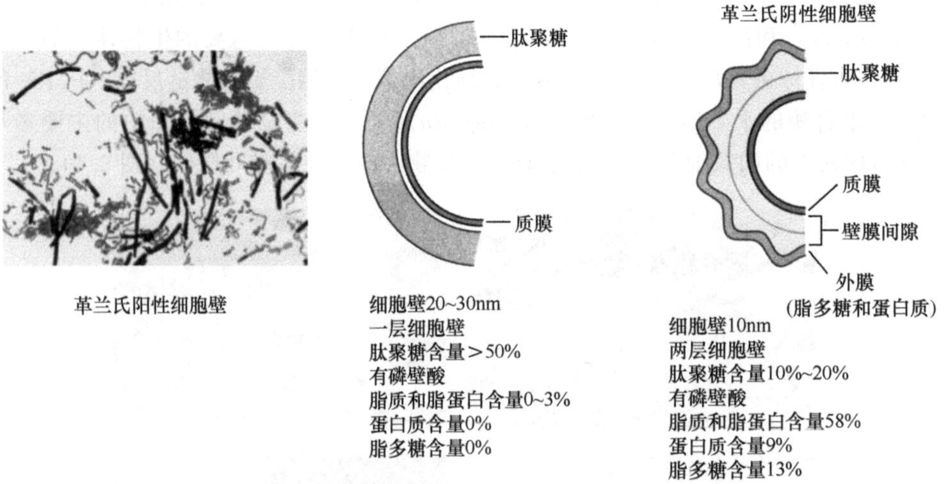

图 6.2　（左图）混合细菌的革兰氏染色。暗紫色的表示革兰氏阳性菌，而樱桃色的表示革兰氏阴性菌。（右图）革兰氏阳性菌和革兰氏阴性菌的细胞壁和细胞膜特征的示意图。

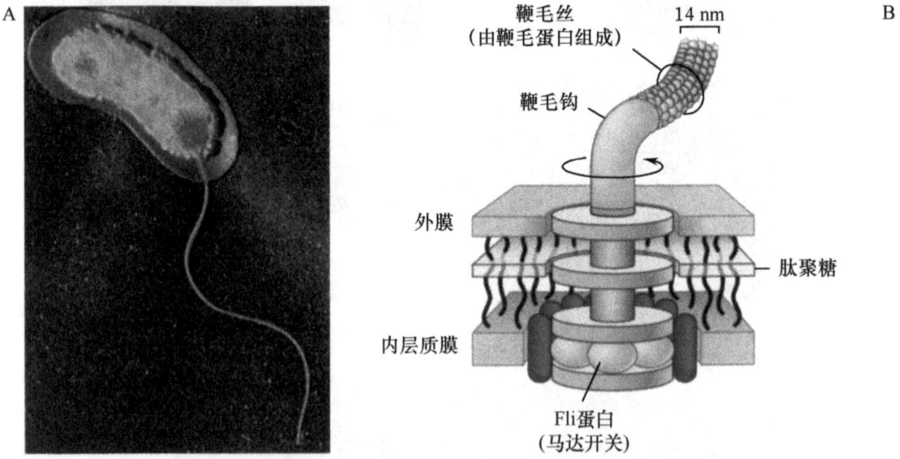

图 6.3　（A）有附属鞭毛的 γ-proteobacterium *Proteus mirabilis*。（B）细菌鞭毛的示意图（来自革兰氏阴性菌）。

连接在很多细菌细胞壁或膜外面的是鞭状的附加物，被称为鞭毛（图 6.3）。鞭毛是用来使细胞在水质环境下运动的。这种运动是通过鞭毛的旋转产生的，它在基部有分子马达。在很多有鞭毛的细菌物种中，鞭毛的运动与细菌对环境的反应相偶联，如化学梯度（趋化现象）或者光（趋光性）。

在经典的细菌中，大多数的基因组是以一个大的环状染色体形状存在的。有时，染色体浓缩成一团圈状，叫做类核，但它并没有像真核生物的核那样对 DNA 独立包装。其他的 DNA 经常以小环的形式存在，叫做质粒（图 6.4）。很多的细菌通过二分裂的方式生长和分裂，并且以单倍体生活（图 6.5）。和真核生物不同，蛋白质编码基因的转录和翻译是偶联的。当基因转录成 RNA 时，蛋白质合成的机制就会作用于 RNA 上并开始合成蛋白质。在很多情况下，多个基因排成一串转录成一个 RNA。这种排列单位就叫做**操纵子（operon）**。

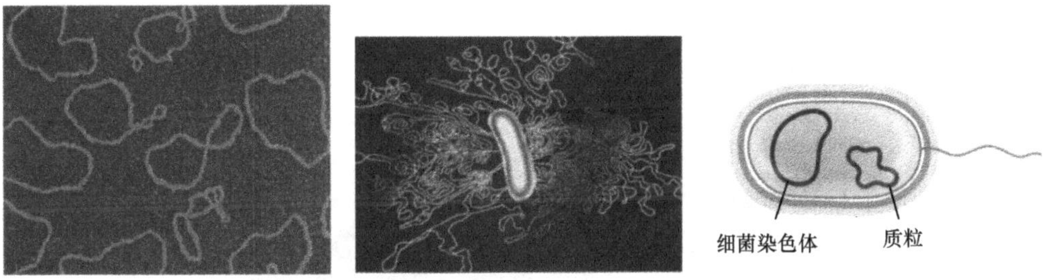

图 6.4　（左图）细菌质粒。（中图）溶解的细菌 DNA。（右图）有环状染色体和环状质粒的细菌细胞的示意图（DNA 没有按比例来画）。

在生物学中，几乎所有的事件都会存在有趣的例外。尽管很多的细菌利用鞭毛运动，但细菌的其他运动机制还包括滑行、抽动、囊泡的膨胀/缩小。有些物种的细胞在分裂后仍然是成簇的而不是单个的细胞。其他的如 *Chondromyces crocatus*（图 6.6A），它会产生有子细胞的细胞体，它们是真实的有分化和功能分工的多细胞。有些细菌，如 *Gemmata obscuroglobus*，它们有类似核的结构（图 6.6B）。也有一些细菌，它们有很大的细胞。*Epulopiscium fischelsoni* 是 surgeonfish 的一种肠道共生菌，它的长度超过了 500μm。当 *E. fischelsoni* 被首次鉴定出来的时候，由于它体积很大而被错误地归为原生生物。*Thiomargarita namibiensis*，一种在纳米比亚海岸的海底发现的硫化细菌，它的体积甚至更大。*T. namibiensis* 可以长到 1mm，它们的大多数的空间充满着很多装有硫酸盐和硝酸盐的储存囊泡，这些是用来应对不好的环境（图 6.6C）。

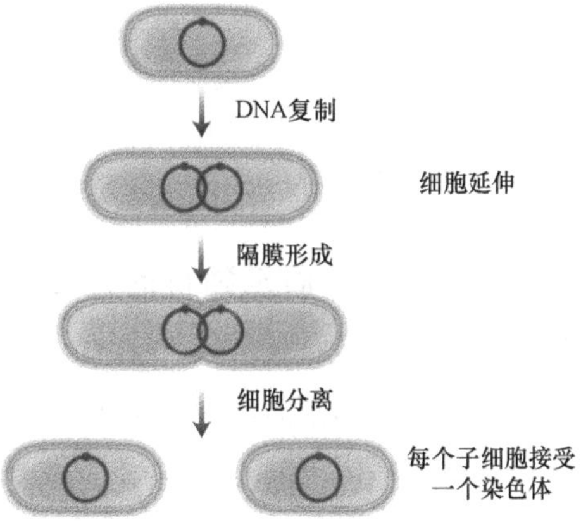

图 6.5　细菌的二分裂

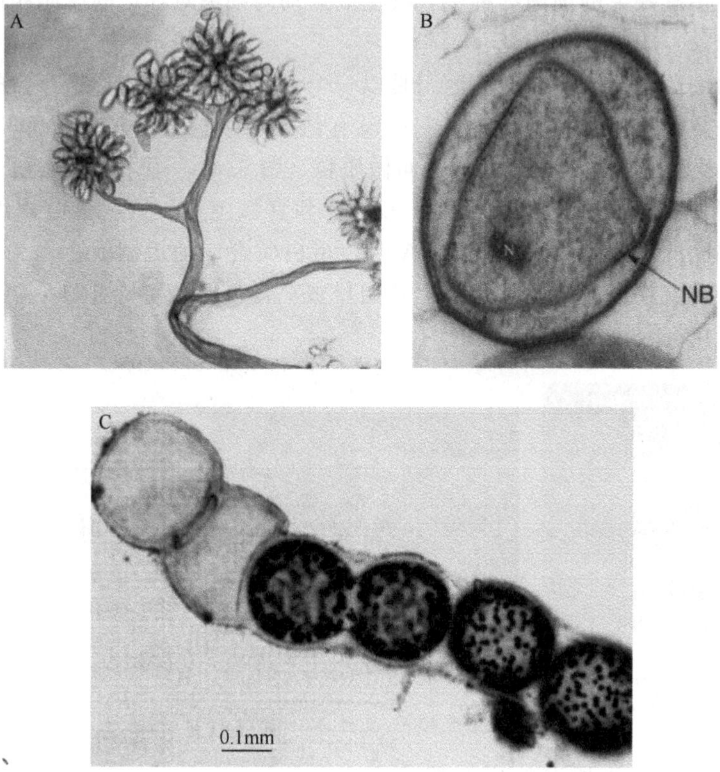

图 6.6　多样的细菌。（A）*Chondromyces crocatus*。（B）*Gemmata obscuroglobus* 有一个类似核的结构。在这个芽形细胞的横截面中，双层膜分隔的核体标记为 NB，类核标记为 N。（C）*Thiomargarita namibiensis* 巨大的细胞。

尽管古细菌在很多方面是独特的，但是和细菌及真核生物相比较有一些共同的特征

最早被鉴定为古细菌的物种只在“极端”环境中发现，如有很高盐浓度的地方或很高温度的地方。它名字中的“archae”意思是古老，它用来表达这些物种可能是古老的地球遗留下来的，那时地球上都是恶劣的环境。尽管发现还有很多的古细菌物种生活在极端环境下，使用“archae”仍然有些误导，因为古细菌也在普通的环境里也有发现，包括普通的土壤、大海以及动物消化道中。古细菌的例子包括 *Pyrobaculum aerophilum*，一种适合在 100℃生长的好氧物种；*Haloferax volcanii* 生活在几乎饱和的 NaCl 水溶液中；*Thermoplasma acidophilum* 生活在 pH 约为 0 的环境中。

一般的古细菌和经典的细菌在表型上是非常相似的（图 6.7）。古细菌一般是单个细胞而且比较小，它们的大小为(0.3～1)μm×(0.3～6)μm。很多古细菌的细胞被一层膜和一个细胞壁所包被。和细菌一样，大多数的古细菌是二分裂的，而且它们都是单倍体。古细菌常常用鞭毛来运动。古细菌基因组的结构和组成都很像细菌。大多数的物种

都有一个环状的染色体，它复制的时候是从一个复制起始位点开始双向进行的。很多物种还有染色体外的遗传物质，如质粒。多个基因常常排列在一起形成操纵子并被单独的 RNA 聚合酶转录。像细菌一样，翻译是和转录偶联的。

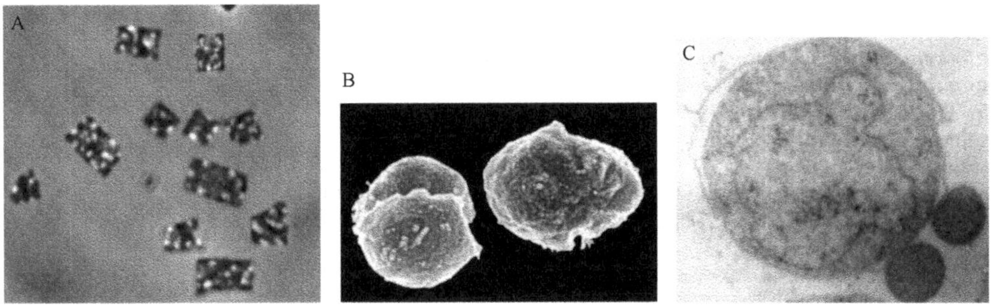

图 6.7　多样的古细菌。(A) 方形盐杆菌。(B) *Methanococcus jannaschii*。(C) *Nanoarchaeum equitans*（右下的较小的细胞）和宿主 *lgnicoccus*；它们都是古细菌。

尽管古细菌和细菌有这些相似性，但是负责古细菌复制、转录和翻译的基本组分与真核生物在分子水平更为相似。例如，在有些古细菌物种中，DNA 被包装成缠绕的浓缩结构，这和真核生物的染色体而不是细菌的染色体结构很相似。这种包装是利用真核生物的组蛋白的同源蛋白来完成的（图 6.8）。另外，尽管古细菌的基因能够像细菌一样形成操纵子，它转录的机制通常更接近真核生物而不是细菌。古细菌有基于 TATA 框的启动子，它由真核生物的 TATA 结合蛋白的同源蛋白来控制。古细菌中唯一的 RNA 聚合酶与真核生物的 RNA 聚合酶Ⅱ最为接近。

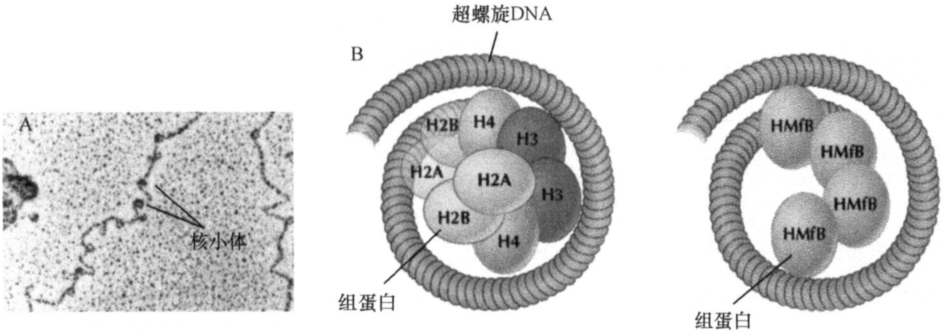

图 6.8　有些古细菌物种把自己的染色体折叠成像真核生物的核小体那样的结构。(A) *Methanobacterium thermoautotrophicum* 核小体的电子显微镜照片。(B) 真核生物组蛋白的同源蛋白被用来形成这些核小体核心，说明这些结构和真核生物的核小体同源。

尽管古细菌有一些与细菌相同的特征以及一些与真核生物相同的特征，但它们也有很多独特的特征。例如，在古细菌的细胞膜，甘油和碳氢链之间的化学键是醚键，而真核生物和细菌的是酯键（图 6.9）。碳氢链由高度甲基化分支的异戊烯基链组成，而不是像细菌和真核生物一样主要由直链脂肪酸组成。在一些物种中，来自两个甘油的侧链会尾尾相连，形成脂单层而不是双层（图 6.9C)。这种单层可能对古细菌在高温下生活很重要，因为膜的两面不会像双层那样分离开来。这些独特的膜使古细菌能够很快地从微生物中被鉴定出来。另外，这些膜的独特特征可以用作“化学化石”，提供古老的沉积岩中是否存在古细菌证据的生物标记。

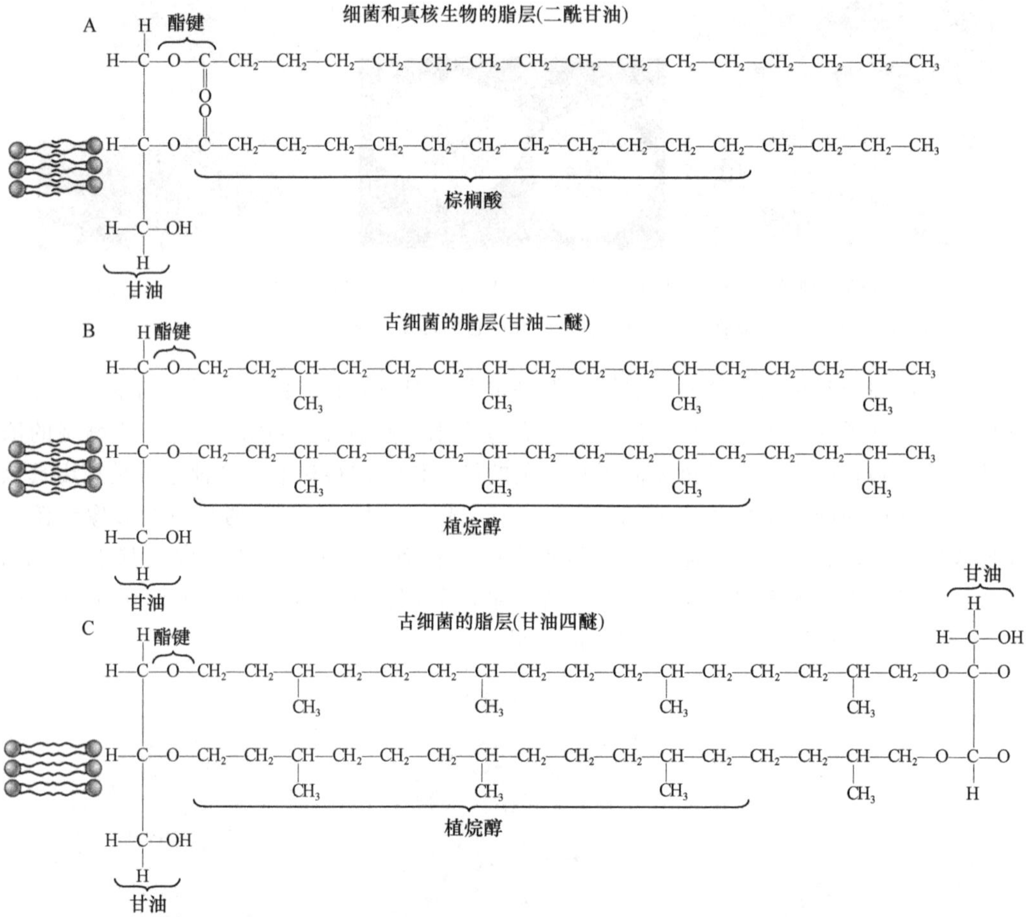

图 6.9　细胞膜脂比较。（A）在细菌和真核生物中，膜脂包含酯键，其一端为甘油，另一端为线性脂肪酸。（B，C）在古细菌中，脂类含有醚键，它位于甘油和有分支的碳氢链间。其中一些（B)，甘油只在一端，而在另一些中（C)，甘油在两端，形成单层膜。

真细菌和古细菌的系统分化

推断细菌和古细菌系统发生唯一可靠的方法是运用分子系统学

目前古细菌和细菌的系统发生研究几乎完全依赖分子分析。有很多类型的分子数据用于这些研究，包括 DNA-DNA 杂交、**限制性片段长度多态性（restriction fragment length polymorphism)**、基因、基因组序列数据和基因的有无。与之形成对比的是，很多真核生物，特别是多细胞生物的系统发生研究可以可靠地运用形态学或者分子的方法，或者结合这两种方法。细菌和古细菌的系统发生研究非常依赖于分子方法的原因是很简单的。表型特征，如过去曾经使用形态学、生理学、化学组成、致病特征等，用来推断细菌和古细菌的关系是不可靠的。这些特征一般缺少用于系统发生重建的足够信息或者它们进化太快太容易收敛而不能作为可靠的系统发生标记。

分子方法在研究细菌和古细菌的系统发生时的重要性是不能低估的。这些研究最早发现古细菌是一个独立的类群。另外，分子系统学的运用导致很多已经建立得很好的细菌和古细菌类群被重新分类。有些以前被归为同一个属的生物现在被归为不同的门。而有些关系很近的物种被完全漠视，因为它们的表型差异太大。这些重新分类不仅仅是单个领域的事情，它们对生物学、医学和农学都有很深远的影响。分子系统学带给我们很多关于微生物的相互关系的精确信息，这改变了我们对微生物的认识和研究方式。我们举下面两个例子。

第一个是关于一个以前被称为 *Micrococcus radiodurans* 的细菌的例子。这个物种最早是从罐装肉中分离出来的，之前这种罐装肉用被认为能够消毒的剂量进行过电离照射处理。这种微生物被归为 *Micrococcus* 属，这是根据它的外部特征以及人们熟知的一些特性，即很多其他的 *Micrococcus* 物种也是抗辐射的。自从 *M. radiodurans* 成为人们所知的最能抗电离辐射的物种后，它就变成了各类实验的研究对象。它和其他的 *Micrococcus* 物种的相似性开始变得有限，于是这使得研究者不能用针对其他 *Micrococcus* 物种的方法来指导 *M. radiodurans* 研究。分子系统学的方法揭示 *M. radiodurans* 和 *Micrococcus* 属物种的关系并不接近。*M. radiodurans* 从 *Micrococcus* 属中被去除并重新命名为 *Deinococcus radiodurans*。*D. radiodurans* 甚至不是 *Micrococcus* 同一个门的成员。它和 *Thermus aquaticus* 很接近，是大多数用于 PCR 的 DNA 聚合酶的来源（图 6.10）。很多嗜热生物也高度抗辐射，这为我们理解 *D. radiodurans* 抗辐射的机制提供了帮助。

第二个重要的历史上的错误分类是关于细胞内病原细菌的。在很多情况下，这种物种很难或者不可能在实验室分离培养。于是它们的分类开始是基于形态特征的，如膜结构、细胞形状和染色特点。很多时候甚至不能够确定这个物种是一个细菌物种。当能够确认时（如通过检测核糖体），系统发生的分类在更多的细节上是不正确的。例如，*Rickettsia prowazekii* 是寇热病（Q-fever）的病原体，和 *Chlamydia trachomatis*（一种性传播的衣原体疾病的致病菌）经常会被分到同一类，因为它们的表型很相似。然而，分子系统学研究显示 *R. prowazekii* 是 Proteobacteria 门的 α 子类群，它与 *Ehrlichia*、*Wolbachia*、*Rhizobium* 和 *Caulobacter* 的关系很接近。*C. trachomatis* 所在的门和任何 proteobacteria 的关系都很远。尽管很多的 Rickettsias 不能够在实验室培养，对其他 α-proteobacteria 的研究能够用来对 Rickettsias 的生物学特征做出合理的预测。

根据分子生物学证据，有很多其他的对细菌和古细菌的分类进行修改的例子。分子系统学的方法已经成为真核生物特别是微生物真核生物的系统发生研究的重要方法。这将会在后面的内容中更加详细地讨论。

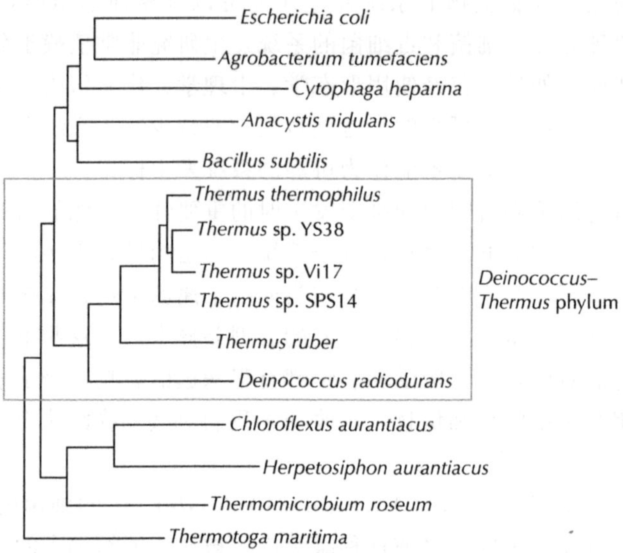

图 6.10　系统发生树所展示的 *Deinococcus* 和 *Thermus genera* 的关系。这个树是基于 rRNA 的基因序列分析。

细菌和古细菌被分成很多不同的子类群

运用分子系统学的方法，科学家们已经把细菌域划分为超过 40 个主要的系统发生子类群。图 6.11 展示了一个基于 RNA（rRNA）序列的系统发生树。细菌门包括很多非微生物学家熟悉的类群，如螺旋原虫和蓝细菌（也叫做蓝藻）。很多其他类群也包括熟知的物种，尽管类群的划分并不被广泛熟知。例如，*E. coli* 是 Proteobacteria 门的 γ 子类群的成员；*B. anthracis*（炭疽热的病原体）是 Firmicutes 门（也就是所知道的 GC 革兰氏阳性菌）的成员。这些门的一些关键特征在表 6.2 中有描述（其他的代谢细节和这些微生物的其他特征在本章的后面讨论）。

表 6.2　对能够分离培养的一些主要的细菌门的描述

门	生物、生理和进化	种和属
Aquificae	很多物种是超级嗜热菌，它们最合适的生长温度约为 85℃。它们大多数是化能自养型，通过 TCA 循环来固定碳源。它们的膜是二醚而不是磷脂组成的，尽管二醚和古细菌的不同，有些研究提示这个类群是细菌的一个很深的分支	这个门包括两个主要的属：*Hydrogenobacter* 和 *Aquifex*
Thermotogae	很多物种是超级嗜热菌，它们合适的生长温度超过了 80℃。它们中有很多有不寻常袍状结构包裹杆形细胞的尾端。它们的膜由二醚组成，就像 Aquificae 的膜	这个门了解最清楚的是 *Thermotoga maritime*，一个最早从意大利海底的火山分离出来的物种
Deinococcus-Thermus	它们中大部分是需氧异养的，该类群的 *Deinococcus* 分支的所有物种都是抗辐射的，*Thermus* 类群包括一些最早研究并知道得最清楚的嗜热物种	*Deinococcus radiodurans* 是已知的最抗辐射的物种。*Thermus aquaticus* 是 PCR 中使用的热稳定的 DNA 聚合酶的来源

续表

门	生物、生理和进化	种和属
Chloroflexi/green nonsulfur bacteria	它们中大部分物种是光能的、丝状的并且能运动，它使用一种专门的滑动机制来运动，光能合成的物种通过 hydroxypropionate 途径来固定 CO_2。它们利用有机化合物的电子能更好的生长，因此被叫做非硫细菌以区别于绿色硫细菌	*Chloroflexus aurantiacus*，一种光能合成物种，它是研究得最多的一个物种
Chlorobi/green sulfur bacteria	这个类群的所有物种都是光能厌氧型。和绿色非硫细菌不同，这些物种喜欢用硫的化合物作为电子的来源。它们通过反的 TCA 循环来固定碳	*Chlorobium tepidum* 以及它的近缘种是这个类群的模式系统
CFB/Bacterioidetes	这个门有三个主要的谱系，*Cytophage*、*Flavobacteria*（它们相互关系有点近）以及分化较大的 *Bacteroides* 类群。每个子类群包含了相互混杂的病原物种和非病原物种。于是，可以看出这些物种的病原性是独自进化出来的。这个门和绿色硫细菌很相关	*Porphyromonas gingivalis* 是世界上大部分齿龈炎（gingivitis）的致病菌
Cyanobacteria	物种间表型上和生理上不同的一个类群，它们因为其光合特性而知名。所有的都是光能需氧生物。很多物种可以固氮。它们也叫做蓝藻。叶绿体是从 cyanobacteria 的谱系的细菌起源的	螺旋藻（*Spirulina*）是一个广泛的食物来源。*Prochlorococcus* 物种占据了海洋原始产物的大部分
Chlamydiae	它们都很小，甚至作为细菌，它们的直径大小范围为 0.2～0.7μm。大多数物种是强留在细胞内的病原体，被认为是能量寄生虫，它们不合成自己的 ATP 而使用宿主的 ATP。很多物种最初被错误地划分为病毒因为它们很小以及其他的一些特征	*Chlamydia trachomatis* 是世界上盲病的主要原因，也是一个主要的性传播疾病的致病菌
Proteobacteria	最大的（在物种的数目方面）以及生理上最具有多样性的一个细菌门。它由 5 个主要的分支：α、β、γ、δ 和 ε。光能、异养和化能型生物散布在这些分支中。很多物种是共生的，包括病原体和依生生物。线粒体起源于 α-proteobacteria 分支	病原体包括霍乱的致病菌（*Vibrio cholerae*，α γ），髓膜炎（*Neisseria meningitidis*，α β 和 *Haemophilus influenza*，α γ），胃溃疡（*Helicobacter pylori*，an ε）。模式生物大肠杆菌（*Escherichia coli*）也在这个类群
Spirochetes	很多相对于其他细菌比较长并且有些轻微的螺旋。这个类群代谢上很多样，它包括自由生物的物种以及一些主要的动植物的病原体。*B. burgdorferi* 有很多的遗传元件。几乎所有的都是线性的	病原物种包括梅毒的病原菌（*Treponema pallidum*）和莱姆关节炎的病原菌（*Borrelia burgdorferi*）
Actinobacteria	这是革兰氏阳性菌的两个门之一。很多物种的基因组有很高的 GC 含量，于是它们也叫做高 GC 革兰氏阳性菌。病原菌和非病原菌散在分布，提示病原性在这一类群的细菌上多次进化出来	这个类群里熟知的病原菌包括 *Mycobacterium leprae*（leprosy）和 *Mycobacterium tuberculosis*（tuberculosis）。也包括很多土壤微生物，如 *Streptomyces*
Firmicutes	这是革兰氏阳性菌的另一个主要的门，因为很多物种的 GC 含量都很低，它们也叫做低 GC 革兰氏阳性菌。这个类群包括 *Heliobacterium*，一个光合的谱系。病原菌和非病原菌散在分布，提示病原性在这一类群的细菌中多次进化出来。类菌质体缺少细胞壁，很多使用修饰过的密码子	这个类群很多熟知的病原体包括 *Bacillus anthracis*（anthrax）、*Staphylococcus aureus*、*Streptococcus pneumoniae* 和 *Clostridium perfringens*

续表

门	生物、生理和进化	种和属
Planctomycetes	这个类群的物种出芽生殖，经常是多细胞的茎状结构。经常是飘浮在水生环境中。所有的物种都缺少肽聚糖。有些物种的 DNA 包装在类似核的结构里	*Gemmata obscuroglobus* 有一个类似核的结构

TCA，三羧酸；rRNA，核糖体 RNA；PCR，聚合酶链反应；ATP，三磷酸腺苷。

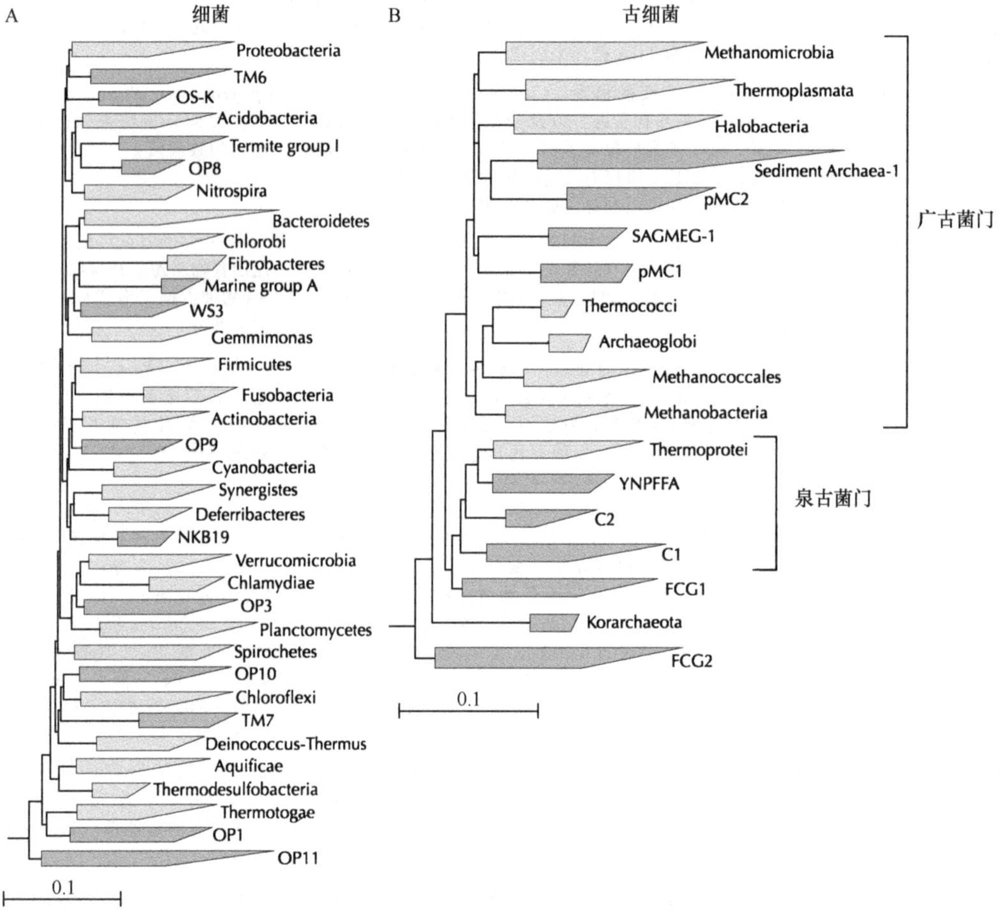

图 6.11 细菌（A）和古细菌（B）的系统发生树，主要的谱系（门）用楔形显示，水平的尺度表示该谱系的已知的分化程度。有可培养的代表物种的门标为橙色。仅仅从环境序列中知道的门标记为蓝色。第一个克隆从它的群体中发现后就被命名。比例尺代表每个核苷酸位点发生 0.1 个改变。

分子的方法也使科学家能够对古细菌域进行划分。主要的谱系已经被划分为三界：Euryarchaeota、Crenarchaeota 和 Korarchaeota，每界都包括不同的门。基于 rRNA 序列的系统发生树的主要古细菌类群在图 6.11B 中展示。每个子类群的一些特征在表 6.3 中有更加详细的描述。古细菌的系统发生比细菌要简单，但是这可能是人为原因造成的假象，因为被研究过的细菌比古细菌多很多，而且发现古细菌和细菌不同也是最近的事情。

表 6.3 对三个主要域中古细菌的一些能够培养成员的门的描述

门	生物、生理和进化	种和属
Euryarchaeota/Halobacteria	这些物种在很多方面都和嗜盐菌及真核生物不同：它们是唯一的极端嗜盐菌（能够在＞4mol/L 的盐浓度下大量生长繁殖），它们不能够在低盐浓度下生活，它们的盐耐受的机制与细菌和真核生物很不相同。他们也利用光能产生质了泵，这是光能合成的特定的形式。极端嗜盐菌是第一个可以使用遗传工具的古细菌	*Haloferax volcanil* 和 *Halobacterium cutirubrum* 是这个类群中的例子
Euryarchaeota/Methanogens Methanococcales Archaeoglobi Thermococci Methanomicrobia Thermoplasmata	Euryarchaea 的很多物种产烷生物（产生甲烷作为其代谢副产物的物种）或嗜热生物，或者都是。产烷生物产生甲烷是通过还原 CO_2 或者甲基化的底物，如甲醇。所有的谱系都是以喜热生物为主导。除了 *Thermoplasmales*，都包含产烷生物。这些谱系的很多物种并不是极端嗜热的。这些谱系并不是单系类群。它们是从 euryarchaeal 树的根部独自分支出来的多个产烷生物和嗜热生物谱系	*Methanococcus jannaschii* 是第一个被测序的古细菌，它是从深海的热水口分离出来的
Grenarchaeota/ Thermoproteales	这个类群一般由超级嗜热菌（适合在＞85℃生长的生物体）和嗜酸嗜热菌（适合在低 pH 环境下生活的嗜热菌）组成	*Sulfolobus sulfotaricus* 是从黄石国家公园的热酸泉中分离出来的
Korarchaea	Korarchaea 是了解不多的类群，它们只能够由不能培养的物种的 rRNA 序列所代表。它们的分类依据是从环境中分离样本的 DNA	

细菌和古细菌的系统发生树可以用于很多方面。在前面一节中，它们被用来改进生命的这两个域的分类。这个树对理解细菌和古细菌的多样性也是关键的。例如，人们发现病原物种和非病原物种是在细菌的树上交织在一起的，这说明病原性是一个不可靠的可变表型。与之形成对比的是，看起来革兰氏阳性这个性状在细菌的进化过程中只有一次起源，它发生在 Actinobacteria 门和 Firmicutes 门。这基于三个发现：革兰氏阳性菌只存在于这两个门，这些门相互关系很紧密（可能实际上是姐妹门），基本上这些门的所有成员的革兰氏染色都是阳性的（唯一的例外是像支原体那样的有机体，它的基因组大量丢失）。本章及下一章的例子向我们展示细菌和古细菌的系统发生树有助于我们理解它们的生物学和多样性。图 6.11 中所示的树就是这些生物体进化历史的模型。它们当然是不完美的，于是人们提出了其他的树，还会有更多的树被提出。所以，在适当的时候，我们会讨论如果这个树不准确，那基于这个树的一些推断应该做何调整。

分子方法使微生物可以在环境中研究

对自然环境下的细菌和古细菌进行研究颇具挑战性。大多数的生物体仅在显微镜下可见，它们很难仅仅通过身体特征和生态学来准确地被鉴定。一个不同的方法是在实验室**培养（culture）**这些生物体，其目的是培养每个感兴趣的物种的“纯的克隆”，这些克隆不被其他物种所污染。如果一个生物体可以被培养，那么它的生理、生化、分子生物学和遗传学特性都可以得到很详细地研究。

很多微生物不能够在实验室进行纯培养。这在一定程度上可以用**大平板计数异常**

(**great plate count anomaly**) 来例示。如果一个池塘水的样本被稀释并铺在固体培养基的培养皿上（这种培养皿也叫做平板）培养，直到出现可见的菌落，然后计算每个平板上出现的菌落数。每个菌落都是由一个起始细胞的后代聚集而成的。这使我们可以估计池塘样本中形成菌落的单位（colony-forming unit，CFU）的个数。比较一个样本中的CFU的数量和通过显微镜观察所得的细胞数量具有惊人的差异：在显微镜下看到的细胞比培养的菌落数多很多（常常差几个数量级）。这种平板计数的异常（图 6.12）是很多微生物不能够被纯培养的证据。这些生物体被称为**不可培养微生物**（**uncultured microbe**）。

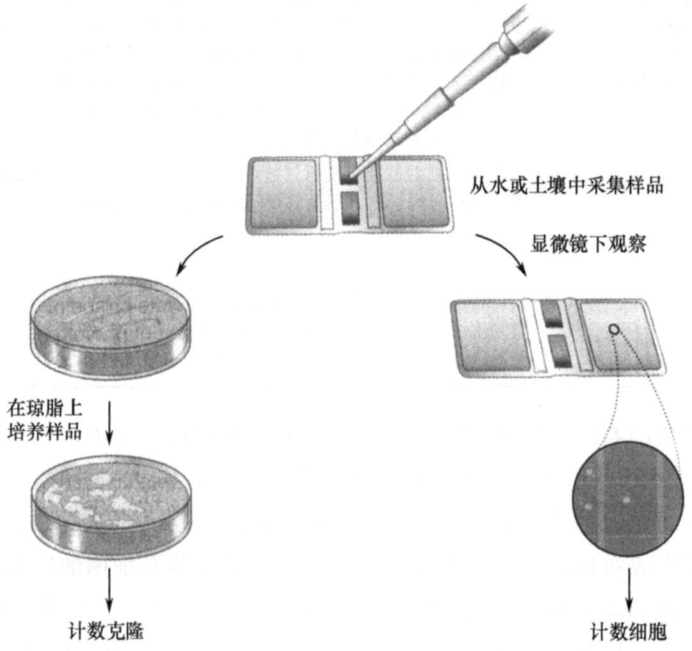

图 6.12 大平板计数异常。培养环境下的平板计数比直接用显微镜计数有显著降低，有时差几个数量级。可能的原因有：①生物体不同的营养需求；②生物体可能会进入一个不能培养的休眠状态；③生物体可能需要依赖其他的生物体，因此不能分离培养。

为了更好地意识到我们现在对大多数不可培养微生物的了解是如此之少，我们做下面几个设想的实验。假想你现在正在研究热带雨林的碳循环，你知道在这里正在发生大量的碳固定，并且你知道应该在树上寻找大多数光合作用的根源，但不知道要考虑哪个生物体。再想象你只能检测森林里的 1000 英里[1] 远的区域，你的仪器分辨率很低以至于不能分辨出一棵树上的一只松鼠。此外，对于你研究的材料应该能够带回到实验室并可以保持它们的活性。随着时间过去，碳循环的一些细节可能被研究清楚，但是速度很慢，任务很艰巨而且花费很大，整个画面仍然不完整。环境微生物学很长时间都处于这

1) 1 英里（mile）=1.609 34 公里（km）

样的困境中，因为（就像前面提到的）很少有微生物能够在实验室里被详细地研究，而且仅仅通过现场研究获得的信息是有限的。

从 19 世纪 80 年代开始，当基于 rRNA 的分子系统学（注解框 5.2）研究开始应用于环境问题后，环境微生物学发生了革命性的变化。利用 DNA 和 RNA 测序的方法（特别是 PCR），可以获得来自于非培养微生物的 16S rRNA 的序列（图 6.13）。通过 rRNA 序列数据，人们可以鉴别出来自于环境中的微生物。例如，对序列的系统发育分析可以用来判别环境中出现了哪一个系统发育分支的微生物。对菌落数目的分析可以用来估计一种特定的系统发育型的含量和总共出现在环境中的系统发育型。此外，这些序列可作为物种特异的标签，使得我们可以通过与感兴趣的 rRNA 杂交从而鉴别环境样

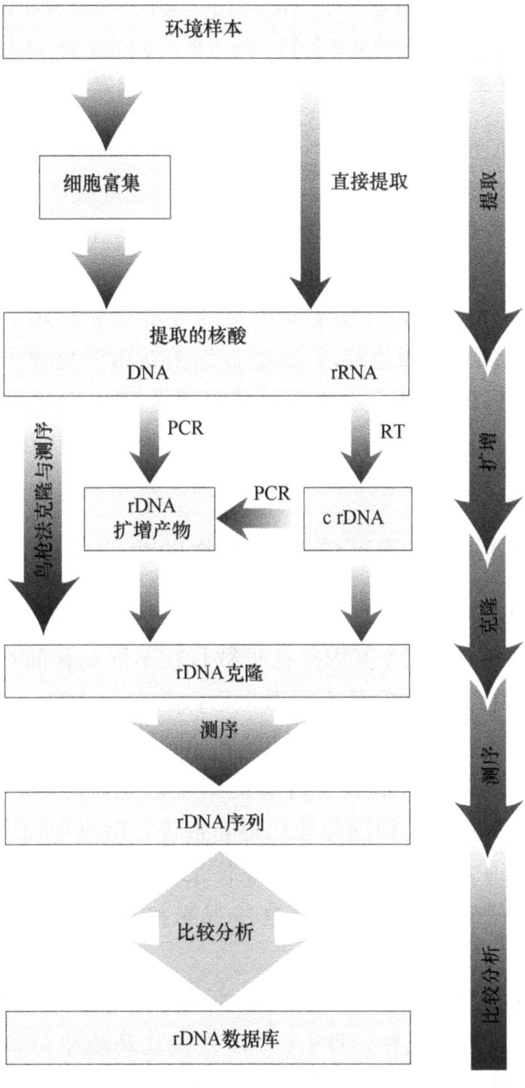

图 6.13　解释基于 rRNA 序列分析方法来确定环境样本的流程图。RT，逆转录。

本里面的微生物所属的种类。科学家可以通过显微镜来观测与特定探针杂交的微生物的形态，从而将特定的微生物种类和 rRNA 联系起来，并且可以估计不同微生物的含量（图 6.14）。

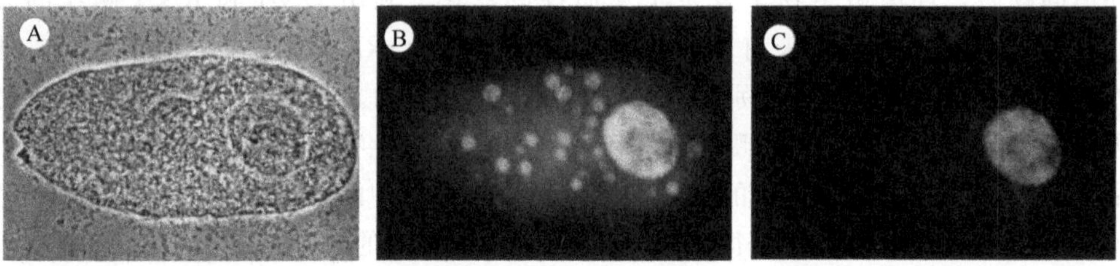

图 6.14 在一个混合样本中，原位杂交可以用来标记特定的生物。这里展示的是带有一个细菌共生体的草履虫（纤毛虫纲内的一种真核生物，注解框 8.1）。（A）相差显微图。（B）用一个 rRNA 探针来检测所有细菌的荧光图。探针在细胞内的许多位置都发光，这是因为草履虫吞噬细菌。（C）一个对 *Halospora obtusa* 共生体特异探针的荧光图，该图像仅仅能在大核里面检测得到。

这些研究提供了令人惊奇的结果。例如，对超过 40 个已知细菌谱系的研究，人们发现其中超过一半以上可以仅仅通过分子系统学分析将其鉴别出来（图 6.11 中蓝色阴影部分）。其他的一些研究揭示，在很多非极端的环境里面发现古细菌的存在并且鉴别出特异的 rRNA 系统发育型（如物种），这些古细菌在海洋里面大量存在但从来没有被直接研究过。一个很重要的发现是这些不可培养微生物比在培养基上所培养的种类更多，并更具有生态上的意义。此外，通过对培养微生物的研究可能对理解一个特定环境的作用并没有开始想象的那么大。

基因组测序使人们可以预测不可培养微生物的生物学基础

虽然对来自于不可培养微生物 rRNA 基因的分析是个强有力的方法，但是它也有很明显的一些缺陷。首先，rRNA 基因的拷贝数目在不同物种间存在差异，这个差异会影响通过用 rRNA 分析的方法来定量不同微生物；其次，rRNA 基因的低变异速率意味着分析 rRNA 对亲缘关系很近的物种不太有用；再次，可能最重要的是，将环境中的微生物通过基于 rRNA 的分类不能够告诉我们这些微生物是做什么的。这是因为微生物的生理、生化特征以及其他生物过程变化得非常快，所以即使亲缘关系很近的物种其生物学特性差异也可能很大。虽然对微生物原位杂交实验的研究能够使研究人员测量碳固定、硫代谢和其他的代谢过程，但是将这些观测和基于 rRNA 鉴定出来的单个微生物类型联系起来还是十分困难。

这个问题的一个解决方法是将基因组测序的方法应用于不可培养微生物，即人们熟知的**环境基因组学**。在这个方法中，DNA 片段直接从环境中分离出来并进行测序。从原理上来说，人们可以通过分析序列数据预测样本中微生物的生物学特性。在实际中存在一个主要困难，即如何决定哪些基因片段来自于环境样本中的哪些微生物。解决这个问题最简单的方法是分离和测序包含 rRNA 的基因片段。每个 rRNA 基因作为一个**系**

统发生锚（图 6.16A），将特定的基因组片段和特定的微生物种类联系起来。那么微生物特异的基因组中的其他片段就可以得到鉴定，并为了解这些微生物在环境中的作用等提供信息。从原理上说，任何一个基因都可以作为一个锚，但 rRNA 基因是最有用的，现已经建立了拥有 20 万 rRNA 基因序列数据的数据库。

基于系统发生锚的方法使得人们对环境微生物有了深入的了解。例如，PCR 检测表明少数类型的原细菌（通过 rRNA 序列定义的）在世界上绝大多数海洋生态系统中含量十分丰富。但是因为它们之中还没有一个物种被培养，所以没人能够知道这些微生物在海洋中的作用。然而，当环境基因组学应用于这些微生物并将包含 rRNA 基因在内的特定物种的基因组测序后，人们发现这些微生物具有以前认为仅在古细菌和单细胞真核生物内存在的视紫红质的同源基因。这些“原”视紫红质作为光介导的质子泵发挥功能。质子泵是个很重要的能量产生机制，以前在对细菌中已知的光合过程的搜索中被遗漏了。

虽然系统发生锚方法产生了很多重要的结果，但是仅仅能提供一些包含了大片段 DNA 的细胞的信息（图 6.15A）。另外一个方法是利用随机鸟枪测序法测定来自于环境中的 DNA（图 6.15B）。这个方法有很大的潜力，因为所有在环境中的微生物都能够被

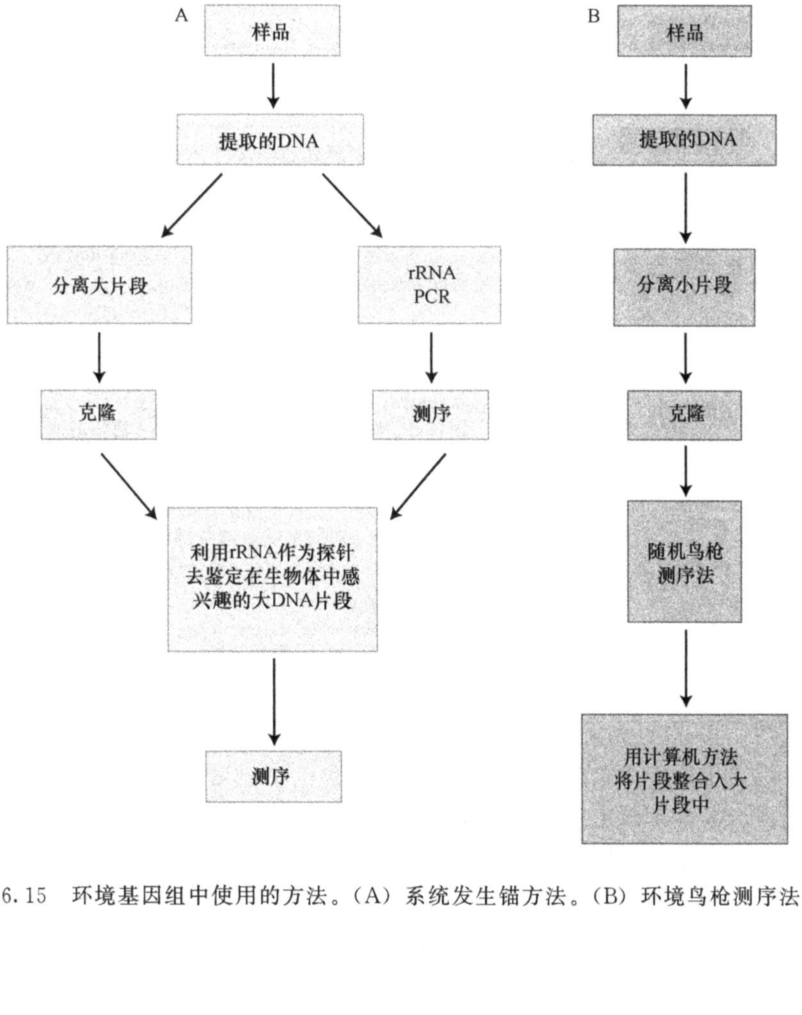

图 6.15　环境基因组中使用的方法。(A) 系统发生锚方法。(B) 环境鸟枪测序法。

随机的抽样。基于分析由鸟枪测序法产生的数据取得了很大的成功。例如，不能够被PCR检测到的微生物能够被这个方法鉴定。此外，该方法提供了十分丰富的不可人工培养的物种群体的遗传学数据。

细菌和古细菌的生物多样性

细菌和古细菌极其丰富的多样性可以从不同微生物所具有十分广泛的生物学过程体现出来。在这一小节里面，我们讨论生物多样性的三个方面：在极端环境下生存和繁殖的能力、环境中能量和碳的获取，以及与其他物种的相互作用。

许多细菌和古细菌在极端环境中生存和繁殖

一些生物在进化过程中发展出一定的有利于自身繁殖的策略，它们占据了一些微环境并且在这个微环境中其他物种很难生存。例如，很多细菌和古细菌生存在高于50℃的环境中，少数甚至在高于100℃中生存繁殖。虽然酸性或者碱性条件能够杀死很多微生物，但其中不乏有些能够在pH为1或者pH为14的条件下繁殖。极端微生物能在特定的环境条件中（如温度、pH、压力、辐射、水压、盐浓度）繁衍（表6.4）。

表6.4 生命体的环境耐受

环境类型	环境举例	生存机制	实际应用
高温（嗜热菌）	地热出口、温泉、火山	氨基酸改变，增加氢键、金属辅助因子	热稳定酶
低温（嗜冷菌）	北冰洋、冰川表面	抗冻蛋白、溶质	增强谷场抗冻能力
高水压（嗜压菌）	深海	溶质改变	
高盐（嗜盐菌）	蒸发池塘、脱水的海洋	溶质改变，离子运输蛋白质氨基酸适应	工业酶、豆制调味品生产
高pH（嗜碱菌）	苏打湖	转运体	清洁剂
低pH（嗜酸菌）	矿渣	转运体	
干燥（嗜干菌）	蒸发池塘、沙漠	孢子形成溶质改变饥饿耐受、DNA修复、清除自由基	
高辐射（嗜辐射菌）	核反应堆或废料点，高纬度地区	吸收辐射，增强DNA修复，清除自由等	生物补酸

研究极端微生物为许多科学和实际应用研究提供了很多帮助。一些极端微生物的产物在很多工业方面都有应用。例如，在极端微生物内发现的DNA聚合酶被应用到生化技术工业中，在去垢剂中添加了蛋白酶。研究在不同温度下生长的微生物给了人们关于蛋白质折叠的一些启示。对那些在高盐浓度下生长的微生物的研究导致很多关于渗透压

新奇机制的发现。对抗辐射的微生物的研究揭示了崭新的 DNA 损伤修复机制。在本书中最为重要的是，因为极端环境的强选择压，在研究进化机制过程中，极端微生物是个非常好的模型。

极端温度下的生命

有些生物能够完全在极端温度下生存，这是一种令人惊奇的现象。低温对正常的生物来说是有害的，因为在这样的温度下增加了冰冻的可能性，蛋白质的灵活性也会降低，膜的黏度亦会增加。高温会加速蛋白质的变性，使膜的流动性剧增，降低了 DNA 和 RNA 碱基配对的稳定性，增加 DNA 损伤的速率。因为这些原因，很久以来人们认为生命仅仅能够在一个相对比较窄的温度范围内（在 0～60℃）生存。但是现在人们知道有些生物的最佳生长温度为－12℃，而有些则达到 113℃之高，如此极端的温度会杀死绝大多数的生物。

区别存活温度和最佳生长温度是很重要的。很多生物仅能够在极端温度下生存一段时间。然而，我们感兴趣的是那些能够在极端温度下繁衍得很好的物种。任何一个物种的最佳生长温度可以通过对其在不同温度下的生长速率作图而获得（图 6.16）。那些最佳生长温度低于 15℃的生物被称为**嗜冷菌**，而那些最佳生长温度高于 50℃的生物则被称为**嗜热菌**。在中间的则被称为**嗜温菌**。能够在 80℃以上繁衍的生物是很少的，这些生物被定义为一个特定的类别——**超嗜热菌**。

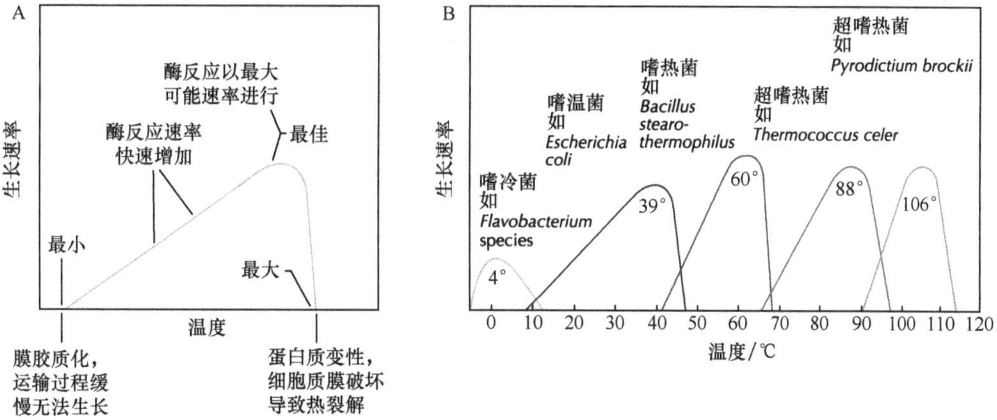

图 6.16　最适生长温度。(A) 温度与生长速率的假定曲线。最适生长温度在顶点。(B) 不同类型生物的最适生长温度。

在细菌和古细菌中存在很多的嗜热菌，然而人们仅仅知道少数的嗜热真核生物，而且所有这些嗜热真核生物的最佳生长温度仅仅略微超过 50℃（表 6.5）。细菌和古细菌主宰了嗜热环境，并且几乎只有古细菌能够在最高的温度下繁衍。

表 6.5　目前已知的生命能够生长的高温极限

类群	高温极限/℃
动物	
鱼和其他水生脊椎动物	38
昆虫	45～50
介形类（甲壳动物）	49～50
植物	
维管植物	45
苔藓	50
真核微小生物	
原生动物	56
绿藻	55～60
真菌	60～62
原核生物	
细菌	
藻青菌	70～74
不产氧光合细菌	70～73
化能有机营养菌	90
古细菌	
超嗜热产甲烷菌	110
硫依赖型超嗜热菌	113

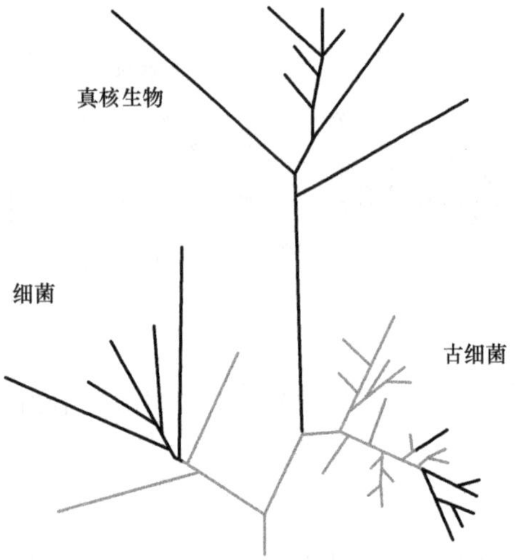

图 6.17　有根的 rRNA 生命树展示嗜盐菌谱系的分布（红色部分）。

在为数不多的被人们了解的超嗜热菌中，所有的物种或者属于热袍菌纲（Thermotogae），或者属于产水菌纲（Aquificae）。这两个纲在由 rRNA 构建的生命树上具有最深的支长（图 6.17），这个现象使人们认为细菌和古细菌的祖先［在许多理论里面称为最近共同祖先（LUCA）］是超嗜热菌类。然而，正如在前面所讨论的，支长的意义在由 rRNA 构建的生命树上所存在的一些问题并没有完全解决。在其他的生命树里面，热袍菌纲和水产菌纲并不总是位于细菌谱系上枝长最深的分支。如果是这样的话，超嗜热菌可能借助于水平传递古细菌的基因组到这些细菌中，单独从古细菌进化而来。

在极端温度下生长的适应性可以通过比较分析的方法鉴定

极端温度能够杀死绝大多数的生物，然而有些生物却能在极端温度下生长得很好，这显示了生物的适应性。可能对适应性研究得最透彻的是温度对细胞反应和结构的直接动力学效应。随着温度的增加，如果其他一切条件都保持恒定的话，细胞膜的流动性会增加，蛋白质变得更加灵活，化学反应变得更加快速。为了理解生物体如何应对这些动力效应，研究人员比较了很多生物的最佳生长温度和生物学特性。通过分析获得的数据来看是否有些特性和最佳生长温度相关。最初的研究结果揭示生物能代偿温度的动力学效应。例如，在相同温度下生长时，相对于嗜温菌来说，嗜热菌有着更低的膜流动性、相对"僵硬"的蛋白质和非编码的 RNA 以及更低的反应速率。在嗜冷菌中效应则相反，它们的膜流动性增大，蛋白质和非编码的 RNA 也更具有弹性，化学反应以相对较高的速率进行。

上述的这些结果虽然重要，但不能揭示具体的机制，即进化如何导致这些事件的发生。为了研究具体的进化机制，我们需要更仔细地探究极端微生物的膜、蛋白质和 RNA 来了解它们是如何变化的。比较研究再一次在这里面扮演了重要的角色。例如，蛋白质氨基酸组成的比较揭示在更高的温度下，相对于不带电荷的极性氨基酸（丝氨酸、苏氨酸、天冬酰胺和谷氨酰胺），带电荷的残基（天冬氨酸、谷氨酸、赖氨酸和精氨酸）出现的频率更高。此外，蛋白质组成更倾向于疏水残基而不是亲水残基。这些观察带来的一系列的研究表明这些氨基酸的差异能够增加盐桥的数目和疏水相互作用，从而使蛋白质在高温下更稳定（图 6.18）。这些发现使得研究人员能够对来自于嗜温菌的蛋白质进行工程化改造从而使它们耐高温。

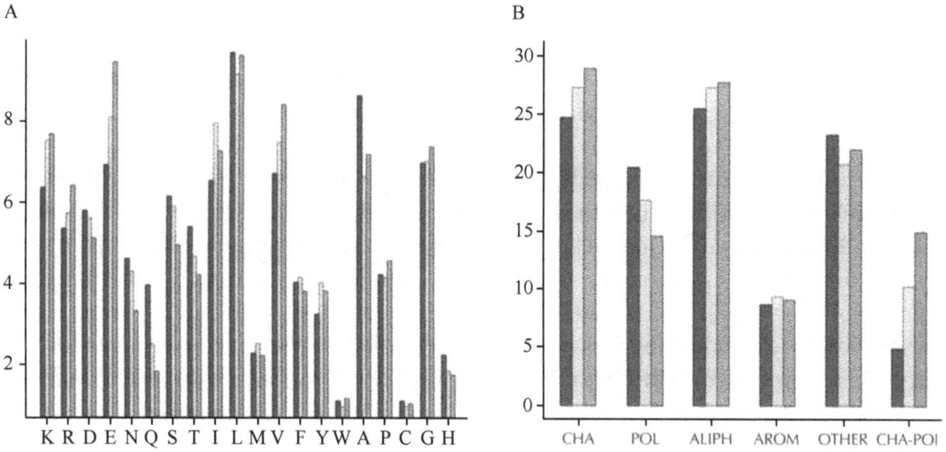

图 6.18　氨基酸含量和最适生长温度。(A) 在嗜温菌（蓝色）、嗜热菌（黄色）和超嗜热菌中对不同氨基酸的百分含量作图。(B) 对不同氨基酸类别作图；颜色和 A 图中一样。CHA，带电荷的；POL，极性的；ALIPH，脂肪族氨基酸；AROM，芳香族氨基酸。

比较研究同样导致了关于 DNA 和 RNA 热稳定性的重要发现。基于 DNA 和 RNA 的碱基配对原则，我们可以假设相对于在低温生长的生物，在高温下生长生物的基因组应该具有更多的 G 和 C，因为 G-C 碱基对的氢键比 A-T 要多一个。这个额外的氢键有助于维持嗜热微生物的基因组稳定。令人惊奇的是，研究发现事实并不是如此。基因组的 GC 含量与最佳生长温度并没有很大的关系，这表明可能有其他的因素阻止嗜热微生物 DNA 的解链。维持 DNA 稳定的因子，如利用胞内的高盐浓度，已经被鉴定出来。有趣的是，生长温度和 rRNA 基因的 GC 含量之间存在极强的相关性。生长温度更高的生物有着更高的 GC 含量。这很可能是因为 rRNA 的折叠和功能比 DNA 更依赖于碱基配对。

生长温度和 rRNA GC 的含量的相关性有很多潜在的意义。首先，这意味着 rRNA 基因在不相关的嗜热菌中趋同进化，这样基于 rRNA 构建系统树时会出错。例如，第一个对嗜热菌（*Thermus*）的分子系统学研究就错误地把这些物种归为海栖热袍菌，如 *Thermotoga maritima* 和 *Aquifex pyrophilus*。如上所述，我们现在知道 *Thermus* 是与抗辐射的 *D. radiodurans* 亲缘关系近的一个物种。这种错误的归类之所以发生，是因为分子系统树主要基于 16S rRNA 构建的，而在这些嗜热菌中由于 rRNA 的趋同进化，GC 含量接近。仅当校正了 GC 含量变异后系统树的构建才能明确地告诉我们所研究物种的关系，如经校正后 *Thermus* 和 *Deinococcus* 的关系看起来就很清楚了（图 6.10）。

比较分析方法的局限

虽然上述的比较方法有极大的作用，但是这个方法没有把所研究物种的相关性考虑进去。这就是说，不管这些物种的亲缘关系近还是远，它们都是逐对的比较。在做相关研究时，一系列不同的能够考虑所研究物种的亲缘关系的方法已经发展出来。这些内容在 27 章中将会详述（在线）。

比较分析方法（如上述的一些方法）有其他的局限性，只考虑跨越了很大范围的物种的进化末端（在这个事例里就是目前最适的温度状态）。当分析分枝得比较长的物种时，存在许多差异（如致病性或不同代谢过程），而这些差异与温度并不相关。有一个备选方法可以来比较生长温度差异很大的近缘微生物。因为被比较的生物密切相关，在生长温度适应性方面的差异必定在相对近的时候才进化出来。此外，物种间的近缘意味着很可能没有来自于其他进化适应性的“噪声”干扰。再次，通过进化特征状态重构法，当比较近缘生物时，有可能推断出生长温度变化时实际的进化变化。例如，一个研究分析了生长温度变化是由于蛋白质氨基酸组成的变化所引起的（表 6.6），发现从嗜温菌到嗜热菌变化伴随着异亮氨酸、精氨酸、赖氨酸和谷氨酸含量的增加，而丝氨酸、苏氨酸、天冬氨酸、谷氨酰胺和甲硫氨酸的含量却减少。这与上述的相关分析结果是类似的。然而，这种进化分析同样能够决定并不是所有的疏水氨基酸都在嗜热菌里面含量增加（甲硫氨酸并没有这样趋势，缬氨酸和亮氨酸保持了相等的水平）。因此这种进化分析能够揭示相关分析额外的或互补的结果。

表 6.6　嗜温菌和嗜热菌蛋白氨基酸组成的差异

氨基酸	获得	丢失	P^a	变化/%
异亮氨酸	842	658	2.2×10^{-6}	9.5
谷氨酸	739	562	1.0×10^{-6}	9.1
精氨酸	383	214	4.5×10^{-12}	16.5
赖氨酸	789	620	7.4×10^{-6}	8.3
脯氨酸	167	96	0.000 014	7.0
酪氨酸	224	177	0.021	5.8

续表

氨基酸	获得	丢失	P^a	变化/%
丙氨酸	504	458	0.15	2.8
色氨酸	23	11	0.058	8.3
亮氨酸	560	548	0.74	0.6
半胱氨酸	72	69	0.87	0.9
苯丙氨酸	200	202	0.96	−0.3
天冬氨酸	429	432	0.95	−0.2
缬氨酸	666	670	0.93	−0.2
组氨酸	80	92	0.40	−2.8
甘氨酸	201	264	0.0040	−3.4
甲硫氨酸	174	248	0.000 37	−11.3
谷氨酰胺	158	234	0.000 15	−13.1
苏氨酸	336	431	0.000 68	−8.4
天冬酰胺	313	481	2.7×10^{-9}	−15.9
丝氨酸	271	664	9.5×10^{-39}	−31.7

摘自 Haney P. J. 等，1999. *Proc. Natl. Acad. Sci.* 96：3578～3538

a 方向性偏离大于或等于观测值的随机概率（用双尾的二项分布计算得到，表明统计的显著性）。

极端微生物进化了多次的事实同样包含了由相关分析得出的结论。当一个特定的极端微生物在生命树上时，很多情况下它们和非极端微生物是相间的，即它们并不总是聚在一起，这表明了极端微生物的多重起源。这暗示着对生长在特别极端环境的微生物的研究可能有很多方法。如果是这样的话，包括在比较分析且有不同解决方案的微生物时，对适应性可能会导致错误的解释。进化重构使我们可以对每种起源的极端微生物进行单独分析。

决定极端微生物采用哪种潜在的适应机制是困难的

一些生物能够在很多极端环境下繁衍得很好，如喜盐微生物能够同时适应强辐射和干燥。*D. radioduran* 和它的一些亲缘关系很近的微生物能够抵抗强辐射，但是它们不能在高盐下生存。在这个章节里面，我们将会讨论三种极端微生物，嗜盐菌、耐干燥菌和抗辐射菌在进化中复杂的交互作用。

首先，我们看看嗜盐菌使用的适应机制（图 6.19）。在高盐条件下生长是一件具有挑战性的事情，因为细胞承受的渗透压是极大的。渗透压会导致细胞里面的水扩散到胞外以达到胞内外盐的平衡。

所有的嗜盐菌都有一个机制来增加它们内部的渗透压以减少胞内的水分扩散到外部。细菌和真核嗜盐菌常常通过增加胞内有机物溶质（如蛋白质、碳水化合物和氨基酸）的含量来得到这个目的。例如，在 *Staphylococcus* 嗜盐物种中常用脯氨酸，然而很多酵母使用甘油作为有机溶质。嗜盐古细菌利用无机盐来平衡它们所生活的环境中的高盐，因此不用将盐从细胞内排除出去，它们的胞内细胞器早已经适应了在高盐环境下行使功能。嗜盐古细菌是唯一的极端嗜盐菌，它们是唯一能够在超过 4mol/L（大约为汗液中盐浓度的 10 倍）的盐浓度下生存的物种。事实上，它们的生长依赖于高盐，不

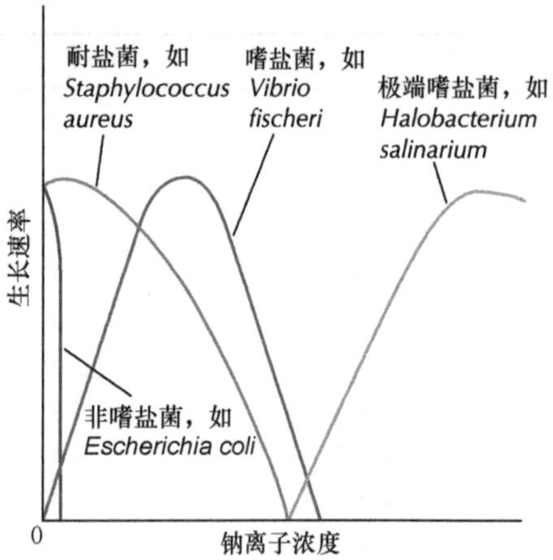

图 6.19　钠离子浓度与生长速率，非嗜盐菌、耐盐菌、嗜盐菌和极端嗜盐菌的比较。

能在正常盐浓度下生长。

嗜盐菌必须常常和干燥作斗争，因为它们生长的高盐环境常常由水分的蒸发而导致。在干燥的环境中，胞内水分的丢失增加了内部溶质的浓度，而胞内溶质浓度的增加有助于嗜盐菌来补偿胞外的高盐浓度。嗜盐菌在进化过程中进化出的能够使它们在高浓度的胞内溶质中正常行使功能的机制同样适用于应对内部干燥的状态。当然，并不是所有的抗干燥生物（耐旱生物）都是嗜盐的。耐旱生物同样会出现在正常盐浓度的环境中，只是倾向于高盐环境。很多微生物形成孢子以应对干旱，然而这些孢子未必能够抵抗高盐。

许多嗜盐和耐旱生物同样对紫外线和 γ 射线的辐射有很强的抵抗力。许多年来，人们都认为对辐射伤害的抗性必定是从嗜盐菌或者耐旱生物里面独立进化的，然而，对 *Deinococcus radiodurans* 的遗传学研究驳斥了这种想法。*D. radiodurans* 对 γ 射线辐射的抗性大约是大肠杆菌的 1000 倍，使得其成为对辐射最有抵抗力的物种之一（图 6.20）。*D. radiodurans* 同样耐干燥。当筛选 *D. radiodurans* 突变体来鉴别那些基因对辐射抵抗起作用时，科学家发现那些对辐射的抗性起作用的基因同样对耐旱也起着重要作用。例如，参与 DNA 修复过程的基因能够保护细胞免受辐射和干燥带来的损害。因此，在耐旱和抗辐射生物之间存在一种联系，至少在微生物中是这样的。基于这些研究，科学家注意到对一些细胞来说，由干燥和缺水导致的伤害和由辐射诱导的伤害是类似的。

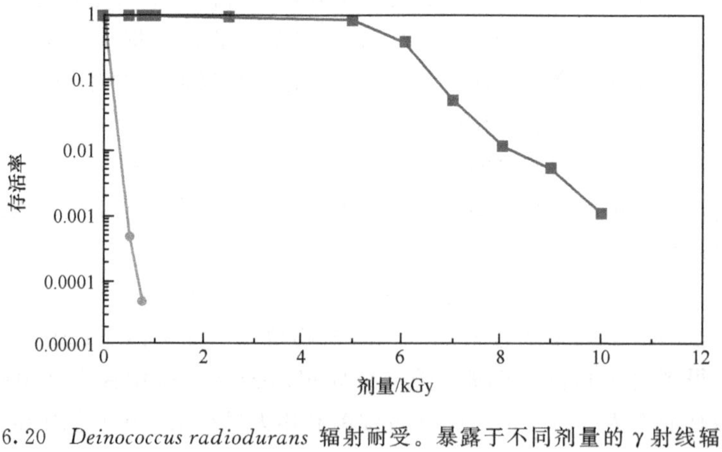

图 6.20　*Deinococcus radiodurans* 辐射耐受。暴露于不同剂量的 γ 射线辐射后，*D. radiodurans*（红色）和 *E. coli*（蓝色）的代表性的存活曲线。

细菌和古细菌在生化反应中进化出了极大的多样性

细菌和古细菌中错综复杂的生化过程体现在它们的多样性中。不论是捕获能量来运行胞内过程，还是将原材料转换成胞内结构，细菌和古细菌总能找到方法来利用地球上的一切化学和能量源泉。从无机的单碳化合物到复杂的有机分子，细菌和古细菌都能够利用并操纵它们，将它们转化为生物能。对每种形式的氮，从很稳定的氮气到纯硝酸，总有细菌或古细菌将其转化为可利用的形式并将其掺入到代谢网络中。对硫、磷、锰、镁和许多其他元素同样也是如此。

为了深入研究多样性，理解我们如何分类能量和碳代谢是很重要的。目前有三个主要的大类，第一大类是与利用能量源相关的。直接从化学反应里面获得能量的过程称为**化能营养**，而从光里面获取能量的过程则称为**光能营养**（营养来自于希腊词，意指喂养或饲养）。第二大类则考虑电子来源，即将电子的主要能量转化为细胞能够利用的形式。能够利用无机物（如硫化氢）作为电子供体的过程称为无机营养，而利用有机物（如醋酸）的则称为有机营养。第三大类考虑细胞生长所需的碳的来源。利用无机物、单碳化合物（如二氧化碳）并将这些组装成大分子的过程称为**自养**，而那些利用有机化合物（如糖）的则称为**异养**（表 6.7）。在细菌和古细菌中有些物种能够利用这些过程中的每一种可能的组合。此外，在每个大类里面，其过程（利用的化合物和涉及的机制）的细节也是具有丰富多样性的。为了解释细菌和古细菌的生化多样性，在以下的两个小节中我们将会讨论这些生物使用的碳固定途径和光能营养机制。

表 6.7　细菌和古细菌能量和碳代谢实例

代谢类型	能量源	电子供体	碳源
光能无机自养	光	Misc	二氧化碳
光能无机异养	光	硫化物	乙酸、延胡索酸
光能有机自养	光	乳酸盐	二氧化碳
光能有机异养	光	Misc	Misc
化能无机自养	硫化氢、甲烷、氢气、铵根、硝酸根	硫化氢、氢气	二氧化碳
化能无机异养	氢气	氢气、乙酸	乙酸
化能有机自养	糖类	Misc	Misc
化能有机异养	糖类	糖类	糖类

细菌和古细菌几乎用可以想象到的每种途径进行碳固定

细菌和古细菌几乎能够固定任何形式的单碳化合物，包括甲烷（CH_4）、甲醇（CH_3OH）、甲胺（CH_3NH_2）、甲酸盐（$HCOO^-$）、甲酰胺（$HCONH_2$）、一氧化碳（CO）和二氧化碳（CO_2）。**碳固定**是一个生物过程，在这个过程中无机的单碳化合物被组合进碳链中。当然，植物和它们的一些“亲属”通过利用叶绿体（来自于自由生长的蓝细菌）来进行二氧化碳的固定。

鉴于碳固定途径的多样性极其广泛，在此书中我们仅仅考虑二氧化碳的固定（图 6.21）。可能最简单的途径是羟基丙酸途径，在这个途径中 2 个二氧化碳分子被转换成

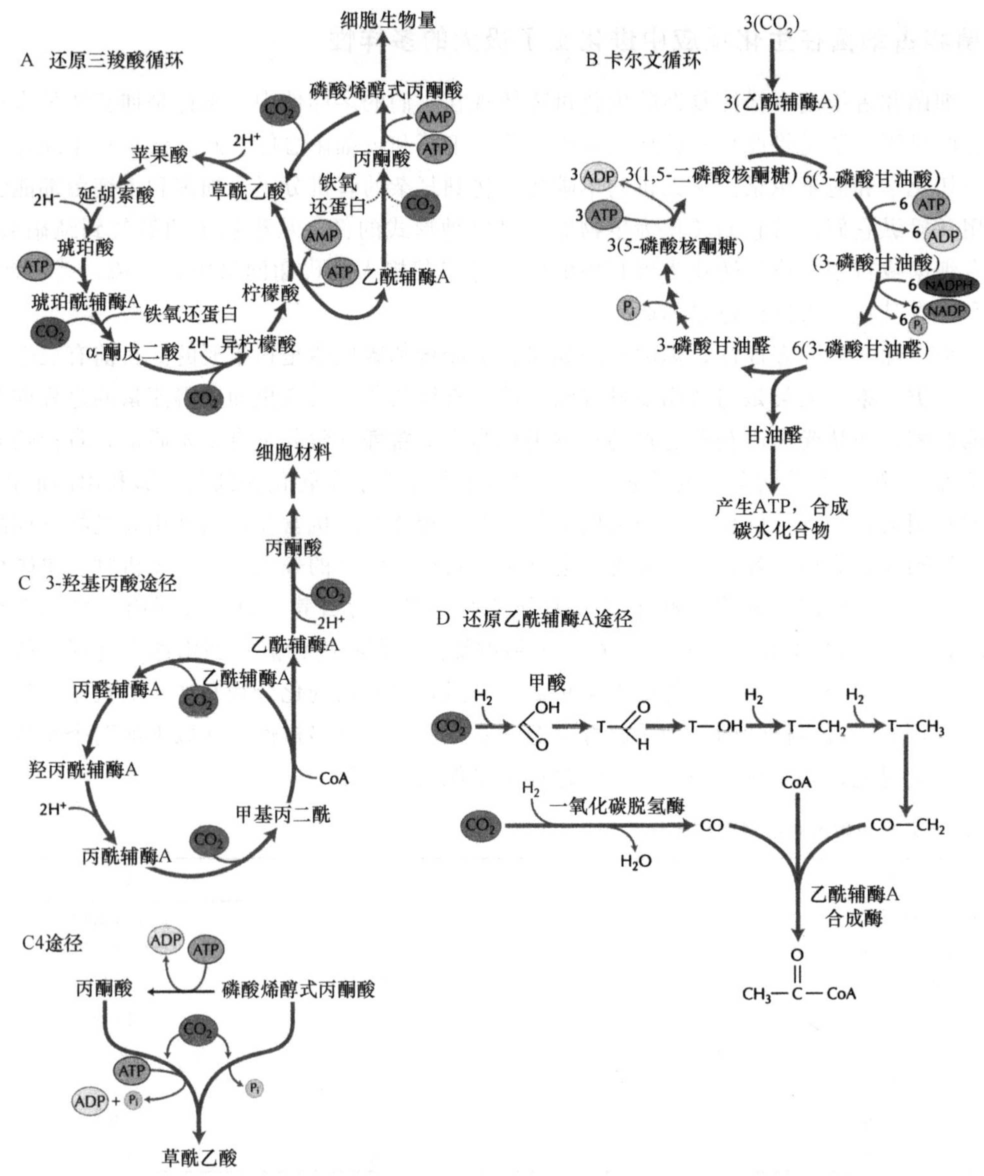

图 6.21 碳固定。(A) 还原三羧酸循环。(B) 卡尔文循环。(C) 3-羟基丙酸和 C4 途径。在 3-羟基丙酸途径中，二氧化碳被乙酰辅酶 A 和丙酰辅酶 A 羧化，最终形成苹果酰辅酶 A。这个产物裂解成乙酰辅酶 A，补充进循环中重新利用，乙醛酸供细胞利用。(D) 还原乙酰辅酶 A 途径。还原乙酰辅酶 A 途径是个非循环途径。一个二氧化碳分子被一个特殊的辅助因子（四氢叶酸；图中的 T）捕获并被还原成甲基基团。其他的二氧化碳被一氧化碳脱氢酶还原成羧基基团（C═O），然后这个与酶结合的羧基基团与甲基基团通过一系列的被称为乙酰辅酶 A 合成酶复合物催化最终形成乙酰辅酶 A。

乙醛酸（CHO-COOH）。这个途径是在绿屈绕菌门（Chloroflexi）中发现的，而这个门位于 rRNA 生命树中的根部，人们由此推断这可能是地球上出现的第一个碳固定途径。另外一个途径是还原三羧酸（rTCA）循环。这个途径是人们所熟知的氧化三羧酸循环的逆过程，人类和其他很多物种将来自于糖酵解的末端产物通过利用氧化三羧酸循环来产生能量。还原三羧酸循环首先在绿屈绕菌门中发现，但是随后在产水菌门（Aquificae）、许多古细菌的谱系以及很多单细胞真核生物中也发现有这个循环。需要说明的是，人们用逆过程来描述这个途径并不意味着氧化途径首先被进化出来。事实上，因为还原三羧酸循环在很多低分支的生命树（“低”意味着古老）中存在，这个途径在氧化三羧酸循环途径之前进化出来也是有可能的。

研究最透彻的二氧化碳的固定过程是卡尔文循环（Calvin cycle），即被人们所熟知的戊糖途径。这个过程的第一步是二氧化碳和一个五碳化合物（二磷酸核酮糖）结合，然后所形成的六碳化合物被分解形成 2 个分子的三磷酸甘油酸。这一步反应是由二磷酸核酮糖羧化酶催化的，即人们所熟知的 rubisco。利用一系列的反应和羧化反应的产物，碳化合物被建立起来，同时二磷酸核酮糖再生。这些步骤利用 ATP 和由光能营养或化能营养产生的 NADPH。卡尔文循环在许多光合自养有机体（光合蓝细菌、植物、海藻、α-变形菌）和许多化能自养有机体中发现。一些植物用一个与这个过程稍微不一样的方式进行，在这个过程中二氧化碳被储存在四碳化合物中（C4 途径）。最终二氧化碳被掺入卡尔文循环反应中。

人们在一组古细菌中（甲烷菌）发现一个特殊的碳同化途径，这些甲烷菌产生甲烷是通过还原二氧化碳（电子来自于各种来源，包括氢气）而来，或者来自于甲基化的底物，如甲醛。在很多情况下一个物种可能仅仅拥有一个途径的一些组分。例如，一些生物利用甲烷生成途径的一部分来固定一氧化碳而不是二氧化碳。

细菌和古细菌拥有很多途径将光能转换成细胞能够利用的能量（光合营养）

光合营养生物将可见光的能量转换成细胞能量。绝大多数的光合营养生物利用它们从光线获得的能量来驱动碳的固定反应，因此这些物种是光能自养的或被称为**光合生物**。它们中的一部分同时能够从有机物中获得碳，因此这部分生物同时是异养的。

如果我们比较这些不同物种的光合成机制，我们会发现它们都遵循一些同样的策略（图 6.22）。光能被感光复合体捕获，然后传导能量来产生激发电子，激发电子的能量被传导到一个蛋白质的“反应中心”，每个激发电子通过这个反应中心。在这个中心，电子能量慢慢的减弱，同时一部分能量被用于驱动跨膜质子泵，因此这些中心被人们称为**电子传递链**。由质子泵产生的质子梯度能够用来产生细胞能量（如 ATP），这些细胞能量可以用来驱动碳的固定反应。

比较在不同光能自养生物中具体的能量转换机制，我们会发现光能合成过程极具多样性。从光的吸收步骤开始，每个物种用它自己特定的“天线”分子，包括不同种类的叶绿素、藻胆素、藻青蛋白、藻红蛋白、类胡萝卜素（图 6.23）。所有的物种利用某种形式的叶绿素作为电子激发过程的最后一步，但是其中主要的 4 种形式已经被人们所熟知。反应中心同样具有很强的多样性，但是其中包含了 2 种主要形式，光系统Ⅰ和光系统Ⅱ。反应中心的差异在于用于电子传递和在传递过程中被氧化的分子类型。最后，正如上面讨论的，碳固定机制的多样性也是非常丰富的。

光合过程零散地分布在生命树里面的分支中，这个过程发生在 5 个细菌族群里面：

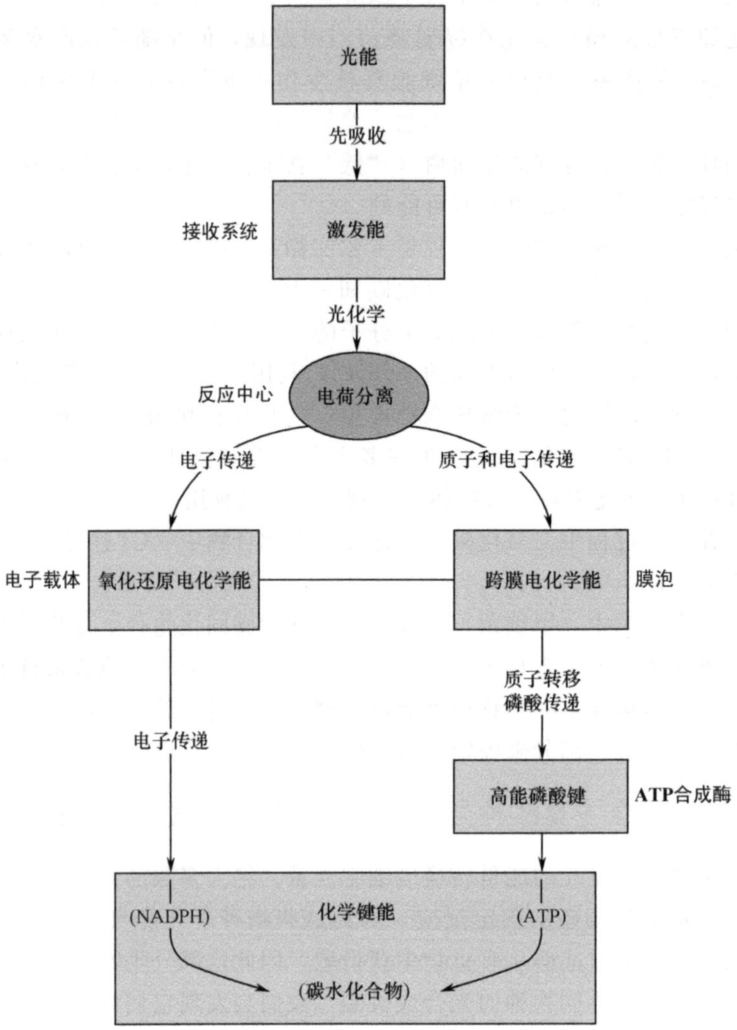

$$6CO_2+6H_2O \xrightarrow{\text{光}} C_6H_{12}O_6+6O_2$$

图 6.22　光合成经由一系列反应将能量从一种形式转化为另外一种形式。方框内代表不同形式的能量，能量转换的方向由箭头表示，能量转换反应由交叉箭头类型表示（如电子转移），能量储存地点由方框外的黑体字表示。主要光化学反应、电荷分离表示在椭圆内。

蓝细菌（cyanobacteria）、绿菌门（Chlorobi）、绿弯菌纲（Chloroflexi）、太阳细菌（heliobacteria）和 α-变形菌（proteobacteria）。其他所知的光合生物仅仅包括真核生物（如植物、藻类、euglenas），这些生物通过与叶绿体共生获得光合成过程。因为质体衍生于蓝细菌，这意味着所有已知形式的光能自养是在细菌里进化来的。目前不清楚为什么没有单独形式的光能自养营养在古细菌或真核生物中进化。分子系统发育研究表明不同细菌族群中的光合过程并没有单独进化，只是涉及部分基因的水平传递。

虽然光合自养营养是细菌的“发明”，但其他形式的光能营养在细菌之外也有进化。例如，在嗜盐菌中首先被发现的一个系统，这个系统利用光能将质子泵出膜外然后利用质子浓度梯度来合成ATP。不像光合成系统那么复杂，仅仅一个蛋白质——细菌视紫红质来完成这个反应（图6.24）（细菌视紫红质在古细菌被发现以前就被作为一个单独的域命名）。细菌视紫红质在很多方面和人类眼睛内的视紫红质功能是类似的。例如，光都是由集合在细菌视紫红质蛋白跨膜区的视网膜生色基团吸收的。目前并不清楚这个类似性是同源还是协同进化的。有趣的是，极端嗜盐菌利用细菌视紫红质的同源物将氯离子泵入细胞以维持它们内部的高钾离子浓度。细菌视紫红质的同源物同样在不可培养的海洋细菌中发现。当食物资源缺乏的时候，这些细菌很显然可以利用它们的视紫红质来产生能量。这些形式的光能营养在所有的海洋微生物中大约能够为它们提供20%的能量。

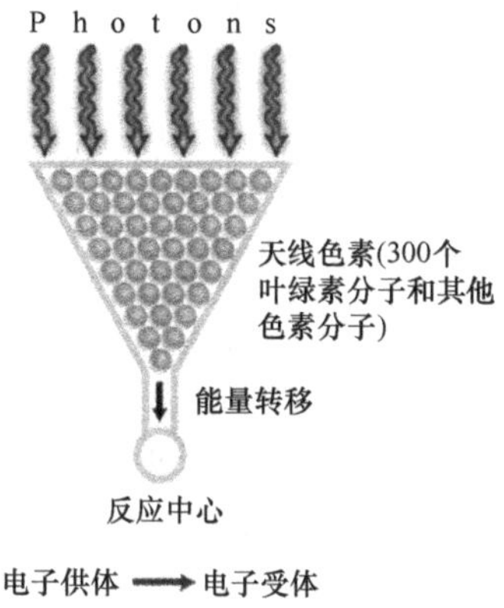

图6.23 光捕获色素。该图表示在聚光色素内光吸收以及随后的激发能量转移到一个反应中心。聚光和反应中心的叶绿素分子位于不同的蛋白质内。初级光化学反应（从初级电子供体到初级电子受体的电子转移）发生在反应中心。

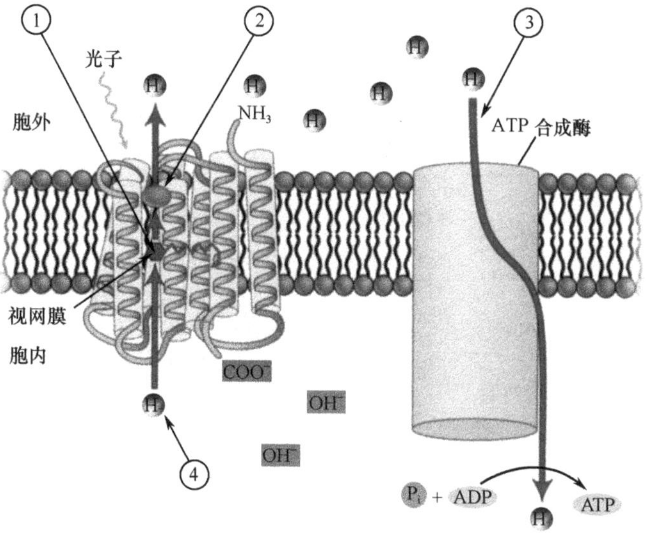

图6.24 细菌视紫红质的功能。(1) 这个蛋白质吸收一个质子，视网膜变得质子化。(2) 质子经由一系列中间体传递并在细胞膜外释放。(3) 胞外质子经过ATP合成酶重新进入膜内，此过程产生ATP。因此，光直接被转换成能量。(4) 当去质子化视网膜从胞质吸收另外一个质子后这个循环重新开始。

细菌和古细菌与其他生物有着广泛的相互作用：共生、寄生和社会性

细菌和古细菌的社会性和共生相互作用在绝大多数的生态系统里都起着重要作用。从最广义的角度来说，共生包括任何在两个或者更多的生物间的相互作用，这些相互作用能显著维持彼此的生命。这些相互作用包括从寄生（如病原菌和宿主）到共生（两者都受益）。细菌和古细菌在它们的共生方式上存在显著的差异，如没有一种已知的病原古细菌。在此章节内我们会讨论一些能够很好描述细菌和古细菌多样性的种间和种内的

相互作用。

细菌和古细菌代谢的多样性通过互惠共生而被真核生物利用

细菌和古细菌的代谢多样性远比真核生物丰富。然而真核生物通过和这些细菌和古细菌互惠共生从而可以从这些多样性中获益。影响最深远的互惠共生的例子是真核生物的线粒体和叶绿体，它们曾经是自由生长的细菌。叶绿体的祖先是自由生长的蓝细菌，蓝细菌被真核宿主细胞内化从而和真核生物共生。这种共生导致所有光合真核生物的发展和多样化。线粒体的祖先则为自由生长的α-变形菌门，其代谢能力在进化过程中被真核生物所利用（这些细胞器的进化和功能将在后面进一步讨论）。线粒体和叶绿体作为高度衍生的系统已经很好地整合到宿主中，它们现在被归为细胞器。在不同的进化阶段细菌或古细菌和真核生物间有着成百上千的其他类型的互惠共生关系（表 6.8）。我们将在此讨论其中的一些。

表 6.8 共生

共生类型	宿主	共生	描述
自养	巨型管虫 *Riftia pachyptila*	γ-变形菌门	化能自养营养细菌以宿主的糖类为食，正如质粒和植物的关系一样
	被囊动物	*Prochloron*	光合细菌以宿主动物的糖类为食
	真菌	海藻或蓝藻	地衣能够进行光合营养
营养	蚜虫	*Buchnera*	共生体合成氨基酸以供那些以氨基酸缺乏的食物为食的昆虫
	人类	大肠杆菌（*E. coli*） *Bacteroides* spp.	肠内的微生物帮助消化并合成维生素和辅助因子
氮固定	豆科植物	根瘤菌	根瘤菌感染豆科植物的节根并固定氮
	满江红（water fern）	蓝细菌	蓝细菌为宿主固定氮
消化	白蚁	细菌、古细菌	共生体帮助消化纤维素
	牛	纤毛虫、细菌、古细菌	共生体帮助消化纤维素
发光	闪光鱼	发光细菌	细菌能在特定的鱼器官内发光

光能自养共生：叶绿体是典型的光能自养共生例子。其他的包括蓝细菌和真菌的共生形成的地衣，其中最常见的包括 *Prochloron*，一种生活在海鞘被膜内部的蓝细菌（图 6.25）。此外，为了完成光合作用 *Prochloron* 的功能就像宿主的免疫系统，它产生次级代谢产物保护宿主免受病原体侵害。

化能自养共生：在 19 世纪 80 年代通过研究生活在温泉周围的深海生物发现了一个全新的自养共生形式。化能自养营养细菌生活在很多无脊椎动物体内，如巨型管虫（giant tube worm），给它们的宿主提供已固定的碳源。不像光能自养营养共生，在管虫体内的细菌利用化学能（如氧化硫化氢）来驱动碳的固定。宿主动物在很多方面与植物是类似的。例如，管虫在成体阶段是不能移动的，它们也没有消化系统，在给共生体提供化学成分和二氧化碳方面是高度适应的（见图 A&S 1）。其他的化能滋养营养共生

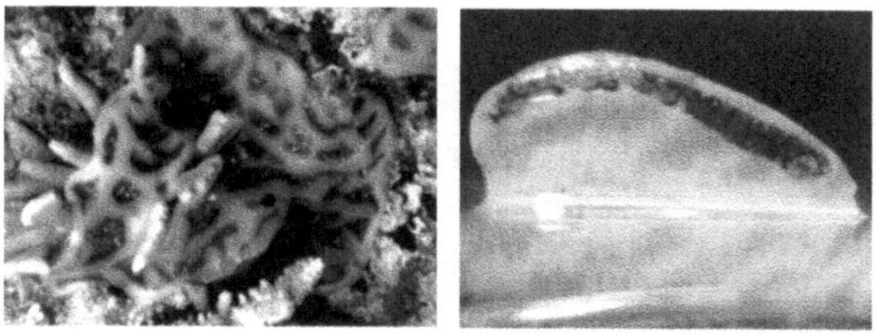

图 6.25　原绿藻 *Prochloron didemni* 和海鞘 *Lissoclinum patella* 共生。（左图）一个 *L. patella* 克隆（约 3cm 长）。（右图）*L. patella* 的横截面，显示原绿藻的定位（绿色）。

在自然界里面也广泛存在并被人们所了解，特别是在化学物质锐减的海洋里面。这些类型的共生至少在来自于 5 个非脊椎动物门和纤毛虫的超过 200 个物种内被发现。

豆科植物内氮的固定：豆科植物（如豌豆、豆子、苜蓿）能够利用土壤细菌来增加它们获取可用氮的能力。植物的根上聚集了大量的根瘤菌，这些根瘤菌能在节根上形成菌落。宿主为这些细菌提供了适合的环境来进行氮的固定，将气态的氮还原成氨（图 6.26）。这种共生关系因此作为改良缺氮土壤的一种方法，对农业是极其重要的。先种植豆科植物，如苜蓿或紫花苜蓿，然后通过犁耕将这些豆科植物埋进土壤里，这样能极大地增加土壤中的氮含量。很明显，这种共生同样给豆科植物提供了一个选择优势，在氮贫瘠的土地上豆科植物的生长比其他植物有明显的优势。

营养共生：另外一种形式的营养共生在那些以植物的体液为食的昆虫中发现，这些昆虫从植物的循环系统内获取绝大部分或者全部的营养来供给自身。很多植物的体液内营养成分是很低的，昆虫所需的必需氨基酸的含量也是如此。这些昆虫中的许多种类，如蚜虫，它们的肠内居住着共生的细菌来为它们合成必需氨基酸。因为这些昆虫中的绝大部分以植物体液为食的现象已经存在几百万年，发现共生体看起来好像垂直传递了几百万年并不奇怪。这类共进化的共生现象的存在对研究细菌的进化是非常重要的，因为宿主的化石记录可以用来推断共生体进化的历史。此外，这些共生能够解释为什么这些细菌的基因组高度减少，类似于胞内的细胞器（线粒体、叶绿体）。

消化和其他的肠内共生：许多动物，包括人类在内，以那些它们不能消化的食物为食，它们利用共生在肠道内的微生物来执行很多消化所需的步骤。最具有代表性的例子是微生物能够帮助消化纤维素，它是许多植物组成部分即复杂碳水化合物。反刍动物几乎都是以富含纤维素的草为食的。由于缺乏消化纤维素的酶，这些动物依赖于它们体内的微生物来消化纤维素，并将纤维素转化为能够吸收的糖类。其他消化纤维素的动物，包括白蚁和船蛆，同样依赖共生微生物来消化纤维素。

一个反刍动物消化的核心组分是由甲烷古细菌产生甲烷。这些细菌是自养营养的，用氢气作为电子受体并固定二氧化碳。因为很多水解纤维素的微生物产生二氧化碳和氢气作为副产物，所以这些副产物被甲烷细菌利用有助于驱动纤维素水解的进行。因此，古细菌在纤维素水解里面间接的起着重要作用。此外，由反刍动物在消化过程中产生的甲烷是空气中甲烷的一个主要的源泉，同时也是一种温室效应气体，并且雾的产生也起

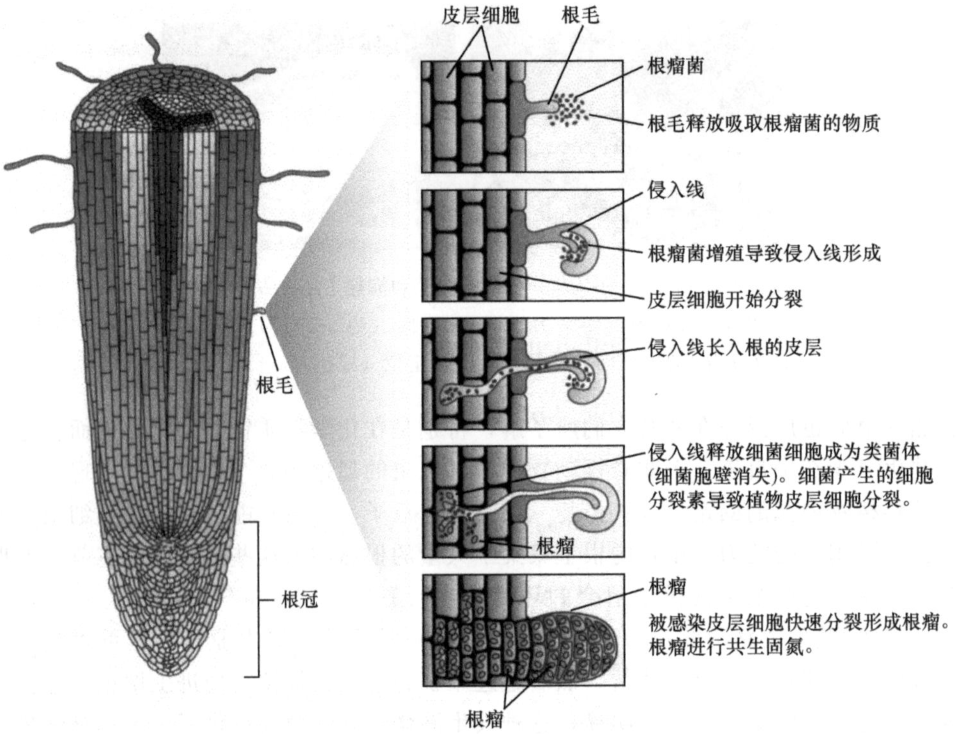

图 6.26 根瘤菌和豆科植物共生。

着作用。

许多细菌具有致病性，但是没有一个古细菌发现具有病原性

当然，并不是所有的共生都是互惠的。事实上，微生物更多的是因对宿主真核生物产生有害作用而被认识的。这一类型的微生物因其致病性被人们所了解。虽然很多细菌具有致病性，然而有趣的是到目前为止并没有发现哪一个古细菌具有病原性。目前人们并不清楚是否是由于这些古细菌不能够致病或者是还没有发现病原古细菌。

研究得最广泛深入的是那些能导致人类疾病的细菌，如霍乱（霍乱弧菌）、瘟疫[鼠疫杆菌（*Yersinia pestis*)]、关节炎[莱姆病螺旋体（*Borrelia burgdorferi*)]、梅毒[梅毒螺旋体（*Treponema pallidum*)]、炭疽热[炭疽芽胞杆菌（*Bacillus anthracis*)]等（图 6.1)。细菌病原菌同样能感染植物、真菌、其他动物和原生生物。这些细菌的进化研究可以为了解这些致病的细菌提供很多有用的知识，最令人惊奇的是能致病的和不能致病的病原菌在细菌谱系树上是混合的，这意味着致病性（病原性）可能进化了多次，或者是病原性的基因在物种间传递。病原性和毒性机制的发现进一步支持此观点，不同微生物的致病性存在很大的差异。例如，许多细菌病原菌产生能增强致病性的毒性因子。毒性因子的多样性令人难以置信，一些因子能使细胞结构（如胶原、被膜、透明质酸）遭到破坏，一些因子通过在细胞膜上打孔从而裂解细胞（溶血素)，还有一些通过降解神经递质或者激素从而改变细胞信号转导。

在有免疫系统的宿主中，感染的病原菌频繁的进化以逃避或推迟免疫反应。有些细菌通过隐藏在宿主细胞里面从而躲避宿主的清除，有些则通过重组或突变，快速的改变它们的表面蛋白，从而延迟宿主的有效免疫反应。

细菌的毒性和致病性相关基因频繁地聚类在病原微生物中。这些类别和基因组中其他的区域在 GC 含量、密码子偏好性和其他信号等方面存在非常显著的差异，因此这些聚类被称为**致病性岛屿（pathogenicity island）**。许多研究表明这些“岛屿”在细菌株或物种间的传递相对容易，这能解释为什么在一个无害的生物族群中突然出现一组能致病的微生物。

在我们探讨病原性的进化时，检查病原菌和与它们互惠共生的宿主间的相互作用是很有用的。例如，很多互惠共生的微生物在其基因组内都有“共生”岛来编码对互惠关系必须的基因。此外，对那些能感染宿主细胞的互惠共生体（如豆科植物根节的根瘤菌），它们的感染机制（遗传编码的）和病原菌是类似的。负责从病原菌输出毒素的分泌系统（一组蛋白质以合作形式工作）和负责输出共生因子的系统是一样的。可能从致病性到互惠性的转变（反之亦然）并不是很复杂。一些病原菌可能是将它们的毒素添加到对宿主有害的毒素库后逃逸的共生生物。一些有益的共生生物可能失去了毒性但是能够提供一些益处给宿主的病原菌。事实上，有很多生物看起来同时存在着益处和害处，这取决于它们的生长周期。例如，在立克次氏体科（Rickettsiaceae）中的病原微生物依赖于非脊椎动物载体在动物宿主间的传递。虽然它们会导致很多动物发生疾病（如落基山斑点热、斑疹伤寒症和埃立克体病），但是许多看起来是对传递它们的宿主载体有益的共生体（如蜱）。

细菌和古细菌通过和它们种内的成员相互作用而进化

与我们通常想象的相反，细菌和古细菌可能与它们种内的其他成员间有复杂的社会相互作用，这些社会相互作用使得它们的功能在很多方面和多细胞生物类似。在此我们将会讨论社会性的一个核心方面——能够调节它们的生物过程来应对群体密度的变化。这就是人们所熟知的**群体感应（quorum sensing）**。

群体感应在很多细菌中都存在，虽然古细菌中可能也存在这种效应，但是到目前为止并没有发现确凿的证据。当感应发生时，单个细胞不断地向它们的环境分泌化学信号，随着群体密度的增加，化学信号的浓度亦随之增加，细胞会监测环境中化学信号的浓度，一旦达到一个阈值就会启动一系列调节机制。这就是所谓的**自身诱导（autoinduction）**，自身诱导是群体效应调控层次的诱导，而这个化学信号则称为**自身诱导子（autoinducer）**。群体感应使得细菌能够调节一组细胞的行为，并且在很多方面像多细胞生物一样行使功能（图 6.27）。

在许多互惠共生体内，群体感应被用来决定何时激活特定的被宿主使用的生物过程。例如，哈维弧菌（*Vibrio harveyi*）能够在很多宿主动物的光器官内发光。细菌利用群体感应来监测何时它们处在一个狭窄的空间内（自生诱导子的浓度能够通过一个高的阈值）。这意味着宿主的光器官已经克隆化并启动一个调节机制，最终导致光线的生成。在许多病原菌内，群体感应被用来激活毒力因子，很可能是因为当病原菌数达不到足够数目时它们并不能够进行有效的感染。在肺炎链球菌（*Streptococcus pneumoniae*）

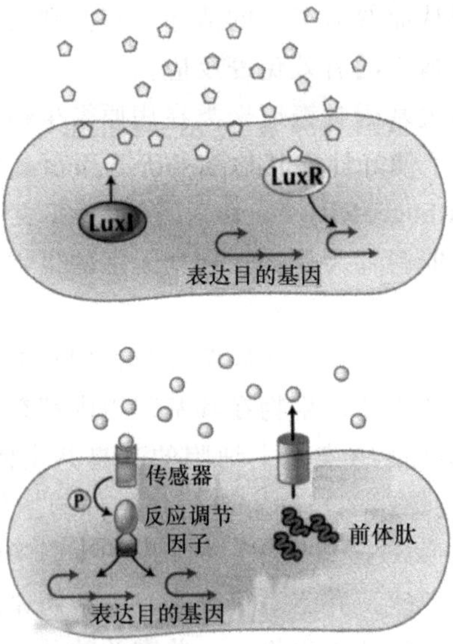

图 6.27 群体感应有两种主要形式。在许多革兰氏阴性菌里面，自身诱导子是一个酰化高丝氨酸内酯化合物（五角形）。在革兰氏阳性细菌里，通常是一个人们熟知的肽（即自身诱导肽）。一个特异的细菌菌株产生自己特有的自身诱导分子，这些诱导分子能自由地扩散到环境和其他细胞中。每个菌株同样有能够识别自身诱导子的受体。当自身诱导子的浓度超过一个阈值时，受体变成一个转录激活子，导致一系列在启动子附近具有转录激活位点的基因表达。基于自身诱导的群体感应进化的一个重要方面是所有已知的基于自身诱导的过程都是同源的，并且用一个基因家族的一些成员（Luxl）来产生自身诱导子，并利用另外一个基因家族（LuxR）来编码受体。

和许多亲缘关系与肺炎链球菌很近的细菌中，群体感应被用来使细胞从环境中吸收DNA。在其他的物种中群体感应被用来调节生物薄膜的形成、子实体的发育，以及调节孢子的形成。导致社会性状进化的过程，如群体感应，将在第 21 章中讨论。

小结

细菌和古细菌在地球上的每个主要的生态系统和生物地球化学系统中起着极其重要的作用。虽然它们的重要性（如病原性）和它们在工业中的应用（如发酵）被人们认识并利用了一百多年，但是直到最近分子检测方法的出现才使得我们较为全面地理解它们的重要性和多样性。最好的例子是在 19 世纪 70 年代人们开始认识到细菌和古细菌是属于不同的域。此外，分子水平的方法使得我们能够详尽地了解这几个域内的多样性。例如，对 rRNA 的 PCR 检测导致在每个域鉴定出了很多的种类，并且有些种类是由完全不能在实验室里生长的物种组成的。

对这些 rRNA 的检测，以及结合基因组测序和实验研究，揭示了这些微生物生活中的许多细节。例如，很多细菌广泛拥有的特性在古细菌里面却缺失，反之亦然，这增加了将这些微生物分类为不同域的证据。此外，人们开始认识到这些微生物具有令人难以置信的表型和生理多样性。在这章里面，我们强调了多样性的三个方面：在极端环境中的繁衍能力、几乎能够执行任何生化反应的能力，以及这些微生物和其他物种相互作用的多样化途径（如互惠共生和病原相互作用）。虽然细菌和古细菌在进化研究中在某种程度上被人们所忽视，但是我们仍然相信它们作为一个极其重要的模式，能够帮助我们回答生命进化的问题。

延伸阅读

系统发育多样化

Hugenholtz P. and Pace N.R. 1996. Identifying microbial diversity in the natural environment: A molecular phylogenetic approach. *Trends Biotechnol.* **14:** 190–197.

Pace N.R., Olsen G.J., and Woese C.R. 1986. Ribosomal RNA phylogeny and the primary lines of evolutionary descent. *Cell* **45:** 325–326.

Woese C.R. 1987. Bacterial evolution. *Microbiol. Rev.* **51:** 221–271.

生命多样化

Extremophiles

Horikoshi K. and Grand W.D., eds. 1998. *Extremophiles: Microbial life in extreme environments.* Wiley-Liss, New York.

Rothschild L.J. and Mancinelli R. 2001. Life in extreme environments. *Nature* **409:** 1092–1101.

代谢

Shively J.M., van Keulen G., and Meijer W.G. 1998. Something from almost nothing: Carbon dioxide fixation in chemoautotrophs. *Annu. Rev. Microbiol.* **52:** 191–230

Xiong J. and Bauer C. 2002. Complex evolution of photosynthesis. *Annu. Rev. Plant. Biol.* **53:** 503–521.

种内和种间相互作用

Bassler B.L. 2002. Tiny conspiracies. *Nat. Hist.* **110:** 16–21.

Losick R. and Kaiser D. 1997. Why and how bacteria communicate. *Sci. Am.* **276:** 68–73.

Ochman H. and Moran N.A. 2001. Genes lost and found: Evolution of bacterial pathogenesis and symbiosis. *Science* **292:** 1096–1099.

第 7 章

细菌和古细菌的多样性Ⅱ：遗传和基因组学

分子系统学研究中最重要的发现之一是，认识到没有细胞核的生物是由细菌和古细菌这两个在分子系统发育上不一样的菌类组成的。令人惊奇的是，尽管它们在分子系统发育上处于不同的分支，这两个菌类组别在基因组结构和遗传过程上具有很大的相似性。这些相似性包括环状染色体，基因组由致密的基因包装组成，很少使用内含子，以及具有很多操纵子。细菌和古细菌的转录和翻译是紧密偶联的，拥有多样的噬菌体和质粒，在很远的进化距离间（两个物种的分歧时间很长）展现出了数量相当可观的DNA水平传递。在细菌和古细菌的遗传过程上同样也有很显著的差异，包括DNA的复制和转录机制。在这一章内我们将讨论这些相似性和不一致如何形成了细菌和古细菌的多样性。

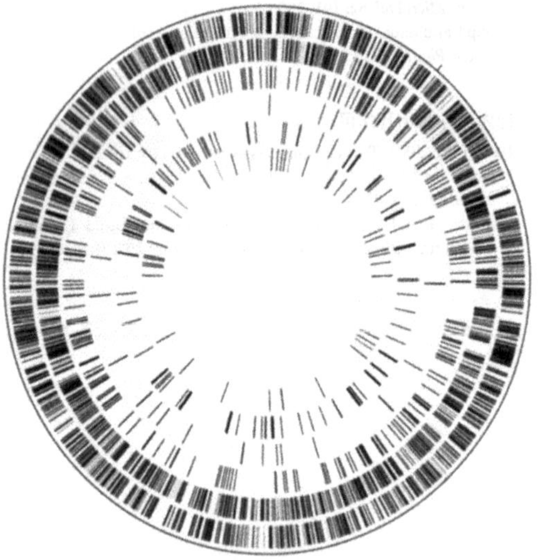

细菌和古细菌基因组特性

细菌和古细菌在不同的遗传元件的大小和类型上展现出极其广泛的多样性

细菌和古细菌在它们的遗传元件上具有很大的变异。在许多情况下，全基因组包含在一个环状的DNA分子内。例如，流感嗜血杆菌（*Haemophilus influenzae*）是第一个基因组完全被测序的生物，有一个1830kb（1kb＝1000bp，1000kb＝1Mb）的基因组。现在人们可以获得超过一半的细菌和古细菌的全基因组序列，它们的DNA全部都包含在一个环状的染色体内。

除了它们的染色体外，许多细菌和古细菌还带有**质粒**，这样的例子包括病原细菌大肠杆菌（*E. coli*）O157∶H7（一个5.5Mb的染色体，一个92kb和3kb的质粒）和蚜虫内共生菌（*Buchnera aphidicola*）APS（一个640kb的染色体，一个14kb和7kb的质粒）。我们在本书中用种名（O157∶H7和APS）来表示一个特定的菌种，因为我们知道一个物种内的不同株之间在基因组含量或结构方面存在很大差异。

在很多生物里面，染色体和质粒在大小上存在很明显的差别。然而，随着越来越多的基因组序列被测序，大小并不是一个可靠的标准来区别不同类型的遗传元件。例如，嗜盐古细菌 *Haloferax colcanii* 有 5 个环状的 DNA 元件，它们的大小分别为 2.92Mb、690kb、442kb、86kb 和 46kb（其他例子参见表 7.1）。如果仅仅把大小作为唯一标准，我们可以把 *H. volcanii* 的 690kb 元件作为第二个染色体，因为这个片段比 *B. aphidicola* APS 的染色体大。当然，大小仅仅只是一个合适的特征，能帮助人们将质粒和染色体区分开。更重要的是，质粒和染色体在生物学方面存在明显的差异，其中的某些差异将在随后的章节中讨论。

表 7.1　细菌具有许多遗传元件的例子

物种	形式	大小/kb	形状
天蓝色链霉菌（*Streptomyces coelicolor*）	染色体	8667	线性
	质粒	356	线性
	质粒	31	环状
根癌农杆菌（*Agrobacterium tumefaciens*）	染色体	2842	环状
	染色体	2057	线性
	质粒	543	环状
	质粒	214	环状
伯氏疏螺旋体（*Borrelia burgdorferi*）	染色体	911	线性
	质粒（*n*=11）	9～54	环状/线性
羊布鲁菌（*Brucella melitensis*）	染色体	2117	环状
	染色体	1178	环状
丙酮丁醇梭菌（*Clostridium acetobutylicum*）	染色体	3941	环状
	质粒	192	环状
耐辐射球菌（*Deinococcus radiodurans*）	染色体	2649	环状
	质粒	412	环状
	质粒	177	环状
	质粒	46	环状
茄科雷尔氏菌（*Ralstonia solanacearum*）	染色体	3716	环状
	染色体	2095	环状
伤寒沙门氏菌（*Salmonella typhi*）	染色体	4809	环状
	质粒	218	环状
	质粒	107	环状
苜蓿中华根瘤菌（*Sinorhizobium meliloti*）	染色体	3654	环状
	质粒	1683	环状
	质粒	1354	环状
霍乱弧菌（*Vibrio cholerae*）	染色体	2941	环状
	染色体	1072	环状
鼠疫杆菌（*Yersinia pestis*）	染色体	4654	环状
	质粒（*n*=3）	10～96	环状

来源于 Beutley S D，Parkhill J. Annu. Rev. Genet. 38：771-792，引自 Ohmachi M. 2002. Curr. Biol. 12：R 427-428.

不像染色体，质粒一般是一些辅助元件并携带一些仅仅只在特定条件下需要的基因（表 7.2）。例如，*B. aphidicola* APS 质粒编码合成色氨酸和亮氨酸的基因，这两种氨基酸是细菌能够为它们的宿主提供的氨基酸。而 *B. aphidicola* APS 染色体编码所有有关 DNA 的复制、转录、翻译、细胞膜和细胞形成，以及其他组装细胞的核心组件所需要的基因。在大肠杆菌 O157∶H7 中，92kb 的质粒编码很多能够导致疾病的毒力因子，然而染色体编码所有的管家基因。因为质粒在通常情况下仅仅具有辅助功能，因此如果没有暴露在特殊需要质粒的环境，一个生物常常在没有质粒的情况下也能生存，这意味着质粒会频繁地从特定的细菌和古细菌里面丢失。

表 7.2　质粒的功能

质粒的遗传功能	基因功能	例子
抗性	抗生素抗性	大肠杆菌和其他细菌的 Rbk 质粒
繁殖力	结合和 DNA 传递	大肠杆菌的 F 质粒
杀伤性	合成杀死其他细菌的毒素	大肠杆菌的 *Col* 质粒，大肠杆菌素生成
降解	代谢不正常分子的酶	恶臭假单胞菌（*Pseudomonas putida*）的 TOL 质粒，甲苯代谢
毒力	病原性	根癌农杆菌（*Agrobacterium tumefaciens*）的 Ti 质粒，引起双子叶植物的冠瘿病

在很多物种中，每个细胞内仅含一个拷贝的染色体（或少数拷贝）。然而，质粒通常情况下频繁地以多拷贝出现在细胞中，有时达到几千个拷贝。允许质粒拷贝数目增加而严格控制染色体数目在本质上意味着所有在质粒上的基因都经过了大量的复制。例如，在 *B. aphidicola* APS 内，色氨酸和亮氨酸质粒数目与染色体数目的比例超过 10∶1，这些差异（染色体数目和质粒数目不一致）出现的原因是染色体和质粒的复制并不是偶联的。其次，这两者频繁使用完全分离的复制机制。再次，因为染色体和质粒使用不同的复制系统，它们的突变频率和模式往往是不一样的。

从进化的观点来看，质粒和染色体最重要的差别是质粒可以在不同的株甚至是种内灵活的传递。质粒的移动性在**水平基因传递**里面起着极其重要的作用。当我们比较同一菌种的不同株或不同菌种时会发现，质粒在这些株或者种内常常呈非常零星的分布，这种分布是由质粒传递导致的。

在几乎所有的菌种内，都仅仅包含一个染色体，其他的遗传元件几乎全部是质粒。当然也有一些少数有趣的例外，在有些细菌内会包含超过一个的染色体。霍乱的罪魁，霍乱弧菌有两个大的遗传元件（2.9Mb 和 1.1Mb，表 7.1）。这两个遗传元件都编码许多管家基因并在霍乱弧菌的所有亲属（与霍乱弧菌亲缘关系很近）内被发现（因此并不呈零星的分布模式）。因此，这两个遗传元件都具备染色体的特性。

能够导致根瘤的根癌农杆菌有一对不寻常的染色体，一个是环状的（与典型的细菌类似），另外一个则为线性。曾经认为真核生物界所特有的线性遗传元件现在在一些细菌中也被发现。

线性染色体都面临着一个问题：DNA 聚合酶不能够复制染色体的末端，因为聚合酶不能够取代滞后链的 RNA 引物（注解框 12.1）。如果没有其他机制来复制末端（如端粒)，线性染色体随着复制次数的增加其长度会不断变小。真核生物用一个特化的酶——端粒酶，在端粒上增加一个重复的 DNA 基序（图 8.17）。有些细菌，如根癌农杆菌，看起来也是用类似的机制来稳定它们线性染色体的末端。此外，这个复制系统看起来是在细菌和真核生物中独立出现的，因此是有趣的协同进化的例子。

细菌和古细菌的基因组比真核生物的小得多，但是包装却很紧密

细菌和古细菌的基因组比绝大多数的真核生物的都要小（图 7.1）。细菌的基因组大小从 160kb（*Carsonella ruddii*）到 13Mb（δ-proteobacterium *Sporangium cellulosum*）不等。古细菌的基因组大小从 490kb（*Nanoarchaeum equitans*，一个共生菌，图 6.7）到 5.7Mb（*Methanosarcina acetivorans*）不等。细菌和古细菌基因组的平均大小约为 2Mb。

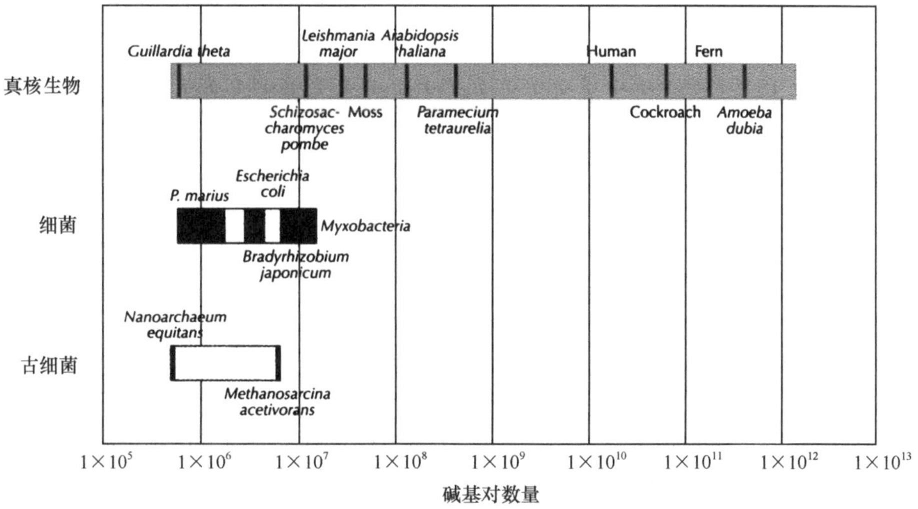

图 7.1　生命三域中基因组大小。此图选取和展示基因组大小和来自生物特异族群基因组大小范围变化［注：20 世纪 70 年代后期，美国人 Woese 等发现了地球上的第三生命形式——古细菌，才导致了生命三域学说的诞生。该学说认为生命是由古细菌域、细菌域和真核生物域所构成］。

当比较真核生物和细菌与古细菌时，基因组大小的差异远比基因数目差异大得多，这是因为在细菌和古细菌内基因的密度是非常大的（图 7.2）。例如，人类基因组比大肠杆菌 K12 的基因组大 1000 倍左右，但是人类蛋白质编码基因的数目仅仅是大肠杆菌 K12 的 10 倍左右（图 7.3）。事实上，有些细菌和古细菌比一些真核生物有更多的蛋白质编码基因。几乎 Myxobacteria（与子实体形成有关的 δ-变形菌的一个亚组，包括有 13Mb 基因组的 *S. cellulosum*）的所有物种都有超过 8000 个蛋白质编码基因，这比模式酵母生物酿酒酵母（*Saccharomyces cerevisiae*）和裂殖酵母（*Schizosaccharomyces pombe*）的都要大。

细菌和古细菌的基因组内的极具密度的基因是由于与真核生物基因组相比，它们缺少非编码 DNA。**内含子**和基因间区（如位于基因间的 DNA 序列）在细菌和古细菌中

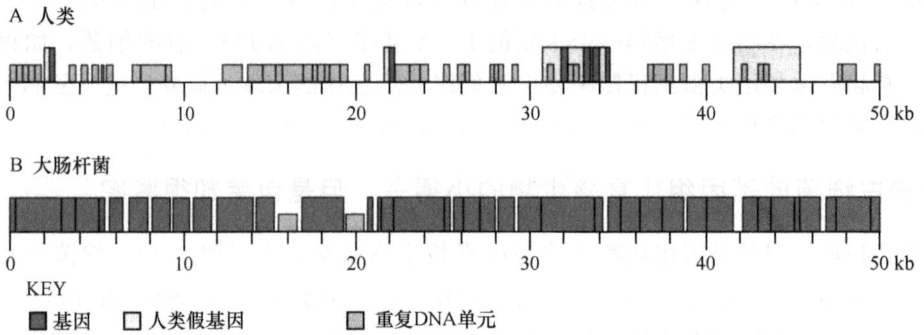

图 7.2　基因组密度。人类和大肠杆菌基因组密度和基因含量比较。每个片段长为 50kb 并且代表如下：(A) 人 βT-细胞基因座的一部分；(B) 大肠杆菌 K12 基因组的一个区段。注意与人类相比，在相等区段基因组内大肠杆菌具有更多比例的基因（红框）。

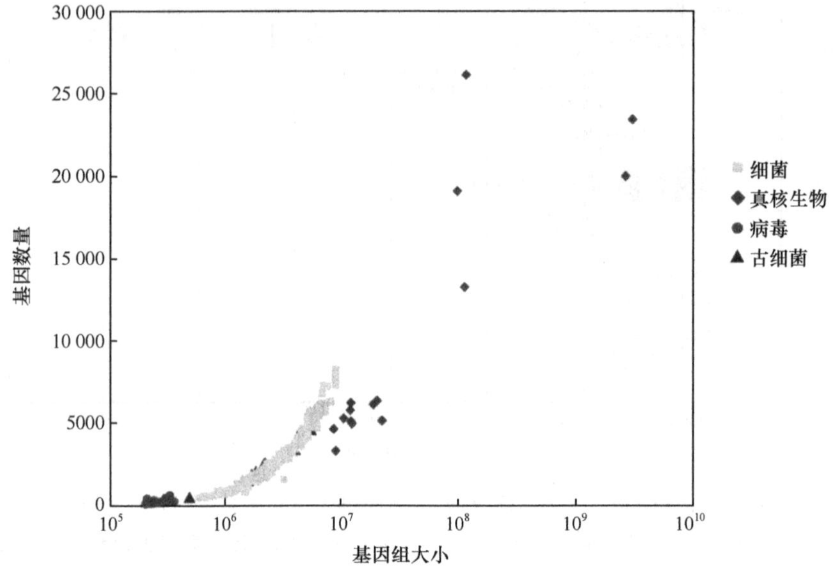

图 7.3　基因组大小与蛋白质编码基因数目的对比。对细菌、古细菌和病毒而言，基因数目和基因组大小是高度相关的。但是在真核生物中相关性要小。许多代表古细菌的点（蓝色三角形）与代表细菌的点是重叠的（黄色正方形）。

很少并且更小。相反，正如第 6 章所讨论，许多细菌和古细菌基因被组装成**操纵子**，仅使用一个启动子的共转录基因群的聚类。这种组织有助于创建一个紧凑的基因组。在一个操纵子内发现的基因常常具有相似的功能（如同样的代谢途径或单蛋白复合体）（图 7.4）。操纵子是细菌和古细菌基因组的一个重要特性。据估计，大肠杆菌 K12 基因组有大约有 700 个操纵子。

真核生物具有庞大的基因组是由于包含了很多数目的重复 DNA 元件（图 7.2）。共同的真核生物 DNA 重复元件包括简单序列重复（如**小卫星**和**微卫星**）、基因复制（串联重复序列和**假基因**）和**转座元件**。虽然细菌和古细菌的基因组包含重复序列的 DNA，

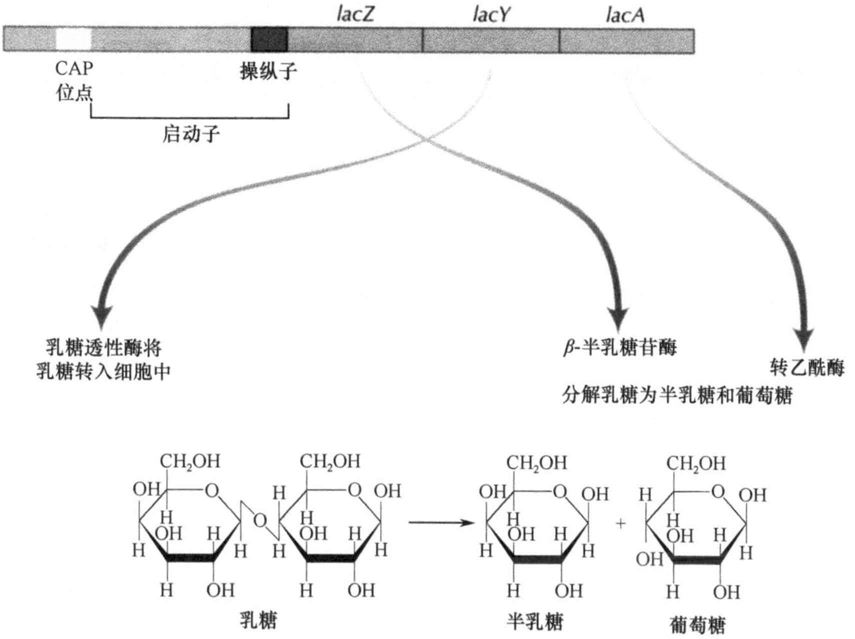

图 7.4　大肠杆菌乳糖操纵子。这个操纵子由三个基因组成，且这三个基因的转录由同一个启动子调节。这些基因编码参与乳糖利用的蛋白质，包括透性酶（由 *lacY* 编码），其作用是将乳糖从胞外摄入，及其他的两个酶（由 *lacZ* 和 *lacA* 编码），可将乳糖分解成葡萄糖和半乳糖。

这些重复的总数是相对较少的。例如，在真核生物基因组内具有成百上千的转座元件，但是在细菌和古细菌里面转座元件少到不足 100 个拷贝。

对流线型基因组的压力导致细菌和古细菌丢失没有被自然选择有效维持的基因

未来了解细菌和古细菌基因组的进化，一个有用的问题是为什么在真核生物内有如此多的非编码 DNA。很明显，许多真核生物内的这些额外的 DNA 有重要功能，如起调节作用。然而，更多的真核生物的基因组内的非编码 DNA 则被人们归为**垃圾 DNA** 或者**自私 DNA**。垃圾 DNA 看起来对生物没有功能或者提供很小的益处。（在某些情况下由于信息缺乏因此这个称呼有些不当。一些垃圾 DNA 涉及 DNA 调节、染色质组装、中心体活性和其他功能）。自私 DNA 是由移动 DNA 元件组成，这些自由元件能促进它们自身复制，即使这样是对宿主有害的。

为了解释为什么垃圾 DNA 或者自私 DNA 在细菌和古细菌里面相对少的问题，很多理论被提出来，所有这些理论都认为环境压力使得这些细菌总基因组大小维持在一个较小的范围。环境压力是最可能的自然选择，虽然可能更倾向于 DNA 缺失。事实上，细菌和古细菌里面这样的机制能够保持小和稀少的内含子，控制转座元件，维持操纵子和挑拣垃圾 DNA。有关对基因组大小进化的环境压力和其他理论在第 21 章里详细讨论。在此我们讨论细菌和古细菌基因组进化一般模式的效应。

细菌和古细菌中数目有限的内含子有很多非常重要的效应。例如，虽然真核生物可以通过对一个基因的**选择性剪接**（**alternative splicing**）产生数千种蛋白质产物，但是在细菌和古细菌里面没有观察到这样的例子。此外，蛋白质结构域的混合和匹配在细菌和古细菌中比真核生物中少得多，可能是因为这些事件主要是由在内含子里面的重组导致的。

操纵子的广泛使用同样产生了很显著的效应。在某些方面，操纵子是一个主要的限制，打断操纵子的突变（如通过引起操纵子中间的一个重组）可能是极其有害的。在其他方面，因为细菌和古细菌允许完全的基因传递（参见这章内的水平基因传递），因此操纵子有助于细菌和古细菌快速获得新的特性。相反，在许多真核生物内，由于涉及同一个途径的基因散布于基因组上，在一段时间内所有这些基因从一个菌株或菌种传递到其他的菌株或菌种是不太可能的。

在细菌和古细菌里面，对流线型基因组（是否由偏好的突变或者对小基因组选择或两者皆有）的压力意味着不能提供优势的基因很快就会被选择掉（注解框 18.2）。因此，虽然没有很大优势的基因可能在真核生物里面存在很长时间，但是它们在细菌和古细菌内就不能存在很长时间。例如，*B. aphidicola* APS 自从与大肠杆菌的共同祖先分离后，其基因组经历了急剧的减少（图 7.5）。这个共生体生活在蚜虫的细胞内，蚜虫细胞并不需要很多大肠杆菌自由生长所需的基因。

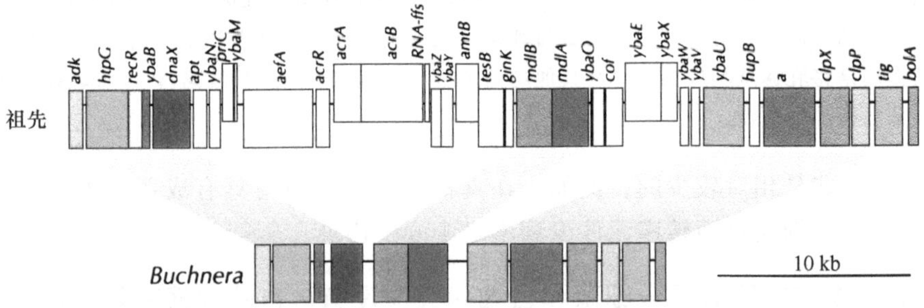

图 7.5　蚜虫共生菌 *Buchnera* 基因组减小示意图。图示两个基因组的一个片段。（上图）在 *Buchnera* 种中所有蚜虫内共生体推断的祖先。（下图）目前存在的共生体的基因组。祖先基因组中白色部分表明剧烈的基因丢失，这些基因在祖先基因组中存在，但是在现代共生体内基因组很多部分已丢失。两个基因组中（祖先和现代）同源基因用相同的颜色表示。注意，尽管有基因丢失但是基因顺序在两个基因组中还是保守的。基因转录方向由基因框在黑线上上移或下移表示。

细菌和古细菌的基因含量处于永恒的变化之中

几百个菌株全基因组测序的完成使得科学家能够研究基因含量是如何进化的。第一个这种类型的分析是用两个全基因组序列：生殖支原体（*Mycoplasma genitalium*，MG）和流感嗜血杆菌（*Haemophilus influenza*）。尽管这两个菌株的基因组都很小，科学家发现它们具有几百个同源基因。这些共同的基因被认为是一个细菌的“最小基因集”，这就意味着这些基因可能代表着组成一个细菌所必需的基因（图 7.6A）。

然而，随着越来越多的来自于不同系统发育组别的基因组被测序，“核心”的同源

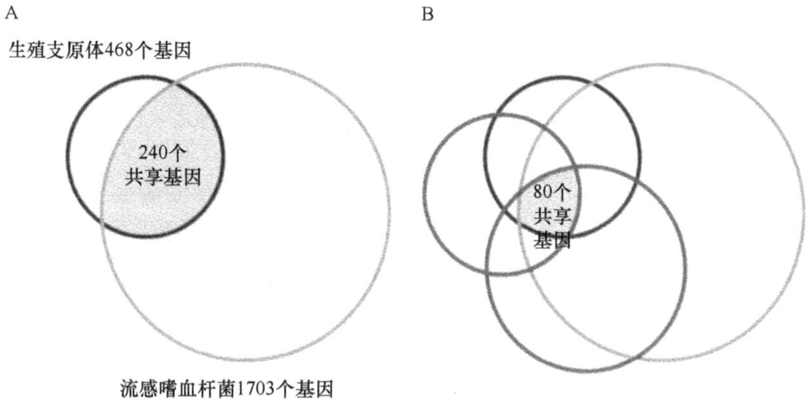

图 7.6　（A）两个最先完成基因组的物种，流感嗜血杆菌和生殖支原体中预测蛋白编码基因的比较。这两个物种共享接近 200 个基因。（B）最先完成的 25 个细菌基因组预测蛋白编码基因比较（不是所有 25 个圆环都标出）。注意，仅仅约有 80 个在所有物种中共享的基因被鉴别出。

基因在减少（图 7.6B）。当来自于同一个物种的不同菌株的基因组被比较时，这个问题的原因变得清晰起来。这样的研究首先在病原的大肠杆菌 O157：H7 和 K12 中进行，虽然这两个菌拥有接近 4000 个高度保守的基因，但是 O157：H7 有超过 1000 个基因在 K12 里面没有发现，而 K12 拥有在 O157：H7 中缺乏的约 500 个基因（图 7.7）。类似的在同一个物种不同成员内基因含量变异的模式在其他谱系的细菌和古细菌中也有报道。因此，核心同源基因数目的减少是一些发生在亲缘关系很近的物种内事情的简单延伸。

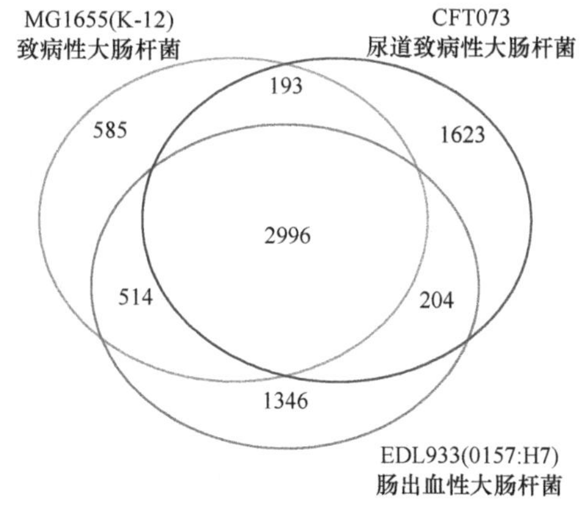

图 7.7　大肠杆菌不同菌株中共享蛋白质数目。注意，在一个菌株中发现的大量基因在另外一个菌株中并不存在（参见每个圆环的外部部分）。

注解框 7.1　用点图以图表对位排列来比较环状基因组

比较基因组的排列对了解它们如何进化是一个非常重要的方法。这使科学家能够鉴别和理解基因组重排（如倒位和易位），并搜索可能解释一些特定的事件会为什么发生以及这些事件是如何发生的模式和相关性。例如，在物种间基因顺序的差异频繁地在重复DNA序列附近发现，这表明重复DNA序列的重组有可能导致基因重排。一个更有用的方法是在一个 x-y 坐标中比较两个基因组，即人们常常提到的点状图。

点状图使得人们利用可视化的模式识别技术来鉴定类似性。这些技术的高效能和简便性使得它们在生物学领域外也是一个很有价值的分析工具，就像在电子工程和计算机科学领域一样。我们用一些基于文本的实例来阐释这个方法。图 7.8A 对 familiar quotation 自身作图。中心的对角线是一致性轴。外部点代表重复区段。一种快速检测能够将在其内部重复模式（图 7.8B）与一些唯一元件区别开（图 7.8C）。

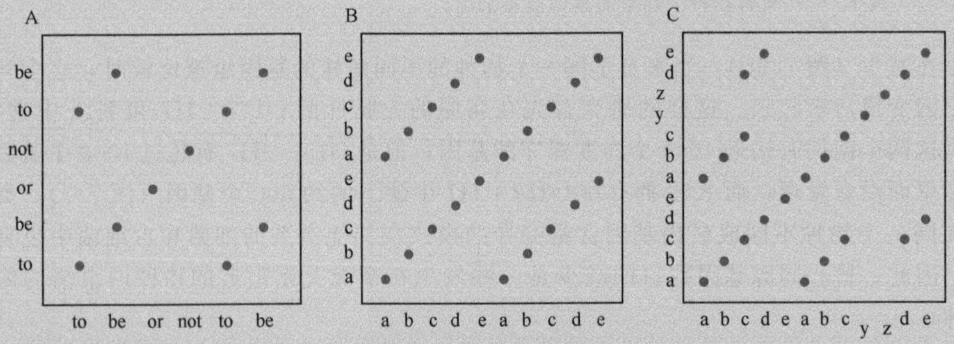

图 7.8　重复文本点状图。

因为绝大多数的细菌和古细菌的染色体是环状的，将一个染色体在 x 轴或 y 轴上展开前必须先被“打开”。虽然在这个环上的任意一点上都可以线性化，但是人们更倾向于在染色体的复制起始处将染色体打开（图 7.9A）。打开后一个线性染色体将其复制起始点置于绘图起点出并延着 x 轴排列。另外一个染色体以类似的方式排列于 y 轴。然后通过搜索一些指定的类似性或保守性模式来比较这两个染色体。例如，可以鉴别同源或直系同源的基因，且每一个点代表一对这样的基因。这个例子中的点图是两个染色体间保守基因顺序的可视化表现形式。

另外一个方法，即滑动窗方法也可以用来比较两个DNA序列。每个基因被分割成特定大小碱基的片段。具有序列类似性的每一对片段由一个点表示。分析这些点图能够揭示除基因顺序保守外的模式和其他一些特性，如能够发现一些保守的非编码DNA或重复序列位置的保守性。

图 7.9 展示了一些基因组点图是如何使用的例子。图 7.9B～D 表示如何利用点图通过将染色体和自身比较来研究一个染色体内部结构。图 7.9B 表示一个非重复基因组对自身作图。所有的点都延着一个单一对角线排列，这一对角线表明每个作图区域仅仅类似于其自身。重

复的基因或DNA序列作为偏离主对角线横排点出现（图7.9C）。更多的重复数产生了一个更复杂的模式（图7.9D）。当两个不同的基因组被比较时，点图能够提供基因组如何分歧的知识。例如，图7.9E表示由两个基因组通过倒置产生差异的点图，图7.9F表示基因组通过插入和缺失产生差异的点图。

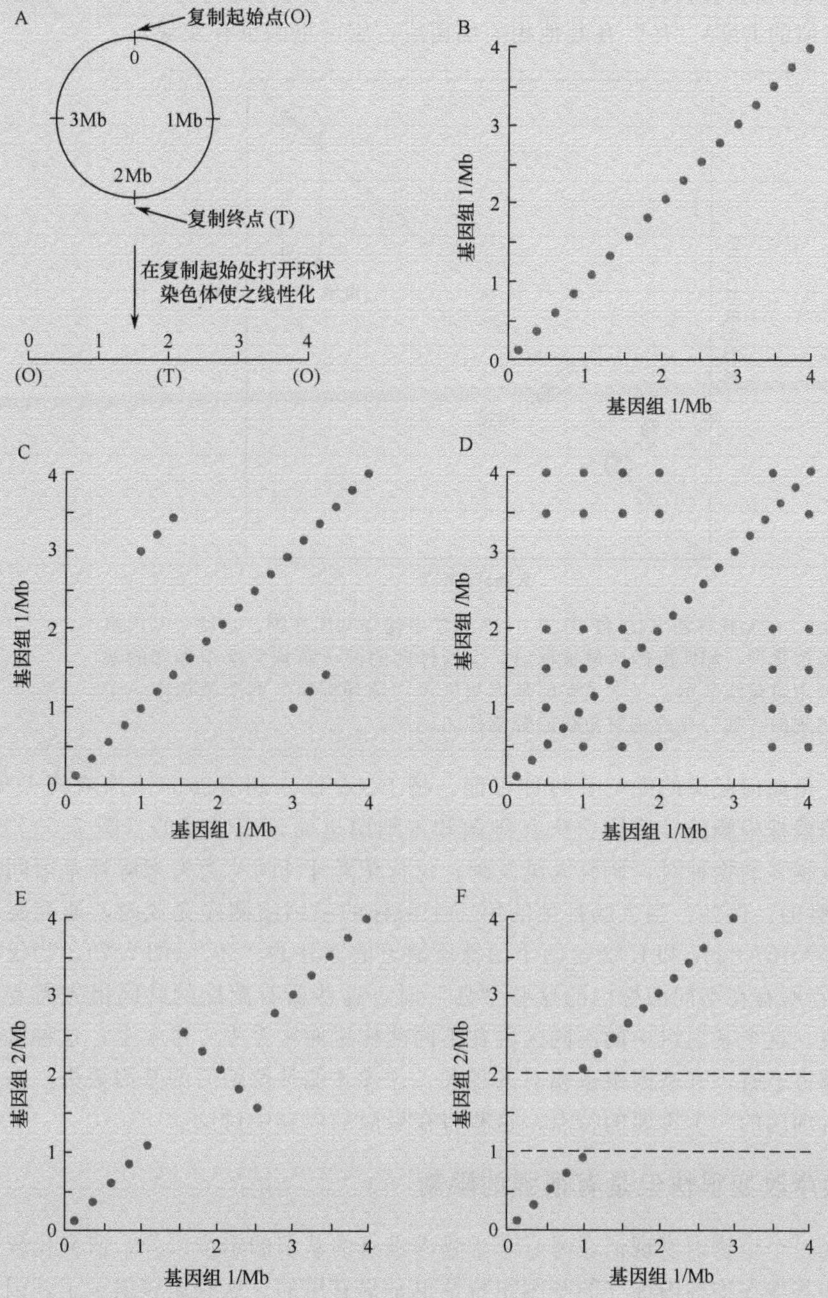

图7.9　用点图来比较环状基因组。参见注解框内的解释。

为何在亲缘关系很近的物种内存在这么多基因含量的差异？一个最重要的启示来自于相关物种基因组结构的比较（排列环状基因组结构的图解方法参见注解框 7.1，图 7.8 和图 7.9）。在比较大肠杆菌 O157：H7 和 K12 中，这两个菌株所拥有的共同的基因不仅在序列水平高度保守，它们同样在两个菌株里面有着一样的顺序（图 7.10）。每个菌株所特有的唯一序列聚类成“岛”，这些“岛”分布在共同基因中间。在一个保守基因组骨架内类似的 DNA“岛”在其他相关细菌或古细菌里面也有发现。

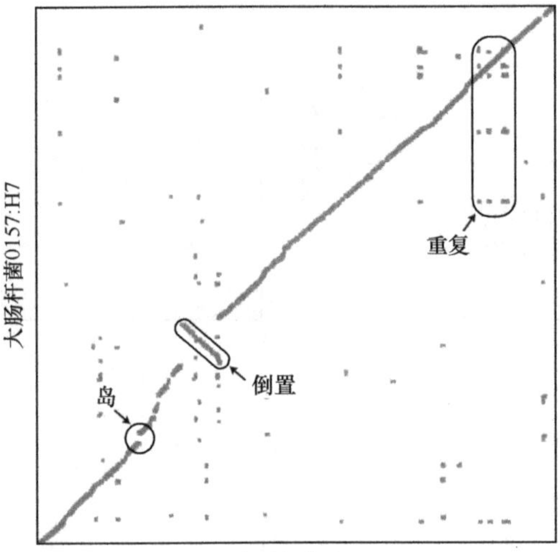

图 7.10 在大肠杆菌 K12 和 O157：H7 骨架中保守基因序列。这两个基因组相互对位排列，相匹配的区域被标出。大肠杆菌的两个菌株骨架中保守的基因序列由对角线表示。三个重要的基因组区域用圆环标出。两个菌株中一个内部出现的“岛”导致主对角线的轻微移动。

这些“岛”是如何起源的呢？有两种可能，将 DNA 插入到有岛的菌株或将 DNA 从没有“岛”的菌株中删除。基因丢失在细菌和古细菌里面是很常见的（图 7.5）。然而，当比较越来越多的物种时，研究人员发现，仅仅依赖于 DNA 丢失来解释基因间的“岛”是站不住脚的。例如，当大肠杆菌的第三个菌株的基因组测序完成时，研究发现这个菌株有很多 O157：H7 和 K12 这两个菌株所缺乏的额外的“岛”（图 7.7）。当仅用 DNA 丢失来解释所有在不同菌株内的这些“岛”时，这些所有菌株的共同祖先需要一个很大的基因组，这个基因组中的不同区段在不同菌株里面被丢失。事实上，这种机制要求祖先物种越古老时，其基因组也相对的越大，这样才能补偿随后的基因丢失。基因获得是细菌和古细菌的一个重要的特点，这些将在后面的内容中讨论。

基因的排列顺序改变很快但是有很强的限制

除了研究在一个生物内发现但在另一个生物内没有的基因的定位以外，研究比较基因的排列顺序和其他在物种内保守的基因组特性也是很有用的。这些比较揭示了基因组是如何进化的，同时也揭示了对基因相对位置起限制作用的是些什么元素。

与基因含量一样，在远缘物种间基因顺序的保守性是很低的（图 7.11）。然而，一些基因组是高度保守的。最好的例子是编码核糖体蛋白的基因（图 7.12）。这样的保守性发生在跨越如此大的进化距离意味着转录和翻译的紧密协同调节对功能是必要的。这很可能有一部分原因是在细菌和古细菌中转录和翻译的偶联造成的。相反，在真核生物中缺乏这样的偶联，这可能解释为何跨越很大进化距离的基因顺序保守的例子如此之少。

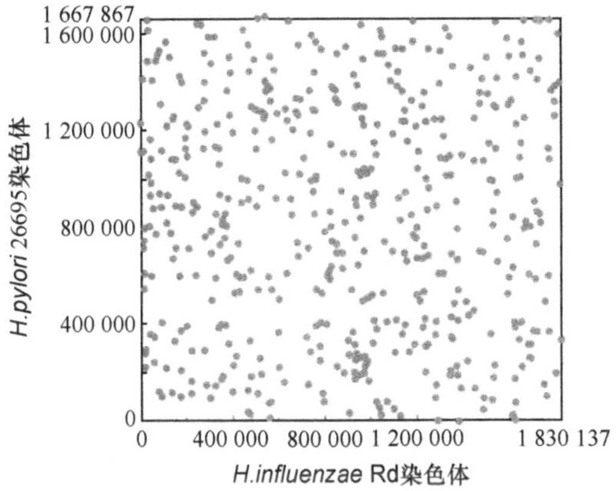

图 7.11　图示在流感嗜血杆菌和 *Helicobacter pylori* 中缺乏基因序列的保守性。流感嗜血杆菌和 *H. pylori* 线性化的染色体分别在横轴和纵轴上作图。每个点代表一对直系同源蛋白质。在类似的操纵子中虽然有基因存在，但是因为距离太近，所以在这个标度的图上不能给出单独的点。

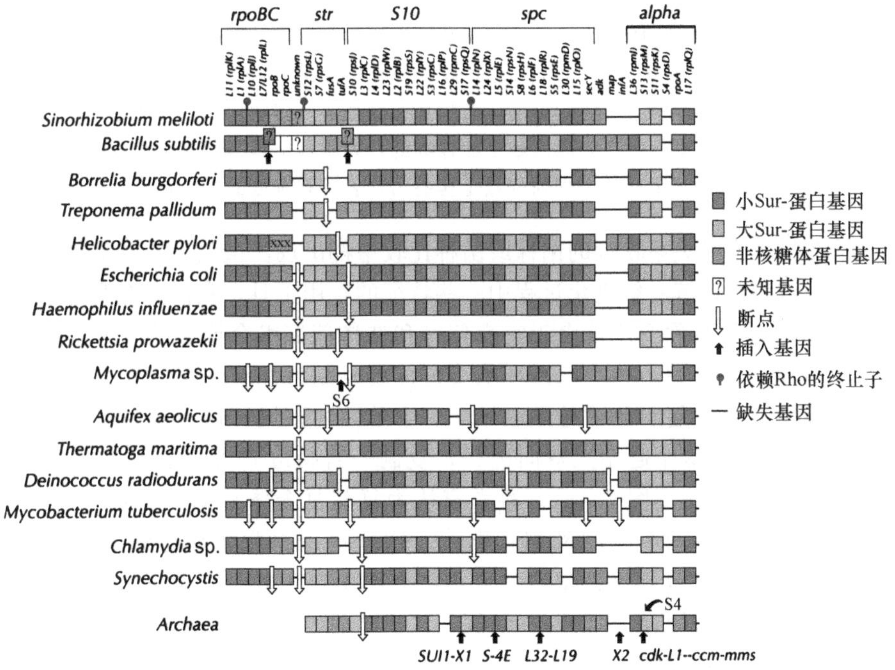

图 7.12　核糖体蛋白操纵子在所有细菌和古细菌物种中基因排列顺序都很保守。

当在亲缘关系很近的株内或种内做基因顺序的比较时，重排在如转座子或复制的基因等重复的序列内频繁发现（图 7.13）。虽然重复的 DNA 序列在细菌和古细菌里面很少，但是这些重复仍然在基因组的进化过程中起着重要作用。

在许多组亲缘关系很近的种间比较基因顺序能揭示哪一个类型的重排是最普遍的。在细菌和古细菌里面，一个最平常的重排是复制开始附近地方的对称倒位（图 7.14）。这

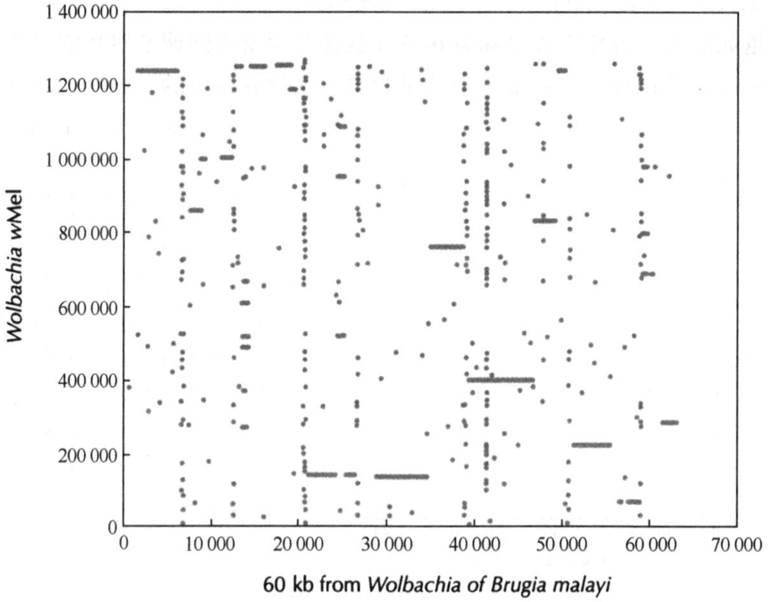

图 7.13　在重复 DNA 位点相近物种基因排列顺序保守性频繁地被打断。这个图表示 *Wolbachia* 的一个基因组片段和另外一个 *Wolbachia* 完全基因组的点图。注意，这里有不同的刻度，意味着保守基因顺序的区域以接近水平线方式出现。具有保守序列的区域是非连续的，表明两个基因组间有重排。基因序列的打断与垂直的一列列的点是相关的，表明有重复的 DNA 元件出现。

些倒位几乎在每个亲缘关系较近的菌株或菌种比较中都出现。虽然其他的重排也发生，对称倒位是一个对我们理解一般进化过程中一些特征的有用工具，我们将在此着重讨论。

复制起始附近的对称倒位是由于突变偏好和选择偏好组合形成的。为了理解突变偏好如何导致倒位，了解细菌和古细菌环状染色体的复制特性有助于研究人员对这个问题的认识。环状染色体的复制几乎总是起始于一个单独的区域，这个区域被人们称为复制起始点。DNA 复制从这个起始点双向进行，复制一直持续直到复制叉在复制结束时于 DNA 环的另外一侧停止（图 7.15）。科学家认为复制复合体是相对静止的，DNA 穿过这个复合体，这会使得两个复制叉相互靠近。这种穿越因此能够导致对称倒位。如果 DNA 复制复合体从 DNA 链上滑落，它们可能利用来自于复制起始反侧的 DNA 模板来延伸刚复制的 DNA，因此能够导致一个倒位。由于两个复制叉前进的速度大约是相等的，这将会导致一个对称倒位。

除了这种突变偏好，还有显而易见的选择偏好来剔除其他类型的倒位。特别是对高度表达的基因而言，可能存在选择来拮抗与 DNA 复制方向相反的转录。如果这两个过程发生在相反的方向，可能会引起 RNA 聚合酶和 DNA 聚合酶间的冲突。对称倒位不会改变任何在这个倒位内基因的转录和复制的相对方向，虽然不对称倒位会造成基因转录和复制方向的改变。选择拮抗 DNA 聚合酶和 RNA 聚合酶的碰撞被认为是导致厚壁菌门（Firmicute）不正常的基因组模式的部分原因。在这个菌门中，超过 90%的基因的转录和复制方向是一样的。

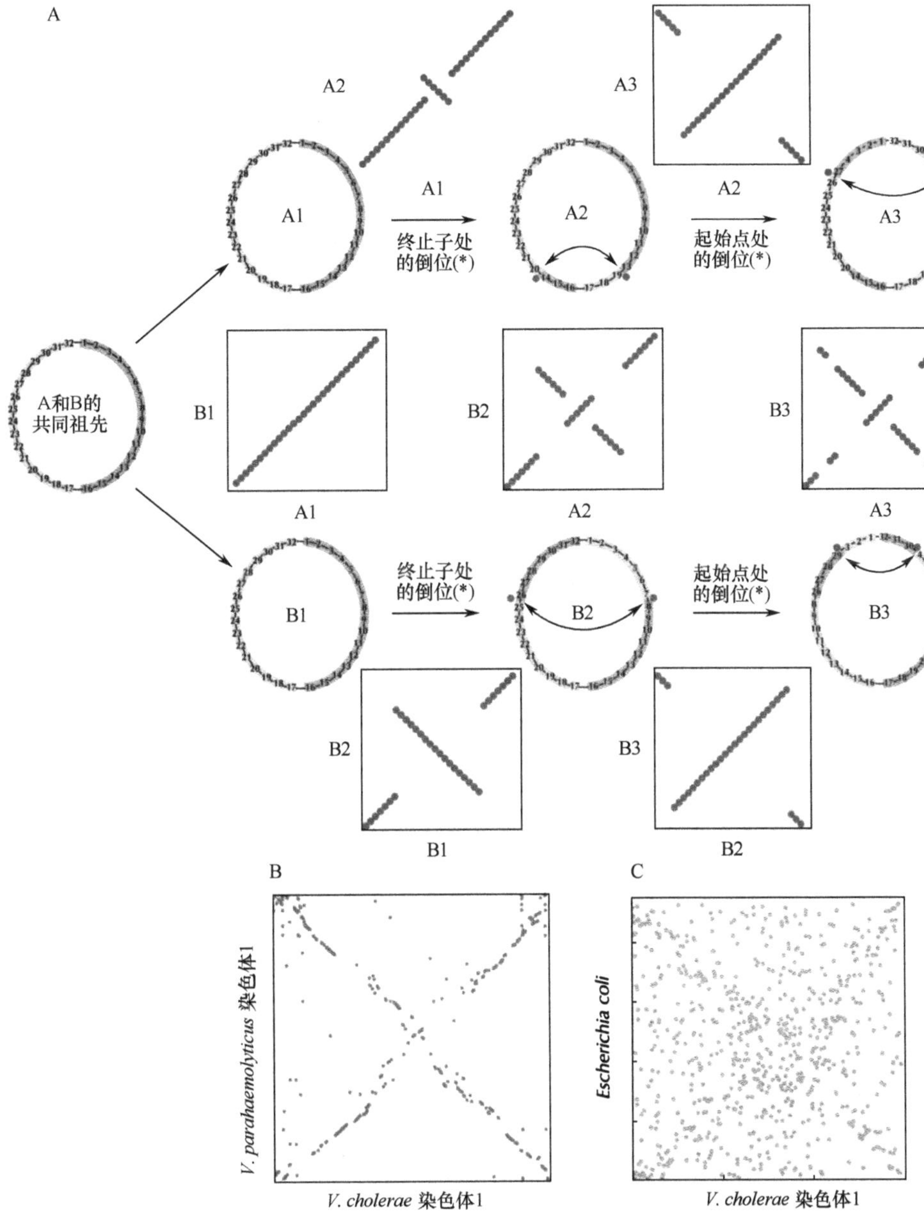

图 7.14　X 对位排列。（A）对称基因组倒位的示意性模型。这个模型展示了一个初始物种形成事件，随后在不同分支中伴随着一系列的倒位（A 和 B）。倒位发生在星号（*）之间。染色体上的数目表示假定的基因 1～32。在时间点 1，两个物种的基因组仍然是共线性的（表示在 A1 vs. B1 的散点图中）。在时间点 1 和时间点 2，每个物种约在终点时（A 和 B）经历了一个大规模的倒位（表示在 A1 vs. A2 和 B1 vs. B2 中）。在时间点 2 和时间点 3，每个物种经历了一个额外的倒位（表示在 B2 vs. B3 和 A2 vs. A3 中）。这导致物种间的散点图开始类似于一个 X 对位排列。（B）霍乱弧菌（*Vibrio cholerae*）（*x* 轴）和副溶血弧菌（*Vibrio parahaemolyticus*）（*y* 轴）主要染色体点图的类 X 对位排列。（C）当比较亲缘关系更远的物种时，一个弱的类似于 X 模式仍存在，如 mbsembse 这个例子中的霍乱弧菌和大肠杆菌。一个类似于 X 模式表明从复制起始点到一个基因的距离是保守的，但是它位于复制起始点的哪一侧则是不保守的。

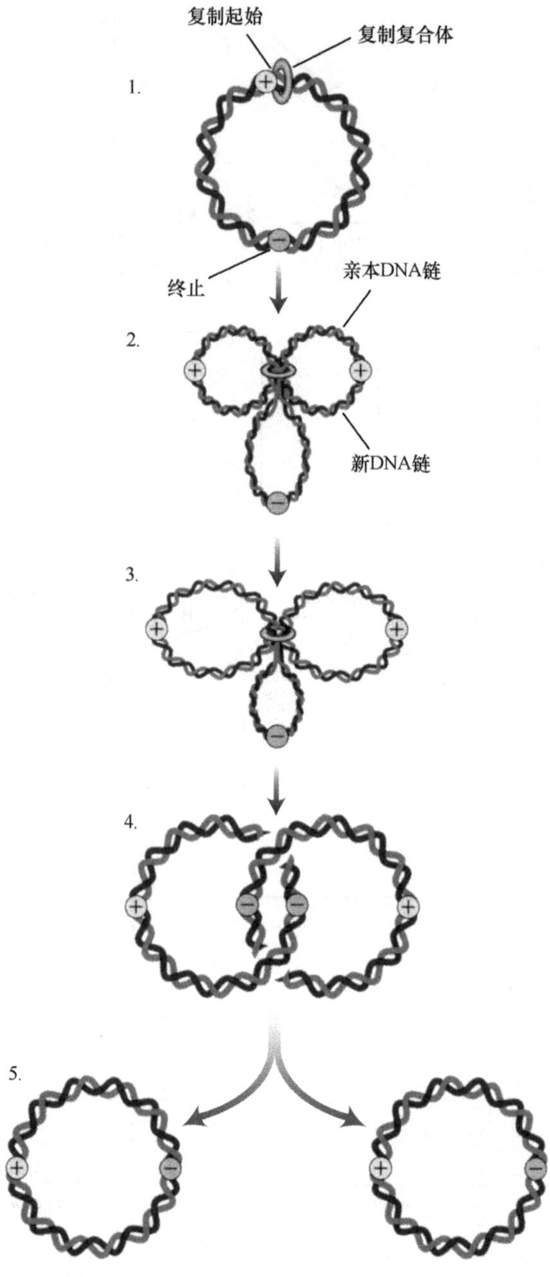

图 7.15　双向复制。细菌环状基因组复制过程图解。(1) 复制的起始 (+) 和终止 (−)。复制机器由 DNA 上的一个环表示。(2) 复制从起始处沿双向进行。(3) 复制连续进行。(4) 复制完成，两个环状 DNA 由一个酶切割，移动，然后将切开的环连接起来。(5) 两个子分子。

第二个抵抗不对称倒位的选择压力涉及基因与复制起始的距离。对称倒位不会改变这个距离，仅仅改变复制起始附近的基因。这是非常重要的，因为在每个细胞中与复制起始距离不等的基因有不同的有效拷贝数（即**基因剂量**）。相比与复制起始远的基因（如在复制末端），与复制起始近的基因有更高的有效拷贝数，特别是当细胞活跃生长时。

这是因为活跃生长的细胞常常有一系列的基因拷贝数，这就意味着，仅当一个双向复制过程开始后，在后面两个复制的模板上留下两个起始。如果有很多活跃的双向复制叉移动时，复制起始附近的基因相比那些远端的基因而言，它们在细胞中的拷贝数会不止一个。

基因效应的选择、拮抗复制和转录方向变化的选择以及对称倒位突变偏好的组合是一个强有力的三重唱。结果就是即使当没有保守基因序列出现的时候，一个基因和复制起始的距离还是高度保守的（图 7.14C）。因为突变率部分地受基因和复制起始间的距离影响，对不同基因而言，突变率可能在跨越很大进化距离的细菌和古细菌中是保守的。

水平基因传递

水平基因传递在细菌和古细菌中是普遍存在的

通过混合和匹配不同的变体，重组极大地增加了变异的模式。在真核生物中，重组主要发生在有性生殖的物种内，当来自于亲本的 DNA 混合形成新的组合时重组就随之发生。因为在真核生物内看到的有性重组在细菌和古细菌内不发生，很多年来人们都认为**遗传重组**在这些生物内是很少的。我们现在知道事实并不是这样的。细菌和古细菌也经历重组，在种内和种间都如此，即使在亲缘关系很远的物种间也存在。重组有很多形式，目前一般称为水平基因传递，也就是水平 DNA 传递、水平 DNA 转移或基因转移。

如在前文中讨论的一样，水平这个术语意味着将这类形式的 DNA 传递与正常的从亲本到子代的 DNA“垂直”传递是相对的。虽然有些方面类似，但是水平基因转移在很多方面都与性重组不一样。在水平基因转移过程中，交换常常是单向的，即 DNA 从一个生物到另一个生物转移，而不是将来自于两个个体的 DNA 混合。此外，参与水平基因转移的两个生物的进化距离可以很远（即它们的亲缘关系很远），甚至可以在来自于不同域内的物种间发生（如细菌和古细菌）。

水平基因转移的重要性反映在很多积极和消极的过程都会导致水平基因转移的发生，这并不是说在真核生物中没有水平基因转移的发生。然而，基因转移发生的程度看起来是很有限的，记录得最好的例子是基因从细胞器的基因组转移到核内。水平基因转移可能是细菌和古细菌的多样性有别于真核生物的一个主要原因。在本章余下的小节中我们将介绍不同的水平基因转移的机制和一些特例。

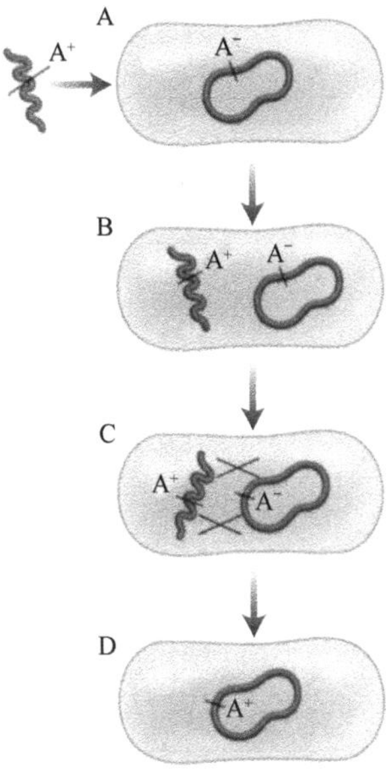

图 7.16　感受态细胞。(A) 一个自然的感受态细胞暴露于它所处环境中的 DNA 之下。(B) 这个细胞吸收 DNA。(C) 吸收的 DNA 分子与染色体重组。(D) 新 DNA 片段代替了同源片段（在这个例子中，导致了 A^- 等位基因代替了 A^+ 等位基因）。

转化

在转化过程中，裸 DNA 直接被外界吸收，即被人们熟知的**感受态细胞**（图 7.16）。虽然科学家可以通过实验方法将正常情况下不处于感受态的细胞制备成感受态细胞，但仅仅只有一些特定物种在自然条件下是处于感受态的。自然条件下的感受态细胞包括耐辐射球菌（*Deinococcus radiodurans*）、肺炎链球菌（*Streptococcus pneumoniae*）和能致病的流感嗜血杆菌。一般认为自然条件下处于感受态的物种更有可能经历了水平基因转移。一个感受态形式，即在 Avery 试验中负责 DNA 吸收的试验证明 DNA 是遗传物质（图 2.15）。

结合

在微生物间的基因转移还以另外一种被称为**结合**的交配形式发生（图 7.17）。在结

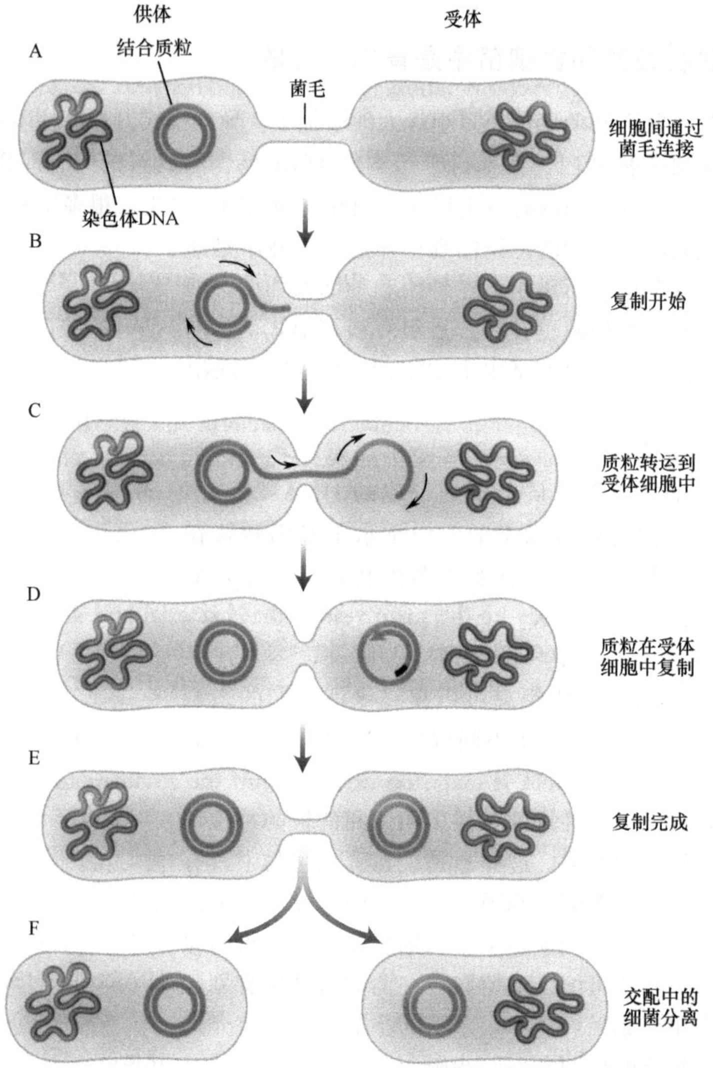

图 7.17　结合。（A）包含一个结合质粒的细菌供体和邻近的细胞形成连接（菌毛）。（B）一个单链拷贝的质粒基因组形成。（C）这个单链拷贝通过菌毛被送往接受细胞。（D）质粒 DNA 的互补链形成。（E）DNA 复制完成。（F）菌毛被破坏。

合过程中，细胞间有物理连接，DNA 从一个细胞进入另外一个细胞。结合频繁地通过一种称为结合质粒的自复制遗传元件介导。这些质粒编码所有执行结合所需要的蛋白质。与感受态一样，DNA 能够以自复制元件或整合到受体基因组内而得以维持。

结合能在跨越很大进化距离的物种间发生，甚至在真核生物里面也一样。例如，根癌农杆菌内 543kb 的元件（表 7.1 和表 7.2）编码介导将质粒 DNA 注入植物细胞的蛋白质（图 7.18）。一旦进入植物细胞，这个 DNA 整合到植物核基因组里面，引起其他质粒基因的表达，导致植物冠瘿病（crown gall tumor）发生。这些肿瘤能作为细菌的一个营养库，因为转移的基因导致植物表达一些营养成分和其他代谢物。这种基因转移过程在植物分子生物学研究中是非常有价值的。根癌农杆菌的 Ti 质粒在实验室中作为一个载体可以将一系列的基因转入植物中，使得研究者能更好地理解这些基因的功能。

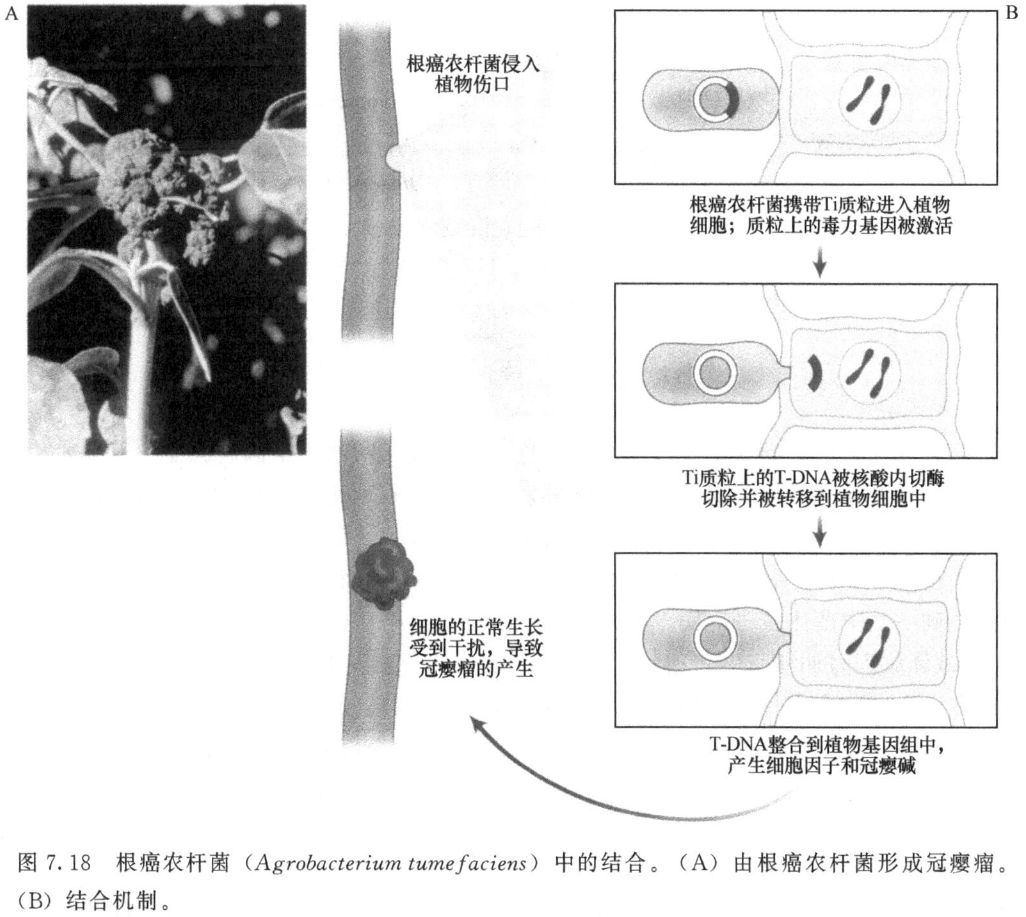

图 7.18　根癌农杆菌（*Agrobacterium tumefaciens*）中的结合。（A）由根癌农杆菌形成冠瘿瘤。（B）结合机制。

结合在将抗生素抗性传递给病原菌过程中起着非常重要的作用。许多类型的生物（微生物、动物、植物和原生生物）产生**抗菌剂**或抗生素化合物，这些物质能够杀死、损伤或抑制微生物的生长。这会导致微生物进化出很多策略来限制这些抗生素对它们的有害作用。在很多情况下，负责抵抗抗生素或抗菌剂的基因在结合质粒内发现，这些基因能够很容易地传递给其他的菌株或菌种。因此，通过结合，抗生素抵抗会很快在细菌中蔓延（图 7.19）。

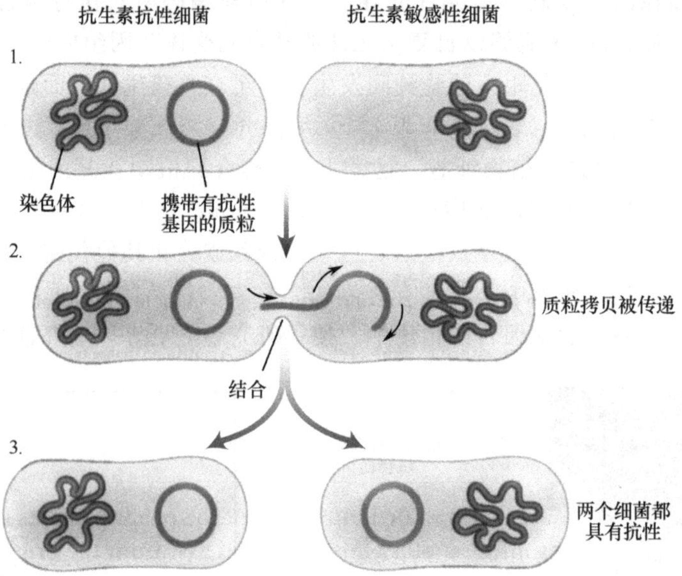

图 7.19 通过质粒介导的抗生素抗性的水平传递。（1）抗生素抗性和敏感性细菌。（2）细菌通过结合进行“交配”，在这个过程中一个包含抗性基因的质粒拷贝被传递。（3）两个细菌现在都具有抗性了。

转导

病毒（当它们感染细菌或古细菌时被称为**噬菌体**）对水平基因转移是一个非常重要的载体。噬菌体介导的基因转移通过**转导**发生，转导有两个主要的类型（图 7.20）。在一般化的转导中，噬菌体首先感染一个细胞，然后同时产生噬菌体基因组和噬菌体衣壳。噬菌体 DNA 包裹进衣壳蛋白中。偶然地，当噬菌体组装时宿主基因组的片段也会被整合到一些噬菌体粒子里面。如果这些粒子感染另外一个宿主细胞，来自于原细胞的 DNA 被释放到另外细胞中。这些 DNA 的命运和感受态发生时的 DNA 是一样的。它们可能在一个细胞内维持或降解，一旦降解它们对宿主就没有长程效应。在特化的转导中，噬菌体首先将它们的基因组整合到宿主基因组中。随着衣壳蛋白的产生，整合的 DNA 被剪切然后包装进衣壳里面。少数情况下，从宿主基因组上剪切的 DNA 可能包括邻近的宿主 DNA。当这些噬菌体感染新的宿主细胞时，这些 DNA 会整合到新的宿主中，结果就是以噬菌体为载体将 DNA 从一个微生物转移到另外一个微生物中。

因为很多噬菌体能感染很多物种，噬菌体能够在进化距离很远的物种中转移 DNA，这可能导致中间物种转移与病原性和毒性有关的基因。病原性和毒性基因常常在病原细菌里面连续地聚集成串，这些“串”称为**致病性岛屿（pathogenicity island）**（图 7.21）。在很多情况下，在特定菌株中发现的岛屿从 GC 含量、密码子使用和系统发育历史来看都是没有规律的，这就意味着这些岛屿可能是从一个物种到另外一个物种间的传递。虽然准确的转移机制目前并不是很清楚，但转移很可能由转导介导，这些基因在染色体上

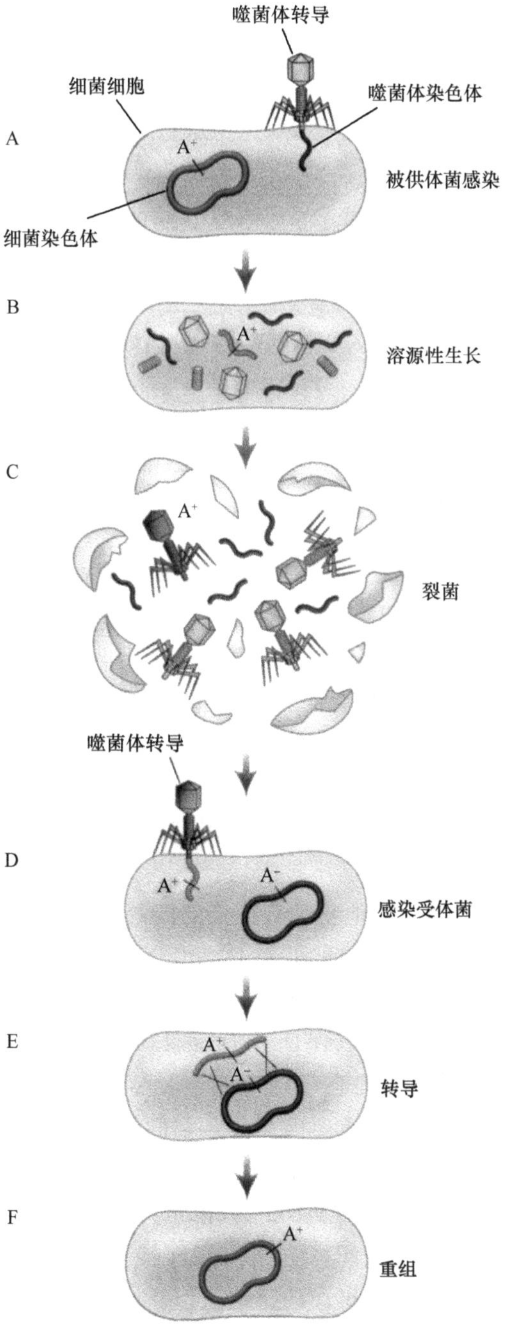

图 7.20　转导。(A) 一个噬菌体感染一个细菌。(B) 噬菌体诱导宿主合成许多拷贝的噬菌体基因组和结构组分。(C) 噬菌体 DNA 被包入噬菌体的头部。一个噬菌体（红色）携带了宿主的一个基因组片段，包括一个抗生素抗性基因，A^+。(D) 这个 A^+ 噬菌体感染 A^- 噬菌体。(E) 噬菌体 DNA 和染色体部分区域是同源的，这使得重组可以发生（如转导）。(F) 接受体现在携带了 A^+，因此具有抗性。噬菌体转导绝大部分发生在物种内，但是同样能够帮助亲缘关系远的物种彼此之间进行 DNA 交换。

的成串排列使得它们能在很多菌株或物种间转移。

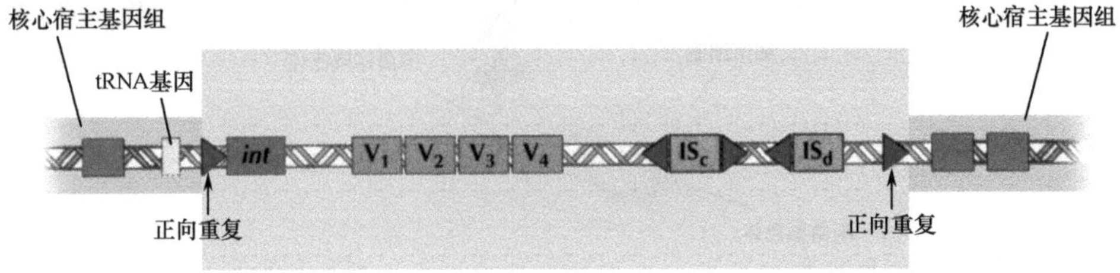

图 7.21 致病性岛屿示意图（在大的绿色区域内部）。岛屿的侧面是核心宿主基因（小的蓝色阴影部分）。紧接岛的左侧是一个 tRNA 基因，许多岛在 tRNA 基因附近或者内部发现。岛的边缘是正向重复序列（红色三角形）。岛内是毒性基因（橙色方框）和一些插入序列（紫色方框）。

在自然群体中基因转移的屏障限制

尽管物种间有水平基因转移的机制，但 DNA 在细菌和古细菌中并不能够自由地流动。DNA 转移的屏障，有些是起积极作用的，而有些却是消极作用，这些作用极大地限制了物种间的水平基因转移的数量。

限制物种间基因移动的一个屏障是酶，一些酶能够识别和特异地降解外源 DNA。这些**限制酶（restriction enzyme）**在很多细菌和古细菌中都有发现（限制酶酶切是现代生物学研究的一个必不可少的工具，在重组 DNA 技术和遗传工程中起着很大的作用）。它们切割包含特定碱基序列的分子（常常称为限制性位点）。生物体通过缺失限制性位点，或甲基化自己的序列来保护自己不被酶切。一些物种没有任何限制酶，因而更容易成功地进行外源 DNA 的转移。其他物种有许多的限制酶，每个限制酶识别一个唯一的序列，这使得这些生物能够限制获得的外源 DNA。

即使外源 DNA 逃过宿主的限制性系统，外源 DNA 必定包含能够被 DNA 聚合酶和 DNA 分离机器识别的调控元件以保证它们能顺利地从亲本传递到子代间。对一个 DNA 片段，一个可靠的传递方法是自己携带能够复制和分离自己的指令。这就是为什么质粒是一个对水平基因转移如此重要的载体，它们是能自复制的遗传元件。

此外，为了保证繁殖，外源 DNA 需要用一个可能的途径整合到宿主基因组中。一个方法是通过**同源重组（homologous recombination）**。如果外源 DNA 包含了一个与宿主 DNA 很类似的序列，它就能够和宿主遗传元件排列并在相似的序列处进行同源重组。这与发生在真核生物减数分裂里面的重组类似。同源重组将在第 12 章中详述。

重组同样能够以一种位点特异性的方式发生，在这个方式中，外源 DNA 简单地插入到没有同源序列的受体基因组内。例如，借助于 tRNA 基因高度保守的序列和结构，很多噬菌体将自己的 DNA 插入到转运 RNA 基因位点的宿主基因组中。不需要序列类似性使得噬菌体在进化距离很远的物种中转移 DNA。

即使在获得外源 DNA 后，如果不能够为宿主生物提供一些选择优势，外源 DNA 在新宿主中也很难繁殖。物种间在它们如何行使基因功能方面存在很大的差异，例如，不同的物种有自己的密码子偏好性，即在一个特定的氨基酸上应该使用哪个密码子。如果使用非偏好密码子，**密码子偏好性（codon usage bias）**会导致低效的或不精确的翻译。如果在外源 DNA 和宿主间存在密码子偏好性，被外源 DNA 编码的蛋白质可能不会被高效的翻译。类似的，GC 含量的差异、启动子序列、靶信号和其他的特性可能也会限制外源 DNA 的效应。

如果水平 DNA 转移是在亲缘关系很近的物种间发生的话，所有上述的屏障都可以避免。这些 DNA 常常有一样的限制性位点、足够的同源性。然而，错配修复 DNA 复制过程中的错误，一个主要的限制突变的机制，同样能够限制在近缘物种间水平基因转移。错误配对修复通过识别 DNA 双链上的错配碱基对（或插入缺失突变环）来工作。当来自于一个物种的 DNA 重组到其近亲物种时，这样的错配或突变环也会发生。在很多情况下，错配修复蛋白会"校正"这些错误配对，因此阻止了水平基因转移。

克服远缘物种间水平基因转移的方法有两个。一个自私的 DNA 元件能够通过删除退化的或没有功能的 DNA 来逃避线性基因组的压力，进而可以复制其自身。这就是为什么转座子元件能够在物种间快速转移的原因。另外一个途径是即使面临小的基因组含量问题，但是给宿主提供了选择优势。例如，如果细菌和古细菌群体的一些成员携带了一个能编码青霉素抗性基因的质粒，即使这个抗性基因以很低的水平转录或翻译，这个质粒可能对暴露在抗性环境中的微生物提供了选择优势。

一旦水平基因转移的一些屏障被克服，外源 DNA 便可转移到一个新的群体中，一个有趣的过程就会发生。这些基因和其他 DNA 从宿主那里获得了更多微妙的特性，使得它们能够在新环境里面很好的行使功能，这个过程称为 **DNA 改良（DNA amelioration）**。横向基因转移获得的 DNA 通过变化其组成成分（如 GC 含量和密码子使用情况）模拟其所在基因组的过程，这个缓慢进行的过程可能使限制这个基因功能的不正常特性减少

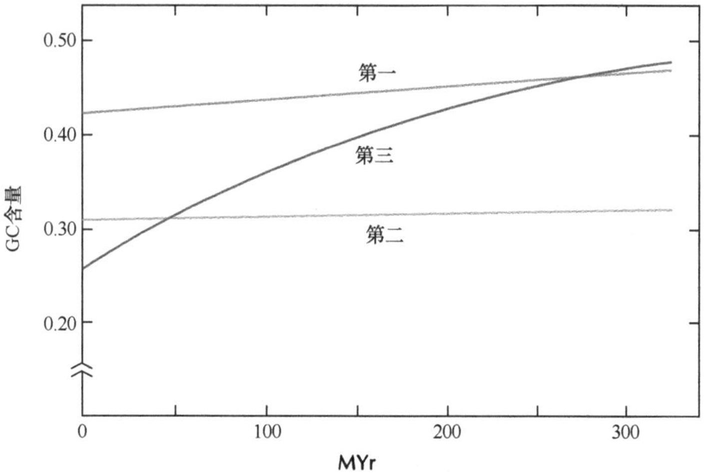

图 7.22　DNA 改良。这个图表示当它们基因组成变得更类似于肠道沙门氏菌（*Salmonella enterica*）时，对来自于福氏志贺菌（*Shigella flexneri*）基因改良的模拟结果。这两个物种都属于 γ 变形菌门（Proteobacteria）。不同的线对应于密码子的第一、二、三位置。MYr，百万年。在第三个位置的变化更快是因为遗传密码具有冗余性。

(图 7.22)。这对外源 DNA 是有利的，但是隐藏了物种间水平基因转移的证据。

水平转移是普遍的，但是绝大多数物种看起来有一些“核心”的基因主要是以垂直进化方式进化的

考虑到细菌和古细菌中普遍盛行的水平基因转移，人们很自然地会问任何给定的基因组中有多大一部分是获得的，这些当中的多少会遵循传统的垂直进化。目前数目不断增加的细菌和古细菌的全基因组数据有助于我们回答这些问题，即通过基因组范围内的外源 DNA 的相对定量。

这样定量的一个策略之一是检查基因组内核苷酸的组成。外来的最近被插入的基因组区域在核苷酸组成上是存在差异的（如密码子的使用和 GC 含量）。虽然其他因素，如选择也会导致染色体区域的组成差异，但对很多物种来说，很明显，它们基因组相当一部分是最近获得的（图 7.23）。

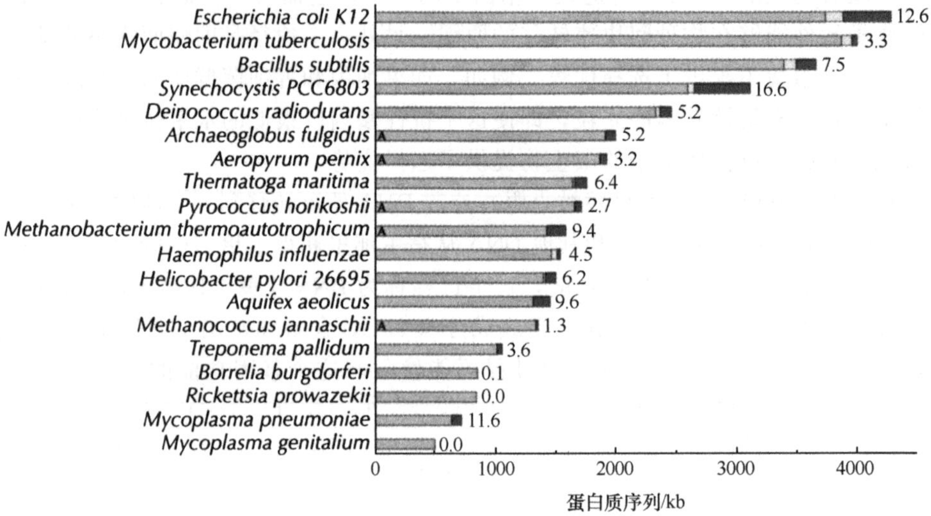

图 7.23 不同的细菌和古细菌物种最近通过水平转移获得的基因组百分比估计。蓝色，“本来具有的” DNA（不是通过转移获得）；黄色，已知的移动 DNA 元件；红色，其他外源 DNA；A，古细菌物种。

检查 DNA 的组成只需要对一个基因组进行概览。然而，仅仅因为一些菌株拥有一些外源 DNA 并不意味着这样的 DNA 能够在很长的一段时间内都能被持续监测到。了解情况外源 DNA 的情况其最好方法是在一个系统发育树的物种中追踪外源 DNA 的获得或丢失。

当然，试图在一个**物种树（species tree）**上追踪基因历史有一个主要的问题。如果一个基因组内的基因有不同的历史的话，我们如何决定物种树？或者一个更使人头疼的问题，如果确实没有物种树的话会发生什么？幸运的是，看起来在绝大多数物种内都有一些基因集（“核心基因”）能阻抗基因转移。通过把这些所有的“核心基因”当成一个实体并用这些“串联的”单位来构建进化树的类似物（图 7.24）。然后在研究水平基因

转移时可以用基于串联单位的树来代替物种树。这样的例子之一如图 7.25 所示（用图 7.24 中的生物）。

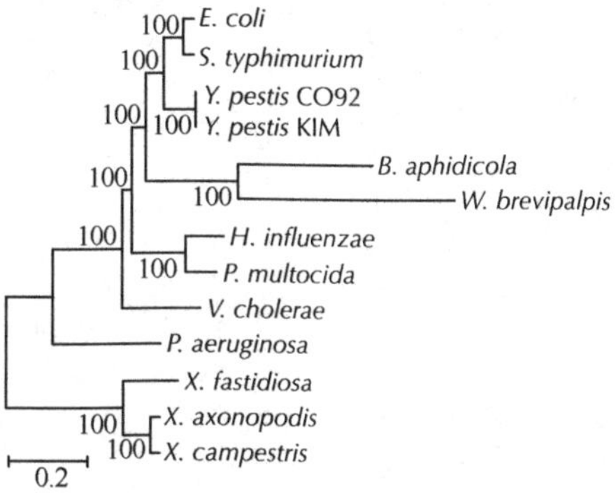

图 7.24　来自于 γ-变形菌门基因组的 205 个核心蛋白构成的树。这里展示的这个拓扑结构和几乎所有的单个基因对位排列结果是一致的。在剔除了两个经历了水平转移的基因后获得的树仍然和这里展示的是一样的。根的位置对应于使用 rRNA 的 SSU（小亚基）重复获得的树。

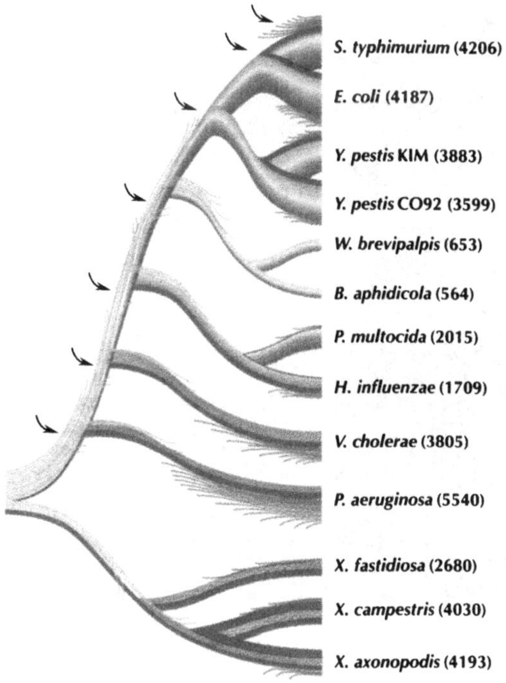

图 7.25　在 γ-变形菌门中水平基因转移和基因组进化。自从 γ-变形菌门共同的祖先（橙色）后，仅仅只有一小部分基因被保留下来。在祖先和现在的基因组大小是类似的这个假定下，在祖先基因组中出现的许多基因（灰色）已经被非同源基因取代（黄色、绿色），这些取代常常是通过来自于这个分支外生物的水平基因转移介导的。一旦获得了一个新基因，它的传递是垂直遗传的。物种特有的基因冗余（蓝色）表明这些细菌（内共生体 *W. brevipalpis* 和 *B. aphidicola* 例外）频繁获得新基因，绝大多数新获得的基因在一个物种内不会保留很长时间。（每个基因组蛋白编码基因数目，排除了那些随对应于已知的插入序列元件和噬菌体，表示在括号中。）

当这类分析完成时，研究人员发现在多个进化组别中编码信息加工机器（复制、转录和翻译）组分的基因频繁地呈低速率的水平转移。这些基因被称为**信息型基因**（**informational gene**），因为它们和基因组内的太多的基因有相互作用，它们可能抵抗基因转移。更倾向于水平转移的基因是那些涉及代谢过程和外围功能的基因，这些基因被称为**运行基因**（**operational gene**）。

垂直进化中基因丢失和水平基因转移之间的平衡在不同的细菌和古细菌中会有变化

在细菌和古细菌中，一般的进化模式很大程度上由垂直进化、基因丢失（如由于线

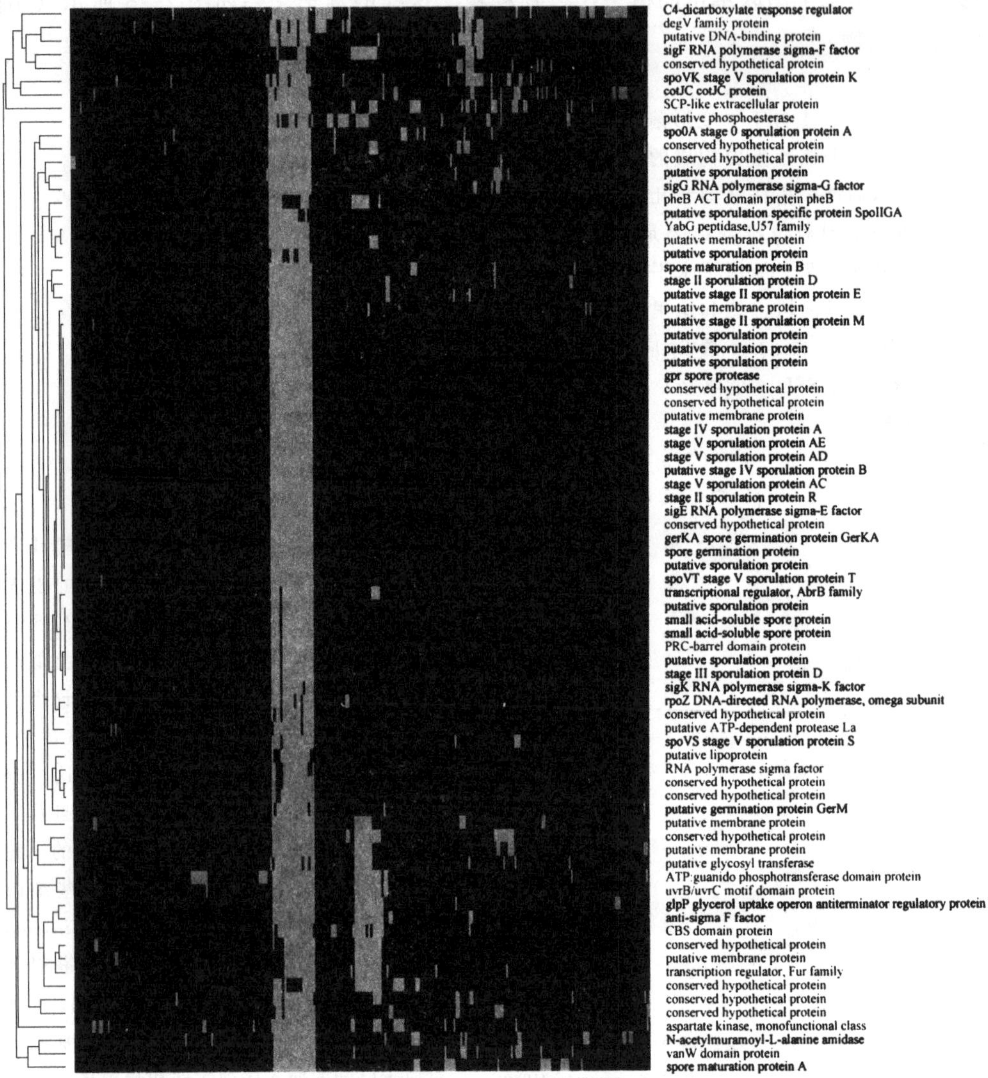

图 7.26　系统发育（根据它们在物种间的分布模式将基因分组）分析有助于预测基因功能。这个方法分析全基因组序列来鉴别在一组类似的物种间发现的基因。首先，对在一个特定的（参考）基因组中出现的一个基因进行全基因组搜索。其次，基于这个基因在所有物种中出现或缺失创建二项分布图。对所有在参考基因组中出现的基因重复这两个步骤。再次，利用一个聚类的方法来鉴别具有类似分布的基因（因此，在所有物种中具有类似的分布模式）。这个图表示基于用细菌 *Carboxydothermus hydrogenoformans* 基因组作为参考基因组分析的一个主要聚类。在图的中心，显示来自于这个物种的一部分基因的分布：基因在横排，物种在竖排，红色方框表明一个基因在一个物种内出现，黑色表明没有出现。基因名字在右侧表示；物种名字没有标出来。这个树左边的代表展现出这些基因类似性的分布的聚类图。图中心红色的列表示那些拥有全部或几乎全部在这里显示的基因的物种。在列出的基因中绝大多数基因的功能是已知的，这些基因在孢子形成中起作用（参见右边的基因描述），因为形成孢子的物种使用基本相同的一簇基因，而那些不形成孢子的物种则缺乏这些基因（由图中央大部分黑点表示）。以此类推，人们能够推断在这一类中发现的基因，虽然不知道它们的具体功能，但是很可能在孢子形成过程中具有一些目前并不知道的功能。

性基因组导致末端减短）和通过水平转移获得的 DNA 之间的平衡决定。在每个分类单元中这三个因素的力量都在变化，这些变化导致在进化模式中不同的组别间有显著差异。例如，一些胞内物种异常小的基因组可能部分是由于它们没有能力获得基因来补偿因线性基因组压力而丢失的基因。

水平基因转移的重要性不应该被低估。考虑在现成的遗传交换载体、噬菌体和质粒中出现遗传多样性时，由水平基因转移而快速被创造出的极其繁多的遗传多样性可能是令人吃惊的。在大肠杆菌内的质粒和噬菌体间出现的差异基因的数目远比在任何一个大肠杆菌菌株基因组内的数目多。在地球上所有的噬菌体和质粒中所包含的基因的数目是令人惊奇的。这种极大的基因资源共享可能包含了比所有现存真核生物更多的基因。我们将在第 24 章中讨论新颖性进化的结果。

因为在细菌和古细菌中广泛存在基因丢失和基因转移，完整的代谢途径能够在物种间呈零星的分布模式。这可能解释为什么类似的光合成机制仅仅在少数亲缘关系比较远的细菌谱系中出现。完整代谢途径的获得或丢失给研究者提供了研究细菌和古细菌基因组的一个方法。基因可以通过它们物种间的分布而被分组，这既有助于有同样分布模式的基因，也有助于预测基因的功能。例如，如果一个未被鉴定的基因在一组已知参与孢子形成的基因群内被频繁的发现，我们可以做出这样一个合理的推论，即这个未鉴定的基因很可能也参与了孢子的形成（图 7.26）。

在细菌和古细菌内基因丢失和基因转移的组合同样会导致一些非常近缘的菌株或物种在基因含量方面展现出显著的差异，即使当它们共享一个基因组框架时，如在这章的开始部分出现的例子（图 7.6）。这种基因含量的变异，与很多细菌和古细菌具有嵌合基因组的本质一样，使定义什么是一个细菌或古细菌物种变得极为困难。我们将会在第 22 章进一步探讨物种的本质。

小结

在这章里面，我们呈现了在细菌和古细菌中基因组进化一般模式的一个纵览，这些一般的模式包括以下几个方面。

- 保持线性基因组的压力
- 在正选择下不活跃的快速丢失的基因
- 操纵子内有基因排列的限制，但是在全局基因排列上限制很少
- 在近缘物种中基因含量的显著变化
- 在物种间存在显著数量的基因转移

综合起来，这些与其他基因组水平的过程可以解释为什么细菌和古细菌在它们的多样性方面有相似性，即使看起来古细菌比细菌更接近于真核生物。细菌和古细菌基因组进化的核心特性是已经和正在发生的相当数量的水平基因转移。尽管缺乏有性生殖中的重组（真核生物内发现），细菌和古细菌的重组方式允许基因在跨越更大进化距离的物种间转移。这导致了细菌和古细菌高度镶嵌的基因组，允许它们从一个共有的基因库中提取基因从而导致新功能的进化。

延伸阅读

基因组缩减

Mira A., Klasson L., and Andersson S.G. 2002. Microbial genome evolution: Sources of variability. *Curr. Opin. Microbiol.* **5:** 506–512.

Moran N.A. 2002. Microbial minimalism: Genome reduction in bacterial pathogens. *Cell* **108:** 583–586.

基因顺序

Eisen J.A., Heidelberg J.F., White O., and Salzberg S.L. 2000. Evidence for symmetric chromosomal inversions around the replication origin in bacteria. *Genome Biol.* **1:** RESEARCH0011.

Lathe W.C., 3rd, Snel B., and Bork P. 2000. Gene context conservation of a higher order than operons. *Trends Biochem. Sci.* **25:** 474–479.

Rocha E.P. 2004. The replication-related organization of bacterial genomes. *Microbiology* **150:** 1609–1627.

基因组结构

Bentley S.D. and Parkhill J. 2004. Comparative genomic structure of prokaryotes. *Annu. Rev. Genet.* **38:** 771–792.

Casjens S. 1998. The diverse and dynamic structure of bacterial genomes. *Annu. Rev. Genet.* **32:** 339–377.

水平转递

Bushman F. 2002. *Lateral DNA transfer: Mechanisms and consequences.* Cold Spring Harbor Laboratory Press, Cold Spring Harbor, New York.

Doolittle W.F. 1999. Phylogenetic classification and the universal tree. *Science* **284:** 2124–2129.

Ochman H., Lawrence J.G., and Groisman E.A. 2000. Lateral gene transfer and the nature of bacterial innovation. *Nature* **405:** 299–304.

Syvanen M. and Kado C. 2002. *Horizontal gene transfer*, 2nd ed. Academic Press, New York.

第 8 章

真核生物的起源和多样化

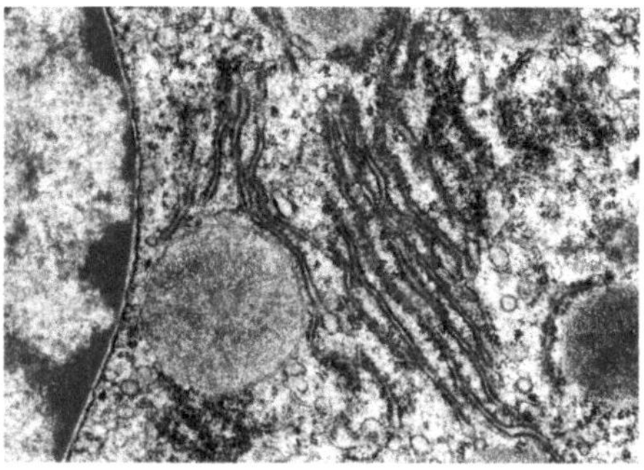

在第 6 章和第 7 章，我们讨论了生命树的三个主要分支中的两个：细菌和古细菌。这些生物通过各种各样的特征而统一起来，最令人惊讶的是核的缺失。有核存在的生物就可以定义为真核生物——生命的第三个分支。真核生物在其他很多方面不同于细菌和古细菌，如从分子过程 DNA 复制，到有性生殖，到细胞组织再到多细胞生命形式的存在。

在本章中，我们在细胞组织里讨论发生如此巨大变化的早期事件——真核生物的起源和分化。正如细菌和古细菌分化的章节一样，仅在一章中探讨早期真核生物分化所有有趣的问题是不可能的。我们集中于三个主题：真核生物的分类、真核生物细胞器和核的起源、核基因组的结构和进化。

真核生物的概况

真核生物是多样的且共享许多独特的分子和细胞特征

真核生物类是令人难以置信的多种形式和功能生物的集合。其中有食肉的植物，与藻类共生而进行光合作用的动物，可以生长几千亩[①]的真菌，细胞内的病原体，由硅作为细胞壁的硅藻以及能迅速改变细胞形态的阿米巴虫。尽管有如此多的多样性，但真核生物有许多不同于细菌和古细菌的细胞和分子生物学特征（图 8.1）。也许最重要的特征是由核膜包裹的核。细胞核 DNA 当不被转录或翻译时会作为染色质而保持紧缩的球状，即由 DNA 和蛋白质组成的卷曲结构。这些蛋白质在细胞周期某些阶段引导每一个 DNA 分子的超螺旋形成可见的染色体（图 8.2）。

在真核生物中，核内的 RNA 从 DNA 转录而来随后被转运到胞质中进行翻译和蛋白质合成（图 8.3）。在核内起作用的蛋白质如转录因子必须再通过核膜转回到核中。相反的，在细菌和古细菌中，因为缺少核区，所以转录和翻译是偶联的。当信使 RNA（mRNA）从 DNA 转录时，核糖体便结合正在转录的 RNA 并迅速将其翻译为蛋白质。

---

① 1 亩 = 666.7m^2

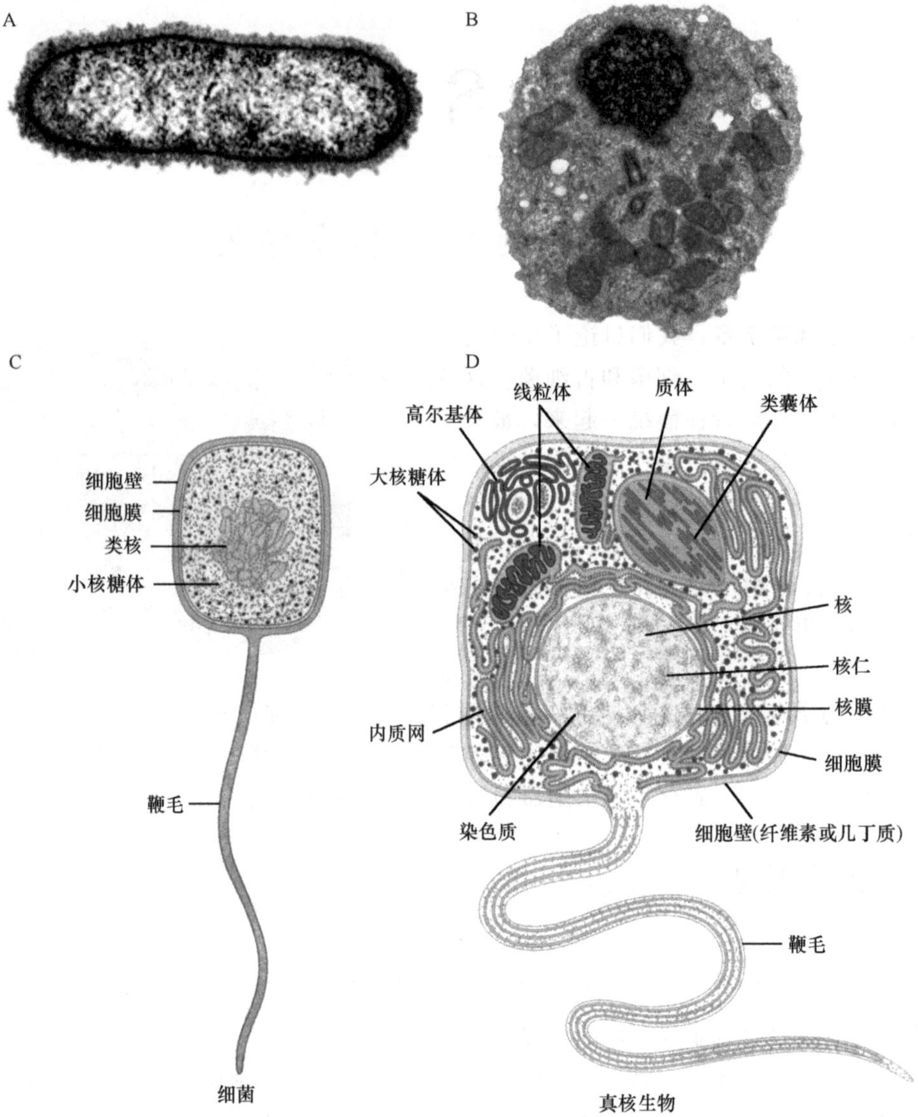

图 8.1 细菌和真核细胞。(A) 细菌细胞；(B) 真核细胞；(C) 细菌细胞主要特征的图示；(D) 真核细胞主要特征的图示。两种图示都是人为合成的，并不是所有的细菌和真核生物都有这样的结构。

所有的真核生物除了核外还有一个动态复杂的内膜和囊泡系统称之为**内膜系统(endomembrane system)**，包括高尔基体、内质网、溶酶体和过氧化物酶体（图 8.1）。内膜系统的功能有蛋白质加工、细胞内运输、分泌、获得和消耗来自细胞外的营养物质、细胞与细胞之间的通讯。内膜区因为细胞膜与囊泡出芽融合而不停地流动。许多真核生物都有其他特化的膜结构，如线粒体、氢化酶小体和叶绿体，这些都是为了方便能量的转换。

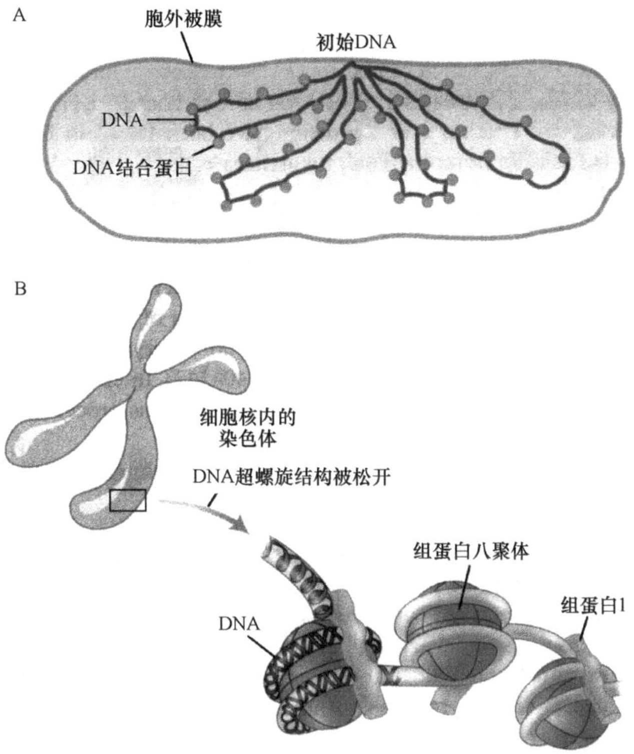

图 8.2　细菌和真核细胞的 DNA 结构模型。(A) 在细菌细胞里面，DNA 包裹附在细胞壁上的核心蛋白质形成环状结构，染色体常常是环状，没有核膜。(B) 真核细胞 DNA 包裹着核心组蛋白形成核小体。这种 DNA 超螺旋后形成长的捆状结构，真核细胞有核膜。

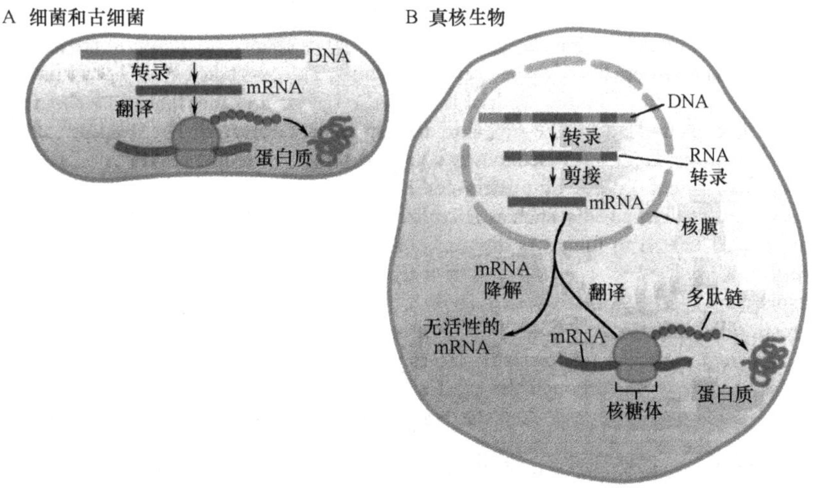

图 8.3　真核生物与细菌和古细菌转录和翻译的对比。(A) 在细菌和古细菌中，在细胞的相同位置发生转录和翻译并且常常相互偶联。(B) 在真核生物中，在核中发生转录和剪接，然后 RNA 被运出核。红色表示编码区。

真核细胞也包含一个细胞骨架用于引导细胞内物质运输，维持细胞结构、细胞器的组织和流动，指导细胞分裂和染色体分离。细胞骨架是一个由蛋白质组成的复合体，包括**微管**（**microtubule**）、**微丝**（**microfilament**）和分子马达。可以认为真核生物的鞭毛是细胞骨架的一个部分，在结构上与细菌和古细菌的鞭毛不同。尽管在古细菌或细菌中也存在类似细胞骨架的结构和蛋白质，如微管蛋白的同源物 FtsZ，但它们没有像真核生物里发现的那样有复杂的骨架结构。

正如前面内容讨论的，许多真核生物的核心分子功能与古细菌中的更相似（与细菌相比）。例如，合成 mRNA 的 RNA 聚合酶古细菌与真核生物是最相似的。除此之外，真核生物中许多执行转录、翻译和修复功能的大的蛋白质复合体的组成部分在古细菌中也有这样相似的复合体，但在细菌中没有。不管怎样，在每一个例子中，真核生物的过程要比古细菌复杂得多。

真核生物可以分为八个主要的世系

在早期的分类系统中，将所有的单细胞光合生物划归“藻类”而且认为它们是原始植物，而所有流动的单细胞非光合真核生物称之为“原生动物”并且认为是原始动物。而后，人们提出了很多其他的关于真核生物的分类，主要是集中于形态和生理的不同及相似性。然而，就像细菌和古细菌一样，单单研究形态和生理特征是无法解决真核系统发育树最根部的分支。

现代分子系统发育的研究已经革新了我们对于真核生物深层次关系的理解，从而也导致了真核生物分类的重大变化。开始的研究依赖于单个基因，像编码核糖体 RNA（rRNA）的基因；最近，通常比较各种蛋白质编码基因和整个基因组序列。

对于**微孢子虫**（**microsporidia**）的分子系统发育研究就是重新分类的一个极好的例子。微孢子虫是专性细胞内寄生虫，缺少线粒体和过氧化物酶，而且可以感染很多动物，包括人类（图 8.4A）。它们先前被分类为一个单独的门，被视为真核系统发育树中的一个很深的分支。其他缺少线粒体的真核生物也被认为是很深的分支。人们认为这些是在线粒体共生之前所有非线粒体世系的祖先都从真核生物进化早期的其他世系分化而来的证据。对这些分类单元很深分支的论断大多数是基于对 rRNA 序列的分析（图 8.4B）。然而，随后对蛋白质编码基因和微孢子虫的全基因组的研究（图 8.4C），如 *Encephalitozoon cuniculi*，揭示了微孢子虫与真菌类最接近。正如前面内容讨论的，这些错误分类很可能是由于长支吸引造成的。将微孢子虫重新归类到真菌类有助于解释微孢子虫大部分的生物学特征，如它们要经过孢子阶段进行感染（图 8.4A）。现在使用抗真菌药物就可以控制微孢子虫的感染。

当前的分子系统发育研究提示真核生物至少有 40 个主要的世系。尽管仍然在讨论这些类群的准确关系，一些研究表明它们可以分为 8 个超级群体或界，包括**古虫类**（**excavate**）、**圆形冠毛类**（**discicristate**）、**长短鞭毛体类**（**heterokont**）、**具泡类**（**alveolate**）、**有孔虫类**（**rhizaria**）、植物、**变形虫类**（**Amoebozoa**）和**后生鞭毛动物**（**opisthokont**）。但这些类群是不是单系群仍然有争论。这 8 个真核生物界的特征总结在注解

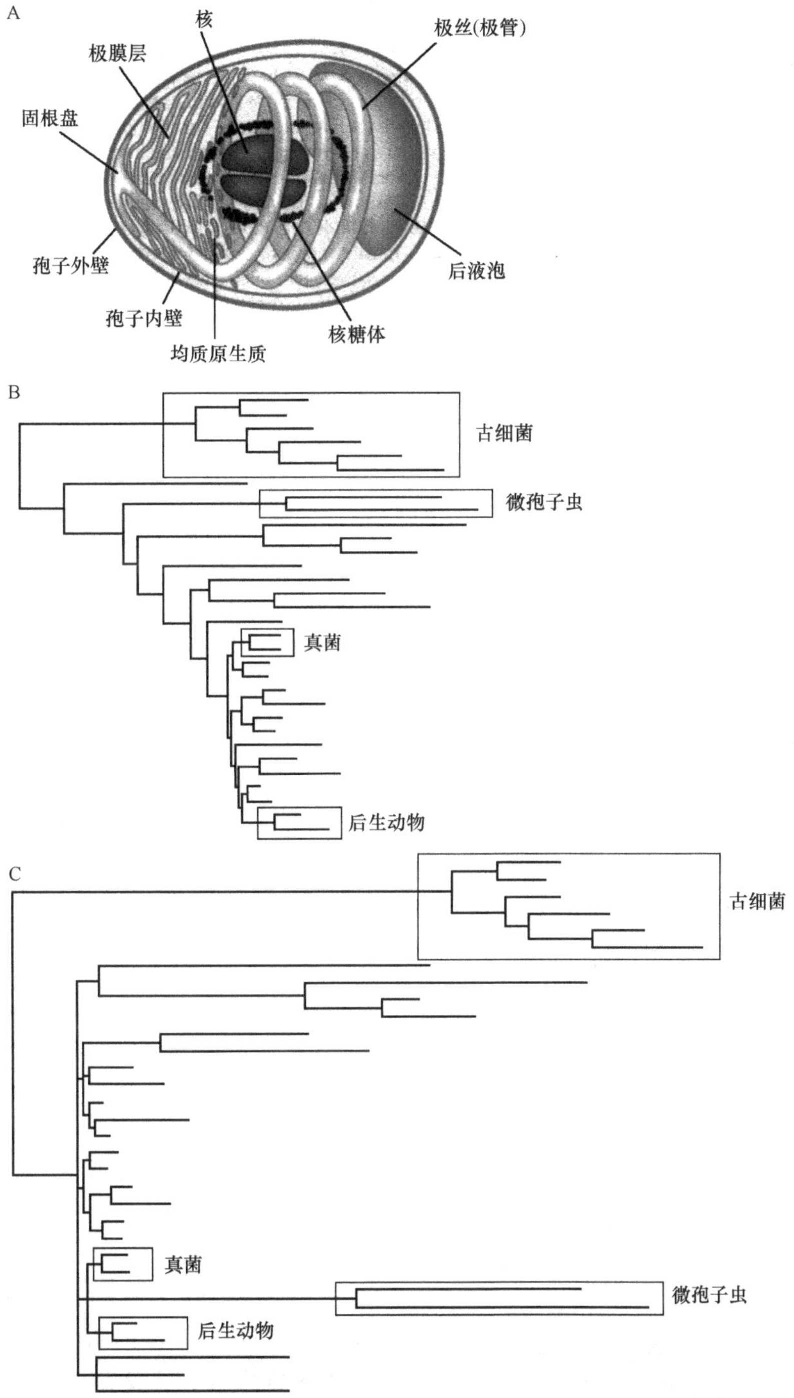

图 8.4　微孢子虫与真菌类相关。(A) 微孢子虫的孢子与细胞。(B) 基于 rRNA 序列分析的真核生物的系统发育树（已标明了 4 个类群）。注意微孢子虫的较深的分支位置。(C) 被认为比 B 图要准确得多的系统树。它基于蛋白质编码序列。注意微孢子虫与后生动物和真菌类的关系。

框 8.1 中。因为这些研究是不全面的，随着更多信息的积累，现行的分类及它们之间的关系也许会改变。图 8.5 显示了这 8 个类群的系统发育关系。但很明显的是，这个系统树显然缺少以前研究见到的“树冠”，即将真菌、动物和植物聚在一起而成的一个群体。相反，这个系统树显示了早期分化形成的辐射状的多个分支。这个系统发育树使我们能够在系统发育的背景下来理解许多真核生物的特征。例如，它表明多细胞生物在不同的世系里已经进化了很多次。

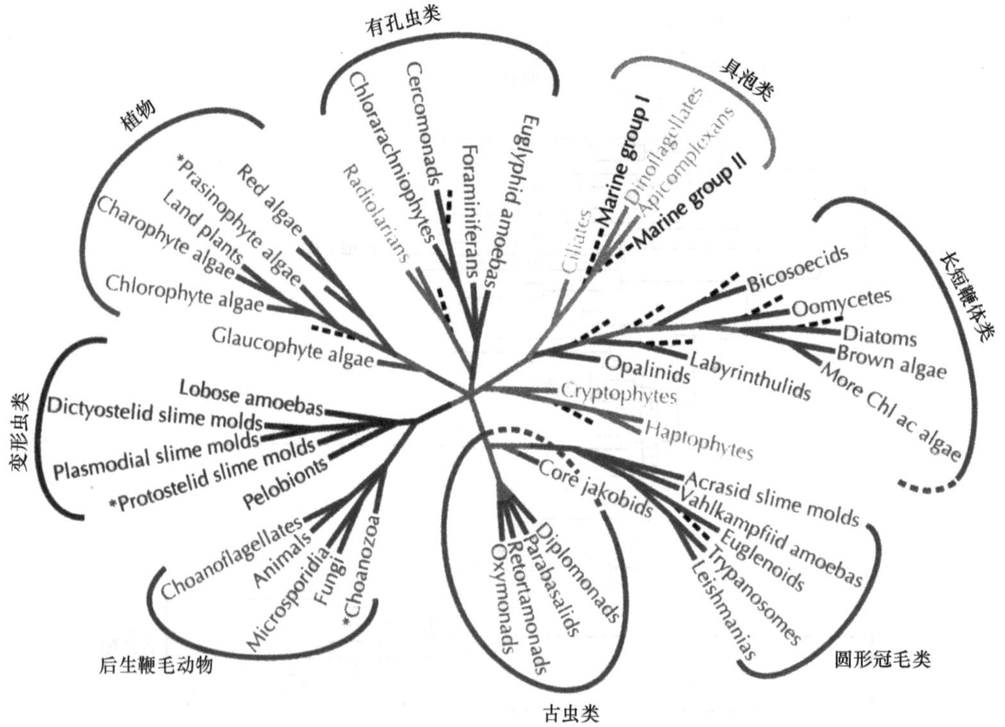

图 8.5　真核生物主要进化类群的系统发育树。分支的颜色基于假定的不同的亚群，灰色代表不明确的类群。虚线表示只从环境调查而得知主要的世系。有星号标志表示可能的并系类群。类群间的系统发育关系以及亚群的特性仍然存在很大的争议。

注解框 8.1　真核生物的主要进化世系

大多数**古虫界**（excavate）的生物是异养型单细胞鞭毛生物。研究很透彻的成员包括人类的寄生虫 *Giardia lamblia*（双滴虫）和 *Trichomonas vaginalis*（阴道毛滴虫）。有趣的是，古虫类中没有一个成员含有线粒体，尽管有些含有类似于线粒体的氢化酶体（图 8.6A）。

圆形冠毛界含有 4 个主要的单细胞生物的世系，其中研究最清楚的是**动质体**（kinetoplastid）和**眼虫**（euglenoid）。这个界中的大多数物种都有具备独特盘状内部结构的线粒体。动质体包括利什曼原虫和椎体虫（图 8.6B），它们的大多数都是寄生生物，如引起查加斯氏病、非洲昏睡病和利什曼病等人类疾病的种类。它们含有一个常常与单一的细胞器**动基体**（kinetoplast）相关的大型线粒体。眼虫包括许多光合生物。其中一些如 *Genus euglena* 的成员是作为研究真核

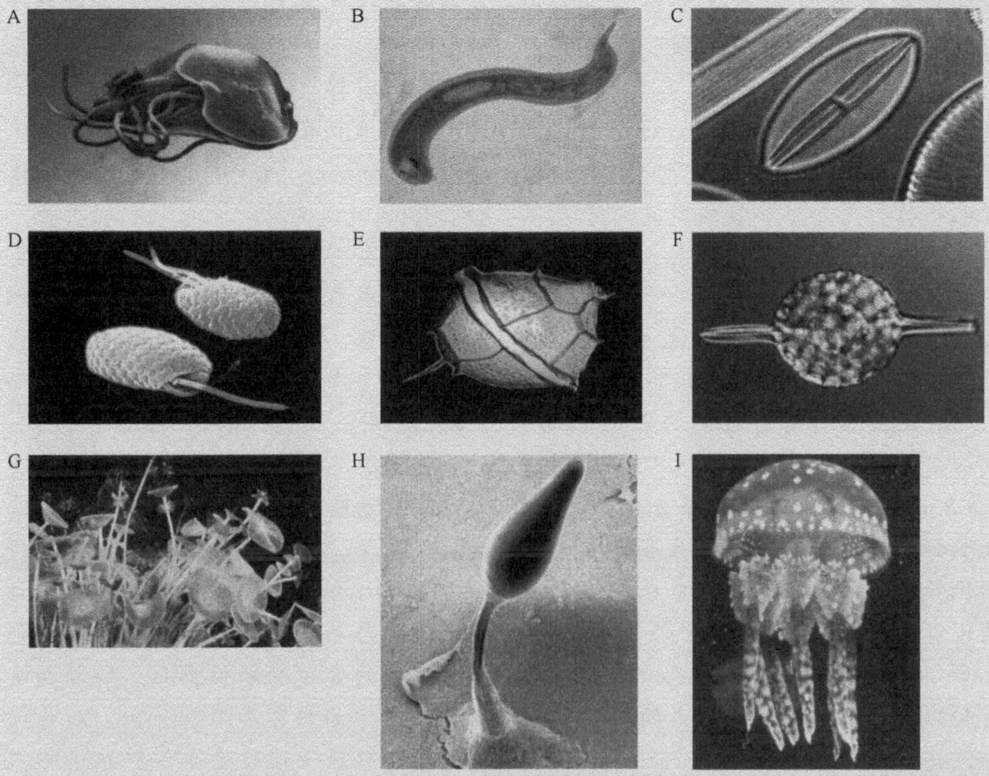

图 8.6　真核生物的多样性。（A）古虫类：*Giardia*；（B）圆形冠毛类：Euglena；（C）长短鞭毛体类：Diatom；（D）Cryptophyte：Cryptomonas；（E）具泡类：Dinoflagellate；（F）有孔虫类：Radiolarian protozoa；（G）植物：*Acetabularia*；（H）变形虫类：黏液菌；（I）后生鞭毛动物类：海蜇。

生物光合成的模式系统。它们的光合成是通过一个质粒似的细胞器完成的。一些研究表明古虫类和圆形冠毛类是姐妹世系（对其他真核生物类群来说它们之间是联系最紧的）。

长短鞭毛体界是很分散的单细胞生物的集合，包括至少 6 个亚群（图 8.5）。这个界的大多数成员有空管似的鞭毛和带有管状嵴的线粒体。在分子系统学发展之前，大多数的亚群被认为是没有关系的。许多与真菌放在一类中，因为它们的生命周期很相似，并且共享一些现在认为是趋同进化的相似特征。例如，卵菌也称之为柔和霉和水霉，包括 *Phytophthora infestans*，它使土豆枯萎从而导致 19 世纪中期爱尔兰的饥荒；**拟网黏菌类（labyrinthulid）**（图 8.6C）也称之为海洋黏液菌，大多是寄生虫，包括 *Labyrinthula zosterae*，它导致人的大叶藻萎缩病（eelgrass wasting disease）。

具泡界（alveolate）有时会与异鞭毛类一起被划分到一个超界（super-kingdom）中（图 8.5）。它包括三个主要的分支。众所周知的**顶复生物**是动物的寄生虫，它包括引起疟疾的主要病原体疟原虫（*Plasmodium* spp.）和住血原虫病（*Toxoplasma* spp.），是**甲藻**的姐妹类群。甲藻也是一种带有鞭毛并且常常在水生环境中生活的光合微生物类群（图 8.6E）。甲藻是引起“红潮”的主要原因，因为细胞太多而导致颜色的改变。许多甲藻是发生物荧光的。**纤毛虫**包括寄生虫和自由生存的物种，它们都使用纤毛移动和觅食。最好的研究例子是草履虫和四膜虫。所有的纤毛虫在一个细胞里含有两种不同的核：一个大核（基因表达的地方）和一个小核（功能类似于动物精细胞）(图 A&S 2)。

有孔虫界（有时也称为丝足虫类）包括 5 个主要的分支（图 8.5）。**放射虫**（图 8.6F）是这个界里最早分化的一支，大多数是放射状对称浮游生物，有大量的化石记录。海洋有孔虫中也有很重要的化石记录，因为它们有矿石化的贝壳。光合 chlorarachniophytes 包含叶绿体。有趣的是，其他许多放射虫的成员也包含藻类共生体，并且 chlorarachniophytes 的质粒被认为是古老的藻类共生体的遗物。chlorarachniophytes 也含有带有自身基因组的**类核体**，被认为是从藻类共生体遗留下的核。

植物界至少包括 6 个主要的亚群：红藻、绿藻的两个亚群、glaucophyte algae、**轮藻植物**和陆生植物（图 8.6G）。大部分这些生物是自由生活的并且都含有叶绿体；许多在这些亚群里的物种是多细胞生物。红藻的叶绿体含有使生物体变红的藻胆素。轮藻植物、绿藻和陆生植物的绿色来自于其含有大量叶绿素的叶绿体。

变形虫界大多是异养生物，它们的移动主要靠伪足。它们由三个主要分支（lobose amoebas、mycetozoan slim molds 和 pelobionts）组成，同时还包括其他一些较小的类群（如 *Entamoeba*）。这个类群的一些成员如泥生目和内变形虫属都没有线粒体。黏液菌类通过聚集和分化来形成一个含有孢子的蕈形体结构从而呈现出一种多细胞的类型（图 8.6H）。

后生鞭毛动物界包含三个主要的类群：**领鞭毛虫**、真菌类（包括微孢子虫）和后生动物。领鞭虫类这种单细胞类群很适合进行分子系统发育研究，曾被许多人认为与动物相差较远。真菌类包括很多有名的真菌生物像蘑菇、酵母和真菌类病原体如曲霉和微孢子虫。后生动物包括像黏原虫这样的单细胞孢子形式的寄生虫（图 8.6I）。

像细菌和古细菌一样，许多在自然界发现的真核微小生物不能够在实验室纯培养条件下生长。因此，我们对于它们知道的很少。然而，研究人员使用与研究细菌和古细菌相似的分子方法来鉴定微小真核生物系统发育的多样性。例如，在海洋样品中进行的 rRNA 研究发现了具泡类全新的谱系（图 8.5 海洋类群）。随着研究的继续，很有可能发现新的门甚至真核生物新的界。

早期真核生物化石表明其在细菌、古细菌出现后的很长时间才出现

在化石记录中，真核生物在类似细胞结构的细菌和古细菌出现很久之后才出现。真核生物最早肯定的细胞化石证据是在**古元古代后期**（19 亿～17 亿年前）岩石中发现的**疑源类**（图 8.7）。疑源类是指多种多样的微小化石的集合，它们中的很多代表了原始的单细胞光合真核生物（如沟鞭藻类的祖先）。尽管通常无法确定它们在分类学上的地位，但它们很有可能来自于带有厚实的且能抵抗降解的有机细胞壁的真核细胞，这使得

它们能够完整地保存。

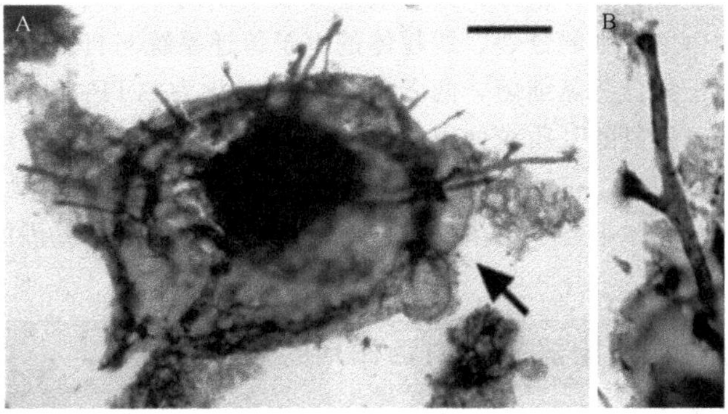

图 8.7　早期真核生物化石（凝源类）。(A) *Tappania plana* 化石；(B) 具有二叉分支区域的放大图。见第 9 章详解。比例尺为 (A) 35μm；(B) 10μm。

真核生物两亿年前存在的另一证据来自于“分子化石”。这些“化石”是只在真核生物中存在的由膜内物质衍生出来的分子信号，在现生的细菌或古细菌中都没有。分子信号的一个例子是由固醇衍生而来的**羧苯甲酰磺乙酰胺**，一种在真核生物含有但细菌和古细菌很少含有的固醇类物质。因此，找到此类与疑源类相关的分子化石将为其真核生物起源提供更有力的证据。但是，由此推断当时真核进化的程度是非常困难的，因为疑源类不属于现生真核生物中的任何一类。

真核生物形式的多样化发生在新远古代（10 亿～13 亿年前），根据确凿的化石证据，植物（绿藻和红藻）、具泡类（沟鞭藻）和长短鞭毛体类（褐藻）等很多类群已经出现了。

内共生体在真核生物进化中起着重要的作用

在第 6 章我们讨论了真核生物通过互利共生的方式利用了细菌和古细菌的各种各样的生化和代谢途径。互利共生在线粒体和质粒的进化中有着更深远的意义。在这部分我们讨论这些细胞器的起源和进化，包括核的起源以及真核细胞共生起源的证据。

许多证据表明线粒体和叶绿体来自于细菌

线粒体存在于大部分真核生物中，叶绿体存在于植物和许多单细胞真核谱系中（包括红藻、绿藻、沟鞭藻、眼虫、隐滴虫和 glaucocystophytes）。尽管它们已整合为细胞的一部分并称之为细胞器，但仍有无可辩驳的证据表明，线粒体和叶绿体是内共生细菌的后代。

第一个提示这些细胞器曾经是自由生活的微生物来自于显微镜的观察。每一个细胞器在细胞质里都有很多层膜（2～5 层），就像是一个细菌细胞生活在细胞质里（比较图 8.11 与图 6.2）。

线粒体、质粒和细菌有很多的相似性。两者都含有一个环状的基因组；两者的转录和翻译都使用类似细菌的酶和组分；两者通过分裂复制的方式类似于细菌的二分裂，因此独立于核控制的宿主细胞的分裂。线粒体的电子传递系统与自由生活的细菌是很接近的。而叶绿体类似于光合蓝藻细菌，两者都将光能转化为 ATP 和 NADPH（和氧气），而达到固定二氧化碳的目的。质粒使用的蛋白质、色素及执行这些反应所需要的步骤与一些光合蓝藻细菌很相似。正如我们在第 5 章和第 6 章谈到的，表型是带有欺骗性的。结论证明线粒体和叶绿体来自于细菌是通过对其基因组中的一些基因的系统发育分析而得出来的。

其他内共生类型支持细胞器来自内吞作用的理论

真核生物与细胞内的细菌形成一系列多样的互利共生的方式。这种关系几乎存在于每一个主要的真核生物类群。这种共生关系从只是一部分生命周期与宿主有关的共生生物到高度的相互依赖的细胞器系统。

真核生物胞内共生的普遍存在说明它有利于真核生物的进化。反过来讲，这也是源于真核生物的两个特征：①细胞内多样的结构使得细胞器处于一个高度特化的环境。②真核生物具有内吞作用，即对一个由膜构成的小泡进行包被和内化的过程。真核生物的内吞作用有许多功能，如吸收营养、传导细胞与细胞之间的信号和杀死病原菌。许多不是从亲代传给子代的互利共生使用内吞作用来“入侵”宿主细胞，甚至一些在内化作用后就生活在小泡里面。许多病原菌也采用这样的一些途径。因此，内吞作用支持了各种各样的互利共生关系的形成和细胞器的发育，这也使得真核生物易受胞内病原微生物的伤害。

由于大多数基因转移到宿主核基因组中，细胞器基因组是高度缩减的

在第 7 章，我们看到内共生体的基因含量比自由生活的亲缘物种要少很多。这种减少在线粒体和叶绿体达到了极端，因为其基因组缺少许多与所有细菌相同的基因。在细胞器基因组中，蛋白质编码基因的最大数目接近 100，这比任何已知的细菌甚至内共生体的编码基因要少很多。许多细胞器仅编码远远少于 100 个的基因（图 8.8）。

细胞器基因组的减少反映了它们生活环境的稳定，因此它放弃了很多对其他细菌不可缺少的基因。这种基因组的减少伴随着细胞器生命活动的普遍简化。许多细胞器没有细胞壁，只有很简单的膜结构，蛋白质合成机器也简化了，**转运 RNA（tRNA）**大量减少，在密码子第三位采用**摇摆配对**从而使多数 tRNA 认识多个密码子。细胞器甚至使用替代密码子（表 8.1）。

尽管基因组内容减少，但细胞器的复杂性仍然很高。因为细胞器从它们宿主中输入了许多物质，包括代谢产物、非编码 RNA 和蛋白质。例如，核基因组编码许多需要为细胞器蛋白质合成所需的核糖体蛋白质，这种核糖体蛋白质在细胞质中合成而后由细胞器作为多肽引入。更让人惊讶的是，这些和其他的一些输入蛋白质，原来是由细胞器基因组编码的，但随着时间的推移这些基因慢慢转移到核基因组中去了。

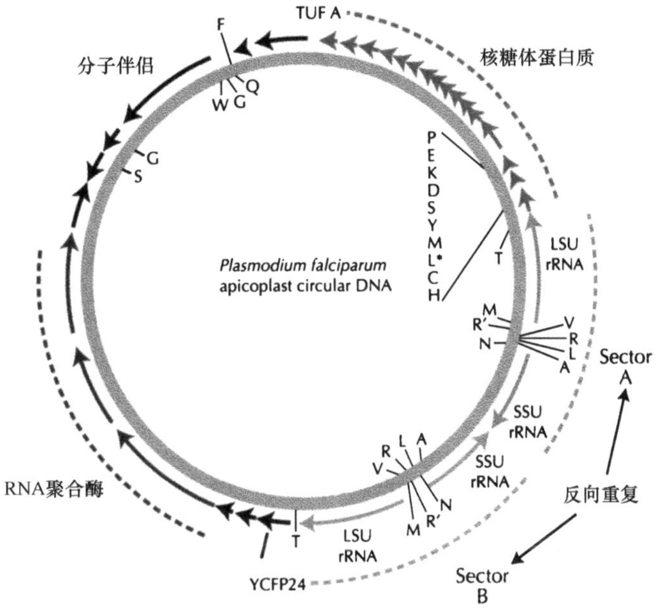

图 8.8 来自 *Plasmodium falciparum* 的质体样细胞器。质体样细胞器与叶绿体相关。基因用箭头表示转录的方向。虚线表明功能区域。核糖体 RNA 基因用 LSU（大亚基单位）和 SSU（小亚基单位）表示。每一个 tRNA 用对应的氨基酸简写字母表示。

表 8.1 线粒体遗传密码

密码子	标准密码 核编码蛋白	线粒体		
		哺乳动物	果蝇	脉孢菌
UGA	终止密码	色氨酸	色氨酸	色氨酸
AGA,AGG	精氨酸	终止密码	色氨酸	精氨酸
AUA	异亮氨酸	甲硫氨酸	甲硫氨酸	异亮氨酸
AUU	异亮氨酸	甲硫氨酸	甲硫氨酸	甲硫氨酸
CUU,CUC,CUA,CUG	亮氨酸	亮氨酸	亮氨酸	亮氨酸

摘自 Lodish H. et al. 2000. *Molecular cell biology*, 4th ed, Table 9-4, p. 335. Freeman, New York.

基因和基因组序列的分析表明，核基因组中有大量的基因来自细胞器基因组。在核基因组中如何确定这些基因是很有意义的。例如，我们想知道在植物核基因组中有多少基因是来自叶绿体的。通过构建进化树我们能够检测来自核基因组的蛋白质编码基因的系统发育历史。我们预计从叶绿体衍生的基因与来自叶绿体或蓝细菌的基因是最相关的。当对模式植物拟南芥基因组进行类似的分析时，接近 18%的核蛋白编码基因是从叶绿体衍生而来的。同样用这种分析来寻找其他真核生物核基因组内线粒体衍生的基因时，也发现有相当的数目。这确实令人惊讶，因为我们的基因组中有相当比例的基因是细菌的而不是真核生物的。

进化分析有助于揭示基因从细胞器基因组迁移到核基因组的机制

细胞器基因是如何转移到核基因组的？这个过程需要一系列的步骤（图 8.9）。第一步，细胞器 DNA 要与核 DNA 接触。在细胞分裂时，核膜的破解是有助于这种接触的。随后，DNA 要整合到核基因组内。这可以通过同源重组而实现（见在前面关于水平转移的讨论）。然而，实验研究表明当在核基因内有双链断裂时，这种整合最易发生从而使得细胞器 DNA 通过 DNA 修复过程而被整合进去。尽管只有小部分的细胞器 DNA 被整合进去，但有时发生整个细胞器基因组被整合到核基因组内。

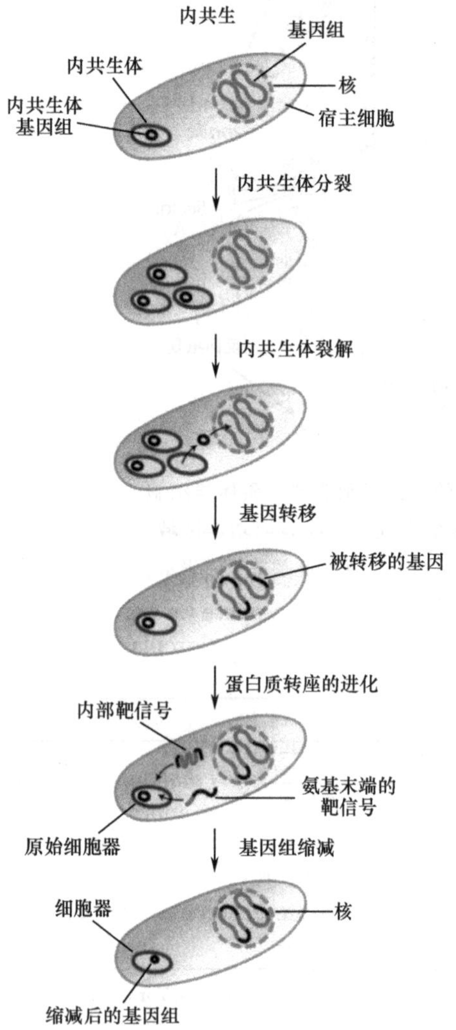

图 8.9 从细胞器到核的基因转移。将来自细胞器基因组的 DNA 转移到核中需要许多步骤。首先，一个内共生体的形成。其次，内共生体自身复制。然后一些内共生体裂解后 DNA 转移到核中然后整合到核基因组内。被整合的 DNA 需要定位和转位信号使得基因产物可以转到内共生体内。这就使得这类基因即使丢失也没有任何功能后果。许多人认为这是内共生体成为细胞器的关键点。

从进化的角度来看，DNA 从细胞器迁向核基因组内的概率是非常高的，在一些极端的例子发生的概率甚至接近于点突变的概率。大部分情况下，整合进去的 DNA 是没有功能的。只有很少的以这种方式整合进去的 DNA 有正确的转录和调控信号与真核生物一起工作产生有功能的转录产物。但这并不意味着这样的基因编码的产物将在细胞器内工作。产物必须具备足够的信号才能从细胞质到合适的细胞器中。

当一个基因从细胞器基因组移向核基因组并且获得对于其产物在细胞器起作用的所有信号时，在细胞器内的基因拷贝的选择压力就会大大降低，从而使得细胞器的基因丢失或被降解。因为几乎没有从核转移到细胞器的基因，所以一旦一个来自细胞器的基因丢失了是很少有机会被核基因的拷贝所替代的。因此，基因转移也许是一个中性的选择过程，对被转移基因和生物体没有什么好处也没有坏处。

然而，一系列的证据表明基因转移是有倾向性的。对生物体来说，在核内编码这些基因比在细胞器更有利。例如，核基因在性繁殖的时候要经历重组，这为自然选择提供了更多的变异并防止有害突变的积累。我们将在第 23 章详细讨论。

为什么有些基因要留在细胞器基因组中？一些蛋白质也许不易从胞质转运到细胞器中，所以存在选择压力使其留在细胞器内。一些留下的 DNA 对于细胞器的复制是有用的。一个使用替代密码子的细胞器基因整合进基因组是非常困难的，因为细胞质里面的蛋白质翻译机器不识别这些密码子。重要的是，这些基因迅速的协同调控对于正常的细胞器功能是非常重要的。核基因编码蛋白质的延迟进入也许是一种选择压力，使得这些基因留在细胞器内。也许这就是为什么细胞器要留着这么多编码核糖体蛋白质和 rRNA 分子的基因，以及细胞器和自由生活的细菌之间的核糖体蛋白质基因重排为什么如此保守的原因（图 8.10）。

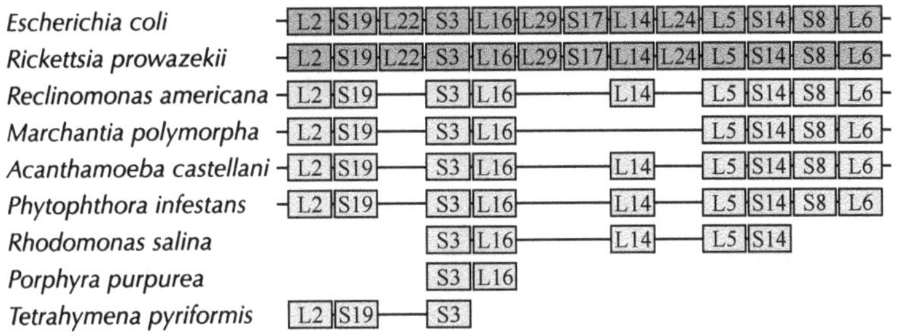

图 8.10　线粒体和细菌有相似的核糖体蛋白质基因排序。图示两种细菌（红色）编码核糖体蛋白质基因的顺序和多样的线粒体基因组（橘黄色）。尽管在线粒体基因组中一些基因丢失了（在这些物种中可能移到了核基因组中），但它保留了其他基因的排序。

系统发育研究表明质粒及其宿主复杂的历史

根据质粒进化的历史，质粒可以分为原生质粒和次生质粒。我们使用质粒这个常用词来指代所有其祖先可以追溯到基本质粒的细胞器，用叶绿体来特指这些细胞器的光合形式。对现存的质粒基因组以及由核编码的细胞器基因的系统发育分析表明，所有的原生质粒都起源于藻细菌和真核细胞之间的内共生事件。这些质粒保存了一些藻细菌的特征性结构。例如，在 glaucocystophytes 质粒里藻细菌细胞壁有内外两层膜包围着。原生质粒在绿色植物、红藻、绿藻及 glaucophyte 中都存在。

人们认为次生质粒是源于后续发生的共生，含有质粒的真核生物在其他真核生物世系里又成为胞内共生物（图 8.11B）。许多证据支持这一理论。首先，一些质粒不止包被两层膜而是三层、四层膜。其次，许多真核物种含有的质粒里面也有一个类核体，即与核基因组无关且基因组退化的第二个核。最后，分子系统发育分析表明类核体的基因组与拥有原生质粒的真核生物相关。例如，在隐花植物中，类核体和质粒的基因组与红藻的一些种类相关，而其核基因组却来自一个和金藻相关的不同的门（图 8.5）。目前已经发现了各种各样的次级共生。在一些例子中，当次级共生发生时，生物体保留了存在的所有基因组，即原始宿主的核基因组和线粒体基因组，以及原始共生体的核、线粒体和质粒基因组。在其他一些例子中，如顶复门寄生虫（如 *Plasmodium* 和 *Toxoplasma*）丢掉了共生体的核基因组和线粒体基因组，只保留了质粒基因组。

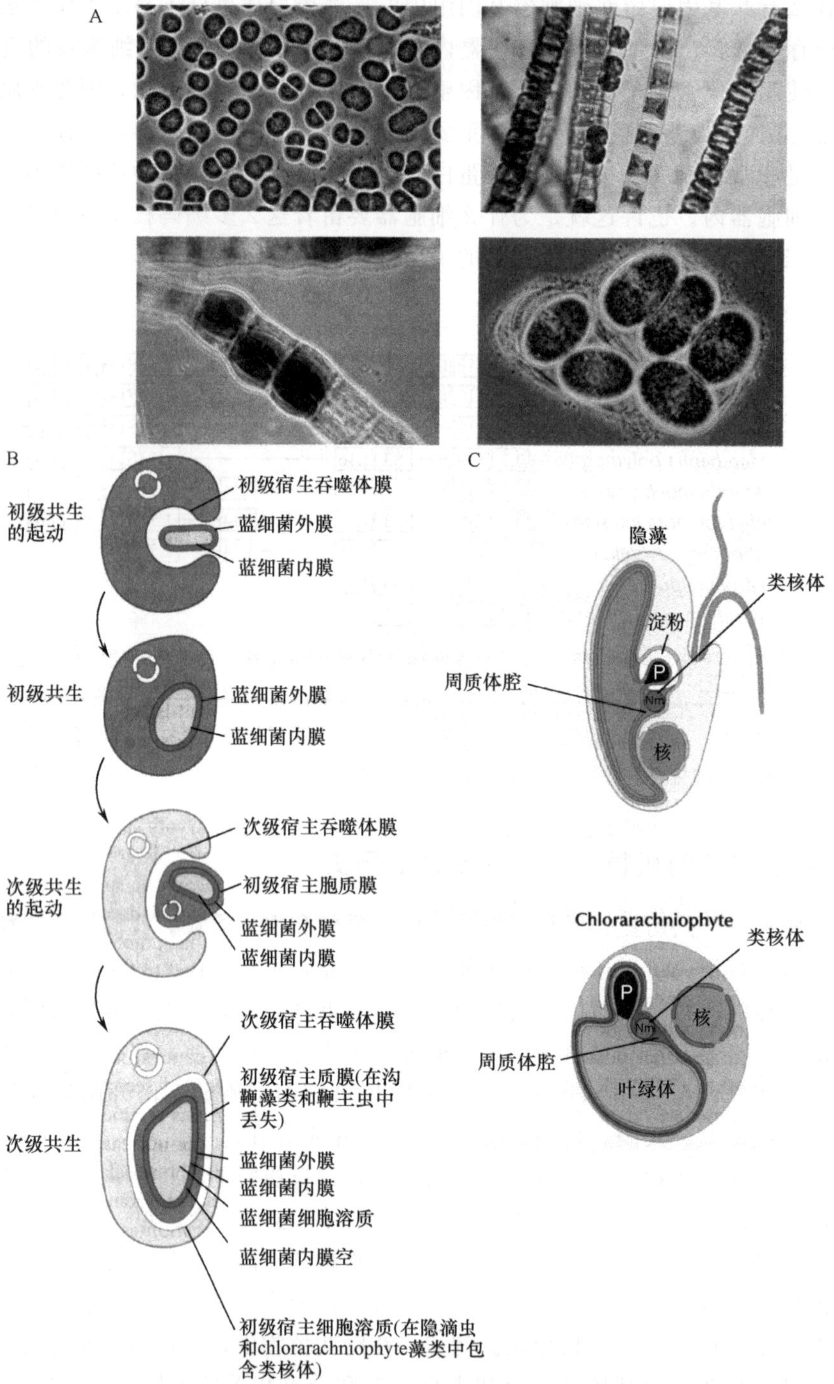

图 8.11　原生质粒和次生质粒。（A）各种各样真核生物的质粒。蓝细菌（上左；*Eucapsis* sp.）通过发生在 12 亿年前的单共生事件而产生了绿藻（上右；*Ulothrix fimbriata*）、红藻（下左；*Porphyridium* sp.）和 glaucophytes（下右；*Glaucocystis* sp.）的质粒。(B) 原生质粒和次生质粒的模型。OM，外膜；IM，内膜。(C) 通过次级共生事件形成质粒的真核生物的两个例子。

所有线粒体均源自真核生物起源早期的单共生事件

正如质粒一样，系统发育研究可以追溯到现存的线粒体基因的祖先。这些系统发育重建表明，所有的线粒体有一个共同的祖先，并且它们从变形细菌 α 亚类进化而来（图 8.12）。线粒体在 α 亚类中的准确分类位置仍然不清楚。早先研究表明线粒体与胞内寄生且基因组高度缩减的 α 亚类细菌 *Rickettsia* 相关。然而，对于 α 亚类物种的全基因组分析并不支持这样的观点。

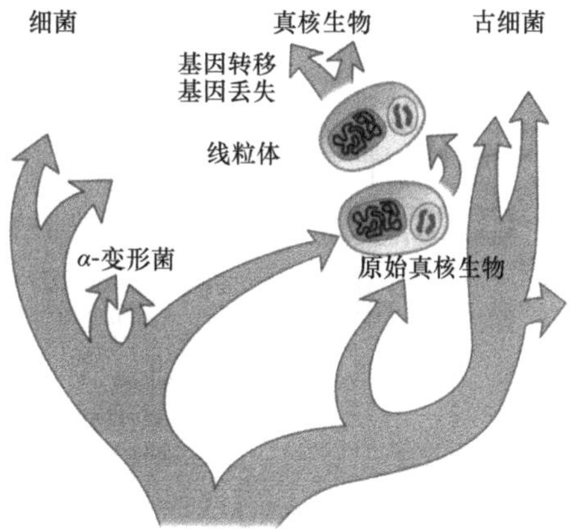

图 8.12　线粒体是 α-变形菌。本图显示了线粒体起源的模型。整个系统发育树与在第 5 章中的一样，其中古细菌比细菌更接近真核生物。

一些真核生物像 *Trichomonas*、*Giardia*、*Entamoeba* 并没有线粒体。这些现象能否有助于解释线粒体的起源呢？早期基于 rRNA 的分子系统研究表明，这些无线粒体的真核生物在真核生物进化树的根部分支出来（第 5 章）。因此，理论上由共生事件将线粒体前体引入到古真核生物应该是在无线粒体的世系分支以后。无线粒体世系生活在无氧的环境中，这提示线粒体共生使得其他生物可以更好地利用有氧的环境。然而，在注解框 8.1 讨论过的真核生物新的系统树与这个模型不吻合。在这个系统发育树里，这三大世系并不聚在一起，所以更有可能的是线粒体是所有真核生物的祖先。

在这些无线粒体世系里线粒体的命运是怎样的呢？在许多情况下，这些线粒体并没有丢失反而转化为其他的细胞器。例如，*Trichomonas* 的氢化酶体和 *Giardia*、*Entamoeba* 的纺锤体都缺少它们自身的基因组，但明显是从线粒体衍生而来的。这些细胞器的线粒体祖先通过表型和生化分析可以得到证明。除此之外，在这些物种的核基因组里面，有一些基因与线粒体衍生的基因在进化上是相关的（图 8.13 和图 8.14）。虽然这些基因也有可能是通过从自由生活的 α-变形菌水平转移而得到，但上述的发现支持这些物种曾经带有线粒体并且其中的一些线粒体基因在细胞器丢失之前已经转移到了宿主的基因组中。

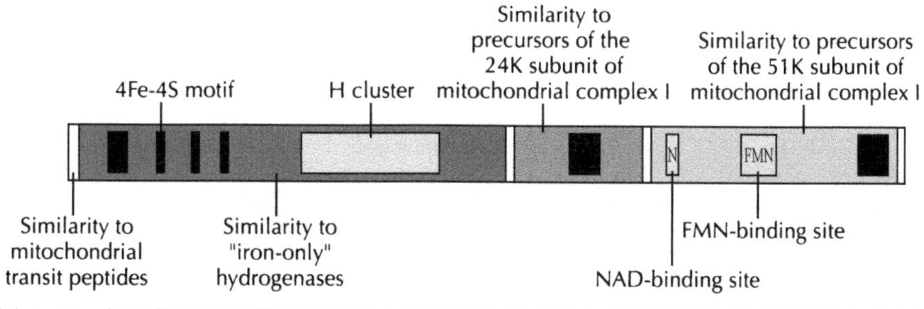

图 8.13　氢酶体是线粒体的遗迹吗？图中所示核编码的氢酶体靶基因的可读框。可读框编码一个推测的（Fe）氢化酶，这种酶蛋白与熟知的线粒体衍生的蛋白质有很多相似之处。

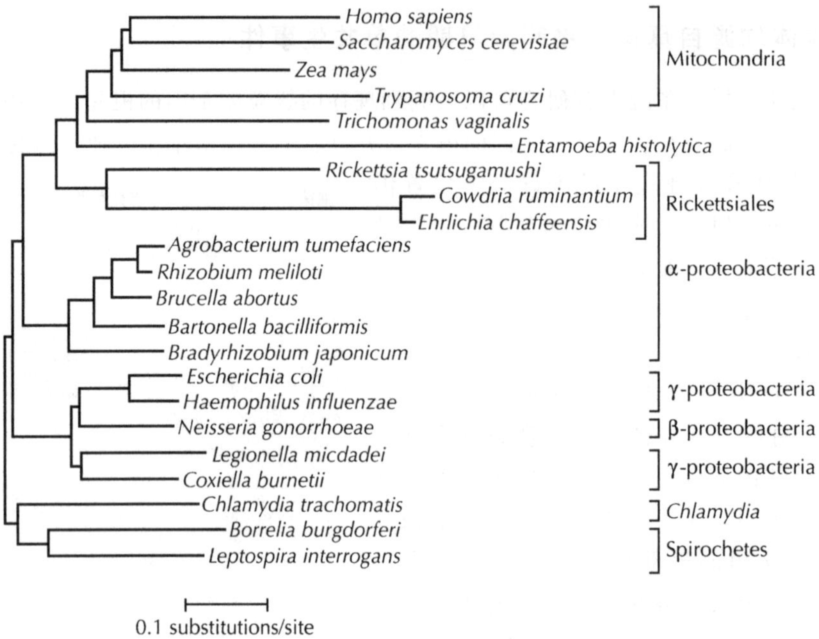

图 8.14 在无线粒体物种中可以发现线粒体的衍生基因。细菌编码的和核编码的 cpn60 基因的系统发育树展现了来自无线粒体物种 *Trichomonas* 和 *Entamoeba* 的基因与来自真核生物线粒体的基因聚在一起。

核的起源仍不清楚

真核生物与细菌和古细菌的关键区别就是细胞核。虽然对核的研究已有 200 多年的历史，但关于核的起源仍然是一个谜。表 8.2 列出了一些关于核起源和核基因组起源的学说。这些理论可分为两大类。核生成（或自然发生）模型假定核在一个单一的进化世系中进化并且细胞的基因组被膜包被，这种结构最终进化为我们今天看到的核。内共生模型假设来自不同世系的细胞之间的内共生（或融合），内共生体变成细胞核。所有的模型都试图解释核的两个关键特征：核膜现在的结构以及核基因组中的一些基因与古细菌相似，而另一些则与细菌相似。

表8.2 各种关于细胞核起源的模式图

起源模式	与核膜同源并导致核膜起源的生物膜	与核同源并导致核起源的细胞区域
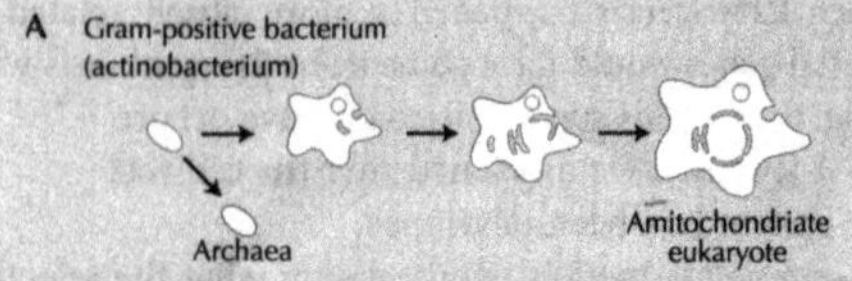	一个细菌的质膜	细胞膜质
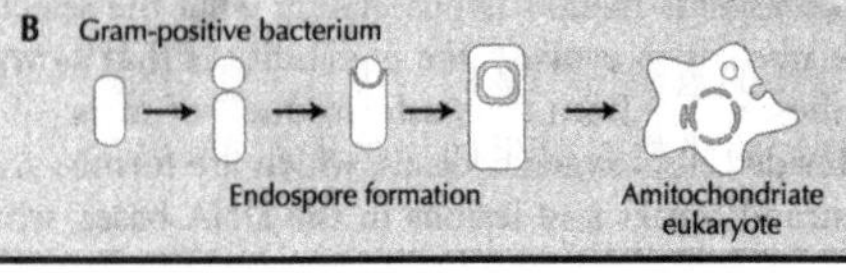	一个细菌的质膜	细菌芽孢内膜

续表

起源模式	与核膜同源并导致核膜起源的生物膜	与核同源并导致核起源的细胞区域
C 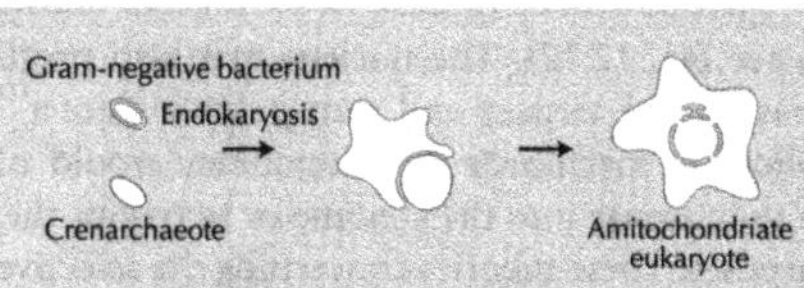	一个细菌和古细菌的质膜	古细菌胞质
D 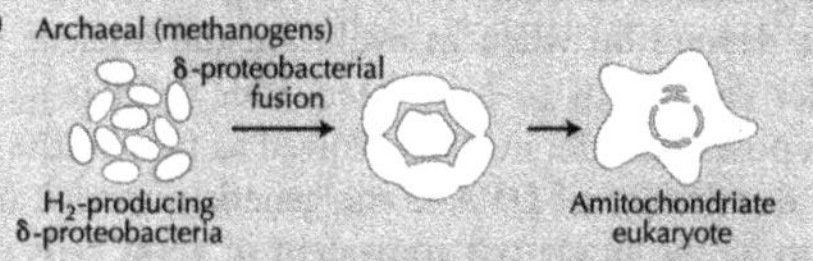	几个细菌的质膜	古细菌胞质
E 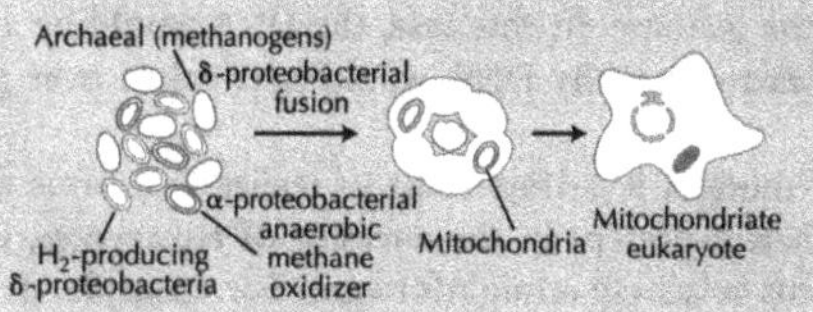	几个细菌的质膜	古细菌胞质
F 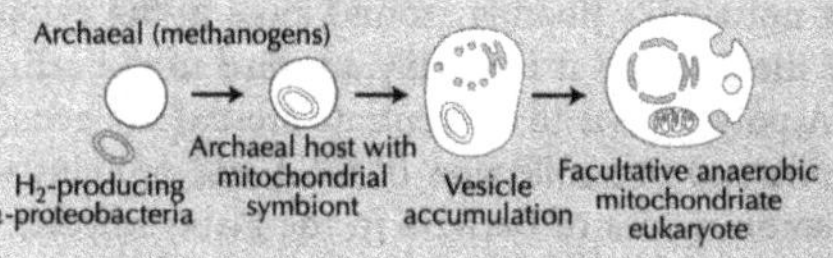	古细菌膜质中合成的脂质体泡	染色体周围的古细菌胞质
G 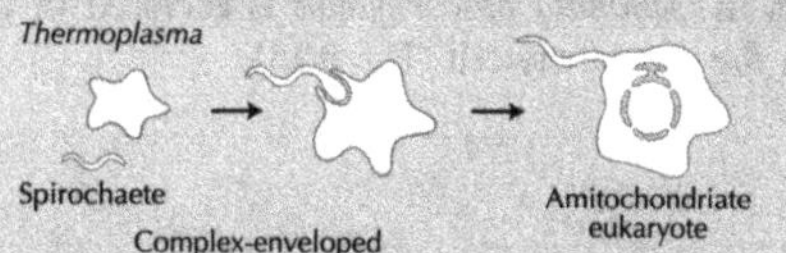	一个细菌和古细菌的质膜	螺旋体胞质
H 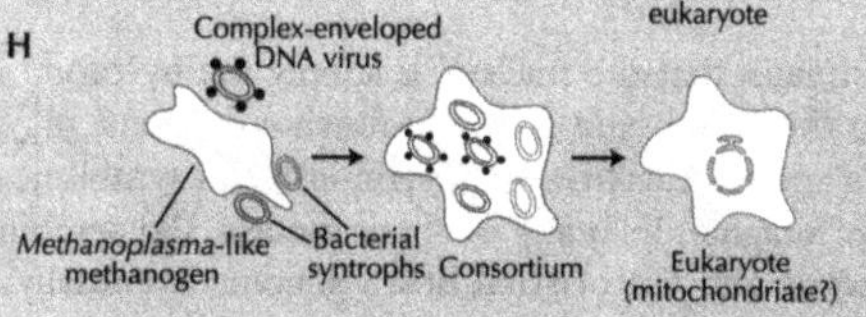	病毒包被	病毒内腔

Reproduced from Martin W. 2005. *Curr. Opin. Microbiol.* **8:** 630–637 (Table 1, p. 632) (© Elsevier).

核生成模型

大多数核生成模型涉及细胞膜的内陷从而产生区域分割并最终形成细胞核。这种内陷与我们在现生真核生物所见的吞噬作用是相似的。真核生物的祖先肯定是在某一点上从细菌和古细菌的祖先中分开来的从而形成生命树的第三大分支。最有可能的是，这种类型的祖先像现在的细菌和古细菌一样有一个细胞壁。因而，正如在吞噬作用的膜内陷一样，这种细胞壁最终会丢失。重要的是，这个理论有助于解释核被膜的结构（图 8.1）。在核生成模型中，人们推测核生成的发生比起细菌来与古细菌最为接近。真核生物中的细菌基因也许来自于线粒体祖先的内共生物（图 8.12）。这种共生关系在核出现之前或之后发生，但肯定在细胞壁丢失之后发生，并且某种内膜系统已经形成。

核生成模型一个主要的困难是解释什么样的选择压造成核的进化。一种可能性就是膜包被的 DNA 保护基因组免受来自代谢废物和毒物的干扰，如氧气等。在细胞内，从氧气而来的氧自由基会与 DNA 反应导致链的断裂和 DNA 碱基之间的裂口，这样会有突变和毒害效应（图 12.12）。核也许保护了遗传物质免受遗传寄生物，如病毒和转座元件的伤害。在膜里压缩的 DNA 和复制机器将使得遗传寄生物很难整合进基因组或共同使用复制机器来达到它们的目的。这些涉及选择压力的核起源模型依赖于对核起源时期的判定。上面的模式认为核的起源是在细胞生命起源之后发生的。一个替代的理论提出核的进化是与从 RNA 世界到 DNA 成为主要的遗传物质的进化过程同步发生的。在这个模式中，认为核最初是像动物生殖细胞一样的单细胞。在这种情况下，DNA 也许是功能 RNA 基因组的一个拷贝，而最终 DNA 成为唯一的基因组拷贝。

在考虑核生成模型时，如果一些细菌和古细菌含有的特征在真核生物的祖先也存在，那解释核的起源就变得比较直接了。例如，在大多数细菌和古细菌里，DNA 不是松散地漂浮在细胞质中而是被压缩在细胞的某个区域中且常常结合在膜上。这使得 DNA 和 RNA 聚合酶能够汇集在基因组的周围。因此用膜包被这个 DNA 和蛋白质区域就只需要进化上一个小的跳跃。事实上，这在 Planctomycete 目的一些细菌物种中已经发生了。例如，*Gemmata obscuriglobus* 的 DNA 是被包裹在同细胞的其他部分分隔开来的膜中的（图 8.15）。

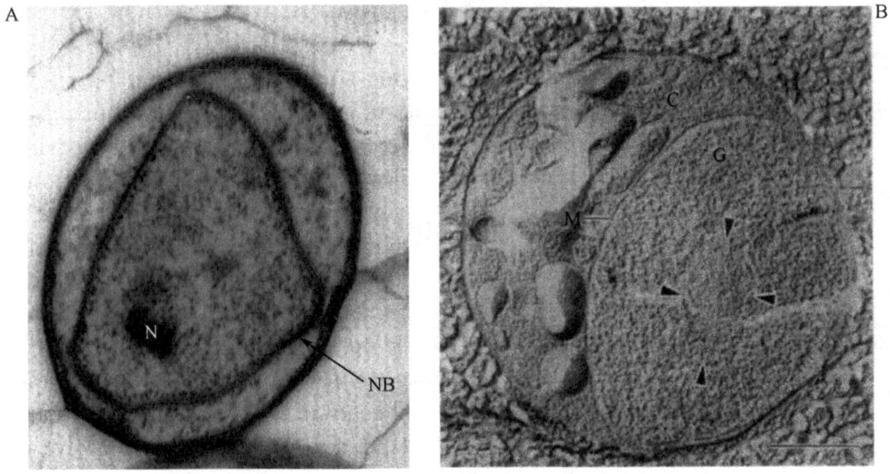

图 8.15　细菌中包裹 DNA 的膜。(A) 发芽似细胞的横切面。两层膜包裹的核体用 NB 表示，DNA 用 N 表示。(B) *Gemmata obscuriglobus* 的电镜横切面。膜包裹的核体用 M 表示：比起核体内的细胞质，核体外面细胞质 (C) 是一种不同的质地。标尺长度为 0.5μm。

内共生模型

内共生假说推测核只是内共生事件的副产物，它同由膜包裹的线粒体和质粒相似。参照线粒体和质粒的内共生起源，核的内共生起源应该不难想象。在许多这样的模型中，内共生物的基因变成了核基因组，并且原来宿主的基因组最终移到核基因组里。这解释了核基因起源的嵌合特性。

在内共生模型中，谁是内共生的合作者，是什么驱动了内共生？与核生成模型一样，内共生模型假设宿主细胞的细胞壁在内共生之前已经消失。这就解释了为什么在一些模型中，来自一个世系的原始宿主的现存物种缺少细胞壁（如 *Thermoplasma*）。然而，大多数模型提出成为核的内共生物是一种古生菌，并且原始宿主是某种类型的细菌。这解释了为什么许多在真核生物中编码核相关功能蛋白（如复制和转录）的基因与古细菌基因更相近，而为什么许多细胞质功能的基因（如代谢）与细菌基因更相近。这是因为，正如我们在上面部分讨论过的，关于线粒体进化的公认理论是它们在真核生物进化的起始阶段或近于起始阶段起源，并且许多内共生模型认为，同样地，α-变形菌使用原始内共生的宿主(图 8.16)。如果不是这样，那就需要引入另一个宿主，而线粒体共生就变成一个独立的事件，并且一些原始宿主的基因会迁移到核基因组中，宿主基因组的其他基因会消失。是什么驱动共生是内共生理论许多有趣方面的一个方面。大多数模型正如现代共生学说一样提出驱动力涉及一些代谢合作关系的一些类型。

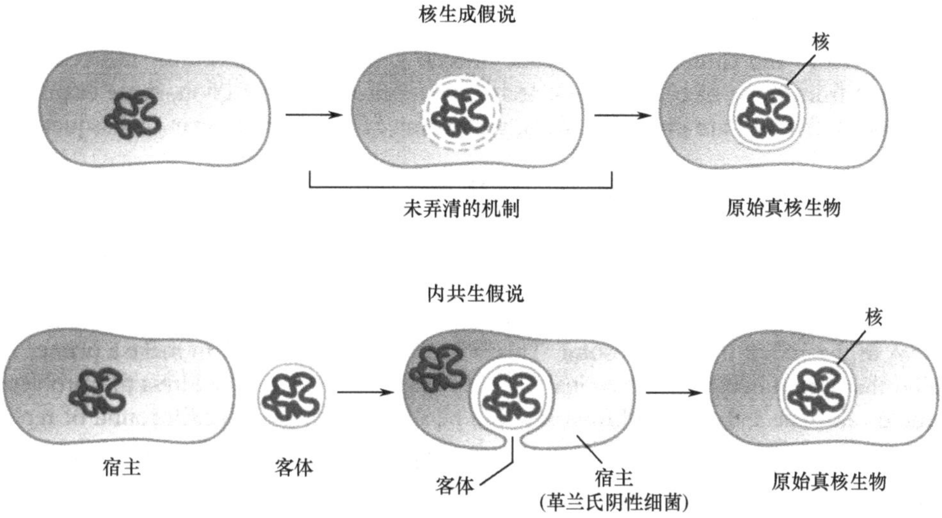

图 8.16　核的起源。

不同基因组可以分别进化

隔离在细胞器基因组中的基因会有进化上的后果。核、线粒体和质粒基因组承受不同的选择压力，因此常常以不同的方式进化。例如，在有性生殖的真核生物中，细胞器基因组不经历有性重组过程，取而代之的是它们常常通过母系来遗传。这使得它们能作为很好的遗传标记来追踪群体的母系，就像 Y 染色体能够在人类中用来追踪父系一样。然而，如果缺少重组，选择将不是很有效，甚至会使细胞器基因组最终退化。

核基因组的进化速率与非核基因组的进化速率是不同的。例如，在动物中，线粒体基因组的基因要比核基因进化得快。在植物中正好相反，线粒体基因组比核基因组进化更慢。进化速率差异的原因现在还不清楚，但当我们使用来自不同基因组的基因研究群体和进化生物学时需要考虑到这一点。

结论：真核生物嵌合基因组

每一个细胞器含有自己的基因组而导致了真核生物基因组是细菌基因的“殖民地”。然而一旦核起源了，现存的核基因组就是不同进化历史的基因嵌合。在真核生物中，这是次级共生的产物，一个细胞拥有来自原始宿主和线粒体基因组的基因，也包括来自共生体的核、线粒体和质粒基因组。

此外，尽管在真核生物中水平基因转移不如细菌和古细菌中这样频繁和广泛，但有证据表明它们的确在发生。在真核生物中，水平转移最广泛存在于单细胞生物。一些证据表明，病毒能够在真核生物之间转移基因，就像在细菌和古细菌之间的噬菌体一样。基于所有基因转移的可能机制，可以更准确的设想，真核生物和基因组的进化不仅仅是一个简单的系统树而是带有很多分支并偶尔交错的多个系统树。

核基因组的结构和功能

真核生物核基因组的结构和组成与细菌和古细菌的基因组有很大的不同。在这一部分，我们将呈现这些不同的例子及其进化的后果。

真核生物染色体的结构具有重要的进化意义

典型的真核生物核 DNA 是线性的。正如在前面讨论的，DNA 复制酶不能够复制线性 DNA 的滞后链直到染色体的末端。这是因为没有引物与**冈崎片段**结合末端的位点。如果不能够解决这个问题，那么染色体末端在每一轮复制后会渐渐缩短（图 8.17A）。对于这个问题生物已进化出多种的解决方法。在一些生物中，染色体的末端称为端粒，其由高度重复的 DNA 组成。这些生物使用一种称为**端粒酶**的特殊酶，因为其可以给染色体末端加上特别的末端序列从而防止末端降解（图 8.17B）。许多端粒酶与 RNA 病毒使用的逆转录酶有关，而转座子也使用这种逆转录酶来拷贝其 RNA 基因组到 DNA 上。这就发展出了一种理论，即端粒酶是从转座子或病毒来的。其他真核生物，包括一些含有端粒酶的真核生物通过其他的方法将 DNA 加到染色体末端，包括使用不平等重组和转座子元件的方法。

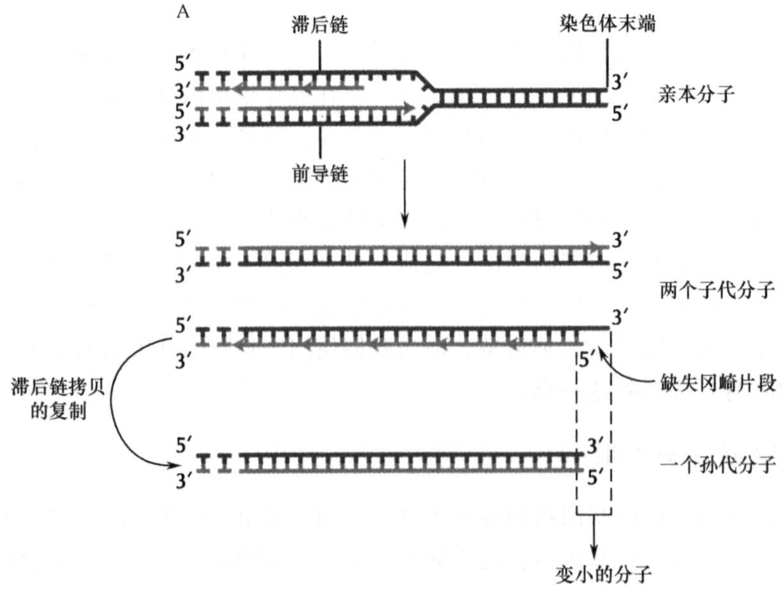

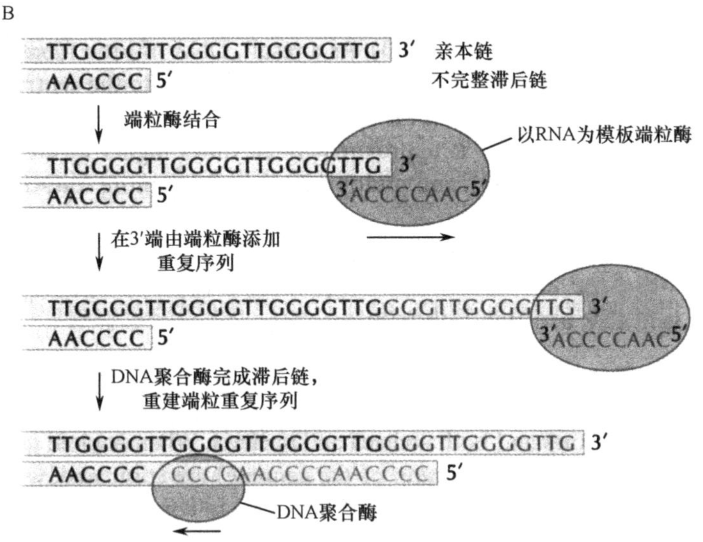

图 8.17 (A) 端粒复制的传代问题。(上栏) DNA 在靠近染色体末端的地方复制 (右边) 前导链可以完成 (上图，中间栏的分子)，但滞后链不是很完整 (因为引物不能在末端最后一段产生)。当复制完成时，就会导致染色体的缩短。(B) 端粒酶可以复制滞后链的染色体的末端。在这个例子中，一个 RNA 分子作为加 DNA 到染色体末端的模板而包含在端粒酶里。

大多数真核生物的一个显著的特征是着丝粒 (图 8.18A)。着丝粒在细胞分裂时作为连接染色体与微管的附着点。在有丝分裂和减数分裂时，这种附着点引导了染色体的移动从而导致了染色体的分离，进而分配一组完整的染色体到每一个子细胞中。

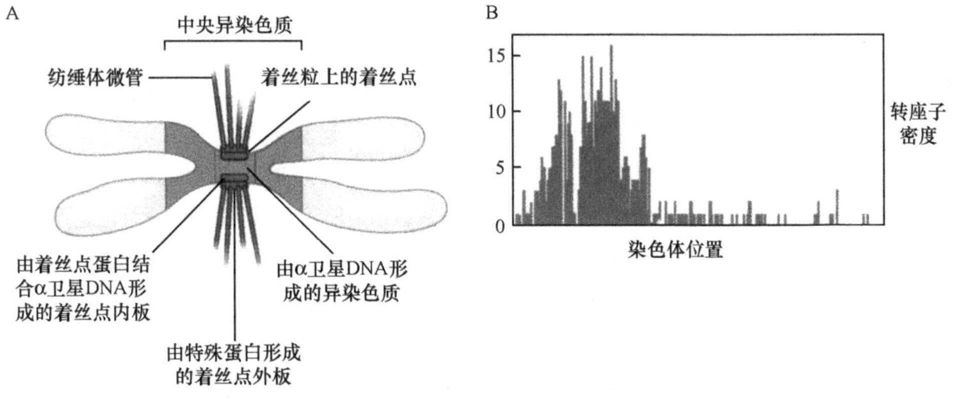

图 8.18 聚集在着丝粒的转座子。(A) 真核生物着丝粒的图示。(B) *Arabidopsis thaliana* 2 号染色体上的转座子密度。着丝粒区域的转座子密度最高。

着丝粒的存在有很重要的进化意义。例如，在真核生物染色体里有一个重组梯度，在端粒重组率高，而在着丝粒重组率低 (图 19.21)。因为靠近着丝粒的低重组率而导致了在这些基因组区域更低效的选择。结果是，没有重要功能的或轻微有害的 DNA 常常在染色体的着丝粒区域。例如，在模式植物拟南芥中，转座子元件的密度在着丝粒的地方比在端粒的地方要高 20 倍多（图 8.18B），并且在 2 号染色体的端粒中有多个全线粒体基因组的拷贝。

基因组大小和不同类型的 DNA 相对频率在真核生物之间变化很大

与古细菌和细菌比起来，真核生物基因组是非常大的（见图 7.1）。真核生物中基因组大小的变化比真核生物与古细菌及细菌要大得多。当用单倍体基因组大小（每一基因组的碱基对数）进行比较时，我们发现一些真核生物基因组要比细菌和古细菌还要小很多。例如，胞内病原体 *Encephalitozoon cuniculi* 核基因组在 2×10^6 bp 以下，然而一些植物的基因组，如 *Lilium longiforum* 在 9×10^{10} bp 以上，是人类基因组的 30 倍。一些变形虫的基因组大小估计在 6.7×10^{11} bp 左右。因为染色体的数目不与基因组大小成比例增长，所以一些生物有很大的染色体，这就需要多个复制起始位点来减少复制整个基因组的时间。同样，真核生物基因组的大小与基因数目之间也没有很好的相关性。

大多数“额外”的 DNA 被认为是垃圾或自私 DNA，这暗示它们在生物体的正常生物学中是没有用的。尽管有一些这样的 DNA 在真核细胞中可能具有重要功能，但多数对于宿主细胞也许没有什么益处。这种看法的证据以及为什么真核生物要含有这么多的额外 DNA 后面会详细讨论。接下来，我们将探讨这些额外 DNA 的性质和功能意义，因为它们在真核生物基因组结构的变化上起着很大的作用。特别是，我们讨论在大小和拷贝数目上不同的三类 DNA：串联重复 DNA、转座元件和内含子。

串联排列 DNA 在真核生物中非常广泛

许多真核基因组含有很长的 DNA 片段，它由相同的或相似的重复序列组成，称之为串联重复 DNA 或串联排列 DNA。这样的 DNA 广泛存在，并有几种特征形式。其中一种称之为卫星 DNA，之所以这么称呼是因为在纯化 DNA 时它被鉴别为“卫星”条带。因为其重复特性和不同的核酸组成，这种 DNA 比起基因组其他 DNA 有不同的浮力密度。因此，当使用密度梯度离心来纯化全基因组 DNA 时，这种 DNA 会形成不同的“卫星”条带。现在卫星 DNA 用来指 100～1000bp 长度的非编码串联重复序列，而不考虑其浮力密度是否与基因组其他 DNA 不同。实验和基因组学的研究表明，卫星 DNA 在许多真核生物基因组中是非常丰富的，特别是在着丝粒和异染色质区。

串联重复序列比 100bp 小就称为小卫星（这种重复片段是 10～100bp）和微卫星（重复片段是 2～10bp）。它们作为遗传标记是非常有用的，因为它们的突变率较高（图 12.9 和注解框 13.3）。许多真核生物也有很长的串联排列的完整基因（图 12.3）。

许多真核生物中的大部分 DNA 是转座子及其遗迹

与细菌和古细菌的线性基因组相反，现存真核生物基因组含有大量的各种类型移动 DNA 元件（称之为转座子），因而基因组大大增加了。一大半的人类基因组由一定类型的转座子组成。因为这种移动 DNA 元件在宿主基因组上有负面效应，所以被认为是自私 DNA。我们在第 21 章中会讨论为什么自私 DNA 在真核生物基因组间会不同。这里，我们讨论真核生物基因组里的转座子元件的多样性和它们在基因组水平上的效应。

根据复制的机制，转座子可以分为三类：逆转座元件、复制性转座子和保守（或非复制型）DNA 元件（表 12.2）。逆转座元件通过 RNA 中介使用逆转录酶来复制其自身。为了复制，它们首先将 DNA 转录为 RNA 然后逆转录为 DNA 再插入到基因组其他位置（图 8.19）。根据它们在侧翼是否含有长重复元件可将逆转座元件分为两大类。**逆转录转座子**具有**长末端重复序列（LTR）**，而**逆转座子**没有（图 8.19）。逆转录转座子与逆转录病毒有关，因为其含有 LTR 并且借助 RNA 中介来复制再插入到基因组区域。逆转录病毒最熟知的一个例子就是在人类中能够引起免疫缺陷症（AIDS）的人免疫缺陷病毒（HIV）。

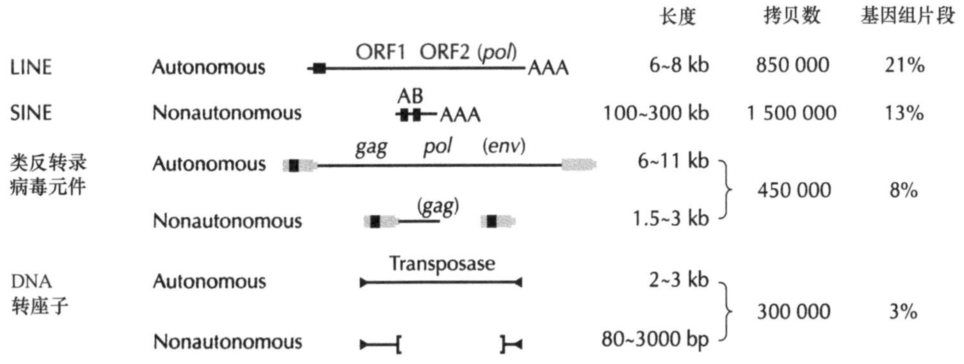

图 8.19　人类基因组高丰度重复序列的例子（一些转座子的形式）。这些可以通过元件的类型和它们是否自主（自身含有编码转座子的方法）或非自主（取决于转座的外源因子）进行分类。这里显示的是 4 种类型的元件，包括它们的结构、长度、拷贝数和它们所在基因组的比例。首先列出的三个是 LINE、SINE 和类逆转录病毒元件，它们通过 RNA 中介而完成转座。LINE 和 SINE 是相关形式的逆转座子；LINE 是自主的（编码 pol 蛋白）而 SINE 是非自主的。类逆转录病毒的元件包括逆转录转座子，它们在两端都有一段很长的末端重复序列（以蓝色表示），且自主元件的末端序列编码 pol 蛋白。DNA 转座子两侧常常含有反向重复序列（小三角表示），携带的自主元件编码转座酶蛋白。

同许多真核生物基因组一样，人类基因组含有上百万的各种逆转座子。有两类重要的逆转座子：LINE（长散在元件）和 SINE（短散在元件）。长散在元件以多种形式存在，其中一些有成千上万的拷贝。一个细胞里 SINE 有 100 多万份的拷贝，并且包括 ALU 元件。SINE 并不编码逆转录酶，但却能通过使用其他逆转录元件的酶来复制其自身。

真核生物基因组也含有**复制性 DNA 转座子**（能够复制其自身然后再插入到新的基因组位置）和**保守性 DNA 转座子**（其能够在基因组内移动并且能整合到其他位置）（图 8.20）。和逆转录元件相比，DNA 转座子在基因组中并不多。

真核生物中过剩的转座子是产生大量突变的原因。它们常常通过插入到编码区和调控区或通过借助于同源重组的基因重排的方式打乱宿主基因组。此外，在保守 DNA 转座子复制期间剪切步骤常常是不准确的，因而容易在剪切位点产生突变。

由活跃的逆转座元件编码的逆转录酶对细胞内的 RNA 也发生作用。当内源性 RNA 进行逆转录时，所产生的互补 DNA（cDNA）有时就会插入到基因组内。cDNA 拷贝与原来编码 RNA 拷贝的基因是不同的，因为细胞 RNA 在逆转录时已经历了 RNA 的编辑过程。RNA 的编辑要除去所有内含子并拼接剩余的外显子，因此 cDNA 是没有内含子序列的。由于不再受到选择压，这些基因拷贝可以很快积聚突变而变成没有功能的假基因。基因组中的假基因区域就是来源于因突变的积累而丧失功能的基因。假基因也可以通过其他的途径产生（图 8.21）。尽管假基因没有功能，但假基因对于基因组却有很大的效应，因为假基因能引起基因之间的重组，并在 DNA 修复和减数分裂过程中造成染色体错配。研究人员发现假基因可以作为"中性"进化的标记，因为假基因序列与对应的功能基因很相似但却没有功能。假基因也可以作为分子系统研究的分子化石。不同物种间共享的假基因可以作为系统发育构建中有用的衍生特征。

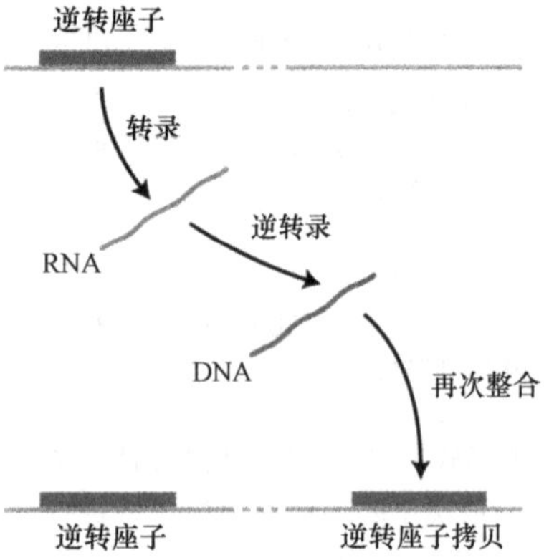

图 8.20　逆转录转座。一个逆转座子转录为 RNA 然后 RNA 逆转录为 DNA。这种 DNA 再被整合到宿主基因组的另外一个位置。

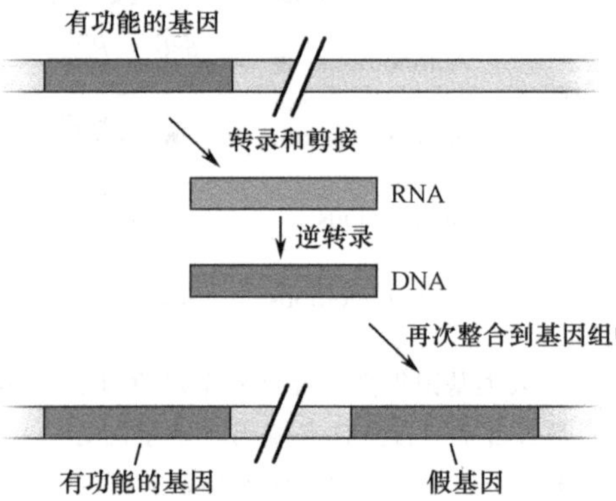

图 8.21　逆转录酶介导的假基因的产生。一个基因（上排）经过转录和剪接形成最终的 RNA，然后逆转录为 DNA。这个没有内含子的 DNA 可以整合到基因组中。它很可能成为一个假基因。注意本图和图 8.70 逆转录过程的相似性。

真核生物基因组含有各种类型的内含子

在真核生物中内含子的丰度变化很大。一些物种，如模式物种 *Saccharomyces cerevisiae*，几乎没有内含子，并且存在的内含子都非常短。在其他一些物种中，基因填充着几十个内含子，一些甚至比细菌基因组还大。根据其位置和作用机制，内含子可以分为 4 类：tRNA、Ⅰ型、Ⅱ型和剪接体内含子（表 8.3）。一些 tRNA 基因含有内含子，在前体 RNA 中必须要被除去。处理前体 RNA 需要内切酶来切除内含子，同时也需要激酶和连接酶来连接剩余的 RNA 片段从而形成功能性的 tRNA。

表 8.3　主要类型的内含子

内含子类型	分　布
剪接体	真核生物核前体 mRNA
Ⅰ型	真核生物核前体 mRNA，细胞器 RNA，一些细菌 RNA
Ⅱ型	细胞器 RNA，一些原核生物 RNA
前 tRNA	真核生物核前体 tRNA

摘自 Brown T. A. 2002. Genomes，第二版，表 10-2，Wiley-Liss，New York.
mRNA，信史 RNA；rRNA，核糖体 RNA；tRNA，转运 RNA.

Ⅰ型内含子是首次被发现具有催化活性的 RNA（第 4 章）。在体外，它们能够从 RNA 分子中自身剪切；而在体内，它们借助各种各样的蛋白质完成连接。在一些细胞器的 tRNA 和 rRNA 以及各种生物的某些 mRNA 中存在Ⅰ型内含子。它们的结构和功能在所有的物种中是非常保守的。核基因组内的Ⅰ型内含子可能是从细胞器基因组转移而来的。

Ⅱ型内含子也是一种具有催化活性的 RNA，也能够在体外进行催化作用。同Ⅰ型内含子一样，Ⅱ型内含子的结构和功能在所有发现的物种中都是保守的。然而，它们作用的机制与Ⅰ型内含子有所不同，而与剪接体内含子相似。许多Ⅱ型内含子编码蛋白，这些蛋白质可以将内含子转移到基因组的其他区域。Ⅱ型内含子大多存在于细菌和真核生物的细胞器里，因而它们很可能存在于细胞器的祖先细菌中。

剪接体内含子（也称之为前信使 RNA 内含子或核信使 RNA 内含子）之所以这样命名是因为剪接过程需要一组很复杂的蛋白质，即剪接体。一些真核生物如酵母 *S. cerevisiae* 含有很少的剪接体内含子并且大多数都是非常小的。少数的酵母基因含有不止一个的剪接体内含子。相反的是，人类的剪接体内含子非常普遍而且很大。

人们常常认为内含子是垃圾 DNA。然而，序列比较分析说明一些内含子的序列是非常保守的，这表明在内含子序列进化过程中，功能限制起着非常重要的作用（第 19 章讨论非编码 DNA 的保守性）。这些保守性可以解释为 RNA 剪接所需的序列保守性。其他一些保守序列调控剪接的时间从而通过**选择性剪接**而使一个蛋白质编码基因可以产生多种蛋白质（图 8.22）。如果考虑到所有剪接可能性，那么像人类这样的物种即使只有 25 000 个蛋白质编码基因，也能够制造出上百万个不同的蛋白质。选择性剪接对于多样化所需要的创新性提供了一个重要的资源。

内含子的存在对于基因和基因组的进化在很多方面都有很大的影响。例如，基因的外显子理论提出内含子在生命很早期就出现了，并且在细菌和古细菌进化之前丢失了（也许是因为选择更倾向于压缩的基因组）。这个理论还提出在进化早期，由于内含子的存在，可以通过外显子的洗牌而使得蛋白质更加多样化（图 8.23）。大多数研究表明，关于内含子起源的基因外显子理论在内含子的早期起源以及大多数内含子是在后续的进化中产生的观点是不正确的。然而，一旦内含子存在了，它们的确对于蛋白质多样化起着很大的作用。

人们认识到内含子不是静止的，这一点是很重要的。它们可以频繁地加到基因内或

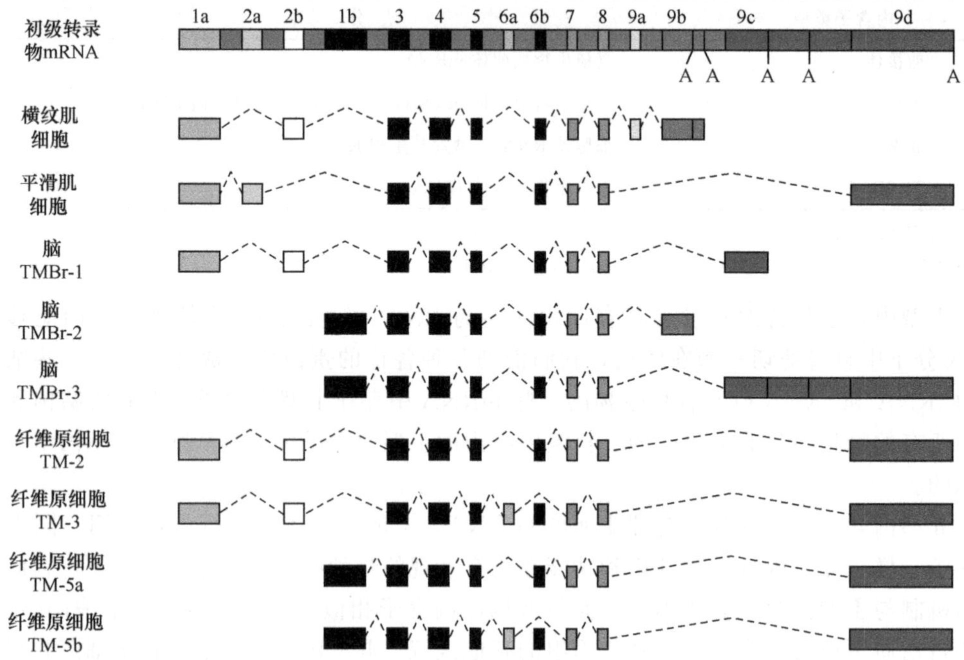

图 8.22 选择性剪接。在不同类型的细胞中，许多种类的蛋白质都是从 α-原肌球蛋白通过选择性剪接而来的。在主要的转录产物中，橙色的方块代表内含子；其他所有的方块代表外显子。用直线代表每一种细胞类型剪接的形式从而连接所用的外显子。

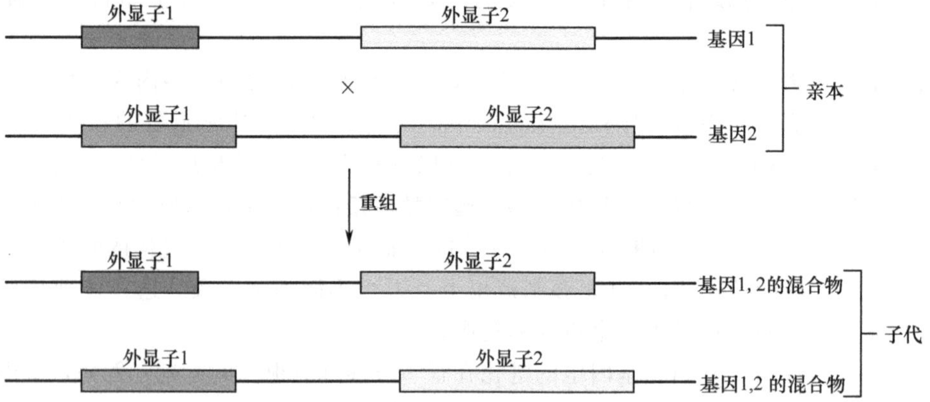

图 8.23 当来自不同基因的外显子混合在一块时会发生外显子洗牌，并且在外显子之间会发生重组。

从基因内删除掉。内含子的丢失常常是剪接的 mRNA 逆转录的结果。内含子的加入有一部分可能是因为一些内含子可以作为转座元件而起作用。

真核生物的多样化

单细胞真核生物展现了难以置信的细胞形式多样性

到目前为止，真核生物系统发育的多样性最大体现在单细胞生物，它们同样也呈现了巨大的生物多样性，特别是细胞结构和形式（图 8.6）。这种多样的形式伴随着同样多样的功能。例如，单细胞变形虫能够改变它们的形状以适应环境，它还能够包被和吞噬猎物和食物颗粒并且能沿着表面滑动以探索环境。一些藻类能够形成单细胞构成的类似植物的结构。单细胞真核生物所呈现的细胞形式的多样性同样也存在于多细胞生物的各种细胞类型中（第 9 章）。

在细胞形状和功能的多样性的背后是真核细胞的两个动态学特征：它们精细的细胞骨架系统和它们的内在运输网络。真核生物的细胞骨架使得细胞不仅能维持其多样的形态和结构，而且也能迅速地改变形状。细胞骨架也可以将细胞分为多个小的微环境。细胞核、细胞器以及其他膜包被的区室都被分割开但相互之间可以交流。巨大的细胞内转运系统使得分子的运动能够出入细胞并且能引导它们进入细胞内特定的位置。比起细菌和古细菌细胞来，这些活跃的过程使得真核生物细胞的大小不受扩散速率的限制。

复杂的调控系统是真核生物多样化的关键

真核生物增加的多样性的形式比起细菌和古细菌来说，常常伴随着对于调控网络更加精细的基因和蛋白质的需要（图 8.24），无论是单细胞还是多细胞这都很重要。在大多数真核生物中，系统的复杂性存在于每一个水平。染色体结构、DNA 甲基化、DNA 超螺旋、复杂启动子、干扰 RNA 分子和其他一些因子会调控转录。转录产物又会被修饰，如 RNA 剪切、多聚腺苷酸化、序列编辑和降解。翻译产物也会受到很多方式的调控，其中最重要的是蛋白质翻译后的修饰。这些修饰包括乙酰化、磷酸化/去磷酸化、蛋白酶剪切、蛋白质复合体介导的降解、糖基化和**异戊烯化作用**。尽管蛋白质修饰在细菌和古细菌中也可见到，但与真核生物相比就不太精细了。

真核生物另外一个重要的调控机制就是协调蛋白质、代谢产物、细胞器和其他细胞结构的定位。上面描述过的蛋白质修饰用来协助分泌和转运蛋白质。同样，前面部分描述过的细胞骨架转运系统是这种机制的必要成分。这些复杂调控过程是真核生物的一种特征，尽管它们的生化能力有限，但它使真核生物可以发育成多种细胞形式并且也可以执行多样的任务。

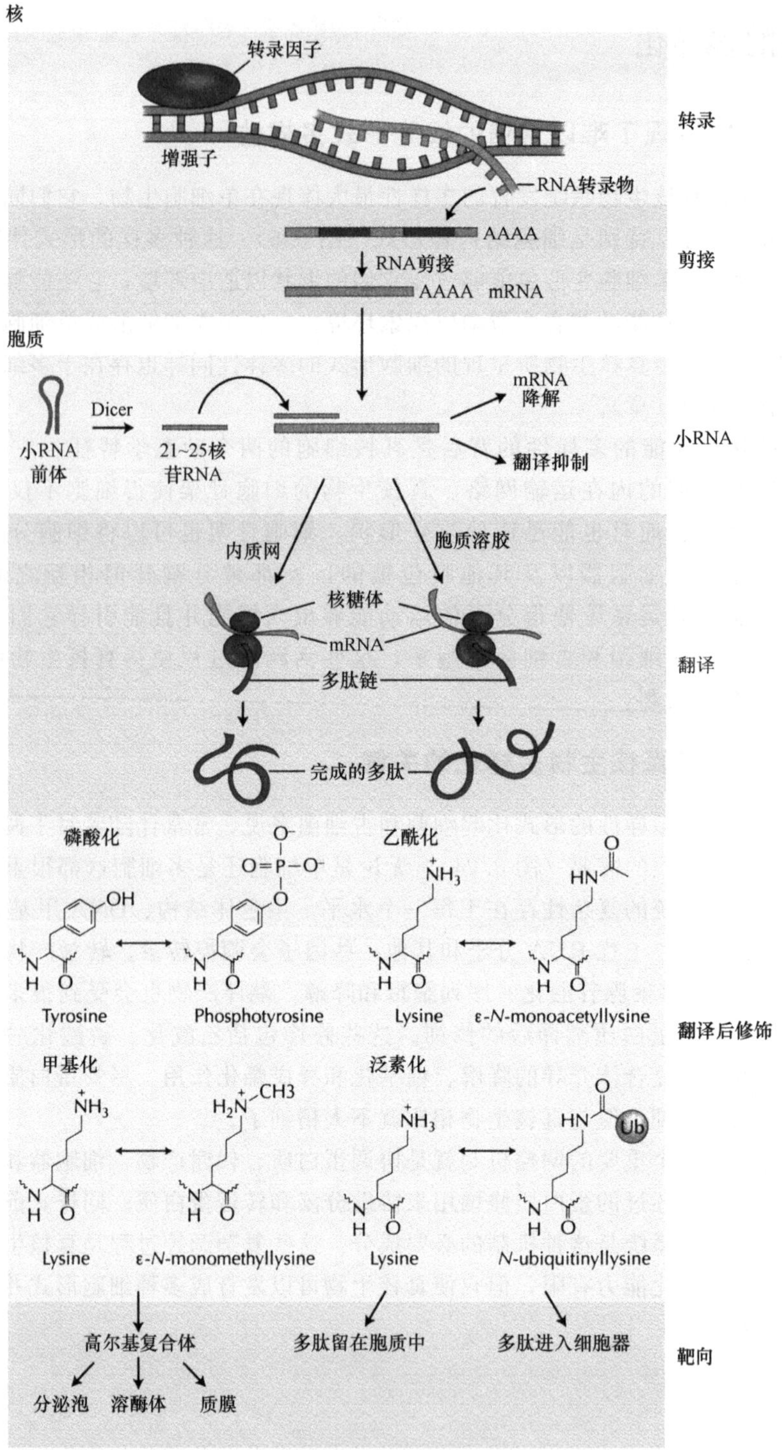

图 8.24 真核生物基因调控比起细菌和古细菌基因调控要更精细一些。调控步骤涉及转录、RNA 剪接、RNA 稳定性（小 RNA）、翻译、翻译后修饰和蛋白质靶标。尽管每一步在细菌和古细菌中都存在，但在真核生物中要更复杂和多样。

有性生殖是真核生物进化中的重要创新

从进化的观点来看，也许真核生物核基因组最有利的是其有一个特化的生殖过程——有性生殖。有性生殖结合了两个个体的基因组来产生后代的基因组（图 8.25）。

从根本上讲，有性生殖是一种在单倍体和二倍体状态之间改变的一种循环（一个细胞里有一个或两个染色体拷贝）。二倍体个体（合子）通过减数分裂产生单倍体细胞（图 8.25）。这些细胞产生单倍体配子，融合之后再产生二倍体合子，并如此循环往复。

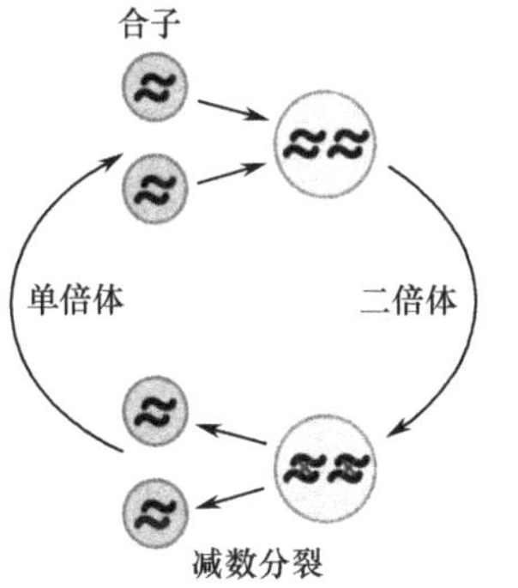

图 8.25　真核生物的有性生殖。真核生物生命周期包括由单倍体细胞形成的二倍体细胞（配子配合）和从二倍体的减数分裂形成的单倍体细胞。这幅图说明了在两条染色体上的基因组重排。重组通过减数分裂过程的分离和交叉而发生（红色交叉表示）。

对大多数甚至所有真核生物来说，有性生殖的一些方面是高度保守的。然而其他方面的变化却是非常广泛的。例如，减数分裂的普遍机制是高度保守的。首先二倍体细胞的每一个染色体都会复制产生姐妹染色体。因而，对于每一对同源染色体的 4 条染色单体基于序列的相似性再进行比配，经历交叉的过程，即在染色体之间交换染色体片段的过程。接下来的两次细胞分裂产生 4 个配子细胞，每个配子细胞得到一条染色单体。这个过程在图 12.24 有详细介绍。

在这种保守的框架里也存在一些很重要的变异。例如，在果蝇和许多其他的双翅目昆虫中，减数分裂过程发生的交叉只在雌性中发生，雄性没有。然而，对于所有具有有性生殖过程的物种来说，交叉至少发生在两种性别的一种里。

另一方面的变异是合子和配子的倍性程度。就像在人类中一样，经典的转变模式是在单倍体和二倍体之间。有趣的是，同样有一些物种在 4 个拷贝和 2 个拷贝之间改变（如四倍体和二倍体之间）。其他一些多倍体也同样使用这样的方式，其中一个最极端的例子是在每一个染色体的 32 份拷贝和 16 份拷贝之间的改变。在大多数物种中，每条染色体多于 2 份拷贝的存在常常是增加倍性的突变。倍性的变化有很重要的进化意义。多倍体个体常常不能够与二倍体亲缘物种交配从而导致新物种的产生。

不同真核生物在单倍体和二倍体阶段花费的时间及其过程也是有差异的。在人类中，减数分裂直接产生配子，单倍体的卵子不会再分裂。然而，在其他一些类群中（如真菌），生命周期的主要部分都处于单倍体阶段。另外，也存在同时拥有单倍体和二倍体个体的物种，如“单双倍体”膜翅目的昆虫，雄性是单倍体的而雌性是双倍体的。形成生命周期的多种因素将在第 23 章中讨论。

从进化的观点来看，有性生殖最重要的方面就是遗传重组。来自不同世系的染色体一起形成合子。在这种过程期间，它们有机会通过减数分裂过程的分离和交叉而混合。这些重组类型的最重要的结果会在第 23 章中讨论。

小结

在本章中，我们呈现了真核生物一些普遍的特征，如它们系统发育的多样性以及它们的基因组结构。真核生物有很多共同的但不同于细菌和古细菌的特征。它们具有有序的胞内结构，如多种细胞器、细胞骨架和转运系统。转录和翻译机制则更加复杂，并具备更强的调控能力。这种能力使真核生物能够发展出多样的形式，尽管其只有有限的生化能力。

现代分子系统发育学研究导致了真核生物分类上的根本改变，产生了目前的 8 大类群的分类体系。但化石记录为真核生物在 20 亿年前已存在提供了强有力的证据，尽管它远远落后于细菌和古细菌的出现。真核生物进化的关键方面就是与细菌或其他真核生物内共生的形成。

真核生物的标志是有膜包被的核。真核生物的核基因组有许多特征影响真核生物的进化和多样化，包括（常常）很大数量的内含子、非编码 DNA 和转座元件。也许真核生物核基因组最重要的方面就是它进行有性生殖和允许遗传重组。在第 9 章和第 11 章中，我们将讨论真核生物进化的其他两个关键方面：①多细胞的起源和进化；②发育的进化。

延伸阅读

Archibald J.M. and Keeling P.J. 2002. Recycled plastids: A green movement in eukaryotic evolution. *Trends Genet.* **18:** 577–584.

Brown J.R. and Doolittle W.F. 1997. Archaea and the prokaryote-to-eukaryote transition. *Microbiol. Mol. Biol. Rev.* **61:** 456–502.

Patterson D.J. 1999. The diversity of eukaryotes. *Am. Nat.* **154:** S96–S124.

Simpson A.G. and Roger A.J. 2004. The real "kingdoms" of eukaryotes. *Curr. Biol.* **7:** R693–R696.

第 9 章

多细胞生物与发育

在前面的章节，我们描述了各种各样单细胞生物的进化过程，以及它们所具有的显著的生化特性和基因组水平上的多态性。在这一章，我们将探讨多细胞生物的起源，并重点讨论生物产生不同类型细胞的能力。多细胞生物的组织结构更加复杂，其发育模式需要生物具有从一个单细胞分化产生大量不同类型细胞的有序结合体。

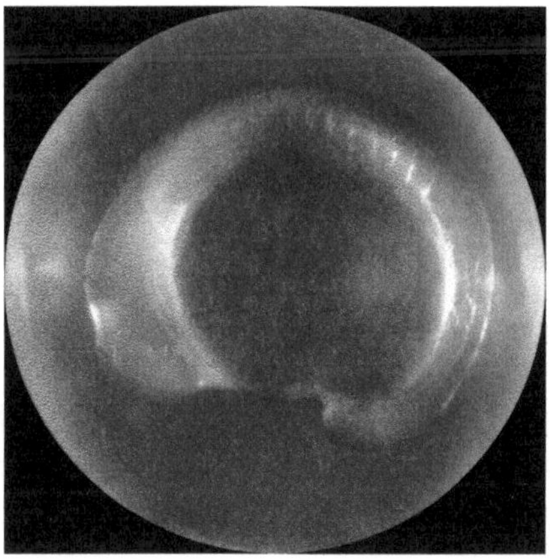

在发育过程中，不同类型的细胞被定位在不同位置，从而使动植物产生特征性的形态。这些形态特征构成了我们所讲的体制发育，也是我们用来描述所有动植物的关键划分标准。了解不同体制发育过程的相互联系可以引导我们了解多细胞生物的进化历史。

近来，一系列新方法的出现使得我们可以从分子遗传学水平了解多细胞动植物的发育。这些研究有助于我们了解诸如基因的差异表达和细胞间信号转导如何引导发育过程。在本章中，我们将介绍从一个卵细胞发育成一个复杂的生物体（比如人）过程中的一些基本机制。在接下来的第 10 章和第 11 章中，我们将描述揭示了动植物进化历史的一些古生物学记录，并举例说明发育的进化在其中所起的作用。

多细胞生物的产生

多细胞生物的出现代表了生命进化历史上重要的一步

正如前面第 6 章到第 8 章所看到的，单细胞生物生化过程中的多样性远超过多细胞生物，而且一部分单细胞生物具有相当水平的形态复杂性。然而，多细胞生物的出现使生物组织结构的组成提高到一个新的水平。多细胞性在进化过程中多次产生。例如，动物和植物的多细胞性就被认为是独立产生的。随着多细胞性的产生，细胞的分化，即不同类型的细胞在发育过程中被分配行使不同的功能也随着产生。

事实上，从单细胞进化到多细胞生物是一个连续的过程。许多我们认为是单细胞的生物能够形成菌落。菌落中的各个细胞被暴露在不同环境中，也会相应的产生不同的反应。例如，在琼脂培养板中，处于菌落中心的细胞所接触到的培养基和废物就与处于菌落边缘的细胞不同。因此，对于菌落中不同位置的细胞，其转录的基因和激活的代谢通路也不同。其他一些单细胞生物也被认为是集群的，因为它们总是由同样的单细胞个体组成有组织的菌落。然而，环境的影响也可以造成不同菌落中的不同个体表现出差异。在一个真正的多细胞生物体中，不同细胞之间的差异是以一种更能预期的方式调控着的，所以不同细胞类型是可以在下一代中再现的。而且，其整个生物体的存活依赖于不同类型细胞的共同存在。

通过单细胞聚集或分裂后不分离达成的多细胞性

从最简单的集群概念来说，多细胞性可以由以下两种途径产生。第一种，当细胞分裂后，它们可以保持连接而不分离。依赖于分裂的规则性和朝向性，这种模式的分裂可以很容易地形成各种各样的形状，从长丝形到平板形到球状。第二种，多细胞性可以通过单细胞个体的集合形成。这样的集合具有特定的形状或行为，很多时候是由于环境的影响而产生的。

即使是最简单的一种多细胞形式，即个体细胞间仍然一样，多细胞性也具有益处，包括抵抗被捕食、增强对食物的获得能力、对波动的环境的缓冲能力。一旦细胞获得了多细胞性，这个过程能更进一步，集合体中的细胞可能分化和特化出不同的功能。

具有两种不同细胞类型的团藻

绿藻目（图 8.5）中有一类团藻可以用来展示多细胞性是如何通过分裂的细胞保持连接而形成的。这些团藻中的不同成员可以形成各种水平下的细胞分化的多细胞性。

团藻中有单细胞具纤毛的真核生物，如衣藻（*Chlamydomonas*）。有简单的多细胞形式，如 *Oltmannsiella* 属，其成员包含 4 个连在一起的单细胞纤毛状细胞。在性原细胞（*Gonium*）中，不同种具有 4～16 个纤毛状细胞形成平板状结构。而实球藻属（*Pandorina*）由 16 个细胞形成球状结构（图 9.1 A 和图 9.1 B）。在这些例子中，组织是由多细胞组成的不同几何形状，但各个细胞还是相同的。

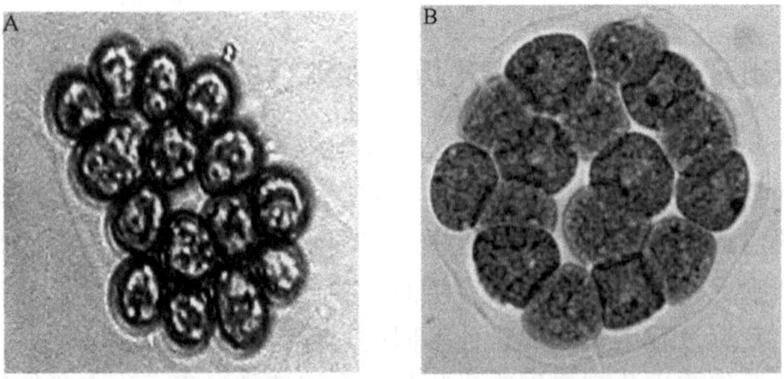

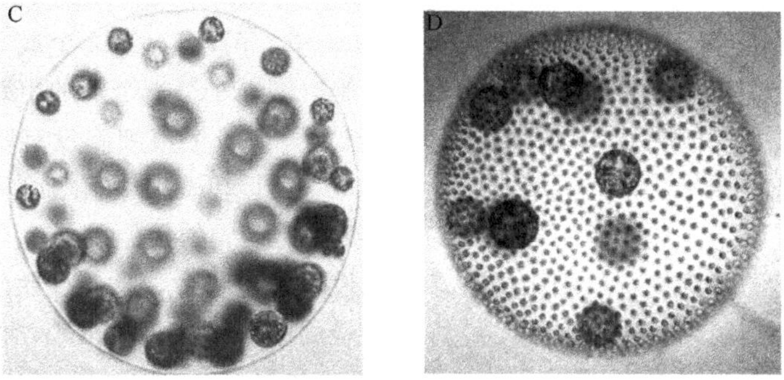

图 9.1　各种各样的团藻由不同类型的多细胞组成。（A）*Gonium*。（B）杂球藻。（C）实球藻属 *californica*。（D）团藻属 *carteri*。在 *Gonium* 和实球藻中，细胞聚集成特定的几何形状，但所有细胞是相同的。杂球藻和团藻包括分化的细胞类型（外层的体细胞和内层的生殖细胞），这些分化的细胞有不同的形态和功能。

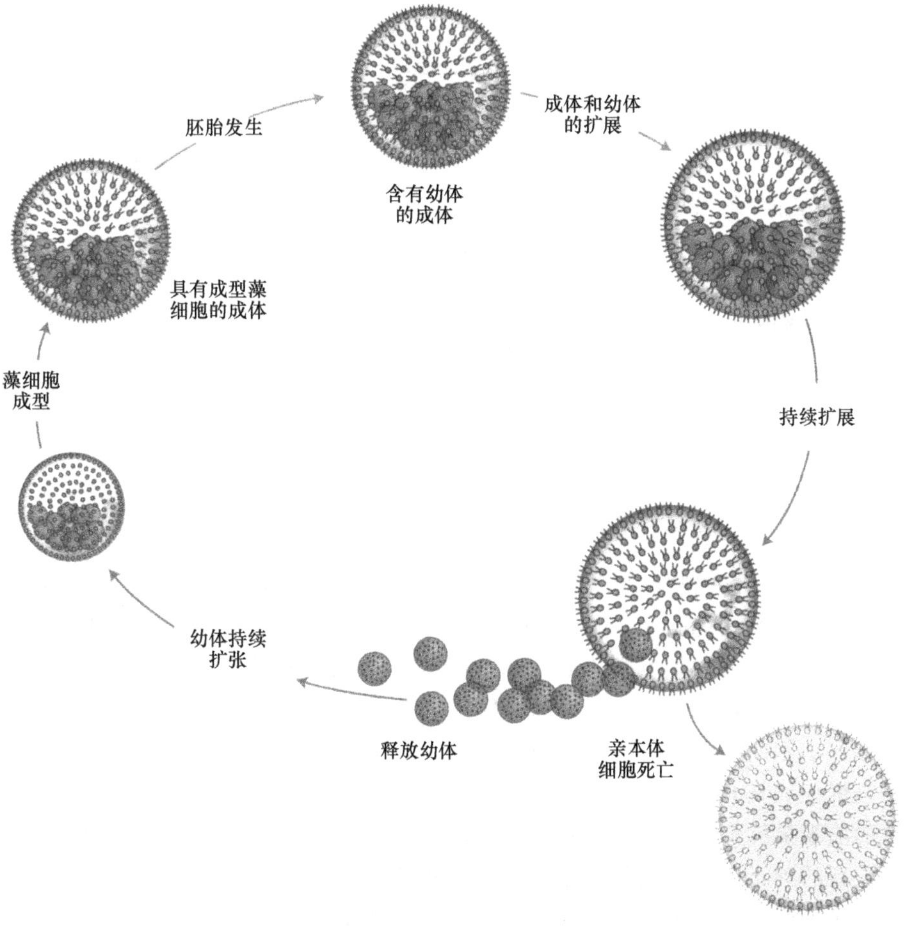

图 9.2　团藻 *carteri* 的无性生殖。成体具有外胚层体细胞。外胚层体细胞有鞭毛，能使生物移动。而内胚层形成藻细胞幼小个体。幼小个体发育出自己的体细胞和藻细胞。当幼小体被释放后，体细胞死亡。

实球藻属中的 *californica* 和团藻中的 *carteri* 进化出了更高层次的复杂性，即在多细胞体中有分化的不同细胞类型。在 *californica* 中，菌落包括 64 个或 128 个细胞，其中 24 个或 48 个细胞是不参与生殖功能的体细胞（图 9.1C），余下的生殖细胞聚集在菌落的后部。在 *carteri* 中也有体细胞和生殖细胞之分，但生殖细胞没有鞭毛，因此不参与移动功能。成年的 *carteri* 是由 2000 个或 2000 个以下的非生殖细胞组成的球状体，每个细胞有两个鞭毛。球体的一边有 16 个生殖细胞组成的性原细胞（图 9.1D）。这些生殖细胞在菌落的早期发育过程中出现，在无性生殖过程中，这些生殖细胞分化出自己的体细胞和性原细胞，形成年轻菌落。这些年轻的菌落最终释放出来，留下的仅有体细胞的母菌落最终凋亡（图 9.2）。对于其他团藻来说，它们也可以有有性生殖。在某种环境下，团藻可以产生性诱导蛋白。这种蛋白质可以引起菌落经历性发育。其中的性原细胞可以产生精子或卵细胞。最后其受精卵可以发育成成熟的个体（图 9.3）。

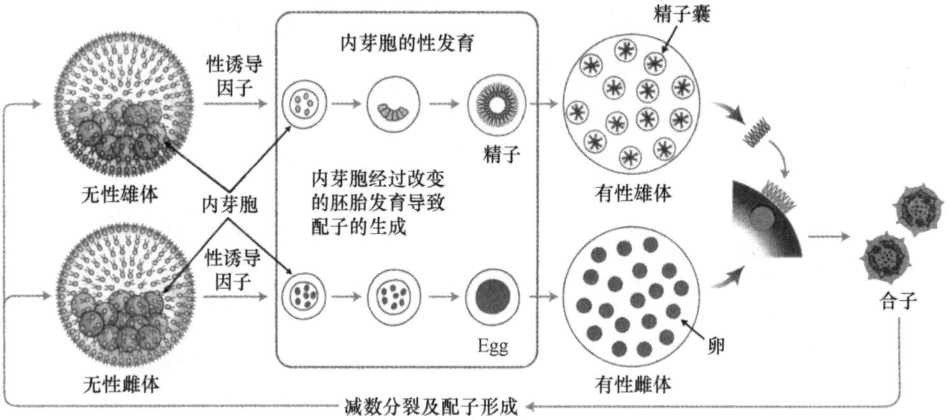

图 9.3　团藻 *carteri* 的有性生殖。性诱导蛋白导致雄性团藻的藻细胞发育成精子，雌性团藻的藻细胞发育成卵子。卵子受精后，受精卵经过减数分裂发育为成熟的雄性和雌性。

网柄菌中环境因素触发的集合体

单细胞的阿米巴黏状的网柄菌（*Dictyostelium*）(图 8.5）代表通过个体细胞的集合产生多细胞性的类型（图 9.4）。当食物（细菌）充足时，单倍体的阿米巴虫通过裂殖产生后代，并以分散的细胞形态存在。但食物稀少时，阿米巴虫聚集成一个细胞集合体。这个集合体对环单磷酸腺苷（cAMP）响应的结果是 cAMP 促使细胞向同一点移动。这导致细胞向一个随机形成的中心移动而聚集。

一旦聚集成具有成千上万个细胞的集合体，细胞就形成软体状，然后向食物移动。软体状的前端最终形成茎，其余细胞形成孢子。一旦茎直立使孢子升入空中，孢子细胞分散形成新的阿米巴，茎细胞随之死去。因此网柄菌只在特定环境下，在生命史的一段时间形成多细胞性。更重要的是，一旦聚集，网柄菌并不只是形成相同细胞的集合体。它可以分化出不同的细胞类型（茎和孢子），而且能形成一个形态上复杂的多细胞结构，有利于其生存在复杂的环境中。

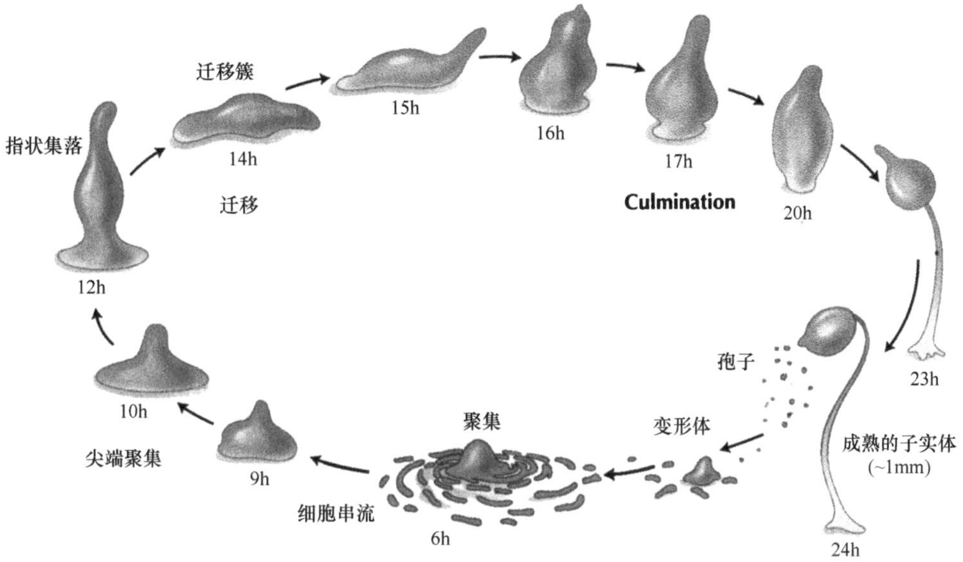

图 9.4 网柄菌的有性繁殖。暗示食物的缺乏导致阿米巴聚集形成一个大的聚集的软体。细胞分化接着发生，使软体状的前端最终形成茎，其余细胞形成可以分散的孢子。

细胞相互识别和交流的必要性

导致现代的植物和动物产生的多细胞性形式看起来像是类似团藻的机制。但是网柄菌和团藻的例子都揭示了多细胞性与细胞分化进化的基本原理。在这两个例子中，细胞之间的交流对于菌落的生成都是必需的。细胞必须相互接触，菌落必须建立一个整体的极性。最后，个体细胞都有各自的特定命运，生物的存活依靠于多细胞分化可传代而获得。所以，其生长、交流和分化的基本原理在现今所有动植物胚胎的发育过程中都有体现。

最近的一些关于动物多细胞性进化的见解来自对领鞭虫（choanoflagellates）的研究。领鞭虫是一种单细胞真核生物，它是现存单细胞生物中同所有多细胞动物最近源的（图 9.5A；注解框 8.1）。领鞭虫有一个卵状的身体，一根鞭毛穿过一个颈环状的触毛（图 9.5B 和图 9.5C）。它们利用鞭毛造成水流，使食物（细菌）流入颈环状的触毛来觅食。一些种类的领鞭虫一直是单细胞。但某些种类的领鞭虫在某种特定环境的诱导下，如根据周围食物的密度和种类的变化，会变成菌落状。早在 135 多年前，生物学家认识到在海绵中有一群特化的非常相似的细胞。这群海绵细胞被称为环细胞（图 9.5D），负责食物的摄取，就像鞭毛和颈环起的作用一样。这些发现使人们意识到领鞭虫是最接近多细胞生物的物种。通过分子系统发生关系的研究也能得出同样的结论（注解框 8.1）。

有趣的是，领鞭虫包含许多我们认为是多细胞生物特有的基因。例如，钙黏素是一个膜蛋白家族，它使细胞黏结在一起，起着非常重要的作用。这些钙黏素含有一个称为钙黏素区胞外重复结构域，含有类似结构域的蛋白质也能在领鞭虫中找到。类似地，在动物中被称为酪氨酸激酶受体（RTK）的蛋白质也能在领鞭虫中找到。这种受体有一

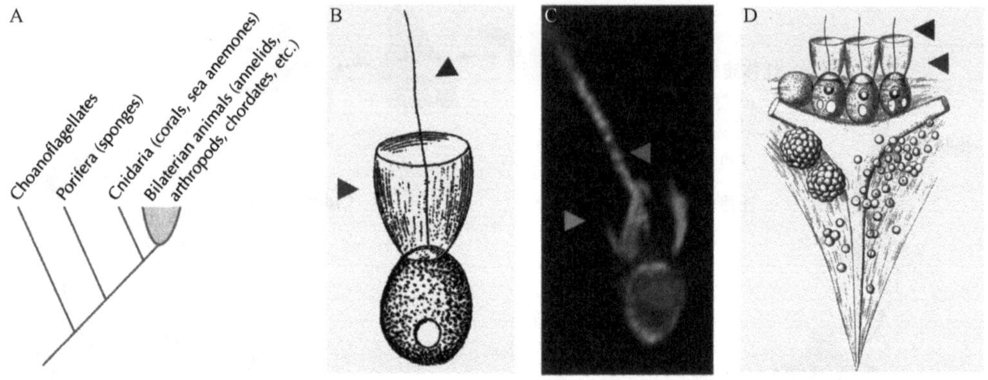

图 9.5 （A）领鞭虫是最接近多细胞生物的单细胞生物。单个领鞭虫细胞有一个颈环（B 和 C 中用红箭头标明）和一个鞭毛（B 和 C 中用绿箭头标明）。B 图是领鞭虫的手绘示意图，而 C 图是实际图，其中胞体和鞭毛标为绿色，核为蓝色，颈环为红色。环细胞有与海绵中非常相似的形态（D，绿箭头指向鞭毛，红箭头指向单环细胞的颈环）。

个胞外结构域，用于和胞外配体结合。同时它也有一个胞内激酶结构域能被胞外配体激活。这些 RTK 分子在多细胞动物的信号转导和控制细胞形态中起着关键的作用，但这些蛋白质在单细胞的领鞭虫中起着什么作用呢？这个问题目前还没有明确的答案，但它们应该是参与到感觉和黏附细菌或其他领鞭虫的过程中。因此，这类对多细胞性的出现有重要贡献的蛋白质可能在动物和领鞭虫的单细胞共同祖先中承担不同的功能。

环境因素对最初多细胞生物产生的贡献

网柄菌、团藻和领鞭虫的例子都揭示了环境因素对多细胞性进化的重要性。这种细胞对环境暗示的响应能力（一种所有生物都有的基本性质）是使生物具有多种分化的细胞类型的先决条件。有种理论认为多细胞生物不对称性的产生就是由于外界刺激对相同细胞集合体的不同区域的刺激不同而产生的一种响应。例如，一个细胞集合体可能会变得足够大，使其可以停留在一个水环境下的培养物上。而那些在底物上的细胞所处的环境和在上方的细胞不一样。所以如果停留在底物的某一位置有利，底部的细胞可能分化成利于黏附；或如果在底物上可以移动是有利的，底部的细胞可能分化成具有鞭毛。

分化导致的分工

特化细胞类型的任务分工：多细胞生物存活的关键

尽管为数众多的单细胞生物具有相当水平的形态复杂性，但 6 亿年前出现的多细胞生物具有整个更高水平上的组织结构。最简单的多细胞性的例子包括生物，如团藻（如上讨论的）。团藻具有两种形态的细胞：体细胞和生殖细胞。这两种细胞可以通过其功能和形态分辨开来。伴随着多细胞性产生的是分化的复杂性和程度的加深，如从胚胎到成体的发育过程中细胞可传代的不同功能的分配。也就是说，在分化过程、机制和模式上的进化变化导致了我们今天所看到的动植物的多样性。

动植物的胚胎在发育过程中受到周围微环境的控制。一个使菌落中的细胞随机的略微不同于彼此的过程最终进化成一个可控的环境，使细胞的分化模式可以传代。动植物可确保合适的信号在合适的时间和地点可以被胚胎细胞接收到，从而使生物具有细胞分化的高层次和大规模的结构复杂性。这种分化的层次越来越高级，产生了如人类这种有数千种不同类型细胞的生物，并且每种细胞具有自己独有的功能，对整个人体的存活做出了自己的贡献（图 9.6）。每种分化的细胞包含特定的蛋白质和生化活性的组合。没有一种细胞可以独立存活，但作为一个整合生物体的一部分，它们能完成仅由相同细胞的集合体不能完成的事。这种细胞的特化带来细胞的任务分工，是多细胞生物成功存活的关键。

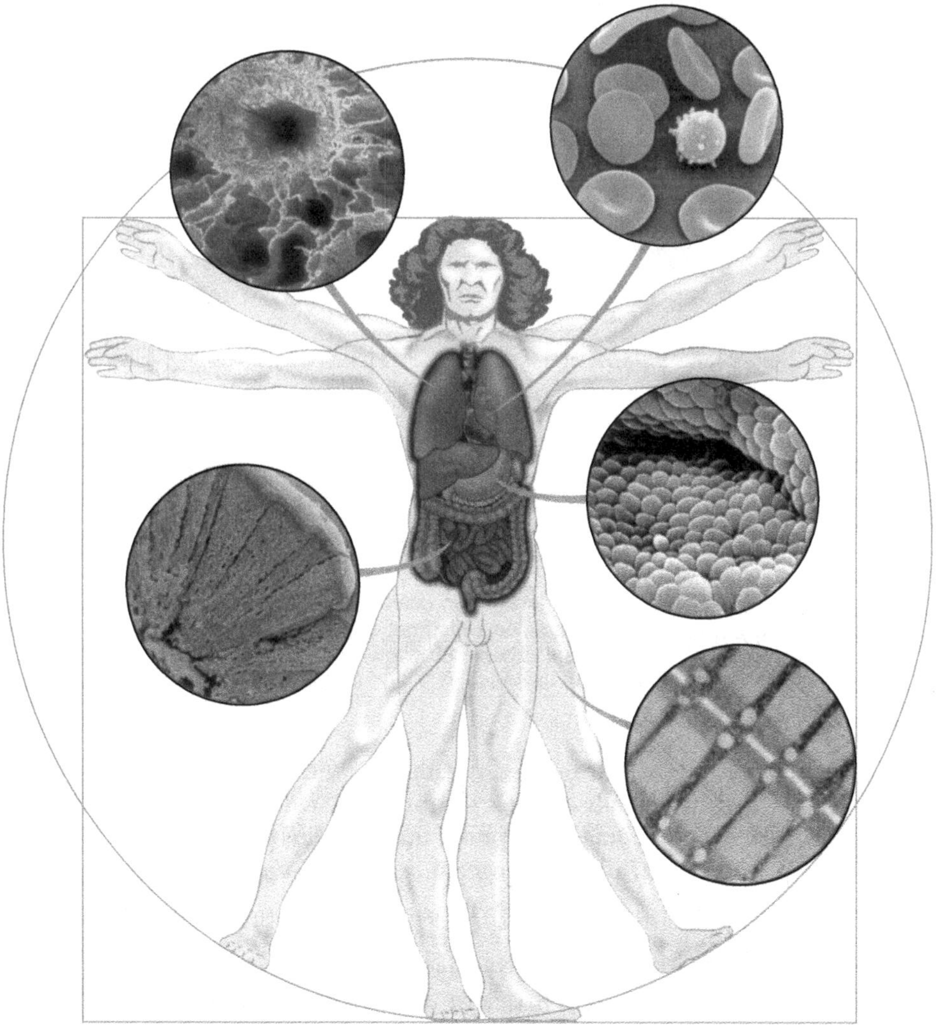

图 9.6　多细胞动物，如人类，有数千种不同的分化细胞。这些细胞的空间组合使动植物具有实行特定功能的组织，也使其具有特定的形态。例如，人的（从左上顺时针起）肺用于气体交换，血细胞用于氧和二氧化碳的运输和防御功能，胃细胞分泌消化酶，肌细胞具有高度排列的蛋白质来产生的有效力量，小肠细胞吸收营养。

具有相同遗传信息的不同分化细胞

细胞是怎样分化的？如我们所见，很多机制被用来使一个动植物的受精卵发育成一个具有许多细胞类型的生物体。对于一个生物来说，所有的分化细胞都包含相同的遗传信息（生成抗体的B细胞是一个例外，会在下面讨论到），如我们的皮肤细胞和我们的肝细胞有完全相同的基因组。

这种同一生物中不同分化细胞包含遗传物质的一致性从许多方面都可以观察到。最直接的例子来自植物，因为它的一个分化细胞都重新长成一个植物体。例如，分离的根细胞在培养液中培养可以形成愈伤组织，再把愈伤组织埋在培养基里，最终可以长成一个完整成熟的可以繁殖后代的植物（图 9.7）。

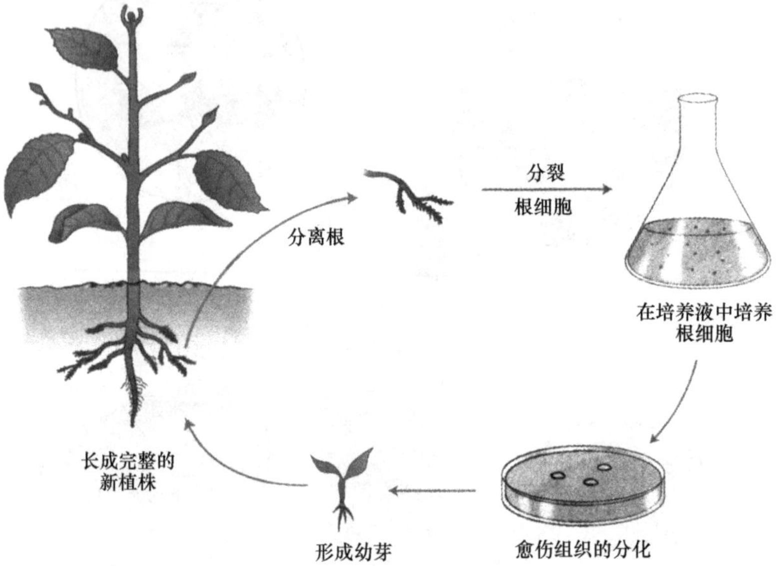

图 9.7　当在适当的条件下培养时，分化的细胞可以长成整个植物。在这个例子中，分离的根细胞在培液中培养可以形成悬浮的愈伤组织，最终可以长成一个完整成熟的可以繁殖后代的植物。

动物细胞的分化也是可逆的，尽管不像植物中那么简单。最初有关动物细胞基因组信息的一致性的揭秘来自再生实验。举例来说，当两栖动物的眼晶状体被移除掉后，可以重新生成。这种重生不需要在成年体中保持一个未分化的细胞群。实际上，重生的晶状体是来自于旁边的虹膜细胞。这些已经分化的虹膜细胞（如其中包含特定的色素）开始去分化，然后丢掉其特化的部分，最终增殖和重新分化成晶状体细胞（图 9.8）。需要指出的是，在大多数情况下，成体组织补充丢失的细胞的方式不是通过邻近细胞的去分化和再分化过程，而是通过具有一定分化能力的多能干细胞的分化，如我们的皮肤细胞的补充。

另一个分化细胞的多能性的例子来自动物克隆实验。对于一系列的动物物种来说，现在已经可以从成年个体中分离其分化的细胞，然后把其细胞核植入到去核的卵细胞

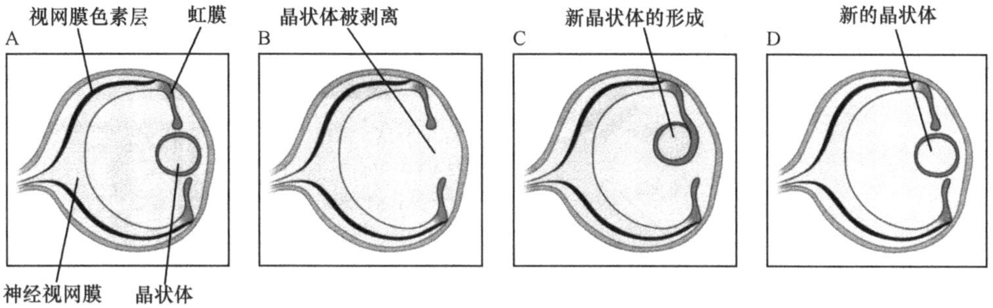

图 9.8　两栖动物眼睛的再生。(A) 正常眼结构，具晶状体和带色素的虹膜。(B) 被剥离晶状体的动物。剥离后一个星期，虹膜边缘靠近晶状体的地方开始去分化和增殖，形成小的新晶状体 (C)，最终在一个月后形成跟以前一样的正常晶状体 (D)。

中，然后在合适的条件下培养卵细胞。一旦把核移植的卵细胞植入受体母亲中，这个卵可以发育出生，长成幼年个体，达到成年，并繁殖自己的后代。这些都证明分化的细胞仍然具有分化成所有其他细胞类型的遗传信息（图 9.9）。需要指出的是，这远不同于普通模式下这些生物的繁殖方式，所以，需要大量的干涉去引发去分化过程。

图 9.9　左边是 Dolly，第一只克隆羊；右边是 Tetra，一只克隆猴。

进一步来说，我们也知道关于分化细胞具有相同的遗传物质这个普遍规则中的例外。一个广为所知的例子来自脊椎动物的免疫系统。治愈感染的一种方式是通过抗体的产生。抗体是由免疫系统中的成熟 B 细胞产生的。这种响应的有效性依赖于大量多种多样的抗体的生成，使几乎所有的外来蛋白质都能被识别。这种多样性可以通过几种机制产生。其中一种是把基因组 DNA 中的不同区域拼接在一起（图 9.10）。只有通过把能够编码某种肽段的不同 DNA 片段连接在一起，才能形成一个完整的免疫球蛋白基因。这个过程运用到大量的 DNA 片段，所以，可以产生巨大数量的不同片段组合的拼接体。这也是免疫系统可以产生巨大种类的不同抗体分子的原因之一。然而当重组完成后，一种 B 细胞只能产生一个种类的抗体分子，因为 DNA 的重排和缺失是不可逆的，任何动物中产生的成熟 B 细胞核只能产生一种抗体。所以一个成年个体会死亡，因为它的免疫系统不能产生用以击败感染的多样化的抗体。

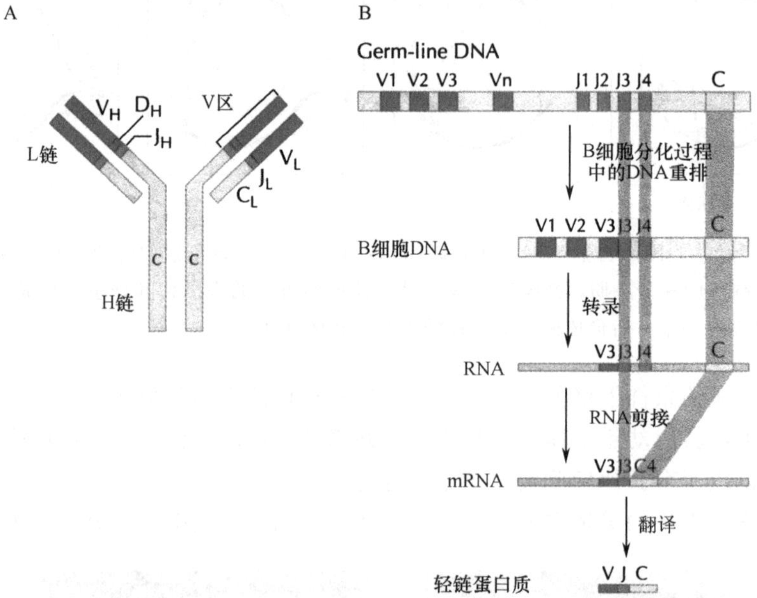

图 9.10 通过基因重组产生有功能的免疫球蛋白编码基因。未成熟的 B 细胞有许多不同的 DNA 片段。这些片段可以编码抗体分子的潜在的可选部分。但是，这些部分不是通过内显子/外显子剪接在一起，而是由酶介导的重组过程连接的。这种被称为 V（D）J 重组的过程可以导致细胞的永久性基因重组。（A）抗体由 4 条蛋白链组成，两条相同的短链（轻链）和长链（重链）。在这些链上，各种组合可以通过 V（红色）、D（紫色，仅重链）、J（蓝色）重组产生。（B）在 B 细胞分化过程中，VL 和 JL 序列的随机重组再加上不变区（CL）产生轻链。相似地，VH、DH 和 JH 序列的随机重组产生重链（未显示）。

多种机制造成的细胞类型差异

考虑到除了少数例外，一个个体中所有的分化细胞都包含相同的遗传信息，那么不同的细胞类型是如何产生的呢？每种分化的细胞类型带有一定的形态，也行使一系列的由活性蛋白组合而行使的生化过程。举例来说，为什么血细胞有血红蛋白而神经元没有？为什么胚胎的血红细胞产生和成年血细胞不同的血红细胞类型？事实证明多种调节机制参与细胞的分化过程，而且这些机制在各种生化水平起作用（图 8.24）。

绝大多数情况下，细胞生成哪些蛋白是在转录水平上由基因调控决定的。如 Lac 操纵子的经典例子。一个基因由转录物（包括基因产物的编码区）和调控区（决定基因的时间和空间表达特异性）组成。这些调控区域可以在转录物的 5′端（上游）或 3′端（下游），或者甚至在内含子中。一系列的被称为转录因子的核蛋白，结合在这些调控区，行使促进或抑制基因转录的功能。编码血红蛋白的基因不在神经元中转录，但在发育中的血细胞中转录（在许多动物中，成熟的血细胞丢掉了细胞核，所以不能再行使转录）（图 9.11）。胚胎和成熟体中的血红蛋白类型的不同也是在转录水平调控的。一个特定的血红蛋白基因在一个特定时期的特定细胞中转录是由于在发育过程中合适的转录因子的组合在特定时期和地方存在。当然，这些转录因子在很多水平上被调控，在整个发育过程中包含了高度配合的转录激活的级联反应。

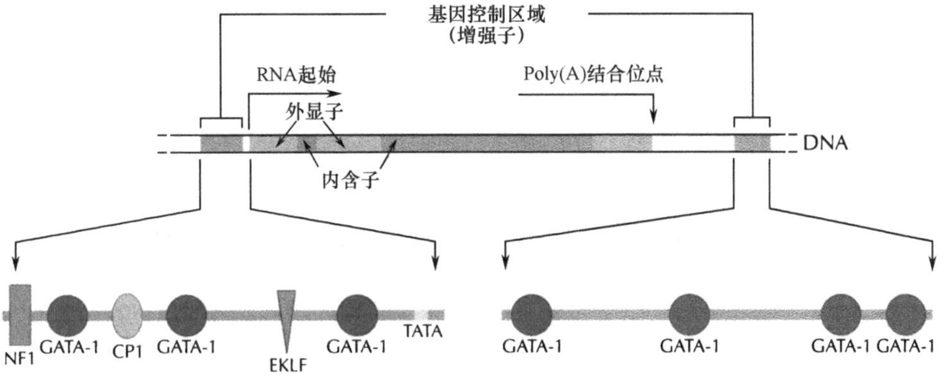

图 9.11 血红蛋白基因调节。所谓的基因控制区域位于血红蛋白转录区的 5′端或 3′端，可以控制血红蛋白在何时何地转录。这些基因控制区域也被称为增强子，它们含有转录因子结合的区域。当转录因子结合后，可行使促进或抑制基因转录的功能。在血红蛋白的例子中，GATA-1、EKLF、NF1 和 CP1 转录因子结合在调控区，促进基因的转录。这些转录因子在成熟的血细胞中存在，所以使血红蛋白基因表达。而在其他细胞类型中，一种或多种转录因子的空缺会使血红蛋白不能表达。

细胞分化也受到信使 RNA（mRNA）转录后水平调控的控制。举例来说，*Cy*Ⅲ*a* 是编码一个特定肌动蛋白的基因。它在海胆幼虫外胚层、中胚层和内胚层中转录，但它的蛋白质只在外胚层中产生。这是因为其产生有功能的 mRNA 的剪接只在外胚层中发生。*Cy*Ⅲ*a* 在中胚层和内胚层的核转录物的内含子没有被剪掉，不会转运到细胞质中。其他例子的剪接调控包括组织特异性的选择性剪接体。举例来说，甲状腺激素降钙素和神经肽降钙素基因相关肽是由同一个基因编码的。但是组织特异性的选择性剪接使其产生不同的加工后 mRNA，翻译出功能上不同的蛋白质（图 9.12，图 8.22）。选择性剪接在多细胞生物中非常频繁。有些分子，如细胞粘连蛋白通过这种方式产生许多不同的形式。这些不同选择性剪接形式在发育过程中受到空间和时间上的调控。其多种多样的形式被认为在许多组织的形态变化中起重要作用。

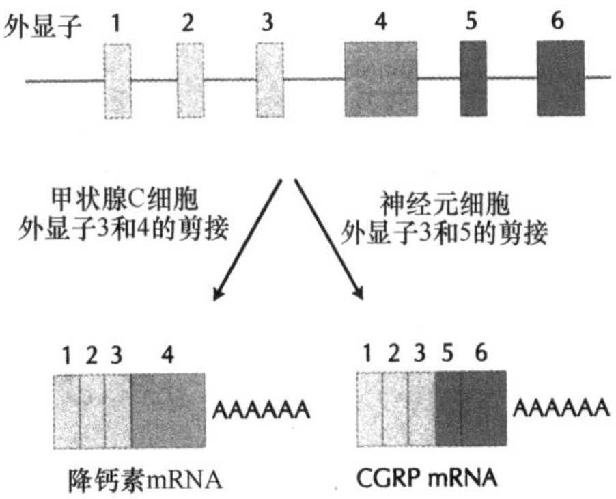

图 9.12 选择性剪接能产生功能不同的蛋白质。甲状腺激素降钙素和神经肽降钙素基因相关肽是由同一个基因的选择性剪接产生的。在甲状腺细胞中，外显子 1、2、3 和 4 被采用，而在神经元中，外显子 1、2、3、5 和 6 被采用。

mRNA 中的序列也能影响其稳定性，而

且这些序列通常在不同细胞有不同的效果，从而导致蛋白表达的不同。也有基因编码微小 RNA，这些小 RNA 通过引发目标 mRNA 的降解或抑制其翻译起作用。同样也有细胞分化在翻译后水平调控的事件。举例来说，外部刺激，如配体结合在细胞外表面，导致被称为整联蛋白的跨膜蛋白的聚集。这种聚集反过来导致黏着斑激酶的激活（激酶把磷酸加到其他分子上，黏着斑激酶之所以这样命名，是因为它聚集到细胞相互黏着或细胞与培养基结合区的胞内部分）。接下来的磷酸化造成细胞形态的迅速变化。受调控的单体 GTP 酶能调节胞内肌动蛋白的多聚体化，这又反过来调控丝状伪足和板状伪足（对控制细胞形态和移动非常重要的胞内结构）的形成（图 9.13）。参考图 8.24 可以看到更多水平上的基因调控机制。

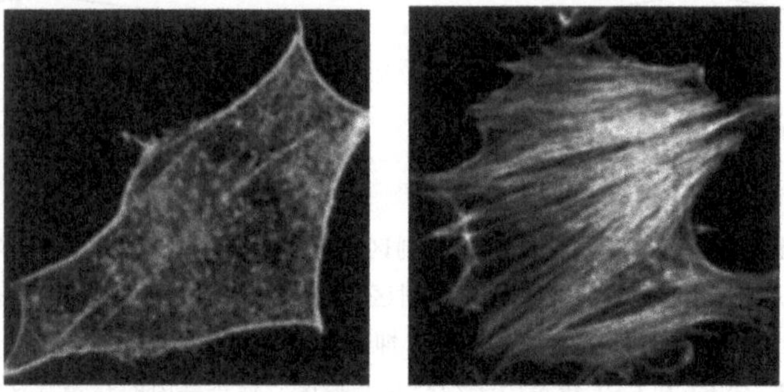

图 9.13 肌动蛋白在细胞中的定位。左图是静止细胞，其肌动蛋白细胞骨架基本没有组织结构。右图细胞中的 GTP 酶 Rho 已经被激活，从而使肌动蛋白细胞骨架发生剧烈的重组成缆状结构。如前所示，许多外部刺激可以不调控基因转录而是激活酶通路，使细胞形态发生快速改变。

分化的机制通常是相互联系和反馈的，而且细胞特化的过程通常是一个渐进的过程。举例来说，在脊椎动物脊柱中，运动神经元和中间神经元代表两种不同的细胞类型。正常来说，这些类型的神经元都是由已经确定了神经命运的在神经管中的细胞分化而来的（图 9.14）。反过来说，神经管细胞也只是从背侧胚胎外胚层分化而来的。同样地，免疫系统细胞的发育是通过不断的限制性分化来产生众多限制性细胞类型。

维持分化的不同机制

发育过程中，细胞可能相对较快的经历分化路径，但通常在某一个时期细胞的分化会比较稳定。各种各样的生化反馈环对其稳定性有贡献。举例来说，转录因子通常自我调节其转录，信号通路通常会在相邻的部分细胞中形成稳定的环路。此外，一些转录的调控也建立在高层面的染色质区域。这种调控可以在细胞分裂后也维持下来。最后，高度特化的细胞通常会中止分化。一个稳定的可维持的分化状态是一种依赖于基因表达而非 DNA 序列的可遗传性。

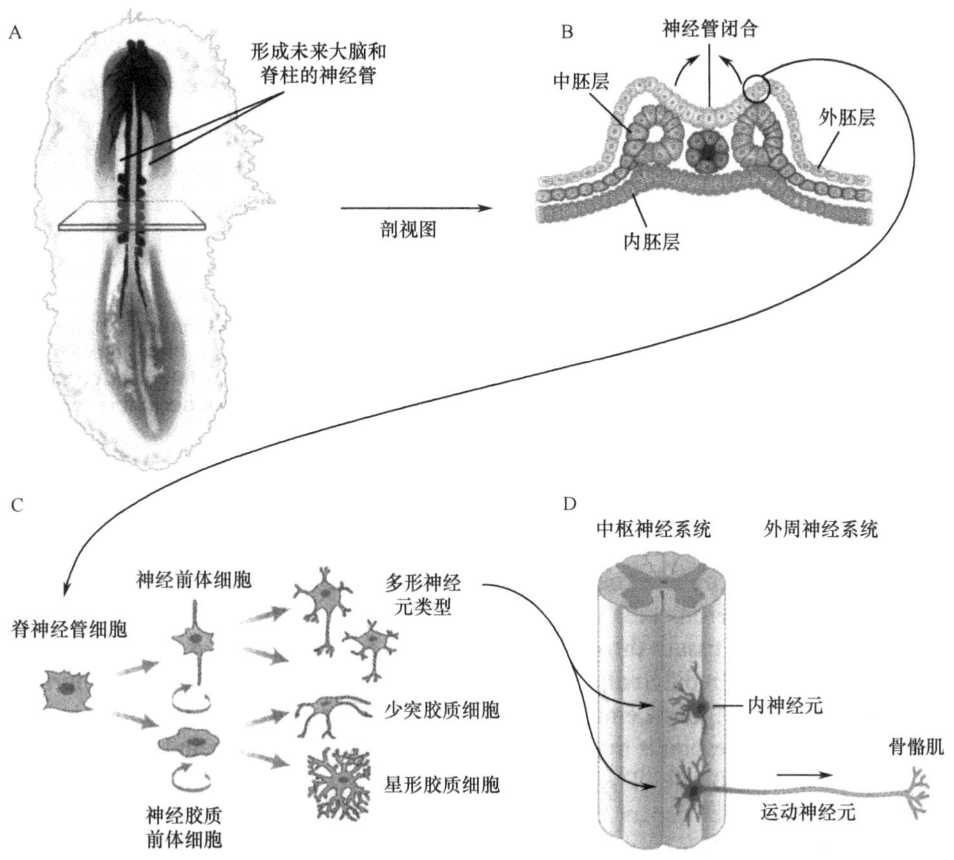

图 9.14　鸡胚中不同神经元的形成过程揭示了细胞分化的渐进本质。背根外胚层细胞聚集在一起开始神经管的形成（A；见 B 中的横切面）。神经管中的细胞将形成脑和脊椎，而其余的外胚层形成皮肤。(C) 依赖于接受信号的不同，神经管中的细胞会分化成神经前体细胞或神经胶质前体细胞（神经胶质是神经系统中的支持细胞，包括少突胶质细胞和星形胶质细胞）。空间信息作用于神经前体细胞，可以使其分化成一系列的不同的神经元，如脊椎中传递信息的中间神经元或支配肌肉的运动神经元。

癌症是分化状态丧失的一种表现

上面描述的再生和动物克隆实验说明细胞能去分化。能够成为去分化细胞，然后再控制其分化，对未来修复损坏的器官和组织提供了保障。

然而不幸的是不恰当的分化过程的逆转会导致癌症。成体的许多细胞的增长都处于高度控制下，这是分化的关键特征。在癌症状肿瘤中，细胞失去了这种增长控制。如果细胞只是生长和分裂增快，但还是维持其特化后的特征，那么癌症会处理起来相对简单些。然而，如果细胞同时还失去了其特化的特征，那么癌症化的细胞会带来更严重的问题，特别是它们开始扩张。胚胎细胞通常是能移动的，而分化的细胞通常不动的。癌症化的失去它们从前特化性质的细胞会变得高度能动，带来很大的危险。如果不检查，它们会最终干扰它所在的正常器官而杀死生物。

然而癌细胞是可以强行去分化的，这可以通过在早期老鼠胚胎中注入鼠源癌细胞观察到（图 9.15）。这种癌细胞可以对宿主器官中普通分化细胞的形成做出贡献。胚胎环境可以促进这些细胞的去分化，如同控制多能胚胎细胞的普通分化过程一样。需要指出的是，在某些癌症中，肿瘤细胞具有某些基因和染色体区域的缺失。就如 B 细胞（图 9.10），这种遗传改变的细胞分化的能力被限制，从而使其不能形成普通的各种分化细胞。

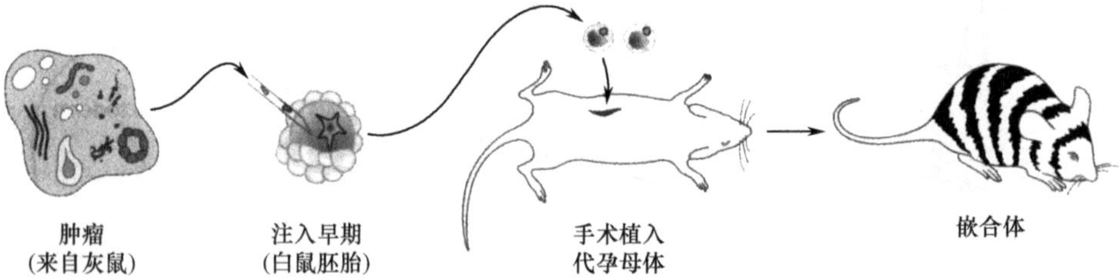

图 9.15　癌细胞具有去分化能力。如果把从灰鼠中取出的肿瘤细胞植入白鼠的早期胚胎，然后再移植到代孕雌性老鼠中，出生的老鼠具有灰白条纹。其中灰色皮肤是由癌细胞分化成普通皮肤细胞而来。

生物体制发育的多样性

我们之前讲解了不同细胞类型的产生。大多数多细胞生物不仅具有多种不同的细胞类型，也以高度可重现的方式组织这些不同的细胞类型。这种组织模式导致了相互联系的形态建成。分化和形态组织在发育过程中确实是紧密相连的，而精确的分化模式的空间控制是必不可少的。举例来说，形成在不能和动静脉连接起来的心脏位置或者在植物根部发育的花是没有什么用处的。确实，我们也是以多细胞生物的不同分化细胞和器官的组织体制发育来分辨生物。随着时间的过去，发育过程已经进化到精细刻画个体动植物的形态。因此，现存的体制发育可被看做是被不断修饰过的。

代表一类生物形态特征的体制发育

形态特征很久以前就被用于了解各种动植物直接的进化联系。例如，节肢动物共有分节的外骨骼和连接附肢；脊椎动物，像我们自己，具有同样分节的内骨骼，而拥有脊椎是这个分类群的主要分类特征。开花和不开花植物组成了植物界的两大分支。根据胚胎叶子的最初形态是单子叶或双子叶可以把开花植物进一步分成两支（图 9.16）。许多形态标准可以精确地分类单源种；但也有些共享的身体特征被证明不是同源，而是协同进化的，如蝙蝠、鸟和昆虫的翅膀。另一些例子中，一个特征会在一组亚支系中丢失。举例来说，跳蚤是完全变态昆虫（完全变态昆虫是单系群，它们都经历完全变态，包括苍蝇、蜜蜂和蝴蝶）。但和完全变态昆虫不同，跳蚤在进化过程中丢失了翅膀（图 9.17）。同样地，蛇和鲸鱼同样是从四足动物共同祖先分化出来，但这些组现在仅具有肢的退化器官（图 3.16）。

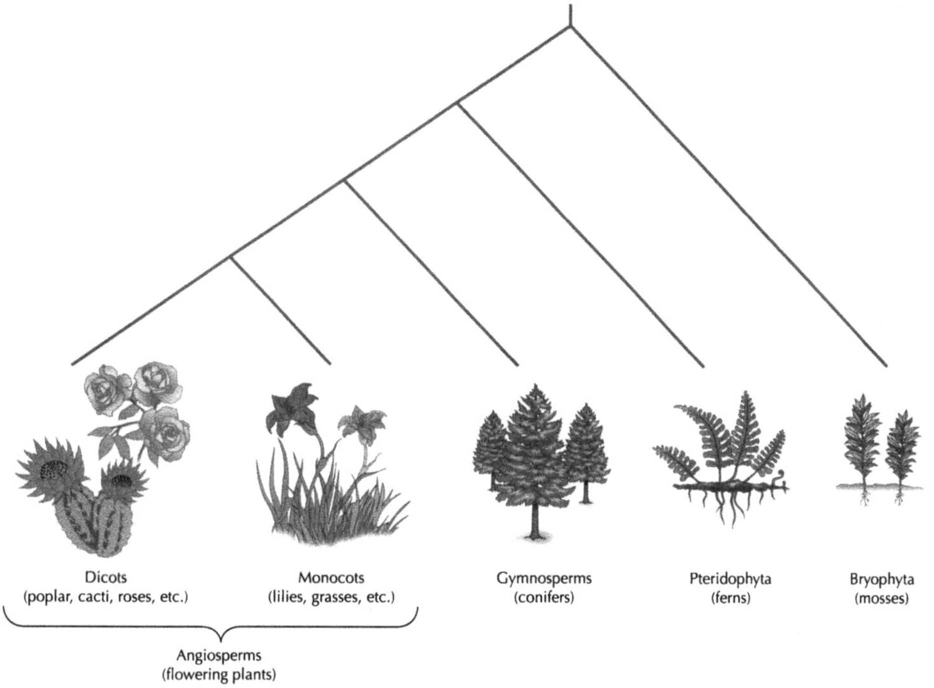

图 9.16　主要植物类群的系统发生关系。被子植物（开花植物）根据胚胎子叶的模式分为两支：单子叶和双子叶。分子系统分析也支持形态系统发生关系。

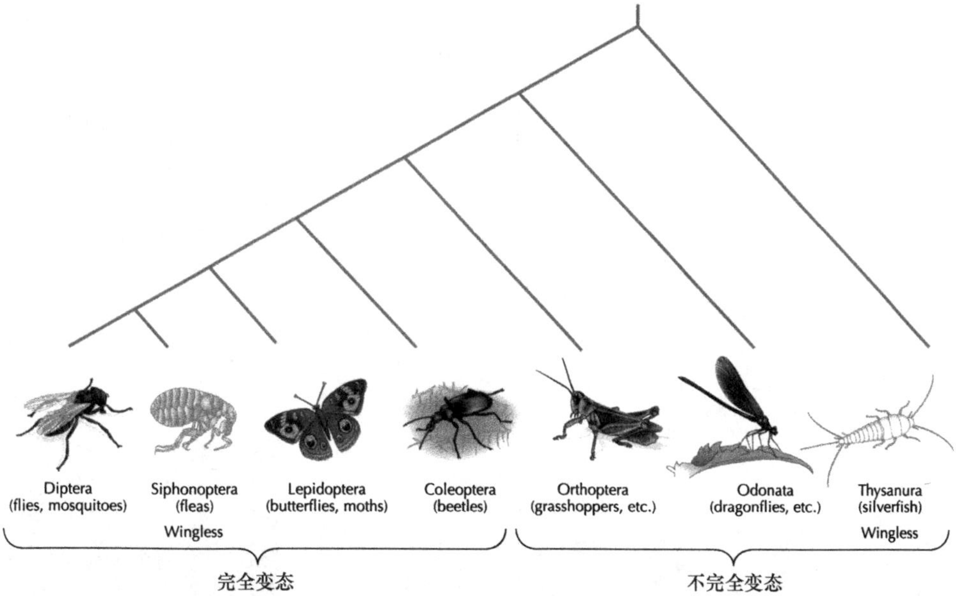

图 9.17　几种昆虫的系统发生关系。图中所示昆虫中，缨尾目和蚤目是没有翅膀的。根据化石记录和与其他节肢动物的联系，缨尾目被认为是由昆虫的共同祖先进化而来。所以，缨尾目保持假定祖先的无翅状态。另外，蚤目是嵌在几个有翅膀的昆虫中的，所以其翅膀是在分化过程中丢失的。

多细胞生物体制发育的多样性

多细胞生物的每个大类都有特征性的体制发育。在这一章中，我们主要关注动物的发育；在第 10 章，关注古生物记录。所以，有必要在这里介绍分类知识，至少对研究得比较清楚的各个门的主要分支将逐步介绍（图 9.18）。

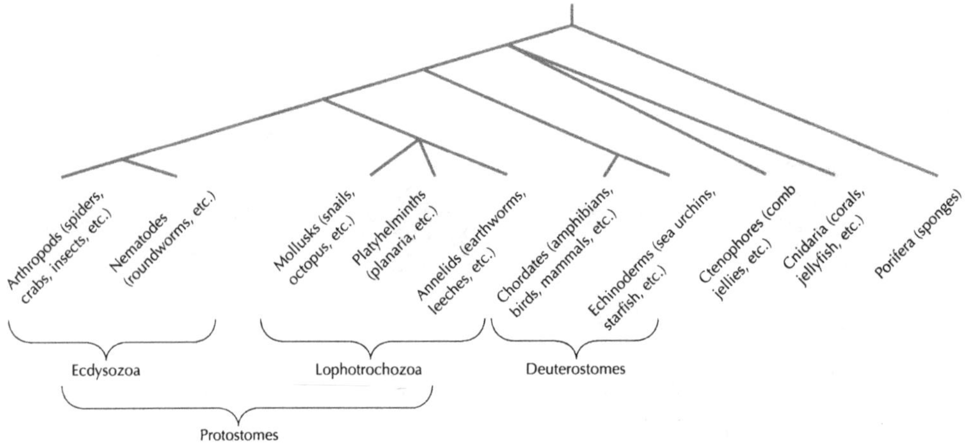

图 9.18　几种主要动物（后生动物）分支的系统发生关系。后口动物和原肢类动物组成了两侧对称动物，对刺胞动物是否也具有两侧存在争议。通过分子系统学提供的证据，原肢类动物进一步分为两个大的分支——蜕皮动物和冠轮动物。

在动物中，多孔动物具有最简单的体制发育之一（如海绵，图 9.19A）。尽管这些动物含有一系列细胞类型，但这些细胞没有组织成特化的器官。它们有相当简单的管状

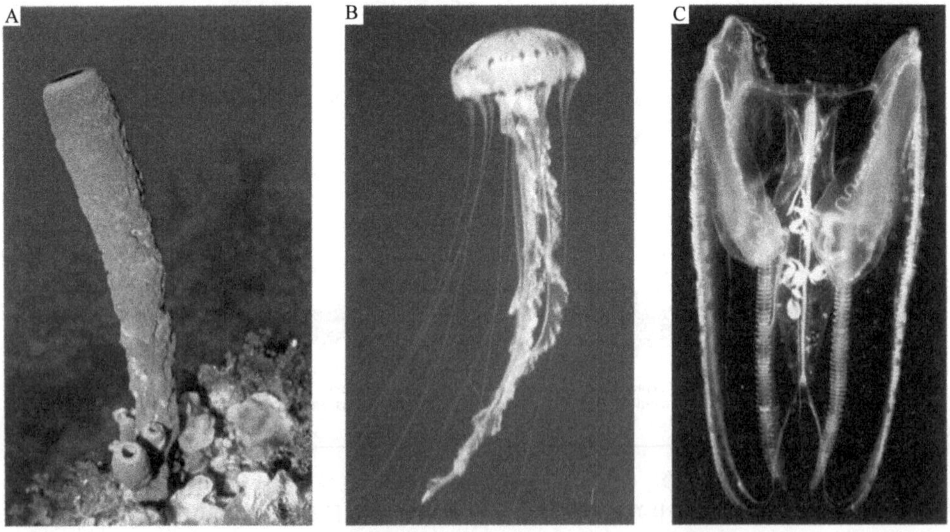

图 9.19　不属于两侧对称的动物包括多孔动物（海绵，A）、刺胞动物（水母，B）和栉水母类（栉水母，C）。

身体，通过鞭毛细胞（环细胞）使水流通过身体来获取悬浮的食物颗粒。刺胞动物（如珊瑚虫、水母和海葵；图 9.19B）和栉水母类（如栉水母；图 9.19C）被认为是非常古老的动物谱系，具有可以识别的器官系统如口和消化腔。它们通常被描述为具放射状对称（尽管这不是很确定）的软体动物，靠触角觅食。

剩下的动物门分成两个大类，后口动物和原肢类动物（分类标准是根据其口和肛门的胚胎起源）。后口动物分为棘皮类动物和脊索动物。棘皮类动物包括海星和海胆（图 9.20A 和 B），在它们的表皮层下有由方解石板组成的中胚层骨骼。它们的幼虫是两侧对称，但成年个体呈五角放射对称。它们利用内部水循环系统作为能量的小管足使其移动。后口动物门的另一大分支是脊索动物，包括鱼、两栖动物、鸟、爬行动物和哺乳动物（图 9.20C～G）。这个门的成员具有内骨骼结构，其中的胚胎期的脊索通常在成年时被椎骨替代。它们也通常有处于背部的中空的神经索和一个在成年期可能消失的尾巴。

图 9.20　代表性后口动物，包括棘皮动物，如（A）海胆和（B）海星；脊索动物，包括（C）小丑鱼、（D）蛙、（E）鸟、（F）蛇和（G）大象。

原肢类动物进一步分为两个大的分支——蜕皮动物和冠轮动物（图 9.18）。冠轮动物包括软体动物、环节动物和扁形动物，还包括一些没有被研究清楚的有趣的动物（图

9.20)。软体动物包括腹足类（如蜗牛和帽贝）、双壳类（如蛤和贻贝）和头足类（如章鱼和鱿鱼）（图 9.21A～C)。环节动物（图 9.21D～F）分为三个类别：寡毛目（如蚯蚓)、多毛目（如毛虫）和 Hirudinids 目（如水蛭)。环节动物具有明显的从前到后的外分段以及附着在外分段上的附肢，其内腔也具分段。这种结构可以把压力分配到各个分段，使其拥有完美的掘穴能力。在多毛目中掘穴能力打了折扣，因为其需要在表面爬行而生出简单的附肢。

图 9.21 代表性冠轮动物包括（A）裸鳃类（软体动物)、(B）宝贝（软体动物)、(C）太平洋章鱼（软体动物)、(D）毛虫（环节动物)、(E）圣诞树毛虫（环节动物)、(F）水蛭（环节动物)、(G）涡虫（Platyheminth)、(H）腕足动物和（I）苔藓虫。

原肢类动物的另一分支蜕皮动物包括一系列门。其中节肢类和线虫类研究得最多，其物种也最多。现存的节肢动物（图 9.22）有 4 个分支：六足类（弹尾目和昆虫，如苍蝇和蚂蚁)、多足类（如蜈蚣和倍足纲)、螯肢动物（如蜘蛛和鲎）和甲壳类（如龙虾和桡脚类)。这些动物都具有附属肢体和坚硬的分段壳质外骨骼。然而，它们不像环节动物一样有体腔内分段，因为它们的外骨骼非常坚硬。线虫的外形相对简单，如非常小的蠕虫，分非寄生和寄生类。它们的数目非常多，几乎存在于地球的每个角落。

图 9.22　代表性蜕皮动物，包括（A）蝴蝶（节肢类昆虫）、（B）龙虾（节肢甲壳类）、（C）千足虫（节肢多足类）、（D）蜘蛛（节肢螯肢类）、（E）毛颚动物、（F）曳鳃动物和（G）栉蚕（绒毛虫）。

化石记录揭示部分体制发育的历史

尽管许多生物很难保存，对化石记录的调查还是能给我们提供多细胞动植物主要体制发育出现的重要信息。举例来说，化石记录告诉我们，许多主要的体制发育形成非常迅速地出现在被称为寒武纪大爆发的 5.3 亿～5.1 亿年前。在这个时期以前，尽管有多细胞生物，但都相对小和简单，而且不能跟现存的生物联系起来。有关动植物主要化石记录的具体信息会在下一章中介绍。

构建体制发育的遗传学

进化生物学家试图了解发育，因为身体形态的改变是由于发育事件的发生。的确，达尔文的物种起源一书中就有一章讨论动物胚胎学和发育学。同样地，发育生物学家通过比较研究来了解不同生物直接的联系和不同物种中发育是如何联系在一起的。在最近十年，研究发育的进化兴盛起来。这种兴趣主要来源于人们希望在分子遗传层面了解发育的各个方面和人们发现发育的通路在分歧很远的物种间通常是比较保守的。这些发育的基础允许我们了解遗传水平上的进化改变是怎样导致形态的多样化。

遗传方法揭示参与发育的基因

研究发育的一个重大突破是引入了遗传学手段。发育生物学有长久的实验操作的历史，包括许多精巧的手术操作过程。不幸的是，这些手段无法揭示参与发育的基因。然而，通过遗传学筛选可以找到影响发育的突变体。许多通过遗传筛选找到的影响发育的基因是在黑腹果蝇和线虫中进行的。

最普通的手段是通过使雄性暴露在诱变剂（通常是化学品和 X 射线）下随机突变

精子中的基因，然后让这些雄性和普通雌性交配（图 9.23 展示了斑马鱼突变筛选的图示）。交配的结果使第一子代（F_1）携带单拷贝的突变基因。在很少的例子中，一些突变会产生能识别的显性效应；大多数情况下会进行一系列可控的交配，最终拿到具有纯合突变的子代（F_3）。这些 F_3 用来筛选感兴趣的表型。举例来说，在斑马鱼中，这种筛选发现了导致阻止体节形成的突变体，而体节生成是最终形成分段的重复锥骨和肌肉的初始步骤（图 9.23B）。另外，导致颜色模式严重改变的突变也被筛选了出来（图 9.23C）。

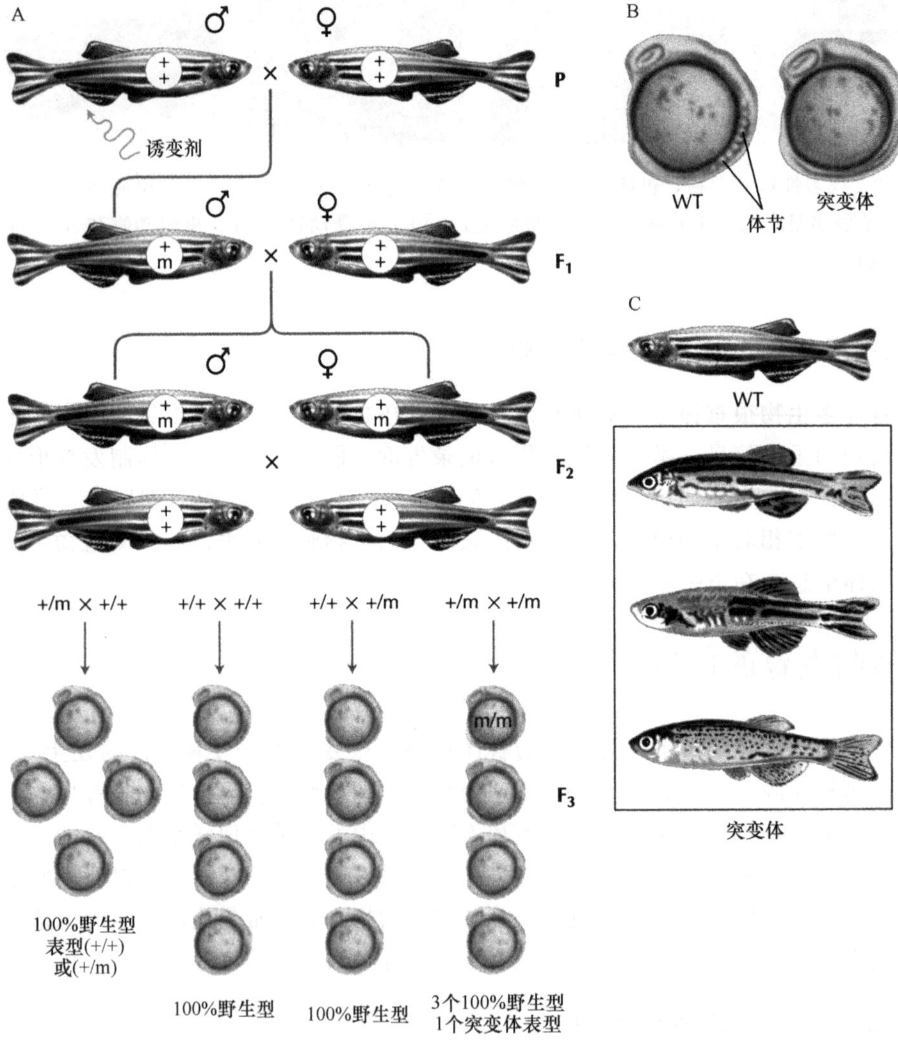

图 9.23　斑马鱼的突变筛选。（A）雄性经过化学诱变剂处理后和普通雌性交配。一些 F_1 会携带杂合的突变，所以对于隐形突变来说是没有表型的。通过可控的交配，一些具有纯合突变的子代会在 F_3 产生（见注解框 13.2 中在果蝇上的相似技术）。然后可以筛选感兴趣的表型。表型的例子包括（B）胚胎致死的不能形成体节的突变体和（C）导致颜色模式改变的成年突变体。

早期的一项在果蝇中大量突变体筛选的工作发现了一组对幼虫分段模式起正确生成作用的基因（图 9.24）。在接下来的对这些表型的分析中找到了对应的基因，使我们详细了解到早期发育过程中调控分段的过程。直到今天，许多其他发育过程已通过遗传筛选的方法研究清楚，发现了如在拟南芥中控制开花模式和在线虫中控制神经发育的基因。

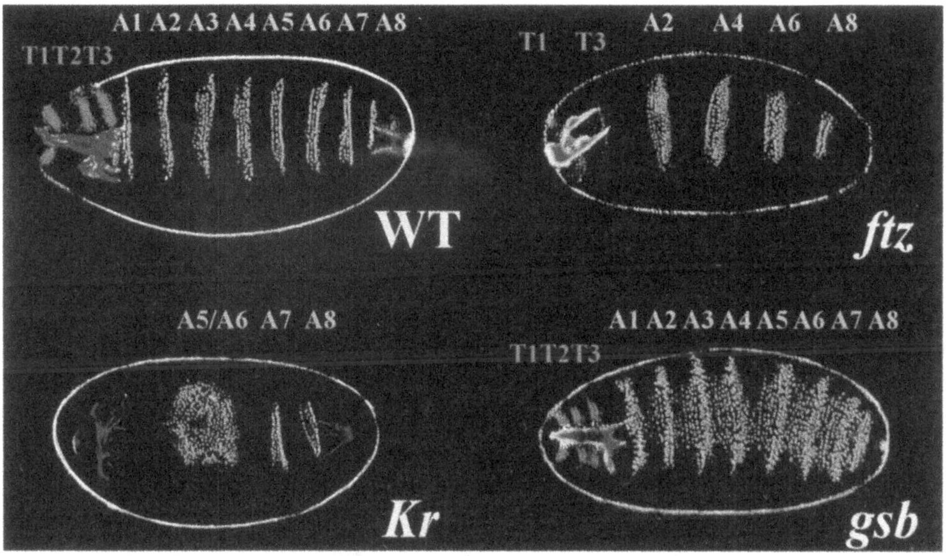

图 9.24 果蝇中的突变筛选发现参与分段过程的基因。左上是刚孵化的野生型幼虫。从左起是前部。腹部表面可见。每段都可由小齿状突起和刚毛划分。3 个胸分段（T1～T3）和 8 个腹分段（A1～A8）清晰可见。在 Kr 突变（Kr 基因突变的纯合体），胸和前部的腹部分段缺失。在 *fushi tarazu*（*ftz*）突变胚胎中，其他的分段都缺失。在 *gooseberry*（*gsb*）突变胚胎中，分段数目正确，但每段的模式改变导致小齿状突起带延伸到通常没有小齿状的部位。通过这些和其他突变体的研究，发育学家现在对果蝇胚胎分段过程有了很多的了解。

尽管在最初我们会觉得这些发育过程跟人类发育没有什么联系，但我们现在知道事实并非如此。我们会在第 11 章讲到，这些基因和通路在所有生物中都被广泛使用。诺贝尔生理学或医学奖就颁发给了研究果蝇和线虫发育的科学家。因为他们的研究对了解人类发育和疾病有很大的帮助。同样地，关于拟南芥的研究对改进农作物也是价值重大的。

尽管这种遗传筛选非常强大，但通常只局限于能够进行操作的少数种类的模式生物。为了使这种正义遗传学手段有效实行，被研究的动植物的培养必须简单和便宜，同时，它们要有相当短的传代时间和容易发现的感兴趣的表型。

逆向遗传研究扩展对发育的认识

正向遗传筛选不能研究的一些动植物的发育过程可以通过被称为逆向遗传研究的方法开展。举例来说，在老鼠中，我们可以通过同源重组的方法选择性的突变特定的基因。在一系列生物中，包括动物和植物，基因的功能可以通过 RNA 干扰（RNAi）的现象敲除（图 9.25）。例如，这类方法之一——感兴趣的某一基因的大量双链 RNA 拷贝在体外合成，然后植入发育中的胚胎。这种双链 RNA 可以导致对应内源 mRNA 的降解。同样地，在爪蟾中，反义寡核苷酸同样可以通过干扰 mRNA 翻译抑制目的基因的功能。基因的错位表达同样用来揭示基因功能。举例来说，一个肌肉特异的转录因子可以通过生化方法分离，而这个基因特化细胞肌肉命运的潜力可以通过把其 mRNA 注入到胚胎的其他细胞类型中检验。

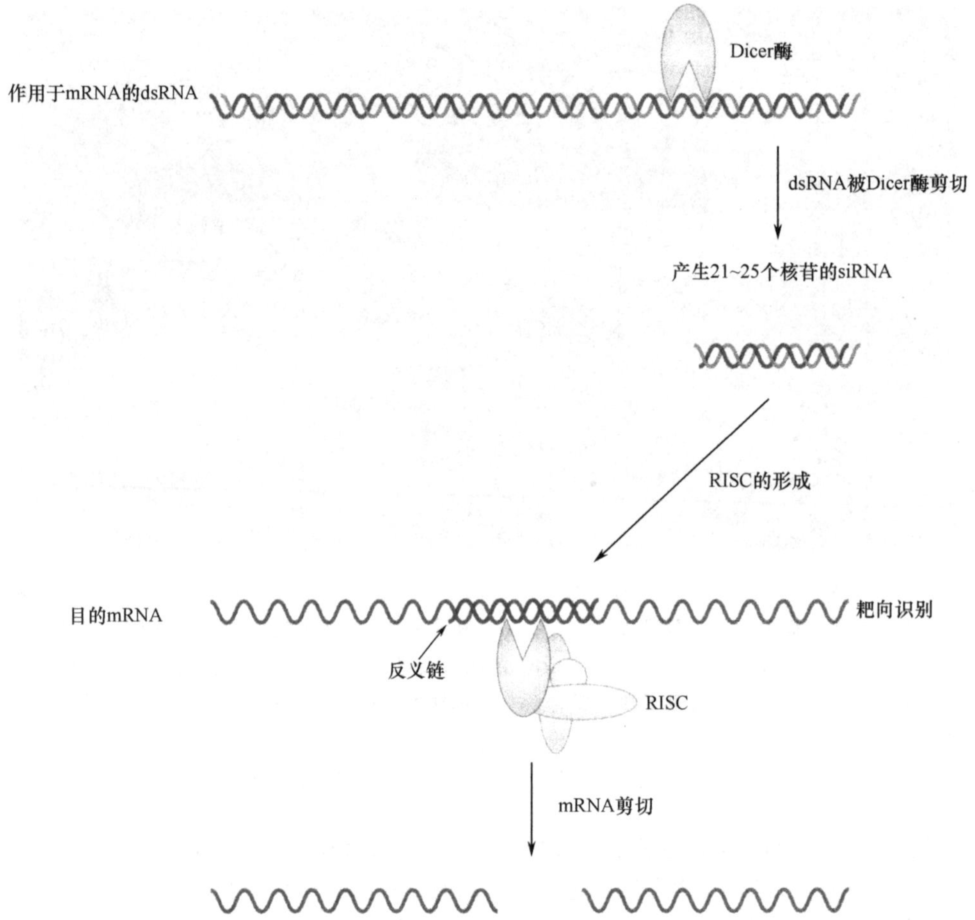

图 9.25　在许多生物中，引入对应目的 mRNA 的互补双链 RNA 是检测基因功能的有效方法。双链 RNA 的引入可以通过几种方法，如注射、浸透，甚至喂食。进入细胞后，双链 RNA 被 Dicer 酶切割成被称为 siRNA 的 21～25nt 的片段。siRNA 再形成 RISC（蛋白复合物），最终其反链作用在目的 mRNA 上，导致其被剪切和降解。通过这种方法，基因功能被沉默掉，从而观察到其效应。利用这种技术，可以筛选数千种基因来寻找其发育表型，从而对那些在动植物中无法用标准正义遗传方法研究的基因开展遗传分析。

以上这些方法使我们可以做仔细的遗传学分析而非使用正向遗传学筛选。原理上来说，这些逆向遗传学方法可以用来研究随机挑选的基因的功能，但实际上我们总是选择特定的基因。举例来说，因为在果蝇心脏形成中的重要作用，*tinman* 基因首先被正向遗传学手段筛选出来，接下来发现其在老鼠的心脏中表达。利用基因定向突变手段，人们建立了老鼠中的突变体，也发现其具有心脏发育缺陷的表型。通过这种方式，一项关于老鼠心脏发育的遗传研究因为利用其他物种中正向遗传筛选的信息开展起来。

细胞谱系和细胞相互作用对胚胎模式的影响

胚胎生物学的研究表明细胞谱系和细胞相互作用对胚胎发生的重要性。举例来说，每根成年果蝇表面的感觉刚毛（毛发）和其结构由 4 个细胞组成，这 4 个细胞来自同样的前体细胞。形成这 4 个细胞的细胞谱系模式（细胞分裂和分化）见图 9.26A 和图 9.26B。这里一个明显的问题是是否存在一种内在的细胞分裂不对称机制，可以使相邻的两个子细胞的分化命运不同。果蝇中神经发育的遗传分析筛选出几种突变型可以影响细胞谱系，其中一个称为 numb。在 *numb* 突变体中，细胞谱系模式改变（图 9.26C），导致只产生窝细胞，而其他细胞类型丢失（所以被称为 numb，因为刚毛和神经元丢失）。研究表明 numb 蛋白在细胞分裂过程中不对称的分配到子细胞中（图 9.26D～F）。前体细胞最初均匀地表达 numb 蛋白，但在分裂前，numb 蛋白聚集在细胞的一边（图 9.26D 和图 9.26E）。在最后，numb 蛋白只遗传给其中一个子细胞，即 pⅡb（图 9.26F）。在随后的发育中，*numb* 将表达在 pⅢb 和 pⅡa 中，但仍然是不对称传代。最终含有 *numb* 的细胞分化成窝和鞘。

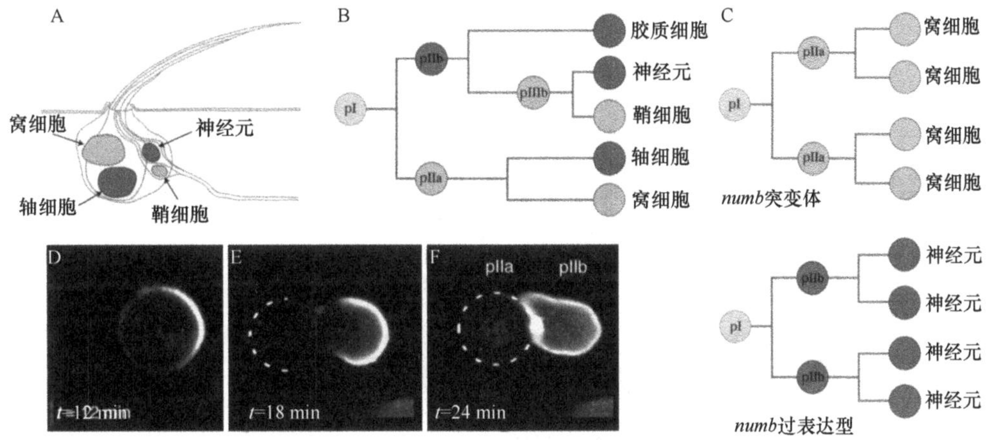

图 9.26　(A) 果蝇的感觉毛发结构（也称刚毛）由 4 个细胞组成：窝细胞、轴细胞、神经元和鞘细胞。(B) 这些细胞由被称为 pⅠ 的前体细胞分化而来。在 *numb* 突变体中（C 上半部），细胞分化程序被改变，所有后裔细胞都分化成窝细胞；当 *numb* 过量表达时（C 下半部），所有后裔细胞变成神经元。(D) numb 蛋白分布分析揭示 numb 聚集在 pⅠ 细胞一端。(E 和 F) 当细胞分裂时，numb 的不对称分布特性使所有 numb 蛋白传代到 pⅡb 子细胞中（虚线表明 pⅡa 细胞的边界）。这种不对称性在接下来的分裂中一直延续下去。numb 蛋白在正常细胞中的分布在 B 图中用颜色表示。含 *numb* 细胞为红色；无 *numb* 细胞为蓝色。这种不对称分布可用来解释在 numb 突变体和过表达型中观察到的表型。当 *numb* 缺失时，所有后裔细胞的表型就像普通的缺乏 numb 蛋白的细胞表型，反之亦然。

不对称遗传对正确的模式至关重要的进一步证据来自错位表达 numb 蛋白的实验结果（图 9.26G，底部）。如果所有的细胞都强行表达 numb 蛋白，那么观测的表型和 numb 功能丧失突变型的表型（过量的神经元和其他细胞形态的缺失）相反。接下来的研究表明 numb 蛋白调控一条可以导致不同子细胞转录差异的信号通路。

细胞相互作用的重要性在线虫阴门形成的研究中被揭示。阴门形成是通过一类特定的内胚层细胞的特化。这类细胞可以控制阴门的开启和闭合。激光切除研究表明这个发育过程的起始需要一种称为锚定细胞的内细胞的存在。如果没有锚定细胞，内胚层的细胞不会形成阴门，而是像邻近的内细胞那样形成线虫的皮肤细胞。随后的遗传筛选发现许多基因都参与这个过程。所以我们现在对这条信号通路更加有所了解。

锚定细胞表达一个称为 *lin-3* 的基因，它编码一个类似脊椎动物表皮生长因子（EGF）的分泌型蛋白。这个蛋白质从锚定细胞中分泌出来，与相邻的内细胞上的 EGF 受体样跨膜酪氨酸激酶（由 *let-23* 基因编码）结合。最靠近锚定细胞的内胚层细胞获得所谓的第一命运，而距离远些的内细胞获得所谓的第二命运（图 9.27）。各种实验证明命运的不同是由于 lin-3 蛋白产物水平距源头（锚定细胞）距离的轻微不同造成。这种不同的响应也通过另一条信号级联通路（中心细胞抑制外侧细胞获得第一命运）放大。

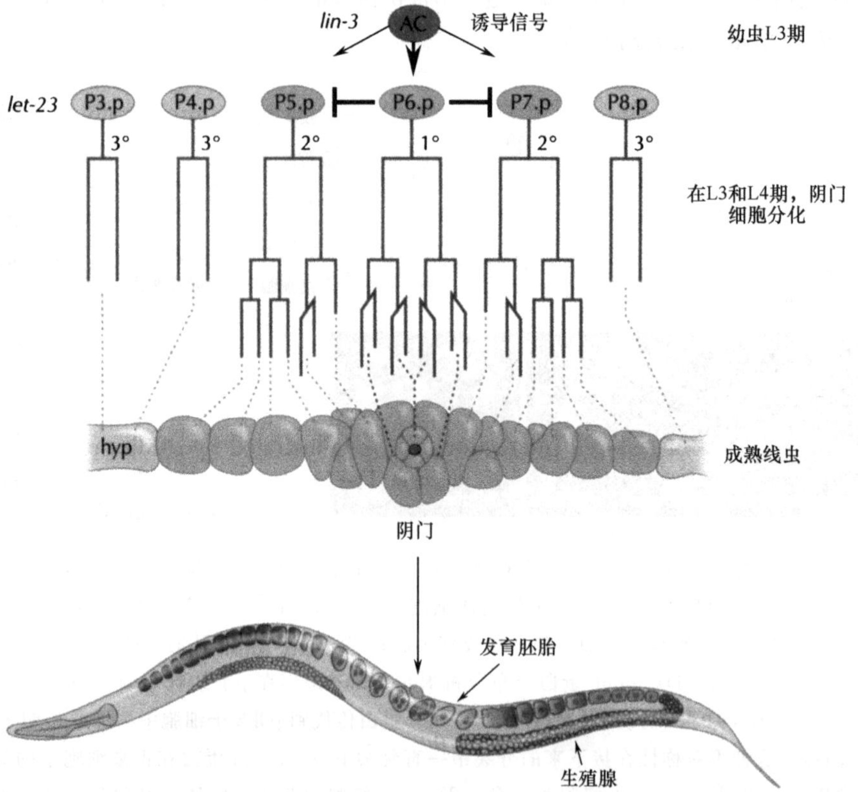

图 9.27 线虫阴门形成包括了一系列信号转导事件。在幼虫 L3 期，锚细胞分泌 lin-3 蛋白。lin-3 控制最邻近的三个内细胞 P5.p、P6.p 和 P7.p。接受最高浓度信号的 P6.p 细胞获得第一命运，另两个细胞获得第二命运。这条信号通路影响内细胞中一系列基因的转录，最终使其经历特定的分裂和分化，在合适的位置形成具有合适形态的阴门。

当然，转录调节仍然在发育过程中起着关键作用。我们知道前一步胚胎模式事件使 *lin-3* 的转录只在锚定细胞而不在邻近细胞。这使得锚定细胞成为控制邻近内胚层细胞命运的唯一来源。当 lin-3 蛋白结合在 let-23 蛋白的胞外受体部分，激活胞内酪氨酸激酶区的酶活性。经由 RAS 通路，最终控制了一系列目的基因在内细胞中的转录，从而形成正确的阴门结构。

一系列分子机制控制的模式

我们已经对各种动植物的发育过程中的许多步骤有了比较详细的了解。完整的描述超过了这本书的范围，但许多通用的东西已经在本章中描述，这对我们讨论形态和发育多样性的进化会有帮助。这里总结如下。

1. 多细胞性的主要特征是一个个体中细胞类型的分化。这是通过发育过程完成的。

2. 单细胞胚胎形成复杂的多细胞动植物是通过不同细胞表达特定的基因产物确定细胞功能来实现的。另外，发育过程也确保不同细胞类型定位在合适的位置。

3. 一组特定基因表达是通过转录、转录后和翻译后三个水平的调控来实现的。这三个水平相互影响，通常彼此间形成负反馈（图 8.24）。

4. 模式形成的过程是一个渐进的过程。每种模式事件都与前一个事件紧密联系。大致来说，胚胎从一个单一的、多能的细胞形成一个由许多特化的细胞类型组成的完整生物体。同时，细胞的位置必须在整个细胞分化过程中精确的定位。

小结

多细胞性的产生是通过对细胞分化的控制。生物的进化使个体细胞具有一个生物整体需要的各种功能。对于现今的动植物来说，不同细胞的功能分配是通过一个精确和可重复的发育过程实现的。这个发育过程动用了许多已经通过遗传手段揭示的机制。

通过不断的不同基因调控和细胞信号转导，胚胎能产生不同的细胞类型，并使不同细胞定位到精确的位置。发育的神奇之处不只是对遗传信息蓝图的阅读，更是交互式的实现一系列发育事件，形成可控的和坚固的复杂模式。为了达到这个目的，个体生物产生了形态特征或体制发育。在第 10 章，我们将通过化石记录描述多种动植物的进化历史。在第 11 章，我们将描述几个发育上的进化改变如何导致动植物形态改变的例子。在第 21 章，我们将讨论多细胞生物中的一些细胞牺牲自己换来其他细胞的复制。

延伸阅读

Gilbert S. 2003. *Developmental biology*, 7th ed. Sinauer Associates, Inc., Sunderland, Massachusetts.
本书对动植物的发育进行了详细描述。

King N. 2004. The unicellular ancestry of animal development. *Dev. Cell* **7:** 313–325.
这篇综述提供了关于领鞭虫的详细信息及其同多细胞动物的关系。

Nusslein-Volhard C. 2006. *Coming to life. How genes drive development*, 1st ed. Kales Press, Carlsbad, California.

Watson J., Baker T., Bell S., Gann A., Levine M., and Losick R. 2004. *Molecular biology of the gene*, 5th ed. Benjamin Cummings, San Francisco.
本书对各种表达调控机制进行详细介绍。

Wolpert L., Jessell T., Smith J., Lawrence P., Robertson E., and Meyerowitz E. 2006. *Principles of development*, 3rd ed. Oxford University Press, New York. In press.
一本关于发育生物原理的好教材。

第 10 章

植物和动物的多样化

生命的历史包含在生物体的大分子中。它也可以从骨骼、发育模式、古代和现代生物的行为中揭示。在之前章节的学习中我们已经了解到生命的历史起始于30亿年前。伴随着生物的进化、多样化和灭绝，生命之树不断地生长和变化。在这一章中，我们将探讨动植物的进化。尽管我们探讨的部分证据来自系统发育分析和进化发育生物学，但我们主要还是讲述化石证据。因此，我们在这章开始时先介绍化石和地质年代概念。

化石形成与地质时间

许多化石是外壳、骨骼和牙齿，即可矿化的动物的坚硬部分。植物也有化石记录，因为其具有一些耐腐化的组织，如树木和叶表皮。一些化石提供了行为证据，如轨迹、足印和洞穴，甚至生物组成和生物饮食等化学标记。

生物形成化石的机会非常小。分级食物链和支撑生命的生物循环是以死亡——生物营养物质的分解和再循环为基础的。要形成化石，至少动植物的部分组织要避免腐化和物理损坏，而且必须埋在沉积物中，除了极少数的例外，如昆虫被树脂包埋（即琥珀）。因为大多数沉积现象发生在海洋中，海洋生物比陆地上的动植物更容易形成化石。同样地，在湖泊和江河里生活的生物，或靠近水的生物，比远离水的生物更容易形成化石。然而，被掩埋只是个开始。包含化石的层积岩石还必须在随后的地质变化中不被破坏。这些变化包括如新沉积层的叠加（会导致压力和温度的增加），沉积岩的上升和侵蚀，大陆架边缘地质板块的延伸造成的海底的破坏。因为最后这个原因，今天的海底地壳表面不超过1.8亿年。古老的海洋岩层都堆积到大陆壳层的盆地或由于造山运动而插入到大陆中。最后，化石被人们发现和研究。

大约25万种海洋动物化石被发现和命名，稍微多于已知的现生海洋动物。然而，绝大多数生活在过去的生物没有形成化石。因为它们是会腐烂的软体生物，或它们的生活环境不利于化石形成。所以，25万可能只代表2%～4%曾经存在过的海洋动物。如果我们用这个比例来估计曾经生活在地球上的生物（300 万～5000 万），那么，这就意味着 7 500 万～25 亿个物种曾经生活在地球上，但这个估计很不精确。我们知道，化石只代表所有存在过的生物的非常小的一部分。尽管如此，化石记录还是揭示了一些重要的进化现象。

1. 化石记录提供了生命历史过程中事件发生的证据。尽管现存生物之间的联系揭示了生命之树的分支次序。但如果没有化石记录，我们不会知道已经灭绝的生物，如三叶虫和恐龙曾经存在过。

2. 化石记录揭示了伴随着时间变化，生物多样性的变化模式（根据分类单元起源和灭绝的时间）。地质年代的划分主要是根据生命历史中的事件（注解框 10.1）。古生代的结束即二叠纪大灭绝的时间。中生代（也被称为 K～T 分界线，即白垩纪至第三纪分界线）的结束，是以小行星对白垩纪造成的物种灭绝时间定义的（为了区分白垩纪和石炭纪，我们用 K 代表白垩纪）。

注解框 10.1　地质年代

地质年代（图 10.1）的划分主要是根据生命历史中的事件。我们这里主要关注的是显生宙。显生宙开始于 5.42 亿年前的寒武纪时期，即第一个带壳的动物出

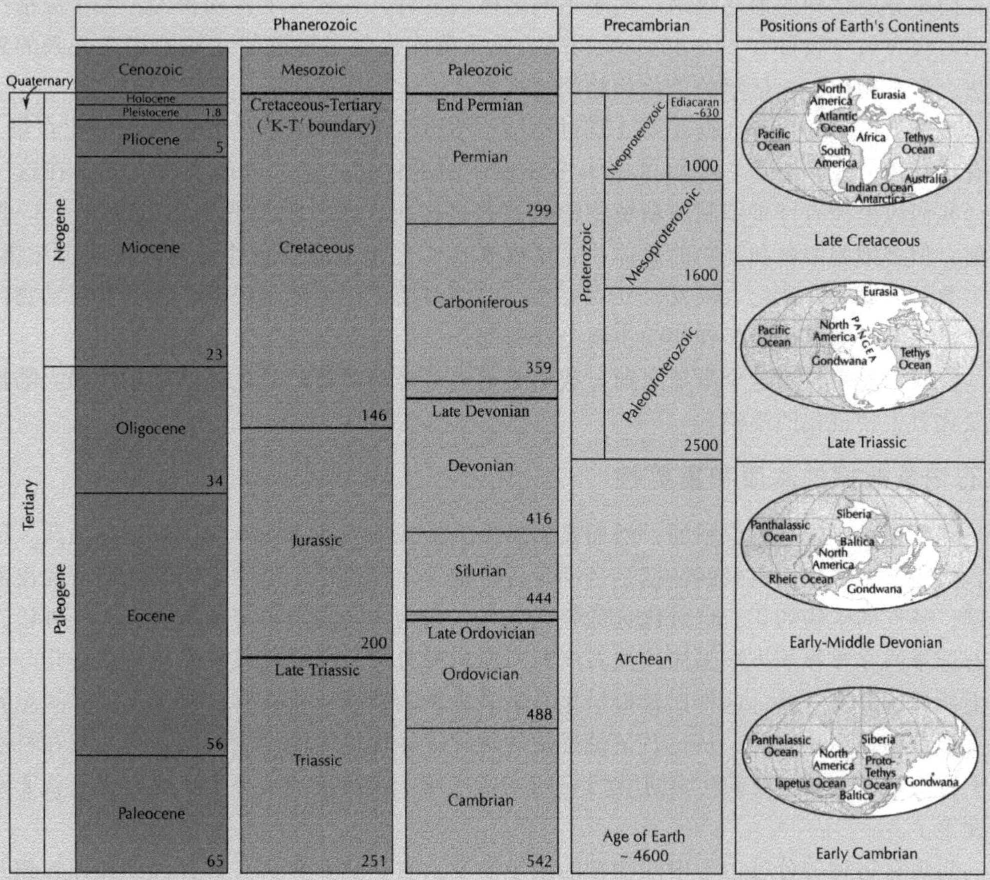

图 10.1　地质学时间比例。数字单位是百万年前。红色代表大灭绝。

现的时间。显生宙根据化石的出现和消亡分为古生代、中生代和新生代，代表了15%的地球历史。尽管地球年龄约是45亿年，但最初的8亿年是没有固体岩石的。寒武纪之前被称为前寒武纪，分为45亿～25亿年前的太古代和随后的原生代。地质年代的标定是通过矿物质中放射性元素的衰减来测量的（注解框10.1）。

3. 化石记录提供了时间尺度。这对校准分子钟和分析进化速率是必不可少的。分子钟是利用物种间的遗传差异来估计分歧时间的手段。

4. 我们对大尺度的进化过程的了解很大程度上依赖于化石证据。这包括确定物种形成的速率和分析大灭绝的效应。

生命形式进化的长河

生物学家通常用一个分层体系来区分生物：门、纲、目、科、属、种（注解框5.2）。这些概念是分类学家基于相似性建立的，用于分析和了解地球上生命的进化历史。基本的假定是所有的某组成员，无论在哪个分层，都拥有一个共同祖先，即单系群。门是分层结构的最高级别，代表不同的体制发育，在形态上差别很大。大多数估计显示，现存的生物群有30～35个动物门。分子测序提供了确定门之间的相互关系的新方法。形态相似是5亿年的进化和趋同的产物。

地球上最早的化石证据在第4章讨论过。细胞核形成和真核生物的起源进化在第8章有过描述。在第9章，我们讨论了多细胞性的进化和体制发育的发育方式。在这一章，我们讨论拥有许多细胞的动植物的起源和多样化。第一个大的生物出现在5.65亿年前，但多细胞海藻和动物的微体化石证据来自6亿年前的中国晚新元古代陡山沱组。大多数门起源于寒武纪大爆发。在主要生态改变时期，即大陆殖民期，也没有新动物门产生。这个时间是植物多样化的主要分歧时间。

在我们着手讨论这个事情之前，我们必须先考虑到化石记录证据的可靠性和大陆构造变化对生物进化的影响。

化石记录数据的本质和重要性

化石记录显然是不完整的。然而我们对今天地球上生物多样性的了解也是如此。因此，问题就变成化石记录的证据是否满足古生物学家和进化生物学家回答他们所提出的问题。越近的生物的化石记录比远的生物完整，因为古老岩层更容易被毁坏。一种检查化石记录的完整性的方法是比较化石序列所属物种分类是否同其系统发生关系进化分支图上所属的分支一致。这种比较提示化石记录提供的数据质量在科的水平上从寒武纪到第三纪都是相当一致的。从化石记录反映的物种多样性模式的发生时间来看，其在科水平上分析可以有效地反映生命进化历史的主要事件。在属或种水平上，化石记录就非常不完整了。

当现存物种的分歧由于中间物种的灭绝而变大时，化石类别对解释现存物种的相互关系就变得相当重要（注解框10.2）。化石可能提供不再存在的形态特征和形态特征的组合的证据。在 20 世纪 70 年代早期，John Ostrom 意识到奔龙（*Deinonychus*）（图 10.3）和最早的似鸟生物始祖鸟（*Chaeopteryx*）的相似性（图 10.32）。至少有两种始祖鸟最初被认为是恐龙。Ostrom 的发现随后被分支分析再次证实，因为分支分析显示鸟确实跟兽脚亚目食肉恐龙如奔龙更近。不考虑化石证据，鸟的最近源物种是鳄鱼，仅存的祖龙的一个分支（注解框 10.2）。

注解框 10.2　化石类群对确定进化历史和现生物种之间的关系至关重要

化石对确定进化历史和物种联系都很重要。以下是四足动物（具有四肢的动物）的经典例子。只分析现存类别会产生不正确的分类关系，当把化石加进去后就会得到真实的关系。具体来说，现存分类分析认为祖龙（鳄鱼和鸟）和哺乳动物是姐妹群。龟和蜥蜴是连续的外群。当加入化石后，龟是蜥蜴的外群，而蜥蜴和鳄鱼及恐龙（包括鸟）是姐妹群。哺乳动物是所有其他四足动物的姐妹群。我们所假定的哺乳动物和祖龙的姐妹群关系是由于这两支具有相似运动能力造成的假象。事实上这是通过趋同进化而不是共同祖先的结果（图 10.2）。

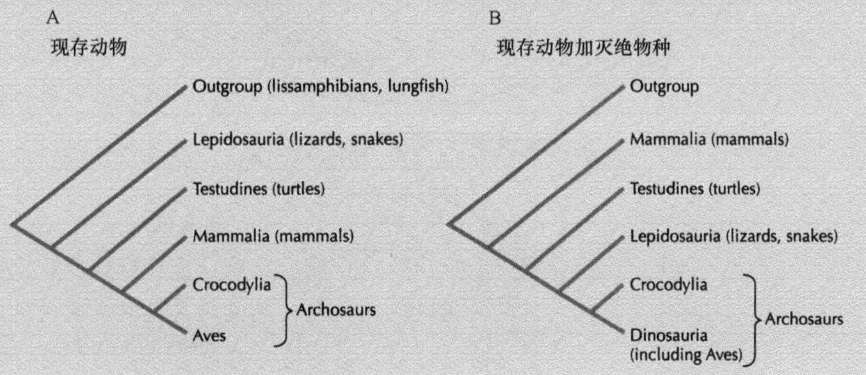

图 10.2　仅仅基于现存动物（A）和现存动物加灭绝物种（B）构造的四足动物的进化分支图导致两种不同结果。B 图揭示了正确的物种关系。这个比较揭示了化石对推断物种关系的重要性。注意两个图中哺乳动物所处的不同位置。

图 10.3　奔龙和 3m 长的兽脚亚目食肉恐龙迅猛龙（*Velociraptor*）相像。

板块构造影响动植物分布和产生导致多样化的地理屏障

在 20 世纪早期，Alfred Wegener 注意到南美洲东海岸线和非洲西海岸线的互补相似性，以及巴西和西非动物群和植物群化石的相似性。他重建了一个地球早期的巨大泛古陆，在二叠纪时由于其内部冲突分裂和漂移分开（图 10.4）。尽管 Wegener 的想法在当时不被接受，但现在这个假说已得到广泛认可。泛古陆的破裂和大西洋的形成导致了现在大陆的格局。

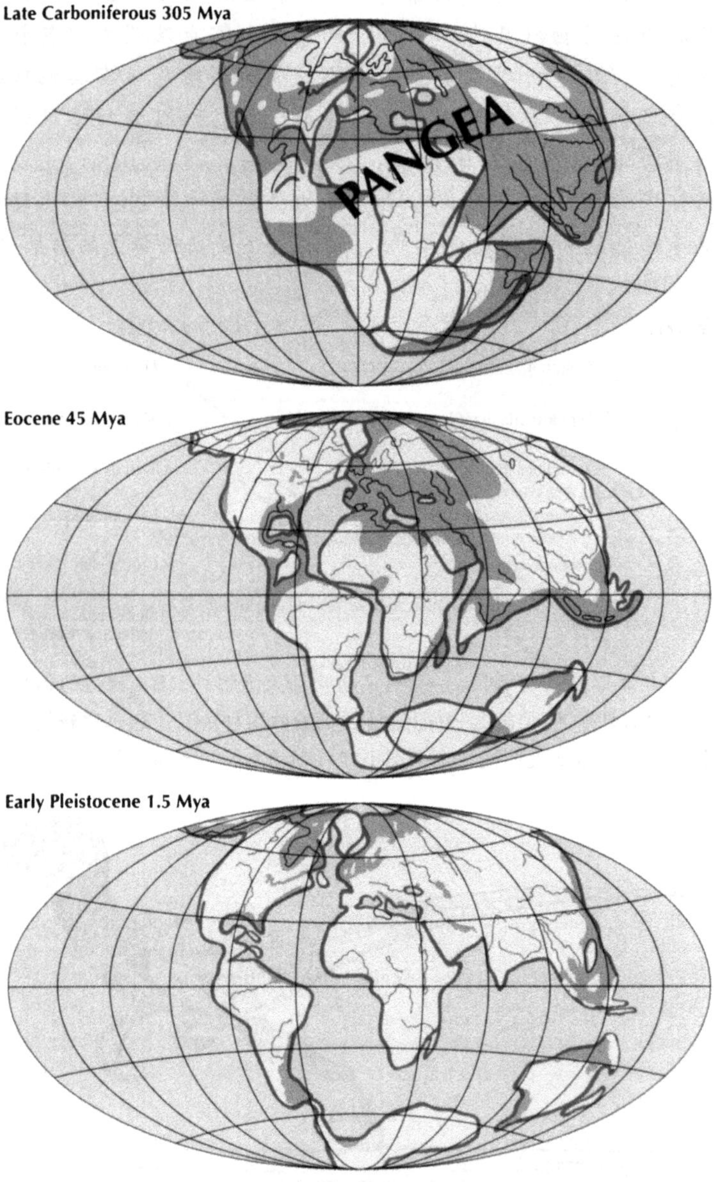

图 10.4　Alfred Wegener 重建的分裂和移动的地球大陆（深蓝色地区代表海）。板块构造学说也被称为大陆漂移学说，是很多科学领域共同合作的研究成果。

确实，地球是一个动态的星球，大陆和海洋的地理分布随着地质时间因地质板块过程不断变化。洋底壳沿着大洋中的山脊形成，并随着俯冲带下沉从而影响地球表面陆地的构造。对生命历史来说，这提示生物地理和气候的巨大的变化反过来影响地球表面分离开来的动物区的数目以及不同生物区的独特程度。大陆的构造在过去是影响生物多样性的一个因素，现在也是。

生物的不连续分布通常可以有两种解释：生物迁徙跨过某个屏障或由于地质过程而造成原来地理区域的片段化。举例来说，澳大利亚和南极洲在 4 千万年前分离，现在已经有 20 度纬度的距离。假山毛榉（*Nothofagus*），即南方山毛榉树，主要分布在新几内亚岛、新喀里多尼亚岛、新西兰和澳大利亚。其化石证据显示它们曾经分布得更广，从南非到南极洲都有（图 10.5）。假山毛榉目前的分布情况部分是南大陆冈瓦纳古陆在

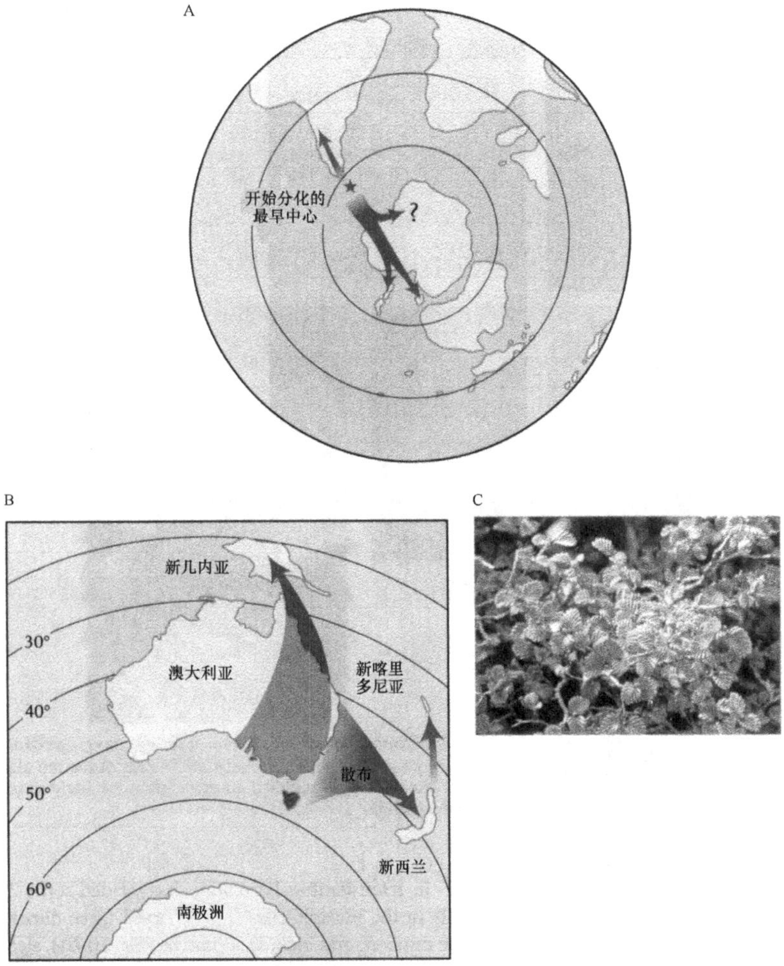

图 10.5　假山毛榉的长距离陆地散布路线。(A) 假山毛榉在最早中心开始分化的路径。图中显示的是大陆版块在晚白垩纪时的位置（约 7 千万年前）。(B) 假山毛榉分散到新西兰的路径和其亚属 *Brassospora* 在早中新世（2 千万年前）向北从澳大利亚扩散到新几内亚，从新西兰到新喀里多尼亚的路径。(C) 假山毛榉图。

早期第三纪（6.5 千万～4 千万年前）分裂的结果。但长距离的不断散布也是造成它目前分布情况的原因之一，如散布到了新西兰。

图 10.6 陡山沱组的位置。磷灰石化的胚胎发现于中国西南贵州省瓮安。

新元古代出现的第一个多细胞动物

一些早期多细胞动物的证据在处于中国南部的新元古代陡山沱组被发现。陡山沱组化石群是由处在 6.35 亿～5.51 亿年前的生物构成（图 10.6）。陡山沱组保存的化石来自三种岩石类型：燧石岩（硅土层）、碳质页岩和磷矿岩（富含磷酸钙的层积岩）。陡山沱组发现了 25 种不同的多细胞藻类。磷矿岩中的化石立体地保存在磷灰石（一种磷酸钙矿石）中，包括疑源类（图 10.7A）、具有细胞形态的藻类（图 10.7B）和展示了胚胎最早期分裂的动物胚胎（图 10.7C）。因为这些胚胎处于早期分裂，所以很难把它们规为特定类群。比较年轻的磷矿岩含有相似的胚胎，包括来自南部中国寒武纪（5 亿年前）时期的 *Markuelia*（图 10.8）。*Markuelia* 已经发育到允许我们将它归类到一个包括曳鳃动物（一类蠕虫样动物，也被称为

图 10.7 （A）来自原生代中国陡山沱组的刺状疑源类 *Meghystrichosphaeridium reticulatum*。电镜扫描图。（B）来自陡山沱组的化石化的红藻四裂体。（C）来自陡山沱组的处于早期分裂期的化石化动物胚胎。

introverta）的分支（图 9.22F）。这揭示了前寒武纪的磷灰石可以为早期后生动物的进化提供证据。这类材料也同样为发育生物学整合化石数据来揭示后生动物的早期历史提供了证据。但是，化石证据会偏向于那些在胚胎早期获得表皮的生物，因为表皮可以延长降解使其在磷酸钙中矿石化。

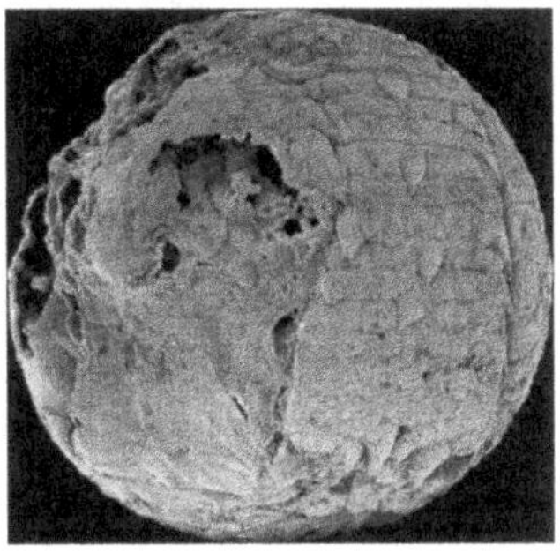

图 10.8　寒武纪磷矿形成的胚胎化石 *Markuelia*。来自早寒武纪的西伯利亚，直径为 555μm。

最早的大型生物是埃迪卡拉生物

第一个在化石中大量发现的大型多细胞生物通常被称为埃迪卡拉生物。因为 1946 年，在处于南澳大利亚弗林德斯河区的埃迪卡拉山（图 10.9），首次发现了大型多细胞生物。埃迪卡拉发现的化石包含在 5.75 亿～5.42 亿年的岩石中，即所谓的埃迪卡拉时期的后期。许多埃迪卡拉化石在浅水区的砂岩中找到。比起泥岩来说，砂岩中相对粗的颗粒使化石的形态细节保存受到限制（高像素的图片在电脑上也无法看清某些细节的一种现象）。一些埃迪卡拉生物非常不同于现存的动物，所以这些化石的本来面目和相互关系仍然是有争议的。

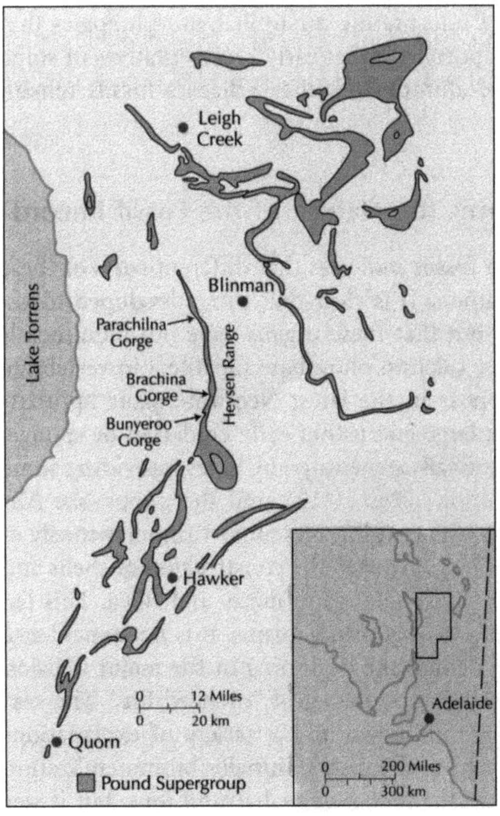

图 10.9　处于南澳大利亚弗林德斯河区的埃迪卡拉地点。化石在沉积岩的主要部分中发现。

埃迪卡拉化石群之间的大小差别非常大，从几毫米到几十厘米长。它们分布在除了南极洲以外的每个大陆的30多个地方（出名的包括纽芬兰、南澳大利亚、北俄罗斯白海区和纳米比亚）。从年代久远到较近的化石呈现出增加的多样性和复杂性。然而这些化石都缺乏壳和其他坚硬的组织。所以这些化石通常保存在砂岩层的下部，形成只具外表面的压迹状。这种普遍缺乏坚硬部分的化石反映了当时只存在着很少的食草、以腐肉为食和打洞的生物。这就保证了在沉积岩中的生物膜不被毁掉。这些生物膜有助于早期沉积岩中生物的矿石化，并保持了沉积层中的压迹从而保留了死去生物的形态。

我们已经认识了约100种埃迪卡拉生物，其中最引人入胜的例子是来自纽芬兰的Avalon Peninsula。由于其特别的形态，埃迪卡拉生物的亲缘关系很难解释。传统上认为它们是早期后口动物，或是祖先物种到现在物种的过渡，或是后口动物的分支。许多埃迪卡拉生物缺乏独立的内器官，类似于刺胞动物门，特别是水母和海鳃。其他的一些埃迪卡拉生物，如*Yorgia*、*Kimberella*和*Dickinsonia*更加复杂，类似于更复杂的后口动物（图10.10）。Adolf Seilacher提出的对埃迪卡拉生物另一种解释，认为许多埃迪卡拉生物呈被状物结构，缺乏内器官，通过细胞表面吸收氧气和营养物。这种组织形式在寒武纪之前几乎是没有的。Seilacher称这种不常见的生物叫Vendobionts（图10.11），认为它们是同后口动物共存的，后者代表大多数小的痕迹化石。最近，Seilacher又进一步补充了他的解释。他认为许多有问题的埃迪卡拉生物代表了大的原生动物，而更普遍的后口动物（有令人信服的例子，如海绵、刺胞动物和软体动物）既少又小。这种对埃迪卡拉生物存在争议的分类，说明解释非常规保存的不常见的形态是非常困难的。重要的是一些代表早期后口动物分支的物种确实存在，而它们与其他埃迪卡拉生物的关系仍然很难梳理清楚。

图10.10　埃迪卡拉生物*Kimberella*（上）和*Dickinsonia*（下）被一些研究者认为是复杂的后生动物。放大倍率，上，0.5倍；下，0.44倍。

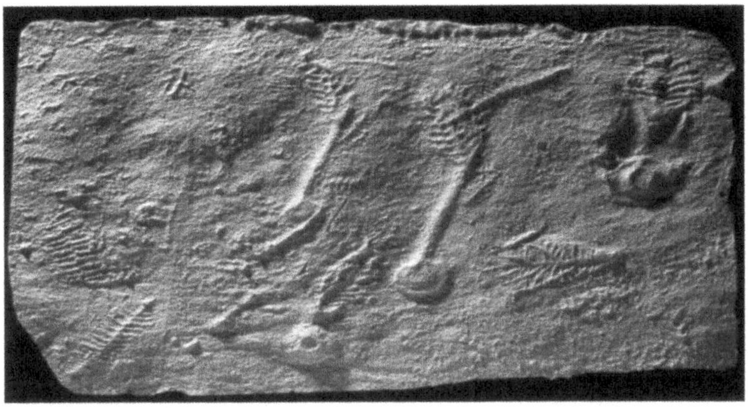

图 10.11　5.65 亿年的埃迪卡拉化石（*Charniodiscus* 和纺锤体型），来自 Mistaken Point，Avalon Peninsula。对角线长 70cm。

外壳出现导致化石记录的根本转变

一系列埃迪卡拉生物化石的形态暗示了这些生物的某些部分比另一些更坚硬。很清楚，它们中有些发育出管道、甲壳，甚至牙齿状结构，但是这些器官都不能被生物矿化（即通过矿物质化使强度增大，像脊椎动物骨头的磷酸钙）。少量的生物矿化的骨骼在大约 5.5 亿年前的晚新元古代出现，包括 *Namapoikia*，一个大型的具外壳的早期刺胞动物；海绵，*Cloudina*（管状化石，偶尔有被穿透的孔，提供了一些早期钻孔掠食行为的证据）（图 10.12）；罂粟样的 *Namacalathus*。生物成矿在寒武纪开始是同时出现在不同生物分支中的（图 10.13），它包括壳和其他坚硬部分的各种各样的矿化：磷酸盐、碳酸盐和二氧化硅。这导致生物保存潜力的巨大增加。所以将寒武纪的开始（5.42 亿年前）用来定义主要地质年代显生宙（具可观察生命的时期）的开始不是偶然的。生物成矿开始的原因是不太清楚的。一系列的可能原因包括海洋化学的改变。最初的生物成矿可能是对隔绝有害离子需要的一个响应。但这又迅速被其他功能所采用，如抵抗掠食者是其中一个重要功能。生物成矿的骨骼的出现代表了生态而非系统发生事件，因此它对揭示主要分支的起源时间没有太大用处。

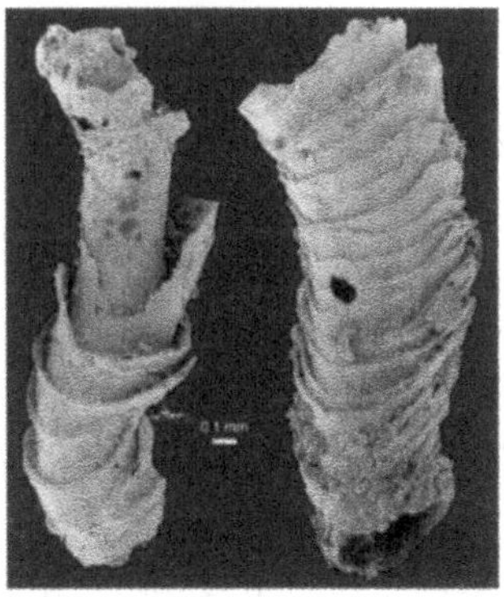

图 10.12　磷矿化的 *Cloudina* 物种，来自中国陕西原生代的灯影组储层成岩作用（dengying formation）。硬壳部分出现在埃迪卡拉群后生动物中。右边化石展示了钻孔掠食行为。

图 10.13 早期寒武纪贝壳化石，揭示了它们形态范围的变化。这些化石的大小仅几毫米。

寒武纪物种大爆发

在偶然情况下，环境的协作会使古生物群体包括软体动物完整地保存下来。不列颠哥伦比亚省的 Burgess Shale Quarry 可能是其中最著名的例子（图 10.14）。Burgess Shale（5.05 亿年前）和中国云南澄江动物群（5.25 亿年前）提供了关于寒武纪物种辐射时期所有现有的体制发育都已出现的关键证据。它们不只保存了具有坚硬骨骼的动物（三叶虫、棘皮动物、软体动物和腕足动物），而且保存了通常情况下会腐败的软体动物（叶状假足、大多数的节肢动物、环节动物、曳鳃动物和脊索动物）（图 10.15；图 9.20～图 9.22 中有这些类别动物的现存代表）。像 Burgess Shale 这样的沉积层提供了灭绝物种的时间和形态上的宝贵信息，但它们同时也证明其余的化石记录的偏差。Smithsonian 研究院对 Burgess Shale 化石的普查（超过 6.5 万物种）显示，86%的属和 98%的个体都不能在只能保存物种坚硬部分化石的普通沉积层中保存。

关于 Burgess Shale 化石为什么能保存下来的细节还没有完全研究清楚，但过程大致如下，生物被裹进厚厚的泥浆中。泥浆的流动使动物尸体埋葬的方向各式各样。沉积物含氧量低，而泥浆包含的尸体不会被掘穴的食腐动物吃掉。动物尸体会因为腐烂而破坏。保存的标本以各种姿态存在于沉积岩中，就像从不同的角度拍摄的照片一样。来自

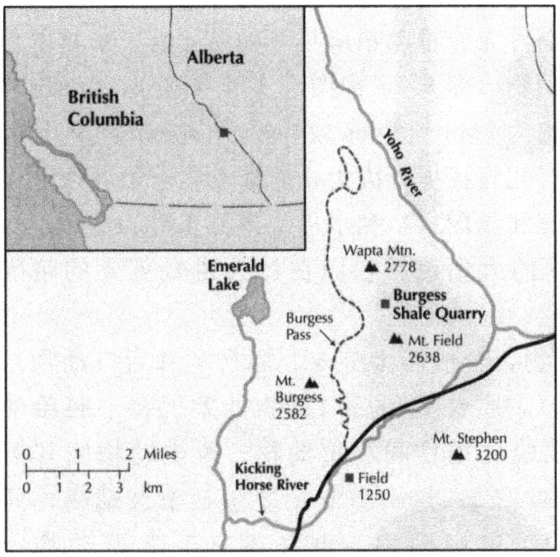

图 10.14 (左) 加拿大不列颠哥伦比亚省 Yoho 国家公园中 Burgess Shale Quarry 所处的位置(高度以米计),Yoho 国家公园在 Wapta Mountain 和 Mount Field 之间。Charles Walcott 在 1909 年发现了 Burgess Shale Quarry。处于一系列泥片中的化石组成了完整的寒武纪海洋生物生态系统。(右) Charles Walcott 和其他人在 Burgess Shale Quarry 的照片。

不同角度的同一物种的数据有助于恢复动物的三维特征。伴随着尸体的腐烂,矿物质在其表面形成;化石分析显示,不同的组织形成不同的矿物质。最抗腐烂的部分(如节肢动物的外骨骼)慢慢转化成稳定的生物物质。数目众多的寒武纪动物,像 *Anomalocaridids* (图 10.15),代表不同于今天的物种形态。这些早期非脊椎动物的形态提供了有关进化历史和现存物种之间联系的线索。

图 10.15 Burgess Shale 动物群的复原图。动物标记如下。海绵:*Pirania* (1),*Vauxia* (2),*Wapkia* (3)。叶状假足:*Aysheaia* (4),*Hallucigenia* (5)。Anomalocaridids:*Anomalocaris* (6),*Laggania* (7)。节肢动物:*Marrella* (8),*Odaraia* (9),三叶虫 *Olenoides* (10),*Sanctacaris* (11),*Sarotrocercus* (12)。曳鳃动物:*Ottoia* (13)。多毛纲环节动物:*Canadia* (14)。脊索动物:*Pikaia* (15)。不确定系统关系的动物:*Amiskwia* (16),*Dinomischus* (17),*Eldonia* (18),*Odontogriphus* (19),*Opabinia* (20),*Wiwaxia* (21)。

海绵的组织结构是多细胞生物中最简单的。它们形成了细胞的聚集体，而且这些细胞分化行使不同的功能。但是海绵缺乏更高等无脊椎动物所具有的内器官。最早的例子来自埃迪卡拉生物类群。栉水母和刺细胞动物（图 9.18 和图 9.19）具有两层细胞（内皮层和外胚层）和一个开口。栉水母（又称为 comb jellies 或 sea gooseberries）是胶状的漂浮生物，靠纤毛推动。它们通常很少有化石证据，因为是软体动物。但其寒武纪化石却存在。刺细胞动物包括珊瑚虫（如海葵和珊瑚虫）和水母。集群水母构建了当今地球上最大的生物结构，如澳大利亚东海岸的大堡礁。它们在过去也是重要的暗礁建造者。

更复杂些的动物形式，即两侧对称生物，分成两大分支，原肢类和后口动物。这两支在寒武纪已经发生多样化（图 10.16）。原肢类和后口动物的差别在于胚胎学的不同。原肢类通过分子数据进一步被分成蜕皮动物和冠轮动物。蜕皮动物因其需蜕皮而得名（也就是会周期性的蜕掉外皮来生长）。这一分支主要包括节肢动物，同时还包括叶状假足、蠕虫样线虫、动吻虫、曳鳃动物，也许还有毛颚类动物（图 9.22）。节肢动物从寒武纪开始就是地球上最多样化的种群（它们代表了约 40%的中寒武纪 Burgess Shale 的属），即使当时它们被限定只在海洋中存在。现在它们更为多样化。因为昆虫的巨大多样性，节肢动物代表了约 80%的所有现存动物。节肢动物的 4 个主要分支是六足昆虫、甲壳类、多足类和螯肢类（鲎和蜘蛛类）（图 9.22）。这些种群之间的联系长期以来都是有争议的，不同假说之间的冲突主要是化石和现存物种或形态和分子证据之间的不一致（图 10.17）。比较明确的是昆虫和甲壳类一起形成一个分支，而多足类和螯肢类之间的关系比较不确定。三叶虫出现在寒武纪而灭绝在二叠纪，其化石因为其钙化的外骨骼而广泛存在。而蜕皮动物因为是软体的，其化石证据非常少。但叶状假足（和现存有爪纲属于同一分支）、动吻虫和曳鳃动物最先出现在中国澄江化石群。

冠轮动物是不蜕皮的原肢类，它们包括触手冠生物（如腕足动物和苔藓虫）和担轮幼虫（如环节动物和软体动物）（但不是所有的冠轮动物都有触手冠或担轮幼虫，图 9.21）。具有可生物矿化骨骼的冠轮动物分支（腕足动物、苔藓虫和软体动物）有大量的化石记录，使得其生物多样性变化可以被记录。例如，腕足动物是古生代海洋群体的主要组成部分，但它们在二叠纪大灭绝时变得非常少。二叠纪大灭绝后双壳类变成占主导的类群。后口动物包括棘皮类动物、半索动物和脊索动物。棘皮类动物具有可钙化的骨骼，所以从寒武纪起就有化石记录。棘皮类动物有独特的水脉管系统和五角对称性。半索动物（柱头蠕虫和 *pterobranchs*）很少有化石记录。但笔石纲，一种已灭绝的漂浮在海上的集群生物，因为有坚硬的骨骼，所以它的化石在古生代页岩中非常普遍。脊索动物包括脊椎动物和其近亲。最早的脊椎动物化石来自早寒武纪的中国的澄江化石群的无颌鱼 *Haikouichthys*（图 10.18）。无颌鱼起源于四足类，包括最常见的动物，有下孔型和双窝型。下孔型进化出哺乳类；双窝型进化出蜥蜴、鳄鱼和鸟。

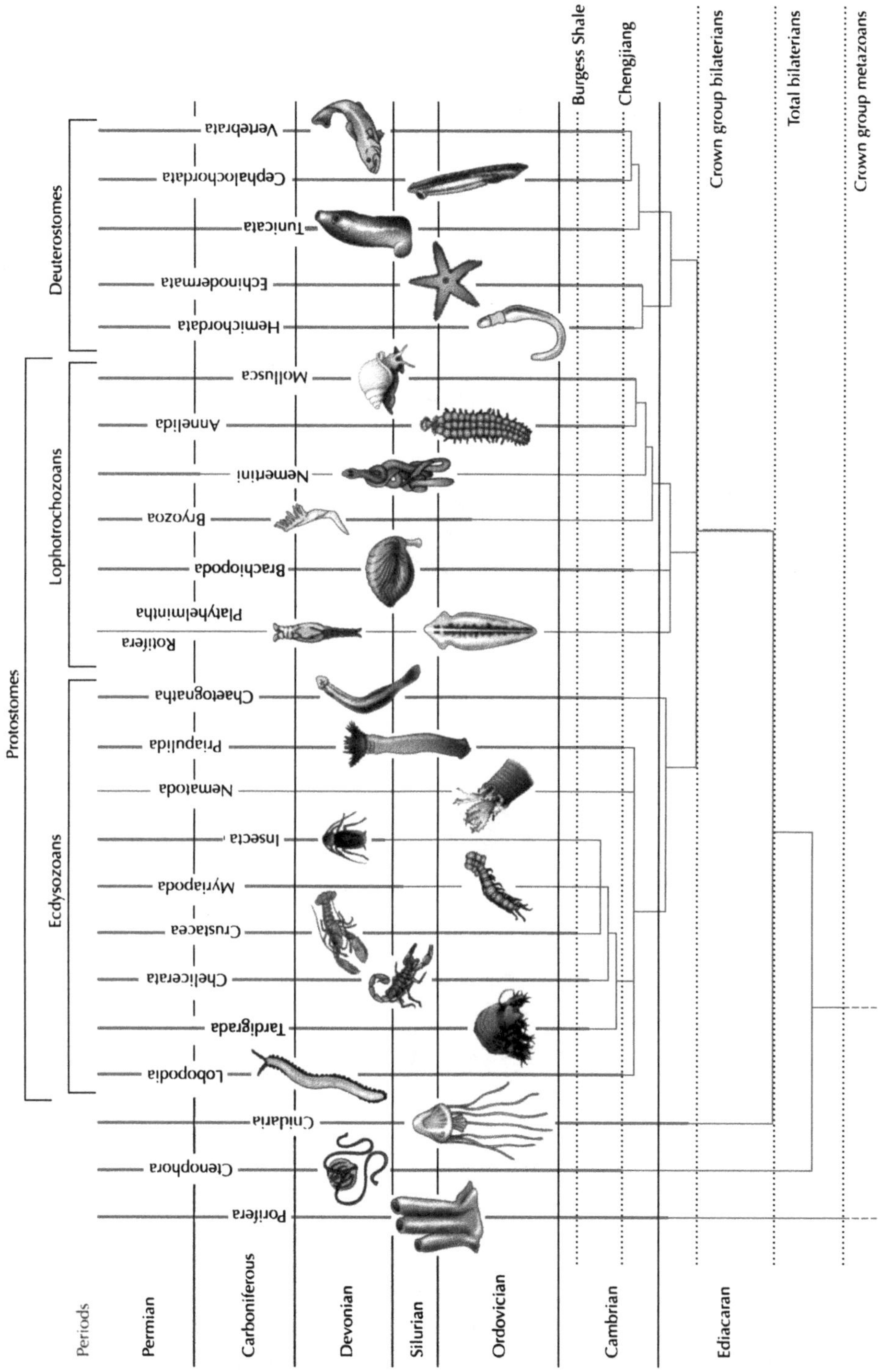

图10.16　化石记录和后口动物系统发生关系图。黑线代表各个门在化石记录上最早出现的时间。埃迪卡拉动物群的时间推断基于分子钟数据。一些相互关系，特别是节肢动物，仍然是有争议的。

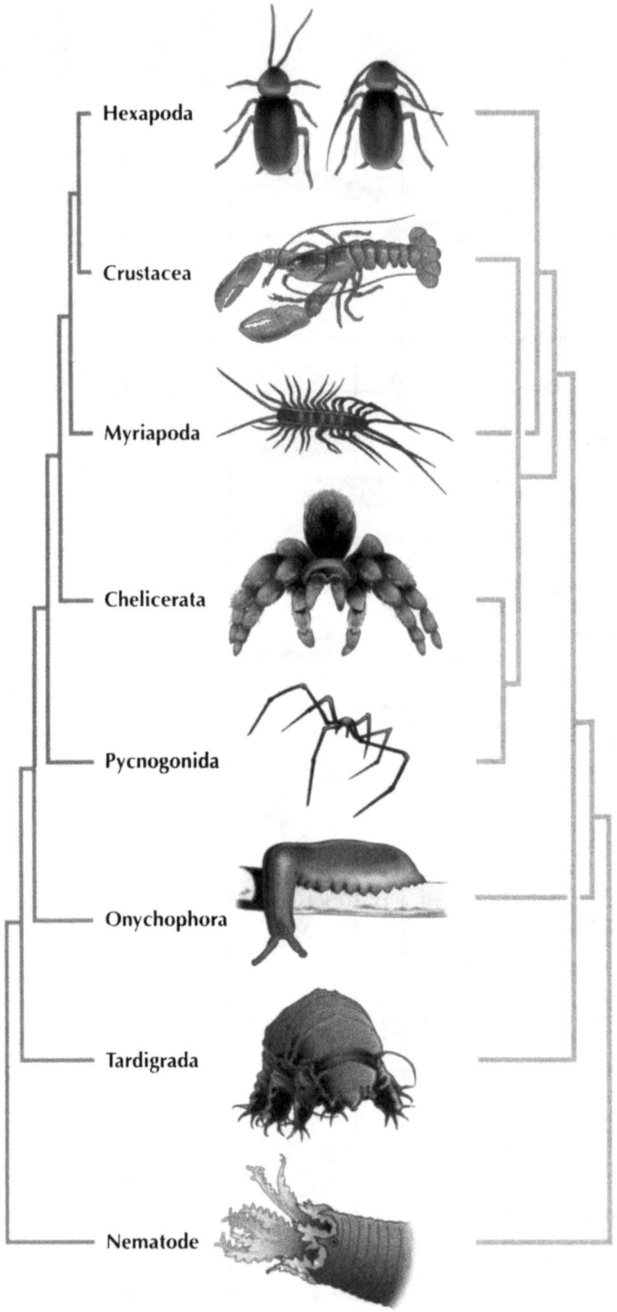

图 10.17　两种节肢动物中不同类群之间的相互关系图。左边的亲缘关系基于形态学和分子数据推导而来，红色表示节肢动物；右边的相互关系基于包括化石证据的形态学数据推导而来。

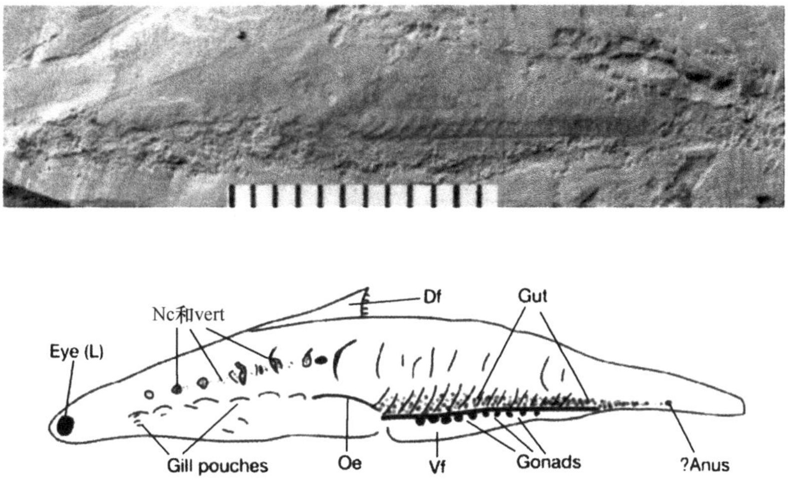

图 10.18　早期寒武纪无颌鱼 *Haikouichthys ercaicunensis*，来自中国南部云南省昆明市海口。左边为前部，具有小的叶状延伸的头部，包括眼睛、鼻囊和听软骨囊，具有分段椎骨组成的脊索。这些特征揭示了早寒武纪的高度发展的脊椎动物进化。Nc 和 vert，分段椎骨的脊索；Df，背鳍；Oe，食道；Vf，腹鳍褶。标尺为毫米。

寒武纪爆发到底有多大？

寒武纪生物多样性的增加最初是由观察到在寒武纪开端有壳化石的出现和物种数量随地质时间的远近而增加这两个现象发现的（图 10.19）。而寒武纪化石中软体动物多样性（来自澄江和 Burgess Shale 的证据）和古道化石（如踏出的小道、输送道和洞穴）的多样性反驳了这种多样性仅仅是生物矿化壳出现的反映。

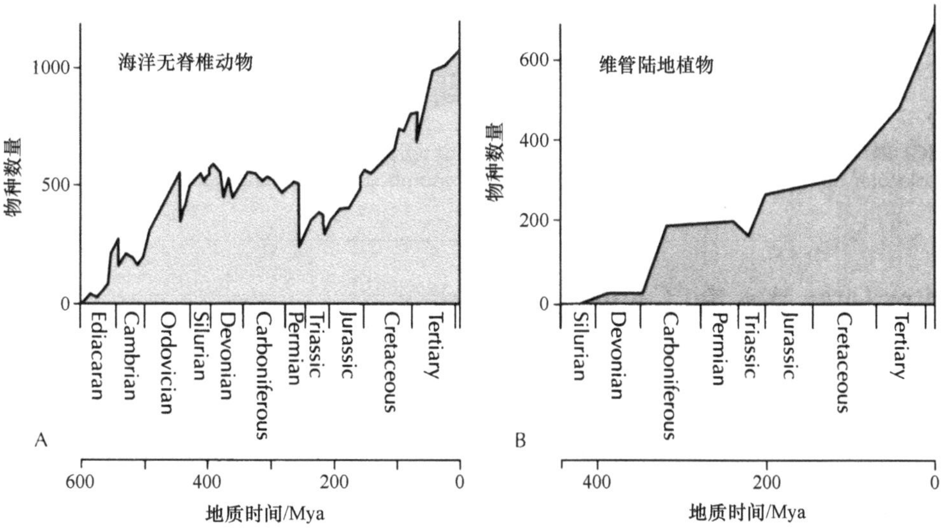

图 10.19　海洋无脊椎动物（A）和维管陆地植物（B）随时间变化的多样性。Mya，百万年前。

第一个仔细测量和分析生物多样性的科学家是 Jack Sepkoski。他使用的是分类学的数据库，他利用文献来记录海洋无脊椎动物的科在不同地质时间的出现，然后产生延伸到属一级的数据库。把科的数目按照连续的地理时间排列，揭示了物种多样性随时间的增加，在大灭绝时下降的规律。这个数据库的分析产生了一系列问题：化石记录具有多大程度的代表性？不同时间的记录的偏差性怎么衡量（如海洋生物比陆地生物更常见，具坚硬部分的生物比没有坚硬部分的生物更常见）？用于分析的化石分类有多可靠(其中的许多种群没有做分支分析)？其他因素，如不同时期挖掘的岩石数目，或考古学家对不同地质时期的化石群研究的程度（“考古学感兴趣单元”）如何影响所发现的模式？绘图中的基于科或属的多样性在多大程度上代表真实的多样性（通常用种来计算)？尽管存在这些考虑，Sepkoski 所揭示的多样性模式经受住了随后的数据库精简和增加的考验。这个模式应该是真实的。

分支分析确保了生物的分类比之前的方法更可靠。但高等的分类单元（如科和目）之间通常不一致（如鹦鹉螺化石比腹足类动物化石更受关注，分类得更细；鸟比线虫研究得更透彻)。对不同时间的分类单位数目作图可以用来研究进化随时间的变化模式，而形态范围的改变提供了另一种对进化的测量方法。Stephen Jay Gould 强调形态范围（定义为不一致）和分类单位数目（定义为多样性）的不同，他试图定量形态变化用以研究寒武纪辐射。Gould 认为寒武纪物种的不一致性比任何地质年代的都大（图 10.20)。他所描绘的从寒武纪到现在的不一致性是倒置的圆锥体，底部最大，由于体制发育形式的丢失越往上越窄（图 10.20)。Gould 的这个模型的建立是受了在 Burgess

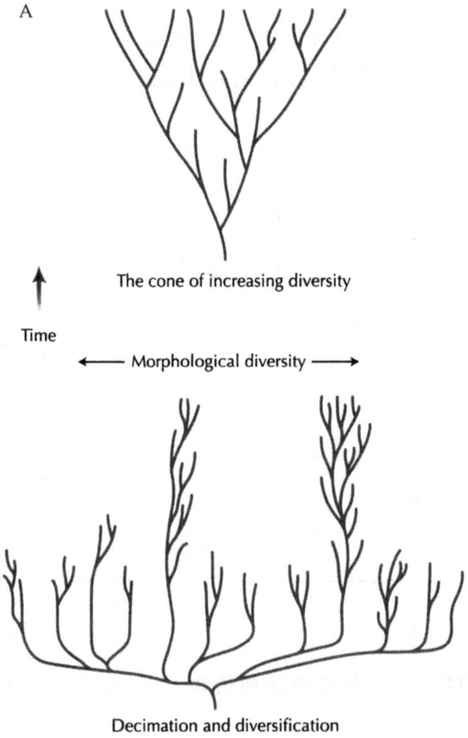

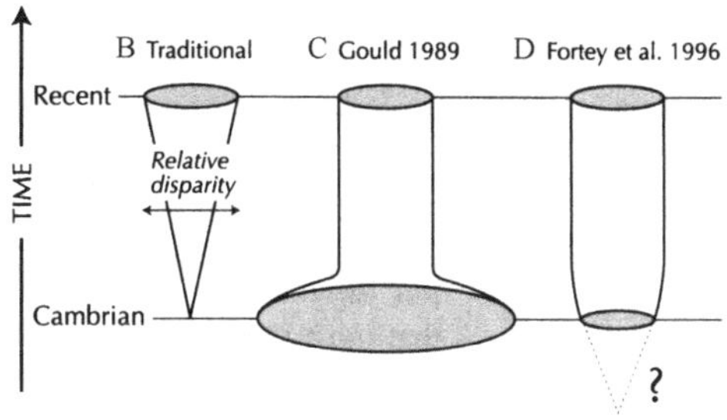

图 10.20　(A) 多样性增加的锥形模型和 Gould 的基于 Burgess Shale 证据的分化后残留 1/10 模型（纵向代表时间，横向代表形态范围）。在后一个模型中，最初的物种大幅多样化后只有少数能存活下来。(B～D) 寒武纪物种辐射模型。(B) 传统模型，物种在显生宙中由简单形式逐渐多样和复杂化。(C) Gould模型，其中寒武纪生物被认为是迅速出现的超自然的奇迹。而不一致性在显生宙早期由于物种灭绝而变小。(D) 多变量法定量形态显示寒武纪以后的不一致性是相似的。

Shale 中发现的异常生物的影响（图 10.15）。这些他所谓的“超自然的奇迹生物”的体制发育在当今已经灭绝。

Gould 的方法强调分类单元的不同而非它们的相同。随后的对节肢动物和曳鳃动物的形态学分析发现在 Burgess Shale 动物群中的形态范围相当或略小于当今的形态范围（图 10.20）。这显示生物群在寒武纪早期就获得进化成不同形态的潜力。随后的进化变异就建立在那时的基础上。寒武纪及以后的形态分布具有相同的尺度，就像一个粗细均匀的管子。

寒武纪大爆发的时间

我们不能依赖于对化石记录的教条理解来确定后生动物不同种群的起源时间。化石出现的第一时间仅是种群起源的最近时间。最古老能识别的代表一个世系的化石不太可能代表它从祖先世系分歧出来的时间。一些动物的高级形态最早出现在早寒武纪，暗示巨大的进化变化在那时发生。但是前寒武纪的化石记录提供了很少有关这一过程发生的本质和时间的证据。对一个种群的另一种独立的起源时间的估计是用分子钟理论（图 10.21，在线的第 27 章）。分子钟是基于对不同物种基因序列的比较，如小亚基 RNA。分子差异可用于估计两个世系的分歧时间。序列差异的变化速率可以用两个物种分歧的时间来估计，其

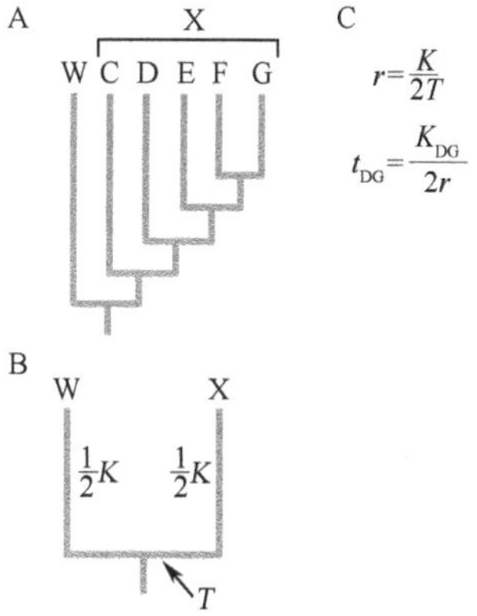

$$r=\frac{K}{2T}$$

$$t_{DG}=\frac{K_{DG}}{2r}$$

$\frac{1}{2}K$　$\frac{1}{2}K$

图 10.21　分子钟的利用，其中分子差异用来确定物种分歧时间。在一个简单的例子中，分子钟用 W 和 X 分歧的时间 T 来标定（A）。(B) W 和 X 的核苷酸差异数目用来计算其他物种间的核苷酸替换速率。这个结果可用来计算 D 和 G 分歧的时间。在公式（C）中，K 是两个分类单位之间的核苷酸替换数目，r 是替换速率，t 是两个分类单位的分歧时间。

分歧时间基于化石证据。这个速率可用于外推更早的事件的发生时间。采用基因的不同、计算序列差异的方法不同和确定时间方法的不同都会导致对物种起源时间估计的变动，其中一些可能早于化石发现时间。许多早期的估计分支时间都是基于模式生物序列之间的差异性，主要是脊椎动物。现在，更多的可以利用来自无脊椎动物的数据。这些无脊椎动物与一些系统发生树上的特定分支点相关，而且有很好的化石记录。但一个使分子钟理论更复杂化的可能性是遗传变化的速率在不同时期的变化性，这点我们将会在第 19 章讨论。

分子数据和方法的改进导致对一些后生动物进化早期分支点的年代的估计会更早，但一些基本的分歧时间还是处在前寒武纪。分子证据暗示后生动物可能起源于 6.5 亿年前，早于多种后生动物化石出现的寒武纪基部（1 亿年前）（图 10.16）。这一结论带来的问题是为什么没有反映后生动物早期历史的化石记录。到现在为此，各种各样基于前寒武纪后生动物的解释主要是软体的和非常小。主要种群的分歧时间仍然是有争议的，一些估计认为刺胞动物是在 6 亿年前从其他物种分化出来的，但原肢类和后口动物世系在 5.8 亿年前即分化出来，暗示了非常快的进化。随着技术的进步和更多的发现，来自分子和化石的证据的结合证明，门起源的估计时间可以更加精确。主要种群都起源在后新远古代的一小段时间内。

寒武纪物种辐射所带来的一个问题是如何解释这么大的形态范围是如何快速进化的。发育生物学提供了一个可能的解决办法。发育遗传学研究表明，一些关键调控基因的突变会导致相当大的形态改变。这些实验室发现的突变大都是高度有害的。所以一种可能性是关键发育基因的点突变会一次性的产生新的体制发育。发育机制可以使寒武纪爆发的时间段产生相当快速的形态改变。这些发育系统的本质和它们在进化中的潜在作用的特例会在第 9 章及第 11 章中描述。而它们的进化后果会在第 24 章中描述。

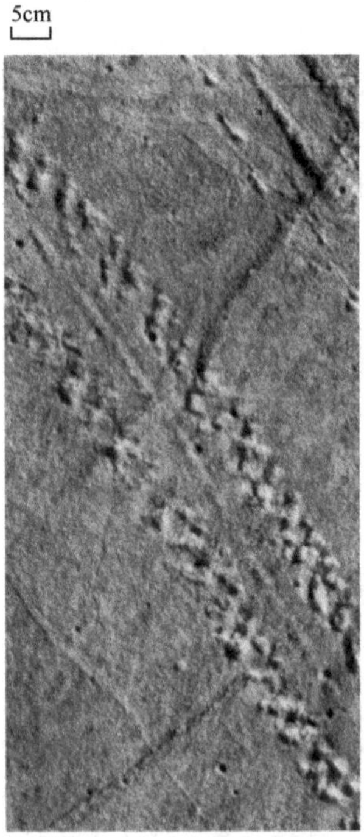

图 10.22 可能是两栖节肢动物踏出的小道。在代表晚寒武纪到早奥陶纪沙丘的岩石上发现的，地址是加拿大安大略省的 Kingston 附近。这一发现证明早期陆地足迹出现在 5 亿年前。

寒武纪生命大多存在于海洋中，但从海洋到陆地的第一步发生在寒武纪末期

尽管当今陆地生命的多样性要远高于海洋生命，多细胞生命却是起源于海洋的，然后才登上陆地。早期的陆地是贫瘠的环境，对可能的拓殖者提供不了保护。所以转移到陆地的生物都面临相似的挑战，它们需要适应呼吸作用，需要新的感觉功能和生殖功能，空气的支撑作用有别于水中的支撑作用。首先，它们需要发展出新策略避免干燥。

最早的陆地活动的证据来自在代表晚寒武纪到早奥陶纪沙丘岩石上发现的可能是大型节肢动物踏出的小道，地址是加拿大安大略省（图 10.22）。尽管这条小道发现在陆

地上，但其步法暗示这个节肢动物的巢穴可能在水中，可能是两栖类。节肢动物是进化出大量陆地生物的四个门之一，另三个是软体动物、环节动物和脊椎动物。另外一些门只有很少的陆地物种，或是其他生物的体内寄生虫，但几乎没有证实这种转变的化石证据。

尽管陆地生命的化石记录没有海洋生物那么完整，我们仍然可以发现不同的陆地种群在不同时间进入到陆地。它们通常使用不同的路径，如海岸、河流和盐沼。节肢动物至少在奥陶纪早期就已进入陆地。一个甲螨在处于瑞典厄兰岛的早期奥陶纪海洋沉淀物中被发现，它可能来自潮间带。最早的陆地动物（即有可在空气中呼吸的确定证据）是来自苏格兰志留纪的千足虫 *Pneumodesmus newmani*（图 10.23），但它们的祖先可能生活在水中。Trigonotarbids（图 10.24）是已灭绝的蛛形纲动物。它们拥有感觉和呼吸系统，在英格兰什罗普郡的早志留纪岩石中发现。蝎子在泥盆纪（4 亿年前）从海洋移到陆地，证据来自其体内具有肺组织而非腮。陆地生物的多样化从泥盆纪开始（图 10.25）。

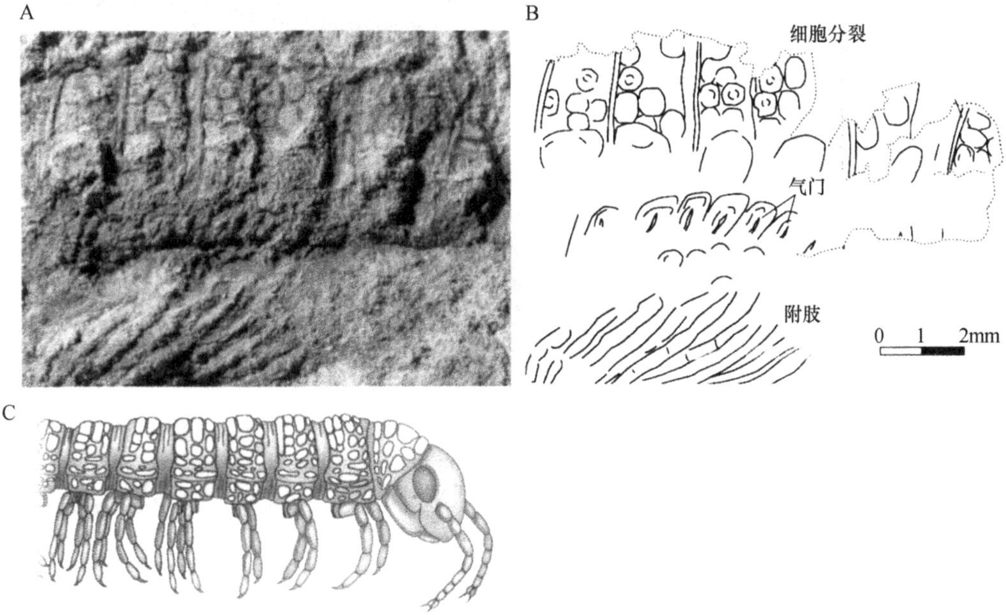

图 10.23　千足虫 *Pneumodesmus newmani* 是最早的能利用空气呼吸的陆地动物。证据来源于化石中的呼吸孔样结构（A 和 B）。化石发现于 Silurian Cowie Formation、Stonehaven、苏格兰。图中展示的是带附肢的部分躯体，头部朝右。(C) 对化石生物幼年形态的重建。来自苏格兰艾尔郡泥盆纪的 *Palaeodesmus*。

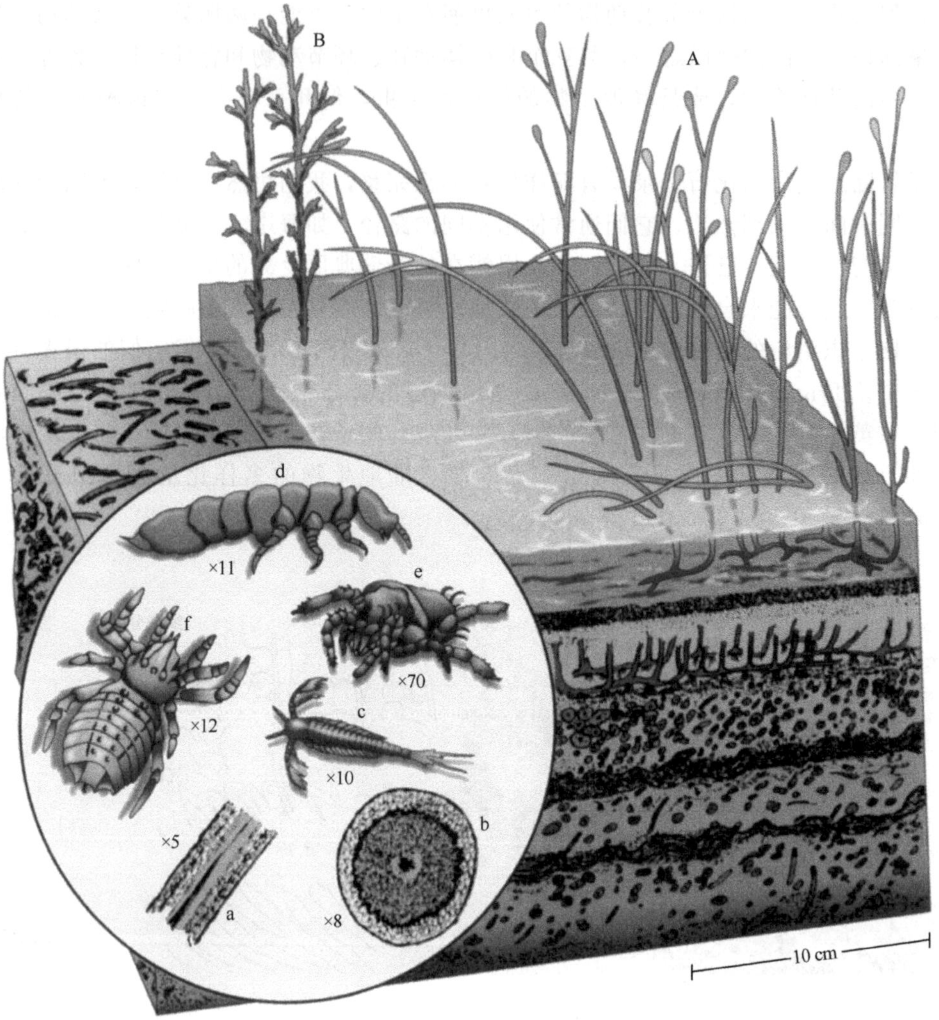

图 10.24 来自莱尼埃燧石层的泥盆纪陆地群体。包括（a）*Rhynia major* 和（b）*Asteroxylon*（蕨类植物），（c）*Lepidocaris*（甲壳类），（d）*Rhyniella*（六足类），（e）*Protacarus* 和（f）*Palaeocharinus*（螨和 *Trigonotarbid*，都是有螯的）。

自寒武纪以来 5 亿年的生命

奥陶纪和志留纪见证了陆地的绿化

细菌和藻类可能在早寒武纪进入陆地。这些早期殖民者依赖于潮湿的环境生存，对在分隔的陆地表面形成最初的泥土非常重要。主要的藻类包括硅藻、褐藻、绿藻和红藻，出现在新远古代。绿藻是植物的姐妹群，包括苔类、藓类、蕨类、石松类、木贼纲植物（其余的无种子植物）和种子植物。藓类（苔藓植物）是单系起源的低爬植物，它们缺乏完全发育的转运系统，依赖潮湿环境生存。最早的记录是在晚泥盆纪，但这有可能是由这些植物的低保存性和它们所处的环境造成的。藓类很可能在更早就出现。

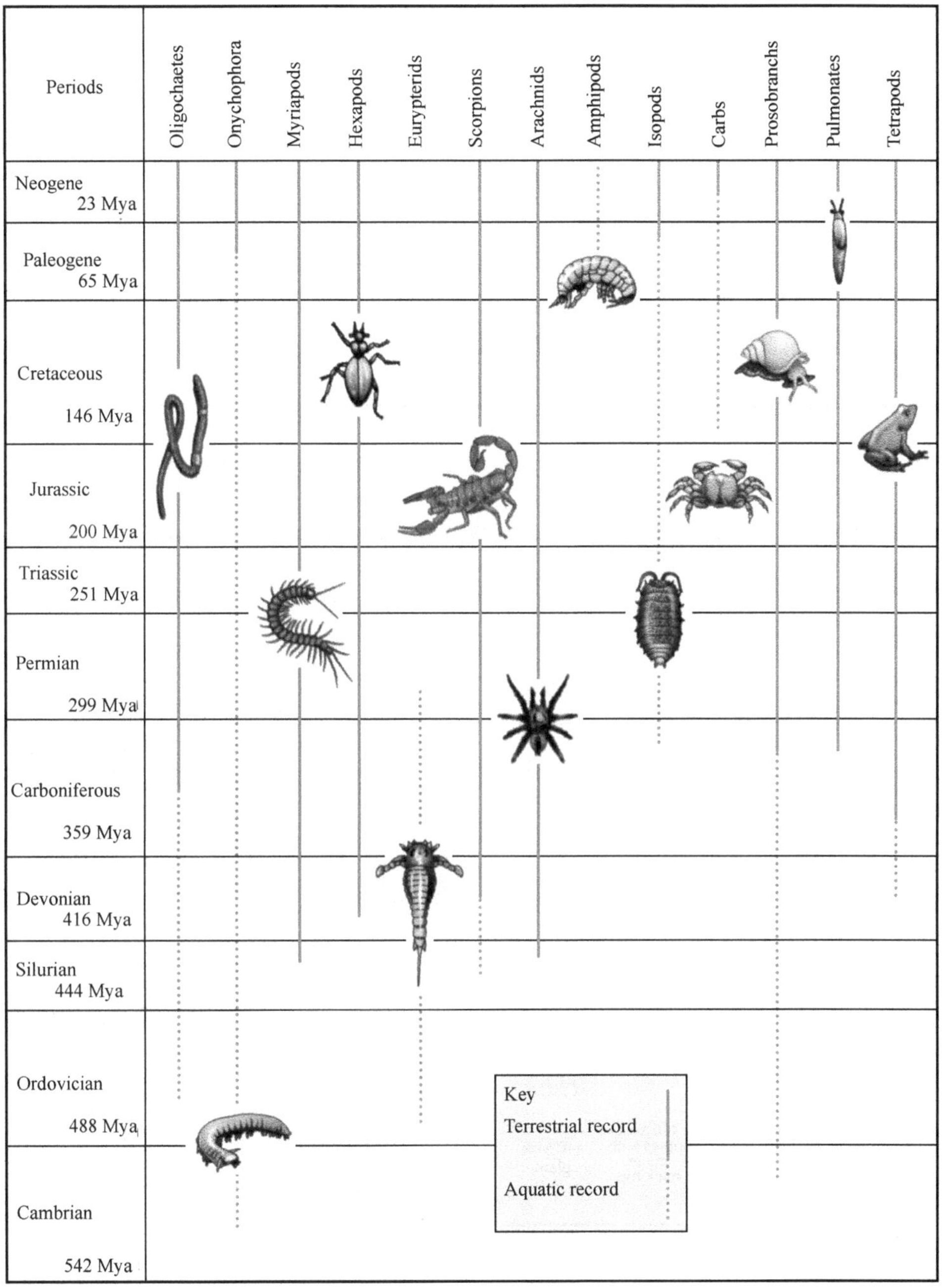

图 10.25　陆地动物发育多样化。陆地化石记录用实线标记，水生化石记录用虚线标记。Mya，百万年前。

高等陆地植物进化的关键革新是管胞的发育，这定义了维管植物的特性（图 10.26）。管胞是长型细胞，可以在植物组织中传递液体。这使得水可以从根部运送到植物的其他部分。广泛认可的维管陆地植物是 *Cooksonia*，来自威尔士的早志留纪岩石。它是裸对生分支植物，茎不过几厘米高，顶端有孢子样结构（末端孢子囊）。陆地植物在泥盆纪早期辐射状进化，出现了莱尼蕨类、工蕨植物、石松属植物和三枝蕨类。苏格兰莱尼埃燧石层是早期陆地动植物化石重要资源之一（图 10.27 和图 10.24）。它的一个特点是化石可以观察到细胞水平的细节，这种细胞水平细节的可见性是因为化石保存在温泉的硅土沉积物中，使得植物组织矿物化的析出。莱尼埃燧石层中的五个植物保存了管胞，证实是维管植物。一些植物，如 *Rhynia*，具有可散布孢子的孢子囊结构。莱尼埃燧石层也保存了藻类、真菌和苔藓，其中一些植物保存了真菌和细菌的降解活性证据。内脏内容物和植物组织损坏证据证实相关的节肢动物是食草群体，包括螨、昆虫和多足虫。其他的如 *Trigonotarbids* 和蜈蚣是食肉类。

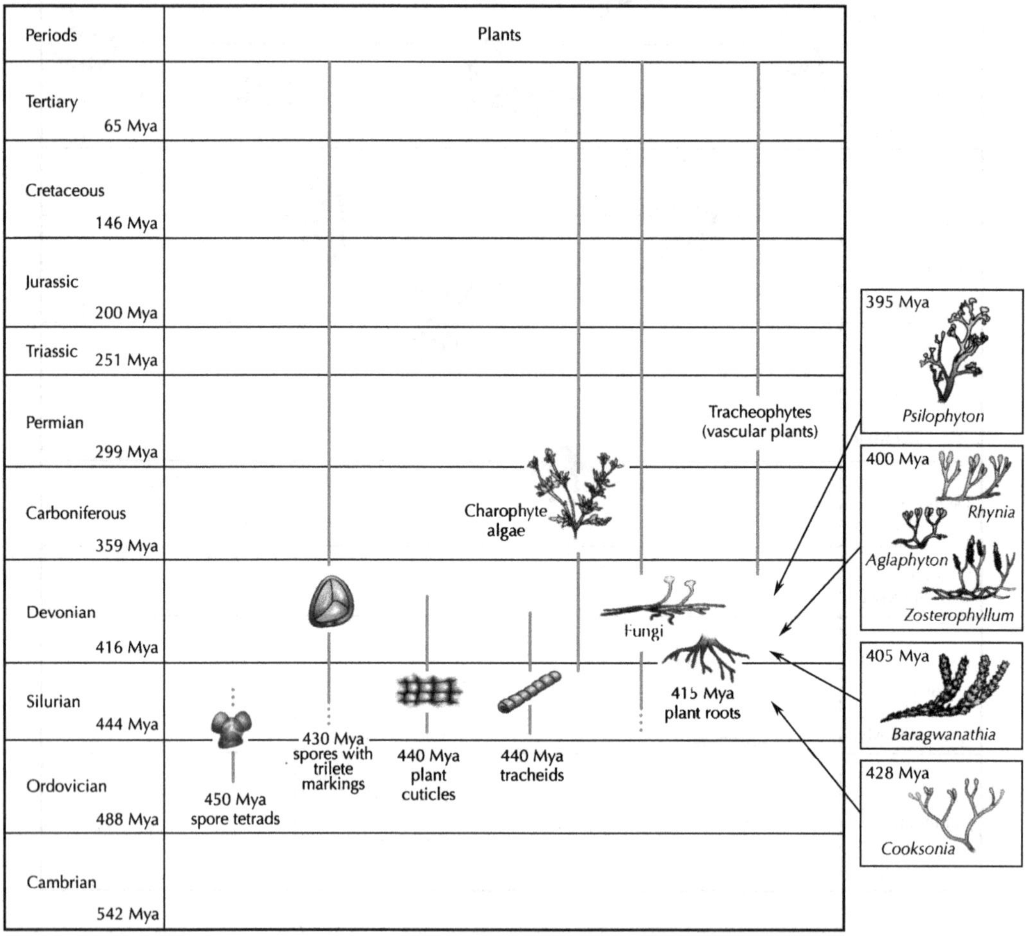

图 10.26 导致陆地植物产生的革新。重要的革新如管胞的结构发育。管胞可以把水从植物根部带到其他部分。Mya，百万年前。

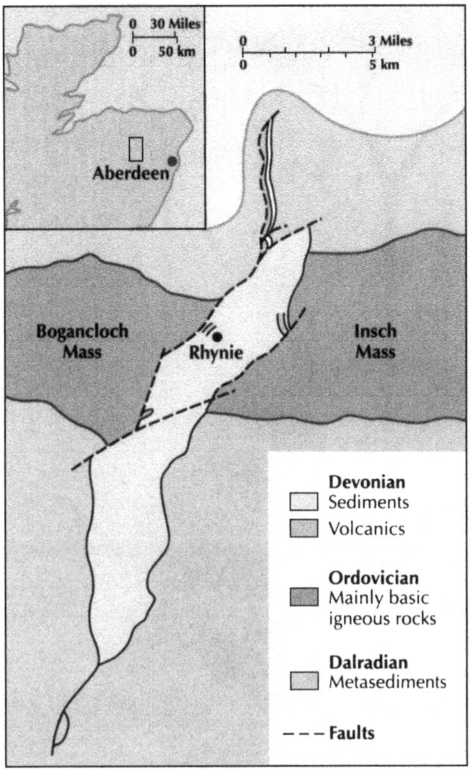

图 10.27 莱尼埃燧石层的地址，在苏格兰阿伯丁地区。考古学家在这里发现维管植物的证据。

蕨类植物是具有独立配子体和能动精子的维管植物，最早出现在泥盆纪。最早的种子植物是种子蕨类（种子蕨）。它最早出现在晚泥盆纪，在二叠纪时已能长成大树状。在石炭纪时，占主导地位的植物是 *lycopsid*（巨大的棒状藓类），它能长到 30m 高。其他的沼泽植物包括 *cordaite*、蕨类植物树、种子蕨和芦木（木贼纲植物）（图 10.28）。因为潮湿环境中植物的积累，它们在欧洲和北美形成巨大且深厚的煤层。植物群的不同成员在不同环境和不同时间起主导作用。煤沼泽植物群大部分消失在晚石炭纪，除了在中国一直持续到二叠纪。石炭纪煤沼泽森林中有 2m 高的 *Arthropleura*，一种巨大的食草多足类。从中生代开始，植物群主要被种子植物统治。它们中包括苏铁类，主要在石炭纪；松类和银杏，主要在三叠纪；被子植物，即开花植物，主要在白垩纪。

脊椎动物的登陆

脊椎动物从水到陆地的转变是同鱼到四足动物的进化联系起来的。经典的一幕是在干旱的泥盆纪的陆地上，一只可呼吸空气的鱼（有鳍的总鳍鱼）为了避免干燥，从一个干枯的塘爬向另一个有水的塘。而且明显的是四足动物的特征在浅水中就已经开始进

图 10.28 晚石炭纪煤沼泽森林。从左到右：芦木、*scrambling cordaite*、蕨类植物树、*lycopsid*、蕨类植物种子、*lycopsid* 和 *mangrove cordaite*。

化。晚泥盆纪 *Ichthyostega* 的特征结合了四足类形态和鱼样的尾鳍，其后肢像海豹的鳍状肢。许多关键的导致现在四足动物的形态改变，在晚泥盆纪很短时间内迅速地发生了（图 10.29）。然而随后的 2500 万年的事件，也就是说，两栖类和脊椎动物（哺乳动物、鸟和爬行动物）分歧的时间在四足动物化石记录中不是很清楚。一个最意想不到的发现是一些分类单元不同数目的趾（*Acanthostega* 有 8 个，*Ichthyostega* 有 7 个，*Tulerpeton* 有 6 个）的出现（图 10.29）。5 个或更少趾的出现可能出现在四足动物进化的末期。

节肢动物和脊椎动物进化出飞翔能力

莱尼埃燧石层发现了最早被了解的六足类，被称为 *Rhyniella* 的跳虫。第二个物种 *Rhyniognatha* 似乎是更高级的昆虫（图 10.30）。尽管唯一的一个标本仅保存了颌的细节，这些颌跟有翅类昆虫的相似，说明可飞的昆虫可能在那时就存在了。在 5500 万年间，从中泥盆纪到早石炭纪没有昆虫的化石记录，这以后就出现了带翅膀的形式。二叠纪和石炭纪的化石暗示翅膀是由腮进化而来的。它是两个器官分支的外部，一个是在水生祖先中组成躯干的附肢，另一个是在早期昆虫中沿体长形成的翅状结构。这个翅膀进

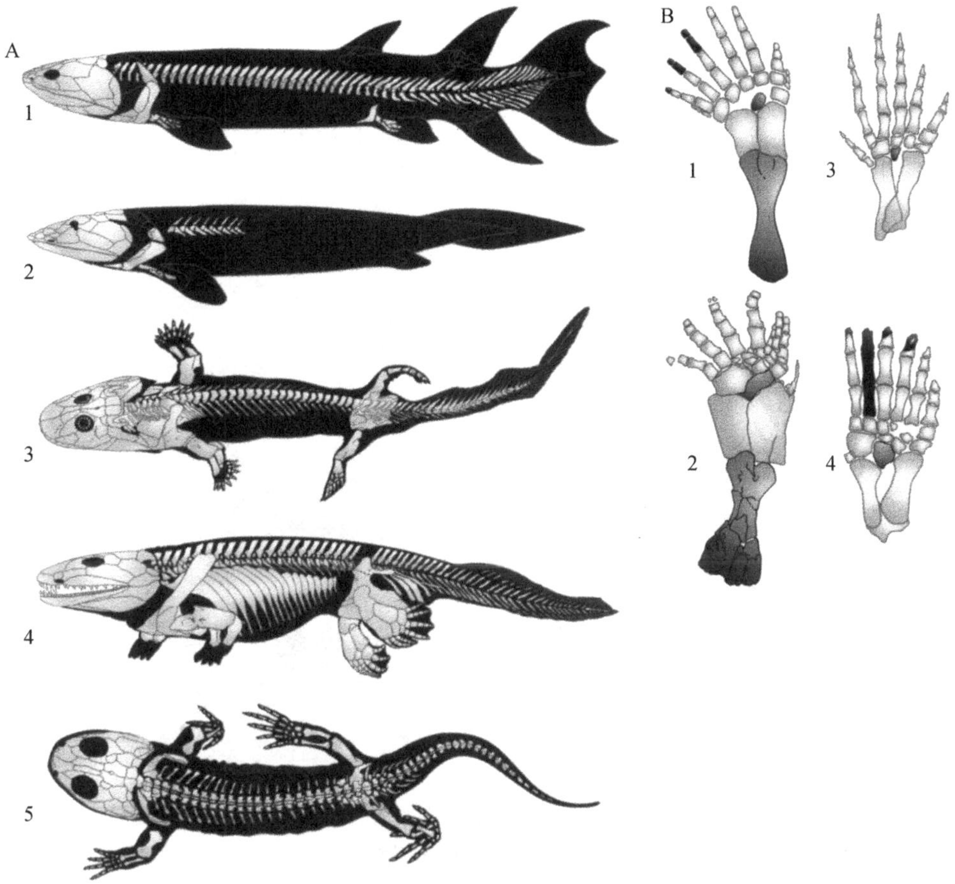

图 10.29　(A) 早期四足动物骨骼特征的比较。(1) *Eusthenopteron*，(2) *Panderichthys*，(3) *Acanthostega*，(4) *Ichthyostega*（1～4 全来自泥盆纪），(5) *Balanerpeton*（来自石炭纪）。没有展示所有的骨骼特征，只是强调了属中保留下来的共有骨骼特征及其比较。(B) 早期四足动物胸部的鳍和肢的模式。(1) *Acanthostega* 后肢，(2) *Ichthyostega* 后肢，(3，4) *Tulerpeton* 前肢和后肢。蓝色为同源结构，深褐色为人为补充的结构。

化自腮的假说同样得到了发育学证据的支持。发育学揭示了甲壳类腮和苍蝇翅膀基因表达的相似性。随后的昆虫辐射产生了在 3 个或更少的胸节上有翅的昆虫。在某个体节抑制翅膀的生成应该是昆虫飞行能力所需的必要条件。

脊椎动物有三个分支进化出飞行的能力：翼龙、蝙蝠和鸟。翼龙是第一支在三叠纪进化出飞行能力的种群。它们包括来自得克萨斯白垩纪的 quetzalcoatlus，翅展 12m，是已知最大的飞行动物（图 10.31）。翼龙好像还在变大，可能是为了储存能量。它的翅膀由肢之间的膜构成，这些膜的分布，在不同物种间不同。在一些翼龙中，两个后肢之间也有膜。化石足迹证据显示翼龙是用四肢走路的。它们中的绝大多数在陆地上没有在空中灵活。

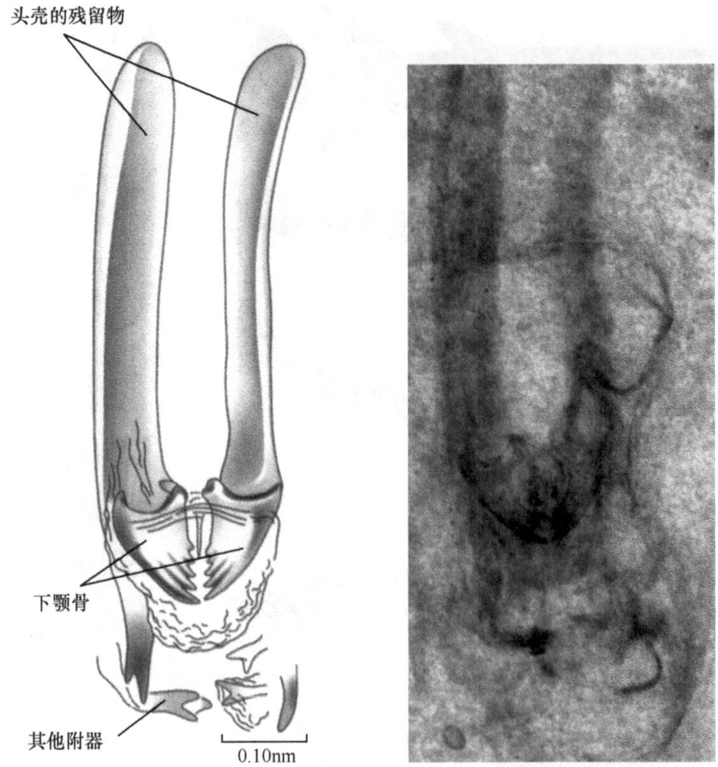

图 10.30　最古老的昆虫化石，发现于苏格兰的莱尼埃燧石层。这个化石具有与有翅昆虫共有的特征，暗示翅膀的石炭纪起源。

图 10.31　*Quetzalcoatlus*，来自得克萨斯州白垩纪的翼龙。翅膀展开可达 10～12m。最小的翼龙有麻雀大小。翅膀骨骼上延长的第 4 趾提供了翅的主要支持。翼龙飞行的能力是独立于鸟和蝙蝠进化而来。这是趋同进化的例子之一。

鸟类飞行能力的进化已经被广泛的研究。这种争论长期以来都围绕最早的鸟类 *Archaeopteryx* 进行。*Archaeopteryx* 的化石来自巴伐利亚州侏罗纪的 solnhofen 石灰岩（图 10.32）。目前已发现这个物种的 10 个标本（加一只羽毛），但没有任何化石被深入的研究和调查。尽管如此，对于飞行是经由在树上滑行还是从陆地上通过奔跑和平飞进化而来这个问题仍然有待解决。而最近在中国辽宁发现的白垩纪时期具两对翅膀的恐龙 *Microraptor* 重新引发了对这个问题的讨论（图 10.33）。*Microraptor* 的前肢、后肢和尾部的羽毛是非对称的，可以适应飞行；两对翅膀加上尾巴组成了一个翼面，有利于滑行。但后肢的长羽毛会抑制这种恐龙在陆地上的奔跑，暗示它不可能从陆地上升空。尽管 *Microraptor* 是在比较年轻的岩层，但 *Microraptor* 属于食肉恐龙的一支，是 *Archaeopteryx* 的根部分支。作为一个滑行动物，*Microraptor* 提供了对飞行能力的树栖滑行起源的支持，以及接下来的后肢羽毛的丢失（减少到一对翅膀）。当然，这个问题仍然需要继续讨论。*Microraptor* 已经适应了滑行，但它是否能够有力地飞行呢？它的四翅形态是否能够足以说明这是祖先形态还是只在一小支能滑行的恐龙中进化出来的呢？

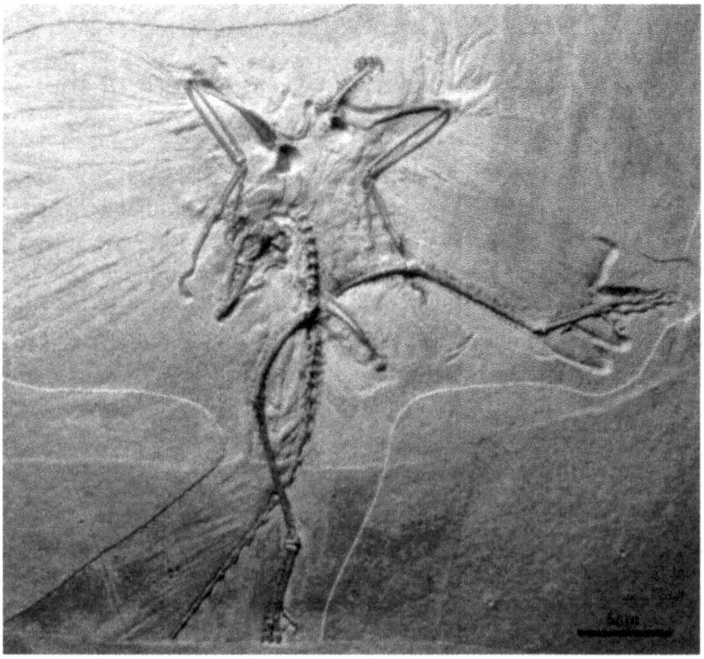

图 10.32　*Archaeopteryx* 的 thermopolis 标本（“古老的翅膀”），来自南部德国的 Jurassic Solnhofen Limestone。化石有约 1.5 亿年的历史，具有和现在鸟类相似的特征，缺乏牙齿、平的胸骨、多长骨的尾部和翅膀上的爪子，拥有羽毛、翅膀、叉骨和简化的趾。标本翅膀展开达 0.4 米。

蝙蝠是最后一支进化出飞行能力的动物。已知最早的例子是来自始新世纪 Green River Formation of Wyoming（4800 万年前）。对稍微晚近的来自德国 Messsel Oil Shalede 始新世蝙蝠的 X 射线分析揭示了其耳骨的细节，这些细节表明那时的蝙蝠已具备回声定位的能力。

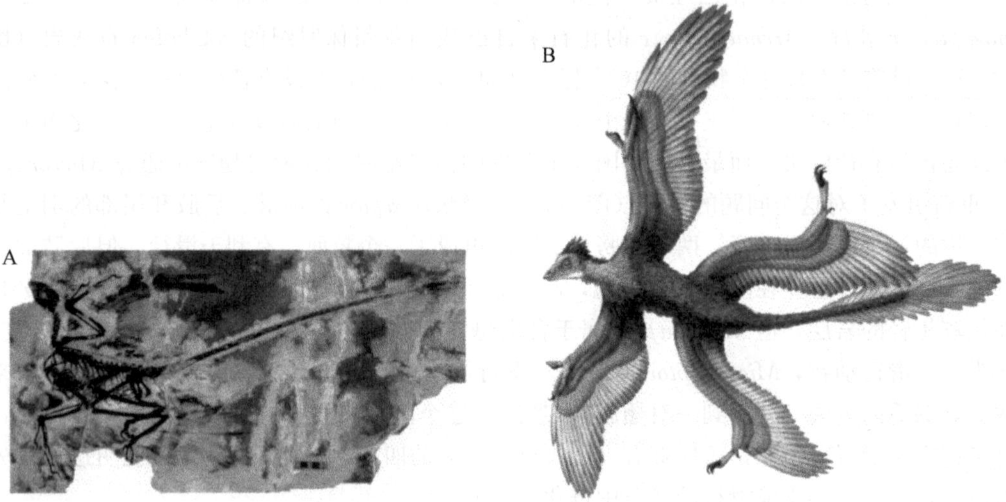

图 10.33 *Microraptor*，来自中国辽宁的早期白垩纪恐龙，有两对翅膀和羽毛。它提供了飞行起源的线索。这个标本长 77cm。A 图展示的是化石，B 图展示的是化石的复原形式。

进化的模式

化石证据提供不同时间的生物多样性模式

当今生物物种估计在 300 万～5000 万个，这是在已被分类的现存生物的数目（170 万～180 万）的基础上估计出来的。如果连估计现存物种的数目都那么困难，我们又如何基于不完整的化石记录对不同地质时间的生物多样化模式进行估计？对过去任何时候生物多样性的精确估计都是不可能的。然而，我们的估计偏差对于不同时期是一致的，这使得我们可以发现随着地质时间的变化，物种多样性的显著波动，从而去探讨可能的原因。

目前的动物多样性在陆地上比在海洋上多，尽管曾经很长时间内海洋生物的多样性更多。大约 85%的已知生物生活在陆地上，其中大部分是昆虫。这种陆地比海洋生物种类多的生物多样性已经持续了 4500 万年。但是，95%的化石记录都来自海洋。

许多生物学家用生殖隔离（第 22 章）来定义物种形成。但是实际上物种的定义通常是基于形态的。这种利用形态标准来分类同样用于化石记录。伴随化石记录的一个问题是化石物种也是一个进化中的世系，那么这个世系是在哪里结束，新的世系又在哪里产生呢？在 19 世纪 70 年代，Niles Eldredge 和 Gould 重新考查了传统的古生物学家观点，即物种形成是一个连续的过程，并提出了间断平衡的新模型（图 10.34）。

新物种的起源通常被解释为是由处在主要分布范围边缘的小群体的隔离造成的。处在这种状态下的生物化石化的概率非常小。而在化石记录中可以看到这样的证据，即物种的形态在长时间保持一致。但这只能解释为物种形成是由于一种间断的急速改变。因此 Niles Eldredge 和 Gould 试图寻找沉积岩记录的所有化石部分来检验自己的模型。尽

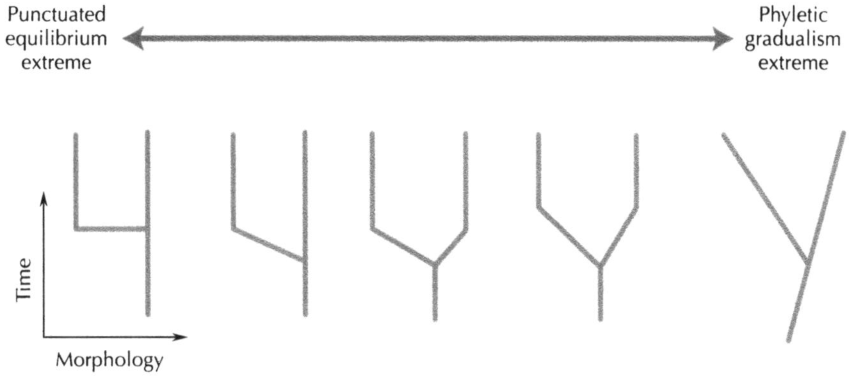

图 10.34　物种形成的各种模型。Niles Eldredge 和 Gould 的间断平衡新模型在一端，系统发生渐进模型在另一端。图中也显示了从间断平衡模型到渐进模型之间的各种中间模型。

管间断平衡是广泛存在的，渐进改变的例子也有，特别是像浮游性有孔虫栖息的比较稳定的海洋环境。

物种形成的模型在很大程度上是同古代的生物多样性无关的。人们通常根据时间估计属的时间跨度，或用科来取代物种进行估计。Sepkoski 的海洋动物种系图很好地反映了持续了 4000 万年存在于寒武纪的物种多样性高峰（这些海洋生物都带有完好保留下来的坚硬外壳）（图 10.19A 和图 10.35）。更长的一个多样性高峰从奥陶纪到二叠纪持续了 25 亿年。二叠纪末期的绝灭后存在一个多样性的急剧增长，经过中世代和新生代一直持续到现在。基于海洋中科一级的物种多样性曲线给出了一个接近真实的生命史的模式。

陆地上比在海洋中的物种更迭更快。从陆地上迁移到新的栖息地的潜能更容易实现。海洋无脊椎贝类生物多样性的历史与陆地上微管植物的历史是平行的（图 10.19B），虽然它们直到志留纪才出现并且在早期泥盆纪有一次显著的增加，石松科、羊齿植物、木纲科植物和科达属植物的多样性在石炭纪（植物陷进沼泽变成炭的时期）和二叠纪出现。裸子植物在三叠纪到侏罗纪之间大量繁殖，被子植物主要形成于白垩纪的末期。陆生的四足动物起源于泥盆纪并且直到中生代一直保持着相当低水平的多样性。它们的主要扩张期始于白垩纪末期的物种灭绝以及包括鸟类和哺乳类的现代类群的多样化。

灭绝

物种多样性的变化速率是起源和灭绝速率之间的差异。历史上存在一些时段，其物种灭绝速率远高于正常的背景灭绝率。大量的灭绝，尤其是 5 个最大的灭绝（奥陶纪、泥盆纪、二叠纪、三叠纪、白垩纪）对生命史有着深远的影响（图 10.36）。这些灭绝是对不同的地球变动因素的反应，有时候这些因素共同发挥作用。最初的研究发现主要的灭绝是有周期性的。人们提出了各种各样地外因素，如彗星云碰撞地球来解释这种模式，但是这种解释现在已经不被接受了。

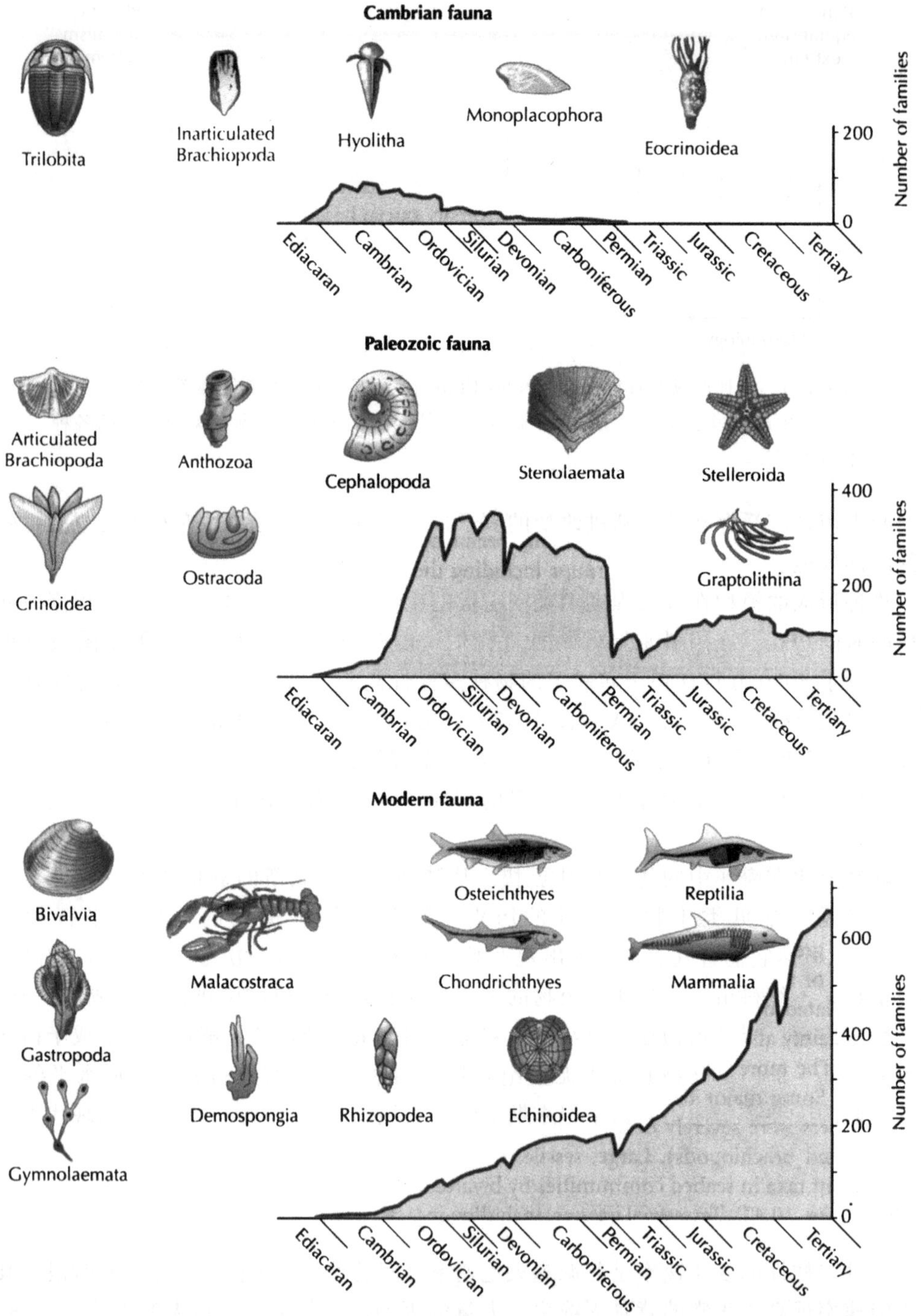

图 10.35　Sepkoski 给出了三个主要的海洋进化动物群：寒武纪动物群、古生代动物群和现代动物群。这里展示了主要的动物种类，它们组成了这些动物群。下面的是科的数量和地质年代的关系曲线。

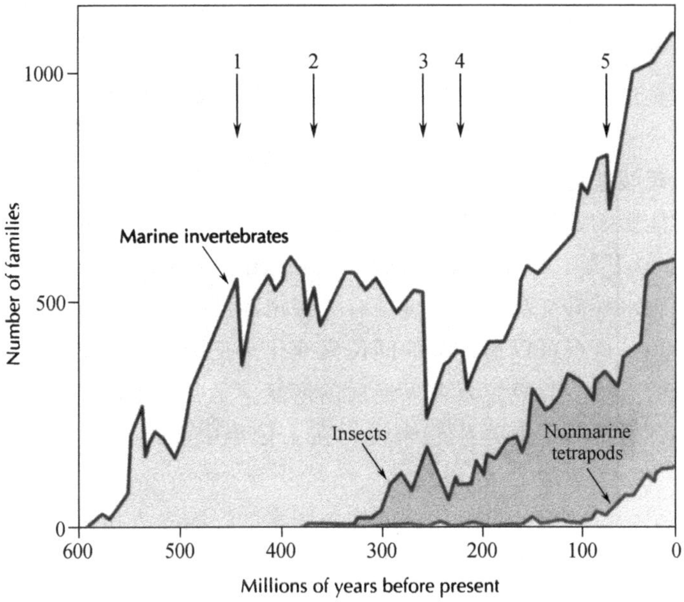

图 10.36　多样性谱显示了 5 个大的灭绝事件对地球生物的影响：(1) 奥陶纪末期；(2) 泥盆纪晚期；(3) 二叠纪末期；(4) 三叠纪末期；(5) 白垩纪末期。

最大的一次灭绝是在二叠纪末期（标志着古生代的终结）。最近这一领域的工作为科学家提供了关于当时的生物更为精确的数据。二叠纪中期事件主要影响的是热带地区海洋动物，接下来是一个恢复期。二叠纪末期的短期事件产生了更为严重并且是全球性的影响。一些主要的类群（扁平珊瑚、皱褶珊瑚还有三叶虫）灭绝，另外还有些类群大量死亡（仅有一个属幸存下来的海百合类和腕足类动物）。大型的无柄表面生物被生活在海洋沉积物中的双壳类和腹足类动物取代，这些生活在海洋沉积物里的动物是海床种群的主要物种（图 10.37）。陆地类群，包括昆虫，四足动物和植物也受到了严重的影

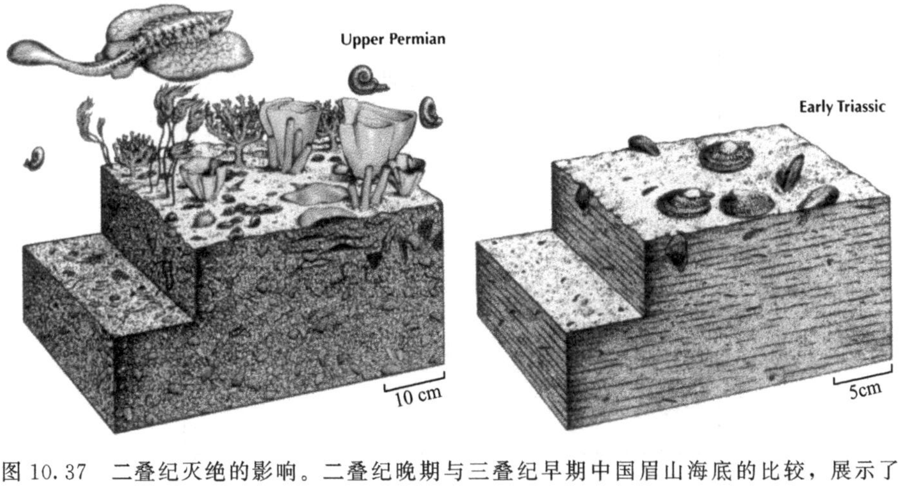

图 10.37　二叠纪灭绝的影响。二叠纪晚期与三叠纪早期中国眉山海底的比较，展示了珊瑚类生物的丧失。

响。地球上和海洋的生物有60%的科和90%的种都灭绝了。一系列的因素可能导致了这场最大的生物多样性品种危机。

二叠纪和三叠纪之间的界限是在25 100万年前。海平面大幅度上升和循环能力的下降导致了海洋厌氧水域的扩展。这一点已经在细颗粒的沉积物中出现的黄铁矿所证实，黄铁矿是由硫酸盐还原产生的。在中国某些地方的氦和氩的含量异常高的现象也说明了小行星的可能影响，但是这样的推论是模棱两可的。然而当时在西伯利亚发生的火山爆发持续了约60万年，产生了200万 km^3 的火山岩和火山灰物质。火山持续的活跃将会导致二氧化碳水平升高和全球变暖。有人提出冰冻的天然气水合物的融化可能已经释放出大量的甲烷，这点可以通过碳的同位素变化来证明。接下来的气候变暖能够解释在分界时期大量的灭绝。二叠纪末期灭绝后的恢复率是各有不同的。陆地生物的多样性恢复得相对快些，但是对于海洋生物来说，在1亿年中多样性也没有恢复到灭绝前的水平。

虽然同二叠纪～三叠纪分界点相关的地外因素的影响令人质疑，但是却有很明确的证据表明这样的影响是导致中生代大量灭绝的主要原因。关于小行星引起的白垩纪末期（K-T）灭绝的证据首先在20世纪70年代初来自于意大利小镇古比奥，在这里Walter Alvarez发现了一层黏土中富含铱元素，比正常水平高出300倍。铱元素在地球上很少，但是主要集中在星外物质中。随后同样年代的火山口，希克苏鲁伯火山口在墨西哥尤卡坦半岛发现（图10.38）。导致K-T灭绝的主要原因是灰尘遮住了大部分的阳光，使得地球温度很低。随后大量的灰尘沉淀下来，然后全球变暖。长期的气候变化也是一个影响因素。比起二叠纪末期的大灭绝，K-T灭绝具有更大的选择性。据估计在这次灭绝中大概40%～76%的生物死亡。一些主要的物种灭绝了，如恐龙和鹦鹉螺，然而其他

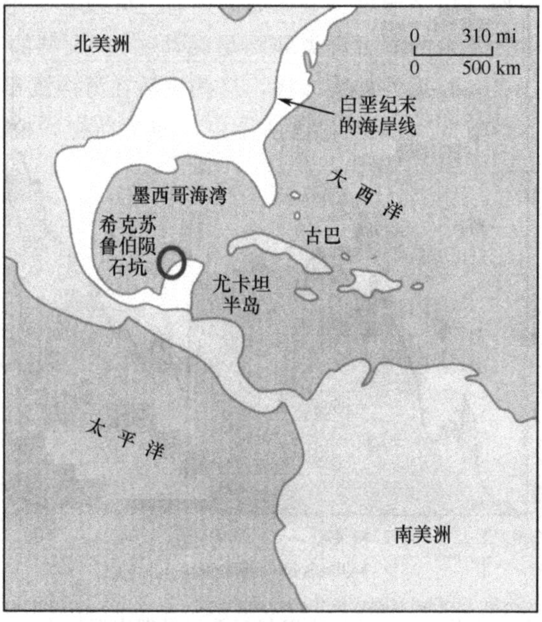

图10.38　墨西哥尤卡坦半岛希克苏鲁伯火山口的地理位置。

的物种却几乎没有受到影响，如深海的有孔虫类。植物灭绝的证据来自于花粉、孢子和叶子的记录，由此引发的对食物链的干扰导致了一些脊椎动物的灭绝。在灭绝后海洋中的营养物质减少，许多典型的海洋生物的形体都变小了。动物和植物在灭绝后的间隔期（古新世）都经历了大规模的适应辐射。但是某些类群花了一千多万年才恢复到白垩纪多样性水平。

那些在正常背景水平下影响生存的因素在大灭绝期可能不起作用。物种在 K-T 大灭绝中死亡是由于大碰撞产生后续效应，而不是碰撞本身的结果。虽然生物体没有进化出可以抵消小行星碰撞的策略，但是灭绝对生物体的影响并不是随机的。例如，广泛的地理学分布会增加在 K-T 灭绝事件中存活的可能性。

现代灭绝

K-T 灭绝时间之后是多样性水平的恢复期，其恢复水平超过了灭绝前。今天的生物比以往的多样性都大。然而人类的活动对生物体的多样性有很大的影响。栖息地的破坏，尤其是热带雨林和珊瑚礁生物是正在快速消失的物种。大型鸟类和哺乳类的灭绝是触目惊心的，但更令人吃惊的是非脊椎动物和植物的消失。总之，据估计有一半的现存物种在 20 世纪正面临灭绝的危险，其严重程度可以和 K-T 灭绝相比。

全球变暖的影响可能是灾难性的。CO_2 水平比过去 2000 万年前中任何时候都高，因此在过去的半个世纪里温度也上升得比过去 1300 年中任何时候都要高（图 10.39）。如果不加以控制，21 世纪全球温度将上升 2～5℃。上一次的持续升温发生在约 12.5 万年前，当时海平面就上升了 4～6m。

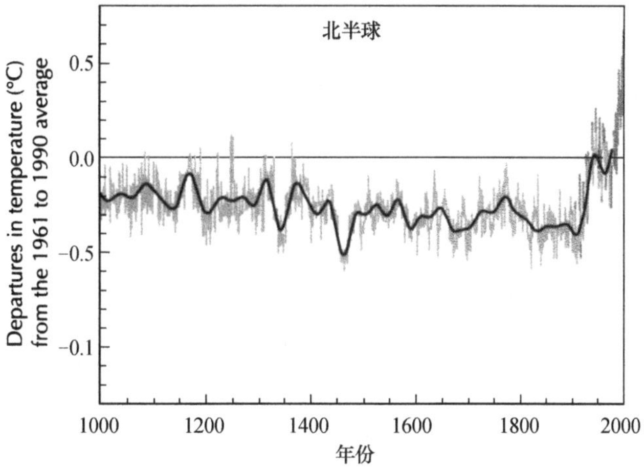

图 10.39　过去的 1000 年地球表面温度的变化。在过去 1000 年里北半球平均地表温度的逐年变化（蓝色和红色曲线）和 50 年的平均变化（黑色曲线）。20 世纪的变暖速率和持续时间要比前 9 个世纪中的任何一个世纪都快且长。20 世纪 90 年代的这十年可能是最温暖的十年，并且 1998 年可能是这 1000 年来最温暖的一年。红色数据来自于温度计的记录，蓝色数据来自于树的年轮、珊瑚、冰核和历史记载。

虽然生物类群可以适应变化的环境，并且新的物种在进化中可以取代那些消失的物种，但是当用人类的时间尺度来量度这个过程时，它是相当漫长的。结果一些特殊的物种如考拉、熊猫和沙漠仙人掌就会被一些像老鼠和蟑螂这样的入侵者所取代。在以前的大灭绝之后，地球大概用了几百万年才恢复了地球生物的多样性。在独特的栖息地连同它的居住者一起消失以前，我们需要采取行动来停止这样的灭绝过程。

小结

化石为动植物的多样化模式提供了一个时间尺度。关于多细胞生物的一些最古老的证据来自于中国南部，在这里发现了藻类的微化石和距今 6 亿年的岩石中的动物胚胎。最早的大型生物，埃迪卡拉生物群出现在寒武纪早期，距今 5.42 亿年。它们不寻常的表型特征使得我们很难推断它们间的亲缘关系。寒武纪各种贝壳的出现宣告了地球生物多样性的增长，也就是寒武纪大爆发。像斯页岩这样特别的沉积物提供了有关这一时期大部分生物进化模式的证据。但是这种推测是以分子差异为基础，并结合了化石证据，这说明了动物类群的一些主要分化是很早的（海绵类动物的分衍早于 6 亿年前，海葵类动物的分衍大约是在 6 亿年前）。寒武纪晚期节肢动物率先进入了陆地，但是最早的陆地微管植物则出现在志留纪（距今大约 4.25 亿年）。陆地植物和节肢动物的多样性则是在志留纪晚期和泥盆纪出现的。在泥盆纪由鱼类进化而来的四足类脊椎动物也迁移至陆地。石炭纪的沿海沼泽被一些巨大的植物所占据，因此产生大量的煤炭积累下来。大陆结构的改变对生物的多样性有很大的影响。生命的历史被大灭绝所中断，其中最大灭绝发生在二叠纪晚期，大约距今 2.5 亿年，当时有 90%的生物灭绝了。一次并不严重但是非常戏剧化的灭绝发生在白垩纪（距今 6500 万年），当时一个小行星撞击地球导致了鹦鹉螺和恐龙的灭绝。今天的生物多样性达到了一个最高峰，但是栖息地的破坏和全球变暖有可能导致再一次的大灭绝。

延伸阅读

Briggs D.E.G. and Crowther P.R., eds. 2001. *Palaeobiology II*. Blackwell Science, Oxford.

Briggs D.E.G., ed. 2005. *Evolving form and function: Fossils and development*. Yale Peabody Museum of Natural History, New Haven.

Clack J.A. 2002. *Gaining ground: The origin and evolution of tetrapods*. Indiana University Press, Bloomington, Indiana.

Erwin D.H. 2006. *Extinction: How life on earth nearly ended 250 million years ago*. Princeton University Press, Princeton.

Hou X.-G., Aldridge R.J., Bergström J., Siveter David J., Siveter Derek J., and Feng X.-H. 2004. *The Cambrian fossils of Chengjiang, China. The flowering of early animal life*. Blackwell Science, Oxford.

Narbonne G.M. 2005. The Ediacara biota: Neoproterozoic origin of animals and their ecosystems. *Ann. Rev. Earth Planet. Sci.* **33:** 421–442.

Peterson K.J., McPeek M.A., and Evans D.A.D. 2005. Tempo and mode of early animal evolution: Inferences from rocks, Hox, and molecular clocks. *Paleobiology* (suppl. Part 2) **31:** 36–55.

第 11 章

发育程序的进化

在前面的两章中，我们介绍了多细胞生物的多样性并从它们的化石记录中发现了多细胞生物的历史，我们同样讨论了导致多细胞生物体的发生和及其体制发育的基本原理。现在我们将这些途径结合起来探讨，以理解它本身是怎样进化成我们所看见的丰富多样性的。

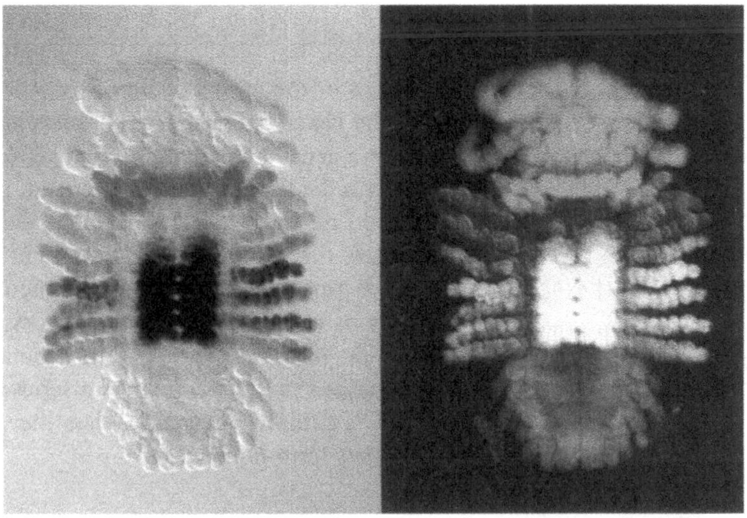

在《物种起源》中，达尔文在胚胎学一章中指出形态学的改变必须是发育上改变的结果。尽管大部分早期的胚胎学家对进化问题感兴趣，进化生物学和发育生物学领域仍然在相当长的一段时间里相互隔离。然而在过去的 20 年里，这两个领域又重新被联系在一起，直接导致了进化发育生物学的复兴，这些兴趣的重新发生是因为我们理解了发育在分子水平和遗传水平的发生以及可以将这些信息同我们对进化在相同分子水平和遗传水平的发生过程的理解联系起来。我们认为进化是种群和物种演化的历史，而发育则表示个体演化的历史。通过把进化和发育结合起来，能更好地观察它们二者发生的过程。

本章中，我们列举了一些怎样用发育的数据来理解形态学的进化。我们从 *Hox* 基因开始研究，*Hox* 基因在动物前后轴发育过程中是非常原始和保守的。最近的研究指出这些基因的表达和功能上的改变能导致宏观进化与微观进化在形态学上的变化。在接下来的例子中我们将展示生物学家怎样利用种间杂交在相关物种间或同一物种内形态学不同的种群间的优点去识别刺鱼和玉米中同源基因在微观进化中的改变。在这些事例中，我们发现这些已经被识别的基因在正常的发育过程中起作用。虽然我们几乎没有关于祖先形态学方面的化石数据，但我们可以通过比较不同门之间的发育数据来重建发育生物学，以此来完成本章的学习。

前后轴发育模式：*Hox* 基因对发育的调控

同源异形基因的突变导致身体某一区域变成另一区域

William Bateson 在 1894 年用异形发育描述从身体的一部分转化到另一部分。Bateson 观察自然发生的突变，如人的颈椎转变成胸椎或者昆虫的触角被小腿取代。在这些事例中，Bateson 没有观察遗传上的突变，但他发现在发育过程中由于环境干扰而发生的异常。尽管如此，他推断大部分动物是由一些在发育过程中的相互区别的重复单元构成的。

大约在 60 年前，Edward Lewis 开始描述黑腹果蝇上导致身体一部分区域转变成临近的区域的一系列突变。这些特殊的突变并没有改变身体体节的总数，但是可以使得这些区段显示出不同的特性。例如，一系列突变可以把腹部后端的区段转变成带有腹部前端特征的体节。他也研究称为超级双胸基因（*Ubx*）的突变，发现这些突变会使第三个胸腔体节转变成第二个胸腔体节，导致果蝇只有两个胸腔体节，而没有第三个胸腔体节。能产生这样显著的突变表型是因为果蝇第二个胸腔体节有一对单独的翅膀，而在第三个胸腔体节上只有一对小的平衡棒。因此，拥有两个第二个胸腔体节的果蝇拥有两对翅膀而不是一对正常的单独的翅膀（图 11.1）。Lewis 还发现这些不同的突变基因在果蝇同一条染色体上的相邻的位置，因此把它们叫做同源异形基因。

图 11.1 野生型果蝇（左图）和失去了 *Ubx* 等位基因功能的纯合果蝇（右图）。在野生型果蝇中，第二个胸腔体节上生出一对翅膀，而第三个胸腔体节上生出一对平衡棒（插入了一副放大的图片，箭头指向的是一个平衡棒）。在 *Ubx* 突变型果蝇中，*Ubx* 在第三个胸腔体节的缺失表达导致果蝇的平衡棒转变成另外一对翅膀而使其拥有两对翅膀。

同源异形基因在其控制的身体区域内特异性表达

后来，研究者发现在同一条染色体的另一区段存在第二个同源异形基因簇，它控制果蝇更前端体节的发育。有趣的是，在这两个基因簇中，基因在染色体上的排列与基因突变导致在体节上前后轴的位置是有关系的。这两个基因簇叫做 *Bithorax* 和触角足突变复合体（*BX-C* 和触角足突变基因-*C*），尽管它们在最开始被描述成通过同源转化产生成体的等位基因，但很快就发现这些无效的等位基因中（即完全失去功能）有一个隐性致死基因（将动物杀死在未孵化的幼虫期），导致某些体节的同源异形转化。

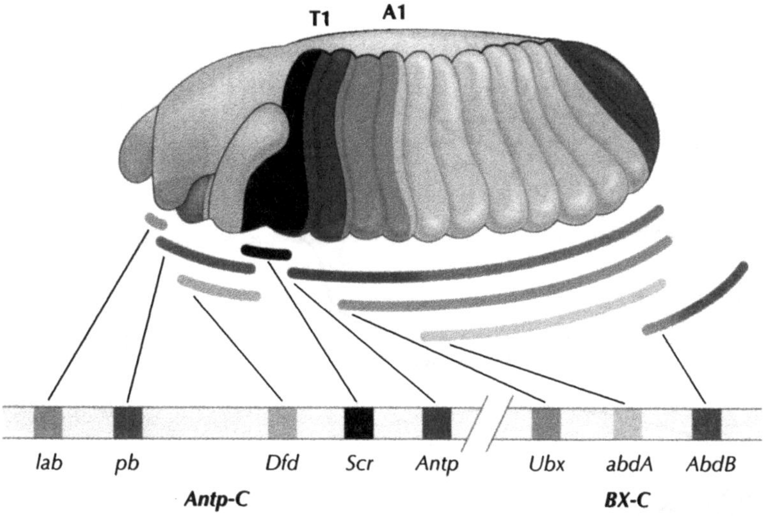

图 11.2　果蝇中的同源异形基因组织结构。下面一部分表示果蝇 *Hox* 基因的结构，它们分成两个基因簇，触角足突变基因-*C* 和 *BX-C*。上面一部分展示了从一个方向看上去的果蝇胚胎图像（前端面向左边；腹面朝下；T1，第一个胸腔体节；A1，第一个腹部体节）。*Hox* 基因在沿着前后轴的特殊区域中表达，为了显示每个基因在前后轴的表达区域，每个基因在染色体上的位置被标记出来，表现出所谓的共线性。在胚胎图下面的彩色条段更好地表示每个基因表达的完整区域和表达的重叠区域。

总之，在果蝇中有 8 个同源异形基因（*Hox*），其中有 5 个在触角足突变基因-*C* 上，有 3 个在 *BX-C* 上（图 11.2）。为了描述同源异形基因的一般作用，我们将研究集中在 *BX-C* 上的 3 个与隐性致死有关的基因：*Ubx*（超级双胸基因）、腹部-*A* 基因（腹部基因 *A*）和腹部-*B* 基因（腹部基因 *B*）。从图 11.3 中可以看出，*BX-C* 基因中任何一个基因的缺失都可以导致一个特殊的体节变成一个更前端的体节（例如，在无效的 *Ubx* 等位基因的纯合胚胎中，T3 和 A1 体节转变成 T2 体节）。在突变型动物转变体节的前端界线与基因在野生型动物中表达区域的前端区域是一致的（图 11.2 和图 11.3）。因此，*BX-C* 基因在染色体上的空间排列，*BX-C* 基因在动物的前后轴中发育的前端界线（*Ubx* 在前端区域的表达多于腹部基因 *A*，同时也多于腹部基因 *B*），以及由功能缺失突变导致的体节的空间排列顺序是一致的（图 11.2 和图 11.3）。基因在染色体上的位置、表达区域，以及所影响的区段之间的关系在触角足突变基因-*C*基因中也是一样的。基因在复合体中的位置，它们的表达区域，以及它们所影响的体节之间的关系在突变体中是线性相关的，这是同源异形基因的一个显著特征。

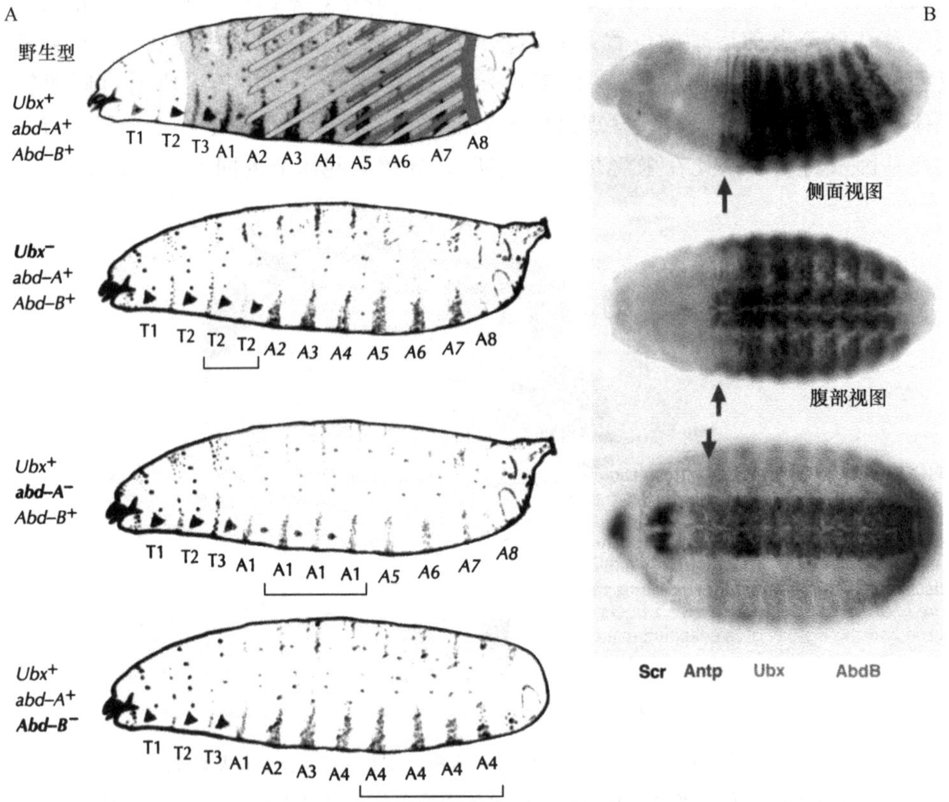

图 11.3 (A)(最上图)野生型幼虫的基因表达图式(*Ubx*，蓝色；腹部基因 *A*，黄色；腹部基因 *B*，棕色)。下面的幼虫描述了 *Ubx*、腹部基因 *A* 和腹部基因 *B* 分别为无效等位基因时同源转化在体节上的显示。总之，所有体节的总数不会变，但体节的特性发生了变化。(B)通过抗体染色显示 *Hox* 蛋白在野生型胚胎中的分布(蓝色箭头指向的是 T2 和 T3 之间的界线)。在胚胎发生中期(上面两个胚胎)，Ubx 蛋白在 T3 中被检测到并且遍布于腹部的大部分区域。最下图的胚胎发生(腹部视图)显示了检测到 4 种不同的 *Hox* 基因蛋白产物是同时发生的(*Scr*，黑色；触角足突变基因，红色；*Ubx*，蓝色；腹部基因 *B*，棕色)。注意蛋白质是沿着胚胎前后轴连续表达的。

同源异形基因在正常区域之外的不恰当表达(错误表达)能产生与等位基因缺失完全相反的效果，导致身体同源转化和因突变而造成的功能缺失同样显著。同源基因在其正常表达区域前端的不正常表达会产生一个更前端的体节[一个引人注意的关于错误表达效果的描述是一个正在发育中的果蝇幼虫的头部控制触角的基因(触角足突变基因)的错误表达(图 11.4)]。正常情况下，控制触角的基因在幼虫胚胎的胸腔体节表达，而产生更前端的胸腔体节。最初的控制触角的等位基因发生了可以调控的突变(因为染色体重排)使其在果蝇幼虫的头部表达。结果，成虫头上的圆盘细胞(成虫附肢前体的幼虫细胞）本应该正常表达形成触角，现在则在胸腔上表达生成了一条腿。

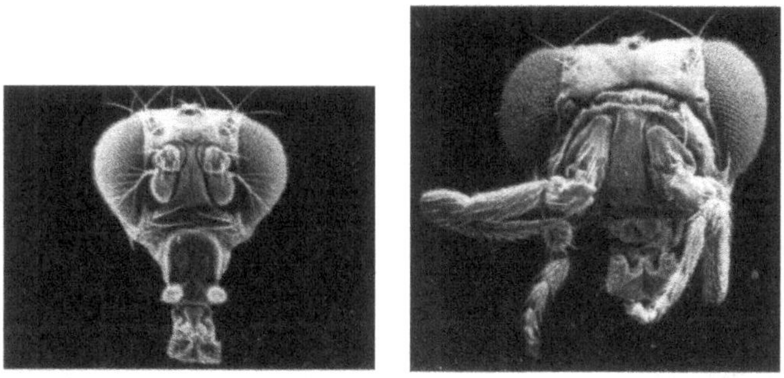

图 11.4　（左图）野生型果蝇的头部。（右图）控制触角的基因突变而导致的非正常表达的果蝇的头部在本应该长触角的部位生出了一条腿，看起来比正常表达的靠前了很多。

Hox 基因内包含一个叫做同源异形框的保守 DNA 结合区域

在 20 世纪 80 年代早期，果蝇体内的同源异形基因第一次被克隆和分析。人们很快就发现这些克隆的 *Hox* 基因可以被当作分子探针用来解决那些在遗传上有意义的同源异形基因。例如，许多在发育过程中起重要图式作用的基因。这个途径的成功是因为这些基因都有一个高度保守的序列，叫做同源异形框。这个同源异形框内的 180 对碱基编码形成的 60 个氨基酸蛋白质区域，叫做同源异形域，作为转录因子的 DNA 结合区域（图 11.5）。

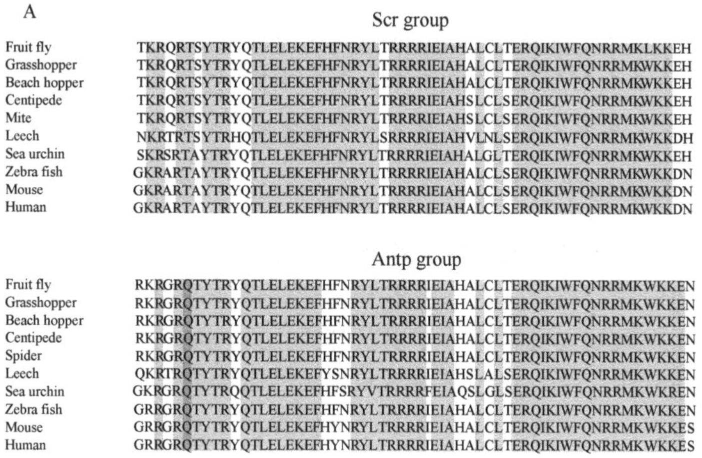

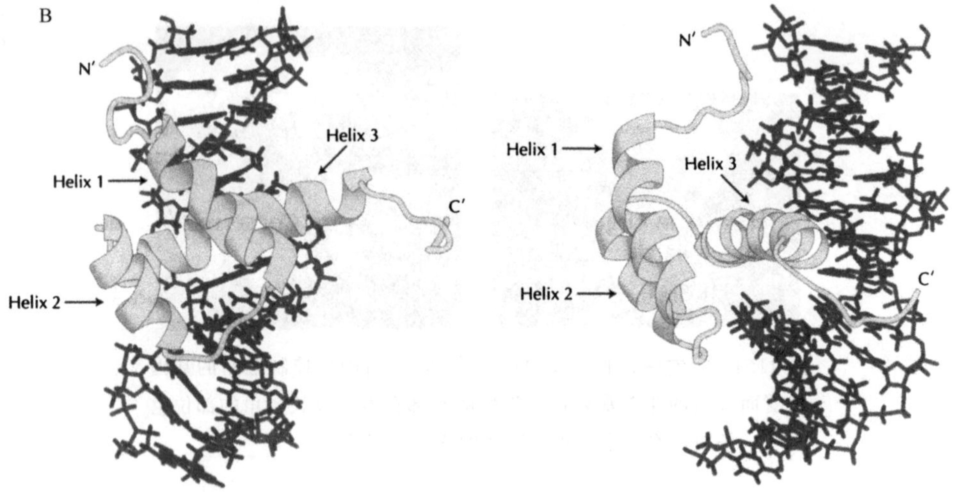

图 11.5 (A) *Scr* 直系同源基因和触角足突变基因直系同源基因在众多动植物门类里的氨基酸序列排序显示了高度保守性。保守的氨基酸是浅蓝绿色，*Scr* 家族成员独特的氨基酸是黄色，触角足突变基因家族成员独特的氨基酸是红色。(B) 关于同源结构域（黄色）和相联系的 DNA（红色和蓝色）的结构的两种视图。每个同源结构域的独特的氨基酸序列要求其连接独特的 DNA 序列，以调控包括这些同源结构域序列的目标基因的转录。

在观察了 8 个同源异形基因在果蝇前后轴图式发育的一般作用后，对于它们编码相似的蛋白质并不奇怪。出乎意料的是，这些相似的蛋白质在许多物种的动物中都有发现。果蝇的同源异形框内的片段可以通过与其他动物同源异形框内序列的相似性来识别基因。在很短的时间内，大量的同源异形基因可以通过生物有机体的不同被划分到果蝇属、非洲蟾蜍属（非洲南部有爪的蛙）和人类。人们很快意识到大量的共祖同源异形基因是各具特征的，它可以用来定义远缘动物中进化上保守的基因家族。

Hox 基因在所有动物中存在

在动物进化中的保守的重要性是什么？最初的解释是在所有的不同动物门中有一个潜在的共同的发育模式。另一种解释是这些保守的同源异形框基因序列的存在表明所有的动物在调控大量不相关基因时都是用这种基因的转录因子。我们现在知道同源异形基因分布广泛，在包括动物和植物的生物有机体的发育与基因调控中起不同的作用。事实上，果蝇大约含有 150 个同源异形基因。然而，我们现在有足够的证据证明一些特殊的同源异形基因即使在不同门生物的发育模式中也是保守的。实际上，同源异形基因已经成为在动物进化过程中控制发育的基因的功能保守性的典型例证。

在前面提到，大量与果蝇同源异形基因序列非常相似的基因在许多动物中被分离出来。对序列的仔细分析、辅助以其染色体分布结构的保守性（至少在那些已经被仔细检查过的动物体中），人们已经在几乎所有动物中发现了直系同源异形基因和部分旁系同源异形基因。我们把这些基因称作 *Hox* 基因（对应于包含所有同源异形框的基因）。后口动物（脊索动物、棘皮动物等）和原口动物（节肢动物、环节动物等）的共同祖先可能在一个基因簇内含有大约 8 个同源盒基因。图 11.6 描述了我们目前对于这些动物门内 *Hox* 基因进化历史的看法。

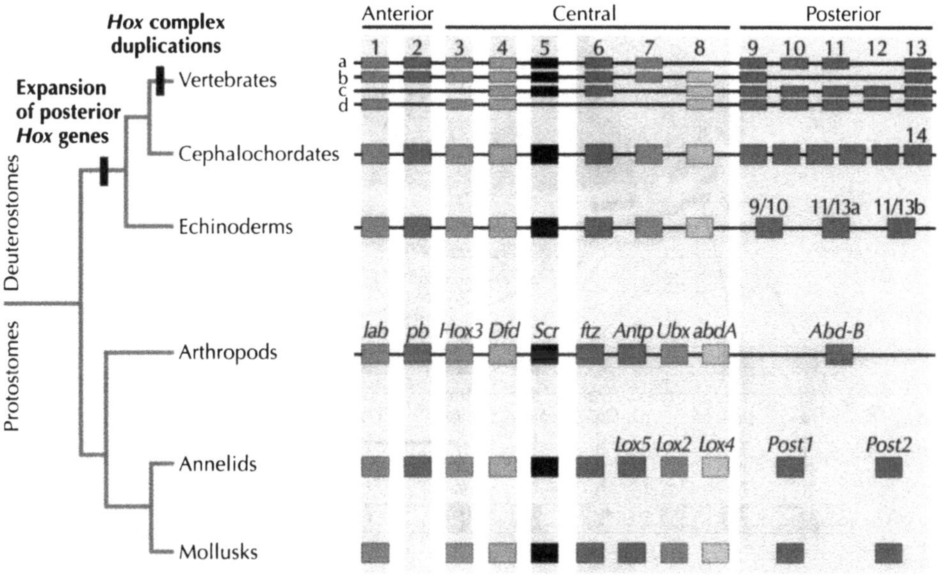

图 11.6 在后生动物门中 *Hox* 基因复合体的进化历史。图上所显示的这些动物的共同祖先最少含有 8 个 *Hox* 基因所组成的单一复合体。在一些谱系中发生了复合体的扩张。例如，在后口动物的早期进化中发生了后端组织复合体的扩张，在脊椎动物的进化中一个完全基因簇的复制在 4 条染色体上产生了 4 个基因簇（a、b、c 和 d；注意一些 *Hox* 基因在基因簇中缺失是因为在复制后发生基因丢失）。不同动物门中后端组织基因和 *Hox*6、7、8 组的基因的精确的进化关系仍没有探明（例如，独立的复制可能在后口动物中产生 *Hox*7 和 8，在原口动物中产生触角足突变基因和 *Ubx*）。图式中彩色标记的基因是经过简单化处理的。

在脊椎动物的谱系中，*Hox* 基因经历了两次复制，其中一些个别基因的复制本随后丢失。在其他一些谱系中，发生了 *Hox* 基因的退化（如尽管在被囊动物中仍存在，但 *Hox* 基因已不起作用），在另一些谱系中（如线虫）一些 *Hox* 基因集体丢失。

同源盒基因在不同动物门中的结构和作用是保守的

令人惊奇的是，*Hox* 基因不只在序列水平上保持非常好的保守性，并且在远缘动物的发育中也发挥相似的作用。研究发现 *Hox* 基因在脊椎动物和果蝇中的表达惊人相似。在这两种生物中这些基因都在早期胚胎的特殊区域表达，且表达区域的前端界线和它们在染色体上位置是共线性的（图 11.7）。包含单个 *Hox* 基因特定突变的小鼠显示了与果蝇中同源转化相似的表型。例如，小鼠的 *Hoxb*4 基因的突变造成的功能缺失导致同源转化使第 2 个和第 3 个颈椎变成一个颈椎，看上去像是第 1 个颈椎（图 11.8A）。

在脊椎动物中复制的 *Hox* 基因在功能上是部分冗余的。因此，单个 *Hox* 基因的无义突变通常表现出比较温和的表型，但如果同时丢失几个旁系同源的 *Hox* 基因则会导致显著的同源异形转化（图 11.8B）。现在已经很清楚，无论是原口动物还是后口动物，*Hox* 基因都在身体的区域特化中起作用。这表明在后口动物和原口动物的共同祖先中，*Hox* 基因已经在身体的区域特化的组织中起作用。

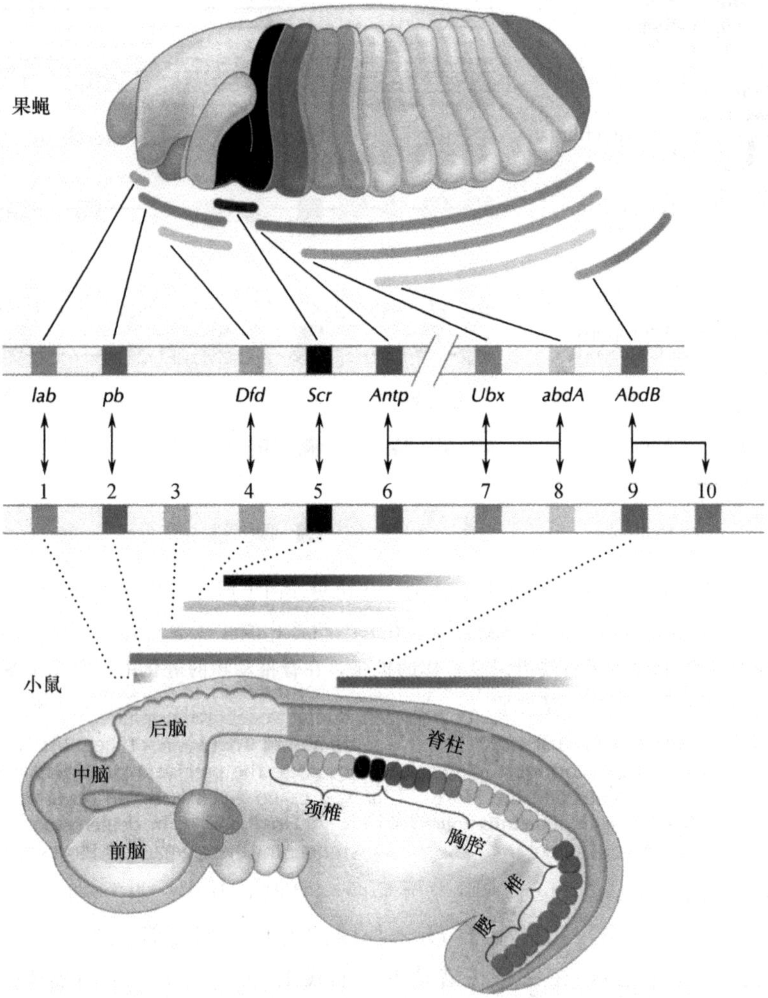

图 11.7 果蝇和小鼠 *Hox* 基因结构和表达的比较。在这两种生物中，*Hox* 基因是成簇的。如之前描述，在果蝇中有两个基因簇（复合体）。在小鼠中，和其他哺乳动物一样，*Hox* 基因簇是紧凑的单一簇，在基因组中存在 4 个基因簇的拷贝（图 11.6；每个簇在不同的染色体上；这里只显示一个拷贝）。在这两种生物中，*Hox* 基因依次表达，控制前后轴的模式发育。在小鼠神经系统（颜色条表示在脑中和脊柱带中的区域）和体节中的表达模式（颜色指示的是 *Hox* 基因在脊柱中的表达区域，将形成颈椎、胸腔和腰椎）中，*Hox*11～13 基因没有标记出来，但是它们在腰椎和骶椎不同的发育模式中表达。

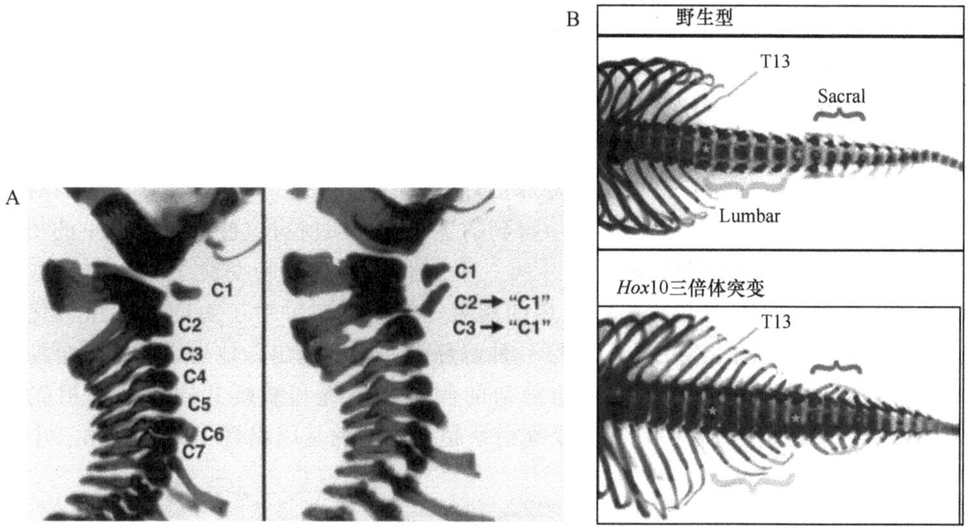

图 11.8　*Hox* 基因的突变导致小鼠的局部同源转化。(A)（左图）带有正常的第 1 个、第 2 个、第 3 个颈椎（C1、C2、C3）的野生型小鼠骨骼；（右图）缺少 *Hoxb4* 基因的小鼠骨骼（*Hox4* 基因为 b 簇；图 11.6），图上显示了颈椎的同源转化使得 C2 和 C3 颈椎看起来更像正常的 C1 颈椎。(B) 野生型小鼠（上图）腰椎和骶椎的腹面图（胸腔第 13 个肋骨是颈椎，T13；黄色括号，腰椎；绿色括号，骶椎）和一个 *Hox10* 三倍体突变的小鼠视图（下图；从基因簇 a、c、d 中除去 *Hox10* 基因；在基因簇 b 上没有 *Hox10* 基因）。将 *Hox10* 基因完全消除导致骶椎和腰椎的同源转化形成胸腔肋骨形式的颈椎。

Hox 基因这种在结构和功能上的极度保守性在动物发育中形成了所谓的动物模式。动物模式被定义为所有的动物胚胎显示了它们 *Hox* 基因表达区域的阶段。因此，尽管不同门的动物胚胎在形态学上不同，但是它们在 *Hox* 基因表达的图式上看起来都惊人的相似（图 11.7）。所有的这些观察都表明，*Hox* 基因在控制所有动物体制发育上的功能是非常古老和高度保守的。

Hox 基因参与进化的改变

从四翼的果蝇祖先到两翼果蝇的进化

如果说 *Hox* 基因显示了在结构和功能进化上高度的保守性，为什么远缘动物之间看起来如此不同呢？此外，我们有什么理由推测，*Hox* 基因本身的改变或者它们作用方式的改变对进化过程中形态学起作用呢？我们之前发现同源异形基因的无效等位基因能导致胚胎结构的同源转化，也可以导致胚胎致死。一些同源异形基因的等位基因，在进化过程中也导致同源转化，至少在表面上和那些发生同源转化的表型相似。我们回忆一下在胚胎发生过程中 *Ubx* 基因在胚胎发育形成胸腔体节的独特特征中的作用。在这些体节中存在不同组的细胞，称为成虫盘，在幼虫阶段发育，继续发育形成成虫对应体节的成体附肢。在果蝇幼虫中，*Ubx* 在第三个胸腔体节而不是第二个胸腔体节的成虫分区中正常表达。图 11.1 中的四翼果蝇是 *Ubx* 突变的表型，这个突变没有改变 *Ubx* 早期的表达，但是导致了幼虫 T3 成虫分区中的 *Ubx* 的表达缺失。结果是第三个胸腔体节中的平衡棒同源转化成了翅膀，加上第二个胸腔体节上正常表达的翅膀，变成了四翼果蝇。

但是，许多昆虫如蜻蜓、蝴蝶和蜜蜂正常的就有四个翅膀（图 11.9）。我们对于昆虫群组的系统发生关系和从化石记录中得到的证据都表明所有这些有翼的昆虫的祖先是有四个翅膀的。在果蝇的发生过程中，第三个胸腔体节的翅膀变成了平衡棒。这个发现，加上之前对于 *Ubx* 在果蝇中的作用的观察，产生了三种对于由四翼昆虫转化成两翼昆虫解释的假说（图 11.9D～F）。第一种解释由 Lewis 提出，他列举了大量早期关于 *Hox* 基因双胸复合体的遗传描述。他最初的假设是果蝇和蜻蜓共同的四翼祖先缺少 *Ubx*。在进化到果蝇的过程中，导致果蝇谱系超级双胸的基因出现了并导致第三个胸腔

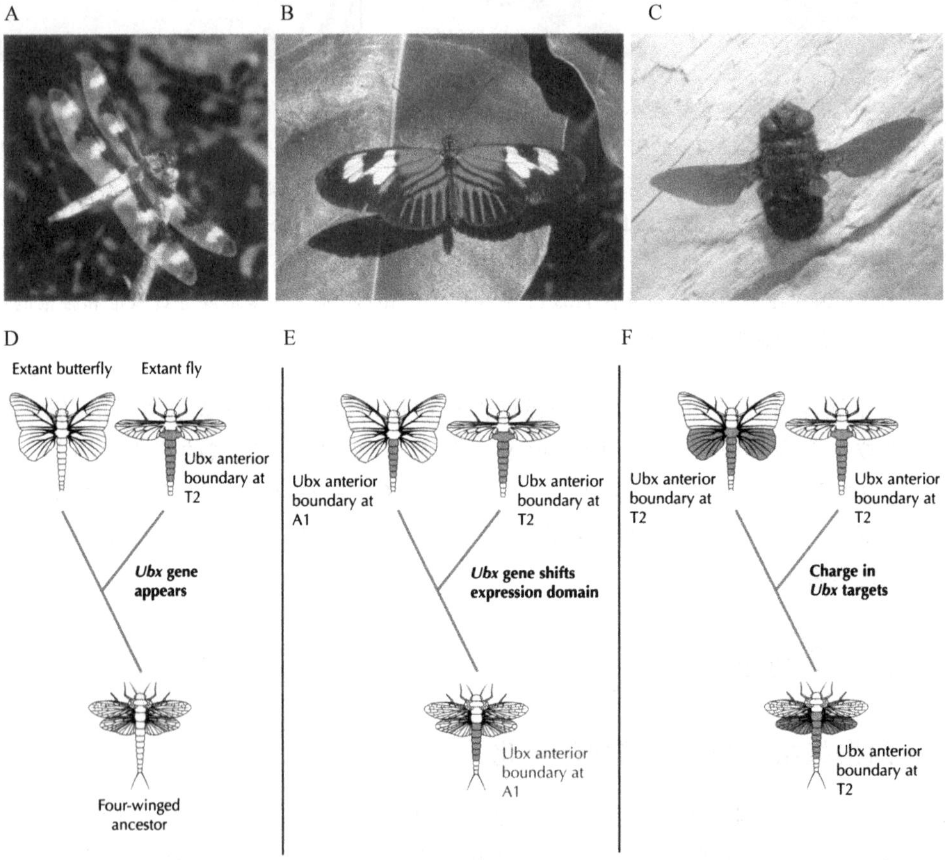

图 11.9　包括蜻蜓（A）和蝴蝶（B）的四翼昆虫的例子，果蝇则是二翼昆虫（C）。（D～F）关于四翼昆虫祖先进化到二翼昆虫的三种假说。在 D 图中，在昆虫祖先没有 *Ubx*，它只在果蝇谱系中出现。在 E 图中，*Ubx* 的前端表达界线从 A1 转移到 T3。在 F 图中，*Ubx* 的表达模式没有改变，但是 *Ubx* 的调控目标改变了。正如正文中所解释，已知数据证明了 F 图中的第三种假设是最可能的解释。

体节的翅膀转化成平衡棒（图 11.9D）。在那时，Lewis 对于 *Ubx* 的分子属性的信息了解得很少。在克隆技术和对果蝇 *Ubx* 的特征描述之后，连同 *Ubx* 在所有昆虫体内的发现，这种假设被否定了。

第二种假设是在由突变影响 *Ubx* 的调控而导致的成体同源转化的基础上推断出来的。依照这种假设，*Ubx* 在所有的昆虫中都存在并且发挥各种不同的作用。但是在那些四翼的昆虫中，*Ubx* 的表达是受到调控的，它并不在原始的第二个和第三个胸腔体节的附肢上表达。在进化到果蝇的过程中，*Ubx* 的表达调控发生了改变，它开始在第三个胸腔体节的附肢上表达，导致了如果蝇等两翼昆虫进化的出现。因此，假设在 *Ubx* 的表达调控中发生了改变，它可能在昆虫翅膀发育模式的进化过程中发生了改变（图 11.9E）。

但是当对大量不同的昆虫的 *Ubx* 表达模式进行检测时，人们发现它是高度保守的（图 11.10）。例如，蝴蝶和蛾都是纺足目的四翼昆虫，*Ubx* 在它们第三个胸腔体节的原始（成虫分区）翅膀上表达，但是不在第二个胸腔体节的原始翅膀上表达（图 11.11）。实际上，*Ubx* 在昆虫的第二个和第三个胸腔体节之间的表达界线很好地证明了其保守性（图 11.10）。这个观点可以通过检查 *Ubx* 在蠹虫的表达情况被清楚地证明，蠹虫处在昆虫系统进化树的基部（图 9.17），它和最早的昆虫一样还保持着无翅的性状。在蠹虫中，就像在果蝇中一样，*Ubx* 在第三个胸腔体节表达，而不在第二个胸腔体节表达。因此，与是否有翅膀无关，看来 *Ubx* 总是在辨别第三个胸腔体节与第二个胸腔体节中起作用，所以第二种假说也被否定了。

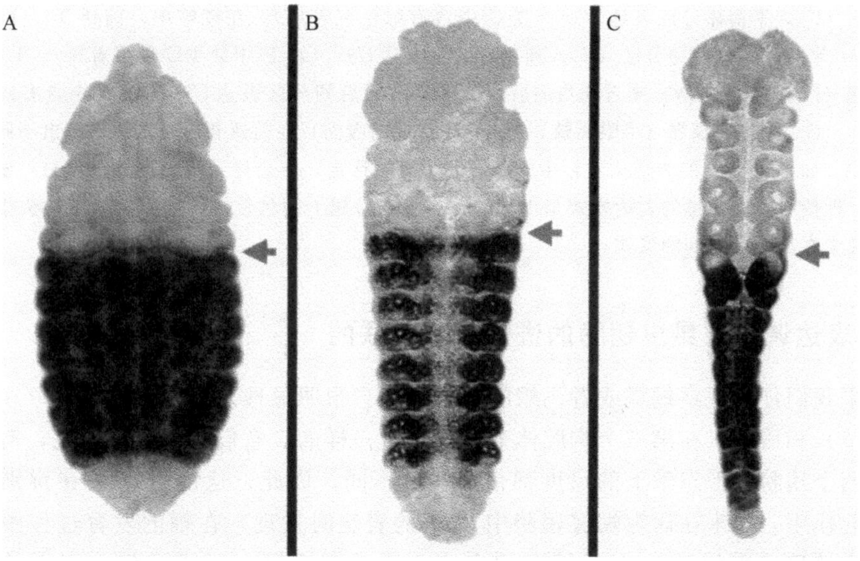

图 11.10　*Ubx* 蛋白在果蝇胚胎中（A）、甲虫胚胎中（B）和蚱蜢胚胎中（C）的表达。每一个都是处在胚胎发生的 1/3 的阶段。在这三种胚胎中，*Ubx* 表达的前端界线都延伸到 T3。红色的箭头指向的是 T2 和 T3 之间的界线；所有的胚胎都是前端定向。

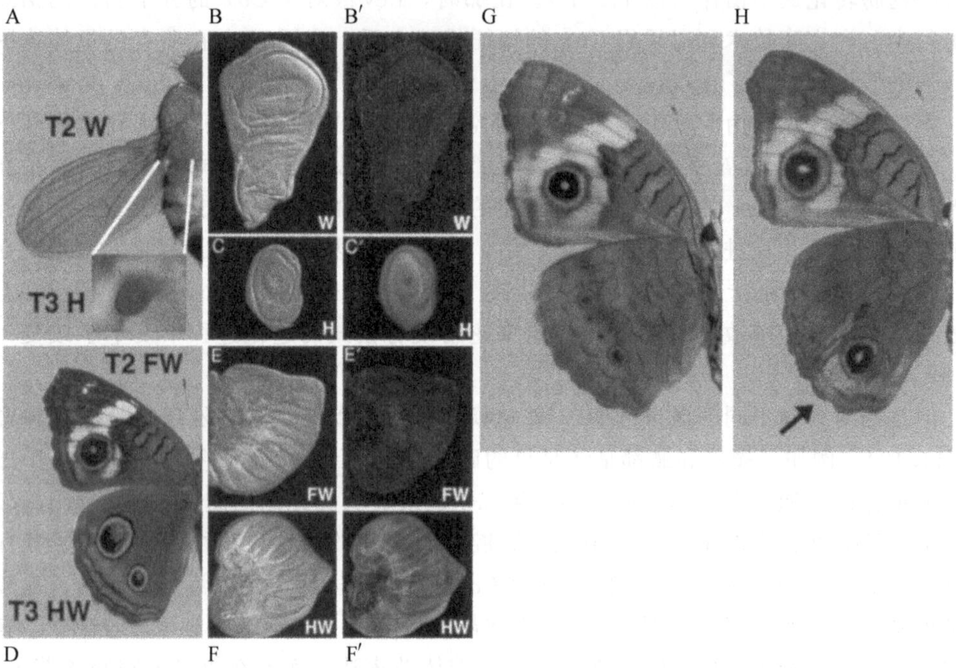

图 11.11 （A～F）不同的 *Ubx* 蛋白表达造成第二个和第三个胸腔体节的附肢形态学上的差异。在果蝇的 T2 中，翅膀（A 中的 T2 W）来自幼虫果蝇的成虫分区（B）中，成虫分区并不表达 *Ubx*（在 B′中缺少绿色沉着斑）。在果蝇 T3 中，平衡棒（A 中的 T3 H）来自幼虫的平衡棒分区（C），平衡棒分区表达 *Ubx*（在 C′中含有绿色沉着斑）。在蝴蝶中，前翅 T2（D 中的 T2FW）来自幼虫的前翅分区（E），前翅分区不表达 *Ubx*（在 E′中缺少绿色沉着斑）。T3 蝴蝶的后翅（D 中的 T3 HW）来自幼虫的后翅分区（F），后翅分区表达 *Ubx*（在 F′中含有绿色沉着斑）。（G）野生型蝴蝶（牛眼蝴蝶，*Precis coenia* 的腹面）在前翅和后翅之间显示出不同的颜色效应。如果将 *Ubx* 的表达从发育中的后翅的小斑中移走，将会导致成虫的翅膀（H）显示为后翅，即使它在前翅里的表达模式是正常的。注意在后翅上颜色较浅的大眼点（用箭头指出），这是通常在前翅中看到的形式。

Ubx 的表达调控与昆虫翅膀的进化是相关联的

如果我们仔细观察蝴蝶或者飞蛾的翅膀，就会很明显地发现它们的前翅（在第二个胸腔体节）和后翅（在第三个胸腔体节）并不是一样的。它们的形状、颜色，有时候甚至是这两个翅膀的形态学上的尺度都很明显的不同。因此，这说明 *Ubx* 在辨别这两种翅膀中起作用。后来在研究蝴蝶翅膀中 *Ubx* 的表达时发现，在蛹的发育过程中从其他组细胞中转移过来的 *Ubx* 在后翅中的表达会造成在后翅中形成类似前翅中的斑（图 11.11G 和图 11.11H）。在蛹的发育过程中前翅中的组细胞中的 *Ubx* 的缺失表达会在前翅中产生类似后翅的斑。因此，*Ubx* 可以在第二个胸腔体节生成附肢。无论是在蝴蝶的前翅还是在果蝇的翅膀，它不同于第三个胸腔体节上的附肢，在蝴蝶中形成后翅，但在果蝇中形成平衡棒（图 11.11）。

既然 *Ubx* 在蝴蝶和果蝇中的表达量一样，人们的注意力就转移到 *Ubx* 的下游区基因以弄清楚平衡棒和后翅的发育区别。因为 *Ubx* 是一个转录因子，这些下游区基因的转录受到 DNA 结合蛋白活性的调控。在果蝇中，翅膀和平衡棒在形态学上有很多不同。例如，翅膀上有静脉和感觉毛，而平衡棒上则没有。进一步说，翅膀相比平衡棒要大很多并且包含更多的细胞，这导致翅膀分区生长的静脉和感觉毛的发生途径与细胞增殖的调控在翅膀形成过程的遗传学上是一致的。人们随后发现 *Ubx* 调控每一个途径的一步或者几步。因此，*Ubx* 表达在果蝇的平衡棒和翅膀分区中的存在与否将导致下游特殊遗传途径的活性是否存在，也将导致成虫翅膀和平衡棒之间形态学上的差异。

这就导致了第三种目前被认同的对两翼昆虫出现的假说（图 11.9F 和图 11.12）。依照这种假设，*Ubx* 在前翅分区和后翅分区中保持着差异表达，但是在进化过程中许多基因对于 *Ubx* 表达的应答方式发生了变化。导致静脉和感觉毛形成的途径在蝴蝶的前翅和后翅分区都是有活性的，尽管在后翅分区中也有 *Ubx* 的存在。果蝇和蝴蝶共同的四翼祖先可能就是这样。在两翼昆虫进化的过程中，如果蝇，许多基因参与了 *Ubx* 调控下的如静脉形成、感觉毛生长和细胞增殖的过程。我们猜测这些基因在蝴蝶中不受 *Ubx* 调控（至少不是以相同的方式）。另外，在鳞翅类昆虫中调控后翅和前翅之间颜色与形态学方面差异的基因受到 *Ubx* 的调控。有可能参与特殊遗传途径的基因中 *Ubx* 结合位点的获得是四翼昆虫转化为两翼昆虫的进化基础（图 11.12）。这样，*Ubx* 本身并没有在进化上带来形态学的改变，但是对于 *Ubx* 功能的理解允许我们提出进化过程中在目标基因上 *Ubx* 结合位点的获得或缺失在昆虫翅膀形态学的进化改变上起了主要的作用。

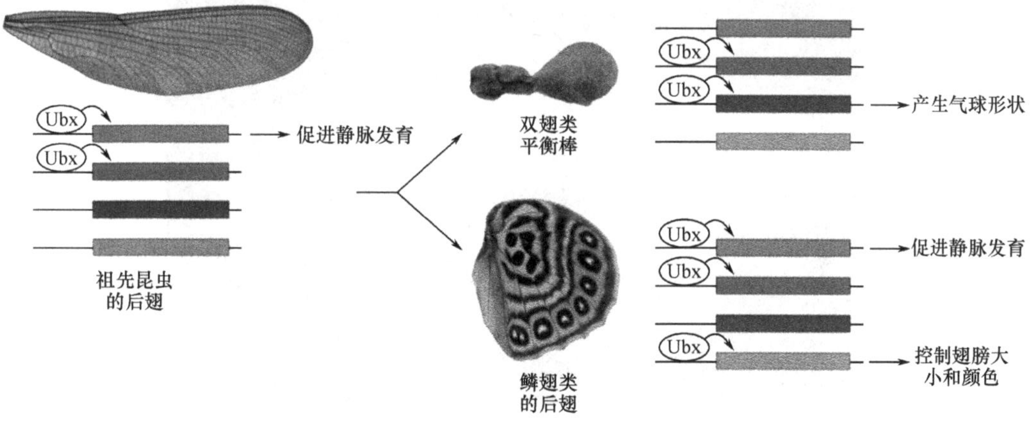

图 11.12　*Ubx* 调控的目标基因在进化中的改变导致昆虫后翅和平衡棒的多样性（附肢 T3）。*Ubx* 在后翅和平衡棒相似的区域内表达，因此这种结构多样性应该是由于 *Ubx* 所调控的基因的改变而形成的（通过 *Ubx* 蛋白和这些基因的增强子的结合）。例如，*Ubx* 可能促进祖先后翅中静脉的发育，并且在现存的鳞翅目昆虫中起作用，但是不在无脉的双翅目昆虫中起作用。另外，*Ubx* 在控制鳞翅目昆虫翅膀大小和颜色模式具备了一个新功能；相似地，产生气球状平衡棒的功能可能在双翅目昆虫的进化过程中才出现。

Ubx 所调控基因的改变与幼虫附肢进化的改变是相关的

另一个 *Ubx* 功能在进化中改变的明显例子来自于对昆虫胚胎发生过程中附肢形成的分析。昆虫在胚胎发生中形成腿并孵化出用于行走的有功能的腿等发育过程中都保持了祖先的大量特征（如蚱蜢）。尽管果蝇胚胎并没有在胚胎发生期间产生出明显的腿，大量的形态学和分子标记显示幼虫的腿的残余物在胚胎发生中是存在的。在这个区域中一个特别有用的分子标记是一个叫做 *Distal-less* 的基因（*Dll*），它在所有的节肢动物附肢中表达，包括腿、触角和大部分的颚。*Distal-less* 基因最早发现于导致腿发育障碍的亚等位基因(突变造成基因功能的消减但没有消失)。它像很多的发育过程一样随后编码一个转录因子参与附肢的建立和构造。在果蝇胚胎发生期间，*Distal-less* 基因在头部和胸部有不同的表达位点，这是这些体节最初附肢位置的标记。*Distal-less* 在腹部没有表达。人们发现 *Distal-less* 基因在腹部表达的缺失是因为 *Ubx* 和腹部基因-*A* 同源基因的表达产物共同对 *Distal-less* 基因转录起直接阻抑作用（图 11.13）。最初这个现象似乎和先前讨论的 *Ubx* 辨别 T2 和 T3 的功能是矛盾的。对这个矛盾的解释是 *Hox* 基因表达在时间上的复杂性。*Ubx* 最初的前端表达界线在 A1，接下来从前端转移到了 T3。最初，*Ubx* 从 A1 中辨别出 T3，这个时候 *Ubx* 抑制 *Dll*。接下来，*Ubx* 表达从前端移到 T3，在发育的晚些时候区别 T2 和 T3。从 *Ubx* 在 T3 中表达开始，*Dll* 的表达不再受 *Ubx* 调控。

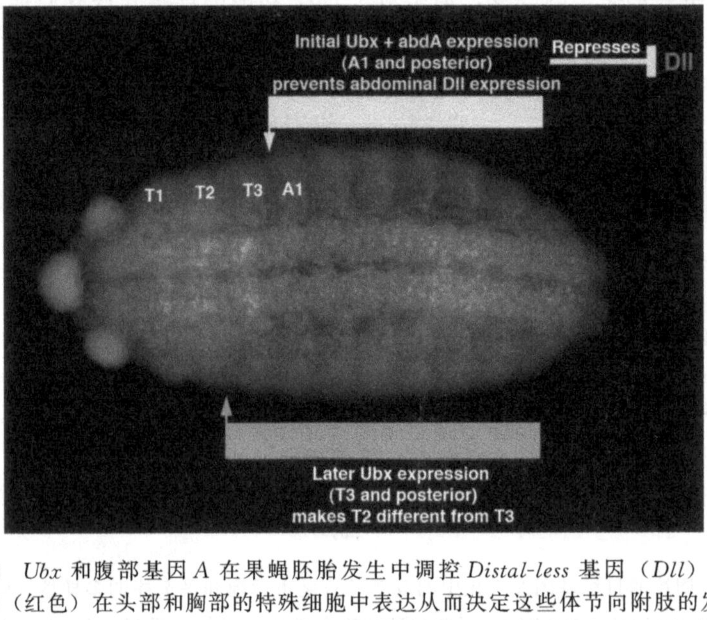

图 11.13 *Ubx* 和腹部基因 *A* 在果蝇胚胎发生中调控 *Distal-less* 基因（*Dll*）的表达。*Dll* 蛋白（红色）在头部和胸部的特殊细胞中表达从而决定这些体节向附肢的发育，但是 *Dll* 蛋白在腹部不表达。尽管 *Ubx* 最后在 *T*3 和腹部（蓝条）中表达，*Ubx* 最初的表达被限制在腹部（黄条），*Ubx* 的最初表达区域和腹部基因 *A* 一起，在腹部中阻止 *Dll* 基因转录方面起作用。在 *Ubx* 的突变体中，*Dll* 的表达扩大到包括 A1 的区域，在 *Ubx*/腹部基因 *B* 双重突变体中，*Dll* 的表达扩大到包括 A1～A8 的区域。因此，*Ubx* 和腹部基因 *A* 的早期表达区域对于阻止 *Dll* 表达和腹部附肢发育是必需的。在随后的发育中，*Dll* 不再受 *Ubx* 和腹部基因 *A* 的调控，*Ubx* 的表达扩大到包括 T3 的区域使得 *Ubx* 可以区别 T2 和 T3。

与多数昆虫一样，成虫果蝇缺少腹部的腿。然而，对许多其他昆虫胚胎观察发现，包括蝴蝶、蛾、甲虫、蚱蜢和蟋蟀，显示有一个附肢，叫做胚足，在这类昆虫种属的第一个腹部体节发育。这个胚足开始看起来像一个小的胸腔腿的模型，但是接下来它的形态发生了完全不同的变化。这个附肢不是用来行走的；而是用来帮助动物孵化卵的，然后被遗弃。尽管如此，胚足还是一个附肢，它像胸腔附肢一样表达 *Distal-less* 基因。令人奇怪的是，尽管 Ubx 蛋白在胸腔细胞中存在，*Distal-less* 基因的表达仍然在它的附肢中存在。一个可能的解释就是在这些昆虫中，腹部基因 A 能抑制 *Distal-less* 基因，但是 *Ubx* 不能（图 11.14）。

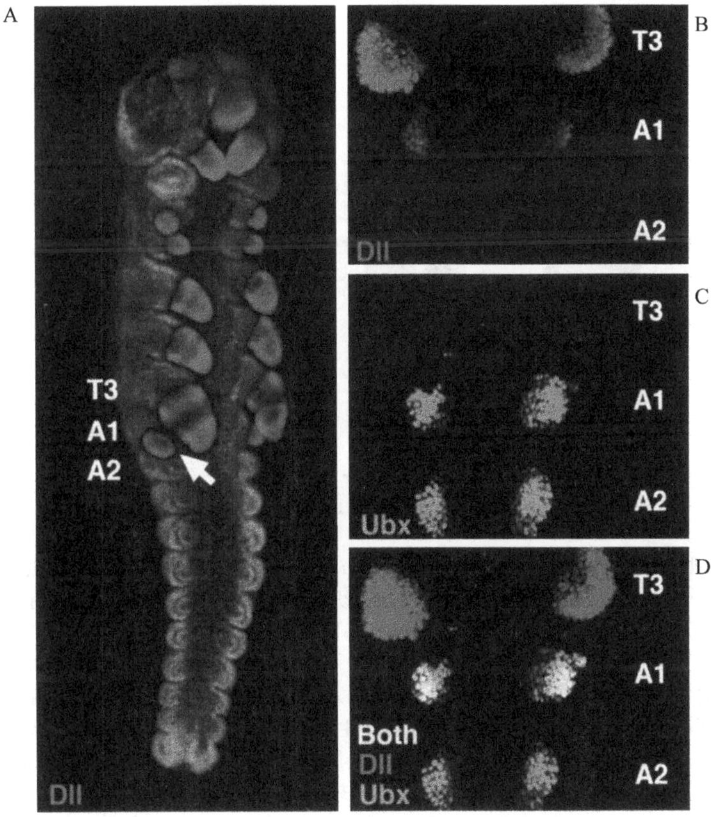

图 11.14　在蚱蜢胚胎中，Distal-less 蛋白（在平板上红色染色部分）在头部、胸部和第一个腹部体节的附肢中表达。在 A 中白色箭头指向的是 Dll 蛋白表达的胚足附肢，为 A1 体节的一部分。跟在果蝇中一样，*Ubx* 在附肢第一次形成时在蚱蜢胚胎的整个腹部中表达。Dll 蛋白（在 B 和 D 的红色部分）和 Ubx 蛋白（在 C 和 D 的绿色部分）的荧光标签显示 *Dll* 在 A1 附肢中仍然表达，尽管 *Ubx* 的表达也在同样的细胞中（绿色和红色的重叠在 D 中产生黄色），在蚱蜢中 *Ubx* 并没有抑制 *Dll* 的表达。

这种假说可以从将发育中的谷蛀虫胚胎的 *Ubx* 或腹部基因 *A*，或两者一起移除的效应中得到证实。没有 *Ubx*，第一个腹部体节的胚足会转化成胸腔的腿。没有腹部基因 *A*，所有的腹部体节都生成胚足。同时失去 *Ubx* 和腹部基因 *A*，在腹部全部产生胸腔的腿（图 11.15）。这表明在谷蛀虫中 *Ubx* 并不抑制 *Distal-less* 基因的表达，但是第一个腹部体节改变了附肢的类型。腹部基因 *A*，与在果蝇中一样，抑制 *Distal-less* 基因并且负责抑制第二个腹部体节的附肢形成。在双翅目谱系昆虫中 *Distal-less* 基因增强子产生了一个结合 *Ubx* 的位点。在双翅目昆虫中这个新的结合位点允许 *Ubx* 抑制 *Distal-less* 基因，但是在诸如甲虫之类的昆虫中并非如此，而是保持具有胚足的祖先性状。

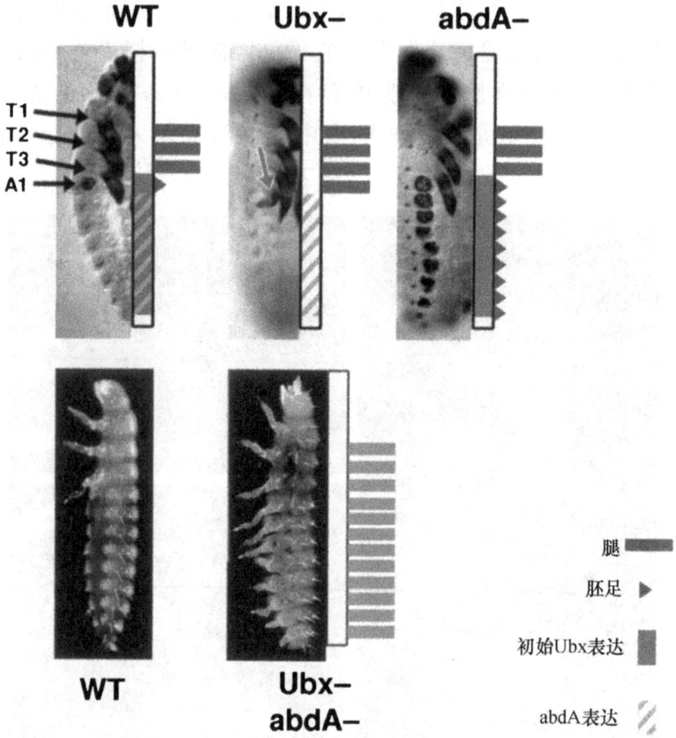

图 11.15　野生型甲虫（谷蛀虫，*Tribolium castaneum*）胚胎（上图）和幼虫（下图）以及 *Ubx*$^-$、*abdA*$^-$ 胚胎和双突变的 *Ubx*$^-$ *abd*$^-$ 幼虫。在胚胎附肢的明亮区被标记上 Distal-less 蛋白。旁边的标注表示沿着 *Ubx* 和腹部基因 *A* 的表达区域的腿和胚足的数目。在野生型胚胎中，Distal-less 蛋白表达的腿在 T1～T3 上，Distal-less 蛋白表达的胚足在 A1 上。*Ubx* 的消失使胚足转变成腿，腹部基因 *A* 的消失导致在腹部体节上胚足的形成。*Ubx* 和腹部基因 *A* 同时丢失会在沿着腹部产生腿。这些结果表示腹部基因 *A* 抑制 *Dll* 和附肢的发育；*Ubx* 不抑制 *Dll*，但是可以区分腿部分区 T3 体节和产生胚足的 A1 体节。在随后的发育中，*Ubx* 的表达区域将超过 T3 并且可以区分 T2 和 T3。

然而，有一些迹象显示 Ubx 蛋白在进化上的改变可能就是在这里发生。当有爪纲动物的 Ubx 蛋白（一个与果蝇非常远缘的节肢动物）在果蝇中表达，它可以执行一些果蝇 *Ubx* 的功能。例如，在第三个胸腔体节中抑制翅的发育，但是在胚胎发育中不能抑制 *Distal-less* 基因的表达。同样，甲壳动物丰年虾（*Artemia salina*）中的 *Ubx* 蛋白也不能抑制果蝇 *Distal-less* 基因的表达。因此，在双翅目昆虫中 *Ubx* 抑制 *Distal-less* 基因的能力说明进化中可能是 Ubx 蛋白发生了改变，而不是 *Distal-less* 基因的增强子。

至少在昆虫中，*Ubx* 沿着前后轴的表达模式是相对保守的。在进化上形态学的改变是因为在不同的物种中下游基因对于 *Ubx* 的应答不同。至少其中一些进化上的改变是因为 Ubx 蛋白的直接目标基因的增强子序列发生改变，而另一些下游应答的改变可能是因为 Ubx 蛋白本身发生的改变。

Ubx 调控的改变可能在甲壳动物形态学的宏观进化上发挥作用

甲壳动物如龙虾、螃蟹、河虾、马鼻钳和挠足虫等，与昆虫的联系密切。但是在这些节肢动物中，不像在昆虫中，*Ubx* 表达的 A-P 界线在物种间发生了很大变化。更重要的是，这个变化与体制发育的进化有很好的相关性。甲壳动物都有同样的头部体节和头部附肢的基本发育模式。在胸部前端，甲壳动物有 3 对形成下颚的附肢（每个体节 1 对）。这些体节分成下颌骨、上颌骨 1 和上颌骨 2。这些体节的附肢一般是紧密的，聚集在嘴的附近，专门用来摄食。甲壳动物的胸腔体节发生了很大变化，从挠足虫的 6 对附肢变成在龙虾中的 8 对附肢以及在河虾的 11 对附肢。在上述任何一个物种中，大部分胸腔附肢与颚附肢都有很大的形态差别并且都是用来运动的。例如，在河虾中（丰年虾）所有的 11 对胸腔附肢都是在形态学上很相似的游泳附肢。在丰年虾中，可以看到 Ubx 蛋白在第一个胸腔体节（T1）的表达并延伸到整个胸腔后端。这种从 T1 开始的前端界线在所有甲壳动物中都可以看到，不管它们有多少个胸腔附肢（图 11.16）。

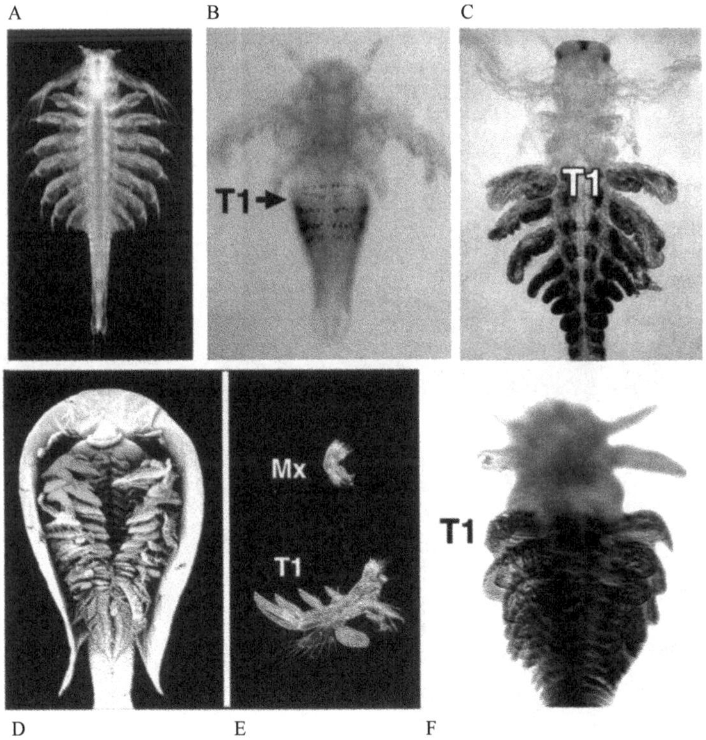

图 11.16　在甲壳类中，如丰年虾（*Artemia*）（A）和恐龙虾（*Triops*）（B），在所有的胸腔体节上都有类似的游泳附肢，并且 Ubx 蛋白在 T1 体节开始表达。丰年虾（A）在胸腔上有 11 对羽毛状胸腔游泳附肢，且在发育过程中 Ubx 蛋白在 T1 开始表达（在 B 中棕色染色的部分；黑色染色的部分显示了相邻体节之间的界线）。随后，当附肢可以看见时，Ubx 蛋白继续在所有的胸腔体节和附肢中表达（在 C 中的黑色染色部分）。恐龙虾（D）在胸腔体节大约有 60 对附肢（T1 附肢是红色，T2 是绿色）。这些胸腔附肢都非常相似（除了在 E 中的 T1 附肢）又和颚附肢有明显的不同（上颚的附肢体节也在 E 中显示）。Ubx 蛋白的表达（在 F 中黑色染色部分）在所有的胸腔体节和附肢中都存在，但是在所有的头部体节中都不存在（从前端到 T1）。

在一些甲壳动物中，胸腔体节前肢更像是头部体节的下颚。这些改变了的胸腔附肢叫作颚足。这些附肢不仅仅比其他附肢在形态学上更像颚附肢，并且它们经常用来摄食，而不是用来行走。颚足的数目在不同的物种中也是变化的。例如，糖虾有 1 对颚足（在 T1 上），而清洁虾有 3 对颚足（在 T1～T3 上）。很明显，*Ubx* A-P 的表达界线在胸腔附肢发生之前就可以看见，并且在胚胎发生过程中也持续表达，这预示了未来在 A-P 轴上从颚足转变为用于行走的胸腔附肢的位置。在糖虾中，*Ubx* 的前端表达界线在 T2。在清洁虾胚胎中，前端表达界线在 T4（图 11.17）。大量证据证明甲壳类祖先的身体和丰年虾很像且唯一没有的是颚足。因此，可以发现在一些甲壳虫类谱系的进化过程中 *Ubx* 的表达界线向前端移动了。这种移动不只与挠足虫和介虫中的颚足（图 11.18）的出现和多余的颚足的出现顺序相关，并且在模式动物的遗传数据如果蝇和小鼠中发现 *Ubx* 表达模式的移动在形态学的进化改变中起作用。在果蝇中 *Bithorax* 复合体基因的表达缺失导致在野生型正常表达区域中的前端体节转化成更前端的体节。因此，果蝇突变表型中发生的也许是甲壳动物谱系进化中出现过的改变，尽管发生在甲壳动物进化中的改变只涉及 *Ubx* 表达区域的改变而并不使 *Ubx* 的功能全部丧失。

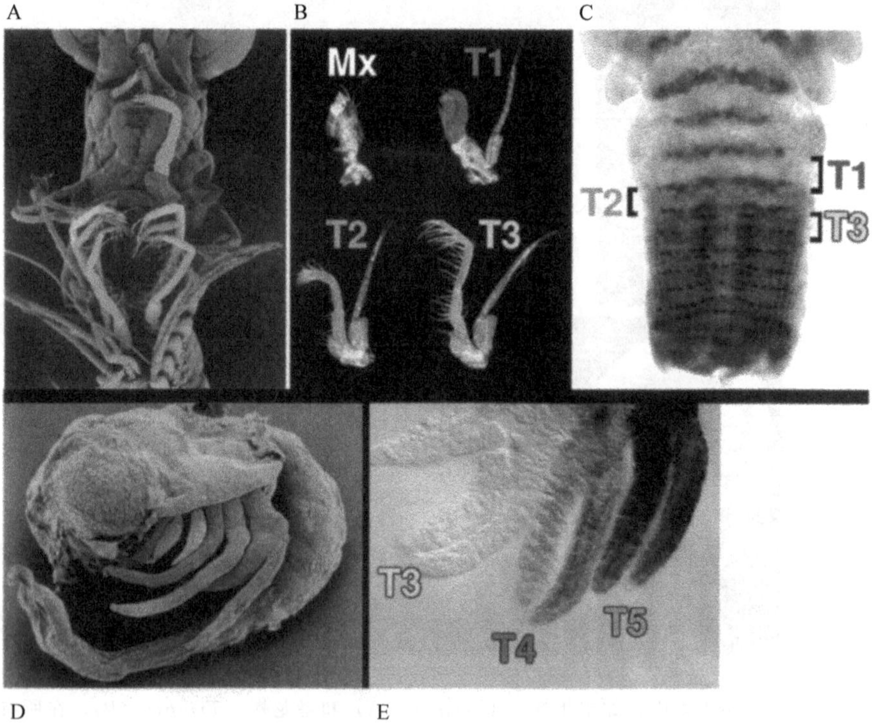

图 11.17　在成虫糖虾中（A 为扫描电子显微图片，B 为解剖的附肢），T1 附肢（红色）是一个颚肢，在形态学上与更前端的颚附肢相似，如上颚附肢（Mx）。T3 和后端的胸腔附肢（A 中的黄色、粉红色和橘黄色）在形态学上很相似并都用来游泳，T2 附肢（绿色）在形态学上介于 T1 和 T3 之间。在糖虾胚胎发生中（C），Ubx 蛋白在 T1 及更前端的体节中不表达，在 T2 中低水平表达，在 T3 和更后端的体节中高水平表达。在清洁虾中（D 为孵化的扫描电子显微图片），前三个胸腔附肢为颚肢（D 中 T1、T2 和 T3 为红色、绿色和黄色）。在胚胎发生过程中（E），Ubx 蛋白表达在 T3 及更前端的体节是缺失的，在 T4 中是弱表达，在 T5 及更后端的体节是高表达。

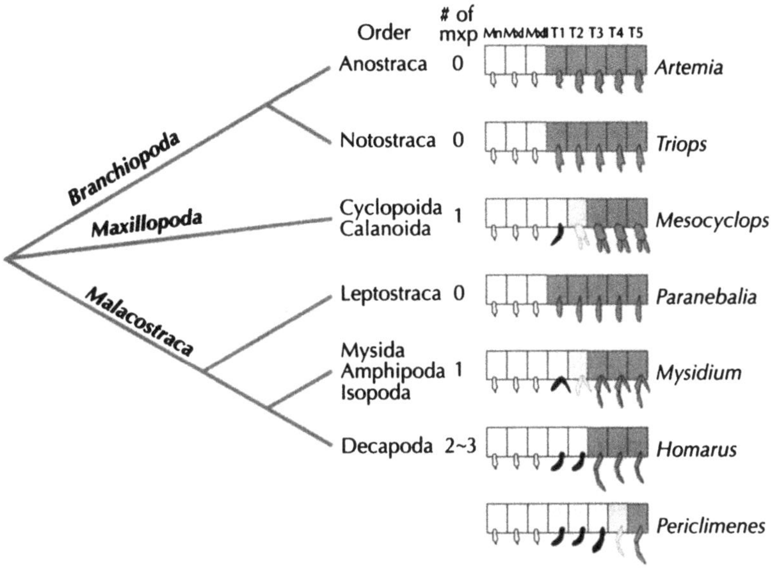

图 11.18　各种各样的甲壳类动物的体节特化的不同模式和 *Ubx* 表达的系统发生分布。深蓝色，Ubx 蛋白高表达；淡蓝色，Ubx 蛋白低表达；白色，在早期胚胎发育中无 Ubx 蛋白表达；黑色，颚肢。每一个生物体，3 个嘴部体节后面是 5 个胸腔体节。颚肢的数目正好与科的名字一致。胚胎中 *Ubx* 的早期表达与附肢的形态学一致。*Ubx* 在将产生用于行走的腿的胸腔而不是胸腔的颚肢中表达。系统发生分布表明，颚肢可能进化出不止一次，但是每次颚肢数目的改变与 *Ubx* 的前端表达界线的移动是一致的。

很明显，*Ubx* 在果蝇和甲壳虫类的发育作用是不一样的。例如，我们已经讨论过果蝇 *Ubx* 的一个作用是抑制 *Distal-less* 基因模式附肢的表达，但是甲壳类的 *Ubx* 的功能并不是这样，可能与 *Ubx* 蛋白本身结构的差异有关。然而，在果蝇和小鼠中一般的局部转化是因为 *Hox* 基因表达改变，在甲壳类中大量其他的生物可以帮助我们预测 *Ubx* 表达改变导致的功能结果。丰年虾祖先中第一个胸腔体节中 *Ubx* 的表达缺失可能导致变成只有 1 对颚肢的动物，这对颚肢是通过由用于行动的 T1 附肢转化成头部前端的颚附肢而发生的。需要注意的是我们对于 *Ubx* 调控的理解表明，这种移动确实在 *Ubx* 调控的突变中存在。在果蝇中 *Ubx* 的调控区域超过 100kb，它由序列模块组成，在发育中精确调节特定体节甚至一个体节中特定细胞的 *Ubx* 的表达。因此，著名的四翼果蝇是两个调控 *Ubx* 的突变等位基因的综合效应，从而导致 *Ubx* 在幼虫（而不是胚胎发生期）平衡棒的特定区域的表达缺失。此外，这些 *Ubx* 表达的移动并不是瞬时发生的。因为 *Ubx* 表达的高精确度，*Ubx* 在甲壳类的表达在进化过程中逐渐被改变，通过调控突变的逐渐积累，产生一系列可以被选择所用的细微附肢变异体，而不是一个“期望中的怪物”的突然出现。事实上，糖虾的 T2 肢体精确地显示了这样的附肢看起来像什么（图 11.17）。糖虾的 T2 肢体不被归类为颚肢，但是它拥有介于 T1 颚肢和 T3 用于游泳的附肢中间的形态学特征（图 11.17）。在发育过程中，T2 体节表达 Ubx 蛋白，但是比 T3～T8 的表达水平要低。此外，随着 T2 肢体生长，它在 Ubx 蛋白表达中表现为镶嵌出现。肢体的基部确实表达 Ubx 蛋白，而末梢部不表达（图 11.17）。这与 T2 肢体的基部更像 T3 附肢，而末梢部更像 T1 附肢有关。

尽管从甲壳类得到的数据非常引人瞩目，它对于揭示 *Ubx* 在这些节肢动物中干扰 *Ubx* 的表达而导致的同源转化的实验非常重要。但这些关于宏观进化的学习没有直接表明 *Ubx* 表达的改变是由于 *Ubx* 调控的改变（顺式改变）还是调控 *Ubx* 表达的若干上游因子的改变（反式改变）。从另一方面来说，对微观进化的研究（如用近缘物种的杂交进行遗传实验）可以克服这些局限。我们在接下来的部分中会讲述这样的一个实验。

Ubx 的改变在果蝇刚毛的微进化中发挥作用

尽管 *Ubx* 的功能缺失是致命的，并且很多已知的 *Ubx* 等位基因导致非常明显的形态学改变，另一些等位基因可以产生明显但微小的表型，这些表型如果是对果蝇形态学细节不熟悉的人可能会被错过。*Ubx* 在发育早期中的体制模式中和在幼虫期的成虫盘的发育中起到非常重要的作用；然而，它也有调控其他的模式进程的功能。例如，*Ubx* 在晚期成虫盘发育的特殊细胞中的表达控制平衡棒中特殊的神经结构的位置和命运。因此，*Ubx* 既是一个“宏观控制者”也是一个“微观控制者”。

Ubx 的一个相关的精细作用是控制 T2 股骨上的刚毛的模式和密度（图 11.19）。尽管 *Ubx* 在幼虫发育期的 T2 翅膀记忆区中并不表达，但 *Ubx* 表达在随后的蛹的发育期的 T2 股骨上出现，起到抑制刚毛形成的作用。*Ubx* 的表达梯度在刚毛的基部水平最高，并与刚毛在黑腹果蝇成虫腿上随后的发育模式大致相关。在股骨基部没有刚毛的裸露区 *Ubx* 的表达量最高，而表达量低的地方有刚毛（图 11.19A）。通过实验操作增加这一时期 *Ubx* 的表达将导致裸露区域的扩张。同样，降低 *Ubx* 的表达水平会降低裸露区域的大小（图 11.9B）。

后来发现，裸露区域的尺寸在果蝇近缘物种间也有不同。在黑果蝇中，裸露的区域是缺失的，同黑腹果蝇相比，*Ubx* 在黑果蝇成虫 T2 腿中的低水平表达较低的。在拟果蝇中，裸露的区域是扩张的（图 11.19D）。目前的技术无法精确定量在两种果蝇（黑腹果蝇和拟果蝇）中 *Ubx* 表达的差异，但是因为黑腹果蝇和拟果蝇可以交配产生杂种后代（虽然是不孕的后代），所以有可能通过遗传分析了解 *Ubx* 对表型差异的贡献。通过这种途径，人们发现在两种果蝇物种之间 *Ubx* 对于进化差异的贡献确实是非常重要的。*Ubx* 的蛋白编码区域在两种果蝇之间是一样的，因而推测差异一定位于控制其表达模式和水平的调控元件中。因此，*Ubx* 的变异对两个近缘物种之间形态学上的差异起作用。

群体中 *Ubx* 的变异对于形态进化的贡献

进一步的观察表明，*Ubx* 等发育中的调控因子在进化变异中的确扮演重要角色。群体中的遗传变异是普遍的，并且它一定可以以某种方式体现出来。如果所有果蝇都带有相同的 *Ubx* 基因拷贝，那么它们将不会经历选择。研究者依靠一种经典的发育干扰法发现了在果蝇群体中存在各种功能性的 *Ubx* 等位基因，并且它们都经历着选择。

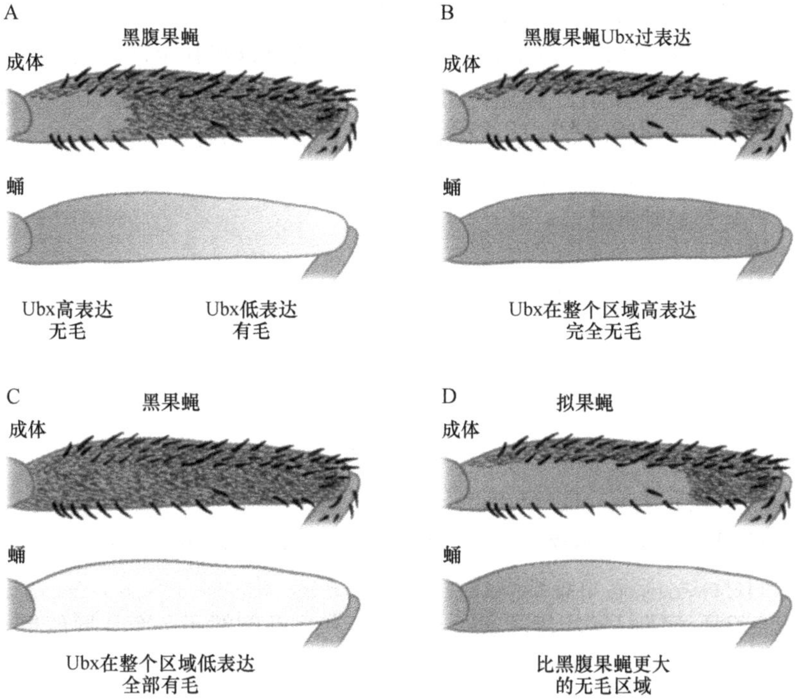

图 11.19　(A) 在成虫黑腹果蝇 (*Drosophila melanogaster*) 中，T2 股骨有一小片没有刚毛，这个裸露的区域与股骨在蛹发育期中 *Ubx* 高水平表达的区域是一致的。(B) 如果实验增加 *Ubx* 在黑腹果蝇蛹发育阶段在 T2 腿上的表达，在成虫 T2 腿上的裸露区域将会大大扩张。(C) 在黑果蝇 (*Drosophila virilis*) 的成虫中，在 T2 股骨上没有裸露区域，*Ubx* 在蛹的 T2 股骨上低水平表达。(D) 在拟果蝇 (*Drosophila simulans*) 中，T2 股骨的裸露区域比黑腹果蝇大。目前可用的探测 Ubx 蛋白的技术在测量拟果蝇和黑腹果蝇蛹的腿中表达并不足够精确 (因此，在 A 和 D 图中 *Ubx* 的表达模式是相似的)，但是遗传实验证明了在这两个物种中 *Ubx* 的表达水平有很大的不同。

Conrad Waddington 发现将果蝇胚胎和几个野生型成体果蝇一起处理将会发育出更大的平衡棒。如果将这些果蝇选出并在一起喂养，然后用乙醚处理它们的胚胎，并且再次选择出带有更大平衡棒的后代，发现基因频率和表型的严重程度都有所增加。然而，值得注意的是即使没有乙醚的处理最终果蝇也会出现这样的表型。这说明乙醚处理选择了一些潜在的遗传变异，这些变异增加了果蝇对乙醚的敏感性。通过人工的饲养和选择，相当大数量的没有经过乙醚处理过的果蝇也出现这种表型，这说明各种等位基因的组合最终可以在表型上体现出来而不需要乙醚这样的干扰 (直到今天对于为什么乙醚会导致这样的表型依然没有一个明确的解释)。更大平衡棒的这种表型和 *Ubx* 的某些等位基因的表型相似。是否这个正经历着选择的等位基因是一个或更多地在果蝇中已经存在的 *Ubx* 等位基因的变异呢? 通过各种定位技术证明确实是这样。大部分的表型差异都定位于 *Ubx* 基因座。因此一些变异在 *Ubx* 基因中是存在的，至少一些变异在合适的环境下是可以表现出来的。

虽然 *Hox* 基因提供了一个关于个体基因怎样在表型进化中起作用的极好的例子，至少这是一个很具体的途径，但是我们并不能认为它可以解释全部或大部分表型进化机制。虽然 *Hox* 基因某些方面的特定功能可能使它在表型进化中起作用，但是不可否认还有数以千计的基因对于表型进化是有贡献的。接下来的刺鱼和玉米的例子会给出导致表型进化的其他基因，虽然这些基因编码的主要是转录因子。在发育途径中所有层面的改变在进化中都会发挥作用。

刺鱼的骨骼进化

刺鱼骨盘骨骼解剖学变化

刺鱼是一种很常见且品种又很丰富的鱼类，广泛栖息在富含矿物质的淡水中；鱼类生物学家对这种鱼的习性已经比较清楚了。它们有一些明显的行为，尤其是在求偶和繁殖过程中。诺贝尔奖得主、行为学家 Nikolaas Tinbergen 的研究课题就是刺鱼的求偶行为。

刺鱼已经经历了特别显著和快速的进化。现代刺鱼起源于一个共同的祖先群体，这个群体只生活在大概 1.5 万年以前的海洋中。随着上个冰期的结束，这些祖先群体分散成为许多独立的群体，它们生活的许多内海变成了淡水湖。今天的刺鱼生活在或深或浅的淡水湖中，也有一些生活在海洋环境中。

1.5 万年前分离出来的种群已经适应了变化的环境，这些不同种群已经进化出了形态和行为的差异。例如，三脊刺鱼（*Gasterosteus aculeatus*）是一种已经被鉴定的种群，它名字的由来是因为在它的背上有三条突出的骨刺。这一物种的海洋种群也有 1 对从发育良好的从骨盆上突出的骨盆刺。相反一些三脊刺鱼的淡水种群，尤其是那些生活在湖底的刺鱼（称为深水鱼），它们的骨盆刺和骨盆骨架已经减小或完全缺失（图 11.20）。

这些骨盆刺的功能是什么？为什么有些种群有，有些种群却没有？人们相信海洋刺鱼的骨盆结构能够使它们在一个开放的海洋环境中免受食肉动物的攻击。骨盆带和骨刺有效地增大了鱼的体积，使它们变的太大以至于不能进入食肉动物的嘴。此外，骨盆刺还可以刺穿食肉动物柔软的嘴，破坏它们的攻击并且进一步挫败食肉动物。关于为什么淡水刺鱼种群没有这些骨盆刺的解释至少有两种。第一，在这样的淡水湖中缺少构成骨架的钙物质；第二，虽然湖泊中栖息着很多种刺鱼和很少的食肉鱼，但是蜻蜓的幼虫会捕食在湖底活动的刺鱼，骨盆刺会使蜻蜓幼虫更容易抓捕到它们的猎物。

虽然人们已经对这些变异的适应性优势比较清楚了，但是令科学家们长期感兴趣的是形态变异的进化基础。最近发展起来的技术使得我们可以探索一些形态变异的分子和遗传基础。我们将在下一部分讨论这些内容。

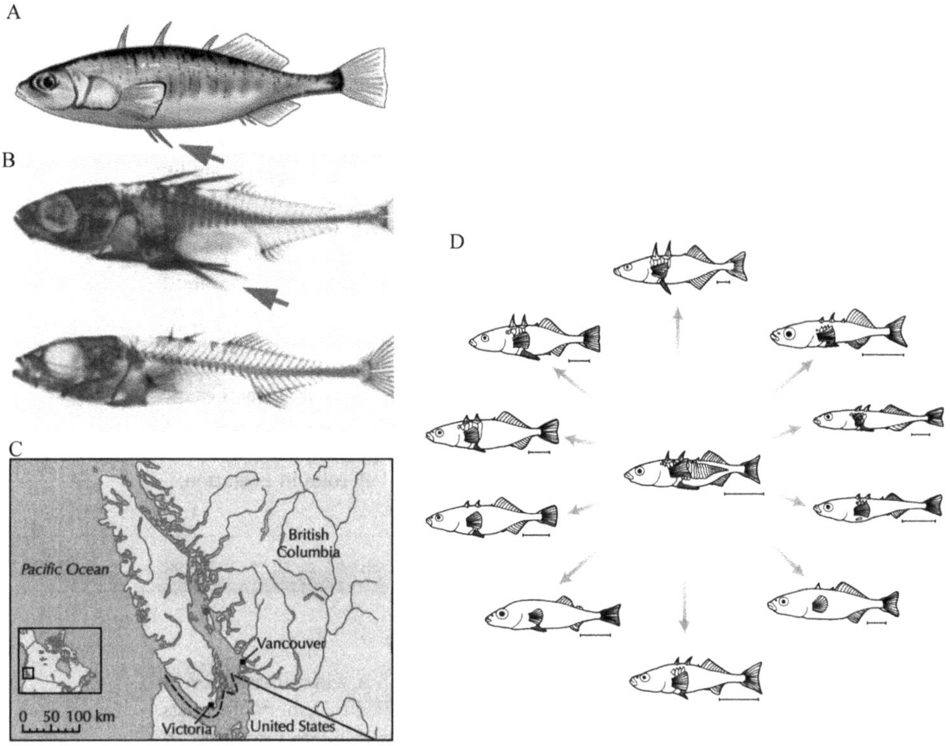

图 11.20　三脊骨刺鱼的变异。(A) 典型的三脊骨刺鱼，它的名字来源于背上的三条骨刺。这个标本也有骨盆刺（红色箭头）。(B) 骨架标本显示了海洋刺鱼（上），它带有一个骨盆和骨盆刺（红色箭头），但是 Paxton 湖深水刺鱼就缺少这样的结构（下）。(C) 地图展示了 Paxton 湖的位置（红点）。(D) 在比较短的时间内，带有骨盆刺的海洋刺鱼祖先群（中心鱼）变化成了许多形态不同的淡水种群或没有骨盆刺的种群（周围的鱼）。

遗传多样性成为刺鱼骨骼进化的基础

1.5 万年其实是进化过程中非常短暂的一段时期。形态差异的种群被隔离因此没有机会异种交配，但是如果把它们养在实验室里它们却可以完成异种交配。刺鱼的这种异种交配的能力和对其后代性状的分析使得我们能够将性状定位于染色体的具体区域（以及最终定位到个体基因）。这种技术叫做数量性状位点分析（quantitative trait locus，QTL），它依赖于形成精子或卵子时等位基因的遗传重组，并依赖于基因之间的距离。在第 14 章我们会对这一技术做详细阐述。数量性状位点分析的一个关键步骤就是绘制遗传图谱。对于刺鱼来说最初是利用大量的微卫星标记来绘制其遗传图谱的（注解框 13.3 中更多关于微卫星的信息）。

在一项实验中，一条来自于海洋的雌性三脊骨刺鱼（带有典型的发育良好的骨盆和骨盆刺）和一条来自加拿大 Paxton 湖深水区的雄性刺鱼（这些鱼有退化的骨盆和骨刺）交配。它们的后代（F_1 代）都带有和它们的海洋母系亲本一样的骨盆和骨盆刺（图 11.21）。当 F_1 代中的两条鱼相互交配，发现有 75% 的 F_2 代出现了完整的骨盆，但是有 25% 的 F_2 代存在一些可见的变化（大小减少、丢失或者有些骨盆的形状不对称）。

这种孟德尔式 3∶1 的比率说明单一的基因座位控制这种性状的变异。事实上通过数量性状基因座位绘图揭示了 13.5%～43.7%已测量的骨盆参数（如刺的长度或骨盆带的长度）都显示了与单个染色体区域有很强的连锁性（图 11.22）。为了进一步缩小范围以便定

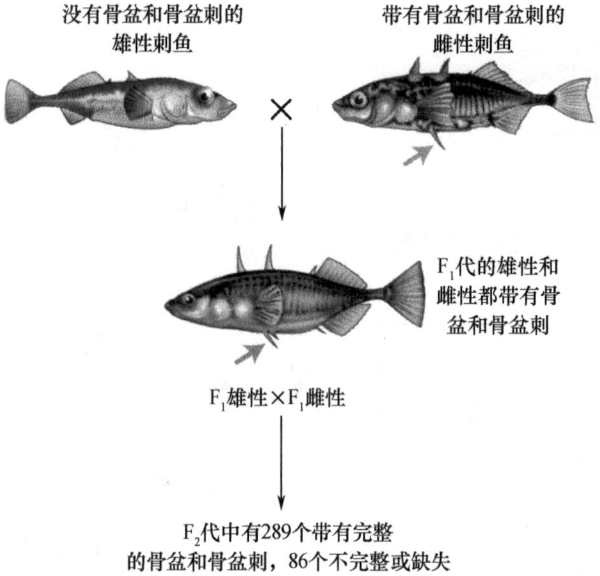

图 11.21　将一个来自 Paxton 湖深水区的没有骨盆和骨盆刺的雄性刺鱼及一个带有骨盆和骨盆刺的雌性刺鱼交配，F_1 代中的雄性和雌性都带有骨盆和骨盆刺。使 F_1 代的雄性和雌性交配产生 F_2 代，其中有 3/4 带有完整的骨盆和骨盆刺，但其余的 1/4 具有可见的骨盆和骨盆刺。

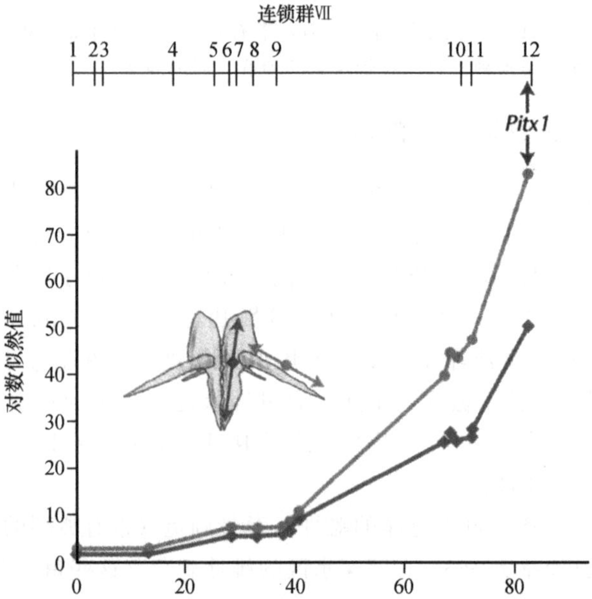

图 11.22　数量性状位点作图显示了可测量的骨盆参数和单染色体区域的高度连锁。插图所显示的是骨盆和对骨盆的测量（蓝线）以及对骨盆刺的测量（绿色）。将这些性状整合到遗传图中后显示出这些性状和 *Pitx*1 基因在染色体中的位置的连锁性。

位到单个基因，我们还需要大量的杂交和分子分析。一个更为快速的识别候选基因的方法来自于对老鼠骨盆发育的遗传知识的了解。

*Pitx*1 基因在刺鱼骨盆形态进化中的作用

发育生物学家已经发现了两个基因，*Pitx*1 和 *Tbx*4，它们在老鼠胚胎的后肢发育中特异表达，但是在前肢却不表达。老鼠如果缺失 *Pitx*1 基因，后肢会发育不对称，右侧股骨比左侧短（图 11.23）。很显然，刺鱼的骨盆缩小也是不对称的，右侧的骨盆通常小于左侧的。老鼠中的表型被 *Pitx*2 的突变进一步增强，它同 *Pitx*1 关系密切。*Tbx*4 也是小鼠后肢发育的相关基因，并且在遗传等级控制模式中位于 *Pitx*1 基因的下游（图 11.23）。于是这三个基因就被认为是三脊骨刺鱼的骨盆发育的候选基因。

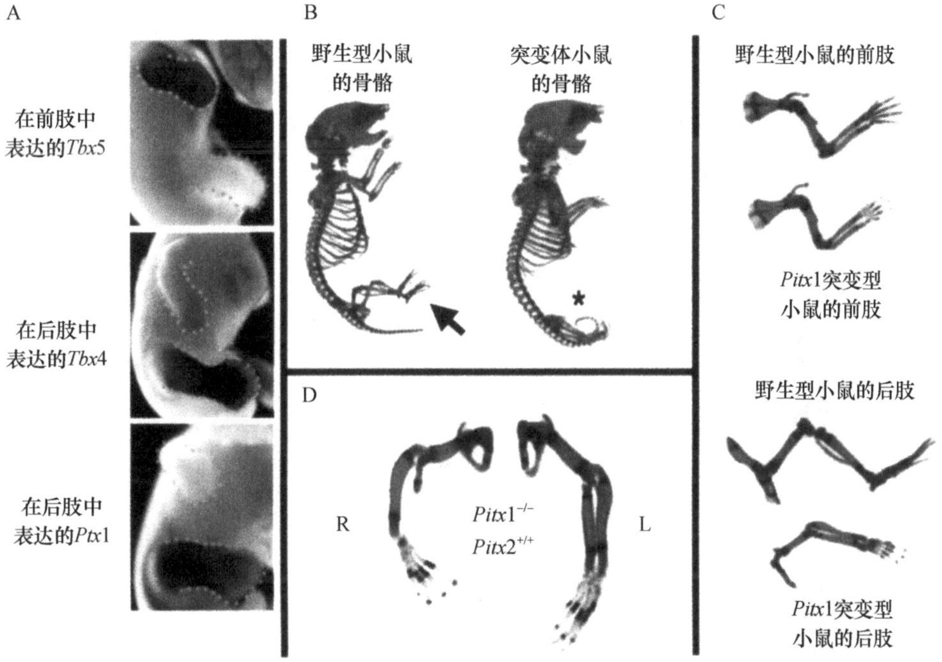

图 11.23　前肢（forelimb）和后肢（hindlimb）的分子差异。(A) *Tbx*5 在小鼠的前肢（粉色轮廓）中表达（蓝色染色），但是不在后肢（绿色轮廓）中表达。*Tbx*4 和 *Pitx*1 的表达正相反。(B) 左侧是一个野生型小鼠的骨骼，右侧是一个 *Pitx*1 突变体小鼠的骨骼（后肢的位置分别用箭头和星号表示）。(C) 分别从野生型和突变型小鼠中分离出来的前肢与后肢骨骼。敲除了 *Pitx*1 对于前肢的发育没有影响，但是却导致了后肢的变小。(D) *Pitx*1 敲除的影响是左右不对称，并且如果敲除一个与之紧密相关的 *Pitx*2 基因将会增强这种效应。在 *Pitx*$1^{-/-}$ 和 *Pitx*$2^{+/-}$ 胚胎中左右后肢都缩小了，但是对于右侧后肢的影响更为严重。

为了确定这些基因是否与性状相关，研究者分别从上述的海洋和 Paxton 湖底种群中分离了 *Pitx*1、*Pitx*2 和 *Tbx*4 基因。对一些刺鱼个体的相关基因及其邻近区域进行序列分析，所发现的 DNA 多态性可以区分海洋种和湖底种亲本。可以利用这些多态性将 *Pitx*1、*Pitx*2 和 *Tbx*4 基因定位到遗传图谱中，对 F_2 代的分析发现其中一个基因

*Pitx*1 被定位在与数量性状位点相同的区域（图 11.22）。这些证据表明，骨盆刺和骨盆骨架的形态差异是由 *Pitx*1 基因的差异造成的。需要说明的是，由于在这些实验中采用的 QTL 技术的分辨率是有限的，因此也可能是同 *Pitx*1 基因非常靠近另外一个基因的多样性造成的。

然而接下来的证据证明的确是 *Pitx*1 基因在起作用。这一证据来自对刺鱼中 *Pitx*1 表达的比较分析。利用原位杂交技术（*in situ* hybridization）可以分析鱼发育过程中信使 RNA（mRNA）在组织中的分布，*Pitx*1 只在海洋物种的骨盆的既定区域表达，但是在 Paxton 湖深水区的种群却没有表达（图 11.24B 和图 11.24D）。*Pitx*1 基因在骨盆特定区域存在表达差异，然而在其他组织中的表达水平和模式都很相似。例如，*Pitx*1 基因同样在头部结构发育中起作用，并且在这两个种群中的这一区域中 *Pitx*1 基因有相似的表达模式和表达水平（图 11.24A 和图 11.24C）。*Pitx*1 的这两个等位基因差异可能是因为顺式调控水平的不同。与海洋物种相比，深水湖物种一个顺式调控的特异性改变导致表达只在骨盆中下降（图 11.24E）。研究发现，*Pitx*1 两个等位基因编码的氨基酸序列是一致的，这进一步支持了上面的解释。这两个等位基因编码的蛋白质并没有什么不同，然而它们表达的差异就成为表型差异的基础。

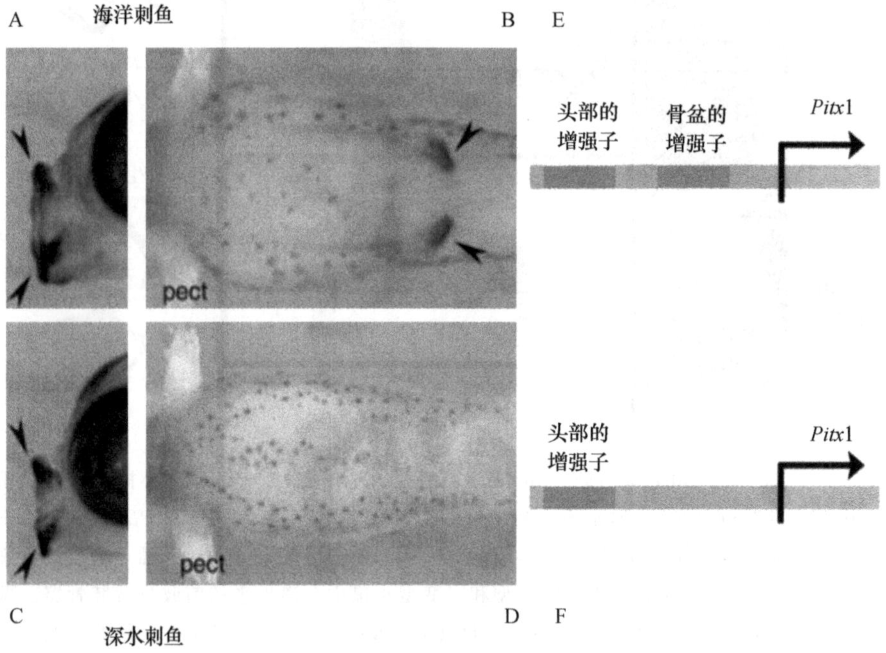

图 11.24 海洋和深水刺鱼 *Pitx*1 mRNA 的表达。可以看到 *Pitx*1 的表达（染成蓝色）是分布在这两种鱼的口周围（在 AC 图中箭头所指的位置）。*Pitx*1 仅在海洋种群（B 图篇头所指）的骨盆中表达，在深水区种群中看不到表达（D 图标注“pect”的部位是前面的胸鳍）。这就说明 *Pitx*1 表达调控的改变是产生这两种刺鱼骨盆和骨盆刺差异的基础。有人预测海洋刺鱼存在头部和骨盆的增强子，从而导致了 *Pitx*1 在这两个部位的表达。在深水刺鱼中，骨盆增强子大概是丢失了，所以只能在口部区域看到 *Pitx*1 的表达。

这些实验说明了 *Pitx*1 表达调控的进化改变可能是假定的海洋祖先种群和 Paxton 湖底种群之间的表形变化的原因，但是其他的淡水刺鱼种群又怎样呢？其他的淡水种群都经历了趋同（即独立的）进化，它们骨盘结构的减小与 Paxton 湖底种群相似。是不是它们也是由于 *Pitx*1 基因改变的结果呢？利用它们与其他湖的刺鱼杂交，其结果说明在这些种群中骨盆的缩小也是由于 *Pitx*1 基因的改变。要么是 *Pitx*1 基因变异起源于一些偶然的独立的突变，要么变异的等位基因首先出现在海洋祖先种群然后在各个湖泊种群的进化过程中经历选择。为了确定哪种可能性更大，我们还需要更为详细的了解 *Pitx*1 等位基因的自然属性和它们在不同种群中的分布。这些来自刺鱼的数据提供了一个说明怎样识别单个基因（在本例中是 *Pitx*1 基因）在发育中作用的很好例子，*Pitx*1 基因可能在不同种群进化过程中表型的改变上起关键的作用。

另外一个在海洋种群和淡水深水种群之间的差异性状是鱼身体两侧的鳞片（硬板）宽度。海洋种群存在大量的鳞片，但是淡水种群只有相对较少的鳞片。利用 QTL 技术分析发现有一个单基因对这一性状起主要作用。事实上这个基因是在人类中称为 *Ectodysplasin*（*Eda*）基因在鱼中的同源基因。人类这个基因的突变首先在外胚层发育异常的患者中发现。这种疾病的特征是牙齿、头发、汗腺和眉毛的减少或丧失。*Eda* 编码的是一种分泌性分子，这种分子涉及很多组织中细胞之间信号的转导。*Eda* 等位基因在淡水和海洋这两个种群中的差异呈现出可调节性。同海洋刺鱼相比，在淡水刺鱼的皮肤中 *Eda* 等位基因表达下降。这个实验说明在形态变化的进化中不仅仅涉及转录因子，还涉及各个发育通路的调控水平。

起源于墨西哥蜀黍的玉米的进化

全世界范围每年大概生产出超过 6 亿吨的谷物，已经成为了全球经济的主要支柱。这种生产谷物的植物叫做玉米，虽然栽培的玉米到处都是，但是却很难找到野生的。玉米和番茄不同，野生番茄基本上就是果实较小的栽培番茄，然而对于玉米来说就没有相应的野生型植物存在。众多的证据表明玉米在过去 6 千到 1 万年前就已经被驯化了，可是玉米又是来自于哪里呢？

玉米起源于墨西哥蜀黍

早在 100 多年前，植物学家就提出玉米可能起源于一种叫做墨西哥蜀黍的植物，这种植物遍布于美国的中部和北部地区。然而这一观点却颇受争议，因为这两种植物的形态学差异明显，有人认为墨西哥蜀黍与水稻的亲缘关系更近（图 11.28）。在 20 世纪 30 年代，George Beadle 和 Ralph Emerson 又提供了新的证据以支持墨西哥蜀黍是玉米的祖先这一假说。墨西哥蜀黍是玉米属植物，玉米属包括已知的几个种。Beadle 报道了玉米和一种叫做墨西哥一年生蜀黍的特殊蜀黍有亲缘关系，现在我们称为 *Zea mays* ssp. *mexicana*，它们的染色体在显微镜下是相同的。此外玉米和 *Zea mays* ssp. *mexicana* 可以杂交，并且杂交后代全部可育。于是 Beadle 就提出玉米和墨西哥一年生蜀黍是同一物种并且玉米是从墨西哥蜀黍驯化而来。

玉米和墨西哥蜀黍差异显著

虽然 Beadle 的工作证明了玉米起源于墨西哥蜀黍，但是仍然存在一个问题，那就是驯化是怎样如此彻底的改变这种植物的？这两种植物的结构相当不同。墨西哥蜀黍有许多带有穗（雄性植物的生殖部分）的侧枝，而玉米只有一个长枝，从其旁侧发散出谷穗，在长枝顶部还带有一个穗（图 11.28）。

然而更显著的不同是它们的苞（雌性植株的生殖部分）。墨西哥蜀黍有 5～12 个种核，每一个都被很难打开的果皮包裹着。一旦苞发育成熟果皮就会破掉，散落出许多种核。这些种核可能会被吃掉，但是当它们穿过鸟类和哺乳动物的消化道时不会被破坏从而被这些动物传播。玉米的苞会有多达 500 个种核。这些种核没有什么外部的保护，容易被动物（包括人类）消化。玉米苞成熟时种核都是牢牢粘在苞上的，不会散落。当然如果谷苞不被收割，它就会掉到地上，所有的种核都会在一起发芽，由于彼此离得太近，所以几乎没有能存活下来的。因此，如果没有人类的干预，玉米将无法存活。

一个简单的杂交实验表明少量基因控制着蜀黍和玉米之间的差异

Beadle 把精力放在了谷穗的表型上，并且做了一个简单的杂交试验去估计有多少基因造成这两种植物之间的明显差异。Beadle 发现杂交后代看起来很像蜀黍和玉米的中间体（图 11.25）。Beadle 又使杂交后代（F_1 代）杂交，并且得到了 5 万个植株（F_2 代）。对于 F_2 代进行分析发现 1/500 像玉米，另外有 1/500 像蜀黍。Beadle 推测大概只有 5 或 6 个基因控制着玉米和蜀黍穗表型差异（图 11.26）。

Beadle 得到的这些遗传学结果进一步支持了玉米是蜀黍经过人工驯化而来的这一观点。早先的农民可能培植了野生型的蜀黍并且选择那些更有利于人类的性状。Beadle 的这些遗传学实验说明了早先的农民已经选择了少量的等位基因，这就导致了蜀黍向现代玉米的快速转移。但是是哪些基因呢？

图 11.25　（左到右）墨西哥蜀黍、玉米-蜀黍杂交种和玉米。杂交种（中间）在很多方面都是其两个亲本的中间体。

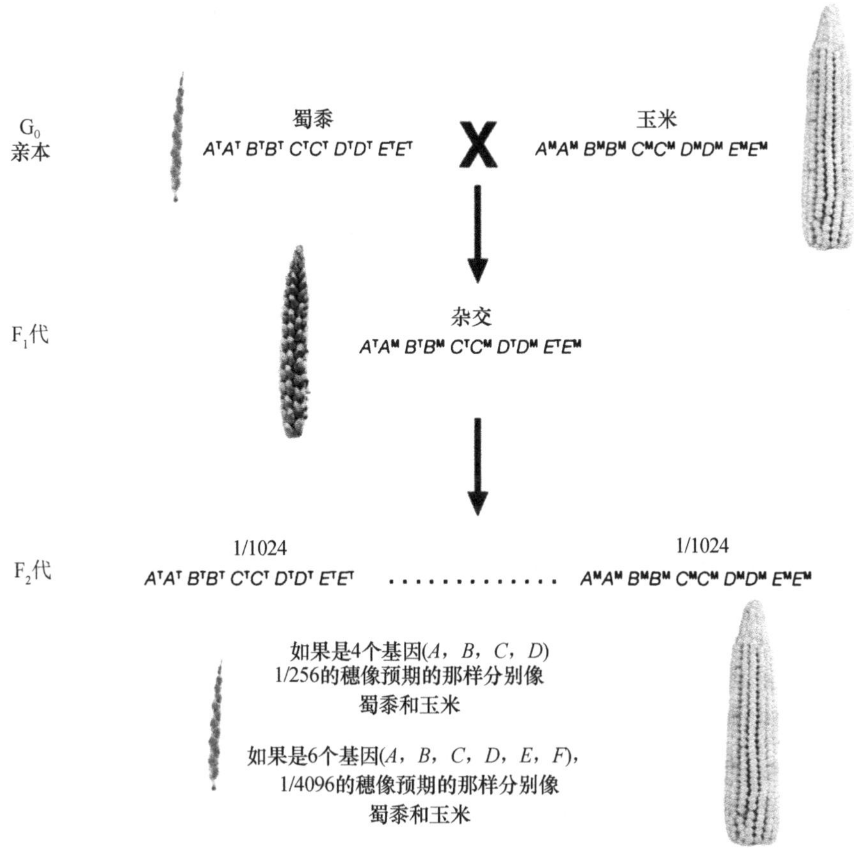

图 11.26　Beadle 利用一系列简单的杂交实验粗略地估算了负责玉米和蜀黍的穗表型差异的基因数量。一开始先假设有 5 个基因（基因 A、B、C、D 和 E）控制着这两者之间的差异。蜀黍带有全部的蜀黍等位基因（ATAT、BTBT 等），并且玉米带有全部的玉米等位基因（AMAM、BMBM 等）。F_1 代杂合子的全部等位基因型是 ATAM、BTBM，并且表型是介于两个亲本之间的中间体。当 F_1 代自交后就产生了许多不同的表型和基因型，但是有 1/1024（$4^6=1024$）的 F_2 代在 5 个基因座上有相同的蜀黍等位基因。另外还有 1/1024 的 F_2 代在 5 个基因座有相同的玉米等位基因。如果是这 5 个基因负责全部的差异，那么这些谷穗就会像预期的那样看起来分别像蜀黍和玉米。如果是 4 个基因那么这个比例就是 1/256，如果是 6 个基因那么这个比例就是 1/4096。因为 Beadle 得到的数值大概接近 1/500，所以他估计大概有 5 个基因控制着玉米和蜀黍穗的表型差异。当然这只是一个很粗略的估算，因为没有考虑到等位基因之间的显隐性关系和基因座之间的作用，但是不可否认这是第一次估计，而且是较为精确的估计。

QTL（数量性状位点）作图发现控制侧枝模式的基因是 *teosinte branched* 1

就像分析刺鱼一样，QTL（数量性状位点分析）被用来对那些控制着玉米和蜀黍数量性状差异的基因进行作图（QTL 在第 14 章将有更为详细的介绍）。有 6 个染色体区段控制大部分玉米和蜀黍的数量性状差异（图 11.27）。其中一个已经定位的性状是从主枝分生出来的侧枝数量，如前面所说的蜀黍有很多侧枝，然而玉米只有很少的侧枝。这个很显著的数量性状位点被定位在 1 号染色体左臂的特殊区域，并且蜀黍的多侧枝性状相对于玉米的少侧枝性状是隐性的。

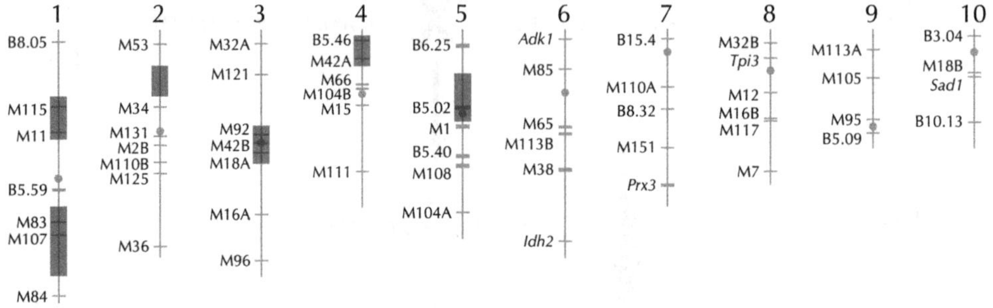

图 11.27　推算的玉米基因组中那些区别于蜀黍的数量性状位点的位置（红色）。这个数量性状位点的分布说明了在这 10 条染色体中有 5 条染色体上分布的 6 个染色体区段是负责玉米和蜀黍之间大部分差异的。这些定位数据进一步缩小了研究范围，然而仍然包括很多基因，并且每一个数量性状位点都包含几个可能产生性状差异的连锁基因。另外一个实验发现的一个数量性状位点是一个单基因——*tb1* 基因的差异。

科学家利用遗传学方法研究玉米的发育并筛选了一个多侧枝纯合突变株。带有这种突变的玉米看起来很像蜀黍（图 11.28）。有趣的是，这种被命名为 *teosinte branched1*（*tb1*）的突变，也被定位到 1 号染色体的相同区域。这与 QTL 定位的区域一致。

图 11.28　（A）蜀黍植株，（B）玉米植株和（C）玉米的 *tb1* 突变植株。蜀黍（A）和玉米（B）植株外表上看差异很大。例如，蜀黍有许多侧枝，然而玉米没有或很少的侧枝。但是 *tb1* 突变玉米植株（C）有一些表型特征看起来更像蜀黍，包括出现了多个侧枝。

为了证明 QTL 分析结果和 *tb1* 突变是同一个基因，科学家又做了互补实验。通过许多代的杂交和选择，产生的植株带有一整套玉米来源的基因组，此外在 1 号染色体的相应区段还有一个侧枝数量性状位点，它是蜀黍源基因。这些植株看起来更像玉米但是却有蜀黍那样产生侧枝的能力。这些植株与 *tb1* 突变杂交，其后代仍然带有很多侧枝。因此，*tb1* 突变不能弥补侧枝数量性状位点，这就说明 *tb*1 和定位了的数量性状位点是同一个基因（这是互补检测的一个变种，在注解框 13.2 中有详细阐述）。

tb1 的正常功能是抑止器官生长

当 *tb1* 基因被克隆并定性后，发现它编码一个 TCP 家族的一个转录因子（这个家族是根据发现者的名字命名的，*T*eosinte branched、*C*ycloddea 和 *P*CF2）。后来发现 *tb1* 在玉米的一些不同的原始器官中表达，包括侧芽、侧枝和叶芽原基（图 11.29）。这些原始器官有一个共同点是相对于 *tb1* 突变体来说在正常玉米的发育过程中它们要么是停止发育要么是发育的较小。其他已知的 TCP 家族成员一定通过结合到它们的顺式调控区域并激活或者增加转录水平来调控很多促进细胞分裂和生长的各种基因。目前的理论是 Tb1 蛋白被其他的 TCP 蛋白识别并竞争性结合于这些相同的顺式调控区域，但是 Tb1 蛋白并不能激活转录，因此它是通过与其他的 TCP 家族转录因子竞争顺式调控区域来抑制生长和分裂的。

当对多种玉米和蜀黍的 *tb1* 编码产物进行比对时发现，氨基酸序列在玉米和蜀黍中都没有改变。这一发现说明玉米和蜀黍的等位基因并不是导致各自等位基因编码的蛋白质出现氨基酸不同的原因。因此玉米和蜀黍之间出现的表型差异是由调控水平控制的。这就可以解释为什么玉米的等位基因在侧枝中表达量是在蜀黍等位基因在侧枝表达量的两倍。

对玉米和蜀黍的 *tb1* 基因进行测序发现在玉米和蜀黍等位基因的编码区中变异水平是相同的。相反对 *tb1* 基因的 DNA 转录起始位点 5′端进行测序发现玉米的 DNA 出现低水平的核酸变异，然而蜀黍 DNA 转录起始位点 5′端则出现较高水平的核酸变异。*tb1* 转录起始位点 5′端可能是一个控制着 *tb1* 转录的调控区域。这个结果可以说明驯化这种植物过程中对 *tb1* 调控方式进行了选择（第 19 章将在序列水平上对选择做详细阐述）。也就是说早先种植玉米的农民在驯化玉米的过程中就选择了 *tb1* 基因特殊的调控模式。

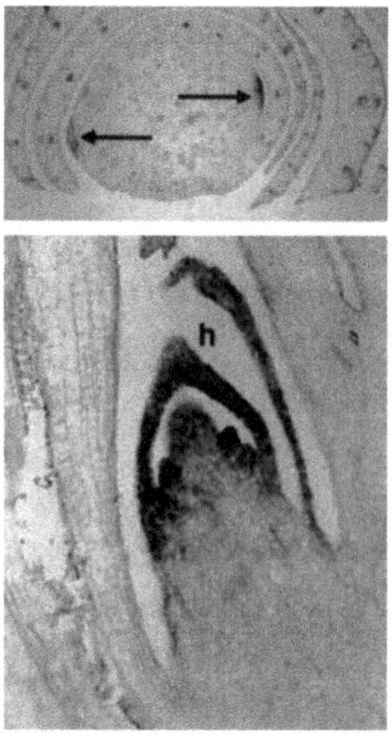

图 11.29　*tb1* 在玉米中的表达模式。通过一个生长的植株切面可以看出 *tb1* mRNA 在分生组织（上图箭头所指）和叶芽原基（h，紫色区域）中表达。在玉米中两个组织中的表达导致和蜀黍相比相应组织的生长受到抑制。

玉米和蜀黍其他的差异性状也被定位到单个基因。其中包括一个与蜀黍种核外包裹的坚硬果皮相关的基因，这个基因在玉米中是缺失的。这一性状的一个数量性状位点与一个叫做 *teosinte glume architecture1*（*tga1*）的基因是连锁的。这个基因控制着果皮发育过程的一些方面，包括矽元素（形成坚硬果皮必需的一种物质）的沉积和木质化

(一个复杂的聚合体的形成)。

然而，值得注意的是其他的性状不是简单的由一个基因控制的。例如，脱落（便于谷穗和植株分离）这一性状是由许多数量性状位点控制的，这就体现了基因间相互协作的复杂模式。因此，虽然 *tb1* 和 *tga1* 这两个例子说明了单基因可以对一些性状产生主要的影响，但是其他的性状很明显受到相互作用的等位基因共同作用的选择。

蜀黍被快速驯化为玉米

许多分子水平的分析都证明了一种叫做 *Zea mays* ssp. *parviglumis* 的蜀黍（通常也叫做巴尔萨斯蜀黍）是与现代玉米亲缘关系最近的一种植物（*Z. m.* ssp. *parviglumis* 与玉米杂交的情况和 *Z. m.* ssp. *mexicana* 一样，但是其他的遗传学分析则说明玉米与 *Z. m.* ssp. *parviglumis* 的亲缘关系比与 *Z. m.* ssp. *mexicana* 的亲缘关系更近一些）。以微卫星数据为基础的系统发育重建说明了这个驯化过程只在墨西哥发生过（图 11.30）。此外，利用分子生物学的手段发现 *Z. m.* ssp. *parviglumis* 和玉米分离的时间是在 9000 年前，这与考古学的数据是相符的。

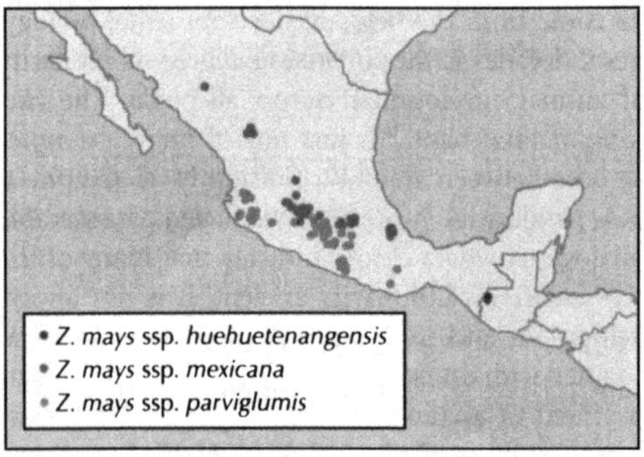

图 11.30　在墨西哥和美洲中部对 *Zea mays*. 的驯化。*Z. m.* 变异亚种与生长在墨西哥西南部和危地马拉部分地区的玉米有很近的亲缘关系。这里展示了三个亚种，其中 *Z. m.* ssp. *parviglumis* 与玉米的关系最近。

另外一些有趣的结果来自对 4400 年前的玉米中提取的 DNA 的分析。这种玉米是在贯穿于墨西哥和美国西南部的考古遗址发现的（图 11.31）。正像人们所预料的那样，分子分析表明与玉米相关的基因 *tb1* 在很古老的样品中就已经出现了。另一方面，对另外一种基因 *su1* 的分析表明，现在的 *su1* 基因是在大约 2000 年前被选择下来的。*su1* 基因在种核中表达，它编码一种淀粉脱支酶。这种现代等位基因的出现和制作玉米粉圆饼所需要的玉米的相应质地是相关的。

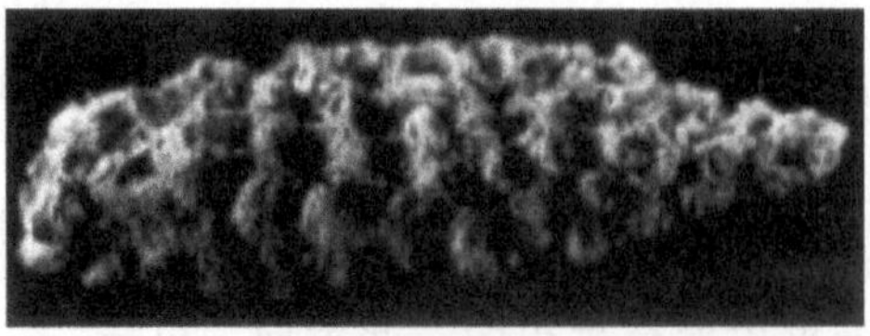

图 11.31　在委内瑞拉境内的 Ocampo 洞穴中发现的玉米穗，距今有 3890 年，其长为 47mm。

所有的这些证据表明，生活在一定地理区域中的农民能够在很短的时间内把蜀黍驯化为现在的玉米。虽然这些自发的突变事件在驯化过程中起一定的作用，但是这些农民选择的变异在蜀黍种群已经存在了。即使在今天，诸如 *tb1* 这样的玉米等位基因也可以在野生型蜀黍中发现。通过这些农民的选择，像 *tb1* 和 *tga1* 这样在发育过程中起关键作用的基因频率增加了。这些基因可以导致植株发生戏剧性变化。与此同时，通过新基因的组合，也就是今天所见的 QTL 多态性，已经完全阐明了那些新的变异。

刺鱼和玉米的例子都说明怎样通过修正一个或几个基因来完成进化中形态和发育的改变的。很显然，这里涉及人为的驯化（玉米）和自然选择（刺鱼）。此外，虽然这些例子启示我们调控性进化的作用，但是蛋白质编码区的进化改变也起到了重要的作用。例如，*Hox* 基因簇的进化改变就涉及调控模式和编码区的改变。这里依然存在一个问题，那就是是否我们研究足够多进化改变的具体例子，我们就能够找出在发育通路中发挥作用的所有机制，就能够找到调控和蛋白质编码操作的改变。然而，我们看到的诸多例子都是很有趣的，这些例子都说明在表型和发育进化中作为主要影响因子的转录因子发生了调控性改变。因为它们可以共同作用于下游的靶基因，并且它们有在发育的某个精确时间改变对个体组织影响的模块化的调控区，所以这也引起许多人的进一步思考，是否这些转录因子特异性地行使功能（第 24 章）？

发育系统的普遍性

在过去几十年中，发育生物学、遗传学和基因组学的一个最为重要的发现是不同动物门类其发育的分子和遗传基础的相似性。在本章开始时讨论的 *Hox* 基因是众多例子中的一个，这些例子显著的相似性在各种远缘动物中都存在。然而，从进化的角度对这些相似性做出的解释却引起了争议。虽然分子和系统发育数据清楚地表明许多涉及发育过程的基因都是很古老的，但是我们依然不清楚带有这些基因的祖先的发育过程和形态特征。最后，我们描述一个复杂器官发育的分子水平相似性的例子。这个例子也可以帮助我们解释其他器官的进化。

Pax6 和眼睛的进化

眼睛是动物用来看世界的器官，长期以来人们一直认为眼睛进化了很多次。事实上眼睛结构是以一种很基础的方式改变的，形态学家已经预计眼睛已经独立进化了 40～65 次！目前眼睛分为三个基本类型：相机眼，像那些脊椎动物和头足类动物（这类软体动物包括章鱼、鱿鱼和墨鱼）的眼睛一样；复眼，像节肢动物的眼一样；还有镜眼，像扇贝这类软体动物的眼睛（图 11.32）。从图中可以看出明显的不同，于是人们假设这些眼睛都有独立的进化起源。但是由于发现了一个在发育中起作用的基因 *Pax6*，人们开始怀疑这一观点。

Pax6 属于一个转录因子家族，这个家族都带有 PRD-type DNA 结合区域。PRD 区域的由来是因为果蝇配对蛋白（Drosophila paired protein ），这种蛋白涉及分段过程。果蝇配对蛋白通常包括两个模块，一个同源域和一个 PRD 域。利用果蝇的 PRD 区域可

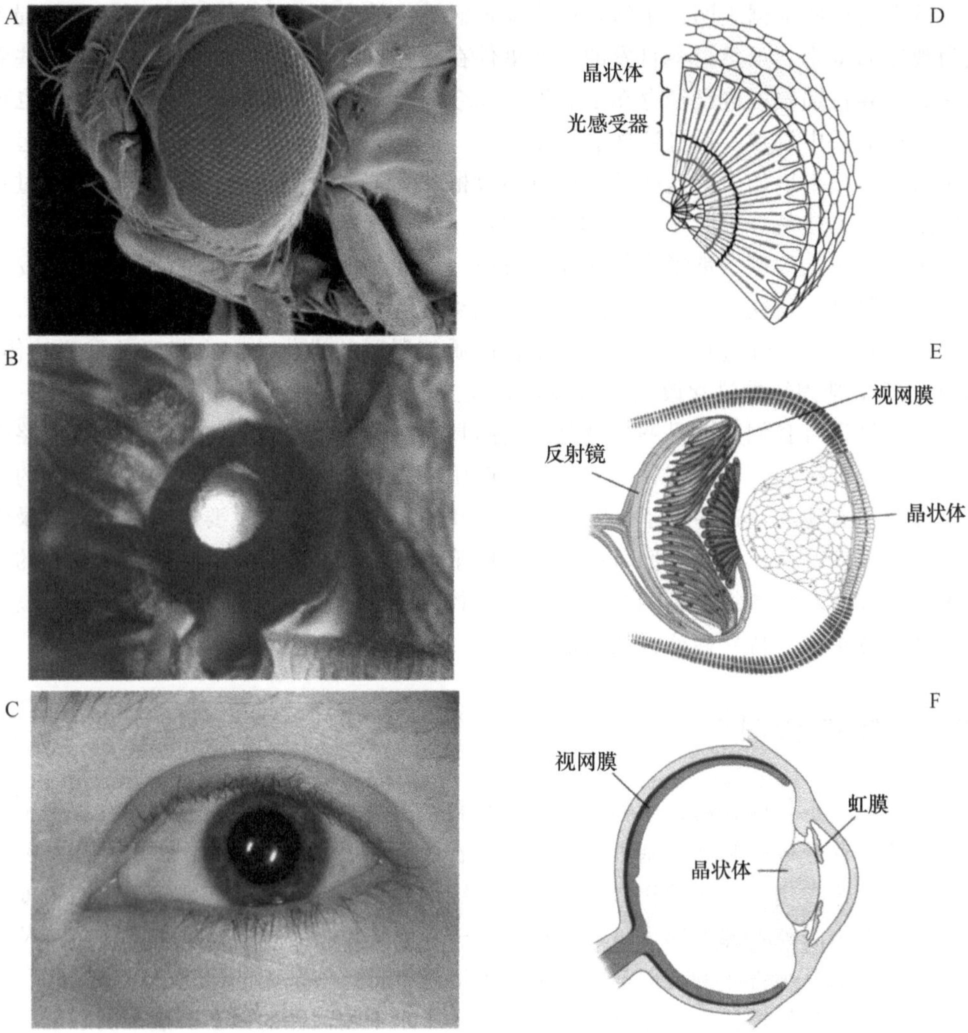

图 11.32　三种类型的眼睛。(A) 果蝇，还有许多其他的节肢动物都有复眼，复眼是由一个重复阵列组成，这个微阵列是由一些叫做小眼的六边形单元组成的 (D)。每一个小眼都包含一个晶状体和一簇光感受器。(B) 扇贝有镜型眼，在其背面有一个反射镜。(E) 视网膜的光感受器是用来检测进入眼睛的光线的，并且将光线反射到这面镜子上。(C) 人类和许多其他的动物有相机眼，在这种眼中晶状体将图像聚焦到眼睛后部的视网膜上。

以从多种动物中克隆出相关的家族成员。一些已克隆出来的蛋白同时包括同源域和 PRD 域，然而也有一些蛋白只包含 PRD 区域。在人和小鼠中都发现 *Pax6* 缺失会对眼睛的发育产生影响（图 11.33）。在人类当中一种叫做无虹膜的显性遗传综合征，其特征是没有虹膜，然而在小鼠中突变的表型叫做小眼症，其特征是眼睛的尺寸变小。这两种情况的缺陷都要追溯到 *Pax6* 基因突变，并且其表型是由于 *Pax6* 基因的单倍剂量不足（一个等位基因的丧失）造成的，因此突变体为显性。纯合子 *Pax6* 基因的缺失对于胚胎发育是致命的，会完全缺失眼睛、鼻子还有部分的大脑。在脊椎动物中对 *Pax6* 基因定性的时候，在果蝇中还没有发现其同源基因。

果蝇的 *Pax6* 基因被分离出来并定性时，人们得到了一个令人吃惊的结果，即这个基因的突变体表现为无眼（图 11.33）。顾名思义这些突变体果蝇没有眼睛。更让人叹为观止的是，如果使 *Pax6* 基因在身体的其他部位表达，那么能够长出异位（ectopic）或额外的眼睛（图 11.34），这说明这个基因在眼睛发育过程中起到精确调控的作用。

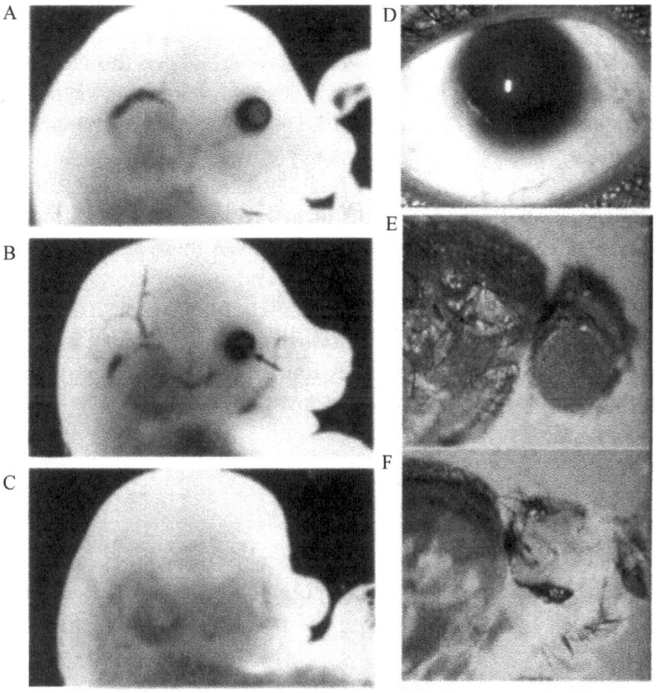

图 11.33 在许多动物中 *Pax6* 基因控制着眼睛的发育。（A）带有正常眼睛的老鼠胚胎。（B）在一个带有 *Pax6* 突变等位基因的杂合子小鼠胚胎中的小眼，眼睛的尺寸变小。（C）一个小眼症的纯合子胚胎，眼睛、鼻子和一部分的脸是完全缺失的。（D）人类的 *Pax6*（这个基因在人类中叫做 *Aniridia*）突变杂合子的眼睛缺失虹膜。少数的 *Pax6* 突变的人类纯合子胚胎会完全缺失眼睛、鼻子和部分的面部结构，就像小鼠一样。（E）野生型果蝇的正常眼睛。（F）*Pax6*（这个基因在果蝇中叫做 *eyeless*）突变导致了眼睛的严重畸形。安全删除 *eyeless* 基因会导致无头果蝇。

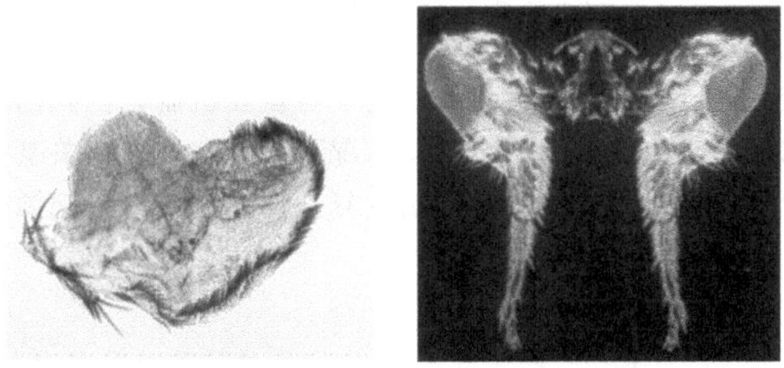

图 11.34 异位表达 *Pax6* 产生了异位眼。（左图）在成虫盘翅膀位置不对称表达果蝇的 *eyeless* 基因就会发育出一个眼睛（红色结构）。果蝇还有另一个 *Pax6* 同源基因叫做 *twin-of eyeless*，它同样也可以产生异位眼。（右图）在成虫盘的腿部异位表达 *twin-of eyeless* 基因在成年果蝇的腿上发育出眼睛。即使将小鼠的 *Pax6* 基因在果蝇中错误表达也会导致异位眼的出现，当然他们是果蝇的异位眼而不是小鼠的眼睛长在果蝇身上。同样，将果蝇 *eyeless* 基因在青蛙身上异位表达也会导致在青蛙身上长出一个异位的青蛙眼。

看来眼睛并非是独立进化出来的，而是由在两侧动物的祖先中已经存在的 *Pax6* 基因控制的。在进化过程中，发生了眼睛结构的改变从而导致我们现在在动物中看到的各种各样的眼睛。因此，生活在寒武纪物种爆发以前的祖先应该已经有眼睛了。另外一种揭示是，在每一次的眼睛起源中，*Pax6* 基因被多次独立招募用来形成眼睛。*Pax6* 在进化中的古老功能大体上是控制前端的神经结构。由于我们知道从功能方面考虑眼睛都是从动物的前端进化出来的，所以 *Pax6* 可能被多次独立招募作为转录因子指导眼睛的发育。

然而，还有第三种可能的揭示。共同祖先可能只有一个由光感受器（即用视紫红质感受光子的细胞）和从至少一个方向投射光线的色素细胞组成的非常简单的感光结构。也许这种可以称为眼睛的简单结构是由 *Pax6* 来控制的。支持这一假说的一个证据是 *Pax6* 转录调控的众多目标基因中有视紫红质基因。在这种简单的原始眼睛独立进化为各种各样的复杂眼睛的过程中，*Pax6* 始终作为眼睛发育中关键的调节因子起作用并招募了额外的转录目标基因，所有这些这些基因共同作用于各种眼睛的发育。当然，最终的证据应该来源于化石。两侧对称动物的共同祖先具有什么样的眼睛呢？但遗憾的是还没有相关的化石证据。

小结

发育遗传学已经确定了在各种动物的发育中起作用的基因和通路。令人惊奇的是，发育的分子机制相当保守，许多和发育相关的基因在进化上都是很古老的。当然，对这些基因的不同用法使发育过程中产生了很多进化上的差异并导致我们在各种物种中看到的形态多样性。

Hox 基因是在进化上比较古老的一组基因中的典型例子。它在不同动物中执行类似的功能，即控制前后轴的发育。尽管这一组基因非常保守，但它们在表达和一些特殊功能上的进化改变可以用来解释一系列的形态改变，这些变化从在体制发育上的大尺度改变到果蝇近缘物种间腿刚毛的结构这样的细微改变。其他一些基因也参与发育的调控，如 *Pitx1*、*Eda* 和 *tb1*，它们在诸如刺鱼的骨盆刺和玉米驯化中的形态变化等形态多样性的进化中也发挥作用。

虽然这些比较发育研究揭示了进化改变的一些重要机制，但我们在运用这些知识来重构祖先的形态和发育时应该慎重。在有些情况下，这些发育相关基因可能在不同的情形中独立发挥类似的功能。另外，各种动物的复杂形态结构可能起源于多种形态结构简单的祖先。

延伸阅读

*Hox*基因的进化

Carroll S.B, Grenier J.K., and Wetherbee S.D. 2005. *From DNA to diversity. Molecular genetics and the evolution of animal design*. Blackwell Publishing, Oxford.

刺鱼的进化

Tickle C. and Cole N.J. 2004. Morphological diversity: Taking the spine out of three-spine stickleback. *Curr. Biol.* **14:** R422–R424.

由蜀黍到玉米的进化

Doebley J. 2004. The genetics of maize evolution. *Annu. Rev. Genet.* **38:** 37–59.

眼睛的进化

Gehring W. 2002. The genetic control of eye development and its implications for the evolution of the various eye-types. *Int. J. Dev. Biol.* **46:** 65–73.

Nilsson D.-E. 2004. Eye evolution: A question of genetic promiscuity. *Curr. Opin. Neurobiol.* **14:** 407–414.

第三部分　进化的历程

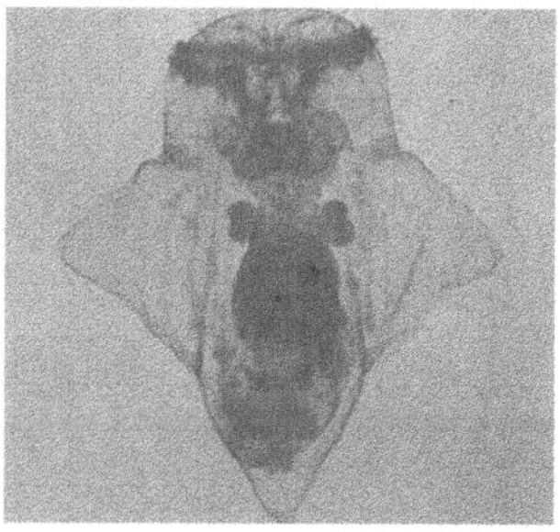

正如我们在第一章中看到的，进化生物学最令人惊奇的发现之一是几乎所有的种群都包含着丰富的遗传变异，这是自然选择导致适应的基础。第三部分讲述遗传变异的特性、对其产生作用的过程以及这些过程在进化中的相互作用。究其根源，这些变异是通过突变和重组产生的。我们在第 12 章对此进行详细的介绍。描述 DNA 和蛋白质的变异比较直截了当（第 13 章），但这些变异对生物体的效应是较难确定的。第 14 章介绍数量遗传学的方法如何运用到对复杂性状的遗传分析中。

第 15～17 章讲述进化的关键进程，即随机遗传漂变、基因从一地向另一地的流动以及最为重要的自然选择。这些进化因素之间的相互作用在第 18 章中讨论。在第 19 章中，我们将各个方面的证据综合起来探讨自然选择的作用范围。我们知道存在丰富的遗传变异，但如何保持这些变异？这些变异的后果是什么？

在接下来的 5 章中，我们会将所理解的进化历程运用到一些特定的问题上——表型的进化（包括衰老和繁殖行为）、基因之间和生物体之间的冲突与合作、物种起源以及遗传系统本身的进化（特别是有性生殖的进化）。最后，我们在第 24 章探讨全新的性状在生化、形态和行为水平是如何进化的。

正如我们在整部书中强调的一样，在第三部分我们同样强调分子和形态手段的整合。几乎所讨论的所有现象都可以在不同的水平进行研究。例如，社会互动行为的研究可以用微生物，也可以用昆虫、鸟类或哺乳类。有性生殖对从病毒到人类所有的生物体都很重要。进化生物学正在经历一次复兴，因为长久以来的很多问题可以用各种各样的新的方法来研究。

第 12 章

突变和重组导致遗传变异

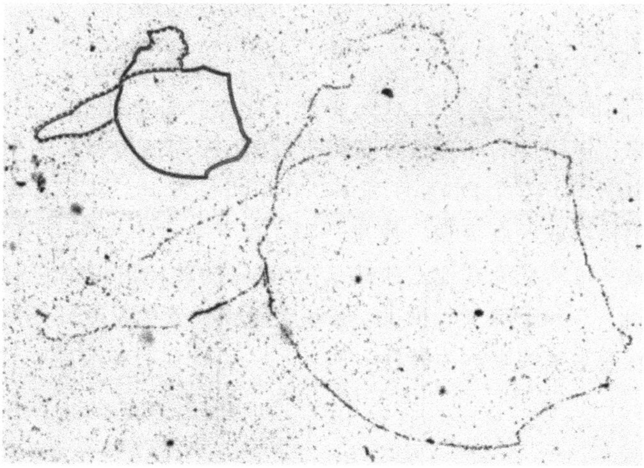

当你步行穿过一片森林的时候，最引人注目的是生物不同寻常的变异，可以很容易看见树木、鸟类、藤蔓、真菌、两栖动物和小型哺乳动物等。在烂树叶堆里面，生活着多种蚯蚓、蚂蚁和小蜘蛛等。只一抔土就可以看见病毒、细菌、古细菌和单细胞真核生物这样一个丰富的微观世界。也许更让人惊讶的是，在城市公园里散步时，物种内的变化也是显而易见的。人类、狗、苹果树和玫瑰都有各种各样的形状、颜色和形式。在这一章，我们主要探讨物种内和物种间变异的来源——**突变**和**遗传重组**。

突变，正式的定义是发生在一种生物的遗传物质（DNA 或 RNA）上的可遗传变化。它是所有变异无穷无尽的来源。没有突变也就没有进化。当来自不同家系的遗传物质发生混合时即发生了遗传重组，就会产生遗传变异。

这一章的大部分集中于突变，包括变异的不同类型，它们是怎样产生的以及物种内和物种间突变模式的变化。本章末尾会讨论遗传重组怎样放大存在于群体内的变异。我们首先讨论最熟悉的形式，即发生在像人类一样的有性生殖物种的遗传重组；然后，我们会考虑其他类型的重组，如有丝分裂重组和基因水平转移。

突变及其发生的机制

正如我们刚开始讨论突变时一样，首先研究简单生物的生命循环是非常有用的，如以二分裂进行无性繁殖的单细胞生物。繁殖需要细胞首先拷贝其基因组，然后分裂并赋予每一个子细胞一份基因组的拷贝。在生命循环中，有三种来源的突变：复制的错误、复制好的基因组分到子细胞中时发生的错误以及基因组的修饰，包括转座、DNA 损伤和异常的基因重组。

当然，生物系统很少能像上面描述的那么简单，在所有的例子中，突变常常分为同样的三种类型。这些分类将有助于我们的讨论。首先，确认不同类型的突变；然后，描述突变的直接原因：DNA 复制中的错误和对 DNA 的物理损伤，减少复制错误和 DNA 损伤的效应的机制，包括 **DNA 校正**和 DNA 修复；接下来，我们探讨更多复杂的突变产生的机制，包括染色体分离的错误和在细胞生长过程中发生的错误，如异常的同源重组和转座；最后，我们将讨论为什么突变的模式和效率会变化及怎么变化。

突变的多种形式

根据 DNA 序列的变化类型可以对突变进行分类。简单地说，主要集中于以 DNA 为遗传物质的生物，但同样的原理也可运用于以 RNA 为遗传物质的生物，如一些病毒和假定的早期生命形式。当在 DNA 序列中，在单个位置上，从一对碱基转变为另一对碱基时，常会发生替换或者**点突变**。使用一段 DNA 序列作为参考序列，有 12 种可能的突变（每一个碱基可转变为其他三种碱基）。这样的替换可根据它们发生在两种碱基形式，**嘌呤**（G 和 A）和**嘧啶**（C 和 T）碱基之间或碱基之内进行分类。如果从嘌呤转变为嘌呤或嘧啶转变为嘧啶则称为**转换**，而如果从嘌呤到嘧啶或嘧啶到嘌呤则称为**颠换**（表 12.1）。

表 12.1 转换和颠换

转换	颠换	
A-G	A-T	T-A
G-A	A-C	T-C
T-C	G-T	C-A
C-T	G-C	C-G

尽管点突变只改变基因组中单个碱基的序列，但它们会产生显著的效应。例如，β-球蛋白编码区序列上的一种颠换（A 到 T）导致了 β-球蛋白的氨基酸序列上的缬氨酸转变为谷氨酸。杂合子是有益的，因为它能够抵抗疟疾，但纯合子却会带来灾难性的疾病——镰状细胞贫血症（图 12.1）。当这种替代发生而导致蛋白质中单个氨基酸改变时（图 12.2 和图 12.3），即**错义突变**。此外，因为**遗传密码**的冗余性，点突变也许不能改变氨基酸序列，这些称为**同义突变**。

在其他类型的突变中，在特定的区域内子代 DNA 同母本 DNA 有数目不同的碱基对。在长度上，这些插入和缺失从一个碱基到一个基因片段再到上千个基因。小的插入和缺失常常称为**插缺**（图 12.2）。如果在编码蛋白质区域内有插入和缺失的话，那么在转录出的信使 RNA 也会有相应的插入和缺失。如果插入和缺失的数目不是 3 的倍数的话，那么这种插缺在翻译下游区域的 mRNA 时就会改变可读框。因此，这些特殊的插入和缺失称为**移码突变**（图 12.2）。

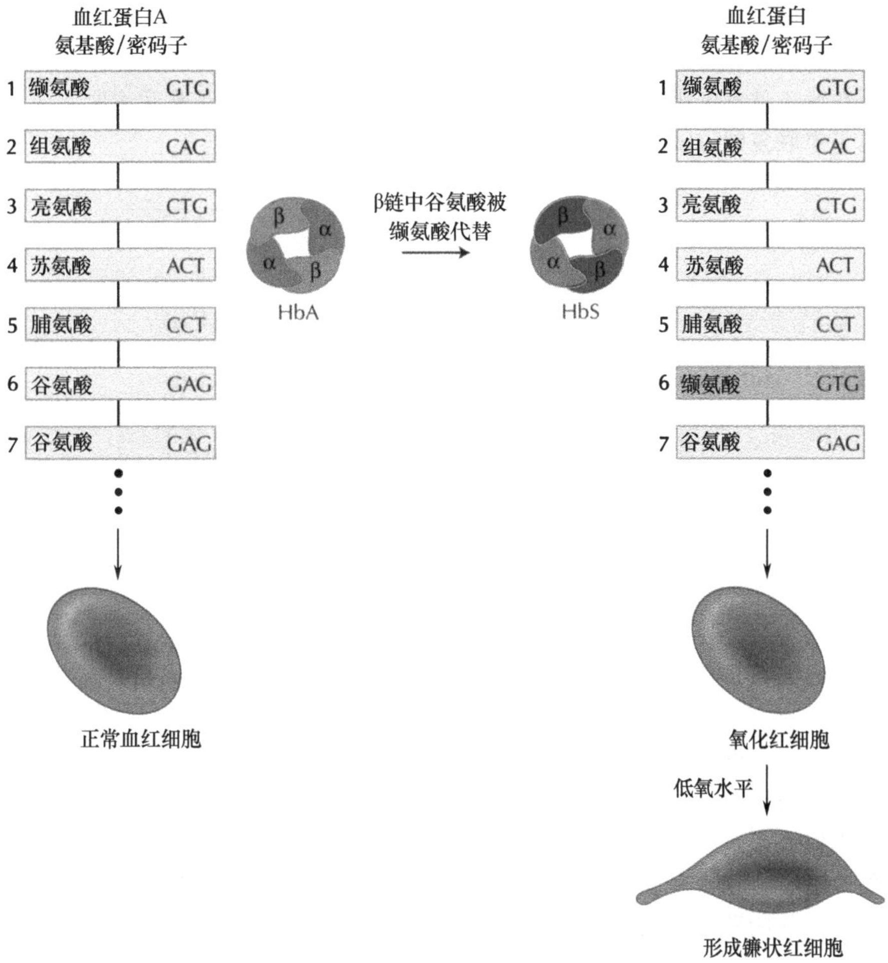

图 12.1　镰状细胞贫血症是由编码血红蛋白基因的单个碱基变化引起的。在镰状细胞中血红蛋白 S 的第 6 号氨基酸位置上由谷氨酸变成了缬氨酸从而产生了突变形式的血球蛋白。如图所示，在正常的血红蛋白（HbA）中存在的正常 β 亚基（蓝色），不正常的 β 亚基（红色）出现在镰状细胞的血红蛋白（HbS）中。当这种突变的血红蛋白分子存在时，会导致红细胞有时形成镰状，特别是在低氧的情况下。这将导致严重的表型后果，如小血管的堵塞。

类型	野生型	错义突变	移码突变
DNA	5′ AAA-GCT-ACC-TAT-CGG-TTA 3′ 3′ TTT-CGA-TGG-ATA-GCC-AAT 5′	5′ AAT-GCT-ACC-TAT-CGG-TTA 3′ 3′ TTA-CGA-TGG-ATA-GCC-AAT 5′	5′ AAA-GCT-ACC-ATA-TCG-GTT 3′ 3′ TTT-CGA-TGG-TAT-AGC-CAA 5′
mRNA	5′ UUU-CGA-UGG-AUA-GCC-AAU 3′	5′ UUA-CGA-UGG-AUA-GCC-AAU 3′	5′ UUU-CGA-UGG-UAU-AGC-CAA 3′
蛋白质	N PHE-ARG-TRP-ILE-ALA-ASN C 氨基　羧基	N LEU-ARG-TRP-ILE-ALA-ASN C 氨基　羧基	N PHE-ARG-TRP-TYR-SER-GLY C 氨基　羧基

图 12.2　插缺和移码突变。在第 2 列中，显示的是 DNA 区域所对应的蛋白质以及该区域编码的 mRNA 和蛋白质的对应（图 2.23 遗传密码和图 2.26 氨基酸简写）。在第 3 列中，显示的是一个错义突变导致的蛋白质序列的改变（红色表示与野生型的不同）。第 4 列显示移码突变导致的氨基酸序列的改变（A 与 T 碱基对的加入）。

大多数的插入不管大片段还是小片段都不是由随机的片段组成的。这些插入序列常常来自于细胞内其他地方 DNA 的复制或转移。如果来源的 DNA 被复制的话，那么这段序列既在原来位置上出现也在新的位置上出现。如果新的拷贝邻近于原始序列的话，则将其称为**串联复制**（图 12.3）。

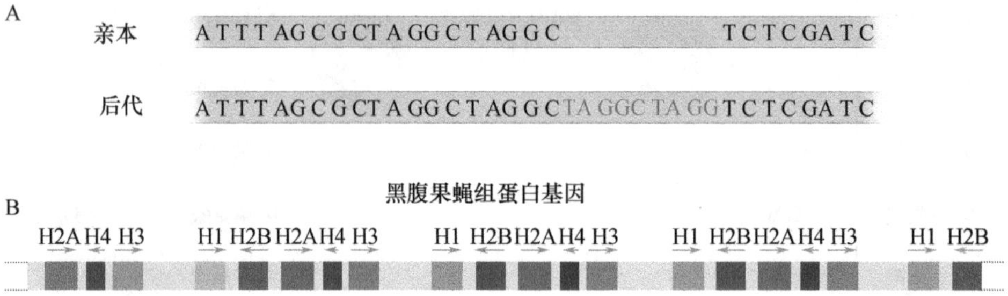

图 12.3　串联复制。这些复制突变显示新的拷贝 DNA（“子代”）邻近于源 DNA（“亲本”）。串联重复的大小范围从一个碱基到许多个基因。（A）9bp 串联复制（红色）的示意图。（B）黑腹果蝇组蛋白基因的串联排列。箭头表示转录的方向。这样串联排列在真核基因组中是很常见的，它通过多个串联复制事件产生。

整个染色体或整个基因组都能够被复制。在二倍体生物中，染色体是成对存在的（如人类的 23 对染色体）。缺失染色体对的其中一条会导致**单倍体**，而复制的话则会导致**三倍体**。在人类中，在倍型水平上的大多数改变都有可怕的后果。除 21 号染色体的三倍体会导致唐氏综合征以外，所有其他的倍型改变将会导致胎儿期或很早的死亡。因为这些严重的后果，一些疾病常常无法在群体内保留下来。全基因组的复制导致了倍性水平上的改变。例如，在许多真核生物中，染色体数会相对容易倍增，这会有很大的效应，甚至导致新物种的形成。

DNA 的重排不会改变整个 DNA 的组成或局部 DNA 序列。例如，倒位这种类型的突变是使基因组的一部分被倒转（从几个碱基到大片段的染色体）（图 12.4）。带有**着丝粒**的染色体（大部分真核生物染色体），倒位被归类为**臂间倒位**（如果倒位跨越了着丝粒）和**臂内倒位**（如果倒位没有跨越着丝粒）两种（图 12.5）。易位指两条染色体的片段（或一条染色体的两个末端）发生交换（图 12.6）。除非断裂点破坏基因，否则倒位和易位通常是没有即时表型结果的。然而，在基因重组时这些重排会产生问题（即真核生物的有性重组以及细菌和古细菌的接合）。在同源染色体中，有一条染色体含有倒位或易位的话，那么染色体**联会**也许不会正确发生，并且在减数分裂期间的**交换**会导致缺失。因此，由倒位和易位杂合子引发的部分或完全不育是很常见的（见注解框 12.2）。

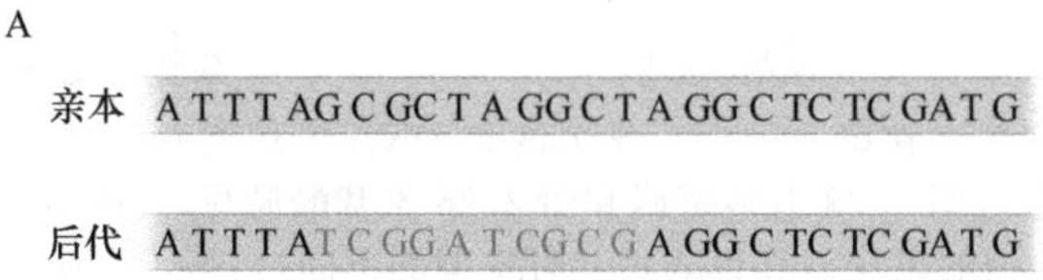

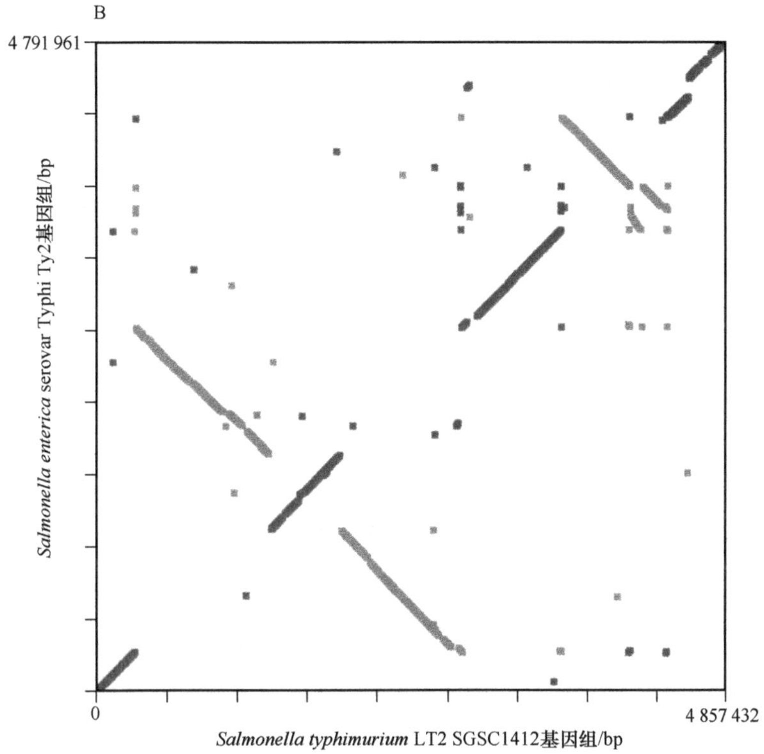

图 12.4　倒位。(A) 假设的一小段 DNA 区域上的倒位。上面显示的是亲本 DNA，下面是子代 DNA，红色表示倒位的区域。(B) 比较两种 *Salmonella* 属的菌株的基因组揭示了有多种大片段倒位的发生。图示一个基因组的点作图 (dotplot) (见注解框 7.1)。x 轴表示一个菌株的基因组，y 轴表示另一个菌株的基因组 [复制起点在 $(x,y)=(1,1)$]。两个基因组的保守区域用点表示。如果这两个基因组的取向是一致的，所有的点应该在 $y=x$ 的对角线上。蓝色的部分显示两个菌株之间的倒位。

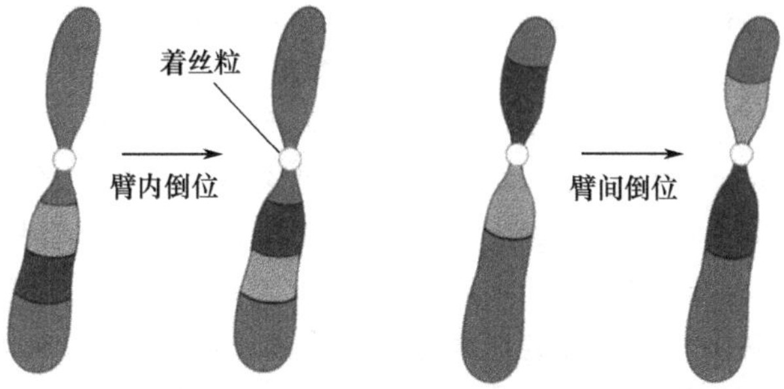

图 12.5　臂内倒位和臂间倒位。臂内倒位在着丝粒的外面；臂间倒位跨越了着丝粒。彩色条带显示倒位的区域。

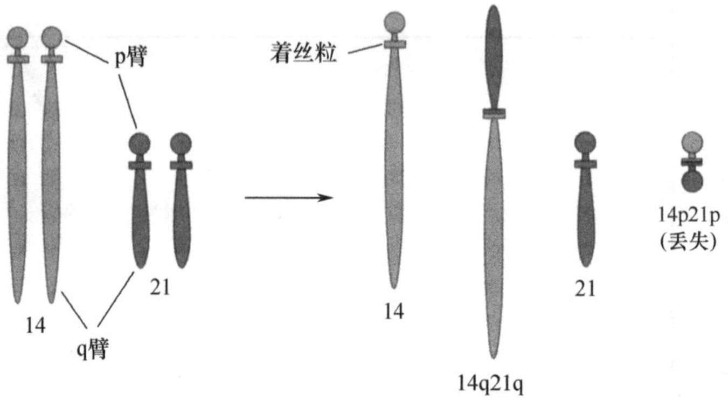

图 12.6 易位。图示人 14 号染色体和 21 号染色体之间的易位。14 号染色体和 21 号染色体的短臂能够重组从而导致两起易位（14q21q 和 14p21p）。

许多突变是由 DNA 复制中的自发突变引起的

当 DNA 复制时，DNA 聚合酶不会一直都是非常准确地复制原始序列的（在注解框 12.1 描述了 DNA 复制）。通常情况下，错误的发生是由于在复制中违背碱基配对原则（A 与 T 配对，G 与 C 配对），从而导致碱基替代。最常见的错误是碱基的转换，其主要原因是互变异构化。DNA 每一个碱基都存在两种互变异构形式。在绝大多数（大于 99%）情况下，碱基在 DNA 中以常见的异构形存在，如 G 和 T 的酮型以及 C 和 A 的氨基型。然而，每一个碱基会有很小频率（小于 1%）的替代形式（即相应的烯醇型和亚氨基型）。如果配对发生在 DNA 复制时的某个关键时刻，那么这些替代形式是能够产生碱基配对的。例如，G 的烯醇型与 T 而不是与 C 配对；A 的亚氨基型与 C 而不是与 T 配对（图 12.8）。

注解框 12.1 DNA 复制

理解生物体复制 DNA 的机制对于理解复制错误而导致的突变是非常重要的。

一个 DNA 分子由两条单核苷酸链组成，每一条链的骨架是由在糖分子对之间形成磷酸键的磷酸单位组成；每一个磷酸分子连接一个脱氧核糖分子的 3′端羟基和邻近的 5′端羟基（图 12.7）。一段 DNA 链的极性或取向就是一条链的末尾是 5′端羟基，另一端末尾是 3′羟基的结果。这样双螺旋的 DNA 就有相反的极性（也可称为反向平行）。

两条链出现相反的极性暗示着 DNA 是怎样复制的。DNA 聚合酶复合体催化 DNA 合成，在一个位点起始复制，然后沿着双链 DNA 一个方向进行这样的复制，可以同时复制双链。然而，DNA 聚合酶只在延长的 3′端添加新的碱基而不是在 5′端。当 DNA 链的延伸方向和 DNA 聚合复合酶体的方向一致时这样工作起来会更流畅。发生这种情况的 DNA 链称为前导链，对应的另外一条链称之为后随链，DNA 聚合酶复合体的方向和与 RNA 链的延伸方向相反。为了解决这样的问题，DNA 聚合酶提前沿着相反的方向复制间隙片段，就像在 3′端添加碱基一样。然后，DNA 聚合酶继续这样复制下一个片段。这些新合成的片段称为

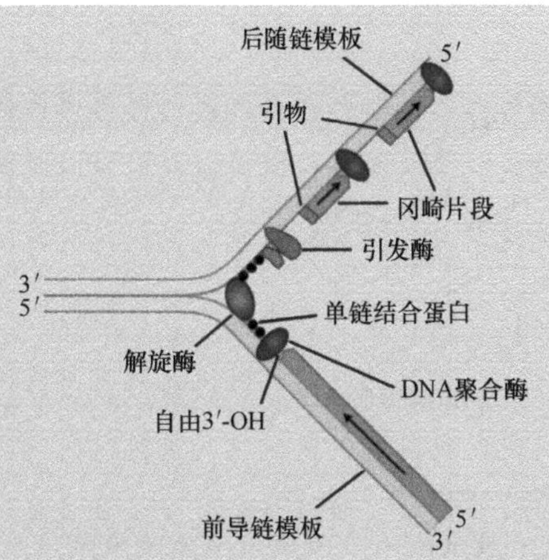

图 12.7　一个 DNA 复制叉。亲本链 DNA（蓝色）作为合成两条新链（绿色）的模板。位于解旋酶右侧松散的 DNA（紫色）正在复制。而解旋酶左侧的 DNA 还没有被复制。详见文字解释。

冈崎片段，连接起来形成一个连续的链。通过调控前导链的合成配合后随链的慢节奏。

进一步的问题是，DNA 聚合酶自身是不能够起始合成的。DNA 复制起始需要**引发酶**的帮助，其能够合成一小段互补的序列（RNA 或 DNA 取决于物种的不同）作为引物。当起始复制时每一次复制需要一个引物。复制前导链只需要一个引物，但复制后随链时每一个片段都需要一个引物，这自然减缓了后随链的合成。两条相反链复制的不同造成了突变模式的不对称。

DNA 复制体系常常产生插入和缺失的错误，非常典型的是借助于一种称为**“滑链错配”**（SSM）的机制。滑链错配指的是当 DNA 复制机器滑动时，正如其沿着 DNA 模板链复制一样，会导致模板链和新合成链暂时分离。如果 DNA 链上有一个或几个碱基发生错位，当其再次重聚时，就会在一条链或几条链上形成一个环。复制继续进行的结果就是额外的碱基加入到新的链中（如果这条新链含有环状结构的话）或丢失掉一些碱基（当模板含有环状结构）（图 12.9）。这种现象常常发生在短的重复序列，如微卫星 DNA。

DNA 的物理损伤能够直接或间接地产生突变

生物体的 DNA 在复制循环过程和分离过程的间隔期是不活跃的。作为正常细胞过程的一部分，DNA 结合着各种各样的蛋白质而经常被打开或关闭甚至是化学上的改变。这些过程是生命不可分割的一部分，但也会对基因组的稳定性产生影响。DNA 同样也持续受到改变 DNA 或其他类型变化的物理或化学的作用。这些改变可以直接改变碱基序列而导致突变或间接的增加复制错误或分离错误的频率。

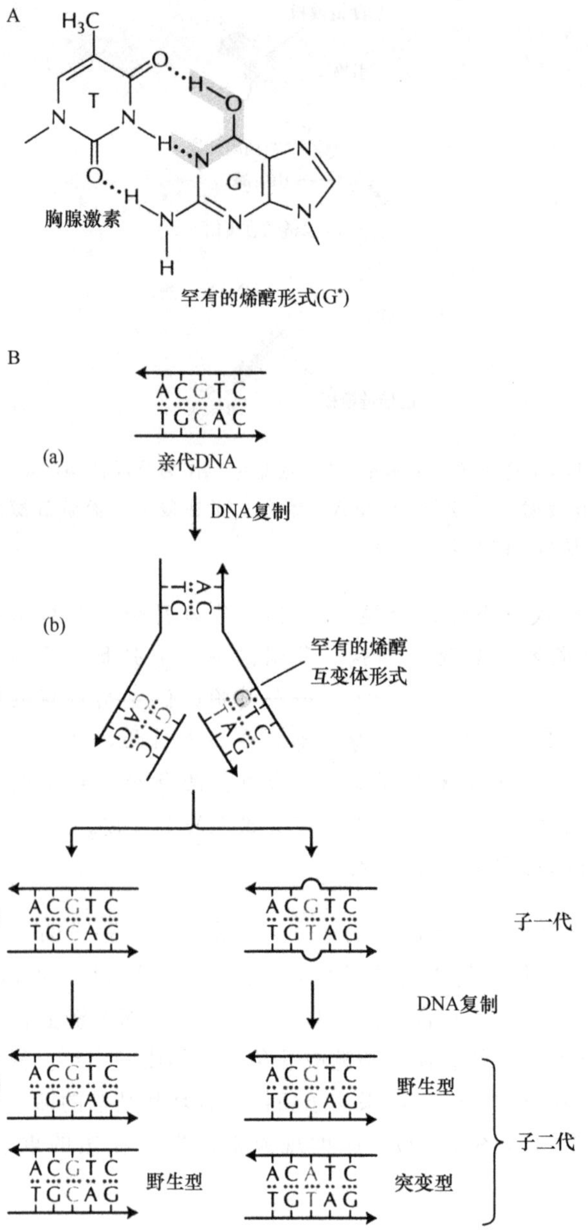

图 12.8　互变异构体和突变。(A) 鸟嘌呤的烯醇异构体与胸腺嘧啶的配对。(B) DNA 碱基互变异构体的转变产生的突变类型。在 (a) 中，显示的是亲本 DNA。在 (b) 中，在两条链上进行的 DNA 复制。其中之一亲本链上的鸟氨酸（箭头）互变异构体变为罕有的烯醇形式 (G*)，这就导致在互补位置是 T 而不是 C。在 (c) 中，显示的是第一代的子代。G* 已经转变为正常的 G。不管怎样，在 DNA 中存在着 G-T 的配对。这可以通过错配修复来更正（见正文）。如果不修复，当 DNA 再次被复制的话，它将作为一个突变被固定下来，因为 A 将会被放在 T 的互补位置上。在 (d) 中，显示的是再次复制之后的 DNA 区域。

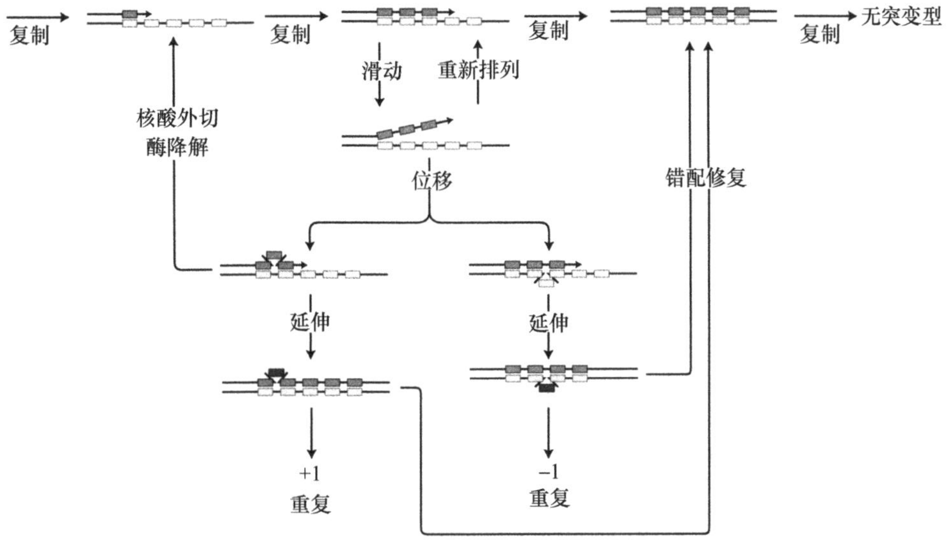

图12.9 滑链错配（SSM）。SSM模型发生在DNA复制期间。SSM在串联重复DNA中是最常见的。在图中，含有串联重复序列（如GAGAGAGAGAGA）的双链DNA处于复制和突变过程的不同阶段。DNA链用细线表示，单个重复拷贝用小方盒表示，持续的复制用小箭头表示。从左边一部分含有5份拷贝的亲本DNA（蓝色）正在复制（新合成的DNA用绿色表示）。在中间，滑动的可能性在下面栏中表示。经滑动之后，DNA能够再次以对齐的方式结合或者以非对齐的方式回到正确的形式而形成环状。环可以在模板上或正在合成的链上形成。这些都可以通过错配（右边的箭头）或者通过DNA聚合酶的校正（左边的箭头）来修复。如果它们不被修复的话，那么插入、缺失突变就会发生。

在DNA上改变碱基的一个基本形式是胞嘧啶的脱氨（图12.10）。这种脱氨形式是以很高频率发生的，同样也可通过化学突变或加热产生。丢掉一个氨基的胞嘧啶可以转化为通常在RNA中才有而在DNA中没有的尿嘧啶。DNA中的尿嘧啶和胸腺嘧啶一样与腺嘌呤配对。然而，在DNA复制过程中，模板上的尿嘧啶导致腺嘌呤合成到互补链上，从而使得C-G配对转化为U-A配对，这样在下一轮循环中就可变为T-A配对。细胞可以识别非DNA正常组成部分的尿嘧啶，并且细胞有特别的修复机制来去掉在DNA发现尿嘧啶，这样就限制了因在胞嘧啶上脱氨而带来的危害。然而，在许多物种中，一些胞嘧啶碱基会被甲基化修饰（图12.10）。甲基胞嘧啶的脱氨同样也以很高的频率发生而产生胸腺嘧啶。如果不更正的话，会导致C-G配对转为T-A配对。因为胸腺嘧啶是一个正常的DNA碱基，细胞不能够区别正常胸腺嘧啶和由于甲基化胞嘧啶脱氨而来的胸腺嘧啶，从而不能以直接的方式改正这样的错误（尽管一些物种可以识别和修复由于脱氨而导致的G-T错配系统）。因此，甲基化胞嘧啶的脱氨导致了在基因组甲基化区域胞嘧啶的高突变率（见下文）。

UV辐射通过在同一条DNA链上的相邻嘧啶之间形成共价键破坏DNA（图12.11）。复制含有UV引起的嘧啶损坏的位点比正常DNA复制要更容易犯错误；因此UV辐射能够导致突变。DNA嵌合剂也可以引起DNA损伤从而导致复制错误，因为嵌合剂可以挤入两个相邻碱基的空隙中。在大多数生物里面导致碱基损伤的主要原因可能是氧自由基的存在，因为它可以破坏嘌呤和嘧啶。

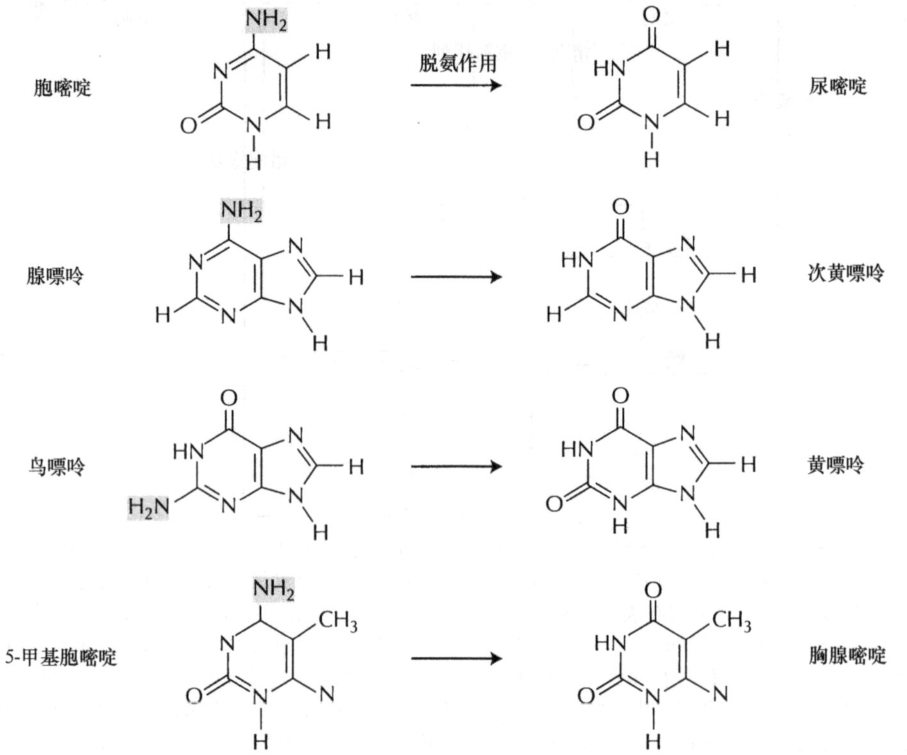

图 12.10　DNA 碱基的脱氨。从 DNA 碱基上脱去氨基是偶然发生的，它可以由热和各种化学物质诱导产生。大多数发生在胞嘧啶和 5-甲基胞嘧啶。在许多物种中，从 5-甲基胞嘧啶到胸腺嘧啶的脱氨将会带来问题，因为正如自然发生的核苷酸，胸腺嘧啶被认为是一个正常的碱基（尽管在一些物种里可以识别不正常的 G-T 错配）。

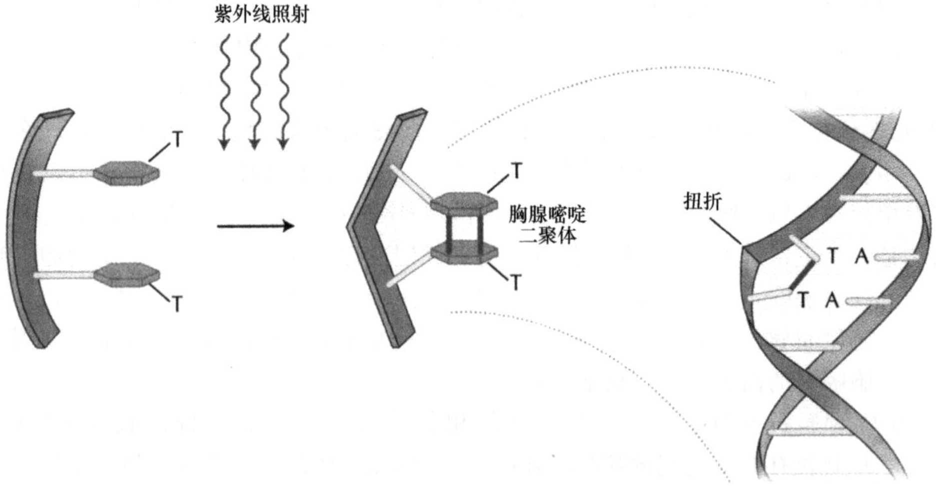

图 12.11　紫外辐射引起的环丁烷嘧啶二聚体（CPD）。这张图显示的是一个 CPD 介入两个胸腺嘧啶，而形成胸腺嘧啶二聚体。CPD 会导致突变并且是有害的，因为它能导致 DNA 螺旋的扭曲从而打乱正常的复制、转录和其他过程。

许多不同的因素通过破坏DNA骨架的磷酸链而引起DNA链的损坏。这些因素包括氧自由基、γ射线、化合物如（抗生素丝裂霉素）、不完全的转座子。因为链的损坏导致突变的方式很多。例如，当断裂的两端连接不正确的时候，双链断裂会导致缺失、插入和易位（图 12.12）。除此之外，真核生物含有着丝粒的染色体，在染色体分离期间发生的双链破坏也会使没有着丝粒的部分染色体无法正确分离，从而使的子细胞的其中之一接受不到完整的基因组。

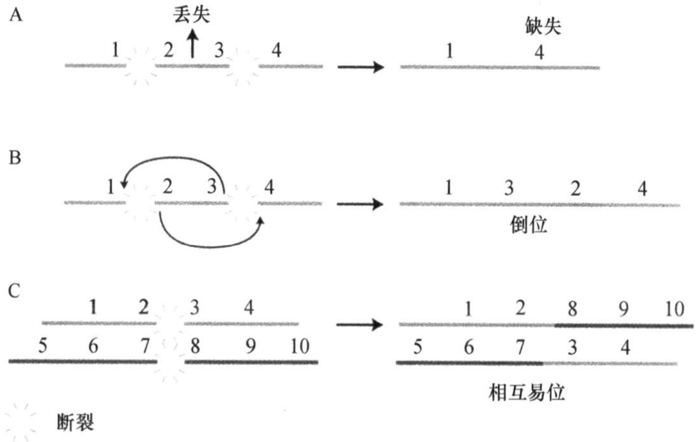

图 12.12　通过不正确的连接断裂的双链 DNA 而产生染色体重排。(A) 在区域 2 和区域 3 的侧翼发生两条链的断裂（星状）。在侧翼序列之间发生的重新连接导致含有 2 和 3 的区域的缺失。(B) 同样的断裂但不同的连接造成的倒位。(C) 不正确连接两条染色体上单个的断裂导致易位。

保护、预防和校正机制限制了 DNA 损伤和复制错误引起的突变数量

DNA损伤和DNA复制错误的突变潜力是巨大的。例如，在体外研究DNA聚合酶时，碱基被错误使用的概率接近于每1000个碱基一次。一些碱基损伤的形式（如脱氨或脱嘌呤）即使是在最理想的条件下每天每10 000个碱基就有一个。然而，在大部分生物中，这种突变概率是非常低的。例如，在大肠杆菌中，点突变的概率接近 1×10^{-9}（图 12.23）。在人类中，每一个复制基因组内每 10 000 000 000 位点只有 1 个错误。正如我们在第 19 章提到的，突变概率是非常低的，但即使很少的突变也会大大地降低适合度。

尽管聚合酶复制错误概率较高，加上DNA损伤，但生物体通过保护DNA免受损伤，进行DNA修复防止错误传给下一代以及校正DNA复制错误的过程使突变率变得很低。保护、预防和校正过程降低了突变负担。这些过程将在以下章节讨论。

保护机制限制了诱变剂的效应

如果环境诱变剂不能够接触细胞及其DNA，那么生物就能够抵制它们带来的伤害。

例如，许多生物体用能够吸收紫外辐射的色素来保护自己。生物体同样也可以使用多样的机制来清除细胞内的氧自由基从而限制这些自由基带来的突变和毒害效应。

DNA 修复过程通过修复损伤 DNA 来阻止突变

DNA 修复过程包括识别损伤、改变不正常的 DNA，然后使这些 DNA 回到正常状态。根据作用的一般机制，修复过程可以分为三种类型：直接修复、剪切修复和重组修复。

直接修复就是逆转 DNA 的结构。直接修复的一种形式——**DNA 连接**用来重新连接断裂 DNA 骨架磷酸二酯键（图 12.13A）。这可以用来修复单链断裂和双链断裂。DNA 连接的一种特殊形式称之为非同源序列末端连接，许多生物用来修复双链断裂。直接修复的其他例子包括光反应、打断相邻的嘧啶（紫外辐射引起的）之间形成的不正常的共价键，然后将不正常的烷基基团转移到蛋白质上。

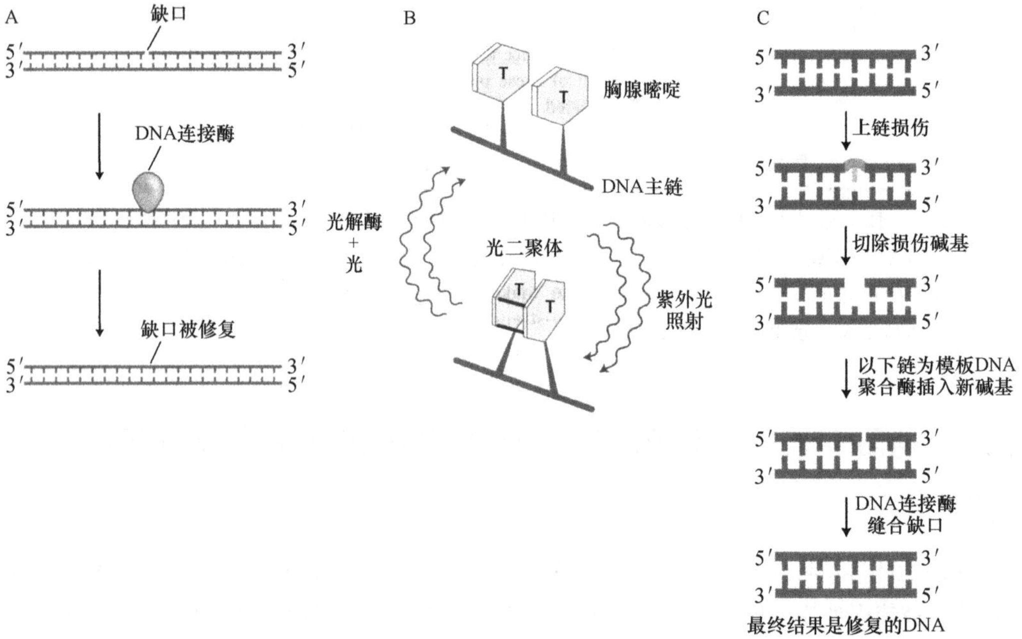

图 12.13 DNA 修复过程。(A) DNA 连接酶修复缺口；(B) 通过光解酶修复 UV 辐射引起的嘧啶二聚体；(C) 碱基的剪切修复。

剪切修复机制都是用同一种策略。第一，去除不正常 DNA 链的一部分；第二，另一条链可作为模板来合成去除的部分；第三，将新合成的部分连接到正确位置（图 12.13C）。根据所去除异常部分的种类以及识别和去除机制的不同可分为三种主要形式：碱基剪切修复替换不正常的单个碱基（如尿嘧啶）；核酸剪切修复通过替换含有异常部分的一大段 DNA 来恢复 DNA 损坏区域；错配剪切修复可以修复碱基错配和复制错误而产生的插入缺失。我们将在下一部分讨论错配剪切修复（也可称为错配修复）。

重组修复是同源重组的一种特殊形式。在同源重组中，在序列上一样或几乎一样（如染色体的两份拷贝）的两段 DNA 排列在一起并交换部分 DNA。重组的动力学在后面进行详细讨论。对于 DNA 修复来说，关键是同源重组可以用来交换损伤的染色体的一部分或用染色体上同源拷贝上没有破坏的部分来矫正。这是用来修复单链缺口和双链缺口或使 DNA 复制能够越过 DNA 损伤点的最常见的形式。我们将在第 23 章讨论同源重组在有性生殖以及 DNA 修复和性别之间关系方面的作用。

错误修复机制减少了由于复制错误而产生的突变数目

即使在最佳情况下（如当所有的损伤 DNA 都被去除而且细胞又很健康），DNA 复制错误也会有每上千个碱基就有一次的概率。两种检测和纠正错误的机制即校对和错配修复大大减少了错误水平，从而达到很高的复制准确率。这两个过程都基于一个很简单的前提：在 DNA 复制期间，任何时候一个错误碱基的插入或一些额外碱基加入或去除，双螺旋的正常结构都会被扭曲。

在校正时，因为 DNA 结构扭曲，复制机器自身会检测刚刚复制的 DNA。如果异常配对的碱基被检测到了，那么新合成的碱基就会被去除并且从去除碱基的那个位置继续开始复制（图 12.14）。如果这种错误是由于暂时性的互变异构化产生的，那么在同样的位点是很难再次发生的，因为聚合酶不可能犯第二次错误。DNA 校正通过识别由于在一条链上额外 DNA 链的加入而导致的双螺旋扭曲来纠正滑链错配（SSM）。

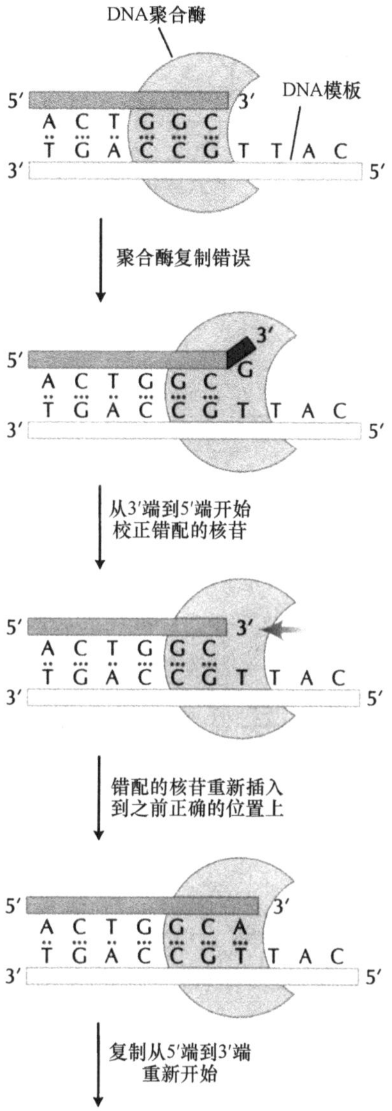

图 12.14　DNA 复制时的校正。DNA 聚合酶表示为新月形。第一组，下面为模板（蓝色），上面为新合成的链（绿色）。在第二组，聚合酶复制错误将错误的碱基放在 T 的对面导致了异常的 DNA 结构（红扭结表示）。在第三组，聚合酶的校正功能识别了这种异常并且去除了刚刚加进去的碱基，然后复制从这个位置重新开始（第四组）。

校正是不完美的，会留下许多不配对的地方和大多数 SSM 错误。然而，直到 DNA 再次复制之前，识别错配碱基对或者对 SSM 错误未修复区域的可能性仍然存在。许多这样的错误可以通过错配修复过程而得到校正（图 12.15）。错配修复识别碱基错配或者未配对而形成的环并且去除在新合成链上这样的碱基。含有切除碱基的区域由 DNA 聚合酶（常常是对这种修复特异的酶）以其具有正确序列的反链为模板重新合成。

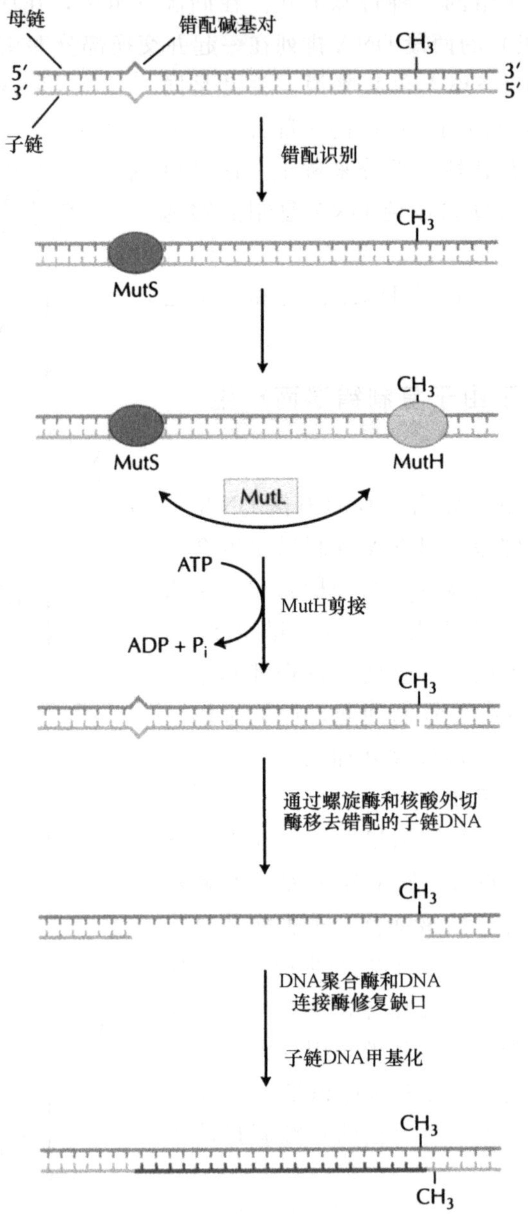

图 12.15 在大肠杆菌（*E. coli*）中的错配修复。刚刚复制的一段 DNA 含有一个错配（在 DNA 骨架上用弯曲来表示）。上面是模板 DNA，下面是子链（新合成的）。因为甲基化酶的作用，模板链含有一个甲基化的腺嘌呤（在 GCAT 序列上，用 CH_3 表示）。因为复制刚刚开始，子链还没有机会被甲基化。MutS 酶结合错配的部分，然后与 MutL 蛋白结合导致 *Mut*H 限制酶切断新复制链的 DNA 骨架。*Mut*H 切断未甲基化的 DNA 链的位点正是含有甲基化腺嘌呤的 GATC 序列。因 *Mut*H 限制酶产生的缺口将会被重新合成。除了识别链的系统有时有差别外，错配修复在其他物种里面也是相似的工作方式。

两个关键的特征使得错配修复可以减少因为复制错误而引起的突变。首先，错配修复识别基因组一般结构的变化，没有必要识别错配的每一种类型和小的 DNA 环。其次，错配修复系统能正确确定哪一条链是新合成的。这是非常关键的，因为复制错误常常在新链上。在物种之间识别这种链的机制变化很大。在大肠杆菌里，通过基于甲基化的过程来完成，在有 GATC 序列存在的基因组区域甲基基团是在腺嘌呤上的（图 12.15）。在 DNA 复制发生之后很短的时间内（数分钟之内）甲基化就发生了。一条新合成的 DNA 链是暂时未甲基化的，然而模板将是充分甲基化的。错配修复系统识别的正是这种未甲基化的新合成链。错配修复系统然后准确地去除含有复制错误的 DNA 区段。在下一轮复制之前，修复过程必须完成，否则含有错误的 DNA 链成为复制模板时，错配修复系统将不再起作用。

错配修复其实有些用词不当，因为这个系统修复碱基错配和小的环状结构（如通过 SSM 错误产生）。SSM 错误并不是很容易通过校正来修复的，所以错配修复是修正这

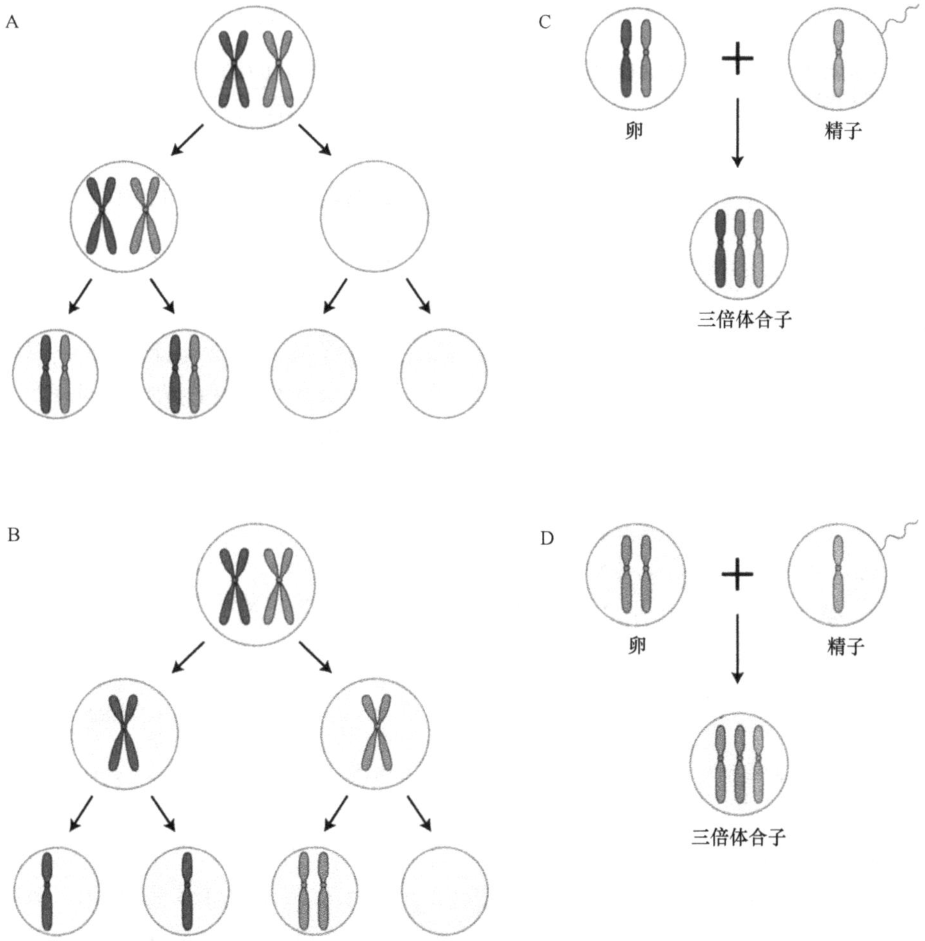

图 12.16　减数分裂期间发生的染色体分离错误。染色体应该平均分配到子细胞中去。如果出错，就变成不分离状态。(A) 在减数分裂的第一次分裂期间发生的染色体不分离（减数分裂Ⅰ）；(B) 减数分裂的第二次分裂期间发生的染色体不分离（减数分裂Ⅱ）；(C) A 图中左边的卵子参与有性生殖后的情形；(D) B 图的右边部分卵子参与有性生殖的情形。

些错误的主要方式。因此，当错配修复系统不存在或失效时，插入和缺失突变的数目将会大大增加。

DNA 分离异常造成的突变

将性状传给后代的过程不仅仅只是简单的复制基因组。一旦复制完成了，基因组的两份拷贝需要合理的分配到子细胞中去，这样每一个子细胞就能准确地拥有一份完整的基因组。这个过程称为染色体分离。

在二倍体或多倍体生物中，因染色体分离错误会产生在子细胞中拷贝数目不同的单条染色体（体性，somy）或所有染色体（倍性，ploidy）。这些和其他类型的分离错误地减数分裂中是比较常见的（图 12.16）。因此有性生殖不仅通过重组产生变异而且对突变的发生也有贡献。

基因组复制区域能够促发主要的重排事件及其他突变

我们对有性生殖的生物中减数分裂期间在两段完全相同的同源染色体之间发生同源重组的形式最为熟悉。然而，在基因组任何两端区域只要有一定水平的序列相似性，重组就能够发生。这称之为异位重组，也能够产生突变。要理解这是怎么发生的，有必要理解同源重组的基本机制（图 12.18A）(广义上讲，“同源”表示参与的 DNA 分子在序列上是非常相似的)。

注解框 12.2　减数分裂重组中不同类型的效应

在有性生殖真核生物中，如果基因组结构具有多样性（如插入、缺失和倒位），那么在减数分裂重组和染色体分离方面会有重要效应（图 12.17）。这里，我们描述几种多样性的类型及其效应。

插入/缺失：在杂合子中，一个插入不能够配对而导致环的出现。显而易见，在这段区域里面将没有重组。

融合/分裂：带末端着丝粒的染色体会融合在一起而产生一个着丝粒位于中间的染色体。在杂合子中，融合的染色体会与两个没有融合的染色体进行配对。在减数分裂期间若是合理分离的话，每一个配子将接受一个完整的单倍体基因组。然而，偶尔的错误会产生缺少一段基因组拷贝的非整倍性配子。

多融合：当一个杂合子含有多个融合时，染色体将会配对形成一个复杂的结构。这样减数分裂时将很难合理的分离，所以大部分这样的杂合子是不育的。

相互易位：一条染色体的一部分也许会与另一条染色体的一部分区域进行交换。在杂合子的减数分裂期间要涉及 4 条染色体形成一个复杂的结构。合理的分离是非常稀少的，常常导致不育。

倒位：如果在染色体上有很大一段区域倒位的话，在杂合子减数分裂期间将会形成一个环。然而，如果在倒位环里发生交叉的话，将会形成不正常的配子。一个染色体会带有两个着丝粒以及近着丝粒区域的序列拷贝，另一染色体没有着丝粒并带有在染色体另一端序列的拷贝。因为在倒位环里交叉是相对普遍的，倒位的杂合子常常是不育的或者生育力下降，因此大片段的倒位在群体中不会以多态性存在。

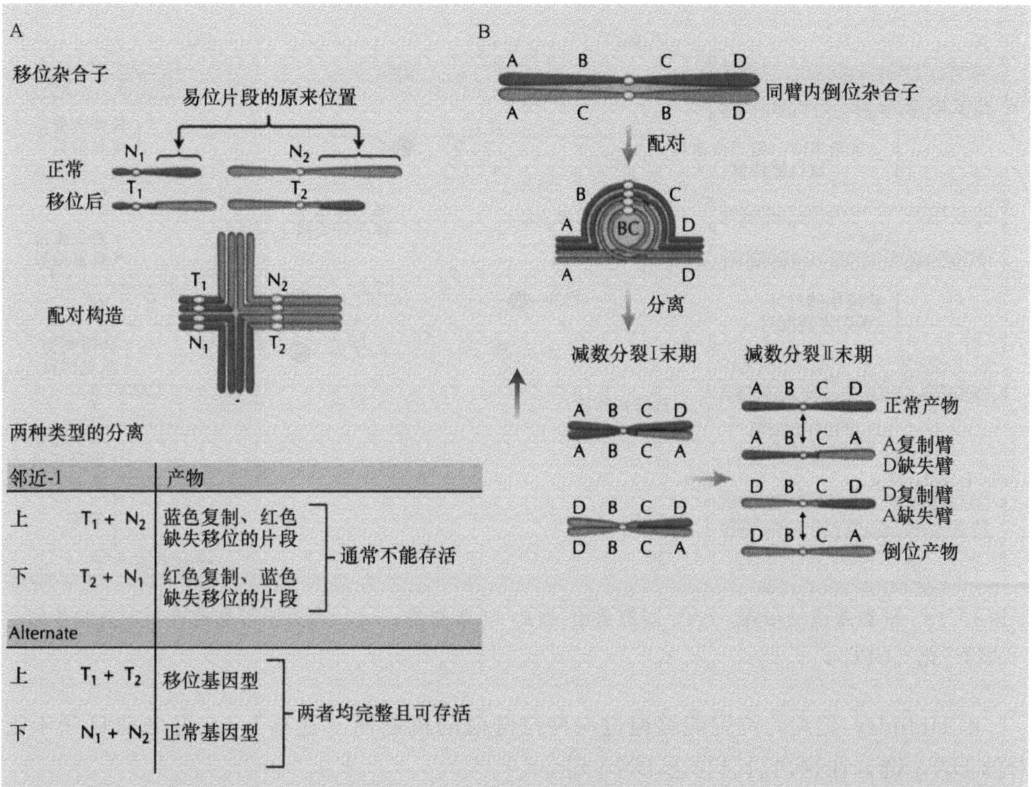

图 12.17　(A) 在相互易位的杂合子中，由于最常见的染色体分离而产生了减数分裂产物；(B) 在臂内倒位环内由减数分裂中的单个交叉形成的产物，中为染色体配对，下为分离的结果。

双翅目倒位多态性：在双翅目中(如果蝇)存在特别的机制限制倒位杂合子的不育。因为在雄性中没有重组，这样雄性倒位杂合子在减数分裂中就不会有任何问题。在雌性中，减数分裂的 4 个产物中只有一个能够产生卵子。因此，尽管在雌性杂合子里重组的确产生了不正常的染色体，但它们难以继续形成减数分裂的最终产物。只有完整的没有重组的染色体才能进入未来的卵细胞中。结果是不管雄性还是雌性倒位杂合子是可育的；后代也在倒位区内没有任何重组。实质上，这些染色体重排形成了不同的库，相互之间不能够交换基因。含有倒位的果蝇在实验室中是非常珍贵的工具，并且倒位多态性在自然界也是比较普遍的。

1. 两个具有相同或相似序列的 DNA 区域（要么在不同的分子上要么在相同分子的不同区域上）的配对排列。随着长度相似性的增加，配对的频率也会增加。小于 50bp 的区域是很难比对上的。

2. 在单链或双链上引入切口（如果不是已经存在的话），靠近切口的 DNA 链常常被降解。

3. DNA 分子的一条单链常常与另一个分子的另一个单链互补。这种“链侵入”产生了称之为 **Holliday 交叉**的结构。

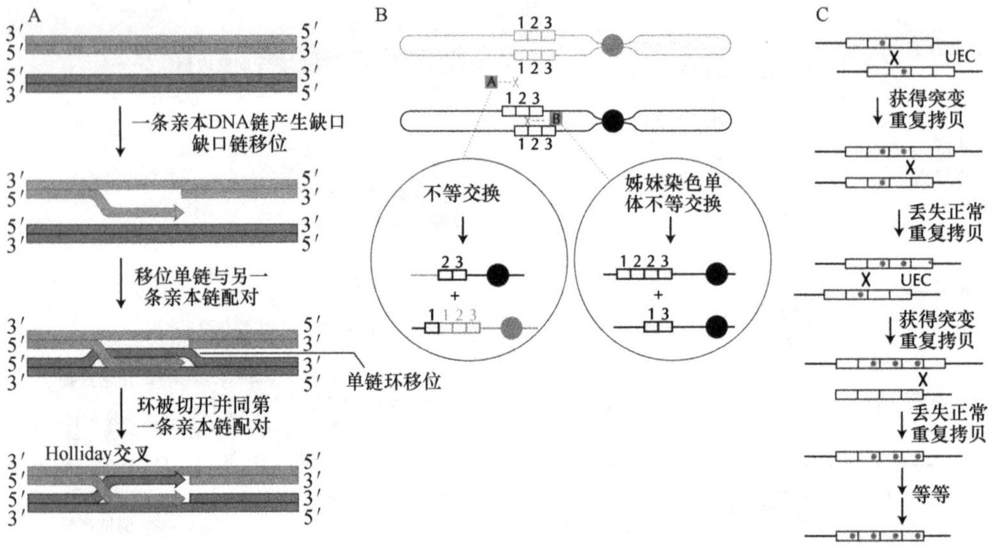

图 12.18　同源重组的步骤。(A) 同源重组；(B) 不等交换；(C) 通过不等交换产生的复制片段的均一化 (UEC)。

4. Holliday 交叉的位置能够通过一种拉链似的机制而"迁移"，在这之前打开未配对的 DNA 链，在这之后又拉上 DNA 链。

5. 切断 Holliday 交叉 (分解过程)。

重组的结果取决于各种各样的因子，包括参与的 DNA 分子是环状还是线形，复制区域位于控制染色体分离的相对位置，重组是分子内还是分子间，Holliday 交叉是怎样分解的。例如，当复制区域在一条染色体上是串联的，那么在那条染色体上的两个拷贝之间的重组导致串联元件不能正确地排列 (图 12.18B)。这种不等交换的结果就是一个后代接受了太多的复制序列的拷贝而另一个后代接受了很少的拷贝。我们之前讨论过这种结果与通过 SSM 复制错误产生的插入缺失突变很相似。不等交换 (和 SSM) 能在一个基因组内产生复制拷贝的均一化，因为一种形式的拷贝能够扩散并且能消除其他形式 (图 12.18C)。结果是一个基因组内的所有拷贝在序列上基本都相似，即使它们是从其他物种的同源序列分化而来，这种现象称为**协同进化**。

其他类型的突变通过复制序列的重组可以产生包括易位、倒位、复制和缺失 (图 12.19)。

许多突变通过转座产生

另一种突变的主要来源是转座，即在基因组内的 DNA 元件的移动 (也称之为转座子元件或转座子)。转座子元件是一个多样的群体，可以分为逆转座子、重复 DNA 元件、非重复 DNA 元件 (表 12.2 和图 12.20)。

转座子的突变效应是多变的，这取决于受影响的基因组位点、转座子的类型、转座插入和切除的准确性和其他一些因素。许多转座元件含有转录终止信号和可读

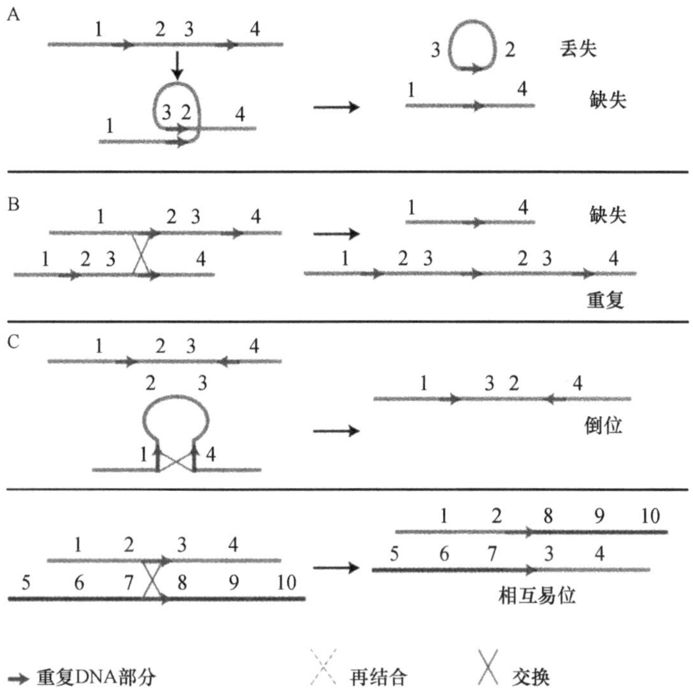

图 12.19　由于在复制序列之间的交换而导致的染色体重排。(A) 染色体内的重组导致缺失；(B) 在复制区域的同源染色体重组导致一条染色体的缺失而在另一条染色体上却是复制；(C) 在反向重复序列的染色体内重组导致倒位。

框的终止密码子。因此，转座子插入到基因组的编码区常常会阻止转录和翻译。转座子也有间接效应，如改变靠近插入位点的基因转录水平。因为它们常常含有启动子和剪切信号，转座元件对于新基因的进化和现存基因的表达与剪切的新模式都有重要作用。

表 12.2　转座元件的主要分类

类型	特　征
逆转录因子(RNA 元件)	原始元件转录为 RNA 并逆转录为 DNA,然后插入到基因组内
逆转座子(LTR)	逆转录元件含有 LTR
逆转录子(非 LTR)	逆转录元件不含有 LTR
DNA 元件	在 DNA 基因组内可以发现,并不通过 RNA 中介而行使功能
复制序列	原始元件在 DNA 水平上进行复制,随机地插入到基因组内而产生复制
非复制元件	元件通过从原始位置上切除再插入到新的位置进行移动

注：LTR，末端长重复序列。

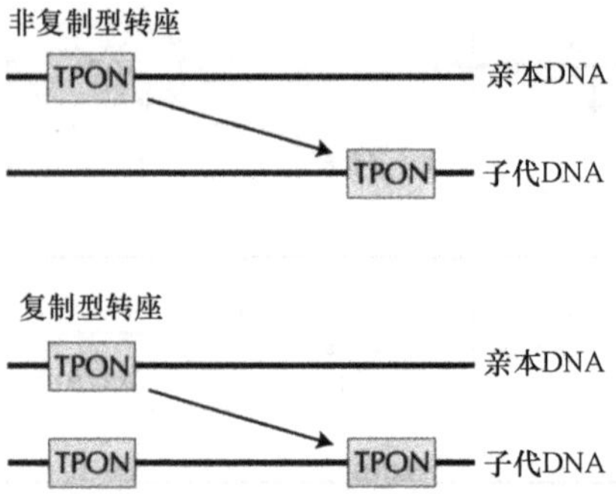

图 12.20 DNA 转座。两种转座的示意图。在非复制型转座（上图）中，转座子从一个位置到另一个位置。在复制型转座（下图）中，转座子在一个新的位置加了一份拷贝，同时保留原始的一份拷贝。

转座并不是转座元件引起突变的唯一方式。逆转座子的频繁复制或复制性 DNA 转座子可以通过异位重组为突变创造机会（在之前部分描述过）。各种类型转座子的插入常常伴随着插入两侧位点的复制。实际上，转座功能就是一种便携式的同源区域，其扩增在基因组进化方面有着深刻的意义。在一个基因组里若一种特定的拷贝越多的话，它们就越能够促进基因组重排、复制和缺失。可以通过比对相近物种的基因组序列发现转座效应的证据。转座元件总是存在于基因组结构保守区域的倒位和断裂处，这表明这些元件可以引起重排（图 7.13）。

转座子在生命中是普遍存在的。然而，在物种内和物种间转座的效应变化是非常大的，部分是因为基因组内的转座子和转座数量的差异。玉米基因组 50％是转座子。有很多种类型的转座子，其中一些有成千上万份拷贝。玉米中转座子的一种常见效应就是一些品系种子的颜色变化。在果蝇中，转座可以解释基因组里自发产生的很大比例的突变（图 13.11）。尽管人类基因组含有很大数目的转座元件，但这些转座却很少引起突变，因为大部分元件是不活跃的。然而，它们是许多异位重组事件发生的地方。一些物种，如细胞内的细菌缺少转座子，因此对于它们来说转座不是突变的原因。

突变速率和模式

突变速率和模式在许多方面都是变化的。不同类型的突变以不同速率发生。同样类型的突变在基因组不同区域或不同个体上以不同的速率变化。环境条件如暴露在辐射和压力条件下会影响突变的速率和类型。换句话说，通过突变产生的变化是可变的。下面我们讨论一些影响突变速率和模式的已知关键因素。在第 23 章，我们将探讨突变是否只是不完美复制的边际效应或有时因选择成为产生突变的一种适应。

突变的发生和其对适应的影响是相互独立的

现代进化理论假设突变和选择是分开的过程。突变（和重组）产生变异而不考虑其后果（如生存和繁殖）；选择和其他作用于变异的力量导致了适应。

以前大家对此观点并没有共识。例如，在 1900 年以前很多人都相信一个物种生命进程中发生的表型改变能够传给后代子孙。这种**获得性遗传**（inheritance of acquired characteristic）提示，由亲本获得的性状能够在后代中产生遗传改变。这个理论与包括**中心法则**在内的分子生物学的普遍原则是相左的。然而，否定“拉马克”进化的可能性或者证明突变和选择不相联系都是非常困难的。一个结论性的答案需要知道突变是否存在于群体之中或者它们是否对于特别的选择压力能做出反应。特别是，如果一个群体暴露在压力性的条件下或者只有一组存在的选择压力，是什么使得这组压力存在下去的？它们能够适应压力而没有突变变化的需要吗？这些压力会产生新突变吗？这些压力会选择事先带有适应性突变的个体吗？谁能够繁育后代呢？

第一个对选择和突变产生关系的有力试验证明来自细菌影印实验（图 12.21）。在这个实验中，通过在琼脂板上接种一部分数目的细菌而制成主平板，然后让其长出一定数目的单克隆。需要使用数目较少的细菌以确保每一个克隆都是从单个细菌而来的。将主平板上克隆的一部分转移到一系列新平板上，所以每一个新平板就是主平板的复制（每一个细菌克隆和主平板的空间排列是相同的）。而后，对每一个影印板施加相同的选择压力并观察细菌在选择压力下的生长情况。每一个可见的克隆代表一种在选择压力条件下由于产生突变而能够生长的细菌克隆。

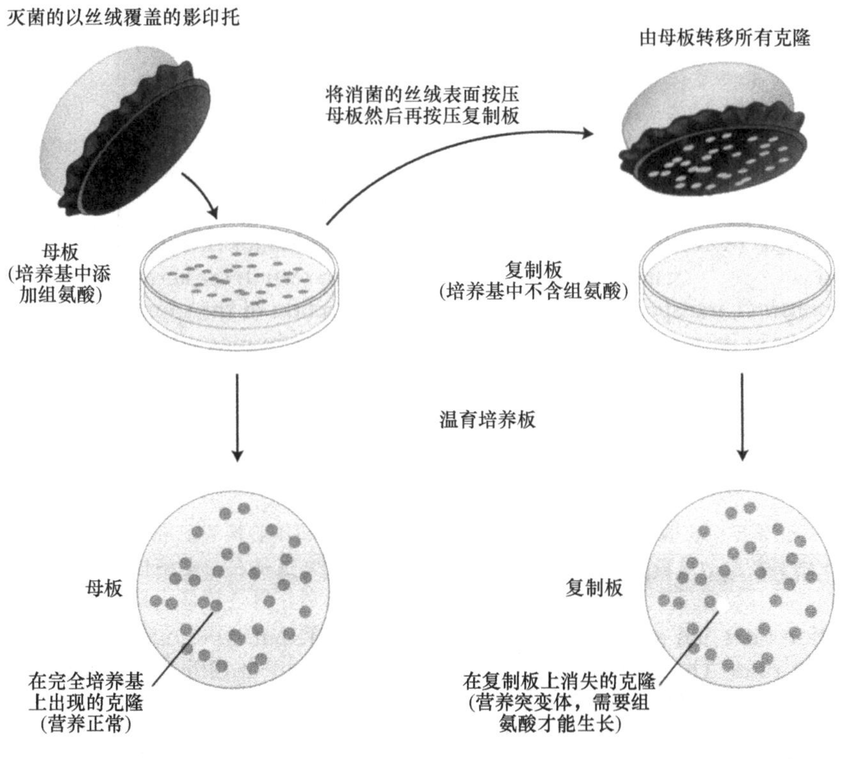

图 12.21　影印是一种通过小心地从原平板里面取出小部分样本放在另一个平板上达到克隆目的。这里的例子是用这种方法来确定那些需要组氨酸才能生长的克隆。

这个实验方案能够区分两个可能的过程。如果突变细菌在选择之前已经在群体中存在，那么应该看到克隆在每一个影印板上相同的位置上出现。相反，如果突变在选择过程中产生以作为对选择条件的回应，那么应该在每一个影印板上看到相似数目的细菌克隆，但它们的排列是各不相同的。实验结果显示，克隆都出现在影印板的相同位置上。这表明突变在施加选择压力之前就已经存在，并不是由选择诱导的。

然而，影印板实验也遗留下了很多关于突变起源的问题。1940 年 Salvador Luria 和 Max Delbrück 发展了一种不同的实验手段。他们设计了简单但精巧的试验，称为变异反应实验（图 12.22）。**噬菌体**易感性的细菌群落长在液体培养基里。从那个群落里取

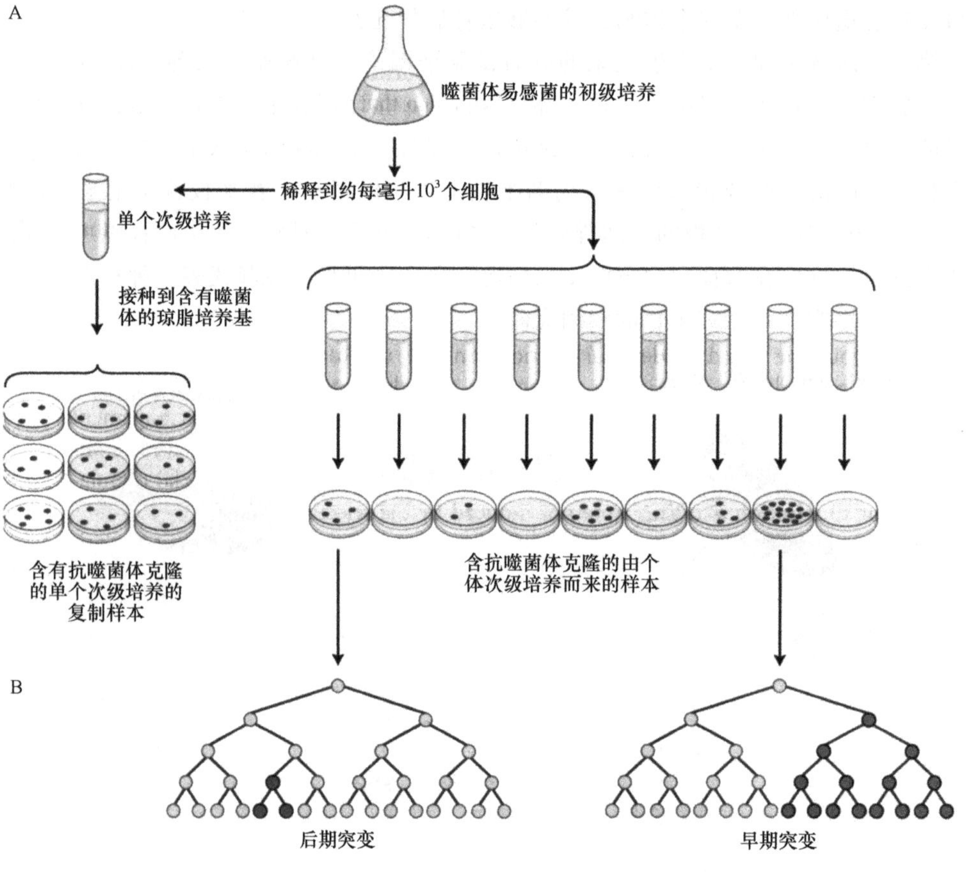

图 12.22 变异反应实验。(A) Luria 和 Delbrück 使用这些实验流程研究突变的起源。实验针对在突变细菌产生的对噬菌体的抗性。实验用来检验这类突变是在与噬菌体接触之前产生还是对于噬菌体的反应之后产生。原代培养噬菌体敏感性的细菌。通过转移小量的原代培养物到新的培养基上进行各种继代培养。继代培养要经过许多轮复制。每一代培养物会被移到新的培养基上与噬菌体混在一起。经过几天之后就可计数平板上的克隆数。这个数目就是那些对噬菌体有抗性的突变细菌的数目。这个实验有两个关键性的结果。第一，从单一继代培养而来的噬菌体抗性克隆应是相似的（左图表示）。第二，更重要的是，不同继代培养会产生不同的克隆（右图表示）。他们认为，突变只有在细菌接触到噬菌体之前就发生时，这种"累积赌注"模式才会产生。(B) 在继代培养后期，发生的突变会产生很少突变的细胞（以红色表示），因此在后期培养中只有很少的克隆（左边的树状图）。突变若是在早期发生会产生很多突变，因此会有很多克隆（右边的树状图）。

出体积相同的细菌单独培养形成亚群落。接下来将相同体积的亚群落转移到含有感染和杀死细菌的噬菌体的琼脂板上。通过计数每一个平板上集落的数目可以确定每一个亚群落里噬菌体抗性细菌的数目。如果由于选择导致突变而获得对噬菌体的抗性，那么每一个平板应该含有几乎一样多数的抗性集落。另外，如果噬菌体抗性在选择之前出现，那么从不同亚群落来的样本含有的集落数目是不一样的。Luria 和 Delbrück 称之为“累积赌注”模式。实验结果表明不同亚群存在抗性集落数目的差异，因为在亚群生长早期出现的突变会产生很多具有抗性的后代，而后来出现的突变来不及产生抗性后代。Luria 和 Delbrück 的实验结果展示了“累积赌注”模式，说明突变是在选择之前产生的。

从这些结果得出的结论是，突变是随机产生的，与它们的适应价值无关，因为是在选择作用之前产生的。根据在本章前面部分讨论过的突变和修复机制，这些结论是顺理成章的。例如，当校正新合成链时，DNA 聚合酶不能区分编码链和非编码链的不同，也不能区分促进细胞分裂的基因和阻止细胞分裂基因的不同。同样，酶修复错配碱基时并没有意识到纠正错误能够对细胞功能造成有益或有害的作用。

对于很多研究者来说，Luria 和 Delbrück 的工作回答了所有关于突变起源的主要问题。然而，一些人注意到这个实验有一个缺陷以至于有一个问题并没有回答，即在选择作用之前和之后突变能增加适应性吗？Luria 和 Delbrück 了解选择机制的实验不能使突变在选择之后产生，因为噬菌体杀死了没有抗性的细菌。为了回答这个问题，后来的实验使用非致死的选择剂。结果表明，在选择作用之前或之后，突变都能够使适应性增加。

在其中一个实验中，细菌含有一个突变的 *lac* 基因，它会阻止细菌使用乳糖作为碳源，再将这些细菌转到仅有乳糖作为碳源的平板上。在这些条件下，突变细菌不会被杀死但也不能够生长。需要一个新的突变（如 *lac* 缺陷基因的回复突变）才可以利用乳糖生长。观察到的突变模式是事先存在突变的“累积赌注”模式和选择之后产生突变的平衡模式的混合。尽管对于这些结果有些争论，但它表明了选择压力并不能选择性的增加 *lac* 基因的突变速率，反而增加了整个基因组的突变速率。这些结果暗示，尽管突变在选择压力作用之后继续发生，但对于适应来说，突变的发生是随机的。

需要注意的是，尽管对于适应来说突变是随机的，但这并不意味着生物体不能控制突变过程。事实上，生物体以多种方式积极控制和操纵突变。例如，突变速率在压力条件下会被诱导或在某段特定的区域增加，在第 23 章将详细讨论这些过程。为此，即使能够控制这些突变速率，但所见到的特定突变与其适应价值不是直接相关的。

不同类型突变发生的速率不同

突变速率的变化取决于突变的类型。也许最好的例子就是转换和颠换的区别。在所有研究的物种中，转换突变比颠换突变的速率要高很多，部分是因为前面讲过的互变异构。另一个原因就是碱基的错误加入导致的嘌呤与嘌呤之间转换或嘧啶与嘧啶之间的转换。这种情况下 DNA 链双螺旋结构的扭曲要小于嘌呤和嘧啶之间的颠换。例如，在 G-C 配对中若取代 C 为 T 则导致转换突变。通过错误掺入而形成的 G-T 配对仍然是嘌呤-嘧啶的配对。相反的是，任何导致颠换的错误掺入将产生嘌呤-嘌呤和嘧啶-嘧啶配对。

首先嘌呤-嘌呤和嘧啶-嘧啶的配对很少发生，并且更容易被 DNA 校正和修复机制识别。因此，这就减少了颠换发生的频率。

突变速率在基因组内变化很大

突变在具有不同序列特征的基因组的不同区域变化很大。例如，因为在 DNA 复制期间的 SSM 错误的增加，含有很长一串同样的碱基比起其他区域有很高的插入和缺失突变。如果 DNA 模板一排含有 10 个腺嘌呤（AAAAAAAAAA），产生一条带有短的插入和缺失新的互补链的 SSM 错误比起 ATCGCTGATT 模板的机会要大得多。类似的，微卫星和小卫星 DNA 由 SSM 引起的突变要快速得多。微卫星 DNA 含有 2～10 个碱基的重复序列，小卫星 DNA 常含有 11～100 个碱基的重复序列（见注解框 13.3）。在这些区域 SSM 引起的突变涉及复制片段基序数目的变化。因此这些区域称为可变串联重复序列（VNTR）。这些短重复序列的高突变率使这些微卫星重复序列成为群体遗传学很好的标记（见注解框 13.3）。

另一个例子是哺乳动物基因组中与序列特征关联的突变速率的改变。在哺乳动物中，正常的 DNA 甲基化机制更倾向于将 DNA 序列 5′-CG-3′中胞嘧啶甲基化（也称之为甲基化岛）。因此，靠近 A 的 C 比起靠近 G 的 C 更少被甲基化。正如上面讨论的，当一个甲基化的胞嘧啶脱氨的话，就会变为胸腺嘧啶，如果再被复制的话就引起突变。如果胞嘧啶不能被甲基化的话，脱氨就形成尿嘧啶从而能够被识别和修复。由于胞嘧啶更容易被甲基化，所以临近鸟嘌呤的胞嘧啶比起其他位置的胞嘧啶拥有更高的突变率。

其他因素也会影响突变速率，包括距复制起始位点的位置、重复序列、转座元件插入信号的存在以及端粒和着丝粒的附近区域。由此我们认识到，由于突变速率在不同区域的变化，我们不能用一个区域的突变速率来描述整个基因组的突变速率。同时，这也提醒我们，一个基因的序列特征以及基因组的特征对进化的速率和模式具有深远的影响。

物种间的突变速率和模式变化很大

许多年来，物种间突变速率的变化一直是研究的焦点，并看到了一些有趣的模式。图 12.23 中展现了不同遗传系统生物的突变速率特征。突变速率表示为每个循环每个碱基对突变的数目，它同时也反映了复制和修复基因组酶的分子真实性。值得注意的是，小的基因组比大的基因组具有更高的突变率。因此，平均来说，基因组大小和每个碱基对的突变率之间是一种负相关。如果突变速率以每代基因组突变数目来衡量的话，物种间的变化就很小了。

在病毒中可以见到很高的突变率，如 HIV（人类免疫缺陷型病毒）有很小的单链 RNA 基因组。这种高错误率部分是因为缺少 RNA 聚合酶和逆转录酶的校正功能，另外就是修复单链多聚核苷酸的困难。科学家已广泛研究了 HIV 中 RNA 病毒的特征。如果在不同时间内从个体采集 HIV 样本或在感染期间比较不同的位置，常常可以发现很大的遗传差异，尽管这个个体只被一种品系的病毒感染。在单个感染过程中产生了大量的遗传多样性，因为 HIV 突变速率特别高，它比人类细胞 DNA 复制的突变速率高

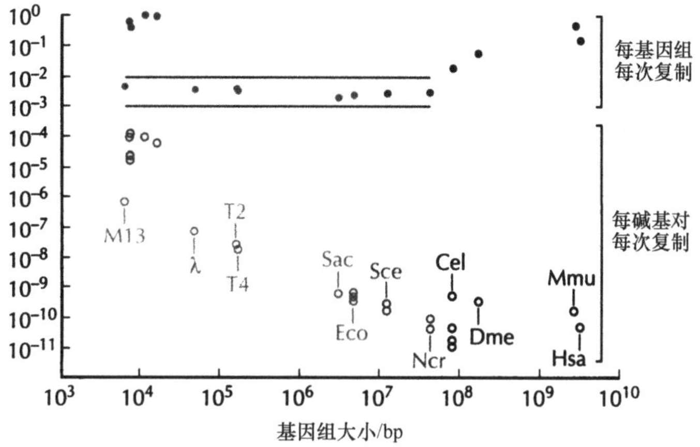

图 12.23 突变速率和基因组大小的关系。各种各样物种基因组的大小和突变速率的关系。图的下部显示平均每一次复制事件中每一碱基发生的突变速率。可以看到随着基因组大小的增加突变速率下降的趋势。图的上部显示平均每一次复制事件中每一基因组的突变速率。不同基因组大小的物种间突变速率相似。RNA 病毒（红色）：犀牛病毒（rhinovirus）、脊髓灰质炎病毒、水泡性口炎病毒和麻疹病毒。DNA 病毒（绿色）：M13，λ，T1 和 T2。古细菌（蓝色）：Sac，*Sulfolobus acidocaldarius*。细菌（蓝色）：Eco，大肠杆菌（*Escherichia coli*）。真核微生物（紫色）：Sce，酵母（*Saccharomyces cerevisiae*）；Ncr，*Neurospora crassa*。后生动物（黑色）：Cel，线虫（*Caenorhabditis elegans*）；Dme，黑腹果蝇（*Drosophila melanogaster*）；Mmu，小鼠；Hsa，人类。

近 100 万倍。HIV 的突变速率一方面反映了通过逆转录酶而产生碱基错误掺入的高频率（约每 2000 个碱基一个错误），另一方面也反映了缺少校正和错配修复过程。

从每一次细胞分裂的突变率来预测进化的结果很容易误导的，因为不同的物种甚至同一物种不同的性别之间每一代的细胞分裂次数也是不一样的。例如，人类中所有的卵子是在发育中的女性胚胎中产生的，并且在进入停滞期时经历了大约 30 次分裂。相反的是，人类的精子在成年男性的一生中都可以产生，并且他们的世系常常经历了多于 100 次的细胞分裂。这种细胞分裂次数的不同或许可以解释为什么人类精子积累突变的速率比卵要快得多。

通过混合产生的变异：有性生殖和水平基因转移

有性生殖重组通过分类和交叉导致种内的基因组合的混合

在有性生殖的生物中，个体间大部分遗传上的不同是重组的结果而不是近期产生的突变的结果。为了理解有性生殖重组是如何产生变化的，很有必要去理解重组的过程，因为有性生殖重组是在有性生殖过程中产生的。在第 23 章中将讨论选择对有性生殖的作用。

有性生殖混合通常来自不同世系的两个单倍体配子的 DNA 从而产生二倍体的后代。然而，一个单倍体细胞含有两条同源染色体中的一条，其 DNA 含量用 n 表示，一个二倍体细胞含有两条同源染色体，其 DNA 含量以 $2n$ 表示。因此，如果一种生物体的基因组含有 4 条染色体，那么一个二倍体的细胞则含有 8 条染色体，4 条来自一个亲本，另外 4 条来自另一个亲本。从两个亲本来的配对染色体称为同源染色体。

有性生殖从减数分裂形成单倍体配子开始（图 12.24A）。在减数分裂的开始，一个二倍体细胞复制使其 DNA 含量为 $4n$。每一条染色体的复制产物称为**姐妹染色体**。接下来，来自一条染色体的姐妹染色体配对并且姐妹染色体之间会发生同源重组。这样姐妹染色体通过交叉而交换遗传信息。

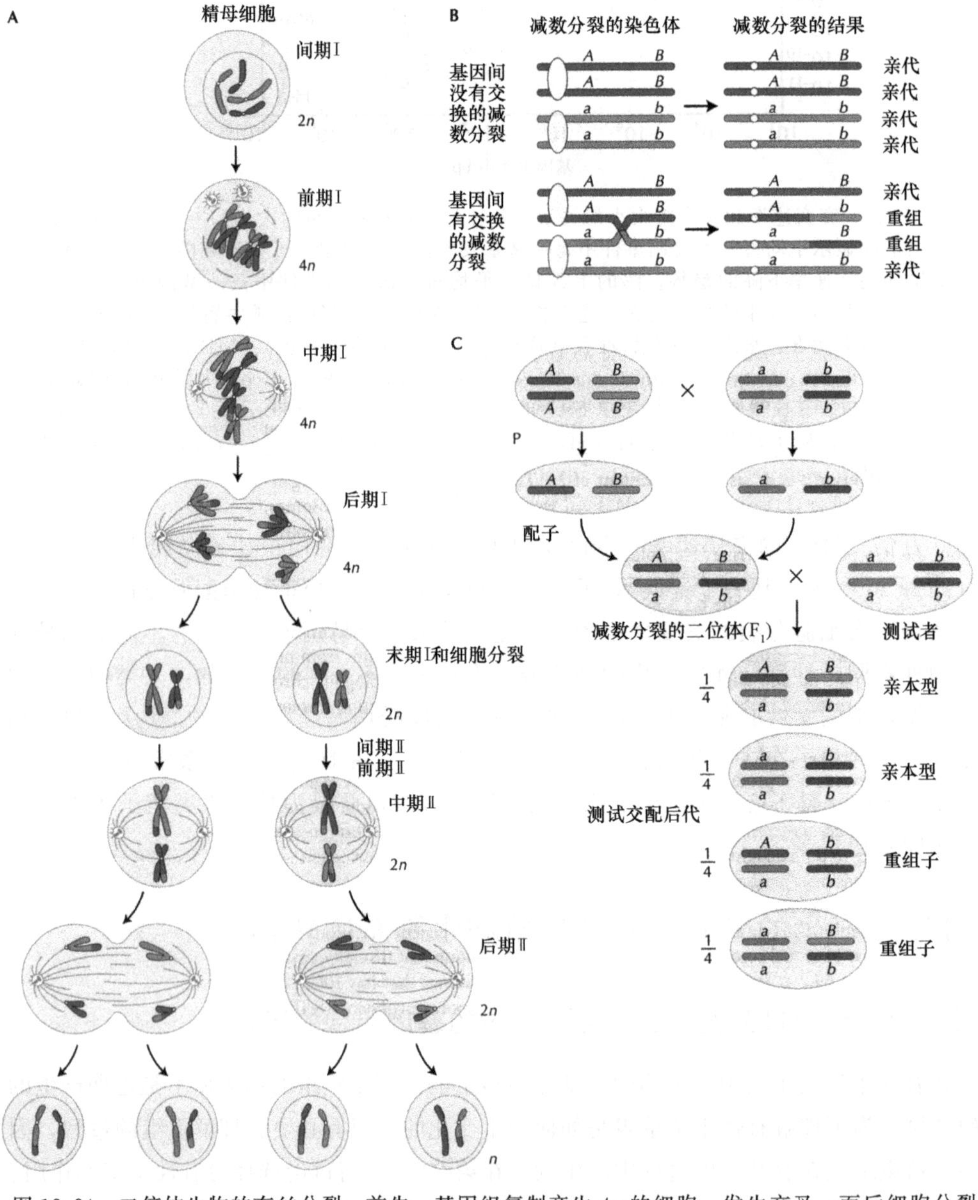

图 12.24　二倍体生物的有丝分裂。首先，基因组复制产生 $4n$ 的细胞，发生交叉，而后细胞分裂为两个 $2n$ 细胞。这些细胞又经历另一轮复制来产生单倍体配子。（B）因为交换而引起的重组。$4n$ 细胞基因组的一段区域。（顶部）没有交换；（底部）单个交换。（C）因为分离而引起的重组。来自两个亲本配子的交叉。采用测试交配实验（而不是重组子）可以检测到分类。

在分子水平上，交换涉及一系列的同源重组事件从而产生来自两个亲本 DNA 片段的重组染色体（图 12.24B）。在第一次减数分裂时，同源染色体会随机分离但只有其中的一条染色体能够正常传给子细胞。这样在第二次核分裂时，姐妹染色体进行分离从而产生 4 个配子，每一个都含有一组随机的单倍型染色体（图 12.24C）。因此，减数分裂使用了两种机制，即同源重组和随机分离产生遗传变化。

有性生殖重组过程产生了大量的多样性。设想一下一种生物只有一对同源染色体，但在两者之间却含有 1000 个单核苷酸的不同［现在称之为单核苷酸多态性（SNP）］。在这个例子中，2^{1000}（约 10^{301}）不同形式的染色体可以通过有性生殖重组产生。尽管交换不会产生这些重组（对于紧密连锁的多态性而言，它们之间的交换很少），但潜在的变化是巨大的。

重组和分离独立于有性生殖过程

通过重组产生的遗传物质的混合产物并不限于有性生殖过程中的减数分裂。在二倍体生物中，有丝分裂期间会发生低水平的重组。当在单细胞生物或多细胞生物的生殖细胞中发生有丝分裂重组时，也会导致像减数分裂一样的遗传混合。同样的，在细菌和古细菌中与交配关联的同源重组或水平基因转移也能够导致来自不同世系的遗传序列的混合。

含有多条染色体的病毒基因组给重组提供了额外的机会。当多种病毒感染一个宿主细胞时，在病毒复制时将会发生遗传物质交换。参与的病毒可能是相同病毒的不同世系或者不同类型的病毒。其中的一个例子就是含有 8 条染色体的流感病毒基因组，这对人类来说非常重要。在感染宿主细胞期间，所有的 8 条染色体都会复制从而压缩到一个新的病毒颗粒中。当一个宿主细胞被两种品系的病毒感染时，将会产生含有两种原始流感病毒品系的染色体的混合（图 12.25）。除此之外，重组事件也与有性生殖的生物一样，在每一条染色体的不同类型之间也可以发生。

种间水平基因转移

正如在第 5 章讨论到的，**水平基因转移**（LGT）涉及从一个进化世系到另一个进化世系的基因移动（图 5.23）。它以同有性重组和突变类似的方式将遗传变异引入到一个群体中。比较 LGT 与减数分裂是为了更好地理解 LGT 在进化上的效应以及 LGT 自身是如何进化的。

减数分裂和 LGT 通过组合来自两种来源的遗传物质而产生变异。LGT 的一些类型需要同源重组，这同在有性生殖重组中的机制相同。当外源 DNA 的一段与宿主基因的某段区域很相似时，这段 DNA 就可以通过同源重组插入到基因组内从而取代对应的宿主 DNA。因为供体和受体 DNA 需要很高的相似性，成功地插入整合只是对于关系密切的细胞才有可能。

在一些细菌和古细菌中，接合作用转移供体细胞大片段的染色体到一些物种的受体细胞中去。接下来的同源重组就像减数分裂一样产生新的变异。因此，接合常常可以作为细菌性别判定的一种方式。

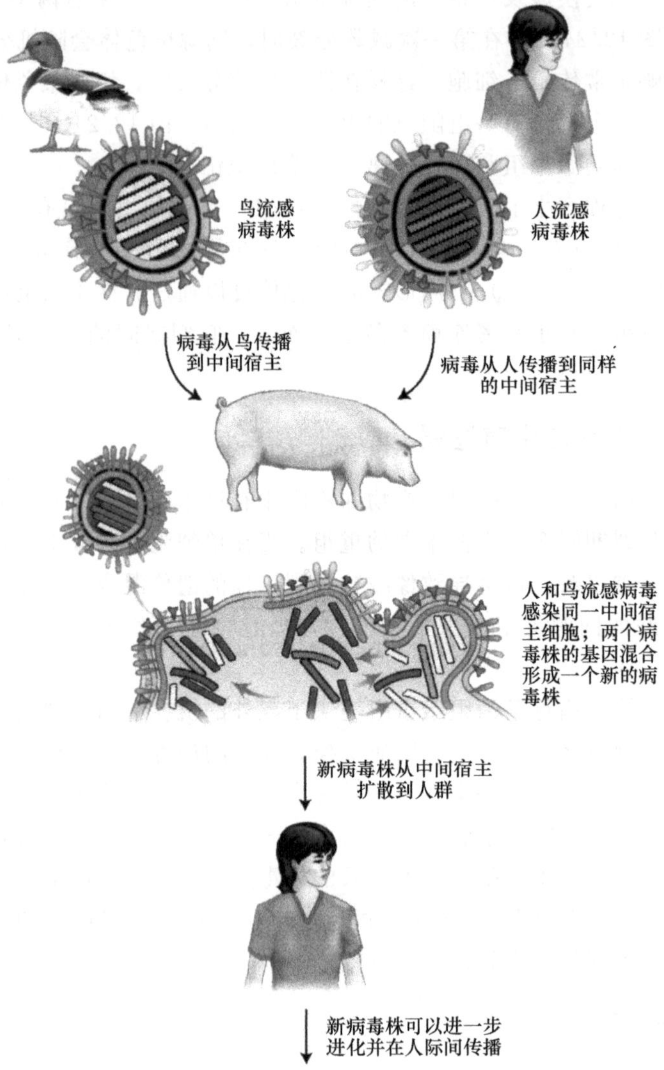

图 12.25　流行性感冒抗原的变异。

LGT 与有性生殖中的减数分裂存在以下的不同。

- LGT 在供体和受体之间是单向转移的；
- LGT 只转移基因组的一小部分，而减数分裂一步就可以重排两个完整的基因组；
- LGT 不是生命周期的正常阶段，并且它比有性减数分裂发生的频率要低很多；
- 更重要的是，LGT 在很大的进化范围内发生。因此，LGT 能够将完全崭新的基因转移到一个物种中，而不仅仅是现有基因的新等位基因。

人们认识到 LGT 对细菌和古细菌的进化有很大的作用。选择对细菌和古细菌中 LGT 的效应和对减数分裂重组的效应是相似的。我们将在第 23 章中回溯这个问题。

小结

遗传变异是进化的素材，它通过组合突变和遗传重组而产生。在亲本和子代基因组之间的造成差异的突变是遗传变异最根本的来源。遗传重组通过混合和配对来自不同世系的变异产生新的模式。

突变包括从单碱基的改变到小的插入，从复制和缺失到染色体的改变，如易位与多倍体的形成。尽管有很多类型的突变，但所有这些都可以归于三种类型：基因组复制时产生的错误、基因组传给子代时产生的错误以及复制循环之间发生的对基因组的修饰（如转座）。总的来说，这些事件的概率是非常高的。但在大部分物种中，突变速率是非常低的，这是因为修复加上错误矫正机制限制了突变的发生。

突变发生的过程与突变的后果之间没有直接关联。然而，这并不是说所有突变发生的速率是一样的。基因组内突变速率在不同的条件下不同的物种之间变化是非常大的，这种变化对于进化的过程和模式具有很重要的作用（见第 23 章）。

大部分变异是遗传重组的结果，主要包括真核生物的有性生殖和细菌及古细菌水平基因转移。这些过程混合发生于不同世系的突变，因此大大地增加了变异的数量，从而使像自然选择这样的进化动力可以对变异发挥作用。

延伸阅读

一般突变

Drake J.W. 2006. Chaos and order in spontaneous mutation. *Genetics* **173:** 1–8.

Miller J.H. 2005. Perspective on mutagenesis and repair: The standard model and alternate modes of mutagenesis. *Crit. Rev. Biochem. Mol. Biol.* **40:** 155–179.

Sniegowski P.D., Gerrish P.J., Johnson T., and Shaver A. 2000. The evolution of mutation rates: Separating causes from consequences. *BioEssays* **22:** 1057–1066.

错配修复、核对与复制错误

Kunkel T.A. and Erie D.A. 2005. DNA mismatch repair. *Annu. Rev. Biochem.* **74:** 681–710.

Schofield M.J. and Hsieh P. 2003. DNA mismatch repair: Molecular mechanisms and biological function. *Annu. Rev. Microbiol.* **57:** 579–608.

DNA修复

Cline S.D. and Hanawalt P.C. 2003. Who's on first in the cellular response to DNA damage? *Nat. Rev. Mol. Cell Biol.* **4:** 361–372.

Fuss J.O. and Cooper P.K. 2006. DNA repair: Dynamic defenders against cancer and aging. *PLoS Biol.* **4:** e203.

重组修复与重组诱导的突变

Kanaar R., Hoeijmakers J.H., and van Gent D.C. 1998. Molecular mechanisms of DNA double strand break repair. *Trends Cell Biol.* **8:** 483–489.

适应性突变

Luria S. and Delbrück M. 1943. Mutations of bacteria from virus sensitivity to virus resistance. *Genetics* **28:** 491.

Roth J.R., Kugelberg E., Reams A.B., Kofoid E., and Andersson D.I. 2006. Origin of mutations under selection: The adaptive mutation controversy. *Annu. Rev. Microbiol.* **60:** 477–501.

突变率

Denamur E. and Matic I. 2006. Evolution of mutation rates in bacteria. *Mol. Microbiol.* **60:** 820–827.

第 13 章

DNA 与蛋白质的变异

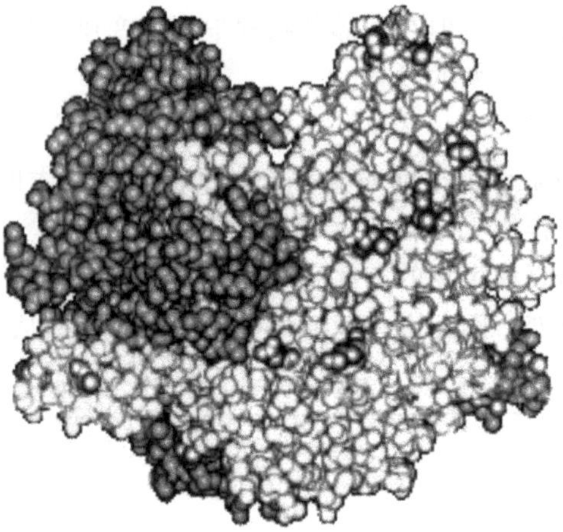

进化生物学的一个重要发现是群体中存在的高度变异。蛋白质测序技术及电泳分离蛋白质技术的发展为证明分子水平上存在变异提供了证据。几乎所有的群体都隐藏着大量的遗传变异。例如，任意选定两个人的基因组，经过 DNA 序列分析就会发现有 230 万个不同的位点，在表达的蛋白质序列中有近 1.1 万个氨基酸的差异。当对不同物种进行比较时，我们可以看到或多或少的分子差异会随着时间而稳定积累，这就是所谓的**分子钟（molecular clock）**。因此，如果我们要充分理解进化过程就必须首先认识遗传变异的自然属性和变异广度。

在本章中我们阐述不同种类的基因和不同生物的变异程度。我们汇总来自经典遗传学的证据，重点分析种群内和种群间 DNA 与蛋白质序列的变化。这些证据首次证明了在种群中隐藏着大量的变异。在下一章我们会看到性状的变异是如何直接依赖于这些遗传变异的。本书的后面部分，在解释了影响变异的不同进化过程之后，我们会问为什么会存在这么多变异？这些变异的后果是什么？在这一章的开始，我们首先要解释一个问题，即为什么进化生物学的很多内容都涉及种群中个体间的差异。

遗传变异

进化需要遗传变异

种群的进化最初是通过改变不同类型个体之间的比例实现的，所有进化过程都依赖于遗传变异。为了了解这一点，我们可以想象一个完全均一的种群，种群内所有个体具有完全相同的 DNA 序列。除非引入突变，否则子代一定与亲代相同，不会发生进化性的改变（图 13.1）。

达尔文曾经很清楚地意识到变异对进化来说至关重要。随时间的推移，种群内的变异被转移到了种群间，最后转移到了物种间。因此，《物种起源》中大部分内容都与变

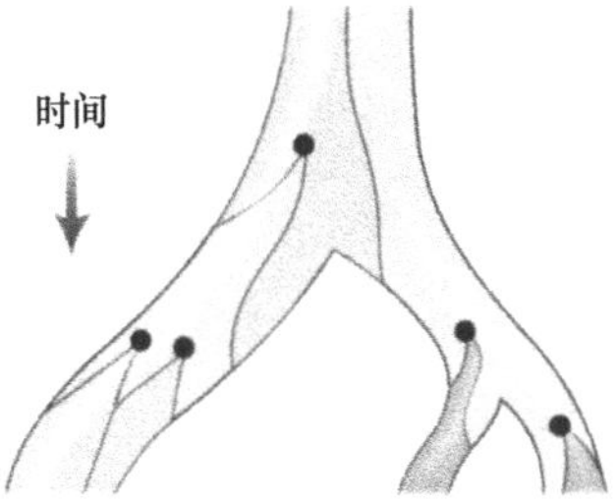

图 13.1　变异对于进化是必要的。图中显示一个祖先物种分成三个现生物种（分别用三个进化分支表示）。进化包括由突变导致的新等位基因的产生以及随后种群中等位基因频率（这里用不同的颜色表示）的改变。

异有关，并且达尔文理论所面临的困难也源于对遗传变异自然属性的忽视。

我们尤其关注自然选择，因为它创造了复杂的、更为适合的生命结构特征。自然选择需要影响适合度的遗传变异，也就是说必须有可遗传的变异影响到生物体的生存和繁殖。在这一章中我们探讨 DNA 和蛋白质序列中最基本的变异类型。在下一章中我们将说明表型和行为这样的复杂性状以及适合度是怎样与变异联系起来的。随后我们将在第三部分的其他章节讨论自然选择及其后果。在第 19 章我们将考虑变异影响适合度的证据。

为了描述遗传变异，我们需要了解一些基本术语。这些术语在注解框 13.1 和词汇表中均有解释。在书的后面部分，我们始终要记住两个关键的区别。第一，要将**基因（gene）**和**等位基因（allele）**区分开来。基因是一段编码蛋白质或 RNA 的 DNA 序列，其中包括相关的调控元件。基因在序列上存在不同，这些带有不同变异的基因序列称为等位基因（见注解框 13.1）。因此当涉及种群不同基因的频率时，**等位基因频率（allele frequency）**比基因频率更为准确。

第二，我们将一个个体所携带的等位基因组合作为这个个体的**基因型（genotype）**，也就是指所有的 DNA 序列。但是通常我们只关注和现有问题相关的一组基因。与个体的基因型相反，个体的表型是指我们实际观察到的所有性状特征。在下一章我们会谈到那些与表型变化相关的基因型是怎样变化的。

注解框 13.1　遗传学术语

基因、基因座、位点：在经典遗传学中对于基因的基本概念已经给出了很好的定义。基因是孟德尔分离定律中的基本因子，并且能够与其他同类因子重组。然而，我们现在理解的基因是不严格定义的一段 DNA。这段 DNA 可以编码蛋白质或有功能的 RNA 分子（如核糖体 RNA）以及相关的调控序列（图 13.2A）。重叠基因、基因内基因和选择性剪接（图 13.2B），这些复杂性使严格地定义基因无法实现。然而，在多数情况下基因这个术语均指它的直接含义。我们通常用基因座这个术语表示基因在基因组中的位置。它可能是一段包含了几个基因的 DNA 片段，或者是一个基因内的几百个碱基。这个术语是很有用的，因为当信息来自于实验室、对人类家系

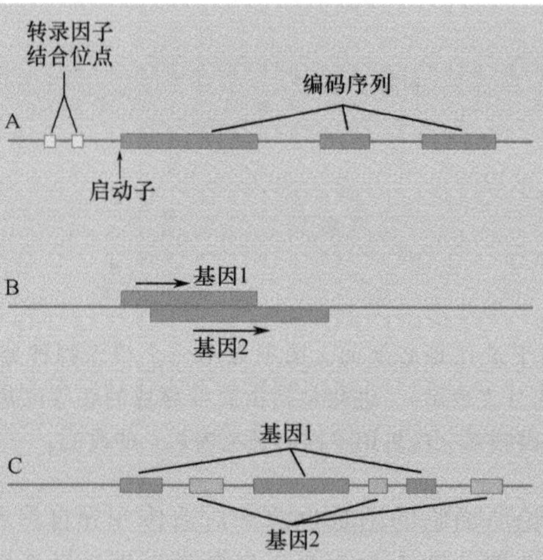

图 13.2　(A) 一个基因包含了调控序列（如转录因子结合位点）和编码序列，编码区可能被分割成外显子（这里有 3 个外显子）。基因这一概念的复杂性将在图 B 和图 C 中说明。(B) 基因可能会重叠，一个可读框被转录产生一个蛋白质分子的那段序列在另一个可读框中可能会产生一个不同的蛋白质分子。(C) 编码两个不同蛋白质的外显子是分开的。mRNA 以两种不同的方式剪接产生两种不同的蛋白质。

的研究或是对群体遗传学的分析时，我们通常并不知道一个基因座是与几个基因对应还是与一个基因对应，再或与一个基因内的一个片段对应。在下一章，我们会看到如何鉴别同数量性状变异相关的基因座。这些基因座被定义为数量性状基因座（quantitative trait locus, QTL），因为我们通常不知道哪个基因是控制基因，更不用说是基因中的哪一段序列起作用了。同样，在群体遗传学中我们通常使用基因座而不是基因这个概念，因为重要的是同适合度相关的基因组中的一些小区域，这些区域是编码具有功能性的蛋白质还是 RNA 分子并不重要。

最后，遗传和进化中最不可缺的基本单元——生物学的原子，是一个碱基对或者核苷酸。碱基对是指在一个 DNA 或 RNA 双螺旋中像 A∶T 或 G∶C 这样的一对碱基，而核苷酸则是指 DNA 或 RNA 聚合体中（脱氧）核糖-碱基亚单位。在进化遗传学中这两个术语通常可以通用，用来表示遗传信息的一个单位。通常最小的单元是指一个位点（有时是指一个核苷酸位点）而不是一个基因座。

简而言之，一个基因是指能编码一个蛋白质或 RNA 分子的有功能的单元，而基因座是指基因组中一个区域，我们认为它是近似的遗传单元。总之，基因和基因座都是由一串核苷酸位点组成的。

等位基因和单倍型：一个基因的不同变异体称为等位基因。在经典遗传学中，它们可以通过对生物体的可见影响加以辨别。当一个纯合子中出现两个拷贝是同一个等位基因时可能会导致豌豆种子皱缩或者果蝇的白眼。不同基因中的一些突变可能导致相同的表型。在决定眼睛颜色的通路中任何一个元件的缺失都能导致白眼表型。检测在同一基因座上等位基因突变的一个很重要的方法

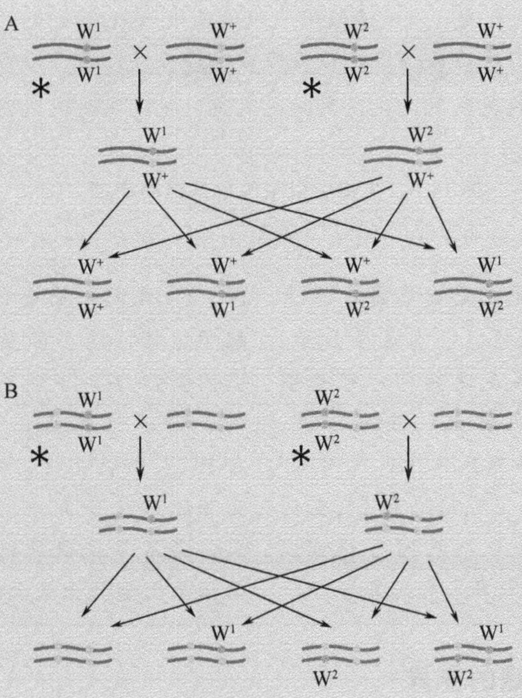

图 13.3　当一个纯合子有相同的等位基因时，互补实验可被用来表明两个隐性等位基因是否产生相同的表型。每一个突变的纯合子个体与野生型交配后产生杂合子的后代（在 A 和 B 之间的一行）。(A) 当杂合体彼此交配后，如果突变在同一基因的等位基因上，那么其后代中有 25%出现隐性表型。(B) 然而，如果突变的等位基因在不同的基因座中，全部的后代将出现野生型表型。这是因为携带两个隐性等位基因的个体在两个基因座中同样也携带了两个野生型的等位基因（B 图右下角）。

是互补实验（图 13.3）。如果隐性突变被引入到同一个体，如果它们是在同一基因座上的等位基因，那么就会出现隐性表型。然而，如果突变存在于不同的基因中，那么它们所产生的影响将被各自基因座上的野生型等位基因的功能所弥补，于是出现的是野生型表型。这种实验并不完整，很明显这种方法只能用于隐性等位基因的检测，但是它的用途仍然很广泛。

一个基因座可以有很多等位基因。例如，果蝇中白眼基因座就有 1517 种不同的等位基因（图 13.4）。等位基因的一般表示方法在不同生物间略有不同，并且在不同的生物中同源基因也有不同的名字。在群体遗传学和本书中我们通常使用简洁的表示法，用 P、Q 表示在一个基因中的两个等位基因。如果我们有几个基因座，分别用 A、B、C……表示，在基因座 A 中的等位基因分别表示为 A^PA^Q，在基因座 B 中的等位基因用 B^PB^Q 表示，依此类推。

一个个体的基因型就是这个个体所携带的一对等位基因。例如 $A^PA^PB^PB^QC^PC^Q$ 就代表了一个二倍体的基因型，即在 3 个基因座 A、B、C 上携

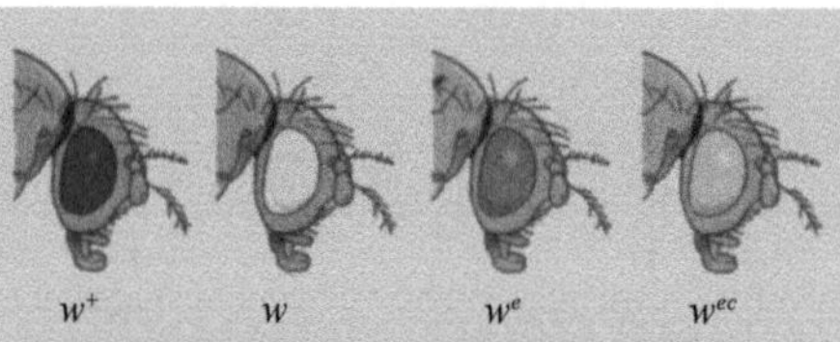

图 13.4　果蝇中白眼等位基因的表型。野生型等位基因用＋表示。

带等位基因 P、Q，也就是在基因座 A 上是纯合子，在基因座 B、C 上是杂合子。然而，如果这些基因是连锁的，它并不表示等位基因在染色体上的排列方式。如果 B^P 和 C^P 在一条染色体上，或者 B^Q 和 C^Q，再或者 B^P 和 C^Q、B^Q 和 C^P 在同一条染色体上，那么整个基因型就可以表示为 $A^PB^PC^P/A^PB^QC^Q$，它代表了 A^P、B^P、C^P 在同一染色体上并且随着亲本的配子遗传。这个随着配子遗传的单倍体基因型称为单倍型（haplotype）。在这个例子中二倍体基因型就是两个单倍型 $A^PB^PC^P$ 和 $A^PB^QC^Q$ 所组成的。在二倍体生物的遗传研究中存在一个难题，就是单倍型不是仅仅通过列出逐个基因座二倍体基因型找出来的。

经典遗传学揭示暗藏的变异

达尔文证明了表型中遗传变异的存在，尤其是那些影响生存和繁殖的性状，但是当时对变异的遗传学基础还不清楚。最初的遗传学家主要研究由孟德尔定律控制的变异。这些都是在实验室和温室或很罕见的现象中偶然产生的突变。在自然界中遗传变异的例子很难被发现，并且变异程度也无法定量。只有少数异常的变异系统被发现，被称为多态性（polymorphism）（图 13.5）。然而，许多遗传变异的例子都来自于有害的等位基因。在人类群体中虽然大部分个体会受到一些遗传条件的影响，但特定的遗传缺陷是很少见的。例如，最常见的遗传疾病——胰腺囊肿性纤维症在欧洲人群中的发生率只是 1/2000。在大量调查了自然界果蝇群体之后，人们找到了实验室突变相似的变异，但是只有很低的频率。所有这些都证明了一个简单的认识，即一个基因通常带有一个常见的野生型等位基因以及很少的有害突变等位基因。

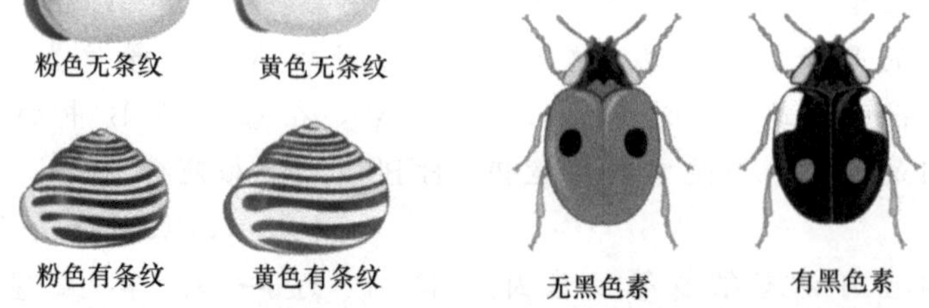

图 13.5　在没有发现分子标记以前，很少发现具有简单遗传基础的正常多态性的例子。（A）蜗牛（*Cepaea nemoralis*）的贝壳模式；（B）瓢虫（*Adalia bipunctata*）的黑化型。

群体中存在遗传变异的第一个证据来自于对捕获的野生型果蝇与实验室特殊果蝇品系间杂交的研究，杂交的结果是整个染色体都会变成纯合子（见注解框 13.2）。很明显 10%～30%的果蝇染色体都带有隐性致死因子（recessive lethal），因此带有这些染色体纯合子的果蝇都会死掉。也就是说对于一个随机选择的果蝇，如果这个染色体是纯合子那么它不可能存活。这只是众所周知的近交衰退现象中的一个例子，我们将在第 18 章更为详细地讨论这一现象。

注解框 13.2　平衡子染色体及等位性的检测

平衡子（balancer）是特殊构建的果蝇染色体，它可以用来保持一条野生型染色体在文库中的完整性。于是一条特殊的染色体可以从一个自然群体中提取并且可以在一定条件下对其进行研究（图 13.6AB）。一个平衡子染色体带有多重染色体倒位、隐性致死和显性标记等位基因。那些带有倒位染色体的杂合子果蝇并不能产生重组后代（见注解框 12.2）。此外，因为平衡子带有隐性致死等位基因，它们不能变成纯合子，并且因为它们带有显性标记等位基因（如突变体具有一个拷贝时眼睛的颜色会改变），所以一旦出现可以很容易看到。

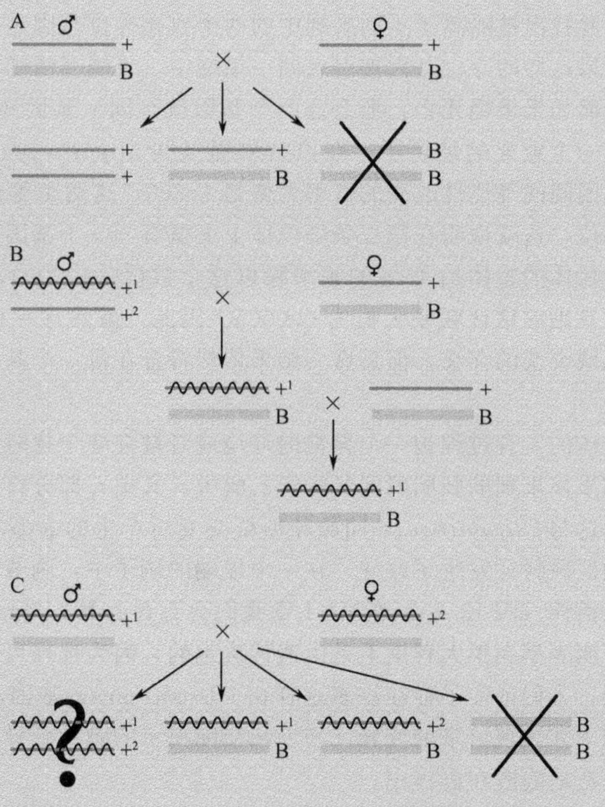

图 13.6　(A) 保存一个平衡子库。(B) 筛选一个野生型染色体。(C) 等位性的检测。

一个由平衡子和特殊的野生型染色体形成的杂合子群体可以无限保存（图13.6A）。这种+/+纯合子远不及B/+杂合子的合适度，因此这种杂合子优势（heterozygote advantage）（见注解框17.2）的极端形式导致多态性被保存下来。利用一个野外捕获的雄性和一个来自于平衡子库的雌性交配的方法可以得到单条染色体（图13.6B）。因为在雄性果蝇中没有重组，用一个野外捕获的雄果蝇可以确保染色体可以完整地传递给后代，而不会在减数分裂时被打断。含有一个平衡子的后代被挑选出来并用它构建一个新的平衡子库，这个平衡子库带有那个被提取的染色体。如果没有+/+个体出现在文库中，那么那个野外捕获的染色体一定带有隐性致死等位基因。如图13.6C所示，如果两个不同的平衡子文库杂交，那么在后代中的任意一个野生型个体必定携带两个不同的野生型染色体（分别来自一个亲本库）。如果没有野生型果蝇存活，那么这两个库必定在同一基因座上带有隐性致死等位基因。如果野生型果蝇能够存活，那么这两个品系必定在不同的基因座上带有隐性致死等位基因（这就是在注解框13.1中解释的互补实验）。

早期研究表明隐性致死分散在许多基因中，因此存在于一个基因中的情况很少。我们可以通过互补实验找出被隔离于不同果蝇中的两个致死等位基因是否是同一基因座的两个等位基因。如果这样的等位基因被引入同一果蝇中，果蝇存活则说明缺陷发生在不同的基因座上。然而如果果蝇死亡，那么这两个基因就是同一基因座的两个等位基因，它们在一起时产生一个致死的纯合子。在拟暗果蝇（*Drosophila pseudoobscura*）中两个隐性致死等位基因间的等位性改变的概率大概是1/300，这两个等位基因被隔离在两条染色体的不同部位，这就说明在第二条染色体上大概有300个基因可以突变成隐性致死的。用第二条染色体的整体约15%的频率除以这个数值（1/300），可以得出在每一个基因座上的等位基因的估计频率大概为0.0005。因此，虽然这一技术证明了由隐性等位基因携带的隐藏突变的存在，但是这一结果依然符合在每一个基因中只有低水平的突变这一事实。

当一个正常个体的发育过程被一个异常的环境或者被突变干扰时，隐含变异就会表现出来。例如，如果使果蝇的胚胎瞬间暴露于乙醚中，其中一部分将发育异常，表现出成年个体的表型，这与*Ultrabithorax*同源异形框突变所产生的表型相似。在这样的突变个体中，身体的区段特征发生了改变。在一个极端的例子中，胸节部位由一对额外的翅膀取代原来的平衡棒（图13.7）。在第11章我们会看到由Waddington做的一个经典实验，这个实验表明表型在很大程度上是由遗传决定的，因为选择可以迅速增加或减少表型的出现。最近，人们证实了存在许多这样由*Ultrabithorax*基因本身多态性决定的但只有在环境干扰下才表现出来的变异。与近亲交配揭示的隐性变异一样，这些现象说明遗传变异通常广泛地隐匿在群体中。

图 13.7　被暴露于乙醚中的果蝇早期胚胎表现出的表型与 *Ultrabithorax* 同源异形框突变相似。(左) 野生型果蝇带有微小的平衡棒，用箭头标注。(右) *Ubx* 突变的结果是平衡棒被换成了另外一对翅膀。这种表型同样可以通过乙醚处理得到。

表 13.1　果蝇 (*Drosophila willistoni*) 巴西种群的隐性突变频率

效应	第二条染色体	第三条染色体
致死	28.6	19.7
半致死	12.6	12.4
不育	31.0	27.7
可见突变	15.9	16.1

源自 Dobzhansky T. 1937. Genetic and the origin of species, Table 4 , p. 66 Columbia University Press, New York(© 1982 Columbia University Press, Reissue Edition October 15, 1982; ISBN 0231054750-ppbk), and references therein

半致死(semilethal)表示那些可以杀死群体中超过一半个体的染色体。

种群中个体的蛋白质和 DNA 序列存在广泛不同

20 世纪 60 年代中期以前，即使对研究最多的生物体的遗传变异我们也所知甚少。利用经典遗传学和生物化学的方法只能靠运气在特殊生物体（如人和果蝇）的特殊性状（如血液蛋白或可见多态性）中发现变异。因此，只能大体推测基因和生物体的总体变异模式。

关键的革新是蛋白质电泳技术（protein electrophoresis），它是一种可以用于检测任何生物体蛋白变异情况（对基因的间接检测）的技术。人们并不是因为蛋白质具有多样性才采用这个技术，而是因为蛋白质可以在凝胶上检测。利用这种方法很容易分离蛋白质，这些蛋白质大都是酶，如涉及新陈代谢的酶类。这些酶不同的等位变体被称为**等位酶**（allozyme）。这个技术的初次应用使遗传学家颇为震惊，因为遗传变异远远高于预期。在果蝇和人中大概有 1/3 的酶是多态的，也就是说不止一个等位基因，并且在一个随机选定的个体中的任意一个基因都有 5%～10%的杂合子概率。蛋白质电泳技术被群体遗传学家所采纳，他们试图了解整个生物界的变异水平，换句话说就是"发现它们并且吃透它们"。自那以后，出现了许多新的测量变异的技术，但对于丰富遗传变异存在的基本观察没有改变。

电泳检测通过改变电荷和凝胶成分来影响蛋白质通过凝胶的速度。这也反映了氨基酸序列的改变从而反映DNA序列的改变。然而，并不是所有氨基酸的改变都能被检测出来，因为有时蛋白质被翻译出来之后，某些氨基酸被修饰了，这也能改变它们在凝胶中的运动能力。其他种类的遗传学标记可以给我们比较简单但仍然是间接的方法检测DNA序列。微卫星标记依赖于在串联重复序列中重复元件的个数。限制性片段长度多态性（RFLP）检测是否一段DNA序列受到了内切核酸酶的剪切，内切核酸酶能够特异识别一段特定序列的4～6个碱基并在该处剪切。限制性片段长度的变化取决于剪切位点，也取决于剪切位点之间的插入和缺失。最近发展起来的一项新技术是利用从一个个体中取得的DNA作探针与微阵列（或芯片）上基因组的不同区域的寡居核苷酸结合，这项技术使得在整个基因组中搜索变异成为可能。

实际上我们能够通过直接比对DNA序列从而更为精确地研究遗传变异。一些类似的方法已经被用于人类基因组的研究。人类基因组序列第一张草图于2001年公布，与此同时还伴随着一项140万个单核苷酸多态性（SNP）的研究。这些SNP是将24个不同分支起源的人基因组的序列进行比对，从而找出差异的核苷酸位点。其目的是为了识别那些与疾病相关的遗传标记而不是为了描述人类种群的遗传变异，因为这样是需要大量的DNA作为样本的。大多数情况下直接检测DNA是没有效率的。现在我们有很多识别DNA序列变异的遗传标记，并且可以利用它们解决不同的问题。关于这些遗传标记和一些技术的详细信息将在注解框13.3中介绍。DNA序列中有很多种类的变异，这将在图13.11中说明，这个图展示的是*D. melanogaster*乙醇脱氢酶基因*Adh*附近的一段13kb区域的变化。这个区域有8个单核苷酸变化位点以及9个插入和缺失，每一个都只有很少的碱基；7个长一些的插入，大概有几百个碱基对，这些都是由转座元件引发的。这些变异主要发生在内含子和基因侧翼区域，因为这些区域不会影响到氨基酸序列。在这里只有一个变异会影响到蛋白质序列，由A变成C，这会导致由赖氨酸向苏氨酸的改变。这些蛋白质的多态性是由电泳检测出来的。带有苏氨酸的等位基因迁移较快，称为快等位基因（F allele），相反带有赖氨酸的等位基因称为慢等位基因（S allele）。当初，正是这个微小的迁移率差异促使人们仔细研究*Adh*基因的序列。

注解框13.3　遗传标记

理想情况下一个遗传标记是一个很容易划分的并在种群内和种群间存在的遗传变异，并且它对于表型尤其是适合度的影响是微不足道的。原则上讲我们可以将多种个体的DNA片段测序，然而这将需要大量昂贵的样本，况且这样做通常是没必要的。

我们并不对标记本身感兴趣，而是希望利用它来识别一个个体的基因型。遗传标记有广泛多样的用途。例如，找出那些与疾病相关的数量性状变异对应的基因（见第14、26章），推测亲本及其地理起源（见第16章），或者用来估计自然选择的影响（见第19章）。

通常只有遗传标记是不够的，还需要一些重要的技术，可以利用这些技术发现特殊基因座并且识别这些基因座上的变异。在这里我们总结了几种最为重要的技术。

等位酶电泳：等位酶是由一个基因座编码的一种酶的等位变异体。粗提蛋白在电场下通过凝胶迁移（starch，polyacrylamide 或 cellulose acetate）。用一种检测酶活性的染料染色可以发现一种特定的蛋白质。它在凝胶中的位置就反映了酶分子通过凝胶的不同迁移率，这依赖于分子的大小和电荷。图 13.5A 提供了一个例子，在这个例子中纯合子显示出一条带，杂合子显示出三条带。这是因为这种酶有两个亚单位，因此在杂合子中存在三种不同的二聚体。这种方法既经济又简单。

限制性片段长度多态性（RFLP）：DNA 在限制性内切核酸酶剪切之后在电场中通过凝胶（图 13.8）。现在被放射同位素或荧光染料标记的 DNA 探针已经被用于凝胶之中。探针退火之后与其互补序列结合，这样可以找出那些与探针同源的片段。它们在凝胶中的位置反映了片段的长度。在一个 DNA 单链中的那些能导致获得或丢失限制性位点的置换或者在限制性位点间的插入或缺失都会导致片段长度的变化。因此，只有小部分的序列变化被发现，但是几乎所有的长度变化都能被检测出来。

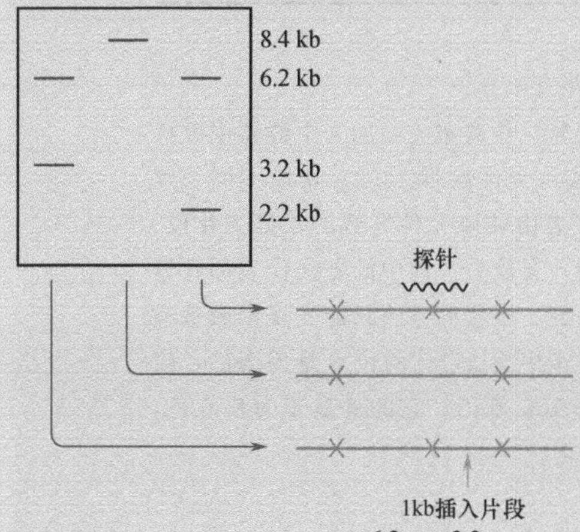

图 13.8　限制性片段长度多态性。

可变串联重复序列（VNTR）：许多标记都包含有拷贝数变化的重复序列。这些可变串联重复序列基因座根据重复片段的长度和拷贝数不同被分类。

小卫星是许多短序列拷贝的排列，这些拷贝从 9 个碱基对到几百个碱基对不等。这些排列分散在基因组中的多态位点上，并且每一个通常由 10～100 个重复组成（相反，卫星 DNA 是由相当大数量的重复组成。虽然它也是变化的，但是很难被划分，因此不适合做遗传标记）。用特定的小卫星重复序列探针可以在凝胶电泳图显示众多条带。每一条带都对应于小卫星基因座中的一个等位基因，并且它在凝胶中的位置对应该基因座中的重复数。因为存在一个产生长度突变体的异常高突变率，所以重复数是高度可变的。小卫星基因座的这种高突变能力使得它们对于鉴别个体和决定个体之间的关系是很有用的（图 13.9）。

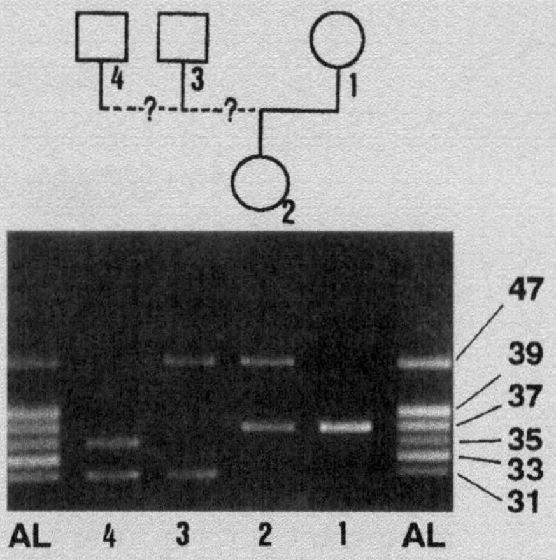

图 13.9　小卫星基因座可以用来很精确地识别亲缘关系。这张图所展示的是一个小卫星基因座，（1）母亲；（2）女儿；（3、4）假定的父亲。这个女儿的等位基因是杂合的，分别是 37 个和 47 个重复。这个稍短一些的等位基因一定来自母亲，她是一个 37 个重复的纯合子。个体 4 没有 47 个重复的等位基因，因此不可能是父亲。然而个体 3 的那个基因是个杂合子，因此他可能是父亲。两侧的梯形条带显示的是包含了人群中普遍存在等位基因的混合 DNA。

微卫星：微卫星是一系列短的串联重复，每一个单元仅包含几个碱基对。在人类基因组中存在30万个三碱基和四碱基重复，每10kb有一个单碱基重复，并且有5万个二碱基重复，如…CACACA…。可以利用检测小卫星的方法，即利用识别唯一序列的引物来发现微卫星基因座。微卫星突变率很高，因此它在种群中具有高变异度（图13.10）。

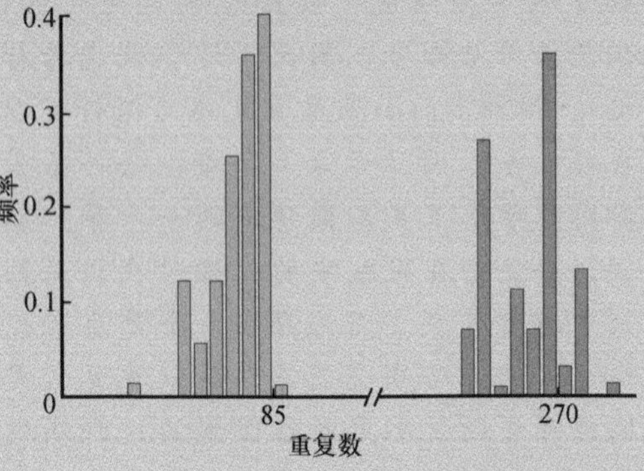

图13.10　人的两个微卫星基因座重复数的变化。它们都是二核苷酸重复。

单核苷酸多态性（SNP）：对来自于多个个体的基因组进行测序，测序的结果揭示了单核苷酸位点的变异（图13.15D）。对任意一个位点来说变异都是不常见的。例如，在人类中一个特定位点为杂合子的概率为$\pi \sim 0.0008$。因此，如果发生变异就会有两个不同的碱基（很少有3个或者4个的）。据估计在人类基因组中包含了大概1000万个等位基因频率至少为1%的变异；其中大概有9万个位于编码区，并且在这9万个突变中有一半是改变氨基酸的突变。这些突变的大部分通过大规模序列分析的研究项目已经被发现。微阵列技术可以有效地检测出大量的SNP。在每一SNP位点附近10～20bp的序列被连接到芯片上，带有SNP其中一个等位基因的DNA可以与芯片上的核苷酸结合。

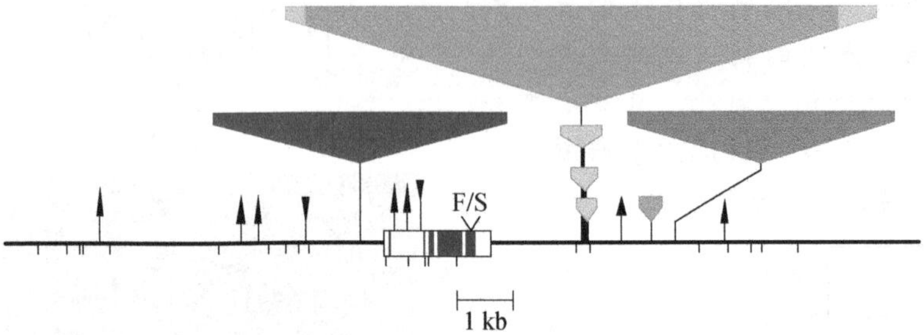

图13.11　果蝇*Adh*基因中不同种类的变异。从遍布美国的4个群体中取样48条染色体，并且利用限制性内切核酸酶（见注解框13.3）切成不同长度的片段进而发现了变异。有颜色的三角代表由转座元件导致的长插入片段。小三角代表样本中与一般单倍型相关的插入和缺失。图中的短线代表那些导致限制酶切位点的出现和消失的单碱基改变。用这种方法只能发现单碱基改变的一小部分。考虑到这一点，估计在样本中有2.7%的位点是多态的，核苷酸多态性$\pi=0.0064$。中间的方框代表*Adh*基因，它的外显子为粉红色，内含子为白色。F/S多态性位点也做了标记。

用等位基因频率描述变异

利用不同种类的遗传标记揭示的模式必须经过总结以便能够进行方法的比较以及基因和物种间的比较。根据经典遗传学的观点，不同方法检测不同种类的基因（也就是不同的等位基因）。因此，观察值可以还原为等位基因频率的列表。例如，图 13.11 中的数据显示了 16 个携带快等位基因和 32 个带有慢等位基因的 *Adh* 基因序列，并且给出了在一个样本中快等位基因的频率是 0.333。我们可以用相同的方法计算图 13.11 中所有变异序列的频率。然而，等位基因频率的长串罗列本身并没有什么特别丰富的信息。为了使这些大量的数据变得有意义，我们需要一种简单的统计学方法去总结等位基因频率列表，从中找出有用的信息。最简单的度量就是看一个基因座是不是多态的，也就是说这个基因座是否携带超过一个以上的等位基因。这个标准很显然要依赖于样本的大小。一个通用的定义是如果最常见等位基因的频率不大于 95%，那么这个基因座就是多态性的。一个相关的度量是找出在一个样本中发现的等位基因的数量，随着样本量的增大，等位基因的数量也会增加。

另一个度量是看一个样本中杂合子所占的比例。然而，这会受到交配系统的影响，也会受到等位基因频率的影响。例如，一种野生型燕麦，其繁殖方式主要是自体受精，在每一个基因座上都包含许多不同的等位基因，并且几乎任何个体中的任何一个基因座都是纯合子。但是严格讲这样的方法不能应用于像细菌这样的单倍体生物。因此，通常计算期望杂合度（一个种群中杂合子的比例）时，都认为是在理想情况下，即随机交配的二倍体种群。假设第 i 个等位基因频率是 $P_i\left(\sum_i P_i = 1\right)$。从注解框 1.1 中的哈迪-温伯格定律（Hardy-Weinberg formula）中可以看出两个拷贝都是 i 等位基因（也就是说 ith 基因是纯合子）的概率是 P_i^2。因此，期望杂合度就是 $H = 1 - \sum_i P_i^2$。因为这种检测变异能力的方法通常用于二倍体或者自体受精的生物体，这种变异力的量度被称为遗传多样性。遗传多样性是指在群体中随机选择的一个基因座上带有两个不同等位基因的概率。

这些反映等位基因频率变化的度量也可用于分析序列数据。对于任意一个特定位点其多态的可能性是很小的（图 13.11）。在一个核苷酸位点上的等位基因数量通常是 1，偶尔是 2，而不是 DNA 序列中可能出现的所有 4 种碱基。如果遗传多样性是通过碱基差异计算的，我们将其定义为 π，即核苷酸多态性（nucleotide diversity）。一个位点多态的概率就是在样本中多态位点的数目（分离位点数目）除以序列的长度。

以这种单独考虑每个位点的方法描述变异，只能捕获序列样本中很少的信息。即使数量很少的分离位点也会有数量众多的组合，因此通常只能观察到其中少量的组合。（所有变异的特定组合，即每一个特定序列就是一个单倍型）。例如，图 13.11 中展示的 48 个 *Adh* 序列中，在 13kb 中就包含了 24 个变异位点，但是只有 29 个不同的单倍型出现，远远小于 $2^{24} = 17\ 000\ 000$ 个可能组合的数量。

然而，将单倍型简单地当作等位基因并计算他们的频率是不明智的。在足够长的序列中每一个样本序列都不同，这样就会产生和序列一样多的等位基因。从等位基因频率角度概括序列数据所带来的问题是忽略了序列之间的差异信息。如果序列在很多位置都不同，那么在样本中就会存在更多的遗传变异。将这些信息考虑进去的最简单方法是计算序列中可识别位点数量的平均值，也就是序列的长度乘以 π，π 是我们前面定义的核苷酸多态性。在下一小节我们会看到，这就是将变异彼此连在一起分析的方法，它包含了关于样本序列进化历史的全部信息，并且需要对变异进行更为复杂的描述。

采用谱系全面描述遗传变异

如果一段序列包含了足够多的变异，且这个样本不曾重组过，那么我们可做的工作还很多：我们可以用同样的方法估计序列间的谱系关系，重建物种的系统发生（见第27章注解框5.1)(谱系通常反映物种内基因之间的关系，而系统发生则反映不同物种之间的关系)。通常我们假设每一个序列变异只产生一次，因此只在子代的一组序列（也被称作进化分支）中出现。那么，由序列数据至少能够部分地构建谱系（图13.12)。

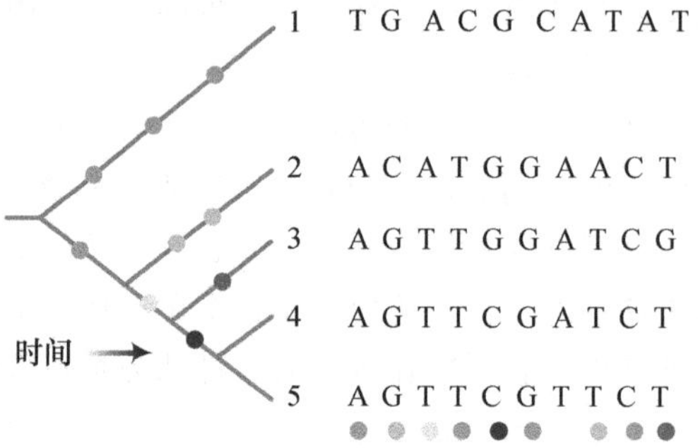

图 13.12　在那些非重组DNA序列中的突变可以用来重建它们的谱系。这个例子描述来自一个群体的4个序列（2～5)，同时还有一个远缘序列（1）作为外群。每一个突变定义一组相关序列。例如，序列3～5都有A-T的颠换（绿色)，这里表示它们起源于同一进化支。在这个例子中有足够多的突变用来清晰地构建谱系。那些发生在外群和序列2～5的突变用棕色点表示，但它们对于构建序列2～5之间的谱系是没有用的。这里显示的只是序列中变异的部分，在序列中大量的位点是不变的（见第27章的详细讨论)。

然而，在实践中利用遗传学数据重新构建亲缘关系并不容易。其中存在两个主要的问题：趋同进化和重组。如果一个位点进化很快或者序列之间亲缘关系较远，那么一个特定的变异可能产生几次，并且那些家系起源的进化分支也无法识别。例如，在图13.12中的变异如果不用不同颜色区别开，那么这个谱系就无法建立。更为困难的是那些有性生殖物种的核DNA在几千个碱基对中就存在一定的重组可能。即使在细菌这样的物种中，重组也会偶然发生，这样的重组使得在重建某个谱系的进化时无法做单一谱系的假设（图5.32)。伴随着重组，序列中的不同片段会有不同的谱系（图13.13)。例如，果蝇 *Adh* 基因家系中的重组是有明确证据的，并且有可能鉴别这些重组事件（图13.14)。然而，在谱系分析中考虑重组因素是非常困难的。我们将在后面再次讨论这一问题。

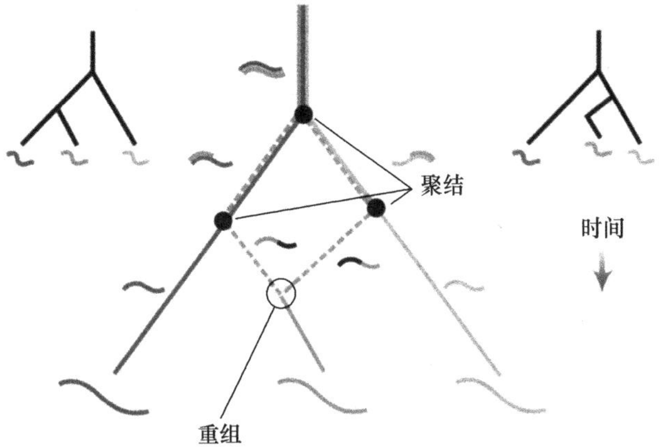

图 13.13　一个重组基因组中的不同部分有不同的谱系。本图显示 3 个基因组（红、蓝、绿）的简单例子。从时间上看红色和绿色是共祖的，没有重组。然而，蓝色基因组可以追溯到重组事件（空心环）。因此，它左半部分来自于一个亲本基因组，右边部分来源于另一个亲本。左边的品系与红色是共祖的，右边的品系与绿色共祖。结果基因组的这两个部分有不同的品系（左上图和右上图）。这种考虑重组的溯祖过程将在后面页详细讨论。

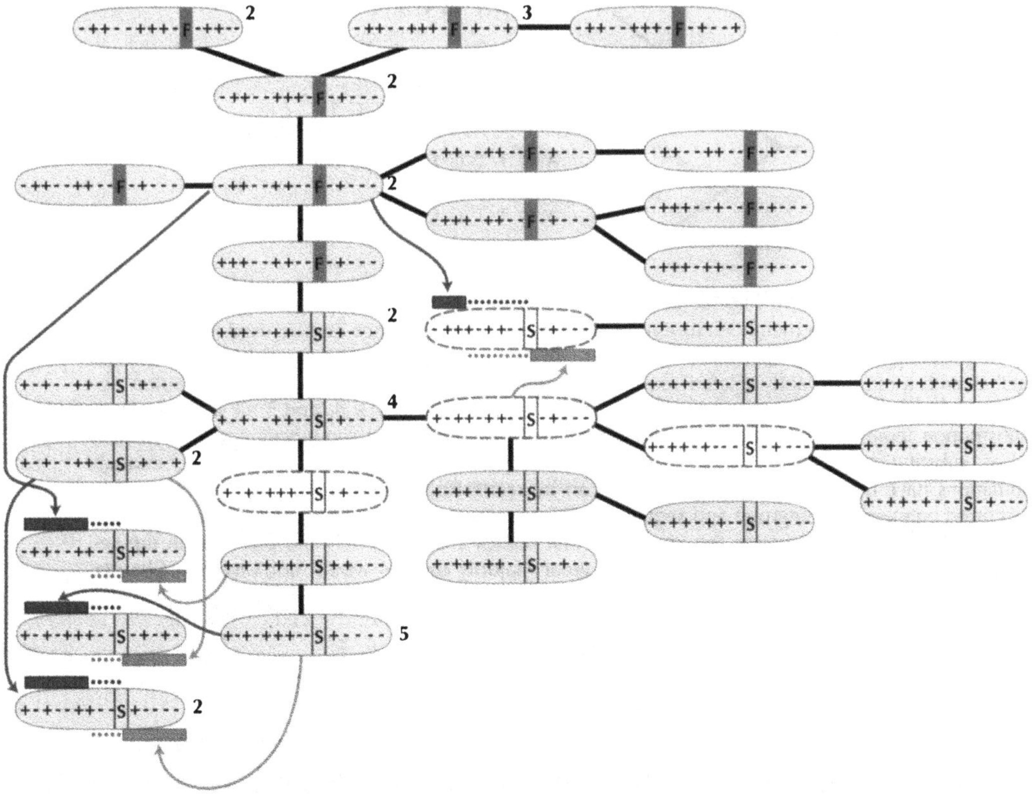

图 13.14　在果蝇 *Adh* 基因家族中可以看到重组。每一个单倍型用＋（出现）和－（消失）两种符号表示。本图显示不同单倍型之间可能的亲缘关系，相邻单倍型间仅有一个差异。假设的中间类型用虚线表示，每个单倍型出现的次数标在右侧（当次数>1 时）。快等位基因（F）和慢等位基因（S）被分到两个分支中。然而，很显然这 4 个单倍型是由重组造成的。这些重组单倍型的左侧部分和右侧部分的可能来源分别用箭头标出。需要指出的是本图并不是一个传统意义上的谱系，因为谱系的根并不清楚。

单个遗传座位的变异在个体中的分布可以用遗传多样性这样的简单方法来估计。要描述包含在整个单倍型中的信息是很困难的，因此所估计的谱系通常用树来表示（图13.12和图13.14）。如果怀疑重组的存在，所描述的谱系通常会有几个（图13.13）。虽然这样比单一的统计传达了更多的信息，但谱系图只是对所研究基因真实谱系的一个估计。此外，真实谱系本身是以来自于群体的基因和来自于整个基因组的基因座的随机样本为基础的。例如，即使我们知道图13.14中那48个*Adh*基因序列的真实谱系，在一些特定位点它只是在一个群体中所有*Adh*基因之间众多关系中的一个子集。相反，其他基因座之间的关系可能是非常不同的。我们估计的谱系存在随机误差，因为样本是从一个群体中的一小部分个体随机抽取的或从整个基因组抽取的一个基因座。同样，在对等位基因频率作统计时也存在类似问题。这些不同层次的随机性要求我们抽取许多个体和基因座以便揭示进化的过程。

本章只列举了几个描述遗传变异基本模式的方法。如果我们设想进化过程的一个确定模式，那么包含在等位基因序列和谱系关系中的全部信息就会得到充分利用，从而对其他模式及其变量进行检验和估算（如突变率、重组率和群体大小）。我们在书的后面部分讨论这样的分析策略（见注解框25.2）。特别是分子进化的中性理论，在这一理论中进化的主要过程就是突变和遗传漂变，有一些复杂模型与之对应。如果我们的进化模型是正确的，那么这就是一个解释遗传学数据的有效方法。然而，如果假设不成立，那么结果将会是相当误导的。最好的办法就是先用简单的方法对数据进行模式检验。

遗传变异的类型

多数群体含有大量的遗传变异

在几乎所有的物种中绝大多数群体都有大量的遗传变异（图13.15和图13.16），这是进化遗传学最令人惊奇的发现（图13.15和图13.16）。一些生物的特征（如群体大小和栖息地）的确与遗传变异的水平相关。但这种相关性很弱，我们几乎看不出他们是变异造成的。最为重要的是在绝大多数群体中都存在高水平的遗传变异。

通过电泳，确实发现一部分蛋白质的片段具有多态性：在哺乳动物中19%的蛋白质具有多态性，在果蝇中为48%，而在大肠杆菌中可达90%（图13.16A）。同样的道理，如果我们从群体内部随机选两个蛋白质，通过电泳技术检测，它们很有可能来源于不同的等位基因。对所有等位酶位点做个平均，哺乳动物有4.1%的遗传多样性（H值表示），果蝇为12%，大肠杆菌是47%（图13.16B）。在人类中，随机选出一个核苷酸位点其为杂和的概率（π值）大约为0.0008；而在黑腹果蝇中会高一个数量，π值约为0.01（注：基因核苷酸位点的多样性要比对应的整个蛋白质的多样性小很多。道理很简单，蛋白质是由数百个核苷酸编码的，蛋白质的多样性取决于用来编码氨基酸的那部分核苷酸序列的多态性）。综观大多数物种，核苷酸多样性在原核生物中最高，单细胞真核生物次之，最低的是多细胞真核生物（图13.17A）。基因组越大基因越多的物种趋向更低的多态性。

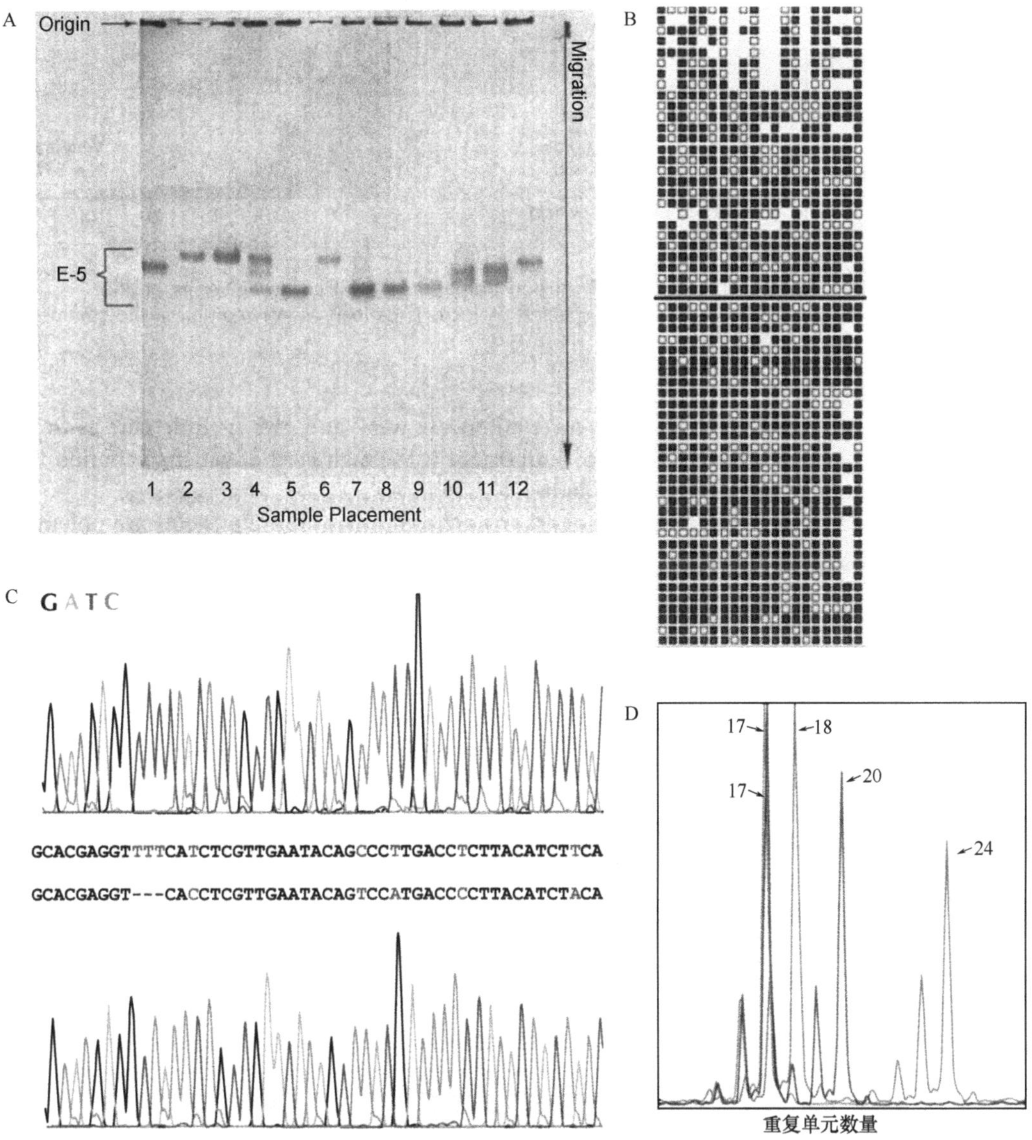

图 13.15　不同类型分子多样性的例子（见注解框 13.3）。(A) 等位酶电泳检测拟暗果蝇群体中酯酶-5 位置的多样性。(B) 人的 20 条染色体上的单核苷酸多样性（SNP)。黄色表示变化的碱基；亮蓝色表示数据缺失。这里只显示了 21 号染色体一个 31kb 区域中所有 147 个变异位点中的 59 个。(C) 两种蚯蚓细胞色素氧化酶-3 基因中一段 51bp 的序列比较。碱基峰是自动测序仪输出结果。比较显示两个序列间有一个 TTT 三连碱基的插入/缺失和 5 个碱基的变化。(D) 马鹿（*Cervus elaphus*）中微卫星的多样性。电泳图描述了 3 个个体的情况；峰值表示微卫星等位基因的长度，它随着 AC 重复单元数量而变化。3 个个体中具体表现为 17 个和 20 个重复单元的杂合（红色），17 个重复单元的纯合个体（蓝色）以及 18 个和 24 个重复单元的杂合个体（绿色）。

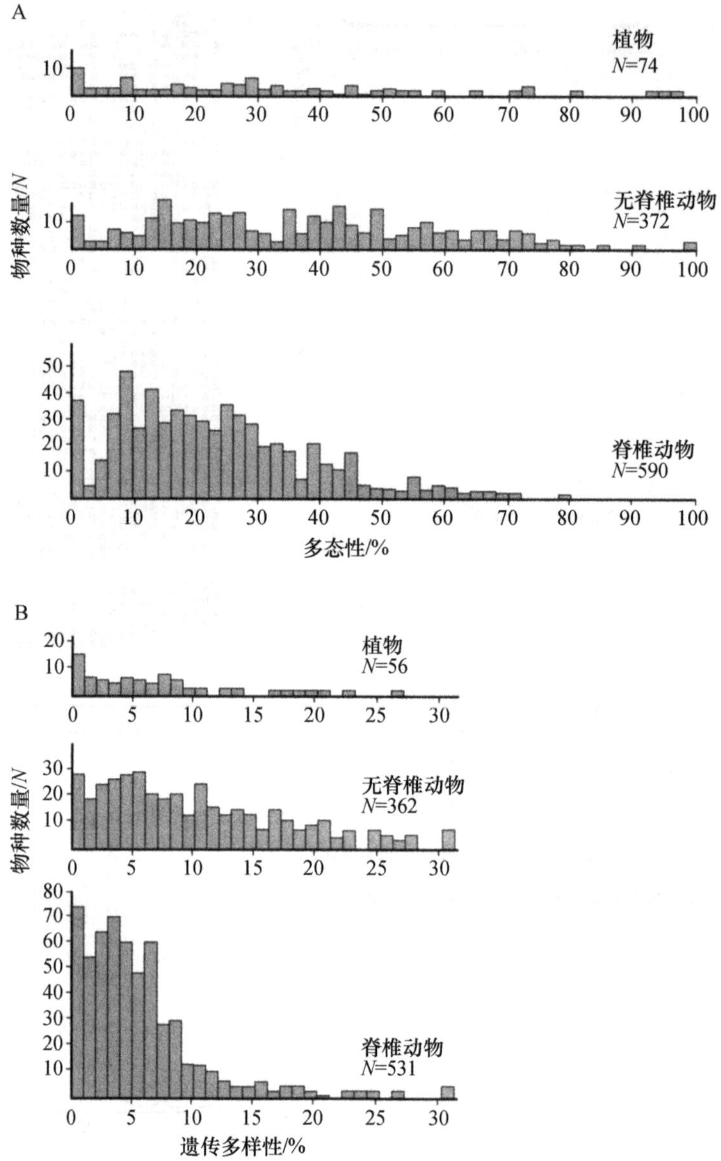

图 13.16　基于近 1000 个物种的等位酶位点多态性（A）和遗传多样性（B）分布（一个位点如果其最常见的等位基因的频率小于 0.01 则定义为多态）。

对应绝大多数物种而言，大量的变异存在于局部群体的内部。比起同一个局部群体，如果两个蛋白质或者两个核苷酸来自不同的局部群体，它们倾向于不同的可能性会更大，也就是说，相比较一个地区的局部物种，多样性在整个物种水平上会更大。但是，我们也会在第 16 章看到，这个差异并不大，一般为 10%～20%。

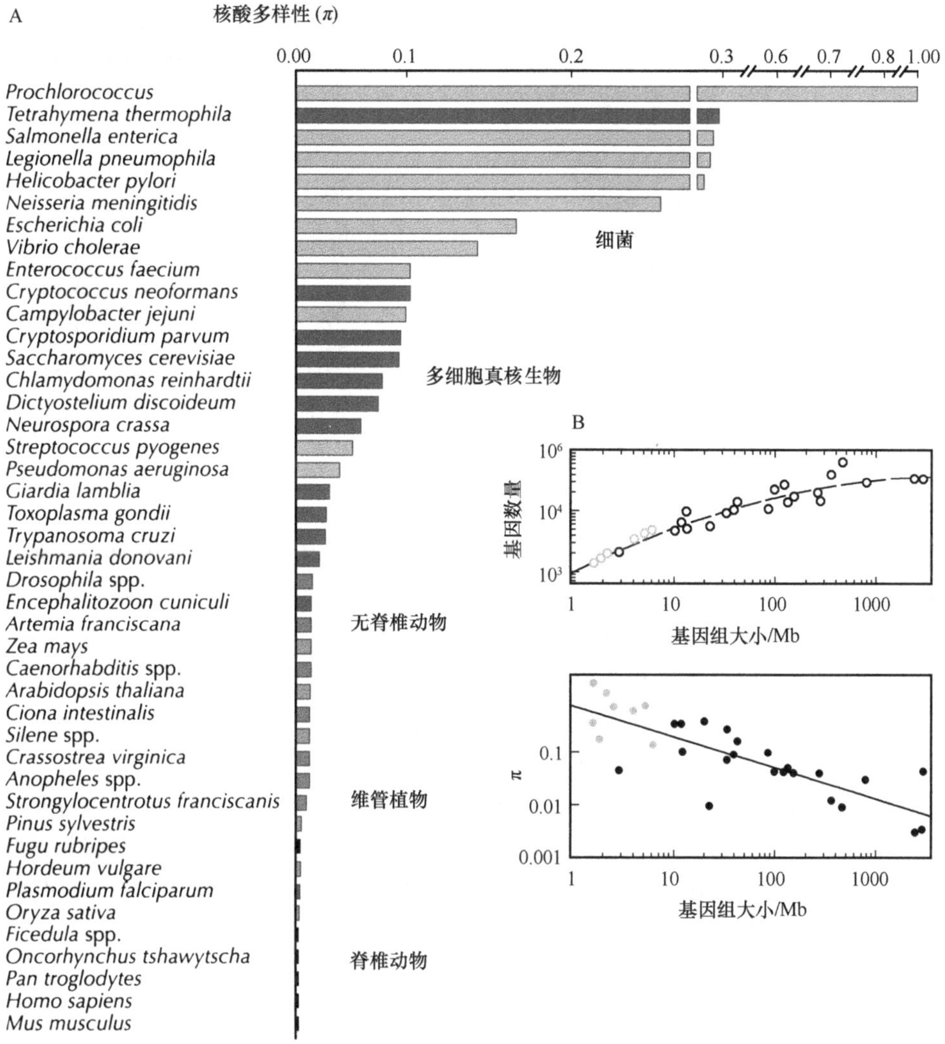

图 13.17　(A) 各类物种的核苷酸多样性 π 值；(B) 基因组越大的生物趋向含有更多的基因（最上）。它们也趋向种内多样性的减少（下面的曲线图）。细菌和古生菌的数据用蓝色表示。

在个体数更多的物种中遗传变异增大，但相关性减弱

最为明显的一个现象就是个体数多的生物体，它的遗传变异也大。这不足为奇，非常小的群体也许很少有或者就没有变异。例如，由于捕捞在 19 世纪末几乎灭绝的海豹在 24 个蛋白质位点都未发现变异（图 13.18）。

从哺乳动物到果蝇再到大肠杆菌，多样性的增加与群体大小的增加效应是一致的。然而，小群体同样也可以具有多变异。例如，在英国相对隔离的赫布里底群岛上的索伊羊，虽然它们只有几百只，但它们的等位酶和微卫星的变异并不比大陆上野生的羊群低（图 13.19）。

图 13.18 由于过度捕抓，在 19 世纪末仅存有 20 头的北海豹。过度捕捞的结果使得此物种只有很少的遗传多样性。

图 13.19 赫布里底群岛上的索伊羊。

遗传多样性和群体大小的关系很难说清。一部分是因为估算物种内的个体数目是相当困难的，并且有效的数目是从遥远过去到现在的平均值。图 13.20 显示了酶位点的杂合性与粗略估算的群体大小的关系。杂合性随着群体变大而增加，但这个关系相当微弱，即便群体大小已经有了几个数量级的差异。而且，这种显而易见的正相关性主要是由于稀有且遗传多样性贫乏的一群食肉生物和另外一个极端的数量众多且遗传变异丰富的果蝇物种所造成的。而在这两种类型物种间的生物中，并不存在遗传变异和群体大小的显著关联。同样的，在研究较多的果蝇中也存在疑惑：生活在遥远且生境特化的岛屿上的几种夏威夷果蝇与分布广泛、数量很大的果蝇物种，如黑腹果蝇，具有几乎同样多的等位酶变异。最后，图 13.17B 表明从单细胞原核生物到大的哺乳动物，核苷酸多样性降低为原来的 1/100，而群体大小则变化更大。

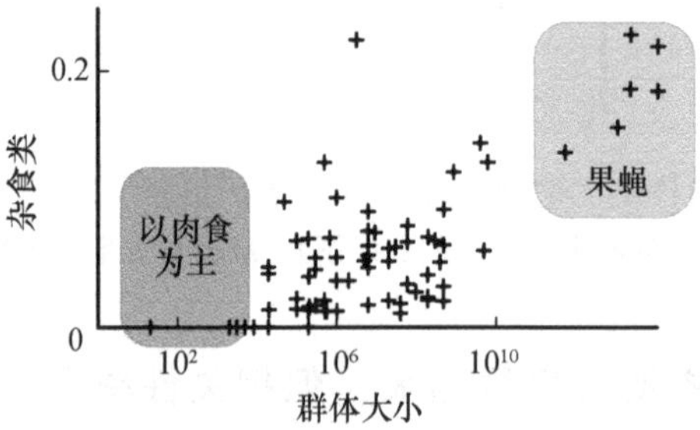

图 13.20 杂合度随着群体大小变大有很弱的上升趋势。本图显示用酶座位电泳测量出的杂合性与群体大小期望值之间的关系。该图用了 76 个多细胞真核物种。具有高杂合性的物种群是果蝇，而杂合性很小的几乎都是食肉类。

在本书的后面我们还将详细地讨论诸如群体大小、繁殖系统以及复杂环境的异质性这些因素的影响。特别是我们将会明白为什么遗传变异会随着群体变大而增加，在第 15 章我们讨论造成这一关系比期望值弱很多的各方面原因。但问题的关键仍然是不管是检验蛋白质还是 DNA 序列，我们发现在丰富和稀有的物种中都含有相当多的遗传变异。

功能性越不重要的序列通常变异度越大

较之不同物种间的比较，比较基因组不同部分的变异更容易理解。而且，我们可以用已完成全基因组测序的物种序列数据。虽然检测任意一个位点的变异是比较粗略的，但由于有很多的位点信息可利用，统计错误就变得很小了。一个基本的观察是，那些对生物体作用最小的变化通常是多态的。这一原则可以解释我们在进行跨物种比较时看到的大多数模式。

最为明确和最重要的比较就是比较改变氨基酸与不改变氨基酸的变化，即同义的和非同义的变化。对人的编码序列而言，改变蛋白质序列的核苷酸平均多样性不及在编码区不改变蛋白质序列位点的 1/3（图 13.21）。当然也有些同义变化会对生物体产生影响。例如，它可以改变 RNA 聚合酶的结合、信使 RNA 的合成过程或翻译过程中转运 RNA 的结合（注：在邻近基因的非编码区域，多样性比同义突变要小，这提示这些区域在基因调控上行使着某些功能，图 13.21 下图）。相反，很多氨基酸序列的变化对蛋白质功能的影响可以忽略不计。但总体而言，那些改变蛋白质序列的变化更有可能改变蛋白质功能从而影响生物的适合度。在本书第 19 章，我们将看到许多研究 DNA 序列变异原因的统计分析都是基于同义与非同义变异的比较。

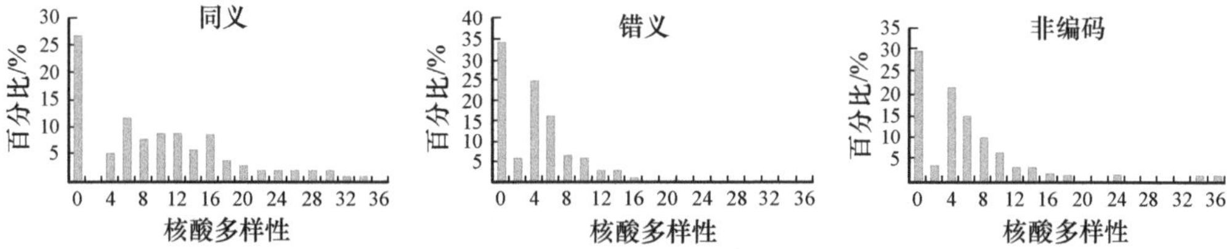

图 13.21　人的核苷酸多样性分布。数据来自 106 个基因，比较同义突变（不改变氨基酸的序列位点变化）多样性、非同义突变（改变氨基酸的变化）多样性和非编码区序列的多样性。这三类突变两两多样性比较的均值分别是 $\pi=0.001\,07$、$\pi=0.000\,28$、$\pi=0.000\,52$。

功能的重要性与变异数量的关系可以在其他很多比较中看到。有些氨基酸变化几乎没有化学性质的改变，而有些却会造成电荷数或是大小的巨大变化。这些大的变化位点往往不会形成多态性。比起有许多编码类似蛋白质或者功能一致的基因家族，只有单个拷贝的基因变异较小。同样，比起功能特化的基因，在所有组织中都表达的“看家”基因变异较小；同内含子和其他非编码区相比，编码区的序列变异较小（图 13.22）。一个很典型的例子就是假基因（pseudogene），它是一类失去功能开始退化的基因。通常，它们获得了一个或者更多的终止密码子使得翻译提前终止。假基因的多样性水平甚至比同义突变更高。

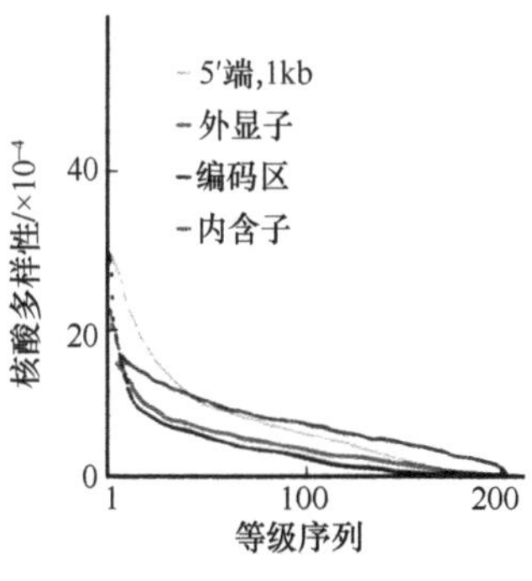

图 13.22　人的 213 个基因中，受到很强功能限制的区域遗传多样性更低。基因根据它们核苷酸多样性的大小排序，值越大的在图的左边而小的则在右边。与编码区和外显子比较，基因的 5′端区域和内含子有相对较高的多样性。

除了比较不同类型变异的水平（如同义突变与非同义突变），我们也可以比较基因组的多样性。迄今，大量的人类基因组数据表明，在 100kb 基因组范围内，基因多样性的丰富程度存在很大的变异（图 13.23）。在更大的范围，不同染色体也存在着多样性均值的显著性差异（图 13.24）。与常染色体比较，性染色体和线粒体 DNA 具有较少的变异，一部分原因可能是它们在群体中的拷贝数小于常染色体（人的 X 染色体在雌性个体中有两份拷贝，在雄性中只有一份；而 Y 染色体只在雄性个体中有一份拷贝；线粒体基因组只通过母系遗传的）。不过，在常染色体之间也存在很多的差异，这就不能用这个理由来解释了。我们在第 15 章和第 19 章将会深入探讨遗传变异的缘由。

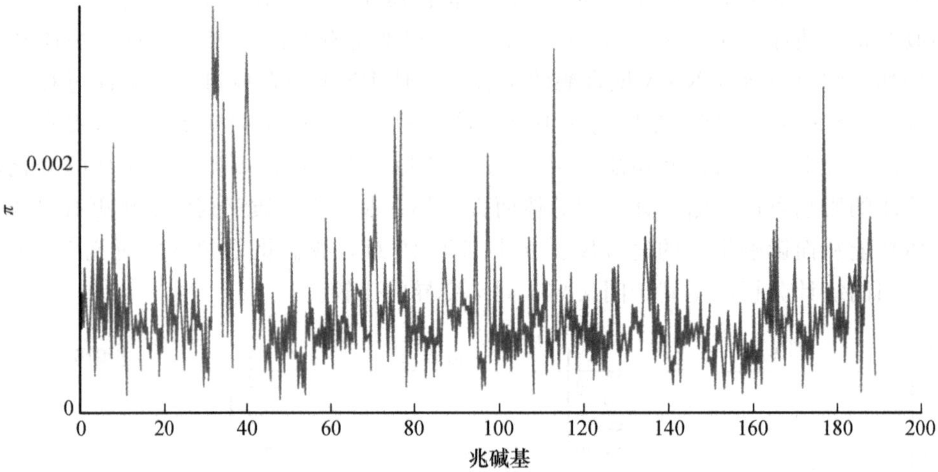

图 13.23　人类基因组不同区域核苷酸多样性的变化。本图显示人的 6 号染色体上每 200kb 区段的 π 值。在 34Mb 区域附近具有很高的多样性，该区域对应于在免疫系统中提呈抗原的主要相容性复合体蛋白所在的位置。

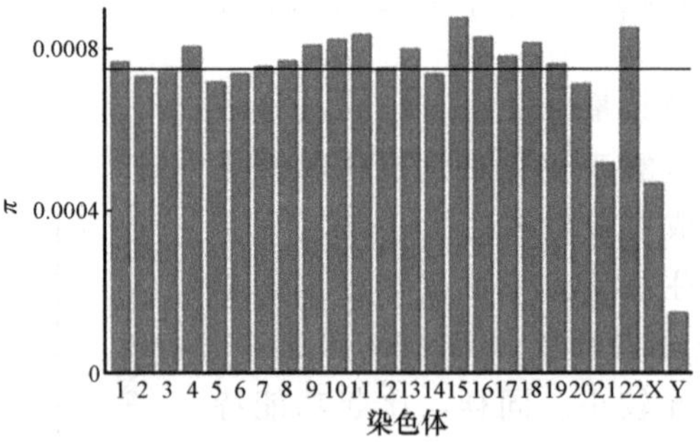

图 13.24　人的不同染色体上核苷酸多样性 π 的变化。水平线表示基因组水平的均值。这些估算来自 24 个不同人群多个个体的研究。

物种间的差异稳定积累：分子钟

由于遗传变异使得群体随时间得以演化，因此进化生物学家花了很多工夫研究遗传变异。因为 DNA 和蛋白质比较脆弱，不易保存在化石记录中，我们不可能直接观察随时间发生的这些变异（现在能够获得的最古老的 DNA 片段是距今 2 万～3 万年的尼安德特人的线粒体 DNA）。但我们可以通过计算已知分歧时间的物种间的遗传差异来量度变异的速率（图 10.21 和图 13.25）。

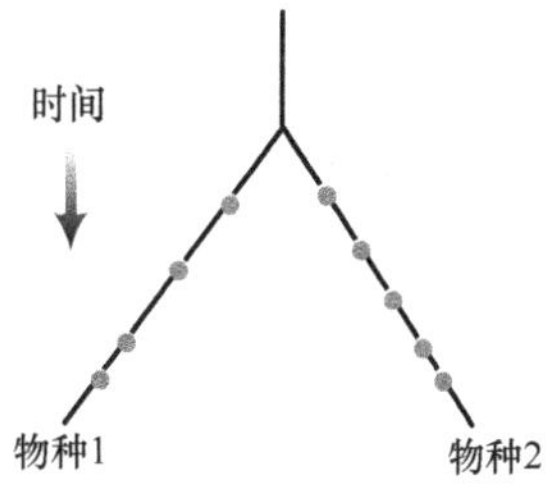

图 13.25　序列分歧的速率可以通过已知分歧时间 T 和计算两物种间差异数目得出。如图的例子中，物种 1 和物种 2 有 9 个变化（红点），那么分歧速率估算为 $9/2T$；时间要乘以 2 是因为分歧在两个进化分支都在进行。

最初对蛋白质序列比较的重要发现之一是揭示了分子钟的存在。就是说，任意一个给定的蛋白质即便来自不同的生物体，它都以稳定的速率演化。举个例子，α-球蛋白以大约每年以 1.2×10^{-9} 个氨基酸的速率变化，这一速率在整个脊椎动物中都保持恒定（图 13.26）。

α-球蛋白和 β-球蛋白来源于脊椎动物早期分化时一个古老的球蛋白。因此，α-球蛋白和 β-球蛋白在所

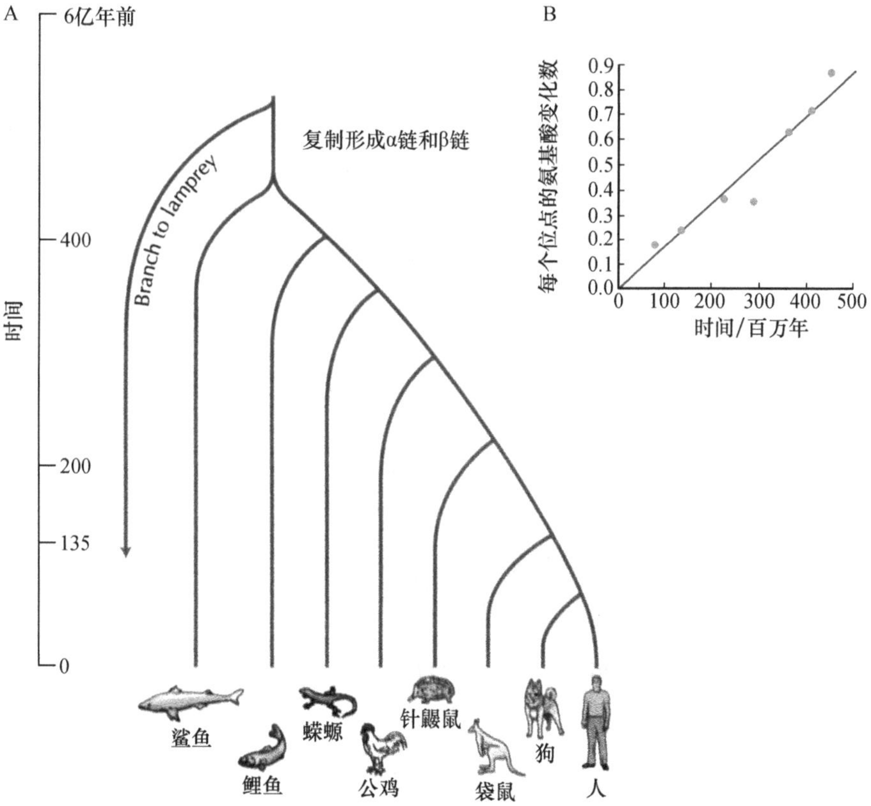

图 13.26　α-球蛋白中的氨基酸替换随着时间稳定积累。(B) 图中显示 8 种系统发育关系明确［见 (A)］的脊椎动物发生分歧后每个位点的氨基酸差异数目随时间的变化。比较是在鲨鱼和其他 7 个物种的均数（右上角实心点），鲤鱼与其他 6 个物种的均数（鲤鱼右边的 6 个物种）一直到最后狗与人之间进行的（左下角实心点）。这些值的计算都对多重替换进行过校正。时间估计来自化石记录。

有脊椎动物中都演化了相同的时间。相应地，它们表现出了相同水平的分歧，与分子钟相符合（图 13.17）。另外一个检测分子钟恒定性的实验来自比较成对的植物物种，这些成对的植物物种由于气候原因在大约 500 万年前的同一时间内分歧。这些成对的姐妹物种的叶绿体 DNA 序列含有相似数目的变异，这也反映了它们有近似的演化速率。

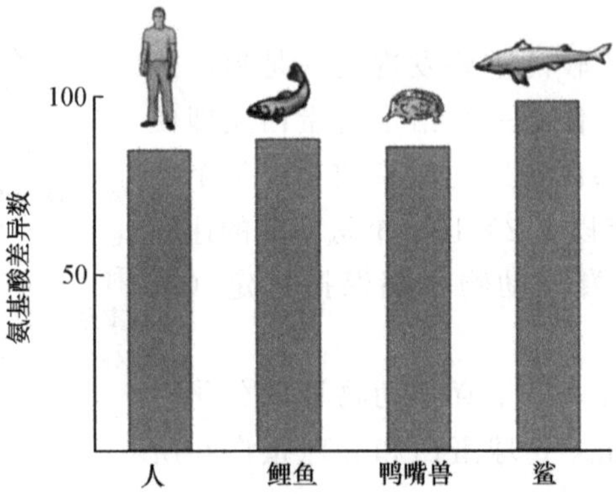

图 13.27 α-球蛋白和 β-球蛋白间的比较表明生物分子钟的速度是稳定的。也就是说，在不同的进化分支上，分歧以大概相同的速率发生。

全基因组序列上的分歧可以通过测定不同单链 DNA 分子退火形成双螺旋时的温度来检测。具有互补序列的两条链将在所有位点上进行碱基配对，比起那些有部分位点不能完全匹配的非本物种的杂交链而言，自身互补链有更高的解链温度。因此，序列分歧 1.5%～2%对应于解链和退火温度降低 1℃。随着分歧时间变长，检测差异值也相应变大（图 13.28）。

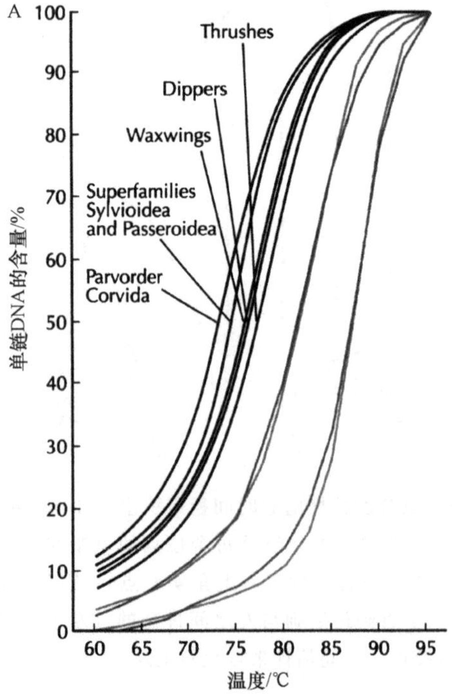

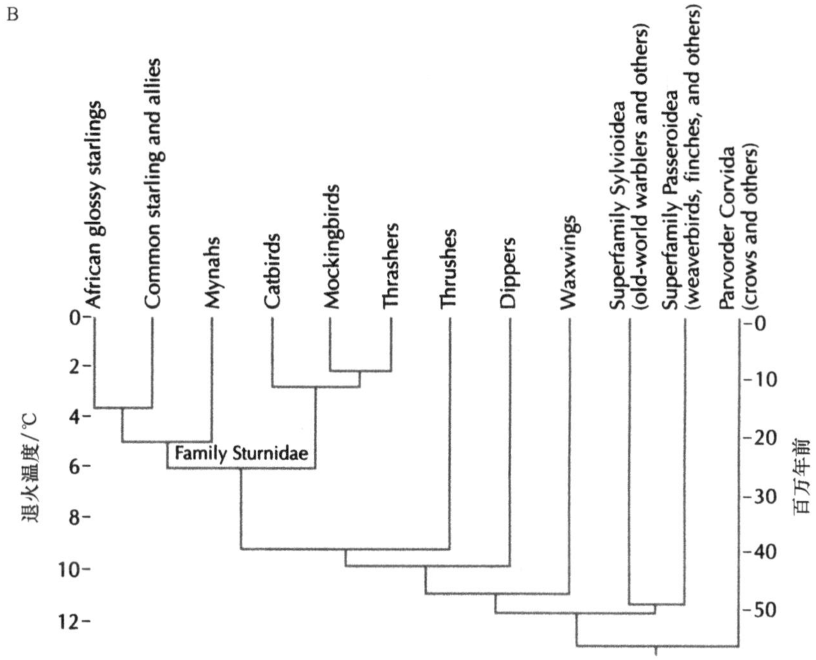

图 13.28　序列间的分歧可以通过测量双链 DNA 的退火温度来估算。(A) 曲线表示在不同温度下双链 DNA 解链成单链的比例。随着两条链序列分歧的增加，它们在更低的温度就可以完成退火，曲线将会向左偏移。最右边的两条曲线表示 DNA 的两条链都来自八哥 (starling) 或是嘲鸟 (mockingbird)。紧接着右边第二对曲线则是八哥和嘲鸟 DNA 间形成的杂交双链。而再左边的曲线则表示的是八哥或是嘲鸟与其他进化上更远物种的 DNA 的杂交退火曲线。(B) 依据上述数据构建的系统树。纵坐标表示半数 DNA 形成双链时的温度和假定分子钟存在通过温度估算的分歧时间。

分化速率在不同基因和基因内不同类型的变异间都是不一样的 (表 13.2)。例如，组蛋白 H4 在所有真核生物中高度保守，在豌豆和人中 100 个氨基酸只有两个位点不

表 13.2　不同蛋白质的分歧速率

蛋白质	每百万年每位点氨基酸替换数
血纤维蛋白肽	8.3
胰腺核糖核酸酶	2.1
溶菌酶	2.0
α-球蛋白	1.2
肌球素	0.89
胰岛素	0.44
细胞色素 c	0.3
组蛋白 H4	0.01

数据来自 Kimura M. 1983 The neutral theory of molecular evolution, Cambridge University Press, Combridge 中的表 4.1 和 Li. W.-H. 1997 Molecular evolution, Sinauer, Sunderland, Massachusetts 中的表 7.1。

数据估算来自多细胞真核生物的蛋白质序列。

同。相反，血纤维蛋白肽以近百倍的速率演化。这种演化模式的差异只能初步解释为它们在生物体中受到的功能限制的不同。组蛋白负责真核 DNA 的组装是相当基本的功能；另外，血纤维蛋白肽在血凝时被纤维蛋白原切除，它的具体序列就不太重要。这种功能限制解释也可以用在基因内部不同类型的位点上。与不同基因的非同义变化速率比较，编码区同义改变的速率是比较高的，在基因之间的速率变化比错义突变要小（图 13.29）。再举一个例子，被推断已经丢失了所有功能的假基因以比功能编码序列同义变异位点更快的速率进化。正如前面小节提到的物种内变异一样，物种间的变异也是由于功能限制程度不同而呈现出不同的分歧模式。

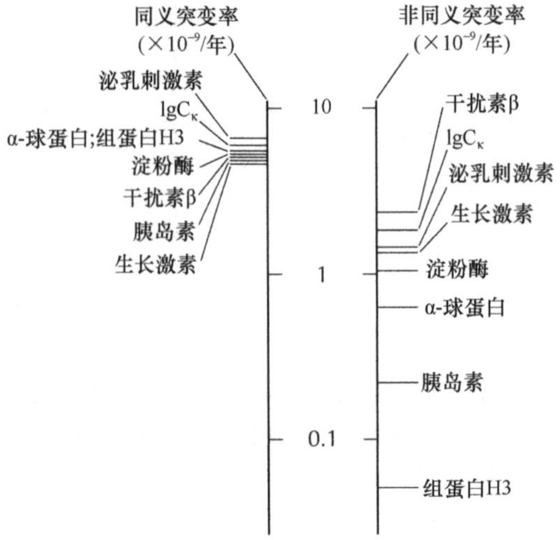

图 13.29 不同基因中，同义突变替换率非常相似；而改变氨基酸序列的非同义突变变化很大。

在本书的后面部分，我们将会了解给定的一个基因的分子进化速率在不同的进化分支上也是不同的。更为重要的是，为了适应新环境或者一个新功能的产生，这些适应性分子有可能导致很多序列的替换。然而，虽然存在很多统计显著的速率变化，但分子钟依然实用。如果速率是恒定的，两个物种的替换数目将遵循**泊松分布**（Poisson distribution）。这一分布是方差等于均值。因此，我们假设在一个长的 DNA 序列中，平均有 200 个位点差异，那么这些数字的方差就是 200，标准差就是 $\sqrt{200}$（大约为 14）。因此，我们观察到 172～228 个位点差异的概率为 95%，只有±14%范围的波动（图 13.30 蓝色曲线）。即便速率的变化是这一基准值的 4 倍，分子钟的速率仍然在±28%范围内（图 13.30 绿色曲线）。鉴于在进化推断中的不确定因素，这一范围仍然是可以接受的。

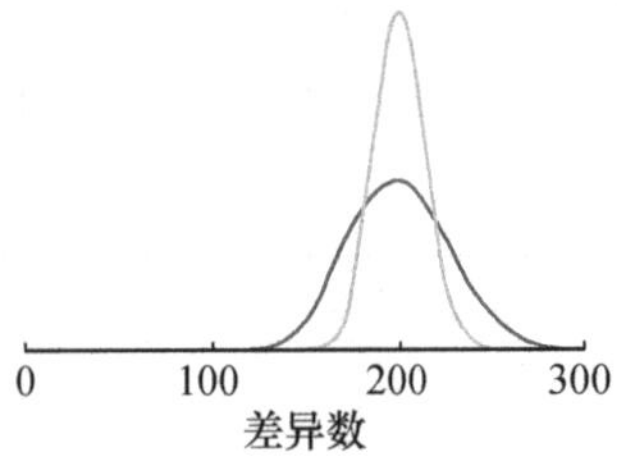

图 13.30 蓝色曲线表示期望值为 200 的差异数的分布，它遵循泊松分布。绿色曲线是方差是泊松方差 4 倍情况下的分布。即便速率在方差上有所增加，分子钟大体上还是相对稳定的。

基因的排列顺序进化更快

我们知道突变包括了很多复杂的改变，如染色体重组，另外还有单个碱基的变化。染色体重组率是相当高的。在动物中，我们可以检测到的染色体突变通常是每代几千分之一。接下来，我们首先考虑可以直接通过**细胞学**实验检测的染色体变异。然后，我们概述那些用遗传和分子手段才能检测的小的染色体变异。

很近的物种间通常都会有一个或一个以上的染色体重组，这也反映了随时间染色体变化的积累。因此，细胞学对分类来说是很重要的，因为它可以提供一个很清晰的方法区分物种。而且，有很多染色体重组是独特的，这就提供了一个很有力的重建物种关系的系统发育树方法。不同类群生物中染色体的进化速率也不一样。例如，啮齿动物每百万年有 17.8 个染色体变化；鲸的速率要低一个数量级，大概每百万年 1.7 个变化（表 13.3）。在物种内，不同群体的染色体排列会不同，但在同一群体内很少存在。这是因为杂合的染色体将要面临减数分裂的问题，最终导致部分或是完全不育（图 12.17；注解框 12.2）。我们在第 18 章和第 22 章中详细讨论各种杂合子的选择后果。

表 13.3　不同生物类群染色体进化速率的变化

生物类群	检测的属的数目	属的平均年龄	每百万年染色体的净变化
有胎盘哺乳动物			
鼠	42	4.6	17.8
灵长类	12	4.4	14.2
兔	3	9.0	12.8
有蹄类动物	14	4.3	11.5
食虫和贫齿类动物	8	11.0	6.5
食肉动物	11	11.6	4.5
蝙蝠	17	10.7	3.3
鲸	3	6.3	1.7
平均	—	7.7	9.1
其他脊椎动物			
有袋动物	8	1.9	1.3
蛇	12	12.4	2.6
蜥蜴	15	23.0	2.4
海龟和鳄鱼	13	51.0	0.21
青蛙	12	16.7	1.8
火蜥蜴	9	21.5	0.6
硬骨鱼	23	18.8	2.6
平均	—	20.6	1.7
软体动物			
前鳃亚纲软体动物的蜗牛	16	64.7	0.3
其他蜗牛	15	49.0	0.4
双壳类	3	77.0	0.1
平均	—	64.0	0.3

改编于 Wilson A C et al. 1975. Proc. Natl. Acad. Sci. 72:5061-5065(© 1975 Wilson et al.)。

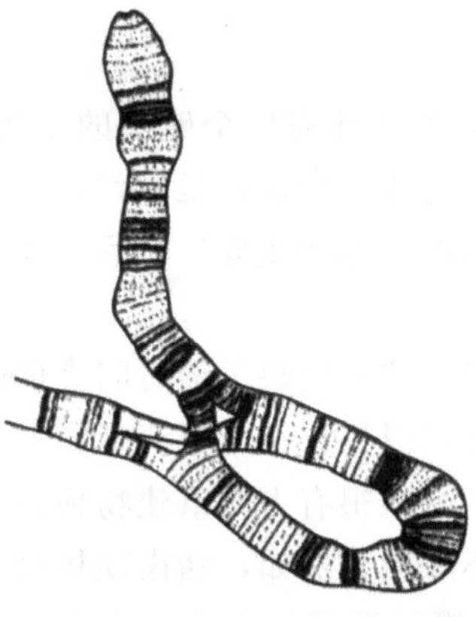

图 13.31　来自果蝇 *Drosophila Pseudoobscura* 具有杂合倒置的染色体。这里展示的是在唾液腺中发现的巨大多线染色体。染色体具有多个拷贝，因此清晰可见。同源染色体相互配对，杂合的倒置区域形成典型的环状，这种环在注解框 12.2 中有解释。

物种内染色体多样性减少的情况也有例外。在双翅目中，一个大的**倒置**杂合是可育的，倒置多样性非常普遍。这一现象可以在**多线染色体**中观察到（图 13.31）。在倒位的区域不能进行重组（见注解框 12.2），这方便了遗传分析（如平衡染色体，见注解框 13.2），而且在物种形成、遗传系统进化中有很重要的影响，我们在第 22 章和第 23 章中分别探讨这一问题。

当我们比较近缘物种时，小范围内几个碱基的插入、丢失、重复或是倒置非常普遍。而编码序列的重组很罕见，因为这会严重地改变可读框破坏基因的功能。然而，它们在非编码区以同单碱基变化相似的速率积累着，如图 13.11。这使得非编码区的排序很困难。突变在串联重复片段中频率很高，这是因为**不等交换**和**滑序错配**增加或减少了拷贝数。高突变速率导致了高水平的多样性，使得微卫星和小卫星成为群体内最好的遗传标记（见注解框 13.3）。

最近的研究发现了基因排列上的高度多样性。例如，

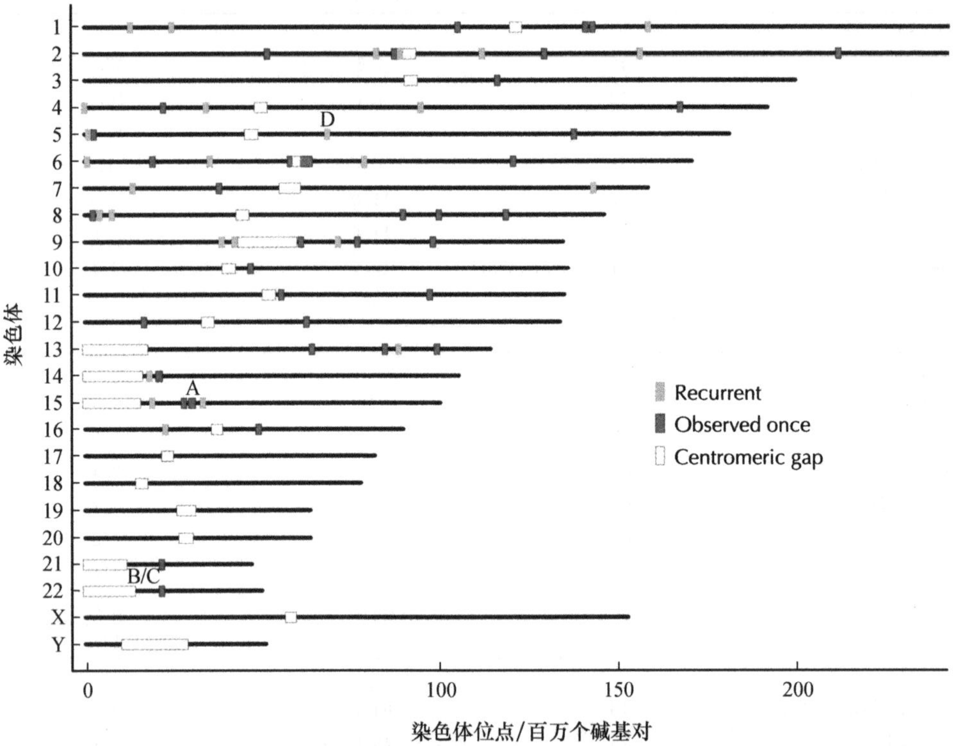

图 13.32　在人群中，基因组成的变异相当广泛。图中显示 20 个个体的 DNA 序列的基因组范围内拷贝数变异的 76 个位点，它反映了片段的丢失和复制。这种多样性平均每个有 465kb 长，一共包含了 70 个已知基因。某些多样性与造成遗传病（A，Prader-Willi 和 Angelman 症；B，猫眼症；C，DiGeoge/elocardiofacial 症；D，假性肌肥大型营养不良）的高染色体重组区一致。这类方法只能检测大片段的丢失和插入，不能检测小的重组。

两个随机挑选的人的基因组平均就有 11 个不同（图 13.32）。多数重组是比较罕见的，在 20 个个体中只出现一次；然而也报道有很多重组会出现很多次；其中一些靠近与遗传病相关的高频重组区（图 13.32 中区域 A～D）。这表明人类基因组中某些区域更易重组（一些是严重有害的），而且这些重组以一定的频率发生。

虽然在姐妹物种间染色体排列很不相同，并且这些小的重组在群体内也是多样性的，但是染色体重组率依然很低。一个特定区域能重组的机会很小，连锁关系可以保留很长时间。

在老鼠与人的基因组上就有保守的连锁区段，染色体上这一区段可以看成是同源区（图 13.33）。第 23 章中我们会看到选择可以作用于重组率，也可以作用于基因的排序；我们已经知道细菌和古生菌在基因排序上是存在限制的。然而，在真核生物中，由于随机的染色体重组使得基因排序没有规律。

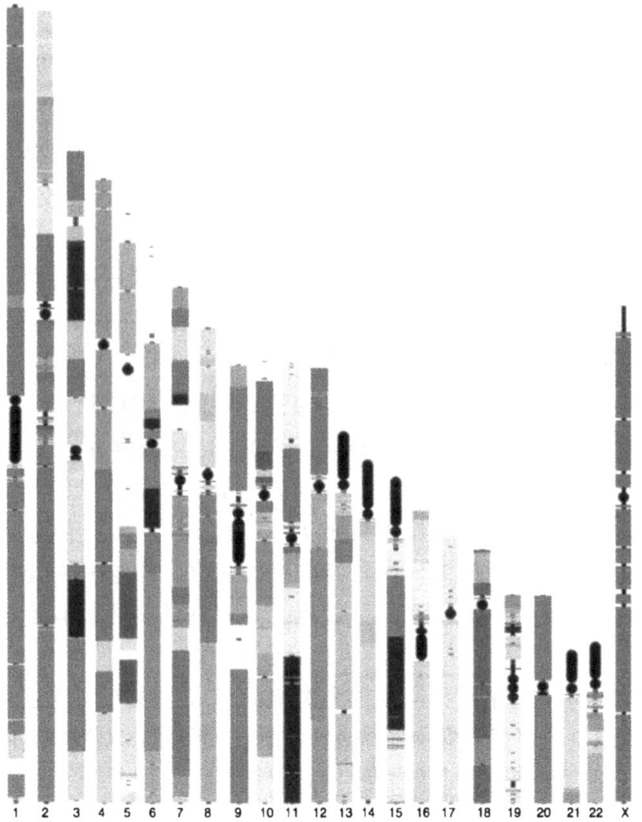

图 13.33　基因在染色体上的顺序在进化过程中很保守。标有颜色的片段表示老鼠和人基因顺序相同的区段。每种颜色对应一个小鼠染色体在人染色体的体现。注，X 染色体上的基因完全保守（最右边）。

我们已经从单个碱基序列、氨基酸序列到染色体不同大小的重组这些水平上观察基因组的变异。我们已经知道从最大的范围看，全基因组大小也有很大的变异：从

0.16Mb 的寄生在木虱科昆虫中的细菌（*Carsonella*）到大于 13Mb 的 δ 纤维堆囊菌（*Sorangium cellulosum*）；从 2.3Mb 的家兔脑胞内原虫（*Encephalitozoon cuniculi*）到 133 000Mb 的肺鱼；人在中间，大约 2900Mb（图 7.1）。DNA 含量的变化与基因数目和编码蛋白质序列的多少并没有关系（图 7.3）。一些基因组大小的变化是源于**多倍体**（不论编码区还是非编码区，全基因组的倍数化）或是基因组中大片段的复制。然而，多数基因大小的变异并非因为多倍体，而是反映了非编码 DNA 的极端变异。在属和种间我们看到很多的变异，有时在物种内我们也能发现这些变异。例如，DNA 含量在有袋类中变化为 1.6 倍，基因组大小上只是有 40%的变化。在第 21 章，我们将会看到基因组大小的变化大多反映的是没有适应价值的“自私”和“垃圾”DNA 的富集。

小结

进化需要遗传变异。群体必须含有不同的 DNA 序列，这些序列编码不同的蛋白质或是造成这些蛋白质表达不一致。在本章中，我们已经知道群体内包含了很多 DNA 和蛋白质的变异，这些变异有很多方法可以检测。下一章中，我们将会了解到这些序列的变异是如何影响表型的。

分子生物学的兴起使遗传变异变得越来越清晰。隐含在相同表型下的变异可以通过杂交繁殖、环境或者是遗传干扰显露出来。最近，电泳技术直接检测异型酶的变异使得我们清晰地看到有很多不同类型的分子变异，如碱基上的不同、插入和缺失大小不一样、染色体重组或是整个基因组大小不一致。

变异可以用多种方式进行描述。最简单的就是等位基因的频率，它可以用来检测如遗传杂合性或是核苷酸多样性（H 和 π 值）。然而，这类检测并不能反映不同位点等位基因的结合情况。描述遗传变异最为基本的方法是基于每个位点的家系分析。

多细胞真核生物异型酶的多样性可高至 H 值为 15%，而核苷酸的多样性 π 值可达 0.01。然而，单细胞真核生物的多样性较高，细菌更高，但这种对比比期望的要弱。有功能限制的位点不易变异。更为重要的是，改变氨基酸的变化没有不改变氨基酸的变化普遍。

当我们测量物种间的差异时我们发现了类似的模式。在不同的进化分支中，分歧速率惊人的一致，这就是分子钟，虽然它不是很精确。然而，基因组不同部分以不同的速率进化，这反映了它们所受的功能限制的不同。

基因排列顺序表明了序列变异的一个不同的模式。在群体中，大片段的染色体重组多样性很难找到，而染色体的进化速率在不同的分类支上变化很大。然而，小的重组（如一个小的倒置）却很普遍，不管这个重组是否破坏了功能。

延伸阅读

Bentley D.R. 2003. DNA sequence variation of *Homo sapiens. Cold Spring Harbor Symp. Quant. Biol.* **68:** 55–63; Hinds D.A., Stuve L.L., Nilsen G.B., Halperin E., Eskin E., Ballinger D.G., Frazer K.A., and Cox D.R. 2005. Whole-genome patterns of common DNA variation in three human populations. *Science* **307:** 1072–1079.

最近关于人类基因组变异模式的总结，侧重于SNP。

Eichler E.E. and Sankoff D. 2003. Structural dynamics of eukaryotic chromosome evolution. *Science* **301:** 793–797.

根据已完成基因组测序物种间的比较对最近染色体进化方面发现的综述。

Gibson G. and Dworkin I. 2004. Uncovering cryptic genetic variation. *Nat. Rev. Genet.* **5:** 681–690.

对隐含突变经典文献及其我们目前对其分子基础了解的综述。

Kimura M. 1983. *The neutral theory of molecular evolution*. Cambridge University Press, Cambridge.

对物种内和种间DNA和蛋白质序列变异格局的清晰总结。虽然处于DNA序列研究的早期，但基本模式仍然成立。

Lewontin R.C. 1974. *The genetic basis of evolutionary change*. Columbia University Press, New York.

一部写于刚刚发现丰富遗传变异的经典书籍。本书描述通过电泳发现的丰富变异以及用中性理论解释这些变异的困惑。

Nevo E. 1988. Genetic diversity in nature—Patterns and theory. *Evol. Biol.* **23:** 217–246.

一篇对电泳揭示的种内多样性的系统综述。

第 14 章

复杂遗传性状的变异

孟德尔通过研究豌豆种子的圆粒或皱粒、黄色或绿色等通过简单方式遗传并具有明确差异的性状发现了遗传学的基本规律。同样地，分子生物学关注在凝胶上直接反映DNA序列的条带等简单表型。然而，诸如此类的简单性状本身并非是令人感兴趣的。为了实践和科研方面的原因，我们还试图去理解作物的产量、人类寿命、生物体的种类或行为的多样性等生物体的整体特性。在本章的第一节中，我们简要介绍研究生物体遗传机制的方法，这种方法允许我们思考基因型与表现型，即我们通常所观察到的简单核苷酸序列与复杂性状之间的极其复杂的关系。

数量遗传学描述的是依赖许多基因的性状的遗传。它不要求任何负责变异的真实遗传机制的知识。实际上，它在我们掌握任何关于这些机制的知识之前就已经发展出来了。然而，既然大量的遗传标记可以利用，那么数量遗传学是可以用来鉴定那些负责变异的基因的。数量遗传学目前成功应用在其传统的植物和动物育种以及自然群体与人类疾病的研究方面。

数量性状概述

基因是通过一个复杂的互作网络来影响表型的

一段DNA序列本身是毫无意义的。DNA双螺旋中的信息是通过其与细胞其他部分的相互作用来解译的。第一步，将DNA转录成RNA；第二步，将RNA翻译成蛋白质。将DNA变成RNA，再将RNA变成蛋白质的中心法则的简洁性，以及遗传密码在所有物种中的通用性或几乎通用的事实，使得分子生物学取得了极大的成功。然而，这个核心机器不会让生物体走得太远。一堆没有定形的蛋白质几乎是没有功能的。蛋白质和 RNA 必须折叠成正确的三维结构；通常它们可能会被修饰，因此其最终的序列没有完全反映由 DNA 所确定的序列，以及会附加一些不标准的侧基。基因必须在恰当的时候表达以及将其产物转运到细胞内不同的分隔区等恰当的位置。在多细胞生物中，细胞必须可靠地分化，以便具有其特化器官的正确结构发育。在某些生物中，还会增加一些更复杂的层次。例如，在蚁群中将蚂蚁分化成执行不同任务的社会等级（见注解框 21.2）。所有这种复杂性必须是稳健且能抵抗干扰的，还必须具有足够的灵活性以应对环境的改变。

原理上，我们理解 DNA 是如何与细胞相互作用来产生一种生物：基因表达是如何被调控的，蛋白质是如何被组装成细胞器的，以及精细规划的器官是如何发育的。在一些个案中，我们掌握了哪个分子与哪个分子结合以及随后的相互作用是如何对整个功能起作用等一个差不多完整的定性认识。例如，λ 噬菌体或黑腹果蝇（*Drosophila melanogaster*）的早期发育（图 9.24）。然而，尽管细胞本身总在执行这种计算，但即使是最简单的生物我们仍然不知道这种始自 DNA 序列的计算实际上是如何进行的。蛋白质通常折叠成独特的三维结构，是由其氨基酸序列决定的，但我们仅能预测一些小分子的蛋白质结构。同样地，尽管快速、精确以及特异地结合对基因调控是极其关键的，我们仍无法预测哪种转录因子会与哪种 DNA 序列结合。

一些科学家正在试图建立一种整体细胞的数量模型。这似乎是一个遥远的憧憬，即使它成功了，这样一个详细的遵循几千种分子之间在时间和空间上相互作用的机械描述本身将不会为我们提供太多的认识：模型将与被模拟的对象一样复杂（图 14.1）。人们所需要的是将一种生物与其基因组之间的复杂关系简化为一些可以理解的参数的某种方法。

数量遗传与个体间的变异有关

幸运的是，我们不需要一种生物的完整模型。在绝大多数时候，我们考虑的是共享一个共同祖先的个体、群体或物种间的变异。我们想知道为什么有些人会生病而有些人则不会；为什么有些犬类品种可以本能地去放牧，而其他的则去狩猎或追踪；或者为什么每种榕小蜂在一种特定的榕树内繁殖。同样地，进化本身就是与变异有关的；变化是累加的并且包括一连串最终导致完全不同生物体的步骤。对于每一步，生物体中的变化才是关键的，于是，我们需要了解变化是如何影响繁殖成功率以及变化是如何通过 DNA 上的遗传变异来产生的。

在这里，我们需要明确构成一种生物的生化机制与基因组中的变化对生物的影响之间的差别。遗传学的流行说法经常提到“决定”一种性状的基因。其通常所指的意思是一个对某种性状起作用基因中的一种特定的变化（即一个等位基因被另一个所取代）。它并不意味着只有这个等位基因或基因对该性状起作用或在不同的群体或不同的环境中具有同样的作用。此外，它不一定是指基因参与是在一个构成性状的直接通路中。通常，等位基因起作用是源于对生物的一般干扰，而不是由于它本身的功能。例如，筛选果蝇中影响学习的突变通常会挑选到一些控制运动的缺陷，因为果蝇学习所需的任务

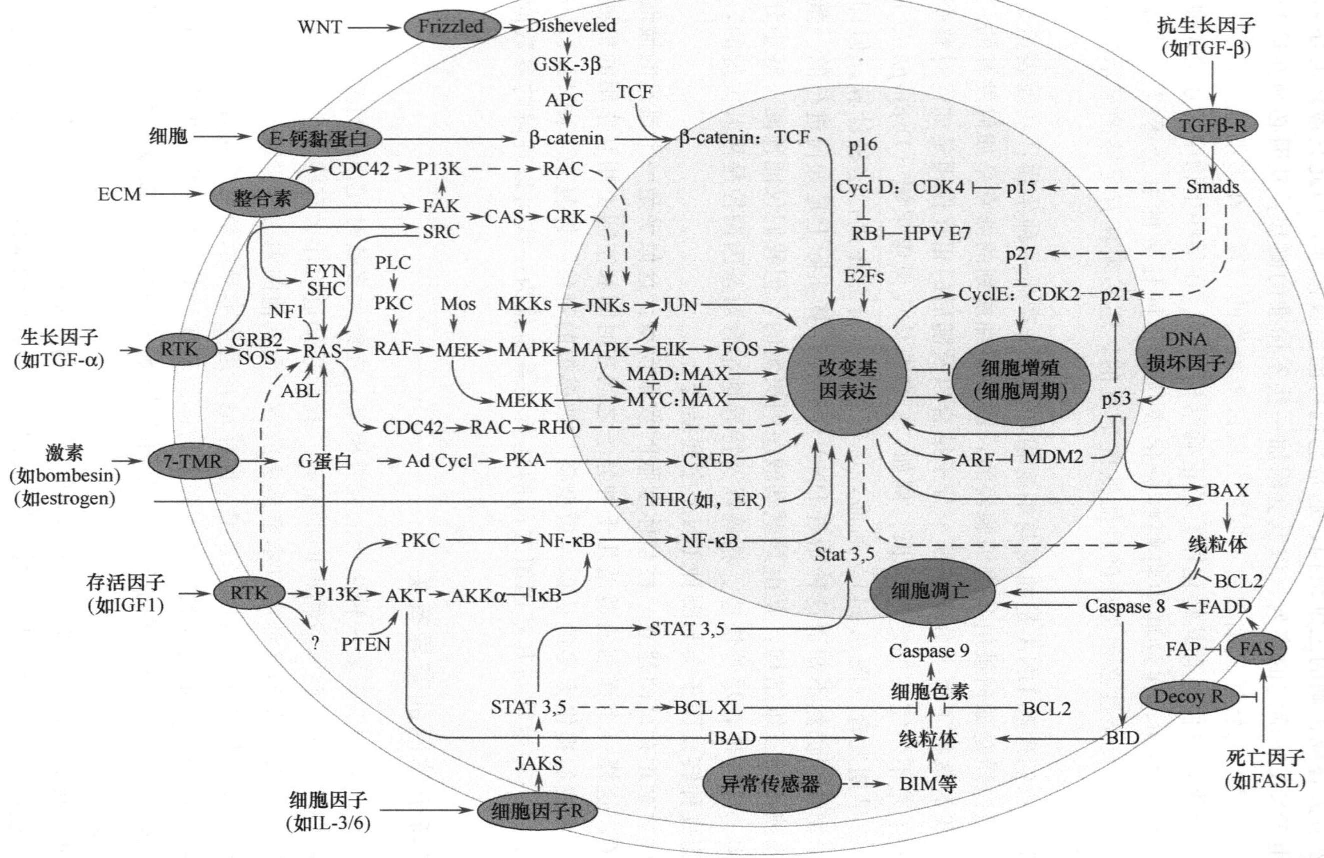

图14.1 维持一个功能细胞的一些复杂相互作用的定性模型。图中显示的是一个具有细胞膜、细胞质和细胞核的人类细胞的模型。细胞中，一个蛋白质网络通过改变基因表达、蛋白质翻译和蛋白质功能来引起细胞行为的改变。外部信号（如生长因子、激素和激酶）通过膜结合受体（如Frizzled和E钙）影响细胞，这些受体反过来触发相互连接的引起细胞行为改变的信号通路。箭头和线条表示相互作用（例如，一种蛋白质受另一种蛋白质的正调控和负调控或蛋白质结合到核酸上）。

同样需要运动。讨论“编码”一个性状的基因同样会引起误解，因为 DNA 序列与其后果之间不是一个简单的编码问题。这个问题在人类遗传学中是极其重要的，因此我们将在第 26 章中进行更深入的讨论。

大部分性状是受多基因影响的

正如我们将要看到的，大部分性状中的变异是多基因的，即个体间或物种间的差异通常是由多个遗传差异造成的，因此不遵循简单的孟德尔遗传模式。本章开始的图片与图 14.2 提供了一些我们将在本章所关心的性状变异的例子。有些是由基因组严格决定的。例如，总 DNA 含量可以看作是一个连续变异的性状，该性状依赖于基因组中大量的变异位点。因此，它既是多基因的也是基因组本身的一个直接特征。由基因产生的信使 RNA 的量既取决于启动子也取决于位于该基因上的其他调控序列以及位于其他基因上的变异。如那些编码相关转录因子的基因。说到另一个极端，行为变异。例如，候鸟的迁移方向既取决于脑的结构，还取决于形成行为的早期经验。不管涉及的机制有多复杂，所有这些例子可以看做是数量性状并且可以利用数量遗传学的方法来研究。

在数量遗传学的应用中，最重要并且在过去 10 年中增长最快的是在人类遗传学中的应用，我们将在第 26 章中进行进一步的讨论。许多遗传性疾病是由单基因的缺陷引起的，并且已经利用孟德尔遗传学的经典方法对这类疾病进行了很好的刻画。然而，相对于复杂遗传疾病而言，此类疾病只是其中的一小部分。在西方社会，仅有大约 1.5% 的人受到由单基因引起的疾病的困扰（如囊肿性纤维化），而大部分人则会在其生命中的某个阶段患一种或多种遗传性很强的复杂遗传疾病（如冠心病、糖尿病或精神分裂症）。因此，了解复杂遗传性状的遗传基础可能会对人类健康做出重大的贡献。

在本章我们主要分析依赖于多基因的性状变异的统计学方法。我们阐述怎样将个体表型分解成按照不同方式遗传的各种组分以及怎样将整个群体的变异按照同样的方法进行分解。我们讲解怎样测定方差组分以及通盘考虑数量性状遗传变异的性质和范围。最后，我们讨论数量性状的统计学描述是如何与负责该性状的基因之间联系在一起的以及怎样将这些基因鉴定出来。

解析数量性状

性状通常遵循正态分布

生物的许多特征遵循典型的正态分布——一种在图 14.2 中举例说明的各种例子中的钟形曲线。有两方面的原因使正态分布的普及变得很重要。首先，仅用**平均数**和**方差**两个参数就可以描述它。于是，这两个参数就可以代表任何正态分布：一旦给定这两个参数，分布的其他信息就随之确定。其次，只要观测值是许多独立和随机效应之和的话，其分布则被认为是正态分布。因此，生物性状通常是正态分布的这种经验暗示这些生物性状是由于许多遗传和影响每个个体的环境扰动的效应之和。这个简单的**加性模型**

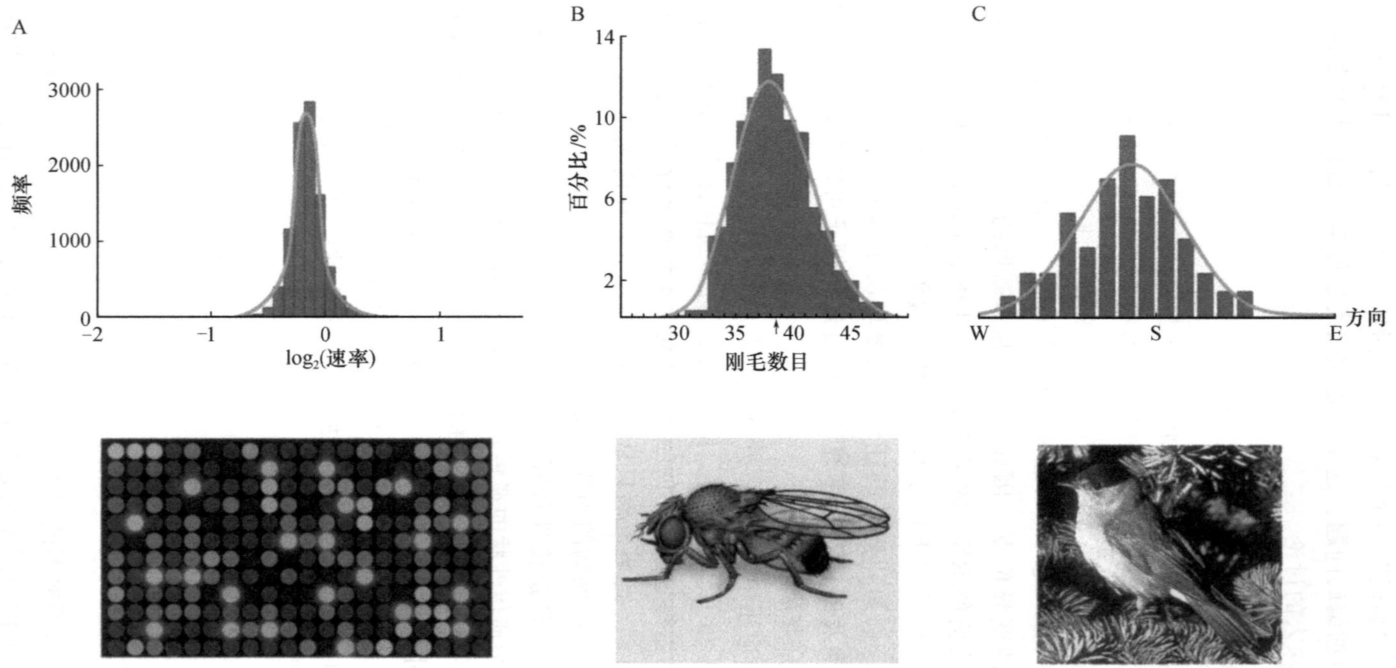

图14.2　许多个体之间的变异呈现正态分布的特点。(A)基因表达水平的变异，通过将荧光标记的cDNA杂交到微阵列上的寡核苷酸来测定(下)；(B)黑腹果蝇中刚毛异常的数目；(C)在一个迁徙行为实验中黑顶林莺(*Sylvia atricapilla*)所选择的方向。

是数量遗传学的基础。然而，我们将会看到即使基因之间是以复杂的方式进行相互作用的，仍然可以观测到正态分布，以及不管这种分布是什么，仍然可以用方差来描述变异。

只有用适当的尺度来测定性状时才会出现正态分布。例如，图 14.3 显示的由两种具有不同果重的番茄品种（系）回交产生的番茄重量的分布。该重量分布存在一个很大的差幅，其重量的下限接近野生小樱桃的重量，该分布完全不是正态的。当然，满足观测方差的一个正态曲线意味着大约 2％的杂交番茄应该小于零（图 14.3，左图）。然而，如果用该重量的对数作图（图 14.3，右图），番茄的重量必须是正值，重量的对数的分布则就接近于正态分布。假如果重是许多独立要素的产物，每个要素乘以重量的某种随机系数，这就与预期的相同。一种要素使重量增加 10％，另一种要素使重量减轻 5％，结果是最后重量为 1.1×0.95×…。现在，重量的对数等于许多独立效应之和［即 log(重量)＝log(1.1×0.95×…)＝log(1.1)＋log(0.95)＋…］，因此，可以预期重量的对数将会是近似于正态分布的。

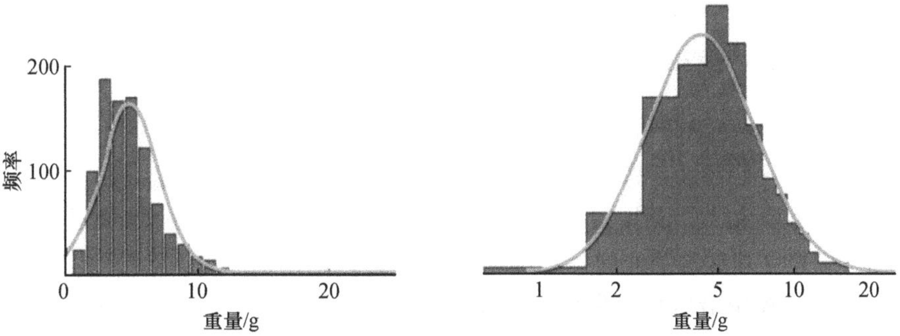

图 14.3　当以对数尺度作图时分布通常是正态的。上图显示两个番茄品种（系）间回交的番茄果重的分布（番茄的品种 red currant，平均重量 0.45g；Danmark，平均重量 10.4g）。该重量的原始分布强烈地向右边倾斜以及显著地偏离正态分布（蓝色，钟形曲线）。然而，在对数尺度上，该分布与正态曲线恰好吻合（右图）。

诸如计数等具有不连续值的性状可能不会严格地遵循正态分布，因为正态分布是为真正连续的变量定义的。然而，当观测值跨越一个相对大范围的数值时，这些观测值可以近似为一种正态曲线。例如，图 14.2B 所示的黑腹果蝇腹部刚毛数量的分布（一种常用的性状，因为它很容易在活蝇上计数）。利用一种**阈值模型**，甚至那些仅能用两个数值来表示的性状（如活的或死的）也可以用正态分布来描述。这里的假说认为存在一些基本的变量，这些变量是正态分布的，并且当这些变量超过一个阈值时性状就会改变。因此，假如一个种群中 2.5％的个体存活，其存活的阈值必须为总体平均数之上的两个标准差。图 14.4 显示适合阈值模型的一个例子，其中描述的是在不同剂量杀虫剂中存活的昆虫的比例。

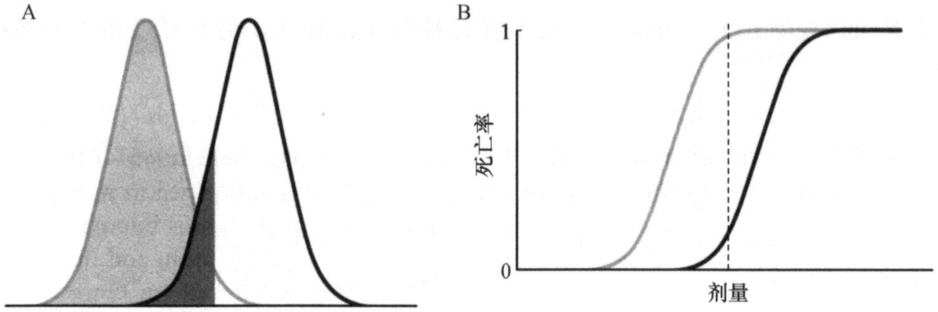

图 14.4 在阈值模型下，存活依赖于一个潜在的正态分布性状。(A) 假定对一种杀虫剂昆虫个体的阈值剂量存在变异。于是，那些具有比实际剂量低的阈值的个体死亡（阴影区域）。本例中，左侧的群体具有一个更低的阈值分布，因此，97.7%的个体死亡（蓝色）；右侧的群体总体上具有更高的阈值，因此，只有 16%的个体死亡（红色）。(B) 当将存活相对于这两个种群的杀虫剂剂量作图时，可以看到一个 S 形曲线。虚线表示在上图中给定的剂量。

正态分布描述多性状中的变异

多性状同样可以用正态分布来描述。例如，图 14.5A 所显示的一个红腹铃蟾种群的腿长与体长的分布。用等高线来表示时，点的分布与一个多元正态分布非常吻合。该分布目前是由两个性状的平均值、每个性状的方差（体长 16.0mm^2 与腿长 3.4mm^2）、两个性状之间的协方差来定义的。本例中，具有大的躯体的铃蟾倾向于具有更长的腿，这反映在图 14.5A 中沿对角线聚集的点上。相应地，性状间的协方差是正值（协方差的单位等于两个性状的单位之积——在这里是 6.1mm^2）。通常，方便地将协方差表示为一种无量纲的**相关系数**，其值介于−1 与+1 之间。本例中，躯体长度与股骨长度之间的相关系数是 0.83。

有几方面的原因显示正态分布的扩展对描述一个以上变量是重要的。首先，它提供了对任意一组性状联变的一种简洁描述。图 14.5B 显示了生长在豌豆或紫花苜蓿上的各种基因型的蚜虫的生长速率。本图中，点的分布偏离于对角线表明蚜虫倾向于专门在其中的一种宿主上生长。因此，我们可以在相同环境中测定不同的性状（图 14.5A）或在不同环境中测定相同的性状（图 14.5B）。其次，从遗传角度讲，最重要的是可以在一组亲缘个体上测定性状。例如，图 14.5C 显示的是父亲和儿子的身高。

总之，遗传模式是可以通过亲缘个体间性状的分布，尤其是通过亲缘个体之间性状的**协方差**来进行描述的（该方法是由达尔文的堂兄弟弗朗西斯·高尔顿发明的；图 1.26）。正态分布的运用将所有遗传的复杂性浓缩为仅仅几个参数。而且，我们将会发现这些协方差是通过一种简单的方式由不同亲缘个体共有的基因组分来决定的（见注解框 14.2），而不取决于遗传细节。

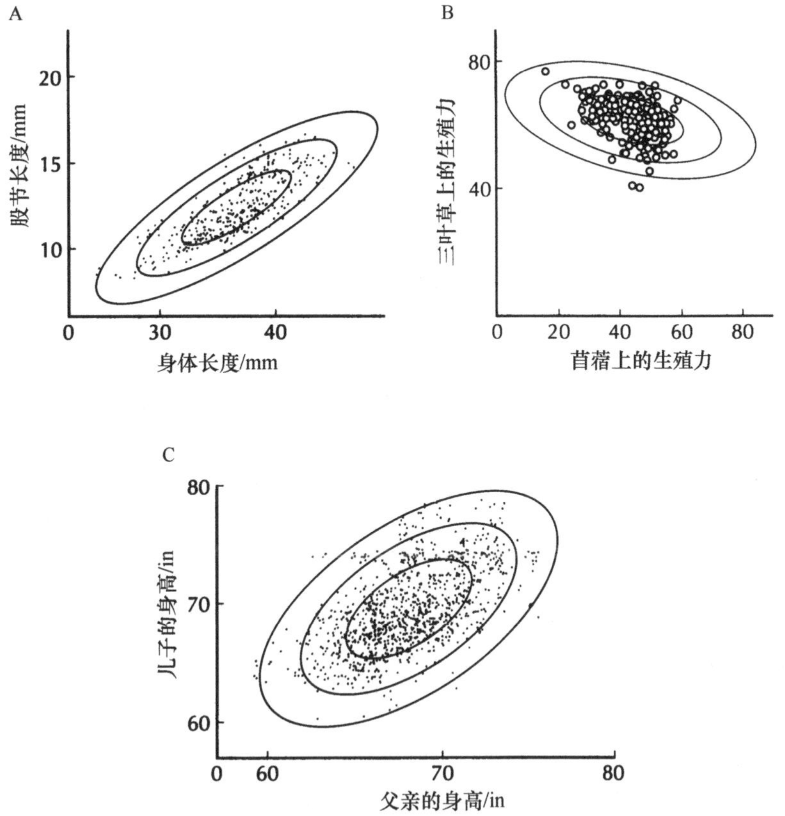

图 14.5 （A）一个红腹铃蟾（*Bombina*）群体中体长与腿长的分布。（B）饲养在不同宿主植物上的蚜虫的相对繁殖力。源自于紫花苜蓿的蚜虫在紫花苜蓿上具有更强的繁殖力，而源自于三叶草上的蚜虫在三叶草上具有更强的繁殖力。散点图显示的是源自于紫花苜蓿与三叶草上的蚜虫群体的 F_2 杂交后代繁殖力的分布。（C）父亲身高相对于儿子身高的散点图。等高线显示的是期望覆盖一个多元正态分布的 50%、90%和 99%的区域。

表型可以作为独立效应之和来分析

即使遗传上完全相同的个体饲养在标准条件下，性状将会在它们中间不可避免地发生变异。任何特定的基因型一定具有每个性状的一种典型分布。具有同样基因型的个体拥有同样的基因组合，但仍然并不具有完全相同的表型。此类遗传上完全相同的生物体之间的变异称之为**环境变异**。它包括我们可以确定的那些因素产生的效应（如温度和营养）以及那些我们所无法确定的因素产生的效应（如早期发育中的随机波动）。

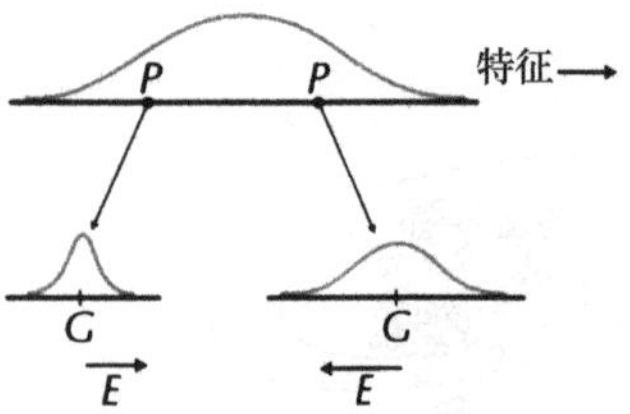

图 14.6　一个个体的表型可以分解为基因型组分和环境组分：$P=G+E$。图中上面的曲线表示整个群体中表型的分布。如果我们取任何一个个体并饲养大量遗传上完全相同的该个体的拷贝，这将会产生一个分布（下面的曲线）。平均值为基因型值 G，该基因型值与真实表型值 P 之间的差异为环境偏差 E。

数量遗传学是建立在将一个群体的总方差分解为个体间的遗传差异组分和非遗传环境变异组分的基础上的。为了理解如何运用这种方法进行方差的分解，试想具有相同基因型的不同个体中性状的分布（图 14.6）。该分布的平均值记作 G 并称之为**基因型值**。一个个体的表型则可以记作 $P=G+E$，此处 E 表示随机**环境偏差**。因为 G 被定义为 P 的平均值，E 的平均值则必须为 0。对于像玉米这样的物种，我们可以简单地通过种植大量具有完全相同基因型的植株并在标准条件下测量这些植株来真实地测定 G 以及 E 的分布。

通常我们可以假设环境偏差 E 是正态分布的，而且它对所有基因型具有同样的分布。有了这些假设，一个基因型可以简单地由其环境方差 V_E 与基因型值 G 来描述。然而，将表型分解为基因型值与环境偏差并不取决于环境偏差遵循一种固定正态分布的假设。的确，基因型对环境干扰的敏感程度可能会存在相当大的变化。例如，近交个体通常表现出环境方差的增加，而有些突变会破坏发育的稳定性。我们在第 23 章中讨论此类可遗传变异在环境敏感性方面的可能应用情况。我们暂时假设最简单的情形，即所有基因型遵循一种具有固定环境方差 V_E 的正态分布。

假如生物体是无性繁殖的，我们可以做一个遗传的完全统计模型：除了突变，G 会原封不动地从母亲传递到女儿。然而，对于有性繁殖，基因型的传递不是原封不动的。相反，后代携带的是来自双亲基因的混合体。于是，我们必须弄清楚后代的**基因型值**是如何由其双亲携带的基因所决定的。最简单的办法是一开始我们就假定每个基因的效应是累加的。例如，座位 A 杂合而座位 B 纯合的一个二倍体基因型 $A_1A_2B_1B_2$，会有一个表型值 $P=\alpha A_1+\alpha A_2+2\alpha B_1+E$，其中 α 是每个等位基因的加性贡献（这个简单方案称作**加性模型**）。现在，如果我们可以直接地观测基因型值的话，我们将会看到每个基因型各自不同的基因型值。然而，即使仅仅涉及少数几个基因，增加一个微小的环境方差会产生一个平滑而近似的正态分布（图 14.7）。

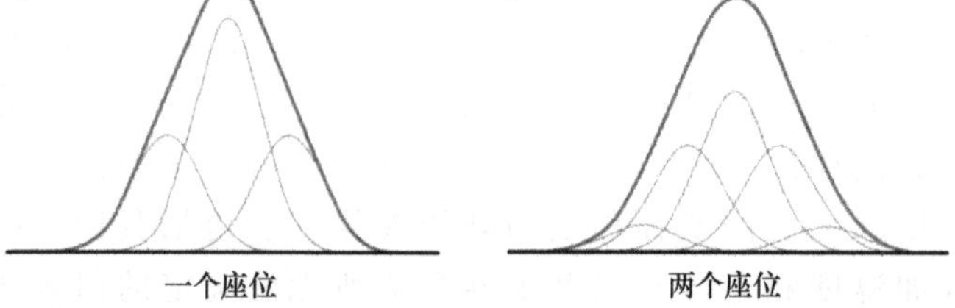

图 14.7　即使仅仅涉及少数几个基因，加性模型会产生一个近似的正态分布。(A) 一个单遗传座位携带两个具有相同频率的等位基因。细线表示三种基因型的性状分布，粗线表示总体分布。(B) 两个遗传座位，每个座位具有两个相同频率的等位基因。两个座位上的等位基因对性状的效应相同。在这两个例子中，总方差的 62% 是由遗传差异造成的。

基因通过显性与上位相互作用

当然，基因不是通过简单地累加产生作用的。如果如此简单的模型可以描述基因作用的复杂性的话那会是不可思议的。必须区分两种类型的基因互作：**显性**，是位于单一遗传座位上的两个同源基因之间的相互作用；而**上位**，是位于不同座位上的基因之间的相互作用（图 14.8）。当一个个体携带每个基因的两个或多个拷贝（即二倍体或四倍体）时会发生显性效应，而上位在包括单倍体在内的任何生物中都会发生。显性和上位这两个术语有时是用来指一个基因完全掩盖另一个基因的这种相互作用（例如，在一个生化通路中的某个步骤的缺陷会掩盖该通路早期任何变异所产生的作用）。然而，在数量遗传学中，这些术语指的是偏离于加性模型的任何偏差。因此，当杂合子 B_1B_2 有一个介于纯合子 B_1B_1 和 B_2B_2 二者中间的平均值时，我们则认为该等位基因之间不存在显性作用。同样，假如 $A_1A_2B_1B_2$ 是两个座位的贡献之和（即贡献来自于 A_1A_2 与 B_1B_2）的话，我们会认为这两个座位之间不存在上位作用。

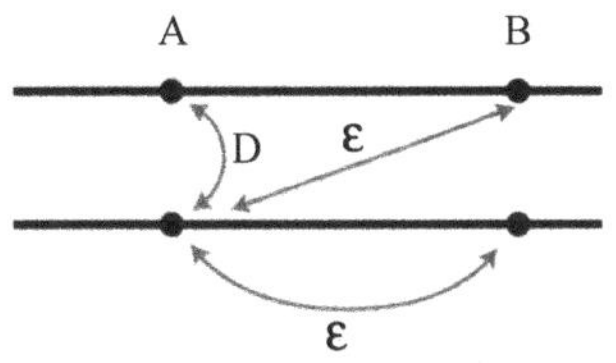

图 14.8　显性是同一座位上同源基因之间的相互作用（D），而上位则是不同座位上基因之间的相互作用（ε）。直线表示有 A 和 B 两个座位的一个二倍体个体的两个基因组。

这些概念可以用图解法来形象地描述，该图解法中将表型相对于基因型进行作图。图 14.9 显示的是取自于黑腹果蝇中转座元件对代谢性状作用的研究中的一个例子（第

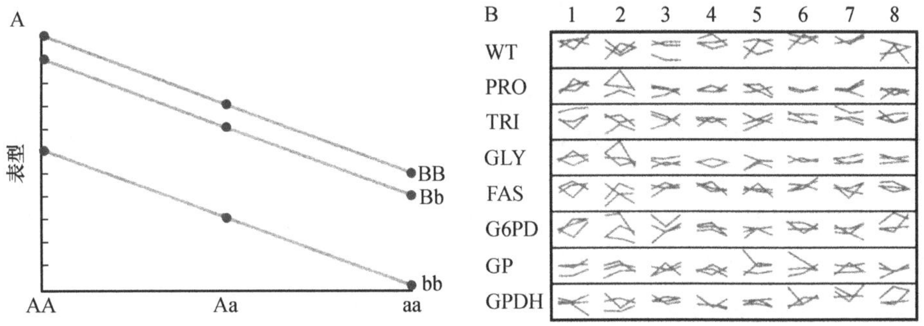

图 14.9　果蝇中代谢性状的上位和显性作用。对 8 对转座元件插入，测定 9 种不同的基因型。测定性状包括重量（WT）、可溶性蛋白质（PRO）、甘油三酸酯与肝糖含量（TRI、GLY），以及 12 种代谢酶的活性，显示的是其中的 4 种代谢酶 [脂肪酸合成酶（FAS）、葡萄糖-6-磷酸脱氢酶（G6PD）、肝糖磷酸化酶（GP）以及 α-甘油-3-磷酸脱氢酶（GPDH）]。对每个性状与每对转座元件，9 种表型如 A 中所示进行作图。如果这些基因的作用是相互独立的，三条线条将是平行的。等位基因 A 和 a 之间的显性作用将用偏离于一条直线来表示，而等位基因 B 和 b 之间的显性作用将用三条线之间的非等距来表示（图 A 显示的例子中，等位基因 A 和 a 之间不存在上位或显性，但等位基因 B 对 b 而言是或多或少有些显性作用）。结果显示了各种各样的模式（B）。例如，杂交组合 2 显示了对多个性状的超显性，因为杂合子 Aa 经常位于纯合子的范围之外。在杂交组合 1 中，GPDH 显示上位，因为只有当与基因型 aa（左下）组合在一起时才会看到基因型 bb、Bb 和 BB 之间的差异。

8 章)。在两个座位上有转座元件或无转座元件的果蝇进行杂交，并测定所有 9 种可能的基因型的活性。用这种方法测定 8 对转座元件插入与 16 个性状。对每种组合，将 9 种不同基因型的表型进行作图，如果座位之间不存在上位作用的话，图中将给出三条平行线，而如果等位基因之间不存在显性作用的话，图中将给出等距的直线（图 14.9A)。图中可以看到各种各样的模式，表明大多数是偏离于简单的加性基因作用的。该变异中有些是由于测量误差，但统计检验确认座位之间存在广泛的上位作用；27%的检验表明不同转座元件插入的作用之间存在统计学上显著的相互作用。

即使存在基因互作，总体分布仍然可以呈现近似的正态分布，正如图 14.9 中所显示的例子一样。如果存在显性而没有上位的话（即仅存在同一座位上基因之间的相互作用)，则基因型仍然为每个座位的独立贡献之和，因此我们仍然预期它是一个正态分布。即使有上位，仍然可能是一个近似正态曲线，因为不同方向的相互作用相互抵消使得总体分布不受影响。不管分布的形式如何，我们会发现数量遗传学对可以应用于任何类型的基因相互作用的遗传变异提供了一种描述方法。

存在显性或上位的情况下，一个基因的作用要视其遗传背景而定

在多基因的作用不是累加的情况下我们将如何来分析复杂性状的遗传变异呢？关键的思路是关注一个特定基因相对于其他所有基因的平均变异的影响，以此来找到该基因本身的影响，以及该特定基因相对于由环境造成的随机变异的影响。对于任何特定的群体和任何特定的环境条件，我们可以精确定义一个基因的这种细微影响。然而，如果存在显性或上位，这种影响会随着群体组成的变化而变化。

在第 17 章中，我们会看到自然选择的直接结果主要看一个基因在总体环境中对繁殖的细微影响，以此来发现该基因本身的影响。因此，尽管本章所发展出来的这些思路可以适用于任何类型的性状（如体型或行为)，但当把这些思路应用于繁殖或**适合度**等决定基因增殖的那些性状时显得尤为重要。

一个特定基因对一个性状的影响可以用多种方法来定义。尽管这些定义之间存在一些细微的差别，但就我们的目的而言，这些定义是一致的。我们提出了两种定义：**强效性**，根据比较携带不同等位基因的个体的平均值；**等效性**，根据表型对基因型的统计回归。

举一个仅有一个基因参与的简单例子，我们考虑镰状细胞血红蛋白多态性对人类死亡率的影响（见注解框 14.1)。在疟疾常见的非洲部分地区的人群中，β-球蛋白座位上存在两种等位基因，Hb^S 和 Hb^A。该多态性是通过 Hb^SHb^S 纯合子的严重贫血与 Hb^AHb^A 纯合子对疟疾的易感性之间的相互平衡来维持的。在注解框 17.1 中，我们会更详细地讨论此类自然选择是如何维持遗传变异的。但在这里，我们暂时将它用作控制人类生存的高度数量变异的一个多态性的例子，该多态性还涉及强烈的显性互作，换句话说，就是一个基因的作用要强烈地依赖于其同源基因。

注解框 14.1　遗传方差组分的计算：人类镰状细胞血红蛋白

表 14.1 显示的是一个坦桑尼亚人群的数据，该人群出生时 Hb^S 和 Hb^A 等位基因的频率分别为 $p=0.207$ 和 $q=0.793$。假定其交配是随机的（即 q^2：$2pq$：p^2），出生时三种基因型的频率是处于哈迪-温伯格平衡的（见注解框 1.1）。相对存活率是从 Hb^AHb^S 杂合子在幼年期与成年期之间的频率增加来估计的（此处仅包括疟疾与镰状细胞贫血症的影响；当然，还有许多其他将真实存活率降低至此相对值以下的致死原因）。

表 14.1　坦桑尼亚人群中镰状细胞基因型的统计

基因型	Hb^AHb^A	Hb^AHb^S	Hb^SHb^S	总平均数	方差
出生频率	0.629	0.328	0.043		
相对存活率，G	0.837	1	0	0.855	$V_G=0.0384$
	Hb^A		Hb^S		
等位基因频率	0.793		0.207		
平均存活率	0.871		0.793	0.855	
强效性	0.016		−0.062	0	
育种值，A	0.887	0.809	0.731	0.854	$V_A=0.0020$
显性偏差，D	−0.050	0.191	−0.731	0	$V_D=0.0364$

数据引自 Allison A. C. 1956. *Ann. Hum. Genet.* 21：67；Allison A. C. 1965. Population genetics of abnormal haemoglobins and glucose-6-phosphate dehydrogenase deficiency. In *Council for International Organizations for Medical Science Symposium on abnormal haemoglobins in Africa*（ed. J. H. P. Jonxis），pp. 365-391. Blackwell Scientific Publications，Oxford.

基因型值与基因型方差：图 14.10 显示的是基因型值在人群中的分布：图中左侧 Hb^SHb^S 纯合子的一小部分个体肯定会死亡（$G=0$），而右侧 Hb^AHb^S 杂合子比 Hb^AHb^A 纯合子具有稍高的存活率（1：0.837）。**总基因型方差**正是该分布的方差。它是由平均数的平方离差的平均数计算而来（第 28 章）：$V_G=0.629(0.837-0.855)^2+0.328(1-0.855)^2+0.043(0-0.855)^2=0.0384$。

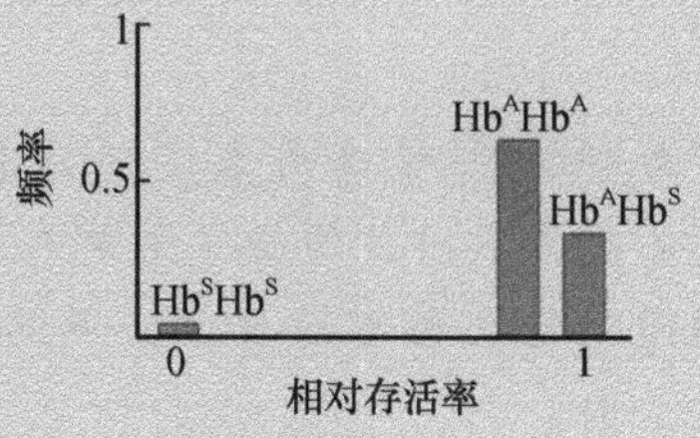

图 14.10　基因型值。

强效性：一个 Hb^A 等位基因在一个纯合子中与另一个 Hb^A 等位基因相遇的概率是 0.793，在一个杂合子中与 Hb^S 等位基因相遇的概率是 0.207。于是，其平均存活率为（0.793 × 0.837）+（0.207×1）＝0.871。同理，Hb^S 等位基因的平均存活率为（0.793×1）+（0.207×0）＝0.793。强效性正是每个等位基因的平均存活率与总体平均数之间的差值，0.855。

在本例中，强效性是很弱的（Hb^A 为 0.016，Hb^S 为−0.062），因为镰状细胞贫血症造成的死亡率几乎完全抵消了由疟疾降低的死亡率。为了多态性的稳定，每个等位基因的强效性适合度必须为 0（第 17 章）。这里等位基因的强效性稍微偏离于 0 是由于估计中的细微误差造成的。

总基因型值 G，可以记作两个组分之和。一个贡献来自每个等位基因的加性效应，称为育种值 A。例如，每个 Hb^A 等位基因预计会增加 +0.016 的存活率，于是一个 Hb^AHb^A 纯合子预期的存活率即为总平均数加上 2 倍的 Hb^A 等位基因的贡献：0.855 +(2×0.016)=0.887。该加性预期值与真实存活率之间的离差 0.837−0.877=−0.050；该离差称之为**显性离差**。在本例中，显性离差很大，这是因为存活率的主要差异是由杂合子与纯合子之间的差异造成的。

等效性：图 14.11 显示的是相对存活率是如何受 Hb^S 等位基因拷贝数的影响的。深色柱形表示真实基因型值，其中杂合子具有最高的存活率（中间的柱形）。浅色柱形表示的是随着基因型而线性变化的育种值。育种值可以通过性状对基因型的回归来计算，这种回归是将真实值的平方离差减到最小的线性关系（虚线）。正如在正文中所解释的，该回归的斜率称之为等效性；正如此例，当等位基因随机组合时，等效性等同于强效性。

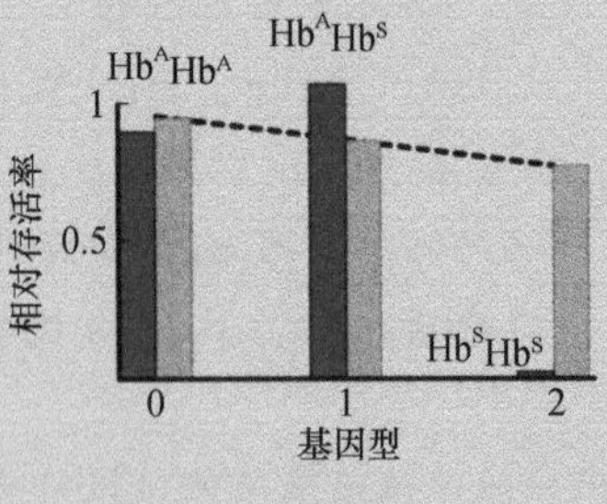

图 14.11 相对存活率。

因为在本例中等位基因的等效性是相当小的，彼此之间的育种值相同。换句话说，不管他或她的基因型如何，任何父母都可以期望其后代具有大致相同的存活概率。只要交配是随机的，家庭成员的基因型将会是杂合子与纯合子的混合。图 14.12 显示的是育种值的分布。其方差必然等于**加性遗传方差**，$V_A=0.629(0.887-0.855)^2+0.328(0.809-0.855)^2+0.043(0.731-0.855)^2=0.0020$。总基因型方差与加性方差之差等于显性离差的方差：$V_D=V_G-V_A=0.0364$。我们在本例中看到，几乎所有存活率的可遗传方差都是由于显性离差，而不是各等位基因的加性效应造成的。

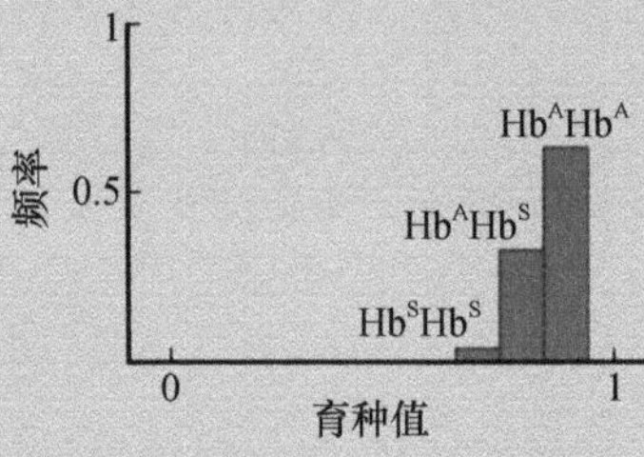

图 14.12 育种值。

遗传力：数量遗传学中，我们通常会涉及差不多是正态分布的这类性状。然而，方法是适用于包括存活率在内的具有任何类型分布的性状的。如果我们将存活率作为一个数量性状，那么我们可以设定数值 1 为一个孩子存活，数值 0 为孩子死于疟疾或镰状细胞贫血症。为简便起见，我们假定所有的杂合子存活。如果将人群作为一个整体看待，其平均存活率则为 0.855。换言之，占 0.855 比例的个体在该性状的数值为 1，0.145 比例的个体为 0。于是，该分布的方差为 $V_P=0.855(1-0.855)^2+0.145(0-0.855)^2=0.1242$。

有两种方法可以用来定义遗传力，每种定义就其不同目的而言都是有用的。**广义遗传力**定义为可遗传的差异占总方差的比例：$H^2=V_G/V_P=0.0384/0.1242=0.31$。**狭义遗传力**定义为加性差异占总方差的比例：$h^2 = V_A/V_P = 0.0020/0.1242 = 0.016$。本例中我们考虑的只是一个基因对存活率的影响，结果发现广义遗传力在总变异中占相当大的比重。还有许多其他的遗传差异可能也会对存活率的变异有贡献，因此真实的广义遗传力很可能会更高。

一个等位基因的强效性定义为在一个特定基因上携带该等位基因的个体相对于总群体的平均性状值（图 14.13A）。试想我们挑选一个诸如从父亲遗传下来的β-球蛋白基因这样的一个特定基因。现在我们可以来比较那些从父亲遗传了 Hb^S 等位基因的个体的死亡率与群体平均死亡率。这将会是那些同样从母亲遗传了 Hb^S 等位基因（因此患镰状细胞贫血症）和 Hb^A 等位基因（因此获得了部分的抗疟疾能力）的个体的平均值。

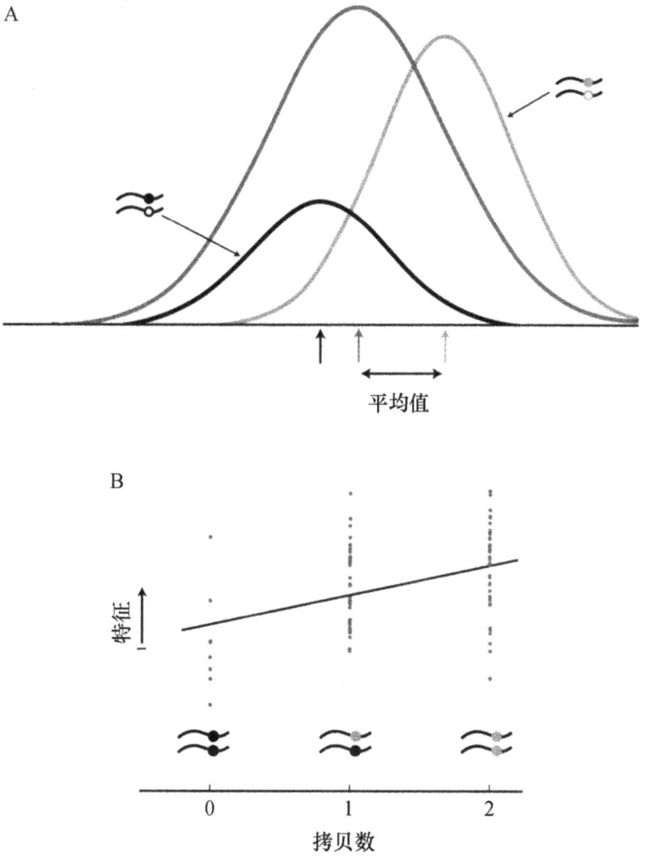

图 14.13 （A）一个等位基因的强效性是携带该等位基因的个体的性状值与总群体平均值之差。此处我们假想把群体（红色）分成携带有特定等位基因（蓝色）与不携带此特定等位基因（黑色）两部分。强效性是指一个等位基因相对于整个环境与所有其他等位基因的一个平均值，由此来找到该基因本身的影响（空心圆表示从群体中随机选取的等位基因）。（B）一个等位基因的等效性是性状值对等位基因拷贝数的回归斜率。该例子显示的是携带 0、1 或 2 个拷贝的等位基因的三种二倍体基因型的性状值的分布；直线表示这些性状值的最佳值，其斜率为等效性。

如果交配是随机的话，这两种概率出现的比例将等于等位基因的频率。拿一个没有疟疾发生地区的群体来说，Hb^S 等位基因的强效性死亡率要高。然而，在疟疾流行地区，强效性则接近于0，因为杂合子抗疟疾的优势与 Hb^SHb^S 纯合子患镰状细胞贫血症的劣势相互抵消了。正是这种平衡维持着该多态性（见注解框 14.1）。注意一个等位基因的强效性要视基因型频率（因为其决定了我们要取平均值的基因型）与环境（其决定每种基因型的性状值）而定。

一个基因的等效性的定义稍微有所不同，当随机组合一个群体中的基因时，其等效性则等同于强效性。假定我们将表型作为各种等位基因拷贝数的函数——此处作为 Hb^S 等位基因数的函数（图 14.10B）。然后我们可以找到一种加性模型，该模型将最适合真实的具有更复杂关系的基因型数据，即该加性模型将真实值基因型与预测基因型之间的平均平方离差减到最小（见注解框 14.1）。该回归的斜率为一个等位基因对另一个等位基因的等效性。对一个随机交配群体，它等同于强效性。然而，总体而言等效性与强效性可能稍微有所不同。强效性的概念可能直观上更容易理解：简单地讲它是携带某一特定等位基因的个体相对于总群体的平均性状值。然而，下面将要讨论的等效性及其延伸意义具有更简洁的统计特性，因此是更精细数量遗传学分析的基础。

数量遗传学描述任何数量的基因之间的相互作用

前面几节中论述的那些概念可以扩展到用来描述两三个或任意数量的基因之间的相互作用。一个等位基因的强效性用同样的方法来定义，即所有携带该等位基因的个体的平均性状值。每个基因是嵌在整个基因组中的，因此我们必须对所有不同的基因组合加以平均以便能找到该基因本身的影响，换言之，要考虑该基因所有可能的遗传背景。

一个等位基因的强效性在两个方面取决于其遗传背景。我们要找的特定等位基因可能倾向于与那些影响同样性状的其他基因在一起。而且，如果存在显性或上位，性状则要取决于等位基因的组合而不仅仅是其单个等位基因的效应之和。

等效性的理念同样也可以扩展到任意数量的基因之间。我们简单地将表现型描述为每个基因、每对基因、每三个基因等的独立贡献之和。然后，我们选择那些将真实性状值的平均离差减到最小的贡献（就单个基因而言，假定基因是随机组合的话，每个单基因的等效性与强效性是一样的）。然而对复杂的系统，我们可以将一个个体的表型记作几个组分之和

$$P = G + E = A + D + I + E \tag{14.1}$$

此处，基因型值 G 是每个单基因的等效性 A、同源基因对之间的显性互作效应 D 以及不同座位基因之间更复杂的上位互作效应 I 之和。当然，这里的每个术语本身即为单基因以及基因组合的特定效应之和。然而，我们将会看到在多数情况下只需将其简单地分解成不同类型的贡献。

第一个贡献，A，称作育种值。尽管我们已经将其定义为每个基因的加性贡献之和（即等效性之和），但它有一个不依赖于任何单基因已知信息的直接的生物学解释（图 14.14）。试想一个个体与群体中的其他个体随机交配。其后代将具有某种平均性状值，由于双亲基因的贡献，该平均性状值将不同于总群体的平均性状值。育种值被定义为该

差值的 2 倍：系数 2 的出现仅仅是因为只有一半的基因来自于所要考虑的一个亲本。如果一个亲本可以产生很多个后代的话，该育种值则可以直接被测定。例如，一个公牛对于产奶量的育种值可以从其所有雌性后代的平均产奶量来测定。对一个奶牛场来说，买公牛时唯一所关心的就是其育种值。

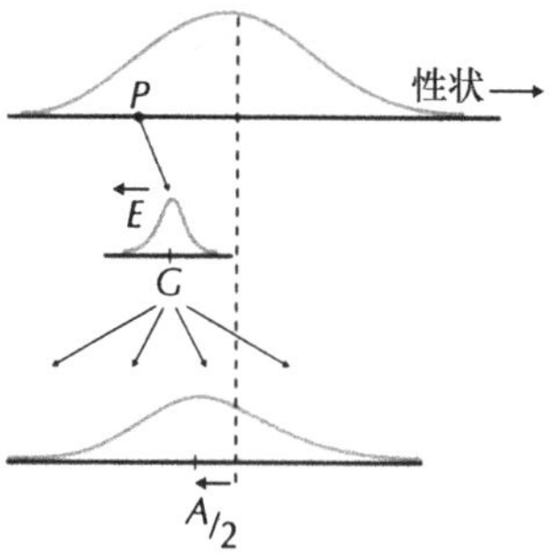

图 14.14　当一个个体与群体中的其他个体随机交配时，其育种值可以由其产生的后代的平均性状值来测定。图中上面的曲线表示群体中性状的分布。选择一个表型值为 P 的个体。该个体有一个负责该表型的基因型值 G，该基因型值为饲养在相同条件下的一组完全相同的基因型的平均性状值（中间曲线）。所选个体与群体中的其他个体随机交配，图中下面的曲线表示的是该个体产生的后代的分布。这些后代的平均值与总体平均值之间的差值为育种值的一半（$A/2$）；系数 1/2 的出现是由于后代只获得了所选亲本个体一半的基因。

变异的原因是可以相互分开的

我们已经说明了如何将一个个体的表型记作由不同原因导致的不同组分之和：加性、显性、上位、环境。在实践中，是不大可能测定这些组分的。为了测定这些组分，就要求我们知道每个个体在影响某种性状的所有座位上的基因型以及还要知道每种可能的基因型的平均性状值。假如我们已经知道了所有的这些信息，那么数量遗传学的分析似乎就是多余的了。当我们利用表型的组分来分析总体方差时会将一个表型值分解为不同的组分。按照平均表型的组分可以将该总体方差分解为不同的组分。而且，在不知道单基因的任何信息的情况下可以测定该方差。

独立数值之和的方差等于每个独立数值的方差之和[第 28 章（在线）]。由于表型是基因型值与环境离差之和，于是，表型的方差则为基因型值的方差与环境离差的方差之和。可以将其写作 $\mathrm{var}(P)=\mathrm{var}(G)+\mathrm{var}(E)$ 或更简单地写作 $V_P=V_G+V_E$。

这些方差分别称作**表型方差**、基因型方差和环境方差。同样地，由于基因型值可以分解成加性、显性与互作组分（$G=A+D+I$），因此可以将基因型方差分解为加性方差、**显性方差**与**互作方差**（$V_G=V_A+V_D+V_I$）。互作方差本身可以被分解为不同类型的互作。例如，由于基因对的加性效应之间的互作产生的方差记作 V_{AA}，以及由于 3 个基因组成的一组基因的显性效应之间的互作产生的方差记作 V_{DDD}。总之，$V_I=V_{AA}+V_{AD}+V_{DD}+V_{AAA}+\cdots$（由于这些组分的独特定义方法，对这些独立的方差组分进行分析是可能的，因此这些组分在统计学上是彼此独立的）。注解框 14.1 中举例说明了只涉及一个基因（β-球蛋白）的一种简单计算。

总表型方差中由于遗传差异造成的方差的比例称作**遗传力**。由于遗传力是一个方差的比值，因此它是无尺寸的，因而可以对那些用不同的计量单位测定的性状进行相互比较。广义遗传力是指由于任何类型的遗传差异造成的方差所占的比例；记作 $H^2=V_G/V_P$。相对地，狭义遗传力是由于严格意义上的加性效应产生的方差所占的比例，记作 $h^2=V_A/V_P$。这个狭义遗传力的测量值更重要，尤其是在进化范畴中，因为正如我们在第 17 章中所进一步讨论的那样，对选择的反应正是这个狭义遗传力做出的。

通过比较亲缘个体来估计方差组分

我们已经看到（图 14.6），估计方差组分的最简单的方法中测定了大量近交系。如果我们将整个近交系看作一个“群体”，不同近交系平均值之间的方差则为 V_G 以及近交系内的方差则为 V_E。在人类遗传学中，建立近交系或克隆大量的遗传上完全相同的个体被认为是不合伦理的。同卵双胞胎之间的比较提供了一种类似的估计方法。然而，研究同卵双胞胎面临的一个问题是同胞之间所共享的相似性可能是由于他们所共同生活的家庭环境，以及他们所遗传的一组相同的基因。一个解决办法是去比较具有与兄弟或姐妹相同遗传关系的异卵双胞胎（图 14.15）。一个变通的方法是可以比较那些在早期就相互分开以及在独立的家庭抚养的双胞胎可以减少共同环境产生的影响。

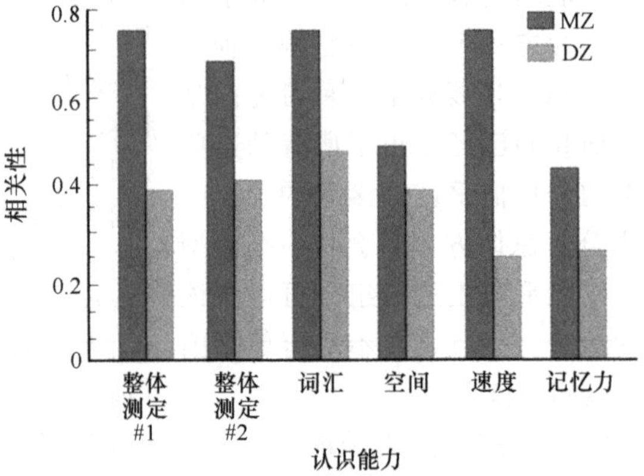

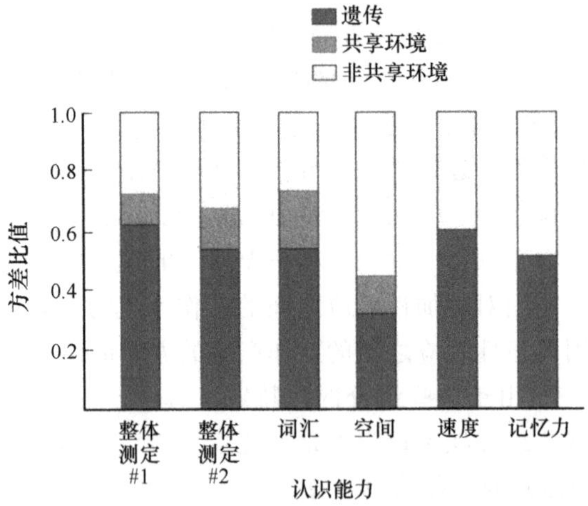

图 14.15 方差组分可以通过比较同卵双胞胎与异卵双胞胎之间的相似性来估计。样本为采自瑞典的 110 对同卵双胞胎（即单合子的，MZ）和 130 对异卵双胞胎（即两合子的，DZ），所有个体的年龄都在 80 岁以上，在这些样本中测定了认知能力的几项测定指标（最左边的两个柱形为总体认知能力的另一种测定值）。(A) 遗传上完全相同的双胞胎之间的相关性要显著地高于异卵双胞胎之间的相关性。(B) 约有一半的方差估计是由遗传造成的；对这些数据，是不可能去区分加性与非加性变异的。一小部分的方差是由共同环境造成的（灰色部分）；该环境方差可以通过比较在相同家庭与不同家庭里成长的双胞胎来区分。

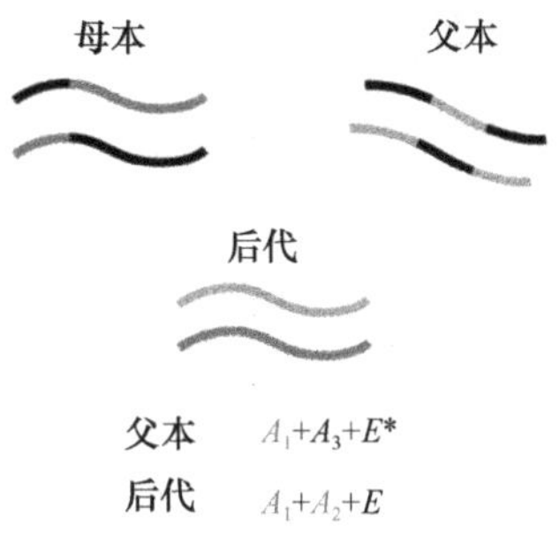

图 14.16 加性遗传方差可以通过亲本与后代之间的协方差来估计。后代携带一个来自父本的基因组（蓝色）与一个来自母本的基因组（红色）；这些基因组对育种值的贡献分别为 A_1 与 A_2。父本与后代之间的协方差仅取决于他们所共享的基因（蓝色），因此等于 var（A_1）。

一对亲缘个体之间的相似程度可以通过他们之间的协方差来测定。最简单的情况就是父母与后代之间的关系。如果我们假定是加性模型，后代的表型则可以记作 $P=A+E=A_1+A_2+E$。此处，将加性效应 A 分解为由母亲遗传的组分 A_1 与由父亲遗传的组分 A_2。父亲的表型可以记作 $P^*=A_1+A_3+E^*$，其中 A_1 为后代所共有的基因的贡献，A_3 为其余基因的贡献（图 14.16）。假定这些组分是相互独立的，亲本与后代之间的协方差为 $\text{cov}(P,P^*)=\text{cov}(A_1+A_2+E,\ A_1+A_3+E^*)$。将此扩展到协方差之和：$\text{cov}(A_1,A_1)+\text{cov}(A_1,\ A_3)+\cdots+\text{cov}(E,\ E^*)$。因为所有这些组分是相互独立的，只有那些共有基因的协方差有贡献，因此该公式简化为 $\text{cov}(A_1,A_1)=\text{var}(A_1)$。总加性方差为一个二倍体生物的两个基因组的同等贡献之和 $[V_A=\text{var}(A)=\text{var}(A_1+A_2)=\text{var}(A_1)+\text{var}(A_2)]$。因此，如果亲本双方贡献一样的话，协方差正好是 $\text{var}(A_1)=1/2V_A$。系数 1/2 为一个亲本与其后代共有的基因的比例（见注解框 14.2）。因此，我们可以利用如图 14.5C 中举例说明的数据，简单地将亲本与后代之间的协方差的 2 倍作为加性遗传方差的测定。

在实践中难以估计方差组分

亲缘个体之间的协方差是总群体中不同方差组分的一个简单混合（见注解框 14.2）。于是，原则上可以通过比较不同类型的亲缘个体之间的协方差来估计**方差组分**。例如，这种方法应用在动物育种中，其中的测量指标是从大量遗传关系明确的个体中测定的。

然而，还存在许多困难。例如，必须考虑共同环境的影响。有亲缘关系的动物可能饲养在同一农场，以及对诸如营养的变化等已知因素必须给予补偿。如果要检测复杂的基因互作的话，面临的更大问题是需要测定非常大量的样品。区分不同的方差组分要视所测的不同类型的亲缘个体之间相似度的差异而定。例如，如果存在显性方差（V_D）的话，全同胞之间的相似程度要比亲本与后代之间的相似程度高。这是因为同胞可以从母本和父本那里遗传相同的基因，因而可以共享完全相同的基因型。

相对地，一个个体从一个给定的亲本那里只遗传每个基因的一个拷贝，因此不可能共享负责相互作用的基因组合（见注解框 14.2）。显性方差可以从同胞间的协方差与亲本与后代间的协方差之间的差异来估计。然而，这种比较在统计学上是不准确的，因为两种协方差的估计本身就是不准确的。表 14.2 的要点是复杂的互作，尤其是那些涉及显性的互作对亲缘个体间的相似性而言几乎是没有太多的贡献的：这非常强烈地依赖于群体的加性遗传方差 V_A。

注解框 14.2 方差组分对亲缘个体间协方差的贡献

亲缘个体间的相似性要视简单的遗传方差组分而定。在表 14.2 中，每一行表示每类亲缘个体之间的协方差是如何依赖于加性方差（V_A）、显性方差（V_D）以及各种高阶组分的（V_{AA}、V_{AD}、V_{DD}、…）。例如，半同胞之间的协方差为 $1/4V_A+1/16V_{AA}$。表中显示的仅是成对互作的情况，因为高阶方差组分（如 V_{AAA}）的贡献很小。假定交配是随机的以及亲缘个体不受共同的环境影响。

表 14.2 决定亲缘个体间相似性的遗传方差组分

亲缘关系	V_A	V_D	V_{AA}	V_{AD}	V_{DD}
同卵双胞胎	1	1	1	1	1
父母/后代	$\frac{1}{2}$		$\frac{1}{4}$		
祖父母/孙子女	$\frac{1}{4}$		$\frac{1}{16}$		
曾祖父母/曾孙子女	$\frac{1}{8}$		$\frac{1}{64}$		
半同胞	$\frac{1}{4}$		$\frac{1}{16}$		
堂兄弟姐妹	$\frac{1}{8}$		$\frac{1}{64}$		
全同胞	$\frac{1}{2}$	$\frac{1}{4}$	$\frac{1}{4}$	$\frac{1}{8}$	$\frac{1}{16}$
双重亲表兄弟姐妹	$\frac{1}{4}$	$\frac{1}{16}$	$\frac{1}{16}$	$\frac{1}{64}$	$\frac{1}{256}$

数据摘编自 Lynch M. and Walsh J. B. 1998. *Genetics and analysis of quantitative traits*. Sinauer Press, Sunderland, Massachusetts.

数字表示每个方差组分对亲缘个体间协方差的贡献。

最简单的例子是共享完全相同的基因型的一对同卵双胞胎。我们可以将每个双胞胎个体的表型写作 $P_1=G+E_1$、$P_2=G+E_2$。假定随机的环境离差 E_1、E_2 是相互独立的［即 $\text{cov}(E_1,E_2)=0$］，协方差等于基因型方差：$\text{cov}(P_1,P_2)=\text{cov}(G,G)+\text{cov}(E_1,E_2)=V_G=V_A+V_D+V_{AA}+\cdots$ ［如果 $\text{cov}(x,x)=\text{var}(x)$，于是 $\text{cov}(G,G)=\text{var}(G)=V_G$］。遗传上完全相同的双胞胎之间的协方差等于总基因型方差，以及该方差的全部组分的贡献相等（第一行）。

总之，各个组分的贡献正好是由亲缘个体间所共有的基因的比例（见注解框 15.3）。第 2～6 行表示亲缘个体间只共享一个祖先的这种亲缘关系，因此，基因是沿一条线继承的。在这种情况下，显性组分不会有贡献，因为个体间从来不会共享同一座位上的一对基因。举例来说，图 14.17 中的上图表示共享一个亲本的一对半同胞。如果我们从每个半同胞个体中随机选取一个基因，则这两个基因相同因而对这两个半同胞个体间的相似性有所贡献的概率为 1/4。然而，基因对不可能是完全相同的，因为半同胞个体不会共享两个亲本。因此，涉及单一座位上两个基因之间相互作用的显性离差就不可能发挥作用。相对地，当个体之间共享一个以上祖先时，他们就会共享相同的基因对，因而显性组分就会产生贡献。例如，由两个全同胞个体携带完全相同的基因对的概率为 1/4，并且存在由显性方差 V_D 产生的相应贡献（图 14.17，下图）。

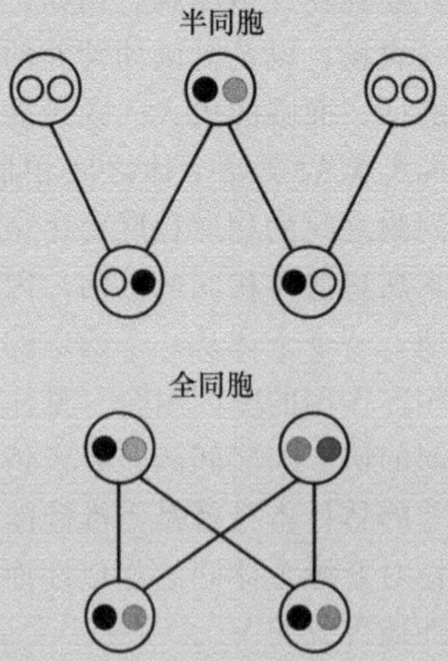

图 14.17 半同胞与全同胞个体间基因的共享。

当我们不清楚性状的详细遗传基础的情况下，将性状方差分解为它的不同组分对分析遗传变异而言是一种很有效的方法。

然而，重要的是要认识到各种组分所占的大小与潜在的基因互作之间不是一种简单的关系。尽管基因通过一种复杂的相互作用来构建我们所观察到的生物体，然而我们会发现绝大多数性状中的绝大多数变异可能是由基因的加性效应造成的。举一个有两个等位基因的基因的简单例子说明这是为什么（图 14.18）。当这些等位基因的作用是加性的情况下（即当杂合子介于两个纯合子中间时），遗传方差完全是加性的并且在中等等位基因频率时最大（图 14.18A）。然而，即使一个等位基因完全是隐性的（计为 P，因此 PQ 与 QQ 是不可区分的），假定该隐性等位基因是常见的（图 14.18B 的右边部分），绝大多数的方差则仍然是加性的。这是因为当等位基因 P 是常见的，群体主要由有不同表型的 PQ 与 PP 构成：表型上的差异因此与 P 与 Q 的加性效应相关。当隐性等位基因为稀有等位基因时，只有当稀有基因型 PP 形成时才表达不同的表型，因此显性方差要大于加性方差（$V_D > V_A$；见图 14.18B 左边部分）。然而，在这种情况下，两种方差组分都小，因此由多个基因决定的一个性状的总方差仍然可能主要是由加性方差组成的。只有在例外的情况下显性方差可能很大，该例外情况为杂合子位于两个纯合子的范围之外（见注解框 14.1）。同样的争论可以转到多个基因之间的相互作用（上位），即使性状强烈地依赖于基因之间的相互作用，其方差仍然可能主要是由单个基因的加性效应产生的。

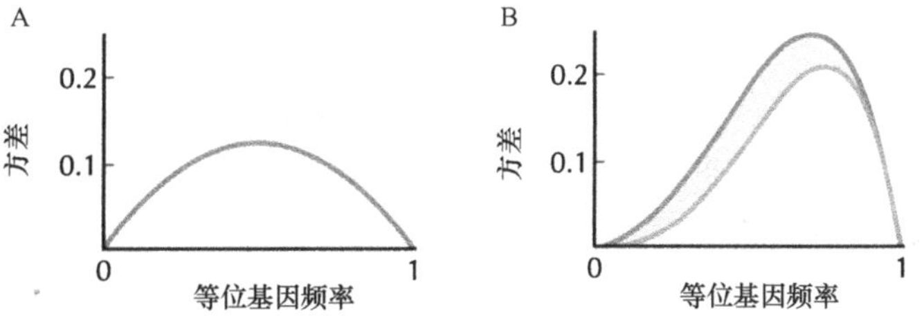

图 14.18　有两个等位基因的一个遗传座位的方差组分。(A) 图中显示的是当基因作用完全是加性的情况下的遗传方差（$V_G = V_A$）(表型 QQ、PQ 与 PP 为 0、0.5 与 1，因此等位基因 P 对性状的增加值为 0.5)。(B) 图中显示的是当存在完全显性的情况下的方差组分（即表型为 0、0 与 1)。图中上面的曲线表示总基因型方差 V_G，下面的曲线表示加性遗传方差 V_A；二者之间的差值（黄色）为显性方差 V_D。横轴表示隐性等位基因的频率。

方差组分与遗传力不是自然常数。它们取决于群体的遗传多样性以及非遗传的“环境”因素是如何影响性状的。虽然如此，我们在下一节中会看到不管是自然的、家养的还是人类群体内存在的一些出奇一致的数量遗传变异模式。

绝大多数性状中存在广泛的可遗传的变异

正如在绝大多数群体内存在广泛的 DNA 和蛋白质序列变异一样（第 13 章），数量性状中同样存在丰富的可遗传变异。通过直接和间接两个方面来说明该变异：直接地讲，绝大多数性状在亲缘个体之间的相似性；间接地讲，就是对人工选择做出的即时反应。我们将在第 17 章中详细讨论对数量性状的选择。目前，要注意的是假如持续选择对某种性状（如产奶量）具有高性状值的个体的育种会导致该性状育种值增加的话，那么亲本与后代之间肯定存在相关性，换句话说，就是肯定存在加性遗传方差。

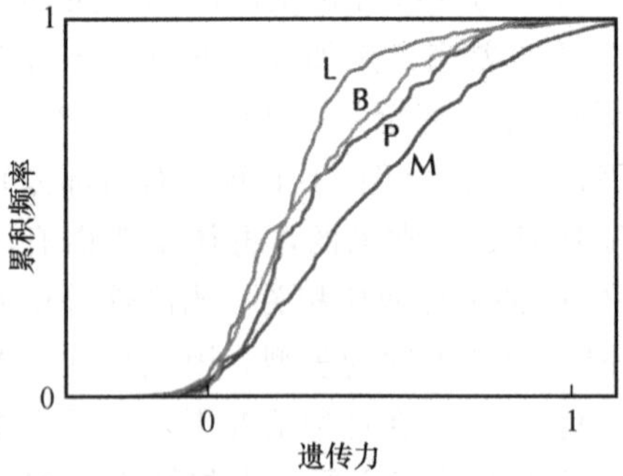

图 14.19 狭义遗传力（V_A/V_P）的分布。性状分为生活史（L）、行为（B）、生理（P）或形态（M）等不同类型。曲线表示累积频率分布［第 28 章（在线）］（少数几个估计值为由统计误差造成的小于 0、或大于 1）。数据来源为 75 种动物的 1120 个估计值。

长期以来人们理解在质量性状水平存在的丰富的可遗传变异。达尔文对存在质量性状可遗传变异的最强烈的证据就是父母与后代之间明确的相似性以及人工选择所获得的惊人成功。然而，本节所概括的这些方法允许我们做一些数量性状的调查。图 14.19 整理的是涵盖各类性状如多毛类环虫的光反应、等脚类动物的耐热性、棘鱼的脊柱形态、虹鳟鱼的生长率等的狭义遗传力 h^2 的估计。这些遗传力的值涵盖了可能存在的全部遗传力的数值范围，但是在绝大多数情况下，遗传力是很高的，即总表型方差中的大部分是由加性遗传方差造成的。

有些性状始终显示很高的遗传力。人类中，手指的脊纹（指纹的一种测法）具有约 0.96 的广义遗传力。也许，几乎所有的方差可能是遗传因素造成的，因为手指脊纹数目在发育早期就决定了，因而不会受到外部环境的太多干扰，同时选择也不会清除遗传变异。

有一个极端是对果蝇左-右对称性选择的许多实验失败了；这是不存在可检测的遗传方差的少有的几个性状中的一个。即使在表型水平上似乎没有变异的那些性状可能也会受到隐蔽的遗传变异的影响。在正常条件下，所有野生性果蝇具有相似的脉序模式（venation pattern）。然而，在蛹发育的一个特定阶段的一个短暂的热休克后，约有 40％的成虫在横脉处出现了一个缺口（图 14.20A）。当携带有这样一个缺口的果蝇被选择时，受到热休克后表达这个缺口的果蝇比例则会增加（图 14.20B）。最终，甚至那些饲养在正常条件下的果蝇会表现无横脉表型。这种现象被称作**遗传同化**，因为起初由一种极端环境诱导的一种性状来自于正常环境下的遗传控制。这可以通过前面讨论的阈值模型的概念来理解，尽管无横脉表型在正常环境中是没有变异的，但存在一种潜在的倾向于丧失横脉的隐蔽变异（图 14.20C、D）。我们将在第 24 章讨论这类实验与新特征进化的相关性。

自然的遗传变异组分与参与的基因数目是难以测定的

不同类型的性状间存在系统差异。成年个体的形态倾向于表现出比与生存与繁殖相关的**生活史性状**更高的遗传力。生理与行为性状表现出中等水平的遗传力（图 14.19 中的比较曲线）。对该模式的解释并非是简单直接的。狭义遗传力被定义为总表型方差中

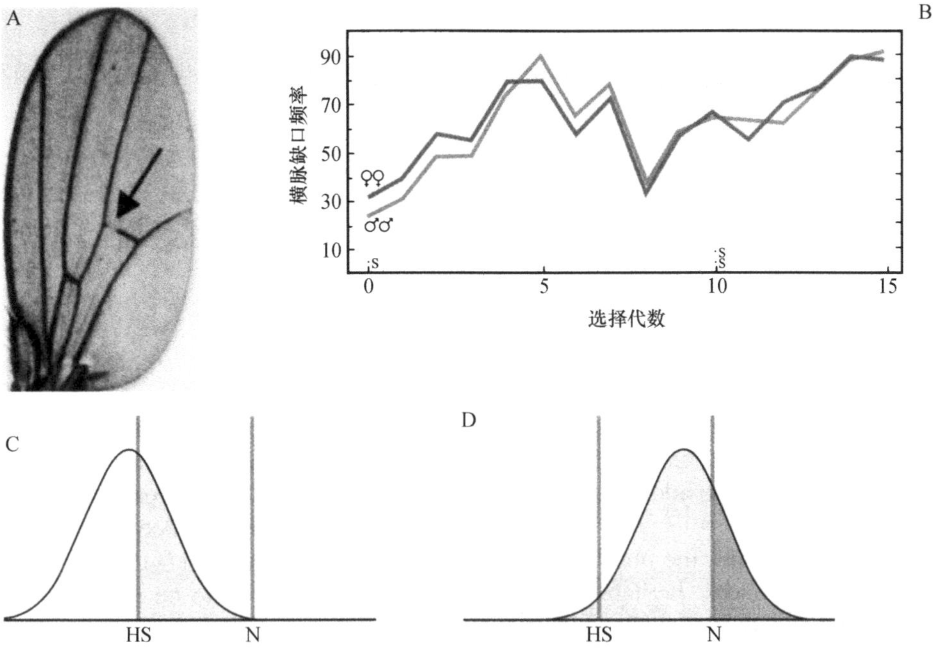

图 14.20　一个参与黑腹果蝇脉序模式的隐蔽变异的经典例子。(A) 黑腹果蝇的蛹受到一个短暂的热休克后在横脉处产生的缺口；(B) 对促进该表型表达的选择所做出的反应；(C) 根据阈值模型，存在一种在横脉处表达缺口的潜在倾向，受到热休克后，具有比阈值 HS 更高倾向的果蝇表达该表型（黄色区域），而只有那些高于阈值 N 的果蝇在正常条件下表达缺口；(D) 选择促进该表达倾向，因此即使在正常条件下也会看到无横脉表型。

加性遗传方差所占的比例（$h^2=V_A/V_P$）。尽管起初由于生活史性状具有低的加性遗传方差而认为这类性状具有低的遗传力，但实际上更进一步的研究表明该模式的出现是由于生活史性状具有更高的环境方差，因此具有更高的总表型方差。具有不同测量尺度的性状之间比较遗传方差的另一种替代方法是比较加性遗传方差相对性状均值 $\bar{z}$ 的比值（即比较 $V_A/\bar{z}^2$）。就该测量值而言，生活史性状实际上倾向于具有比形态性状更高的加性遗传方差。

利用经典的遗传学方法是很难确定控制数量性状变异的基因数目的。我们已经看到仅有少数几个基因或多或少地表现出了正态性状分布（图 14.7）；确实，数量遗传学的强大功效在于它可以在没有诸如基因数目及其单个基因的作用等遗传细节的前提下进行预测分析。然而，某些有关参与的基因数目的信息来自于两个遗传上明显分化的群体间杂交 F_2 代中观察到的方差。就质量性状而言，如果在 F_2 代中很少看到亲本的表型，那么一定有大量的基因参与其中（如图 11.26 中玉米的例子）。负责性状差异的基因数目的数量遗传学估计是由 Wright 和 Castle 引入的。该方法已经被广泛应用并且可以估计的基因范围为 1～15 个基因（图 14.21）。不幸的是，众多的因素使得 Wright-Castle 估计值严重低估了实际参与的基因数目。为了鉴别负责多基因变异的真实基因，我们现在将目光转向了功效更强大的方法。

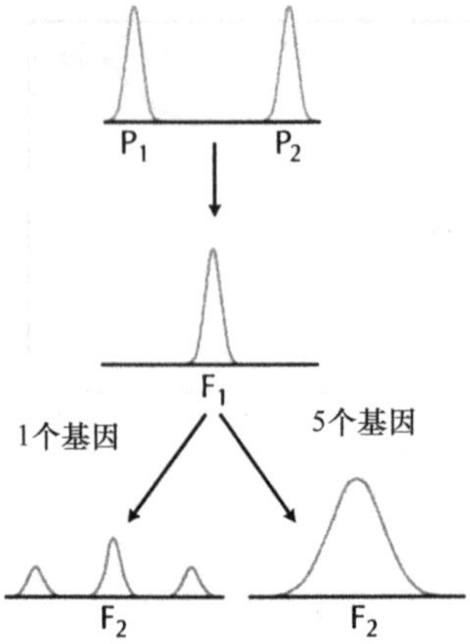

图 14.21　从 F_2 代杂交群体的方差中估计基因数目。在 F_1 代，所有个体的一半基因来自一个亲本，另一半基因来自另一个亲本。在 F_2 代，性状的分布要视基因数目而定。假如有 1 个基因，有一个介于中间值的杂合子，那么分布就会是宽广的（左下），假如有 5 个基因，分布更窄且亲本基因型出现的次数很少（频率 $2^{-10}=1/1024$；右下）。相对于亲本品系间的差异，在 F_2 代中参与的基因数目与遗传方差成反比。

数量变异性状的遗传基础

经典遗传学可以鉴别数量性状座位

在经典遗传学中，基因通过观察等位基因在杂交后代中的分离情况来定位其在染色体上的不同位置。假如不同基因的等位基因在从父母向后代传递的过程中倾向于保持在一起传递的话，那么它们在物理位置上一定是连锁的，且它们之间的距离可以通过重组率来测定。在 20 世纪初期摩尔根的研究组正是利用这种方法首次将基因定位到染色体上。利用同样的方法可以用来定位负责数量性状变异的基因。假如在一个家族内孟德尔遗传标记与不同的性状值相关联的话，作用于该性状的一个或多个基因则一定与该遗传标记相连锁。

这种方法可以鉴别所谓的**数量性状座位**（QTL）。它不是指一个基因，而是指影响该性状的一段染色体区域。正如我们将要看到的，从一个 QTL 的统计学验证出发是不容易找到参与的实际基因的，并且，最终不容易弄清单个序列变异是如何影响性状的。

我们首先讨论怎样估计一个 QTL 的近似位置，然后接着讨论更精确定位这些 QTL 的方法。

定位 QTL 简单来说需要有一个适合对大量孟德尔遗传标记与所研究的性状进行基因分型的群体（见注解框 14.3）。原则上，可以利用有亲缘关系的个体组成的任意一组个体，通常是由不同物种之间或家养动、植物与其野生亲缘物种之间的回交个体或 F_2 代个体组成的一组个体。这是最有利的情况，因为杂种个体可能涉及许多标准偏差上的差异，因此用来定位的群体将会有高的遗传力（即 $V_G \gg V_E$）。同样地，遗传标记在亲本中的真实基因型是已知的并且对所有个体是相同的。

注解框 14.3　定位数量性状座位

假定我们杂交具有不同数量性状以及在一个遗传座位上具有不同等位基因（P、Q）的两个近交系（图 14.22，上图）。在 F_1 代，所有个体在遗传标记（PQ）以及影响该性状的所有 QTL 上都是杂合的。因此，性状的分布介于两个纯合子分布的中间，其方差全部为环境方差（VE；图 14.22，中图）。

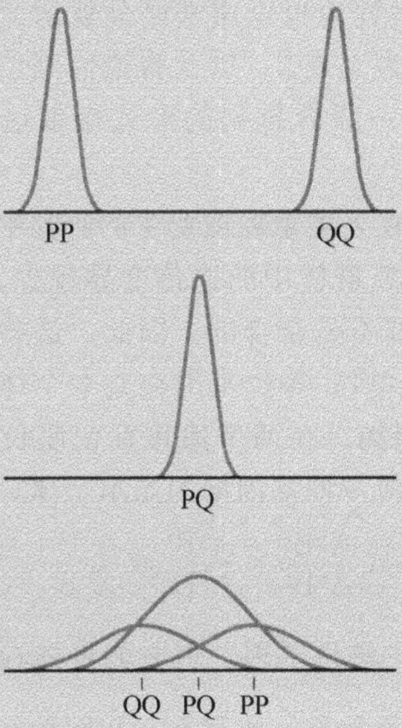

图 14.22　具有不同遗传标记基因型（PP、PQ、QQ）的个体的一个数量性状在亲本、F_1 代与 F_2 代中的分布。

在 F_2 代，该性状的遗传方差开始增加，并且遗传座位上的等位基因按照孟德尔比例进行分离（图 14.22，下图）。本例中，性状与遗传标记之间存在一种关联。PP 基因型个体比 PQ 个体具有更大的值，PQ 个体比 QQ 个体具有更大的值。每增加 1 个 P，等位基因会使性状值增加 0.4 个单位。这可能是由于遗传标记对性状的直接影响造成的，但更可能是由于遗传标记与一个 QTL 之间的连锁造成的。

如果 QTL 与遗传标记之间是完全连锁的话，那么我们会估计到 QTL 等位基因的加性效应与 P 之间的关联为＋0.4。因为 PQ 杂合子在本例中介于两种纯合子的中间位置，我们估计该 QTL 上不存在显性效应。注意起初携带 PP 的近交系的值比携带 QQ（图 14.22，上图）的近交系的值更小，但在 F_2 代携带 P 等位基因的个体的值却更大。该结果表明这些近交系之间相差多个 QTL，具有负效应的 QTL 与基因型值小的近交系相关联，而 P 等位基因恰巧与具有正效应的 QTL 等位基因关联在一起。

本例中近交系之间的差异为 2 个性状单位；QQ 与 PP 杂合子标记之间的差异为 0.8 或总差异的 40%（尽管是反向的）。在 F_2 代，总遗传方差为 0.25。遗传标记与该方差中的一些有关联：1/4 的群体为 QQ，平均值为－0.4，1/2 为 PQ，平均值为 0，以及 1/4 为 PP，平均值为＋0.4。该分布的方差为 $\frac{1}{4}(0.4)^2+\frac{1}{4}(0.4)^2=0.08$，占 F_2 代总遗传方差的 32%。

当然，QTL 与遗传标记座位之间完全连锁是不可能的。假定 QTL 与遗传标记座位之间以 c 的速率发生重组。我们期望在性状与等位基因 P 的关联中看到多少差异？在组成 F_2 代的配子中，4 种基因型的频率如下。

基因型	频率	对性状的影响
Q－	$(1-c)/2$	0
Q＋	$c/2$	α
P－	$c/2$	0
P＋	$(1-c)/2$	α

携带Q配子的平均效应为 αc，同时携带P配子的平均效应为 $\alpha(1-c)$。于是与遗传标记相关联的性状的差异为 $\alpha(1-2c)=0.4$。如果没有连锁的话，则 $c=1/2$，且没有关联。当完全连锁的情况下，则 $c=0$ 且差异恰好是 α。因此，利用一个单一遗传标记的信息就可以证实一个QTL的连锁，但利用重组率是不可能解析QTL的效应 α 的。可能会存在这样一个具有微弱效应但紧密连锁的QTL或者是具有很强效应但松散连锁的QTL。在有两个遗传标记的情况下，既确定QTL的位置又估计出其效应大小是有可能的。在实践中，检测QTL是利用分布在基因组中的大量的遗传标记的。然而，基本方法与这里介绍的单一遗传标记的方法一样。对于更详细的情况，参见网络注释。

例如，一个 F_1 个体在所有遗传标记的等位基因上皆为可以用来区分被杂交物种或品系的杂合子。如果我们将亲本群体的等位基因标记为1或2，以及将遗传座位标记为A、B、C、…，那么 F_1 个体则以 $A^1B^1C^1\cdots/A^2B^2C^2\cdots$ 联合排列的形式携带这些等位基因。

同样的方法可以用于一个单个的远交群体内，如在人类家族或奶牛的研究中。可是有多方面的原因会使统计学效力大大降低。首先，研究群体中的遗传变异较少。其次，由于绝大多数家族的亲本个体在QTL与遗传座位上都不是杂合的，因此，这些家族是不提供任何有效遗传信息的。最后，遗传标记座位与QTL等位基因在亲本个体中的组合并非已知，并且这些组合随家族的不同而变化。例如，在两个遗传标记座位上显示1∶1分离的一个家族可能携带下列6种基因型中的任何一种基因型的亲本个体，这6种基因型为 $\frac{A^1B^1}{A^2B^1}*\frac{A^1B^1}{A^1B^2}$ 或 $\frac{A^1B^1}{A^2B^2}*\frac{A^1B^1}{A^1B^1}$ 或 $\frac{A^1B^2}{A^2B^1}*\frac{A^1B^1}{A^1B^1}$ 或 $\frac{A^1B^1}{A^1B^1}*\frac{A^1B^1}{A^2B^2}$ 或 $\frac{A^1B^1}{A^1B^1}*\frac{A^1B^2}{A^2B^1}$ 或 $\frac{A^1B^1}{A^1B^2}*\frac{A^1B^1}{A^2B^1}$。一定存在一个单一的 A^2 等位基因和 B^2 等位基因，但它们可能存在于不同的亲本中，或存在于相同的亲本中但遗传自不同的祖父母，或存在于相同的亲本且遗传自相同的祖父母。

由于可以利用且易于分型的分子遗传标记越来越多，有关QTL定位的研究近来获得了快速增长（见注解框13.3）。此类遗传标记存在于任何物种中，可以进行大规模的分型，以及几乎对所要研究的性状不存在直接的影响。最后的一个要求就是要准确地测定性状。在这里，利用那些可以产生遗传上相似个体的生物具有无比强大的优越性，目的是可以最终平衡环境影响并精确地测定基因型值。例如，在奶牛中，一头公牛可能产生数百头小母牛，用这些小母牛可以非常准确地测定该公牛对产奶量的育种值。

通过研究果蝇翼形的差异举例说明QTL定位的原理

我们可以利用一个果蝇的例子来说明这些方法。通过由翅脉定义的路标位置的差异来反向选择果蝇的两个纯系（图14.23）。在果蝇的自然群体内与群体间，果蝇翅膀的不同部位会按照一种特定的方式一起变化。这种现象被称为异速生长且被有些人认为是用来反映对生物体如何发育的潜在约束（进一步的讨论见第24章）。采用选择可以干扰

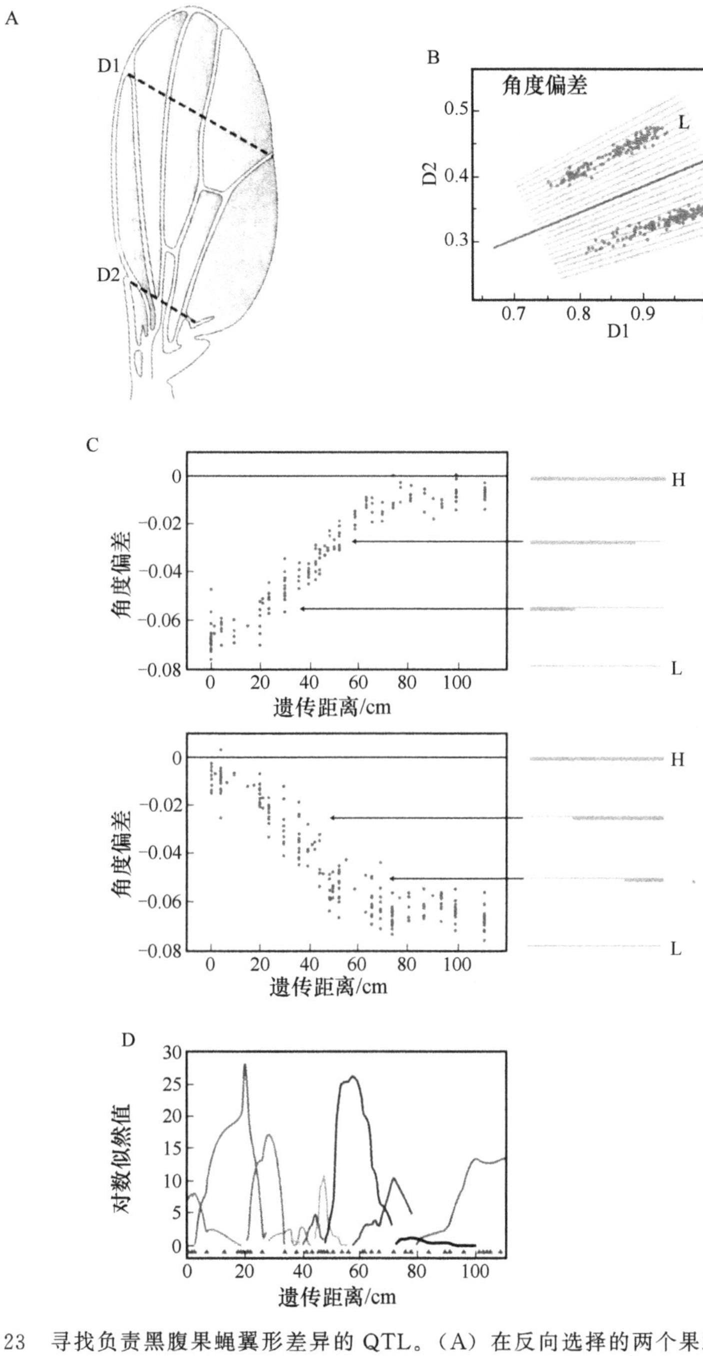

图 14.23　寻找负责黑腹果蝇翼形差异的 QTL。(A) 在反向选择的两个果蝇品系中测定了 D1 与 D2 之间的距离。(B) 在基础群中，这些测量值位于中心的垂直线上。两组数据点的集合表示所选的两个分别用 L 与 H 表示的纯系的测量值。它们之间的差值用“角度偏差”来测量，其值用一系列的细线表示。(C) 产生的果蝇在第三条重组体染色体上是纯合的，该第三条重组体染色体部分来源于 H 系而部分来源于 L 系。图中数据表示翼形是如何随着来源于 H 系的第三条染色体的比例的变化而变化的。(D) 一个拟合影响翼形的 11 个 QTL 的统计学模型。11 条曲线表示每个 QTL 位置的似然值：峰值表示其位置的最佳估计值。图中底部的三角形表示遗传标记的位置。

这种异速生长关系，结果非常成功。20 代之后，“高”与“低”纯系（简称为 H 与 L）之间相差 20 个标准偏差，使得翼形与自然界中发现的任何翼形都有着很大的差别（图 14.23A、B）。

通过构建 500 多个果蝇群体对造成这种差异的遗传基础进行研究，每个果蝇群体携带一个特定的重组染色体。我们可以集中精力研究由这个构成 40%基因组（第二条染色体的影响一样）的第三条染色体导致的差异。随着由 H 品系遗传的染色体的比例的增加，翼形开始平稳地增大。而且，不管 H 品系的遗传物质是来自染色体的左端还是右端，都会看到同样的模式（图 14.23C）。这与存在一个无限大量的基因，且每个基因有一种微弱的加性效应相一致。统计学上，至少需要 8 个基因来解释这种模式，否则会看到一种阶梯式的模式，而不是翼形随着“高”与“低”纯系果蝇基因组比例的变化而发生平稳的变化。

有一种更复杂的分析，这种分析包括来自二元重组体与三元重组体的数据。对每个时间间隔，存在一个包含单一 QTL 的模型（见注解框 14.3）。该模型相对于 QTL 位置的一个似然图导致发现了 11 个统计学上显著的遗传座位（图 14.23D）。后来，通过考虑一些基因对之间的上位互作等对该方法进行了进一步的改进。

因此，单个基因之间的相互作用有一些统计学上的证据，但是这些证据有相互抵消的趋势，所以总的模式非常吻合一种加性模型。非常重要的是要认识到这样一种情形，即许多基因对遗传变异有贡献，由于从一个非常有限的数据中要估计出太多的参数，因此统计学分析不可能可靠地找出单个基因的效应以及基因之间的互作。

很难找到 QTL 的精确位置

诸如此类的研究已经产生了许多 QTL 数目及其效应的估计值。然而，有许多原因使得利用由此类表面数值得到的结果时要非常谨慎。

1. 具有微弱效应的 QTL 可能会被遗漏。在一个有几百个个体的研究中，可能被检测到的 QTL 仅仅是那些效应约大于 $0.2\sqrt{V_E}$ 的 QTL。

2. 相反地，正确地鉴定到的那些 QTL 的效应可能有被高估的趋势，仅仅是因为那些效应恰巧比预期值更大的 QTL 是更有可能被检测到的。当 QTL 的效应接近于显著性阈值时这种偏差显得尤其严重。例如，在 $P=1\%$的显著性水平上检测到的 QTL 的效应就被高估了大约 2 倍。

3. 通常，统计检验是对在某个感兴趣的染色体区域内存在一个单一的 QTL 的假设与该区域内不存在 QTL 的零假设之间进行的比较。假如实际上存在许多 QTL 位点，均匀分布在基因组中，那么，常用的这些统计分析则仍然只是偶然检测到如图 14.23D 中所显示的那些局部的峰值。该分析可能暗示该区域中只存在几个 QTL，然而实际上则存在许多 QTL 位点。

4. 那些等位基因效应随环境或遗传背景（即表现上位效应）的改变而发生变化的等位基因可能会被遗漏。

5. 一个标准的 QTL 实验仅仅可以将其效应定位在大约 20cM 的范围内。此区域内可能含有许多影响该性状的 QTL 位点，并且我们将会看到，当做进一步分析时，原来显而易见的 QTL 可能会“破碎”。

最后的这个限制因素是最基本的一个限制因素。它暗示用几百个个体进行的一个典型的 QTL 实验只能检测到最多 12 个 QTL，并且不能将这些 QTL 定位到可以找到真实基因所必需的那种精确位置上。这些局限基本上是由于每个实验中所发生的有限数量的重组事件所造成的。如果基因组中某些区域是永远不会被重组所分隔开的话，那么不管有多少个遗传标记，该区域内不同基因的效应则是永远无法被区别开的。若要超越标准实验设计的这些局限性，要么我们已经掌握了可能的**候选基因**的某些线索，要么能够测定大量重组事件的效应。

如何更精确地定位 QTL 的位置呢？一种强大的方法是将一个纯系（也就是说一个能产生“低”性状值的纯系）反复与一个具有“高”性状值的纯系进行回交使其产生一系列**近似同基因的纯系**或 NIL（图 14.24）。每个 NIL 携带一套特有的被基因渗入过的遗传物质，这些遗传物质可以通过对大量遗传标记的基因分型加以鉴定。如果这些 NIL 中的一个 NIL 的性状值与“高”纯系之间存在显著的差异，这种差异肯定是由于被渗入的其中的一个基因组片段中的一个基因（或多个基因）造成的，而且由于反复的回交已经将基因组分隔成了很短的基因组片段，任何造成这种差异的基因的位置都可以精确定位。

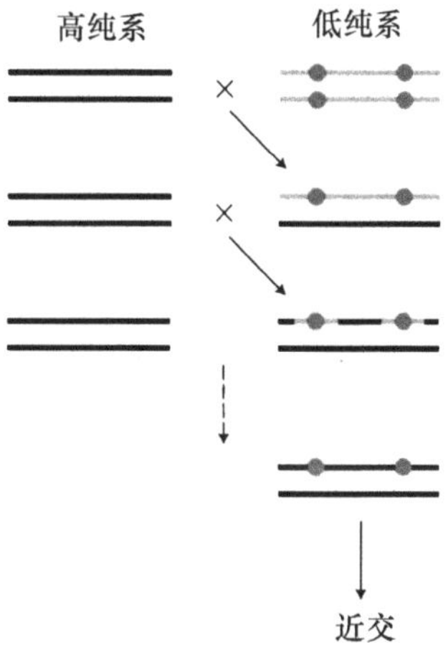

图 14.24　近似同基因纯系（NIL）的构建。将一个“低”纯系与“高”纯系进行几代回交之后，每个回交后代将携带“低”纯系的一小部分基因组，这些“低”纯系的部分基因组将作为短的基因组片段散布在“高”纯系基因组的遗传背景当中。如果我们在实验中选择低性状值的话，这些“低”纯系的基因组片段将富集降低性状值的 QTL（红点）。遗传上相同的 NIL 则是通过近交产生的，如通过在同胞之间进行反复交配。

在少数几种情况下，这种方法使我们鉴定出了负责性状差异的单基因。例如，与野生番茄相比，栽培番茄更大的果型是由于多个 QTL 造成的。其中的一个 QTL *fw2.2* 导致了将近 30% 的果重差异（图 14.25A）。两个几乎同基因纯系之间的一种杂交将 QTL 定位到了大约 4cM 的区域范围内，该区域范围已经足够小到可以通过构建**转基因**番茄的方法将其进行详细刻画。最终，对果重造成差异的原因是由于在果实发育早期表达的一个基因上游的调控区差异引起的。由于需要付出很大的努力，这种对 QTL 位置进行统计分析从而鉴定单个基因的方法才刚刚开始。

A　B

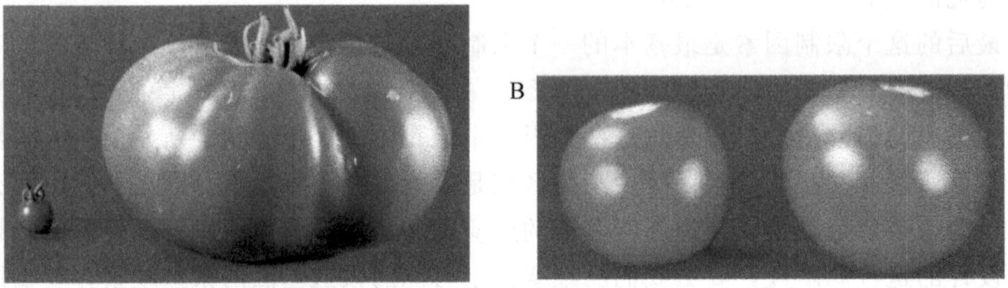

图 14.25　决定番茄果重性状的 QTL 座位 *fw*2.2。(A) 栽培番茄与野生番茄果重的差异可达 1000 倍。(B)(左) 醋栗番茄 (*Lycopersicon pimpinellifolium*)；(右) 普通栽培番茄 (*Lycopersicon esculentum*)。所有番茄的栽培品系携带 *fw*2.2 的大果重等位基因，而目前所研究的所有野生品系均携带小果重等位基因。图中显示的两个番茄的差别在于左边的栽培番茄被引入了小果重等位基因。

一个性状的主要突变提示我们哪种候选基因可能影响更温和的变异

经典的孟德尔遗传学是建立在对生物产生明显和主要作用的突变基础之上的。例如，白化小鼠、无翅果蝇或严重的孟德尔遗传疾病。最初的遗传学家将此类主要突变作为进化的素材。

正如我们在第 1 章第 15 节中所看到的，此类观点与研究自然界数量变异的那些观点之间引起了一些持久的争议。实际上主要突变不可能对进化有帮助。即使在实验室条件下，携带有主要突变的个体通常是处在一种非常不利的竞争位置上。然而，能够产生突变从而引起性状发生主要改变的基因可能同时具有对性状产生较温和影响以及对适合度具有较缓和作用的等位基因。因此，主要突变表明哪些基因可能是对性状的数量变异有贡献的，即它们指出候选基因。在最后一部分，我们看到在一个遗传作图实验中对遗传标记与性状之间的简单的统计学关联分析仅能相当粗略地定位 QTL 的位置。为了鉴定出决定性状的特定基因，要求我们将搜索范围从几百个候选基因缩小到少数几个可能的候选基因。

遗传作图实验确实经常表明 QTL 与某些明显的候选基因位于同样的区域内。我们在第 11 章中看到两个这样的例子：影响棘鱼骨盘形状的 *Pitx*1 基因和 teosinte branched 1 基因，后者是决定玉米及其野生近缘种墨西哥类蜀黍之间差异的许多基因中的一个。在第 26 章我们将会看到候选基因是如何与复杂遗传疾病相关联的例子。

遗传标记与整个群体的数量性状之间的关联分析可能有助于定位 QTL

表明某个候选基因影响一个数量性状的最明确的方法是证实特定序列变异与性状值差异之间的相关性。此类研究已经成功地鉴定出了自然群体中果蝇刚毛数目的重要方差组分。在果蝇中，刚毛是运动-感觉器官。因此，刚毛模式的主要改变是由于控制刚毛发育的基因的突变引起的。前面所描述的此类 QTL 作图实验暗示影响刚毛数目的座位通常位于真实候选基因的附近。在一系列研究中分离出了这些座位周围的单个染色体区域。对大量来自于近交系的果蝇进行了测定，因而获得了每个区域纯合子效应的精确估计，这些估计值可以用来与候选基因周围 50～100kb 的序列变异进行比较。在候选座位上携带不同变异体的染色体之间的刚毛数目存在显著的差异。在图 14.26 中所显示的例子中，achaete-scute 区域中存在插入占刚毛数目遗传方差的 5%，该结果已经在另一个独立的研究中得到了证实。

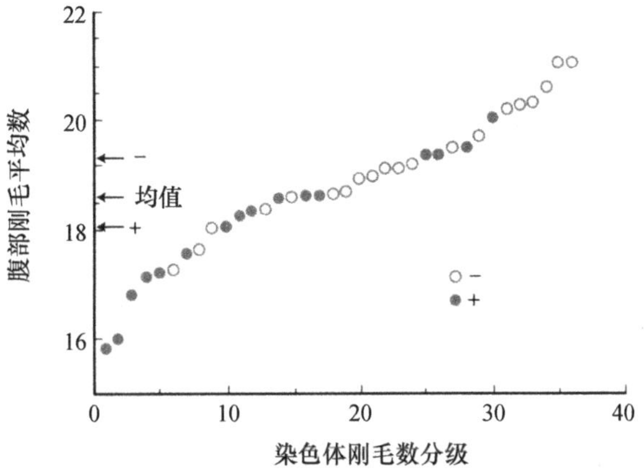

图 14.26　黑腹果蝇基因组 achaete-scute 区域中的插入减少了刚毛的数目。从自然群体中提取了 36 条 X 染色体。对每条染色体，在一个 106kb 宽的区域内沿着插入的位置测定了异常刚毛的平均数目。图中果蝇纯系是从最少刚毛数目到最多刚毛数目的顺序排列的，携带一个或多个插入的纯系标记为实心圆圈。这些纯系具有显著较少的刚毛（比较图中左面的＋、－）。

在其他两个同样参与外周神经系统发育的候选基因 Delta 和 scabrous 上已经发现了类似的结果。问题的关键是，在这两个座位上大部分的变异与转座元件的存在有关，暗示这些转座元件实际上是导致刚毛数目差异的原因。如果差异是由于碰巧与被研究的座位相连锁的位点的变异造成的话，人们则不会预期这些变异将会是一种特定类型的变异。

这些研究是令人鼓舞的，因为这些研究表明我们掌握了足够多的有关遗传学的知识来鉴定影响自然界中性状的基因。然而，有许多困难使得我们很难将这些方法应用到其他性状和生物，尤其是人类疾病。在果蝇中，通过回交到一个标准的遗传背景以及通过在一个标准环境中测定大量遗传上完全相同的个体来精确测量一个座位的基因型值。这种方法只在少数几种模式生物上具有可操作性。需要非常大量的样本数量来建立遗传标记与性状之间的相关性。如果等位基因的作用是依赖于环境和其他基因，做到这一点是不太可能的，正如我们在下一节中所要看到的，这样的相互作用是很常见的。讲得再深入一点，正如我们在第 13 章中所看到的一样，几乎所有的群体中均存在丰富的遗传变异，这些变异通常群集成不同的单倍型，即偶然产生的序列变异的组合以及只能通过重组来慢慢打断这些单倍型。单纯从统计学分析出发是不太可能弄清对性状差异真正起作用的是单倍型中的哪个位点。

遗传操作可以确定性状变异的遗传基础

遗传操作是确定性状变异原因的唯一途径，该方法是通过构建只按特定方式发生改变的个体来实现的。在进行的少数几个多细胞真核生物实验中的一个实验中就做了这种遗传操作，其结果是明确的。黑腹果蝇中乙醇脱氢酶活性的变异受到编码乙醇脱氢酶的 *Adh* 基因多态性的强烈影响。几乎所有的黑腹果蝇自然群体中存在由两种等位基因构成的多态性，这两种等位基因可以通过其电泳特征加以区分。

等位基因快带（F）和慢带（S）是由一个氨基酸的差异来定义的（图 14.27A，另见图 13.11），该氨基酸的差异完全决定了乙醇脱氢酶的不同特性。具体而言，由 F 等位基因编码的酶的活性增强了 2.5 倍。然而，F 等位基因还导致基因表达水平提高了 50%，以及 F 和 S 等位基因类型内部存在很大的表达水平上的遗传变异。这类变异可能是由于影响基因调控的非编码序列差异造成的。然而，很难确定如此众多的核苷酸变异位点中到底哪一个才是对该变异起决定作用的。

通过将 Adh 座位分成 3 个区域以及构建携带源自 F 或 S 等位基因的该区域的 8 种可能的序列组合的果蝇而使该问题得到了部分解决。结果表明每个区域对酶表达的质量具有显著影响并且这些区域之间存在上位互作效应。因此，尽管 Adh 活性初看上去似乎具有一个非常简单的遗传基础，即由构成大部分遗传方差的两个等位基因的分离造成的，其实该座位的变异是由至少 3 个连锁非常紧密的位点之间的相互作用的结果，或者与更可能是由更大数量的序列变异体之间的相互作用的结果。这类复杂性可能是非常典型的。例如，在人类中，β-球蛋白座位上的多序列变异体通过一种复杂的方式影响氧的结合与疟疾的抗性（图 18.4），同样地，诸如 *apoE* 基因等多个基因的许多不同等位基因之间的相互作用决定了胆固醇水平（见第 26 章）。因此，单纯从统计学论证出发是不太可能找出哪个位点才是引起数量变异的真正原因的。

尽管基于候选基因的方法显示出了非凡的成功，但这些方法的适用范围有限。

正如我们将在下一节所要讨论的那样，绝大部分数量性状的变异常常是由于具有非常微弱效应的基因的等位基因造成的，即使我们已经知道哪些基因参与其中，也是不太可能证实这种微弱效应与性状值之间的相关性的，即使在那些可以进行精确测量的物种中也是不太可能的。另一个困难在于即使在研究最清楚的生物中，绝大部分基因的功能是未知的。的确，真核生物中大约 2/3 的基因剔除后没有表现明显的表型，因此对经典遗传学来说是难以了解这些基因的。如果这些基因中的一些基因对数量性状的重要变异起决定作用的话，我们是不会知道这些基因是作为候选基因而存在的。相反的问题是对于许多性状可以产生一长串的候选基因清单。例如，一百多个基因已经被提出来认为是影响心血管疾病的候选基因。

理论上，无须知道候选基因而只是简单地通过寻找该性状与分布于整个基因组中的遗传标记之间的相关性就可以找到影响一个数量性状的基因座。这种方法现在正在应用于大规模寻找决定人类疾病的遗传变异的研究中。我们在第 26 章中讨论全基因组范围的关联研究。

A

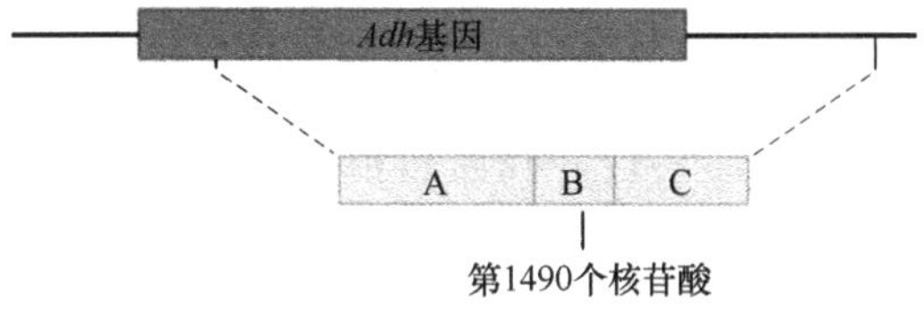

B

电泳	第1490个核苷酸位点	氨基酸
*Adh*慢带	A	Thr
*Adh*快带	C	Lys

C

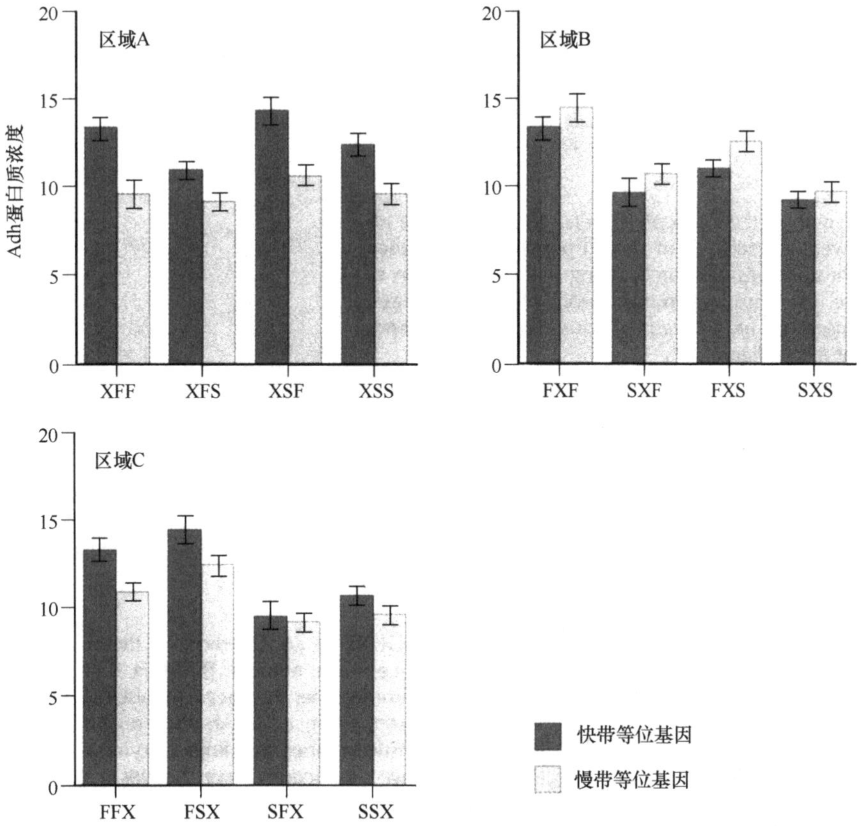

图 14.27　多位点之间的互作决定了由 *Adh* 基因产生的蛋白质的浓度。(A) 通过组合快带 (F) 或慢带 (S) 等位基因的区域 (A、B 和 C) 构建了 8 种不同的载体。这些等位基因可以通过能导致如表 (B) 中所示的氨基酸改变的第 1490 个核苷酸位置上的核苷酸变化加以区分。(C) 在成年个体中精确测定了这 8 种构建载体的 Adh 蛋白浓度。因此，当构建载体的 A 区域来自 F 等位基因时，浓度始终增加 32%。对 B 区域，来自 F 等位基因的序列的浓度下降了 10% (中间的柱形)，而 C 区域中只有当 A 区域同时来自 F 等位基因时来自 F 等位基因的序列才会增加浓度 (右侧柱形)。垂直短线表示标准误差。

Fisher 的几何学论证强调具有微弱效应的等位基因

达尔文认为复杂和具有很好适应性的生物需要有一个丰富的具有微弱效应的变异体源。他把这比作一个望远镜，需要许多独立和精确的调节来达到其最佳性能。R. A. Fisher 在他的 1930 年出版的著作《自然选择的遗传学原理》中量化了这个论证。他想象着将一个生物用大量的 n 个变量来描述。例如，这些变量可能描述了骨骼的形状或行为的测量值。适合度被描绘成一个从这些变量的最佳组合逐渐变化的形状（图 14.28）。生物个体不可能完全适应，因此将位于与最佳位置 d 一定距离的地方。一个突变可能按完全随机的方向将群体移动一个 r 的距离。Fisher 做了一个简单的几何学论证：具有微弱效应的突变（$r \ll d$）可能会像降低适合度一样改善其适合度，而具有较强效应的突变（$r>2d$）肯定会降低适合度（如果我们想象一个球体包围着具有半径 d 的最佳适合度，那么任何大于 $2d$ 距离的移动肯定会将群体移到球体之外并且降低其适合度）。

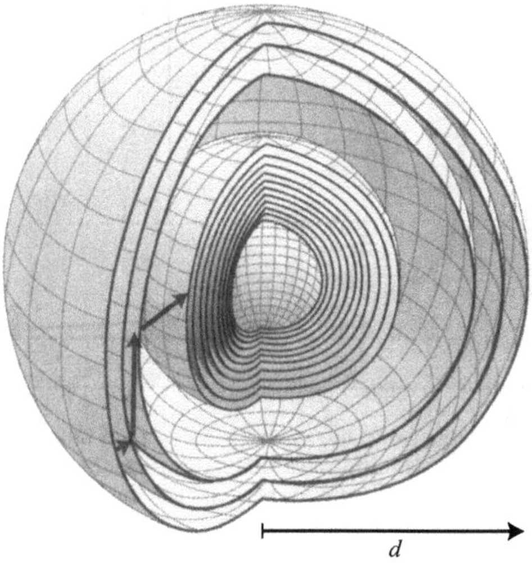

图 14.28 Fisher 论证认为具有微弱效应的改变最有可能是对适应有贡献的。最理想的生物位于图的中央，一个群体与所有的个体开始于球体外部 d 的位置。因此，任何大于 $2d$ 的改变肯定将群体移到离最佳位置更远的位置，而小的改变（$r \ll d$）会像降低适合度一样增加适合度。红色箭头表示进化阶段的顺序，其中将群体向最佳位置移动的随机突变会被自然选择固定下来。第一个成功的突变具有 $r=0.137d$ 的大小且将群体向着最佳位置移动了 8.7%的距离（第一条红线，向着第二个球体移动）。第三个成功的突变最大，为 $0.271d$；紧接的是平均来说遵循一种几何级数的较小的突变。（内部球体）这个模拟利用了 10 面体，尽管显示的只是 3 个面。

Fisher 继而表明一个大小为 r 的突变是有利的概率将落在 $r\sqrt{n}/d$ 之外，因此典型的有利突变的大小近似于 $d/\sqrt{n}$ 或更小。这个论证量化了达尔文的直觉认识，即在一个复杂的生物（即 n 个变量大）中，只有小的变化才具有适应价值。

Motoo Kimura 和 H. Allen Orr 对 Fisher 的论证进行了扩展，Motoo Kimura 可以

允许选择将有利的突变挑选出来（图 18.2），H. Allen Orr 考虑了向着最佳适合度的进化过程，该过程是按照有利突变出现然后被选择固定的顺序进行（图 18.28）。Orr 发现按照这样一个顺序，被固定下来突变的效应的分布是近似于指数分布的。因此，成功的突变将会有一个效应范围，有些突变对适应性的贡献要比其他突变更大些（图 18.28）。不管怎么说，Fisher 的基本论点仍然是正确的：在一个复杂的生物中，许多不同的生物特征肯定一起发挥作用，可以预期适应性将进化出具有微弱效应的等位基因。

不太清楚将这类几何学论证应用到实际性状还会有多长的路要走，有些类型的性状是经常通过在一个或几个关键基因上的改变来进化的。例如，对杀虫剂的抗药性的进化通常是对阻止毒素结合的目的分子的特定改变进行的。同样地，人类对疟疾抗性的部分原因是由于球蛋白基因的改变，球蛋白基因编码疟原虫赖以寄生的红细胞内的主要蛋白质。在这些例子中，存在一种非常强大的选择压力，这种选择压力超过了一种新的突变对现有功能的破坏。

数量性状是建立在具有一定效应范围的等位基因及其相互作用的基础之上的

Fisher 论证在**综合进化论**中具有非凡的影响力，并且导致了进化是通过一小步一小步陆续进行的这种广为接受的观点。Orr 对 Fisher 论证的扩展表明适应性突变的积累导致了一种突变效应的指数分布，该扩展从直觉上讲似乎是合理的且会带来一些可检验的预测。这些论证适用于适应性上的差别。例如，那些受到人工选择的群体之间或自然界中近缘物种之间对适应性的差别。认为此类变异还包括一个变异效应的分布似乎是合理的，这些变异效应绝大多数是微弱的但有些却是较强的。实际上我们会看到什么呢？

到目前为止，QTL 图谱分析还没有对这一问题给出一个明确的答案。图 14.29 举了两个例子，一个是来自猪和奶牛的研究，一个是利用可见遗传标记研究果蝇刚毛数目的经典研究。当然，尽管检测不到那些具有微弱效应的 QTL，这些分布至少与一种指数分布是相一致的。

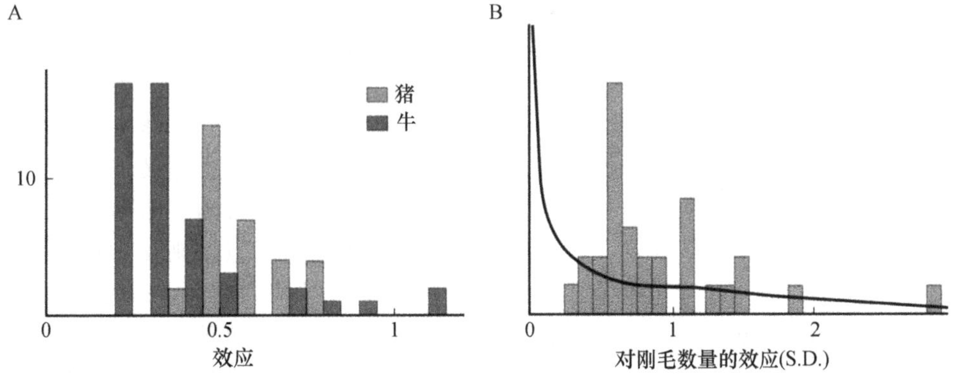

图 14.29　QTL 效应的分布，其比例为相对于表型标准差。（A）数据绘编自奶牛产奶量与猪的生长与肉质的研究；（B）果蝇第三条染色体上刚毛数目的 31 个 QTL 效应的分布。小于 0.5 个标准差的 QTL 效应是检测不到的。曲线表示理论上的指数分布。

同样，正如前面所解释的那样，检测到的 QTL 的效应有被高估的趋势。有许多这样的例子，其中单个的 QTL 的效应相当大（比方说一个或多个标准差），并且与遗传标记之间的相关性可以解释相当分量的遗传方差（图 14.26）。我们在第 22 章中讨论物种差异的遗传基础。

我们还可以探讨一下基因之间的互作模式。同样，到目前为止现有的证据显得有些相互矛盾。对许多性状来说，我们已经看到方差组分的估计暗示绝大部分的遗传方差是加性的。遗传性状的更详细的分析同样可以表明其非常适合加性模型（图 14.23）。而且，当具有较强效应的单个 QTL 被隔离开的话，这些 QTL 相互之间就显示出了强烈的相互作用（图 14.9 和图 14.27）。此类互作在整个群体中不需维持太大的非加性方差并且可能会被相互抵消，因此总体而言性状似乎是加性的（回忆一下前面讨论过的果蝇翅形的例子，以及参见图 14.18）。

数量变异性状的产生

突变产生丰富的可遗传变异

最终，数量遗传变异是由突变产生的。我们可以通过选取一组遗传上完全相同的群体并且将它们繁殖很多代来测定由于突变导致的遗传方差增加的速率。纯系之间每个世代方差增加的速率称作**突变方差** V_M。通常，这个突变方差是相对于环境方差的一个比值，因此是不依赖于测量单位的。这个比值称作**突变遗传力** V_M/V_E；是一个遗传上同质的纯系在一个世代中由突变产生的遗传力。

尽管这个过程在原理上很简单，但它在实际操作时却很费力，并且最近才开始进行大规模的研究。问题的关键是，已经分化的纯系必须在不违背自然选择的情况下积累突变。绝大多数新的突变是有害的因而倾向于被淘汰。对于可以进行无性繁殖的生物，可以简单地通过进行许多代的无性繁殖来逃避选择。对有性繁殖生物，自体受精或同胞之间交配繁殖出来的纯系的遗传变异太小以至于自然选择对其是无效的（图 14.30）。在果蝇中，**平衡染色体**可以用来保护单个染色体的完整性（见注解框 13.2）。很明显，杂合子死亡或不育的突变不可能被繁殖，但是具有较微弱效应的突变在其违背自然选择的效应可以被忽略的情况下会积累下来。

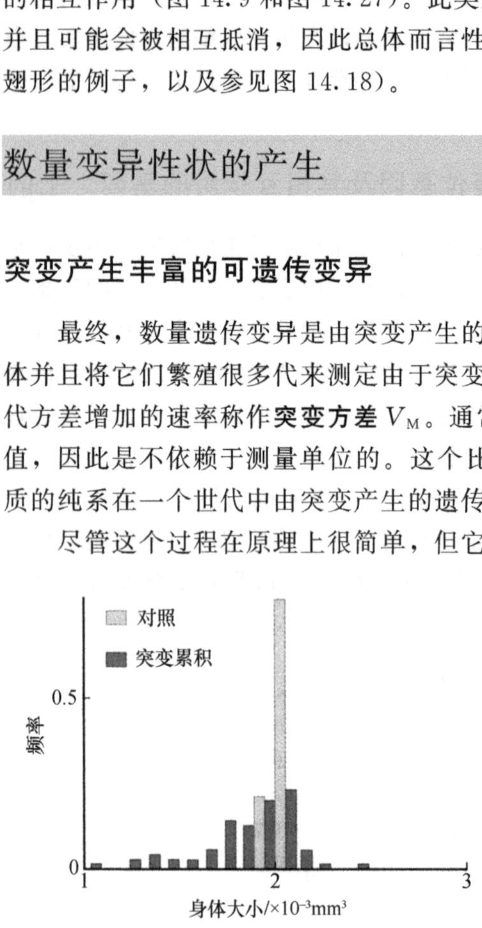

图 14.30　线虫（*Caenorhabditis elegans*）身体大小的突变方差 V_M 的估计。复制的纯系通过自体受精繁殖了 152 代。灰色柱形表示被冻结的对照组纯系的平均身体大小；红色柱形表示允许积累突变的纯系的平均身体大小。给定每代的突变方差的估计值为 $V_M=0.004$，纯系之间身体大小的方差在增加。

突变产生变异是很快的。而且，变异增加的速率在一个很大范围的性状和生物中是非常一致的。突变遗传力 $V_M/V_E=0.001$～

0.01（表 14.3）。这个数字有一种简单的解释：仅靠突变的话要过 100～1000 代才会达到高遗传力（$h^2 \approx 1/2$ 或 $V_G \approx V_E$）。如果数量性状是受到选择的话，那么有利突变则会在比这更短的时间内挑选出来；相反地，如果绝大多数突变是有害的话，遗传变异的形成则会更慢长。与数量性状突变相关的短的时间尺度相对的是单个基因（每代约 10^{-5}）或单个碱基对（每代约 10^{-9}；第 12 章）更慢的突变速率。

表 14.3　突变遗传力 V_M/V_E 的估计

生物	性状	$h_M^2 = V_M/V_E$
黑腹果蝇(*Drosophila melanogaster*)	异常刚毛数目	0.0035
	酶活性	0.0022
	翅膀尺寸	0.0020
	体重	0.0047
赤拟谷盗(*Tribolium castaneum*)	蛹重	0.0091
蚤状溞(*Daphnia pulex*)	生活史性状	0.0017
小鼠(mouse)	腿长	0.0234
	头颅尺寸	0.0052
	6 周龄重	0.0034
拟南芥(*Arabidopsis thaliana*)	生活史性状	0.0039
玉米(maize)	植株大小	0.0112
	繁殖性状	0.0073
水稻(rice)	植株大小	0.0030
大麦(barley)	生活史性状	0.0002

数据摘自 Lynch M. and Walsh J. B. 1998. *Genetics and analysis of quantitative traits*. Sinauer Press, Sunderland, Massachussetts, Table 12.1, p. 338.

每代中导入的突变方差可以记作 $V_M = 2\sum_i \mu_i \mathrm{E}[\alpha_i^2]$。这是所有可以发生突变来影响性状的座位 i 的总和；μ_i 为在第 μ_i 基因座上的突变速率以及 E $[\alpha_i^2]$ 为该座位上突变效应的均方。从公式我们可以看到相当高的突变方差可能是由于每个突变较强的效应（E $[{\alpha_i}^2]$）或较高的总体突变速率 $2\sum_i \mu_i$ 造成的，高突变速率可能是由于大量影响性状的基因或者是由于每个基因的高突变速率造成的。我们将会看到三种因素都在通过突变发生的多基因变异产生的高速率上起作用。

高突变方差可能是由于具有较强效应的突变或高突变速率造成的

在本章较早的时候我们看到 QTL 可以具有较强的效应。这不是说 QTL 本身告诉我们新突变效应的大小，因为选择作用会倾向于选择那些具有最强效应的突变以及因为同一座位上的一系列替换可以累积起来产生较强的效应（记得黑腹果蝇 *Adh* 座位上至少有 3 个突变在影响酶的活性；图 14.27）。更直接的证据来自通过随机插入转座元件来产生新突变的实验。

这些突变用转座元件的有无来进行标记，因此这些突变可以被分离出来并且可以测定其单个突变的效应。对果蝇刚毛数目，该方法获得的 E$[\alpha^2]$ 的估计值为 0.1～0.2

V_E；也就是说，突变效应标准差（$\sqrt{E[\alpha^2]}$）是环境效应标准差 $\sqrt{V_E}$ 的 0.3～0.45 倍。这个数值可能不代表自然界中影响刚毛数目的突变。然而，转座元件则被认为是果蝇刚毛数目自然变异的大部分原因（图 14.26），因此，这些实验表明中等强度的突变确实对变异有贡献，至少对这个特定的性状是如此。

即使绝大多数决定新遗传方差的突变具有大约 $E[\alpha^2]=0.1\,V_E$ 的效应，总的突变速率肯定仍然很高：$2\sum_i \mu_i$ 为 0.01～0.1，占 V_M 为 0.001～0.01 V_E。一些新的实验已经试图通过计数新产生的变异体来直接估计总的突变速率。在小鼠上，两个实验对骨骼性状获得的估计为 $2\sum_i \mu_i \approx 0.02$，在玉米上，两个实验对繁殖性状的估计值为 0.05～0.1。这些估计值肯定太低，因为具有微弱效应的突变被遗漏了。不管怎么说，此实验表明总的突变速率足够高到可以用来解释较高的突变方差。

对较高的多基因变异总突变速率的最明显解释是因为有许多基因参与其中。例如，将生物的总体生活力考虑为一个数量性状。在真核生物中，大约为 1/3 的基因会突变产生隐性致死，并且更多的基因会对存活力具有较温和的效应。因此，成千上万的基因可能会对该性状有贡献。然而，像刚毛数目这样的性状似乎可能依赖于少量的参与特定发育通路的基因。由少数几个候选基因在此类性状中贡献了大部分遗传变异的发现暗示基因总数不太大，尽管仍然有可能更多的基因通过其普遍效应对生理性状贡献较弱的效应。

最后，我们可以探讨一下对数量遗传变异有贡献的基因的突变速率是否会异常的高。经典的估计来自对隐性致死突变速率的估计或至少是那些具有主要表型效应的突变(果蝇的眼睛颜色)。然而，数量性状可能是由具有微弱效应的改变来影响的。氨基酸序列的改变甚至完全缺失在实验室条件下不可能会有明显的反应。而且，编码区以外的改变可能会改变基因表达（绝大部分目前已鉴定的 QTL 位于非编码区）。在第 19 章，我们讨论那些提出非编码序列与编码序列一样有重要功能性的证据。因此，突变速率的经典估计值可能太低，因为这些估计值遗漏了在编码区内外具有微弱效应的单个突变。

有些座位可能还是异常可变的。例如，串联重复序列通常被不准确的复制，因此产生了具有不同拷贝数目的突变（见注解框 13.3)。编码核糖体 RNA 的基因的拷贝数目变异决定果蝇刚毛数目的有些变异以及与许多谷类的产量有关。这类突变可能是数量变异的一个重要来源。

小结

绝大多数的数量性状是受到许多相互作用的基因影响的。这些性状通常遵循一种正态分布，可以简单地用其平均值和方差来进行描述。

表型是遗传效应和环境效应的总和（$P=G+E$）。总基因型值 G 是由育种值 A（表示单个基因的净加性效应）和显性与上位两种类型的互作效应构成的，显性互作是由于同一座位上基因之间的相互作用，而上位互作是由于不同座位上基因之间的相互作用。因此，$G=A+D+I$，其中，I 是上位互作效应对表型的贡献。表型方差 V_P 可以用这样的方法进行分析：$V_P = V_G + V_E = V_A + V_D + V_I + V_E$。由于所有遗传原因造成的表型方差组分称作广义遗传力（$H^2 = V_G/V_P$），而由于加性效应造成的遗传方差组分称作狭义遗传力（$h^2 = V_A/V_P$）。亲缘个体之间的协方差要视这些方差组分以及这些亲缘个体所共享的基因的比例。于是，方差组分可以通过比较不同类型的亲缘个体来估计（如同卵双胞胎与异卵双胞胎或父母与后代）。

对绝大多数性状而言，在大多数群体中的遗传力是较高的，并且大部分的遗传变异是加性的。与适合度相关的性状倾向于表现较低的遗传力，但这是由于这些性状具有较高的环境方差而不是由于它们具有较低的遗传方差的原因。

利用性状与遗传标记之间的相关性可以找到数量性状座位（QTL）在遗传图谱上的近似位置。然而，找到导致性状变异的精确遗传差异却是很难的；候选基因的知识对此会有帮助。

Fisher 阐明了一个有影响的几何学论证，认为复杂性状的适应性变异应当是由于具有微弱效应的等位基因产生的。然而，最近的 QTL 研究表明变异效应具有一个范围，有些效应强而多数效应微弱。

突变对性状变异的贡献惊人的高且非常一致：每代的 V_M 为 $0.001 \sim 0.01\ V_E$。还不知道这些突变方差在多大程度上是由于大量的基因数目、较强的等位基因效应或是每个基因较高的突变速率产生的。

延伸阅读

Barton N.H. and Keightley P.D. 2002. Understanding quantitative genetic variation. *Nat. Rev. Genet.* **3:** 11–21.
QTL图谱在进化背景下的综述文章。

Falconer D.S. and Mackay T.F.C. 1995. *Introduction to quantitative genetics*. Longman, London.
数量遗传学的经典教科书，涵盖了本章所讲的绝大多数内容。

Lynch M. and Walsh J.B. 1998. *Genetics and analysis of quantitative traits.* Sinauer Press, Sunderland, Massachussetts.
一本有关数量遗传学现代方法的高级参考书。

Mackay T.F.C. 2001. Quantitative trait loci in *Drosophila. Nat. Rev. Genet.* **2:** 11–20.
对寻找决定数量变异基因时所用的方法做了清楚的解释。

Roff D.A. 1997. *Evolutionary quantitative genetics*. Chapman and Hall, New York.
一本简洁明了的教科书，要比Falconer和Mackay的教科书稍高深一些，并且强调了对自然群体的适用性。

第 15 章

随机遗传漂变

进化并不存在方向也没有确定性，因此不存在进化出更精细或“完美”结构的必然倾向，进化过程总体上也不是流畅的或是可预测的。在了解漫长的地球历史以后，我们被地球上出现的如此多种类的生命以及它们进化出的奇妙生命结构深深吸引了。然而，如果我们追溯任一物种世系，将看到演化的模式是不稳定且波动的，而造成的结果常常是无法保留下来的。总体而言，不同物种间的分化以及竞争产生更复杂和更有适应能力的物种（第 6 章、第 9 章和第 10 章）。然而在细节上，进化基本上是个随机过程。即便是最近的人类进化也是如此。我们可以注意到那些人科物种的特征，如使用工具、直立行走、较大的大脑等。然而这些特征也是在几种人科物种中不定地进化出来，但只有一种保留了这些特征的人科物种生存下来（第 25 章）。

随机事件发生在许多地方。突变的产生是随机的，因为在复制遗传物质时会发生不可避免的误差（第 12 章）。在不同规模上的环境变化可以是随机的：从海洋微生物的流动产生的零星营养流、偶尔流行的疾病直到可以影响所有物种的气候变化。更具戏剧性的还包括罕见的小行星撞击地球，这可能导致某类生物灾难性的灭绝，如恐龙。

在这一章中，我们关注进化随机性的最基本来源：个体繁殖中的随机结果。假设存在一个二倍体有性繁殖群体，每一世代个体数增加 10%（图 15.1）。平均每一个体的后代数是 2.2 个。然而具体到每个个体上时，它们留下的后代数可能是 0 个、1 个、2 个或是更多不同的个数，但总体上是一个平均数 2.2 的分布。即便每个个体留下的后代个数相同，但一个特定基因通过有丝分裂遗传下来的概率是 50%，这也是随机性的深一层来源。个体繁殖过程中产生的随机性，以及基因遗传中的随机性导致的一个不可避免的现象就是**随机遗传漂变**（random genetic drift）。

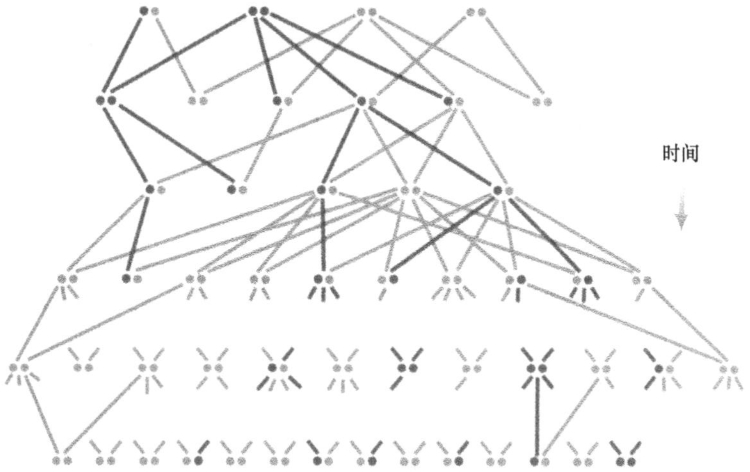

图 15.1　有性繁殖群体的随机增长。后代的平均数是 2.2，因此每一世代个体数增加 10%。但后代的具体数可以是 0、1、2、…，因此群体的具体增长是不稳定的（图上表示，4、6、5、10、12、14、…）。等位基因频率（红色和蓝色）同样存在不确定的波动$\left(\frac{3}{8}、\frac{5}{12}、\frac{4}{10}、\frac{5}{20}、\frac{6}{24}、\frac{7}{28}、\cdots\right)$，这既是因为每个个体后代数的随机变化也是由于有丝分裂中染色体分离的随机性。

进化是一个随机过程

在本书中我们的大部分注意力集中在自然选择上，因为这是唯一产生适应性的自然过程。但我们现在开始关注进化过程中的随机性。随机过程的重要性可以在分子水平上很好地体现。

真核生物的大部分 DNA 是不编码蛋白质的，而且也不太可能具有其他精确功能。这些 DNA，即便包括那些编码蛋白质序列的绝大部分都暗示它们的保守性很差并且大部分进化是随机的。在过去半个世纪中的分子生物学研究产生了一个影响深远的学说：**中性进化**（neutral evolution），它认为进化大部分是由突变和随机繁殖造成的（见第 59 章）。

我们需要将所谓的“随机”说明一下。“随机”在字典中的定义是“由于未知的原因”。这可以用来定义环境改变的物理原因或是一些个体留下后代的个数会是某个特定的值，而且在付出一定努力后，我们可能（在原则上）在某种程度上预测到结果。尽管在实践中我们可以忽略复杂的过程而直接把结果当成“随机的”。但在生物学上还存在关于随机的更重要、更关键的另一种含义：我们常常认为关于适应性的变化是随机的。突变是由于遗传复制中的错误而产生的，这里不考虑突变对功能会产生什么影响（有一些例子表明生物可以通过一种适应性方式调节某些系统中的突变率，如脊椎动物的免疫系统。然而突变本身仍然是随机产生的）。同样，个体是否留下后代也基本上不受个体是否携带提高特定功能的基因影响。与基因型无关的后代个体数差异产生随机遗传漂变，而与特定基因相关的后代个体数差异则产生系统的、累积的自然选择过程。

在物理中的基本过程是随机的，这既是因为粒子遵循量子力学的不确定性原理也是由于更大物理尺度上起作用的混沌动力学。然而对于许多应用而言，物理学规律是确定性的。例如，气体的压力、体积和温度之间存在确定的数量关系，即便很少质量的气体也是由大量随机碰撞的气体分子组成的。随机过程的重要性直到 19 世纪末随着原子理论的出现才被人们认清。由于两个原因，随机过程在进化中起的作用非常明显。第一，即便群体由大量的个体组成，但群体大小仍无法与很少物质中的分子数相比较：地球上人类的总数大约是 6×10^9，而在 1g 气体中的氢原子个数则是 6×10^{23}。因此，个体变动在进化中造成的影响远远大于在物理中造成的影响，至少在类似规模的物理体系中。更重要的是第二点，繁殖可以放大个体影响，单个突变，如在单个 DNA 分子上的改变，可以扩张到整个群体中。作为随机突变和随机繁殖的结果，群体可以在几乎完全相同的环境条件下分化成不同的物种。

在这一章中，我们首先介绍个体繁殖中的随机波动如何放大了群体中不同等位基因频率的波动。随着时间推移，各个群体间的基因频率差异越来越大，直到最终固定不同的等位基因为止。接下来我们将说明如何根据随机遗传漂变所描述的相同过程来回溯基因的共同祖先。我们还将介绍突变、重组以及中性进化产生的简单遗传结构，这一结构可以用来解释不同的分子数据。在接下来的几章中，我们把这一结构扩展至包含基因流和自然选择时的情况。而在第 19 章中，我们将利用这些理论来开发分析分子变异的方法。

基因频率的随机漂变

在个体后代数不同时等位基因频率变化

随机遗传漂变几乎是必然的。一个群体只有在一种条件下才能保持不变，即每一个基因都产生相同的拷贝遗传给下一代。在大规模群体中，遗传波动想要达到平衡还是偏离平衡都是很慢的。不过，发生随机遗传漂变的群体无论它有多大也仍然是有限群体。我们先看看最简单的例子，即无性繁殖群体中的单个基因的情况，然后再来研究在有性群体中的相同情况，最后介绍它对数量性状位点的影响是否与孟德尔式遗传位点的情况相同。

假设存在一个无性繁殖的细菌群体，它们的群体大小维持恒定。这意味着细胞的平均分裂速率等于细胞的平均死亡速率。接下来关注某个单细胞以及其后代细胞的情况，也就是一个克隆的情况。这个细胞可能携带某个特定的突变，我们可以利用这个突变来标记它的后代。不过我们假设这个突变是**中性的**（neutral），这意味着这一突变并不影响生物的存活能力和繁殖能力。

现在，任何从单个细胞开始的世系都可能很快丢失。首次发生的事件可能是分裂也可能是死亡，因此在第一次事件后细胞只有 50%的机会存活下来。如果细胞在死亡之前就发生分裂，那么它的两个后代在分裂之前死亡的概率仍有 25%。从长远来看，任何中性世系都几乎注定是要消亡的（图 15.2）。这一结论似乎是荒谬的，因为有些时候产生的后代期望值仅仅是 1。这还因为群体是被假定为一个稳定的整体，分裂与死亡的概率大体是相等的，因而后代个数的期望值保持相同的不确定程度延伸至未来。对此我们可以解释为：尽管某一克隆存活的机会随时间增长会下降到 0，但那些生存下来的幸运细菌的平均克隆大小则会变得越来越大（图 15.2）。因此，生存下来的后代个数保持着一个平均数为 1 的分布，而这些后代个数之间的差异则会变得越来越大［见第 28 章(在线)］。

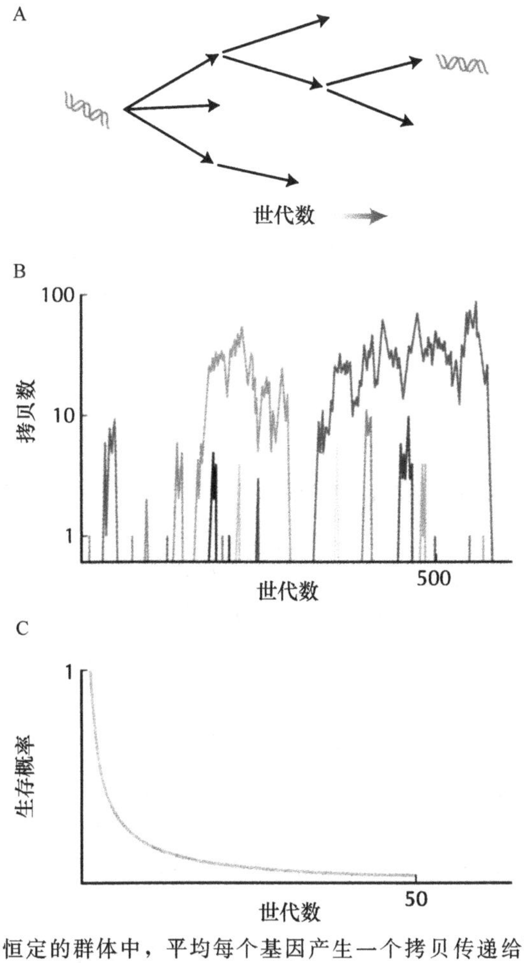

图 15.2　在一个大小恒定的群体中，平均每个基因产生一个拷贝传递给下一代。然而每个基因实际传递下去的基因拷贝数是随机变化的，因而世系将最终消亡。(A) 在这一例子中，一个基因留下 3 个后代；其中一个后代又留下 2 个后代，一个没有留下后代，另一个留下 1 个后代；只有一个第 3 代基因留下后代，而这些后代没有进一步繁殖，因而这一个遗传世系在 3 代以后就消亡了。(B) 这里表示 20 个随机世系，每一个都起始于单拷贝。许多世系在几代以内就消亡了，而且留下的拷贝数也很少。然而有一个世系（蓝色）直到 138 代时才消亡并且增加到 53 个拷贝；另一个世系（橙色）持续了 255 代，拷贝数也上升至 83 个（图上用 log 尺度标记数字是因为这些数字分布很广：常常产生的是很少的拷贝，但拷贝数偶尔也会增加得很大）。(C) 单个基因拷贝的后代存活概率随时间而下降，举例来说，存活 50 代的概率只剩下 3.8%（假定后代基因个数符合平均数为 1 的泊松分布）。

每一个群体都经历过随机遗传漂变，不论它是有性生殖的还是无性生殖的，它是单倍体还是二倍体，它的繁殖是世代分离的还是混合世代的。在有性生殖群体中，即便每对个体交配产生的后代个数完全一样，有丝分裂中的基因随机分离也会导致单个基因存活下来的概率不同，因为在有丝分裂中两个拷贝只有一个可以传递下去。

Wright-Fisher 模型反映了标准的随机漂变

随机遗传漂变的最简单模型是由 Sewall Wright 和 R. A. Fisher 分别发展出来的，因此被称为 Wright-Fisher 模型。一个群体数为 N 的二倍体群体，每个个体都产生大量的配子。这些配子随机结合形成大量的合子；从其中随机抽取 N 个合子形成一个新的世代，也就是说，随机获得 $2N$ 个配子并结合形成新的世代。雌雄同体的个体（即性别不分离的个体）有很小的概率（$1/N$）自体受精。现在，假设在群体中存在两个不同的等位基因（定义为 P 和 Q），基因频率分别为 p 和 q。在一个新世代中基因 P 的拷贝数（定义为 j_p）遵循二项分布，平均数为 $2Np$，而方差则是 $2Np(1-p)=2Npq$［见第 28 章（在线）］。因此，新的等位基因频率，$p^*=j_p/2N$，平均值也等于 p，这里不存在定向化，方差为 $\text{var}(p^*)=\text{var}(j_p)/4N^2=pq/2N$。我们可以把等位基因频率上的波动理解为两个竞争克隆，P 与 Q 之间的数量波动，每一个克隆的变化都与我们在本章开头所举的细菌群体例子相类似。我们将在注解框 15.1 中解释等位基因频率间的方差如何随时间增长而变大。

注解框 15.1 随机漂变增加群体间的变异并降低群体内的变异

假设群体中的某个基因频率是 p_0。根据 Wright-Fisher 模型，下一个世代的群体由随机取样的 $2N$ 基因组合的 N 个二倍体个体组成。如同文中解释的，新世代中的基因频率 p 符合二项式分布。在第一个世代中的基因频率不变($E[p]=p_0$)，但随机漂变造成基因频率间的方差是 $V_1=p_0q_0/2N$。如果这一过程持续许多代会出现什么情况?

最容易了解的情况是如图 15.3 表示的对大量复制群体进行的真实实验。在这些复制群体中的基因频率方差首先以速率 $p_0q_0/2N$ 增加。当最终 p_0 部分群体固定等位基因 P 而其余部分群体固定基因 Q 时，方差到达最大值 p_0q_0［见第 28 章（在线）］。

方差增加的速率是 $pq/2N$，速率会随时间推移而慢慢降低（图 15.3C）。这是因为尽管平均基因频率保持恒定 $E[p]=p_0$，而 pq 的值随基因频率分离而变小。最后，当基因在所有的群体中都被固定时，$E[pq]=0$，因为 p 与 q 值之一必为零。为了了解基因频率的平均积如何随时间下降，我们将 $p=p_0+\delta$。于是方程 $E[pq]=E[(p_0+\delta)(q_0-\delta)]=E[p_0q_0+\delta(q_0-p_0)-\delta^2]$。因为 $E[\delta]=0$，而根据定义 $E[\delta_2]=\text{var}(p)=V, E[pq]=p_0q_0-V$。所以我们可以看到在群体中的方差和群体间的方差之间存在严格的平衡。

随着世代 t 演化至世代 $t+1$ 增加的基因频率间的方差是

$$V_{t+1}=V_t+\frac{E[pq]}{2N}=V_t+\frac{(p_0q_0-V_t)}{2N}$$
$$=V_t\left(1-\frac{1}{2N}\right)+\frac{p_0q_0}{2N}$$

同样可以很容易地得到 t 世代后的方差是

$$V_t = p_0 q_0 \left[1 - \left(1 - \frac{1}{2N}\right)^t\right] \backsim p_0 q_0 \left[1 - \exp\left(-\frac{t}{2N}\right)\right]$$

当 N 的值取果蝇的实际大小 16 时，方程计算的结果与实验数据符合得很差。然而当我们假设**有效群体大小**（effective population size）$N_e = 11.5$ 时，方程计算的结果与实验数据符合得很好（图 15.3C）。

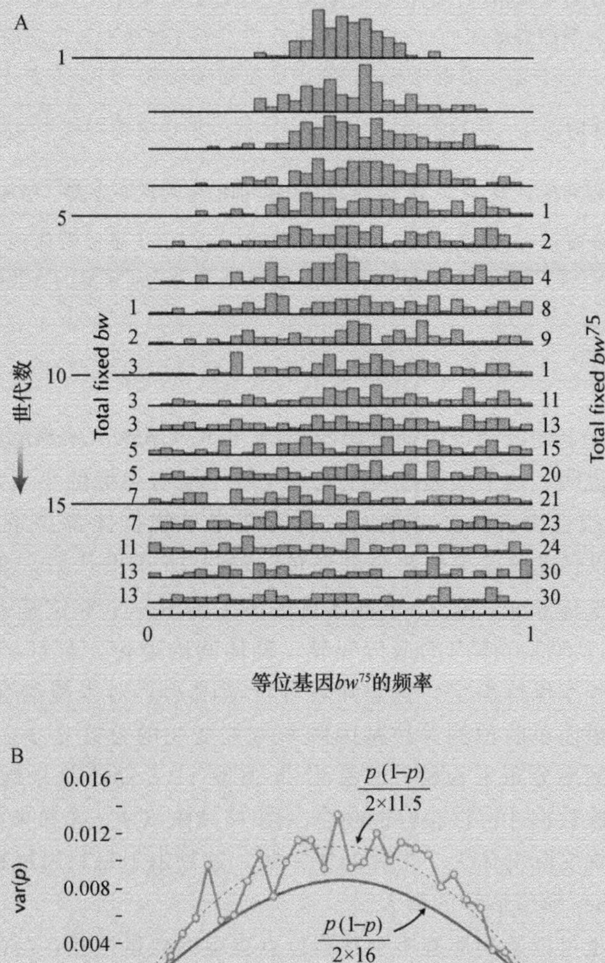

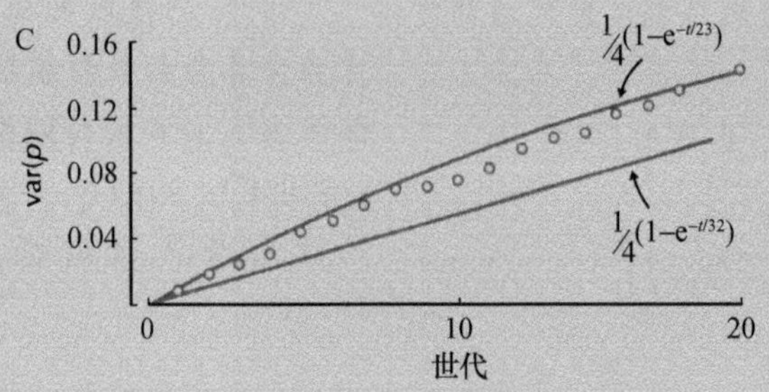

图 15.3　在黑腹果蝇群体中进行的证实遗传漂变的实验，群体由 8 只雄性个体和 8 只雌性个体组成。(A) 在繁殖群体间的等位基因频率分布，所有群体中等位基因的起始频率是 0.5。固定其中一个等位基因的群体被表示在图的左侧或右侧。(B) 在某个世代中由漂变产生的基因频率间的差异。实验数据（环形）表示前一世代中基因频率 $p=\frac{1}{32}$，$\frac{2}{32}$，…，$\frac{31}{32}$的群体间的基因频率方差 (C) 在 19 个世代中增加的基因频率方差（增加的方差反映 A 图中表示的频率分布）。在 B 图和 C 图中，较低的曲线表示从果蝇群体的实际大小 [var (p) $=pq/2N$，$N=16$] 推算的方差，而较高的虚线曲线表示从果蝇的有效群体大小 $N_e=11.5$ 推算的方差。

在等位基因频率上的波动可以通过黑腹果蝇（*Drosophila melanogaster*）群体中进行的实验予以很好说明。这个实验准备了大约 100 个装有果蝇的小瓶，每个瓶中都有 8 个雄性个体与 8 个雌性个体。在开始时，所有瓶中果蝇群体都携带 50％的等位基因 bw^{75}，这种基因可以轻度改变果蝇眼睛的颜色。经过 19 个世代后，在不同瓶中的果蝇基因频率发生随机遗传漂变，有 43 个群体只保留了其中一个等位基因而另一个则完全丢失了。因此，通过牺牲群体内的遗传变异，群体间的遗传变异性增加了（图 15.3）。然而总体上的基因频率保持恒定，这意味着等位基因 bw^{75} 对果蝇的存活率和繁殖率没有明显影响。一个最简单的预测等位基因频率方差变化的公式是 $pq/2N$，它可以通过随时间产生的基因频率分布来检验。只有当 N 值取 11.5 而不是果蝇群体实际大小 16 时，计算结果与实验数据才可以很好的吻合（图 15.3B、C）。这意味着基因频率的方差增加的速率要比果蝇实际群体大小推算的快一些。这是由于每只果蝇繁殖成功率的变异比理想 Wright-Fisher 模型估计的要大。

随机遗传漂变也可以影响那些多个基因位点决定的数量性状；与潜在基因频率的波动类似，性状本身也存在类似的分布（图 15.4）。令人吃惊的是数量性状平均数的方差可以成比例地增加**加性遗传方差**（additive genetic variance）[var ($\bar{z}$) $=V_A/N$] 而并不依赖数量性状具体的遗传机制。随着群体间的差异增加，群体内的变异性下降。平均起来，加性遗传方差每代下降的比例是 $1/2N$（如 E [δV_A] $=-V_A/2N$）。性状的方差同样根据期望值随机波动，但在这里却不存在简单预测的方法。随机漂变产生的遗传方差的灵敏性依赖数量性状的遗传基础，但大部分情况下我们并不清楚这些基础（见第 14 章）。

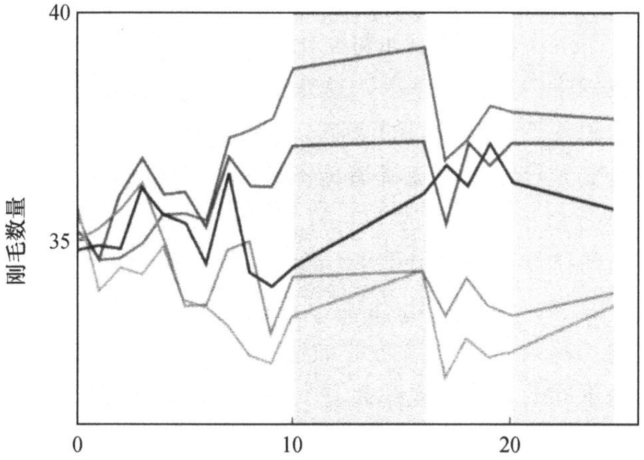

图 15.4　在 5 个黑腹果蝇繁殖群体中的平均刚毛数量的随机漂变。在每一代中存在 20 个饲养的个体。在基本群体中的加性遗传方差 $V_A=6.0$，因而每一代中不同世系间由随机漂变产生的方差约 $V_A/N=0.3$。经过 10 代以后，不同世系间的方差增加速率远大于该值（约 0.5 每代）。这可能是由于有效群体大小远小于实际群体大小（类似图 15.3C），但由于群体的个数太小以致差异并不明显。阴影区域表示未统计的世代。

适合度的变异决定随机遗传漂变的速率

在这一部分，我们将介绍一个关键概念：**适合度**。某个个体的适合度可以简单表示为其每世代留下的后代个体数（如果繁殖行为可以发生在任一时期，那么适合度可以定位为后代数的净增长率）。类似地，特定基因的适合度可以定位为它传递给下一个世代的基因拷贝数。当我们提到一个等位基因的适合度时，我们是指这一位点上携带的基因的平均适合度。举例来说，在人类群体中两个等位基因，编码 β-球蛋白的 Hb^A 和 Hb^S 存在多态性，而 Hb^A 的适合度可以简单地等同于传递给下一世代的所有携带 Hb^A 的基因拷贝数除以当前世代中所有携带 Hb^A 的基因拷贝数的值。类似地，一个基因型（一个个体携带的特定等位基因的组合）的适合度是携带基因型个体的平均适合度。例如，杂合子 Hb^AHb^S 的适合度可以简单地认为是这一基因型个体产生的平均后代个数。很明显，适合度依赖于环境条件，也许还依赖于剩余群体的遗传组成。举例来说，基因 Hb^S 的适合度依赖于疟疾发病率，因为杂合子 Hb^AHb^S 对这类疾病有部分的抵抗力，而它也同样依赖于 Hb^A 在群体中的频率，因为这决定了基因 Hb^S 出现在一个杂合子中的机会。

有些时候，我们需要区分**绝对适合度**（absolute fitness）和**相对适合度**（relative fitness），前者表示产生后代的实际个数，后者则是相对于其他基因或基因型产生的后代个数。在整个群体中平均绝对适合度决定群体增长速率有多快，而一个群体的组成，也就是说，不同基因型之间的相对比例，仅仅由相对适合度决定。即便在进化生物学的文献中，适合度一词有时也用来含糊地表示大体上的生物活力或是“进化潜力”。在本书中，我们将一直使用适合度的精确而直接的含义，它适用于单个基因或生物体，也适用于基因型和等位基因。如果把突变、基因流以及重组的影响一起考虑，我们可以认为是适合度的差异决定了一个群体组成如何变化。

在这一章中，我们将关注中性基因，这意味着不同基因的适合度是相同的，也就是说，携带什么样的基因并不影响基因的复制。不过，单个基因的适合度是不同的，而在单个适合度上的随机变异导致产生随机遗传漂变。在理想的 Wright-Fisher 模型中，每个基因留下的后代（近似于大数值的 N）符合**泊松分布**（Poisson distribution）。这就是说，如果基因产生的拷贝数平均值是 1，那么留下后代个数 0、1、2、3、…的概率是 0.37、0.37、0.18、0.06、…［见第 28 章（在线）］。这一分布的方差是 1，而且就像我们在上文介绍过的，基因频率方差的增加速率是 $pq/2N$。大体上，基因的适合度在一些不同的分布中是不同的，其方差约为 v。这样一来，基因频率方差的增加速率就变为 $vpq/2N$。在单个适合度间的方差越大，随机漂变的速率就越快。

许多不同的因素，如不平衡的性别比例、变动的群体大小以及性连锁都可以影响随机遗传漂变（见注解框 15.2）。常常通过定义有效群体大小综合考虑这些因素的影响。有效群体大小可以记做 N_e，它可以认为是将真实而复杂的群体大小简化为理想 Wright-Fisher 模型中产生同样漂变速率的群体大小。因此，从 Wright-Fisher 模型中得到的遗传漂变速率上的增长是通过数值上较小的群体有效大小来推算的。例如，在注解框 15.1 中提到的实验观察到的漂变速率要比从 Wright-Fisher 群体中估算的要快，这是因为这些群体的有效大小 $N_e=11.5$ 的原因（图 15.3）。

注解框 15.2　有效群体大小

有效群体大小 N_e 被认为是将真实的群体大小简化为产生相同随机漂变速率的理想 Wright-Fisher 群体大小。有许多因素影响随机漂变速率和有效群体大小 N_e。

变动种群规模：群体大小随世代推移而改变，在 k 个世代中的群体大小分别是 N_1，N_2，…，N_k。等位基因的总方差近似于

$$pq\left(\frac{1}{2N_1}+\frac{1}{2N_2}+\cdots+\frac{1}{2N_k}\right)$$

因此，在单个世代中的某个规模很小的群体可以暴发产生的随机漂变比许多成功世代中的大群体产生的要多得多。这里给出的有效群体大小是

$$\frac{1}{N_e}=\frac{1}{K}\left(\frac{1}{N_1}+\frac{1}{N_2}+\cdots+\frac{1}{N_K}\right)$$

不等性别比：当群体中雄性个体数（N_m）与雌性个体数（N_f）不相等时，有效群体大小是：

$$\frac{1}{N_e}=\frac{1}{4}\left(\frac{1}{N_m}+\frac{1}{N_f}\right)$$

这里假定群体随机交配，后代个数符合泊松分布，N_m 与 N_f 都很大。N_e 近似群体中较少性别的数目。

二倍体个体适合度的方差：假设平均每个二倍体个体后代数是 2（这样平均起来群体大小不变）但存在方差 V。那么这时的有效群体大小是

$$\frac{1}{N_e}=\frac{2+V}{4N}$$

在 Wright-Fisher 模型中，后代的个数是近似符合泊松分布的，所有方差值就等于平均数值（$V=2$），因而 $N_e=N$。这一公式假定群体是性别相等的而且群

体规模很大。实际上后代个数的变化常常比泊松分布描绘的大，因此有效群体大小就会变小。如果所有的个体后代数都是一样的 ($V=0$)，随机遗传漂变的速率就减半 ($N_e=2N$)，因为有丝分裂过程中仍会产生基因的随机分离（注意在正文中，我们给出的是存在个体适合度方差 V 时的最简单公式）。

性别连锁基因：母系遗传基因，例如，哺乳动物中的线粒体 DNA，有效群体大小仅仅依据雌性动物群体的大小。如果雌性动物群体的大小是 N_f，后代个数符合泊松分布，那么 $N_e=N_f/2$，这是因为每个雌性个体仅仅含有基因的一个拷贝，而不是两个。类似地，父系遗传基因，如哺乳动物 Y 染色体上的基因，$N_e=N_m/2$。X 连锁的基因 2/3 分布在雌性个体中，另外 1/3 分布在雄性个体中，那么假定 X 连锁的基因后代个数符合泊松分布，而 N_f 和 N_m 的规模都很大

$$\frac{1}{N_e}=\frac{4}{9N_f}+\frac{2}{9N_m}$$

如果群体性别比例相等 ($N_f=N_m=N/2$)，公式就可以简化为 $N_e=(3/4)N$。

在不同的情形中，遗传漂变速率与利用群体实际个体数推算的遗传漂变速率之间的差别是很大的。但我们预期单个适合度之间的随机变异可以明显加快遗传漂变的速率。在大群体中，遗传漂变的速率可能要比通过个体数目估算到的速率快得多；这反映在我们观察到的大部分物种中，如人类、果蝇和细菌的遗传变异性水平并不特别高。对此有一种解释认为，这些物种中存在偶然性的剧烈**种群瓶颈**（population bottleneck），对随机遗传漂变过程产生了长期、显著的影响。我们将在第 19 章中详细讨论这一问题。

溯祖

随着时间向后追溯，近交群体的祖先数将越来越小

到目前为止，我们思考的是随着时间的推移，特定基因后代数的随机遗传漂变过程或是等位基因频率波动的随机遗传漂变过程。我们还可以想一想当向后追溯时间以及祖先数减少的情况下，随机遗传漂变的过程是怎样的。祖先基因的数目不可能比祖先群体中基因总数还要大，相反常常是非常小的，原因很简单，并不是所有的过去个体都能留下后代（图 15.5）。

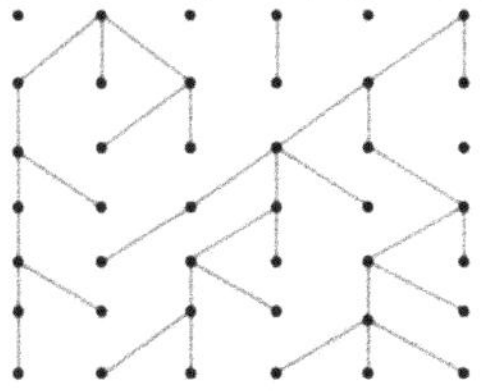

图 15.5 随着我们追溯时间，祖先的数目不可避免的下降。这张图表示基因的传递。

当我们试图了解一个特定基因集合的祖先而不是整个群体的祖先时，如当我们分析的是从一个群体中取得的样本时，采用溯祖的方法分析随机漂变是很有用的。在第 13 章中，我们介绍了如何通过从基因中获取的样本来构建基因的**谱系**（genealogy）。这里我们将介绍随机漂变是如何影响这些谱系的。

一个群体较少的祖先可以通过基因**血统一致**（identical by descent，IBD；见注解框 15.3）的理论来推算；如果我们回溯

足够长的时间，所有的基因都来源于同一个祖先基因，在血统上都是相同的。血统一致的理论是很重要的，因为它可以检测群体中**近亲交配**（inbreeding）的程度。如果一个个体的双亲彼此间存在血缘关系，那么这个个体可以认为是近交繁殖的，而且可以通过两个直系同源基因出现在血统一致个体中的概率来检测近交的程度。

注解框 15.3　近交和血统一致

近交的程度可以通过血统一致的概率来衡量。如果两个基因来源于某些祖先群体中的同一个基因的话，那么它们就是血统一致的。例如，在图 15.6 中，基因 a、b 在三代之前的祖先群体中就是血统一致的，因为它们都来源于同一个基因 x。然而，基因 a 和 c 就不是血统一致的，因为它们的祖先基因是不同的（x 和 y）（图 15.6）。

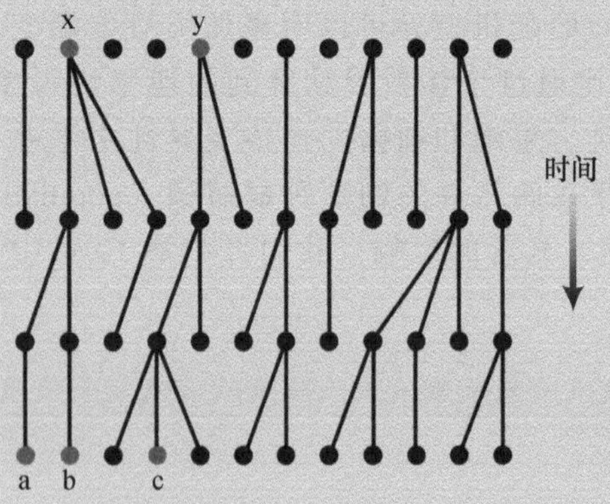

图 15.6　血统一致。

为了理解血统一致的概念，我们需要记住三个关键点。

1. 同一性是在特定祖先群体中定义的。如果我们回溯足够长的时间，任何直系同源基因都来源于某个共同祖先，都可以被认为是血统一致的。

2. 最简单的理解血统一致的方法就是将其看成是对基因祖先的纯粹描绘，与它们的等位基因状态无关，也就是说，与它们携带的序列无关。在文献中，这两个概念常常混淆。然而，我们使用血统一致来专一地定义基因之间的亲缘关系，因而它不受那些由于突变基因在群体中等位基因状态的影响。

3. 我们常常感兴趣的是同一个体中两个基因血统一致的概率，称为**近交系数**（inbreeding coefficient）。血统一致的概念还可以用来描述两个个体间的亲缘关系。从两个个体中各获取一个基因，这两个基因血统一致的概率被称为**共祖系数**（coancestry）或是**亲缘系数**（coefficient of kinship）。它决定了数量性状的相似性（见注解框 14.2）。

有性生殖个体携带的基因间的亲缘关系取决于这些基因是如何经减数分裂传递下去的。图 15.7（左侧图）表示的是兄妹间的近交以及基因是如何经减数分裂传递的。在后代中的两个基因（底部）相对第一代祖先（顶部）并不是血统一致的，这是因为它们来自不同的第一代个体：一个来自祖父，而另一个来自祖母。

然而我们常常不知道哪些基因是在减数分裂中被传递下去的（图 15.7，右侧图）。现在，一个后代中的两个基因血统一致的概率是 $f=\frac{1}{4}$。第一个基因来自祖母的概率是 $\frac{1}{2}$，而第二个基因也来自祖母中的同一个基因的概率是 $\frac{1}{4}$。因此，这两个基因血统一致，都来自祖母的概率是 $\frac{1}{2}\times\frac{1}{4}=\frac{1}{8}$。加上来自祖父的基因血统一致概率，我们得到 $f=\frac{1}{4}$。

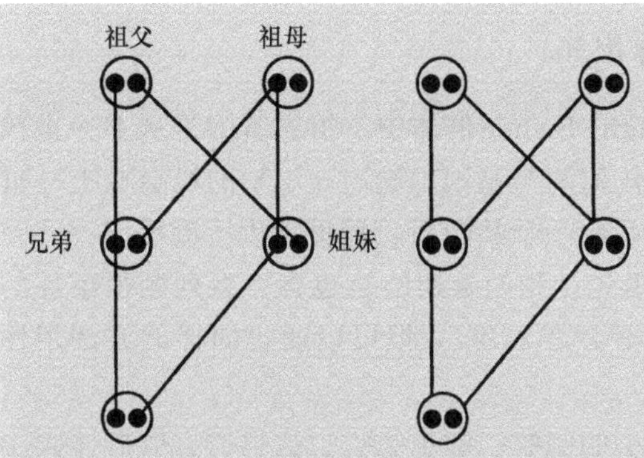

图 15.7　近交的一个简单例子。

计算复杂家系中的血统一致概率（记作 f）有一种很简单的方法。只要家系的个体可以通过亲缘关系联成环，那么一个二倍体个体中的两个基因可以是血统一致的，它可以通过两个不同途径接收到同一个基因。这种同一性的概率可以通过环的总数计算出来

$$f=\sum_{\text{环}}\left(\frac{1}{2}\right)^{n-1}(1+f_{\mathrm{A}})$$

式中，n 是每个环中包含的个体数；f_{A} 是祖先个体中基因同一性的概率。在图 15.7 中（右侧）的例子里存在两个环，每个环的个体数 $n=4$。相同基因从两个环传递到同一个体的概率可以计算如下：$n-1=3$ 次减数分裂，$\left(\frac{1}{2}\right)^3=\frac{1}{8}$，将两个环的所有可能性累积起来，我们可以得到 $f=\frac{1}{4}$。在这里，我们计算的是相对家系第一代的同一性概率，而在祖父母中的两个基因被假定为没有亲缘关系的（$f_{\mathrm{A}}=0$）。如果这张图只是一个更大家系的一部分，那么相对更早的世代，祖父母自身基因也可能存在血统一致性。通过将方程中的相应项变成（$1+f_{\mathrm{A}}$），我们可以把这一影响考虑进去。这样可以考虑来自祖先中的两个不同基因传递的可能性（一个经环的一侧传递，另一个经环的另一侧传递），以及这两个基因血统一致的可能性（如 $f_{\mathrm{A}}>0$）。

到目前为止，我们假设个体亲缘关系是已知的，因此只有唯一一个随机性来源就是减数分裂。如果我们仅仅知道大致的交配方式（如在 Wright-Fisher 模型中的随机交配），那么不确定的繁殖和基因分离一起决定基因同一性的概率。很容易发现近交是如何积累的，因为基因同一性的概率是随着一个个世代而增加的。在 Wright-Fisher 模型中，每一个基因从前一个世代里的 $2N$ 个基因中随机挑选祖先。因此在 t 世代中的两个基因共祖在 $t-1$ 世代中的概率是 $1/2N$。如果它们来自前一世代中同一基因，那么它们血统一致；如果它们不是来自前一世代中同一基因，那么它们同一性的概率就是 f_{t-1}。因此，

$$f_t=\frac{1}{2N}+\left(1-\frac{1}{2N}\right)f_{t-1}$$

将这一公式应用在 t 个世代中，最初的 $f_0=0$，

$$f_t=\left(1-\left(1-\frac{1}{2N}\right)^t\right)$$

等位基因频率方差也符合同样的关系（见注解框 15.1）。等位基因频率的波动和血统一致性的增加都是从两个不同的角度来说明相同的潜在随机遗传漂变过程。

理解近交是重要的，因为近交个体中常常存在**近交衰退**（inbreeding depression）。因而在植物栽培、动物饲养以及保护生物学中需要减少近交。我们还将看到血统一致的概念对理解选择如何改变亲缘个体之间的社会行为是很重要的。

遗传上的祖先可以通过溯祖的方法推导出来

在一个拥有 N 个二倍体个体的理想 Wright-Fisher 群体中，祖先基因是从上一世代中的 $2N$ 个基因里随机挑选出来的。因此，任何两个基因都会有 $1/2N$ 的机会在上一世代共享同一祖先。相同的血统意味着两个世系在一个共同祖先那里发生了**溯祖**（coalescence）。如果我们追踪任何一个基因样本的祖先，我们看到的是包含一系列溯祖事件的系谱。在其他类型的群体中，溯祖的速率将不会是 $1/2N$，但可以通过同样的方法定性地构建一个祖先模式。

大体上，溯祖的速率是两倍有效群体大小的倒数，即 $1/2N_e$。这里的有效群体大小就是上文提到的决定等位基因频率方差积累的有效群体大小。基因适合度的方差也以影响等位基因频率方差相同的方式增加溯祖的速率（见注解框 15.2）。因而通过加速世系间的溯祖，那些能增加群体等位基因漂变速率的因素同样可以减少群体的祖先数。

尽管这一过程很简单，但溯祖过程有一些令人吃惊的特性。最重要的就是基因样本的祖先很快就会缩减到很少几个世系，而这几个世系在合并为单个世系之前会并存相当长的时间。首先，这是因为很多的世系对之间发生的溯祖合并，举例来说，只需 20 个基因就可对任何 190 对世系进行溯祖合并。因而溯祖过程在一开始时很快，但随着世系个数的下降而放慢。总体而言，平均需要 $2N_e$ 个世代才能把大量基因合并到两个祖先世系上，又需要同样的时间才能把这两个世系合并为一个共同祖先（图 15.8）。不论多大的起始基因数，当回溯了一半时间后，一个典型的系谱都将只含两个世系。

这一结构包含两个重要结论。第一，从群体中获取更多的基因只能提供很少的额外信息，额外的基因很可能合并到很晚近的共同祖先上，因此不太可能积累那些其他样本上没有发现的新的遗传变异。部分地由于这个原因，当前对人类遗传差异的研究是根据很少几个个体的基因组数据来进行的，如第一次对人类**单核苷酸多态性**（single nucleotide polymorphism，SNP）的调查鉴定出的 140 万个 SNP 全部来自于 24 个人类个体。第二，深层谱系结构是高度可变的，它依赖于两个最古老世系发生合并的时间。尽管这两个世系并存的平均时间是 $2N_e$ 个世代，但它有 2.5%的概率并存时间超过 $7.4N_e$，而另外 2.5%的概率并存时间小于 $0.05N_e$ 个世代，这意味着 95%的**置信区间**（confidence interval）跨越了两个数量级，从 $0.05N_e$ 到 $7.4N_e$。因此，无论从群体中获取多少个基因样本，它们的谱系关系仍然会是高度不确定的。

可以通过序列构建系谱结构

我们并不能从群体中直接观测到系谱结构，但我们可以通过定义发生在系谱上的突变模式来构建系谱结构。如果我们比较一个群体中的 DNA 序列，可以看到其中的**核苷酸多态性**（nucleotide diversity）通常都是很低的，因此我们假定每一个变异的碱基都源于一个单一突变事件。在**无限位点模型**（infinite site model）下，可以直接定义一个系谱结构（图 13.12）。在图 15.8A 所表示的例子中，突变速率高到可以使系谱上每一个分支至少都能带上一个单一突变。因此，通过样本中突变模式完全可以把一个系谱构建起来。不仅如此，通过每一分支上的突变数目可以给出支长并估计分歧时间。

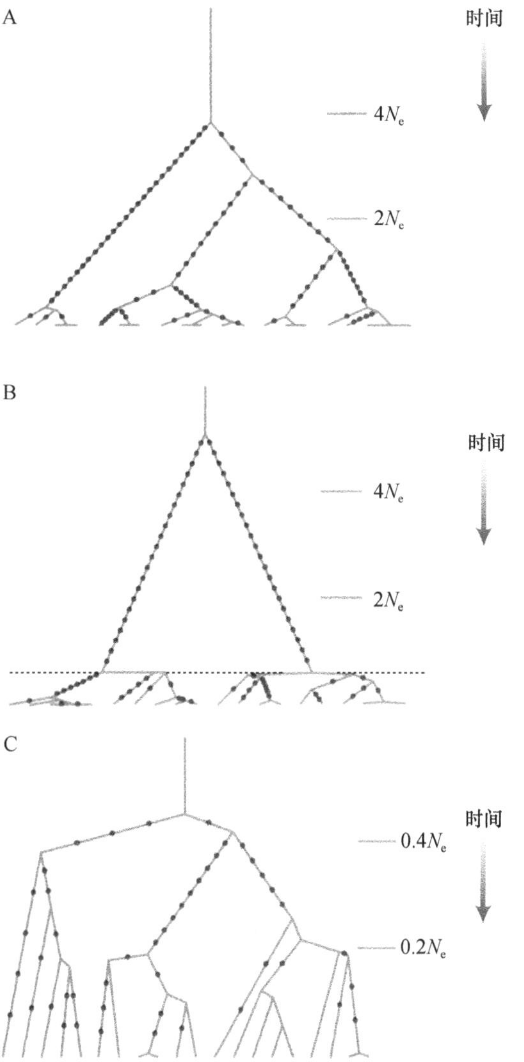

图 15.8 （A）从一个大小恒定为 N_e 的群体中取样得到 20 个基因构建的典型系谱结构。注意大部分溯祖事件发生的时间很晚近，因此在样本的大部分时间中都只包含很少几个祖先世系。在这个例子中，单独的突变事件（红点）发生的速率是 $\theta=4N_e\mu=20$。（B）从一个经历了剧烈瓶颈效应［发生时间是距今 $0.6N_e$ 世代时（虚线）］的群体中取样构建的系谱结构。这导致了溯祖事件的快速暴发；瓶颈效应后出现的 8 个世系很快的合并为瓶颈效应之前的 2 个世系。（C）从一个指数增长的群体中取样构建的系谱结构。现在溯祖事件发生的时间倾向于大大延后至群体规模非常小之时。整个样本在 $0.45N_e$ 个世代之前就共享相同祖先，这要比当群体大小始终是 N_e 时估计的共祖时间小了大约一个数量级。在此时，群体的有效大小大约只有取样时的 10%。

系谱的形状直接反映出过去的群体大小。在原则上，N_e 可以通过过去每段时间内的溯祖速率估算出来。例如，剧烈的群体瓶颈效应反映在突然暴发的共祖事件上，假定一个系谱上有一个或多个“星状结构”，那么我们可以知道有几个世系共祖在群体瓶颈上（图 15.8B）。在一个快速增长的群体中，当群体大小原来非常小的时候，共祖事件倾向于发生在很遥远的过去（图 15.8C）。在群体历史不同的病毒群体系谱上可以看到相应的结构（图 15.9）。在第 25 章中，我们将了解到如何应用这一方法研究人类自身的历史。

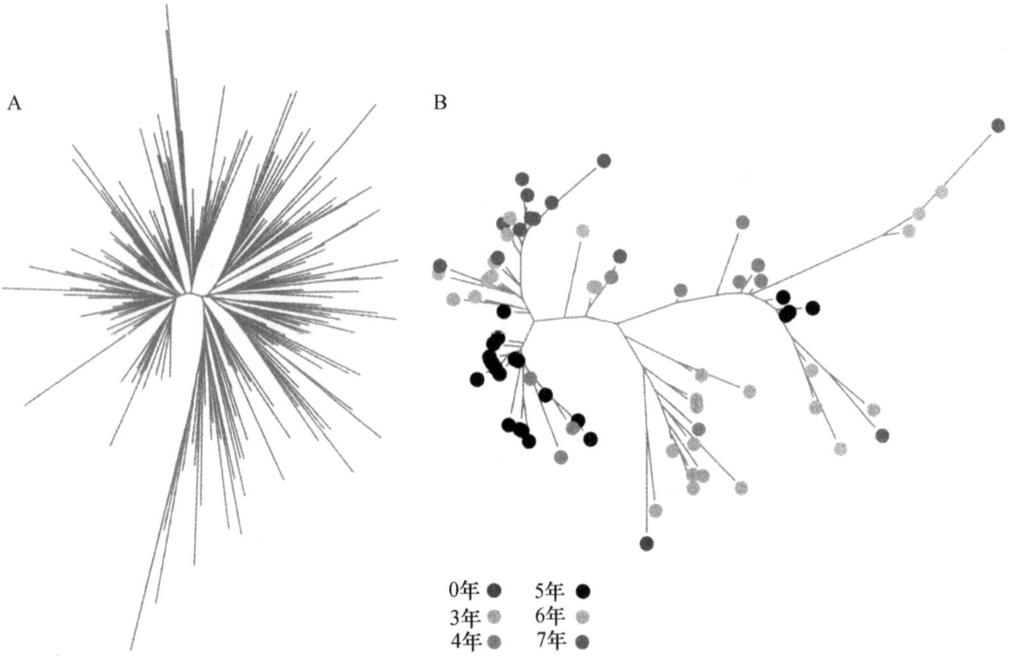

图 15.9　利用 HIV 基因构建的系谱反映出不同的群体历史。（A）*gag* 基因序列之间的亲缘关系，样本于 1993 年取自英国北部的 200 个患者中。共祖事件倾向发生在较远的过去（向图的中心集中），这是快速扩张群体的特点（图 15.8C）。(B) 在 7 年里从单个患者获取的不同病毒，利用其 *env* 基因序列构建的亲缘关系。这个例子特殊的地方在取样的时间点是不同的。随时间产生的基因分歧可以通过比较最初序列（红色）与 7 年后的最大分歧群体（绛红色）看出来。在这个例子里，大部分的共祖事件发生得很晚近，这是一个大小恒定的群体所具有的特点（图 15.8A)，这两个系谱结构都是**无根的**（unrooted），而图 15.8 中的系谱则是有根的。

我们现在有了一个关于随机遗传漂变过程的简单模型，可以用它来解释群体未来的演化和过去的历史。在接下来的部分，我们将把突变和重组的影响引入这一模型，从而构建出一个中性分子进化的完整图景。

中性理论

中性分歧速率等于突变速率

我们无法直接获得两个基因从共同祖先那里分开后经历的时间长短，但通过它们之间的突变数可以推断出时间来。如果两个世系共祖在 t 世代之前，那么我们可以认为世系发生突变的总时间是 $2t$ 个世代。因而，如果我们假定突变速率是每代每基因 μ 次，那么就有 $2\mu t$ 个不同突变存在于这两个世系间。这一结论对理解分子进化很关键：假定这些突变都是中性的，那么一对基因分化的速率就等于突变的总速率。

我们可以通过在历史中回溯基因得到同样的结论。从长远来看，几乎所有的世系最终都将灭绝，而整个群体都将变成某个基因的后代（图 15.10）。因而在基因总数为 $2N$ 的二倍体群体中，任一基因最终被保留下来的概率是 $1/2N$。假定所有基因都是中性的因而适合度都是相同的，那么这些基因被保留下来的机会相等。每经过一个世代，群体中就会新引入 $2N\mu$ 个突变，$2N$ 是总基因数，μ 是突变速率。因为只会有 $1/2N$ 比例的突变在群体中最终保留下来，群体分歧的净速率是每基因每代 μ。这一结论与先前的结论是完全相同的，因为整个群体回溯到单个世系上，那么从长远看来群体变化的速率就等于单个世系变化的速率（图 15.10）。

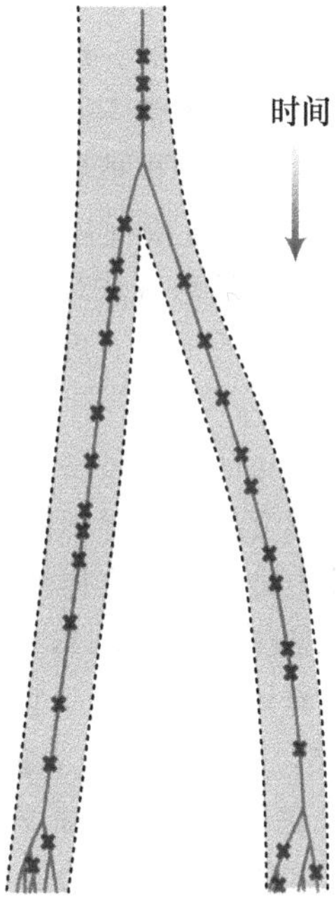

图 15.10　如果回溯时间足够长，一个种群中的所有基因都起源于某个单独的祖先世系。因此，两个种群分歧的速率就等于它们各自的祖先世系积累突变的速率。阴影区域表示两个种群起源于单个祖先世系（左侧），实线表示两个种群出现的所有基因的祖先。突变用叉形标明。

在 20 世纪 60 年代，对蛋白质序列中稳定的**分子钟**（molecular clock）的研究导致 Motoo Kimura 提出分子进化的**中性理论**（neutral theory）。之前发现任何特定的蛋白质都以恒定速率积累氨基酸序列上的变异，即便这些蛋白质是在相当不同的物种中进化的。例如，无论是在鱼类、鸟类或是哺乳动物中，α-球蛋白都是每 600 万年积累一个氨基酸变异（图 2.28、图 13.26 以及图 13.27）。我们在前文中看到的不同蛋白质进化速率是因为所受的功能限制程度不同。举例来说，组蛋白 H4 在动物和植物间的差异只有两个氨基酸，而血纤维蛋白肽的进化速率要比这大两个数量级（表 13.2）。重要的是，受到较低限制的蛋白质或是非功能序列，如假基因（pseudogene）的变异速率接近突变速率并可以直接检测。分子钟在某种程度上速率是恒定的，其速率与突变速率相似，是中性理论最强有力的支持。在第 19 章中我们将详细检验证实分子钟精度的证据。

在缺少选择的情况下，中性变异是由突变与漂变共同决定的

我们已知世系积累中性变异的速率就等于突变速率。因此，在 t 世代前分化的不同物种中获得两个基因，其不同突变数就是 $2\mu t$，μ 是基因总的突变速率。现在我们想知道：在同一群体中，基因的变化是怎样的？也就是说，由突变和随机遗传漂变共同作用可以在群体中产生多大的遗传变异？

答案是简单的：共祖于 $2N_e$ 世代前的两个基因中的不同突变位点平均是每碱基对 $4N_e\mu$ 个。当我们检测 DNA 序列时，我们可以直接获知这些位点的个数。两个随机挑选的序列间不同核苷酸数的比例被称为核苷酸多样性 π。根据中性理论，π 的值应该等于 $4N_e\mu$。这一关键参数被表示为 θ。

我们并不能直接获知序列上发生的突变数。例如，如果我们根据电泳结果来评定蛋白质，突变一般会产生新的电泳条带，但我们并不知道两个条带间的差异到底是由一个还是多个突变造成的。现在度量多样性的较好方法是通过测量基因多样性 H，即两个随机选择的基因携带不同等位基因的概率。根据中性理论，$H=4N_e\mu/(1+4N_e\mu)$。许多其他的突变模型也被研究了。然而不论模型细节如何，遗传变异的大小都取决于一个关键参数，4 倍有效群体大小乘以突变率，即 $\theta=4N_e\mu$。注意：如果我们使用序列数据，突变率就是每碱基对的突变率，而当我们利用所有基因间的差异数时，突变率就变为每基因的突变率。θ 度量突变和随机漂变的相对速率，因此它决定二者之间的平衡点。

中性理论的一个最易理解的预测是遗传变异增长应与群体大小成比例。群体越大，通过随机漂变丧失变异的速率就越慢。对这一结论的检测是通过比较在不同遗传模式下同一群体中染色体的多样性水平。因为 X 染色体与 Y 染色体的有效群体大小比常染色体要小（见注解框 15.2），我们预测它们的核苷酸多样性水平较低。在上文中提到，通过对人类群体中的 140 万个单核苷酸多态性的研究，我们可以算出常染色体的 π 值等于 0.000 765，X 染色体的 π 值是 0.000 469，Y 染色体上的非重组区 π 值是 0.000 151。因而 X 染色体的多样性水平是常染色体的 61%，Y 染色体的是 20%。这一数字与单纯依据有效群体大小预测的值是相当接近的（分别为 75%和 25%）。同简单中性预测结果有差异说明性染色体较低的多样性水平可能是受到了其他因素影响。后代在性别组成上的差异和 Y 染色体上缺少重组都会导致多样性的降低；还有男性中的突变率要高于女性。然而，有效群体大小的不同仍是造成不同遗传模式下染色体多样性水平不同的主要原因（图 13.24）。

大群体物种的遗传多样性水平都要低于中性理论预测

突变速率可以直接估计或是通过分歧时间已知的物种间序列分歧水平估算。因此，计算遗传变异必需的有效群体大小可以直截了当地估计出来。例如，在黑腹果蝇基因组的大部分常染色体区域中，在沉默区域以及非编码位点上的 π 值大约是 0.01。μ 值取每世代每碱基 3×10^{-9}，而且假定 $4N_e\mu=\pi$。我们估计有效群体大小 N_e 约为 10^6。这一数值比果蝇实际存在的群体规模小得多，而且也小于果蝇在历史上可能存在过的群体

规模。

类似的差异出现在许多研究中。在第 13 章中，我们知道随着生物群体规模的增大，遗传变异也倾向于变大；但这种效应很微弱：群体规模跨越很多个数量级所造成多样性的差异还不到一个数量级（图 13.17）。DNA 序列变异的数据还不多，但从中也可以得到类似的结论。例如，人类中的核苷酸多样性水平大约比黑腹果蝇的低 10 倍，然而二者之间的群体规模差异远不止 10 倍。

有两个解释可以说明为什么如大肠杆菌和果蝇这类大群体物种中的遗传变异没有表现出相应的高水平。第一个解释是偶尔出现的瓶颈效应大大地减少了遗传差异，因而实际水平比根据统计个数推算出的要小很多。假定某个群体在大部分历史时期都拥有很多个体，但每 100 个世代中有一个世代的群体规模下降为 N^*。那么它的有效群体大小就只有 $100N^*$（见注解框 15.2）。剧烈的瓶颈效应部分地解释了实际存在的群体大小与根据遗传多样性推断的有效群体大小之间的显著差异。例如，在人类小肠中寄生的大肠杆菌是由很少几个优势克隆通过无性繁殖而来，而且这些细菌群体偶尔会被新的克隆取代。因而大肠杆菌的有效群体大小更接近哺乳动物宿主的个数而非细菌的个数。不过，很难相信群体瓶颈效应单独将有效群体大小调低至与实际情形相符的大小；也很难想象瓶颈效应可以单独解释为什么相对于物种规模的差异，物种遗传分歧差异如此之小。

第二个解释是选择将变异从群体中清洗掉了。由于自然选择，一个新出现的优势突变频率可以达到相当高的水平，选择也可以提高其相邻位点上基因的频率；这样这段基因组区域就变成纯合状态了，而群体中的变异也因此丧失了。这一现象被称为**选择性清洗**（selective sweep）或**搭车效应**（hitchhiking），可以造成遗传变异水平的大幅度降低，因而即便大规模群体也无法积累高水平的遗传变异。我们将在随后详细介绍这一过程并在第 19 章中解释它的重要性。不过现在我们需要注意的是瓶颈效应和选择性清洗都造成世系间的共祖事件发生时间比实际群体大小估算的时间要晚许多。事实上，当在溯祖时间上出现问题时，简单地应用中性理论是不合适的。如果某个群体的有效群体大小达到 10 亿时，推算的基因共祖时间是 20 亿代前，这比大部分物种可能存在的时间要久得多。由于许多基因是通过复制产生的，这些基因存在的时间就不会是 $2N_e$ 个世代。随机漂变的简单过程并不能扩展至大时间尺度上的分子进化。

重组与随机漂变

重组将基因组分成不同祖先的片段

任何一组直系同源基因都可回溯至单个祖先基因。在一个严格的无性繁殖群体中，由于每个基因都是简单地从母细胞传递给子细胞，因此每个基因共享相同的祖先。然而，如果存在任何类型的有性生殖，如在细菌中偶尔存在的基因水平转移和真核细胞中常规的有性减数分裂，那么不同基因间的祖先是不同的。我们可以通过研究人类线粒体 DNA 和 Y 染色体的祖先而清楚地看到这一点。在哺乳动物中，由于线粒体 DNA 是母系遗传的，它们都可以回溯到一个古老雌性个体上，这被称为“线粒体夏娃”。类似地，所有的Y染色体都来自一个古老雄性个体，即“Y染色体亚当”。不过在这里，“线粒体夏娃”与“Y染色体亚当”生活在不同的时间和地点。而且，这两个个体也没有什么特别之处，除了它们偶然将其很小一部分基因组传递给后来的人类群体。它们也很有可能不会贡献任何遗传物质给未来的世代。相反地，当我们回溯历史时，我们看到现今的人类基因组被分成许多大片段，回溯到大量不同的祖先身上（图15.11）。

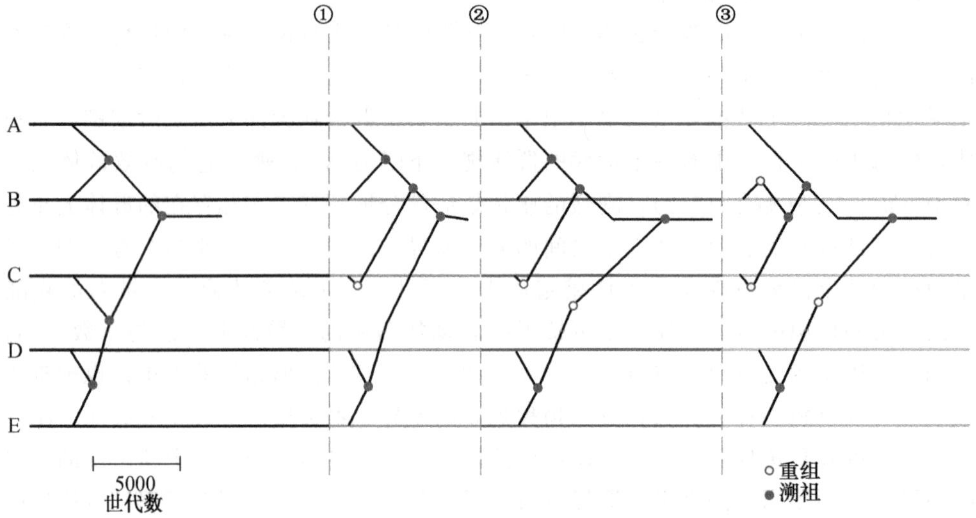

图15.11　在有性种群中，基因组不同区域的祖先是不一样的。这个例子表示来自5个基因组的一小段区域（标记为A、B、C、D、E）。在图的最左端，A和B共祖在2000代前；D和E共祖在1000代前，并且该世系（D、E）再向前回溯2000代后与C共祖。整个样本的共同祖先出现在5000代前。从祖先基因组传递下来的C基因组在500代前经历了一个重组事件；因此，右图①中的遗传图表示的共祖情况有些不同：C更接近A与B，而非D与E。再往右，接下来在图②中又发生了一次重组事件，这次是发生在D、E共同祖先的3000代前。这次重组事件并没有改变各个世系间基本的亲缘关系，但推算出的5个基因组共同祖先出现的时间推后至8000代前。最后，在右图③中，在1000代前发生B上的重组事件使B更接近C而不是A。

我们可以通过研究日常观念中的个体祖先而非单个基因的祖先来更好地理解有性种群中的遗传现象，即研究群体中的家系。每个单独个体都有两个亲本，4个祖父母本，以此类推。如果我们考虑的世代更久远，那么祖先的个数就会指数增长。例如，10代前的祖先数$2^{10}=1024$，20代前的祖先数$2^{20}=10^6$，因此即便在大规模群体中，最开始的祖先也一定是重复的；也就是说，一些祖先在几个不同的家系中留下了后代（图15.12）。当然，近亲间的交配会产生这类近交现象，但即便在大规模群体中的随机交配也不可避免地存在某些程度的近交，这是因为在群体历史中祖先个数增加速度相当高。如果我们在家系中回溯几十代的话，那么可以明显看出有一个个体将会是整个现存群体的祖先；他或她可能将其基因组的一部分或是多个部分遗传给现在每个生存着的后代，因此可以看做是某些DNA片段来自“夏娃”或“亚当”。如果我们向后回溯两代，可以发现大约有20%的群体是没有留下任何后代的，但是剩下的80%个体是现存所有个体的祖先。某些祖先可能在家系中只出现一次，而另外一些则多次出现因而产生更大影响（图 15.12）。

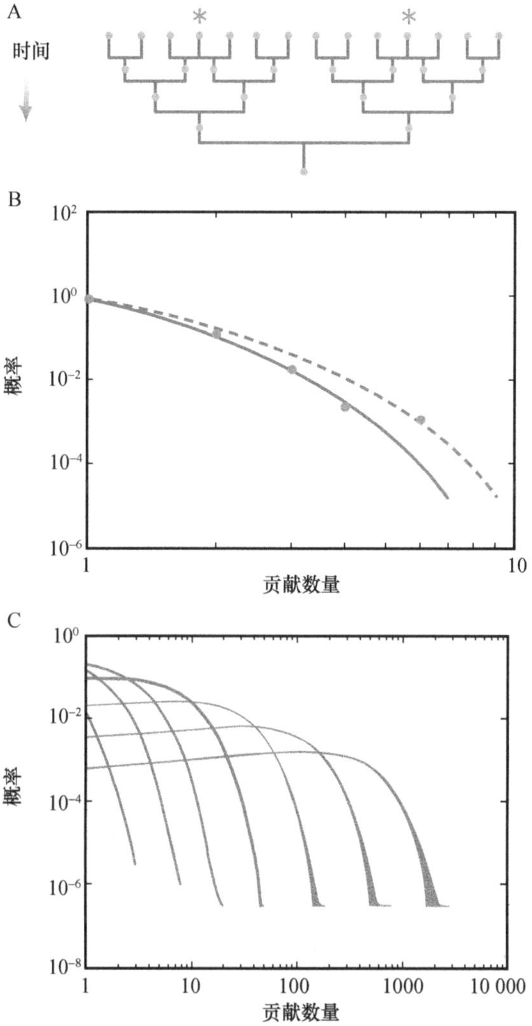

图 15.12　(A) 即便在大群体中，近交仍是不可避免的。如果回溯时间，在家系中出现的祖先数理论上会是 2、4、8、16、…。最终，有些个体将多次出现。在这个例子中，两个用红色星状标记的个体都在家系中出现了两次，而其他 12 个个体只出现了一次。因此，这里的祖先数是 14 而不是 16。(B) 点状表示英格兰国王爱德华三世 (1312～1377) 祖先中同一个体出现次数的分布，回溯大约 10 代时间。一些个体只出现了一次，而其他个体出现的次数最高达到 6 次。图中的线表示假设在一个代表英国贵族的封闭群体中（群体大小 2048，上部曲线；群体大小 4096，下部曲线）随机婚配条件下的模拟结果。(C) 回溯足够久远的时间，祖先个体在家系中出现次数将会越来越多。曲线表示在群体规模为 $2^{15}=32\ 768$ 的模拟群体中祖先出现次数的分布，分别回溯 9、11、13、…、23 代（从左到右）。回溯 23 代时，祖先在家系中出现的个数一般将带到几百次，但很少超过 1000 次（见最右侧曲线的峰）。

理解通常意义上家系中的祖先是很重要的：一个个体可以作为成员出现在家系中而可能没有传下任何遗传物质。每个个体都分别从母亲和父亲那里获得一组基因（性染色体和线粒体除外）。每一组基因又都是从祖父母那里通过减数分裂随机分离传递下来的混合遗传物质。在理论上，其中一个祖父母存在通过减数分裂随机分离基因造成没有任何遗传物质传递下去的概率。这当然极不可能，至少在类似人类这样具有多对染色体并存在高的重组率的生物中是罕见的。如果一个人类个体存在血统上的后代，那么他或她几乎可以将一些遗传物质传递给一些几千代后的个体。然而，能够遗传下来很可能仅包括基因组的一段很小区域（图 15.13）。

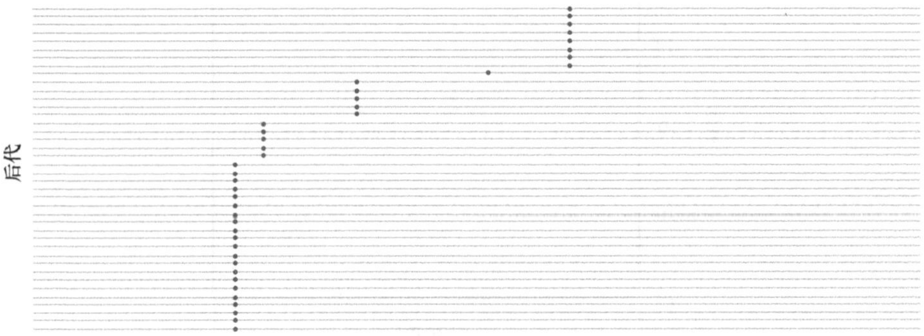

图 15.13　一个单个个体能遗传给未来后代的可能只是基因组上很小一部分。本图表示对一个遗传距离 35.7 摩尔根（在人类中）的单个基因组遗传 50 代的模拟。到那时，这个个体会有 4.3×10^{14} 个后代（在真实情况下，后代数远远小于这个值，因为存在亲缘个体间的婚配，见图 15.12）。在整个后代群体中，只有 91 个个体遗传了祖先的遗传物质，其中 40 个个体用线条表示在此处，它们携带的祖先遗传物质用圆点标出。每一小段遗传物质只有 2.2cM 长。在群体中，只有 5 段遗传物质遗传下来，占祖先基因组的 0.3%。

接下来，我们将看到有性生物的基因组都是由一组小片段构成的，每个片段都来自不同的祖先并将有不同的命运（图 15.11 和图 15.13）。到目前为止，我们已经讨论了后代中的情形。但当我们分析从现今群体中获取的样本时，我们必须回溯它们的祖先。这可以通过考虑重组条件下的**溯祖过程**（coalescent process）来完成（见注解框 15.4）。现在我们将看到溯祖过程如何确定遗传变异的模式，这一模式受到突变、重组和随机遗传漂变影响。

注解框 15.4　考虑重组的溯祖过程

由于存在重组，基因组相邻的部分来自不同的祖先。在某些情况下，一个配子中的两个基因是通过减数分裂中的重组事件组合在一起的，因此一个基因来自父系基因组而另一个则来自母系基因组。回溯足够长的时间，它们的祖先来自不同的世系，直到两个基因偶尔地又同时出现在某一基因组中。在漫长的时间中，两个基因时而出现在不同基因组中，时而又出现在同一基因组中。

量化这两个基因的祖先是非常容易的，只需将标准溯祖过程扩展（图 15.8）。就像上文提过的，任何两个世系

都有 $1/2N_e$ 的概率在一个世代中共祖。另外，任何同时携带这两个基因的世系具有每世代为 c 的重组率，而之前这两个基因出现在不同的祖先中。两个连锁基因存在于同一个体或不同个体的时间比例是由这些过程的相对比率 N_ec 决定的。如果这一值较高，那么这两个基因存在于不同个体中的时间较多。

图 15.14 解释了存在重组时的溯祖过程。样本中包括 6 个基因组，每一个基因组携带 3 个基因（分别标记为黑色、蓝色和红色，并以此次序存在于基因组）。第一个基因的系谱用黑色线条表示并适用标准溯祖过程。蓝色基因的系谱几乎是相同的，除了发生一个简单重组事件（由右侧的环形标明）造成黑色基因和蓝色基因来自不同的个体。接下来，蓝色基因与一个不同的黑色基因发生共祖（左侧的环形）使得系谱再次一致。回溯到整个样本的共同祖先出现之前，基因间的重组和共祖使得蓝色基因和黑色基因时而并存又时而分开。这些古老事件是不可知的。更晚近的重组事件也是很难被发现的。例如，蓝色基因系谱与黑色基因系谱有同样的形状，只是共祖时间不一样（蓝色基因较早）。红色系谱表示的基因情形稍微不同，这里存在 3 个不同的重组事件而且分支长度与系谱形状都不相同。如果我们沿着基因组移动得更远，系谱将变得越来越不同直到 N_ec 大到使它们几乎不相关。

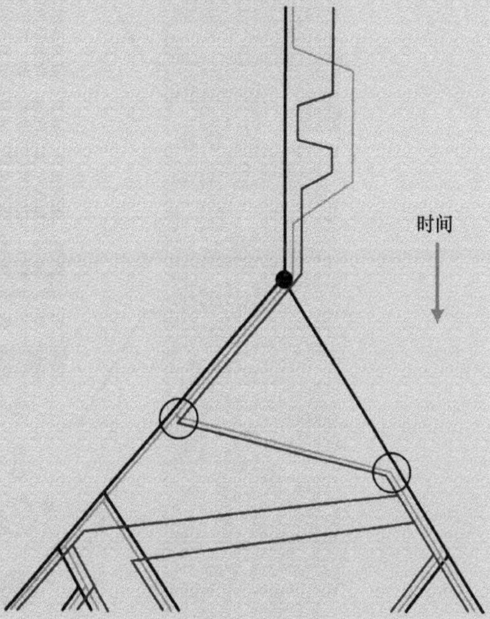

图 15.14　存在重组时的溯祖。

祖先的模式取决于每代发生的重组事件数，N_ec

系谱结构反映在所观察的 DNA 序列样本的变异模式中。在一项相当全面的研究中，研究人员获得了 20 个人类 21 号染色体的序列。这些染色体来自不同种族的人类个体，以期反映人类群体中的全部变异。通过对全长 21Mb 的序列进行测序，人们找到了 35 989 个 SNP，即每一基因座上存在两个或更多（偶尔出现）不同的碱基。这些可变碱基之间可以形成大量不同的组合。然而，在基因组的任何一个区域中，不同 SNP 都是高度相关的而且只会形成很少的几种组合或者称**单倍型**（haplotype）。例如，在一个 19kb 长的区域中存在 26 个 SNP，理论上可以形成 $2^{26}=6.7\times10^7$ 个可能的组合。因此，如果每个碱基对都有独立的祖先，我们可以预测群体中每条染色体都拥有不同的单倍型。事实上，在这段区域中只找到 7 个单倍型（图 15.15）。总体而言，通过将染色体分成一组不同区域，每个区域中只包含很少的单倍型，我们可以将序列变异描绘出来。这些不同 SNP 间存在的强相关性使得每个区域都能被一组少数可变 SNP 组合分开，这反映了基因组紧密连锁区域拥有共同祖先（图 15.11）。从实用的观点来看，这些区域结构允许我们通过确定不多的几个 SNP 来获知大部分的遗传变异。例如，确定 2793 个 SNP 就可以描绘出 81%的总体变异。通过这类分析鉴定出的区域并不能直接对应那些祖先相同的区域（图 15.11）。它们常常更大，因为大部分重组事件对系谱结构将产生难以被检测的微小影响。然而，这一研究连同其他研究一起表明相邻序列变异倾向于高度相关，这是由溯祖过程中随机遗传漂变造成的。

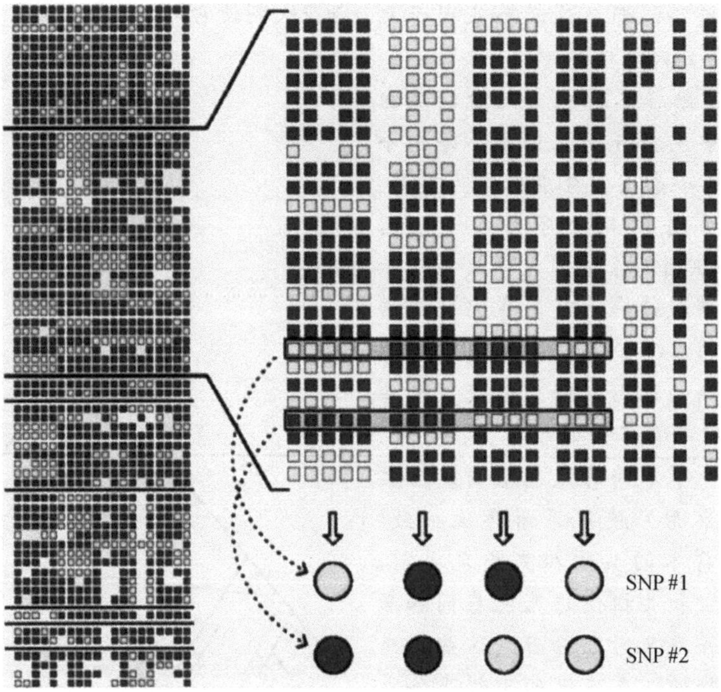

图 15.15　人类 21 号染色体上的单倍型结构。左侧 20 个纵列反映 20 条人类染色体上的变异。图中的横列对应 50kb 内的 69 个单核苷酸多态性（SNP）；黄色表示可变等位基因，而浅蓝色表示缺失数据。右侧图表示 26 个 SNP 构成的区域，定义了 7 个不同的单倍型。最初的 5 个纵列表示最常见的单倍型，接下来 4 个纵列表示次常见的单倍型，以此类推。这些单倍型中的大部分可以通过两个 SNP 确定，这两个 SNP 表示在右侧图最下两行：这两个 SNP 可以组成 4 个不同排列，反映出基因块中 4 类最常见单倍型的变化。

从有性真核生物（如人类和果蝇）中获得的序列常常不能直接看出重组事件发生在何处，这是因为相对于鉴定出的不同系谱结构，这些序列太相似了。但在原核生物中，重组的频率低得多而且介导的是亲缘关系很远的物种间水平基因转移。因此，具有不同历史的区域可以在某些时候清楚地区分开来。例如，在 *Neisseria meningitides* 中对青霉素的抗性是由从自然条件下具抗性的 Neisseria 中水平转移的一小段 DNA 序列决定的，这类物种间水平转移的 DNA 序列差异可以超过 20%（图 15.16）。在这里，通过转移一段序列产生出的抗生素抗性具有很强的优势效应因而是容易接受的。

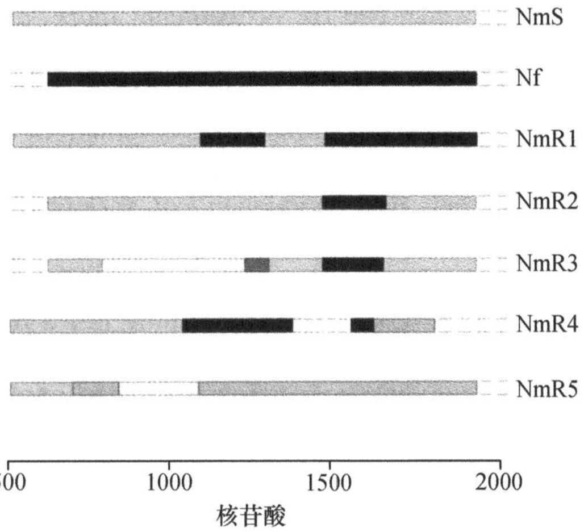

图 15.16 通过从自然抗性（但对自身无害）的物种 *Neisseria flavescents*（Nf）那里获得的一小段 DNA 片段（黑色），某些品系的病原菌 *Neisseria menigitidis* 进化出了青霉素抗性。两个物种间的高度分歧使得基因组中祖先不同的不同区域可以很容易鉴定。

在注解框 15.5 中，我们解释了两个连锁基因的祖先关系取决于有效群体大小与重组率的乘积，即 $N_e c$。换一种说法就是我们预期可以看到相互联系的基因距离 c 约为 $1/N_e$ 图谱单位。例如，从观察到的核苷酸多样性中推断的黑腹果蝇有效群体大小 N_e 约为 10^6。因此，我们预期果蝇基因中存在同样系谱结构的区域的大小将小于约 10^{-6} 摩尔根。在果蝇基因组中，不同区域的重组率变化是很大的，但平均下来大约是每代每碱基对 2×10^{-8}。因此，遗传图谱中距离为 $1/N_e$ 的区域对应的片段长度只有 50bp。当然，实际的区域长度变化很大，因为系谱的实际支长是变化的，而重组事件随机地发生在这些分支上，而且基因组中重组率也是变化的。不过，我们预期即便在编码单个蛋白质的一个基因中（也就是说，长度很短），也存在祖先不同的许多个区域（图 13.14），这使得基因序列的分析变得很复杂。重建整个基因的单个祖先系谱是不可能的，而且常常只有很少的序列变异性，以至于无法重建每个区域的单独系谱。这解释了为什么如此多的群体遗传学研究集中在线粒体 DNA 和 Y 染色体上，因为它们不会发生重组。

注解框 15.5 基因相关性的度量：连锁不平衡

许多群体遗传学理论假定在不同位点上的基因是随机组合的。这就是说，某个位点上基因出现的概率不受另一个位点上基因的影响。那么一个基因型的频率就将仅仅是基因频率的乘积（如携带基因 $A_PB_PC_QD_P$ 的配子频率是 $p_Ap_Bq_Cp_D$）。这种状态叫**连锁平衡**（linkage equilibrium）。它大大简化了群体遗传学。例如，在 10 个基因座上的等位基因可以产生 $2^{10}=1024$ 种单倍型；在连锁平衡条件下，这些单倍型的频率通过这 10 个基因的频率就可以计算出来。

我们如何度量不同位点上基因的相关性呢？假定我们有两个位点（A、B），第一个位点上存在基因 A^P 和 A^Q，而第二个位点上存在基因 B^P 和 B^Q。相对应的基因频率是 $p_A+q_A=1$，$p_B+q_B=1$。连锁不平衡的系数是通过实际的基因型频率同基因随机组合条件下计算出的基因型频率间的差异来表示的。因此，我们将 4 种基因型的频率写在下面：

A^QB^O	q_Aq_B+D
A^QB^P	q_Ap_B-D
A^PB^Q	p_Aq_B-D
A^PB^P	p_Ap_B+D

连锁不平衡的值变动范围取决于基因频率。很明显，D 的值不可能大到使 A^QB^P 或 A^PB^Q 的基因频率变成负值也不可能小到使 A^QB^O 和 A^PB^P 的基因频率变成负值。这些限制使我们很难在不同基因频率的群体间比较 D。有时，D 的值表示为基因频率计算出的最大值的相对值，即 $D'=D/D_{max}$，D' 值位于 -1 和 $+1$ 之间。另外，有时也用到一种相对系数

$$r=\frac{D}{\sqrt{p_Ap_Bq_Aq_B}}$$

这一值的范围也是 $-1\sim+1$。它有一个很有用的特性，可以用于重组和随机漂变的平衡中，当 r 的值是 0 时，它们的方差是 $1/(1+4N_ec)$。

连锁不平衡描述了群体中不同基因间相关性的强度。如果一个位点上的特定基因可以提高另一位点上某些基因的出现概率，那么我们可以说这些基因处于连锁不平衡中（图 15.17）。这个定义容易在两个方面被误解。位于不同染色体上座位中的基因彼此间也存在相关性，并体现出“连锁不平衡”，尽管它们根本不是连锁的。而且，尽管群体可以在多种进化压力共同作用下维持着某种恒定的“连锁不平衡”水平，但群体仍然到达了一种稳定平衡状态。这一定义是指统计学上的相关性，即描述基因组合的频率如何偏离单纯根据基因频率计算出的理论值。

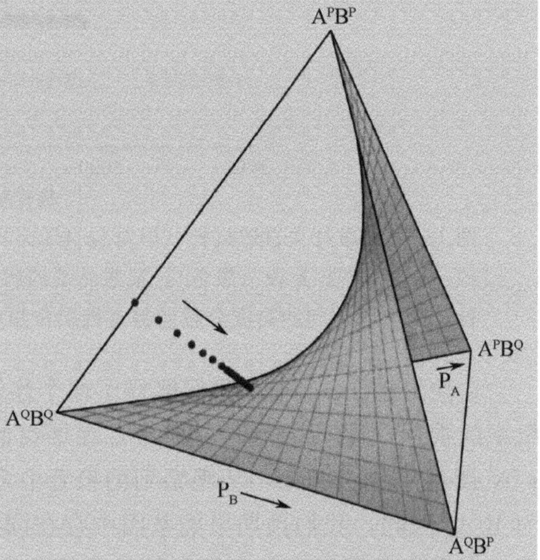

图 15.17 四面体的 4 个顶点分别对应群体固定在 4 种不同的单倍体基因型时的情形，而四面体内的点则表示 4 种基因型在群体中存在多态性时的情形。处于连锁平衡状态下的群体位于四面体中的曲面上；而处于正不平衡（如 A^P 与 B^P 相关，而 A^Q 与 B^Q 相关）下的群体则位于曲面的左侧，那些负不平衡下的群体则位于右侧。如果正的连锁不平衡是完全的，群体位于连接 A^PB^P 与 A^QB^Q 的线上（只画出两个这样的群体），负的完全连锁不平衡也是类似的情况。一系列的红点表示群体从完全不平衡状态下向连锁平衡状态进化的连续世代；$c=20cM$。

连锁不平衡可以度量两个位点间的相关性

我们已经知道单个遗传位点上的随机遗传漂变效应既可以影响未来的群体，即积累等位基因频率的波动，也能帮助我们推断群体的历史，即不同世系间的溯祖过程。同样地，影响基因间相关性的重组效应和随机遗传漂变也能影响群体的历史和未来。在前一节中，我们已知最紧密连锁的位点（C 约为 $1/N_e$）倾向于拥有共同的祖先。因而确定

的等位基因组合（如确定的单倍型）中可以发现彼此间存在相关性。在这一节中，我们将看到随着时间的推移，这些相关性是怎样演变的。

假设在位点 A 上出现了一个新突变。我们将其标记为 A^p；最初，它的频率将会是 $p_A=1/2N$。它将与附近特定的基因组合产生相关性，也就是说，在特定的遗传背景下。为了简化，我们关注在一个连锁位点（位点 B）上发现的突变 B^p，它的频率是 p_B。如果突变 A^p 发生在突变 B^p 的一侧，那么在开始时所有 A^p 突变都与 B^p 突变相关而二者组合 A^pB^p 的频率就等于新突变 A^p 的频率。现在，如果突变是随机组合的，我们可以推算出 A^pB^p 的频率是 p_Ap_B。在观察到的频率和推算出的频率之间的差异被定义为**连锁不平衡**（linkage disequilibrium）系数 D（见注解框 15.5）。在这个例子中，连锁不平衡 $D=(p_A-p_Ap_B)=p_Aq_B$，而 $p_B+q_B=1$。

重组对系数 D 的影响很简单：在经历了一个随机交配和重组的世代后，配子群体以系数 $1-c$ 减少连锁不平衡的程度。因此，在不连锁位点$\left(c=\frac{1}{2}\right)$间的连锁不平衡每世代减少一半，很快就下降到 0。而在连锁位点中，重组使连锁不平衡完全消失的时间大约是 $1/c$ 代。因此，只有当连锁不平衡的产生速率足够快时，群体才能在存在重组的情况下维持强的连锁不平衡。注意有时重组率使用 r 表示而不是 c；我们使用 c，是因为 r 也被用来表示连锁不平衡的度量（见注解框 15.5）。

连锁不平衡的降低速率可以被用来估计新基因的年代。利用这一方法估计基因年代的一个很好的例子是对人类 CCR5 基因中一个 32 碱基缺失（CCR5-Δ32）的研究。缺失可以导致人类趋化因子受体的丢失，这一受体是人类免疫缺陷病毒（HIV）进入细胞时必需的。结果就是缺失的纯合个体对 HIV 感染具有抵抗力，而缺失的杂合个体出现获得性免疫缺陷综合征的时间要比野生型纯合个体晚一些。在非洲人群和亚洲人群中没有发现 CCR5-Δ32 基因，而在欧洲人群中 CCR5-Δ32 基因的频率达到 10%。这里的问题是基因达到这一频率是通过随机漂变缓慢地提高的，还是由于需要抵抗某些历史中曾经出现的流行病造成的选择使这一基因的频率快速上升。通过检测两个高度连锁的微卫星标记来估计这一基因出现的年代，一个微卫星标记距离基因 0.72cM，另一个微卫星标记位于同一方向的 0.93cM 处。某种特定的微卫星基因组合出现在 86%的 CCR5-Δ32 基因中，但只在 36%的野生型 CCR5 基因中出现。如果缺失出现在基因组中时就带有这两个特定的微卫星基因，那么这种强相关性是很容易解释的。这种相关性有所减弱是因为群体中存在速率为每代 0.0093 的重组（图 15.18）。这些数据暗示突变出现在 30 代前（大约是 700 年前）并且由于强烈的选择而在群体中快速扩张；连锁的微卫星基因频率则通过搭车效应而增加。

与随机遗传漂变导致的基因频率随机波动类似，随机漂变也能导致连锁不平衡出现随机波动。特定的基因组合频率提高可能是简单地由于携带这一基因组合的个体偶尔留下了更多的后代。我们刚刚看到了一个极端的例子，当某个单独新突变出现在一个随机遗传背景下，它在一开始就与一个基因的随机组合存在完全相关。这些偶然出现的相关与那些在前一节中确定溯祖的相关是一样的：被发现存在相关的基因是因为它们碰巧出现在共享相同祖先的一部分基因组区域中。当随机漂变与重组间存在平衡时，两个基因

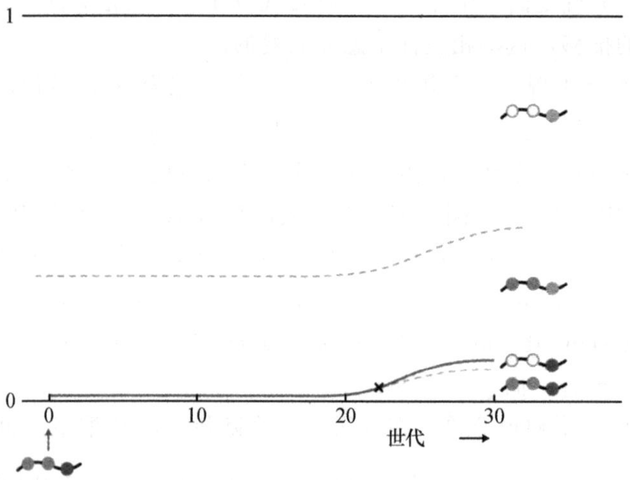

图 15.18 CCR5-Δ32 基因的年代可以通过两个存在相关性的微卫星标记估计出来。这个基因（红色）是由一个突变产生的，这个突变发生的遗传背景是存在频率为 36%的两个特定微卫星标记（绿色实心环；箭头的左下方）。突变基因频率在欧洲人群中增加到了 10%，而且仍然与最初的两个标记存在强相关。然而，可能发生了一个或更多的重组事件（黑色星状），因此导致现在某些 CCR5-Δ32 基因与不同的微卫星也存在相关。

间的平均连锁不平衡 D 的值为 0：重组对组合的选择没有系统偏向性，但 D 值的波动却存在一个与 $1/(1+4N_ec)$ 成正比的方差（见注解框 15.5）。就像我们在检测一对连锁基因祖先时看到的，关键的参数是重组率与群体大小的乘积 N_ec，这与整个群体在每代中发生的重组事件数量是成比例的。这便是随机漂变产生随机相关的速率（约为 $1/N_e$）与重组事件打断随机相关的速率（约为 c）之比。我们将会看到当考虑诸如选择与基因流等其他因素时，不同过程的相对速率间存在着类似的关系。

连锁不平衡的大小在基因组中变化很大

存在于连锁不平衡的方差与 $1/(1+4N_ec)$ 间的简单比例常被误解。实际的相关变化比估计的大得多，这是因为我们观测的样本有限以及基因组每个区域上偶然的进化历史（图 15.11 和图 15.14）。基因组中的区域具有不同祖先的说法更适合不同分离位点间相关的度量。从这方面考虑，我们可以看到基因组不同区域中核苷酸多样性水平 π 的变化是很突然的。尽管平均分歧 $\theta=4N_e\mu$，真实的分歧水平主要依赖每一时间分歧点上的系谱长度，也就是说，每个基因座位上的基因到其最近共同祖先的时间。因为单个的重组事件可以改变系谱的长度，所有观察到的分歧可以突然改变。这不一定反映任何真实的生物学差异，如突变率的改变。由于同样的原因，连锁不平衡水平的剧烈波动在某种程度上也没有精确反映出重组率的变化（图 15.19）。进化过程的极度随机性使得简单推理 DNA 序列数据的做法大都是无效的。

在每段基因组进化历史中的连锁不平衡关系可以通过研究人类基因组来了解。核苷酸多样性 π 的平均值是 0.0008，但在基因组不同区域中变动的范围可以有 10 倍之多。

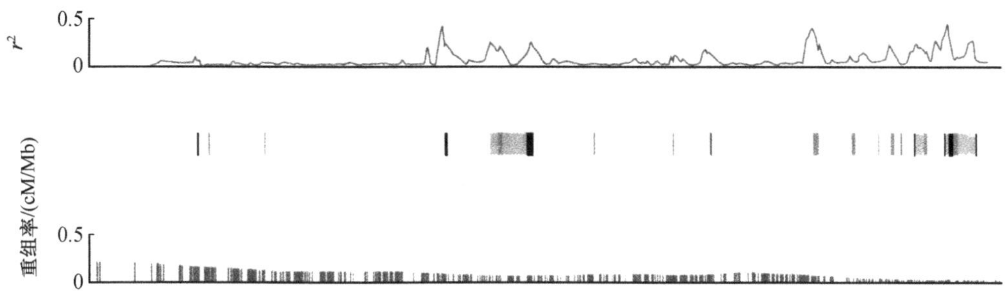

图 15.19　在人类 19 号染色体短臂上存在的连锁不平衡（LD）变化。最上部表示 r^2（见注解框 15.5），通过 500bp 长的“滑动视窗”来度量。中部画出的阴影密度表示过度的 LD 出现的统计显著性（灰色代表 $p<10^4$）。最下方表示的是从这些数据中估算的重组率。

分歧的程度在几千碱基对远的邻近区域中存在很强的相关（图 15.20A）。现在，我们将看到根据估计得出的中性分歧应等于 $2\mu\tau$，这里的 τ 是距两个基因共同祖先出现时间的平均值。在单个群体的简单溯祖模型中，τ 的平均值等于 $2N_e$，但所有的因素都能改变这一关系（选择、群体结构等）。在核苷酸多样性上的局部变化主要反映了溯祖时间 τ 的变异而非突变率 μ 的变异。

在基因组相邻区域间的溯祖时间相关程度（图 15.20A）反映出紧密连锁位点间系谱结构的相似性（见注解框 15.4）。根据预测，当基因组区域中的重组率较低时，相关程度应当较高并且影响的基因组区域更大。从观察到的溯祖时间相关性中推断出的连锁不平衡的模式与通过检测 2745 个 SNP [图 15.20B（红色、蓝色）]推算的实际连锁不平衡水平吻合得相当好。然而，溯祖时间 τ 上的相关性和配对连锁不平衡影响的基因组区域比在一个均匀混合群体中根据单一重组率构建的简单模型所预测的要大一些。二者影响的基因组区域都能达到 20kb 的尺度，而非根据简单公式 $r^2\approx1/(1+4N_ec)$ 所预测的

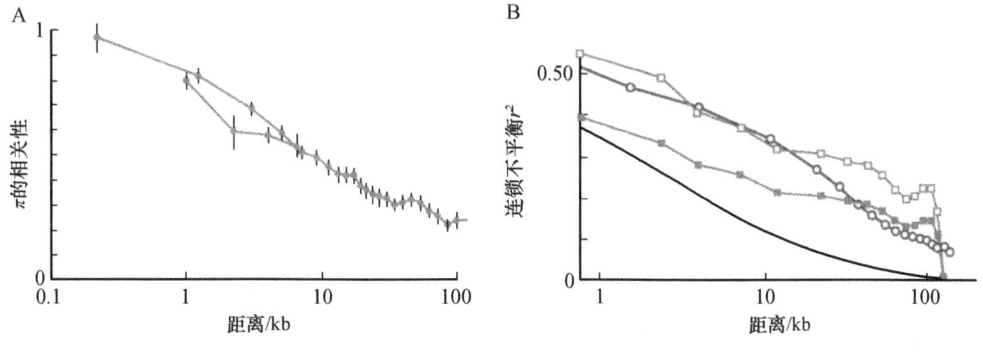

图 15.20　根据进化历史中的变异预测基因组中的连锁不平衡。(A) 相隔不同距离的基因组区域中核苷酸多样性的相关性。两条线表示两组单核苷酸多态性数据，二者符合得很好。(B) 红色的线条表示观察到的连锁不平衡（r^2）随位点的距离而变化。这是与从 A 中推断的进化历史共享情形预测的结果（较高的和较低的线条，蓝色）的比较。在 B 中的理论预测（黑线）是基于一个假设恒定群体大小和单个重组率的简单模型。

几千碱基对大小（图 15.20B 中的黑线）。类似的差异也可见于黑腹果蝇中。如果重组存在“热点”，由此导致的在长片段的基因组中维持强的连锁不平衡而不会在减数分裂中打断就可以解释这一差异。另外一种解释是直到最近，人类群体中一直存在着较强的群体分化，当将存在遗传分歧的群体混合时会产生强的连锁不平衡。在目前，人们还不清楚这两种解释中的哪一种更重要一些。

连锁不平衡既能使 QTL 研究变得更容易也能使它变得更难

理解连锁不平衡模式对研究数量性状的遗传基础是很重要的，尤其在通过疾病与遗传标记相关性寻找人类疾病遗传基础的研究中。不同基因间的相关性既能有助于寻找数量性状变化的遗传基础研究，也可以使这一研究变得更难。一方面，如果遗传变异是被整合到某个只有很少组合的区域中（如在很少的单倍型中），那么只需检测该区域中几个很少的位点便能发现变异（图 15.15）。另一方面，如果我们发现一种遗传疾病与一些单倍型间存在相关性，那么想要进一步确认哪个特定位点决定了遗传差异是不太可能的。这里至少存在两个困难。首先，虚假的相关性可以存在于距离真实致病位点很远的位点上，这可能是由于取样误差，或是由于进化过程中的随机性，或是由于两个遗传距离很远的群体混合造成的长距离上的强相关性。其次，一些位点可能通过复杂途径共同影响总的性状（回忆之前提过的果蝇中的 *Adh*；图 14.27）。在第 26 章中，我们将以人类为例进一步讨论这些困难。

与连锁不平衡对我们研究所造成的困难类似，它也能导致性状的多变，所以也能隐藏自然选择的效应。如果某个特定变异增加生物的适合度，那么所有连锁位点的频率将随之上升，即便一些位点可能会是轻微有害的。在第 23 章中，我们将解释随机遗传漂变偶尔产生的相关性如何干扰选择以及如何作为性别与重组普遍存在的一个重要原因。

小结

随机遗传漂变是由适合度的随机变异造成的。我们将适合度定义为生物经历一代后留下的后代个数。因为单个基因的适合度必然存在随机性，基因频率同样随机波动。在 Wright-Fisher 模型中，基因频率的方差增加速率是每代 $pq/2N$，基因的频率是 $p+q=1$，而群体中存在 N 个二倍体个体。在其他模型中，基因频率的方差增加速率是 $pq/2N_e$，N_e 是有效群体大小。

在任何有限群体中，近亲间的交配（近交）是不可避免的，因而随着我们回溯时间，祖先个数是减少的。因而从越来越少的祖先基因传递而来的基因将出现同一性。古老世系发生共祖，并且最终回溯到单一共同祖先基因上。溯祖过程可以描述这一现象，每代中的任意两个世系有 $1/2N_e$ 的概率发生溯祖。一般来说，一组基因样本可以在 $2N_e$ 代的时间中快速溯祖到两个祖先世系上，但需要另一个 $2N_e$ 代的时间才能进一步溯祖到单个共同祖先世系上。然而，这一过程是高度可变的。

在中性理论下，分子进化受突变与随机遗传漂变的影响。突变造成的世系分化速率就等于突变速率 μ，这为“分子钟”提供了一个简单的解释。群体中变异的量用 θ 表示，$\theta = 4N_e\mu$，这也可以度量突变与随机漂变的相对速率。事实上，在大种群物种中的变异程度远远低于简单中性理论预测的值。这可能是因为剧烈的群体瓶颈效应或是优势基因突变降低了连锁位点上的变异（搭车效应）。

在有性群体中，重组将基因组分成许多具有不同祖先的区域模块。相应地，序列变异也表现出模块化的模式，因而每个区域中只存在很少几个不同的单倍型。基因间的强相关性被称为连锁不平衡；连锁不平衡是很重要的，因为它导致了搭车效应，同时又是研究数量变异基因和人类致病基因的基础。

延伸阅读

Crow J.F. and Kimura M. 1970. *An introduction to population genetics theory*. Harper & Row, New York.

讲解随机漂变的群体遗传学的经典教科书。它是了解等位基因频率的漂变及近亲繁殖的最好参考书，但文中并没有涉及近来关于溯祖过程的进展。

Felsenstein J. 1978–2007. *Lecture Notes in Population Genetics*. http://evolution.gs. washington.edu/pgbook/pgbook.html

一本介绍随机遗传漂变的极好的书。

Gould S.J. 2000. *Wonderful life: Burgess Shale and the nature of history*. Vintage, New York.

在Gould的文献中对进化随机性的描述是基本主题。这是相关文献中的一本(然而Gould对Burgess Shale fauna的解释是具有争议的)。

Hudson R. 1990. Gene genealogies and the coalescent process. *Oxf. Surv. Evol. Biol.* **7:** 1–44.

一篇清晰阐述溯祖过程，包括其包含重组时的延伸的综述。

Kimura M. 1983. *The neutral theory of molecular evolution*. Cambridge University Press, Cambridge.

Kimura关于中称进化的理论。他同时也介绍了突变与随机漂变的相互作用。

Reich D.E., Schaffner S.F., Daly M.J., McVean G.A.T., Mullikin J.C. et al. 2002. Human genome sequence variation and the influence of gene history, mutation and recombination. *Nat. Genet.* **32:** 135–142.

根据发展的人类基因的基因序列而进行的对人类单核苷酸多态位点大规模数据的上乘分析。

Rosenberg N.A. and Nordborg M. 2002. Genealogical trees, coalescent theory and the analysis of genetic polymorphisms. *Nat. Rev. Genet.* **3:** 380–390.

一篇简要介绍用溯祖过程描述谱系的方法及其在理解遗传变异的应用的文章。

Wakeley J. 2006. *Coalescent theory: An introduction*. Roberts and Company, Englewood, Colorado.

一篇对溯祖过程的极好综述。

Wall J.D. and Pritchard J. 2003. Haplotype blocks and linkage disequilibrium in the human genome. *Nat. Rev. Genet.* **4:** 587–597.

一篇对近来在人群连锁不平衡研究的综述，如在图15.15和图15.19中所展示的。

第 16 章

群体结构

到目前为止，我们都是将群体视为一个单独的均一基因库。因此，我们需要了解的只是不同基因或是基因型的比例（如等位基因频率或是基因型频率）。我们假设每一个体都是以相同可能性交配或影响其他个体，而且所有个体的生存环境都是相同的。符合这些条件的群体叫做**随机交配群体**（panmictic）。

但真实群体并不是这样简单的。它们分布在很广的地理区域中，彼此间群体密度不同并存在迁徙屏障，而且需要面对不同的环境条件。由于存在空间分布，群体可能会稍微偏离随机交配群体。个体倾向于与同一栖息地、相等社会地位或是年龄相当的个体交配。我们将任何偏离理想随机交配群体状态的群体称为**结构化群体**（structured）。在这一章中，我们将关注**空间结构**（spatial structure），但我们所介绍的理论也可以应用到其他结构中。

进化中的许多关键问题的解决取决于群体结构。物种是否适应当地的环境？单个种群可以分化成不同的物种吗？优势基因是如何扩散的？这些问题都与选择有关，但我们将在下一章讨论这个问题。在本章中，我们将介绍基因流的概念，并解释它是如何工作的，以及它是怎样影响突变、重组，特别是随机遗传漂变从而改变中性变异的。我们将看到基因在空间中的分布方式能够告诉我们多少关于群体的知识，包括群体的历史、群体迁移速率和群体密度。在第 25 章中，我们将了解如何利用这里介绍的原理来解释人类自身的群体结构。

基因流

自然群体并不是一个均匀混合的基因库

所有的生物群体都是一个**结构群体**（structured population）。在那些迁移能力很小的生物群体中可以观察到明显的空间结构，这里的迁徙能力很小是指相对于物种总的分布，个体能迁移的距离是很小的（如蜗牛或是无飞行能力的昆虫）。但是，即便迁徙距离常常很远，有一些物种仍然会每年回到同一地点繁殖后代（如黑脉金斑蝶、鲑鱼或雨燕）。如果根据一个较小的尺度标准，微生物的生存区域也是局限在培养基表面或是岩石表面上的。在本章的后面，我们将讨论人类脾脏中寄生的 HIV 病毒群体在几毫米尺度上的空间结构。

遗传多样性表现在所有类型的空间结构中。在不同地方群体的基因频率或数量性状是不定变化的（图 16.1B）。另外，基因频率和性状是逐渐变化的，这种模式被称为**渐变**（cline）。变化的空间范围可以从几千千米到几百米或更小（图 16.1C；同时见图 18.13～图 18.17）。空间模式是明显随机的还是平滑渐变的，这可能与任何明显的环境特征没有相关性（图 16.1C）。但是，空间结构也可能与一些环境变量之间存在密切联系。我们已经介绍了人类镰状红细胞血红蛋白基因的例子，发现这些基因的地区一般是疟疾高发区。在蜗牛 *Cepaea nemoralis* 中，其黏合模式与植物类型间存在一个精细尺度的相关性，这能使蜗牛更好地伪装自己。另外，生活在更阴冷环境下的蜗牛倾向于拥有颜色更深的背壳，因为它们需要从太阳吸收更多的热量（图 16.1B）。在许多哺乳动物中，外表颜色的改变与栖息地环境间也存在类似的关系，并且表现出明显的渐变模式（图 18.12）。

为了理解这类模式，我们必须考虑一种我们还没有提到过的进化动力：**基因流**（gene flow）。动物为了繁殖后代和寻找食物常常从一个地方迁徙到另一个地方；花粉和种子可以通过风或动物携带至遥远的地方；细菌可以通过空气或水传播，也可以被它们的动物宿主携带至不同的地方。不论哪种机制，基因可以在不同世代间改变它们的地理分布。这类迁徙被称为基因流。

基因流使群体变得均质

在不同地方间流动的基因带来一个简单的效应：它使群体的不同部分变得越来越相似。如果只有基因流作用，它可以最终产生出均质的群体。在这里我们将介绍如何度量基因流的速率以及它的效应。

最简单的例子是**岛屿模型**（island model）：单独的本地群体接受一些从外界“大陆”群体中迁徙来的个体。这种本地群体常被定义为一个**同类群**（deme）。在每一代中，本地群体都有 m 部分的基因来自外部群体，而剩下的（$1-m$）部分则来自本地的同类群。这种混合产生的简单效应就是每一世代中外界群体与本地群体间的基因频率差异以系数（$1-m$）的速度下降。举例来说，当每一世代有 10%的基因来自外界（如迁徙率 $m=0.1$），在一系列世代中，基因频率的差异将以系数 0.9、0.81、0.729、…的速度下降，而经过 10 代以后，下降速度的系数变成约 0.35。大体上，我们可以预测差异经过大约是 $1/m$ 的时间后就将变得非常之小：也就是说，如果 $m=0.01$ 那就是 100 代左右，如果 $m=0.001$ 则是 1000 代左右，以此类推（见注解框 16.1）。

最简单的岛屿模型可以很容易地衍生出描述任何数目同类群间迁徙的模型。我们需要的仅仅是知道每一代中从所有潜在同类群中获得的基因比例。多个同类群基因流的效应在本质上与单个岛屿模型没有区别；也就是说，差异仍然是以迁徙基因部分成反比例

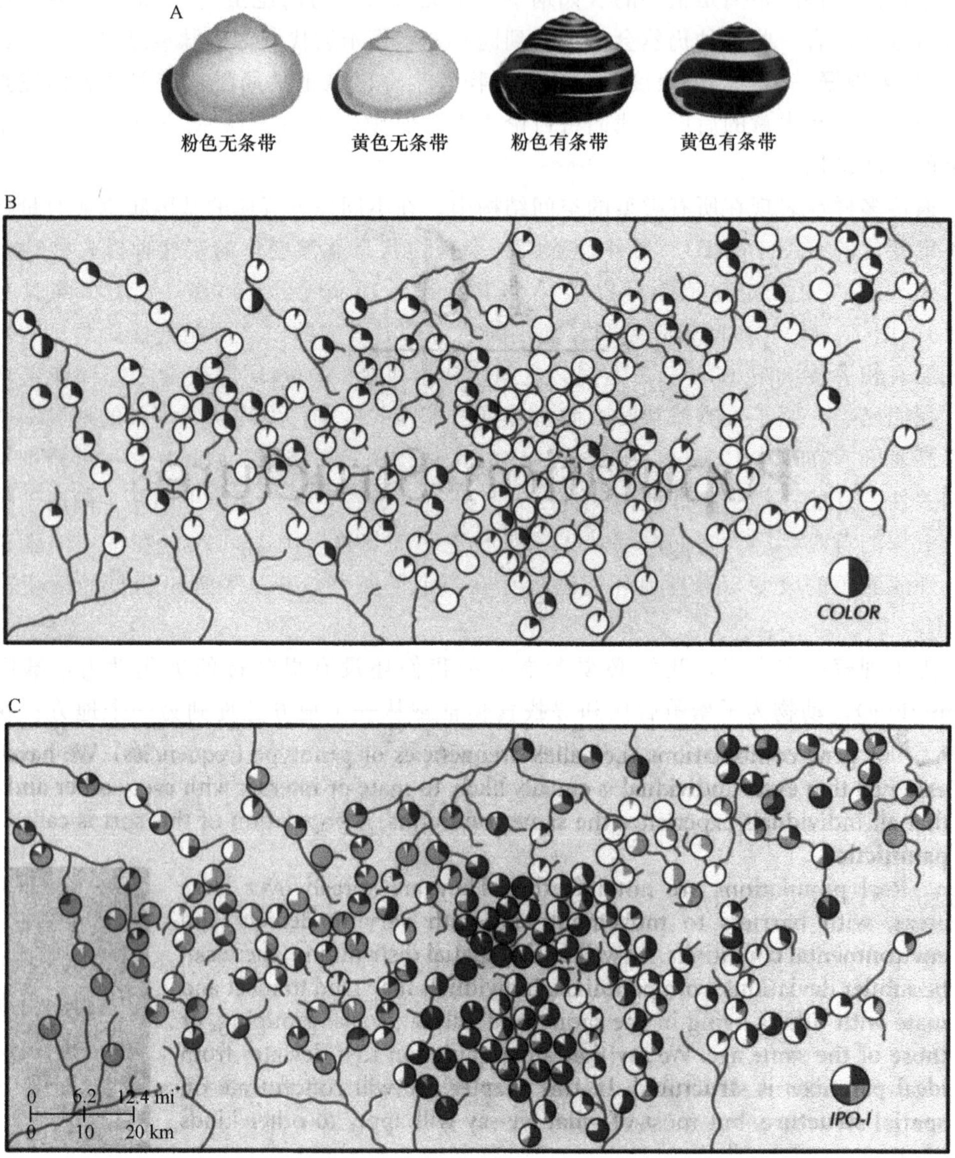

图 16.1　(A) 蜗牛 *Cepaea nemoralis* 的背壳颜色和黏合表现出高度的多态性。在比利牛斯山区(法国与西班牙交界处)的不同地区中，这些表型是不定变化的 (B)。深色的背壳在较冷的地区出现较多，这是因为那里的蜗牛需要从太阳那里获得更多的热量。(C) 相反地，异型酶位点上的基因频率变化是大尺度的：东部、中部和西部群体具有显著不同的基因频率组合，互相之间存在相当剧烈的渐变。这反映了这些群体的起源历史。B 表示黄色背壳的基因频率，而 C 表示靛酚氧化酶位点 *Ipo*-1 上 4 种基因的频率。＊1mi＝1.690 34km。

的速率下降。这些模型可以在我们拥有详细迁移速率信息时使用，如从居民的出生地和死亡地的历史记录中获得信息时。然而在大部分例子中，想要获得这类详细信息是不太可能的。

注解框 16.1　岛屿模型中的基因频率

每一代本地"岛屿"群体都有 m 部分的基因来自外部"大陆"群体。剩余的（$1-m$）部分则来自本地群体自身。在 t 时间，本地群体基因频率是从两个不同群体得到的基因频率的简单混合：

$$P_t = mp_m + (1-m)p_{t-1}$$

式中，p_m 是外部群体的基因频率；p_{t-1} 是前一个世代的本地群体中的基因频率（图 16.2）。每一世代中外界群体与本地群体间的基因频率差异以系数（$1-m$）的速率下降：

$$(p_t - p_m) = (1-m)(p_{t-1} - p_m)$$

因此，基因频率差异的下降大约是指数性的，其系数是每代的迁移率 m：

$$(p_t - p_m) = (p_0 - p_m)(1-m)^t$$
$$\approx (p_0 - p_m)\exp(-mt)$$

注意（$1-m$）^{t} 大约等于较小 m 的 exp（$-mt$）［见第 28 章（在线）］。

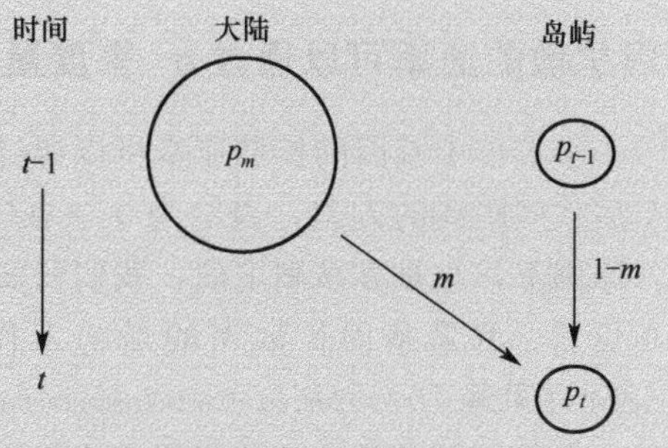

图 16.2　岛屿模型。

幸运的是，我们只需通过一个简单的近似便可以研究从一个群体范围扩展至大空间区域中的基因流速率。假设一组基因在开始时位于同一区域。而每一个基因都将传播到一个新的地方，因此在一代以后，基因将出现一些分布模式。这一分布的形状可能是复杂的，大部分个体一般不会远离出生地而有一些个体可能传播得较远（图 16.3）。对一世代中群体迁徙的完整描述需要了解整个分布。然而，当我们在基因经历了许多代的迁徙后再来观测它的分布，我们将发现基因的分布模式是一个**正态分布**（normal distribution）。如果没有任何迁徙方向上的偏好，那么这个分布的平均值为 0，而方差值则是与时间成正比例增长的（图 16.3）。

与考虑一个基因集合的分布不同，我们考虑的是单个基因的迁徙情况（图 16.3）。

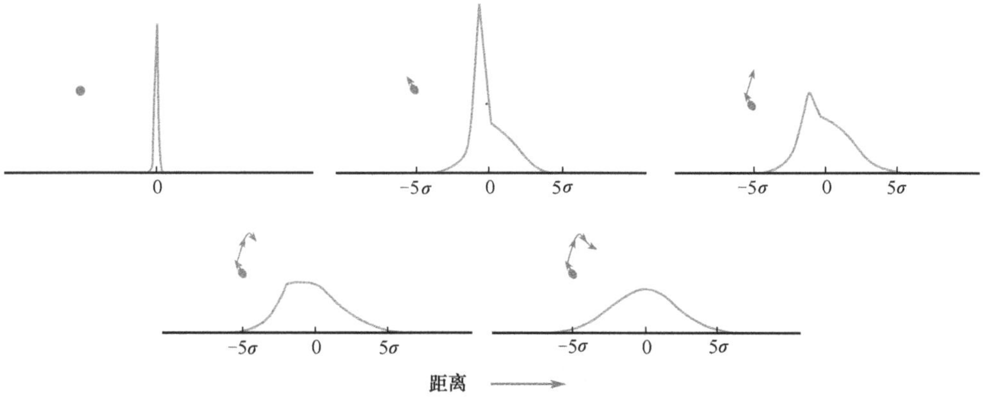

图 16.3　箭头表示一个基因在二维的栖息地间随机迁徙 0、1、2、3、4 个世代的情况。在第一代时，基因位置的分布可能是复杂的（左上），但很快总的随机迁徙达到了一个正态分布（底部）。在分布中只表示沿 x 轴的迁徙情况。

在 t 世代后，它的位置是每一个世代中随机迁徙的总和：$x_1+x_2+\cdots+x_t$。如果这些迁徙彼此间是独立的，那么它们的总和就符合一个正态分布，方差大小是 $\sigma^2 t$［见第 28 章(在线)］。基因长距离迁徙的近似值被称为**扩散近似**（diffusion approximation）。它与那些用来描述化学扩散的近似值是类似的。在大尺度上，分子浓度是均匀扩散开的，但在小尺度上，我们看到的是单个分子的许多次随机运动。类似地，基因流造成的大规模群体中基因频率长期变化是平稳的，但实际上是许多个体运动的累积效应造成的。

基因扩散的速率可以通过 σ^2 来度量

一个群体中基因的扩散速率可以通过一个单独的参数来度量：在一个世代后，父母本与后代间距离的方差，表示为 σ^2。在二维迁徙中，度量的是所感兴趣的方向上的距离。原则上，它是容易测定的：我们只需简单地追踪个体并找出一个世代后它们后代的分布位置。测量基因扩散率的最初工作之一是由 Theodosius Dobzhansky 和 Sewall Wright 在果蝇 *Drosophila pseudoobscura* 中进行的。在一系列的实验中，他们释放了 14 026 只标记了黄眼突变的果蝇并在接下来的几天中追踪这些果蝇（图 16.4）。在一次实验中，由一系列陷阱捕获的果蝇标记出的距离方差每天增长 4600m^2。假设只有成年个体在迁徙，而它们的生活史一般是 4.5 天，那么我们可以估算出基因流的速率 σ^2 是每代 $21\ 000\text{m}^2$，相应的标准差 $\sigma=\sqrt{21\ 000}=145\text{m}$/代（图 16.4B 中的蓝线）。

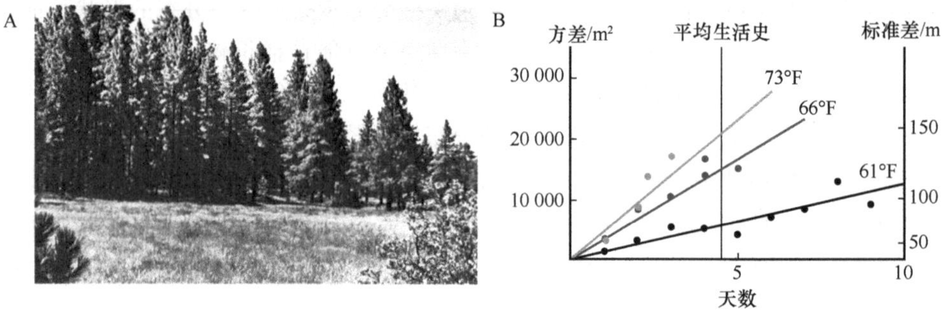

图 16.4　Dobzhansky 和 Wright（1943 年）通过在加利福尼亚的 Sierra Nevada 放飞有标记的果蝇 *Drosophila pseudoobscura* 测量了它的扩散速率（A）。在接下来的几天中，这些果蝇被一系列的陷阱捕获。图（B）表示的是果蝇分布方差是如何随时间而增长的。这三组点表示在同一个夏天的不同时间进行的重复实验结果：温度的上升可以极大地提高飞行的速度。通过假定果蝇的平均生活史（垂直线）是 4.5 天来估计基因扩散的速率。

在实际操作过程中，对基因流的直接测量存在很多困难。

- 生物运动速率易受局部条件影响（如在图 16.4B 中影响因素是环境温度）。
- 对个体做标记或观测可能会产生干扰；Dobzhansky 和 Wright 实验中所用的眼睛颜色突变标记可能会影响果蝇的视觉从而改变果蝇的行为。
- 即便实验中追踪的样本规模很大、调查的地区也很广，仍可能遗漏偶尔发生的长距离迁徙事件；而这些事件可能贡献了大部分的迁徙距离方差。
- 很难追踪整个世代的个体并调查哪些个体是迁徙出来的后代而哪些个体则是由这些后代繁殖产生的。

由于这些原因，直接测量基因流是不可能准确的。在本章的其他部分，我们将介绍怎样从遗传变异模式中间接推断基因流速率。

扩散是一个缓慢过程

我们已经知道基因在经历了 t 世代传播后的空间结构是一个方差为 σ^2 的正态分布。因此，基因在每代中迁徙距离的标准差是 $\sigma\sqrt{t}$ 。例如，无飞行能力的蝗虫 *Podisma pedestris*（图 16.5）每世代迁徙的距离大约是 20m（更科学的说，每世代 $\sigma^2=400\text{m}^2$）。因而 100 代后，基因扩散的距离大约是 $20\sqrt{100}=200\text{m}$，而 10 000 代后大约是 $20\sqrt{10\ 000}=2\text{km}$。这一过程是很缓慢的，因为基因迁徙的方向是不确定的而且很可能来回运动（图 16.3 中的套在大图中的小图）。

图 16.5　成年的雌性蝗虫 *Podisma pedestris*。

通过研究两种遗传差异明显的群体之间的混合而非某个基因传播模式可以很好地看出扩散的缓慢。首先出现一个平滑的渐变，然后慢慢地变宽。在 t 时间后，渐变的宽度将会是 $\sqrt{2\pi\sigma^2 t}$ 。这一值的增长只依赖于时间的平方根，所以混合的速度将越来越慢（图 16.6）。例如，自从最近一个冰期结束后，两个 *P. pedestris* 的染色体种系在冰河时期的阿尔卑斯山区混合的时间超过了 10 000 代（这一物种的生活周期是 1 年，也就是每年一个世代）。如果它们简单地混合在一起，那么它们之间的渐变宽度大约仅仅是 $\sqrt{2\pi(400)\times(10\ 000)}=5\text{km}$。而实际的宽度远远小于这个值，大约只有 800m，这暗示一些更快速的过程在维持两种群体的分离。在第 18 章中，我们将看到狭窄的渐变是如何维持的，而在第 19 章中，我们将利用这些理论来将中性混合与其他方式区分开来。

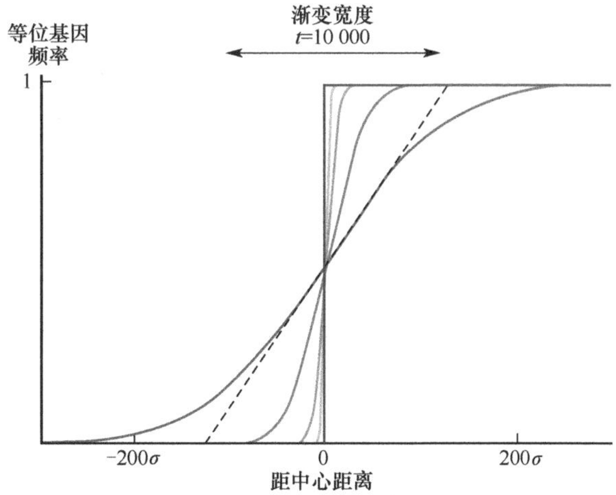

图 16.6　两个固定等位基因群体之间产生明显区别，随后二者之间的基因流将使渐变区域变宽。该图表示 1、10、100、1000 和 10 000 代后的渐变情况，渐变的值 $\sqrt{2\pi\sigma^2 t}$ 分别是 2.5σ、7.9σ、25σ、79σ 和 250σ（红色线、绿色线、紫色线、蓝色线和橙色线）。渐变的宽度是由最陡部分的切线定义的（虚线），图中箭头指示 $t=10\ 000$ 代时的渐变宽度。

这些计算表明扩散是极其缓慢的。我们知道阿尔卑斯山在 10 000 年前是被冰层覆盖的，因此这里的生物必定是快速迁徙到此处的，因为被动的向北迁徙的速度太低了。扩散模拟在很短的时间内（就是指几百代的时间）是很准确的，但从长远来看，基因的扩散依赖于整个群体在大尺度上不可预测的扩张和收缩，而非随机的局部运动。在接下来的部分中，我们将了解遗传模式是如何帮助我们推测古代历史的。

基因流与其他进化力量的互作

随机遗传漂变产生地理变异

如果只存在基因流，那么群体将最终演化成一个均一群体。因此，如果有额外的机制导致分歧的话，我们就会看到一些有意思的模式。在这一章的剩余部分中，我们将了解随机遗传漂变如何导致分歧的产生。随机遗传漂变可用来描述等位基因频率的波动或者作为祖先世系溯祖的一个过程（见第 15 章）。在这一节中，我们将介绍随机漂变与基因流如何相互平衡并产生等位基因频率的变异以及如何利用这一变异推算两种机制的相对速率。在下节中，我们将利用另一种不同的方式，即通过物种祖先世系在物种范围内的变动来研究随机遗传漂变。

假设存在一组很小的群体或同类群，每一个的起始频率都相同。如果它们之间产生隔离，那么它们将分别漂变直到最终不同的等位基因固定在不同群体中（回顾注解框 15.1 以及图 15.3）。现在假设每个同类群每一世代中都从其他同类群那里接受 m 部分的基因。这是对注解框 16.1 中介绍的单个岛屿模型的扩展；迁移群体不仅仅来自“大陆”群体，而是来自所有同类群以相等比例贡献产生的一个流动基因库。这样的一组同类群被称为**联种群**（metapopulation）。基因交换将使同类群之间相似度上升并平衡随机遗传漂变产生的分歧。这样的一个群体在总体上处在一个基因频率的平衡分布中（图 16.7）。

不同同类群间的基因频率差异取决于每个同类群的**有效群体大小**（effective population size）与迁徙率的乘积 $N_e m$（见注解框 16.2）。这可以度量随机遗传漂变影响下的基因流速率，这与度量漂变条件下的突变率 $N_e\mu$ 或漂变条件下的重组率 N_eC 的方法是一致的。参数组合 $N_e m$ 的解释很简单：每一代迁徙至群体中的有效个体数目。因此存在随机遗传漂变时，很低的迁徙率仍能使群体的遗传差异变得相似，原因很简单：在适宜的大规模群体中，随机遗传漂变是一个很缓慢的过程。如果每一代迁徙的个体数不算少，那么同类群间的基因频率变异程度将会很低。例如，如果 $N_e=10\ 000$ 而 m 值是 0.01，那么 $N_e m=10$，这已经足够维持同类群间基因频率的相似了。

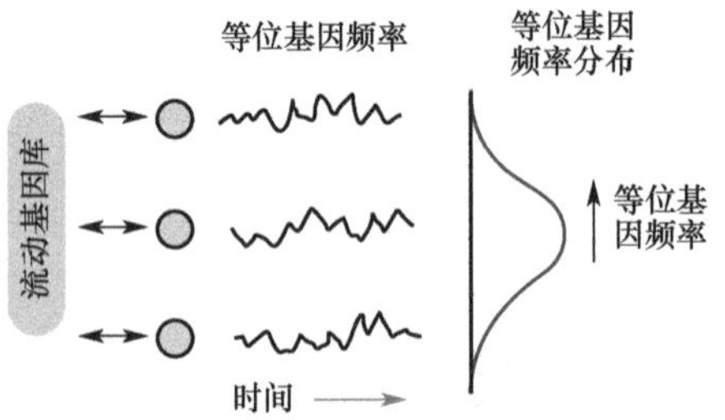

图 16.7　在岛屿模型中，同类型交换的基因来自一个流动基因库（左侧）。单个同类群中等位基因频率波动是随时间随机产生的（中间），但群体在总体上则达到了一个稳定的统计学分布（右侧）。

注解框 16.2　岛屿模型下的等位基因频率方差

假定存在许多同类群，它们的起始基因频率都是 P_0。由于群体在总体上看是一个大规模群体，那么平均基因频率将保持恒定（或者至少波动很小）。然而，在同类群基因频率之间存在某种分布（图 16.8A），在 t 时的方差为 V_t。我们在注解框 15.1 中已知，随机遗传漂变每代增加方差

$$V_{t+1}=V_t+\frac{\mathrm{E}[pq]}{2N_e}$$

$$=V_t+\frac{(p_0q_0-v_t)}{2N_e}$$

式中，$q_0=1-p_0$。基因 m 部分来自其他地方；平均下来，这些迁移个体携带的基因频率是 p_0。任一同类群中基因频率的偏差下降的系数是 $(1-m)$（见注解框 16.1）。因为我们将方差定义为偏差的均方差，基因流降低方差的效应系数是 $(1-m)^2$。综合以上，我们可以得到

$$V_{t+1}=(1-m)^2\left(V_t+\frac{(p_0q_0-V_t)}{2N_e}\right)$$

我们可以将同类群间方差变化趋向的平衡状态表示为 $V_{t+1}=V_t=V$。对小的 m 值和大的 N_e 做一很好的近似可得

$$V=\frac{p_0q_0}{1+4N_em}$$

同类群间的变异 V，与基因频率间可能的最大方差 p_0q_0 的相对值可以通过 Wright 的 F_{st} 值来度量

$$F_{st}=\frac{V}{p_0q_0}=\frac{1}{1+4N_em}$$

我们在这里不考虑突变，尽管当变异长时间维持时会产生一些突变。但是突变常常比迁徙罕见得多（$\mu\ll m$），而且对不同同类群间差异产生的影响是微不足道的。大约经过 $1/m$ 世代后，同类群群体快速达到稳定状态的分布，而分布的方差是 N_em。接下来，整个群体受突变率和有效群体大小的影响产生的演化是非常缓慢的（图 16.8C）。

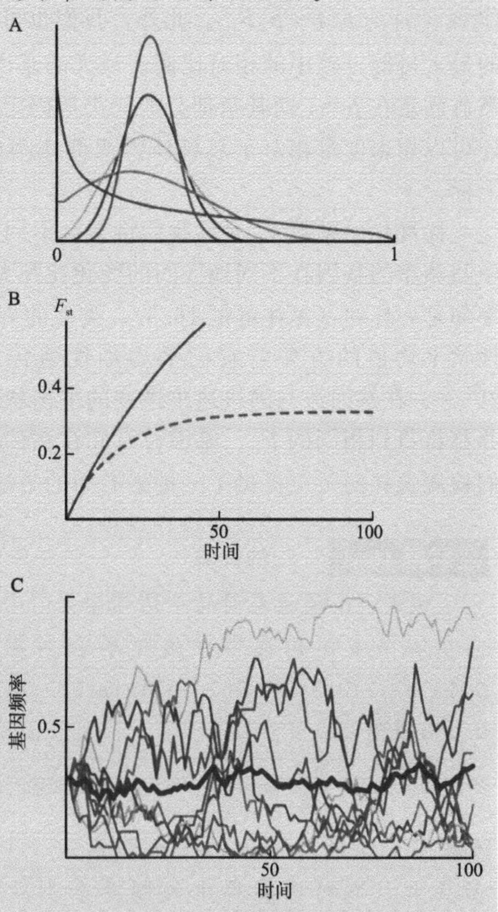

图 16.8　（A）一组同类群中基因频率的分布，每一个同类群的有效群体大小 $N_e=25$ 而交换迁徙率是 $m=0.02$。所有的同类群起始基因频率 $p_0=0.3$；图中分别表示 1、2、4、10 和 100 代时的分布（分别用红色、深绿、绿色、蓝色和紫色的线条表示）。（B）随着时间而增长的基因频率方差 $F_{st}=\mathrm{var}(p)/p_0q_0$。粗线表示当迁徙不存在时 F_{st} 是如何趋近 1 的；虚线表示在漂变和基因流相平衡时，F_{st} 所到达的平衡值 $1/(1+4N_em)=0.333$。（C）一个包含了 10 个同类群基因频率的例子。10 个同类群组成的大群体中的平均漂变是非常缓慢的（黑线）。

F_{st}是衡量不同同类群间遗传变异的标准值

不同群体间的遗传分歧程度是通过系数 F_{st} 来衡量的。在任何存在随机遗传漂变和基因流的模型中，某个基因频率的总方差是与 $\bar{p}(1-\bar{p})$ 成比例的 $\bar{p}$，所以我们可以写作 $\mathrm{var}(p)=\bar{p}(1-\bar{p})F_{st}$。此外，我们也可以将 F_{st} 看做在一个均值为 $\bar{p}$ 的等位基因频率的最大可能方差中的相对比例。最大的基因频率方差是 $\bar{p}(1-\bar{p})$，这是当 $\bar{p}$ 部分的同类群固定在 $p=1$ 而其余部分的同类群固定在 $p=0$ 时出现的［见第 28 章（在线）］。F_{st} 还可以用来度量相对于总群体，亚群体间的遗传变异所占比例，即 Wright 所用的 ST 下标。

标准化的系数 F_{st} 允许我们将来自不同频率的不同等位基因信息综合在一起。处于中间频率的基因在不同地区间的变化比那些快要固定的基因大，但是由其预测的 F_{st} 比率却是一样的（见注解框 16.3）。类似的方法也可以用于数量性状中，即不同同类群中性状平均值的方差与它们平均加性遗传方差的比值，V_A：$Q_{st}=\mathrm{var}(\bar{z})/(\mathrm{var}(\bar{z})+2V_A)$。在基因流与随机遗传漂变的平衡状态下，所有性状中预测出的结果都是一样的并都将得到相同的 F_{st}。基因位点间存在的 F_{st} 值差异以及性状间存在的 Q_{st} 值差异为我们检测选择的效应提供了一种强有力的方法。

注解框 16.3　F_{st}的计算

假定一个等位基因的平均频率是 0.5 而在 4 个不同同类群中的频率分别是 0.4、0.5、0.5 和 0.6。那么 $\mathrm{var}(p)=0.005$ 并有

$$F_{st}=\frac{\mathrm{var}(p)}{\bar{p}(1-\bar{p})}=\frac{0.005}{0.5\times0.5}=0.02$$

如果另一个等位基因的平均频率是 0.1 而在 4 个不同同类群中的频率分别是 0.04、0.1、0.1 和 0.16，那么这个基因频率上的方差就比较低，$\mathrm{var}(p)=0.0018$。但是 $F_{st}=0.0018/(0.1\times0.9)=0.02$，值是一样的。

一个数量性状中的**狭义遗传力**（narrow-sense heritability）V_A/V_P 是 50%而表型方差 $V_P=400$（如标准差 $\sqrt{400}=20$），那么加性遗传方差 $V_A=200$。在一个孟德尔式基因座上的 F_{st} 值为 0.02 的群体中，对 $Q_{st}=\mathrm{var}(\bar{z})/(\mathrm{var}(\bar{z})+2V_A)$ 的类似度量仍然得到的值是 0.02。因而我们可以预期在这一性状中同类群方差 $\mathrm{var}(\bar{z})\equiv 2Q_{ST}V_A=2\times0.02\times200=8$；这也就是说，同类群间的标准差大约是 $\sqrt{8}\approx2.8$。

总群体中的漂变速率很慢

到目前为止，我们讨论的是随机遗传漂变如何造成局部亚群体间的分歧。我们还可以进一步探讨作为整体的物种进化是怎样的。这将比单个同类群中的变化慢得多。在单个有效群体大小为 N_e 的同类群中，基因频率波动可以在近似为 N_e 代时间尺度中体现出来，而想要在 n 个同类群组成的并有迁徙现象的群体中发现漂变则需要在近似 nN_e 代的大时间尺度中（图 16.8C）。

总的平均基因频率为 $\bar{p}$ 的漂变速率有多快？在岛屿模型中，这个问题的答案是很简单的：总的群体有效大小是 $nN_e/(1-F_{st})$。因此群体分成不同同类群带来的一个效果就是增大了总的群体有效大小（如它降低了总的遗传漂变速率）。这可以通过研究那些迁徙个数非常低的极端例子来理解。这些例子中的同类群大部分已经固定了两个等位基因中的一个（F_{st} 约为 1），因此不会产生进一步的变化了：遗传变异通过这种方式保存在多个隔离亚群体中（图 16.9A）。这一解释也可以扩展到类似的模型中：假定迁徙是对称的，那么基因的交流并不会改变总的基因频率，而总群体中的遗传变异丢失速率的系数是 $1-F_{st}$，这是由于变异被局部同类群的差异固定的缘故。

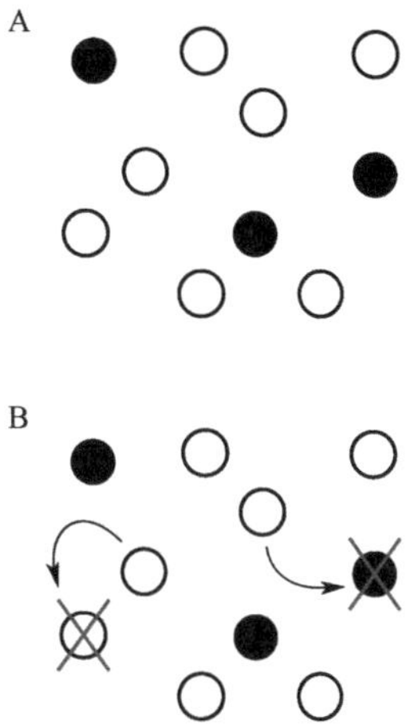

图 16.9　（A）如果一个群体亚分化的程度如此之高以至于各个同类群都固定了某个等位基因（如 $F_{st}=1$），那么无论这些同类群存在时间有多久，群体不会产生进一步的变化了：遗传变异被不确定地保留下来。（B）如果某些同类群在一个时刻灭绝了（红色╳标记）随后又被其他同类群重新殖民，那么基因的频率发生了改变。同类群也同个体一样会有死亡和更新，因此整个联种群的有效群体大小更接近同类群的数目而非个体的数目。

在实际情况中，局部群体波动是成规模的。在一些扩张的同类群中的等位基因频率上升，而另一些面临灭绝的同类群中的等位基因将变得稀少。此时的迁徙便不再是对称的，主要的基因流流动方向是从大规模同类群中向小规模同类群流动并且有利于大规模同类群中基因的扩散。这些波动可以大大提高总的遗传漂变速率并大大降低总群体中的遗传分歧。我们在上面提到的极端例子，即假定一些接近固定不同等位基因的同类群（F_{st} 约为 1）中，如果某个地方的同类群由于偶然的原因灭绝了，而从其他同类群中迁徙来的个体又重新殖民了这个同类群，那么总的群体有效大小更接近同类群的数目而非群体中的个体数目（图 16.9B）。

HIV 群体的灭绝和更新

治疗 HIV 感染的关键性障碍是病毒会随时间进化出对抗病毒药物的抗性。这类选择发生的速率取决于病毒群体中的遗传变异水平。这是一个很好的例子，用它可以解释由于波动的群体大小造成的变异丢失是如何轻易地超越群体细分带来的变异丢失的。一个感染了 HIV 的个体携带了 10^7 或更多的病毒颗粒，同时突变率是很高的（μ 约为每代每位点 3×10^{-5}）。尽管核苷酸分歧程度很高（0.01～0.05；表 16.1），这比通过统计数目 N 和突变率 μ 的乘积估算出来的要小得多 [$N\mu>300$，因此 $4N\mu/(1+4N\mu)$ 约为 1]。HIV 生活在脾脏中的很小几簇淋巴细胞中。在这些相距只有几个毫米的细胞簇之间会产生可观的遗传分歧（表 16.1）。这是由于感染细胞簇快速取代了局部灭绝的细胞簇以及从别处来的病毒侵入了未感染的细胞。这类灭绝和更新过程大大加快了遗传漂变的速率并在某种程度上解释了为什么大群体的生物如 HIV 中的序列分歧程度远小于依据它们实际个数在我们上面所介绍的模式中估算出的变异程度。

表 16.1 HIV 群体中的空间变异

患者	核苷酸分歧度，π	F_{st}
B	0.041	0.594
L	0.040	0.369
M	0.045	n. s.
N	0.013	0.078
P	0.039	0.215
S	0.029	0.090

Adapted from Frost S. D. W. et al. 2001. Proc. Natl. Acad. Sci. 98：6975～6980（© National Academy of Sciences，U. S. A.）.

组织样本取自 6 个患者的脾脏。首先将几个淋巴组织小岛显微分割，接下来提取 HIV 的 *env* 基因样本进行测序。第二列表示淋巴组织小岛中平均配对核苷酸分歧度 π。第三列表示淋巴组织小岛之间的遗传变异比例 F_{st}。在患者 M 中，淋巴组织小岛之间不存在显著的遗传差异，而在其他患者中存在明显差异。

F_{st}可以估计基因流的速率

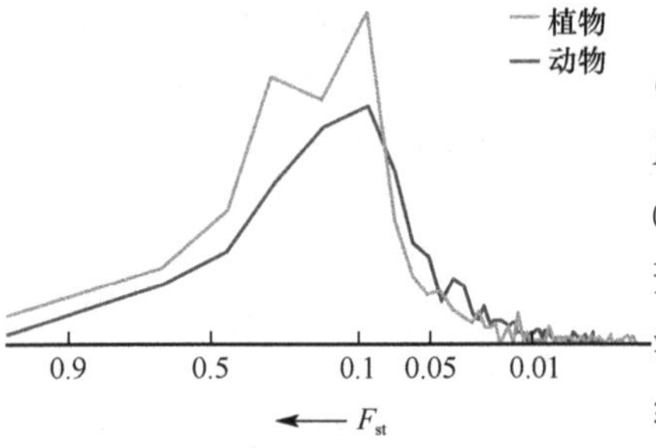

图 16.10 1000 种动植物中 F_{st}值的总体分布情况。

像 HIV 那样高遗传差异的例子是不常见的（表 16.1）。一项针对 F_{st}值范围的调查表明，尽管 F_{st}值范围很大，但大部分值的分布范围在 0.1～0.2（图 16.10）。总体上看，这一模式是符合理论预期的，即地理变异是由随机漂变产生而被基因流消减。在植物中，仅由花粉或种子单独携带的细胞器基因中的 F_{st}值比具有两种遗传方式的核基因中的 F_{st}值高。这里存在的额外因素是细胞器基因的有效群体大小比核基因的有效群体大小要小（表 16.2A）。在动物中也可以看到类似的情形：线粒体基因反映的地理分歧比核基因反映的大 2 倍，可能是由于它们的有效群体大小只有核基因的一半。

这类研究的目的常常是通过关系式 $F_{st}=1/(1+4N_em)$ 估计基因流的速率（见注解框 16.2）。然而，直接验证基因流速率是相当困难的。有几个理由说明为什么进行这类研究需要极其小心。首先，这一公式适用于岛屿模式，即迁徙个体是随机地从外部群体迁入的。这一公式在群体平滑地分布于二维空间上时是适用的，但在其他类型群体结构中是不适用的，如在分支河流系统中的鱼类以及沿海岸分布的贝类。其次，空间分化的模式必定是由基因流和遗传漂变相互平衡形成的。如果它是由选择或过去历史中的特殊事件所造成的，那么很明显，这类群体不能推导出 N_em。在大的地理尺度下出现的高 F_{st}值很可能是由于过去历史事件造成的而不太可能是基因流和遗传漂变所产生的短期平衡（表 16.2B）。再次，所估计的是基因流速率与随机遗传漂变速率的相对大小，这是由迁徙群体的有效个体数目决定的。在接下来的部分，我们将看到基因流的速率 m 或 σ^2 是如何测量出来的。

表 16.2　通过传播模式（A）和取样的空间尺度（B）估算 F_{st}

(A) 传播模式	研究数目	平均 F_{st}
植物		
花粉	8	0.39
种子	29	0.46
二者兼有	294	9.32
动物		
线粒体	150	0.45
细胞核	781	0.20
(B) 取样的空间尺度	研究数目	平均 F_{st}
植物		
本地	43	0.25
不同地区	52	0.39
全物种范围	36	0.33
动物		
本地	65	0.10
不同地区	116	0.28
全物种范围	48	0.23

Adapted from MorjanC. I. and Rieseberg L. H. 2004. Mol. Ecol. 15：1341～1356，Table1，p. 1346 and Table 3，p. 1347，and references therein（© Blackwell Publishing）.

结构化群体中的系谱

群体结构可以影响系谱

与我们随时间回溯世系相伴随的是世系在不同地方间的迁徙。我们的每一个基因都来自父母亲、祖父母亲和更古老的祖先等，这一系列祖先中的每一位都是生活在距离不同的地方。溯祖过程需要扩展至**结构合并**（structured coalescent），即随回溯时间世系发生随机迁徙而当世系在同一地区遇到相同世系时则将其合并。

在岛屿模型中的情形是相当简单的（图 16.11）。假定我们从有效群体大小 N_e 的一个同类群中获取两个基因。那么这两个基因有 $1/2N_e$ 的概率在前一世代中共享同一个祖先，但其中一个基因的祖先来自外部群体的概率也约 $2m$。当回溯几代以后，世系可能发生快速合并（在约 $2N_e$ 代时间中）也可能离开这一同类群而在拥有 n 个同类群的总群体内变动很长一段时间。令人惊讶的是，来自相同同类群的两个基因的平均**溯祖时间**（coalescence time）T_W，等于整个群体中全部有效基因数的溯祖时间，而且与迁徙速率没有任何关系

$$T_W = 2nN_e$$

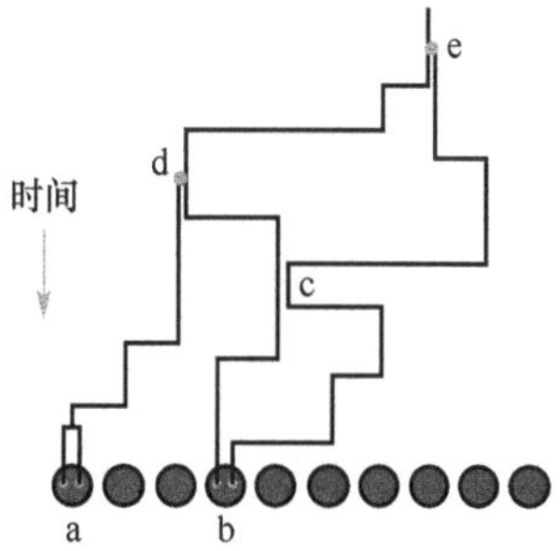

图 16.11　岛屿模型的溯祖过程。在相同同类群中的基因回溯很短的时间便能合并到同一个祖先上（a）。但当其中一个世系离开同类群则可能在总群体中波动很长时间（b）。最终世系会同时出现在一个同类群中。它们可能会重新分离（c）也可能合并（d、e）。

尽管溯祖的平均时间不受群体分成 n 个同类群的影响，但

溯祖时间的分布变得更加不定（图 16.12）。在系谱结构上的可变性是结构化群体的一般特点。如同我们在下节中将看到的，这会使得对一个或少数遗传位点上的数据解释变得很难。

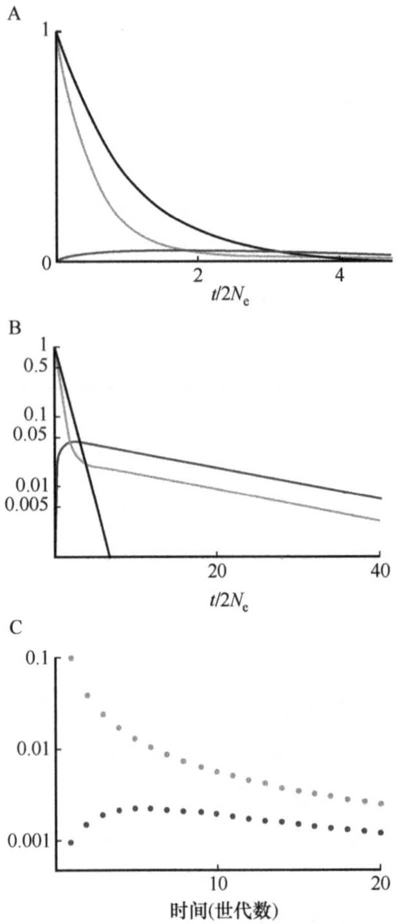

图 16.12　在结构化群体中溯祖时间的分布。（A）黑色曲线表示在单个随机交配群体中预期的指数分布。蓝色曲线表示在岛屿模型中，两个来自同一同类群的基因溯祖时间的分布（总计 10 个同类群，$4N_e m=1$；以 $2N_e$ 世代作为时间尺度）。两个基因共享一个最近共同祖先的概率在下降，但在较远时期出现亲缘关系的概率在上升。当 $4N_e m=1$ 时，基因经由同一同类群中祖先而在较近时间内出现亲缘关系的概率与较远时间才出现亲缘关系的概率相同。（B）在对数尺度下可以清楚地看到分布的尾部很长。A 和 B 中的红色曲线表示在不同同类群中的两个基因的溯祖时间分布。（C）在二维空间分布群体中较近的基因溯祖时间分布（上方蓝点表示）和相距 5σ 的基因溯祖时间分布（下方红点表示）。邻区尺寸 Nb＝5。与岛屿模型中的情形类似，这一分布也是高度偏斜的。对邻近基因而言，前一世代出现共同祖先的概率是 1/2Nb＝10％，而 20 代中出现共同祖先的概率是 27％。但是平均溯祖时间是总群体中全部基因有效数的 2 倍，因而是相当大的（如在一个分布相距 1000σ 的群体中需要 800 000 代时间）。

如果我们从不同同类群中获取两个基因，那么直到它们出现在同一个同类群时才可能发生合并。其中一个基因位置改变的概率约是每代 2m，而如果一个世系发生迁徙然后又出现在另一世系的同类群中的概率是 $1/n$。因此，来自不同同类群的两个基因溯祖时间的期望值 T_d，等于它们出现在同一同类群需要的时间 $n/2m$ 代再加上它们在同一同类群中发生溯祖所需的时间 $T_w=2nN_e$ 代

$$T_d=\frac{n}{2m}+2nN_e$$

这里合并世系的描述方法同使用 Wright 系数 F_{st} 描述基因频率的方法是相关联的

$$F_{st}=\frac{\overline{T}-T_w}{\overline{T}}$$

这里的 $\overline{T}$ 是指从总群体中随机挑选的两个基因平均溯祖时间。如果存在非常多的同类群（$n\gg1$），$\overline{T}$约为 T_d，而我们可以得到之前相同的公式 $F_{st}=1/(1+4N_e m)$（见注解框 16.2）。当我们处理 DNA 序列数据时，通过溯祖时间来考虑比考虑基因频率的波动更合适，因为一对序列间差异的平均个数与它们的溯祖时间是成比例的。因此，F_{st} 值可以通过一个同类群中挑选的序列差异个数与不同同类群中挑选的序列差异个数的比值来估算（图 16.13）。HIV 的 F_{st} 值就是通过这种方法估算的（表 16.1）。

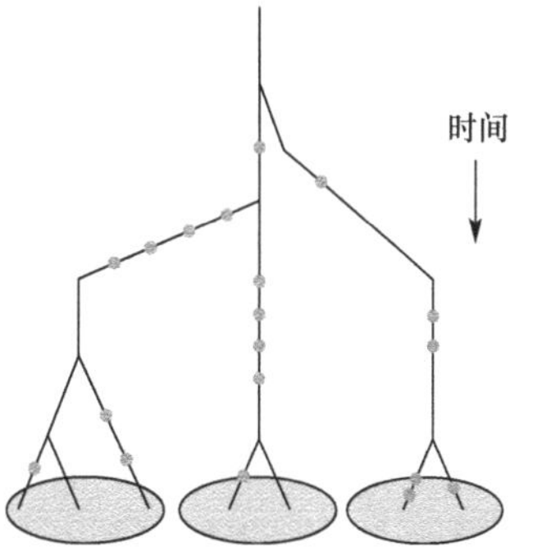

图 16.13　Wright 的 F_{st} 值是一个同类群内的基因平均溯祖时间与随机挑选的基因平均溯祖时间的比值：$F_{st}=(\overline{T}-T_W)/\overline{T}$。这些溯祖时间及其 F_{st} 值可以通过基因间的不同突变数目来估算（假定是无限位点模型）。在这个例子中，从 3 个同类群中获得 7 个基因；突变用圆点表示。平均算来，随机取样得到的基因间突变差异是 8.1 个，而同一同类群中基因差异只有 2.0 个。因此，估算出的 $F_{st}=(8.1-2.0)/8.1=0.753$。

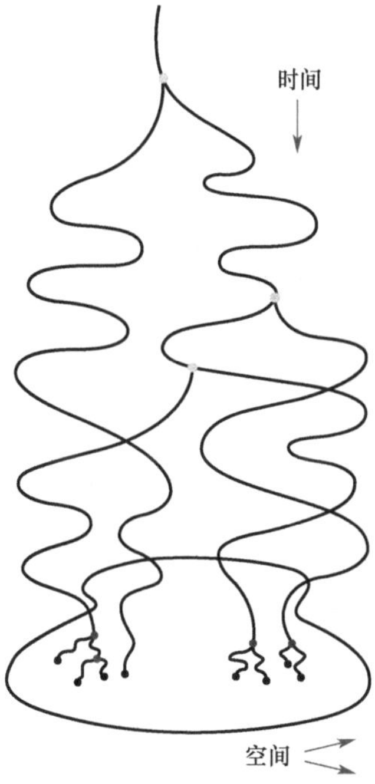

图 16.14　在一个二维分布群体中，邻近基因由于很近的历史时期内即会发生溯祖事件因而亲缘关系很近。但世系在很广的范围内变动并需要很久才能回溯到共同祖先那里。

二维分布的大群体中的基因也拥有类似的系谱模式，这是最常见的群体结构。两个彼此邻近的基因在很短的时间内共祖（如在前几代中）。如果它们不是这种情况，那么祖先世系很可能在整个群体范围内随机变动，经历很长的时间后才合并（图 16.14）。在岛屿模型下，两个邻近基因共祖的平均时间等于基因的总有效数目（n 个拥有 N_e 的同类群，$2nN_e$），但分布是高度偏斜的（图 16.12C）。事实上，对称迁徙条件下的邻近基因间平均溯祖时间与群体的细分状态无关。在总有效群体大小以系数 $1-F_{st}$ 增加的条件下，结果也是一样的。然而如果群体结构是波动的（如存在局部灭绝和更新时），那么溯祖时间将会变短许多［回顾之前提到的 HIV 序列变异的例子（表 16.1）］。

邻区尺寸

在二维分布的群体中，遗传漂变相对于基因流的重要性取决于**邻区尺寸**（neighborhood size）。Sewall Wright 将其定义为 $Nb=4\pi\rho\sigma^2$，这里 ρ 是指有效群体密度，而 σ^2 是指基因扩散的速率，我们在前文中定义过。它可以被当作生活在半径为 2σ 的环状区域内的个体数目。在一个理想群体中，两个邻近基因在前一世代共享共同祖先的概率是 1/2Nb，大体来讲，在前几个世代中出现共同祖先的概率也是这样（图 16.12C）。Wright 的 F_{st} 值是用来度量相对于总体的单个群体的遗传变异比例的，但它同样也取决于邻区尺寸：$F_{st} \approx 1/(1+CNb)$，这里的 C 是一个取决于模型特点的值，范围常常为 2～10。因此，在岛屿模型中邻区尺寸与 $N_e m$ 的关系是很密切的：二者都是群体密度和迁徙率的乘积，而且二者都通过类似的公式计算 F_{st}（见注解框 15.2）。在二维条件下，邻区尺寸可以用岛屿模型中推导 $N_e m$ 类似的方法从 F_{st} 值中推导出来。

从不同地方获取的基因之间的关系反映了它们的历史：系统地理学

在大尺度的距离下，我们所描述的简单理论便不再适用。如果一个物种生存的栖息地扩展至 1000 个不同的距离 σ，那么根据理论，古老世系在物种范围内变动的时间将接近 100 万代。但在实际中，群体变动的时间尺度远远小于这一值。对那些生活在上一个冰期中被冰层覆盖的高纬度地区中的物种而言，这是显而易见的。但是即便是在热带地区，气候改变也可导致物种分布上的剧烈变化。当然，现在人类的活动也会直接造成物种分布变化或是通过影响环境改变物种的分布。

基于 DNA 的遗传标记时代的到来，尤其是易于测序的**线粒体 DNA**（mitochondrial DNA）刺激了许多通过系谱模式推导物种历史迁徙的研究（回忆之前提到的线粒体 DNA 是母系遗传的，没有重组，因此只出现单个系谱）。这类方法被通称为**系统地理学**（phylogeography）。我们已经了解了单个群体的扩张和收缩是如何反映在系谱上的（图 15.8）。当基因来自不同地方的时候，我们需要考虑更多的信息。在一个拥有大的邻区尺寸和稳定历史的群体中，我们预期祖先世系变动的范围是整个物种，因此系谱不会表现出明显的地理模式（图 16.14）。相反，如果不同地区的基因来自不同的祖先群体，那么它们之间的关系将反映出这些群体的传播情况（图 16.15）。举例来说，我们可以看看自上一个冰期结束以来物种从南部欧洲的避难地向北部欧洲扩张的情形（图 16.16）。

在美国西南部地区进行了许多基于线粒体 DNA 变异的系统地理学研究。例如，主要的海岸物种由于序列的严重分化而被分成了两个家族，其中一个出现在墨西哥湾地区而另一个则出现在大西洋沿岸（图 16.17）。二者在佛罗里达东海岸表现出一个明显的转变。这意味着两个祖先群体曾经被分离，原因可能是冰期中较低的海平面。类似的东西向分离也出现在同一地区的淡水鱼类中。

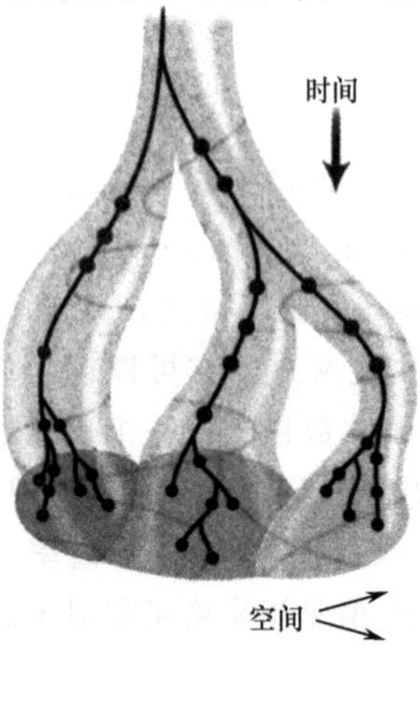

图 16.15 如果一个群体经历了长时间的地理隔离，那么系谱结构可以反映出这段历史。在这个例子中，当前群体是通过三个不同部分融合形成的，各部分间隔离了相当长的一段时间。如果在总的物种范围中进行基因取样（黑点），与它们相关的系谱会出现三个分歧的世系，从而反映出这段历史。在世系上的彩点表示突变。从“红色”群体中演化的个体都带有 4 个突变（红点），类似的情况也见于“绿色”和“蓝色”群体。

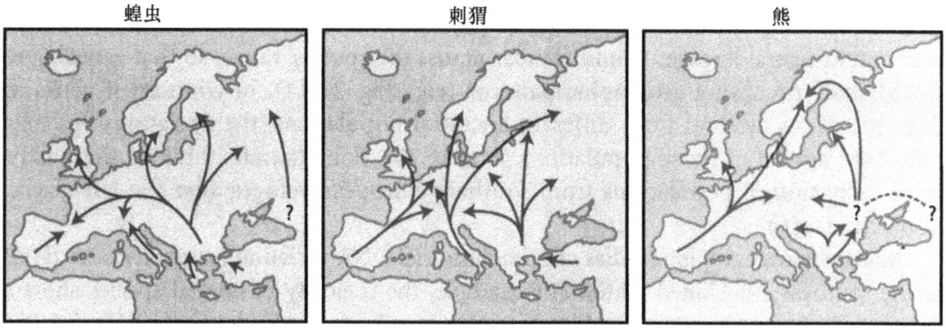

图 16.16　在最近冰期结束后物种在欧洲大陆重新扩张的模式，这是基于 DNA 序列差异所构建的。在北部欧洲出现的蝗虫 *Chorthippus parallelus* 的变异较小，这暗示了主要从巴尔干半岛避难地起始的扩张。刺猬被分成两个种 *Erinaceus europeus* 和 *Erinaceus concolor*，都存在群体亚分化。系谱结构暗示它们从 3 个主要的避难地开始扩张——伊比利亚半岛、意大利和希腊。熊 *Ursus arctos* 被认为是从两个主要避难地（伊比利亚半岛和高加索/喀尔巴阡地区）扩张出来的；这两个扩张带有的不同序列特征同时出现在瑞典。这些是基于单位点数据推导出的历史（*Chorthippus* 的结果来自一个非编码核基因序列，其他的则是利用线粒体 DNA）。但是 *Chorthippus* 在比利牛斯山区和阿尔卑斯山区出现的陡峭杂交地带以及在刺猬中出现两个分化物种都支持这些结论。

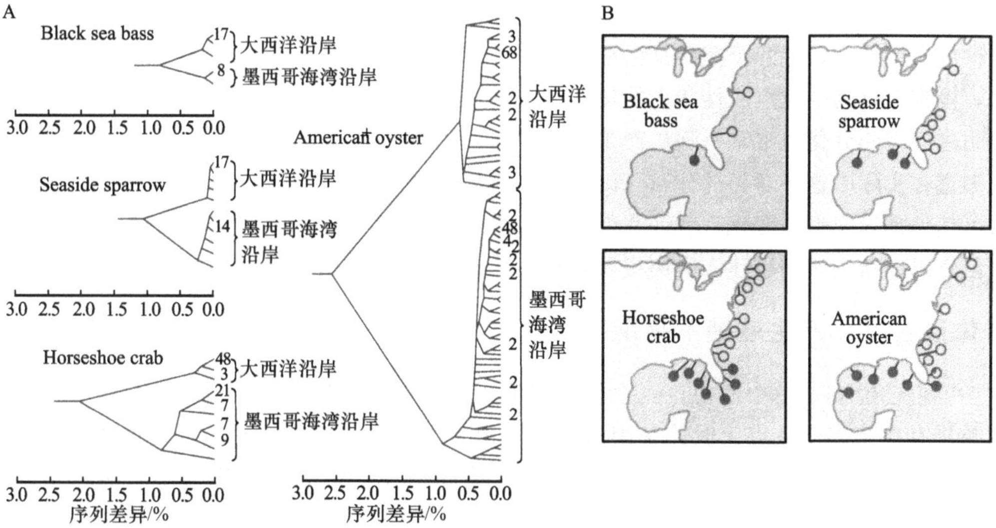

图 16.17　（A）生活在美国西南海岸地区的 4 个物种中线粒体 DNA 序列间的亲缘关系。每个物种都被分成两个不同的进化分支。数字表示每种单倍型所包含的个体数；未计数的世系只包含一个个体。（B）这些进化分支被分成两类，大西洋沿岸和墨西哥海湾沿岸，二者间存在一个明显的转变。圆分图表示墨西哥海湾中典型单倍型的比例。

这些例子是有说服力的，因为不同物种中都出现一致模式，同时还存在遗传模式上的可信解释。但从单个物种中一个基因得到的结果需要小心处理。我们已经知道了结构化群体中的系谱存在高度可变的历史（图 16.12），因此一个模式的出现很可能是随机的结果，即便在没有诸如基因流屏障或历史隔离这样的外在原因存在的情况下。举例来说，从暗绿柳莺中获得的线粒体 DNA 表明系谱中存在两个大的分离。其中一个与两个

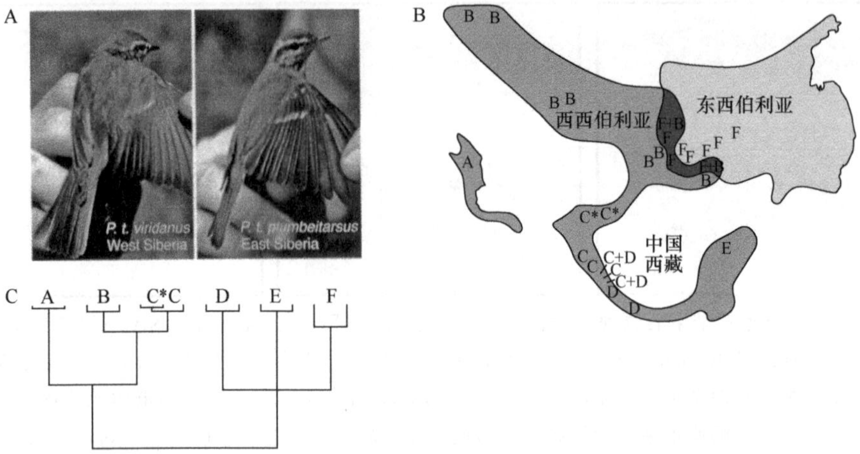

图 16.18　暗绿柳莺（*Phylloscopus trochiloides*）广泛分布于西伯利亚和喜马拉雅地区（A、B）。线粒体系谱可以分成两个进化分支（C），并分布在不同地区中。这些进化分支在两个地方重叠。在西伯利亚，具有不同翅膀、叫声和迁徙行为的两个类型 B 和 F 同时出现在一个地点，它们分别被称为 *P. t. viridanus* 和 *P. t. plumbeitarsus*（A）。在克什米尔，类型 C 和类型 D 同时出现，但这里的两个类型在其他性状上没有表现出分歧。

亚种的转型吻合，这两个亚种是由许多表型特征定义的。但另一个发生的部位是明显随机的，没有来自其他位点或性状上的遗传分歧证据支持这一分离（图 16.18）。计算机模拟表明这样大的分化也常常是随机产生的，即便群体处于稳定而且一致的分布中。当然，我们知道在实际中这些莺类的分布可以被气候变化改变。但从单个位点信息构建的系谱上无法可信地推导出这类变化。就像我们将在第 25 章中讨论的，从多个基因位点上获得的宝贵信息可以帮助我们重建人类历史，这比其他物种中可能构建的历史要详细得多。

群体混合可以产生连锁不平衡

我们已经知道单个遗传位点上的基因流可以降低不同地区间的群体遗传差异。当群体差异存在于多个位点上时，基因流就表现出另外一种效应。在一个混合群体中，将会出现过度的不同群体来源的基因组合特征，换句话说，将会出现**连锁不平衡**（linkage disequilibrium）（见注解框 15.5）。这些相关性可以被重组打断，因此群体倾向于达到某种平衡，即连锁不平衡的强度由迁徙的相对速率和重组决定（D 约为 m/c）。因为迁徙率可能会很高，所以基因流是连锁不平衡的潜在来源之一。

当基因来自遗传背景差异很大的群体时，我们很容易就可以看清基因流的效应。我们已知的是 *Neisseria* 的例子，青霉素抗性相关的 *Neisseria* 基因组区域可以被鉴定出来，这是由于另一物种来源的多个序列变异被发现与之存在相关性，如处于连锁不平衡中（图 15.16）。通过与不同的群体或物种杂交导致的多个基因流入事件被称为**基因渗入**（introgression）。这可以认为导致了基因流产生，就像注解框 16.2 中简单岛屿模型描述的一样。

另一个关于基因渗入的例子是梅花鹿和马鹿在苏格兰发生的杂交。一个世纪前从鹿

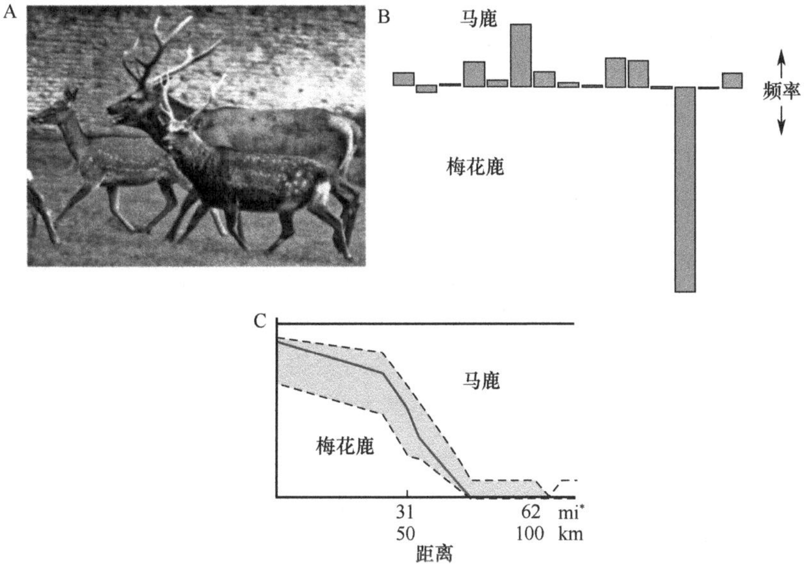

图 16.19　（A）马鹿和梅花鹿在外表上差异明显但仍可以杂交。图中间出现的较大雄鹿是马鹿（*Cervus elaphus*），而出现在前部的较小雄鹿是梅花鹿（*Cervus nippon*）。在后方出现的是年轻的 F_1 代杂合个体。（B）从苏格兰的 Kintyre 地区分布的鹿中获取的 11 个微卫星位点中的一个位点的基因频率分布。基因沿 x 轴的排列是根据它们所带的重复片段数目。（C）在 Kintyre 半岛上出现的带明显特征的梅花鹿和马鹿的比例。阴影区域表示携带一个或多个明显渗入基因的鹿的比例（粗线以下是特征明显的梅花鹿，粗线以上是特征明显的马鹿）。

园逃出的梅花鹿种群一直在增加。尽管在大小、外表和行为上存在明显不同（图 16.19A），梅花鹿偶尔也会与当地的马鹿交配。这两个物种携带了 11 个不同基因分布的微卫星位点；在苏格兰的梅花鹿变异程度较小，这是由于在它们进入该地区时出现了严重的群体瓶颈（图 16.19B）。在两个物种重叠的 Kintyre 地区，从外表看，几乎所有的鹿都是马鹿或者梅花鹿。但是大约有 40%的鹿携带了一个或几个对方物种特有的等位基因（图 16.19C）。这些基因可能来自过去一个世纪中发生的杂交事件也可能来自祖先群体。但鹿所携带的几个“外来”基因却很可能来自最近的杂交。回交 F_1 代和亲本马鹿将在一半的外来基因位点上出现杂合子，第二代回交将使 1/4 的位点出现杂合子，以此类推；每一次杂交事件预期将在随后世代中产生许多回交。246 只鹿中有 3 只是通过这种方式鉴定出回交的，由此推测杂交率大约是每代 1/1000。

我们可以用另一种方式来描述群体，即通过指出来自梅花鹿的基因所具有的连锁不平衡。由于标记位点是不连锁的（$c=1/2$），因此每代中的连锁不平衡都会减少一半，因而只有最近杂交所产生的连锁不平衡才能被检测到。连锁不平衡可以用来估计迁徙率，即便群体差异并没有同这个例子一样被标记。尽管人类群体在基因频率上的差异很小（全球规模下 F_{st} 约为 0.15），但我们仍能研究足够多的位点来确定某个个体的特定群体以及估计出它的混合速率。

大部分群体的历史并不为我们所熟悉。即便在人类中，有书写历史和考古证据存在的条件下，我们对早于几千年的人类群体迁徙历史便不甚了解。而我们所知道的便是我们自身和其他物种群体拥有复杂的分歧、迁徙和混合模式。因此，群体结构的效应可以为人类中观测到的高连锁不平衡现象提供一个可信的解释。忽视群体结构会对利用连锁不平衡定位复杂性状相关基因带来严重的障碍。

小结

群体常常是有结构的。它们可能分成不同的同类群并分布在多少连续的区域中。基因流倾向于使群体同质化。在分离的同类群中，基因流的速率通过 m 来度量，即迁徙基因的比例；经过时间约 $1/m$ 代后，同类群之间变得非常相似。在一个连续群体中，基因流可以通过速率 σ^2 的扩散近似，σ^2 即是亲本与子代间距离的方差。扩散是缓慢的：在 t 世代中，基因一般迁徙的距离是 $\sqrt{\sigma^2 t}$。

群体趋近一个统计学平衡状态，这一平衡是由增大分歧的随机遗传漂变和降低分歧的基因流共同维持的。分歧的程度通过 F_{st} 度量；在平衡状态下，它取决于不同同类群间迁徙的有效个数 $N_e m$，或是二维尺度下的群体邻区尺寸 $\mathrm{Nb}=4\pi\rho\sigma^2$。这些参数可以通过 F_{st} 估计，假定遗传分歧是由随机漂变和基因流互相平衡维持的。总群体漂变速率很低，其速率与个体的总个数成反比。群体的再分可以降低总的漂变速率（在特定条件下，降低的系数是 $1-F_{st}$），但可被局部群体大小的波动大大提高。

结构化群体中的系谱是通过结构化的溯祖来描述的，祖先世系在不同地区间随机波动而只有当它们同时出现在同一地点时才可能合并。如果群体拥有分离后再合并的历史，那么这一历史可通过样本的系谱结构反映出来。然而系谱结构是高度随机的，这使系统地理学的推断变得困难。

延伸阅读

Avise J.C. 2004. *Molecular markers, natural history and evolution.* Sinauer Press, Sunderland, Massachussetts.
对系统地理学的一篇系统综述。

Charlesworth B., Charlesworth D., and Barton N.H. 2003. The effects of genetic and geographic structure on neutral variation. *Annu. Rev. Ecol. Syst.* **34:** 99–125.
综述在结构化群体中系谱的行为。

Hey J. and Machado C.A. 2003. The study of structured populations—new hope for a difficult and divided science. *Nat. Rev. Genet.* **4:** 535–543.
一篇关于如何从系谱中推断(或不能推断)群体历史的综述。

网络资源

http://evolution.gs.washington.edu/index.html Felsenstein J. *Lecture notes in population genetics.*
An excellent introduction to the way random drift interacts with gene flow.

第 17 章

对变异的选择

生命世界最突出的特征在于它复杂的适应多样性。在温和的条件下，酶催化特异性的化学反应；相反，化学家们使用极端的温度和压力得到并不精确的反应结果。此外，在一个细胞内经历着大量精密的有组织的化学反应，在细胞分隔区之间有规律地完成着分子的运输。生物演变出了可以利用不同类型的栖息地生境，从高空飞翔的雨燕，到以深海裂口附近生活的微生物为生的管形蠕虫（tube worm）。介导生物之间精细的相互作用的行为方式也得到了演化。单细胞可以聚集形成黏液菌（slime mold）的子实体，同时社会性昆虫集群（蚂蚁、白蚁和蜜蜂）利用复杂的劳动分工来高效率地寻食、建立它们的巢穴以及与其他群体作斗争。人类的幼童已经具备了一种可以简单地通过聆听周围人的言语将单词和习语与微妙的语义联系起来的能力。进化生物学的核心任务在于理解各种复杂的适应是如何产生的。

在本章中，我们要解释自然选择是如何导致适应的。我们首先探讨自然选择是可遗传变异在适应条件下的一种必然结果，这个思想由 **Fisher 基本定理**（Fisher's fundamental theorem）得到了精确的解答。我们还讨论自然选择的定性特征，尤其讨论复杂的适应可以通过一系列微小的过程而建立这么一种方式。我们还讨论如何预测由选择作用导致的在等位基因频率和数量性状程度上的改变，最后，我们探讨如何去理解多基因之间的相互作用和相关性。本章重点放在选择这一最重要的进化过程；后面几个章节将探索进化更广泛的意义。

选择的特性

自然选择依赖于可遗传的适合度变异

自然选择是唯一导致适应的过程，我们将在后面的篇章解释这个至关重要的概念。因为，自然选择是一种最重要的进化过程，它也是我们最受关注的概念。这个概念简单而又直接，但是，正因为自然选择的简洁性，常常被人误解。令人吃惊的是，直到

1838 年，达尔文才发现自然选择这个基本原理。而且，如同我们在第 1 章中看到的那样，直到大约一个世纪以后这个关键的进化过程才广为接受。

达尔文在他的物种起源（*Origin of Species*）一书中首次解释了自然选择，描述如下。

“对于变异，生存斗争是如何发挥作用的？我们知道人工驯化可以产生大量奇怪的品系，而在自然状态下变异的程度较小，其遗传倾向究竟会有多强。所有生命体之间以及它们的生理的条件之间到底有多复杂和多少的适应型。这些似乎是不可思议的，在数以千计的代数中每个个体以某种方式在生命的成长中发生变化。如果这种变化的确发生的话，我们可以怀疑具有任何优势的个体是否会超越于其他个体，从而获得了最好适应生存的机会和繁殖它们后代的能力？这种适者生存、不适者淘汰的过程我将其称为自然选择。”

这也就是说，如果某些个体比其他个体具有产生更多子代的趋势，由于它们携带了某些可遗传的性状，那么结果就是这些性状的趋势将增加。在生殖成功的条件下，自然选择是一种可遗传变异必然的结果。问题不在于自然选择是否发挥作用，而在于当结合如突变、随机漂变、重组和迁移等类型的进化过程时，自然选择是如何有效地积累适应性的（图 17.1）。

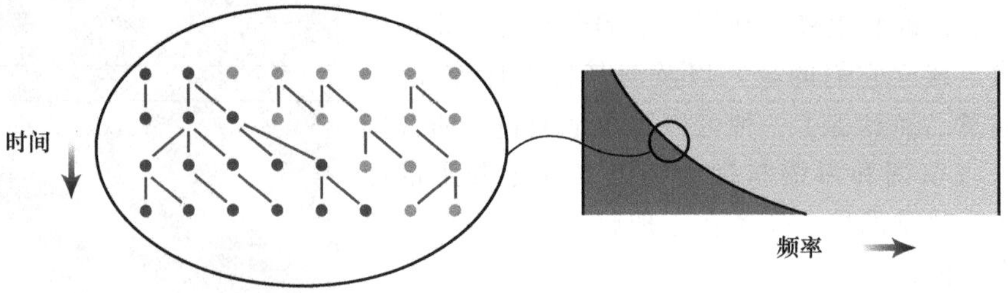

图 17.1　当某些个体倾向于比其他个体孕育产生更多的子代时，由于它们携带了某些可遗传的性状，这些性状将不断增加。个体生殖成功随机地发生变化（左图），但是当在一个大群体中平均化后，适合度的略微不同便引起了稳定的进化的改变（右图）。

作用于复制分子的选择

我们以一个简单的事例开始论述自然选择如何发挥作用，不是在自然界的生命体之间，而是在实验室研究的 RNA 分子之间。实验是基于来自一种四膜虫（*Tetrahymena*）自我剪接的内含子分子（图 17.2A），这种分子具有在功能性的核糖 RNA 分子成熟过程中发挥自我切割催化的作用。这种**核酶（ribozyme）**是早期 RNA 世界的代表，在那个时期，RNA 扮演了酶和遗传物质双重的角色。在正常情况下，核酶需要 Mg^{2+} 的辅助。这个实验准备选择在 Ca^{2+} 存在的条件下可以发挥功能的 RNA 分子。这个想法利用了核酶与底物的一部分结合进而选择这些底物序列来成功启动反应这么一个事实。变异首先在初始群体内发生，之后变异随着突变而增加。尽管在 Ca^{2+} 存在时酶的起始活性非常低，但是经过 12 代的选择后产生了与原始状态的核酶具有几乎相等活性但是已经适应了新的化学环境的核酶（图 17.2B）。这种改变是由于发生了 7 次碱基的变异所造成的（图 17.2C）。

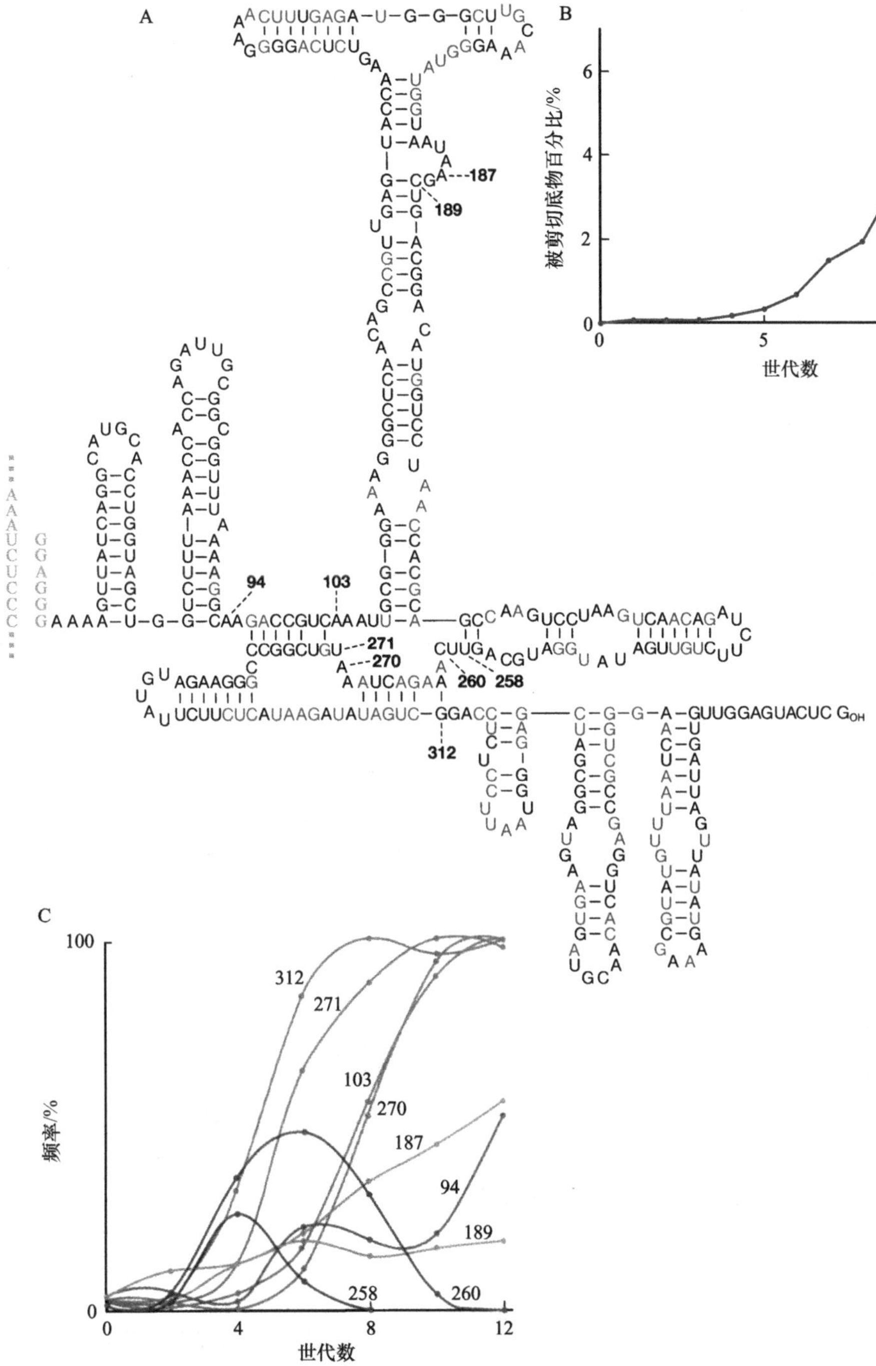

图 17.2　对一群具有催化活性 RNA 分子的选择。(A) 四膜虫核酶的二级结构。红色标记表示在实验过程中没有观察到改变的位点。RNA 底物用紫色标记（图左）。(B) 经历 12 代的选择之后核酶活性的增加。(C) 9 个被观察到的突变体频率的改变；数字和 RNA 的位置见图 A。其中两个突变体（258、260）是起始的个体，之后被其他产生更高活性的突变体所取代。

这种体外选择实验不同于普遍熟悉的人工选择的例子，在体外选择实验中，涉及了大约 10^{13} 个 RNA 分子这样极大的群体。同时，核苷酸序列是受到选择特征直接作用的结果，而不是代谢和发育复杂过程的结果。但是，原理是相同的：大部分成功的突变（在本例中，核酶催化所需生化反应的能力）将在群体中增加。在经过几代之后，一个精确的兼有高催化活性的突变体的组合类型将成为主要类型。

在第 15 章中，我们介绍了适合度的概念：经过一代或者一定的时间，一个个体所留下的后代数量。我们已经看到了在适合度中个体之间随机的不可遗传的变异导致等位基因频率发生随机的波动，即导致了**随机遗传漂变（random genetic drift）**。自然选择会从来自在适合度中可遗传变异的系统性积累而提高。如果某一特征（如体外选择实验在 270 位碱基的 A 被 G 的替代）导致适合度的增加，那么那个特征也将增加。因为在适合度中随机变异趋于抵消，选择的系统性影响在大群体中将占优势。

由离散组分构成的适合度

适合度由许多我们认为依赖于生命体复制的组分所构成。在图 17.2 的体外选择实验中，复制子就是个体的 RNA 分子。它的适合度是一个分子催化所需生化反应的可能性，结果将获得自身复制所必需的特征序列，之后产生的特征序列的分子拷贝数也将成倍增加。在感染性疾病传播的模型中，流行病学家们用 R 定义适合度，R 表示每一例首次感染所产生的新的感染数目：当 $R>1$，表示疾病在传播。在这里个体被当作是受感染的寄主，而不是每个受感染的生物。适合度的度量值 R 等于在发病过程中产生的感染性病原颗粒的数目和记录其中一个颗粒被成功传播可能性的时间（图 17.3）。最后，举个最熟悉的例子，人类的适合度由成功生存到成年的机会、找到配偶的机会和每对夫妇生育后代的数目所组成。

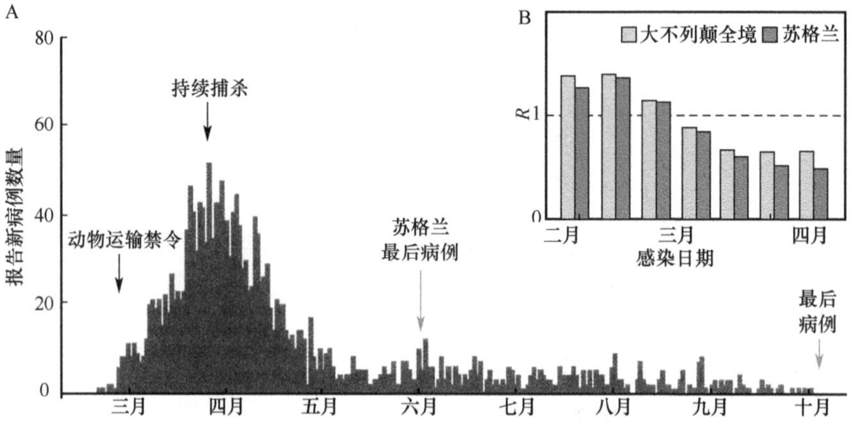

图 17.3 （A）在 2001 年英国流行病期间，口蹄疫病毒适合度的改变。为了控制病毒的传播，至少 600 万只动物被捕杀。（B）估算得到的由每个已受感染的农场产生的新感染的农场数目 R。尽管发布了限制动物流动的禁令，但是 R 值一直保持在 1 以上直到在 3 月份后期开始的大规模捕杀，R 接着下降到 1 以下，同时流行病也开始减少。在苏格兰的流行病很快消灭了，越快的捕杀行动可以越有效的降低 R 值。小数量的疾病流行是由于地理区域内小部分感染。

当我们分析单独的一代时，不同的适合度组分被乘积起来得到了总体的适合度，通常用 W 来表示。举个例子，由每代产生的子代的平均数目等于成功成活到成年的机会乘以一个成年个体能够期待产生的子代的平均数目。当我们分析一个连续的时间范围时，适合度组分被叠加起来得到总体的测量，通常由 r 来表示。

因此，如果我们考虑一个连续生长的细菌培养过程，那么适合度就定义为每单位时间内细胞分裂的速率减去细胞死亡的速率。第 28 章（在线版）将详细解释选择的算法过程。

在这么多事例中，**适合度组分（fitness component）**可以用精确的含义来描述，即由乘积或者加和得到的总体适合度。但是，有时这个术语被更宽泛地用于描述与适合度有密切关系的量化特征，如寿命或者生育年龄。

对于离散世代的群体，我们用后代的绝对数量来定义适合度。**绝对适合度（absolute fitness）**测算群体的增长或者消亡的速率，同时也是生态学（研究生物的分布与丰度）重要的定量性质。在长久的时间过程中，对于无性生殖的群体而言，绝对适合度必定接近 1。对于有性生殖而言，每个子代个体必定有一对双亲，如果群体大小保持相同，那么，适合度平均起来必定是 2。即使一个微小的偏离，适合度最终将导致群体的灭绝或者扩张。类似地，在一个连续的时间里，群体大小改变的速率等于平均适合度，同时必定接近 0。**密度依赖性（density dependence）**总是存在的，这样随着群体变得愈加拥挤，它的绝对适合度将下降，并最终维持或多或少的恒定的数量状态。

但是，在群体遗传学中，我们不考虑整个群体的增长，而是考虑群体不同类型之间的竞争。因此，我们经常提及**相对适合度（relative fitness）**的概念，在离散的时间段内绝对适合度之间的比率或者连续的时间范围内生长速率的不同。为了方便起见，我们指定一种基因型的适合度为 1（指代值），同时相对于该基因型的适合度测算其他基因型的适合度（指代为 $1+s$）。取而代之，我们测算出这个群体的**平均适合度（mean fitness）**。

不同于相对适合度概念的一个术语是**选择系数（selection coefficient）**这样一个概念，通常用 s 表示。这是一个非常有用的概念，因为群体内不同类型的比例不是依赖于绝对适合度，而是依赖于相对适合度。同样，选择系数也许非常小；如同我们应该看到的那样，很小的适合度的差异最终会产生很大的效应。尽管两者数值相等，但是比 1.0001 适合度值更方便的是分析 10^{-4} 的选择系数。意识到指定一种基因型一个相对适合度值，如 1 不是对于绝对适合度所做的一个假设是很重要的：作为整体，群体也许是稳定的、消退的或者是增长的。从相对适合度中分离出绝对适合度相当于从进化中分离出生态学的概念。

到目前为止，我们假定了群体是同质性的，因此所有成员彼此之间是相等的。实际上，个体也许性别年龄不同或者生活在不同的地方。在这些例子中，我们说这样的群体是**结构性的（structured）**（见第 16 章）。全面描述有结构性的群体是相当复杂的。例如，我们也许需要跟踪不同年龄个体的生存和生殖速率。但是，我们还是可以概括群体处于稳态下每个基因型单个数目的适合度。接着，不同变异体的年龄分布也要达到稳态。它的数量也将以指数方式增加或者减少，这种稳定的增长速率就是我们对于该群体适合度的测量。当我们感兴趣的基因型是如此的稀有以至于它的存在不会影响其他群体时，这种方法尤其有效，结果是在它变得普遍之前，就已经处于稳态了［第 28 章（在线）］。

在之后的部分我们将看到对适合度起作用的不同年龄阶段的生殖方式对于理解衰老的进化问题是至关重要的。更普遍的是，理解复杂系统进化的通用方法是审视一个新低频类型的侵入（见注解框 20.4）。接着，适合度的测算方法就是什么决定了侵入将是成功的还是失败的。

平均适合度的增加等于适合度的加性遗传方差：Fisher 基本定理

图 17.4 R. A. Fisher 相信他的基本定理“在生物科学领域占据了至高无上的地位”。

我们已经强调了自然选择是基于适合度的可遗传性变异。在所谓的自然选择基本定理中（图 17.4），R. A. Fisher 对这个概念做出了精确的解释。在这里我们有两个理由需要剖析 Fisher 定理。首先，它给予一个更加深入的关于选择是如何增加一个群体的适合度的精确的理解，其次，该定理提供给我们一个总体选择程度的度量。

Fisher 定理表示为 $\Delta\overline{W} = \mathrm{var}_A(W) / \overline{W}$。换句话说，就是指由于自然选择（$\Delta\overline{W}$）引起的平均适合度的增加等于适合度的**加性遗传方差**（**additive genetic variance in fitness**）$\mathrm{Var}_A(W)$ 除以平均适合度$\overline{W}$。$\mathrm{Var}_A(W)$ 不是适合度的总体方差，而是包括在生殖成功下个体之间随机的不可遗传的差异。更确切地说，它是归属到每个等位基因**等效性**（**average effect**）的适合度的方差（回顾第 14 章）。每个等位基因有一个适合度，也就是所有个体拥有这个等位基因的平均适合度。适合度的加性遗传方差恰恰就是这些在群体中所有遗传座位加和的等效性的方差（图 17.5）。因为适合度表示在下一代中产生的子代个

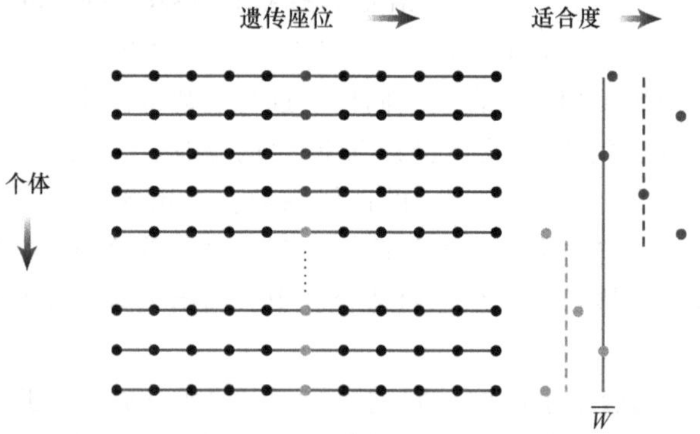

图 17.5 在等位基因频率选择作用下引起的适合度增加等于适合度的加性遗传方差。本图显示了一个由很多基因组构成的群体，每个个体拥有属于它自己的适合度（图示右边）。每个等位基因拥有它自己的平均适合度；举个例子，相对于群体的平均适合度 $\overline{W}$（深灰色虚线），深灰色显示的等位基因拥有稍微高一些的适合度。每个等位基因的平均适合度决定了它们自己频率的改变，同时也对适合度的加性遗传方差有贡献。在第 14 章，我们以两种方式定义了这些效应——**强效性**（average excess）和等效性，就我们的目的而言它们是对等的。

体的数量，每个等位基因的频率一定与它的平均适合度直接成比例的增加。Fisher 提出等位基因频率的改变转而引起平均适合度的增加，平均适合度与加性遗传方差直接成比例。

基本定理不是一个关于绝对适合度如何随着时间改变而做出预测的方程。在很长的时间里，平均绝对适合度 $\overline{W}$，正如基本定理所提示的那样，一定保持在 1 左右（对于无性生殖的离散群体）而不可能保持增加。更确切地说，这个定理确定了由等位基因频率改变引起的平均适合度增加的部分来自于自然选择。这种增加弥补了其他过程引起的平均适合度的降低。通常，随着环境的改变，平均适合度也随之降低。适应当前环境条件的群体将不会在新的环境条件下成功生殖，进一步来说，其他物种自己也将以趋向于降低它们的竞争对手的适合度而发生进化。同样，如果基因的加性效应发生改变，平均适合度也将趋向于降低。如同我们在第 14 章中看到的那样，在适合度中任何一个基因的效应依赖于环境条件和群体内其他基因的频率。随着这些改变，加性效应的改变和平均适合度也将趋于降低。突变、迁移和重组以专一的方式改变基因型的频率，同样也将倾向于降低一个适应良好的群体的适合度。Fisher 的基本定理表征了增加适合度的自然选择和其他趋向于降低适合度的过程之间的持续竞争（图 17.6）。在第 19 章中，我们将论述由适合度的加性遗传方差测算而得到的总体选择强度的证据，即自然选择是否可以代表性地在每一代以 0.1%、1%或者 10%的比率增加平均适合度。

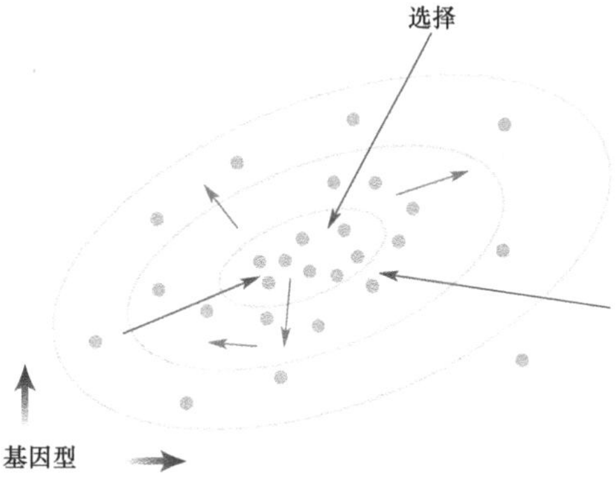

图 17.6 自然选择增加了平均适合度，但是所有其他进化过程趋于降低适合度。图示代表一个聚集在以最适合基因型为中心的基因型群体。选择增加了适应的基因型的频率，因此把群体推向这个中心最适合的位置（红色箭头）。其他过程（突变、随机遗传漂变、重组等；绿色箭头）在特定的方向发挥作用，因此大体上趋向于将群体朝着远离最适合基因型的方向运动。在这里二维代表沿着这些维度一个群体能够进化的很多维度，同心圆显示了朝着中心适合度的增加。

自然选择是唯一一种导致适应的过程

尽管很多过程塑造了进化，但是自然选择是特殊的，因为仅有自然选择就可以创造复杂、有功能的生命体。所有其他过程趋向于降解由自然选择已经建立的东西。突变可以随机改变 DNA 序列，如果它们有任何效应，DNA 趋向于破坏功能。迁移从其他地方引入基因，这个不是趋向于适应新的环境。同样，重组和随机漂变也将从平均水平上破坏由选择建立的适合度增加的基因型的频率。它们有时可能增加适合度，但是总体趋向于降低适合度。只有自然选择拥有系统性的趋势为确保生殖成功的需要而建立精确的功能。

通常通过潜在的简单规则，很多物理过程能够建立复杂结构，一个众所周知的例子就是通过简单分子自发的聚集而形成规则晶体的方式。这里，晶体的几何构型直接反映了分子的几何构型。更普遍的是，简单过程可以产生复杂并且有序的图案，甚至当过程本身是到处一样的时候。图 17.7 显示了一些可以由相对简单过程产生的图案。

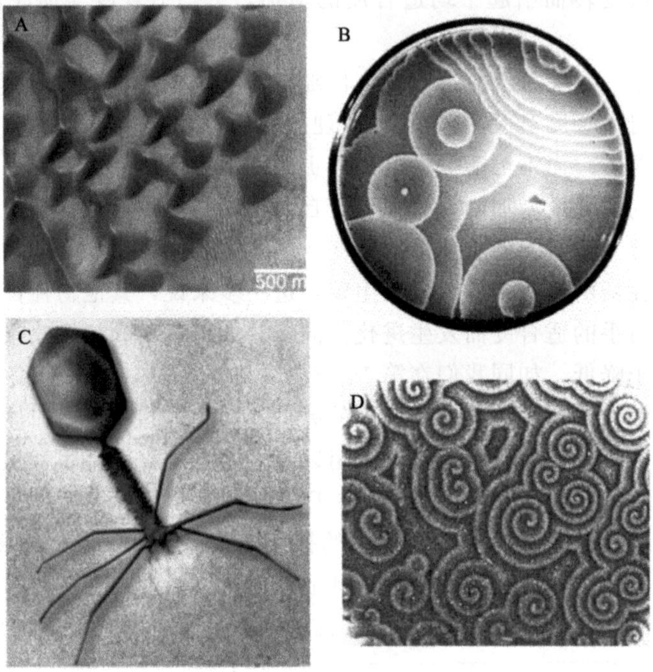

图 17.7 由自组织产生的复杂结构。(A) 由风吹过火星上的沙漠产生的规则图案。(B) 由无机混合物自发产生的螺旋体。(C) 由蛋白质分子自发性的聚集形成的 T4 噬菌体。(D) 黏液菌 (*Dictyostelium discoideum*) 的聚集。

这种以自组织著称的现象是生命所必需的。在或多或少的同质卵细胞中表达的线性排列的 DNA 碱基序列，一定以某种方式形成了众多精确的时空模式建立起来的生命体。在自组织的介导下，精巧的基因组可以编码一个精细的生命体。例如，由我们大脑控制的诸多行为，包括复杂的语言，是基于一些控制神经系统的基因表达来完成的。尽管其中涉及了数以千计的基因，但是它们仅仅编码了一小部分的信息（也许兆字节）。通过有限数量的细胞类型和结构循环，同时通过在环境当中学习使用普遍的规则就可以发展复杂的行为（见第 11 章和第 24 章）。

在最近几年，自组织的机制已经受到了很多关注。有人主张活生命体的形成在很大程度上是受到了**发育限制**（development constraint）而不是自然选择的约束。这些思想源自于 18 世纪和 19 世纪，那时候，由内在的规则塑造生命体是被广泛赞成的观点，这些思想可以通过不同物种之间形态的相似性得到理解。显而易见，生命体所具有的物理规则和遗传与生化的确限制了生命体的进化；在第 20 章，我们讨论了与限制相互作用的适应的方式。目前，关键是自然选择利用自组织产生了适应完好的生命体。因此，尽管一个病毒的衣壳头蛋白的形成与无机晶体形成具有相同的基本物理过程，但是，病毒的形成是直接朝着一个目的——病毒的复制。意识到复杂结构行使复制的功能并使之达到由自然选择所塑造的程度是非常重要的。

我们已经看到了复杂结构可以在没有自然选择的帮助下产生。相反，自然选择并不是必须要朝着形成越来越复杂的生命体的方向发展。这个可以通过一个简单的实例来说明，当不再需要在某些地方行使功能的时候，这些功能便丢失了，如盲眼洞穴鱼（图 17.8），或者我们自身无法合成维生素和其他在我们饮食中很丰盛的营养物。最极端的例子就是寄生虫。例如，病毒几乎依赖于它们宿主的所有功能，同时可能仅拥有少许基因。一些病毒甚至还拥有它们自己的病原体，如缺损干扰病毒（defective interfering virus），它们已经丧失了编码 RNA 合成酶（举例）的区域，因此可以更快的繁殖，并由它们开发有完整的感染同一个细胞的病毒所编码的合成酶来执行这些丧失的能力。

图 17.8 在洞穴中的墨西哥丽脂鲤（*Astyanax mexicanus*）已经演变成了盲眼的形式。盲眼的来源是多样的，这是一个不再是选择有利的特征而被清除的趋同进化的例子。

当然，很多过程也许加速了自然选择。突变产生随机遗传变异，这些也许成为自然选择产生适应的素材。重组通过打乱变异的组合来增加适合度的可遗传方差从而加速适应。基因从一个地方迁移到另外一个地方可以传播有利的等位基因。在第 23 章，通过适应更加有效地发生了这么一种方式，我们将看到遗传系统能够在自然选择下进化。也就是说生命体演化出了可进化的能力。但是，我们需要意识到，自然选择是以适应为目的的更好的进化能力，它以更显而易见的方式增加适合度。

自然选择以渐进方式组合有利变异

一个通常对自然选择的批评认为自然选择没有创造任何新的东西，而仅仅是在确定的可能范围当中发生变换。从原理上，一个足够大的群体将包含所有遗传组合。例如，在两个个体之间 F_2 杂交系中，如果有足够的个体，每一个不同的遗传组合都会存在。有时候，选择被视为简单地从这些没有再产生任何新形态当中捡出最适合的基因型。这个观点在遗传学的早期就被提出并且后来不断被重提（图 1.31）。但是，一旦有人考虑大量基因的时候，常会引起误解，主要的原因在于有很多可能的基因组合。例如，假设两个二倍体群体有 20 个遗传基因座的差异，同时假设在每个基因座内，一个等位基因稍微增加适合度。最适合的基因型将携带 40 个等位基因的独特组合（在 20 个遗传座位中有 2 个拷贝），因此将会以 2^{-40} 的频率而存在，或者在 F_2 代以小于 $1/10^{12}$ 存在。一般而言，选择不是通过挑选一个难以察觉的稀有基因的组合方式起作用，而是通过有利的等位基因频率逐渐积累而发挥作用。最终，最适合的基因型变得很普遍，并且最后在这个群体内得到固定（图 17.9）。

在这里，我们已经考虑了这么一个有性生殖的群体，它们通过来自不同群体基因组之间的重组而提高变异程度。但是，当变异是通过突变的方式而增加的时候，同样的观点对于无性生殖或者没有重组的群体依然有效，如前面讨论的体外选择实验。在这个例子中，一群 10^{13} 个起始的 RNA 分子是如此之大和具有可变性，以至于一个极度稀有的 4 个突变体的组合也可以从起始的一群 RNA 中挑选出来，因此，这些突变体或多或少是同时增加的（图 17.2C 的绿色曲线）。但是，其他三个完成适应的突变体也许是之后

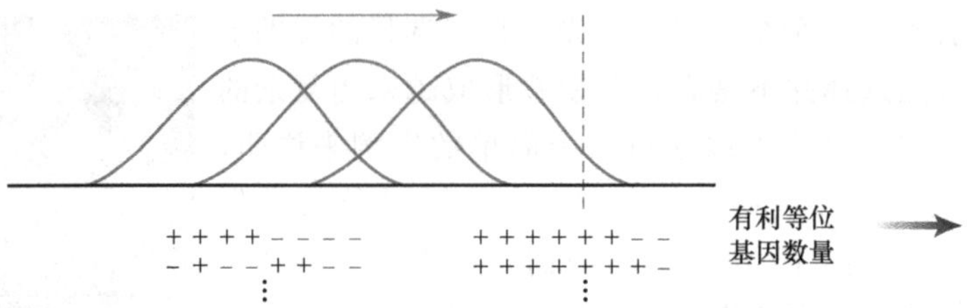

图 17.9　发现一个携带着很多有利等位基因（+++…）基因型的机会相当小（左边的曲线）。自然选择通过增加个体有利的等位基因的频率发挥作用。随着每个等位基因变得越来越普遍，发现有利基因组合形式的概率也随之增加（最右边的曲线）。

通过独立的突变而产生的（图 17.2C 的蓝色曲线）。对于越小的群体，或者当更多的突变体被组合的时候，所有这些突变以一种合适的组合产生的机会即使在很大的群体内也变得相当的稀少。相反，最适合的基因型增加是因为随着一个突变体种系的频率增加，其他突变能够与之相组合而出现，这样更加适合的组合被逐渐建立起来。

图 17.10　巴别塔。

Jorge Luis Borge 的故事《巴别塔图书馆》很好地举例说明了将选择视为从所有可能的基因型（图 17.10）中简单地挑选出最适合的基因型是荒谬的。他描述了一个很大的图书馆，它的容量包括了几乎所有的字母的顺序，因此包括了所有可能的图书。这个图书馆不仅包括真理，同时也包括各种谬误，两者融合在没有意义的海洋里。从不可理解的大量的空间中挑选出某一特殊的图书基本是不可能的。图 17.11 举了一个简单的单词游戏来说明这个道理。

当然，我们不会认为一个作者只是从所有单词序列组合中选择一串单词而写成一本书。但是他或她被视为创造了一些新的东西。这种创造可以通过从先前的文化传统中建立和使用由其他人之前产生的思想和风格的方式而完成。自然选择以同样的方式通过将独立的变异组装成一串允许生命体高效率复制 DNA 碱基而发挥作用。自然选择的力量是它具有积累一系列改变并最终导致一个几乎不太可能出现的结果的能力。这种观点需要一系列简单的改变，每个改变都增加了适合度，这样选择可以积累性的发挥作用。在图 14.28 中，我们看到，Fisher 认为适应可能是一个通过许多微小的过程来实现的。在第 24 章，我们将回到这个问题。

选择比理性的设计往往更加有效

令人吃惊的是，即便对人类来说，选择通常是最有效地建立复杂结构的方式。例如，尽管我们知道控制蛋白质与 RNA 折叠和决定它们催化活性的普遍原理，但是我们还是不能够从第一原理中设计有效的催化剂。天然方式的酶分子可以通过改变而完成略微不同的功能，但是，在没有天然类似物的帮助下从头设计一个酶分子是不太可能的。因此，使用如图 17.2 中那样的体外选择实验来生成特殊目的分子是相当有意思的（回顾新的荧光蛋白的例子）。

选择也被用来解决复杂的优化问题。例如，决定在一张芯片中组分的排列方式。解

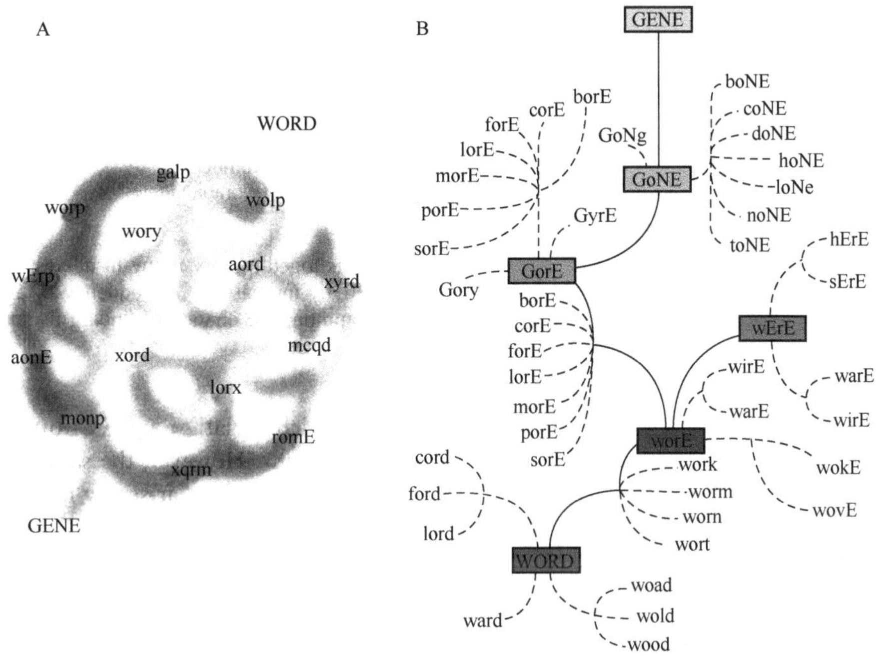

图 17.11　(A) 通过随机改变每个单词把 WORD 改变为 GENE 需要花相当长的时间：从将近 50 万种可行组合中挑选出需要的 4 个字母的组合的概率将近是百万分之二 ($26^4=456976$)。(B) 不同的是，假如只有规则的英语单词可以存在，那么通过积累一些简单的改变就可以快速地达到这个新单词。同时，假如每个过程与 GENE 最相似的字母被选择出来，那么经过仅仅 4 步就可以达到需要的单词。

决随机改变的问题，一个合理的适合度测试方法决定突变存在的机会。如果被接收的仅有的改变是这些提高适合度的改变，那么可以得到局部最优解，但是也许永远都发现不了全局最优解（设想如图 17.12 所示攀登一个大致的适合度分布）。但是有时候通过选择次要的改变，算法可以解析一个更宽泛的概率范围。这种称为模拟退火的方法可能是一种简单的从大量的局部最优解中去发现最优解的方法。我们将在第 18 章从生物学的范围讨论选择、突变和随机漂变之间的相互作用类型。

工程师们和计算机科学家们使用一个相似的方法来处理困难的设计问题。替代性的设计彼此之间相互竞争，由突变和重组完成变异。独创性的和意外的解决方案经常在理性思考很难或者不能够完成的时候出现。图 17.13 显示了这么一个简单的例子。低通滤波器通过电容器和感应器被制造出来；它们的功能是阻断高于阈值的频率的传输。设计这么一个电路完全不是简单的事。但是，少于 50 代的在随机变异的选择产生了很卓越的解决方法，包括一些专利化的设计。不同于模拟退火，这个例子使用了重组和突变；这些方法被称为**遗传算法**（genetic algorithm）或者**遗传编程**（genetic programming）。在第 23 章，我们将分析重组是如何能够提高于选择的应答。

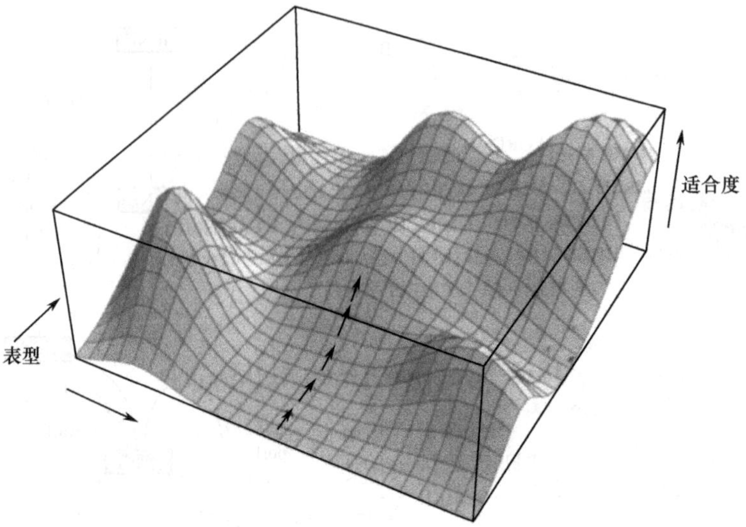

图 17.12 适合度分布显示了适合度如何依赖个体的表型（水平轴）。不同于图 17.6，这个地形有很多峰。因此，一系列梯度式的改进（箭头）可能导致一个局部最优解（中心位置），而不是达到最高的顶峰（远处靠右）。表型用二维图表征。实际上，可能有很多维，同时适合度也许用离散的基因型绘制，而不是用连续的表型。

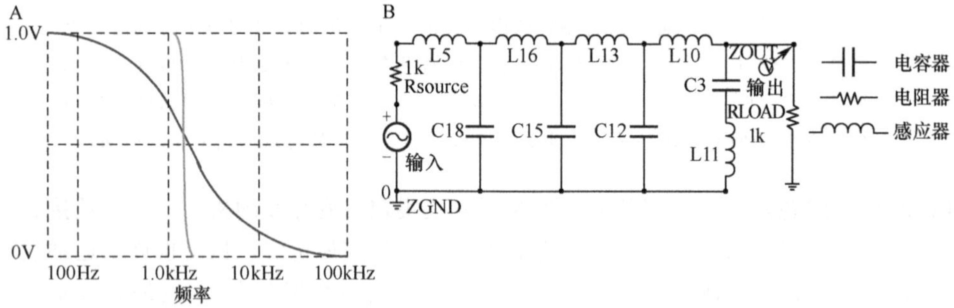

图 17.13 从备选的设计中选择设计低通滤波器。对低于 1kHz 频率的完全传输和高于 2kHz 频率的零传输的选择。(A) 相对于 49 代选择之后的尖峰频率的应答（蓝色）是一个随机起始群体（红色）最好的频率应答。(B) 在 1917 年获得了专利的尖峰频率应答的滤波器。

即使微小的适合度差异最终会变得显著

现在让我们审视一个选择的最简单形式，两个选择性的等位基因（称为 P 和 Q）在群体内发生竞争。我们在一堆配子中计数这两个等位基因的频率，并在第 0 代分别指代这两个等位基因的频率为 p_0 和 q_0。在一个有性生殖的真核细胞内，单倍体配子以随机的方式形成二倍体的合子。这些合子发育成为成体，通过生殖形成新一代的配子。一个个体基因的适合度是这些经过一代后产生的子代的数目，通过在一次生命周期（从单倍体配子到下一代单倍体配子）内计数这些子代个数。每个等位基因的适合度（W_P，W_Q）就是这些含有该等位基因的基因的平均适合度。正如我们看到的那样，它由很多的组分所构成（如单倍体时期的存活率、与另外配子结合的概率、二倍体的存活率等）。

我们也许还会设想其他的生命周期：二倍体个体通过随机的方式交配，而不是淘汰这些随机结合的配子，或者它们根本就不是二倍体，而是单倍体的无性生殖。不管这些复杂的情形，群体组分的改变仅仅依赖与 W_P 和 W_Q（图 17.14）。

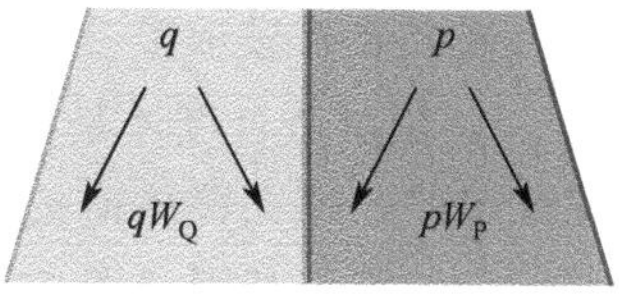

图 17.14　等位基因频率 $q:p$ 的比值的改变与等位基因的适合度 W_Q 和 W_P 成比例。

在每一代中，每个等位基因数量的改变与它们的适合度成正比。假设在 t 时间，我们称类型 P 和 Q 的数量为 $N_{P,t}$ 和 $N_{Q,t}$，那么 $N_{P,1}=W_P N_{p,0}$；$N_{Q,1}=W_Q N_{Q,0}$，以此类推。这样数量的比例和相应的等位基因频率的比例的改变与适合度的比成比例

$$\frac{N_{P,1}}{N_{Q,1}}=\frac{p_1}{q_1}=\frac{W_P}{W_Q}\frac{p_0}{q_0} \tag{17.1}$$

经过很多代之后，这个比例变为

$$\frac{p_t}{q_t}=\left(\frac{W_P}{W_Q}\right)^t\frac{p_0}{q_0} \tag{17.2}$$

例如，如果一个等位基因的适合度是其他等位基因适合度的两倍（如 $W_P=2W_Q$），同时起始的等位基因频率比例为 $p:q=1:1000$，经过一代后，比率将会增加到 2∶1000，经过 10 代后，将达到 2^{10}∶1000 或者是 1024∶1000。至于频率，在 10 代中 p 将按照 $\frac{1}{1001}$，$\frac{2}{1002}$，…，$\frac{1024}{1024}$，依次增加，或者是 0.001，0.002，…，0.506 增加。这个最简单的选择方式的时间过程显示在图 17.15 中。

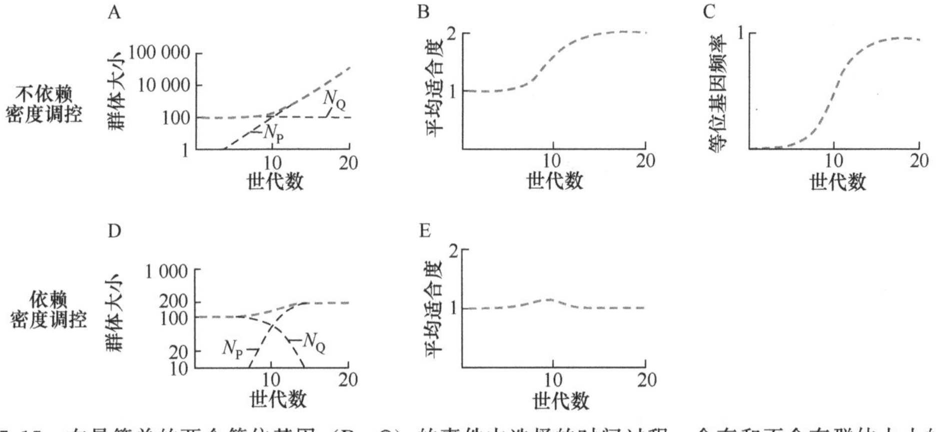

图 17.15　在最简单的两个等位基因（P、Q）的事件中选择的时间过程，含有和不含有群体大小的密度依赖性调控作用。上排显示的是不管群体大小的适合度恒定的例子。(A) 如果 $W_Q=1$，类型 Q 的数量在 $N_Q=100$ 时保持恒定。如果类型 P 具有两倍的适合度（$W_P=2$），那么它的数量呈几何式增加（2^t）。在对数的尺度上，它将呈现出线性的方式。当 P 变得普遍，同时群体随着基因组大小增加的时候，在 10 代范围内，总的群体大小（N_P+N_Q，红色点）接近 100。(B) 群体增长的速率（如 A 图中红色点的斜率）等于平均适合度。随着 P 取代 Q，平均适合度从 1 增加到 2。(C) 等位基因的频率，$P=N_P/(N_Q+N_P)$。(D) 如果两种类型的适合度和群体大小共呈几何式降低，那么群体将保持在一定界限内（$W_Q=2^{1-N/100}$，$W_P=2W_Q$），当 $\overline{W}=1$ 时两者相等。类型 Q 在 $N_Q=100$ 时达到平衡（左边）；类型 P 具有两倍的适合度，这个例子中在 $N_P=200$（右边）时达到平衡。(E) 随着 P 取代 Q，平均适合度将增加并超过 $\overline{W}=1$，但接着随着群体大小的增加将回到一个平衡。但是，由于两个类型之间的适合度比率是恒定的（$W_P/W_Q=2$），等位基因频率改变的时间过程与 (C) 是完全等同的。

这个计算显示了一些重要的对于更加复杂的模式同样适用的特征。

1. 相对适合度才是重要的。如果每个等位基因的绝对适合度（如实际子代的个数）是恒定的，那么群体增长的速率将随着时间而增加，因为更加适合的等位基因会取代不太适合的等位基因（图 17.15B）。这提示，一般而言，群体的大小会以更快的速度增加，同时选择增加了平均适合度。但是，如果群体保持在一个界限内，适合度一定会随着群体大小的增加而降低。当一个更适合的等位基因取代了一个不太适合的等位基因，群体将增加到更高的平衡大小，但是不会无限增加（图 17.15 D、E）。假设拥挤现象以同样的方式影响着两个等位基因，同样的对等位基因频率的公式依然适用。这个仅仅取决于相对而不是绝对适合度（图 17.15C）。

2. 改变的时间尺度与选择系数成反比。因为只有涉及相对适合度的情况，我们可以设定 W_Q 为 1，W_P 为 $1+s$。这样，我们可以看到，在足够长的时间范围内，即使适合度微小的差异也将导致其中一个等位基因取代另外一个等位基因。伴随着 $(W_P/W_Q)^t=(1+s)^t$，等位基因频率的比率发生改变，对于 s 较小时，这种改变接近 $\exp(st)$（图 17.16）。例如，有 0.001 的相对适合度的差异在 1000 代后这个比率的改变将达到 e，约为 2.718，在 10 000 代后，将达到 e^{10}，约 22 000。一般来说，选择作用的时间尺度粗略地等于 $1/s$。在第 19 章，我们将论述在自然界中选择系数会达到多强的证据。

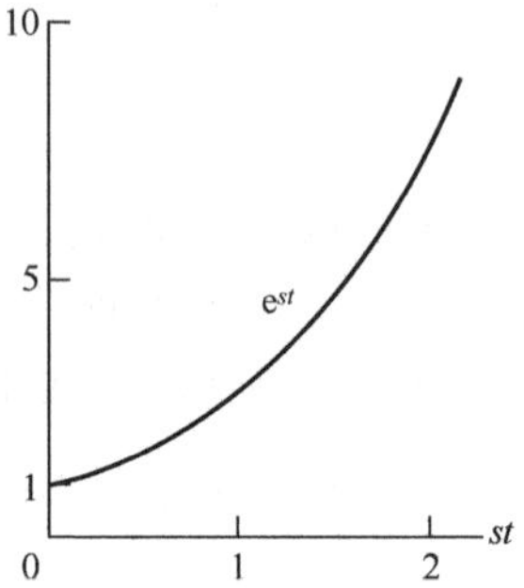

图 17.16　当一个等位基因稀有时，如果其选择优势为 s，则等位基因将以指数式 $\exp(st)$ 或 e^{st} 增加。

3. 有利等位基因频率以一种典型的 S 形曲线增加。起始非常稀少（如一个新突变的一份拷贝）的等位基因将以指数式增加 [p 约为 $\exp(st)$]。这也就是说，从 10^{-6} 到 10^{-5}，再到 10^{-4}，最后到 10^{-3} 将需要花费 $2.3/s$ 代。在一个群体中等位基因达到一个可以检测的频率实际上存在很长时间的滞后 [这个时间的滞后大约在 $(1/s)\log(1/p_0)$ 代，p_0 表示起始频率]。这个新的等位基因很快就达到很高的频率，约为 $1/s$ 代。接着在原始等位基因被最终消去之前又需要很长时间的滞后（图 17.15C）。

在这个简单的例子中，我们假设相对适合度在时间范围内保持恒定。但是一般来说，很多原因会改变相对适合度。但是，在任何一代内的改变 t，取决于在该代中 $(W_{P,t}/W_{Q,t})$ 一个等位基因相对于其他等位基因的适合度。同时，经过很长时间，一个等位基因增加还是减少取决于相对适合度的结果是大于 1 还是小于 1。因此，这个对于理解**几何平均适合度**（geometric mean fitness）是有帮助的，它定义为

$$\left(\frac{W_{P,1}}{W_{Q,1}}\times\frac{W_{P,2}}{W_{Q,2}}\times\cdots\times\frac{W_{P,t}}{W_{Q,t}}\right)^{1/t}$$

经过很长的时间，具有最高几何平均适合度的等位基因将会胜出（图 17.17）。

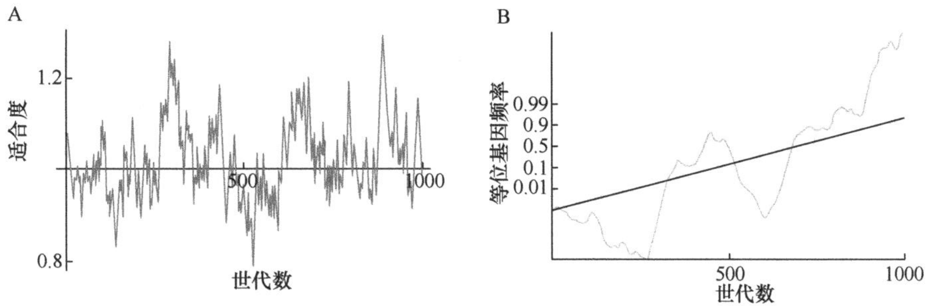

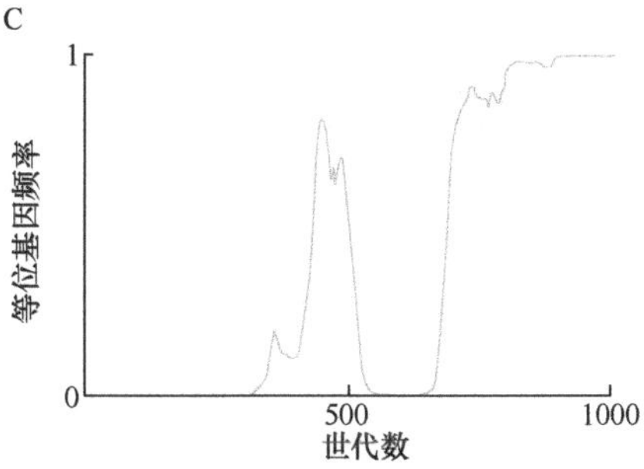

图 17.17　经过很长的时间，一个等位基因增加的比率取决于它的几何平均适合度。(A) 在这个例子中，相对于等位基因 Q，等位基因 P 的适合度随机性地波动，并且具有 1.01 几何平均值。(B) 在对数尺度上的等位基因频率的比率。具有 $s=0.01$ 恒定优势的等位基因将会以线性形式稳定的增加。实际上等位基因频率波动很大，但是在长时间的区间内是以 $s=0.01$ 的比率增加的。(C) 等位基因频率的原来尺度。

一个基因的适合度取决于其与物理和生物环境的作用以及同其他基因的相互作用

很多原因会改变适合度，最显著的是与外界环境的协同变化。我们已经看到了一些例子，同时将会在之后的章节中看到更多的例子。在人类中，β-球蛋白 Hb^A 纯合体会导致疟疾引起的相对高的幼年死亡，但是镰状细胞的杂合体（Hb^SHb^A）可以免受疾病的影响而较好的存活下来。因此，这些基因型的绝对和相对适合度很显然依赖于疟疾的影响范围（见注解框 14.1）。黑色与非黑体色的胡椒蛾（*Biston betularia*）被捕食的比率随污染的程度而变化，这个也由此改变了伪装的有效性（图 17.18）。

图 17.18　胡椒蛾（*Biston betularia*）的体色具有多样性，白体色（上图）和黑体色（下图）。黑体色类型更多分布在受污染的地域，那里的树干也显得更黑，白体色类型更多生活在未受污染的区域。

最重要的是，环境条件可能是直接或者间接引起群体改变的原因；进化与环境之间存在着反馈的关系。我们也看到了如果群体限定在一定的界限内，绝对适合度必定与群体一起减小。如果像我们给出的假设那样，即这种降低对所有基因型的影响相同，它就不影响相对适合度，那么也就不会对进化产生影响。但是，不同的基因型也许具有不同的敏感度，对于选择是**密度依赖性**（density dependent）的。更普遍的是，适合度可能依赖于群体内其他基因型的频率。例如，如果不同基因型利用不同的资源。我们将会在第 18 章中看到这种**频率依赖性选择**（frequency-dependent selection）是如何在一个群体中保持遗传变异的。

在一个二倍体生物中，群体内存在着直接影响基因适合度的组分：一个基因的效应取决于它的搭档。例如，当 Hb^S 等位基因与 Hb^A 配对时，该等位基因可以抵抗疟疾，但是当与另外一个 Hb^S 配对形成 Hb^SHb^S 纯合体时，却引起急性贫血。在随机配对的条件下，当与其他可能性的等位基因组合时，一个等位基因的适合度是在群体内这些等位基因频率加权的平均结果。因此，一个稀有隐性等位基因如果只纯合体中才会增加适合度时其频率只会缓慢增加，因为该等位基因只有在更适合的纯合体类型中才被发现。相反，一个占优势的显性等位基因将会很快增加，接着会缓慢的全部取代原来的隐性等位基因（见注解框 17.1）。

注解框 17.1　对二倍体的选择

在一个含有两个等位基因（Q、P）的二倍体群体内，有三种可能的基因型（QQ、PQ、PP）。但是，我们依然能够通过分析两个等位基因的频率（q、p）来理解群体的进化，而不需要追踪所有三种基因型的频率。这是由于，在随机交配的前提下，在新形成的合子之间，这三个二倍体基因型的比例满足 Hardy-Weinberg 平衡（$q^2 : 2pq : p^2$）。该平衡仅仅依赖于等位基因的频率（见注解框 1.1）。同样地，我们可以通过分析两种类型等位基因的平均适合度来理解选择的效应。一个 P 等位基因有一个 p 的概率与另外一个 P 配对形成 PP 纯合子，有一个 q 的概率与另外一个 Q 等位基因配对形成杂合子。因此，它的平均适合度 $W_P = pW_{PP} + qW_{PQ}$。同样，$W_Q = pW_{PQ} + qW_{QQ}$。这些适合度可以直接代入公式 17.1 和 17.2 去计算在时间尺度上的等位基因频率的改变。

表 17.1 总结了对各种选择效应的详细公式［见第 28 章（在线）］。如同在文中解释的那样，等位基因频率的改变取决于每个基因的适合度（W_P、W_Q），也就是在二倍体中两个等位基因结合成基因型的平均结果。净选择系数与这些遗传适合度之间的差异程度 W_P-W_Q 成正比。

表 17.1　一些简单选择模型的等位基因频率的改变

	二倍体基因型的适合度			遗传适合度		选择系数	改变比率
	W_{QQ}	W_{PQ}	W_{PP}	W_Q	W_P	$W_P - W_Q$	dp/dt
单倍性				1	$1+s$	s	spq
加性	$1-s$	1	$1+s$	$1-sq$	$1+sp$	s	spq
显性 P	1	$1+s$	$1+s$	$1+sp$	$1+s$	sq	pq^2
隐性 P	1	1	$1+s$	1	$1+sp$	sq	sp^2q
超显性	$1-s_1$	1	$1-s_2$	$1-\bar{s}p_eq$	$1-\bar{s}q_ep$	$\bar{s}(p_e-p)$	$\bar{s}pq(p_e-p)$
显性不足	$1+s_1$	1	$1+s_2$	$1+\bar{s}p_eq$	$1+\bar{s}q_ep$	$\bar{s}(p-p_e)$	$\bar{s}pq(p-p_e)$

这里的 $p_e = s_1/(s_1+s_2)$ 和 $\bar{s} = s_1 + s_2$。

当选择较弱的时候（如 $s<20\%$），等位基因频率的改变大致上是连续的，并且仅仅取决于产物 st。因此经过 100 代 $s=10\%$ 的选择产生的改变与经过 1000 代 $s=0.1\%$ 选择产生的改变几乎是完全相同的。表的最后一列显示了等位基因频率改变比率的近似解。

图 17.19A 比较了三种 P 优越于 Q 的定向选择的类型。在加性选择的作用下，每一份 P 拷贝增加 s 大小的适合度。等位基因的频率快速增加，同时，在时间 $st=9.2$（如在 9200 代中，$s=0.001$）内，从起始 $p=1\%$ 改变为 $p=99\%$。如果等位基因 P 是显性的，它一开始就以同样的方式增加，因为杂合子 PQ 和原始的纯合子 QQ 之间的适合度的不同依然等于 s。但是，随着 P 变得普遍，群体主要由基因型 PQ 和 PP 所构成。等位基因 Q 慢慢地消失，因为它仅仅在稀有的纯合子 QQ 中表达而造成适合度的降低。如果等位基因 P 为隐性，结构模式将会逆转。首先，P 非常缓慢地增加，因为它的优势只有在稀有的纯合子 PP 中表达。在这个例子中，耗费时间 $st=108.2$ 可以使 p 增加到 99%，比加性选择慢了一个数量级。

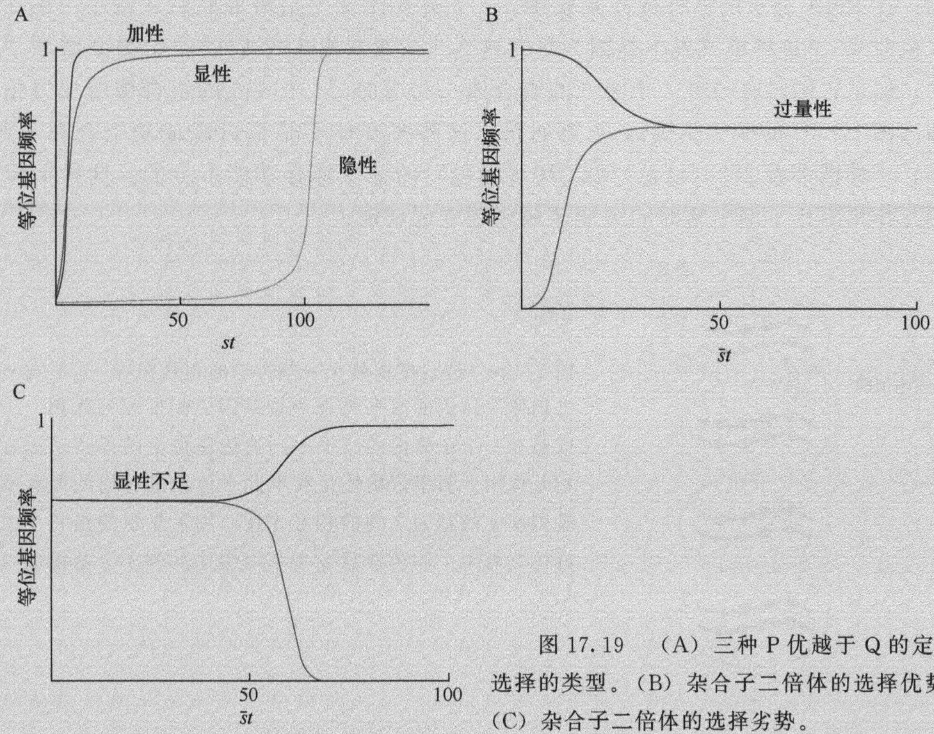

图 17.19　(A) 三种 P 优越于 Q 的定向选择的类型。(B) 杂合子二倍体的选择优势。(C) 杂合子二倍体的选择劣势。

图 17.19B 显示了具有杂合优势或者**超显性**（overdominance）的典例。在这个例子中，当 $p_e=0.7$ 的时候达到平衡，同时适合度是 $1-0.7\bar{s}:1:1-0.3\bar{s}$。如果一开始等位基因 P 就是普遍的，那么它将主要在纯合子中被发现，接着将会降低（上边的曲线）。此外，如果它一开始比较稀少，那么它将主要在杂合子中被发现，接着将增加（下边的曲线）。经过时间 t（约 $1/\bar{s}$ 代）后，将达到平衡。

图 17.19C 显示了一个**显性不足**（underdominace）的例子，其中，杂合子是缺乏适合度的。这样，不管那个等位基因是否具有更普遍得增加的趋势，它总是存在着平衡的不稳定性。在这个例子中，适合度是 $1+0.7\bar{s}:1:1+0.3\bar{s}$，这样，不稳定状态是 $P_e=0.7$。具有 p 非常微小的超越阈值的群体最终将得到固定，但是这些低于阈值的群体最终将失去这个等位基因。

如果杂合子比任何纯合子更加适合，如镰状细胞血红球蛋白的例子，那么不管那个等位基因是多么稀有，在杂合子中它总是与可选择的等位基因结合，因此平均而言是更有优势。因为每个等位基因在稀有的时候增加，一个稳态平衡将在群体内存在的两种类型基因中完成。这种多态性的典例是 Hb^S 等位基因存在于这些疟疾泛滥的区域（见注解框 14.1）。在接下来的章节中，我们将看到其他例子和在维持变异中的杂合子优势的普遍重要性的问题。

目前为止，我们已经看到了在一个二倍体生物中相同基因座上的两个同源拷贝之间的相互作用的结果（这是一种显性的相互作用）。对于单倍体而言也有相似的效应，尽管不同基因座上的基因之间是通过**上位效应**（epistasis）起作用（图 14.8 和图 17.20）。例如，在 RNA 分子的体外选择实验中，2 个突变体首先是增加而后才减小（图 17.2C 的红色曲线）。这种模式发生是因为尽管这 2 个突变体相对于它的原始类型增加了催化活性，但是它们没有与有 4 个突变的组合体一起增加，4 个突变的组合体增加得稍微晚了些（图 17.2C 的绿色曲线）。重要的是，这些突变体不是都可以成功组合在一起的。例如，一种携带着 260（红色）和 270（绿色）的突变体是功能不全的。这种上位效应的相互作用阻止了两个暂时的突变体最终建立起功能。

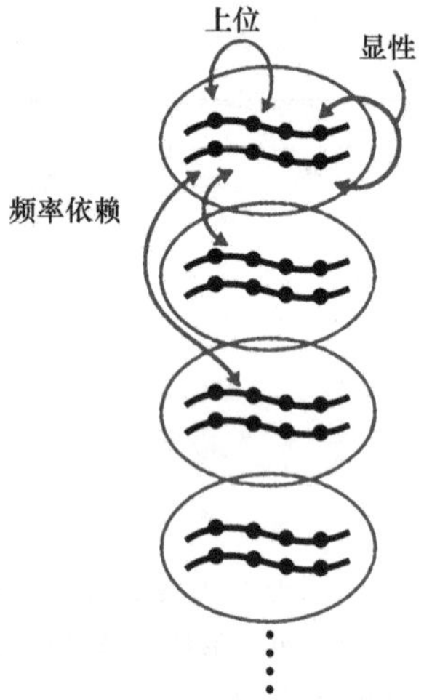

图 17.20　适合度依赖于一些类型的相互作用。显性是一种在二倍体个体内的两个纯合等位基因之间的相互作用。上位效应是在一个个体内的位于不同遗传座位上的等位基因之间的相互作用。频率依赖性是在不同个体内的相同的或者不同的基因座上的基因之间的相互作用，图示显示的是一个二倍体群体，每个个体携带有 2 个基因组序列和 4 个基因座（点表示）。

频率依赖性的选择尚具有另外一种由不同个体的基因之间的相互作用介导的反馈过程。重要的是尽管一个等位基因的命运由它的适合度决定，但是这种适合度依赖于等位基因自身所处的所有环境的平均结果。这种等位基因是在二倍体中以同源基因形式存在的，同时这些同源基因又在基因组和环境条件中存在。因为环境本身取决于整个群体组成的大小和遗传结构，以及和其他物种之间的相互作用，所以自然选择的过程可以是非常复杂的。

尽管复杂的相互作用决定了适合度，但是揭示自然选择基本的群体遗传学原理是简单的，可以由公式 17.1 和公式 17.2 概括得出。考虑选择最重要的是选择时间尺度是由选择系数的倒数（$t \approx 1/s$）所决定的。

在接下来的章节，我们将看到选择是如何与其他的进化驱动力（如突变、随机漂变、迁移和重组）关联的。相对于突变的时间尺度，所有这些作用力的结果是由这些驱动力的时间尺度所决定的。例如，随机漂变在 N_e 代的时间尺度上起作用，因此我们将看到选择相对于漂变的重要性取决于时间尺度的比例，$N_e/(1/s)=N_es$。选择强度与选择系数成比例的思想给予了一个理解进化的复杂性的简单的定理的方法。

群体进化到适合度分布的峰顶

鉴于基因型和表型之间复杂的相互作用，我们考虑基因之间广泛的相互作用对于适合度的影响。也就是说，我们考虑广泛的显性和上位效应，如一个基因对于适合度的效应依赖于与这个基因结合的基因类型。因此，随着不同类型基因频率的改变，每个基因的加性效应也随着改变。这就使得选择的长效性相当复杂（图 17.2C）。特别是，暴露在非常相同条件下的群体可以进化出不同的依赖于起始等位基因频率的基因组合。

Sewall Wright，三位群体遗传学奠基者中的一位，发展了一种有效的方法来刻画基因的相互作用对于等位基因频率进化的效应。他显示了等位基因频率的改变与提高这个等位基因频率带来的平均适合度的增加的比例成正比。一种可以刻画适合度来反映所有等位基因频率的功能，称为**适应性分布**（adaptive landscape），它有与反映群体最高平均适合度的等位基因频率的组合相一致的顶峰。适应性分布的梯度越陡峭，移动的速率就越快。

当用基因的相互作用来分析适合度的时候，可能就有很多的**适应峰**（adaptive peak）。群体可以进化到一些等位基因频率可选择性的组合，因此结果依赖于它们是从哪里开始的。最简单的例子是在杂合子缺乏适合度的地方（相对于超显性，称为显性不全；注解框 17.1）。这是典型的多染色体重排，在这当中，杂合子在减数分裂过程中遭遇很多问题。不同的重排也许不会恰当的分离，结果是配子不会得到每个基因的一个拷贝（注解框 12.2）。群体进化以至于增加它的平均适合度，因此也就移向两个适应峰的其中一个，在这个例子中的结果与一个或者其他的等位基因的固定是一致的（图 17.21A）。物种地理区域的不同部分可能达到不同的适应峰，导致由明显的边界（图 17.22）独立开来的区域之间的拼合。这就是**领域性**（parapatric）分布。

在这个例子中，同一个基因座上的同源基因之间的两份拷贝存在着相互作用。类似的行为可以在不同基因座之间的作用当中被看到。例如，假设在两个基因座的每一个基因座上（A 和 B），P 等位基因具有稍微大的选择优势，但是双纯合子 $A^PA^PB^PB^P$ 是致死的（图 17.21B）。因此，群体趋向于建立其中一种方式，而不是两种都是。在第 22 章我们将看到这种上位效应是如何导致分离的物种发生进化的。

适合度分布的表意会导致误解

尽管 Wright 适合度分布的形象比喻是一种有帮助的方法来刻画不同进化过程的联合作用，但是有时会引起误解。首先，它仅仅只有当每个基因型的适合度是恒定的时候才有效。如果适合度随着环境的改变或者随着等位基因频率的改变而改变，那么地形本身会随着时间而改变，同时不可能被用来预测群体的进化。Wright 的公式也需要等位基因是随机关联的（即处在**连锁平衡**中）。如果某些等位基因趋向于彼此之间相关联，那么我们不可能仅通过所有等位基因频率的乘积来预测基因型的频率（见注解框

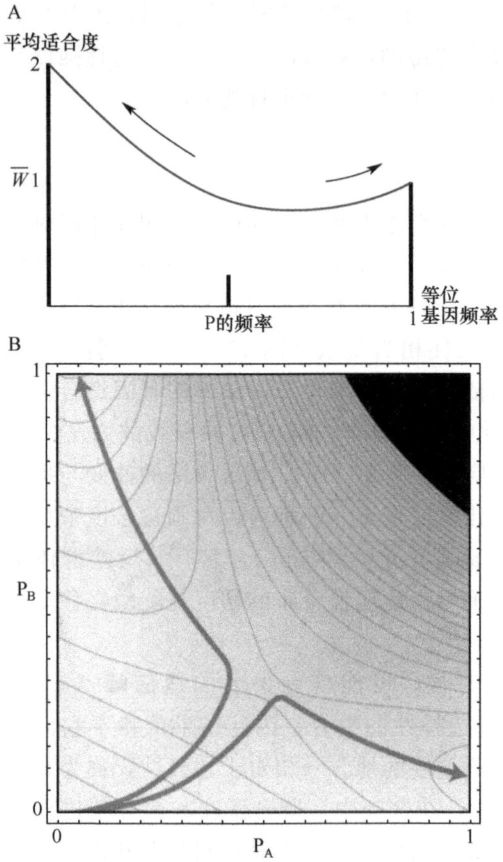

图 17.21　通过绘制平均适合度对等位基因频率的适合性地形图示可以理解选择的效应。(A) 如果杂合子比纯合子具有更差的适合度，那么群体将沿着箭头的方向进化并得到固定。基因型 QQ、PQ 和 PP 分别具有 2、0.25 和 1 的适合度（垂直线）。(B) 描述具有两个基因座并且每个基因座都有两个等位基因的例子（基因座 A 有 A^P、A^Q 等位基因，基因座 B 有 B^P、B^Q 两个等位基因）。每个等位基因 A^P 增加 5% 的适合度，每个等位基因 B^P 增加 10% 的适合度。但是纯合子 $A^PA^PB^PB^P$ 是致死的。因此，具有两个可选择性的适应峰，其中一个以 1.2 的平均适合度固定于 A^QB^P 附近（左上方），另外一个以 1.1 的平均适合度固定于 A^PB^Q 附近（右下方）。箭头显示的是以 A^QA^Q 为起始的群体的运动轨迹。进化到任何一个适应峰的可能状况依赖于它们从哪里精确的开始。等高线以 0.02 的平均适合度的间隔分隔开来。这些地标通过群体的状态对平均适合度作图得到，但是图 17.12 的地标图是通过个体表型对个体适合度来作图的。

15.5)。这个群体仅仅可能通过跟踪所有基因型频率的方式来描述，同时它的进化也将依赖于重组如何破坏**连锁不平衡**（linkage disequilibria）。由于 Wright 简单的描述仅仅反映等位基因频率的进化，所以它不能用来预测复杂情况下的结果。

第二个难点是一个群体的平均适合度依赖于很多基因，因此 Wright 图表需要用多维度来描述，而不是二维或者三维。通常的三维图式会令人误解，因为它暗示这个群体可能很容易达到局部适应峰。实际上，适合度分布有数以千计的维度，同时群体可以有很多进化的方向，很多类型的改变能够由不同的基因所组成。通常存在一些变异可以增加平均适合度并受到选择的影响。对于群体是否常常处于局部适应峰还不清楚。

最后，我们常常将两种相当不同类型的适合度分布一起使用。这里，我们已经探讨了群体的平均适合度取决于描述群体状态的等位基因的频率。但是，通常是以个体的基因型为变量作图来反映个体的适合度（图 17.12）。当然，Wright 自己使用了两种版本，而没有对它们做明确的区分。群体和个体的适合度分布都是非常有用的，但是在这本书中，我们主要使用前者。

尽管有这些局限，Wright 的适应性分布仍然是一种有用的方法去理解选择是如何在上位效应存在下对等位基因频率起作用的。在接下来的章节，我们将看到 Wright 是如何延伸这个概念从而包括突变、迁移和随机漂变这些效应的。Wright 的思想已经对进化的理论产生了重要的影响，并不是通过数学公式的发展，而是因为许多生物学家已

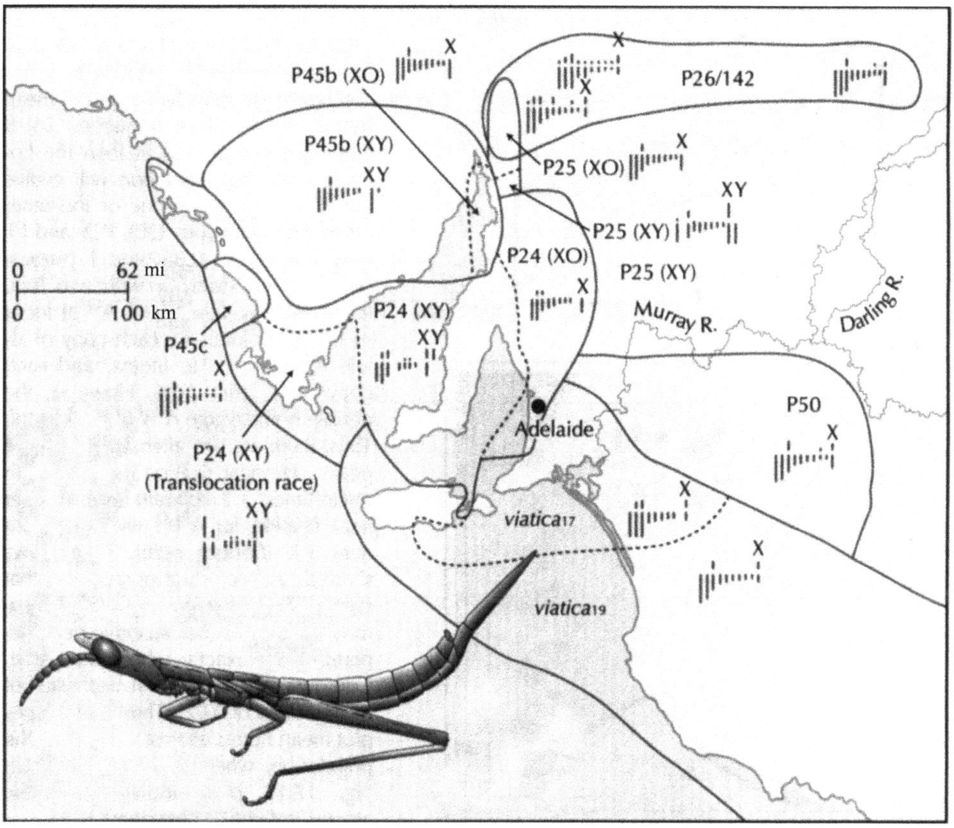

图 17.22　位于南澳洲的 *Vandiemenella* 蚂蚱被同域模式分隔成不同的地理群体和物种类型，这些差异可以通过不同染色体排列得以区分（以小图示显示）。物种分类的边界用实线区别开来，不同群体之间用虚线区分开来。狭窄的**杂交地带**（**hybrid zone**）将它们分割开约有几百米的距离。显示的区域延伸到了南太平洋地带，这里在冰期的时候是干旱的；这就解释了在袋鼠岛（中心）被发现的三个类群的分布。图式显示的昆虫为一种雄性蚂蚱。

经发现它对于在进化过程中的不同因素的组合的思考是有帮助的。

缪勒式拟态有利于常见的色彩模式

如果基因型拥有恒定的相对适合度的话，Wright 的适应性分布仅仅能够被用来预测对等位基因频率的选择效应。因此，它是一种理解显性和上位效应的有用方法，但是当相对适合度依赖于群体的组成时，就不能使用了。但是，如果适合度是频率依赖性的，那么多稳态平衡也可以发生，即使数学上的形象化适应峰是不正确的。如果普遍的等位基因比稀有的等位基因更具有适应性，那么群体将趋于固定这些不管在开始的时候是否是最普遍的等位基因。

缪勒式拟态提供了这种频率依赖性选择最好的例子。很多难闻的或者有毒的物种或者食肉动物已经进化出显著的警戒色来告诫它们有毒的特征。对于所有分享了这些共有的警戒色模式的个体是一种强烈的选择，因为这是可以被捕食者所识别的。一种稀有的突变体可能不再被识别为有毒的而将会被吃掉。通常，很多不受欢迎的不同物种彼此之间紧密的仿效，由此通过单一的色泽模式的聚集获得更大的保护。例如，*Heliconius* 属的蝴蝶已经进化出了明亮的翅膀模式，同时在任何一个区域，所有这些物种都分享了同一种模式（图 17.23）。实际上，更远缘关系的蝴蝶和蛾通过仿效这种色泽模式也获得了保护。但是，这种作为警戒色的模式却是单一的，在不同的地方，不同的模式被发现（图 17.23）。这种不同模式的领域分布通过对稀有的含有不同形态的表型的选择而得以维持。每个个体的基因型的适合度增加以至于基因型变得越来越常见（频率依赖性的选择）。杂合子也许不同于每个双亲的类型，因此将会更普遍的得到遗传（显性不足）。最后，如果有多个基因参与，重组的基因型也将显示不同寻常的模式，同时也将得到较差的生存（上位效应）。

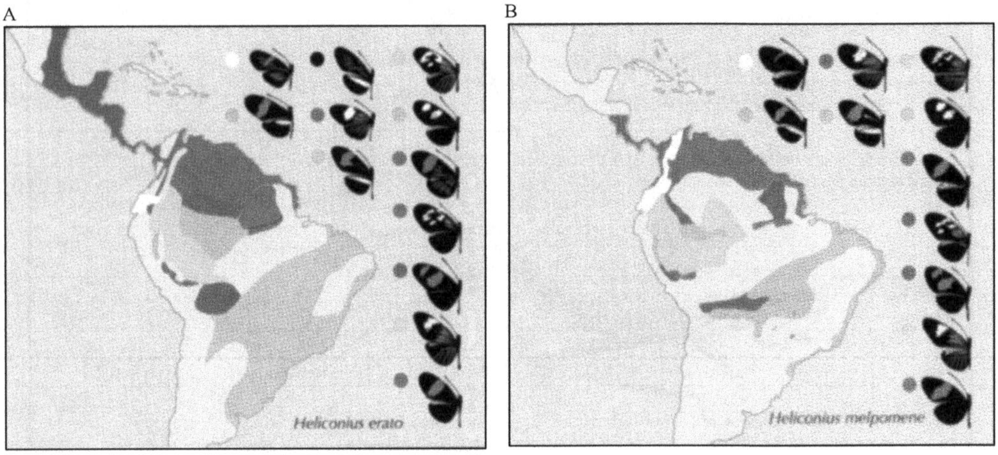

图 17.23　蝴蝶属的缪勒式拟态。在任何一个区域内，艺神袖蝶（*Heliconius erato*）（A）和红带袖蝶（*H. melponene*）(B) 共享了一种警戒色模式。但是，在南美和中美区域这些模式有着相当大的不同。

对数量性状的选择

以一种简单的方式作用于数量性状的选择

庄稼是如何对人工选择做出应答的呢？选择是如何塑造一个生命体的表型和行为的呢？如果我们需要对所有这些影响性状基因的等位基因频率和每个等位基因对于适合度的效应去跟踪的话，那么回答这些问题将会是极其困难的。如果我们不得不进一步去计算每种等位基因组合（如对于连锁不平衡和上位效应）的适合度的效应和频率的话，那么这些问题将变得无法解决。所幸的是，至少数量性状的平均值的进化可以在无需知道它们的遗传基础的状态下得到解析，通过使用在第 14 章引入的方法。我们将会看到选择对于一个数量性状的平均价值的效应与选择作用于这一单个基因的效应是相似的，同时可以通过一种简单的方式得到描述。

假设对某种性状存在定向选择，那么，具有更大性状值的个体更具有生殖的可能（注解框 17.2）。一个经典的例子是加拉巴哥（Galapagos）的麻雀，它们已经被 Peter

和 Rosemary Grant 研究 30 多年了。这些鸟类因一个群体分化产生了 14 个物种而引人注目。这 14 个物种在加拉巴哥岛上具有广泛的生态位区域。这些物种之间主要以它们的饮食和喙嘴之间差异最大（图 17.24）。在同一物种内喙的形状方面也存在相当大的差异（图 17.24 C、D）。这些变异受到一种与饮食有关的强烈选择作用。加拉巴哥群岛的麻雀也是理解物种内的自然选择原因和这种选择导致物种适应性分歧的最好例子之一。

注解框 17.2　**选择的模式**

定向选择（directional selection）有利于一种等位基因或有利于一种数量性状增加值的选择。对于离散的等位基因，有利的等位基因的每一个额外拷贝增加了适合度，同时对于数量性状，适合度（灰线）随着性状的增加而稳定地增加。纯化选择（purifying selection）涉及对有害突变的一种定向选择。

截断选择（truncation selection）一种仅仅允许最高性状值可生殖的选择。

稳定选择（stabilizing selection）是一种稳定中间态的位点选择；它发挥着降低突变的作用。

平衡选择（balancing selection）是一种维持遗传多样性的选择。图式显示的是超显性，在这种模式中杂合子是最有优势的。当稀有的等位基因变得有利时，平衡选择也包括频率依赖性的选择。

分裂选择（disruptive selection）是一种有利于一种性状极高值的选择。图式（左）显示的是显性不足，在这种模式中纯合子是有利的。对于一个数量性状（右），分裂选择导致突变增加。

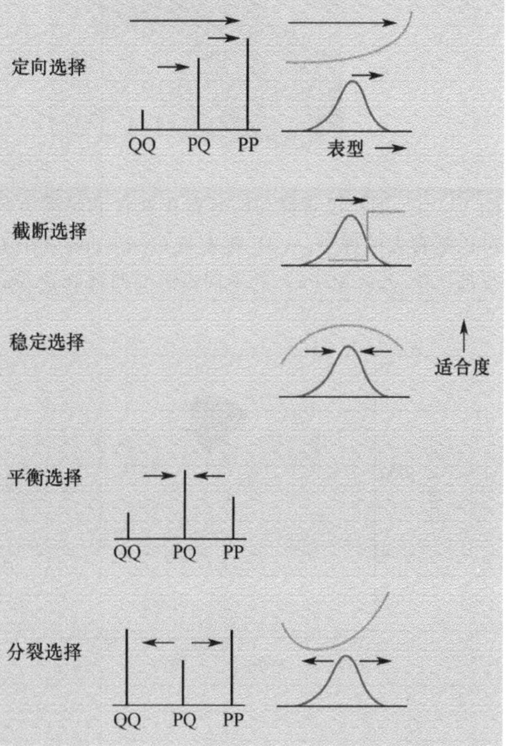

勇地雀（*Geospiza fortis*）以啄食种子为生。在 1977 年经历一次严重的干旱之后，种子的平均大小增加了，因为容易啄食的种子被吃掉了（图 17.25B）。那些具有更长和更强硬喙的麻雀可以更有效的啄食这些大的种子，也就可以更好的生存下来。几乎所有的较小的麻雀因为饥饿而死亡（图 17.25C、D）。相对于原始群体，净效应就是喙的平均长度得到增加。这种直接受到选择作用的改变称为**差异选择 S（selection differential）**。在这个例子中，喙的长度在 1977 年的上半年增加了 0.30 个标准偏差（S. D.），在 1977 年下半年增加了 0.23 个 S. D.，从而一整年拥有 0.53 个 S. D.。

当我们看到一代内的改变，如幸存下来的麻雀比死去的麻雀拥有更长的喙，选择的这种过程是直接的。但是这种选择是怎么影响下一代的呢？我们从第 14 章中知道双亲

图 17.24　加拉巴哥群岛的麻雀在饮食和喙嘴方面的多样性。(A) 大嘴麻雀 *Geospiza magnirostris* 可以啄食大的种子。(B) 啄木雀 *Cactospize palida* 可以使用工具来获得昆虫卵。(C、D) 来自达芙尼岛 (Daphne Major) 的不同喙形的两种麻雀 *Geospiza fortis*。

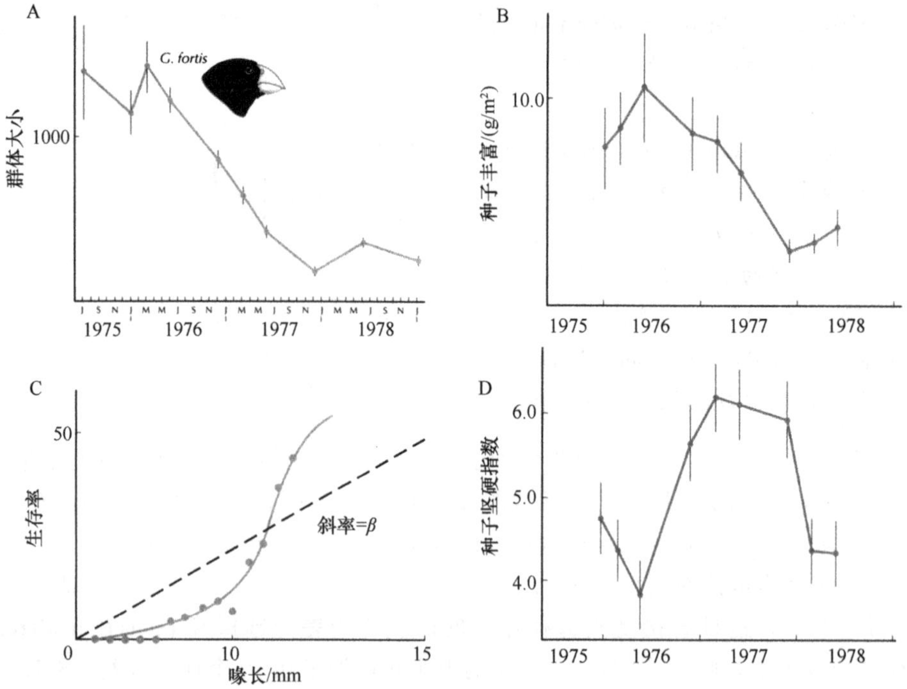

图 17.25　在 1977 年的干旱期间，达芙妮岛的勇地雀 *Geospiza fortis* 受到自然选择。(A) 群体大小。(B) 种子的丰富度 (上) 和贫瘠度 (下)。(C) 具有长嘴的麻雀在干旱中生存的更好。虚线显示的是回归线，该线的斜率等于选择梯度 β。在图 A 和 B 中显示了 95%的置信区间。

和它们的子代之间的协方差是加性遗传方差的一半。这就导致了在子代中性状的平均值与两个双亲的平均值之间简单的关系（图 17.26）。最适合的回归线的斜率等于**狭义遗传方差（narrow-sense heritability）**（$h^2=V_A/V_P$），同时等于加性遗传效应方差的一部分。它直接遵循以下规律，即一代后平均性状值的改变，称为**选择反应（selection response）**，是遗传率在双亲中乘积得到的改变：$R=h^2S$。因此，差异选择的部分就遗传到了下一代，同时这部分等同于通过基因的加性效应遗传而来的方差的部分。

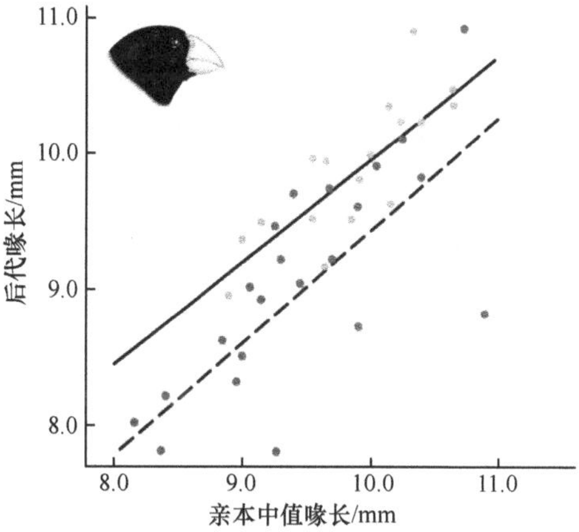

图 17.26　位于达芙妮岛上的勇地雀子代和亲代之间喙嘴长度的关系。直线给出了在 1978 年的最适情况（蓝色圆点），但是虚线给出了在 1976 年（红色圆点）的最适情况。对于这两年，由回归线的斜率显示的遗传率大约是 0.8。

在 *G. fortis* 的例子中，喙长度的遗传率估计为 0.80，这样约为 $R=0.80\times0.53=0.42$ S. D. 的改变就可以预测出来。观察在 1978 年和 1976 年出生的麻雀之间喙长度的差异约为 0.6 S. D.，两者之间是一致的。这个简单的计算省去了一些重要的因素。一方面，选择在生命周期的不同过程发挥作用。年轻的喙嘴较短的麻雀当条件好的时候可以略微较好的得到生存，也许是因为它们可以更有效的得到小的种子。在另一方面，具有较长喙嘴的雄性麻雀更有可能得到配偶。因此，包括生命周期的所有过程在内，净差异选择将由于干旱的幸存者而不同。其次，喙的长度取决于环境条件（如营养），同时这种改变也许是非遗传的（例如，在 1976 年出生的麻雀比它们的双亲体型更小，到那时这些 2 年之后出生的麻雀却具有平均大小的体型；图示 17.26 的虚线和实线）。最后，一个性状也许随着与之相关的其他性状选择的结果而改变。

选择以与数量性状加性遗传方差成比例的方式改变数量性状

当我们考虑人工选择的时候，考虑差异选择 S 是合理的。例如，一个庄稼种植者从这些可以产生最大产量的植物中选择播种，同时从这些选择的植物的平均产量和原始群的产量之间的差异当中计算 S。但是，对于天然群体，表型和适合度之间关系的考虑常常更加可行。这种关系的斜率称为**选择梯度（selection gradient）**，用 $\boldsymbol{\beta}$ 表示（实际上，斜率一定受到平均适合度的影响；因此关心的是相对适合度）。为了理解 β 如何计算，图 17.25C 显示了生存者是如何在麻雀中依赖喙的长度的。最好的拟合这条曲线的直线称为回归线，同时它的斜率产生选择梯度，也受到群体平均生存力的影响。

假若性状是正态分布的，由于选择作用的平均值的改变等于选择梯度乘以表型方差（$S=V_P\beta$）。因此，由选择引起平均值的改变等于选择梯度乘以加性遗传方差：

$$R = h^2 S = \frac{V_A}{V_P} V_P \beta = V_A \beta \tag{17.3}$$

这个公式告诉我们选择将以等于遗传率和差异选择的速率改变一个数量性状，也等于加性遗传方差和选择梯度乘积。

当遗传机制可能是非常复杂的时候，这么一种简单的结果是怎么出现的呢？公式$R=h^2S$可以视为一个简单的经验结果。例如，如果较大的双亲产生有回归梯度 h^2 的较大的子代，那么选择通过差异选择 S 的来自较大的双亲的抚育一定产生具有更大 h^2S 的子代（图 17.26）。更详尽的观点显示了对性状的选择和影响这个性状的很多基因频率的改变之间的关系。显然，遗传的详细资料、基因的数目和它们各种效应的大小得到了抵消。所有等位基因频率改变的累积效应是 $R=V_A\beta$。

我们已经看到了群体在适应性分布上通过攀升而演化。这种我们定义的平均适合度的表面是作为等位基因频率函数而考虑的（图 17.21）。当处理数量性状的时候，我们可能考虑平均适合度作为所有性状平均的函数。这个表面的斜率等于选择梯度，同时方程 17.3 显示的是群体以与加性遗传方差呈正比的速率朝着这个表面向上进化。对于等位基因频率，选择可以把群体推向可选择的代表性状的不同有利组合的适应峰（图 17.27）。

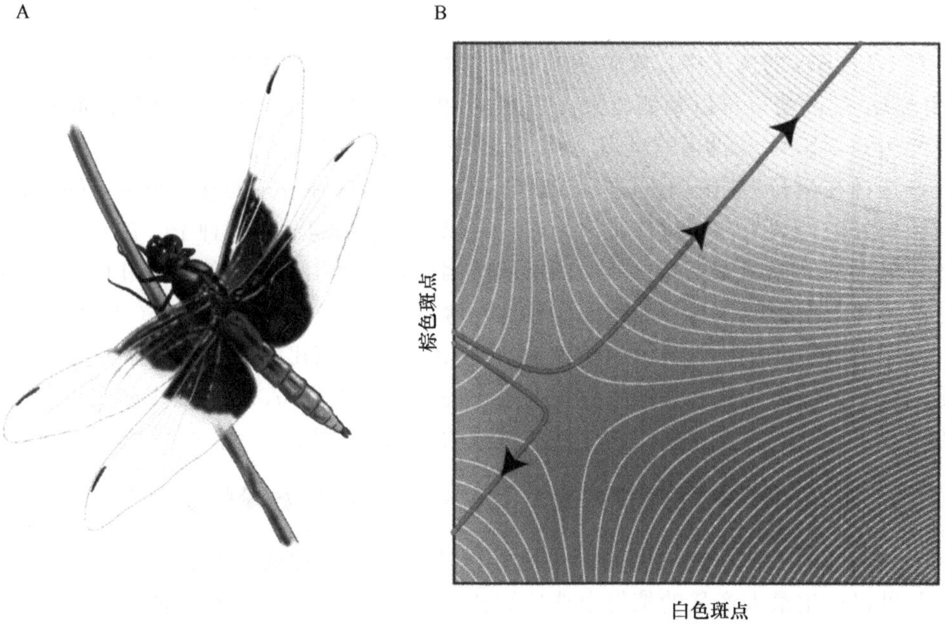

图 17.27　（A）具有性别特征的棕白色斑点的雄性蜻蜓。（B）雄性通过每种颜色的斑点的大小作为功能来成功选择配偶。性选择对于具有双色的大斑点（右上）或者没有颜色（左下）是有利的。群体可以向任何一个适应峰（箭头）进化。

对于一种性状的选择引起与之遗传相关的其他性状的改变

我们已经看到了对于性状平均值选择的应答是与这个性状加性遗传方差成比例的。

当然，困难还在于遗传方差和平均值可能会改变，以至于在下几代中预测平均值对于选择多快可以做出应答变得不太可能。如果遗传方差是基于一些大效应的等位基因，那么我们期望用定向选择去固定它们，这样遗传变异将丢失。如果这些等位基因起初是稀有的，那么它们将对短暂的变异做出贡献，因为它也增加了中间态的频率（图 17.33A）。正像我们在接下来的部分看到的那样，遗传方差保持恒定的简单假设在几十代范围内似乎是一种很好的近似。但是，如同我们在第 14 章中看到的那样，我们无法知道足够的关于性状变异的遗传基础，而不能在更长的时间内去预测进化。

不同的性状也许彼此相关，以至于对于一种性状的选择也增加了另外一些性状。例如，1977 年在达芙尼岛的干旱中幸存下来的麻雀拥有更长的喙嘴（图 17.25C），但同时总体上体型也变得更大了。这主要是由于喙嘴的长度与体型大小是相关的。

如果它们完全是由于环境因素引起的，不同性状之间的关系不具有长期效应，因此也就不会遗传给下一代（如营养状态良好的个体可能由于几个因素而体型更大。这些因素可能由于营养环境的随机变异而发生关联）。但是，如果它们是**遗传相关（genetic correlation）**的或是因为相同的基因对不同的性状起调控作用，或是因为对不同性状起控制作用的基因之间存在连锁不平衡。这样在下一代中对于一种性状的选择将引起另外一些性状的改变。这种遗传相关性可以被视为对进化的制约：改变这种性状而不改变其他性状是困难的。但是，性状的优化组合将最终达到，因为这种相关性并不是绝对的；也就是说，只要选择有利方向的一些遗传变异，那么仅仅只有一种最优状态（图 17.28）。同时，遗传相关性本身也可能在选择中改变。

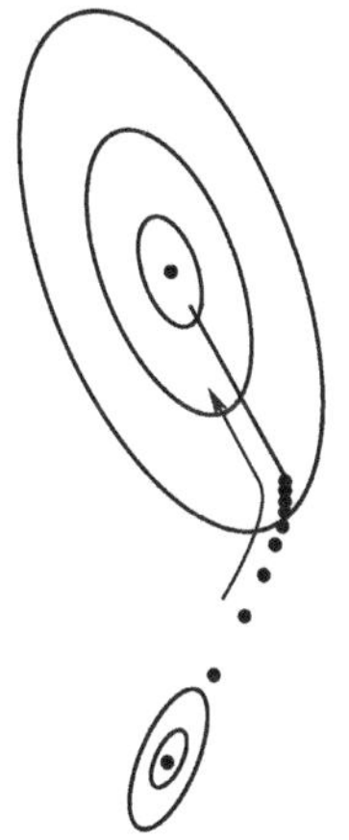

图 17.28　性状之间的相关性将会改变选择应答的方向，但是不会阻止群体达到最优状态。蓝色等高线显示的是朝着一个最优态增加的平均适合度（红色）。绿色等高线显示的是成正相关的两个性状的遗传方差。点显示的是在超过 100 代下群体朝着最优态的进化过程。

人工选择通常产生一种快速持久的应答

植物和动物因选择而改变是农业发展所必需的。在这种改进的作用下，人类群体的开拓成长和剩余产品使得文明得以形成。大约在 7000 年前，当主要的农作物和动物被开始驯养的时候，这些发展也随之开始了，同时也伴随着 18 世纪晚期欧洲的农业改革。自此之后，在更好的统计和遗传学手段的辅助下产量持续得到改进（图 17.29）。

在达尔文时代人工选择的巨大成功给予他关于自然选择导致进化的理论不断的强大

图 17.29　主要农作物和动物以及它们的野生品系的例子。(A) 玉米和墨西哥类蜀黍；(B) 是驯化的羊和野生品种的羊。

支持。人工选择可以比化石记录所观察到的速率变化得更快（图 17.30），同时几乎各种各样的性状将会对选择做出响应。因此，尽管达尔文对于自然界的选择作用没有直接的证据，但是人工选择的类似情况却给予了一个强大的证据，并延伸到更长的时间跨度和作用于更大的群体。在自然界与在农场上的同一个过程都是同样有效的。

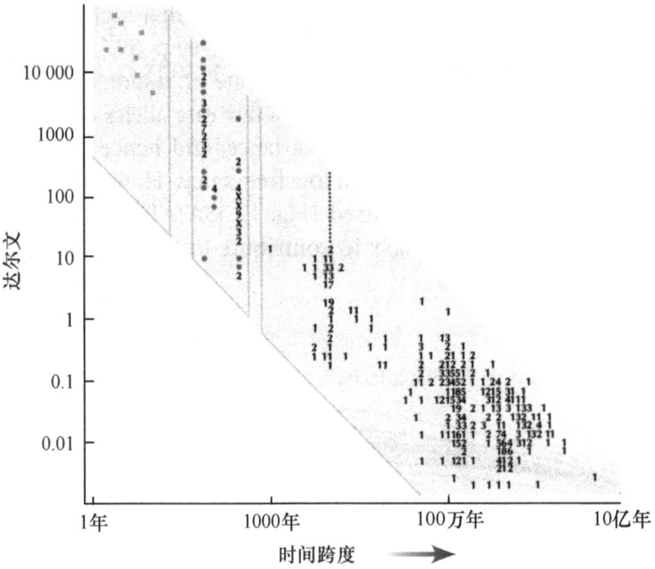

图 17.30　化石记录改变的速率（右下）远比选择实验观察到的速率来得慢（左上）。形态改变的速率对测量的时间间隔作图得到的散点图。用达尔文表示的速率，1 达尔文单位定义为每百万年分之一的改变。

一个人工选择强度的经典例子是来自于在 1895 年伊利诺伊的玉米实验，该实验一直持续着。其中一行种植具有 24 粒穗的高产油量的玉米，另一行种植具有 12 粒穗的低产油量的玉米。每年这两行都以相似的方式受到选择，同时选择最高的 20%的群体用于继续种植，在经过 100 多代以后，产油量一直发生着改变（图 17.31A）。

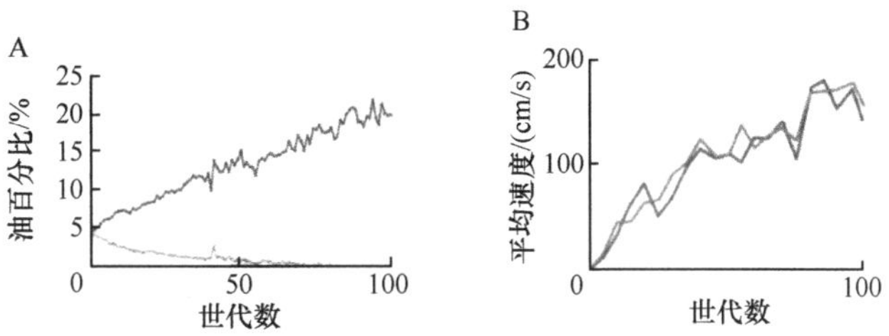

图 17.31　(A) 对玉米产油量的长期选择。(B) 对果蝇飞行能力的选择。两个研究组的结果分别表示在图示中。

尽管选择实验已经在实验室中开展了一个多世纪了（如 Castle 的皮皮鼠实验，图 13.3），这些实验往往只针对很小一部分个体和经历有限的代数。但是，最近，Kenweber 设计了一个可以处理大量果蝇的巧妙设备，这为持续的人工选择提供了一些很有效的方法。图 17.31B 显示了果蝇向光飞行能力的一种选择应答。起始，果蝇只能以 2cm/s 的速率飞行。那些最强的 4.5%的果蝇被选择出来继续实验，但是经过 100 代后，飞行的平均速度提高了 85 倍，达到 170cm/s。这个选择应答的实验与前面提到的两排玉米实验有着惊人的相似之处（图 17.31B）。

目前为止，经历时间最长的选择实验是由 Lenski 和他的同事们开展完成的，它们重复培养了超过了 20 000 代的大肠杆菌。最初的群体适合于生活在营养丰富的培养基中，但是，在实验过程中，将这些大肠杆菌培养在只有葡萄糖提供碳源的基本培养基中，在指数级生长条件下的群体被选择放入一个新的环境中。在实验中，相对于原始菌株，新菌株的生长速率持续地增加，尽管大部分表现在最初的几千年代(图 17.32)。有意思的是，不同类型因适应度而发生分歧，原因可能是有利突变的不同组合是通过随机而获得的，与 Webber 的果蝇实验不同的是这个实验的细菌数量相当大，同时细菌是以无性生殖的方式繁殖的。如我们在第 23 章看到的那样，与有性生殖的群体相比，对无性生殖群体的选择是相当缺乏有效性的。另一方面，这种大群体样本也使得有利突变更有可能得到积累。

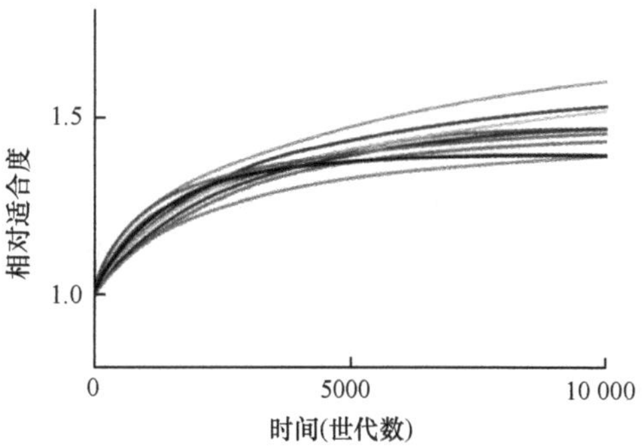

图 17.32　在葡萄糖受限的培养基适应了 10 000 代的过程中，相对于原始菌株的 9 个大肠杆菌的平均适合度。

加性遗传方差保持着高而持续的选择

这些例子是很多已经在大量的物种和性状中开展过的选择实验中的典型。尽管选择在小群体中会逐渐慢下来，但是只要实验是持续下去的话，对中等大小的有性生殖的群体（几百个个体）的选择可以保持一种稳定的应答（图 17.31）。同时，应答会在复制性的品系之间变得越来越相似。假定高的加性遗传方差 V_A 在大部分群体的大部分性状中被看到，对于选择起始的应答是可以预期的。令人吃惊的是加性遗传方差和应答速率依然保持着高且持续性的选择。如果变异是基于一些大效应的稀有等位基因，那么我们会期待看到方差的瞬时增加以对选择做出响应，因为稀有的有利突变体是以低频率的方式增加的。但是应答不久会挑选出受到固定的所有有利的等位基因（图 17.33A）。对于这种困惑可能有两种解决方法，这两种方法可能对观察到的结果都有贡献。

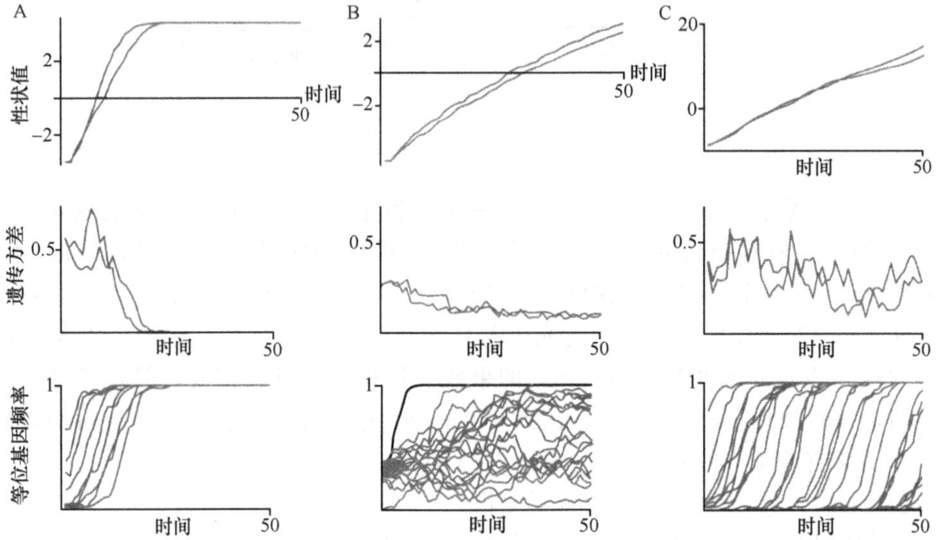

图 17.33 对人工选择群体的模拟并比较了三种情形。环境方差设为 $V_E=1$。在每一代中，从 250 个个体中选择出最高分值的 50 个个体，以 30%为起始的遗传率，同时主要等位基因具有 0.5 个单位的效应。上排：性状值（两个重复）；中排：遗传方差（图示中性状方差）V_G；下排：等位基因频率（一个重复）。(A) 主要等位基因的 10 个不连锁的基因座。(B) 不同于两个主效等位基因的 400 个不连锁的微效基因座（0.03 单位）（底排黑线显示的是等位基因频率）。(C) 100 个不连锁的基因座；突变方差为 $V_M=0.0023$ 的突变速率。

加性遗传方差很大原因是由于很多小效应的等位基因。接着，对于每个等位基因选择是如此之小以至于等位基因频率几乎不会改变，遗传方差保持恒定。平均值由于很多在等位基因频率中的小改变的累积效应而移动，所以这些引起了性状平均值微小的增加。但是在不同基因座上的等位基因频率的改变会对遗传方差产生振荡效应，因此当足够多的基因座都起作用时大体上保持恒定（图 17.33B）。

这种所谓的**微量模型（infinitesimal model）**具有显而易见的简洁性，但是却与大效应的等位基因也对选择应答做出贡献的证据发生冲突。例如，在野生和栽培的马铃薯或者玉米和蜀黍之间差异证据的冲突。在一些实验中，在仅几代过程中受选择的性状可能就快速增加。在一些事例中，这种改变表明是受大效应的等位基因作用（图 17.34）。这可以在杂合体中对于性状起很大作用的等位基因中被看到，但是在纯合体中是不明显的［如**隐性致死（recessive lethal）**在杂合子的人工选择和纯合子的自然选择之间达到平衡。变异通过杂合子优势作用得到维持；见注解框 17.1 讨论］。

如果主效等位基因的确起作用，那么为什么它们不能快速得到固定和突变导致丢失呢？答案是在选择过程中，这些等位基因产生了新的突变而得到提高。尽管个体的基因突

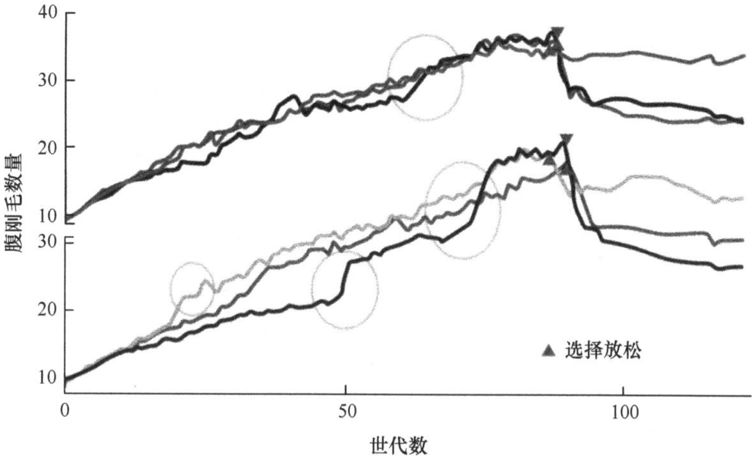

图 17.34　在 6 个重复的事例中，产生持续应答的果蝇刚毛数量增加的选择。由于隐性致死的选择引起急剧的增加（圆圈），处于杂合子的状态时拥有 11 对刚毛。在第 90 代的时候选择变得松弛，刚毛的数量随着隐性致死受到自然选择清除而降低。

变频率非常低（大约每 10^5 代中发生一次），但是突变的确对于数量性状产生了相当大的遗传方差，这种数量性状依赖于许多基因的作用。加性遗传方差至少通过每一代中环境方差的千分之一的数值得到增加（V_M 约为 $10^{-3}V_E$）。如果**突变方差（mutational variance）**的产生是由于微效的等位基因，那么它们可能需要很长的时间才会被选择筛选出来，同时它们不会对实验中看到的应答起很大的作用。但是，大效应的突变可以立刻被筛选出来，同时也可以解释在图 17.31 和图 17.34 中看到的各种选择的应答方式。

依然令人感到困惑的是在大群体中，选择应答可以在不同重复过程之间如此的相似（图 17.31A 和图 17.34）。这可能是足够多的突变在大群体中得到积累以使在小群体实验中经常看到的随机波动被磨平了，如图 17.33C 的模拟结果。对于突变产生的长期应答的另外一个困难是起始不含有遗传变异的群体比起始含有突变的群体反应更慢些。起始是自交系的 6 个选择实验的观察发现在起始的 50 代中平均应答能力为每代 0.07 的表型标准偏差（即 $\sqrt{V_p}$ ）。相反，对于互交系群体的选择应答能力要明显地高，如对于果蝇刚毛的数量大约为每代 0.5 $\sqrt{V_p}$ 。

目前，不同于大效应的突变作用，小效应的等位基因存在突变的相对重要性是不好解决的。这两种可能性并不是彼此排斥的。大效应突变可能具有有害的等效性副作用，同时可能对于进化具有非长期性的作用。我们已经看到了在一个基因水平上的情况：在果蝇中乙醇脱氢酶活性的突变是由于**转座元件（transposable element）**引起的，结果是有害的，因此很少会在一个物种内得到固定（图 13.11 和图 14.27）。因此保持在一个群体中可见的突变很大一部分并不是长期改变作用的结果。当然有很多关于一个单基因中的改变产生的适应例子，对于杀虫剂的耐药性，突变改变了血球蛋白和其他产生疟疾忍耐性的基因。但是产生靶分子抵制的剧烈变化通常是破坏其正常功能的（回顾镰状细胞的例子）。随着时间的进程，小效应［也称**修饰因子（modifier）**］等位基因可以进化出改善由最初的选择应答带来的相关基因的副作用。

对多基因的选择

处于连锁平衡中的基因彼此相关时，对一个基因的选择导致对其他基因的改变

目前，我们假设基因在群体中是随机组合的。在这样的事例中，拥有任何特殊基因型的概率是将所有个体的等位基因的频率相乘得到。结果就是一个二倍体每个基因座的基因型符合 Hardy-Weinberg 比例（见注解框 1.1），同时每个二倍体基因组中的等位基因处于连锁不平衡中（见注解框 15.5）。因此，群体的进化仅仅是等位基因频率的进化——一个很大的简化过程，因为我们只需要跟踪很少的变量。例如，含有 10 个基因座的二倍体，每个基因座有两个等位基因，我们仅仅需要 10 个等位基因的频率，而不是不同基因型的组合（2^{20}＝1，048，576）。

这种方法被 Ernst Mayr 称为“袋式遗传学”，他认为在整个生命体中不同基因之间的复杂相互作用被忽略了。但是，Haldane 极力维护这种方法。他指出基因之间的相互作用对于适合度的影响（如上位效应）是可以解释的：随着等位基因频率的改变，每个等位基因的加性效应也改变，因为它与位于其他基因座上的等位基因有相互作用。

袋式遗传学的关键假设是基因在群体中是统计上不相关的。也就是偏离 Hardy-Weinberg 比例和基因座之间的相关性（如连锁不平衡）是可以忽略的。这是一个很好的近似。该近似假定相对于重组和随机交配，产生基因之间的非随机相关性的各种作用力是薄弱的。在这种选择中，我们将会看到万一我们的确需要解释连锁不平衡的时候选择是如何发挥作用的。当我们需要讨论选择的测量方法（见第 19 章）、物种起源（见第 22 章）和遗传系统的进化时（见第 23 章）我们将在之后部分回到这些问题。

如果位于不同基因座上的两个等位基因是彼此连锁不平衡的，那么对于其中一个等位基因的选择将会导致两个等位基因都增加。这是由于这么一个简单的原因：如果一个等位基因频率的增加是由于它引起了生殖成功的提高，那么另外一个位于同一个基因组中的等位基因的频率也将增加，即使它对适合度并没有直接的效应。这种假选择称为**搭车效应 (hitchhiking)**。它反映了对来自很多有连锁关系遗传差异的适合度增加原因的解释难度。

搭车效应的现象可以通过一个实验得到很好的解释。在该实验中，有两种类型果蝇的杂交以增加隐性致死的等位基因 *Glued* 和一些密切连锁的遗传标志之间的完全相关性（图 17.35）。整个隐性致死的等位基因同与之相关的起始的一些遗传标志一起快速地减少。但是，重组破坏了连锁不平衡，这样连锁的遗传标志并不会完全因致死而清除了。正如预期的那样，与 *Glued* 最不同的标志 *Est-6* 受到最小干扰作用的影响。令人惊讶的是，经过干扰作用后，遗传标志倾向于返回到它起始的频率。这可能是因为对于其他受到干扰的基因的选择趋向于使它们回到起始的平衡，同时和遗传标志一起保持这种平衡。

一些产生连锁不平衡的过程

在图 17.35 显示的实验中，连锁不平衡是通过两个遗传背景差别很大的群体之间的

人工杂交产生的。相似的搭车效应在自然界中也存在，不管是否存在选择作用下基因的连锁不平衡。最极端的例子就是**选择清除（selective sweep）**，一个有利的突变发生并最终在整个群体内固定。而后，染色体附近区域也将得到固定，也将降低遗传多样性。

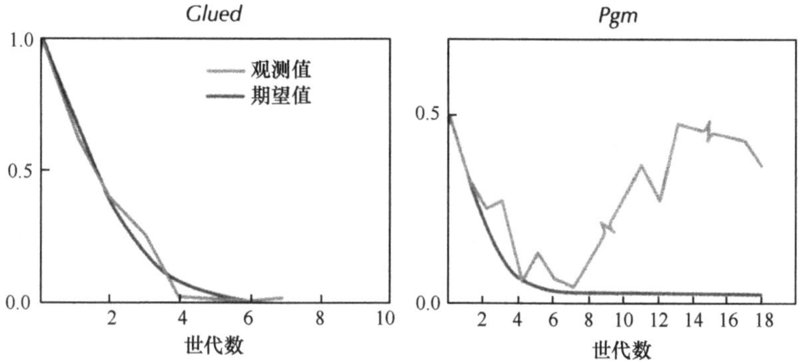

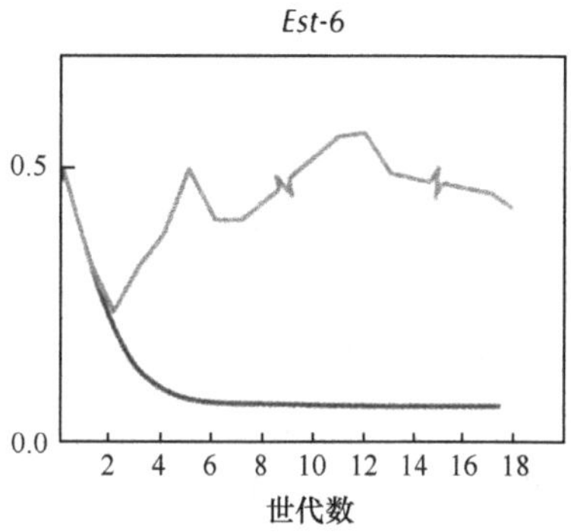

图 17.35　搭车效应导致对一个基因座的选择同时也影响与之连锁的基因座。*Pgm* 和 *Glued* 之间的重组率是 3.5%，*Est-6* 和 *Glued* 之间的重组率是 8.6%。红线表示对于 *Glued* 纯合体选择的期望值。

通过混合不同的群体，迁移可以产生很强的关联性。对于一个自然群体而言，从一个小鼠在两个苏格兰岛屿（从 Eday 岛到 Isle 岛）之间迁移的实验可以看到其后果（图 17.36A）。受纳群体（Isle 岛）是高度自交的，同时在 69 个酶的基因座上没有变异。对于 Eday 岛的小鼠，也携带着不同染色体的重组和不同骨骼形态。尽管引进的小鼠只构成了群体的一小部分，但是它们所携带基因的频率增加了；酶标记、染色体重组和形态特征都向着 Eday 岛小鼠的特征改变（图 17.36B）。最可能的解释是 Isle 岛的起始群体中有许多有害隐性等位基因是被固定的。在选择的作用下，Eday 岛小鼠的基因逐步替代这些有害突变，同时由于搭车效应引入了更多的 Eday 岛小鼠的等位基因，这个过程与实验室中的结果相似（图 17.35）。在这个过程中，选择作用于由迁移带来的基因，它对于理解群体分化形成不同物种过程中的基因交流屏障是很重要的。

选择本身可以产生连锁不平衡，如果它有利于某种等位基因的组合，也就是说，如果存在上位效应。其中一个例子就是很多细菌携带的质粒（plasmid）。这些质粒含有基因使细菌适应特殊的环境条件；这些基因已经得到了组合，并且联合起来作为选择有利的基因组合的补充。在接下来的章节，我们将看到其他有意思的例子，如由超基因控制的蝴蝶翅膀形态的多样性。在这些例子中，由上位效应选择产生的强烈连锁不平衡导致了重组的减少，从而降低了对有利基因重组的破坏。在第 23 章，我们将分析通过选择和漂变产生的平衡是如何影响重组率的。

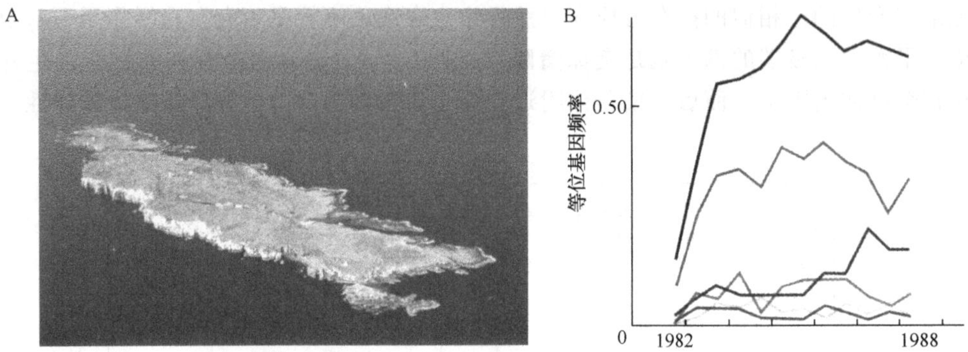

图 17.36 一个小岛群体的搭车效应。(A) 1982 年从 Eday 岛来的 77 只家鼠被放逐到 Isle 岛。(B) 在 6 个等位酶座位上被引入等位基因的频率有所增加，同样等色体在排列形态上也有变化。

小结

如果一些性状增加了携带这些性状生物的生殖能力，同时如果这些性状是可遗传的，那么它们的频率将增加。自然选择的这种过程能作用于任何类型的复制体。例如，体外复制的 RNA 分子。由于适合度的可遗传变异产生的自然选择的关键是 Fisher 基本定理的描述：$\Delta\overline{W} = \mathrm{var}_A(W) / \overline{W}$ 。选择以与适合度的加性遗传方差成比例的速率增加平均适合度 $\overline{W}$。但是，其他过程会降低这个平均适合度，以至于平均适合度保持在一定界限的群体大小范围内。

自然选择是产生适应的唯一过程。复制模式可以从简单系统中融合产生，但是将仅仅定向在一个功能中，如果它们是由选择产生的适应。选择通过联合对个体有利的等位基因的方式逐步建立一个非常难以达到的结构。

选择对等位基因频率或者数量性状的效应是可以通过一个简单的公式来预测。等位基因频率改变的速率与选择系数成正比。同时，数量性状平均值是以选择梯度产物的方式和性状中加性遗传方差的方式而改变的。在这两个事例中，弱选择可以很快地产生在进化尺度上的改变；如在约 $1/s$ 的时间过程中等位基因频率的情况。

适合度取决于基因与环境之间的相互作用。随着群体组成的改变，显性、上位效应和频率依赖性所有这些将引起对每个等位基因选择的改变，以至于选择的结果可能是复杂的。显性和上位效应的影响是可以以图形描述为群体沿着适合度分布上升至选择适应峰的进化过程。

对植物、动物和微生物的人工选择产生了可以维持数百代的应答。这些可持续性的应答是基于在基本群体中涉及很多小效应基因变异的部分和新突变的部分。

也许不同性状是遗传相关的，因为一些等位基因会影响多个性状（多效性）以及等位基因会在连锁不平衡中彼此相关联。对于一种性状的选择导致遗传相关的选择发生改变。在遗传学层面上，对于一个等位基因的选择改变了处于连锁不平衡中的其他基因的频率，这种现象称为搭车效应。

延伸阅读

Barton N.H. and Keightley P.D. 2002. Understanding quantitative genetic variation. *Nat. Rev. Genet.* **3:** 11–21.

一篇解释对人工选择持续应答的综述。

Bell G. 1997. *Selection: The mechanism of evolution*. Chapman and Hall, New York.

一本重点介绍选择中的关键过程的教科书，对本章所述内容有更多的探讨。

Dawkins R. 1986. *The blind watchmaker*. Longman, London; Dawkins R. 1997. *Climbing Mount Improbable*. Penguin Science, London.

一篇具有说服力的讨论达尔文自然选择如何产生复杂适应的文章。

Grant P.R. 1999. *The ecology and evolution of Darwin's finches*. Princeton University Press, Princeton, New Jersey.

一部对加拉帕格斯雀野外工作的总结，其中包括讲述在野外自然选择作用的最有力证据。

Haldane J.B.S. 1932. *The causes of evolution*. Longman, New York.

关于综合进化论的一部经典著作。它仍然是一部对单个座位选择基本概念最具可读性的著作。

Weiner J. 1995. *The beak of the finch*. Jonathan Cape, London.

Grant最有名的著作，以宽广视角去探讨进化生物学。

第 18 章

选择与其他因素的相互作用

我们已经解释了突变、重组、随机漂变、基因流和选择的基本过程。这些过程对群体组分的改变，也就是对进化发挥作用。在第 15 章和第 16 章中，我们看到了在中性理论中前 4 个过程是如何相互作用的，这给分子进化提供了很好的**零假设模型**（**null model**）。在第 17 章中，我们描述了自然选择如何使生命体更好地在多样的环境中生存与繁殖。在这一章中，我们将更为深入地探讨选择与其他进化驱动力之间是如何相互作用的。

在前面章节中我们强调了选择是适应性产生的唯一过程。相应地，其他的进化动力趋向于降低生物的适应性（图 17.6）。突变使遗传信息随机化，遗传漂变使基因型频率随机化，同时基因流使基因在空间中的位置随机化。这种选择持续性地建立了适应性而其他过程崩解了适应性的观点是一种与多种类型的相互作用有联系的主题思想，我们将在这一章中对这些相互作用方式进行阐述。在下一章中，我们将从利用备选的事例来解释基本原理转向评估选择的总体程度这些问题。

选择和随机漂变

即使增加适合度多数新的突变还是会随机丢失

在第 15 章中，我们关注了在小群体中随机漂变的作用。但是，即便在那些非常大的群体中，随机漂变对仅有几个拷贝的等位基因依然起着重要的作用。在最极端的例子中，一个新的突变作为单拷贝产生，不管它对适应性的预期效应如何，它往往会随机丢失。例如，在二倍体有性生殖的生物体中，突变首先发生在一个杂合性的个体中。这种个体也许不会产生后代；即使能产生后代，这个突变在减数分裂期也仅有 50% 的概率传递下去。那么，即使突变能在第一代中存活下来，它也可能在随后的几代中丢失。一个简单的数学证据表明具有选择优势 s 的等位基因可以有 $2s$ 的概率在群体中得到固定[第 28 章（在线)]。此外，如果**有效群体大小**（effective population size）小于群体实际数量（$N_e<N$），以至于随机漂变变得更强势，那么**固定概率**（fixation probability）会降到 $2s(N_e/N)$（图 18.1）。

随着一个新等位基因拷贝数的增加，它最终固定的概率也随之增加。然而，只有当拷贝数目大于 $1/s$ 时，这一概率才会明显升高。例如，一个具有 1% 选择优势的 100 份拷贝的等位基因，其最终被固定的概率为 86.5%；一个具有 s=0.1% 的 1000 拷贝的等位基因和一个具有 s=0.01% 的 10 000 拷贝的等位基因具有相同的存活概率（图 18.2)。

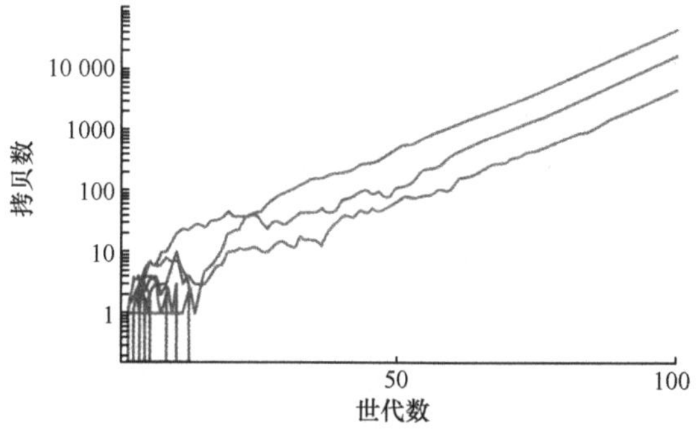

图 18.1 大多数有利突变产生不久后会随机丢失。图中显示了一个具有 s=10% 选择优势的等位基因拷贝数与时间的关系。即使这一等位基因能增加适应度，经过 30 次复制后，也仅有 3 个能存活下来。在这些例子中，它的数目呈指数增加，换算成 log 值，则表现为线性增加（右上角)。其他的 27 个突变经过几代后就会丢失（左下角)。存活概率为 $2s$=20%，所以我们估算 30 个突变会有 6 个存活，而不是像这一事例中的大于 3 个存活。

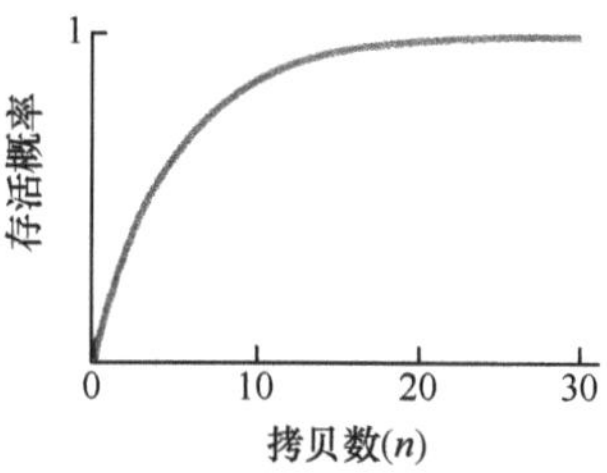

图 18.2 增加 s=10% 适应度的等位基因存活率与拷贝数（n）的关系。单拷贝的存活概率为 $2s$=20%，当拷贝数大于 20 时，存活率基本恒定。存活率取决于 $n\times s$，因此这一图示与弱选择系数具有一样的模式。例如，当拷贝数大于 200(s = 10%）时，存活率几乎恒定。

群体因获得不同的有利突变而发生分歧

令人惊奇的是在选择作用很大的大群体中概率起到了一定的作用。当群体足够大时，进化就会起决定作用。如果有足够多的基因而使得突变可以在许多拷贝中发生时（$N_e\mu \ll 1$），那么波动的概率就被平均化了，任何可以增加适应度的突变会稳定下来。为了解这一过程，可回述图 17.2 描述的核酶进化的实验。在这个实验中，最初的群体数量极大（大约有 10^{13} 个分子)，在起始群体中突变发生的频率非常高（在核酶的活性区域，每 140 个碱基的突变概率约为 5%)。因此，每个单碱基突变的可能性是非常高的。所有可能的突变组合可能在许多拷贝中出现（如每 4 个突变的可能组合大约有 1500 个拷贝）。在最初的几代中，4 个非常适合的突变组合得到增加，这一增加或多或少是决定性的（图 17.2C 中的绿色曲线）。然而，最初的 7 个突变分化产生的最后胜出者可能并不存在于最初的群体中。它是通过一系列在随后的实验阶段中发生的随机突变组装产生的，这一过程的确涉及了概率的因素。

这个在 RNA 分子之间的选择事例是极端的。伴随着在真核生物中每代每碱基的典型突变的概率为 $10^{-9}\sim10^{-8}$，许多物种的群体并不足够大，以至于不能保证在每一代中产生单碱基改变（如 $N_e\mu\ll1$）。同时，有利的等位基因可能是通过多突变或者复杂的重排产生的（如大范围的重复；第 12 章）。这些突变基本上是独特的，并且受随机漂变的影响。

通常，在相同或者不同的基因座上的不同突变会增加适应度。例如，抗凝毒药灭鼠灵通过结合维生素 K 氧化还原酶（在血液凝固中发挥重要作用）而起作用。1953 年灭鼠灵被引入英国，5 年后，抗药性田鼠在苏格兰的低洼地被发现；再过两年，新的抗药等位基因在威尔士博登扩散（图 18.3）。自此之后，又有至少 3 个不同的等位基因独立产生。同样地，通过几个基因的许多突变，人类产生了对疟疾局部的抵抗性。在非洲 β-球蛋白的 S 等位基因是相当普遍的（见注解框 14.1），而等位基因 E 在东南亚被发现（图 18.4）。另外，球蛋白基因的多样重排引起了地中海贫血，在其他座位上的等位基因，包括葡萄糖-6-磷酸脱氢酶和 Duffy 血型，同样可以产生疟疾抵抗性。这些等位基因的地域分布可能在很大程度上是随机的事件。

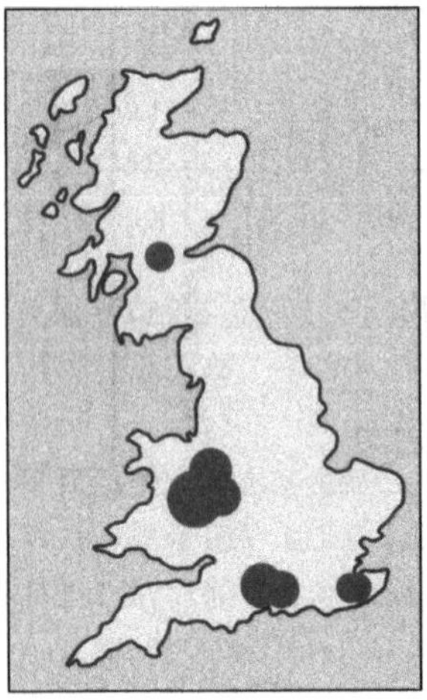

图 18.3　田鼠（*Rattus norvegicus*）的抗凝毒药灭鼠灵的抵抗性与多个等位基因相关。抗药性田鼠发现的区域标记为红色。抗药性基因通过杂交优势保留而显示多态性。苏格兰、威尔士、英格兰的抗药性产生是由不同等位基因引起的。

有利突变的建立是一个随机的过程，如果群体在不同的次序中选择不同的突变，那么群体会分歧。这可以通过我们在图 17.32 中看到的长期选择实验得到阐释。经历10 000代后，相对于祖先群体而言，演变中的群体的适合度增加了 70%。随着在葡萄糖中生长能力的增加，在其他碳源中的生长率降低了（图 18.5A）。不同系之间的利用其他底物能力的丧失存在差异，特别是在最初的 2000 代中（图 18.5B）。例如，2000 代后 12 个复制本中的 7 个降低了在溴琥珀酸中的生长，仅有一个降低了在 D-丙氨酸中的生长等。当达到 20 000代，16 个催化功能中的大部分（图 18.5B）失去了功能。

有些功能是早期丢失的。到 2000 代时，所有株系都丧失了依赖 D-核糖的能力（图 18.5C）。所有的群体在核糖操纵子中都有缺失，但缺失的大小和位置因群体而异。核糖操纵子两侧掺入了重复的**插入序列（insertion sequence）**，这可引发高的突变率，因而核糖代谢功能持续快速地丢失。在其他较少突变的基因座发生的变异缺乏规律性，这导致了功能丢失（图 18.5B）和总体适合度（图 18.5C）的大规模变异。

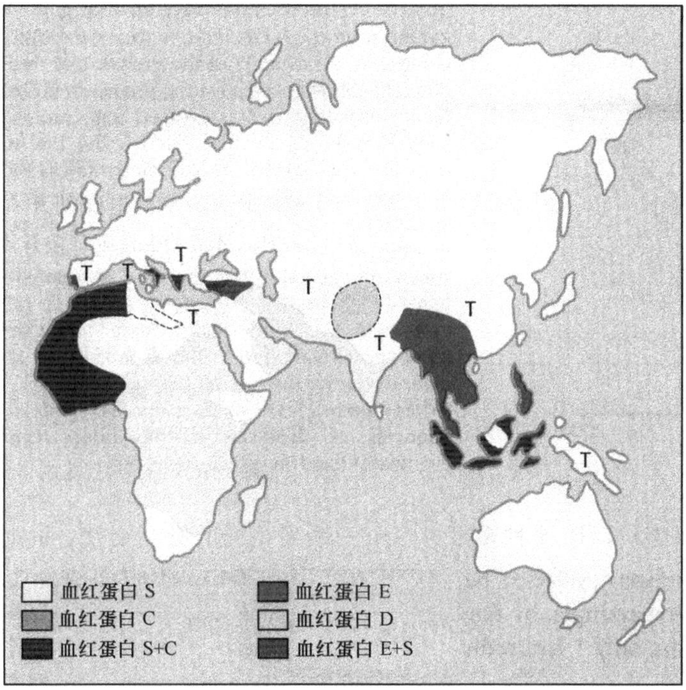

图 18.4　人类群体进化出多种局部抗疟疾的等位基因。上图显示了常见的血红蛋白变异 S、C、D、E 的分布；S 被称为镰状细胞等位基因。这些等位基因在氨基酸组成上存在差异。α-球蛋白与 β-球蛋白存在数百个调节性变异，它们改变了基因表达，引起地中海贫血（T）。这些变异大都很罕见，在地域分布上有局限性。

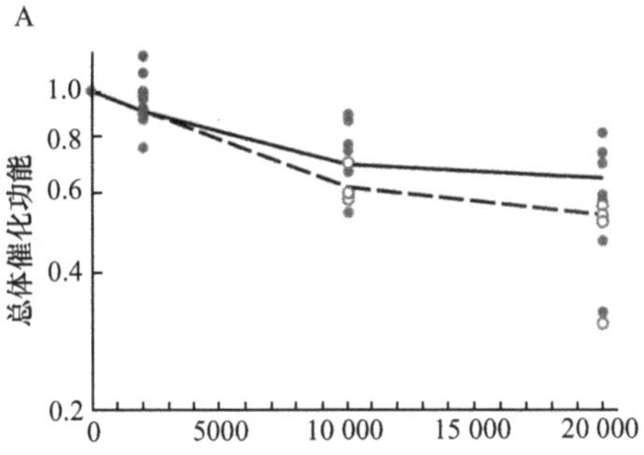

B

碳源	时间（世代数）		
	2 000	10 000	20 000
溴代丁二酸	7	11	12
D-丙胺酸	1	3	6
D-苹果酸	5	12	12
D-核糖	12	12	12
D-葡萄糖二酸	9	11	11
D-丝氨酸	12	11	10
D-山梨醇	12	11	11
6-磷酸果糖	11	10	9
延胡索酸	9	12	12
1-磷酸葡萄糖	12	11	10
6-磷酸葡萄糖	11	12	8
葡糖醛酸胺	0	4	8
L-天冬酰胺	8	12	12
L-天冬氨酸	9	12	12
L-谷氨酸	12	12	12
L-乳酸	11	12	10
L-苹果酸	7	12	12
苹果酸	9	12	12
琥珀酸卓甲酯	2	12	12
黏酸	12	8	9
p-羟基苯乙酸	5	12	11
琥珀酸	9	12	12
尿苷	12	12	10

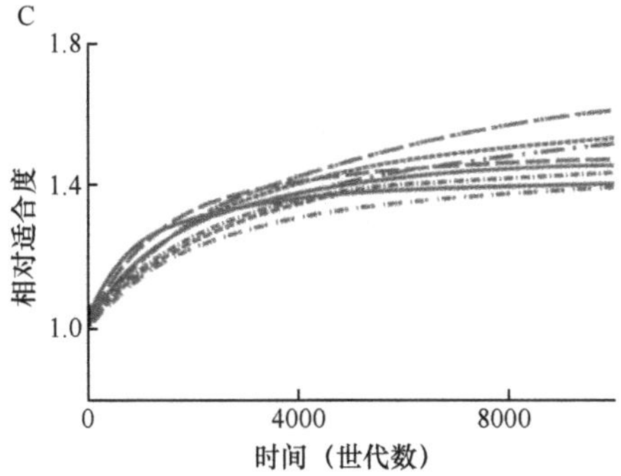

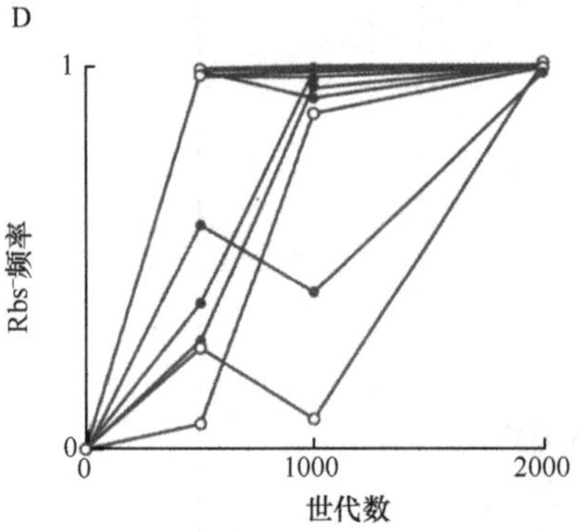

图 18.5　12 个大肠杆菌群体在葡萄糖作为唯一碳源的基本培养基上生长的适应性。(A) 在 64 种底物上生长速率的平均值作为总的催化功能的标准，新的群体较祖先群体有所降低。开环显示群体进化过程有较高的突变率。实线显示了较高的突变率而虚线显示了较低的突变率。(B) 对新环境的生存应答在群体之间存在差异。数字表示在底物上生长速率降低的群体数与祖先群体的差值。红色表示持续衰减的功能；绿色代表两个功能有显著提高的例子。(C) 在最初的 1000 代中群体之间的适应度变化。每 500 代测量得到的曲线。(D) 核糖操纵子的缺失频率，它最终在所有 12 个复制体中被固定。

假设时间足够长，12 个种系可以聚集一系列相同的有利突变，同时在最优的基因型上得到趋同。然而，如果位点之间有相互作用（图 17.2 的体外选择实验），可能会出现多适应峰，趋异将一直持续。趋异机制之一是不同有利突变的随机获得，在考虑新物种起源时，我们将分析该机制。

在小群体中有害等位基因随机地得到固定

在小群体内，即使有害等位基因也可以随机地得到固定。尽管从平均水平上来说等位基因可能会稍微降低适应度，携带它的个体也可能会产生多于预期的后代。因此，有害等位基因会发生高频率的漂移，也有可能置换优势等位基因。

单拷贝等位基因最终固定的概率，表示为 P，依赖于漂变和选择的相对比率（分别用约 $1/N_e$ 和约 s 表示）。两者之间的比率为 $N_e s$，这一组合参数可检测漂变或者选择是否是关键过程。我们可以认为这是每一代**选择性死亡（selective death）**的有效数量。只要 $N_e s$ 不是太小，一个轻微的有害等位基因就可以固定。例如，如果 $s=-0.001$，$N_e=N=1000$，则 $N_e g=-1$，$P=3.6\times10^{-5}$（图 18.6）。

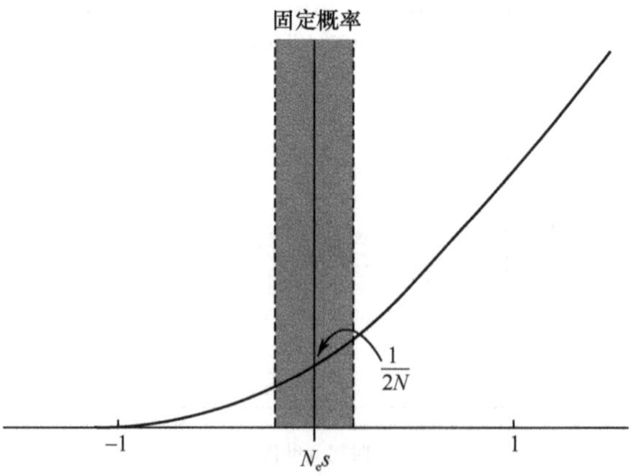

图 18.6　选择优势为 s 的单拷贝等位基因在有效规模 N_e 的群体中固定的概率为 $2s(N_e/N)/(1-\exp(-4N_e s))$，$N$ 是个体真实数量。这幅图显示了概率与 N_e 的关系（$N_e=N$）。如果等位基因非常有利（$N_e s\gg1$），那么 P 约为 $2s(N_e/N)$。如果 $N_e s$ 很小，那么漂变作用将远远大于选择 $1/2N_e\gg s$)，因此等位基因其实表现为中性的（阴影部分）。因为群体的 $2N$ 个基因中，最终每一个的固定概率相同，则 P 约为 $1/2N$。最后，如果等位基因有害（$N_e s\ll-1$），那么固定概率会很小：P 约为 $2|s|(N_e/N)\exp(-4N_e|s|)$，$|s|$ 为选择作用的正数量级（如果$s<0$，则为$-s$）。

轻微有害突变的固定最终会导致大群体的崩塌。对于人类群体，一个简单的计算就能说明经过 300 000 代或者 600 万年，适合度会崩塌（注解框 18.1）。很明显，人类面临着很多其他更为紧急的危险。

注解框 18.1　轻微有害突变的积累

从整个人类基因组水平上来说，改变氨基酸序列的突变速率为每单倍体每代 0.9，而整个基因组会有 90 个突变（这些分析来自于对突变速率的直接研究和中性序列分歧的速率）。如果这些突变中的一小部分只是轻微有害，那么将有一部分很明显的积累。N_es 为 -0.5 的等位基因固定概率是中性速率的 0.3 倍（图 18.6），那么通过随机漂变，它们将以 0.3 倍突变速率得到积累。尽管一个突变的效应很小，适应度下降的长期效应却是实质性的。用以衡量核苷酸多样性水平（π 为 0.0008）的人类群体的有效规模 N_e 约为 8000，只有弱选择的变异有较高的固定概率，尽管它们会产生有害效应（例如，$|s|$ 约为 $0.5/N_e=6\times10^{-5}$）。然而，如果 10%的影响氨基酸序列的突变都在这个值附近起作用，适合度降低的净速率将为 $2\times0.10\times0.9\times0.3\times6\times10^{-5}=3.3\times10^{-6}$，或者每代 1/300 000。

从遗传学的观点来看，不受自然选择决定的遗传性疾病的增加要比随机漂变对功能的逐渐侵蚀发生得更快。然而，这一计算结果表明，在进化的漫长时间里，当种群减少到仅有几千个个体的有效群体大小时，适应性无法通过弱选择维持。这一悲观假设是否成立取决于适应性是否会通过弱选择而维持（s 约为 $1/N_e$）。氨基酸序列改变通常对蛋白质性质产生很大影响，因此选择对任何改变的作用都很强（通常认为大于 0.1%）。然而对于非编码 DNA 序列的调节功能（如结合转录因子），选择限制就很微弱。因此，它们受突变和漂变的作用就比较大。如果有害等位基因得到固定，那么自然选择会通过两条途径抵消伤害：丢失的等位基因可以通过突变得到再生，并通过选择重新建立，或者在其他基因中的改变可以补偿这个功能的缺失。

通过弱选择保持适应性的明显例子很少，并且即使是强选择的系数也很难衡量。在下一章中，我们将分析此类弱选择的证据以及它与突变和漂变的相互作用。并且，会罗列一些轻微有害突变在人类群体中固定的证据（参见在线注释）。

群体在韦氏适应性分布峰值附近聚集

我们已经讨论了突变最终固定或者丢失的概率。如果突变率很低时，这是对进化很好的描述，因此对于一个或者其他等位基因而言，群体通常是固定的。然而，在一个基因座上通常会有几个等位基因，因此我们需要知道等位基因的波动频率。

在第 17 章里，我们阐述了选择倾向于增加平均适应度 $\overline{W}$。因此，群体会朝着**适合度分布（adaptive landscape）**的顶峰攀升。Sewall Wright 扩展了这一观点来描述一些进化过程之间的相互作用。他展示了在随机漂移和选择之间的平衡中，群体的聚集将会在适应性峰附近，概率分布比例为 $\overline{W}^{2N_e}$。因此，随着有效群体大小的增加，分布将在平均适应度峰值附近显著地聚集（图 18.7A、B）。这对于阐述选择扩大群体的途径、增加适应度、随机漂变通过随机化等位基因频率分散群体提供了很好的假设。

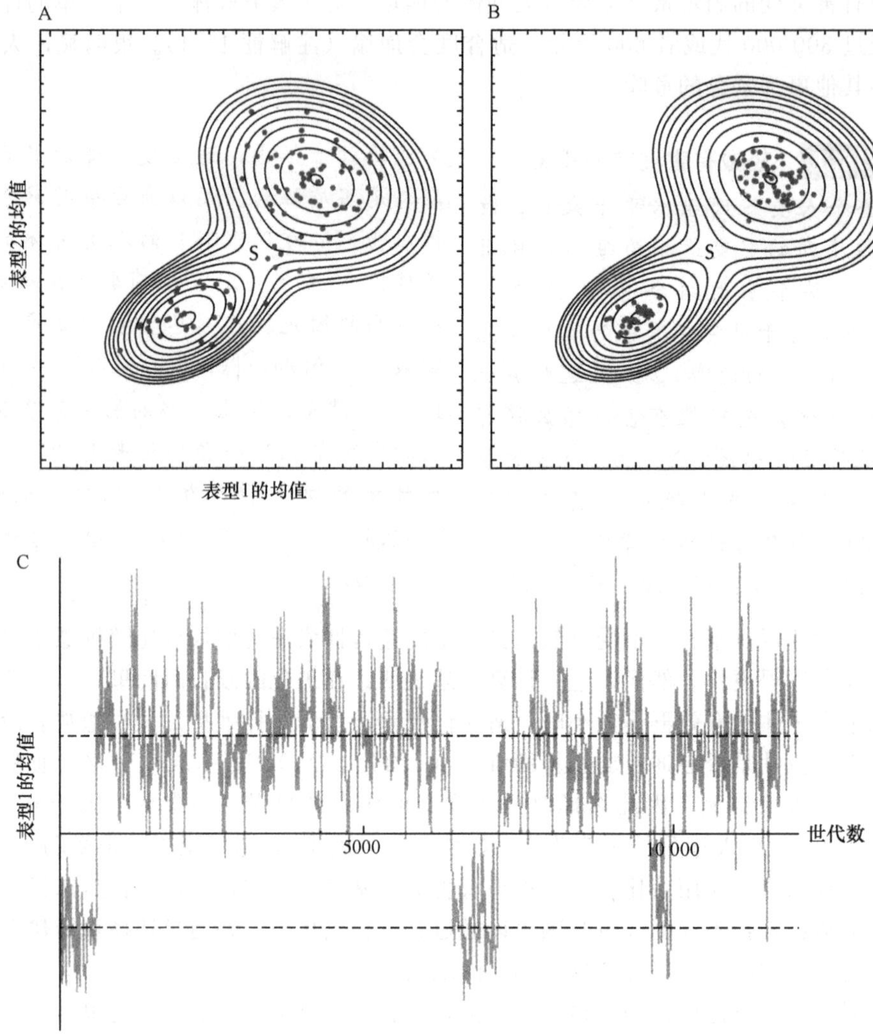

图 18.7　随机漂变与选择处于平衡时，在适应性分布附近呈散射状分布（分布比例为 $\overline{W}^{2N_e}$）。等高线表示群体平均适应度和两个数量性状平均值的关系。这些性状受歧化选择支配，因此有两个适应峰。遗传变异假设为恒定。S 标记为两个峰之间的鞍形。在 $\overline{W}=0.91$、0.92、…、0.99、1 作图得到等高线。(A) $N_e=25$ 的群体受强随机漂变支配，因此在适应性地标附近呈放射分布。(B) 在大群体中 ($N_e=100$)，选择作用要大于漂变，群体在适应性峰值附近聚类。(C) $N_e=100$ 时，第一性状改变的时间线模拟（A、B 当中的 x 轴）。破折线表示两个适应性峰值的位置。

瓦尔特推导出了包括突变效应和随机漂变与选择的公式。假定有两个等位基因（P、Q），它们之间的突变率：Q 到 P 为 μ，P 到 Q 为 ν。对于二倍体群体来说，瓦尔特认为等位基因频率分布比例可表示为

$$P^{4N_e\mu-1}q^{4N_e\nu-1}\overline{W}^{2N_e} \tag{18.1}$$

突变和漂变的相对重要性取决于 $4N_e\mu$ 和 $4N_e\nu$。这个可以认为是每一代发生突变数量的 2 倍（因为在二倍体中有 $2N_e$ 的基因可以突变）。图 18.8A 显示了等位基因频率分布如

何随着突变数目增加而改变的。当 $4N_e\mu=4N_e\nu=1/2$ 时，对于一个或其他等位基因来说，群体几乎是固定的，因此等位基因频率的分布在 0 和 1 附近呈现出尖峰形式（图 18.8A 的紫色曲线）。当每代突变数量很大时（$4N_e\mu=4N_e\nu=8$，图 18.8A 的红色曲线），随机漂变与突变的相关性变弱，所以等位基因频率在 0.5 附近汇聚。在一个无限大的群体中，在各个方向突变率相等的状态下，等位基因频率为 $p=0.5$。

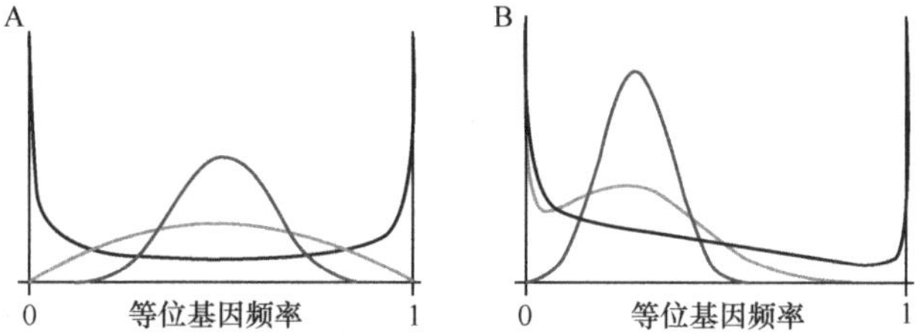

图 18.8　在突变和随机漂变之间的平衡中等位基因频率的分布，来自 Wright 的公式，$N_e\mu=4N_e\nu=1/2$、2、8（分别为紫色、蓝色、红色）。(B) 有利于杂合子选择的分布情况。在含有趋向于维持 $p_e=0.3$ 的多态性的选择作用下，QQ∶PQ∶PP 是（$1-sp_e$）∶1∶（$1-sq_e$）（见注解框 17.1）。$N_e\mu=4N_e\nu=1/2$和 $N_es=2$、8、32（分别为紫色、蓝色、红色）。

图 18.8B 显示了选择对于杂合子的优势效应（注解框 17.1）。在这一例子中，当等位基因频率 $p_e=0.3$ 时，选择倾向于保持多态性。当选择与漂变弱相关时（$N_es=2$），等位基因倾向于 0 或者 1；随着 N_es 增大，选择逐渐占主导优势，群体在适应峰（$p_e=0.3$时）附近聚类。

Wright 公式可以描述在**岛屿模型（island model）**中的迁移现象。在岛屿模型中，从一常见基因群迁入的基因等同于突变。然而，这一公式不能扩展到其他类型的迁移，如在一维或者二维系中邻近的混交群体之间。同样，对于每一基因座超过两个等位基因的情况来说，这一公式只适用于突变的特殊模式，并且它不能用来描述连锁不平衡的重组效应。但是，即使在这些更一般的事例中，依然正确的是群体行为依赖于参数组合，如 $N_e\mu$、N_es、N_em，其中，相对于随机漂变，这些参数描述了不同进化作用力的强度。

瓦尔特公式显示了当群体在不同的进化过程之间达到平衡时，等位基因频率是如何在适应性峰附近聚集的。我们也可以分析适应性峰之间的变换率。通常，在很长的时间里，群体会在一个适应峰附近波动，但也有可能跃迁到另一个适应峰（图 18.7C）。从低峰值到高峰值的跃迁要比反向跃迁更容易发生，因此，从平均上来说，群体更可能位于较高峰值附近。群体更可能跨越分离适应峰的鞍形结构（图 18.7A、B 的 S），是因为这一路径损失的适应度最少。适应峰之间的迁移率主要取决于相对于跃迁至适应峰而言，跃迁至鞍形结构的概率；从公式 18.1 得出，这一比率与 $\overline{W}_{\text{saddle}}^{2N_e}/\overline{W}_{\text{peak}}^{2N_e}$ 成正比。这样，由从起始适应峰降至鞍形结构所丧失的适应度来定义的选择系数为：$1-s^*=\overline{W}_{\text{saddle}}/\overline{W}_{\text{peak}}$，这样迁移率为 $(1-s^*)^{2N_e}\sim\exp(-2N_es^*)$。因此，如果 N_es^* 不是特别大，那么随机漂变仅可能把群体由一个适应峰推向另一个适应峰。在接下来的章节中，我们将看到 Wright 是如何利用这个过程来为他的**摇摆平衡理论（shifting balance theory）**提供基础的，以及由随机漂变引起的选择性适应峰之间的变迁是如何解释新的染色体排列方式进化的（图 22.22）。

选择与基因流

即使群体彼此分开，有利等位基因也会迅速传播

尽管当仅存在几个拷贝时的有利等位基因可能会丢失，但是它们一旦建立，便会迅速传播。对具有 s 优势的从频率 p_0 增长到 50%的一个等位基因而言，需要花费大约 $\log(1/p_0)/s$ 代的时间。即使在起始频率非常低的大群体中，这个时间可能会是非常短的。例如，在图 18.5 举例的 *E. coli* 实验中，核糖操纵子缺失固定后的结果是丧失了在核糖上生长的能力（图 18.5D）。当 $s=1.4\%$时，衡量了有利于缺失的选择，同时在祖先群体中的缺失频率为 0.0005。因此，缺失可以在$(1/0.014)\log(1/0.0005)=540$ 代时达到 50%。真实的时间可能有很大的波动，但是这一数值是平均值（图 18.5D）。具有较强选择优势的等位基因有较快的与 $1/s$ 成正比的传播速度。例如，在一个具有 14%优势的状态下，由相同的起始频率频率达到 50%需要经过大约 54 代。

实际上，群体会分隔成局部的群体或者混交群体，它们通过基因流彼此得到联系。这就降低了适应的传播；但是，那些到处有利的等位基因可能至少在进化的时间尺度上会在整个物种中迅速传播。

假设基因流是对称的，群体分为亚群体之后并不改变以简单的 $2s$ 值固定的概率。为了理解为何分离不会改变固定概率，可以考虑后代迁移到别处的个体。只要后代数量的分布（如适应度的分布）不受后代居住地域的影响，那么它们携带的等位基因也不受影响。另外，分离为亚群体本身并不改变整体的等位基因频率。例如，大小规模相同的群体之间的基因交换不改变整体的等位基因频率，即使它确实降低了两群体之间等位基因频率的差异。

然而，分离一旦确立，确实会降低等位基因的传播。如果（在大多数事例中）物种在二维范围内传播，有利基因会在一个区域内增加到很高的频率，接着会慢于**前进波**（wave of advance）的扩散。Fisher 显示了这个波以大约 $\sqrt{2s\sigma^2}$ 的速度移动。这里的 σ^2 是基因在群体中扩散的速率，同时 s 是等位基因的选择优势。例如，优势 $s=0.5\%$的等位基因会以 0.1σ 的速率扩散，并且扩散达到 σ 范围大约需要 10 代的时间（图 18.9）。

当基因或物种是通过局部扩散而传播时，它们的扩张会慢于以恒定速率扩散的大前进波（图 18.10A、B）。然而，在很多情况下，这一传播速度比局部扩散所能解释的理论值要快。例如，在最后一次冰河纪之后，许多植物随着冰川的消失而开始传播。花粉化石显示，每年传播的范围往往大于 100m。然而，大多数种子的传播在 30m 之内，并且经过数十年才能长成成体的树。在这种情况下，扩张是通过偶然的长程扩散事件来完成的。例如，有一些种子可能被动物携带了很远的距离，而今多数是通过人传播的。这种传播模式与恒定的局部扩散的波动有很大的不同（比较图 18.10B 和图 18.10D）。部分移居者产生了新的群体，该群体远离已灭绝的生境。这些群体扩散和最终产生的融合导致了不稳定的进程，而这一进程倾向于在时间过程中加速（图 18.10C、D）。这些例子说明了物种的传播跨越了适应性分布，但是这些原理对于通过群体传播的方式而产生的基因传播也同样适用。

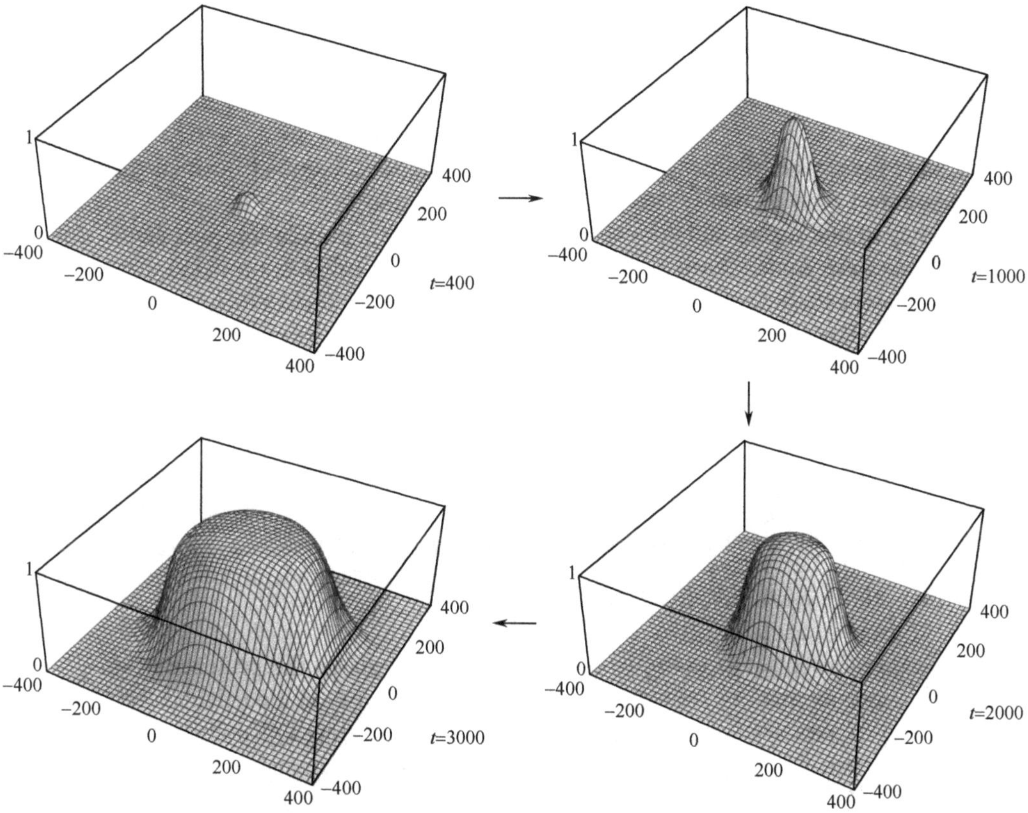

图 18.9　一个有 $s=0.5\%$优势的等位基因的传播。起初，等位基因以指数形式增长 [exp (st)]，随后在每个方向中以方差为 $\sigma^2 t$ 的正态分布的形式传播。随着等位基因在中心处达到固定，它的传播速率慢于前进波的速率，前进波的速率为 $\sqrt{2s\sigma^2}$ 。在这个例子中，是每代 0.1σ。图示分别代表了 $t=400$、1000、2000 和 3000 代。

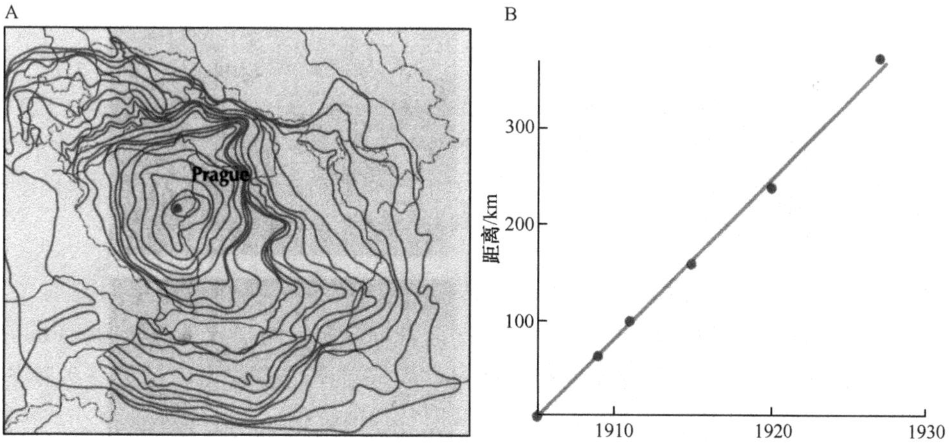

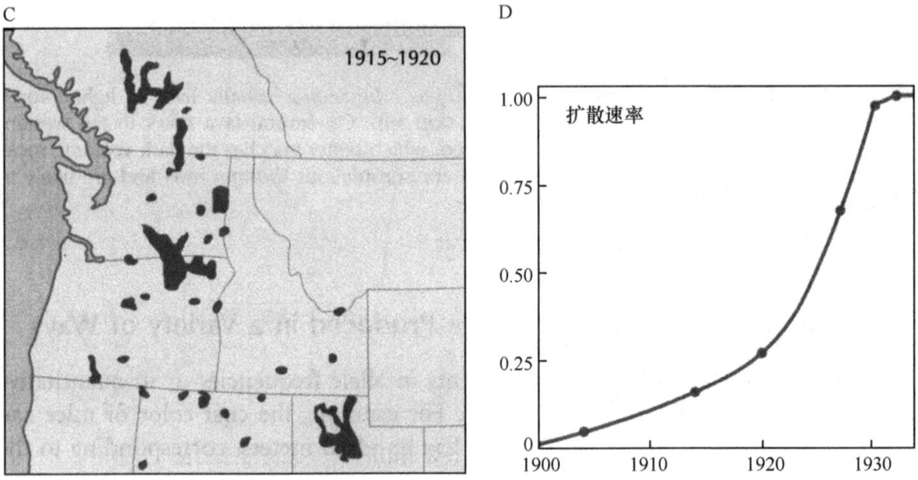

图 18.10　(A) 麝鼠 (*Ondatra zibethica*) 是北美土著鼠，但是在 1905 年 5 只麝鼠从布拉格附近的毛皮农场逃出后在欧洲得到迅速的传播。(B) 以每年 14km 的速度，波向前移动。(C、D) 相反，旱雀麦 (*Bromus tectorum*) 穿越美国西部草地而得到传播，同时表现为一系列无规律的长距离移动，这与 19 世纪期间的铁路系统的增长有密切关系。

在实验室研究复制性 RNA 分子的传播

短 RNA 分子在从来自噬菌体 Qβ 的 RNA 聚合酶存在下可以进行复制。如果将少量的 RNA 分子接种到毛细管内，内有 Qβ 聚合酶以及必要的底物，那么序列开始将以指数形式增加，在达到高峰后逐渐达到稳定（图 18.11)。这些波前期以平均 2.3μm/s 的速度传播，这个速度可以与 Fisher 公式 $\sqrt{2s\sigma^2}$ 预示做比较。RNA 聚合酶复合体的扩散速率为 σ^2 约为 $7.6\times10^{-11}\mathrm{m}^2/\mathrm{s}$（这是通过每单位时间内沿着栖息地移动距离的方差来定义的，与生命体中的基因有着相同的方式)。这些 RNA 序列的指数增长率为 $s=0.038/\mathrm{s}$，也就是大约每 20s 复制一代。因此，预测的速度为

$$\sqrt{2(0.0380\mathrm{s}^{-1})7.6\times10^{-11}\mathrm{m}^2/\mathrm{s}}=2.4\mu\mathrm{m/s}$$

这个与真实的速度相符合（图 18.11)。

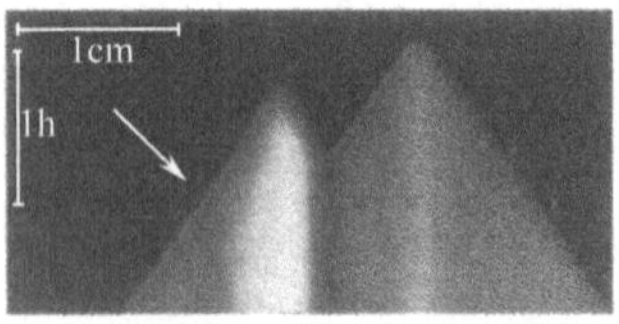

图 18.11　复制性 RNA 分子沿毛细管传播的速率。这一实验接种了很低浓度的 RNA 分子 (133bp)。可以看到，前进波解以恒定的速率向 RNA 分子产生子代的方向推进。箭头表示由更快的复制性突变体引起的生长速率的急剧增长。

在此，我们研究了一种单一 RNA 序列传播的情况，而不考虑两个不同类型（如等位基因）之间的竞争。但是，对于这两种情况而言，数学上的描述是一样的。Fisher 公式描述了物种穿越一个空的栖息地的传播情况，和等位基因取代原来拷贝（劣势基因）的传播情况。实际上，图 18.11 显示了等位基因替代的证据。箭头表示一个在波传播过程中的快速增长，该过程与一个序列被另外复制更快的序列替代的过程相一致。对变化

前后的分子测序表明，原先序列会被更适合的序列所代替。即使没有 RNA 分子的加入，单体也将自发地聚合产生出一些随机的序列。该序列随后受到选择并迅速得到复制，这样在实验室的条件下该序列具有最高的适合度。

地域模式（生态群）可以通过多种方式产生

通常，我们观察在等位基因频率或数量性状中系统性的梯度。这些可能是在非常短的尺度下进行的。例如，老鼠的毛色可以在小于几百米的范围内由深色变为浅色，这与当地岩石颜色的变化相一致（图 18.12）。在其他一些极端的例子中，梯度可以在整个大洲传播。例如，对于许多陆地动物来说，随着海拔升高，体型会变大。

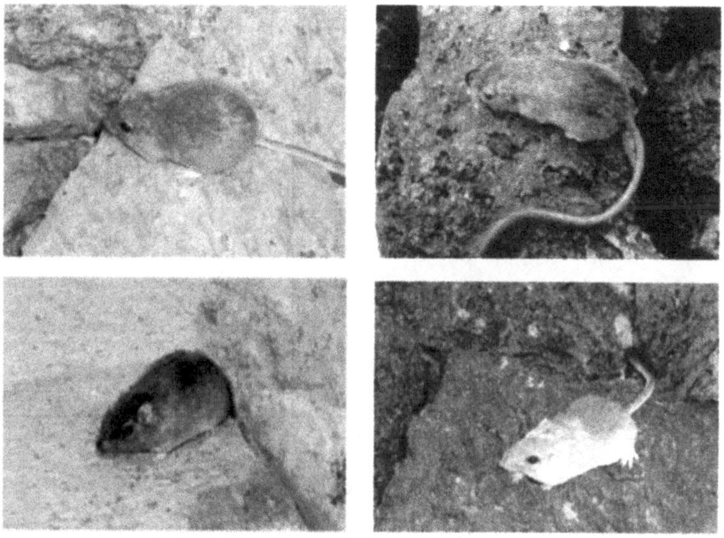

图 18.12　岩鼠（*Chaetodipus intermedius*），通常生活于浅色岩石中，同时具有浅色的体毛（左上图）。随着美国西部几次火山熔岩的流动，岩鼠演化出了深体色的类型，这样能更好地与火山岩石的颜色相比拟（右上图）。与火山岩石的颜色不相同的岩鼠很显眼（下面两图），同时可能更易于被猫头鹰所捕获。

这种梯度被称为**生态群（cline）**。出于一些原因，它们对进化的研究很重要。在达尔文乘坐“贝格尔”号进行野外考察的期间所观察到的地域特征给他提供了一些对于进化的关键的证据。确切地说，在相同的地域内容易找到分类学上相似的个体，同时在地域中看到的持续性形式转变显示了一个时间过程中连续性变化的可能。地域模式也能告诉我们关于进化的机制，因为它们代表了差异的积累，这种差异的积累已经在长时间周期范围内得到进化。空间模式可能通过时间的方式来改变，而这是不能直接观察到的。

生态群可能只是趋异群体之间联系的遗迹，这些趋异群体已经被气候或者地质变化隔离开来（回顾我们在前面关于群体混合的讨论）。这种模式在北部的纬度地区很常见，在最后一次冰河纪之后（大约 1 万年以前结束），许多物种得到扩张。绵鳚（*Zoarces viviparus*）是一种在波罗的海和北海生活的鱼类。这两种群体在一些酶基因座上存在不同，显示了通过连接两个海的海峡的平行生态群（图 18.13）。在不同基因上生态群的一致性为差异是历史性的遗迹而不是由选择作用的影响提供了一个强有力的证据。

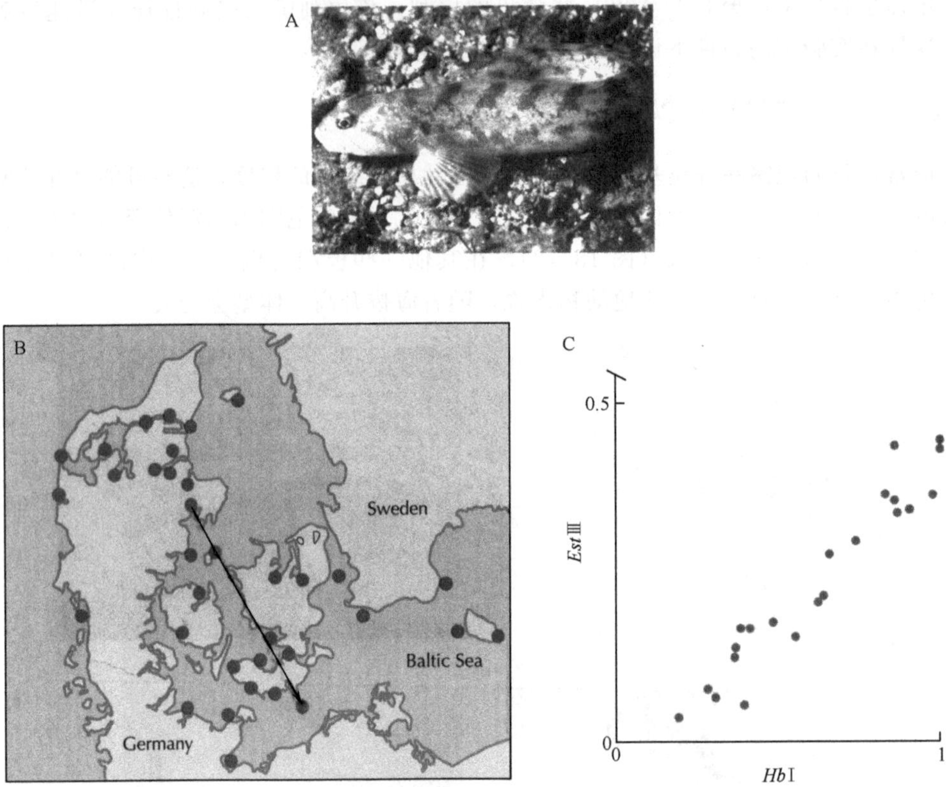

图 18.13　(A) 鲇鱼 *Zoarces viviparus* 生态群。(B) 从北海到波罗的海的收集区域。(C) *Est* Ⅲ 和 *Hb* Ⅰ 基因座上的等位基因频率的平行变化。

当涉及选择的时候，生态群可能仅仅是变化中环境的直接反映。在每一个位置上，选择可能会保持各种等位基因处于一个**平衡多态性（balanced polymorphism）**中（如通过杂合优势）和反映局部条件的平衡频率。我们已经在我们自己身上看到了这么一个例子：镰状细胞的血红蛋白基因型被维持是因为它可以部分抑制疟疾，同时它的频率与这种基因的发生有关（图 18.4）。

在这些例子中，地理区域的规模太大以至于受到基因迁移的影响。但是，更强烈的改变与个体随机的迁移和它们携带的基因的迁移是相反的。在下一章节，我们将看到通过研究基因流和选择之间的相互作用。我们可以更好地理解和定量这两种过程。

通过选择和基因流之间的平衡维持狭小的渐变群

渐变群反映了对于骤变环境的适应。最好的一个例子就是生长在含有如铅、铜和锌等重金属的矿藏堆的细弱剪股颖（*Agrostis tenμis*）。很少有物种可以生长在这样严重污染的区域，这些能够在这种区域中生长的物种已经演化出了对这些重金属耐受的能力，这样选择和基因流之间的冲突就可以很清晰地被看到。从种子生长而来的这种草没有成体草具有耐受性（图 18.14B 右），也许是因为从矿井而来的耐受性植物的花粉可以产生一定的耐受作用，同时在每一代中受到选择的作用。

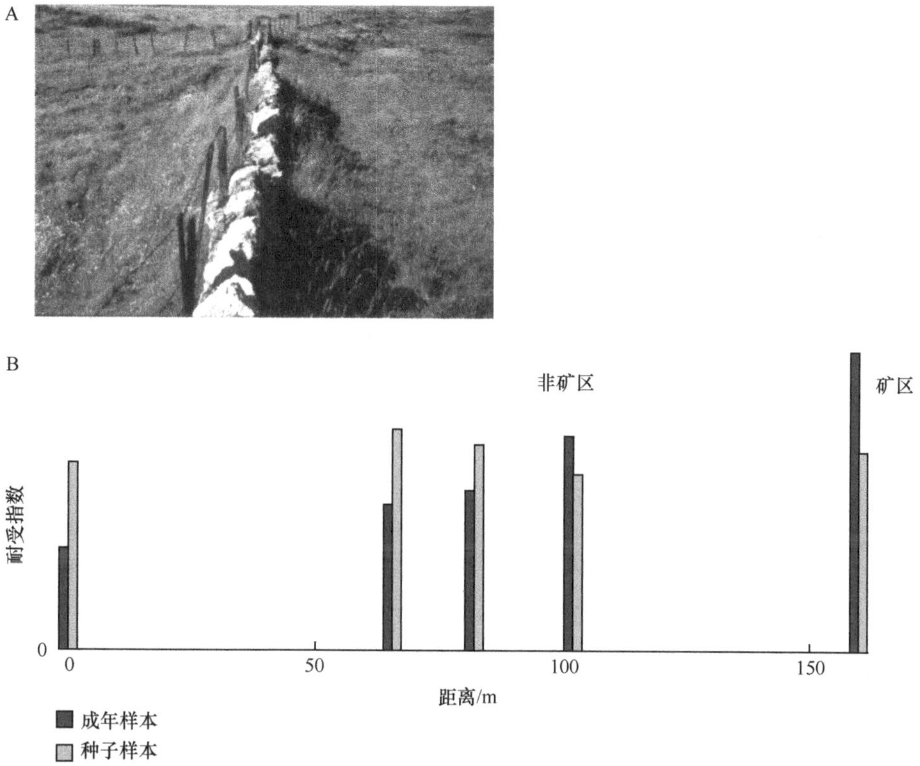

图 18.14　在威尔斯北部的一个矿藏的边缘层上，铜耐受性的细弱剪股颖形成强烈的渐变群。(A) 相对于没有污染的区域（左），被重金属污染的矸石堆上的稀有植物。(B) 采样于矿藏堆的成体样本比从同一地方由播种得到的样本更具有重金属的耐受性（图右边的红色比蓝色），相反，非矿藏区采样的草样本的金属耐受性却比播种方式得到的样品来得差（图左边）。

一个适应环境变化的相似例子显示了基因型频率的模式是如何被用来估量选择和基因流的强度的。每年夏天，在法国南部海岸 20km 的区域内为控制蚊子（*Culex pipiens*）而喷洒了有机磷杀虫剂。在这些区域内，通过改变两个基因，昆虫们已经进化出了抵抗性（杀虫剂抵抗性）。*Ace* 1 基因座的抵抗性等位基因改变了乙酰酯酶，该酶是杀虫剂的靶点，另外一个 *Est* 1 基因座导致了解毒酯酶的过量表达。但是，这些耐受性等位基因仅保持在海岸线区域内，这表明它们在没有杀虫剂的存在下是选择不利的。渐变群已经在每个基因座上形成，通过季节性的有规律的变换来完成。对抗不同区域内的耐受性的选择强度可以通过运用一个基因型频率的模型来估量（图 18.15）。

渐变群也可以通过在纯合子环境中的选择得到维系。最简单的例子就是两个选择性的染色体排列在很狭窄的界限内（图 17.22）。此外，不管排列是怎么稀有，选择总是发挥着作用，原因是稀有的排列总是在杂合子中被发现，它们一般是致死的（见注解框 12.2）。因此，一个渐变群可以通过对抗杂合子的选择之间的平衡来维持，这将趋向于固定一条或者另外一条染色体排列，和可以扩大渐变群的基因流。图 18.16 显示了位于

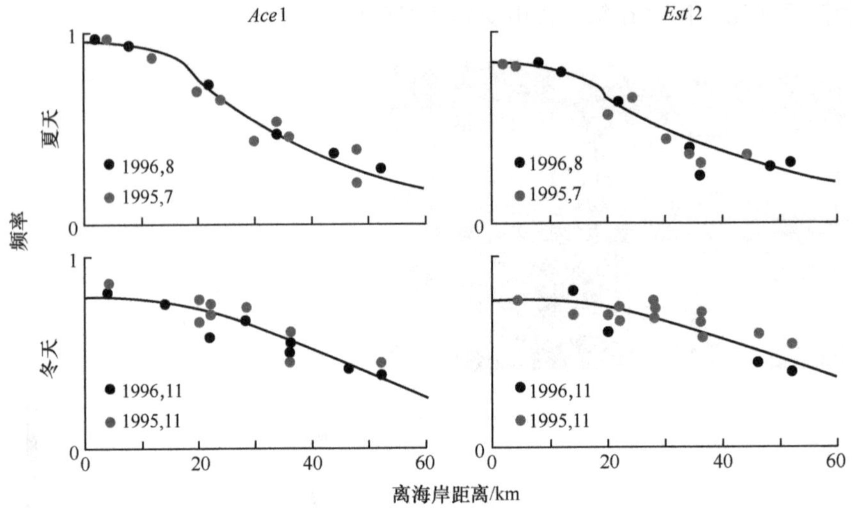

图 18.15　蚊子（*Culex pipiens*）的除虫剂抑制性等位基因的渐变群。两个基因座的抑制性等位基因在夏天除虫剂喷洒的时候都增加了；在冬天的时候，这种渐变过程消失了。在夏天的时候基因流的速率被估计是 $\sigma^2=6.6\text{km}^2$/代；在秋天的时候，该值达到 14.6km^2/代；*Ace* 1 和 *Est* 1 这两个有利于抵抗性等位基因的选择系数分别为 0.33 和 0.19，但是在夏天没有喷洒杀虫剂的区域，选择系数分别为 0.11 和 0.05。

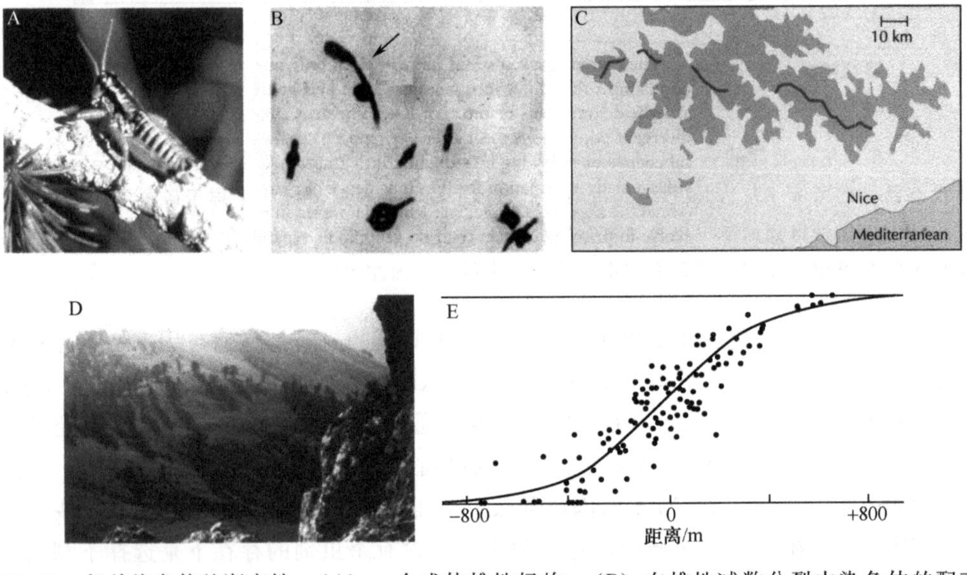

图 18.16　蚂蚱染色体的渐变性。(A) 一个成体雄性蚂蚱。(B) 在雄性减数分裂中染色体的配对；连接性结构是标志重组事件的交叉（图 12.24）。箭头表示 X 染色体和其中一条常染色体之间的融合。同源常染色体配对，此时该常染色体扮演了 Y 染色体的角色（雄性拥有一条 X 染色体；雌性拥有两条 X 染色体）。(C) 这种 X 染色体和常染色体之间的融合仅仅在南部阿尔卑斯山脉被发现。混合群体和雌性杂合体也仅仅在一个大约 800m 宽的狭窄区域内被发现（红线）。这种物种在超过 1500m 以上的渐变密度内分布很普遍（阴影部分）。(D) 在东南部边界的渐变群样式。融合的频率从左下的 90%到右上的 10%方式排布着。(E) 沿着这个区域的融合频率对距离所作的图。每个点代表约 20m 距离的一个样本。

阿尔卑斯蚂蚱（*Podisma pedestris*）的两条染色体重排之间的边界。在这些共存的地方，它们被分离了大约 800m 的渐变群宽度。这个渐变群跨越了 100km，超越了很宽的栖息地和整个物种的全部区域。这种模式具有很强的证据，渐变群是通过对染色体杂合子的选择得以维系，而不是通过在不同环境中的有利排列的选择方式。不管什么时候选择维持两个选择性的稳态，同一类型的渐变群都可以得到维持（粗略地说，就是存在两个选择性的适应峰）。例如，两种蝴蝶（*Heliconius erato* 和 *Heliconius melpomene*）是缪勒式拟态的，它们对于捕食者而言是味道不佳的，通过鲜明的警戒形态来显示它们的味道不佳的状态。在任何一个区域，所有这两种蝴蝶趋同形成了这种形态。任何不同于这种形态颜色的蝴蝶更有可能遭受捕食，因为这种形态不是被认为味道不佳的。这两种蝴蝶的生境范围也就被分成不同地理格局的狭窄的渐变群模式（图 17.23 和图 18.17）。

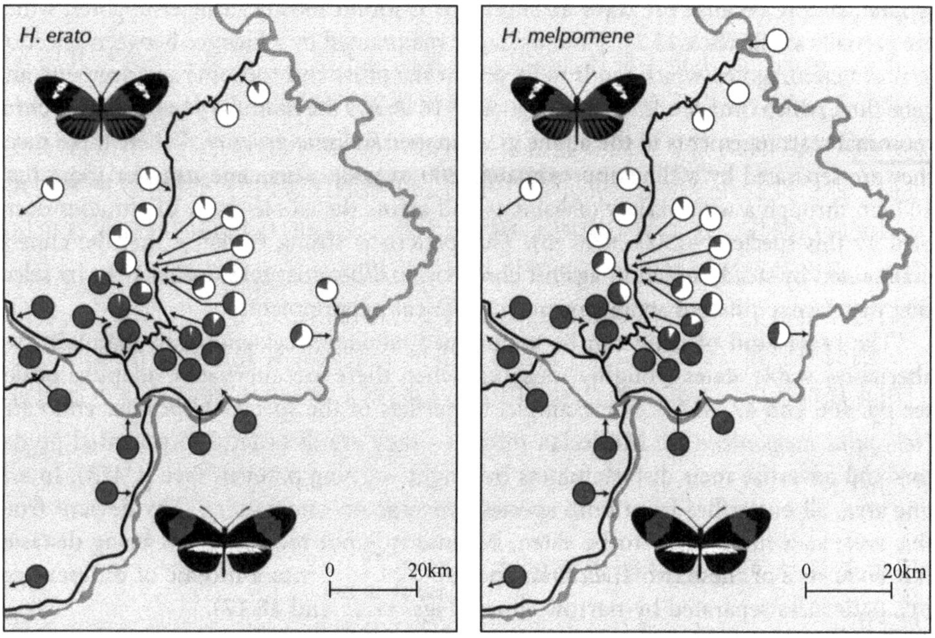

图 18.17　秘鲁的塔拉图塔附近两种警戒色蝴蝶 *H. erato*（左图）和 *H. melpomene*（右图）的平行渐变群。饼型标志显示了决定这些不同模式的主效基因上等位基因的平均频率。蓝色：Rio Huallaga，黑色：线路。

目前给出的例子只涉及一个或者几个基因或性状。通常，在很多方面存在差异的群体彼此之间共存并发生交配，从而形成了一组或多或少有着一致性的渐变群体的**杂交地带**（hybrid zone）。这种杂交地带往往在以下这些方面可以看到：经过某些气候或者地理格局的改变或者迁徙至一个新的区域之后，趋异群体之间共存。这种**第二联系**（secondary contact）提供了一种在一个地方存在很多遗传差异的解释。但是，从原理上，很多差异可以在没有地理分隔作用的初级联系中进化。

渐变群密度与扩散和选择相对速率决定的特征性规模成比例

渐变群和杂交地带可以通过一个简单的联合选择的扩散模型得到描述。结果主要是由相对选择的基因扩散的速度所决定。这就决定了标志性的距离，$l=\sqrt{\sigma^2/2s}$，该公式决定了渐变群的密度。强选择（s）和弱扩散（σ^2）产生了狭窄渐变群（l）。一个渐变群的真实宽度依赖于选择是如何工作的，但是典型的渐变群具有$(2\sim4)l$的宽度。

例如，在对杂合体的选择作用下，我们期待在 *P. pedestris*（图 18.16）物种中具有 $4l$ 的渐变群密度，扩散通过 $\sigma^2=400\text{m}^2$ 每代的方式直接测量（如蚂蚱每年以 20m 的标准偏差发生移动）。分离两个可选择性的染色体排列的渐变群大约具有 800m 的宽度，同时对杂合子的 $s=0.005$ 的选择对于维持这个渐变群是需要的 $[800\text{m}=4\times\sqrt{400\text{m}^2\cdot\text{gen}^{-1}/(2\times0.005\text{gen}^{-1})}]$。

长度值 $l=\sqrt{\sigma^2/2s}$ 决定了群体能够适应选择的最小距离。如果一个等位基因在一个直径略微小于 l 的区域内是有利的，那么基因流覆盖了选择。Thomas Lenormand 和同事们对杀虫剂抵抗性的有意思的实验结果（图 18.15）揭示了如果有一半的区域被喷洒了杀虫剂，那么抑制性等位基因是不能产生的，在喷洒区域内的选择可以被来自其他区域的基因流所压制住。这个例子说明了基因流干扰了选择的作用，同时如果这个区域相对小的话，那么基因流可以阻止有利等位基因的形成这个普遍的结论。

我们已经给出了一些群体是如何在一个很小的范围内适应和分化的例子：岩鼠（图 18.12），细弱剪股颖（图 18.14），知道这些事例是怎么具有普遍性是困难的，同时知道通过阻止局部适应，在新的栖息地基因流是否限制了物种的扩张就变得更加困难了。

平衡选择

杂合子优势不太可能是平衡选择的主要形式

在群体内是什么维持了遗传变异呢？我们已经看到几乎所有类型的基因和性状以及几乎所有的群体内都有大量的变异，一个主要的，但是尚未解决的困惑是理解什么导致了这种变异。在接下来的部分，我们将做出详尽的解释。在接下来的一章，我们将详述发现变异是如何维持的和变异是如何影响适合度等大量的例子。

正如我们在第一章看到的那样，进化生物学已经对两种变异的解释起了主导作用。在极端的形式下，这反映了不同的世界观。**经典遗传观点（classical view）**支持存在一种单一适应野生类型的基因型，这种变异主要是通过突变产生的。**中性理论（neutral theory）**可以视为用传统遗传观点的传承来阐释蛋白质和 DNA 序列中大量的遗传变异，这一理论在 20 世纪 60 年代被提出。相反，**平衡理论（balance view）**支持一个物种内许多变异是由选择来维持的，同时物种之间的差异大部分是可适应的。在接下来的三个部分，我们将分析**平衡选择（balance selection）**是如何工作的。接着我们用这种现象来分析群体内的变异主要是有害的突变。

如果稀有的等位基因是有利的，那么变异只可能通过选择得到维持。处于丢失危险的等位基因趋向增加，因此在这个群体内维持了变异。理解选择是如何维持变异等同于一个等位基因逐渐变得稀有的时候是如何变得更加适应的。

如果杂合子比纯合子更具有适应能力，那么稀有等位基因获得了一定优势，这是因为它们更有可能在杂合子中找到它们自身。我们已经看了两个杂合子优势的多态性的例子：β-球蛋白 Hb^S 等位基因（注解框 14.1）和大鼠中对杀鼠灵的抗性（图 18.3）。但是，从一些研究很深入的例子中去评价维持平衡的多态性的机制的重要性是比较难的。一种很强的对抗这个例子的观点是存在如对于像以单倍性为主的真菌等生命体或者自交形成纯合型的生命体的数量性状和独立基因的遗传变异。杂合子优势对于杂合子缺少或者不存在的情况是没有作用的。

如果选择有利于稀有等位基因则遗传变异可以得到维持

稀有等位基因可以通过某些其他方式获得适合度优势。例如，很多植物产生出不相容的系统，以至于它们的子房不能通过它们自身的花粉来完成受精。这些系统是基于单基因的，同时能够从两个方面发挥作用。在**配子（gametophytic）**系统中，花粉含有与胚珠共有的等位基因。在孢子系统中，花粉来自于一个与胚珠不能受精的等位基因的亲本。在其中一个例子中，稀有等位基因具有很强的优势，因为它能够与群体内的任何一个植物受精。一旦这个等位基因变得很普遍，拥有这个等位基因的植物将放弃这种不能受精的花粉。结果，不相容的基因座表现出极高的多态性。例如，在仅有的 135 棵月见草（*Oenothera organensis*）（图 18.18）中选择一个样本就发现有 34 个不同的等位基因。图 18.19 显示了另外一个自交不相容物种的分子水平上的多样性程度。在开花植物 *Physalis longifolia* 的一个不相容基因座上，122 个氨基酸中有 114 个表现为多态性，同时有些位点有 5～6 个不同的氨基酸突变体。在这个例子中，不知道哪几个氨基酸对配对的相容性起了决定的作用。我们认为在选择作用下和在第 19 章中观察到的分子变异中的这些等位基因之间存在一定的关系。

这种一个等位基因的适合度随着它的频率而下降的选择，称为**负频率依赖性选择（negative frequency-dependent selection）**。最熟悉的例子就是一个群体中雄性与雌性的比例。如果在这个群体中的**性别比例（sex ratio）**偏向于雄性，那么雌性将有必要繁殖更多的后代。每个子代一定有双亲，因此在一个雄性偏向的群体中，平均上每个雌性一定比每个雄性可以获得更多的子代。因此，选择有利于雌性比例的增加，使得两性之间的比例达到相等。这个与 R. A. Fisher 有关的观点，实际上，首先是由达尔文提出来的，同时在 19 世纪早期用数学的方法得到分析。性别比例是理解进化生物学的一个最好的部分；我们将在第 21 章更详细地分析它。

图 18.18　位于新墨西哥 Organ 山脉的一些峡谷区域的月见草，其总数不会超过 1000 株。尽管如此，它维持了很多多态性的自体不相容的等位基因。

另外一个例子就是**贝式拟态（Batesian mimicry）**，它是指一种美味的物种通过拟态一种不美味物种的形态而免受捕食（图 18.20）。这种物种通常模拟大量物种的形态。

```
DNTNT--RLMDCSPPPNYTNFQ-DKMLDDLDKHWTQLKIFKNKSKIDQSTWSYQYKKHGSCCQNLYNNQNMYFSLALHLKDKV
EKDKV--LQINCPPTPNYTNFQ-DKMLDDLDTHWTQLLLTKKTGLEEQRIWNYQFRKHGSCCREL-YNQSMYFSLALGLKAKV
DKNNS--LLMDCTPRPNYTYFPRNKMFADLDKHWTQLKITEDDAETDQSTWSRQYIKHGSCCRNL-YNQNMYFSLALHLKNRV
EKKGVD-KLTFCSAQPNYTIFKDKKMLDDLDKHWIQLMYSKENGLQKQEFWKSQYEKHGSCCLNR-YNQTAYFSLASHLKKKI
EKRGIK-MMVSCKPEVNYTLFQDRKMLDDLDKHWTQLKVSKDEGLEKQEAWKYQYEKHGACSQES-YNQNMYFSLALHLYERF
EKRGKN-IMVSCKPEVKYALFQDRKMLDDLDKHWIQLKVSKDEGLEKQEAWKHQYEKHGACSQES-YNQNMYFSLALHLYERF
DNFSA--KLNFCGPNTYDKTILKDYKKNKLYIHWPDLVVDEAKCKKDQKFWSDEYGKHGTCCEKT-YSQEQYFDLAMVLKDKF
DNIST--TLNFCKGVTYKNVTG--EKKNNLYIHWPDLLVEEANCKTYQTFWKKEYDKHGSCCEGT--NQEQYFDLAVALKDKF
DNIST--TLNKCKSIPYDKNMT-DDKKNMLYIRWPDLLVGEASCKKDQKFWKNEYEKHGTCCEES-YNQEQYFDLAMGLKDKF
DRNNS--VLVECEPFRGYTNFK-DNMLDELDKHWTQFKYDKTSGLKDQKTWRYQYRRHGTCCQEL-YNQDMYFSLALRLKRKF
DKNNS--VLVECQPLRGYTNFK-DNMLDELDKHWTQFKYDKTSGLKDQKTWRYQYRRHGTCCQEL-YNQDMYFSLALHLKRKV
                HVa                            HVb
```

图 18.19　频率依赖性的选择在一种开花植物中的自身不相容的基因座上维持了很高的多样性。图示显示了 33 个基因中的 11 个基因编码的氨基酸序列，这些样品采样自美国东部［20 种氨基酸分别用单个字母表示（图 2.23）］。所有不同的和多样的 33 种氨基酸序列在两个高变区 HVa 和 HVb 显得特别高，红色表示保守的氨基酸。

图 18.20　燕尾蝴蝶（*Papilio dardanus*）雌性的贝式拟态。左列显示了在 *Danaidae* 属中不同的三个味道不佳的个体，右列显示了美味的 *Papilio dardanus* 的拟态。在群体中所有这三个模式都具有多态性。

例如，位于东非的燕尾蝴蝶（*Papilio dardanus*）的雌性通过模拟数种不同物种的形态而使得它们之间的差异很大。任何一种变得普遍的形态将会降低保护作用，因为捕食者不会仅仅识别一种形态的被捕者；大部分蝴蝶的形态都是通过拟态产生的，而不是物种自身的形态。因此，编码稀有形态的稀有等位基因获得了一种维持多态性的优势，维持这种多态性是有显著意义的，因为这些形态表现在颜色和翅膀多个方面。在 *Papilio* 中，不同的形态由携带着某些可选择性的等位基因的组合的紧密连锁的基因（超基因）所决定。这就允许形态差异很大的物种之间发生交换。

频率依赖性选择的典型例子是来自寄生在植物体内的细菌：荧光假单胞菌（*Pseudomonas fluorescens*）。如果将它培养在均匀的液体培养基中，那么将发现一个单一的类型。我们称为 SM 型，因为它形成了光滑的菌落（图 18.21A，左图）。但是，如果遗传均一的 SM 型克隆在小瓶中培养几天后，群体将以一种可复制的方式得到分化。这时的菌落与培养在琼脂糖平板中的 SM 型有很大的差别。可以分为以下三类：祖先型（SM）、皱纹型（WS）和绒毛型（FS）（图 18.21A）。SM 在培养基中生长，但是 WS 在表面形成了致密的颗粒（图 18.21B），这样它们在小瓶中拥有了不同的生态位（niche）。竞争性实验显示，在大部分情况下，当稀有时每种类型都具有适合度优势，这就可以使所有三种类型以稳定的频率彼此共生（图 18.21C）。一个例外是 FS 不能侵染 WS，但是，FS 可以侵染由 WS 和 SM 组成的群体，这样所有三种类型可以共存了。

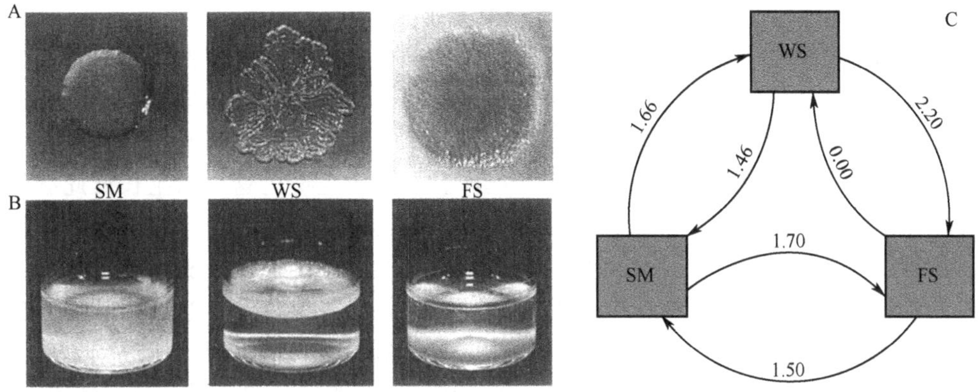

图 18.21　当荧光假单胞菌在小瓶中培养的时候，细菌以一种可繁殖的方式发生分歧。(A) 三种类型的菌落：SM，平滑型（也称祖先型）；WS，皱纹型；FS，绒毛型。(B) 这三种类型不同的生长模式。(C) 侵染实验的总结。在该实验中，一种类型以低频（1%）的形式被引入到另外一个群体内。在除一种事例以外（FS 引入到 WS）的所有事例中，稀有的类型用于侵染。箭头上的每个数字表示，相对于普遍型的稀有型的适合度，该值是通过 7 天后的测量结果：大于 1 的数值表示成功侵染。

在 WS 和 SM 之间的频率依赖性选择的机制至少从总体上已得到了解释。WS 细胞彼此堆积在一起形成菌落。但是 WS 是稀有的，这些突起可以在表面扩展以提高氧含量，但是随着突起变得越来越重，它开始下沉。遗传分析显示了对于合成样的多聚物起作用的一个**操纵子（operon）**对于 WS 的表型是必需的，但是其他的改变也是需要的。因为这是一种无性生殖，有性生殖和重组产生的中间体对于这三种类型而言是很不好适应的。这三种类型同时可以继续共存。

通常，负频率依赖性的产生是由于存在许多有限的资源。这些资源可以被一些物种和具有开发不同资源能力的基因型所利用。因此，这个稀有的基因型将发现对它自身相对有利的资源，并获得一定优势。可以以这种方式审视先前的一些例子。对于一个不相容的基因座，不同资源来自于大量潜在的配对，但是对于贝式拟态，资源却是大量味道不佳的模式物种，在荧光假单胞菌中，在没有经过处理的瓶子中存在空间的杂合性。以这种观点来看，物种内遗传多样性的维持和不同物种的共存具有相同的原因：能够有效开发资源的基因或者物种的优势。我们会在讨论物种起源的时候回到这个问题（见第22 章）。

仅有几种类型的振荡选择可以维持突变

直观上，有人也许预期从一个地方到另一个地方或者从一段时间到另一段时间的选择突变可以维持遗传变异。多样的对于环境的需求也许可以维持多样的群体。但是，不存在直接的或者简单的环境中的变异和基因型的变异之间的一致性。在这一部分，我们会显示振荡选择可以维持遗传变异，但是仅仅是在特定的环境条件下。

一个群体内不同的个体将在它们的生命史中经历不同的环境。但是所有对于一个特定的等位基因成功的事件是携带有这个等位基因的个体的平均适合度。在一个大群体中，个体之间的变异将被平均化，同时在一个小群体中，它将导致**随机遗传漂变（random genetic drift）**，并可以降低遗传变异（见第 15 章）。

在前面的章节中，我们看到如果不同基因型可以开发不同的资源，那么稀有的基因型将处于优势地位，同时突变将得到维持，至关重要的是存在不同有限的资源，如果个体开发它们的话它会很快被耗尽。资源可以采取很多方式，但是，具体来说，思考这么一种昆虫，它可以在植物的果实上产卵。在它的生境内这样的生长彼此缠结起来可以保证支持有限数量的卵（图 18.22A）。大量资源的存在对于它自己并不是足够的。如果不同基因型可以更好或者更差地在植物果实的不同类型上获得生存，但是是随机开发它们的，那么从原理上它们是可以共存的，但是仅仅只有当选择是很强的时候（图 18.22B）。对于更广的参数范围来说，如果基因型利用不同的资源，如不同基因型选择在不同的宿主植物内产卵，那么多态性可以在弱选择的作用下得到维持。（图 18.22C）。

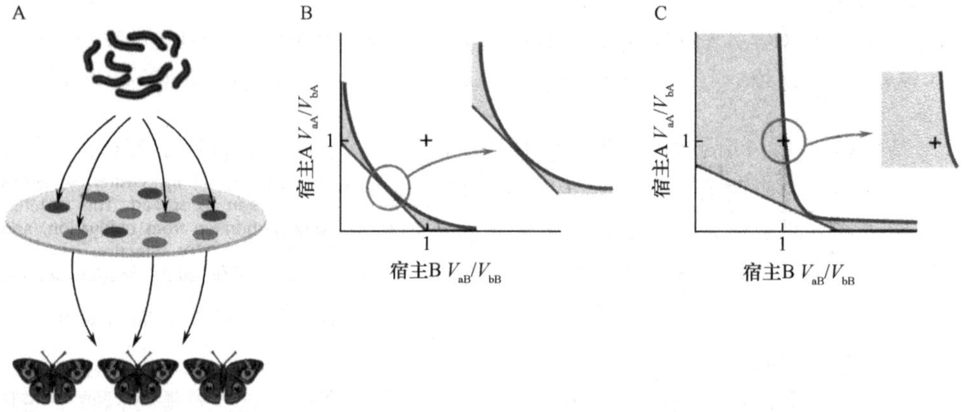

图 18.22 仅仅在特定的条件下，在一个杂合性的环境中多样性可以得到维持。（A）卵放置于独立的区块内。每个区块内存在竞争，这样每个区块产生了大量混合的成体。有两种类型的生物体（a、b）和两种类型的区块（A、B）；在宿主 Y 上的类型 x 的存活率是 V_{xY}。（B）如果卵被随机放置于两个类型的区块上（A、B），那么多态性的一种可能是一种类型在其中一个区块生存得更好，另一种类型在另一区块生存得更好（如 $V_{aA}\gg1$，$V_{aB}/V_{bB}\ll1$ [左上的蓝色区域] $V_{aA}/V_{bA}\ll1$，$V_{aB}/V_{bB}\gg1$ [右下的蓝色区域]）。但是，如果选择是比较弱的话（V_{aA}/V_{aB} 约为 1，V_{aB}/V_{bB} 约为 1 附近的嵌入部分），多态性仅仅对于在一些起限定作用的因素的范围内存在。（C）如果不同类型选择定居在不同的栖息地，多态性可以很简单地得到维持，即使选择较弱。实际上，即使区块内没有选择，多态性也是可能的（表示相等生存率的交叉区域）。

比个体扩散范围更大范围的空间变化的环境又是如何的呢？我们已经看到了只有这样规模比通过选择和扩散方式的特征性规模 l 更大的时候，局部适应的等位基因可以得到维持（例如，在黑色岩石上的黑岩鼠，图 18.12；或者对于重金属污染耐受的草，图 18.14）。这种局部选择可以很容易在整个物种内得到变异，但是在群体内，维持突变却是不太有效的。多态性被限定在栖息地很狭窄的领域内。

共进化可能是突变的一个重要来源

最后，随时间变化的选择又是如何的呢？我们已经看到了时间的振荡不可能通过它们自身维持突变，因为所有涉及时间的东西是每个基因型的平均适合度（图 17.17）。但是低速率的突变可以与振荡突变结合起来产生一些变异。如果条件改变了，以至于先前有害的等位基因变得有利了，那么新的突变可以通过群体得以清除，同时将对突变做出贡献。正如空间上的变异，振荡的规模一定是处于中间状态的，如果持续的变异可以形成的话，快速振荡也将被平均化，但是如果振荡很小，群体通常固定在其中一个等位基因上。

随着物理条件（如气候）的改变，适合度可以跟着改变，同时也随着如其他物种丰度的改变和它们自身的演变等生物环境而改变。生命体对其他物种的进化做出响应并得到持续进化，被称为**红皇后（Red Queen）**，就像 Lenis Carrol 的《镜中缘》一书中描述的人物一样，它总是为了处于同一个位置而不断运动。W. D. Hamilton 提出了寄生虫和它们的宿主之间的斗争是尤其重要的观点。对于当前寄生虫的基因型耐受的进化可以通过在一个寄生虫中新的有毒的基因型的进化的方式来计数，结果导致了宿主体内产生了新的耐受的基因型。稀有的基因型获得了一种优势，因为宿主不会进化产生对稀有寄生基因型的抑制，同时寄生体也进化出一种侵染稀有宿主基因型的能力。

在第 19 章，我们将看到对涉及共进化作用的基因选择的间接的证据。但是看到这种宿主-寄主之间共进化作用方式是困难的。对感染和抵抗起作用的基因型一定是通过许多代之后被确定的。在农业上，病原体通常进化出可以侵染普遍种植的庄稼的类型；农民们种植新的抗感染性的突变体转而也变成易感型了（图 18.23）。Lively 和 Dybdahl 研究了一个自然系统中的蜗牛（*Poramopyrgus antipodarum*）和它们的吸虫寄生体之间的共进化。在图 18.24 中举例的群体中，蜗牛以无性生殖方式繁殖。这些群体被分成不同的克隆群体，这些克隆可以通过它们携带着表达酶的等位基因的组合方式得到确认。寄生虫是部分适应的，这样它们能很好地侵染生活在同一区域内的蜗牛（图 18.24B）。同时，寄生虫具有机会感染普遍性克隆体，这就证明了稀有基因型具有频率依赖性的优势（图 18.24C）。最后，在经过 1 年的时间后，普遍性克隆体也就变得更加容易被感染（图 18.24D）。这些模式提示了存在着一个寄主-宿主基因型之间的循环，这就维持了这些群体内的克隆性变异。

在一个适合时间内维持大量的适合度变异，这种持续性的共进化会引起选择的波动；这对驱动配对偏好和有性生殖的进化也是重要的。尽管我们已经讨论了宿主和寄主，同一种过程在其他相互作用中也产生。例如，我们将看到以不同方式遗传或者不同水平表达的基因之间的冲突是如何导致快速进化和高水平的遗传变异的。

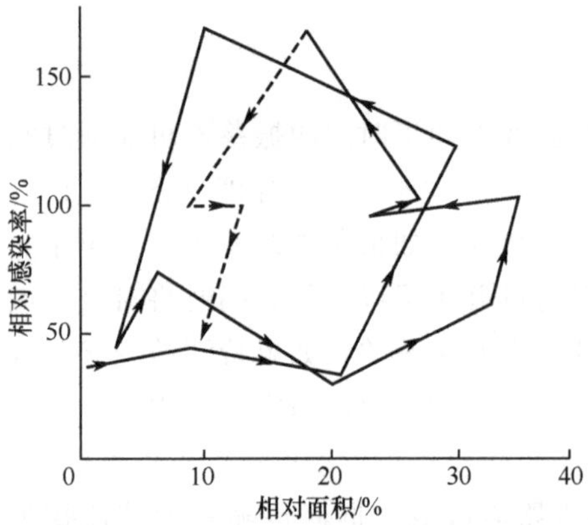

图 18.23　大麦受一种无性生殖真菌感染引起的白粉病（*Erysiphe graminis*）毒效性的进化。在 20 世纪 60 年代，广泛种植大麦，那种大麦中含有抗病的等位基因 Mla12。到那个年代末，携带着毒性基因 Va12 的诱导白粉病的真菌开始传播，种植大麦的行动被停止，直到 20 世纪 70 年代中期，感染率才开始下降。大量携带着 Mla12 等位基因和其他抗病因子的大麦开始大量地栽培，以抵抗它们已经失去抗病的能力，由真菌引起的感染率对种植含有 Mla12 抗病基因的大麦的区域作图得到的结果见图。时间区间为 1967～1983 年。

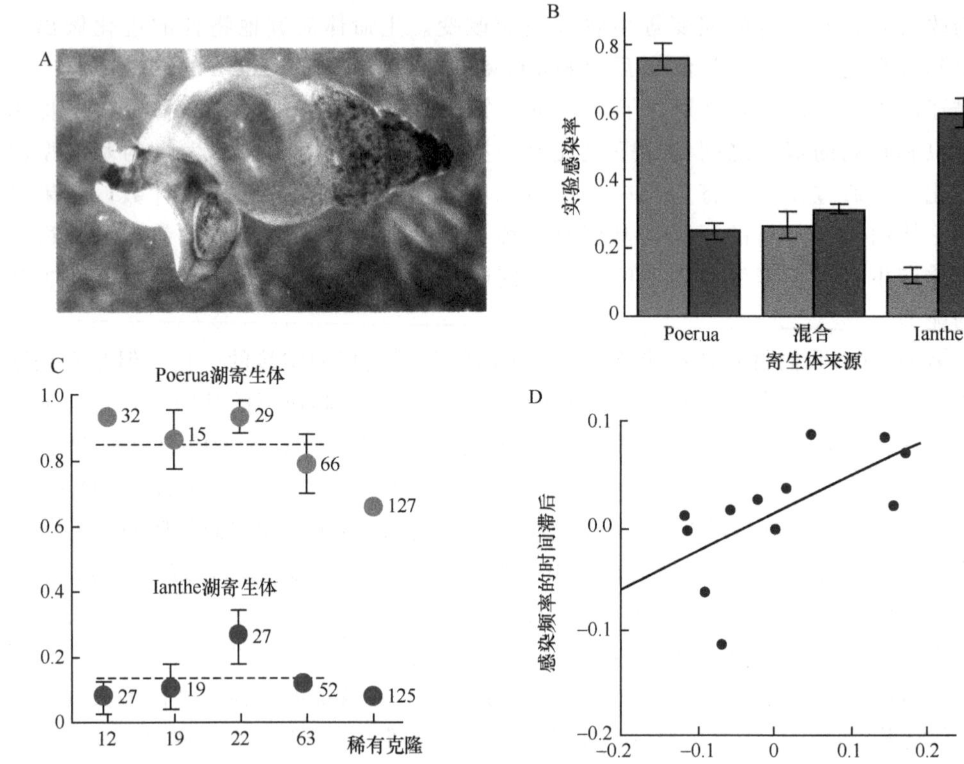

图 18.24　5 年时间对在活水中生活的蜗牛（*Poramopyrgus antipodarum*）（A）和它的吸虫寄生体之间的共进化的研究。（B）来自同一个湖泊或者不同湖泊的蜗牛受到寄生虫感染率的记录。从同一湖泊感染蜗牛的吸虫似乎更加成功。取样主要来自新西兰的两个湖泊——Poerua 湖（青绿色）和 Ianthe 湖（橘色）（混合型吸虫为来自不同湖泊之间的吸虫杂交产生的子代）。（C）来自 Poerua 湖的蜗牛都是无性生殖的，同时可以根据它们的异构酶基因型（12、19、22 或 63）来分类。通常有 4 种克隆型，这 4 种类型受同一湖泊的吸虫感染的水平特别高（上排）。但是稀有克隆型受到感染的水平是显著低的（右上）。相反，来自不同湖泊的吸虫感染 Poerua 湖的蜗牛是低的，不管它们是稀有性还是普遍性（下排）。（D）蜗牛增加的速率与受到吸虫感染的增加率存在相关性，但是有一年时间的滞后性。x 轴表示蜗牛从第 y 年到第 $y+1$ 年的时间里的增加频率，同时垂直轴代表从第$y+1$年到第 $y+2$ 年的时间里感染率的持续性改变。

突变与选择

有害突变占变异的很大部分

与平衡选择相比，遗传变异维持的可行性解释是简单的：突变产生变异，同时选择清除突变。这意味着变异降低了适合度，而不是增加了适合度（如通过加速适应或者通过生物体多样性以便更好地开发多种资源）。这两种产生争议的解释有着不同的含义。

由突变产生的变异很显然可以在遗传性疾病中被看到，如软骨发育不全或者眼癌，它们具有一个简单的遗传背景。在显性致死或者不育等位基因的极端事例中，所有事件都直接地源自一个新的突变，同时在群体中它们的频率是突变频率的 2 倍（每个二倍体有两份基因拷贝，每一份拷贝都有可能发生突变）。在弱选择作用下，杂合子拥有 $1-s$ 的适合度，等位基因频率在突变速率和选择速率之间的平衡作用下达到一个平衡（$p=\mu/s$；注解框 18.2）。受影响的杂合子有约 2 倍的频率（约 $2\mu/s$），因为在 Hardy-Weinberg 比例中，杂合子频率为 $2pq$ 和 $q-1$。我们在这里不需要考虑纯合子的适合度，因为典型的突变比该等位基因是稀有的情况和纯合子几乎很难出现的选择情况来得更弱。对这些疾病的选择强度可以进行很简单的估计，因为新突变的比例（如没有一个亲本受到影响）等于选择系数（表 18.1）。

注解框 18.2　在单个基因座上的突变/选择平衡

在注解框 17.2 中，我们看到了选择是如何在单个基因座上改变等位基因频率的。在这里，我们考虑了突变的效应，以便发现消除有害等位基因的选择和引入这种有害等位基因的突变之间的平衡。

假设存在两个可供选择的等位基因 P 和 Q，它们的频率分别为 p 和 q，同时假设等位基因 P 是有害的。以一个单倍性群体开始着手是最简单的，因为这时只存在两种类型。相对于 Q 的适合度是 1，我们设定 P 的适合度为 $1-s$。对于弱选择（$s\ll 1$），在注解框 17.2 中我们看到这种类型的选择将以每代 $-spq$ 的速率降低 P 的频率。

突变的效应是很容易被发现的。我们假设突变只向一个方向进行：等位基因 Q 以 μ 的突变率向 P 突变，而忽略了反方向的突变。这是合理的，因为尽管有很多的方式使得一个功能性等位基因被破坏，但是已经失去功能的等位基因要再度获得功能是很困难的（回忆图 14.21；等位基因 P 也许是很多适合度降低的序列中的一组，而不是特殊的一个序列）。

Q 突变后的频率为

$$q^{**}=q(1-\mu)$$

等位基因 Q 的 $1-\mu$ 的部分得到了完好的保存，因此等位基因频率的改变为 $q^{*}-q=-\mu q$ 或者 $\Delta p=p^{*}-p=+\mu q$。当选择较弱的时候，我们仅仅可以看到由于选择增加的这种改变，即

$$\Delta p=\mu q-spq$$

在突变和选择达到平衡时，$p=\mu/s$。假设有害等位基因足够的稀有以使在

杂合体（而不是纯合体）中大部分被消除了，公式对于二倍体群体也同样适用。那么，Q 等位基因大部分是 QQ 纯合体，同时等位基因 P 大部分是 PQ 杂合体。问题在于这两种基因型之间的相对适合度存在着不同。有时，QQ：PQ：PP 的适合度用 1：（1−*hs*）：（1−*s*）来表示，这样等位基因频率的平衡依然是 $p=\mu/hs$。我们将保持这么一种写法，指代杂合子的适合度为 $1-s$，同时指代平衡为 $p=\mu/s$。

对于一个完全隐性的等位基因［QQ：PQ：PP 的适合度是 1：1：（1−*s*）］，由选择导致的 P 频率清除的速率为 $-sp^2q$。因此

$$\Delta p = \mu q - sp^2 q$$

同时，平衡值是 $p=\sqrt{\mu/s}$。当选择对杂合子起作用的时候，这个等位基因的频率会更高。例如，如果 $\mu=10^{-5}$ 和 $s=10\%$，平衡的等位基因频率为 $\sqrt{10^{-5}/10^{-1}}=1\%$。但是，表现为有害效应的纯合体 PP 还是稀有的（$p^2=10^{-4}$）。

表 18.1　由新突变导致的常染色体显性疾病的发生比例等于对有害等位基因的选择系数

疾病	比例	疾病	比例
阿佩尔氏综合征	>0.95	强直性肌营养不良	0.25
软骨发育不全	0.80	亨廷顿式病	0.01
结节性硬化	0.80	成人多囊肾	0.01
神经纤维瘤	0.40	家族性高胆固醇血症	<0.01
马凡氏综合征	0.30		

很多由单基因导致的遗传性疾病是常染色体隐性的，这只在纯合体的条件下才会显现出来（这种疾病大约占到了人类遗传疾病的 1/3，这也许被低估了）。

隐性遗传比显性遗传或者 X 连锁性遗传更难确定，同时，在其他物种中，可见到效应的自发突变主要是隐性的。但是，即使当一个等位基因在表型作用上被当作隐性，它的频率也依然可以通过对杂合体的选择得到确定。尽管这种选择可能很弱（这样对于只携带这个等位基因一份拷贝的个体是没有明显影响的），它还是可能清除突变形成的拷贝，这是因为在随机交配的群体中存在更多的杂合体。但是，在某些群体中，隐性突变主要在亲属之间通婚产生的纯合体中被清除。我们将在后面更详尽地阐述自交的效应。

从分子水平上，我们看到了一个突变和选择平衡的例子。回顾生长在葡萄糖中的大肠杆菌群体失去了利用核糖作为碳源的能力（图 18.5D）。这种能力的丢失是由于核糖操纵子缺失的固定，起始群体具有 $p=0.0005$ 的频率。这种缺失的突变速率是直接可以测量的，$\mu=5.4\times10^{-5}$ 每代。因为 $p=\mu/s$ 处于平衡，$s=5.4\times10^{-5}/0.0005\sim11\%$ 的选择劣势在起始群体中处于低频率而不断丢失。相对于弱优势，当它不需要的时候：$s=1.4\%$，这种相当强的选择就导致了核糖操纵子发生丢失。

我们看到了在几乎所有生命体中，蛋白质和 DNA 序列都有大量的突变。通常相对于近似中性的位点，功能性的位点具有更少的突变。例如，**同义突变（synonymous variation）**，这种不改变氨基酸序列的突变比可以改变蛋白质的变异更加普遍（图 13.12 和

图 18.25)。我们所看到的大量变化多是中性突变和选择之间的平衡维持的，或者平衡选择维持的。在第 19 章中，我们将看到这三种类型之间是如何区分的。

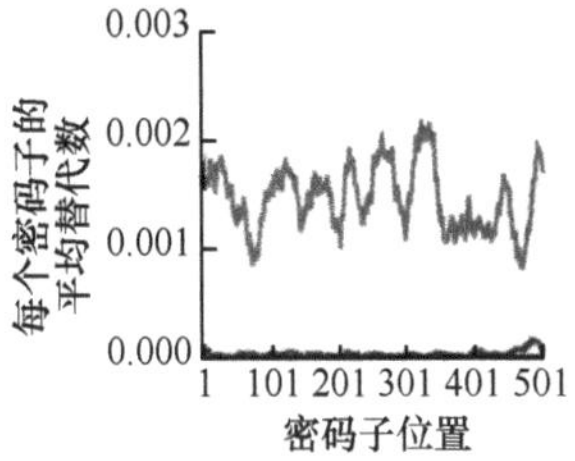

图 18.25 一种侵染牛的疱疹性口腔炎 RNA 病毒糖蛋白基因的同义（蓝色）和非同义突变。变异通过 20bp 窗口滑移的方法进行测量，总体上，同义突变比非同义突变要高出 20 倍。

突变维持数量性状的变异

生物学最惊人事实的一个例子是在几乎所有生命体中和几乎所有性状中可以看到广泛存在着可遗传的变异。因为在很大范围上这种变异会影响适合度，所以这种突变变得尤其令人吃惊。很难相信生长速率、果实重量或者飞行能力是中性的。尽管果蝇腹部上的刚毛数量也许对于我们而言很一般，但是对于果蝇的飞行而言，刚毛是一种非常重要的感觉器官。在下一章节我们将看到，测量一些特殊性状对于适合度的效应是非常困难的，但是广泛被接受的是存在**稳定选择（stabilizing selection）**的作用，以至于偏离最优态的过程是非常不利的。关键的要点是，首先，在很长的时间过程中，形态保持恒定（图 17.30)，其次，一个生命体的功能或多或少取决于很多不同性状之间精确的一致性。但是，持续性的稳定选择可以清除变异。

对数量性状的可遗传变异最简单的解释是与突变和选择可以对单个基因座起平衡作用的方式相同，突变也可以平衡稳定选择。假设有害的等位基因是稀有的，遗传变异仅仅取决于突变和选择的相对速率：$V_G=2UV_S$。在这个公式中，适合度从一个包含着方差 V_S 的**正态（normal）**曲线的最优态中远离出来。因此，小的 V_S 提示了很强的稳定选择，以至于一个很狭小的性状值的范围有着很高的适合度。U 代表影响性状的突变的总速率。个别等位基因的效应不会在这个公式中表现出来，因此大效应的突变是很稀有的，但是这种小效应的突变却是很普遍的。不同作用的等位基因对于遗传变异数量的贡献也因此是相同的。

例如，假设稳定选择的强度为 $V_S=20V_E$ [因此，由环境标准偏差偏离 $\sqrt{V_E}$ 的个体将降低约 1/（2×20）=2.5%]。为了维持这个遗传率 $h^2=50\%$（如 $V_G=V_E$），我们需要 $U=0.025$。突变影响数量性状增加的速率是不能被精确计算的，但是这个值对于受很多基因影响的性状而言是可以合理计量的。

如果我们仅分析一个单一的性状，那么这种粗略地计算显示了变异可以由突变来维持。但是，当我们承认很多性状影响适合度的事实的时候，突变和选择的平衡变得缺乏有效性。如果突变率相当高而维持了变异（如 $U=0.025$），那么每个性状一定都会受到很多基因的影响。但是在这个事例中，每个基因一定影响了很多性状。也就是说，存在着大量的**多效性（pleiotropy）**，如同我们期待基因和性状之间的复杂关系（图 18.26）。所有作用于受基因影响的性状的稳定选择降低了变异，同时遗传方差 V_G 也将由一个等同于受影响的性状的数量因子起作用而降低。一旦这种多效性的作用变得很突出，观察

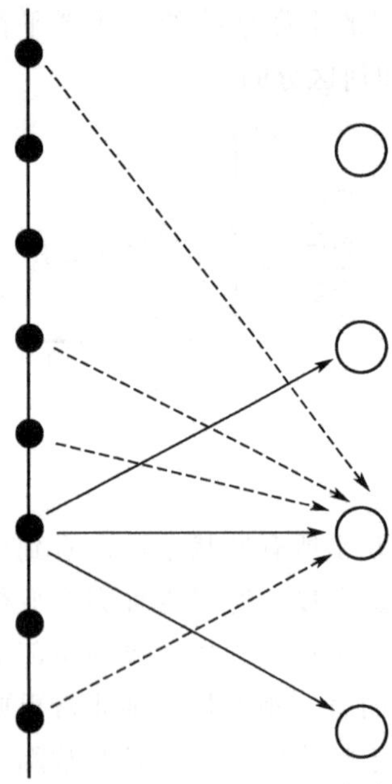

图 18.26 存在大量的多效性。每个数量性状受到很多基因（紫色）的影响；同样，每个基因影响着很多性状（蓝色）。

突变是否可以解释高的遗传率就变得很难了。

一旦我们接受影响数量性状的等位基因可能表现出很大的多效性，那么从另一方面分析这个问题就变得简单了。我们可以选择考虑每个等位基因：影响了重要的性状（如刚毛数量）同时降低了适合度。但是，我们不需要假定等位基因降低适合度是因为它改变了性状，这两种效应可以是相对独立的。这样，性状中的遗传方差可以作为在一些隐秘的基因座上的突变选择平衡的副作用来维持。显示这种方式维持一个遗传方差是简单的，$V_G=V_M/\bar{s}$，V_M 表示每代中的突变产生的性状方差，$\bar{s}$ 代表对于有关的等位基因的平均选择。突变方差 V_M 可以在很多生命体中进行测量，同时等于 0.001～0.01V_e（表 14.3）。因此，高的遗传率（$h^2=50\%$，$V_E=V_G$）可以得到维持，如果有关的等位基因降低了 $\bar{s}=0.001\sim0.01$ 的适合度。突变方差可能很大程度是由于存在缓和性的有害等位基因，这样就可以解释我们看到的高的遗传率。但是，这些等位基因在稳定选择下对性状具有很小的作用，要么它们可能被很快地清除以对遗传方差做出更大贡献。目前，我们对于性状和适合度的突变效应的分布还知之甚少，以至于不知道是否大量的变异是由于突变和选择平衡产生的。

数量性状的变异可能是其他原因产生的多态性的副作用

什么是可替代性？直接作用于数量性状的平衡选择可能维持了有利于稀有表型的多样性。含有不同性状值的个体可以利用不同的资源。例如，不同喙嘴大小的麻雀可以啄食不同大小的种子，从而产生不同的效率（回忆 Galapagos 麻雀选择的例子，图 17.25）。选择在时间范围的波动，同时联合突变也可以维持突变，如上面讨论的单基因的例子。但是，我们不知道任何这种直接平衡选择的例子。

对于突变和选择的平衡，作为变异的一个多效性副作用来思考数量变异可能会更好些。这种变异是我们观察到的与特殊性状不相关的一些理由来维持的。实际上，处于平衡的多态性对于各种性状具有很大的效应，如镰状贫血症可能会影响儿童的生长。对于假单胞菌，琼脂糖平板上的菌落的多态性生长模式随着不同生态位的适应的副作用而改变（图 18.21）。

这些模式之间如何区别呢？一个关键的差别在于突变与选择维持了等位基因处于低频率的状态，而大部分平衡选择的方式维持了处于高频的等位基因的多态性。目前，与来自**数量性状基因座（quantitative trait loci，QTL）**的研究证据是冲突的。一方面，在一些果蝇的研究中，已经表明变异是由**转座元件（transposable element）**导致的，这种转座元件在群体中是低频的，同时尽管大部分的转座元件有略微的副作用，但是也得到了某些维持。另一方面，候选基因座上的常见等位基因和性状变异之间的相关性已经被发现，这提示了平衡选择的方式。变异是由常见等位基因还是稀有的等位基因引起的问题对于利用**相关性研究**（**association study**）来分析人类群体中疾病的遗传学基础是至关重要的。

近交的个体更加不适应：近交衰退

当不同农作物的群体或者家养动物的群体杂交时，产量通常会有很大的增加。这种现象称为**杂交优势**（**heterosis**）。两个表现不佳的近交系之间的杂交得到的 F_1 代杂交种子是可以利用和开发的（大部分玉米是通过这种方式产生的）。相反的情况是在一个群体中的亲缘之间交配产生的子代通常降低了活力，这种现象称为**近交衰退**（**inbreeding depression**）。杂种优势和近交衰退在遗传的观点被理解之前就已经广为人知了。例如，达尔文开展了大量在植物中近交衰退的实验。

尽管这些现象在家养和实验室群体中被观察到，但是现在已经很清楚这些现象在自然界是很普遍的。例如，一个位于英属哥伦比亚省的 Mandarte 岛的歌带鹨鹀（*Melospiza melodia*）群体已经被研究很多年了，同时个体之间的关系也被观察了。跨越 20 年或者 16 代的遗传谱可以计算每个个体的**近交系数**（**inbreeding coefficient，*F***）（注解框 15.3）。每个个体的近交系数与它能否存活到成年存在着相关性。近交衰退通过与 exp（$-BF$）之间成比例程度的一个模型来计算。在整个研究过程中，B 的平均值为 2.7，1%的 F 值增加约有 2.7%的存活率的降低相一致。尽管近交衰退的程度变化相当大，这个值仍在很多其他研究中被发现。例如，在人类中，近缘之间的交配的数据已经估计了近交衰退的情况，B 为 0.57～2.55。

在 Mandarte 岛的鹨鹀群体中也观察到了杂交优势。与来自大陆的迁移的个体和岛上的鹨鹀交配产生的子代具有高的适合度。雌性 F_1 代比岛上定居的群体更早产卵，但是雄鸟更可能得到繁殖，类似的适合度增加已经在其他一些例子中被观察到。

在大部分的研究中，群体内个体之间的关系是未知的，提示通过杂交的方法去测量近交衰退也是不太合理的。但是，近交衰退可以通过标记基因座上的适合度和杂合性之间的相关性得到证明。早期在利用同工酶基因座的研究中，这种关系归属于酶本身的**超显性**（**overdominance**）的直接效应。这些酶通常具有很重要的代谢作用，提示我们将在接下来的章节中看到，它们可能处于选择作用下。但是当杂合性是通过像**微卫星**（**microsatellite**）这样的遗传标志来测量时，我们可以看到杂合子和适合度组分之间的关系。因此，杂合性可能反映了个体近交的总体水平，以至于与适合度组分的关系是一种对近交衰退的间接测量。

一个涉及机制的例子是生长在苏格兰 Stkilda 群岛西北部的 Hirta 岛屿上的绵羊。Soay 绵羊近交系自有记载以来就生活在这个岛屿上了，现有 Hirta 岛上的绵羊群体起源于 107 头绵羊，那 107 头绵羊是在 1931 年被运输过去的。现有 Hirta 岛上的绵羊群有 500～2000 头。小羊羔和成体羊越冬生存后在微卫星基因座上的杂合度有了显著的增加（图 18.27B），结果，越老的绵羊就越具有杂合度（图 18.27C）。近交系绵羊更易受到肠道寄生虫的寄生，同时在这些用抗生素药物作用清除了寄生虫的绵羊中杂合度和生存率之间并没有相关性，这表明这些绵羊的近交衰退很大程度上是由抵制寄生虫的变异

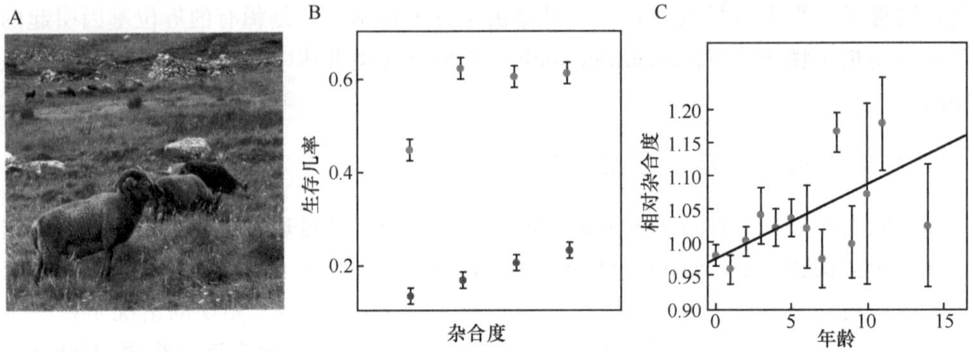

图 18.27　Soay 羊（*Ovis aries*）（A）的越冬生存与 14 个微卫星基因座的杂合度有关。（B）生存率与环境变化（如气候）存在相关性，同时与杂合度增加的相等大小的 4 个部分之间可以比较。红色圆点：越冬的生存率；蓝色圆点：成体。（C）杂合度和生存率之间的相关性的结果是相对杂合度随年龄而增加。

所介导的。

近交衰退通常强到可以影响群体大小，同时甚至可能导致群体的灭绝（图 18.28）。因此，估计近交衰退的程度对于保护生物学和设计近交方案和管理自然界处于濒危的群体是重要的。例如，可以通过局部群体之间移动个体的方法来利用杂交优势，从而提高它们的适合度。

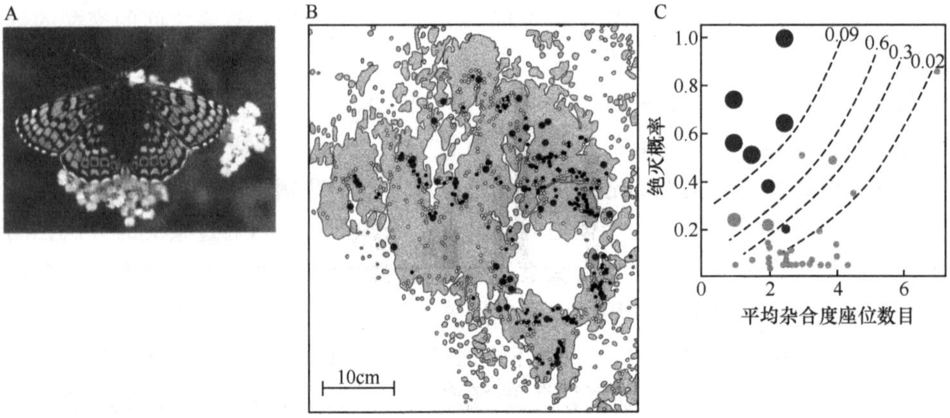

图 18.28　（A）位于芬兰西南部 Aland 的网蛱蝶，如果它们是处于杂合状态的话，Glanville fritillary（*Melitaea cinxia*）群体比较小的时候不太可能走向灭亡。（B）由这种蝴蝶占有的牧场用小黑圈表示；合适而没有被占有的牧场用篮圈表示。用绿色显示的群体表示幸存下来的群体，而用红色表示的群体在 1985～1996 年逐渐灭亡。（C）y 轴显示了由生态因素预测的生存率；x 轴表示基于 6 个异构酶基因座和 1 个微卫星基因座的杂合性基因座的平均个数。等高线表示估计的生存率：那里存在显著的生态和遗传因素的效应。红圈代表走向灭亡的群体，绿圈代表存活的群体；圈的大小与遗传的灭绝率成正比。

近交衰退是由于有害的隐性突变或者超显性所导致的

可能存在两种导致近交衰退的原因。超显性可能维持了多基因座的多态性；因此，近交个体在这些基因座上有更多的杂合性，这样就降低了适合度。另外，如果在群体中存在有害的等位基因，那么亲属之间的交配会趋向于形成纯合子，也同样降低了适合度（图 18.29）。这两种解释同样对于杂合优势也适用。一方面，如果两个群体在超显性基因座上固定了不同的等位基因，F_1 代杂合体将更具有优势。另一方面，如果有害的隐性基因在群体中有不同的频率，它们不太可能在杂交中形成纯合子（回忆互补测试；注解框 13.2）。

这两种解释很难区分，因为如果有害的隐性基因处于紧密连锁基因座上，它们与单个超显性基因座有相似的作用，也就不太可能在杂交重组试验中得到分离（图 18.29，右）。但是，这两种过程却具有不同的结果。如果说近交衰退和杂合优势是由于有害的隐性基因所产生的话，那么它们可以种植产生真实近交系的种子，而不是依赖于种子公司提供 F_1 代杂交种子。

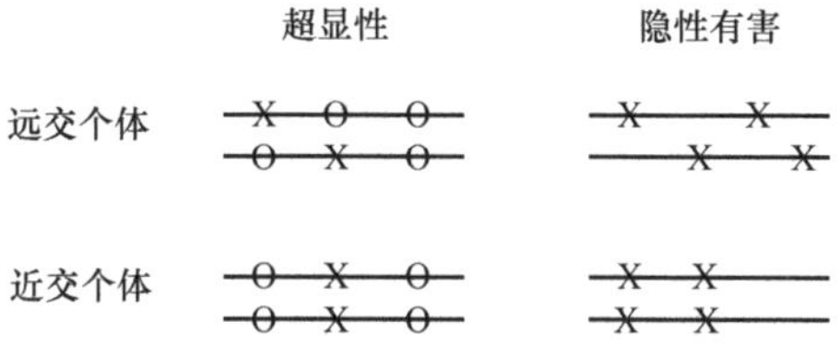

图 18.29　近交衰退的不同解释。在超显性情况下，杂交的个体更加适应，因为它们更可能在超显性基因座上处于杂合状态，对于不同等位基因而言（图左用圆和叉表示不同等位基因）。如果主要是由有害的隐性基因发挥作用，那么杂交的个体趋向变得更加适应，因为它们的两个基因组携带着不同的隐性有害突变的组合（右上图）。相反，近交个体变成纯合型了，隐性等位基因的有害效应就表现出来了。

如果隐性基因发挥了主要作用，那么我们可能看到更加适应的位于每个基因座上的野生型等位基因。接着，有害隐性等位基因可以经历选择，结果在群体中得到清除，这就是清除分选的证据。经历数代近交的群体通常会降低近交衰退的程度（图 18.30）。但是，这种清除不是有效的。以自花受精为主的植物依然显示很强的近交衰退。这是因为如我们在这一章的开头看到的那样，有害的等位基因可以在小群体中以随机的方式增加频率，即使它们降低了适合度（注解框 18.1）。因此如果近交衰退是由等位基因的有害效应引起的（$s \sim 1/N_e$），这些等位基因可能会在小群体中持续产生近交衰退，同时也可能在群体之间的杂交中得到固定而为杂交优势做贡献。

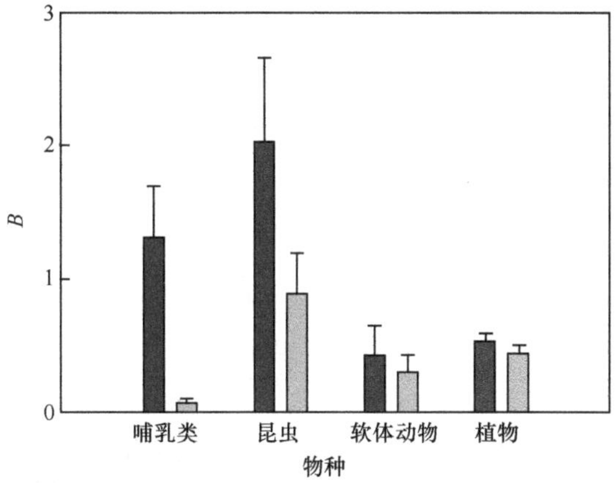

图 18.30　清除影响近交衰退的有害隐性等位基因的证据。红色方框的 B 值表示近交衰退的程度；近交实验之间的状况；蓝色方框的 B 值经历两代近交之后的水平。

近交衰退大量的存在带来了很关键的问题，这将在之后的章节中讨论和分析。经历近交衰退的遗传变异是由于平衡的多态性造成的，还是隐性基因造成的呢？它们是具有大的效应，还是小的效应（见第 19 章）？什么导致杂交优势的群体之间的趋异（见第 22 章）？生命体如何进化以避免近交产生的有害的结果（见第 23 章）？

小结

在大群体中随机遗传漂变影响了选择。当突变仅存在少数拷贝时，相对适合度增加了 s 的突变具有大约 $2s$ 的生存率。群体趋异是由于它们随机地积累了不同有利突变的组合。相反，如果有效群体大小和它们的选择劣势不是很大（$N_e s\sim1$），弱的有害突变可以得到固定。在很长的时间里，这种过程可以持续降低适合度。

Wright 通过漂变和选择作用下的等位基因频率的分布与 $\overline{W}^{2N_e}$ 成正比的关系形象地描述了适合性地形。因此，如果 $N_e s$ 很大，群体将在局部适应峰附近紧密地聚集起来。同时如果 $N_e s$ 约为 1，仅有一个适合的机会在适应峰之间跃迁。

有利的等位基因会快速得到扩散，或者以 $\sqrt{2s\sigma^2}$ 的稳定速率得到扩散，或者通过长程跃迁的方式。如果稀有等位基因趋向于增加，那么多态性就可以得到维持。超显性维持变异是因为稀有等位基因在适合的杂合子中被大量发现。但是，这不可能是一个普遍的解释，因为单倍型和自交系也是遗传可变的。有利于稀有等位基因的频率依赖性的选择维持了一个均等的性别比例，也维持了植物不相容系统和贝式拟态的多态性。当不同基因型利用不同的有限资源时，负频率依赖性的选择增加。变异也可以通过物种对另外物种进化做出响应的共进化的相互作用得到维持。

在单个基因座上，对杂合子突变 μ 和选择 s 之间平衡维持了一个等位基因的频率 μ/s。定量变异也可以通过稳定选择和突变：$V_G=2UV_S$ 之间的平衡得到维持，U 表示影响性状的总突变的速率，$\sqrt{V_s}$ 测量了具有高适合度的性状值的范围。但是，因为多效性的普遍存在，思考数量变异作为多态性的副作用可能会更好，这种多态性是性状本身单独得到维持的。那么，$V_G=V_M/\bar{s}$。

近交个体通常是不利的，杂交个体是有利的。近交衰退和杂合优势可能是由于超显性或者有害的隐性等位基因引起的，区分它们是非常困难的。

延伸阅读

选择和随机漂变

Kimura M. 1983. *The neutral theory of molecular evolution*. Cambridge University Press, Cambridge.
第6章更加详细地介绍了如何选择、突变和随机漂变。

选择与基因流

Endler J.A. 1977. *Geographic variation, speciation, and clines*. Princeton University Press, Princeton, New Jersey.
关于空间变异的综述。

Haldane J.B.S. 1932. *The causes of evolution*. Longman, New York.
极好介绍了人类遗传。其附录概论了突变和迁移的基本理论。

Roughgarden J. 1979. *Theory of population genetics and evolutionary ecology: An introduction*. Macmillan, New York.
对于不同种类环境的选择理论给出了明晰的概要。

突变与选择

Falconer D.S. and Mackay T.F.C. 1995. *Introduction to quantitative genetics*. Longman, London.
第20章简要论述了在自然界中如何维持变种的数量。

Lynch M., Blanchard J., Houle D., Kibota T., Schultz S., et al. 1999. Spontaneous deleterious mutation. *Evolution* **53:** 645–663.
关于缺失突变产生的进化结果的综述。

Vogel F. and Motulsky A.G. 1997. *Human genetics: Problems and approaches*. Springer-Verlag, Berlin.
在此章节中列举了人类的例子。第9章(突变选择平衡)，第12章(抵抗疟疾)和第13章(孕育)。

第 19 章

选择的度量

在这一章中，我们把重点从列举生物受到选择的例子转移到选择的深度和广度上来。是什么造成了物种间的差异，又是什么造成了物种内有那么多变异？不同类型的选择是否普遍存在？典型的选择系数到底有多强？我们将会明白，这些问题是很难回答的，其实这些也是进化生物学中最为基础的有待解答的问题。一方面，发生在大多数编码区或者调控区的变异很可能受到选择的作用，但绝大多数变异是中性的，它们的命运将由随机漂变和突变决定。另一方面，对有机体而言，变异有不同功能重要的方面。我们最大的挑战就是能够找出显著影响了有机体适合度的 DNA 序列变异片段。其实，这些问题在现实生活中也很重要。例如，我们如何找到人类疾病的遗传基础，在农业生产上怎么利用人工选择等。

度量选择有很多种方式：可以在实验室中比较不同基因型的优劣；成功繁殖可以在自然界中观察获得。基于不同进化过程的相互作用关系，选择也可以间接度量，如从物种间物种内 DNA 序列变异进行推论。在本章结尾，我们把所有的证据整合到一起来阐述选择是如何作用到自然界中的群体的。

选择的直接度量

直接度量选择是困难的

不管是一个单独的基因或是一个数量性状，能够很精确地度量选择是相当困难的。

有两个基本的问题：首先，度量不同的**适合度**（就是后代数目或繁殖率）；其次，查明不同适合度的原因，是哪个性状、哪个基因，最终追溯到 DNA 序列的哪个变化上来。这里面临的困难与找出哪些基因负责某一数量性状的变异所面临的境况很类似（见第 14 章）。这里，我们集中讨论本身很难度量的适合度，因为它可能受到许多遗传差异的影响。

举个最简单的例子，假定某生物体的两个家系可以无性繁殖。如果生长速率的差异（也就是**选择系数**）为 s，则两个家系变化的频率比呈指数增长，也就是 e^{st}。例如，如果生长速率每代差异 $s=1\%$，10 代后家系比就改变了 $e^{(0.01\times10)}$，约 1.1，对应的 100 代就是 $e^{(0.01\times100)}$，约 2.72。原则上讲，我们所要做的就是在实验开始和结束时对这两种类型进行计数。但是准确性受到如我们计数的数目、群体本身大小（它决定了随机漂变率）以及我们到底能保持生境的稳定多久这些因素的影响。例如，如果我们是在低密度情况下测量生长率，那么当群体生长到很密时实验就要停止了，因为太密的群体已经改变了生长率。

实际上，这种微生物竞争实验可以检测出低至每代 0.5% 的适合度差异。如图 19.1A 所示，一个酵母突变株较之野生型频率有所下降。

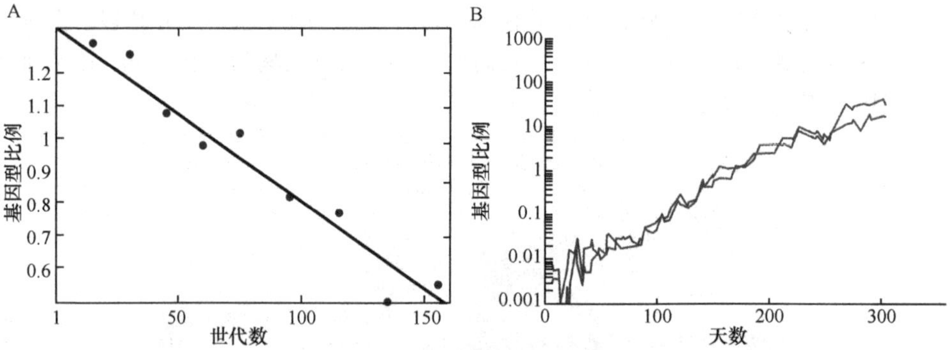

图 19.1　选择系数可以通过两个竞争基因型比例变化率来度量。(A) 酵母突变株相对于竞争的野生型频率。两株酵母频率的比值用对数转换作图，如果适合度是常数，期望值应当得出一条直线；而直线的斜率就是选择系数。此例中，比值在 150 代中从 1.27 : 1 降到了 0.69 : 1，因此选择系数估算为每代 $s=\ln(0.69/1.27)/150=-0.004$（或者 -0.4%）。(B) 笼养的两份黑腹果蝇，它们竞争的染色体型频率的比值。图形的斜率在假定代长为 15 天得出相对适合度 1.75。

对应更大的生物体，直接度量变得更加困难。因为这类有机体繁殖慢，数目少，条件也很难控制。图 19.1B 表示怎么从三条染色体数的两家养黑腹果蝇竞争实验中估算适合度。我们注意到，黑腹果蝇中的频率与它们的环境平行波动。这些波动使得适合度估算灵敏度大到大约 5% 水平上。一般来说，估算适合度方法的灵敏度最好的也要高达几个百分点，这严重影响了我们的实验。如我们在第 17 章所看到的，一个很小的选择系数也能在很短的时间内对群体产生重大影响。

找出特定遗传差异需要进行遗传操作

即便我们已经克服了统计上检测很小适合度差异的困难，我们依然面临要度量两个竞争品系间内在遗传网络差异的问题。品系基因组差异有很多可能，包括点突变、插入缺失或者是重组。如第 14 章所讲，很难找出是哪个遗传差别影响了适合度。理想的情况是，比较除了我们感兴趣一个遗传差异外其他遗传背景都一致的两个品系。实际上要得到这个特定的差异，遗传操作也很困难，如在遗传操作中用到的标记其实也有各自不同的影响。因此，迄今直接的遗传操作仅仅用在精确鉴定适合度差异原因的少数案例当中［如果蝇中乙醇脱氢酶基因（*Adh*），图 14.27］。

最为简单的遗传操作就是将整个选定的基因敲除。对大多数真核生物而言（酵母、线虫、拟南芥、果蝇和老鼠），2/3 的机会将会没有表型影响。在酵母中，竞争实验用来系统检测基因敲除后在不同环境下对适合度的影响（图 19.2）。虽然这揭示了特定环境下必需的基因，但我们也从中看出：只有很少一部分基因在任意环境中对适合度都有可检测的影响。

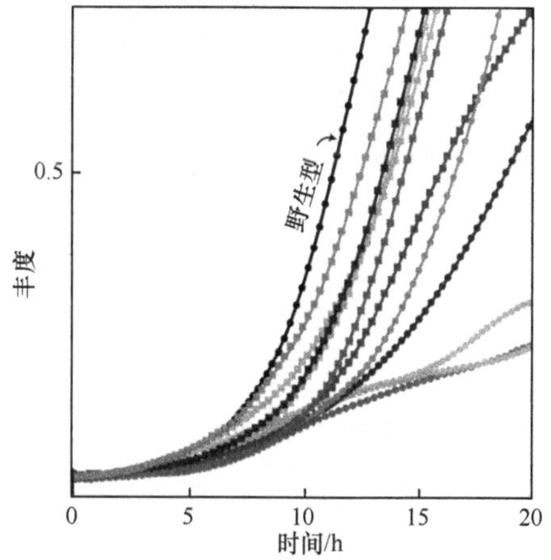

图 19.2　基因组范围内检测酵母的适合度。一系列酵母株被构建出来，每株中都敲除了一个单独基因。最后得到的 5916 株（占酵母基因数的 96%）酵母混合成一个单独群体，它们再在葡萄糖丰富的培养液中培养数代。本图用部分酵母株与野生型做了比较。总体上，仅仅 19%的基因对酵母在葡萄糖丰富的培养液中生长是必要；缺失能存活中只有 15%比野生型生长得慢。对其他生境中酵母的生长率也进行了测量。例如，62 基因在缺失下对高盐敏感而 128 基因是与高 pH 相关联的。

然而，推想一下，一些选择的确维持了这些非必需基因的存在，起码模式生物在自然条件下是这样的，直到它们被带进实验室。图 19.2 中的数量衰退依旧很粗糙，因为生长速率在非竞争条件下只测了几代。对 34 个突变品系更精细的测量结果表明（图 19.1A）：除了 7 个品系外，其他品系在丰富培养基下有显著的适合度差异。

这提示我们，虽然很多基因在初始条件下并非必需，但它们的功能依旧或多或少地被选择维持下来。

选择可以通过适合度差异与遗传变异的相关性来度量

在有性生殖的自然界群体中，选择可以通过观察个体中携带所感兴趣基因的不同等位基因型来度量。我们依然面临与实验室研究同样的困难：检测小的适合度差异需要大的样本量；更为严重的是，我们并不知道这种差异是不是由我们要观察的等位基因，而不是另外一个连锁变异造成的。这又与当我们发现了一些基因与数量性状或是人类疾病有关时（见第 14 章和第 16 章）面临的困难一样了。事实上，自然选择本身也要面临这些问题：挑选出真实增加适合度的变异，而不去选那些只是跟这些有利变异相关联的变异。在第 23 章我们将会知道重组还有有性生殖可以使自然选择克服这个弊端。

随着大量异型酶变异被发现，许多研究尝试去探求这些变异是否对适合度有可检测的影响。在许多的研究中，基因型有着统计学上的显著差异。但这不表明这些等位基因就能在适合度上表现出差异。令人信服的证据就是发现一个基因的功能的确对适合度有影响。例如，携带 F 等位基因 *Adh* 的黑腹果蝇，这个酶的活性更高（也许是由于一个与 F 等位基因相关的氨基酸变化，或是只是改变了基因的表达量）。笼养果蝇实验表明，F 等位基因在有酒精情况下在群体中更加普遍（图 19.3A）。类似的，从葡萄酒地窖捉到的果蝇比起在其他一般环境中捉的果蝇对酒精更加耐受，或者是酒窖中的果蝇 F 等位基因频率更高。这种酶的等位基因与它的底物——酒精的相关性，可能是由于一个相连锁的变异位点所造成的，但是最好的解释就是 *Adh* 基因本身对适合度和生理产生了影响。

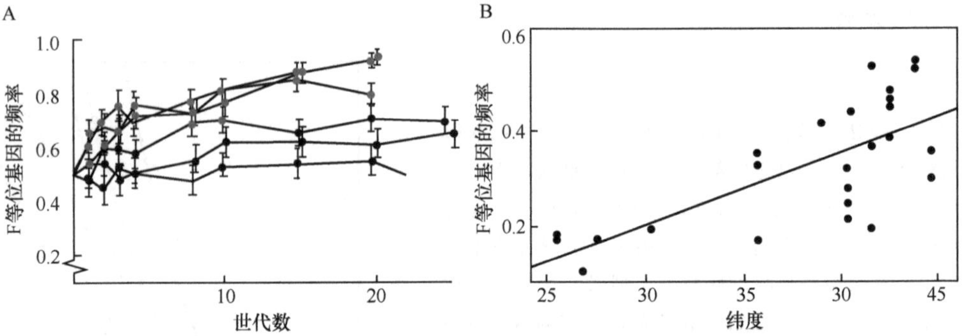

图 19.3　(A) 在实验室中的 3 个黑腹果蝇群体，在酒精暴露的环境中，乙醇脱氢酶的 F 等位基因频率增加。红线是阴性对照果蝇组，蓝线是在食物中增加了 15%酒精的果蝇。(B) 由苏氨酸变为赖氨酸的 F 等位基因频率从美国东海岸向北递增。

进一步直接作用在 F/S 等位基因的选择证据来自它的地理分布。F 等位基因的频率在五大洲中随着偏离赤道而增加。这种如此广泛区域的一致性不可能解释成随机事件。而且，在基因内部，决定 F 等位基因的碱基频率也从美国海岸由南向北稳定增加。相反的，紧密联系的 DNA 序列变异并未发现这一迹象（图 19.3B）。因此，等位基因的生理功能还有它的空间分布支持这个等位基因与适合度的因果关系。

虽然这个例子表明了选择作用在 *Adh* 基因上，但是要知道基因的哪个位点（图 14.27）参与了这一选择，这个基因又是如何造成适合度差异的还是不清楚。也有其他能更好地解释选择机制的酶多样性例子。例如，蝴蝶（*Colias*）中的磷酸葡萄糖异构酶（PGI）和底鳉（*Fundulus heteroclitus*）中的乳酸脱氢酶（LDH），它们不同的等位基因对温度感应不一样。这些差异也是跟它们生物体的生理和行为还有地理分布是相符合的。

酶的变异经常受到选择

在实验室用的大肠杆菌是最好理解的同步进化多样性的例子。在**恒化器**（chemostat）中生长的一个单细胞，它的遗传背景一致，通过葡萄糖提供碳源（图 19.4）。在 773 代后，三种不同的类型出现了。实验表明，不论群体三种类型的初始频率如何，这一多样性最终都达到同样的稳态（图 19.5）。其中一种类型汲取葡萄糖最有效率，如果葡萄糖作为唯一的碳源，它估计会最终替换掉其他两个类型。另外两个类型能够保留下来，主要是因为它们能够利用像醋酸盐、甘油等化学物质。造成这类多样性的主要原因是从培养基中汲取营养的乙酰辅酶 A 合成酶（ACS）的变化。只能利用葡萄糖的克隆携带一个无义突变，这使得它不能利用醋酸纤维素；而能利用醋酸纤维素的克隆则携带一个构成型突变，使得 ACS 高水平地表达。

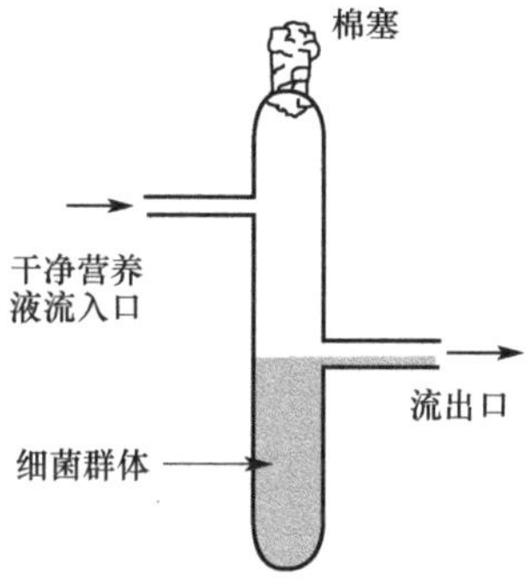

图 19.4　恒化器以固定速度给微生物补给灭菌的营养物质，它是维持微生物在一个稳定生境下生长的最为简单的装置。

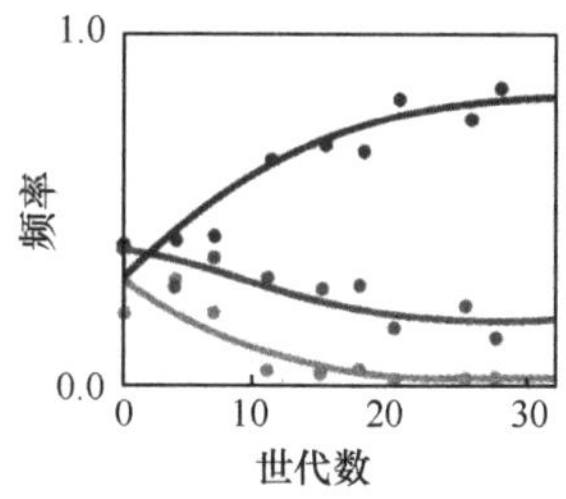

图 19.5　在大肠杆菌中三种基因型并存。进化 30 多代后，它们进化出各自基因型在整个群体中维持稳定的状态。

这种多样性经常在细菌的群体中出现（图 18.21）。它们通过**频率依赖型选择（frequency-dependent selection）**得以维持。例如，一个罕见的基因型比它的竞争型更能利用某一资源保留下来。这些细菌的例子与我们讨论的酶多样性还不尽相同，因为它们涉及的是无性生殖，与单独一个基因在有性生殖群体中还不一样，细菌遗传背景太简单了。然而，多样型克隆可以随着时间积累更多的遗传差异，使得它们进一步特化。在第 22 章，我们将会讨论如何利用不同资源的特化导致一个新物种的产生，以及有性生殖和重组如何参与并干预这一过程。

电泳实验发现的蛋白质变异有哪些是受到选择的呢？仅仅从果蝇中的 *Adh*、蝴蝶中的 *PGI* 或是人类的镰状血红素这几个例子还不能回答这个问题。因为人们更加关注找到选择信号的结果而忽视阴性结果。然而，如果我们来看看在黑腹果蝇中起初发现的 10 个多样性就会发现：1/6 已经被生化实验证实，不同酶变异体与底物的酶解动力学不同，最终可能会对生物体的生理造成影响。在细菌中，恒化器的实验表明：在葡萄糖限制的条件培养基下，5 个酶位点的自然界变异体并未发现选择差异。然而，当换成不同糖培养基时，1/3 的实验则表明存在显著差异。这种很强依赖环境的现象使我们很难了解在自然生境下，选择是怎么作用于大肠杆菌的，哺乳动物则更难。

综上所述，大多代谢中酶的变异是靠选择作用而进化维持下来的，虽说选择有可能只是作用在某一特定的环境下。然而，我们依旧不清楚编码和非编码 DNA 如何影响适合度的细节。任意一个基因，仅仅是一个氨基酸的不同还是说多个氨基酸或调控的不同参与这一选择过程呢？已经被我们广泛研究过的代谢酶能够代表其他类型基因来说明选择这一问题吗？

选择可以通过适合度与数量性状的相关性来度量

数量性状的选择研究与离散的孟德尔遗传基因一样。也就是抽样后测量性状，还有适合度或是与适合度有关的一些组分。1898 年，Herman Bumpus 首次进行这种测量。他收集了在一次严重的新爱尔兰风暴中存活下来的麻雀和那些死了的麻雀。存活下来的雄性麻雀个体长度显著小于剩下的群体：这一有趣的**定向选择（directional selection）**使得存活雄性个体长度减少了均数的 1.8%或是一个标准方差。相反的，雌性个体长度则受到**稳定选择（stabilizing selection）**作用，排除了那些极端长度的个体（注解框 17.3）。虽然雌性个体的平均长度没有变化，但存活雌性的方差要比原来的小 15%。

如我们在第一章里面讨论的，Bumpus 的工作在他后面很多年都没有人注意到。然而，到了 20 世纪 80 年代初期，研究野生情况下的自然选择工作在很多生物体中如火如荼地进行着。他们运用同样的方案，寻求一些数量性状与一些反应适合度参数的相关性。这个简单的方法经常用以估算那些很强的选择（图 19.6）。一般来讲，性状与适合度的关系是很复杂的，我们可以用**适合度分布**来表示（图 17.21）。如果有足够的数据，根据功能的基因型估算个体平均适合度来测量这个适合度分布是有可能的（图 17.27 和图 19.7）。

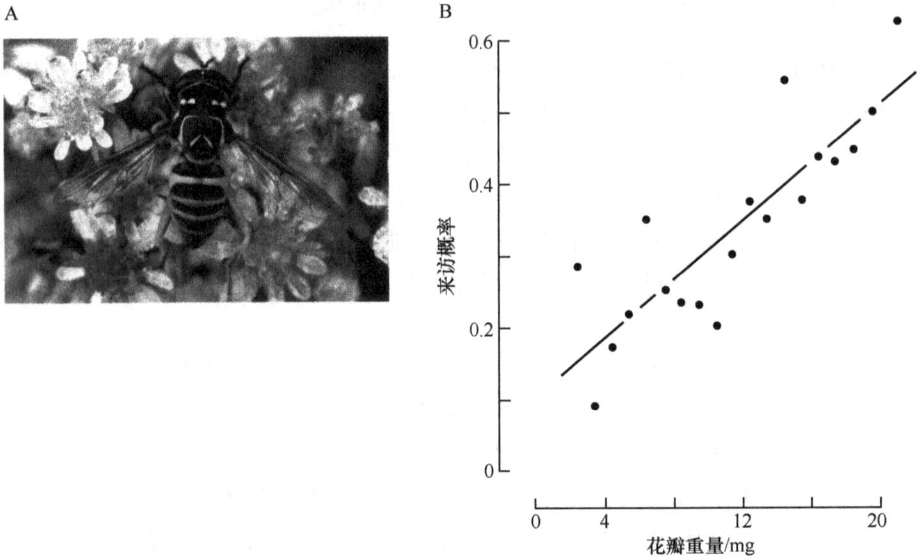

图 19.6　（A）食蚜蝇。（B）花越多越吸引昆虫来访。

对被测性状关联性状的选择会造成被测性状的表象选择

如离散的基因变异一样，这种方法的主要问题是我们很难简单说明适合度的差异是由我们检测的性状造成的，还是与这个性状关联的那些因素造成的。这个困难可以通过测量更多的性状，了解这些性状的关联性来部分解决。原理上，这个统计学方法可以解决真实的因果关系作用，但需要很大的样本量。更为关键的是，在纯统计背景下，我们并不能排除那些没有检测性状的影响。

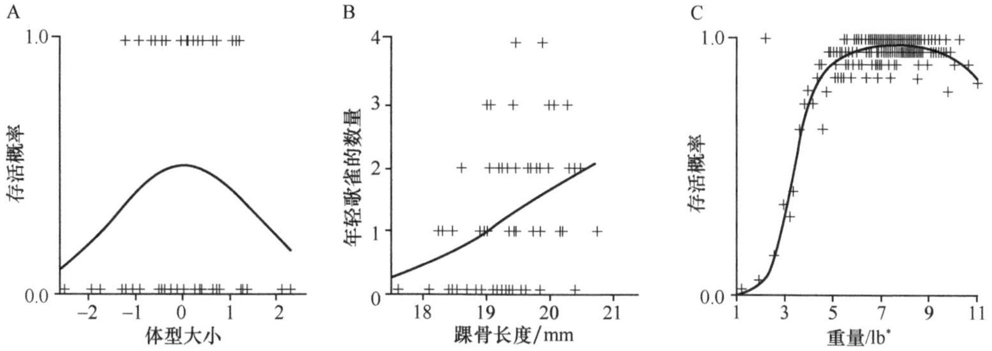

图 19.7　适合度和数量性状（适合度分布）之间关系的例子。(A) Bumpus 关于 1898 年新英格兰风暴后雌性麻雀的存活数据。(B) 不列颠哥伦比亚省雌性北美歌雀的踝骨长度与生殖成功的关系。在这里，定向选择作用使得踝骨增长。(C) 人的男性婴儿出生存活率与出生体重的关系。小的婴儿不易生存，而极其大的婴儿存活率也有所下降。＊1lb=0.453 592kg。

这个问题在研究黑腹果蝇刚毛数目的选择上变得尤为明显。让两个受刚毛数目多和数目少的人工选择实验系在实验条件下杂交产生 F_2 代。携带中间数目刚毛的染色体幼虫存活率要高于多刚毛数或是少刚毛数的染色体幼虫。也就是说，通过作用于幼虫的存活，刚毛数的稳定遗传很明显地表现出来了。然而，刚毛只在成体中表达，所有这种选择绝对不是作用在刚毛数本身。这可能是由于某个基因既影响了幼虫的纯化又影响了成虫刚毛数目的**多效性（pleiotropic）**造成的，或者影响这些性状的不同功能基因由于**连锁不平衡（linkage disequilibrium）**而造成的（参照图 14.16 与群体中刚毛数变异相关的无刚毛鳞甲 *Achaet-scute* 基因。已知该基因影响了幼虫成虫的发育）。

通常，与适合度有很强关联的性状被认为受很强的定向选择作用。数量性状一般来说是可遗传的，因此我们期望能够看到与选择分离和遗传相同速率的性状变化。但是这种变化在自然界很难观察到。这种背离有很多种可能的原因。例如，选择变化也能被其他的过程如外来群体入侵或环境恶化平衡掉。苏格兰岛上马鹿的长期研究是一个很重要的解释测量数量性状选择困难的例子。雄鹿中鹿角是用来竞争打架的，大鹿角的雄性显著地繁衍更多的后代（图 19.8A）。鹿角大小是一个加性遗传（$h^2=0.36$）。因此，每代鹿角增加 0.165 个标准差是期望值。然后，29 年的研究（大约 4 代）发现鹿角却变小了。这个很明显的矛盾在我们分解表型的两个因素后解决了。每个鹿的鹿角大小是它的**育种值（breeding value）**（测量雄性所生子代中雄性个体的鹿角平均值）与**环境离差（environmental deviation）**的总和，环境离差是随机因素而非遗传变异。适合度与育种值的关系很微弱，不具有统计学上的差异。明显的选择发现选择作用在环境离差上，因为其不能遗传，所以对选择没有贡献。

为什么有大鹿角的雄性产生更多后代是由不能遗传的因素影响的呢？一个很好的解释是在有利的条件下雄性个体趋向产生更多后代且它们的鹿角也大一些。因此，一个共同的因素——条件环境与鹿角大小和适合度都相关，大鹿角并不造成适合度上升。选择对这些相关性状如条件环境的影响可作为统计上的补充说明。然而，事实上还是不容易找出哪个性状是相关的然后去测量它。由未知性状引发，对非遗传变异的选择作用可能

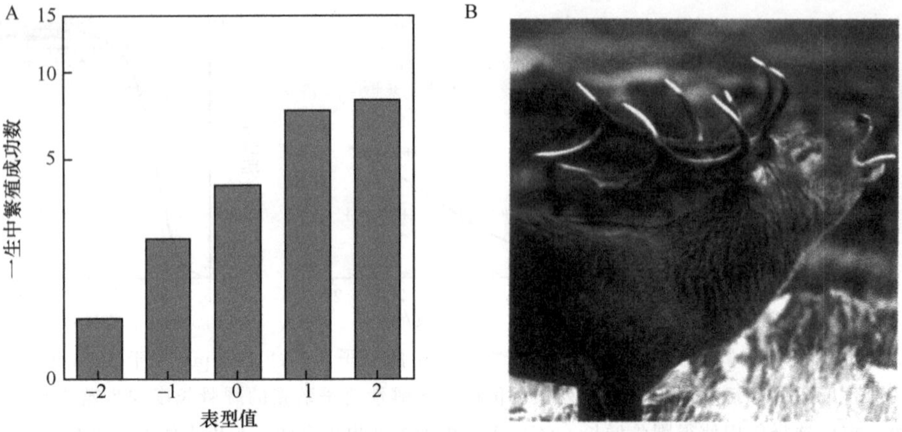

图 19.8　马鹿中的鹿角似乎是受很强的选择，然而在 29 年的研究中并没有发现鹿角的变化。(A) 生命中生殖成功（也就是适合度）与鹿角大小均值的标准差作图。(B) 研究的其中一只牡鹿。

是解释群体中数量遗传学预测与实际变化不一致的普遍解释。

正如在酶变异中提及的，性状不同直接造成适合度不同的最信服证据就是来自直接的实验操作。能够用一种很明确的方法去操作一个选定的数量性状是极其困难的。然而，也有一些特例。例如，我们在谷仓燕子尾巴上加个飘带，这使得它展示飞行能力的尾巴比正常最适飞行的长度要更长。雌性燕子倾向与长尾巴的雄性个体交配（图 19.9）。下一章我们就会看到，生物体为了达到交配而不惜牺牲一些最适功能性状的现象是普遍存在的。

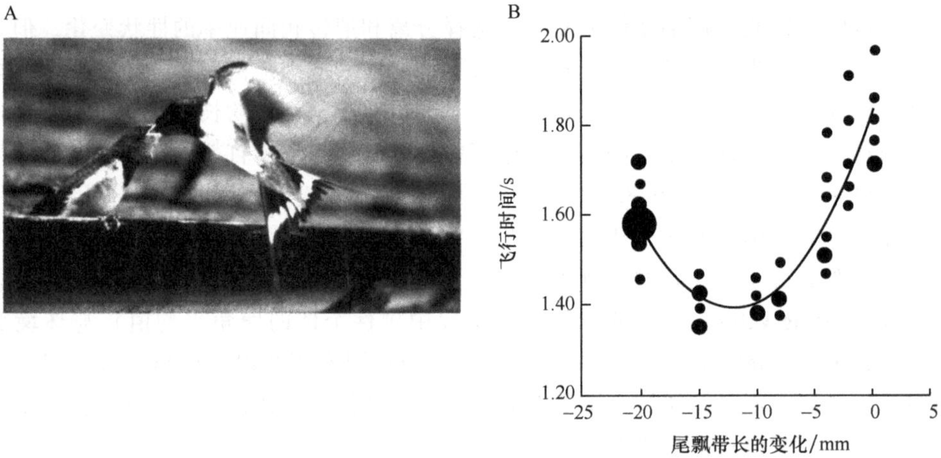

图 19.9　实验操作表明燕子中燕尾的选择。(A) 一个谷仓燕子（*Hirundo rustica*）正在喂养它的后代。注意它的燕尾两翼。(B) 雄性谷仓燕子飞行时间与实验设计中尾巴上飘带长度关系图（雌燕结果类似）。当燕尾短于它们自然界中平均长度 12mm 时，燕子飞行更快。点的大小与鸟的个数成比例。

数量性状也经常受自然选择

数量性状受到的选择通常会有多强？定向选择强度可以用**选择梯度（selection gradient）**β测量，这个值是表型标准差的相对量。也就是说，所感兴趣的性状标准差变大，那么相对的适合度也变大。因此，$\beta=0.1$表示性状标准差的增加使对应的适合度也增加了10%（如前面所讨论的，虽然选择梯度是由同一实验中指定某性状测量值推断校准过来的，适合度的差异依旧可能是由那些没有检测的相关性状决定的）。广泛的测量表明虽然一些选择梯度相当高（β接近 1），但大多数还比较适中，平均$\beta=0.22$（图 19.10A）。而且，大多数单独的估算在统计学上并不显著，大部分是取样误差造成的（图 19.10A 中的蓝色区域）。实际上，基于 1000 或者更多个体数的大实验估算要比小样本量实验要小。这可能是由于小样品实验中阴性结果不被发表，在图 19.10A 中导致了估算偏大的偏移。

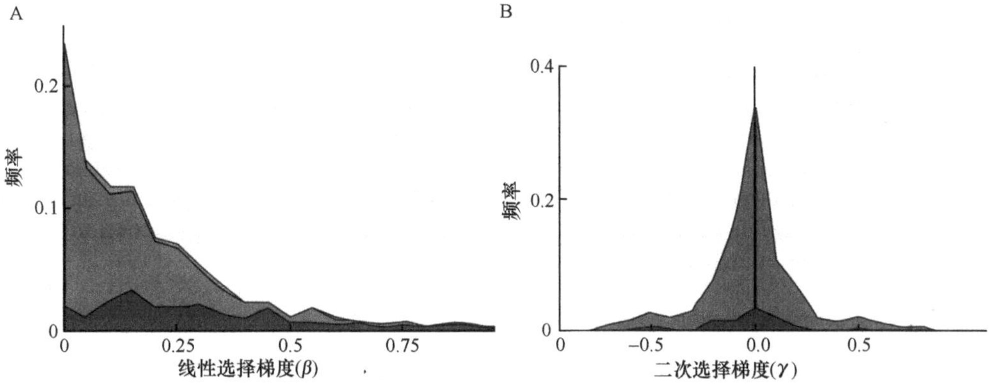

图 19.10　（A）已发表的 993 篇论文的估算值得到的线性选择梯度β分布。这些数据来自大体相等的植物，非脊椎动物和脊椎动物物种。（B）已发表的 465 篇论文估算值得到的二次选择梯度γ分布。红色部分表示差异显著（$p<5\%$）的个体估算值。A 中黄色部分表示一些显著性未标明的例子（估算值）。

而稳定选择和歧化选择（disruptive selection）的强度用标准化过的**二次选择梯度（quadratic selection gradient）**γ度量（图 19.10B）。这与线性的选择梯度β度量因选择而使得适合度变异的方法类似。例如，$\gamma=1$表示歧化选择变异增加 10%。负值表示稳定选择，减少了变异。总体来说，选择对方差的影响较之正向选择对均值要弱一些：虽然一些γ的估算很大，但绝对值$\gamma\approx0.1$；同样，很多独立的估算统计并不显著。值得注意的是，当$\gamma=0$时，估算值分散得很对称（也就是歧化选择与稳定选择很相似）。这似乎很矛盾，因为我们期望的是多数性状都会进化出一个最优值（见第 20 章），并且因为在化石记录中形态学的变化很慢。然而，有几个原因可以说明这个观测可能会误导大家。重要的是选择也是会波动的，所有长时间的作用有可能比我们实验所提示的要小很多。加拉帕戈斯地雀在仅仅几年的选择变化（图 17.25）与长时间更慢的变化的事实证实了这个论点（图 17.30）。

原理上，通过某一性状在个体间的不同值找出其适合度，进而度量对数量性状的选择，这种方法直截了当。适度的强选择经常被发现（图 17.30），也容易在化石记录中计算它的变化速率（图 17.30）。很明显，生物体中功能是必需的很多特性一定受到稳定选择。然而，我们离真正了解选择的实际分布以及还有哪些性状对适合度具有重要的影响还很遥远。

间接度量

选择可以通过与之相互作用的其他影响因素间接度量

我们怎么检测那些中等或是弱的选择（或者说，那些要经历上百代而不是 10 代就能看到的变化）呢？我们唯一能期望的是，通过对一些与进化过程相互作用的因素理解用间接方法解决这一问题。

突变与选择

前面一章，我们已经知道对有害突变的选择如何估算。同样的方法表明对酶位点中无义突变的选择作用是很弱的。以果蝇为例，20 个常染色体位点无义突变的平均频率为 $p=0.0025$。我们假定突变与选择达到 $p=\mu/s$ 平衡（注解框 18.2）并且直接测量的无义突变率是 $\mu=3.9\times10^{-6}$。那么，杂和受到的选择估算为 $s=\mu/p=(3.9\times10^{-6})/0.0025=0.0015$。用这个类似的方法，隐性致死的杂合选择估算大约为 2%。这提示我们，总体而言，两个拷贝的酶中一份拷贝丢失功能所降低的适合度要比一个必要基因丢失的影响小很多。改变了氨基酸序列的有害突变的酶变异体比起完全丢失功能，它受到的选择弱很多。

扩散与选择

选择也可以从在扩散与选择达到平衡的渐变群梯度分布中测量得到。在第 18 章我们知道渐变群的分布范围与用扩散和 2 倍选择系数平方根的比率（$l=\sigma/\sqrt{2s}$）成比例关系。因此，如果扩散率 σ 和渐变群分布范围已知并且渐变群已经达到平衡，那维持这一平衡的选择系数 s 值就可以估算出来（图 18.16）。实际工作中，此方法由于直接测量扩散率比较困难而受到很大的限制。然而，其他的信息如随着时间的变化值或连锁不平衡，这些都使得我们可以从纯粹的遗传数据中估算出扩散和选择。

与中性理论的比较

基于**中性理论（neutral theory）**的比较是度量选择中最为广泛的方法，在该理论中，变异是突变与随机遗传漂变的结果（见第 15 章）。中性理论提供了一个很好理解的**零假设（null hypothesis）**，背离了这个假设有可能是各种类型的选择造成的。在接下来的小节中，我们将检测通过与中性理论比较检验和度量选择的不同方法。

选择可以通过与中性变异比较来检测

选择行为可以通过比较可能对适合度有影响的变异与那些没有太多影响的中性变异来检测。这一检测可以用物种间差异或者物种内多态性来完成。最有效的方法是既比较种间又比较种内变异。还有一种情况是，一个完全中性的变异有可能由于一个不能直接检测的连锁位点受到选择而掩盖了它实际的中性性质。这些方法可以用来检测几种类型的选择：对有害突变的**纯化选择**（**purifying selection**）、维持变异的**稳定选择**（**balancing selection**）以及能固定有利突变的**定向选择**（**directional selection**）（注解框 17.2）。

我们先从比较物种间不同类型序列变异的方法开始。这个比较通常基于**遗传密码子**（**genetic code**）冗余性（图 2.26）。三联密码子中第三个位置的改变一般不改变氨基酸。我们称这种变化为**同义突变**，如 CCU、CCA、CCC 以及 CCG 都编码脯氨酸。相反，前两个位置的核苷酸改变通常会改变编码的氨基酸——一个**非同义突变**（**nonsynonymous**）。因此，同义突变可以作为一个中性基准。后面我们还会讨论，这只是一种近似，因为一个不改变蛋白质序列的变化永远也不会改变适合度。所以，有理由假定选择在不同氨基酸序列上作用更强。另外一些非编码序列，如**内含子**（**intron**）和**假基因**（**pseudogene**）同样也可以作为中性基准。

偏离分子钟意味着受选择

分子进化中性理论中的一个基本预测是物种间差异积累的变化率与中性突变率 μ 相等。对适合度影响可以忽略的部分基因组而言，这与真实的突变率是等同的。但是，仅有一小部分发生在功能重要序列的突变是**有效中性**（**effectively neutral**）的（图 18.6），有效中性突变率（μ_N）会比总体突变率更低一些。经过时间 t 后，随着突变和随机漂变，进化分支中平均积累了大约 $\mu_N t$ 变化。实际值被认为服从方差等于均值的**泊松分布**（**Poisson distribution**）（图 13.30）。因此，我们可以通过方差和变化数目的均值比（用 R 表示）测量分子进化中的可变性。中性理论预测 $R=1$。

实际上，分子钟会对用中性理论推断的速率产生波动吗？Motoo Kimura 首次用哺乳动物的蛋白质序列检验这个问题（图 19.11）。Kimura 发现变化率的变化远比预测的要大，而且以往也有很多哺乳动物的观测数据印证了这个发现。然而，这些估算相当复杂且受到很多因素的影响。尤其是同义突变，分歧可能很大。一个位点发生了好几次变化，又或只有一次改变。哺乳动物并非以相同的时间发生分歧（如因为代时不同）。不过，不同进化分支都在预测的替换数上变异着。这些复杂因素都可以通过统计进行校正，而且我们清楚知道氨基酸替换速率的变异在哺乳动物中至少是中性理论期望值的 5 倍。

	人	鼠	兔	狗	马	牛
人		27	14	15	25	25
鼠			28	30	36	39
兔				21	25	30
狗					30	28
马						30

图 19.11　哺乳动物中 β-球蛋白氨基酸不同的数目变异。假定这些物种在同一时间分歧，中性理论下，任意两个物种氨基酸不同的数目比较应当遵循泊松分布，即方差等于均值。从这些数据，我们知道方差和均值的比值 $R=3.1$（此值已经经过多重替换校正）。

这么大的变异是很惊人的，因为它反映潜在的分子进化速率变异很大。替换一定是成簇的，所有在同一进化分支中的一些替换同时出现。这一模式最为直接的解释就是蛋白质偶然经历了正向选择驱动的快速适应。还有很多例子，如溶菌酶，它能够破坏某些细菌的细胞壁，也可以作为一种抗生素（如在眼泪中、唾沫中还有蛋白质中）。然而，溶菌酶在偶蹄类哺乳动物中（如牛、鹿）产生了独立的新功能，而在叶猴中它依然在胃中消化细菌。相应的，在这些生物体内溶菌酶已经适应酸性环境，并具有抑制其他水解酶的功能特性。当然，爆炸式的氨基酸替换使这一酶得以演化，而且很明显的，许多替换在已经分开的两个物种中都是一样（图 19.12）。

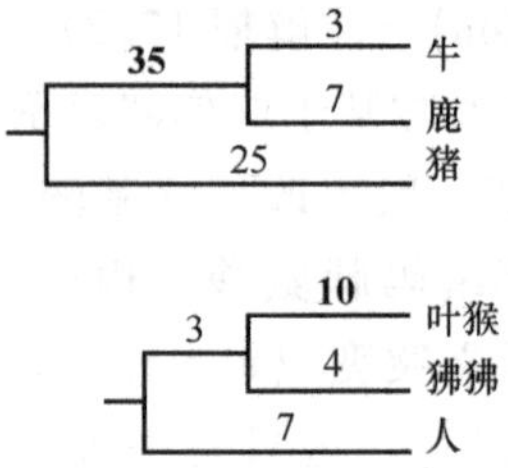

图 19.12　溶菌酶中的爆炸式替换（粗体数字）。

氨基酸改变与同义改变比值高表示受正选择：K_a/K_s

一个简单和广泛使用的检测正向选择的方法是计算改变氨基酸的变化与不改变氨基酸变化的比值（这个比值就是 K_a/K_s，但有时候表示为 d_N/d_S，其中 d_N 为非同义突变率）。每个位点都计算出比率，如果没有功能限制，那期望值就等于 1。这个检验不会受到基因与基因间变化速率不同的影响，因为它比较的是基因内非同义和同义改变的比率。多数基因都会受到一定的选择限制，所有它们的 K_a/K_s 比 1 要小。然而，如果在近源物种中选择使得几个氨基酸位点发生改变，那么 K_a/K_s 值就可能大于 1。这是自然界中多次被观测到的正向选择的有利证据。很多例子都是关于寄生虫和宿主之间的相互作用或者是关系到有性生殖的分子。在这些例子中，我们预期会是一个持续的“军备竞赛”，寄生虫必须与宿主的防御系统作战，许多花粉或精子竞争给一个卵子受精。最近在基因组上有复制拷贝的基因，它们的氨基酸改变速率也往往超过同义突变速率高，这或许表明这个基因的一个拷贝或是两个拷贝都在获得新功能。

简单地通过 $K_a > K_s$ 计算整个基因的选择，正向选择会被低估很多。对于大量受到很强正向选择压的基因，选择只是集中在基因的特定区域。如果几个相关物种的序列都可以获得，我们可以模拟一个每个氨基酸密码子变化的 K_a/K_s 模型。一个很好的例子来自对 25 个鲍鱼物种的鲍精子细胞溶素蛋白的比较。这些物种在某些地方是有差异的，因为鲍精子细胞溶素调节物种特异的精子与卵子的相互作用。这种膜蛋白结合到卵的包膜上溶解它，使得受精成功。图 19.13 表示每个氨基酸位点进化“快”、“中等”、“慢”的概率（分别用红色、绿色、灰色表示）。快速进化的区域为暴露在外的氨基酸；而那些在膜结构以内的区域进化很慢，可能是要维持这个蛋白质结构稳定而受到很强的限制。

群体内变异模式可以揭示中性理论的偏移

中性理论推断了群体内的变异模式，如果偏离了这个期望值则表明受到了选择。此类方法比起基于物种间差异的方法要困难得多。不是从每个物种中任挑一个个体就足够的，我们必须从群体内取很多样。而且，偏移了中性理论中简单模式的群体有可能与群体的历史有关［如**同群体**（**deme**）的亚分化或者**瓶颈效应**（**population bottleneck**）］或受到选择。

图 19.14 是用此方法的一个简单例子，电泳分析了拟庸蝶中 46 个基因的等位基因的频

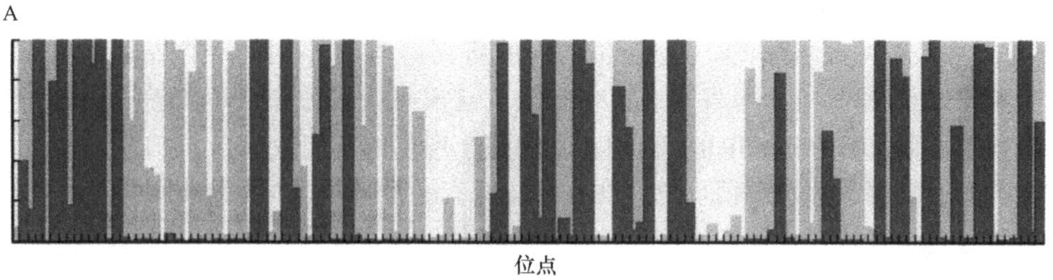

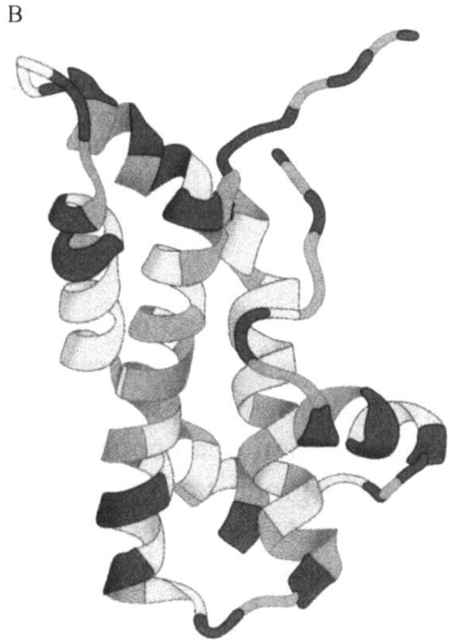

图 19.13　鲍鱼中氨基酸替换率在卵膜溶素基因的不同位置变异很大。(A) 红条表示这些密码子进化得很快 (K_a/K_s 为 3.1)，灰条是低变化率 (K_a/K_s 为 0.09)。(B) 红鲍鱼卵膜溶素晶体结构，颜色与 (A) 中进化速率相对应。进化很快的位置 (红色) 倾向在顶部和底部成簇朝外。

率分布。这个分布与中性理论拟和得很好。正如期望的，大多数等位基因是罕见的，很少能达到中等频率。然而，也有些显著高于罕见频率的等位基因存在 (图 19.14 中最左边频率类型)。

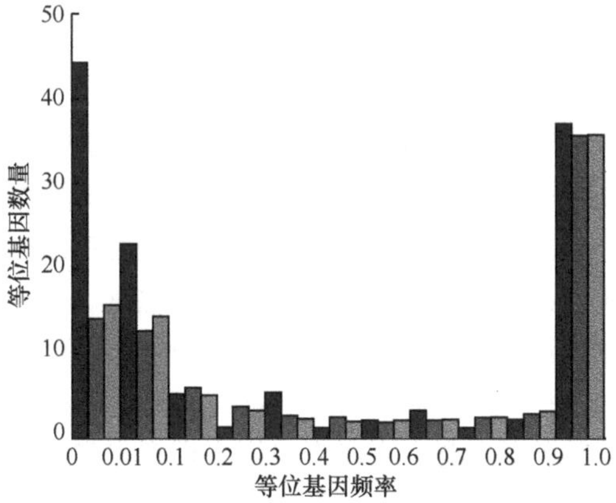

图 19.14　拟庸蝶中 46 个基因的等位基因频率分布。红柱表示不同频率组下 (<0.1、0.01－0.1 等) 等位基因的频率。与中性理论预测值进行比较，或假设在所有基因中有相同的中性突变率 (蓝柱)，或假设标化率有变异 (橙柱)。

最初统计检验中性理论的方法之一就是依赖这类观察频率和期望等位基因频率的比较。它基于中性理论中一个显著的特性，是由 Warren Evens 发现的。在第 15 章中我们知道，被一个参数决定群体大小稳定的群体在漂变和突变影响下的进化：$\theta=4N_e\mu$，它由有效群体大小和中性突变率得出。样品中等位基因的期望数随着 θ 值而增加，但是给定了等位基因数目，等位基因的频率分布则不依赖 θ。因此，用这个分布去检验对突变率和有效群体大小没有任何前提假定的中性理论是可行的。如一项对 *Drosophila persimilis* 果蝇中黄嘌呤脱氢酶的 21 个等位基因的研究。10 个不同的等位基因找到了，其中 1 个有 12 份拷贝而 9 个只发现有 1 份拷贝。这属于极端分布，不太符合中性理论中的**无限等位基因（infinite-allele）**模型；发现这个现象的可能性仅 0.00012。如图 19.14 的例子，有很多罕见等位基因，它们在样品中只有一个拷贝。

这种过多罕见等位基因模式在其他的电泳检测变异体时也有发现。一种解释就是这类罕见的等位基因有害性很微弱，所以它们在群体中能够维持低频。然而，也有可能是一个意外经过瓶颈效应后的群体扩散造成的。极端的例子就是现今样品的家谱分析将使得基因呈现**星形（star）**，即所有家系都追溯到了一个瓶颈位置的共同祖先（图 19.15A）。因而，在瓶颈时间发生的任意突变都会在直系后代中保留，这就使得单拷贝的最近的一系列等位基因可追溯到一个共同祖先。相反，一个大小稳定的群体溯组发生在很长的时间（图 19.15B）。系谱节点深的更长的进化分支突变更易发生并且可以派生出更高频率的等位基因。

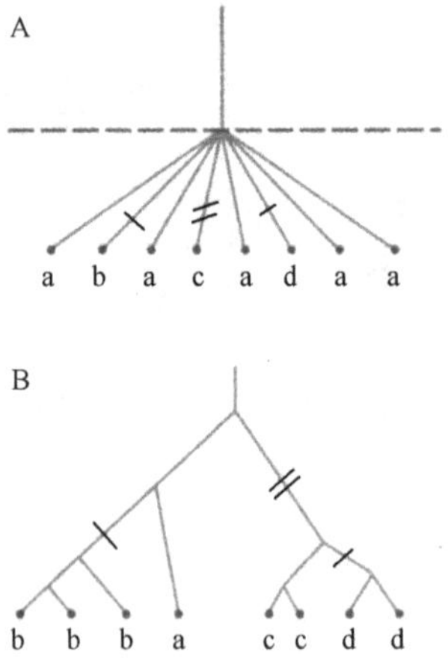

图 19.15　群体的瓶颈效应趋向产生过多的罕见等位基因（A），这与群体大小稳定产生的模式不一样（B）。假设每个突变产生一个异常的等位基因（无限等位基因模型），在样品中我们观察的等位基因就可以用字母标在图的下面。（A）中，每个新等位基因只以单个拷贝存在（标记为 b～d）。相对的，在群体大小稳定的情况下（B），突变趋向以多个拷贝存在（b～d）。（A）中虚线表示群体大小陡然减少；所有进化分支共祖到瓶颈位置。黑斜线表示突变发生。

现在 DNA 序列可以获得，这种过多罕见等位基因出现的两种解释可以通过比较非同义变异和同义变异加以区分。在人群中，改变氨基酸的变异比不改变的要少很多并且氨基酸的变化是产生化学影响的主要原因（见第 13 章）。这些不同类型的多样性都同样受到群体历史的影响，它们之间的不同刚好反映了选择对改变蛋白质功能的突变作用强度。

偏离了最简单期望模型并非是中性理论的致命缺陷。没有哪个物种是群体大小固定且真正随机交配的。而选择也不能很好地区分对适合度没有影响的中性等位基因和在样品中很少发现的那些有害突变。仅靠统计检验不容易否定中性理论的扩展模型，扩展模型考虑到了群体的结构也假定了有害突变受到弱选择。然而，扩展模型依然保留了物种间差异和种内变异是由受选择的突变和随机漂变造成的这一主要前提。

在中性理论下物种内的多样性应与物种间分歧成比例

迄今为止，我们分别讨论了物种间的差异和种内变异。然而，在中性理论中，这两者应当严格成比例，因为两者都是突变和随机漂变造成的。两者必定随着有效中性突变率的变化而变化，有效中性突变指部分突变逃脱负选择的清洗作用。在第 13 章我们已经知道这类模式，受强选择限制的序列在种间种内都变异较小。众多的异型酶变异检测证实了这个模式：在种内趋向异质杂合的蛋白质在物种间分化也较大（图 19.16）。

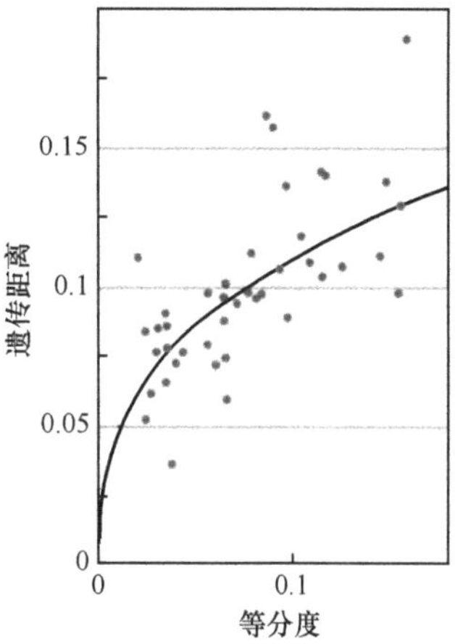

图 19.16　物种间的分歧比起群体内的变异更大。不少于 50 个动物物种的 42 个蛋白质电泳检测的杂合性与遗传距离作图。曲线显示中性理论的预期值。

中性理论推断无论何种变化还是基因组水平上突变率的不同，或是负选择程度不同，物种间的多样性与种内的变异的比值应该是一样的。因此，如果这个比值——非同义变化的高于同义变化，我们就推断物种间氨基酸的差异受到了定向选择。

McDonald-Kreitman 检验量化了分歧和多样性比值比较（见注解框 19.1）。这个检验可以系统应用在许多基因中，从而得到一个受选择的多样性全局评估。在果蝇还有灵长类中，存在物种间的非同义分歧多于种内多样性部分，这一部分被认为受到了选择。例如，在 *D. simulans* 和 *D. yakuba* 果蝇中 45%的氨基酸差异估计是受到选择后固定下来的。因为在果蝇基因组中大约有 13 600 个基因，每个基因平均有 44 个差异。两个物种分化后的 600 万年中选择大概固定了 270 000 个变化。在灵长类中，35%氨基酸序列的不同估计受到选择的作用，这意味着在人与旧大陆猴的共同祖先分歧后的 3000 万年间产生了大约 150 000 个适应性的替换。

注解框 19.1　McDonald-Kreitman 检验

中性理论下，物种间的分歧和物种内的变异应当与中性突变率成比例。McDonald 和 Kreitman 基于这个推理引入了一个简单的检验，并把这个检验运用到了 3 种果蝇的乙醇脱氢酶的多样性数据分析之中。

	固定的	多态的
同义	$D_s=17$	$P_s=42$
非同义	$D_n=7$	$P_n=2$

如果在物种内某个位点有变异则定义为“多态的”，如果在物种内没有变异而在物种间有差异则定义为“固定的”。而固定的这些差异还可以分别归入同义或是非同义两种情况（这些与书中提到的 K_a 和 K_s 成对应关系，但在 McDonald-Kreitman 检验运用中有细微的不同，请注意）。而固定位点和多态位点在非同义变化上的比值远大于同义位点上的比值（也就是 $D_n/P_n=7/2 \gg D_s/P_s=17/42$）。这就表明选择造成了物种间很多氨基酸的不同。

这种方法可以推广来估算整个非同义变化有多大比例是正向选择造成的。如果同义和非同义变化是中性的，那分歧和多态性的比值两者应当相当：$D_n/P_n=D_s/P_s$。因此，我们预期观察到 D_sP_n/P_s 非同义变化是随机漂变的结果。而 $D_n\text{-}D_sP_n/P_s$ 的差异则不是随机漂变的结果，而有可能是受选择的影响。多个基因的平均分歧中有多少是选择造成的就可以估算出来。

对连锁遗传座位的选择

选择可以通过对连锁的中性变异作用影响来度量

迄今为止，通过查看被选择变异本身，我们已经检验了选择在物种间和种内的直接影响。然而，在一个连锁位点，纯粹的中性变异也会受到选择作用，这种选择可能无法直接观测到。这是因为一个中性变异有可能随机地跟一个直接影响适合度的位点相关联。换句话说，随机漂变也可能产生与我们观测的中性变异和真正受到选择的变异的连锁不平衡（这就是 Hill-Robertson 效应，我们在后面第 23 章再讨论。）因此，选择影响了这些连锁的中性变异，同样研究连锁中性位点也能检测出选择。

最简单的情况就是，一个有利的突变产生了，突变会在群体中扩散最终在整个群体中固定下来。在这个突变频率增加同时，与之相连锁的染色体一部分区段也会频率上升，这一过程称为**搭车效应（hitchhiking）**或**选择性清洗（selective sweep）**。重组会切断与突变相连锁的区段，于是一个染色体上分割的小片段就产生了（图 19.17A）。最终的结果是遗传变异不仅在选择位点丢失了，在附近区域也丢失了（图 19.17C）。

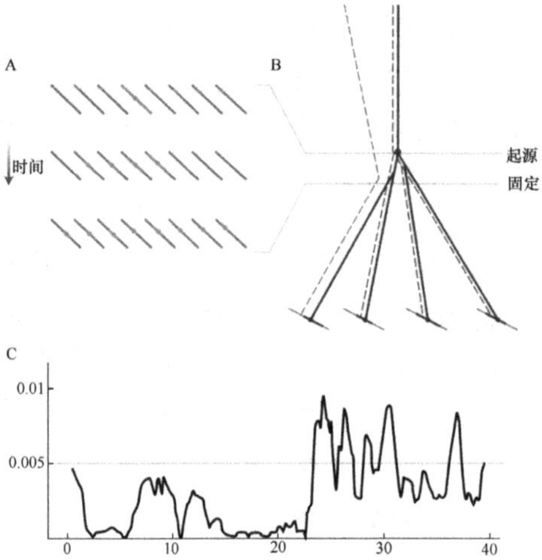

图 19.17　(A) 一个有利突变固定将会清洗基因组上一段区域的多样性。起初，一个有利突变（蓝点）在基因组某一特定位置（蓝线，第一行）产生。最终，突变在整个群体中固定下来，原先的那段基因组片段也固定下来。因此，突变周边一段区域变异被清洗掉了。(B) 实线表示在选择的位点上 4 个基因的系谱。这些进化分支在清洗中会溯祖，因为它们都携带了这个新的突变。虚线表示样品中相连基因的共祖。3 个与选择的突变共祖一致，但最左边进化分支则没能共祖。(C) 在中间位置（20kb）有利突变固定后，周边 40kb 遗传变异的模拟。纵坐标是核苷酸多样性 π。在中性理论下，我们期望 $\pi=\theta=4N_e\mu=0.005$。

像一个特殊的等位基因，已经证实它受到了选择并且知道这个选择对邻近位点有选择性清洗作用的例子仅仅只有几个。疟疾被认为是近期才有的一种疾病，使我们对疟疾有抵抗力的变异是最好的一个例子。在非洲撒哈拉地区，Duffy 等位基因型 FY* O 是固定的，而在欧洲和亚洲，这个基因型是很稀少的。这个等位基因不同于祖先型 FY* B，它发生了一个非编码区的变化使得基因不能转录。纯合子对疟疾的一种形式有抗性，由间日疟原虫造成。因为基因的产物是趋化因子受体，它是病原入侵红细胞所必需的。与建立的单突变等位基因模型期望值一样，在西非的变异减少大约扩散到了 20kb 的长度。

选择性清洗会造成溯祖（共祖）突然暴发

选择性清洗的作用会造成**溯祖（coalescence）**（共祖）的突然暴发。如果我们把时间往后推，当到达一个时间点有促进作用的突变清扫整个群体时，进化分支将会融合共享一个共同的祖先。如果我们追踪所选位点的祖先，那所有现今的拷贝都将溯源到一个在染色体上带新突变的共同祖先。与所选位点连锁不是很紧密的位点将会表现弱一点的共祖模式。一些溯源到带有突变的祖先染色体上，而其他的进化分支可能在更远的时间内接合共祖（图 19.17B）。

共祖的集中是由选择性清洗减少变异造成的，因为我们所取样的基因将会共享一个相同的祖先序列。变异的模式将显示出有过多的罕见变异。因为许多进化分支在选择性清洗中追溯到共祖，所有系谱均呈现星形（图 19.17B）。选择性清洗后产生的变异只出现一次，而不是成簇出现（图 19.15A）。如图 15.8B，遗传变异也会因为群体急剧变小而减少，称为瓶颈效应。这种群体瓶颈与小群体一样对系谱树有相似的影响，都会在短时间内共祖使得系统树成星型。因此，瓶颈效应与选择性清洗一样会产生一些过多的罕见变异。这也使得我们不能从单个位点数据区分是群体的瓶颈效应还是选择性清洗。例如，人的线粒体 DNA 有些过多的罕见变异，这是在人类 50 000～100 000 年前走出非洲群体扩张造成的。然而，这一模式也可以解释为一些有利的线粒体 DNA 在当时传播开了。要真是这样，那我们就不能推断人类历史是从单个线粒体家系而来。核内基因并没有一致的过多罕见变异；这些类型的选择刚好可以解释为什么不同基因进化模式不一样。

为了区分基于特定位点的选择和那些只是被动参与基因组进化位点的选择，我们必须比较很多基因的进化模式。一个固定的有利突变必然会留下它所在位置附近遗传变异减少的迹象，这段受限制的区域是基因组的一小部分。相反，瓶颈效应是以同样方式影响整个基因组的。已经有人通过计算由非同寻常低变异的区域来估算适应性进化率了（图 19.18）。

这些检验同样存在一个问题，区域的变异减少也可能是随机产生的（图 19.17C）。然而，这种随机产生的减少倾向发生在很狭窄的基因组区域，比起真实的选择性清洗要小很多。因为它们的产生需要经历更长的进化时间，中性变异的随机固定要经历大于 $2N_e$ 代，而有选择优势 s 的突变固定，则只要经历 $1/s$ 代。这种类型的估算只是试验性的，但我们必须相信全局的适应性进化是可以从全基因组序列数据中测量。

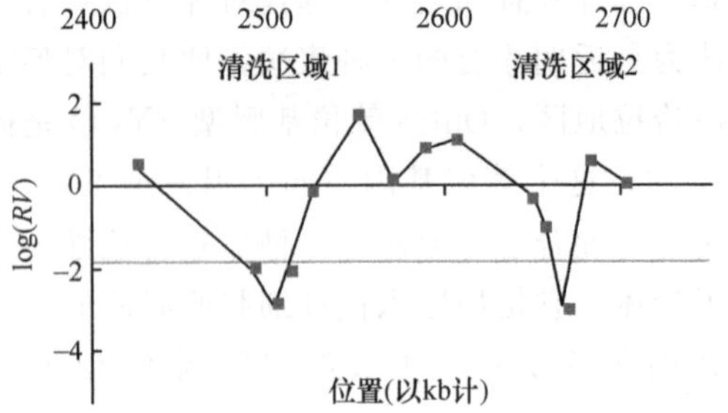

图 19.18　选择性清洗可以通过遗传变异检测。此例中，黑腹果蝇 X 染色体两个区域非非洲群体比起非洲群体表现显著低的变异。这些区域遗传变异的降低可能是由于黑腹果蝇走出非洲扩散中适应性突变的固定造成的。log（*RV*）是非非洲群体与非洲群体变异比的对数值。灰线表示下游的 95%置信区间。

有害突变减少连锁位点变异：背景选择

我们已经知道一个有利突变的扩散将会减少附近的遗传变异而破坏了变异的进化模式。其他类型的选择也会破坏连锁的中性变异。有害突变减少变异，而稳定选择则增加变异。在进化生物学领域，现在最重要的问题之一就是我们不仅要知道怎么检测突变，我们还要知道怎么区分不同类型的选择。

多数对适合度有影响的突变都是有害的。这很简单，如果它们有任何的影响，它们都会破坏干扰原有受到选择的基因的功能。正如我们在第 12 章了解的，有害突变的整体速率可以相当高，尤其在复杂的多细胞生物。如果群体要维持高的适合度，那任何产生的有害突变最终都要被选择清洗掉（注解框 18.2）。需要说明的是，每个选择性死亡不仅仅要去除那些有害的突变，与有害突变相关联的变异也会被去除掉。

为了更好地理解这一过程，我们设想一个最简单的例子——一个没有重组的生物体（如基因组中一段很小的片段或是一个无性生殖的生物体）。如果在这个区域的整体突变率 U 非常高，而且对有害突变的选择 s 又弱，那么大多数染色体将携带一些有害突变（平均数是 U/s，因为一代中将有 U 个突变并且每个突变在被选择去除前平均大约会存在 $1/s$ 代，表 18.1。）在长时间的进化过程中，只有那些属于最适类型的个体——不携带有害突变的个体可以产生后代，而其他的将会选择去除掉。继续追踪，整个群体必定来源于最适类型（图 19.19）。如果群体中包含了仅小部分没有携带有害突变的个体，它的变异模式与我们上面所讲述的类似，中性变异会减少。这种由于对有害突变的选择使得有效群体大小降低的选择称为**背景选择（background selection）**。

由于重组，背景选择的影响大大削弱了，因为有害突变和与之连锁的变异关系在减数分裂时会被打断。不过，有害突变的引入依旧还是减少变异。一个好的近似，有效群体大约减少 $e^{-U/R}$，其中 U/R 是突变率与重组率的比值。在多数物种中，这类影响是很小的。在只有少数有性生殖和重组的微生物中，基因组的突变率往往较低；而基因组很大的生物体，一代中经历更多的有害突变，往往重组率较高。虽然这种影响是很重要的，但重组并非如此，它有条件限制。例如，在自体受精的植物中，个体都是高度纯合的，虽然重组也时常发生，但是它对整个群体结构并无影响。因此，有效重组率大大降低了。这可以帮助我们解释在这类物种中为什么遗传多样性很低（图 19.20）。

选择的确破坏了中性变异的最好证据来自对黑腹果蝇的观测研究。研究发现，在重组率低的靠近**中心粒（centromere）**和**端粒（telomere）**区域，以及在果蝇的 4 号小染色

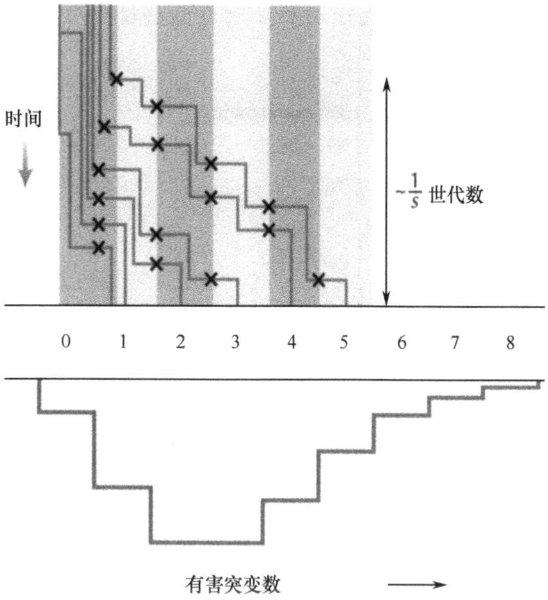

图 19.19　群体的祖先很快追溯到没有突变的很小部分。柱状图（下）表明基因组中携带 0、1、2、…有害突变的比例，而图（上）表示有害突变（十字交叉）是如何使得个体基因组向不适合的基因组种类偏移的（图右边）。蓝线表示祖先进化分支。虽然大多数基因都携带一些突变，它们会追溯到有更加适合基因组的最近祖先。最后，整个群体的祖先追溯到最适基因组（左边）。

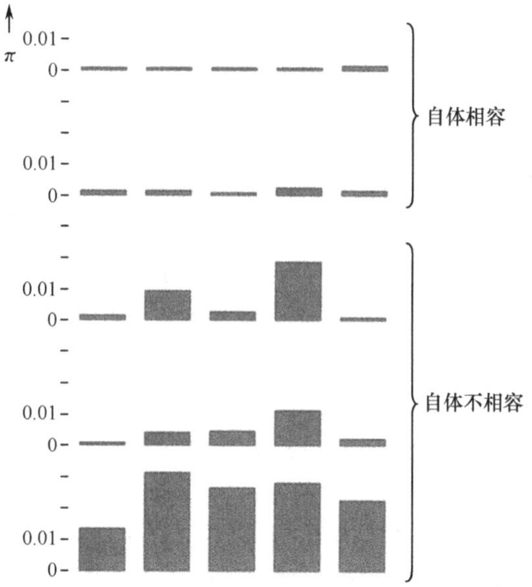

图 19.20　自体受精物种的多样性比它们**异型杂交**（**outcrossing**）近源物种要低。这个例子表明沉默位点核苷酸多样性的水平，数据来自 5 种野生型番茄的 5 个基因。其中三个自体不相容物种比起其他两个自体受精的物种表现出更大的多样性。

体上，核苷酸多样性都很低。而同义突变位点的核苷酸多样性与所在区域的重组率有很好的相关性（图 19.21A）。而且，在基因组上变异情况与背景选择模型估算的突变和重组率拟和得很好（图 19.21B）。发现的核苷酸多样性低，这不是更低重组率的区域会有更低突变率造成的，因为黑腹果蝇和拟果蝇的分歧并没有受到影响（有些人可能会猜想，重组本身就是诱导突变的物质；那如果是这样，重组产生的物种间分歧与物种内的变异应当一致）。这个模式本身就证实了多样性与分歧比值降低，低于中性理论期望值。然而，它跟我们之前的例子又不同，它是由于连锁位点受到选择造成的而不是同义位点本身。现在，我们还不清楚这个选择是由于有害突变（如背景选择）、选择性清洗还是几种不同方式一起作用的。所有这些都是减少多样性的，它们的作用也很难区分。

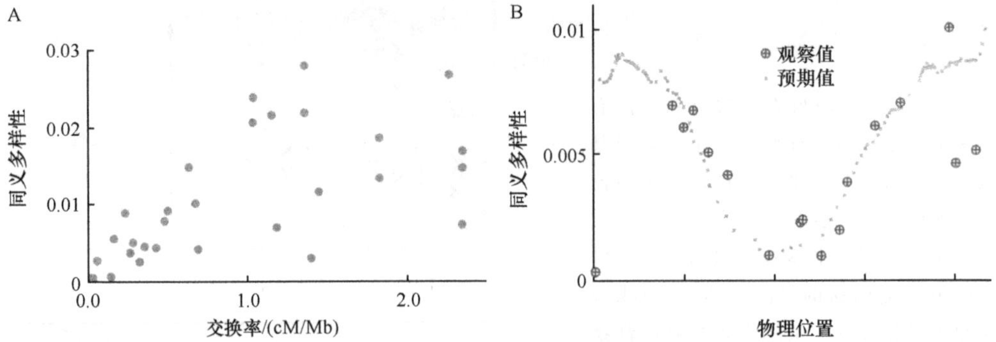

图 19.21 (A) 非洲黑腹果蝇群体中，低重组率的基因组区域同义多态性急剧下降。(B) 黑腹果蝇 3 号染色体上多态性的预测值和观察值，横坐标是染色体的物理位置。预测值通过已知的重组形式和假定对有害突变的选择系数 $s=0.02$ 估算得到；整个基因组上的突变率为 0.4。除了近染色体末端区域，预测值和观察值吻合得很好。

稳定选择增加中性变异

在群体中维持两个或两个以上不同等位基因的稳定选择也可以增加邻近区域的中性变异。原因很简单。当不同的等位基因存在了很长时间，两个不同的基因池一直存在着，一些序列在其中一个基因池中而另外一些则在另一个基因池。随着时间的过去，这些序列积累了不同的中性突变而且也开始出现分歧。分歧反映了在物种内中性变异的增加。最清楚的是我们在第 18 章讲述的不相容位点，它在几种开花植物中独立进化出来。大量的等位基因受频率依赖性选择得以维持，它们可以存在很长时间。事实上，稳定选择可以使同一个等位基因维持比物种生命期更长的时间。所以基因间的关系与发现这些基因的物种基本没有关联（图 19.22）。换句话说，比起同一个物种的其他基因，一个基因可以与另外一个物种的某个基因更相似。

对甘蓝 *Brassica rapa* 和芜菁 *Brassica oleracea* 的研究使我们能更详尽地了解长时间稳定选择的影响。它们的不相容系统包括了两个紧密连锁的基因：一个花粉表面蛋白 SP11 和与之相互作用的柱头表面的受体激酶蛋白 SRK。如果柱头表达了一个等位基因而花粉中也表达，花粉管萌芽就受到限制。物种内的不同等位基因表现出极端的分歧，只有不到 50%的相似性；而不同物种的 4 对等位基因却惊人地相似，尽管这些物种已经分化了 200 万～300 万年（图 19.23 的红色柱子)。除了不相容等位基因例子，另外一个知道得很清楚的例子就是把抗原提呈给免疫系统的**主要组织相容性复合物**（major histocompatibility complex，MHC）基因了。同样，这些多样性在物种间也存在而在物种内也有很高的氨基酸多样性。

对基因组上邻近区域，稳定选择作用会持续很长一段时间，因为它依赖不同中性突变的渐进性积累。而且这种稳定选择只会影响一个很窄的基因组区域，因为即便与突变率同一数量级的低重组率也将破坏要选择的多样性。在短时间内的稳定多样性位点频率

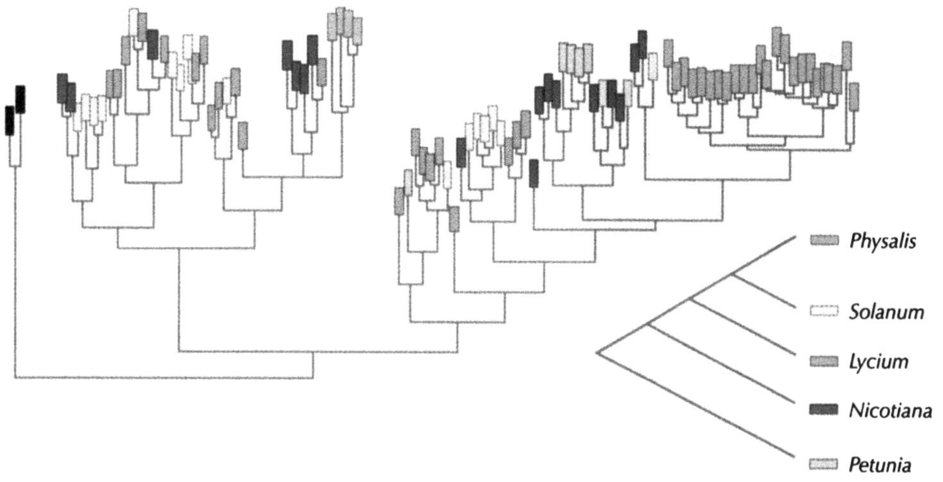

图 19.22　茄科中不相容基因的系统关系。紧密相关的基因经常在不同物种中被发现，在这里甚至是不同属。黑（左）表示有根系统发育树的外群。

的波动也会减少变异，如同有利突变的选择性清洗一样。例如，果蝇中染色体的**倒位（inversion）**多样性就是由一定的稳定选择维持下来的（图 1.39）。然而，邻近这些倒位的区域核苷酸多样性则很低，而不是上升。这种现象是因为核苷酸多样性是瞬时的，所以没有时间让不同的染色体组合从来增加多样性。相反，变异降低了，因为倒位在选择性清洗中增加。图 19.24 是另外一个多样性与降低的序列分歧之间的相关性。

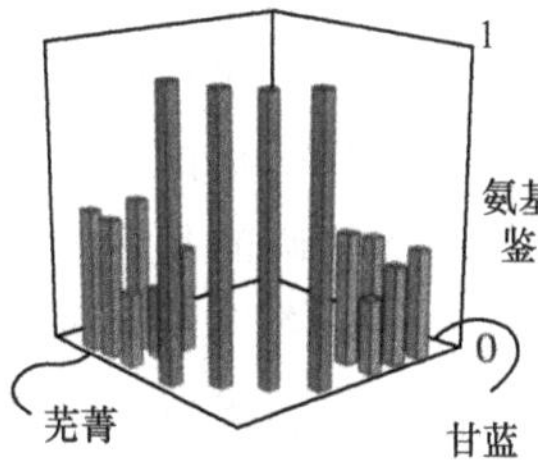

图 19.23　不同芸薹物种中，较之同一个物种的不同等位基因（粉红柱和蓝柱），蛋白质序列在同源的不相容基因（红柱）中表现更相似。

一般来讲，群体复杂的历史加上选择使得序列变异比开始期望的要复杂多了。虽然我们容易检测中性理论中群体稳定下简单的零假设模型的偏离，但想知道是哪些因素造成了偏离就不是很容易了。强度还有自然选择不是简简单单从序列数据中就能得出来的。

对非编码 DNA 的选择

选择也会作用在一些非编码区域

遗传密码对 DNA 序列数据的分析很有帮助。遗传密码一般是通用的，所以一样的方法可运用在所有生物和基因之中。同义和非同义进化模式可以比较三联密码子中不同类型的变化，粗略说来，就是比较每个密码子第一、第二和第三位置的变化率。这就产生了一个强有力的检验，如它不受碱基在基因组上位置的影响。最重要的是不同物种的编码区域可以相互**比对（aligned）**，我们可以比较这些序列。分析非编码序列则相当困难，因为我们几乎不清楚它们的功能，它们受到怎样的功能限制。而且，这类序列积累

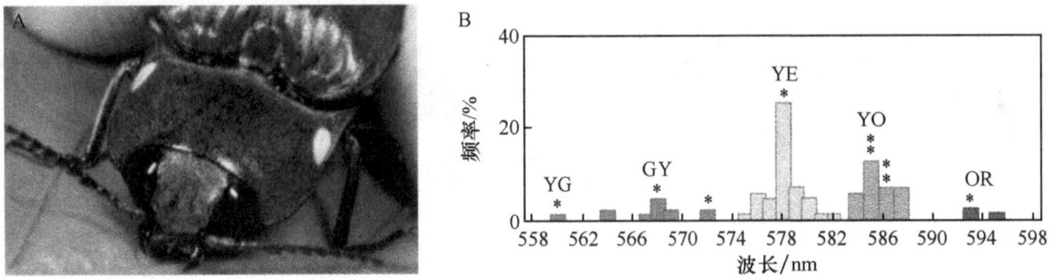

图 19.24　牙买加叩头虫序列分歧是颜色多样性受选择的一个证据。(A) 两个不同荧光基因在背腹部发光器官中的表达（这里只显示了背部器官），这些基因中的变异负责了多态性。腹部荧光蛋白有三个等位基因：黄-绿（vYG）、黄（vYE）和橙色（vOR）。(B) 三个等位基因产生 5 种表型：vYG 纯合子（标识为 YG）、vYG/vYE 杂合子（表型是 GY）等。McDonald-Kreitman 检验表明在影响颜色区域有着显著的氨基酸改变。其中 vOR 等位基因比 vYE 基因表现出更低的序列分歧（$\pi=0.000\,46$ vs $\pi=0.001\,29$），这表示 vOR 等位基因是新产生的。

了比编码区更多的插入和缺失，不同物种的此类序列比对更加困难而且这也使得突变过程的模型异常复杂。

然而，非编码序列的分析极其重要。现存的物种都是从原始世界中演化过来的，当时的生化功能起初是由 RNA 携带的（见第 4 章）；RNA 分子现在仍然负责一些重要的功能，如遗传密码的翻译。非编码序列可以通过结合转录因子，帮忙从信使 RNA 分子中剪切出 intron 等不同的机制调节基因的表达。

生物体如人、果蝇、开花植物和线虫虽形态各异，但都有着差不多的基因数目（图 13.17）。复杂而又多样的这些生物多半是因为基于 RNA 分子而非蛋白质的基因表达调控的不同（见第 9 章）。其中的一些差异是调控蛋白质的氨基酸序列差异引起的，但大多数是基因组中非编码序列的差异造成的。但是，迄今我们对有多少非编码序列有功能还有它们如何发挥功能所知甚少。

遗传密码子偏好是由于对翻译效率和准确性的弱选择造成的

了解最清楚的例子就是在有机体利用不同的三联密码子时，同义突变（也就是不改变氨基酸序列的突变）的选择存在偏好。每个氨基酸可以由两三个不同的密码子编码（图 2.26），这些不同的密码子应当有着相同的编码氨基酸的使用频率。然而，有机体都会很强地偏好某一个特定的密码子，如在果蝇和线虫中，以 C 或 G 结尾的密码子更加频繁地被利用。这个偏好可能是突变或选择造成的。突变更倾向产生 C 或 G，这就使得含 C 或 G 的密码子积累下来；特定氨基酸序列的选择是蛋白质行使特定功能所必需的，这也使得密码子的前两位富集了 A-T 碱基，选择的偏好使得 C 和 G 也在第三位置积累下来。也可以这样推断，选择可能更倾向某些密码子；也就是说，有机体利用不同的密码子就有不同的适合度，即便它们都编码同样的蛋白质序列。

一些证据提示在很多生物体中，**密码子使用（codon usage）**偏好是受到弱选择的，而不是简单的由突变决定的。在大肠杆菌、酵母和果蝇中，偏好程度与基因表达水平相关（图 19.25）。这就说明翻译效率存在着选择。例如，一个基因所需要的转运 RNA（tRNA）充足，那它的翻译就更加快速。在果蝇、酵母和其他微生物中，最适密码子有着更丰富的对应转运 RNA 的发现支持了这种解释。最让人信服的是黑腹果蝇中基因间的比较，它的转录物可以有很多方式剪接成成熟的信使 RNA。那些经常翻译的序列比起不常翻译的序列表现出更高的密码子偏好。

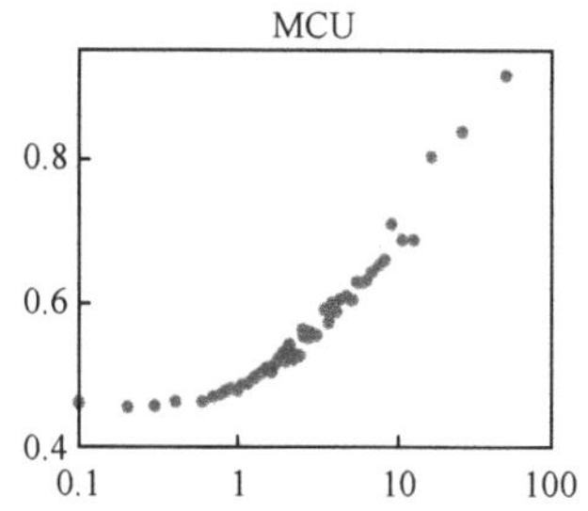

图 19.25　酿酒酵母中，密码子偏好随着基因表达的水平升高而增加。图的横坐标是每个细胞转录的信使 RNA 数目，纵坐标是偏好密码子（主要密码子）位点所占的比例。

如同选择作用在翻译的有效性上，选择还有可能作用在其他方面。在大肠杆菌和果蝇中，有着很重要功能的基因内位点也表现出很强的密码子偏好（反映在物种间比较有很少的分歧）。对翻译速率的选择不能很好地解释在同一个基因内的位点间的密码子偏好，因为翻译速率在同一个基因内谈不上差异。一个需要罕见转运 tRNA 的密码子更有可能引入错误的氨基酸。因为在没有识别正确的 tRNA 前，一个最为普通的但不正确的 tRNA 很可能就结合到密码子上了。当然，选择不单单作用在翻译效率和翻译准确性上；即使在编码区内部，在 RNA 水平上许多位点都有着重要的调节功能。在下面的小节中，我们将会详尽地检测这类选择。

即便在大肠杆菌和酵母中高表达的基因，最适密码子的固定也很少被察觉出来，虽然我们预期它会受到有利的选择。现在，对任意一个密码子的选择是相当弱的。事实上，密码子使用偏好是弱选择维持下来的适应性选择的最好例子。因此，这种很明显的弱化适应性选择可能是由于干扰选择作用又降低密码子偏好强度的随机漂变造成的。我们从第 18 章知道，如果 $N_e s$ 值小，随机漂变将会严重干扰选择［这个重要的参数是选择速率和随机漂变速率的比值：$s/(1/N_e)$］。大肠杆菌中偏好范围 $N_e s$ 约为 0.8（图 19.26），其他的微生物还有果蝇也得到相似的估算值。有趣的是，在哺乳动物中就没有发现密码子偏好的证据，很有可能是有效群体太小了：$N_e s \ll 1$。

在大肠杆菌中，基于密码子使用对翻译速率的影响还有翻译速率对繁殖的功能后果的粗略计算表明：选择系数与蛋白质产量成比例，在如核糖体蛋白高表达的基因中，选择系数高达大约每代 10^{-4}。虽然此选择还是相当弱，大于 10 000 代才能看出变化，但比起核苷酸每位点突变率大约每代才 10^{-9} 和相当大群体的大肠杆菌的期望随机漂变率来说要强很多。惊奇的是适中水平的偏好（意味着 $N_e s \sim 1$）在许多生物和基因中都能观察到。如果有更大 $N_e s$ 值，又排除了其他一些负面因素的影响，在丰富的生物体中，我们期望可以看到高表达基因——完全的密码子偏好。

果蝇中的观察给我们提供了一个可能的解释，在低重组的区域密码子偏好也低。前面小节中我们知道，对有利突变和有害突变的选择都会使得连锁位点的变异减少。同样的过程通过随机漂变也会减少选择作用。第 23 章中，我们详细考查这种影响。现在，我们需要注意的是：它可以解释为什么大肠杆菌和果蝇的遗传变异水平和用密码子使用偏好估算的 $N_e s$ 值相差都不大，虽然两个物种存在很明显的群体大小差异。这可能是

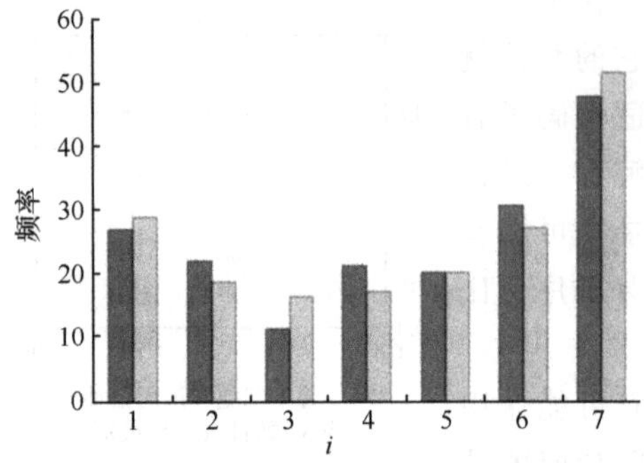

图 19.26　大肠杆菌中可选密码子的观察频率（红条），与通过突变、选择和漂变以及定义 $N_e s=0.8$（蓝条）的预测值一致。数据结合了 11 个基因，每个样品取了 8 个序列。

大多数的随机漂变是由随机的连锁位点搭便车效应造成的，而不是简单的随机。

RNA 分子中的配对所受选择可以被检测

不是所有转录编码蛋白质的序列才有功能，一些 RNA 分子也有特殊的结构和功能。例如，核糖体 RNA 有着非常保守的结构，因为它受到本身催化活性与结构要与核糖体蛋白相互作用的限制。信使 RNA（mRNA）也要形成剪接、转运和翻译识别的特定结构。这些 RNA 结构如配对螺旋茎主要由碱基互补配对形成（图 19.27）。通过寻找不同位点的相关变化可以鉴别配对螺旋茎。一个位点的变化往往伴随它相应互补位点的变化。在本书的目的和范围中，我们知道应用此种方法可找出核糖体 RNA 的结构。在这里，我们再举一个例子来说明此方法如何系统地鉴定非编码序列的配对限制，以及估算维持配对的选择强度。

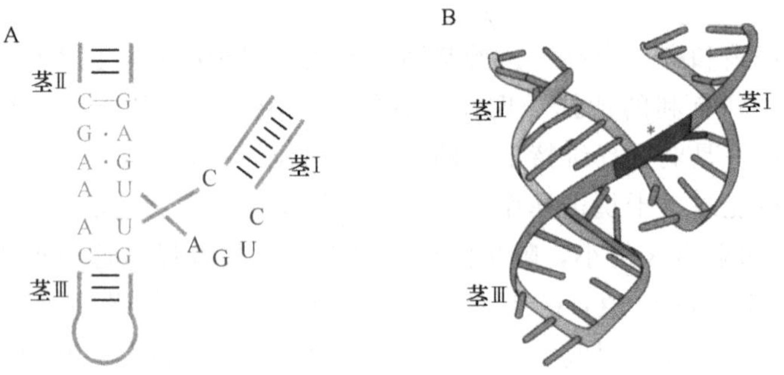

图 19.27　RNA 结构。(A) 图形表示了互补碱基（线）是如何维持螺旋茎环结构。(B) 对应的三维结构。

母体基因（bicoid gene）是果蝇胚胎早期发育所必需的。由母本产生的母体信使 RNA 会定位在发育成头和胸的卵的前端。此基因 3′非翻译区的一个保守二级结构决定了这个定位。比较 9 个果蝇物种的母体基因序列，通过不同位点的相互关系已经鉴定出 8 个配对的区域（图 19.28）。二级结构与热力学的预测是一致的，其中的 7 个配对区域已经通过遗传操作证实了。这种进化方法的优点就是可以普遍应用检测出一些未知的结构。

维持 RNA 配对的选择在物种间和物种内都有发现。在拟暗果蝇中，乙醇脱氢酶的内含子中有两个共同的**单倍型（haplotype）**。虽然它们序列差异很大，但有类似的二级结构（图 19.29）。这些单倍型是古老的，可能是某种稳定选择造成的。配对位点间的连锁不平衡相当高，可能是一些选择造成的，因为两个单倍型的重组并不会很好地配对（这种配对很好的组合容易发生的选择，称为“上位”；见第 14 章）。

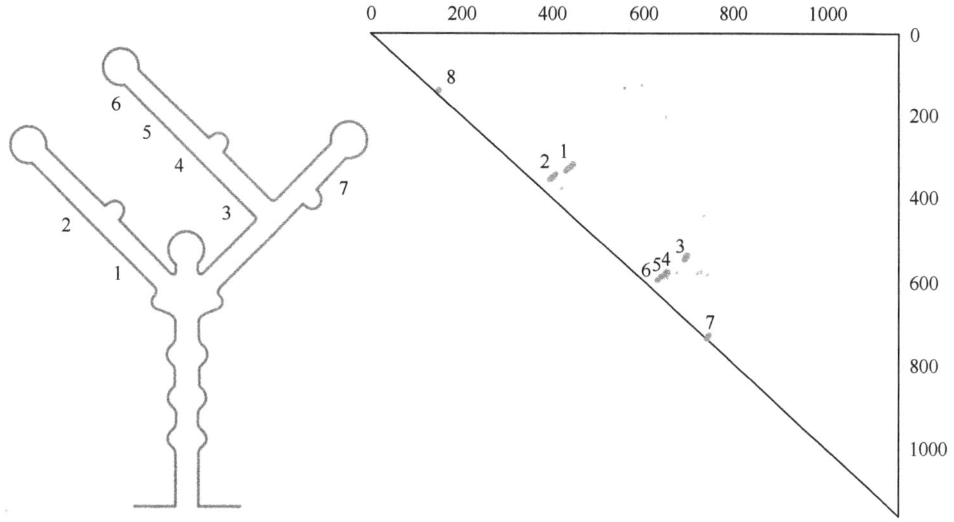

图 19.28　果蝇母体基因序列不同位置变化的相互关系可以用来推断 RNA 二级结构。三角形表示在系统发育树上同时发生改变的成对位置。统计学显著的区域用 1～8 数字表示（例如，在第 3 区域，534～542位置的变化与对应的 687～695 位置趋向同时发生改变）。左边的结构反映了已经独立证实的 7 个区域。

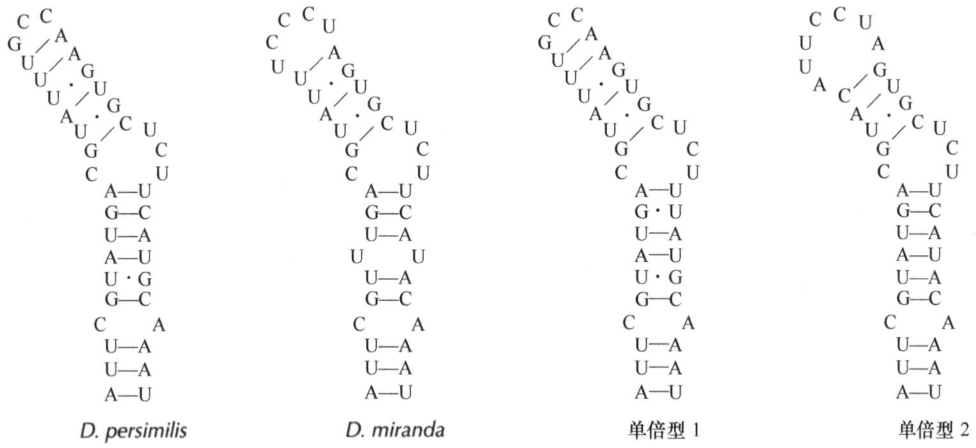

图 19.29　拟暗果蝇 *Adh* 基因第一内含子两个不同单倍型相互隔离。虽然序列有差异，但它们在前体 mRNA 能形成类似的结构。这个多态性是很古老的：单倍型 1 与 *D. persimilis* 果蝇序列相似，而单倍型 2 与 *D. miranda* 果蝇相似。

寻找保守序列可以检测出功能序列

从密码子利用偏好以及信使 RNA 中的配对例子中，我们确信变异的功能重要性。然而一般说来，我们对非编码序列的功能和选择是如何作用的所知甚少。通过简单的 DNA 序列比较来检测功能序列的想法非常吸引人。我们预期功能序列在物种间应当分歧得更慢，可以把它看做是保守序列的区域。比较编码区内部同义位点的多样性我们猜想到它们受到弱选择。同样的，在整个基因组上，我们寻求那些多样性位点，推断那些多样性低的孤岛是受到功能限制的。

原理上这个方法过于简单，实际情况下还有很多没有考虑到的现实困难。主要困难是非编码区没有遗传密码子提供的一个标准的可读框存在，它可以自由地积累插入和缺失［称为**插缺（indel）**］。这样使得此类型序列的比对非常困难，尤其是分歧比较远的物种（图 19.30）。比对的微小错误会造成很高的碱基替换率和序列分歧。而且，发展出一套处理大量序列数据的可靠算法也是相当困难的。

```
cctgtgtgcc-----------------atacatgaagggagtaggggaGAGGGGCTGGGACCCAGGAGATCTCAAGCAACAGTTTCAGTCTAA
tccttggtgctgggcttaaatacagagcccatagggaggggaacttgGAGGGTCCATGACCCTCGGGACCTAACCCAGCAGTATCTGCCAAA

GCGCCCTTGGGAAGATGTGGCTTTTATGCACACACAGCTCCTCCTTATGCTGTTGAGGGAGTGCAATAGATGAC--AGAGGGGCTCCTAGGC
GCACCC-AGGAAAGATGCAGTTTTTACGCACACCCAGCTCCTC--TCCGGAGCTG-CGGAGCGCAAAAGATCACATAGAGAGGAACCGAGGC

AGCCAGGtatctatctgctccctggcttggactgcatctctccaggcagggtgtccaacctgtgcgtctggctgaagtacagtgaaaataca
AGCCAGGcgttcgccggggtgtgcgcccttgcacctc-ctgccgcctgggcgctcagcctgtgcgcct-----------tgtggaggttaa
```

图 19.30　老鼠与人一小段序列的比对。图中，插入或是缺失（黑虚线）可以鉴定出来，因为有足够的位点是保守的（竖实体蓝色线），从而锚定我们的比对（小写字母表示相似性统计不显著区段；大写字母表示相似度＞50％的区域）。

非编码序列分歧的多数研究运用了大量的比较，这些没有功能的序列由于积累了大量的突变而使得序列表现出完全的随机。例如，C. *elegans* 和 *Caenorhabditis briggsae* 两种线虫的比较揭示了一些短的保守区域，它们被一些完全没有相似性的散在序列打断。总体来讲，内含子在基因间的序列大约有 18％的保守，而外显子有 72％的保守。在线虫的基因组中组成外显子的序列只占 28％，非编码区域占了接近一半功能限制的位点。类似的老鼠与人的序列比较发现，在高度分歧的序列中，大约 100bp 长度的区域表现 50％以上的保守性（图 19.30）。在邻近基因的结尾处受限制的程度更大，这被认为在这些区域普遍存在着调控序列。每个基因大约有 1000 个碱基编码蛋白质，而另外有 2000 个碱基受到功能限制。这些研究表明：在多细胞真核生物中，至少与编码序列同样多的非编码序列是受到选择的。这种情况的一个后果是整体有害突变率至少是我们只基于编码区估算值的 2 倍。

功能依然可以保守，即便 DNA 序列还存在分歧。因此，我们上述提到的方法可能大大低估了非编码序列的功能。我们已经知道一个完全不同的序列还可以维持相同的 RNA 二级结构，只要配对依然保留。类似的，转录因子可以结合很多序列位点。尤其在真核生物中，一个调控序列可以与很多个相互作用的转录因子微弱地结合，弱化或者丢失了一个结合位点可以被其他结合位点加强或是产生得以补偿。例如，在研究的所有果蝇物种中，*even-skipped* 基因以 7 条斑纹形式表达。在黑腹果蝇中，精细分析发现一个特异的增强序列调节着第二条斑纹的表达。这个增强序列有 12 个结合位点，每个位点结合一个编码 *giant*、*Krüppel*、*hunchback* 和 *bicoid* 的蛋白质。然而值得注意的是，只有三个位点在果蝇物种中是完全保守的；大多数结合位点都表现出插入或缺失的单碱基的变化，有些进化分支还产生了新的结合位点。尽管如此，第二条斑纹的调控元件从不同的果蝇物种引入到黑腹果蝇中时依旧能精确地表达第二条斑纹（图 19.31）。这个例子就说明，如果我们不清楚它是怎么发挥功能，我们就很难鉴定非编码区的选择。没有详尽的分子机制知识，我们很难由序列上的差异推论出基因表达上的差异。

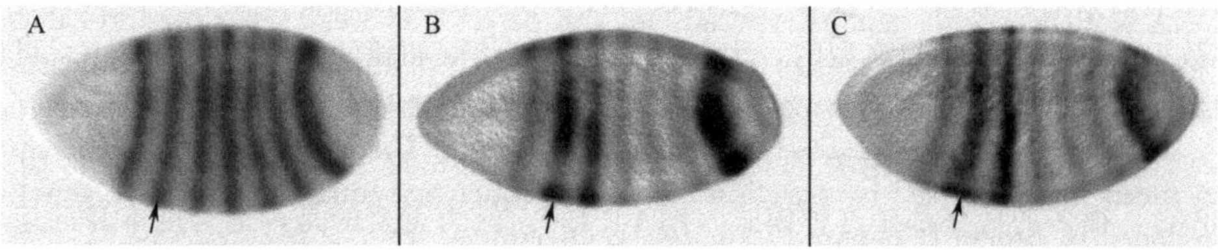

图 19.31　在不同果蝇物种中，一些遗传控制元件的功能是很保守的。(A) 黑腹果蝇中 *even-skipped* 的内源性 mRNA 表达。(B) 黑腹果蝇中增强子控制了 LacZ mRNA（紫色条纹）在黑腹果蝇中的表达。(C) 拟暗果蝇增强子控制了 LacZ mRNA 在黑腹果蝇中的表达，如同黑腹果蝇中增强子序列一样。在 B 图和 C 图中，褐色条纹是内源性 *even-skipped* 的 mRNA。

选择的范围

很难度量适合度本身能遗传多少

我们已经知道度量基因或一个性状对适合度的影响是困难的。只有很强的选择才可以直接检测，并且此种检测是很费力的，致使迄今才有有限的一些例子拿来说明。而比较 DNA 序列与中性推断的间接测量，可以检测出弱的选择，也可以应用到基因组范围的序列数据上来。但这类方法不太容易用来度量选择强度。那我们怎么定量选择的范围呢？

Fisher 基本定理提出了一种方法：等位基因频率的选择所造成的适合度均值的增长率等于适合度中的加性遗传方差（见第 17 章）。当然，整体适合度均值大致保持一致以确保群体大小稳定。环境的变化（物理上的和生物上的）使得适合度下降也可以用上述方法计算。因此，加性遗传方差是计算自然选择范围的一个好方法。

原则上，适合度中的加性遗传方差可以用在数量性状中比较不同相关个体的适合度的方式度量（见第 14 章）。这在实验室中相对简单。例如，图 18.5C 中我们发现：不同的细菌株，随着时间的迁移、选择和漂变积累了很多突变，适合度方差随之增加。然而，这种实验室内的研究没有太大的帮助，因为它需要无性繁殖而且这类适合度是由实验者决定的，或者至少说是实验条件下的一个人造环境下的适合度。测量自然条件下的适合度遗传需要我们跟踪群体内好几代个体的关系。对人而言，这是简单直接的。例如，在欧洲群体内，家族大小与经历了多少代人有很强的相关性。这个相关性是由文化决定还是由遗传因素决定，还很难区分。然而，最近的澳大利亚女性双胞胎研究发现：比起异卵双胞胎，产生后代数在同卵双胞胎中有更强的相关性（41%vs 18%）。去除教育和宗教背景的不同，这些数据表明大概 40%的适合度方差来自加性遗传因素。

除了人以外，适合度遗传仅在可以操作的鸟类还有大的哺乳动物中进行了测量。在苏格兰岛上没有加以控制的马鹿已经被研究了三十多年了。我们也知道了这个实验是如何估算如鹿角大小和适合度等性状间的相关性（图 19.8）。测量出每个马鹿的适合度是可能的（也就是它们在自己的生命周期中能产生多少后代）。在考虑诸如天气和群体密度的环境因素后，那么许多性状（包括适合度本身）的加性遗传方差就可以从整个个体关系数据中估算出来。很典型的，大部分的形态性状（如腿的长度和颚的大小）可归因于加性遗传作用。也就是说，这类性状都表现为**狭义遗传力（narrow-sense heritability）**。然而，与适合度很相关的性状如出生重量和长度表现出更低的遗传力（图 19.32A），很多的观察都是这种模式（图 14.19）。最为重要的是，适合度本身的遗传力与零值没有显著性差异。这种模式惯例拿来说明：选择通过固定那些对适合度有正面作用的等位基因耗尽了加性遗传方差。但是，现在知道这种解释是错误的。适合度相关性状的加性遗传方差，如果用性状的均值做标准化，那它趋向于比其他性状要高（图 19.32B）。然而，环境成分（非遗传）的多样变异也很高，导致了很低的遗传力。

与适合度相关性状的遗传和非遗传成分的变异可能很高，因为这种类型的性状受到很多的有机体本身特点和环境的影响。因此，它们可能对遗传和非遗传的变化都很敏感。不管如何解释，结果是适合度的遗传变异方差很难准确估算。在马鹿的研究中，适合度中的加性遗传方差不显著大于零，因为非遗传成分的方差相当高。然而，加性遗传方差的真实值是存在的，反映在每代中在选择下增加了相应的适合度。

如果在适合度中有一个很高的加性遗传方差，那选择就会在每代中增加适合度均值，接着其他的过程，必要的，不管是突变、迁移还是一个有害的环境将会平衡这种增加。否则，适合度和群体大小将会无限增加。如果人为地去除选择，那由于这些过程造成的适合度降低速度就可以计算出来。这就提供给我们一个间接的方法测量适合度中必

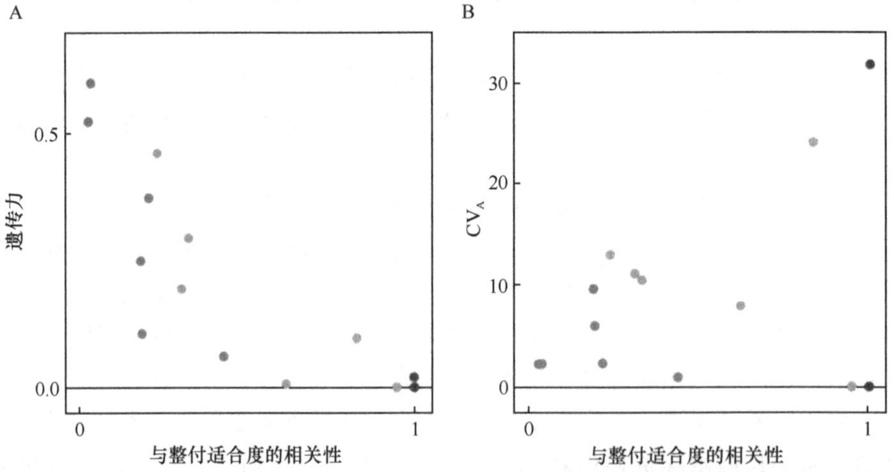

图 19.32　苏格兰岛上马鹿群体中的适合度数量遗传。（A）形态和生活史性状的遗传力随着性状与适合度相关性增加而降低。紫红色点表示适合度本身的遗传力，在两性中估算值都在 0 附近。（B）类似的加性遗传方差与均值平方 CV_A 的标准化作图。整体适合度在雌性中 CV_A 接近 0（下方紫红色点），但在雄性中 CV_A 值很高（上方紫红色点）。

须阻止退化的遗传方差。确保每个个体产生相同数目的后代可以简单地去除自然选择的影响。在果蝇中，生育和产卵能力在初始条件下每代降低 0.2%，但在竞争条件下以一个数量高的速度降低（大概每代 2%）。因为不存在不迁移的和环境稳定的人为条件，这个降低是突变造成的。因此，这个速率等于关于有害突变的适合度的加性遗传方差，这种加性遗传方差平时就是平衡突变带来的有害后果。

其他一些去除选择作用的实验中也观察到类似的适合度下降，这些实验要么利用高自交群体要么利用果蝇中的**平衡染色体（balancer）**（注解框 13.2）。在开花植物拟南芥和水蚤（*Daphnia pulex*）中，适合度成分每代降低 1%左右。相反，更低的下降发生在一些原生动物、大肠杆菌和线虫中。正如在第 12 章中讨论的，这些低的下降速率也许反映了有害等位基因的基因组突变速率比较低。

总体选择程度受遗传负荷限制

我们已经知道不管是直接还是间接地度量自然选择的程度都是很困难。另外一个问题就是原则上是否选择的力量有一个上限。有多少性状和基因可以被选择，选择的速度又是如何？自然选择通过对随机变异的不断选择塑造了编码复杂生物体中让我们难以置信的基因组合。直觉上来说，这个过程运作一定存在某种速率限制。对植物或是家畜的观察反映出一个很现实的问题：一个家养的物种用什么样的最快速度得以优化？虽然这个问题似乎很直接，但它还是很难定量回答，而且并非如前面我们所猜想的，其实这个限制是很不严格的。

适合度均值增加速率所受限制之一是后代数目的方差，也就是适合度中的总方差。适合度中的加性遗传方差不可能比这个总方差还大，并且如我们所看到的，其实它可能更小（也就是适合度的遗传力很低）。然而，多数有机体在总适合度上有很高的可变性，这就使得这种限制表现不明显。而且，即便是许多位点上的中等强度选择也只会得到一个适度的低适合度方差（图 19.33）。

相对于最大可能性方差而言，适合度均值才是更要紧的限制因素。这种相对于最大可能性的适合度均值降低被称为**遗传负荷（genetic load）**。更精确的，我们定义这个负荷为 $L=(1-\overline{W}/W_{\max})$，其中 $W_{\max}$ 是适合度可能的最大值而 $\overline{W}$ 是适合度的均值。我们可以理解遗传负荷为群体的平均适合度 $\overline{W}$ 相对于最大适合度 $W_{\max}$ 减少的比例。因为群体不是在适合度为 $W_{\max}$ 维持最优表型的理想状态下存在的，而是在自然选择下进化。

不同类型的负荷对应不同类型的选择

与有利等位基因选择相关的负荷是 J. B. S. Haldane 定义的，他称这种负荷为**自然选择代价（cost of natural selection）**，也称为**替换负荷（substitution load）**。设想环境突然变化，那群体就会遭受适合度均值的剧烈下降。我们用 Haldane 以前举的例子加以说明，想象一下当工业污染物使桦尺蠖（*Biton betularia*）栖息地变黑，这就使得它们丧失伪装（图 1.38 和图 17.18）。理想情况就是整个群体立即被最适基因组型的群体替换，也就是黑化蛾。事实上，黑化蛾经过了几代后才在群体中达到了很高的频率，许多非黑化蛾都被鸟吃掉了。这个例子的替换负荷就是适合度均值的降低，因为群体并没有

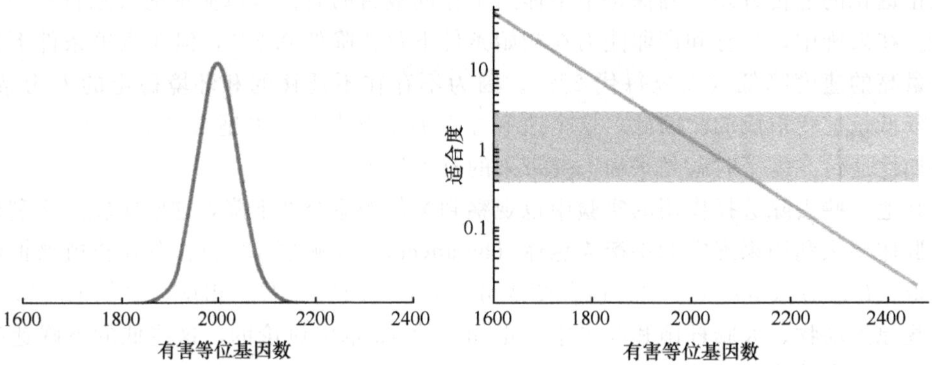

图 19.33 大量基因的选择产生适度的适合度变异。例如，在 $n=10\ 000$ 二倍体位点，频率 $p=10\%$ 的等位基因中，$s=1\%$ 选择条件下，最终得出适合度的整体方差 $2ns^2pq=0.18$。多于 98% 的个体有 1900～2100 个有害的等位基因，因此它们的适合度范围位于群体均值 0.37～2.7 倍的区间（阴影部分）。左图是每个个体有害等位基因数目的分布。右图表示在假定了多重因素下，适合度是如何随着有害等位基因数增加而降低的。个体均数适合度定义为 1。

立即变成黑化蛾，而是随着时间积累下来的（图 19.34 中阴影部分）。这代表了群体中一个真实的负荷，它减少了群体的存活率还有数目。

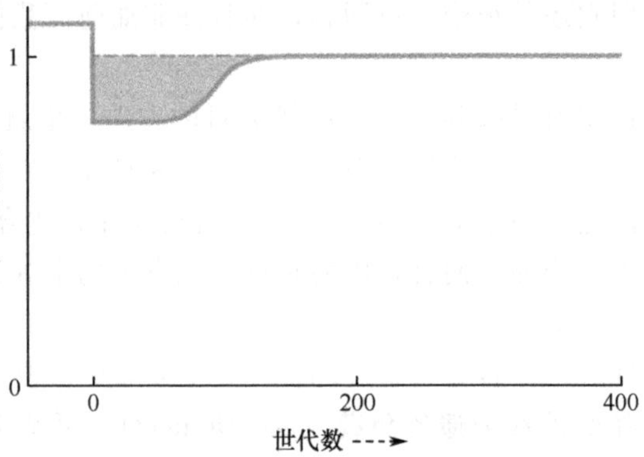

图 19.34 一个等位基因替换另一个等位基因会产生替换负荷。起初，群体适合度均值是 1.1。环境突然改变，适合度均值降低了 0.8。一个等位基因 P，原先这个等位基因不是有利的，在选择的条件以很低的频率在群体中存在（$p_0=0.0001$），现在变得有利了：基因型 QQ、PQ 和 PP 的适合度分别变成了 0.8、0.9 和 1。大约 100 代后，这个等位基因变得很普遍，清洗了其他的等位基因型而固定下来。然而，在等待自然选择适合过程中，群体经受了适合度 20% 的降低。这种净损失，图中阴影部分表示的，为 $2\log_e(1/p_0)=18.4$。

Haldane 表明，假定一个加性基因起作用，那选择性死亡的总数需要从等位基因的频率 p 增加到固定下来大约为 $2\log_e(1/p)$。值得注意的，这种负荷与选择的强度和模式没有关系。这是因为受到强选择的等位基因在每代会造成高的死亡率，固定下来很快；而弱选择的等位基因每代造成很小的负荷，要很长的时间才能固定下来。从许多模型我们得出，假若等位基因起初是稀少的，净负荷 $L=10\sim40$。这个数目是每个生育群体中**选择性死亡（selective death）**的总数。例如，如果一个群体有 100 万个个体，那替换负荷 $L=20$ 意味着 2000 万个体不能繁殖，因为自然选择现在要起作用使得群体完成适应。

Haldane 论点提示群体每代不可有太多的氨基酸替换，这也是中性理论的关键所在。如果我们在物种间观测到不同的适应性氨基酸固定，那替换负荷到底有多大才行呢？在两种果蝇（*D. simulans* 和 *D. yakuba*）分歧的 600 万年间，比较同义和非同义的多样化和变异发现大约有 270 000 个适应性的替换。假定每年有 10 代，并且分歧在两个进化分支中都在发生，那么粗略估计大约每 $2\times(6\times10^6)/270\ 000=450$ 代有一个替换。因此，每代的负荷范围为 $(10\sim40)/450=2\%\sim10\%$。类似的估算来自人与旧大陆猴的分歧比较。这个水平上的选择在快速繁殖的物种如果蝇中很容易适应，即便在如我们人类这种繁殖很慢的生物体中也不是很奇特。然而，如果适应是在一个很短的时间点（如物种形成、在环境改变时间点上）或者一些非编码序列不同的确也是适应性的，那替换负荷将会变得很大。

有害突变和稳定选择也会造成遗传负荷

有害突变的不断产生也减少了群体的平均适合度。在注解框 18.2 中，突变 μ 和选择 s 存在平衡，有害等位基因的平衡频率为 μ/s（在这里，s 是一个有害等位基因造成的适合度减少；在二倍体中，它是相对野生纯合体杂合子适合度的减少）。现在，基因中每个拷贝的适合度平均丢失为 $sp=\mu$。因此在单倍体群体中，每代中为了排除有害突变丢失的适合度等于总突变率 μ。而二倍体中，每个个体携带一个基因的两份拷贝，所有**突变负荷（mutation load）**是突变率的 2 倍：2μ。

如同替换负荷一样，有害突变的结果也与选择强度没有关系。弱的有害等位基因对携带它的个体很少造成影响，但也会在群体中积累到很高的频率。最终结果不需要数学模型就可以理解，因为突变引入到群体的有害突变最终将会被选择性死亡清洗掉。

如果我们假定适合度影响是不同基因的乘积，那总体适合度均值就是 $(1-\mu)^n$，近似为 e^{-U}。其中，n 是每个个体遭受有害突变的基因拷贝数；而 $U=n\mu$ 是全基因组中总有害突变率。虽然每个基因的突变率很小，但是总突变率 U 可以很大（图 12.23），而且可能最终对整个群体的适合度均值产生巨大影响。在二倍体中，同一个位置的两个拷贝都可以突变。因此，n 是位置数的 2 倍，约定俗成 $U=n\mu$ 表示一个二倍体基因组的突变速率。

其他与遗传负荷相关的过程也有类似的影响。稳定选择也被称为**隔离负荷（segregation load）**。如果杂合子比纯合子适应得更好，那多样性将会持续下去（注解框 17.1）。然而，纯合子依旧产生存在，所有群体中不可能含有超过 50% 的最适基因型——杂合子。迁移会使得群体携带一些不适合新环境的等位基因（见第 16 章）；随机漂变使群体偏移了它们最佳等位基因频率；重组打破了由于选择建立的基因组合（见第 23 章）。所有这些过程都降低了适合度，必须通过自然选择来平衡。一般说来，它们也是选择限制的——适应性变化的固定，基因组中功能重要区域的突变率，稳定多样性的数目，这些都受到选择限制。

基因间的相互作用可以显著减轻负荷

上面讲到的简单负荷论点受到很大的争议，争议的焦点是单个位点的负荷能否外推到整个基因组。事实上，基因可以相互作用使得整体负荷远小于单个基因的计算值。设想环境改变了，那么就有很多当时是很罕见的等位基因变得有利。如果当中每个等位基因对适合度的影响都是独立的（如一个提高早期存活率的 10%，另外一个增加雄性交配成功的 1%），那么根据 Haldane 计算，固定它们的选择性死亡数将与参与这一过程的基因数成比例。然而，如果每代中携带最有利突变的个体被选择繁殖，那么选择将会高效率进行。这种群体中最优的选择被称为**“截断选择”（truncation selection）**，在这种选择下，指定的群体将会最为快速地对选择做出反应。也正因为如此，此种选择经常运用在人工繁殖中。如果有利等位基因很罕见，那替换负荷的境遇将会很严重，那么每代中任何一个有利等位基因都会受到选择而且负荷与适合度相关的基因数就不相关了。

在突变和隔离负荷中也有类似的争议。我们知道，截断选择比起单基因的选择更加有效。如果截断选择作为一个典型，那么负荷论点将对固定有利基因排除有害基因或是维持群体中多样性的自然选择力量没有设定任何有力限制。然而，一个问题又产生了：自然界中，选择真是以这种方式运行使得群体一直是最优状态的吗？我们在第 23 章再来讨论这个问题。

基因间相互作用使得理论估算群体适合度减少值变得很困难，因为有机体是在自然选择条件下进化的，而不是我们设想的一些理想状态。然而，我们知道遗传负荷是真实的。大约 1.5%的人的新生胎儿会遭受一些遗传疾病，而更大比例的一些新生儿会遭受有着很强遗传成分的疾病。我们有人类群体中由于新突变使得个体不能存活或生殖的例子，也有隔离负荷（如地中海贫血症；注解框 14.1）和替换负荷（如西方饮食相关的疾病如乳糖耐受，第 26 章的例子）。

不存在完美的基因型。一些遗传疾病和自然衰老可能是必然的代价。例如，免疫系统的成分丢失可能对某些疾病耐受，但可能对其他疾病会增加易感性；还有之前提到过的 Duffy 等位基因可以对疟疾耐受，而 CCR5-Δ32 等位基因可以对 HIV 产生抗性。不过可以说，许多生物中的疾病都依赖我们受到的自然选择。

小结

我们讨论了很多类型的自然选择。也有很多很好理解的自然选择例子，如可见的孟德尔多样性，个别基因还有数量性状位点的选择。选择的作用可以从实验室或是自然界群体中观测到，也可以从 DNA 序列的变异中推论得到。选择可以很清楚地说明化石记录中的快速变化，也可以说明我们人类进化本身。正如达尔文所说，选择最强的证据来自农场和实验室里头的人工选择结果。

然而，也有很多未解的问题存在。遗传变异中的**平衡理论**和**经典遗传理论**的争议转变成了 20 世纪 70 年代的**自然选择论者**和**中性主义者**的大辩论，至今争论还没有平息。广泛接受的观点是物种间和物种内的大量 DNA 变异对适合度没有显著的影响，而功能序列会由于负向选择防止有害突变的产生。然而，物种间功能序列的差异有多少比例是选择决定的，有多少比例的物种内多样性是稳定选择造成的而不是突变引起的。

还有很多关于自然和选择广度的具体问题也没有解决。选择造成的适应占了 10%还是 0.1%或是其他？适合度中有多少变异是可遗传的？稳定选择作用在哪里？罕见的等位基因如何获得优势的？选择对非编码序列到底影响有多大？在如此多样化的物种间，为什么遗传变异水平是差不多的？

从 DNA 序列样品中间接地度量选择使我们有希望解决上述问题，而且这类方法可以推广到整个基因组上。通过比较分歧速率，我们可以方便地鉴定受选择的功能序列。类似的，基因组水平的适应性进化速率也正在研究。然而，在今天的群体内度量选择强度和发现它是如何作用的还是很困难。正因为如此，实验室的遗传操作和谨慎的统计分析显得尤为重要。

延伸阅读

Barton N.H. and Partridge L. 2000. Limited to natural selection. *BioEssays* **22:** 1075–1084.
讨论各种类型的遗传负荷以及其他对自然选择有效性限制的因素。

Bell G. 1997. *Selection: The mechanism of evolution*. Chapman and Hall, New York.
一篇关于直接度量对基因的选择以及数量性状的综述。

Burt A. 1995. The evolution of fitness. *Evolution* **49:** 1–8.
综述关于选择的各方面理论，着重探讨适合度中的加性遗传方差。

Eyre-Walker A. 2006. The genomic rate of adaptive evolution. *Trends Ecol. Evol.* **21:** 569–575.

Kimura M. 1983. *The neutral theory of molecular evolution*. Cambridge University Press, Cambridge; Gillespie J.H. 1991. *The causes of molecular evolution*. Oxford University Press, Oxford; Hey J. 1999. The neutralist, the fly, and the selectionist. *Trends Ecol. Evol.* **14:** 35–37.
Kimura 和 Giuespse发表关于选择对分子进化重要性的截然不同的观点。Hey(1999)综述了最近中性理论支持者和选择论者观点的不同。

Kingsolver J.G., Hoekstra H.E., Hoekstra J.M., Berrigan D., Vignieri S.N., et al. 2001. The strength of phenotypic selection in natural populations. *Am. Nat.* **157:** 245–261.
探讨“在野外条件下的自然选择”。

Kreitman M. 2001 Methods to detect selection in populations with applications to the human. *Annu. Rev. Genom. Hum. Genet.* **1:** 539–559; Fay J.C. and Wu C.I. 2001. The neutral theory in the genomic era. *Curr. Opin. Genet. Dev.* **11:** 642–646.
综述利用序列变异检测选择的方法。

Lynch M.J., Blanchard J., Houle D., Kibota T., Schultz S., et al. 1999. Perspective: Spontaneous deleterious mutation. *Evolution* **53:** 645–663.
综述由有害变异导致的选择的各方面理论。

Nielsen R. 2005. Molecular signatures of natural selection. *Annu. Rev. Genet.* **39:** 197–218; Fay J.C. and Wu C.I. 2003. Sequence divergence, functional constraint, and selection in protein evolution. *Annu. Rev. Genom. Hum. Genet.* **4:** 213–235.
综述最近大量采用序列变异来推导进化进度的研究。

第 20 章

表型的进化

我们并不清楚负责形态和行为多样性的具体遗传学机制。那么，我们能了解这些性状的进化吗？本章中，我们将讨论不依赖于遗传学的方法。我们无须知道基因是如何决定这些表型以及它们有多少遗传方差。实际上，大多进化生物学的成功并非依靠了解决表型的精细机制。达尔文发展出自然选择的进化论，他基本就没有提及遗传，而综合进化论基本框架的建立也早于我们对遗传分子基础的了解。

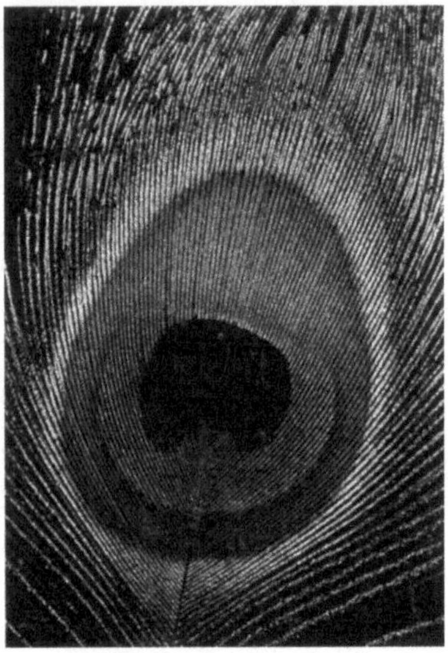

我们首先讨论进化如何优化表型。经典的例子就是眼睛的结构，它优化了我们的视觉功能。而我们讨论的主要例子是老化的进化，它是优化生活史的一部分。我们将会知道生物体之间如何相互作用，这被称为**进化博弈论**。这方面我们举的主要例子是称为**性选择**的雄性与雌性的相互作用。所有这些，我们从博弈理论中就可以理解，当然它们的遗传学基础也是很重要的。

哪些有机体应当进化？

我们已经知道选择是如何作用使得不同的基因型有着不一样的适合度也使得这些基因型以特定方式遗传下来（第 17 章）。我们也了解了选择是如何与其他的进化驱动力相互影响（第 18 章），选择是如何得以检测的（第 19 章）。其实选择行为是很简单的，如一个增加了适合度的等位基因将越来越占群体的主要地位。如果适合度的改变是伴随着群体某一成分改变而变化的，那选择的结果可能会变得更加复杂。例如，一个多态性可能是**稳定选择**而维持下来的。如果是一个很小的群体，自然繁衍和随机突变也会使进化过程高度地随机。但是，如果我们知道不同基因型的适合度和它们的遗传方式，那我们就可以预测出这个群体倾向哪一个方向进化。

然而，群体遗传学的方法本身并不能告诉我们什么将会进化。要解决这些，我们需要知道哪些是适应，哪些却不是。很显然，这个问题依据不同情况而定——也就是有机体和它所处的环境，所以我们也不能期望会得到一个很详尽具体的预测。例如，编码 20 种氨基酸的标准遗传密码子，它有 64 种三联方式，由其中哪个三联密码子编码某个氨基酸也是很随机的，我们并不能精细推断出来。而昆虫的巨大多样性也可能就是它们附肢的不同用途所造成的（图 20.1）。同样的，即便我们了解昆虫的发育，我们也不要期望能简单地预测这种多样性。不过，有很多方法可以让我们大体了解哪种表型是适应的，我们也可以大体推断哪种生物体将受到自然选择。本章内容就是要讨论这些方法。

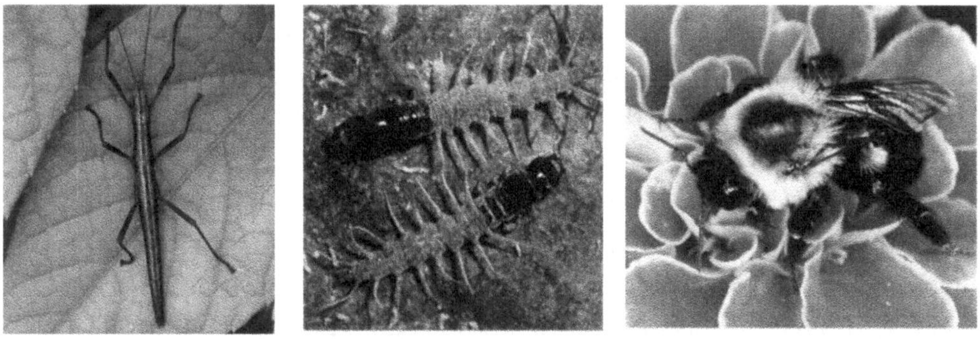

图 20.1　昆虫的附肢有很多用途。

虽然我们在此讨论的方法都很普通，但它们都是基于两个内容发展出来的：**生活史**的进化和称为“**进化博弈论**”的对行为的理解。生活史是一个生物体生存和繁殖的方式。我们可以问这样一个问题：何时生物体要繁殖？它一生只繁殖一次还是在很长的一段时间内都可能进行？它能存活多久？对于雌雄同体的生物而言，资源是怎么分配给雄性器官和雌性器官的呢？这些问题都可以当成是最优化问题来解释，即在一定的限制因素下，什么样的生活史可以克服特定的限制使得生物体产生最大的整体适合度？

当群体内个体间存在着相互作用时，我们不能把进化过程简单地看做是一个最优化过程。其实并不存在“最好”这种情形，即便有，进化本身也不能确保产生出来。一个富有成效的方法认为进化就是不同生物体间进行的游戏。这就有了**进化稳定策略**，一种不能由任何其他策略所代替的策略。在第 17 章和第 18 章中，我们知道不同个体的相互作用如何使得选择要依赖于群体的特定成分。当时我们重点放在**频率依赖型选择**是如何维持遗传多样性的。而在本章中，我们要讲述博弈论是如何帮助我们理解这种频率依赖，而不去关心其中的遗传学细节。

在本章的最后一部分，我们转而讨论雌雄的相互作用如何导致性选择。这是一个重要的进化过程，它是达尔文首次提出的，在过去的 20 年间有很多的研究工作集中在这一方面。在这里，我们将会知道博弈论和遗传论据都很重要。其实，很多辩论都是源于这两种不同方法引发的思想之争。

进化中的优化

许多进化可以理解成优化

在达尔文之前，自然界中精巧的复杂性被认为是为了执行某一功能而产生的。例如，在19世纪初，Richard Paley把眼睛比作当时的光学仪器，给出了一个关于脊椎动物的眼睛如何适应需要的详细描述。眼睛并非只是简单在视网膜上形成清晰图像，虹膜要限制光的进入，晶状体则使得不同颜色的光能够聚焦到一起，肌肉调节眼球使得眼睛能够聚焦在一定的距离上。诸如这些**自然神学**的研究只是为了揭示上帝设计得尽善尽美。现在，我们知道了自然选择造成了这些适应性的结构而非什么“设计”。然而，生物体很多的特征依然可以理解为接近最优化，不管它们是如何产生的。也就是说，我们把它们看成是生物体本身繁殖成功，或是为了繁殖成功所必要的一些功能成分的最优化结果。

在本章的稍后部分和下一章，我们将会经常强调与“某种程度上自然选择造成优化”的简单观念相悖的例外。我们也将了解不同个体的相互作用和基因间的相互竞争是以不同的方式遗传的，最终可能导致很明显的生物体不适应结果。这些例外可以告诉我们进化是如何工作的。如果生物体就是以简单的“最好”状态存在和繁殖着，那将没有所谓的进化历史，或者说要产生这个“最好”状态的过程就不会有。在进化上关系很远的物种，它们的有些结构特征会因为功能相似而相近。例如，蝙蝠、昆虫和鸟类都有翅膀，但它们都是对飞行各自独立的适应结果，这不能当成它们拥有共同祖先的证据。图20.2表示即便进化上很远的物种它们在某个活性位点上也会进化出相同的结构。这种趋同对物种间的祖先分析没有任何的帮助，因此，在进行比较分析推断进化历史时，我

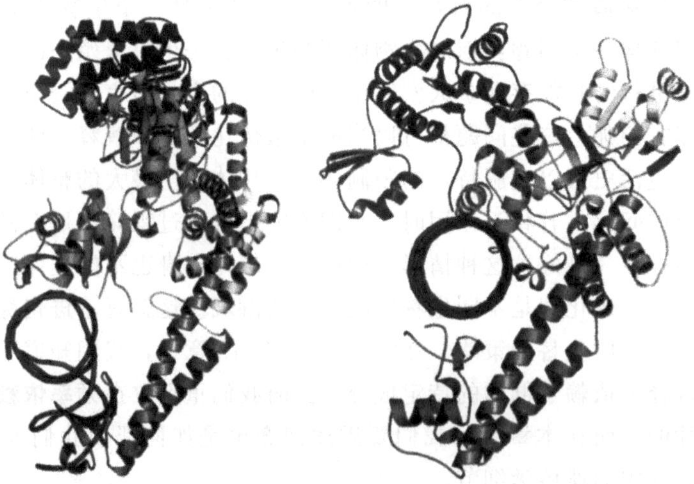

图 20.2 MutS（左）和拓扑异构酶Ⅱ利用非常相似的折叠结构结合DNA。然而，整个蛋白质序列则表明两者进化关系很远。颜色标识的区域为不同的结构域。

们必须很小心地排除这种趋同的特性而要集中在同源特性上进行分析。

然而，在大多数情况下，我们知道我们能清楚地提出某个蛋白质或是器官或是行为是干什么用的，这一点相当重要。这样在“特征都有它功能的优化倾向”假定下，我们接下来才能挖掘到底有多少特征是履行了它们的功能。其实我们对生物的大多数理解就是来源于器官是功能的特化单位并优化功能这一前提。如果我们这么想，并不是表示我们正在学习探究进化，而是我们已经有了进化是由简单的自然选择主导的前提，选择将会使得适合度最大化最终使得我们研究的功能最优化。

优化是相对于受到的限制来定义的

一个理想的生物在出生后就能繁殖，在无限的生命周期中一直都能维持很高的繁殖速率。当然，这种**达尔文精灵**不可能存在：因为有很多繁殖和生存的限制，这些限制是与不同生物所在的特定的环境相关的。我们通常关心在一定的限制范围内，某特定的性状到底能优化到哪种程度。并且，在这个限制之内，通常可以找出度量适合度的简单替换方法——就是用功能来解释，而不是尝试找出对适合度有功能的真正后果。我们在注解框 20.1 中用两个很不同的例子描述了优化的逻辑。

这种了解哪类生物将要进化的方法有时称为“**适应主义程序**”。在 1979 年，Stephen Jay Gould 和 Richard Lewontin 强烈地批判这一说法，主要基于两点：首先，我们并不能假定自然选择能真正地产生优化或者说是所有的特征都是适应性的。在任何情况下，其他的进化过程都会干扰选择，一个生物体的进化强烈地受到历史条件限制。Gould 和 Lewontin 在他们论文开始就讨论大教堂中由两边的拱门形成的三角形的空间，他们称为“拱背”。这个结构纯属装饰，它们毫无疑义是屋顶上两个拱门交叉后形成的副产物。由此例子延伸，我们可以推断许多生物体的特征起初也是其他变化的副产物，即便现在这个特征已经演化出一种必需的功能，它们的原始出现只是一种巧合。

注解框 20.1　优化论逻辑

优化论有一个简单逻辑。我们询问哪种性状或者哪些性状的组合将会得到最适适合度，这之间一定有某些限制条件。第一个例子中，我们关注一个单独的性状——粪蝇完成交配的时间。第二个例子中，我们查看细菌中整体代谢水平。

粪蝇的交配行为：雄粪蝇（*Scatophage stercoraria*）找到新的牲畜粪便，当雌粪蝇过来时，它们开始与之交配（图 20.3A）。接下来，它们在雌粪蝇粪中产卵时照看雌性。一个雄粪蝇必须花费一定的时间去求偶和照看雌性产卵（图 20.3B 左）。在这个例子中，平均时间是 156.5min。雌性个体通常会携带上次交配时候的精子，在新一轮的交配中这些精子会被替换掉。图 20.3B 中的实心曲线表示卵的受精比例随着交配时间延长而增多。

理论上，一个雄性粪蝇在一次交配过程中为了使适合度最大化，它将无限地进行交配。然而，它的寿命依赖单位时间上最大化受精卵的数目。这种适合度就是从原始（底部左边）点到曲线中某个点位置时的斜率，因为这个斜率反映了受精卵的数目与花费时间之比。因此，最适策略就是有着最大斜率的直线，如图 20.3 曲线中所示。

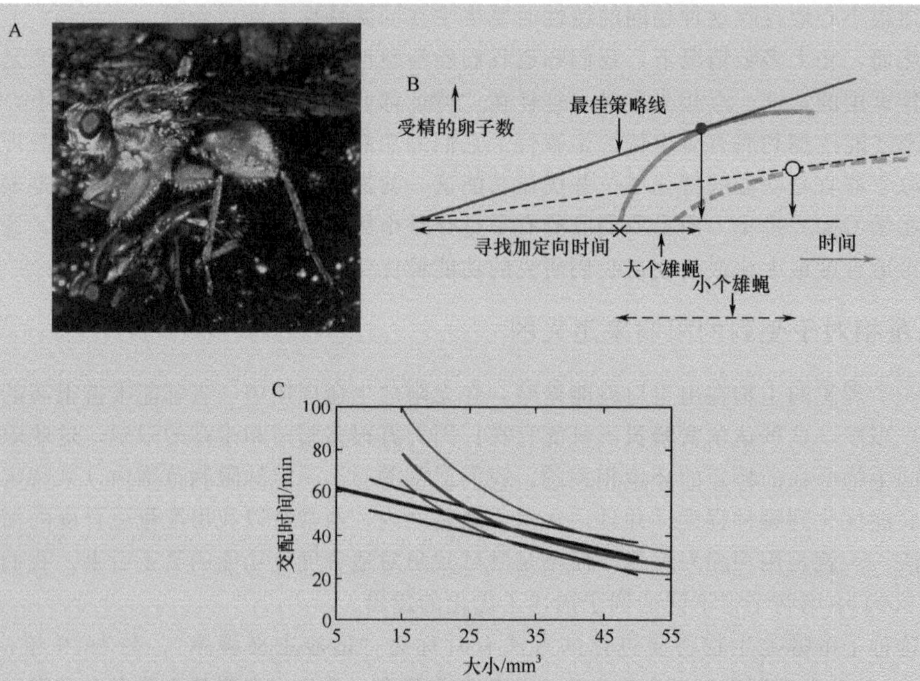

图 20.3　(A) 一对粪蝇的交配。(B) 粗蓝曲线表示雄性粪蝇受精的卵数目随着交配时间延长而增多。一个雄性的适合度是与单位时间内它能使多少卵受精成正比的 (也就是与图中直线斜率成比例)。这个最大化就是图中直线与曲线相切的位置，相切的那个点表示最适交配时间。虚线表示小个体雄蝇。(C) 关于雄性大小的交配时间观测值 (粗黑线) (粗黑线上下两线表示了计算值的标准误)，除了在左边那些个体很小的雄粪蝇，这与预测的优化线吻合很好 (红线，± S. E. M)。大小是指后胫骨长度的立方。

小个体的雄性个体输入精子相对慢。通常它们也要花费更多的时间成功地找到交配的个体，因为大的雄性有时会霸占它们的雌性，使得雌性不能与其他雄性再交配。因此，小雄性的最适交配时间更长 (图 20.3B 中的虚线)。最适交配时间与雄性个体大小这种预测的负相关是基于精子输入率和求偶照顾雌性时间计算得出的，它与真实情况吻合得很好 (图 20.3C)。在非常小的雄性中预测与实际值有差异，但这种雄性个体数目非常少。

这里，我们假定雄性控制交配时间，这个假设在这个例子中是合适的。在下一章中，我们将会看到雄性雌性之间竞争的一些后果。

大肠杆菌的代谢：构建一个细胞代谢的完全模型几乎是不可能的。每一步反应速率需要精确地测量，并且还要测量出所有底物、产物和调控分子的量。然而，代谢网络的结构是可以决定的，一些限制我们也可以设定——因为反应一定有着保守的原子和能量。这种方法已经运用到寻求在氧气消耗和碳源利用率上大肠杆菌的最大生长速率研究中。这种方法并不能决定绝对生长速率，因为它依赖的反应速率并没有特定标化。然而，它的确能解决不同反应间的优化关系。例如，图 20.4A 的红线表示了氧气消耗量与苹果酸盐量的优化关系；观测到的速率与预测 (点) 吻合。

群体在高稳定和高苹果酸盐浓度下生长更快，而氧气消耗量、苹果酸盐消耗量和生长速率的关系一直维持在优化附近。如果群体在苹果酸盐生长数代，它们的生长速率提高大约 20%（图 20.4A 蓝点），但相对速率依旧维持在预测的优化值附近。

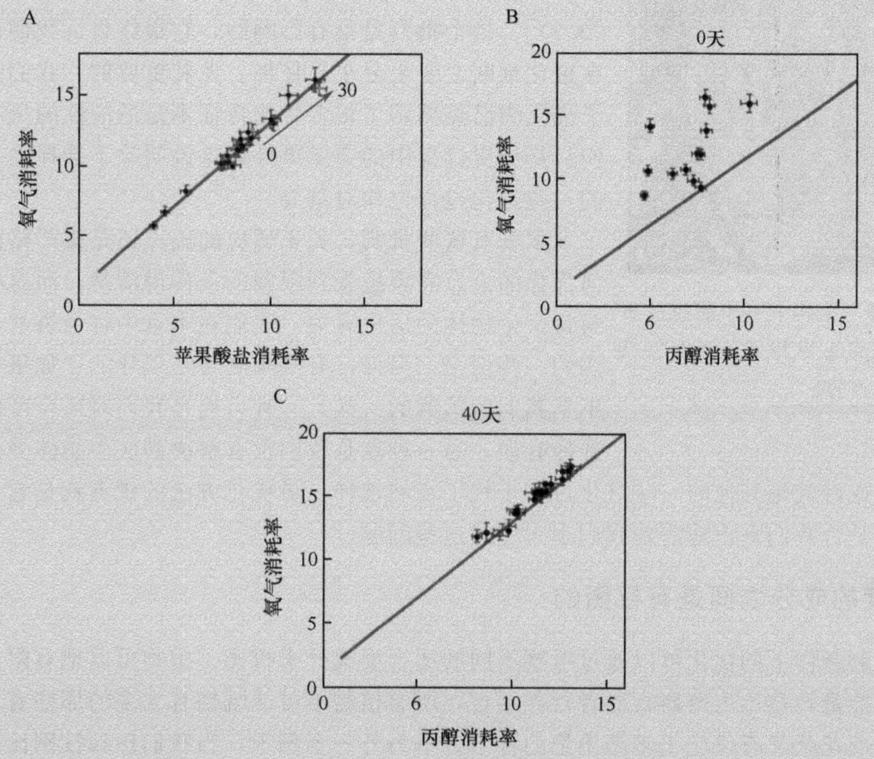

图 20.4　(A) 红线表示氧气消耗率和苹果酸盐消耗率使生长速率最大化的预测组合。点是不同温度和苹果酸盐浓度下的测量值。两个蓝点是考察了近 30 天（大约 500 代）的进化实验的开始和结束状态点。单位是每小时每克（干重）的毫摩尔数。(B) 在丙三醇培养下，基本群体生长不遵循预测优化趋势生长（红色）。(C) 然而，经过 40 天的丙三醇选择（大约 700 代），细菌现在遵循了预测优化生长原则。进化随着预测的优化进行可以从这三个重复实验看出。单位与（A）相同。

类似的结果也发现在琥珀酸盐、醋酸盐和葡萄糖下生长的大肠杆菌中，但是在丙三醇生长的细菌中，丙三醇消耗量的散点图与预测的优化有明显的偏离且生长速率也比预测的要慢（图 20.4B）。然而，当群体在丙三醇中培养 700 代，它们就进化出消耗量与模型预测值一致的生长策略（图 20.4C）。

在粪蝇例子中，单个性状（交配时间）得到优化，其他关于交配行为都可以类似加以研究。而大肠杆菌的例子则更复杂随意，因为推测基于整个代谢网络，它包含了 436 个代谢物和 720 个反应。然而在两个例子中，实验手段检验不同条件下的预测值都很严格：对粪蝇而言，考虑到了雄性个体的大小；对代谢网络，也考虑到了温度和底物浓度范围变化。

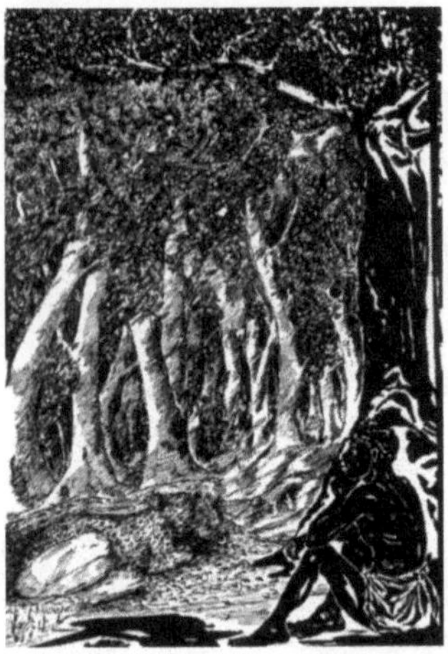

图 20.5 在其中一个假想故事中，Kipling 解释了美洲豹怎么会有斑点的。

Gould 和 Lewontin 的第二个论点是：适应主义者的观念会导致一个不能被证实的**假想故事**——都是不能用实验证明或者在现存的物种中也不能观察到的似是而非的解释［这个术语来源 Rudyard Kipling 给孩子讲的故事，它解释了美洲豹为何有斑点和其他的一些自然现象（图 20.5)］。这个批判是很有影响的，它最终告诉我们，以后在进化推断上要十分小心仔细。尤其重要的，我们知道分子进化中已经揭示了很多生物特征不是适应性的例子，它们只是历史过程中的突发事件，这说明除了选择之外其他的一些进化过程也相对重要。

尽管有这些批判，关于适应的论点还是很严格的。任何优化的论点需要把受到限制的条件说清楚，而这些限制与每个生物体的历史有关。我们在本章中将会讲解此类方法的一些例子。另外，有些预测会是误导的。如果生物体不是我们所预测的一样，一种可能是我们对适合度的度量选择有误，另一种就是我们没有解决到底生物体受到哪些限制，或者就是其他的一些进化过程干扰了自然选择。最优化方法的优点就是它允许我们检测是否我们真正地清楚我们手头上的这些问题。

适合度的成分之间是有权衡的

限制条件下的优化可以通过考察不同的适合度成分来**权衡**。植物可以把有限的营养资源和能量转移给生殖器官或者营养器官，所有植物不可能既拥有太多的那些有助于授粉的艳丽花朵又有供应很多高质量的种子。举另外一个例子，当我们想到**性别比**这个问题时，我们假定产生的后代数是有限的，那么更多的男性就意味着女性的个体数少了。原则上，不可能同时有最大的存活率又能达到最大的繁殖率。接下来，我们将会考查这些权衡如何检测和测量。而现在，我们只是要认清权衡是思考选择限制的另外一种可能方式（图 20.6)。

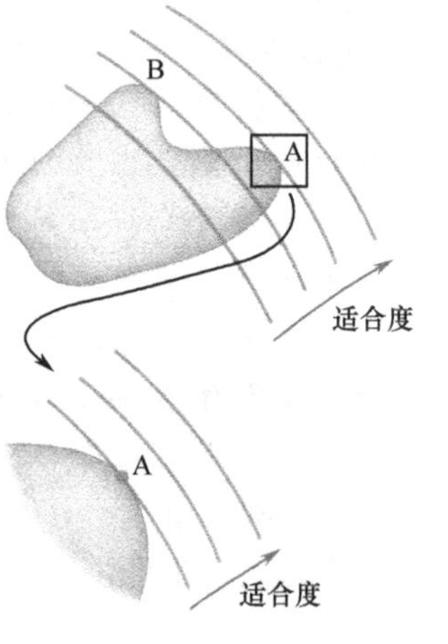

图 20.6 有限制的优化导致了适合度不同成分间的权衡。图表示一批可能的表型（绿色部分）和增加的适合度等高线（蓝色)。两个轴代表适合度成分中的两个性状。A 表示性状组合将会给出最高的可能适合度。嵌入框表示围绕全局优化值的区域。阴影部分的边界斜向下，因此适合度一个成分的增加不可能不伴随另外一个成分的降低。这就称为权衡。B 是另外一个区域性优化，对应着第二个**适应峰**，此时它的适合度没有 A 高，但同样我们看出两个性状之间的权衡。

一个很有意思的例子是从遗传物质本身来解释权衡是如何在优化方式中得以运用。为什么我们有 4 种碱基（A、T、G 和 C），而不是 2 个或是 22 个呢？或者说得更清楚些，生物体 DNA 和 RNA 进化也可以只通过 GC 配对或者 AT 配对。同样的，几个替代的碱基对也合成出来了，它也遵循 Watson-Crick 双螺旋，在体外也能进行复制（图 20.7）。因此，生物用 3 种或是 4 种碱基对，在“遗传字母表”里也就是 6 个或是 8 个碱基，单纯从化学方面考虑也是有可能的。

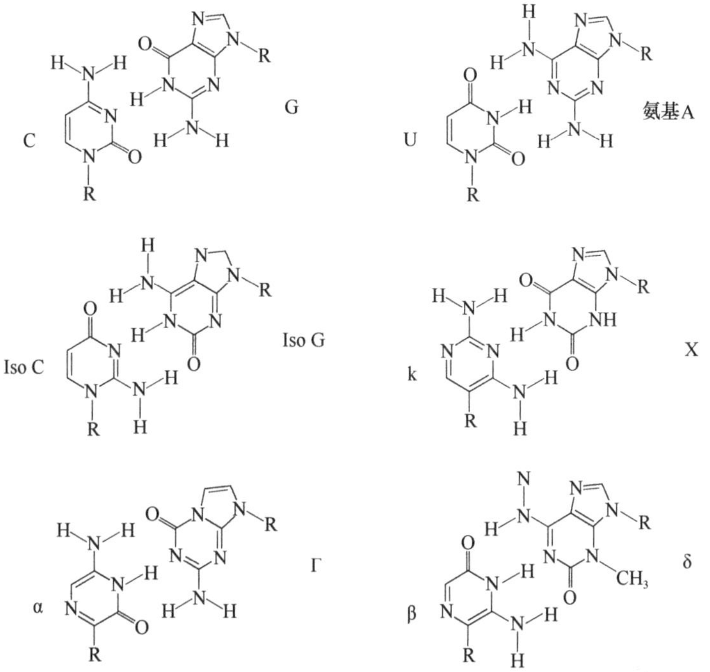

图 20.7　人工合成的 6 个碱基对，这样在遗传字母表中就有 12 个“字母”。图中前两对碱基对在真实有机体中是存在的（腺嘌呤做了一些修饰，所以所有的 6 对碱基对都由 3 个氢键组成）。

遗传系统可以理解成精确复制和生化功能可塑性的直接妥协，这个命题已经争论了好久了。在复制过程中，错配的可能依赖正确配对和错配之间的能量差异以及能替换的可能数目的多少。只有一对碱基对的复制当然能保持高精确率，因为只有 G 或者 C 在配对时要区分。在自然界，遗传密码子如果只是真的只有 GC 的确会比 GC 和 AT 一起编码要保真得多（遗传信息也仍然会被一对碱基配对遗传：每条链将由如 GCCGGGC……组成，那么氨基酸将会由 4 个或者 5 个碱基而不是 3 个碱基编码）。

然而，遗传系统已经确定是从 **RNA 世界**中进化而来，RNA 是一类既有遗传性又具催化活性的分子（第 4 章）。那么，要是有不止一对的碱基对那就会有更多反应的催化能力，因为更多的碱基对使得化学组成的复杂性上升了（同样的道理，蛋白质之所以有那么多的酶活性，就是因为它们是由 20 种不同氨基酸组成的）。从化学方面来考虑代谢速率和复制的精确性，从替代性的碱基已经合成而言，我们已经知道两个碱基配对方式是最有效的。而从最优化方面来讲，两个碱基的配对方式则受到根本性的批评，因为有其他的可能（如其他碱基）或是适合度度量是错误的（特别是，我们对哪类代谢是需要催化的所知甚少)。不过，所有这些争论都帮助我们理解为什么我们有这种特定的遗传字母表。

衰老

衰老并非必然

为什么在很多的生物体（包括人类本身）中，存活率和繁殖率在晚年都会有所下降？有维持生物体功能使之能无限繁殖的优化吗？虽然衰老初看是很荒谬的，但从进化的角度讲，了解衰老事实上对我们了解生活史有很大的帮助。

认清衰老和死亡的不同是很重要的。一个生物体即便它维持了生活史中正常的生理功能，也会由于突发事件死亡，如事故、捕食者或者疾病。衰老可以定义为随着年龄增加，生物体存活率和繁殖率下降。但是衰老并非必然。例如，一些鱼类，在它们生命中能继续生长，只要能够逃避突然死亡，它们都能一直存活和繁殖下去。但是也有例外，自然界中鸟类还有哺乳动物（包括微生物）随着年龄增长，它们的死亡率都会增加（图20.8、图20.9)。

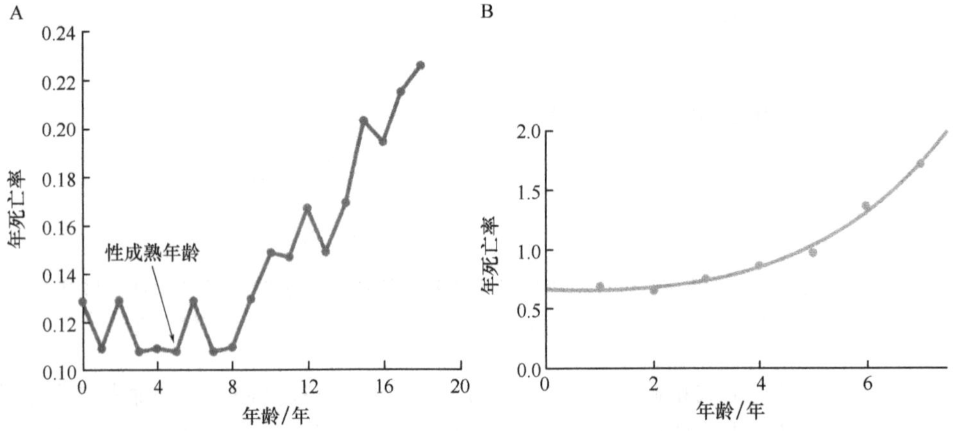

图 20.8　自然界群体中，随着年龄增加死亡率也增加。(A) 环斑海豹；(B) 白领姬鹟。

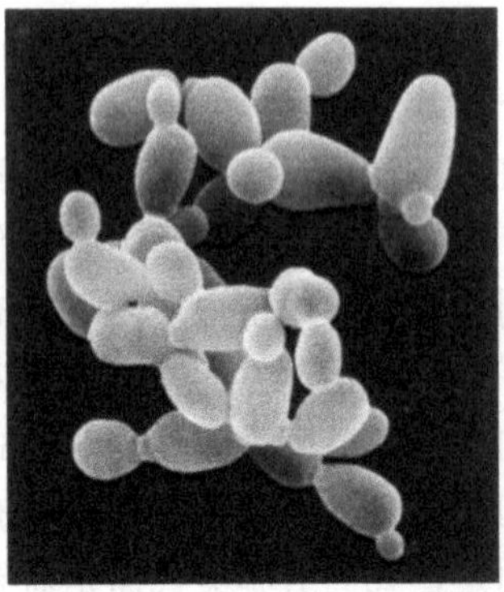

图 20.9　酵母白色念珠菌中的不对称分裂。酵母细胞可以通过出芽方式产生比它个体小的子代，但是母细胞并不能无限出芽。

衰老并不是简单的生理限制的后果。推测下来，由于有很多的损伤积累，生物体能存在多久是有限制的。例如，随着两个或者多个控制细胞生长的基因突变，肿瘤就发生了。在生命中，体细胞突变一直在发生，这也是肿瘤引发的死亡随着年龄增加而增加的原因。然而，有些人认为任何损伤都可以修复或者避免，其实，在机体内的确有一些细胞器是执行这个功能的（第 12 章）。我们都知道生物体不可能存活到它生理的极限，原因很简单：一个生物体在良性情况下能比其他个体存活更久。海龟、蝙蝠和鸟类都有比那些同等大小的动物更长的寿命，相反，鲑鱼一生中仅一次从海洋迁移到淡水完成它的繁殖，不久后就死去。因此，衰老的程度是可以进化的，而且可能与我们观察的现象并不一致。

年老个体对适合度几乎无贡献使得衰老得以进化

存活和繁殖随着年龄增加而降低的一个基本原因就是选择对老年的生物体作用很弱。想象一下，如果一个生物体不会衰老，一直存在和无限地繁殖下去，这个生物体同样也会由于突发事件死亡，平均来讲，由于死亡原因早期的繁殖比起后期的繁殖会产生更多的子代。那么，自然选择在生活史早期对个体变异的作用相当大，而在晚期自然选择作用就相对很弱了（注解框 20.2）。如果是这样，结果就是衰老开始进化，接下来的反馈会使自然选择对后期的作用变得更加弱。极端的例子，像鲑鱼一生就繁殖一次，所以繁殖后，鲑鱼到底是死是活已经不重要了。

注解框 20.2　对生命后期的选择作用很弱

在这里，我们描述对两性生物体的生殖和生存选择是怎么随着年龄推移而变弱的。我们选择黑腹果蝇系做早期和后期繁殖实验。与料想的一样，在两性中繁殖和生存有偏移（图 20.10）。

图 20.11 中对应的图表明易感的雄性适合度在繁殖和生存上是怎么变化的（雌性也有类似趋势）。这是生命史中选择强度的一种测量。重点是，在生命后期，选择非常得弱。也就是这个减少的选择压造成了最终衰老。

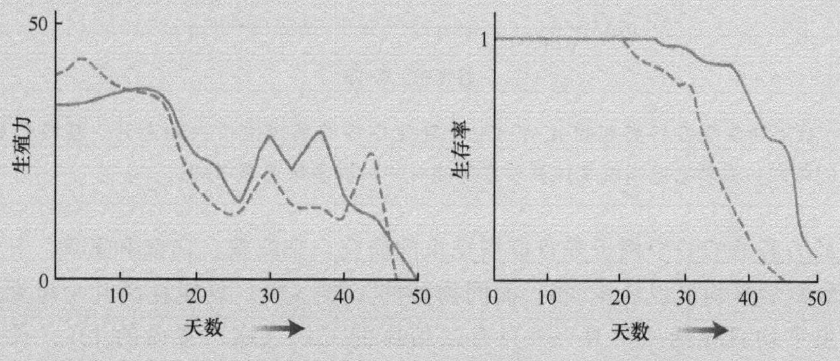

图 20.10　雄性蛹羽化后生殖力和存活比例随时间的变化。雄性生殖力由相对标准竞争者交配的百分数计算得出。虚线对应“早期繁殖”果蝇系，实线表示“后期繁殖”果蝇系。

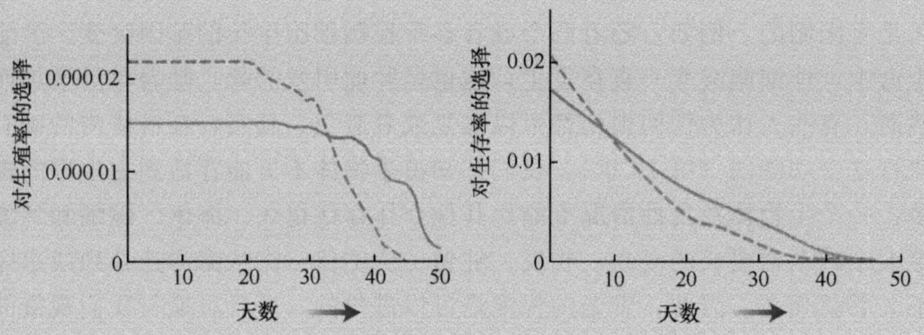

图 20.11　雄性果蝇中，对存活率和生殖力的适合度灵敏性。对生殖力而言（左），单位同图 20.10。对存活率而言（右），图中的单位是指在死亡率的单位下降中每天的增长率。这些图与图 20.10 用了同样的群体。

两个图中，选择在早期繁殖的果蝇系中，生命早期很强（虚线）；在后期繁殖的果蝇系中，选择在生命后期很强（实心曲线）。这种差异在繁殖的选择上（左）要更大于生存的选择（右）。因此，由于选择使生活史偏向早期繁殖，选择本身对年轻个体也更加偏好。

基于衰老的进化解释，我们预测一个很低死亡率的生物体，衰老应当并不严重。这与相对长寿的如鸟类、蝙蝠和海龟这些物种现象是一致的，它们由于能飞，或者有壳更加能逃脱天敌。在许多鸟和哺乳动物中，衰老速率的确是同物种本身的死亡率基线相关联的（图 20.12）。

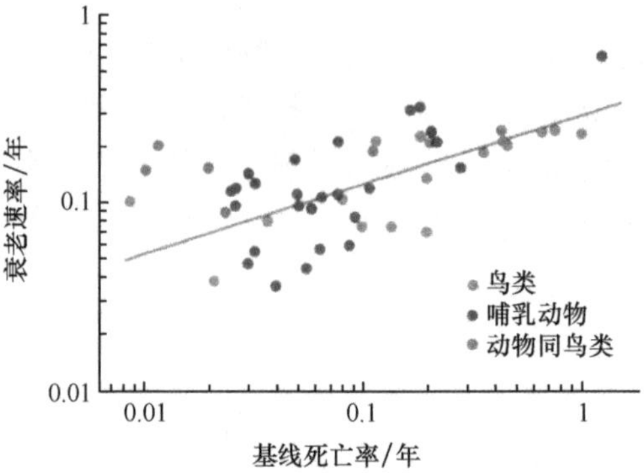

图 20.12　衰老速率随着鸟类和哺乳动物中意外死亡率的基线值增大而上升。基线死亡率是图 20.8B 中的截距，而衰老速率就是计算死亡率随着年龄以多快速率增加。

或许最为震惊的一个例子来自群居昆虫的研究，如蚂蚁、白蚁和蜜蜂。在这些物种内，蚁（蜂）后平均可以活 10 年，而同物种的工蚁（蜂）只能存活几个星期。这些单倍体的昆虫平均只存活一个月——只有二倍体的工蚁（蜂）寿命的 1%。长寿的工蚁（蜂）是可以预测出来的，因为它们生活在一个防卫森严的蚁（蜂）巢中，并且随着工蚁（蜂）本身个体生长，它们的繁殖率也增加。在群居昆虫中，那些蚁（蜂）巢经常迁移的蚁（蜂）后要承受迁移带来的风险，所以它们的寿命比起其他的蚁（蜂）后要短得多。要产生很多卵，代谢消耗又大，蚁（蜂）后也能这么长寿的确相当奇怪了（它们每天产生的卵比它们的体重还重）。

衰老的这种进化解释大家都普遍认可。很少受选择的性状趋向退化，在某些情况下，退化产生的反馈还有可能导致性状完全消失。完全丢失功能的例子，如无眼的洞穴鱼（图 17.8），它退化产生了假基因，最终基因不再表达了。例如，在细菌中一些基因丢失，或是丢失一些不必要的代谢功能（图 18.5）。至于那些选择很弱、部分退化的性状，例子就不容易发现了。不过我们已经知道在酵母和大肠杆菌中表达不是很强的基因，它们的**密码子使用偏好**也很弱（图 19.26）。

不受选择的性状为什么会退化，或是在衰老这个案例中为什么存活率和繁殖率随着年龄会降低，这里面有两个主要原因：首先，优化的生活史在早期权重很大，这正是预测对适合度最有贡献的时候；其次，有害突变对生命后期来说不会太多地减少适合度，从而得以积累。优化和突变积累假说都对衰老有贡献。然而，我们在接下来的内容中就会知道现今的证据更加支持第一种假说。

衰老是优化生活史中进化的一部分

优化生活史包括生物体早期和后期的存活繁殖之间的博弈（注解框 20.3）。某种程度上讲，生物体后期的繁殖对适合度贡献很小，所以最好的妥协是以衰老为代价而在青壮期进行大量的繁殖。用遗传学的术语讲，就是一个对生物体早期有利的等位基因是很

注解框 20.3　衰老的进化

权衡和衰老的进化可以用有两个年龄类型的生物体模型解释（图 20.13）。每个雌性在两个年龄段各产生一个子代。那么，生活史可以用两个数字表示：从出生到年龄 1 的存活率（J）和从年龄 1 到年龄 2 的存活率（A）。绿色曲线表示存活率的最大可能值，它也反映了成体和青少年个体存活的权衡。蓝色曲线表示适合度的等高线，一直增加到最右上角。优化生活史就在适合度等高线与权衡曲线相结合的位置（空心环，$J=0.935$，$A=0.505$）。注意，比起成体 A 值，适合度很大程度上更依靠青少年 J 值。很简单，因为许多个体在没有成熟前就死去了。从优化环衍生的箭头表示由于有害突变（速率为每基因组 $U=0.1$）使得存活率较优化值有所降低。水平的箭头表示突变作用只影响成体的存活率。当净突变率超出一个阈值（$U>0.067$），这些突变将会无限制积累下来。年龄 2 的繁殖将会崩溃，如文中所讲。对角斜箭头表示突变既影响了成体又影响了青少年个体；这时就没有阈值，随着净突变率 U 的增加，存活率也稳定降低。

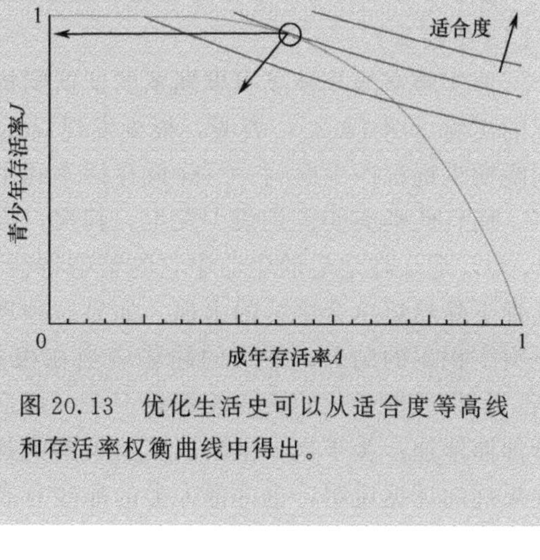

图 20.13　优化生活史可以从适合度等高线和存活率权衡曲线中得出。

受欢迎的，即便这个等位基因在生物体的老年期有不利的**多效作用**。基因在何时表达（在有生物学意义的情况下）并不重要，重要的是它何时影响了适合度（例如，一个基因可能在胚胎发育成心脏中表达，在个体年轻时，它可以提高心脏功能效率，不过，到了个体晚期，它则可能增加心脏病的发病率）。这一类的案例用术语表示就是一个特定基因的多效性，它被称为**拮抗多效性**。然而，优化理论与遗传学是相互独立的，在生活史限制的条件下，它简单地依赖适合度的最大化。

更为通俗地讲，繁殖会减少存活率和后期自身个体的繁殖。因此，繁殖的代价就给出了一个生命早期和后期最普遍的博弈机制。这个机制可以用很多方式描述。不管是通过遗传突变还是X线消过毒不能繁殖的雌性果蝇，它们都活得更长。相反，如果有额外的蛋放在蓝山雀的巢中，母雀在来临的冬天中更容易死去；如果母雀侥幸活下来了，那在第二年中它会孵更少的雏鸟。人工选择也能揭示繁殖代价。在黑腹果蝇中，年轻父母和年长父母都能繁殖后代。这样选择的直接结果是，那些“年轻”父母表现在早期多产，而“年长”父母繁殖的则表现早期少产的趋势（注解框20.2）；间接结果则是“年轻”父母多短命。这表明增加早期存活率的遗传改变会产生降低后期存活率的多效性副作用。尤其是从“年轻”父母中获得的雌性个体，如果它们被消毒而不能繁殖，那它们的寿命则与正常的群体中消毒过的雌性差不多，这就表明“年轻”父母果蝇的短命是很直接的“繁殖代价”。雄性个体也要付出繁殖代价。生活在北大西洋圣基尔达岛的索伊羊，雄性很难活过头一年，而雌性可以活好多年。被阉割的雄性，不需要每年与雄性争斗，它们与雌性活得一样长久。

突变负荷在年老个体中聚集

衰老也是由于有害突变的积累进化而来，从而影响年老的生物体。这种解释是1941年J. B. S. Haldane提出来的。他指出，由一个显性等位基因造成的个体早衰和死亡的亨廷顿病，不会被选择去除。因为这种病一般是过了生育年龄的中年时期才发病的。像这种后来发生的突变，由于受选择限制很弱，它们可能会达到一个很高的频率。进一步讲，有很多的有害突变将在生命后期活跃起来，突变的积累将加快衰老（图20.13中箭头）。

而实验室的几种黑腹果蝇系的证据则提示突变积累并不很重要。首先，允许突变积累的实验（图14.30）表明，很少发现只在晚期起作用的突变例子。突变的染色体对早期晚期果蝇都产生影响——降低存活率和生育力，这说明个体突变将对早期晚期都有危害，而且此类突变也是很少发生。其次，当实验群体被选择在更早的时间繁殖（注解框20.2），那么在之后的生命中它的繁殖将会下降，而且当我们把繁殖时间再进一步提前，这种下降趋势也会更早的出现。如果这种现象是“年轻”过后，选择放松的一些后期活化突变积累的结果，下降的趋势应当在很多世代后才能反映出来。此外，我们已经推断：如果后期活化的突变能积累下来，那适合度成分中的加性遗传方差也应当随着年龄增加而增加；关于这个推断的实验观察则是一个相对复杂的结果。不管怎么样，所有这些果蝇的证据说明：也许像人类的那些有高的总突变率的生物体，积累突变才能产生很大的贡献。

衰老受到优化生活史的保守机制影响

进化理论很少告诉我们衰老是怎么出现的。我们可以想象得出有很多因素参与了这个过程，因为在生物体的后期，功能选择已经很弱了。重点是衰老被看做是突变和性状选择留下的副产物，而不是胚胎发育中一个严格的程序化功能阶段。

有了这个概念，鉴定出能长寿的特异突变是相当令人惊奇的。许多这类突变已经在酵母、线虫、果蝇和小鼠中发现了（图 20.14）。这些突变并不是完全的同源；它们被认为是有代价的，所以在自然条件下并不能发生延续下去。例如，多数长寿的突变小鼠是有矮化病的，产的鼠仔也很小。令人惊奇的是，部分基因是在同一个保守的信号通路中，而在多细胞生物体人类中，同源物就有胰岛素。而这个信号通路正是感知机体营养条件并适应性地做出代谢反应。上面的观察与先前一个疑惑的发现不谋而合：在如酵母、线虫、果蝇和哺乳动物这些多样化的生物中，食物供应减少到大约正常生理所需的 1/3 会使生物更加长寿。一个可能的解释就是：当食物有限时，生活史将从繁殖策略转为求得生存，如果食物充裕则反之。因此，存在这一个保守机制，它使生活史适应生物体当前的营养状况。

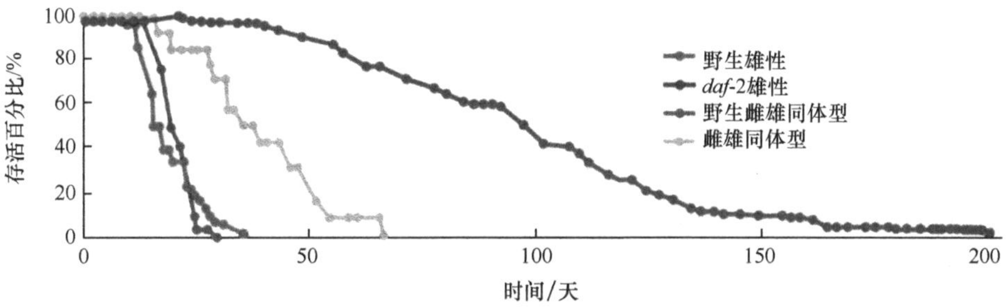

图 20.14　线虫中 *daf-2* 基因的突变很明显地延长了个体寿命，尤其在雄性个体中。

进化博弈

个体间的相互作用可视为进化博弈

本章到这里，我们已经了解生物体在某个功能上是如何优化的。然而，一般说来，适合度依赖生物环境，即不同物种的组成和物种内部不同基因型的频率。也就是说，没有单一的“最优”情况。并且我们也必须知道生物体是与其他个体相互作用而进化的。以粪蝇为例，我们必须懂得雌性行为是如何对雄性策略做出反应的，反之亦然（注解框 20.1）。

若适合度依赖个体的相互作用，我们就不能用简单的优化策略来解释这个过程。特别是自然选择并不一定导致适合度上升。它或许产生一些对所有个体有害的改变，即便它正在选择群体内那些最适变异体。乍一看，这似乎与 Fisher 的自然选择的**基本理论**矛盾，基本理论是说自然选择造成的平均适合度的突然增加等于适合度的加性遗传方差除以平均适合度。然而，自然选择造成的基因频率变化会改变适合度，但改变方式并不能用 Fisher 的理论公式来解释。简单优化策略在无限循环进化的群体中有明显不足（图 20.16～图 20.18）。

我们之前已经讨论过频率依赖性的选择如何在罕见有利变异体存在下维持遗传的多样性（图 18.19～图 18.21 和图 19.5）。这里，我们介绍一种由生物体之间的相互作用带来的频率依赖方式：博弈论。博弈论也可以看做是我们上述所讲的优化策略的延伸，它也是仅仅依赖表型而不是建立在遗传基础上。

设想一下，每个生物体就是与其他个体或是其他物种玩游戏的过程。要认清这种游戏，我们必须知道每个玩家能做什么，做的后果又将会是怎样。也就是说，我们必须定义一系列依赖这些游戏的可能**策略**和**盈利**。策略可以是形态的，如身体大小或生长速率；也可以是行为，如粪蝇花多久时间来完成交配；或者是一些行为和发育的准则，如在不同环境下应当做什么、如何生长等。而盈利通常指适合度，简单地讲就是游戏中的胜利者运用策略产生了最多的子代，在群体内快速地扩张。这种方式与我们讨论过的优化思维框架很类似，它依赖可能的表型和优化的一些标准。严格地说，盈利依赖个体间的相互作用。如果我们假定最简单的情况——只有两个玩家，那么我们必须定义出一个个体在运用策略时相对于对手运用策略时的盈利，通常用盈利矩阵来表示（注解框 20.4）。

博弈论是 20 世纪 50 年代作为经济学的一门工具被 John von Neumann 发展起来的。进化也可以看做是不同个体间的游戏博弈过程，这一想法在 1967 年首次被 William Hamilton 提出，后来主要由 John Maynard Smith 发展完善。其实在许多方面，比起在经济学领域，博弈论更加适合进化论。因为对于人类行为而言，适合度就是一个比所谓的“效用”更加清晰的盈利，没有必要去预先假设每个玩家的抉择都是理性行为。最关键的假设很简单，能够给玩家带来更高的适合度的策略将会通过自然选择而扩张。

不可替代的进化稳定策略

在进化博弈论中最重要的一个概念是 Maynard Smith 和 George Price 在 1973 年提出来的。要分析一场游戏或称为博弈，我们就要寻求**进化稳定策略**（也简称 ESS），它是一种不能由任何其他策略所替代的策略。也就是说，当所有群体都采用这种策略时，比起其他可能的策略 ESS 起码一定是适合的（注解框 20.4）。有时候只有单一的 ESS，在这些案例中，我们可以期望群体进化出一种 ESS。如果现在的策略不是 ESS，那么更好的替换就会发生（如增加频率），最终我们预期接近 ESS；有时候可能有几种 ESS，在这种情况下，物种最后的结果依靠群体进化的初始状态。接下来的小节中，我们还会看到可能没有 ESS，这种案例下，群体可能是多态性或者是进化无限循环。我们还必须知道，ESS 运用到群体中是很可靠的，但在真实的进化过程中，它并不是无错误的引导。特别是如果遗传系统要固定一个策略表型，它一定有能力产生 ESS。例如，如果 ESS 只能通过异质接合体产生，那有性群体将变成多态性存在，而纯合子则失去 ESS。这种案例的具体后果则依靠遗传学了。

注解框 20.4　鹰鸽博弈中的进化稳定策略

在鹰鸽博弈中，两个个体争夺一个奖赏，值为 V。这个博弈定义为**盈利矩阵**(a)。第一行表示一只鹰遇到另外一只鹰或是鸽子时的盈利；第二行表示一只鸽子遇到鹰或是另外一只鸽子的盈利。当一只鹰遇到另一只鹰，它有 1/2 的机会赢得奖赏 V，但也会有 1/2 的可能丢失和竞争产生的代价 C。所有预测的盈利就是 $(V-C)/2$ 。当鹰遇到鸽子，它将直接获得奖赏 V（右上角）。当鸽子遇到鹰，它不能获得任何东西，但由于它没有格斗打架，它也没有失去东西（左下角）。最终，当两个鸽子相遇时，它们一起分享奖赏 V（或者说它们有相同的机会获得奖赏，盈利最终是一样的）。

(a)

	相遇	
盈利	鹰	鸽
鹰	$(V-C)/2$	V
鸽	0	$V/2$

存在两种情况，它依赖奖赏和竞争消耗之间的关系。一方面，当奖赏大于竞争的代价［盈利矩阵（b）中 $V>C$；这里 $V=2$，$C=1$］，那么“鹰”的策略就是 ESS：一只鹰可以侵略鸽子群体（右列），但是鸽子不可能侵略鹰的群体（左列）（但是要注意，如果一个群体都是鸽子情形会更好些）。

(b)

	相遇	
盈利	鹰	鸽
鹰	1/2	2
鸽	0	1

另一方面，当竞争消耗大于奖赏值［盈利矩阵（c）中 $V<C$；这里 $V=1$，$C=2$］时，那就没有“纯粹的”ESS：鹰可以侵略鸽子的群体，而鸽子也可以侵略鹰的群体（注意，盈利可以是负值；我们可以认为这是相对于随机基线适合度的变化）。

(c)

	相遇	
盈利	鹰	鸽
鹰	−1/2	1
鸽	0	1/2

在（c）情况下，ESS 是个体全部用鹰策略或是全部用鸽策略以 V/C（这里是 1/2）的机会获得奖赏的混合策略。考虑这些因素，设想当群体其他个体运用 ESS 策略（鹰一半时间，鸽子一半时间），一个以概率 P 与鹰竞争的个体的成功均值。如果一个个体所有时间（$P=1$）都是鹰策略，当它遇到鹰时它的盈利是 −1/2，当它遇到鸽子时它的盈利是 1，均值就是 1/4；同样，如果它用鸽子策略，当遇到鹰时它的盈利是 0，而遇到鸽子时它的盈利是 1/2，均值还是 1/4。因此，当群体是这种混合策略时，运用哪种策略并没有差异。任何策略 P 值在现有的群体中竞争，最后结果都是盈利均值为 1/4。

像此类情况，侵入的策略与原先群体中有着一样的适合度，那另外一个参数就可以用来决定这种 ESS。一旦侵略者到达一定的频率，侵略者和土著都将遭遇侵略。如果侵略者和土著对于土著有着同样的盈利，那结果就由与侵略者竞争结果决定。我们必须考察比起土著遭遇侵略者而言，当侵略者遭遇本身群体结果会怎样。

在本章的后面部分，当我们检查雄性和雌性的相互作用时，我们将会看到进化博弈的很多例子。下一章我们讨论竞争和合作关系时，也会有很多进化博弈的例子。不过我们现在首先要知道的是，在生物这么复杂的系统中，哪些例子可以使我们了解博弈论是如何作用的。

病毒间的竞争是一种进化博弈

当几种病毒感染同一个宿主细胞时候，它们可以相互作用——共享一些用来复制它们基因组的蛋白质，确保它们能够产生新的有感染性的病毒颗粒。多次感染后，某一病毒对共享蛋白生产减少，而开始利用其他病毒生产的共享蛋白去完成它的扩增。因此，伴有侵染性病毒的大多数病毒都会缺少如病毒包装或是病毒特异聚合酶的必要基因，这一点也就不足为奇了。这些**缺损干扰病毒（DIV）**在某些方面有优势。它们由于更短，所以复制更快；它们也可以不需要转录这一步，因为它们不需要自己合成某些蛋白质；它们也可能比那些完全病毒更容易包装和复制。

野生型病毒与DIV之间的“游戏”可以用盈利矩阵来表示：适合度“合作”（C）和“缺损”（D）（也就是野生型和DIV），当其他病毒感染同一个细胞时则不是C就是D（图20.15）。我们知道不管是C还是D它们都不是一种ESS。如果大多数病毒都是野生型，DIV有自私的特性；如果大多数病毒是缺损的，那么只有野生型的病毒能够复制。因此，如果宿主都是多次感染的，那么病毒一定是D和C的多态性群体。它们可能有相当一部分减少了活性的DIV。如果病毒能采用一种混合型策略而只是在某些时候进行合作，那就是一种ESS。一个病毒某时合作某时又不合作，这样的话，病毒永远都不会是纯的C或者D策略，而ESS的合作可能性将会依赖多次感染的水平。混合型策略在注解框20.4中有详细的解释。事实上，病毒间这种博弈与鹰鸽博弈是相同的逻辑。

	缺损(DIV)	合作(野生型)
缺损(DIV)	0	$1+s_2$
合作(野生型)	$1-s_2$	1

图20.15　野生型与缺损干扰病毒（DIV）间博弈的盈利矩阵。大体上，这里包括合作者（能产生复制和转运蛋白的病毒）和缺陷者（本身不能产生病毒复制转运蛋白的病毒）。如果两个DIV感染了一个细胞，它们就不能进行复制（左上角）；但如果一个DIV和一个野生型病毒一同感染了细胞，DIV将在后面的复制中有竞争优势（右上角，$0<s_2$）。相对的，一个野生型病毒在混合病毒池中将没有优势（$0<s_1<1$，左下角）。

DIV和野生型病毒的博弈游戏如果有轻微的扰动就会导致一种很常见的新奇游戏：**囚徒困境**。在原始的囚徒困境版本中，两个囚徒知道：如果两个人都不坦白，两个人都不会受到惩罚；然而，如果一个人坦白了，他或她将受到奖励，而另外一个没有坦白的就会受到更为严重的惩罚；如果两个人都坦白了，他们则受到同等的一般惩罚。从自私的角度而言，最好都是坦白。如果另外一个囚徒不坦白，将会更加有利（奖励和坐牢）。即便那个囚徒也坦白了，他也不用受重刑。同样的，如果两个人都不坦白，他们不会受到任何惩罚。

在盈利矩阵中，当“缺损”是最好策略时，即便缺损是普遍存在的，囚徒困境将会出现。此时，缺损就是一个ESS，因为合作永远不能占据有利地位。但是，这样的一个

ESS 群体比起只有合作病毒的群体，它的适合度很低。我们在鹰鸽博弈已经看到了这种情况（注解框 20.4，案例 b），盈利矩阵的结构是一样的。博弈论的最大优点就在于绝大多数案例都可以用有限的逻辑可能性来描述。

在经济学领域，上述的情况被称为**公用品悲剧**：自私的开发利用公共资源最终导致所有人都受害。了解这个术语对我们认清很多公共资源正在过度开采是很重要的（例如，每个渔夫都很想在同一个水域比其他人打捞更多的鱼；过度捕捞的结果就是所有人都没有鱼可以捕捞了）。在经济和社会学中，与生物学一样，博弈理论帮助我们了解更为复杂的策略（如重复作用，在社会群体中惩罚那些缺损自私者）以避免过度利用公用品和稳定地排斥过多自私个体的存在。在下一章中，我们讨论这些内容，我们将会知道主要的进化转变包括了不同重复成分的合作进化。

没有 ESS 的群体循环：剪刀石头布游戏

小朋友玩的剪刀石头布游戏其实是一个稍微复杂的博弈。在游戏中，石头赢剪刀，剪刀赢布，布又赢石头（图 20.16A），没有一个打不败的策略，换句话说就是没有一个“纯的” ESS。如果其中有轻微的代价，那么就产生一个混合的 ESS——这个策略使得剪刀石头布 3 种情况都平等存在。然后，如果其中有了轻微的盈利，那么就不会有混合的 ESS，到那时，群体将会无限制地循环下去：剪刀-石头-布。

A

	石头	剪刀	布
石头	ε	1	−1
剪刀	−1	ε	1
布	1	−1	ε

B

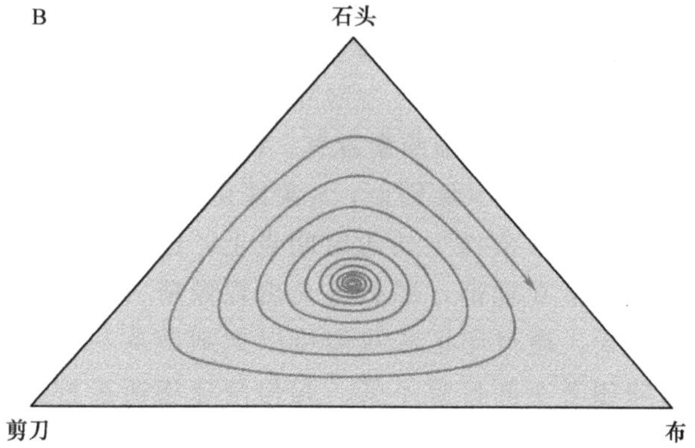

图 20.16　（A）小朋友玩的剪刀石头布游戏盈利矩阵。第一行表示运用石头策略个体遇到剪刀策略和布策略个体时候的盈利：石头赢剪刀（盈利+1），布又赢石头（盈利−1）。当相同策略的个体相遇（如石头遇到石头），这就会有一个微弱的代价（ε<0）或微弱的盈利（ε>0）。（B）一个二倍体群体的遗传模型，这个群体中一个位点上的 3 个等位基因对应上述的 3 种策略。每个个体的繁殖率与（A）中的盈利成比例，其中微弱盈利 ε=0.1。当 3 种策略是相同频率时，接下来的多态性并不稳定。群体将进入循环，直到其中一个等位基因丢失。三角代表了编码这 3 种策略等位基因的频率。

只是靠博弈理论并不能预测什么情形将会发生。想了解一个群体如何随着时间而变化，我们需要知道策略是怎么遗传的，也就是说，我们需要一个遗传模型。例如，假定有三种策略，它们由单倍型中同一个位置的三个等位基因控制：R、S 和 P。R 可以当成是石头，S 可以当成是剪刀，而 P 则是布。那么，如果有了一个代价（图 20.16A 中 $\varepsilon<0$），则在这个 3 个等位基因中将得到一个稳定的多态性（群体中 3 个等位基因频率一致）。另外一种可能，如果有了一个盈利（图 20.16A 中 $\varepsilon>0$），群体将会在这 3 个等位基因间无限循环下去。循环的周期将会越来越长，这样其中一个等位基因可能最终会丢失（图 20.16B）。R 替代了 S，P 又替代了 R，到那时即便有优势的 S 也已经在初始时候被选择清洗掉了。

上述的结果依赖遗传还有群体的初始状态。在这个例子中，遗传模型与 ESS 平等。在有代价的情况下，我们得到一个 3 个等频率稳定存在的多态性群体，ESS 是一个混合策略，使得每个个体随机的运用三种策略中的一种。在有盈利下，则不存在 ESS，而遗传模型变得不稳定。不过一般说来，遗产模型和 ESS 策略会给出不同的预测后果。

复杂行为，如我们提到的剪刀石头布游戏，可以在自然界中很容易地观察到。我们关键需要知道的是在自然界中并没有简单的已经排好优劣的能力。简单地说，没有一种类型是绝对高于一切的。这样的情形我们能从大肠杆菌实验中得以验证，如有些大肠杆菌菌株能分泌细菌素而杀死其他的大肠杆菌。细菌素是一种“col”质粒的产物，这种质粒也编码一种使细菌对毒素有免疫的蛋白质，它还能编码一种使细菌素细菌裂解并释放毒素阻碍其他细菌生长的蛋白质。易感的菌株可能会偶然突变，使得编码膜蛋白的一个基因能够结合和转运细菌素，这样菌株就有了细菌素抗性。因此，这样就产生了三种不同的细菌：C（能分泌细菌素且有抗性）、R（有抗性）和 S（无抗性易感的）。在没有细菌素情况下，S 比 R 生长得快，R 比 C 生长得快。这是因为毒素生成和有抗性都是有代价的：生成细菌素要消耗代谢资源，而改变膜蛋白使得对毒素有抗性也干扰了细菌本身的一些正常功能。然而，C 通过毒害 S 会替换掉 S 菌株。

在一个简单的混合群体中（如在一个培养瓶中），三种菌株起初都是高频率。S 菌株会很快被清除掉，因为它们受细菌素毒害。C 菌株接着会被 R 菌株淘汰，最终 R 菌株建立永久生长（图 20.17A）（原则上，S 菌株是可以重新入侵群体的，但一定发生在当 C 菌株减少到能够让 S 菌株生长的时间点上，因为 S 已经在群体中消失了）。相反，如果相互作用只发生在局部，那么将会出现像剪刀石头布的循环游戏。细菌可以在琼脂培养板上生长，通过印记法我们可以把细菌从一个培养板转移到另外一个培养板上，而细菌的相对空间位置不变。起初菌株均衡接种在一个培养板上，三种细菌菌落可以融合，而细菌边界循环变动。R 菌和 S 菌边界，S 菌迁移得更快；S 菌和 C 菌边界，C 菌迁移得更快；R 菌和 C 菌边界，R 菌迁移得更快（图 20.17C）。这个例子充分表明不同类型的菌株是怎么通过循环来维持多样性的，也表明习性上的空间分布可以防止群体中一些罕见等位基因的丢失（回顾假单胞菌多样性的维持也需要空间结构，图 18.21）。

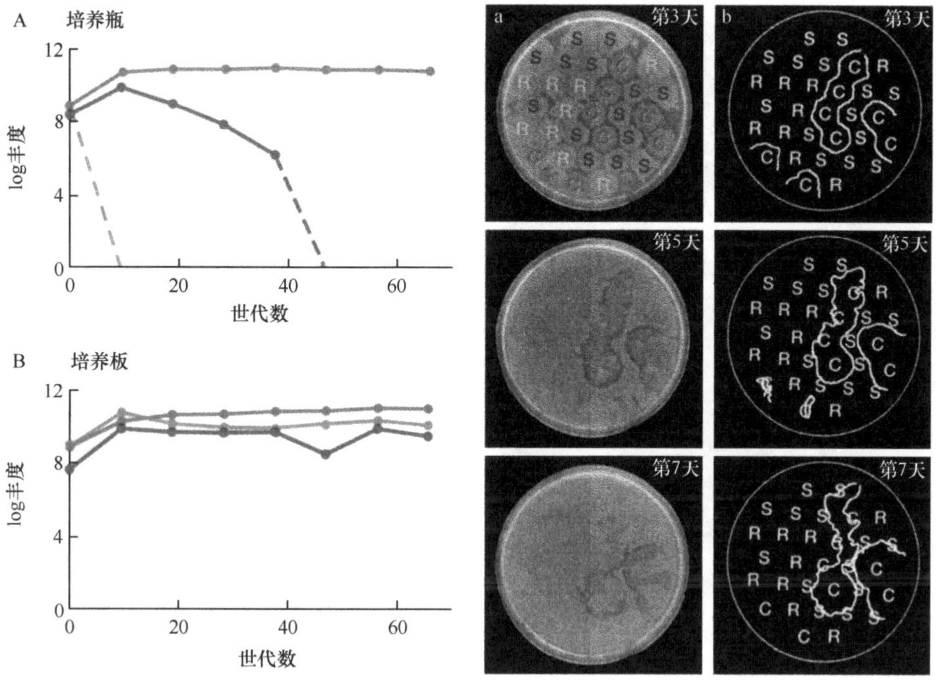

图 20.17　大肠杆菌群体中的剪刀石头布游戏。(A) 在搅动培养瓶中三种类型的大肠杆菌的丰度：绿色，有抗性；红色，产生细菌素细菌；蓝色，易感。虚线表示类型没有检测到。(B) 细菌在琼脂糖培养板上的生长状况，三种类型斑纹菌落都能共存。图形表示整个培养板中频率均数。(C) 菌落斑纹随着时间的变化。字母表示三种类型细菌的起始分布。左图表示在第 3 天、第 5 天和第 7 天的培养板菌落情况：被 C 类型菌占据斑纹面积很小，甚至肉眼都不能发现。右边的草图表示三种类型菌边界的移动情况：C 可以侵入到 S（黄线）；而 R 则又可以侵入 C（粉红线）。

蜥蜴行为的多样性是自然界中剪刀石头布游戏的一个例子

与剪刀石头布游戏一个很不同的例子就是雄性侧边斑点蜥蜴。这种蜥蜴在美国西部沙漠中数量很多。它们在第一年交配，之后它们就像做了标记一样。三种不同颜色形态的雄性，它们都表现出很不同的行为（图 20.18A）。橙色咽喉的雄性具有相当的侵略性，有很大的领地，这种雄性也控制了很多的雌性个体；黄色咽喉的雄性没有领地，像拟态的雌性个体，它们潜伏在裂缝中暗中与橙色咽喉的雄性的领地中的雌性个体完成交配；蓝色咽喉的雄性没有侵略性，它们在很小的领地中完成交配，但它们能成功地攻击黄色咽喉的雄性。这三种雄性蜥蜴的遗传与单个位置的三个等位基因一致。雄性交配的成功很大程度上依赖周边环境的形态频率，适合度的测量也是运用剪刀石头布游戏中的相互关系。相应的，这三种形态频率的循环周期大约 10 年（图 20.18B）。

这么多的例子告诉我们博弈论如何帮助我们理解依赖个体间相互作用的生物进化。最基础的原则就是要寻找一个或者多个不能被其他策略所代替的 ESS。这一方法的有利方面在于它没有任何遗传假设，可以给出一个普遍的表型进化的概貌。然而，进化面貌的确也依赖遗传学，如果没有 ESS（如在剪刀石头布游戏中）或者 ESS 并不能真正地

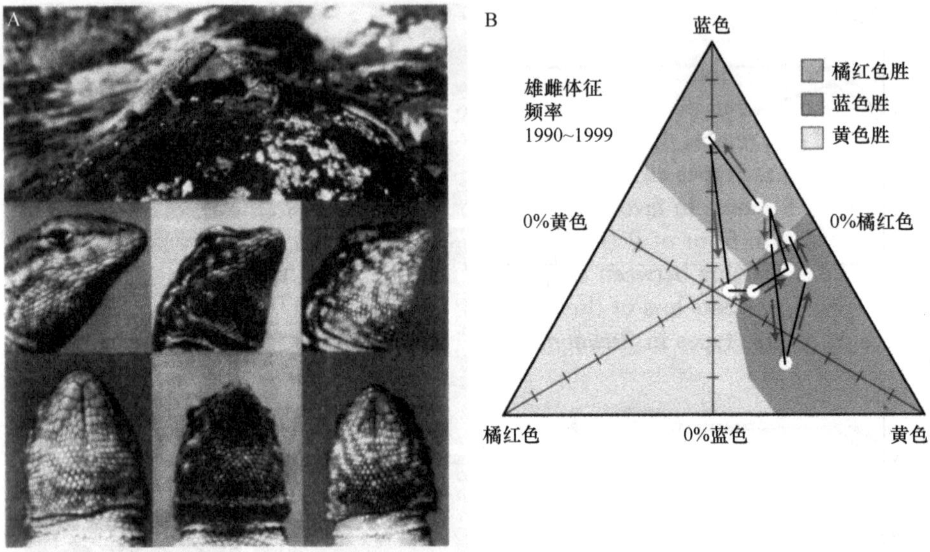

图 20.18 (A) 雄性侧边斑点蜥蜴的三种颜色表型。橙色咽喉的雄性(下图左和上图左)比蓝色咽喉的雄性(下图中和上图右)有着更强的侵略性。黄色咽喉的雄性(下图右)潜伏在裂缝中暗中与橙色咽喉的雄性的领地中的雌性个体交配。(B) 从 1990～1999 年,这三种形态的频率循环(方向用红箭头表示)。基于雄性适合度如何依赖临近雄性表型频率的计算,阴影部分表示了橙色、蓝色或是黄色表型频率组合预测的增加(适合度是通过后代数和成体中高多态性微卫星位点计算所得,也包括了被发现年轻个体的父本)。

通过一些可行的表型获得。在本章剩余部分,我们将会从遗传学和博弈论两个方面讨论雌雄之间的相互作用。

性选择

性选择源于交配成功的多样性

在有性生殖的群体中,追求异性交配的能力的不同造成了性选择。与一般的外界环境选择不同,性选择发生在物种内的雌雄个体间。因为不能对外界环境的压力需求做出适应,这样物种内个体间的性选择可能会导致任意明显的不适应进化。这与其他类型的个体相互作用如本章前一部分提到的缺损干扰病毒(图 20.15)情况一致。不过,性选择在有性生殖的生物体中影响极为广泛,后面的内容也会使我们进一步了解,很大一部分适合度的多样性是受它影响的,这一点特别值得注意。

如果一个生物体两性是分离的——雄性和雌性个体,那两性个体通常在性行为还有与之相关的形态和生理上都会表现出很强的不对称。雄性会有一些用于与其他雄性个体竞争和吸引异性的精妙结构。我们已经知道一些例子,如荧光磕头虫(图 19.24)和雄性侧边斑点蜥蜴的不同颜色(图 20.18)。还有一些大家熟知的例子,雄孔雀漂亮的翅膀、牡鹿很大的鹿角和那些很多都说不上名字的颜色鲜亮的昆虫(图 20.19)都是为了

图 20.19　奢侈的雄性性状例子。(A) 孔雀的尾巴。(B) 澳洲一种雄性鸟 (*Ptilonorhynchus violaceus*) 喜欢用颜色鲜亮的物品装扮它的巢。(C) 鹿角锹甲的似鹿角颚。(D) 雌性达尔达诺斯凤蝶通过模拟其他味臭的物种来保护自己。然而，雄性个体依旧保留古老模式，从而吸引雌性个体。(E) 进化为能吸引蜜蜂帮助传粉的 *Dasa nivea* 花。

吸引雌性。性选择的结果并不如上述的那样明显。后面我们将会看到，雄性生殖器和精液已进化出一种非凡的方式——使之在与其他雄性竞争受精的情况下能够产生更多的后代 (图 20.20)。在后面的两章中，我们会知道这类竞争有助于物种形成。

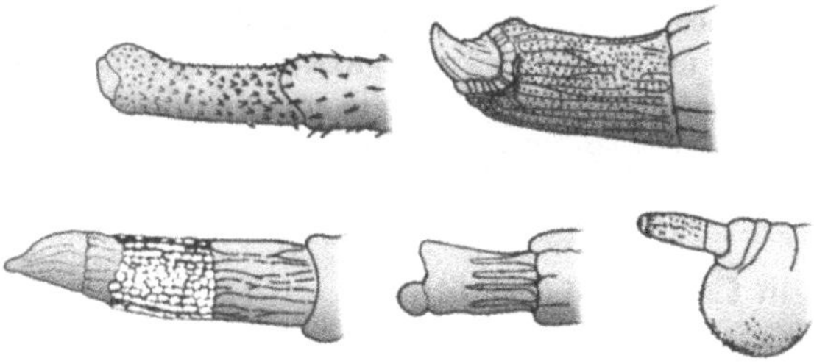

图 20.20　雄性生殖器通常有着复杂的形态，这些形态有助于传输精子和刺激雌性接受它们的精子。图中是一些灵长类雄性生殖器。

性选择并非一定要求雌雄异体 (图 20.21)。不过，雌雄各自的功能要能区分开。例如，一种开花植物通常既能产生花粉又有胚珠，两者结合后就产生种子。那些靠昆虫传粉的开花植物进化出令人吃惊的不仅仅用于授粉更有利于花粉传播的雄性结构。大的花朵可以吸引更多的昆虫，对花粉池的贡献也就更大 (图 19.6)。而那些小而消费代价少的花则可能确保授粉率很高作为替换的一种生存策略。

图 20.21 雌雄同体的例子。(左) 许多开花植物能同时产生花粉和种子，通常在同一朵花中完成受粉。(右) 当蜗牛交配时，它们相互向配偶射精。

性选择有时并不是适应的

许多雄性性状由于性选择的作用进化出一种似乎不适应的近况——雄性的生存率下降。孔雀的尾巴或牡鹿的鹿角在遇到捕食者时很难躲避，而且也不能把有限的资源用在其他必要功能的生长上。一些案例中，我们可以找到一些直接证据。例如，雄性棘鱼在繁殖季节发育成亮红色，这种亮红色使得它们更容易被它们的捕食者鲑鱼发现（图 20.22A）。虽说在川流中，被吃的危险更大时雄性棘鱼变成不是很亮的红色（图 20.22B）。更为普遍的，雌性中并没有性选择的性状（图 20.19 所有动物的例子），那些不能产生后代的雄性中也通常不会出现这类性选择的性状（图 20.18 和图 20.22 中棘鱼和蜥蜴的例子）。这些表明性相关的性状是适合度做出代价的结果。

图 20.22 (左) 在繁殖季节，雄性棘鱼会发育成亮红色。而实验加大这种亮红色会使得棘鱼被捕率增加。(右) 在高捕食压力之下，水晶银色棘鱼以高频率存在。

我们并不清楚是否性选择从全局上削弱了物种的生存能力。如果一个雄性对子代不提供亲代抚育，那么就有更多的雄性个体与雌性交配。降低雄性的存活不影响整个物种的生存。当然，这里就出现一个问题：为什么雄性一定要存在呢？为什么生物体要有性生殖，这样不麻烦吗？这些问题我们在第 23 章再解释。现在，我们只要认可，生物体有性别之分，一个产生体积很小的精子而另外一个则产生体积很大的卵子。在这里，我们将探讨性选择的后果。

性选择在雄性中作用更大

在达尔文的《物种起源》中，他是这样定义描述性选择的：雄性间为了占有雌性个体产生的斗争。为什么性别间有这么大的差别呢？基本的原因是雌性要产生很大的卵子，在子代上投资很大。在多数情况下，它们要提供营养给胚胎，要照顾它们的小孩子。相反，雄性产生很小的配子（精子或花粉），它们通过很多次的交配使很多的雌雄受精来达到高的适合度。达尔文在他的《人类的由来及性选择》中很生动地描述了性别的不同。

> 雌性不得不在形成卵子这件事上花费很大的生物精力；而雄性则更多是为求得雌性而与它的同类斗争、大声地狂吼、放出异味等。总体而言，两种性别在产卵和斗争中的消耗是相当的，只不过以不同的方式和速率影响着生物本身。

根本上讲，性选择造成的不对称来源于决定是雄是雌的结合体不同。有些时候，性的功能会颠换过来（图 20.23）。这个例子确定了达尔文解释的正确性，因为这个例子中雌性个体有着更加显著的交配行为。

图 20.23　红颈矶鹞是性角色相反的少数例子之一：雄性（左）照顾蛋和幼体，而雌性（右）有着鲜亮的羽毛，竞争与雄性交配。

性选择对两性的重要性是可以定量的。通常在性选择作用下，雄性在繁殖成功方面表现出比雌性更高的变异。第 19 章介绍的赫布里底群岛的马鹿群体中，个体间的关系被跟踪了很多年。雄性一生中繁殖成功的变异是 22.0，而雌性为 6.4。性别上的这种差异很大程度上是由于雄性间生育成功变异大决定的（雄性饲养成功变异为 51.3，而雌性饲养成功变异为 8.8）（在这里，一生的繁殖成功是指一个新生个体能产生多少后代的总数，而生育成功指的是产生的后代能活到成年的数目）。

适合度的差异不单是找到交配对象的变异造成的。通常，雌性会与好几个雄性交配，这时候来自不同父本的花粉或是精子之间的竞争则会导致很大的适合度差异。例如，在果蝇中，不同雄性基因型的精子能替换早期交配的精子或是抑制之后交配的精子替代，而这种能力存在显著性的变异。

性选择在某些物种中作用要强很多。如果生物成体都是严格的一夫一妻，性选择作用期望值就很低；在两性相同的比例下，每一个个体都能找到交配的对象。在饲养的灵长类动物中，如果雌性与多个雄性交配，那雄性个体会有相对于它们的身体更大比例的睾丸（图 20.24），因为为了与其他的雄性竞争，自然选择会选择能产生更多精子的雄性。在鸟类中，一夫一妻的物种在两性间一般表现出很小的羽毛翅膀差异。然而，性选择在严格的一夫一妻中依旧能起作用，如果更迷人的雄性能更早地完成交配，那它就能产生更多的子代（图 20.25）。

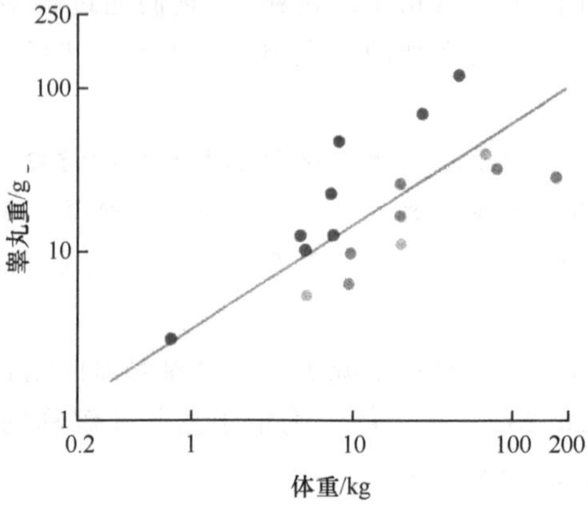

图 20.24　灵长类里，许多个雄性竞争与雌性交配的物种中，相对于身体大小有着更大的睾丸。红点：多雄交配系统；绿点：一雌一雄交配；蓝色：单雄。最右边的绿点是人类。

图 20.25　一雌一雄北极贼鸥中的性选择。发现了三种形式——暗色、中间色和苍白色，这是由单个位点的两个等位基因决定的。暗色型（A，上）比中间色型生殖要早些，而中间色型又比苍白色型生殖期（A，下）要早。(B) 因为生殖期越早比起晚的有着更高的净适合度，这就使得暗色型有一定的选择优势——虽然所有个体能随机地配对交配。最终，暗色型得以扩张。

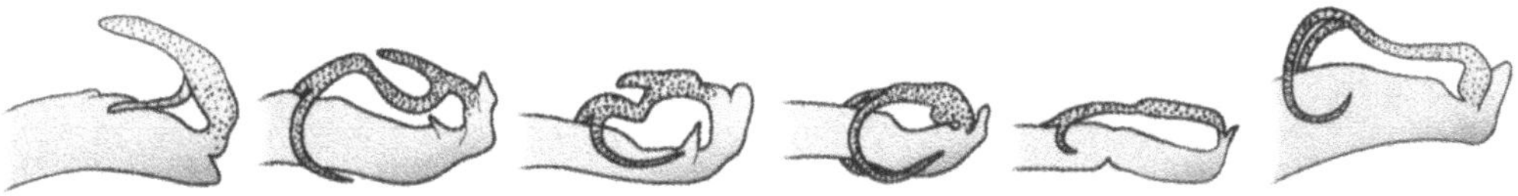

图 20.26　雄性生殖器已经进化出复杂的结构，这些结构有助于个体与其他雄性进行竞争。这是来自蜻蛉 6 个物种的雄性生殖器。点状结构是用来清除雌性个体中上次交配留下的精子。

性选择包括雄性间的竞争和雌性对雄性的选择

我们首先要区分两种性选择方式：雄性之间的竞争和雌性选择与它交配的雄性。第一种性选择方式有很多明显的例子。许多雄性动物为了与雌性交配相互间发生争斗（图 20.19C）。一旦雌性与一个雄性交配，那这个雌性通常就受到与之交配的雄性的守卫保护（回顾注解框 20.1 中粪蝇的例子）。花也竞争争取更多的花粉落在**柱头**的周围。当精子之间或花粉之间竞争时，它们的竞争方式也可以很隐蔽。雄性小热带鱼有一种特殊的结构，它是用来清除雌性中以前交配的精子（图 20.26）。相反，在昆虫中产生了“交配插销”，它会使雌性个体重新交配的频率降低而且以受精后存活为代价使之更快地产卵。

图 20.27　聪明的松鸡。

然而，在许多案例中，存在着雌性选择。这种雌性选择在一些可育期雄性集中在择偶场的物种中很明显，雌性就是从中选择雄性的。例如，美国西部的雄松鸡在繁殖季节集中在多石头的地方，占领自己的领土（图 20.27）。要交配的雌性来到择偶场，它们倾向与在场中心的为数很少的几个雄性完成交配。欧洲和新几内亚的一种雄鸟（园丁鸟）建造一些精细的“凉亭”并且用一些有颜色的小东西装饰它们。雌性光顾这些“凉亭”，倾向选择那些建造效果更迷人的雄性（图 20.19B）。这种类型的交配系统产生一个问题：为什么雌性行为是这样？为什么它们要与中间的雄性交配而不是随机的呢？

即便从原则上来分析，要像雄性竞争那样区分雌性的选择行为是相当不容易的［例如，我们怎么才能查明牡鹿的鹿角大更能交配成功是因为大的鹿角在争斗中易取胜呢还是大的鹿角更能吸引雌性？（图 20.19C）］。然而，如果不同的雌性表现不同，那么雌性的特征一定会影响交配选择。一个不寻常的详尽例子来自果蝇中精子竞争。不同基因型的精子在它们防御别的精子替代能力上有很大的变异，在基因型不同的雌性个体间精子能够被替代的程度变异很大。图 20.28 表示不同雄性果蝇与雌性受精的相对成功很大程度上依赖它们交配的雌性基因型。也就是说，尽管在与任意雌性交配能力上，雄性的确有不同，但并没有“最佳”的雄性。

如图 20.28 描述的雌性偏好对“作用于雄性的性选择很强”的观念产生了很大的影响。我们必须追问，首先，哪种雄性更适合，其次，为什么雌性会进化出这种行为来选择雄性。也就是说，我们必须解释雌性为何选择其一而非其他以及雌性为何进化这种选

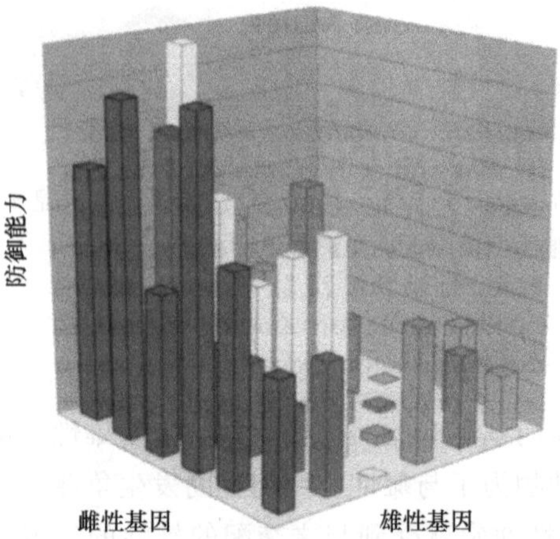

图 20.28　果蝇中精子竞争中的遗传变异。柱形表示雄性精子防止被雌性再次交配时的精子替换的能力。这一过程依赖雄性和雌性基因型的相互作用。一个实验中检测了 6 个雄性和 6 个雌性基因型，一共 36 个实验。

择。例如，为什么雌松鸡更倾向与择偶地中间的雄性交配，为什么雌松鸡要去择偶地去交配？在下面的小节中，我们探究雌性选择和雌雄挑剔选择理论中的一些证据。

雌性偏好可能是雌性受直接选择的结果或是其他性状受选择的副产品

直到最近达尔文对雌性选择的性选择理论才受到重视。部分原因是该理论认为雌性选择需要某种自我审美意识。达尔文和 Fisher 两人都辩解说：如同人类的审美，其他动物也有一种审美意识，这种意识影响了交配选择。然而，当我们用术语“雌性偏好”时，我们简单地认为它就是指任何使雌性更倾向与某雄性而不是其他雄性交配的特征。只要雌性某个特点导致了在雄性中交配成功的差异，雌性选择就会发生；它可以发生在任意的有性生殖物种中，不单单是动物。

不管生物体是不是动物，雄性之间和雄性配子之间的竞争是很容易理解的。因为竞争中的形态和行为的变化，最终会影响雄性的存活率。这是生活史中群居适合度优化的一个权衡的简单例子。雄性的一些性状会表现出来，而那些与雄性间竞争不是直接相关的性状我们就很难了解了。为什么雌孔雀会被雄孔雀漂亮羽毛所吸引？为什么园丁鸟会选择精致的树荫？一些雄性表现出来的功能信号如争斗代价太大。不过，雄性还是进化出似乎过度的“表现”来吸引雌性，雌性就从这些表现者中挑选出自己交配的对象。

图 20.29　雌性偏好可能是感觉偏差的副作用。雄性盗蛛把它们的捕食物作为礼物吸引雌性，掠夺物被它们的网丝缠绕，与雌性的卵囊很相似。这种物种的雌性很关心它们的卵，因此更加容易识别类似卵状的物体。实验设计的捕食物礼物越像卵囊，受到的吸引越大。

对雌性偏好，有三种不同的解释：**直接选择**、**感觉偏差**和**间接选择**。当雌性选择一个配偶后适合度会陡然增加，那直接选择就易发生。在雄性个体提供父性关怀时，直接选择显得很重要。例如，在山雀中，雌性偏好选择领地很大的雄性个体，而在这种大领地雌性巢中能产生更多的个体。许多昆虫也会像接受更多精子一样偏好营养资源。而接受“丰富嫁妆”的雌性也能产生更多的后代。这种选择还有另外的好处，如选择大的领地，那雌性就不会受到其他雄性的侵扰；而选择“丰富嫁妆”则表明这个雄性没有受一些疾病困扰相对健康，那这样的雄性就能够提供足够的精子使雌性受孕。

但是如果雌性偏好对适合度没有立竿见影的好处，我们就很不好解释这种偏好了。例如，雌松鸡来到择偶地只带走它选择的雄性精子。像这种选择配偶方式最直接的解释是，雌性个体对雄性有内在的感觉偏差，用性选择不能很好地解释。雌性个体要完成交配，并确保交配是与正确的物种完成的，这个过程受到很强的选择。因此，雌性必定要对雄性偏好并不为奇。这种偏好也可能是其他方式作用于交配系统而产生的（图 20.29）。

这种感觉偏差的证据来源于不同物种的系统比较。在泡蟾中，雄性总是发出很基本的“呜呜”声，但也有时候会发出“咯咯”声（图 20.30B）。这种复杂的叫声代价是很大的，因为它要消耗很大的能量，而且也可能吸引捕食者。而复杂叫声能产生是因为“咯咯”频率变化会刺激基部乳头状物，这是内耳中的两个听觉器官中的一个（基本的“呜呜”声只能刺激两栖类动物的乳头状物，即另外一个听觉器官）。发现“咯咯”声刺激生物体内部的已经存在的器官最重要的证据是来自没有“咯咯”声的一个相关的物种的比较研究。雌性强烈偏好有这种“咯咯”声的特定雄性。如果其他的情况都是一样的，“咯咯”的雄性性状将会增多。系统发生的性状和偏好分布研究表明，偏好在性状前就已经发生了（图 20.30B）。因此，偏好的选择与要发生偏好的性状是没有关系的，因为在性状没出现前就已经有选择偏好了。

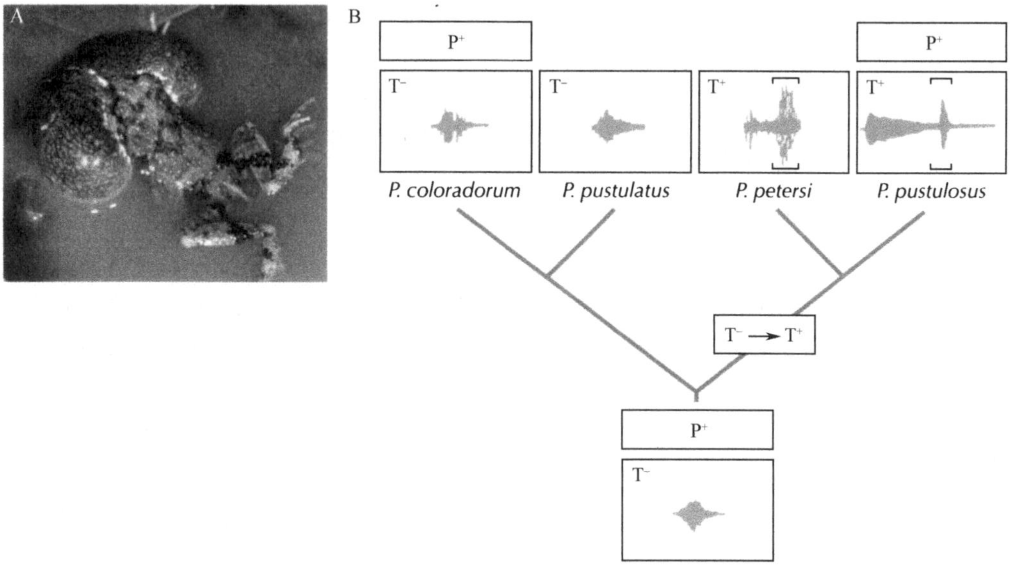

图 20.30　感觉偏差的系统发生证据。（A）一个泡蟾正在鸣叫。（B）系统发生表示了泡蟾类中 4 个物种的相互关系。4 个盒子（系统树上面）表明 4 个物种的叫声，单独的盒子（系统树下面）是根据它们的祖先推断出来的叫声。姐妹物种 *P. petersi* 和 *P. pustulosus* 有“咯咯”声（蓝色波谱），但是 *P. pustulosus* 和 *P. coloradorum* 雌性更喜欢“咯咯”声（P＋），即便 *P. coloradorum* 的雄性不会发出这种声音。这就表明雌性对“咯咯”偏好在雄性进化发出这种声音之前就已经存在了（在其他两个物种中，雌性偏好没有检测）。

偏好的间接选择会导致 Fisher 逃亡过程

最终，雌性偏好可以通过间接选择、自然选择和性选择作用于性状而进化。这 3 类选择得出的解释依然受到很大的争议，在过去的 20 年中也发展积累了很多的理论和经验。我们将用群体遗传学和博弈论来讨论这些论点。群体遗传学和博弈论都很重要，但有些时候会得出不一样的结论。

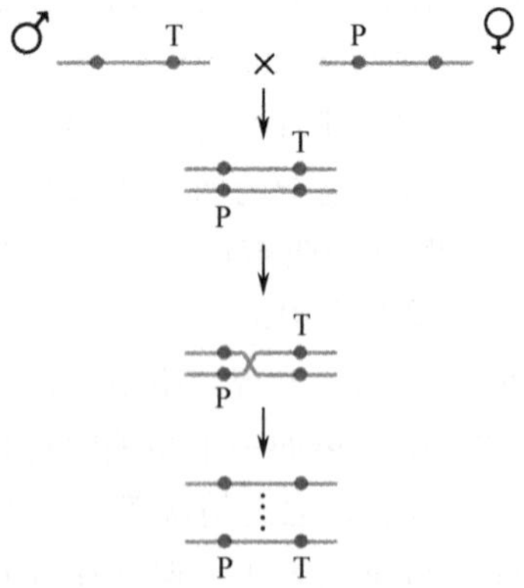

图 20.31　交配偏好产生了雄性性状和雌性偏好基因间的连锁不平衡。图表说明了一个简单的生命周期中，一个单倍体成体交配产生二倍体受精卵，然后进化减少分裂再产生下一代单倍型。某些雄性携带等位基因 T，这个 T 能产生有吸引力的性状（如鲜亮的羽毛等）。一些雌性携带等位基因 P，这个等位基因就是能对有吸引性状产生偏好。图表说明等位基因 P 和等位基因 T 在某条染色体的不同位置。由于交配的偏好，P 和 T 基因型偏向在同一个双倍体受精卵中出现。如果有重组，那么 P 和 T 将会重组到同一条染色体上。因此在下一代中，P 和 T 的结合将更加强烈，换言之，它们连锁不平衡了。这种连锁不平衡使得对性状 T 的选择造成对连锁 P 位点的间接选择。

如我们在第 17 章中看到的，一个与适合度不相关的性状如果与一个受选择的性状关联，它也会改变。用数量遗传学术语描述，就是这个性状需要**遗传相关**；而对于经典的孟德尔遗传基因来讲，基因间存在**连锁不平衡**。这种连锁不平衡是交配偏好的自然后果。偏好选择特定雄性的雌性产生的后代中也会携带母本中这种偏好性状的基因。重组则可以使这些基因连锁在一起。最后的结果是产生了交配偏好强度成比例的连锁不平衡，这样雄性基因的选择也可能导致雌性偏好的改变（图 20.31）。

Fisher 在 1915 年首次描述了间接选择的机制。后来，在 1930 年的《自然选择的遗传学说》中，他认为间接选择可以导致雄性性状和雌性偏好都能完好的**逃亡过程**。起初，自然选择可以使雄性性状上升。而任何与之相关的雌性偏好也会随之上升，这称为“搭车效应”。随着偏好继续上升，性选择将赋给这个性状另外一个优点，这样性状将进化得更快。这就进一步强化了偏好。Fisher 认为这种正反馈会使得性状强得超过在自然选择下所能达到的位置，它会继续进化直至自然选择的反作用能阻止它。因此逃亡过程解释了专横的雄性适应性状和它伴随的雌性偏好为何如此完美。

Fisher 的看法直到 20 世纪 90 年代才用数学进行了分析，Mark Kirpatrick 和 Russell Lande 两人都分别独立建立了结合性状和偏好的模型。这些模型表明逃亡是可以发生的，但它需要性状和偏好间有很强的相关。而更为普遍的结果则是该性状位点上的自然选择和性选择达到一个平衡点，也就是二者出现了一个等式。如果没有对偏好的直接选择，则会产生无限可能的进化后果。如果没有偏好，那性状将在自然选择条件下得到一个优化状态。最终的后果依赖雌性的感觉偏差。如果直接选择作用于雌性，偏好将会简单地进化出最大化的雌性直接适合度。因此，这些模型支持我们上面讨论的两种解释（任意感觉偏差和直接选择），而不是经过逃亡过程的间接选择。

性的特点可以作为遗传质量的信号

Kirkpatrick 和 Lande 模型强调性选择会产生随机的进化后果，这个结论与自然主义者分歧明显，自然主义者则认为雌性能选择**优良基因**。雄性能把它的遗传质量告诉雌性吗？雌性偏好的特征真的与优良基因相关联吗？（“遗传质量”或优良基因是指能增加适合度的基因，而不是那些自然选择作用的信号基因。这样定义方便把适合度成分看做是生存力，也包括了雄性生殖和交配成功。）这是间接选择的一个特殊例子，在此情形下，雌性偏好能进化是因为偏好与受选择的基因连锁。

这种优良基因模型有两个主要的困难。首先，信号必须是真实可信的。是什么阻止遗传质量差的雄性产生吸引信号，而使它不能完成交配呢？其次，在雄性中一定要有足够的多样性让间接选择和雌性偏好起作用。我们将会知道，原则上这些问题都是可以避免的。然而，雌性偏好优良基因从而塑造性选择的实际程度我们还是很不清楚。

一个雄性遗传质量的信号是怎么进化的呢？这个问题在进化博弈论中可以得到很好的解释。有没有一种 ESS 使携带着能让子代高生存生育力基因的雄性也倾向产生一种特殊信号呢？在 1975 年，Amotz Zahavi 首次提出了问题的解决方案，虽说理论还需要时间证实。解决的至关重要点是这个信号一定是代价大的，而且对低遗传质量的雄性这种代价会更大（也就是那些与信号性状不相关但适合度下降的雄性）。Zahavi 把这种类型的性状称为“累赘”（原理）。它是一种确保累赘保持雄性优点的真实信号的微分代价。下等的雄性也可以通过这种信号获得更多交配机会，但在适合度的其他方面就会失去更多。因此，对一个雄性个体而言，最好的策略是表现出能够和遗传质量一同上升的行为。一旦信号和遗传质量关系建立了，雌性将进化出简单的信号偏好，因为那是信号可以提示它们将产生更加健康的后代。

雌性选择的雄性是否有优良基因是很难找到证据的

优良基因假说最为明显的就是检查是否选择与迷人的雄性交配的雌性能产生高“遗传质量”子代——如子代能活得更好。这种雄性吸引性状与子代质量的关联已经在很多研究中发现了。例如，在山雀中，有着更大黑色纹路的雄性（图 20.32）会更受雌性喜欢，而它们交配后产生的子代在冬天更容易存活。因此，那些选择更有吸引力雄性的雌性就有了一个间接的优势，它们的子代将会更有生命力。另外是蟑螂的例子，有吸引力的雄性产生的后代发育得更快（图 20.33）。这些昆虫是群居的，雌性与有吸引力的雄性交配就获得了能产更多卵的直接选择优势，或是后代发育得更快的间接选择优势。

检测优良基因假说的另外一个办法是查看有选择权利的雌性是不是比没有选择权利的雌性产生的后代存活得更好。交配选择的优势已经发现了很多例子。最近，许多主要点都集中在许多一夫一妻的鸟类的惊奇发现。这些雌鸟经常发生婚外交配，遗传方法已经检测 90%的物种都有此种情况，即便在社会性的一夫一妻物种中。而非婚内交配大约会产生 11%的后代。有些情况下，这种子代比起同窝交配产生有父本照顾的子代更

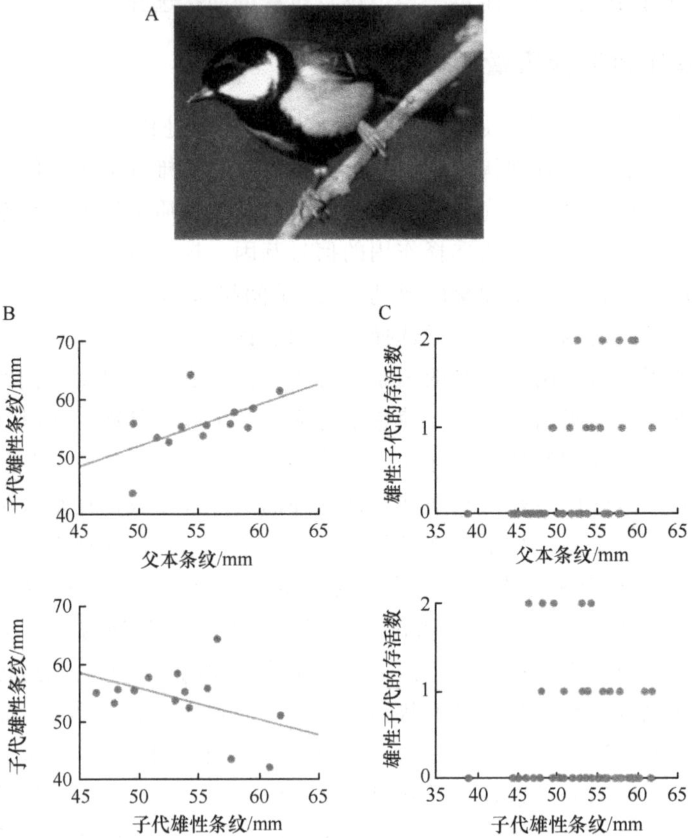

图 20.32　(A) 雄性大山雀在胸部有一条吸引雌性的暗条纹：条纹越大的雄性更能获得与雌性交配的机会。在交叉孵育实验中，不同巢中的蛋进行了调换。因此，子代与生物学意义上的双亲关系就可以与随机交换后孵育的双亲关系作为对照进行比较。条纹大小有着潜在的遗传变异：子代雄性的条纹与它们生物学意义上的双亲有着很强的相关性（B，上），而与养育的双亲没有显著相关（B，下）。那些生物学上有着大条纹的父本的子代在越冬时能更为显著地存活下来（C，上），而与养育的父本条纹大小没有关联。

易生存下来。这就表明雌性可能选择能好好照顾子代的雄性作为它社会性的配偶，但又寻找那些携带有增加后代适合度基因的雄性进行交配（图 20.34）。另外一种可能，一些雄性可能是不育的，雌性与多个雄性交配也是要保证受精成功。

这种关联是很不好解释的。只要雌性进化出对优良基因的选择，即便这种偏好先于性状，雄性吸引雌性的性状与子代的遗传质量的关联是必要的。我们推断雄性交配成功和后代生存的关联有很多不成系统的原因——健壮的雄性更有机会赢得雌性，而偏向产生健壮的后代，如果这种健壮是遗传的。然而，很难解释雌性的这种对健壮相关联的基因偏好的进化是因为雌性真正通过选择配偶而获得了一些遗传益处。

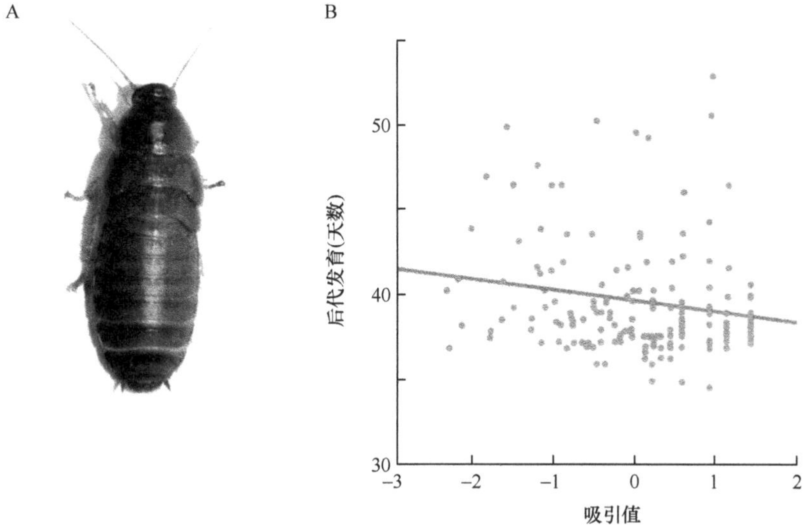

图 20.33　雌性蟑螂（A）对群体社会地位高的雄性更感兴趣。这种偏好是信息素调节的。那些在交配选择检验中有着高吸引值的雄性，它们的后代发育得更快（B）。

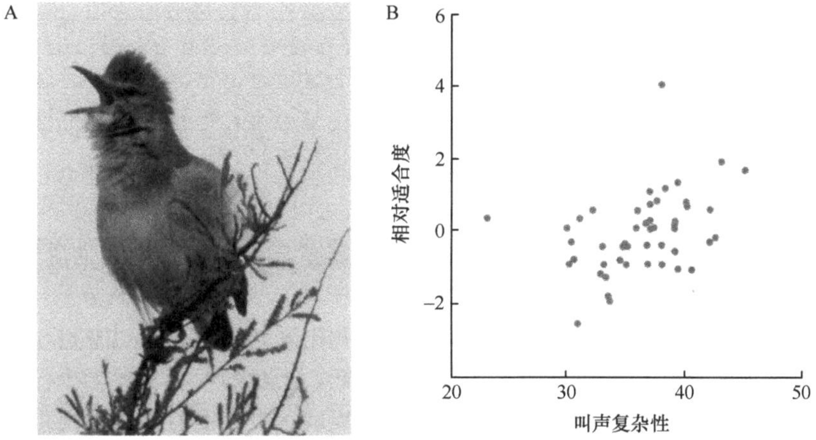

图 20.34　在大苇莺研究中（*Acrocephalus arundinaceus*；A），雌性选择邻近有着更复杂叫声的雄性进行婚外交配受精（EPF）：在观察到的 10 个 EPF 中，生物学上的父本比起戴绿帽子的父本有着更复杂的叫声。雄性的叫声复杂性与子代能够成功进入群体的数目相关（B）。因此，那些有 EPF 行为的雌性就有了获得更多子代存活的间接收益。

优良基因的选择需要适合度的遗传变异

雌性对雄性优良基因的偏好存在另外一个困难：适合度中一定要有遗传变异。在原始的 Kirkpatrick 和 Lande 模型中，雌性对优良基因的偏好是不能进化的，因为在适合度中它没有加性遗传方差。如果只有选择作用，加性遗传方差自然就不能进化。然而，在第 18 章中，有其他的过程可以维持加性遗传方差，即突变、迁徙和它们中的一些波动选择。经验上讲，这些过程到底能维持多少这种遗传适合度变异并不清楚（第 19 章）。优良基因模型可能是更好解释可能性的一个模型了，如果它的确有很高的适合度加性变异。

在 1982 年，Hamilton 和 Marlene Zuk 提出宿主和寄生虫的共进化负责高水平适合度变异的维持。他们进一步提出性选择的这些性状能进化出预示雄性有对寄生虫抗性的信号。例如，鸟类的翅膀可以指示它是不是受到感染，雌性就可以根据这个信息来选择那些携带对感染有抗性基因的雄性。被寄生虫感染的鸟类的翅膀颜色会变浅，而且性别间翅膀也有差异。Hamilton 和 Zuk 用这个例子来支持他们的论点。然而，在后来的研究中，我们又不能找到这样物种间相互关联的例子。在物种内，遗传的寄生虫抗性和性吸引的关联已经被发现了，但是如上面小节里面所讲的，我们并不清楚雌性偏好是否真的是由于这些关联间接选择产生的。

选择可以很清晰地维持那些非加性适合度方差，如通过杂交优势实现。在这类例子中，交配偏好的进化可以依赖雌性基因型。我们已经在果蝇的精子偏好中有过这些例子了（图 20.28）。这些遗传兼容性的偏好是很广泛的。其实，我们在后面的章节中检测了两个相当重要的例子：雌性只对本物种内的雄性做出选择，雌性偏好只发生在非近亲的雄性中，而阻止近亲交配。

小结

进化生物学家运用了很多办法了解哪些生物体正在进化。如果个体的适合度仅仅依赖它的表型，那我们推断将进化出优化表型（也就是在可能受到的条件下，最大化适合度的表型）。

衰老是随着年老而存活和繁殖能力都下降的现象，它其实是优化生活史的一部分。这是因为年老的个体对适合度贡献很小，所以选择对这些个体选择很弱了。存活和繁殖能力也可能受有害突变而降低，而有害突变在老化中受的选择作用也变得相对弱。这些例子提示衰老发生在适合度成分的很多方面。因此，当我们发现在年老个体中潜在的突变却增加了存活能力，这就相对惊奇了。这其实反映了在资源有限的情况下，生存和繁殖之间采用保守的资源在分配。

当适合度是由个体间相互作用决定的，我们推测将会进化出一个进化稳定策略（ESS）（也就是不能被其他策略所能代替的一种进化策略）。然而，可能有很多种这类的 ESS，在那种情况下进化的最终结果依赖群体的初始状态。如果不存在 ESS，那么群体将会无限循环下去。ESS 也可以是混合型的，这样很多类型将会维持下来。即便每个个体都努力不惜以别的个体为代价来维持它的适合度，但个体的这种行为对整个群体而言并不一定是最优的。

许多进化是从交配成功变异的性选择驱动的。性选择在雄性中作用更加重要。雄性适合度是通过与更多的雌性交配来提升的，而雌性适合度受到它们最大能产生多少个体的限制。性选择包括雄性间竞争和雌性对雄性的选择。而后者检测出来有特定的困难。雌性偏好可以是直接选择的（如雄性提供亲本关怀），在这种情况下雌性应当选择那些能帮助它们照料更多子代的雄性。然而，如果雄性对适合度没有贡献，那么雌性偏好则进化成一种感觉偏差的副产物，或者要进化逃亡过程——一种已经有偏好的雄性性状的扩张。雌性也可以选择携带优良基因的雄性，这样它的子代将更加适应环境。在这种情况下，偏好只针对那些有代价的雄性性状，所以这种选择只是在实际具有优良基因的雄性中才能遗传下来。

延伸阅读

进化的优化

Parker G.A. and Maynard Smith J. 1990. Optimality theory in evolutionary biology. *Nature* **348**: 27–33.
说明优化原则如何作用。

Stearns S.C. 1992. *The evolution of life histories*. Oxford University Press, Oxford.
一本对本章内容全面详述的教科书。

衰老

Guarente L. 2002. *Ageless quest: One scientist's search for genes that prolong youth*. Cold Spring Harbor Laboratory Press, Cold Spring Harbor, New York.

Partridge L. and Barton N.H. 1993. Optimality, mutation and the evolution of ageing. *Nature* **362**: 305–311.
关于衰老的替代理论及从果蝇来的实验证据。

进化游戏

Maynard Smith J. 1982. *Evolution and the theory of games*. Cambridge University Press, Cambridge.
关于进化游戏理论的经典文献。

性选择

Andersson M. 1994. *Sexual selection*. Princeton University Press, Princeton, New Jersey.
一本全面客观的教科书。

Cronin H. 1991. *The ant and the peacock*. Cambridge University Press, Cambridge.
关于性选择的可读历史。

Maynard Smith J. and Harper D. 2003. *Animal signals*. Oxford University Press, Oxford.
最近关于动物通信的研究，包括在性选择中雌雄间的通信。

第 21 章

冲突与合作

生物体间的合作是生物界最显著的特征之一。众所周知，在错综复杂的人类社会中没有人是自给自足的。在社会昆虫（蚂蚁、蜜蜂、黄蜂和白蚁）中，唯一的蜂后或蚁后繁衍这个群体的所有后代。在黏液菌中，细胞聚集成子实体，但是只有少数细胞能形成分散孢子（图 8.6H 和图 9.4）。繁殖过程中存在许多比较极端的合作，即一些个体帮助其他个体生育。在**互惠**或**共生**关系的群体间，不同物种的成员间同样可以合作。许多开花植物与它们的授粉者进化出亲密的关系。豆类产生根瘤去滋养固氮菌；真菌和光合作用的藻类或藻青菌之间存在紧密的共生关系，它们的共生体形成了地衣；许多藏身于动物特定内脏的肠道菌群给宿主提供必需的生化功能。

上述那些例子大部分都是例外。大多数的昆虫是独居的；大多数的开花植物通过不同种昆虫完成授粉；大多数的细菌并不通过子实体扩散。然而，合作对复杂生物体的进化是十分重要的，同样，在这一章结尾，当讨论进化的**重大转换**时我们可以看到它的重要性。那么，我们将列举大家较为熟悉的例子，如社会昆虫和合作繁殖的鸟类。然而要注意的是，这些基本原则是非常适用的，并且可以解释明显不同现象的特殊范围。

合作通过自然选择进化，这一点起初让我们吃惊。而自然选择基本是一个竞争过程：基因与其他基因竞争复制。事实上，在解释“自私”现象的时候合作总是不堪一击。例如，工蜂可以自己产卵而不是照顾蜂后的卵；线粒体基因可以复制更快而不是给细胞提供能量。因此，这一章的一个关键目的是告诉大家合作是怎样进化而不顾它所涉及的生物体之间的冲突。首先我们会花一些时间来讨论冲突的例子，因为它们是吸引人的现象，同样也因为它们可以帮助我们理解合作怎样维持。

社会结构的进化

选择包括基因间冲突和亲缘间相互作用

在第 17 章开始部分，我们粗略讨论了一下选择。我们重点讨论了个体的**适合度**

（也就是经过一代之后一个个体所留下后代的数量），并原创了两个关键的简化。首先，我们假设一个个体携带基因的扩散只取决于该个体的适合度。其次，我们假设适合度只取决于该个体表型，而与群体其他个体无关。在这一章，我们将放宽这两个假设。

首先，我们讨论当基因在传递过程中存在竞争的时候会怎样。只有当每个基因在传递过程中有相同的机会时，一个群体的进化才完全取决于个体的适合度。基因频率增加而不伴随携带它们的个体适合度增加是违反孟德尔法则的。在这里需要强调的是，这种基因频率的增加只在性别重组时才可能发生。如果后代与亲本遗传上一致，该个体或基因的适合度应该与亲本一样。因此，我们在第 23 章讨论性别进化的时候将回顾这些概念。

其次，我们讨论一下当适合度取决于有血缘关系的个体间相互作用时又是什么情况。我们已经看到，一个个体所产生后代的数目一方面取决于整个群体的组成，另一方面取决于该个体的表型。如果一个群体保持在一定的范围内，而不是灭绝或者无限制的增长，那么随着群体数目的增加适合度会降低。通常，其他个体的影响取决于它们的基因型，在这种情况下，我们认为选择是**频率依赖型**的。我们将看到消极的频率依赖怎样保持遗传差异，以及博弈论怎样去解释依赖基因型相互作用的后果（常常是复杂的结果）。在这一章，我们将讨论通常发生的一种情况，当血缘间相互作用时结果会变成什么样。这将有助于我们理解当个体基因型相同时冲突和合作之间怎么调节。

对个体间相互作用进化后果的研究通常被定义为社会结构的进化。它包括进化生态学，而进化生态学关注种内个体间以及它们与周围环境间的相互作用。虽然大部分经验性的工作是基于像社会昆虫这样比较明显和易于操作的例子，但是它的适用范围宽广——从病毒到人类。

用群体遗传学的术语来说，冲突与合作可以简单地理解为，在频率依赖型选择和非孟德尔遗传情况下追踪不同类型基因的数目变化情况。然而，这个理论在很多方面只是纸上谈兵，并且还有一些很形象的描述。例如，一个可以增加自身传播繁衍但降低宿主生物个体适合度的基因被定义为**自私基因**；而相反，一个基因降低其携带者的适合度，但是却能增加其他个体的适合度，这种被定义为**利他性**。

首先，一个生动的术语对理解记忆理论和引导直觉是有帮助的。但是，它也可能用两种方式误导我们。首先，基因显然不是对“自私”或“利他”动机有意识的行为主体。我们通常站在基因的立场上考虑，并且思考基因需要做什么才能使其传播到后代中的数目最大化。但是，我们已经解决了这样一个问题——在群体中，引起多种表型的等位基因频率是否需要增加。通常（不是总是）用两种方式思考这个问题得出一样的答案。理论上，需要一个完整的群体遗传学模型去追踪所有不同类型基因的数目。然而，通常这样一个模型自身很难解释清楚。最好的补偿是使用更多直觉的解释。

然后，日常用语的使用使得进化原则可以直接应用到人类行为。与所有的动物一样，人类行为固有的组成是在进化的，一部分是通过自然选择，并且适用于社会进化原则。然而，在塑造人类过程中，语言和文明至少和生物进化一样重要。在第 26 章，我们将讨论这个由生物和文明相互作用而产生的问题。

基因间的冲突

复制不依赖宿主染色体的元件可能是遗传寄生物

遗传元件可以通过几种途径获得优势。它们可以通过减数分裂过度传递而导致**分离畸变**（图 21.1）。**转座元件**能够跳跃到基因组中的新位置（表 12.2）；并且可以通过有利于某种性别而导致**性别比**偏好，在偏好的某种性别里传递而最终获得优势。下面的部分我们将重点讲述一些详细的例子，但是，首先要对我们探索的几种不同机制有总的看法。

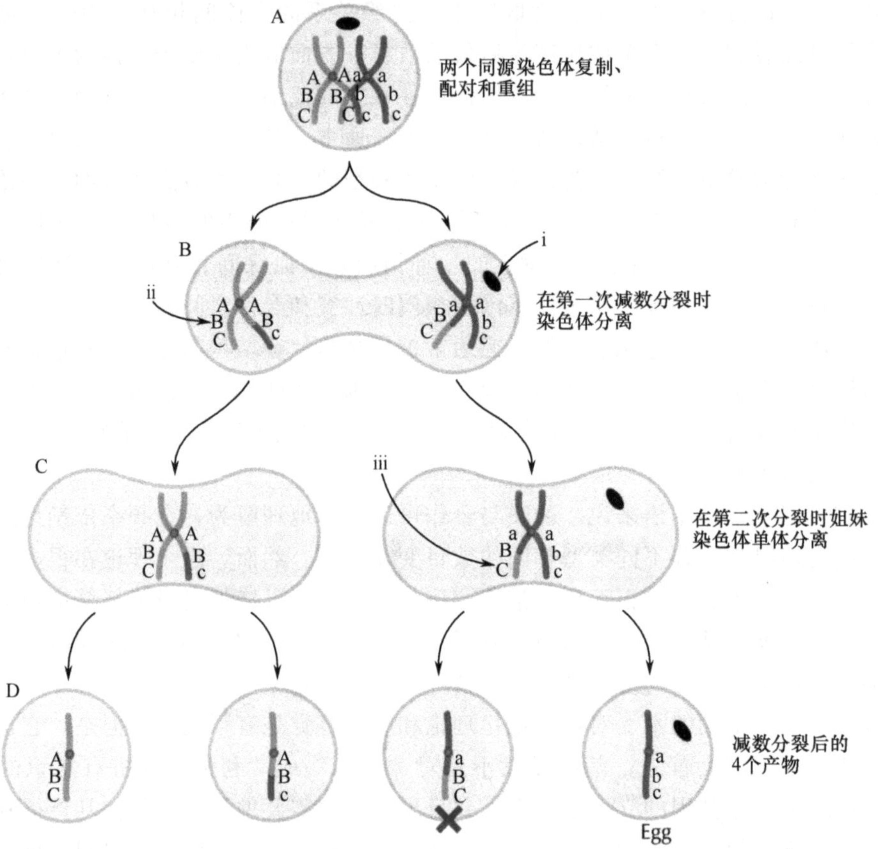

图 21.1 减数分裂过程中的分离畸变可以通过几种方式形成（i、ii 和 iii）。(A) 两个同源染色体复制成姐妹染色单体、配对并重组（两个基因组分别用红色和蓝色表示）。同源染色体在第一次减数分裂时分离。（B）第二次减数分裂时姐妹染色单体分开。（C）减数分裂的 4 个产物。(D)（i）AB 染色体（黑色椭圆表示）展示了形成卵子的减数分裂产物的分离过程（右下方）。这种偏向性分离叫做减数分裂驱动。(ii) 重组位点附近的序列短暂伸展、碱基错配形成异源双链核酸分子。这些错配的修复引起基因转变。这里一个 B/b 异源双链核酸分子获得一个额外的 B 被修复为 BB。(iii) 分离畸变同样可以是减数分裂产物之间竞争引起的。杂合子上标出了等位基因 C，而携带该等位基因的单倍体产物最终被破坏了（用 ✖ 表示）。

分离畸变

在动植物中，雌性减数分裂的产物只有 1/4 可以成为卵细胞。因此，如果一个等位基因能够偏向地分离到卵细胞中它就可以传播繁衍（图 21.1，i）。这样的偏好性叫做**减数分裂驱动**。**基因转变**同样引起相似的偏好（图 21.1，ii），并且在某些真菌中可以直接看到（图 21.2）。与下面我们要看的更极端的分离畸变例子相比，偏向性基因转变只有很微弱的影响（每代每个位点的转变频率高达 10^{-3}）。然而，它在整个基因组中起作用，可以重组并且具有重要的长期效应。

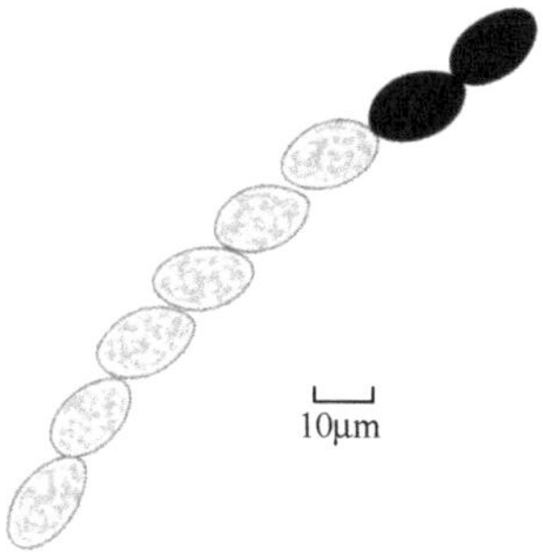

图 21.2　真菌中的基因转变。在一些物种中，减数分裂的产物留在一起，因此影响孢子颜色的等位基因分离可以直接看到。这个图显示了野生型黑色孢子品系 *Sordaria brevicollis* 与突变型黄色孢子品系的一种交换产物；单个位点的突变导致了孢子颜色的差异。如图中所示，一个等位基因的基因转变偶尔产生 6∶2 的分离比，但通常是 4∶4 的分离比。

分离畸变同样表现在减数分裂后配子只携带一种等位基因而其他等位基因被破坏（图 21.1，iii）。这与减数分裂驱动不同，但是结果是一样的：在一个杂合子产生的配子里面一种等位基因数目远远超过其他类型的数目（见前文不同个体配子间竞争的例子。这里，我们关注相同二倍体个体配子间的竞争）。

图 21.3　Barbara McClintock 发现转座元件的一个玉米棒子。这种色斑是由“基于 DNA 的转座子”（DNA-based transposon）Ds 转座引起的，该转座子可以使染色体断裂。

转座元件

Barbara McClintock 研究玉米粒色斑时发现了转座元件（图 21.3；回顾表 12.2）。转座元件只是在基因组中跳跃，并不能获得优势；它们必须同时复制增加现有的拷贝数。甚至，在严格无性繁殖的种系里转座元件拷贝数的增加不会获得长期优势。实际上，如果转座元件对宿主基因组有害，那么携带这样一个转座元件的品系最终将灭绝（图 21.4A）。只有在至少存在部分有性繁殖的种系中，转座元件才可以存活，并且在种群里**水平传递**（转座元件首先选择在基因组中扩散，然后才是种内繁殖），而不是在一个种系里只有垂直遗传（图 21.4B）。

性别偏向遗传

严格在一个性别中遗传的基因，当它们能促进该性别的繁殖时，可以获得优势。例如，大多数的开花植物是**雌雄同体**的，也就是说，它们既产生雌性配子又产生雄性配子。然而，5%～10%的种群存在混合群体，在该群体里，有些植株是雄性不育的，因此只

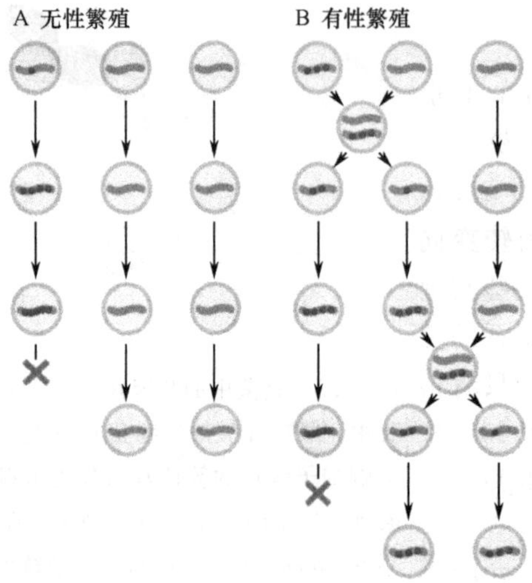

图 21.4 (A) 转座元件 (红点表示) 在无性繁殖的种系里可以增加，但是如果它们对宿主基因组有害，那么携带这样一个转座元件的品系最终将灭绝。(B) 在有性繁殖的种群，转座元件可以在整个种群水平传递。此图显示了像酵母这样的生物，通常是单倍体，但偶尔也可以有性生殖。

能像雌性一样繁殖。这种雄性不育是由线粒体变异引起的，并且在雌性中遗传。如果雄性不育的植株利用更多的资源去产生种子而不是花粉，这些变异体可以获得优势，并且传递更多的线粒体基因组 (图 21.5) [这种现象叫做**细胞质雄性不育** (cytoplasmic male sterility，CMS)]。这对商业化植物栽培有重要意义，因为雄性不育的植物不能自体受精，因而杂交比较容易)。寄生黄蜂 *Nasonia vitripennis* 中存在类似却更极端的例子 (图 21.6)。

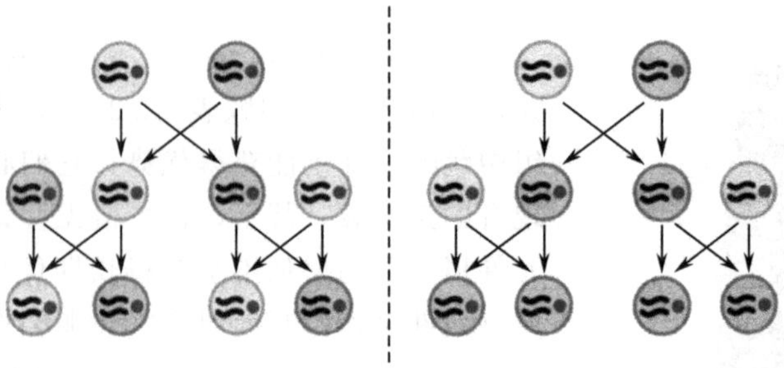

图 21.5 如果基因促进某种性别繁殖，那么它们在该性别中遗传。(左) 线粒体 DNA (mtDNA) 在动物和开花植物中母系遗传。如果每个母亲有一个儿子和一个女儿，雌性个体 (未来所有的雌性个体都是这样) 的线粒体 DNA 的拷贝数将保持一样 (左图)。然而，如果它携带的线粒体 DNA 导致其只能生女儿 (右图)，那么雌性个体中线粒体 DNA 的拷贝数每代将翻倍。一对黑色波浪线表示核基因组二倍体，绿色圆圈表示线粒体基因组。雄性表示为蓝色，雌性表示为粉红色。

遗传寄生与一般寄生没有明显差别

在瓢虫里，存在一种细胞质遗传的元件，它可以杀死携带它的雄性。因为同胞间存在资源竞争 (图 21.7)，因此通过与植物里细胞质雄性不育 CMS 本质上相同的方式这个雄性杀手获得优势。然而，这种症状是由细胞内一种类似立克次氏体细菌的沃尔巴克

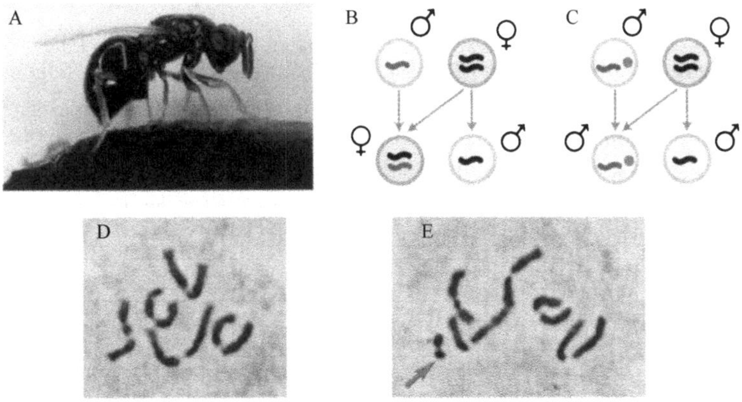

图 21.6　寄生黄蜂 *Nasonia vitripennis*（A）是一个性别偏向遗传的极端例子。像其他膜翅目昆虫（蜜蜂、黄蜂和蚂蚁）一样，这个物种也是单倍二倍体：受精卵发育成二倍体雌体而未受精卵发育成单倍体雄体（B）。在很多群体里面发现了一个超数 B 染色体，该染色体被称为父方性比（paternal sex ratio，PSR）染色体（C 图中的绿点）。携带该染色体的受精卵，来源于父亲的基因组（红色表示）被 PSR 凝集最终丢失，它最后发育成单倍体的雄体而不是二倍体的雌体（C）。因此 PSR 通过改变繁殖只产生雄体获得优势，性别通过它传递。雄性正常单倍体的 5 条染色体（D）；携带 PSR 染色体的雄性的超数染色体（箭头所示）（E）。

氏体 *Wolbachia* 引起的（表 6.2），用四环素处理可以消除这种菌。*Wolbachia* 在节肢动物中广泛分布，它们进化出一些策略使它们可以母系遗传。例如，最近 *Wolbachia* 可能通过比较少见的种群间的水平传递而感染南加利福尼亚州的拟果蝇（*Drosophila simulans*）。虽然受感染的雄性并不传播该细菌，但是它们与未受感染的雌性交配的后代死亡；实际上是使未受感染的配偶不育。因此感染迅速向北扩散。虽然是细胞内的细菌导致不育，但是它的遗传模式和线粒体基因组一样。结果是，如同**搭车效应**，线粒体 DNA 变异体与最初的感染结合在一起向北扩散。

图 21.7　同一窝孵化出来的雌性瓢虫幼虫（*Adalia bipunctata*）。雄性被细胞质遗传 *Wolbachia* 杀死了。雌性幼虫正在吃它们死掉的兄弟，这有利于它们和 *Wolbachia* 的生长。

不论是植物里线粒体基因组细胞质雄性不育（CMS）引起的效应，还是超数染色（或 B 染色体）引起的结果（即 *Nasonia* 里父方性比），或者是像 *Wolbachia* 的细胞内寄生物，这些结果本质上都是一样的。一些病毒与转座元件的亲密关系表明，寄生物与自私基因也是统一体（第 5 章）。转座元件编码了一个关键的**逆转录酶**，通过一个 RNA 中间物来复制，这个酶与逆转录病毒中的逆转录酶同源，

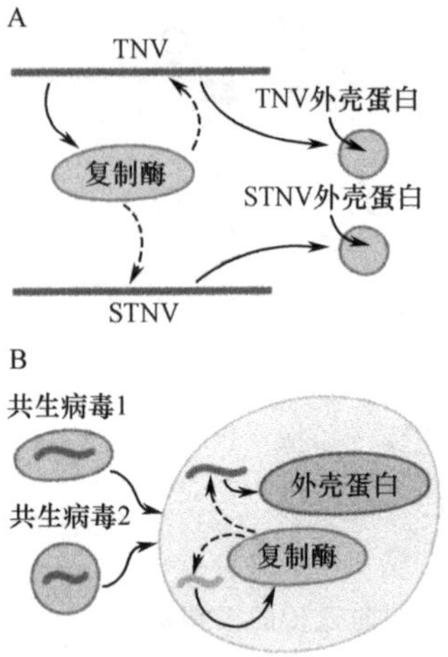

图 21.8 （A）烟草坏死病毒［tabacco necrosis virus（TNV）］是一种RNA病毒，它既有复制酶又可以翻译外壳蛋白。烟草坏死卫星病毒［satellite tabacco necrosis virus（STNV）］是一类与前者不同源的病毒，可以翻译外壳蛋白但是没有复制酶，因此它依赖TNV的复制酶（实线箭头标出了病毒编码蛋白质的过程；虚线箭头标出病毒通过复制酶复制的过程）。（B）烟草脆裂病毒（tabacco rattle covirus）包含两种微粒，两种都是成功感染所必需的。一个编码复制酶，另外一个编码外壳蛋白。

该酶逆转录病毒的RNA基因组，产生DNA中间物，并插入到宿主的基因组中。酵母中的*Ty*元件很好地阐释了转座元件与病毒间的亲密关系，在细胞里它的RNA中间物包裹在蛋白质外壳里面。这对于病毒不从宿主中逃脱是必需的。

通过病毒奇怪的自然历史，区分既是独立的生物体又是存在竞争的遗传元件相当困难。通常（不是总是），在细胞外，病毒包裹在蛋白质外壳内。然而，在细胞里面它们的基因组是裸露的，并且和其他病毒共享它们的复制机制。这使得寄生关系更加容易，同样使得有机体间的界限很难划分。例如，烟草坏死卫星病毒（STNV）是烟草坏死病毒（TNV）的寄生物，它需要依赖TNV的RNA聚合酶来翻译自己的外壳蛋白（图21.8）。这两种病毒亲缘关系很远，可以看做独立的有机体。几乎所有的病毒都有**缺损干扰病毒**（DIV），它们是一类丧失了部分功能的病毒，因此其传播需依赖于与其他完整病毒的共感染。

到目前为止，术语“寄生物”和“自私DNA”确实适用于我们提到过的那些例子。但是，意识到复制分子间既可以进化成互惠关系也可以进化成寄生关系是很重要的。例如，很多植物RNA病毒不能靠自己完成它们的生活周期，因为成功的感染要求功能互补的两种不同病毒（图21.8B）。在实验室条件下可以看到类似的协同病毒如何进化。灵长类的一种细胞系携带SV40病毒，两种不同的缺损干扰病毒DIV进化形成复合体完全消除了母本的SV40。虽然每种都丢失了一些必需的功能，它们仍然可以一起复制。这一章的后面我们将举更多分子间、细胞间和生物体间的共生和寄生关系的例子。

自私元件通常包括几个紧密连锁的组分

遗传元件可以打破孟德尔法则获得优势。有些机制很简单，如基因转换使杂合子单个位点的碱基有轻微的偏好。然而，大多数有利的分离畸变事件包括几个紧密连锁的组分。典型地，一个或多个畸变位点可以修复在一个回应位点上携带敏感等位基因的配子。

野生小家鼠*Mus musculus*群体中的t单倍型是一个有助于理解的例子（图21.9A）。杂合子（t/＋）雄性传递过多的t单倍型。这种畸变是由于杂合子个体产生的＋精子的修复功能而不是减数分裂的不对称：雌性阴道对与之交配的杂合子雄性的两种类型的 DNA 有相同的存活比率使精子恢复。基因组中 t 复合体长 30～40Mb，位于 17 号染色体上，包括几个畸变位点和一个回应位点。这段区域的多个**倒位**抑制了重组。有趣的是，正常的 t 单倍型携带了几个不同的**隐性致死**突变，这是自身驱动单倍型建立之后产生的。如果一个家庭里，双亲基因型均为 t/＋，它们将有接近一半的儿子基因型为 t/t，并因此不育（图 21.9B）。因为它们携带隐性致死突变，所以如果它们在早期死亡，那么它们的双亲大部分后代的基因型将是 t/＋。这使得携带致死突变的 t 单倍型受到强烈的选择优势（图 21.9C）。另外一个例子是亲缘选择，我们将在本章后面做进一步讨论。

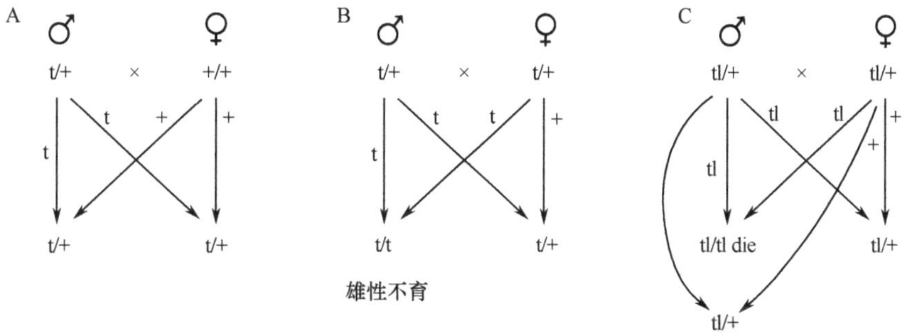

图 21.9　(A) 杂合子雄性小鼠主要传递 t 单倍型，使得 t 单倍型获得强烈的传递优势。(B) 在近交局部小群体中，t 的频率足够高，使得 t/＋与 t/＋的交配成为最常见的组合。然后，它们的雄性后代的基因型几乎一半是 t/t，因此不育。(C) 很多 t 单倍型携带紧密连锁的隐性致死（这里用 l 表示），在胚胎发生早期纯合子 tl/tl 将死亡。它们被 tl/＋的杂合子取代，因此避免产生不育的雄性后代，并增加了 tl 复合体的净传递。

小鼠中 t 复合体是常染色体遗传的。然而，我们知道更多的例子是异型配子性别（哺乳动物和果蝇的雄性、鳞翅目的雌性）中某一条性染色体的过度传递。在昆虫、哺乳动物和开花植物中，至少有 23 例 X 染色体驱动和 6 例 Y 染色体驱动的例子。与性染色体相关的例子形成优势相对容易，因为它们产生强烈的性别比偏好，更容易检测到。但是，性染色体间缺乏重组使它们更容易进化为分离畸变。X 染色体上的畸变位点可以对应 Y 染色体上任何位置的回应位点。相反，常染色体系统中的组分从一开始就必须紧密连锁。在第 23 章我们将详述性染色体进化的因果。

修饰因子进化以抑制具欺骗性的基因

在生物体内，逃避孟德尔法则的遗传元件对其他基因有害。这个害处的直接结果是它们的偏好传递（如杂合子雄性个体的 t 配子通过杀死它们野生型的兄弟来传播），或者是间接有害的副作用（举例来说，转座元件可以插入编码序列终止基因表达）。因此，宿主基因组受到强烈的选择去抑制非孟德尔的传递。

植物中，导致细胞质雄性不育的线粒体，如果可以通过雌性配子增加传递，那么它们可以获得优势。这种优势可以表现在几个方面：雌性因为不能自体受精而避免近交衰退或者能量从产生花粉和大而艳丽的花朵转移到产生种子（花朵最初的功能是释放花粉）。在最简单的例子里，雌性的频率将增加直至花粉变得稀少甚至不能受精。结果雌雄同体株将获得平衡优势，因为它们至少可以自体受精，而不是根本不产生后代。实际上，恢复等位基因可以防止核基因组的雄性不育。新的线粒体不育因子进化可以导致细胞核与细胞质继续竞争。通常会在一个群体里发现几种不同的不育细胞型和几种特定的恢复等位基因。在苔藓剪秋（moss campion，*Silene acaulis*）的每个群体里能找到几种高度分歧的线粒体变异体，说明它们保持着长期存在的多样性。

在所有广泛研究的体系里都能找到分离畸变抑制子。在实验室中同样可以找到抑制子。将分离畸变（SD）复合体与Y染色体融合，人工构建一个染色体，然后导入到黑腹果蝇（*D. melanogaster*）群体（图21.10）。它导致了过多的Y染色体的传递，因此形成过多的雄性个体；甚至，一些复制子因为缺乏雌性而灭绝。然而，因为多个位点上形成抑制等位基因，大概10代以后性别比重新恢复到雌雄相当（图21.10）。

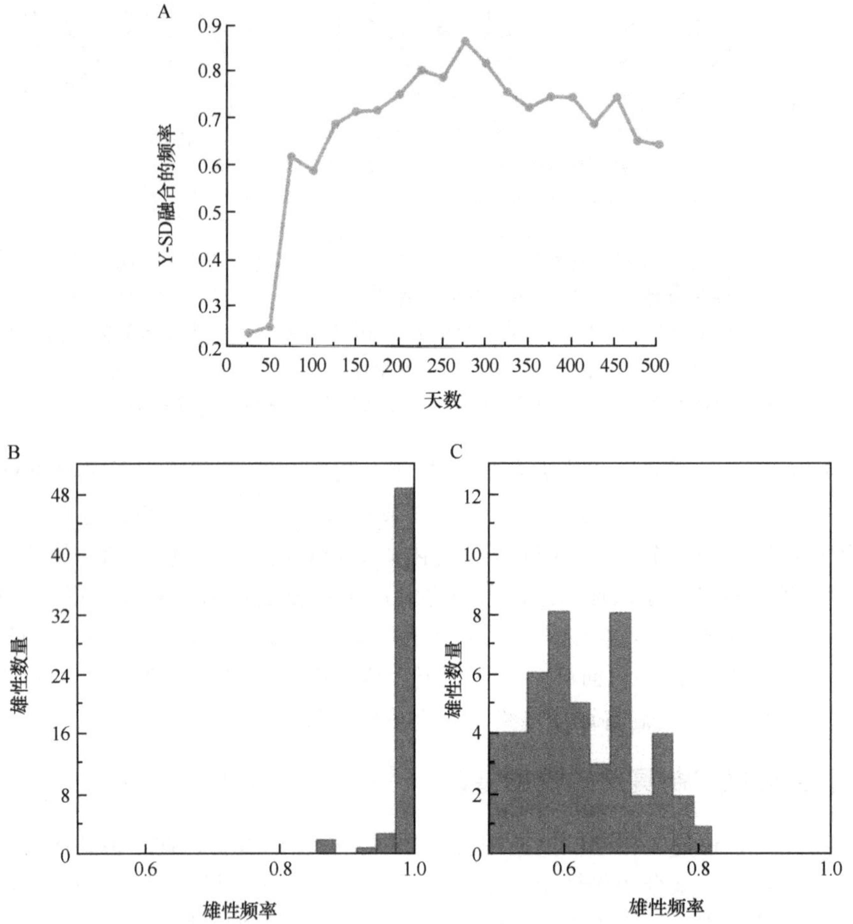

图21.10　实验群体中分离畸变抑制子的进化。(A) 将Y染色体与另外一条携带分离畸变（SD）复合体的染色体融合在一起构建的驱动染色体的频率（平均超过三种复制子）。起先，驱动染色体的频率迅速增加，导致形成强烈雄性偏好的群体。然而随后因为抑制子的形成，它的频率降低。最初，携带Y-SD染色体的雄性的后代几乎全是雄性（B）。(C) 但是，在接近157天时，雄性偏好会弱很多，并且雄性间会有相当大的差异。柱状图表示最初没有遗传差异的一群果蝇后代性别比的分布。这里的驱动抑制子是从那些通过突变重新产生的变异进化而形成的。

传递畸变可以通过行为学改变来计算。例如，基因型为 t/＋的雌性小鼠倾向于与＋/＋的雄性小鼠交配，而不是基因型 t/＋的小鼠，因此这样避免了产生不可能生存的 t/t 基因型后代。在突眼蝇（stalk-eyed fly）中，雄性个体有很夸张的大眼睛。这两个物种里都存在 X 染色体驱动，通过破坏杂合子里的野生型精子而导致产生过多的雌性个体。同样存在 Y 染色体连锁的抑制子，可以防止携带它的精子被破坏。在群体里的选择增加眼睛大小，对雌性的偏好降低。在复制群体里的这种对立选择降低了眼睛的大小。这表明，雄性眼睛的大小和驱动的程度是**遗传相关**的。因此，选择与大眼雄性交配的雌性将获得两方面的利益，即它的后代里将有更多的雄性（在雌性偏好的群体里颇有价值），任何一个子代雄性的精子携带抑制等位基因对 X 染色体驱动的破坏效应也不那么敏感（这是对优良基因偏爱的一个很好的例子）。相反，这种雌性交配偏好倾向增加驱动抑制子的频率，并且反击自私的 X 染色体的扩散。

有机体进化出复杂的防御手段去抵制病毒和转座元件。或许真菌脉孢菌（*Neurospora*）里重复诱导的点突变（RIP）最容易理解。在受精后与核融合和减数分裂前的阶段，可以检测到略大于 1kb 的任意重复序列。一旦被识别，重复序列高频突变（最显著的是 G∶C 到 A∶T 的转换）和甲基化。这被认为是对转座元件的一种防御手段。虽然，*Neurospora* 基因组含有转座子相关的序列，但是它们因为重复诱导的点突变（RIP）而失活，并且没有已知的活性元件。双链 RNA 失活的机制广泛存在，是防御病毒和转座元件的一种手段，因为双链 RNA 是病毒和转座元件生命周期的一部分。

当性别几乎不存在时所有基因参与同样的偏好

我们主要讨论了有性别的真核生物，它们的基因可以水平传递，甚至某些基因可以杀掉携带它们的个体。在主要是无性繁殖的细菌和古细菌里，情况非常不同。在无性繁殖的很多代里基因聚在一起，并且参与同样的进化偏好。在细菌和古细菌里也能找到质粒和不同的转座元件，它们通过结合或者稀有的重组事件在不同株系间移动。然而，如果它们需要长期繁殖，那么它们寄生的无性繁殖系必须一直存活，因此它们预期是温和的（图 21.4）。

质粒通常携带多个抗生素抗性基因，这些基因对宿主有明显的好处。当然，多种药物抗性是一个非常新近的现象，是由于抗生素的滥用而导致的。但是像青霉素这类的抗生素是天然的抗菌卫士，因此对它们的抗性是古老的。从土壤采集的细菌含有高度多样的携带各种潜在有利基因的质粒。在大肠杆菌（*Escherichia coli*）里可以看到，质粒携带产生细菌素的基因，细菌素对其他细菌有毒害作用。这同样对宿主有利，因为赋予它们产生杀死竞争者的能力。

细菌和古细菌的转座子和插入序列也是温和的。与真核生物相比，它们产生抗性的机制还不清楚（限制酶产生的目的被认为是摧毁病毒 DNA，不是转座元件）。此外，这些元件通常发展产生设计精巧的机制来限制它们的拷贝数，从而降低随机转座的害处（图 21.11）。

在真核生物，有性生殖的比率与自私基因的普遍存在有相关性。举一个极端的例子，蛭形轮虫（bdelloid rotifer）是很少的一类，它们长期一直是无性生殖（约 1 亿年；

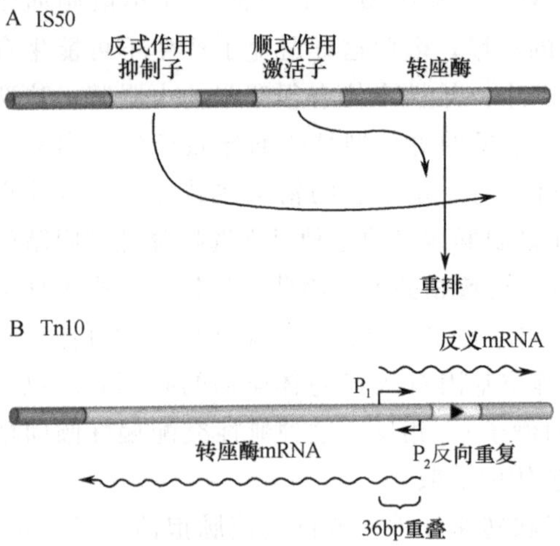

图 21.11　因为细菌和古细菌很少发生性别分化，它们的转座子发展产生防止过度转座的机制。（A）基于 DNA 序列的插入序列 IS50 产生一个转座的顺式作用激活子和一个反式作用抑制子，当拷贝数增加时，抑制子的水平增加，转座停止。（B）另一个基于 DNA 序列的转座子 Tn10 在转座酶基因起始位点附件有两个启动子。一个启动转座酶信使 RNA（mRNA）的转录，另一个则启动反方向的转录，产生反义 RNA。在高拷贝数时，反义 RNA 结合到转座酶 mRNA 上阻止其翻译。

图 23.10）。相应地，它们缺少在所有其他真核生物里研究的长散在核酸元件（LINE）和流浪型的反转座子。同样，与预期一样，在开花植物中，远交与超数 B 染色体的存在相关（表 21.1）。

表 21.1　开花植物中远交与超数 B 染色体的存在相关

繁殖系统	超数 B 染色体	
	无	有
近交	52	3
混合	191	14
远交	66	27

表 21.1 中列出了每一类物种的数目。相关性在统计学上高度显著。

自私基因的丰度取决于几种方式

果蝇里群体内个别插入的低频率证明选择限制转座子的积累。我们已经知道这种插入导致数量性状的变异；它们非常稀少，并只在谱系的顶端存在，暗示它们不能在群体内长期保留。由于转座的有害效应或它们对基因功能的破坏，从而产生了反向选择。进一步，可能是**异位重组**限制了转座子的数目，它是不同元件之间的重组，可以导致高度有害的染色体重排的形成。这与我们观察的果蝇基因组中转座子积累部分重组频率低的现象是一致的（图 21.12）。然而，这种模型同样可以是因为连锁紧密时低频选择而形成希尔-罗伯森效应（Hill-Robertson effect）。

转座元件在哺乳动物特别是在人类中分布情况存在很大差异（表 21.2）。种群内存在大量的转座元件，几乎全部固定下来并且没有活性。相应地，尽管果蝇里大部分的自发突变是由于转座元件引起的，但是人类里面却很少。这种差异产生的原因仍然未知。与果蝇相比，人类有效群体大小比较小，可能意味着选择不能对抗转座元件的固定。转座子间的异位重组可能非常罕见（实际上，它必须发生，反之大量的重复序列会是灾难性的）。转座元件倾向转座到非编码区，那里它们的不利效应会比较小。所有这些因素

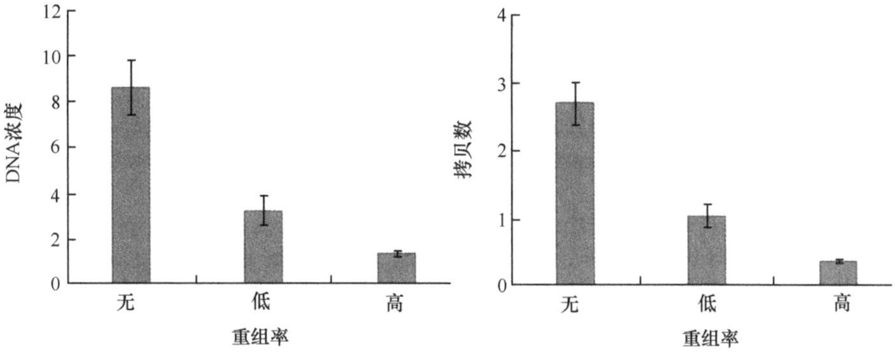

图 21.12 转座元件倾向聚集在低频重组区域。黑腹果蝇 *Drosophila melanogaster* 基因组被划分成无、低和高重组区域。

共同解释了这个差异，但是它们相对的重要性还是未知的。

表 21.2 果蝇和人类中反转座子的比较

	果蝇	人
常染色体拷贝数(近似值)	1400	2 900 000
占常染色体的百分数比	2	42
家族数(近似值)	60	100
非 LTR 反转座子(LINE)	20	3
SINE	0	3
LTR 反转座子	40	100
固定的插入片段	少	很多
反转座引起的自发突变的比例	>50	<0.2

注：LTR，长末端重复；LINE，长散在重复序列；SINE，短散在重复序列。

通过增加自身的有害作用或者积累有缺陷的拷贝，遗传元件可以限制它们自己的扩散。此外，如我们在前面部分提到的，可以产生各种各样的抑制子。它们随着自私元件的增加而增加，形成一个间接的频率依赖而维持一个稳定的平衡。非孟德尔传递的扩散元件不会产生限制它们自己繁殖的因子，除非它们自己的命运与宿主的命运通过低频重组紧密联系在一起。然而，它们能够很好地限制自己的有害效应，如通过偏好插入异染色质或非编码区域，或者只在生殖系转座（与 P 元件一样）。

尽管各种机制限制自私 DNA 的扩散，但是，为什么破坏孟德尔遗传的压力不能制服生物体？这还是不清楚的。实际上，据我们所知，这是灭绝的一个共同原因。在宿主基因组里有比自私元件多得多的基因，这个简单的因素使抑制很容易产生。事实上，我们确实看到多个天然的抑制子（如细胞质雄性不育），并且在实验室条件下作用于分离畸变 SD（图 21.11），很多抑制子从头产生，通过突变用几十代的时间。引用 Egbert Leigh 的一个短语“基因议会”，就是说所有基因繁殖的共同目的就是成功地去限制错误的少数。本章的后面，我们将返回探讨“合作如何稳定”这个问题。

真核基因组含有大量的“自私”DNA 和“垃圾”DNA

典型的真核基因组只有一小部分编码蛋白质（图 7.1 和图 13.17）。有些非编码区不能编码蛋白质，但是负责基因调控、核糖体编码、转运、其他功能的 RNA 或维持着丝粒。但是，基于果蝇和哺乳动物序列保守性的估计认为，有功能的非编码序列的数量与编码序列的数量一样多。明显地，不是选择保留了大量序列。一些证据表明，实际上，冗余的 DNA 对维持个体的适合度没有功能。更确切地说，基因组含有复制时对宿主有害效应的元件（自私 DNA）和复制副产物积累而产生的重复序列（垃圾 DNA）。

这种观点最有力的证据是，相似物种基因组 DNA 的容量差异很大。**基因组大小**（也叫做 **C 值**）表示一个单倍体基因组的大小，用皮克（$1pg=10^{-12}g$）度量，1pg 对应于大约 1000Mb 的 DNA。总体上，真核生物的基因组可以小到寄生小孢子虫（*Encephalitozoon intestinalis*）的 0.0023pg，也可以大到肺鱼的 133pg；人类是 2.9pg，介于中间（图 7.1）。这个范围涵盖了生物体间巨大的差异，从单细胞的微生物到复杂的多细胞生物。然而，基因组大小和生物体复杂性之间的任何主观测量方法都没有发现相关性。一组生物体里，最小的基因组大致上和它们的复杂性相关，但是种群间基因组大小的变化范围很大（图 21.13A）。这种差异部分归因于多倍性（也就是整个基因组编码区与非编码区一起倍增）。然而，大多数的差异反映了非编码 DNA 数量的大范围差异。例如，在更格卢鼠属（*Dipodomys*）里，DNA 容量能相差到 1.6 倍；玉米（*Zea mays*）基因组大小变异接近 40%。实验敲除小鼠基因组里两个大的非编码 DNA 片段（分别为 1.5Mb 和 0.85Mb 长）没有检测到对生存和繁殖的任何影响，并且几乎不改变邻近基因的表达。

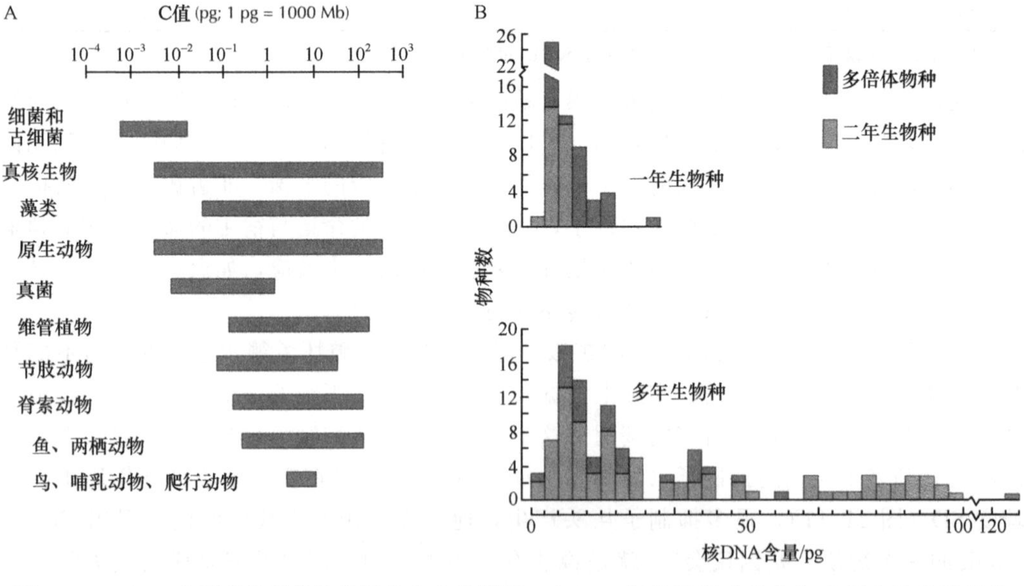

图 21.13 （A）主要群体单倍体基因组大小的范围。（B）一年生的开花植物与多年生的物种相比倾向于有比较小的基因组。红柱表示已知是多倍体的物种。整体上，典型的快速生长的“杂草类”基因组小于 10pg，反之几乎所有的多年生植物基因组都大于 30pg。

大多数的序列以相近的突变率进化，这暗示了它们几乎不受选择的限制。这既排除了一个特定功能有利于个体适合度的解释，同时也暗示了大多数序列的自私复制没有受到选择（事实上，我们下面将看到，大多数基因组包含相当少的活跃转座子）。

最终，很难看到自然选择如何使如此庞大的 DNA 维持精确的序列。**突变负荷**将会过多，使得建立适应性置换适合度的代价会很高。注意，虽然是从序列进化速率和遗传负荷的观点分析，但并不排除对总 DNA 的选择（如大的基因组通过选择偏好形成较大的核）。然而，就像我们刚才看到的，物种间的比较和对果蝇的实验操作表明，大的基因组并不是形成复杂有机体所必需的。

我们预期大的基因组是有害的，既因为新陈代谢的代价和复制大量 DNA 所花的时间，还因为大的细胞会抑制发育和行为。物种间的比较支持这些直觉的判断。一年生植物与多年生植物相比，倾向于有比较小的基因组（图 21.13B）。在玉米里，人工选择早开花性状导致了基因组大小的降低。相似地，从水生的幼虫变态发育为成虫的蝾螈相比于其他蝾螈（14～17pg）而言基因组较小，反之幼态成熟的种类为了避免变态发育，幼虫时就生殖，它们的单倍体基因组大小可以达到 76pg DNA。昆虫也有类似的模型。完全变态的昆虫，通过一个蛹的阶段变态发育（如果蝇、蝴蝶和甲虫），基因组大小小于 2pg，反之不完全变态的物种，经过一系列的幼虫阶段（如蝗虫和臭虫），可以产生较大的基因组，大到 17pg。大概是变态发育需要细胞快速分裂，当大量的 DNA 必须复制时这很难做到。

基因组大小与细胞大小紧密相关。蝾螈有非常大的基因组（平均 48pg），相应配置有少量大神经元（图 21.14），结果是它们的脑结构简单。有人认为，这为它们灵活地捕食提供了可能，像大多数成体蝾螈做的一样；取而代之，它们用埋伏的策略捕食，使用一种快速的发射声。然而，这样的例子是提示性的，但是大脑的复杂性和行为间很难建立显著的相关性，而且很难解释它们的因果关系。是大的基因组导致简单的脑进而改变行为，还是行为的变化改变了对基因组大小的选择？

图 21.14　蝾螈 *Bolitoglossine subpalmata* 有非常大的基因组（69pg），因此它有大神经元细胞。因而，它具有简单的脑结构。

人类基因组含有大量的失活转座元件

如果选择倾向于使非功能 DNA 的量变小，那么是什么压力导致了大的基因组的形成？我们将注意力集中到转座元件自私的复制。但需要指出的是，不等交换和其他类似突变过程所产生的随机重复序列的积累同样很重要。

总体上，转座元件的拷贝数及其衍生基因组片段伴随着基因组大小的增加而增加（图 21.15）。我们讨论一个广为人知的例子：我们自身遗传物质的组成。几乎一半的人类基因组是由转座元件衍生而来（图 8.19 和图 21.16），虽然这些序列是没有活性的。没有证据表明基于 DNA 的转座在过去五千万年活动过，并且事实上所有的长末端重复（LTR）反转座子都失活了。第三类转座元件，非 LTR 反转座子的 LINE 元件，扩增非常明显。唯一还有活性的是 LINE-1，它在我们基因组中的比例接近 20%。然而，这其中只有大约 100 个是完整的、有活性的长约 6kb 的元件。这是因为在大多数的转座事件中，逆转录过早终止，留下大约 1kb 长的片段。

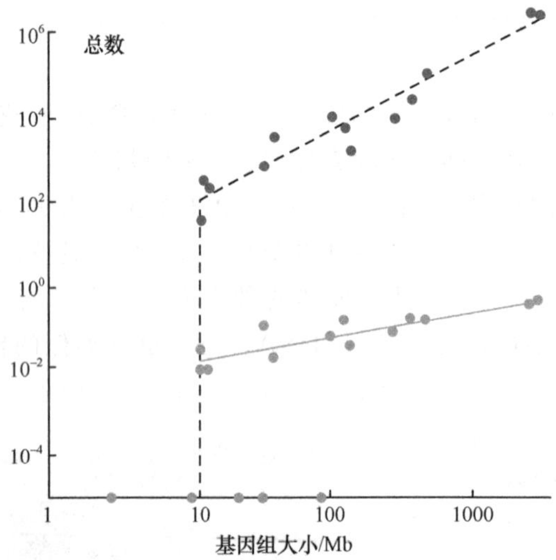

图 21.15 大基因组的相当大部分序列是由转座元件衍生而来的。拷贝数（红圈表示）及其衍生基因组片段（蓝色圈表示）伴随基因组大小的增加而增加。没有移动元件的生物体标在 x 轴上（这个数据来源于已经测序的细菌、古细菌和真核生物的基因组，因此不包括那些很大的基因组）。x 轴，基因组大小；y 轴，总数。

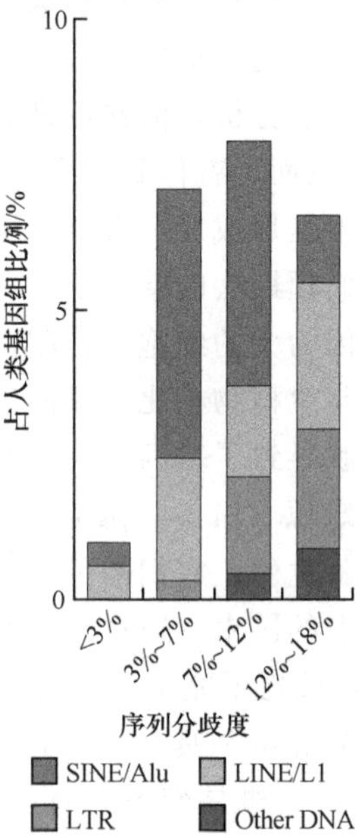

图 21.16 人类基因组中转座元件年代的分布情况。它是通过计算人和小鼠一致序列的差异度而得到的，图中被划分成几组，邻近两组间大约是 2500 万年的差异。

完整的 LINE-1 元件编码的转录酶有逆转录活性，可以导致各种不同的 RNA 分子的插入。这导致了几个短散在重复序列（SINE）家族的扩散，几乎每几百个碱基对（bp）中就有一段。含量最多的是 Alu，从结构 RNA 衍生得到的 300bp 长的序列，构成核糖体的一部分。现在 Alu 元件占了我们基因组很大的比例，约 10%。大概 4000 万年前 Alu 开始伴随着灵长类扩散过程而扩增，最初扩散速率大概是每代一个插入。然而，在多聚腺嘌呤 poly（A）尾插入之后，它被认为是转录酶积累突变的结果，因此这种元件变成不会移动了。因此，现在跳跃的速率很低，大概每 200 代每个基因组才会有一个插入。所以，事实上只有小片段的 Alu 转录，并且依赖少数几个完整的 LINE-1 元件编码的转录酶。因此，只有少量的人类基因组需要通过对自私复制的选择来维持——活性 LINE-1 元件的转录酶和侧翼序列及 SINE 元件的多聚腺嘌呤 poly（A）尾仍然可以移动。几千万年前我们基因组的一半是由插入片段的降解残余组成，它们衍生出了大量的转座子（图 21.16）。

基因组大小存在非常大的差异以及很多物种存在大量冗余 DNA 是生物学中最惊人

的现象之一。这些 DNA 通常被认为一定具有某些功能，如维持大的细胞形状；间接地，染色体容易重排，形成新基因，产生一些突变，其中偶尔一些是有适应性的（见下一部分）。然而，在第 23 章我们将讨论在有性生殖的物种里，高突变率往往不能保持，因为它们很少有积极的效应，大部分的突变都是有害的。更普遍地，近缘物种间巨大的差异不支持任何适应性的解释（图 21.13）。这一点还是清楚的，很多真核生物基因组是自我复制元件活动和复制重组突发事件的遗物。

转座元件有时被共选择以帮助宿主

在很多例子里，转座元件需要有一个对宿主适合度有利的功能。我们可以把已知的例子划分为两类。首先，转座元件或它们活动所衍生的序列获得一个与转座子复制选择无关的新功能。考虑到很多基因组的相当大的部分是由转座元件及其遗迹组成，所以某些元件偶尔获得对宿主有利的功能不足为奇。然后，转座的机制最初是通过对自私复制的选择进化而来，这种机制对宿主可以承担类似的作用。

正如我们在第 8 章所讨论的，内含子被认为是从转座元件衍生而来的。虽然很多基因没有内含子照样可以行使功能，真正的基因现在通常依赖全长的 RNA 转录物的剪切形成信使 RNA。特别是，同样的一组外显子可以通过**选择性剪接**产生很多不同的蛋白质，因此实际的蛋白质差异性比仅仅从基因数目预测的差异性大很多（图 8.22）。新基因可以通过不同基因外显子间的重组产生。反转座子活动通常引起 mRNA 的逆转录，导致新的无内含子基因的插入。通常这些插入会变为假基因，但是在有些例子里（如人类基因组里有 8 例）它们获得了新功能。在这些例子里，新功能是转座元件存在伴随的副产物。在第 24 章，我们将深入讨论新基因的形成。

有时，宿主承担最初为了转座子繁殖选择下来的功能。几百个人类基因遇到由 LTR 反转座子衍生的信号序列而终止转录，并且其他类型的调控信号序列也是以相似的方式共选择产生的。47 个人类基因是转座酶的同源物（通常是基于 DNA 转座子衍生的）。大部分这些例子，维持这些功能的选择压还是未知的。然而，有些研究得比较清楚，如两种关键酶 RAG1 和 RAG2，它们负责体细胞的重组，使脊椎动物的免疫系统产生各种抗体（图 9.10）。

亲缘之间的相互作用

对延伸表型的选择作用

在本章的前半部分，我们认为，当基因竞争传递时冲突会产生。在接下来的这部分，我们转到研究亲缘之间的相互作用。虽然这两个问题看起来非常不同，事实上却密切相关。两种情况下基因的扩散都不能通过携带它的个体的适合度来预测。我们刚刚讨论了有些对宿主有害的基因可以扩散并且有传递优势。现在，我们将看到有些有助于血缘生殖的基因可以扩散，即使它们对宿主来说代价是很高的。

从始至终，我们都在强调一个个体特有的适合度不只依赖于它自身的基因型，同样

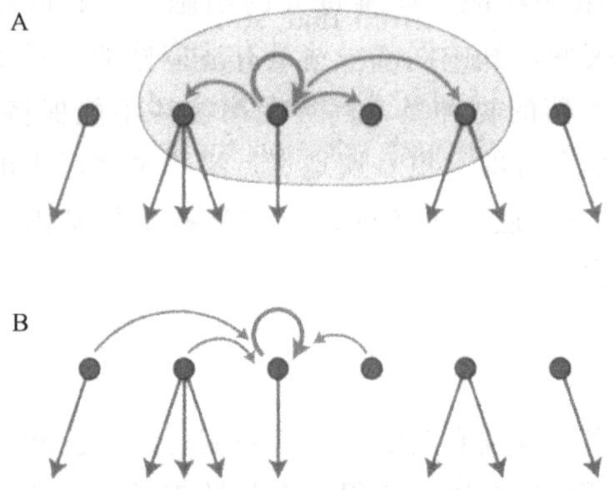

图 21.17 (A) 一个个体影响它自己的适合度(粗蓝箭头表示)，同样也影响它邻居的适合度(细蓝箭头表示)。一个个体（或基因）对群体里其他个体总的影响叫做延伸表型。(B) 相反，每个个体受几个邻居的影响，它包括在它们的延伸表型范围之内。

还取决于群体里其他个体的基因型。换句话说，一个基因特定地影响生殖，不只是针对携带它的个体，还会影响到该个体的邻居（图 21.17）。当考虑鸟类和哺乳类的社会行为时，我们预期存在这样的相互作用，但是它们比预期更加普遍。例如，土壤微生物消耗局部的营养并产生有毒的垃圾产物，同样也通过特定的分子去影响其他个体（如细菌素和**群体感应**；图 20.17)。Richard Dawkins 把群体里一个基因对所有个体的网络效应定义为**延伸表型**。

很多明显的利他主义的例子里，个体的行为是为了增加其他个体的生殖，并以牺牲自身为代价。最让人吃惊的例子是社会昆虫（注解框 21.2)，在最极端的例子里，群体里的所有的个体帮助唯一的一个蜂蚁后生殖，而这个蜂蚁后只与一个或少数几个雄性个体交配（图 21.18B)。在很多合作繁殖的例子里，帮助者援助可以生殖的一对动物。大约 220 种鸟类存在这种合作（图 21.18C)。警告声产生利他主义，因为它们使鸣叫者引起注意（图 21.18A)。类似的，人们难以理解很多令人讨厌的生物体艳丽的警戒色最初是怎么进化产生的，因为当它们刚产生时，捕食者并不会将味道不好与它们联系起来。这里，利他主义是建立在受过训练的捕食者将来会避免捕食相似动物的基础上的（图 21.18D)。最后，我们已经看到有些细菌素产生的细菌裂解液，能够释放有毒的物质杀死竞争株（图 20.17)。这对那些相同的不会被裂解的菌株有利，因为它们对该细菌素有抗性（图 21.18E)。

明显的利他性状可以通过亲缘选择进化产生

利他性状可以通过**亲缘选择**进化产生。一个基因如果可以增加亲缘的生殖，哪怕降低自身的适合度，那么它仍然可以扩散开来。Charles Darwin 支持在社会昆虫中工蚁和工蜂不育的进化解释；R. A. Fisher 认为亲缘选择可以解释警戒色的进化（图 21.18D)。J. B. S. Haldane 对此有深刻的理解并比喻说他会为他两个兄弟和八个堂表兄弟姐妹放弃他的生命。然而，之前这种理论无法得到证明，直到 1963 年 W. D. Hamilton 一系列文章的发表。

举一个最简单的例子，一个稀有的等位基因使其携带者的适合度减少 C；换句话说，携带该基因的个体平均减少 C 个后代（图 21.9)。假如该等位基因增加相邻个体的适合度，它们综合的适合度增加 B（也就是相邻个体平均留下的后代增加 B)。最后，如果相邻个体倾向携带该等位基因，该等位基因频率可以增加。如果相邻个体携带足够频率的该等位基因，它对其他个体有利的 B 将超过自身的代价 C。更精确地说，如果 $rB > C$，则该等位基因的适合度会增加，其中 r 为稀有等位基因携带者的相邻个体中

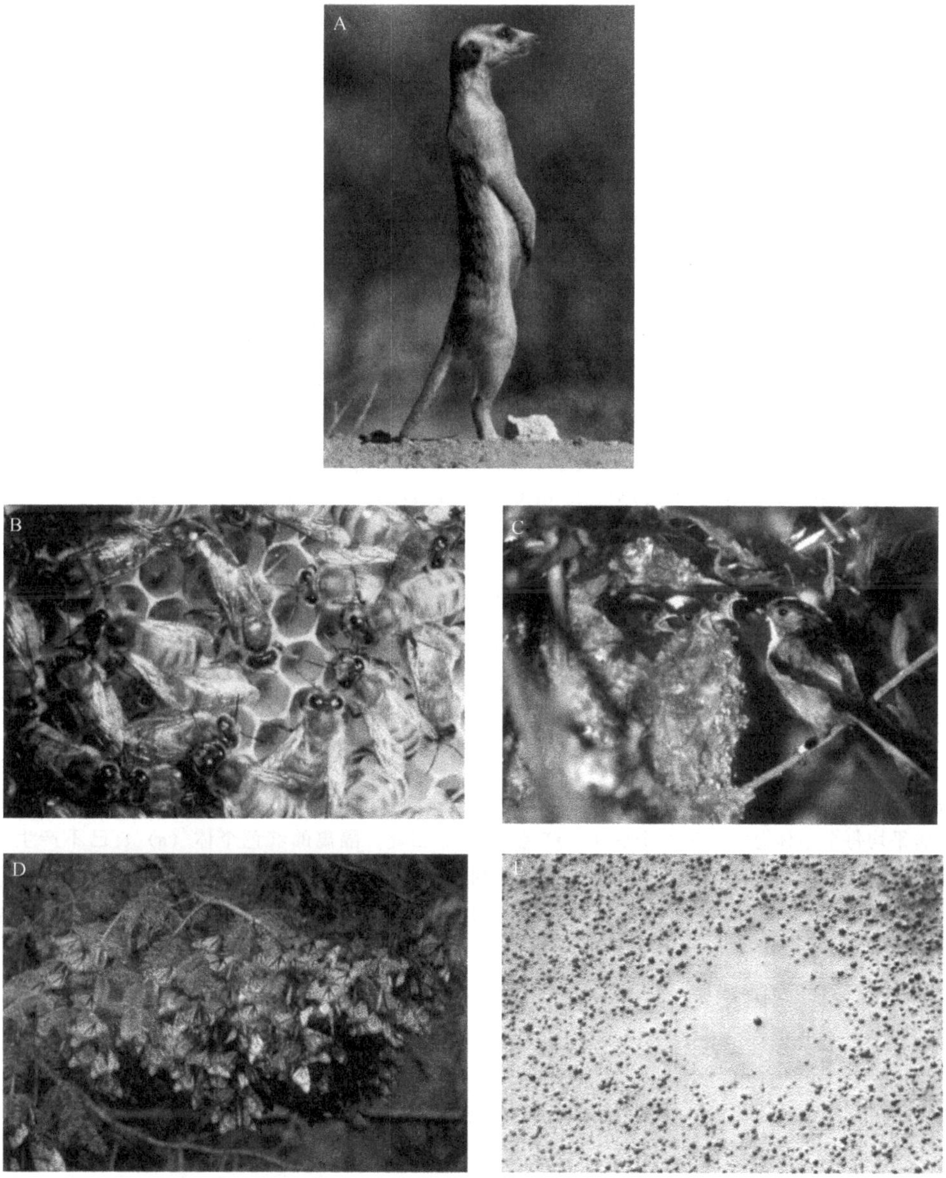

图 21.18　明显利他性状的例子。(A) 海岛猫鼬 (*Suricata suricatta*)；(B) 一个蜂群 (*Apis mellifera*)；(C) 长尾山雀 (*Aegithalos caudatus*) 合作繁殖；(D) 王蝶 (*Danaus plexippus*) 栖息时的警戒色；(E) 大肠杆菌 (*Escherichia coli*) 的细菌素产物。E 图中心的空白区域是敏感细菌被细菌素产物杀死的结果。

该基因频率的 2 倍。这个公式叫做**汉密尔顿法则** (Hamilton's rule)。基本的论点同样适用于一个普通的等位基因或一个数量性状。

为什么一个等位基因频率在从该基因获利的个体里很高？这样的群体里最重要的原因是相互作用的个体都倾向有亲缘关系——简而言之，它们携带的基因是**血统一致** (IBD) 的，来自同一个祖先。为了更好地近似，汉密尔顿法则里 r 值刚好等于 2 倍的亲缘系数（在注解框 15.3 中列出）。从一个个体里随机选取一个基因与从其他个体里随机选取的基因是血统一致的概率是 2 倍的亲缘系数（系数 2 存在的原因是一个个体的一个基因与其他的二倍体的两个同源基因中任意一个相同）。例如，兄弟姐妹间在二倍体常染色体上的两个基因血统一致的概率是 1/4，堂表兄弟姐妹间为 1/16，因此 Haldane 把血缘的重点放在他亲缘的生活上。

从系谱关系计算血统一致的概率，再由此推算的 r 系数只是一个近似值。存在两种相关的难题。首先，当一个新的突变产生，它只在一个个体产生，不能通过增加它血缘的适合度来获得优势，因为它们还没有携带这个新的等位基因（如图 21.19 中的 a 个体）。其次，亲缘中携带等位基因的比例可以被强烈的选择改变（因为这个原因，一个显性致死突变永远不会固定保留下来，无论它多大程度地增加它相邻个体的适合度）。几代之后，一个新的微效基因在亲缘里存在，并且其频率与预期一样，这样 r 系数就与亲缘系数一致（注解框 21.1）。r 表示亲缘系数，汉密尔顿法则最简单的解释是，只有存在弱选择和慢变化时它才有效，这也是很多群体遗传学数据的真实情况。

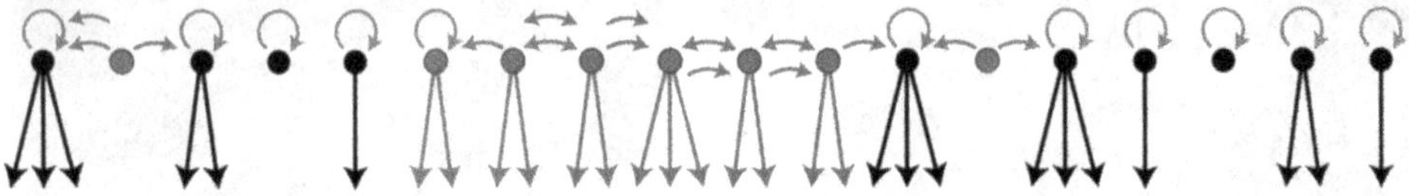

图 21.19　对宿主有害的等位基因频率永远不会增加，除非它对携带同样基因的其他个体有利。在这个例子里，野生型个体（黑色）通过自己努力（灰色箭头表示），每个个体平均产生一个后代。含有“利他基因”的个体（红色）自己努力并不能产生后代，但是可以导致它们直接的邻居平均每个个体总共产生 3 个后代（红色箭头）。因此，隔离的红色个体（a）自己不产生后代，但是一群这种个体可以从“利他”基因获利（如 b）：携带这种新基因的 6 个个体平均每个个体产生 2.4 个后代。有些野生型同样获利（如 c），但是它不直接使稀有“利他”基因的频率增加。汉密尔顿法则认为，$C=1$（通过“利他”的自我努力产生后代数目的减少量），$B=3$（相邻个体适合度的净增加），所以如果相邻个体携带这个“利他”基因的比率 $R \geqslant 1/3$，这个基因的频率将增加。

注解框 21.1　亲缘中共有基因比例的判断

亲缘中共有基因可以用血统一致的概念来计算。图 21.20 列出了双亲（0 代，标为 G_0）的系谱图，它们生养了 4 个子女（G_1），这 4 个子女分别与没有血缘关系的个体交配组成 4 个家庭，它们的子女间是有血缘关系的堂表兄弟姐妹（G_2）。标为红色的基因只在双亲中一方里存在。它传递到两个后代，再下一代的 3 个个体。在第一代（G_1），携带该基因的个体后代的 1/3 有该基因，因此后代中该等位基因的频率为 1/6。在第二代，最左边的个体与其他 10 个堂表兄弟姐妹中的 2 个享有同样的红色等位基因，反之，右边的 2 个个体与其他 8 个堂表兄弟姐妹中的 1 个享有同样的这个基因。因此，与堂表兄弟姐妹享有基因的平均频率为 (1/3)(2/20＋[2×1/16])＝0.075。这只是孟德尔分离的一个随机结果：平均来说，一个个体携带的稀有基因在它的后代的频率将为 1/4，在堂表兄弟姐妹中为 1/16＝0.0625。这些频率可以根据血统一致的概率推算出，被用来判断亲缘选择的强度。

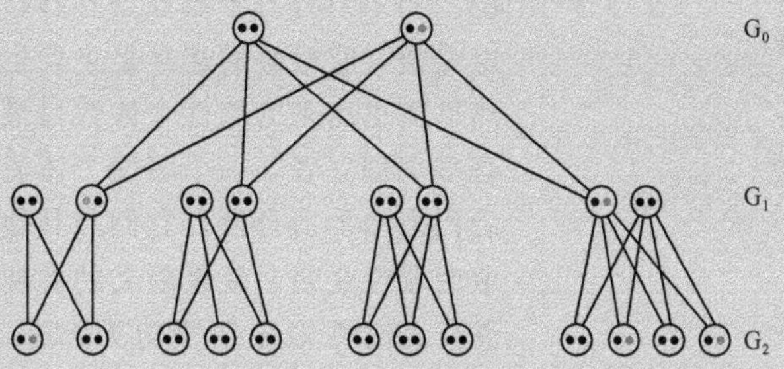

图 21.20 血统一致性。

用广义适合度描述亲缘选择

我们认为亲缘选择以两种方式作用。比较直接的是计算基因从一代传递到下一代时每个亲缘的拷贝数；这是典型的群体遗传学方法，并且是我们目前还在采用的方法之一。假设 r 系数测量个体间的遗传相似度，那么汉密尔顿法则是非常正确的。就像我们解释的，r 系数只是近似等于从谱系中预测的亲缘系数。

Hamilton 引进一个补充的方法，它有时可以给我们有用的直觉引导。他把一个基因对宿主适合度的影响和该基因对其他个体适合度的影响统称为**广义适合度**，用 r 衡量。可以说，对个体的选择倾向于增加广义适合度。它们将增加该基因携带者相邻个体的适合度，所以这中心个体的贡献包括在它的广义适合度里。

虽然基本概念很简单，精确定义广义适合度需要注意。适合度的通常定义很简单：在下一代一个个体留下的后代数目。但是不能对该个体和它的亲缘留下的后代数目做加权和来定义个体的广义适合度。每个个体的亲缘数目将有几何学上的增加（一个兄弟或姐妹，两堂表兄弟姐妹……），所以远缘的贡献将倾向于无限大。广义适合度关注个体适合度的原因，并认为这些原因是其他个体中基因的行为。因此，当我们计算一个个体的广义适合度时，我们只计算由该个体携带的基因引起的那部分适合度。很明显，广义适合度不是一个事实上可以测量的数量。更确切地说，它使我们注意到等位基因对延伸表型的影响，也就是，关注受其影响的所有个体的生殖。这才是该等位基因的命运决定。

榕小蜂通过竞争和亲缘关系决定性别比例

榕小蜂的性别比例是自然选择作用研究比较清楚的例子。自然界大概有 1000 种榕无花果，每种通过特定的榕小蜂授粉。几乎同时，大量的雌性榕小蜂进入无花果封闭的花序里。这些雌性创立者携带精子和导致无花果受精的花粉。像所有的蜂一样，受精卵发育为二倍体雌性，未受精卵发育为单倍体雄性。后代在果实里交配；然后雄性死亡，雌性产生下一代。这是一个非常好的实验系统，因为最开始雌性创立者的数目和性别比可以通过简单地检查无花果来确定（图 21.21）。

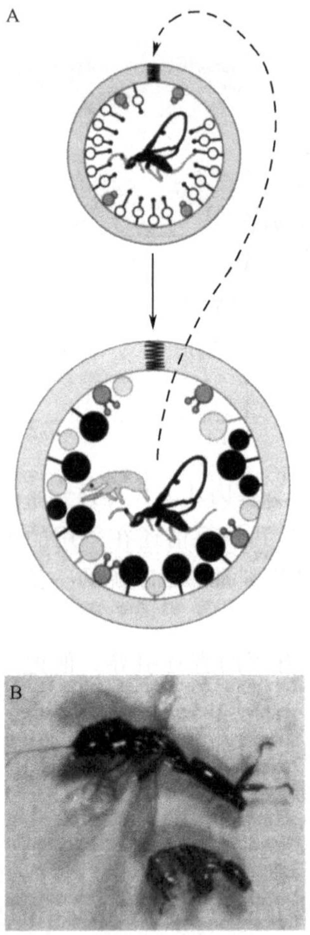

图 21.21　无花果和榕小蜂密切地相互依赖：无花果通过榕小蜂授粉，榕小蜂在无花果封闭的花序里生长和交配。榕小蜂的生命周期开始于雌蜂受精和进入一个狭窄的通道（B图，顶部）；在一只或少数几只创始蜂进入后该通道关闭。雌蜂给无花果的雌蕊授粉，但是同样也在某些无花果的子房（蓝色）里产卵。榕小蜂的幼虫诱导产生特殊的瘿（黑色）。无翅的雄蜂（B图，底部）首先出来，伸出生殖器使在瘿里的雌性受精。然后雄蜂在无花果上咬开一个洞，使得有翅的雌蜂带着雄蜂的精子和无花果雄蕊的花粉（蓝色）分散开。最后无花果自己被鸟吃掉，这个过程使种子（黄色）得以传播。

雌性决定它的卵是否受精，进而决定了性别比例。如果只有一个雌性创立者，只要有足够雄性可以受精，它最好的选择是主要生产女儿，使得从成熟果实里出来的雌性个体数目最大化。然而，如果有多个创立者，一个雌性个体通过产生更多的雄性后代来增加适合度，它们与其他母亲产生的雄性竞争使雌性受精。就像前文的解释，当有很多个雌性创立者时性别比例倾向为 50%，每颗无花果树含有大量的随机交配的群体。因此，当**局域配偶竞争**（LMC）存在时，雌性偏好的性别比例会增加，也就是兄弟彼此间竞争交配。

性别比例的演化取决于整个群体里亲缘关系的程度。要看亲缘程度，需要考虑一个雌性个体对下一代做的遗传贡献。儿子从未受精卵而来，因此每个携带母亲的一个基因组。女儿携带母亲的一个基因组加上父亲的一个基因组。现在，如果一个近亲交配群体，一个父源等位基因与一个母源等位基因的血统一致性的可能性为 F。因此，平均地，母亲对女儿的遗传贡献率为 $1+F$，对儿子的遗传贡献率为 1：近亲交配倾向于雌性偏好性别比。换种方式讲，母亲的一个等位基因通过增加受精卵的比例来增加产生女儿的比例，从而有助于父亲基因的传递。如果父亲倾向携带与母亲相同的基因，那么亲缘选择倾向增加该基因的频率，因为它们与母亲同源。

局域配偶竞争和近亲交配的效应简单地预测了性别比例的平衡。这个预测和观察值非常吻合（图 21.22）。在一种榕小蜂里，无花果里只有较少的雌性创立者，并因为局域配偶竞争生育比较多的女儿。因此，根据该理论，个别的雌性校正它们后代的性别比例，同样最优化它们对未来世代的遗传贡献。此外，有些种，平均而言，雌性创立者要比其他种少，因此它们近亲交配程度更高。与预期一样，近亲交配程度更高的群体倾向于生育更多的女儿，因为亲缘选择倾向使它们的卵受精而发育成雌性，并因此帮助父源等位基因的传播。

总之，亲缘间竞争的影响很难解决。当亲缘聚集在一起，一个可能的预期是亲缘选择促进更多的合作。然而，在这样的环境中，竞争还是很强，并倾向减少合作。在榕小蜂里，血缘关系和竞争可以分开，因为血缘关系取决于该群体作为整体平均近亲交配的程度；反之，竞争取决于单独的无花果里雌性创立者的数目。

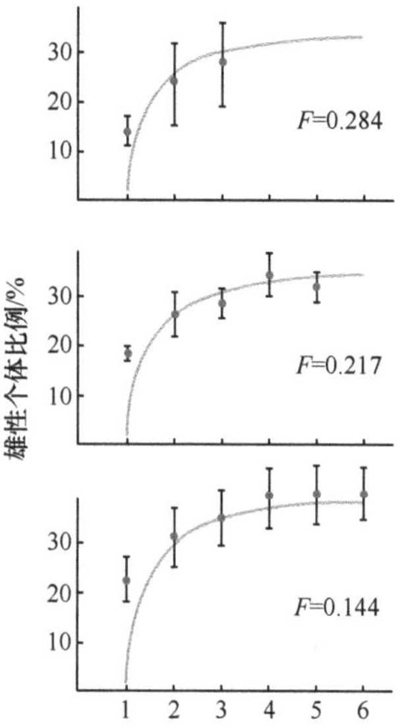

图 21.22　局域配偶竞争和**近亲交配**倾向雌性偏好性别比。这个图讲述了在个别的无花果树里雄性个体的比例如何伴随雌性创立者数目的增加而上升到接近 50%，因此降低兄弟间的配偶竞争。三个图表示三个总体上近亲交配程度不同的物种的命运：近亲交配程度最高的种（顶部）有强烈的雌性偏好。每个物种近亲交配程度通过雌性创立者的平均数目来计算。曲线表示理论的预期值，误差线表示性别比例的标准差。

亲本与后代有不同的进化利益

在很多物种中，亲本照顾它们的后代。最熟悉的是鸟类和哺乳动物，有些昆虫也是这样，植物也会为它们的种子提供营养。亲本提供营养给后代，它们彼此间竞争资源。

在这样的例子中，后代与亲本在食物供应上存在冲突，为了得到更多亲本的资源，兄弟姐妹间也存在冲突。从亲本的立场上来说，在当前一窝里生育更多的后代，或是为未来的生殖保留资源，在它们之间需要做一番权衡。这种权衡在很多实验里得到了证实。例如，在鸟巢里增加鸟蛋数目，会明显降低未离开鸟巢的幼鸟的存活和活力，并同样会降低母亲以后的生殖成功率。选择使后代去获取更多的资源，而不是去优化群体的血统或是去增加亲本一生的适合度。

这种冲突是由鸟类的过分乞求所导致的。起初它们作为幼鸟饥渴的诚实信号而进化产生，它激发母亲的一种适应性的回应。然而，一旦建立任何可以增加亲本作用的行为，通过选择在后代中就被放大。作用于亲本的反选择将抵制这种剥削的信号，其结果可能将是这些对立的选择之间的妥协。

乞求表现功能的证据来源于对寄孵鸟的研究，如杜鹃鸟和牛鹂，它们把卵产在其他鸟类的巢里（图 21.23A）。因为寄生卵与它们的同巢卵完全没有血缘关系，对乞求的选择不会被亲本或兄弟姐妹间共有的基因减弱。通常，寄生鸟或其母亲将宿主所有的后代丢出鸟巢。但是，很多情况下它们并没有这样做（图 21.23B）。乍一看，让人迷惑：为什么牛鹂可以容忍与之完全没有血缘关系的同巢鸟与之竞争食物？一种解释是，宿主幼鸟过分的乞求增加亲本的努力，导致对寄生鸟喂食的增加（图 21.23C）。

后代的父源基因和母源基因的进化利益间也存在冲突，这可以解释有趣的**基因组印记**现象。大部分基因，无论来源于双亲的哪一方，表达方式相同。然而，大约 50 个基因在人类和小鼠里存在**基因组印记**现象，即只有其中一个等位基因表达（图 24.24）。植物里也有相同的现象。单个体细胞克隆主要的障碍就是得到的一个个体的基因印记可能不正确。

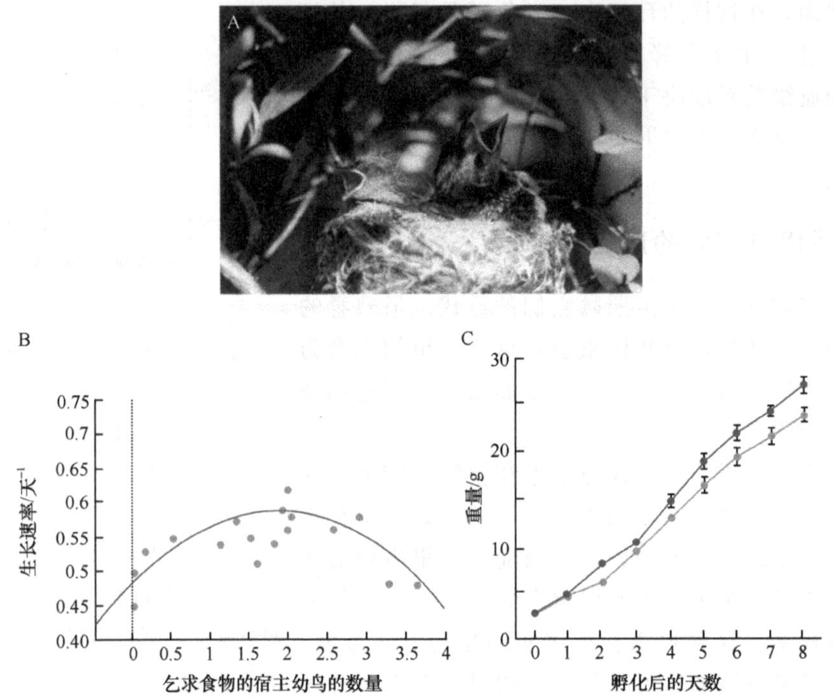

图 21.23　幼鸟的乞求刺激亲本提供更多的食物。(A) 褐头牛鹂 (*Molothrus ater*) 在有黄林莺 (*Dendroica petechia*) 幼鸟的巢里乞求。(B) 牛鹂并不把所有的宿主后代丢出巢外。对 18 个物种研究表明：几只宿主幼鸟会长成，并且当一半的宿主幼鸟长成时牛鹂的生长速率会更高。(C) 与两只东非比霸鹟幼鸟 (红色) 一起抚养时牛鹂生长速率比只有它单独 (蓝色) 被抚养时要快。

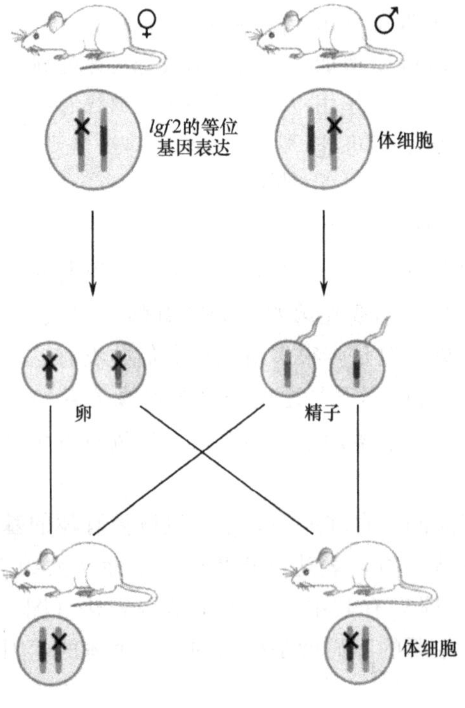

图 21.24　一些哺乳动物基因被印记，所以来源于父母双方的基因只有一方的可以表达。例如，基因 *Igf2* 编码一个类似胰岛素的生长因子。在小鼠和人里，在胚胎发育过程中只有父源的一个拷贝表达。相反，小鼠里基因 *Igf2r* (胰岛素类似生长因子受体) 只有母源的等位基因表达。减数分裂过程中印记消除；在配子形成过程中，精子和卵细胞中建立不同的印记。一个杂交实验暗示印记抑制基因表达。注意，不同的等位基因 (紫色和橙色) 在伴随基因传递到下一代的时候都可以表达，就是无论从父方或母方遗传的基因全部都一样。

印记起源的一种解释是基于不同来源的等位基因间血缘关系上的不对称。后代不与母亲共享父源的等位基因（假设不是近亲交配），与兄弟姐妹间有部分共享（图 21.25）（兄弟姐妹间的血缘关系伴随父本对血统的贡献量而降低）。因此，父源的基因受到强烈的选择作用而促进后代个体的生长。相反，亲缘选择作用于母源基因从而减轻个体对母亲和其他兄弟姐妹过多竞争的有害影响。观测结果支持这种解释，很多印记的基因具有同生长相关的功能，而且父源表达的基因往往倾向于增加生长，反之母源表达的基因倾向于降低生长（图 21.24）。然而，当它们卷入进化冲突时，印记基因进化速率并不像预期的那么快（通过计算 K_a/K_s 值）。

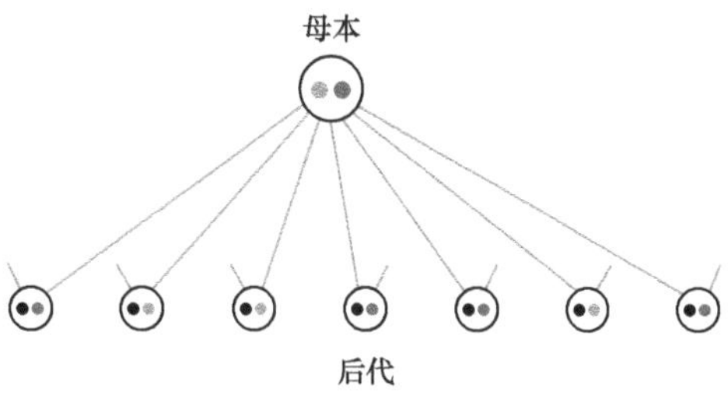

图 21.25　父源等位基因（黑色）与母源等位基因（蓝色，红色）相比较，更容易受到选择作用而从母本和兄弟姐妹那里获得资源。这个图展示了最极端的例子，每个后代都有不同的父亲。然后，每个父源等位基因与兄弟姐妹或母亲的另外一个等位基因没有血缘关系，反之，母源等位基因与母亲的基因和兄弟姐妹的一半等位基因是血统一致的。

有时亲缘可以识别

一个可以增加亲缘适合度的等位基因可以传播。显然，存在强烈的选择针对血缘有直接利益。很多**血缘识别**的例子已经广为人知。例如，长尾山雀在一个季节将帮助其他夫妇抚养它们的幼儿而自己不能生育，这种帮助几乎只给近亲，无论是自然环境中还是实验条件下。食肉锄足蟾的蝌蚪是另一个例子（图 21.26）。血缘识别在脊椎动物里广泛存在。通过对 18 个物种的研究，亲缘与帮助概率相关系数 r 的平均值是 0.33。此外，如图 21.27 所示，帮助的好处越大，识别程度的倾向越大。

图 21.26　食肉锄足蟾的蝌蚪 *Spea multiplicata*，当它们追捕动物时可以变成一个食肉的形态。这些食肉动物通常吃同种生物的肉。（A）食肉蝌蚪是不偏食的。但是它们避免吃血亲（B 图左边的柱状图）。食物改变之后，这些食肉蝌蚪变得不挑食，并失去了它们的血缘识别（B 图右边的柱状图）。虚线表示当不存在任何血缘识别时的预期值。

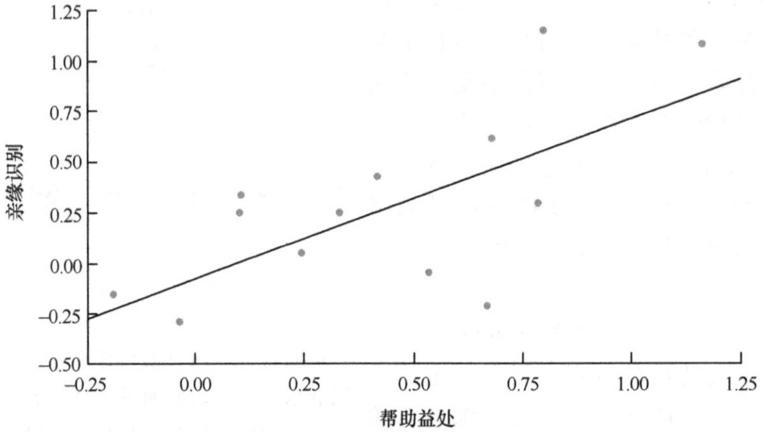

图 21.27 在鸟类和哺乳类动物，伴随帮助益处的增加血缘识别增加。通过血缘关系和给予帮助总数的相关系数计算血缘识别，通过生育和存活的后代数目与给予帮助总数间的相关系数计算帮助的益处。

细菌里广泛存在的血缘识别的一种形式是群体感应。很多物种分泌小分子物质（高丝氨酸内酯），并通过这些分子水平去感觉亲缘的密度。例如，土豆病原菌 *Erwinia carotovora* 分泌抗生素和胞外酶去杀死与之竞争的细菌和酶解植物性食物。然而，只有信号分子达到足够高的浓度时，它们才产生抗生素和细胞外酶。这种信号系统受到欢迎的原因是消化酶的产物对这个区域里所有细菌有利。显然，只有产生它们的菌株普遍分布，足够使这个区域当中的所有菌群受益，才能使它们的同种菌株得以扩散。

组间选择弱于个体间的选择

直到最近，基于对群体或物种有利的观点才被广泛接受。然而，在 1960 年，George Williams、W. D. Hamilton 和 John Maynard Smith 等进化学家已经解释清楚这种观点面临的许多困难。在接下来的部分，我们将看到，**组选择**最基本的形式不太可能对建立复杂适应有很大贡献，而前面提到的独立的复制子聚集到一起形成的大统一体有重要的功能。

举一个最简单的例子，我们可以假设一个物种细分为小的地方**同类群**。它们可能走向灭绝或者可能派出殖民个体去建立新的同类群。组选择的过程与个体间的自然选择是相似的，选择的单元是地方同类群而不是单个有机体。因为这种选择通过群体适合度行使作用（在殖民期间建立的新群体的数目），它可以选择出整个群体的特征，个体间的合作可能包括在内。

这种群体选择的模型是很理想化的。真实的群体不是简单地分裂为分离的同类群，然后同类群去经历灭绝与再殖民（**联种群**）。然而，邻接的群体间存在相同的过程，它们的分布或多或少不断地变化并伴随有限的扩散。重要的是有血缘关系的个体聚在一起，所以选择可以偏好增加整个地方群体适合度的相互作用。

组选择这种简单形式的根本困难在于相邻个体间的血缘关系似乎很弱。在第 16 章，我们讨论过 F_{st}，相对于整个群体，它可以评价相邻个体间的血缘关系，普遍分布在 10%～20%（图 16.10）。为方便我们的研究，$2F_{st}$与汉密尔顿法则（Hamilton's rule）里的 r 系数一致；因此，一般对地方组的选择是个体间的选择的 1/5～2/5 倍。所以，它既是慢速过程又容易被个体间与之相反的选择压倒。更为困难的是，选择事件的数目非常少，地方同类群诞生和死亡的数目远远小于个体诞生和死亡的数目。因此，随机变异（类似于随机遗传漂变）会强烈干扰组选择。

Wright 的摇摆平衡理论包括选择性适应峰间的选择

1931 年，Sewall Wright 提出一个巧妙的理论去避免组选择遇到的一些困难。Wright 认识到，选择通常能把群体推向可以选择的稳态平衡，它表现为在一个**适应性分布**上有选择性适应峰（图 21.28）（回顾第 17 章选择性平衡的几个例子，如不同染色体的重排和蝴蝶的警戒色）。他认为这是适应性进化面临的主要问题。群体将朝着最近的**适应峰**进化，并局限于此，而不是寻找整体的最优化。事实上，这也是用计算机算法解决实际最优化问题面临的主要困难，如传递货物时寻找最佳路线或微阵列最有效的设计。这样，问题就产生了：在大量的局部最适度中如何执行一个有效的搜寻？

Wright 的解决方法是他的**摇摆平衡理论**（SBT），这样称呼是因为它涉及不同进化过程间的摇摆平衡。Wright 确定了 3 个阶段。第一阶段，随机漂变驱散小的地方群体穿越适应性分布（这要求 $N_e m$ 和 $N_e s$ 处于中间值，所以漂变、迁徙和选择的强度相似）。第二阶段，选择推动群体向最近的适应峰。第三阶段，不同的适应峰彼此竞争在整个群体中扩散。最后一个阶段包含组选择的形式。某些适应峰的群体可能比其他的好，因为它们可以派出更多移民，灭绝的可能性很小，或者可以形成更大的群体。这种摇摆平衡理论结合了漂变和选择，所以群体可以探索可选择的各种适应峰，并且原则上可以建立总体有利的一系列等位基因。

Wright 的方案为群体探索适应性分布提供了巧妙的方式。它避免了几个关键的困难，同类群内部的选择与同类群间的选择不是对立的；取而代之，选择使大多数的群体保持靠近一个或竞争性的另一个。某些计算机算法用类似的方法在可选择的局部里做最优化搜索。Wright 的理论具有广泛的影响，并激发了许多**群体结构**和**上位**的经验性研究。足够强大的随机漂变和群体分裂会导致同类群在适应峰间摇摆吗？正常的基因相互作用会允许选择去维持选择性平衡吗？然而，SBT 经历了很多像“组选择简单形式”类似的困难。处于不同适应峰的同类群之间的选择作用缓慢，并且易受随机事件的影响。此外，少数证据表明地方同类群实际上位于不同的峰。我们可以看到一些例子（如在 *Heliconius butterflies*；图 17.23 和图 18.17）；但它们包含的群体覆盖区域广，并通常在许多性状上不同。因此，在有性生殖的群体中当个体间存在选择的情况下，很难看到 Wright 摇摆平衡理论能否建立复杂适应。组选择不能解决地方同类群之间的很多差异，反之，有性生殖群体内部的重组可以解决。

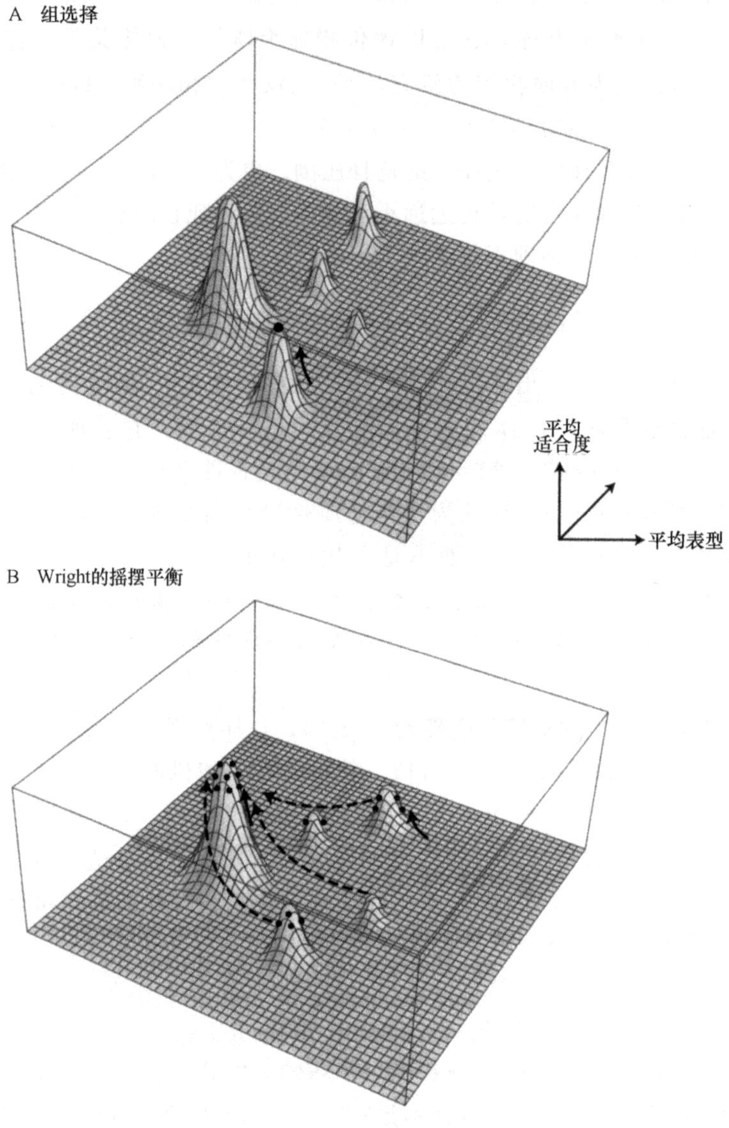

图 21.28　Sewall Wright 认为，通过随机漂变、同类群内部选择和同类群间选择之间的一个漂变平衡，地方同类群的网络可以向着最佳的适应峰进化。（A）选择将单个大群体推向最近的适应峰，这可能不是最好的选择。（B）如果这个群体分裂成多个地方同类群，然后随机漂变使同类群穿过适应性分布而扩散。同类群内部的选择导致它们在适应峰周围聚集（实线箭头标示），不同适应峰间的选择使整个群体聚集在最高峰周围（虚线箭头标示）。此图中，适应性分布表示对抗该群体这种状态的平均适合度的曲线（如等位基因频率、数量性状的均值）。切记，群体的进化是多维的，不只是二维的：这些图只是多维的真实情况的大概描述。

选择可以在种间发挥作用，但非常缓慢

在一个大的范围，选择可以在物种间作用。使物种形成的频率很高但灭绝频率很低的性状将倾向于扩散。显然，物种形成速率不一样。腔棘鱼，一种古老的鱼（“活化石”的一种），存活了 1.2 亿年，但也永远不会分化出更多的新物种。相反，维多利亚湖的棘鳍鱼在只有 50 万年的时间里产生了大约 300 个物种。甲虫（鞘翅目）变异范围极其广泛，形态学和生态位上不同的种超过 35 万种（当 Haldane 被问道，“从自己的研究中你了解了上帝的什么特征?”；他答道，“上帝对甲虫有特殊的偏好”）。相反，直翅目（蝗虫和蟋蟀）只包括大约 2 万个物种，它们的生态学和生活方式都大致相似。此外，直翅目比鞘翅目古老。最古老的甲虫化石大约有 2.7 亿年的历史，而最古老的直翅目化石大约有 3.6 亿年的历史。

在这些例子里，很难确定哪些性状导致了这种物种增殖的差别。实际上，很难展示实际物种形成和灭绝速率上根本不同的两组群体的特征。正如我们在第 15 章所强调的，个体的生殖是高度随机的过程。然而，严格的比较研究证明特殊特征与物种形成净速率在统计学上显著相关。例如，性选择引起强烈的性别二态性，这样的群体物种形成速率非常高（图 21.29）。或许更重要的是，无性繁殖的类群有很高的灭绝速率并且极少分

图 21.29　性选择与物种形成的高速率相关。例如，比较交配系统不同的昆虫的姐妹种间的物种形成速率。超过 25 组独立的比较，雌性与多个雄性个体交配的**一雌多雄**组的物种形成速率是雌性只与一个雄性交配的**一夫制**组的 4 倍。例如，一雌多雄的 Drosophilidae（A 图），一夫制的姐妹种 Culicidae（如 B 图）；在蝴蝶属（*Heliconius*）里，*numata* 种（C）是一雌多雄的，对应的 sara/sapho 支（D）是一夫制的。

化。因此，**物种选择**是解释有性生殖广泛存在的重要原因。与此类似的，从化石记录看出的长期趋势（如始新世阶段马体型大小的增加），部分归因于一系列变化的物种，而不是物种内部的改变。

然而，虽然物种选择在塑造生物多样性时起了重要作用，但对于形成复杂适应性，它的作用太慢而且时有时无。对摇摆平衡理论来说，物种间的选择是基于它们完整的一系列特征。因为没有重组，选择不能像有性生殖群体内部的个体选择那样挑选出单个的等位基因或性状。一种合理的解释是，选择可以在很多不同层面上行使功能，但尤以低水平作用于有性生殖群体的大量个体时最有效。

我们怀疑组选择或物种选择的力量。它作用缓慢，缺乏有性生殖的优势，易受少量组或物种随机事件的影响，并且在低水平时易受作用更迅速的选择的攻击。此外，在某种不同的意义上，对生物体的组选择是进化的基础。John Maynard Smith 和 Eors Szathmary 认为进化中的**主要转变**包括复制个体聚在一起形成更复杂的实体（表 21.3）。生命的起源包含复制分子聚集到细胞内，并且分散的分子组装到染色体上，因此迫使它们一起复制。真核细胞起源于组装好的线粒体、叶绿体（可能还有其他细胞器）的共生（第 8 章）。一旦真核生物进化出专一的有性生殖，生物体成对生殖而不是作为单个个体生殖（第 8 章和第 23 章）。随后，多细胞生物体产生，只有几个细胞对生殖有贡献（第 8 章）。在所有这些例子里，前面提到的独立复制子聚到一起产生一个完整的生物体，所以从那以后选择以高水平作用。这样的生物体容易受到低水平的选择作用（如转座元件、线粒体导致雄性不育、恶性肿瘤以及黏液菌和蜂窝内的生殖竞争）。因此，在生物群体里理解主要转变的关键是看合作如何发展和竞争如何被抑制。

表 21.3 进化中的主要转变都包括遗传信息传递方式的根本改变

复制分子	⟶	隔间里的分子群
未连接的复制子	⟶	染色体
RNA 作为基因和酶	⟶	DNA 和蛋白质(遗传密码)
原核生物	⟶	真核生物
无性克隆	⟶	有性生殖群体
单细胞生物体	⟶	动物/植物/真菌类(细胞分化)
独居的个体	⟶	社会群体(非近亲的社会等级制度)
灵长类社会	⟶	人类社会(语言)

除遗传密码的进化之外，所有这些转变包括前面提到的独立的复制子聚到一起，在更高水平合作组装成一个单一单元。

合作的进化

合作可能是参与者的互利

到目前为止，我们一直强调亲缘选择，其中等位基因帮助其他携带该基因的个体增殖。这是类似社会昆虫中不育的工蚁、工蜂的极端例子的唯一合理解释，它们对后代没有直接的贡献。但是，反之，亲缘选择不能解释不同物种间的互惠关系，因为它们根本不共享基因。我们已经看了几个这样互利共生的例子。无花果靠榕小蜂授粉，反之榕小蜂以它的果实为食。乌贼提供一个保护和营养丰富的环境供发光的细菌生长。相似地，蚜虫内脏里内共生的 *Buchnera* 和豆类特殊根瘤里的固氮菌为宿主提供必需的生化功能。真核生物依靠它们古老的亲戚线粒体和叶绿体。在这部分我们探索同种成员间的合作怎样通过直接的适合度利益进化，这与很多种间互利共生例子的方式相同。

前面我们提到，长尾山雀倾向帮助它们的亲缘；这种亲缘识别在脊椎动物里广泛存在（图 21.27）。然而，在一些例子里帮助的水平和血缘关系之间并没有相关性。例如，海岛猫鼬帮助生活在非洲沙漠的一小群猫鼬生殖（图 21.30）。一对有统治权的雄性和雌性在群体里其他个体的帮助下生产大多数的后代。“临时照顾幼儿者”在新生海岛猫鼬生命的最初一个月保护它们，这些帮助者付出了本质的代价：大部分的“临时照顾幼儿者”体重减轻6%～11%。然而，它们并没有偏好照顾亲缘的倾向。

图 21.30　没有血缘关系的“临时照顾幼儿者”保护幼小的海岛猫鼬。

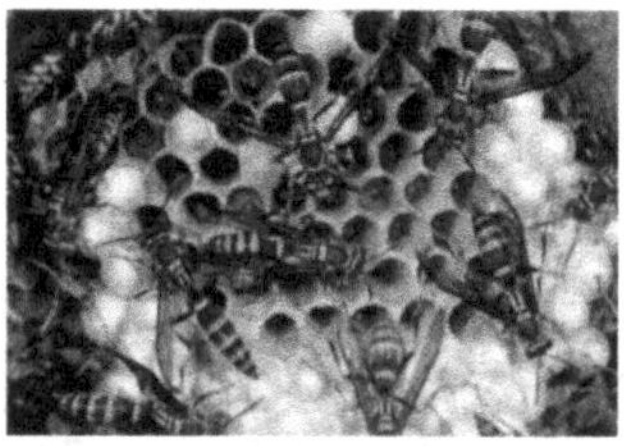

图 21.31　在 *Polistes* 里，帮助者通常与蜂后没有血缘关系。

实际上，帮助者倾向是大且年老的个体，它们大概承受相对少的职责。一般认为，这种行为能够保持是因为帮助者最终促进它自己生殖。因此，它们的行为最终对它们自己个体的适合度有利。相似地，在黄蜂 *Polistes* 里，大约 1/3 的帮助者与蜂后没有血缘关系，但是，巢里的帮助增加了它们最终生殖的机会（图 21.31）。

在这些例子里，现在给予的帮助以后会通过增加适合度给予奖励。直接的利益在其他方面产生。例如，可能没有强烈的优势扩大群体的大小，因此它使这个群体里的每个成员接受没有血缘关系的新来者帮助抚养每个其他个体的后代。在很多例子里，明显利他的行为实际上带来了直接的好处。例如，一旦完成喂养，阿拉伯鸫鹛（图 21.32）将找到一个高的栖木，然后去监视捕食者。它们的警戒叫声给予它们直接的益处，虽然它们的警戒叫声可以拯救整个鸟群，但这是直接选择进化出行为的一个负效应。

图 21.32　一只阿拉伯鸫鹛（*Turdoides squamiceps*）在监视捕食者。

在很多这样的例子里，合作帮助涉及所有个体，并增加总的适合度（想想豆类植物的固氮菌或乌贼与它们的发光细菌间的互惠共生）。但是在另外一些例子，很难看到总的益处。例如，无花果必须刚好在榕小蜂从成熟的果实出来进入相同种的其他树时开花，所以一年里这些树必须连续开花。这使得它们所有季节都开花，并同样使它们在低密度时存活困难。甚至在社会昆虫里，大群体的优势不是很明显。独居的蚂蚁必须会使用划分为多个阶层的蚂蚁群体里所有的行为技能（注解框 21.2）。例如，某些群体的蚂蚁要安家于“田园”，这个环境里真菌以土壤为食，但是某些独居的物种也适合相似的农业环境。总体上，按总数平均计算的生产率随着群体的扩大实际上是降低了。社会群体绝对大小决定的一个可能的优势是它们可以制服竞争者。同样，不同的活动（寻找食物、防范等）可以同时由不同专长的个体去执行；个体不需要在它们之间转换。

注解框 21.2　社会昆虫

完全社会性的昆虫包括所有的 10 000 种蚂蚁、所有 2200 种白蚁、大约 1000 种社会黄蜂和几千种社会蜜蜂（很多种蜜蜂和黄蜂是独居的）。完全社会性昆虫的特征是：合作照顾幼虫、一代照顾下一代、生殖专门化、一只或少数几只蜂后或蚁后产卵以及不育的工蜂或工蚁照顾幼虫。不同于人类，完全社会性的昆虫进化出十分精巧且多样的社会组织排列。小到个体数目少于 100 的简单群，大到个体数目达到两亿或更多的行军蚁群体。对昆虫社会组织的研究极大地提高了我们对社会进化的总体理解。

社会性昆虫达到了结构和行为的非凡程度。白蚁建堆时允许一丝气流进入，这样可以调节它们的温度；割草蚁（grass-cutting ant）建塔防止水进入它们的巢；编织蚁（weaver ant）用丝的遮盖物防止同翅类昆虫进入它们的巢，它们在丝上分泌蜜露。巧妙的防御包括巡逻的个体察视巢周围的树叶、受到攻击时蚁兵用身体挡住巢的入口和护院者检查进入巢的个体的身份。防卫通常是自杀式的，像用刺螫针叮刺；有些白蚁和蚂蚁会发生爆炸，撕裂它们的身体之墙并喷出大量的黏液。

典型地，个体经过一系列特殊的阶段，如蜜蜂中工蜂产生蜂王浆，用它来喂养 6～14 天的蜂王幼虫。同样，形态上的永久阶层分化（如大的兵蚁），通常是由于生命早期喂食的不同引起的。复杂的群体可能包括 20～40 种不同的角色，由不同的个体去执行，它们可以协调一致地完成复杂的任务。例如，编织蚁建它们的巢是用幼虫产生的丝把叶子黏在一起。当一个工蜂把幼虫举过接缝处，另一只工蜂黏上叶子。复杂的寻食行为里，用觅食痕迹招集个体到食物源，或者用编码食物源方向和距离的舞蹈。

为什么 12/13 的完全社会性昆虫类群是膜翅目？这主要的解释是基于亲缘选择。膜翅目是**单倍二倍体**的，所以雌性与它们姐妹的血缘关系比与它们后代的近（如果蜂蚁后远交且只交配一次，那么 $r=3/4$ 与 1/2；图 21.43）。因此，雌性的工蜂蚁可以通过喂养它们的姐妹获得更高的适合度，而不是饲养它们自己的幼虫。这同样解释了为什么工蜂蚁是雌性而不是雄性；典型的雄蜂在离开去交配之前只在巢里呆了很少的时间。这种模式的一个例外是白蚁，它是正常的二倍体遗传。白蚁依靠肠内的微生物降解木质食物，并且代与代之间的传递必须依赖肛门喂食。这要求一定程度的社会性。

对于简单个体的集体行动表现出的复杂结构和行为，我们并不惊讶。与多细胞生物体非常类似的是，相对简单的细胞导致复杂个体的发育。奇怪的是，这样复杂的事物可以不管一个社会群体的遗传异质性而进化产生，遗传异质性使得它们容易受到内部破坏因素的攻击。

甚至当合作对所有个体有利时，它可能不稳定。**囚徒困境**游戏概括了这一点，在这个游戏里每个个体的利益相互冲突，甚至尽管一旦双方产生冲突，二者都会变得更糟糕（图 21.33）。更概括地说，合作系统总是容易受欺骗（例如，有些榕小蜂在无花果树间传递时并不携带花粉；或是榕小蜂工蜂有时也在群体内产它们自己的卵）。在下一部分，我们研究低水平的选择怎样保护合作使之不受到破坏。

	对立方合作	对立方背叛
合作	3	0
背叛	5	1

竞争受到回报、惩罚和管辖的抑制

当相同的一对个体再次重逢，策略可以进化而允许它们合作。如果一对个体多次进行囚徒困境游戏，一种**以牙还牙**的策略在进化上是稳定的。在第一轮合作时，如果一个伙伴背叛了，那么在下一轮还会背叛；如果它合作了，那么合作还会轮流下去。然而，虽然这种回报可能是一种吸引人的理论，但是在自然界很难找到这种例子。首先，通常是作用不同的个体相互作用，所以是不对称的。

	对立方合作	对立方背叛
对立方背叛	3 5	0 1

图 21.33　在囚徒困境游戏里，每个个体最好的策略是去背叛，甚至尽管两者合作会更好。第一栏列出当对立方合作时每种策略的报酬，第二栏列出了当对立方背叛时的情况。无论对立方做什么，最好的是背叛；此外，二者背叛比二者合作时更糟糕（报酬为 1 与 3）。

如果其他个体阻止自私行为，那么合作可以稳定。例如，蜜蜂中工蜂有时会产下未受精的卵，但是其他工蜂几乎总是破坏掉这些卵。奇怪的是，这种**管辖**倾向于在蜂蚁后可以交配多次的群体里出现。在这样的种里，雌性工蜂与蜂后儿子的血缘关系比与其他工蜂儿子的近。

大概 4 亿年前，丝兰（*Yucca filamentosa*）与它的专性授粉者——一种蛾 *Tegeticula yuccasella*，形成了亲密的关系。雌蛾刺入丝兰的花并在里面产卵。然后它爬上雌蕊花柱并放下花粉使之授粉。蛾的幼虫在果实里生长发育；成体雌蛾交配并带着花粉散开。这种蛾通过授粉获得利益，因为这使得种子发育成熟，给它们的后代提供食物。然而，这种蛾选择产更多的卵而不是使植物最优化。虽然从果实里出来的蛾并不散播花粉，但是它们同样也吃种子。相应地，植物产生过多的花去终止这些采集一点花粉或产过多蛾卵的行为。这种**惩罚**导致了对蛾的选择，使它们偏爱高频率授粉和产较少的卵（图 21.34）。相似的宿主反应维持了豆类植物与生活在它们根瘤的固氮菌间的亲密联系。又一次，这种选择制度的建立迫使细菌合作，并表现出从合作中辨别欺骗的惊人能力（图 21.35）。

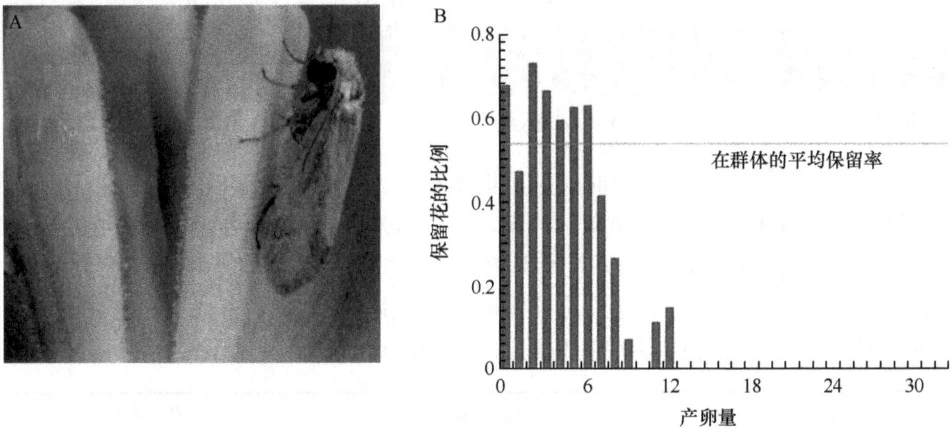

图 21.34 丝兰只通过蛾 *Tegeticula yuccasella* 授粉。(A) 蛾的幼虫在花里长大并吃一些种子。宿主植物使含有过多卵的花发育不全，这样限制种子丢失 (B) 这迫使对蛾的选择去限制它的产卵量。另外，植物很少愿意使花发育不全而从蛾那里拿到更多的花粉。

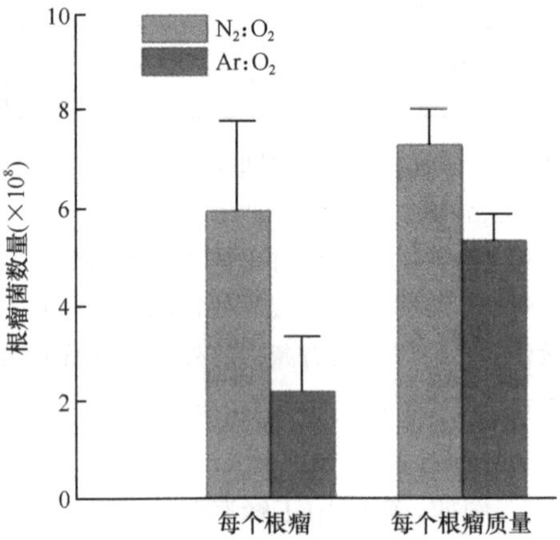

图 21.35 大豆 *Glycine max* 携带根瘤，共生的固氮菌 *Bradyrhizobium japonicum* 寄生在根瘤里面。在一种氩气和氧气的混合空气里，细菌不能固定氮供应植物生长，植物的反应是降低氧气供应。这极大地减少了细菌的数量和质量。

为什么一个多细胞生物体的不同细胞为整体的利益一起工作？动物里，只有生殖系可以繁殖，所以体细胞自私地复制不能产生下一代——癌细胞不会留下后代。然而，植物里没有这种体细胞与生殖系的分离，细胞可以竞争去形成花。维持合作最重要的因素只简单是细胞间的密切联系。完整的生物体由一个受精卵发育而成，所以只要一个个体生命周期里产生一个体细胞突变就会有破坏作用。毫无疑问，因为发育必须从一个单细胞开始，人们认为，这个单细胞的阶段在生物体内是对抗竞争的保护措施。实际上，当个体遗传上不一致时，在黏液菌和社会昆虫里是存在竞争的。在某些水螅虫类里，血缘关系作用于一种不同的途径，通过一种不相容系统，只允许近缘群体融合。

在进化早期冲突与合作很重要

我们强调进化过程中的重大转变包括早期独立的复制子聚到一起，因此允许更复杂生物体进化产生（表 21.3）。然后该生物体各组分间的竞争如何被抑制呢？这个问题在生命自己起源时必须解决。在第 4 章，我们提到，因为第一个复制分子一定会有不正确复制，所以它不会很长（至多大约 $1/\mu$ 个碱基对，这里 μ 为每代每个碱基的突变率）。

然而，这暗示它们不能进化出更复杂精巧的复制机制，去降低突变率。Manfred Eigen 提出一个巧妙的解决方法。如果不同的复制子以互惠共生关系彼此依赖，然后这个系统作为一个整体可以编码更多的信息。他称相互依赖的复制子系统为一个**超循环**（图 21.36）。尽管突变负荷限制了每个组分的长度，但是却没有组分数量的上限，因此形成了整个系统的复杂性。

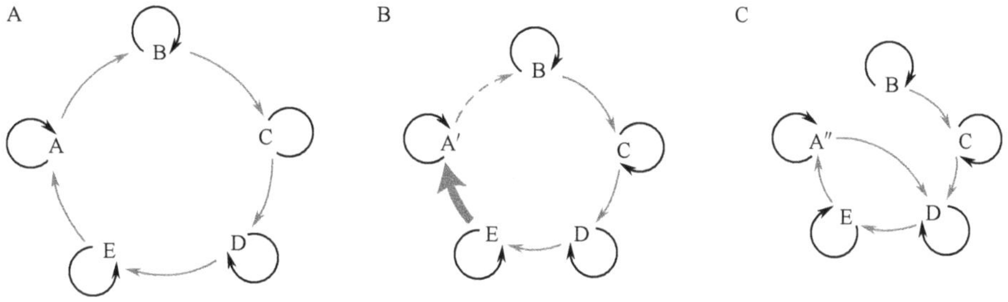

图 21.36　超循环允许复制更多的遗传信息，但是在几种方式下不稳定。(A) 在一个群体里几种不同的复制子可以共存，如果它们帮助每个其他个体复制：A 帮助 B，B 帮助 C，…，E 帮助 A。这种帮助可以采取很多种形式：提供某些代谢产物、直接帮助复制等。重要的是，随着 A 的浓度增加，B 复制加快，对于其他连接也是类似的。这种弥散的互惠共生是生态系统常见的特征（树给蚯蚓提供废弃的树叶，蚯蚓改良土壤结构帮助树生长），并且对于分子生态系统似乎同样有道理。(B) 超循环容易受到变异体的侵害。与 A 相比，变异体（A′）从别的种（E）获得更多帮助并减少对 B 的帮助。(C) 如果变异体（A″）维持一个较短的循环产生，超循环也倾向于丢失成员 B 和 C。

Eigen 理论的难题是超循环很容易受到自私的利用，特别是因为所有分子共享每个原始酶分子的生化产物（图 21.36B 和 C）。实际上，我们已经察觉到这对病毒是一个严重的问题，因为它们通常有缺损干扰病毒寄生于它们里面。分子似乎必须聚集在细胞里（或者可能在矿物的表面），所以产物依旧与生产它们的一系列分子联系在一起。然后组选择的一种形式可能维持合作，因为含有超循环的原生细胞将与超循环被“自私”变异体侵害的原生细胞竞争。事实上，一旦小的分子组被分割到隔间，那么它们可以彼此竞争，Eigen 设想的超循环不再是必需的。例如，一个分子有复制活性，它复制它自已和所有其他分子，反之，其他分子擅长促进新陈代谢和合成反应（图 21.37）。只要这样的体系建立起来，选择可以偏好其他方法而保证合作，如把不同基因连接成一条染色体，这迫使它们所有的基因一起复制。这允许复制后相当大量的每个基因更好被控制，但是同样使以其他基因为代价的一个基因的复制很难发生。

我们已经阐述了冲突和合作对于理解其他重大转变的重要性（表 21.3）。Maynard Smith 和 Szathmary 鉴别了最近的转变，即复杂人类社会的进化。没有血缘关系的个体间明显的利他主义是人类的特征。在第 26 章，我们将研究语言如何进化产生，并使这种合作更易发生。

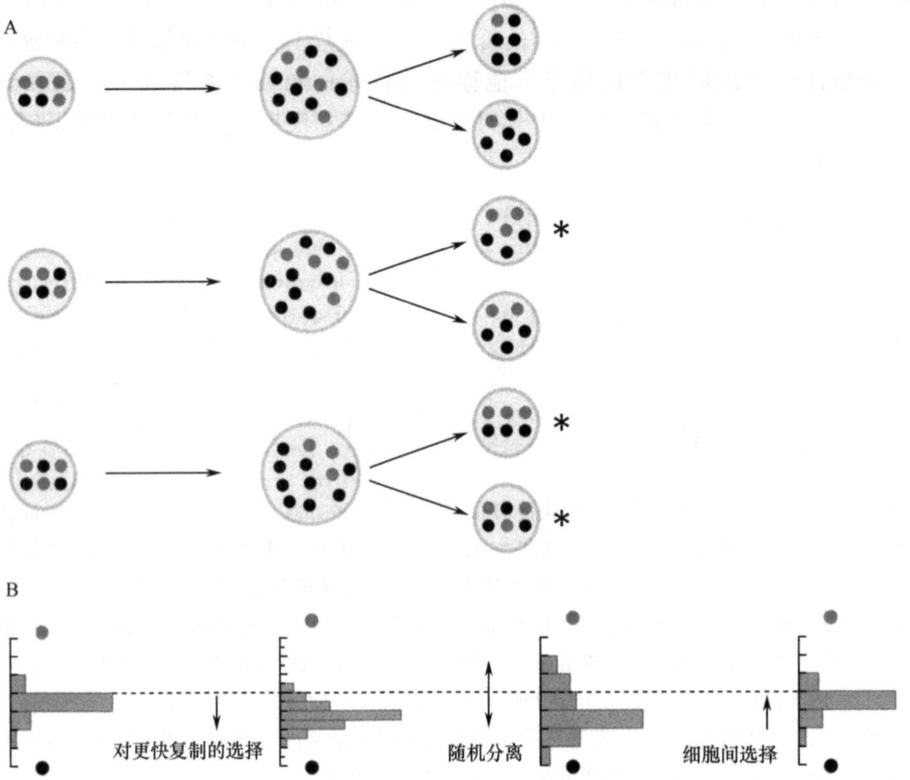

图 21.37　对一小群复制分子的选择可以维持合作。假设有两种复制分子（红色和黑色），黑色倾向于比红色复制快。然而，当两种类型的分子比例相同时二者复制都加快。在一个高度混合的群体，黑色将接管红色的工作，尽管整个群体会变得更糟［根据囚徒困境游戏的描述这种状态必然发生（图 21.36B），并且同样与共病毒的生殖类似（图 21.8）］。然而，当小原生细胞内的分子变大后它们会分裂，分裂后两种类型复制子的比例将非常随机。然后作用于原生细胞相同比例（＊表示）的选择可以维持几乎最佳的比例。这种组选择可以保持超循环免受自私变异体的侵害（图 21.36B 和 C）。然而，它的作用更为普遍：并不是每个不同类型的复制子都促进它们自己的复制，像 Eigen 的模型中的一样。取而代之，一个作为复制子，反之，剩下的复制子擅长其他的新陈代谢和合成的任务。

小结

在这一章，我们列举了一些以不同方式传递的基因间冲突的例子以及与之相反的分离个体如何合作的例子，二者都是因为一个个体基于每个其他个体的利益行事或它们共享基因。冲突与合作密不可分，因为合作总是容易被一些基因破坏，这些基因以整体为代价去促进自己的繁殖。

遗传冲突导致一些异常的生物学现象——父本基因组和有竞争力精子的消减、线粒体导致雄性不育、转座元件在整个基因组扩散等就是几个例子。很多生物都是冲突驱动的。大部分的真核生物基因组包含没有活性的转座子；突变通常由转座和重复序列间的重组产生；自然选择大部分是由于宿主和各种类型的寄生虫间的挣扎而产生。在无性繁殖的生物体，基因组所有部分的利益一致，并且偶尔水平传递的元件通常是温和的。像我们在第 22 和第 23 章描述的，遗传冲突对物种形成和遗传系统的进化有重要意义。

等位基因可以增加相邻个体的适合度，如果相邻个体携带该等位基因。汉密尔顿法则量化了亲缘选择。亲缘选择倾向于促进合作，但是冲突甚至可以在近亲间产生，如亲本与后代间或父源基因组与母源基因组间。近亲间的基因共享是很重要的，但是选择同样可以在局部同类群甚至物种间起作用。然而，这些形式的组选择通常比有性繁殖的个体间的选择弱且低效。合作甚至可以在没有亲缘关系和共享基因的个体间进化产生，最明显的例子是不同物种间的互惠共生。每个个体从合作中获得好处，欺骗可以被其他个体阻止或惩罚。最终，合作可能变成必需的，所以先前独立复制的元件最终聚集到一个更复杂的生物体内。随着时间的流逝，这个过程导致了进化中的重大转变。

延伸阅读

基因间冲突

Hurst G.D. and Werren J.H. 2001. The role of selfish genetic elements in eukaryotic evolution. *Nat. Rev. Genet.* **2:** 597–606.
对各种突变自私因子及其进化后果的全面综述。

Kidwell M.G. and Lisch D.R. 2001. Transposable elements, parasitic DNA, and genome evolution. *Evolution* **55:** 1–24.
综述转座子的自然历史，讨论它们如何被调控以及如何为了宿主而互作。

Nee S. and Maynard Smith J. 1990. The evolutionary biology of molecular parasites, pages 5–18 in *Parasitol. Today (Supplement)*, edited by A.E. Keymer and A.F. Read.
关于病毒及其产生物的绕有兴趣历史的讲述。

Partridge L. and Hurst L.D. 1998. Sex and conflict. *Science* **281:** 2003–2008.

亲缘间的相互作用

Coyne J.A., Barton N.H., and Turelli M. 1997. A critique of Wright's shifting balance theory of evolution. *Evolution* **51:** 643–671.

Hamilton W.D. 1996. *Narrow roads of gene land. Vol. 1: Evolution of social behaviour*. W.H. Freeman, Oxford.
包括Hamilton关于社会性进化的一系列文献。附有作用的自传性的附注。

West S.A., Pen I., and Griffin A.S. 2002. Cooperation and competition between relatives. *Science* **296:** 72–75.
讨论竞争和亲缘选择对合作进化的对立效应。

Williams G.C. 1992. *Natural selection: Domains, levels and challenges*. Oxford University Press, Oxford.
包括对组选择低效率的讨论。

合作的进化

Anderson C. and McShea D.W. 2001. Individual versus social complexity, with particular reference to ant colonies. *Biol. Rev. Camb. Philos. Soc.* **76:** 211–238.
关于蚂蚁群体组织结构的综述。

Clutton-Brock T. 2002. Breeding together: Kin selection and mutualism in cooperative vertebrates. *Science* **296:** 69–72; Cockburn A. 1998. Evolution of helping behaviour in cooperatively breeding birds. *Annu. Rev. Ecol. Syst.* **29:** 141–177.
这两个综述讨论合作进化的不同方式的相对重要性。

Maynard Smith J. and Szathmáry E. 1995. *The major transitions in evolution*. W.H. Freeman, Oxford.
在整体框架下将进化中的主要转变联系在一起，强调独立个体间的合作。Szathmáry和Maynard Smith(1995,Nature 374：227-231)总结了相关讨论。

第 22 章

物种与物种形成

物种、基因组、细胞和生物体是生物学的基本单元。大多数的生物学工作是研究特定物种，如黑腹果蝇 *Drosophila melanogaster*、酿酒酵母 *Saccharomyces cerevisiae* 或大肠杆菌 *Escherichia coli*。生态学家最初关注物种的分布和丰度。例如，为什么热带比高纬度地区有更多的物种？分类学的主要任务是将每个生物体归到某个特定物种之中。我们可以超越这种基本分类工作，去鉴别物种间血缘关系；但是，尽管这样，大部分系统发育学工作都将物种视为基本单元。

人们普遍承认种的划分是真实的。而通常存在争议的是较高层的分类，如属或科。类似地，人们往往不清楚一个种内的不同形式是否应该分为地理种或亚种。相反，通常很清楚生活在任何一个地方的生物体应该怎样归到种里。例如，想想你熟悉的鸟类或哺乳动物应该怎么划分。种的客观真实性在专业分类学者与不同文化的传统分类系统间的争论中被证实。例如，Ernst Mayr 发现新几内亚岛当地居民命名了他可以分清的 137 种鸟类里的 136 种，随后几个“鸟类分类学”的研究也得出了类似的结论。聚成独特类型的生物体，我们称之为种。

虽然我们同意生物体聚集形成种，但是地球需要的不是这种方式。毕竟，很久以前，不同物种的个体有一个共同祖先，并通过连续的遗传链连接着。因此，原则上我们能看到一致的连续的生物体的排列，没有形态学或 DNA 序列的突然中断。在这一章的开始我们会解释物种怎样划分和它们为什么存在。

定义物种

进化的连续性使种很难定义

虽然任何一个地方的物种通常差别明显，但是全球的地理分布图却不太清楚。通常相邻岛屿上的群体会有些不同，尽管它们彼此间有明显的血缘关系（图 22.1）。连接在一起的生物体通过连续的生活环境可以逐渐过渡以至于完全不同。在第 18 章，大多数

渐变群的例子包含简单遗传成分的轻微不同，但是分歧通常更极端。有时，这些极端个体因生活环境重叠而偶然相遇，被认为是不同的种或是亚种。我们已经讨论过一个**环物种**的例子：在西伯利亚和与之逐渐过渡连接的青藏高原南部均生活着一种绿莺，生活在这两地的绿莺相遇后不能杂交，它们是绿莺的两种完全不同的形式（图 16.18）。

图 22.1　对加拉帕哥斯群岛不同岛屿的大型海龟差异的观察启发了达尔文早期对进化的思考。

总体上，关系可能更复杂。例如，在玻利尼西亚群岛发现一种陆生蜗牛 *Partula*。在摩尔里亚岛几种 *Partula* 蜗牛同时存在，它们在形态栖息地偏好上有本质的不同，但是在**同工酶**位点上差异很小。作为完全不同的形式，在局部地区每种与其他种共存。此外，在其他地方大多数的物种通过杂交彼此连接。例如，*Partula aurantia* 与 *Partula suturalis* 在几个地方同时存在，但是在其他地方可以杂交；并且虽然 *Partula tohiveana* 与 *P. suturalis* 可以没有交配繁殖地同时存在，但是它们通过 *Partula olympia* 连续过渡连接（图 22.2）。遗憾的是随着其他蜗牛种的引进，自然界的 *Partula* 已经灭绝了。

这些难题很少让我们觉得惊奇。环物种不同形式间明显的连续衔接被认为是反映物种与其共同祖先间连续进化关系的镜子。在这一章，我们首先回答种是什么，我们将看到没有任何一个定义可以将群体清楚地划分为分离的种。随后我们将能回答物种彼此间有怎样的不同。最后我们思考它们怎样变得不同，即物种起源过程包含了怎样的进化过程?

定义种的几种途径

最明显的是传统使用的方法，根据它们的外观来定义物种。通常，这种方法不会遇到难题；回见 Mayr 对新几内亚鸟类的划分与当地居民划分观点非常相似。然而，外观容易引起误导，使我们的结论只依赖我们注意到的外观。

在很多物种，两种性别间差异非常显著。举个极端的例子，达尔文首先发现粘在雌性藤壶上的微小生物实际上是它们对应的雄性。这样，我们很容易把雌性和雄性合在一起当作相同物种的不同形式。生活周期的不同阶段（如毛毛虫和蝴蝶）和多形态物种内的不同形式同样存在这种问题。例如，雌性燕尾蝶不同模仿形态（图 18.20）的翅膀图案非常不同，但是检查像生殖器结构这样的特征，然后我们就可以认为它们是相同种的成员。因此，我们能够鉴别受选择而有差异的特征，并在分类时将它们排除。为什么这些不同的形式被划分为相同物种的成员？根本原因是，每个血统可以在不同形式间传递，就像在世代间传递一样，母亲生育儿女，毛毛虫长成蝴蝶，一种模仿形态的蝴蝶有各种形态的后代等。

相反的问题在实践中遇到了很多困难。同属种外形几乎一致，但是也有少数几个隐微不同的特征可以分辨。例如，*Drosophila pseudoobscura* 与 *Drosophila persimilis* 最初被分为两个种是因为杂交后代 F_1 雄性不育；后来发现它们牙齿和腿上性梳的数目不

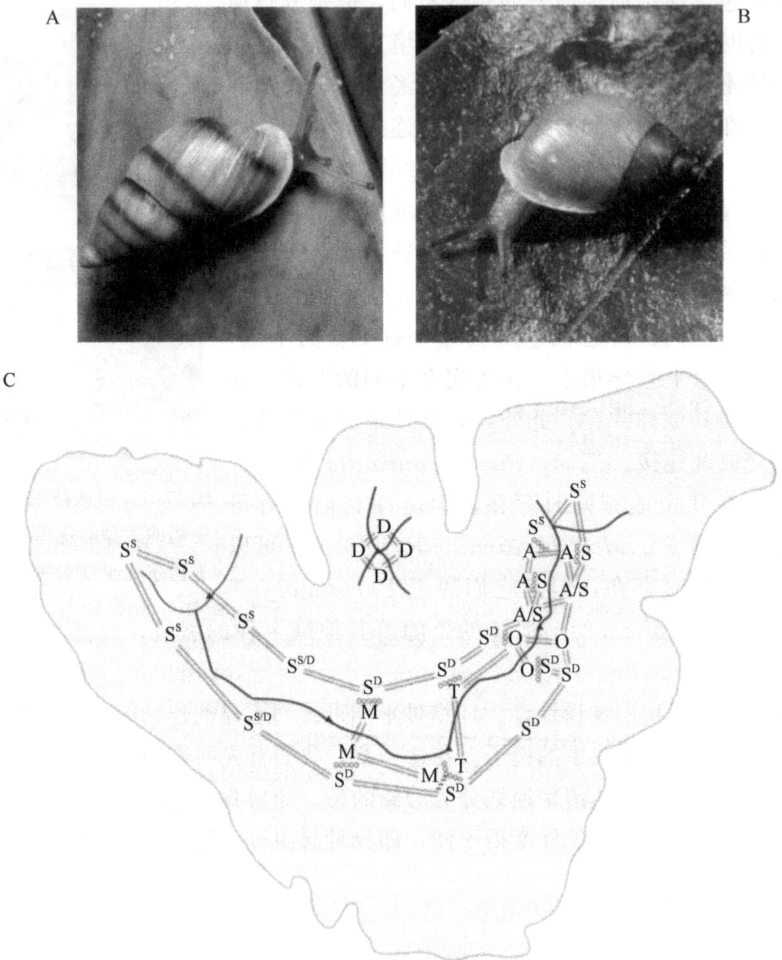

图 22.2　*Partula suturalis* 蜗牛（A）、*Partula mooreana* 蜗牛（B）和 *Partula* 蜗牛（C）间的复杂关系。S，*P. suturalis*；A，*P. aurantia*；D，*P. dendroica*；M，*P. mooreana*；O，*P. olympia*；T，*P. tohiveana*。上标 S 表示左旋（左螺旋）的 *P. suturalis*，上标 D 表示右旋（右螺旋）的 *P. suturalis*。双线表示通过连续的一系列群体逐渐过渡；A/S 表示 *P. aurantia* 与 *P. suturalis* 群体杂交；阴影表示自然界里不发生交配的种的共存。实线表示山脊。

同。在形态特征不太清晰的生物体里这个问题尤为严重，如寄生虫（图 22.3）。甚至更为极端的例子，如不能在实验室培养的微生物，只能通过分离 DNA 片段检测。但是多大的形态差异、哪种类型的差异是鉴别物种需要的呢？

分子差异似乎是更客观的分类标准；我们可以用 DNA 序列将个体划分到种里。对于**不可培养微生物**，这种方法是更好的选择。很多研究表明：如果一个样本的核糖体 RNA 序列与另外一个样本的另外一条核糖体 RNA 序列的一致性低于 97%，那么它们是不同的种。然而，像在第 15 章描述的，中性序列的分歧程度主要反映了该序列共祖的时间。普遍承认的两个种间的分歧时间差别很大。在这一章的后面我们更详细地研究了物种形成的速率。但是为了使人们重视物种形成速率极大的差异，我们比较了过去

10 万年生活在维多利亚湖里的棘鳍鱼与至少 4 亿年前从它们最近的现生亲缘种分离出去的像腔棘鱼 *Latimeria chalumnae* 一样的“活化石”。

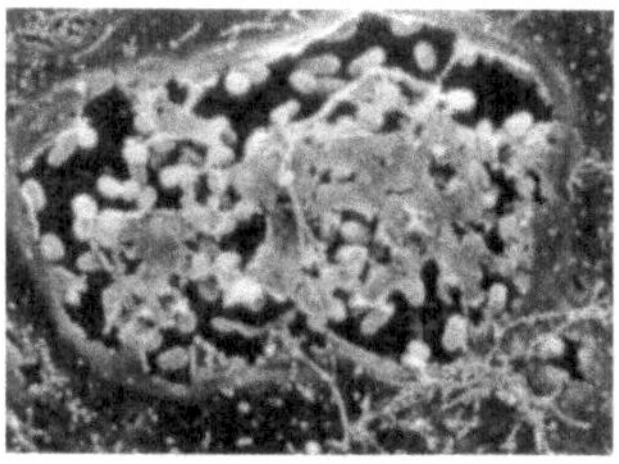

图 22.3　小孢子虫是细胞内寄生虫，丢失了许多真核生物的基本特征：它们的基因组比很多细菌的还要小，并且还丢失了很多基本的新陈代谢功能。它们缺少线粒体，但是它们的核基因组拥有很多线粒体驱动的基因。虽然最初认为它们与其他真核生物关系很远，实际上小孢子虫是高度修饰的真菌。图上是人类宿主细胞里的 *Encephalitozoon cuniculi*。

用系谱划分物种是有问题的

我们可以试用系谱关系取代盲目地选取特征去划分物种。毕竟，任何一组同源基因有明确的血缘关系，原则上可以从 DNA 序列差异的模式上判断。这种关系是现代分类学的基础，并给林奈（Linnaeus）的层次分类法提供了进化上的理由。然而，单靠系谱不能划分一个生物体是什么种的。无性繁殖生物体的基因都有同样的系谱，但是它可以用很多不同的方法盲目地划分（图 22.4）。有性生殖的有机体，不同基因可以来源于不同的亲本，因此有不同的祖先。所以，就像我们在第 15 章看到的，一个基因与其他基因的系谱关系会有差异（图 15.11）。甚至细菌的基因组，只是偶尔存在重组，也有嵌合体祖先（图 15.16）。对于大多数真核生物，减数分裂过程中的重组是生命周期的必需部分，所以从基因组水平上看祖先差异很大。

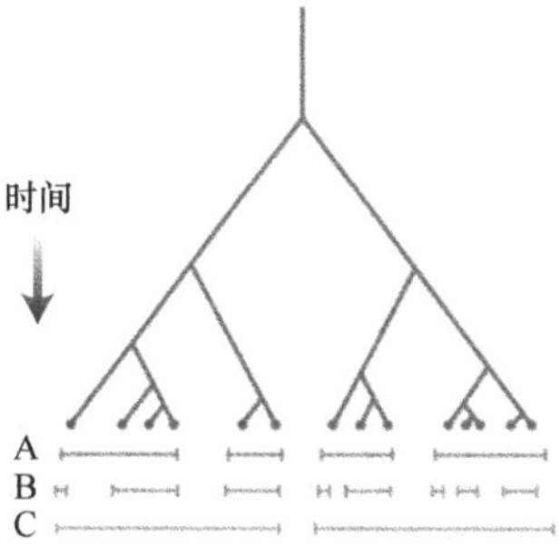

图 22.4　在无性繁殖的生物体，用系谱划分物种不合适。线条（A、B、C）表示可以被划分为种的可选个体组合。甚至，如果我们要求每个组包括有共同祖先的所有个体，仍然有几种方式划分系谱（当上图是物种的系统发生树而不是个体间的系谱图时，前面的观点同样适用：基于系统发生，划分属、科，在某种程度上是盲目的）。

在这部分，我们将研究用一种特殊性状，至少可以对有性繁殖的有机体进行清楚地划分。这些性状包括阻止通过有性生殖和重组发生遗传物质交换的结构、生理和行为。

通过生殖隔离划分生物种

广泛接受的种的定义是基于**生物种概念**（biological species concept，BSC）。虽然这种观点起源于几个世纪之前，但是它第一次在综合进化论时代展示它现在的形式。1940 年，Theodosius Dobzhansky、Mayr 和 Sewall Wright 首先写到：

种是一群能够自然地成功交配的个体组成的群体，它们与其他类似的群体之间出现了生殖隔离。

如果一个群体有遗传差异可以阻止与其他群体在自然条件下成功交配，那么它是一个生殖隔离的群体。有两点需要强调。首先，这个定义不包括地理隔离。两个群体不能交配是因为它们被某些环境障碍分离，如河流或者山脉，它们不是分离的种。这是有道理的，因为地理隔离可能是短暂的（河流改变它的路线、山峰消失），反之由于遗传差

图 22.5　一个狮虎（雄狮和雌虎杂交所生的动物）。

异产生的生殖隔离通常是不可逆的。其次，物种间的遗传差异必须成功阻止自然条件下的成功交配。例如，狮子和老虎在动物园可以交配（图 22.5），但是先前在印度半岛，它们的活动范围重叠时，它们并不会去交配。

BSC 只适用于有性繁殖的有机体。因为 BSC 对细菌和古细菌并不适用，它们只是偶尔会发生基因交流，需要用其他方法。相似地，BSC 也不适用于化石。当我们顺着时间追溯每个分支时，与现代生物体相比它们的祖先呈现越来越多的差异。在或多或少任意程度的形态差异方面，BSC 作为不同种的标志是方便的。

甚至对现代的、有性繁殖的生物体，BSC 也会面临困难。当我们期待进化的连续性，而不是单个定义将现存的生物体清楚地划分为分离的种，而这个种与我们强烈直觉上的种一致。通常，不同类型的生物体依旧可以在很多特征上明确区分，并且迄今可以通过杂交频繁地进行基因交流。例如，北美洲的橡树被命名了不同的种，它们局部生活环境不同，为了适应这些生活环境，它们很多特征也不同（图 22.6）。然而，杂交经常发生，叶绿体系谱没有反映出这些适应性性状或核遗传标记的变化。植物学家定义这种差别明显但可以杂交的类群为**杂婚群**。

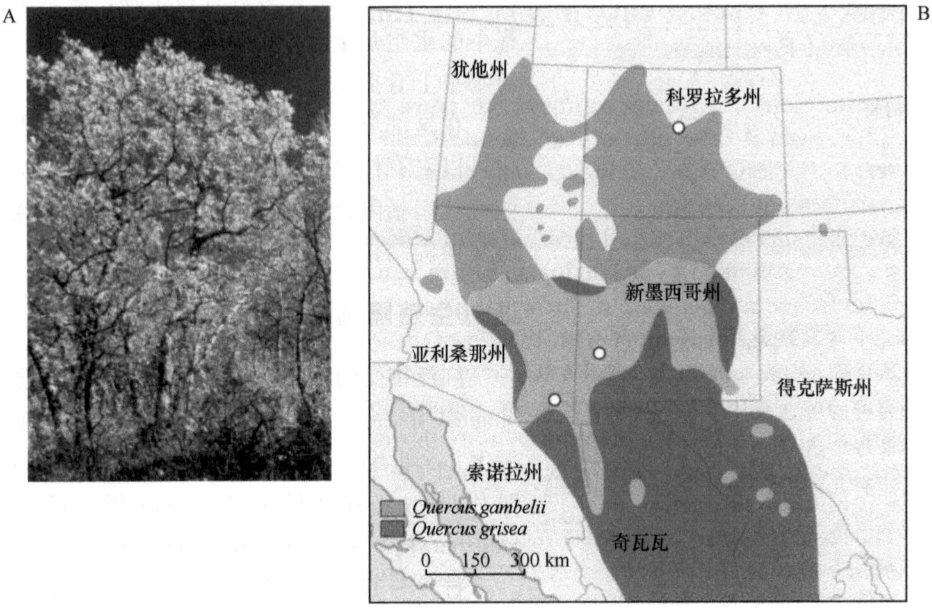

图 22.6　（A）*Quercus gambelii*。（B）白橡树 *Quercus grisea* 和 *Q. gambelii* 在新墨西哥州和亚利桑那州有重叠的生活环境。在有些地方，可以找到遗传和形态上介于两者之间的树，但是排除杂交，大部分遗传标记还是有差别的。相反，叶绿体间的血缘关系与地理位置的匹配比它们与表型的匹配更贴切，这暗示这些细胞器穿越了分类界限。地图中紫色区域表示两种橡树生活环境重叠区。

很多动物群同样包含排除杂交其他特征依旧差别明显的群（图 18.15～图 18.17 和图 22.2）。当果蝇 *Drosophila pseudoobscura* 与 *Drosophila persimilis* 活动范围重叠时，它们偶尔会杂交；像我们后面会看到的，基因组的大多数区域因此表现出基因交流的证据（图 22.30）。概括地说，线粒体和叶绿体基因组在种间流动（像在橡树的例子）比较常见，尽管这些种从形态学和核基因方面看起来是明确的生物种。

如果它们在自然界相遇不能产生可育的杂交后代，那么它们可以被分为不同的生物种。甚至它们低水平杂交，实际上它们仍然可能被认为是分离的生物种。只是生物种间允许多少基因交流存在争议，并且很难评价通过地理障碍分离的群体的状况。

抛开这些困难，BSC 还是可以清楚地、最可行地给出物种定义；因此，在这一章余下的部分我们将用它来定义种。基本思想是，一个生物种形成单独一个基因库，所以一个个体中产生的偏好等位基因最终可以扩散到整个物种。原则上，通过重组，任何该等位基因的复合体可以在一个生物种内部产生。相反，不同生物种各自独立进化，在这种意义上，一个生物种遗传变异对另一个生物种的进化没有贡献。

只有使用不同生态资源的物种可以共存

当两个生物种竞争，我们自然预期结果是一个取代另一个。甚至如果它们的适合度一致，最终一个会意外地灭绝。最后，如果它们保持或多或少稳定的平衡，它们才可以共存。

我们讨论过，群体里不同的**等位基因**只有通过**平衡选择**维持才可以共存（第 18 章）。选择必须是**频率依赖型**的，这样当等位基因稀有时频率会倾向于增加。一般来说，这要求该等位基因利用不同的资源，所以这些资源可以分离地调控它的数目。例如，我们看假单胞菌 *Pseudomonas* 如何分歧成不同的表型，使它们适应生活在它们生活环境的不同部分（图 18.21）。我们举这样一个单遗传位点上不同等位基因的例子，但是同样可以理解为不同物种的不同特征；在早期无性繁殖的群体里它们没有明显的差别。

竞争排除的基本生态学原则是，为了共存，不同物种必须利用不同资源。只有当个体的适合度随着群体数目的增加而降低时，一个单一的群体才能维持在一定范围内。一些有限资源的水平介导这种调控，当被过度利用时它们就衰退。我们可以看羊在它们的草场放牧或食肉动物吃它们的猎物的情况。一般来说，资源可能是分隔开的（森林植物需要阳光充足的空旷地或者一支雄鸟需要领地），或者说实际上有利于生殖的任何东西都需要空间。关键是，如果几个不同的群体使用完全相同的资源，那么这种资源就不能调控它们的相对数目。为了稳定地共存，它们必须利用不同的资源便于不同的资源可以分别调控它们的数目；当任何一个群体增加，它的特定资源耗尽，然后它的数目稳定。

生态学的中心目的是理解什么决定物种的分布和丰度。典型地，在群落里所有物种的出生率和死亡率似乎决定了物种的数目；这反过来取决于物种怎么去利用和反映可利用的各种资源。因此，物种的数目被动地反映了可利用资源的分布；物种形成和灭绝的过程与之不相关。生态趋同的例子支持上述观点，一系列相似的物种在明显可以提供一些相似资源的区域独立进化［作为自然界经典的例子，见图 22.7，回见假单胞菌可反

图 22.7　澳大利亚的有袋动物与其他大陆有胎盘哺乳动物趋同性地占领相似的生态生境。

复再现的分歧（图 18.21)]。相反，进化生物学家倾向认为物种的数目反映了新物种的起源和它们随机灭绝速率间的统计学平衡。目前，我们还没有充分理解资源分布与物种形成和灭绝动力学过程的相对重要性。

在这章的结束部分，我们将讨论这些论点如何彼此相连，即选择如何通过不同的资源使一个物种分成两个。然而，首先我们讨论生殖隔离和多向性选择二者在产生有明显差别的类群（我们直觉上认为是“种”）的过程中起了怎样的作用。

很多途径产生生殖隔离

群体间各种各样的遗传差异可以阻止杂交，因此保持生物种相互分离。依照行为对它们进行划分，对我们是有利的。这些行为包括从不同物种成员间的第一次相遇直到杂交后代产生几代后过程中的行为（通常，生殖隔离的这些不同原因参见“隔离机制”。我们避免使用这个术语，因为“机制”隐含着进化的目的是为了降低基因交流。像我们将要看到的，这种例子很罕见)。

当两个种从来没有彼此相逢，至少是当它们能够交配的时候没有相逢，这样就存在隔离的第一种形式。显然，我们不能简单地认为这些生物体是不同的种，因为它们刚好生活在不同的地方。然而，遗传差异可以导致个体倾向于生活在不同的微环境。虽然一些物种一起生活在相同的区域，但是它们可能在不同的地方交配（图 22.8A)。相似地，个体可能在不同的季节成熟或者在一天的不同时间活动（图 22.8B)。这种时间隔离例子里最惊人是北美洲的蝉。它们幼虫阶段在土壤里度过了很多年，并且在定期的时间间隔大量钻出地面。生命周期的长度各异，因此在相同地域的生命周期分别为 13 年和 17 年的种只有每隔 13×17＝221 年才有机会交配。

图 22.8　时间和空间的隔离。(A) 瓢虫 *Epilachna nipponica* 和 *Epilachna yasutomii* 分别在蓟和蓝籽类叶牡丹上哺育和交配。图中 *E. nipponica* 在它的宿主植物上。这种对特定宿主偏好导致的生殖隔离在昆虫里比较常见。(B) 萤火虫 *Photinus* 在一天的不同时间出现，因此导致生殖隔离。交配发生在一年里不同时间的季节隔离也比较常见。

如果雄性和雌性不能在相同的时间和地点相遇，它们彼此也不能选择交配。像我们在第 20 章看到的，雄性的特征和雌性对这些特征的偏好可以以一种看似盲目的方式一起进化。因此，一个种的雄性与另一个种的雄性竞争可能会不成功或者不会被另一个种的雌性选为交配对象。这种生殖隔离可以是交配信号的差异介导的，如不同的蛙声或吸引不同昆虫授粉的花（图 22.16）。在许多例子里，不同的物种可以彼此交配，但是不能授精，因为不同种的精子或花粉不能授精或不能成功地与同种的配子竞争（图 20.28）。

一旦授精发生，F_1 合子可能是不能生存的，因为 F_1 基因型不能正常地发育。有时，存在与母源基因型的不相容，所以在一个方向杂交失败但是在另一个方向成功（回顾早期胚胎发生依赖卵胞质里母亲基因组编码基因的产物）。通常，F_1 杂合子是完全能生存的，但是仍然是完全不育的，如马和驴杂交的第一代杂合子骡。这可能是因为 F_1 的基因型不能成功产生有功能的生殖细胞，或可能是因为在减数分裂过程中染色体不相容性导致缺少整套基因的**非整数倍染色体**配子产生（注解框 12.2）。

有时，F_2 或回交个体出生，但是不能存活或不育。如果可以自由重组，原则上亲本的基因组可以被修复，所以一些重组的杂合子可以存活。然而，考虑到很多遗传位点不同的亲本通过杂交可以产生大量的可能基因型，所以这种情况几乎不可能。

生殖隔离包括合子前隔离和合子后隔离

根据隔离作用是发生在合子形成前或后，把隔离机制分为两类，有助于我们研究，即我们把合子前隔离与合子后隔离区分开（表 22.1）。我们做这种区分的原因有两种。首先，自然选择作用只会增加合子前隔离，而不增加合子后隔离。显然，个体选择与自己同种交配，而不是与其他种交配而浪费精力，这样的个体有选择优势。相反，自然选择不会进一步倾向于降低杂合子的生存能力和生育能力。一旦一个杂交合子形成，一对亲本的利益是提供最好的照顾去最大化它的成功率。稍后，在这一章我们将讨论自然选择如何增加合子前隔离。

表 22.1 生殖隔离原因的划分

合子前障碍
可能的配子在不同的地方，不能相遇
生活环境隔离
时间隔离（通过一年或一天的不同时间）
可能的配子相遇，但是选择不交配（行为隔离）
个体交配，但是雄性不传递配子（精子或花粉[a]）
雄性配子传递，但是卵子不育（配子不相容）
合子后障碍
胚胎发生早期合子死亡
F_1 杂合子不能存活
F_1 杂合子存活，但是是不育的
回交或 F_2 杂合子不能存活或不育

a 昆虫授粉的植物，授粉者可能进入一个花朵，但是不能成功采集花粉，或者不能把花粉放在容易接受的雌蕊花柱顶部。

其次，不能通过合子前隔离分离的物种不容易共存。在罕见的共存形式里，如果它们存在某种程度的合子后隔离，它们几乎总是选择与其他类型交配，因此会留下少数个体。因此，两种一起灭绝比较少见，这是频率依赖型正选择的结果。两个种能否共存不只取决于它们是否有某种程度上的生殖隔离。像上面讨论的，它们同样必须占有不同的生态环境，或者更确切地说，是利用不同的资源。如果一个良好的生物种进化过程中在交配行为或资源利用方面没有足够的分歧，那么它们留在不相重叠的区域，只能在一个窄的接触带相遇（这就是**邻域**分布）。（图 17.22）进一步的行为和（或）生态学的分歧在它们可以在一个广泛的区域共存前必须存在。

分子水平的分歧可以测量生殖隔离产生的速率

甚至血缘关系最近的一对物种通常也表现出实质的分子水平的分歧，这暗示它们分离后各自进化了很长时间。例如，*Drosophila simulans* 有两个姐妹种 *Drosophila sechellia* 和 *Drosophila mauritiana*，它们生活在印度洋的塞舌尔群岛和毛里求斯岛。**分子钟**可以用生活范围局限于夏威夷群岛考爱岛上的 *Drosophila* 种间的分歧来校正，它们形成于 510 万年前，导致一个估算的**同义突变**位点的分歧速率为 1.14×10^{-8}/年。用这种方法，计算出 *D. simulans* 与 *D. mauritiana* 分歧年代大约为 93 万年，*D. simulans* 与 *D. melanogaster* 的分歧年代大约为 540 万年（图 22.9）。另举一个例子，直到现在人们才认为很多北美洲的鸟类在**更新世**产生分歧，在过去的 25 万年里，连续的冰河作用把它们的活动范围分开。然而，线粒体 DNA（mtDNA）序列比较的结果认为，分歧通常更古老，显然超过 100 万年。

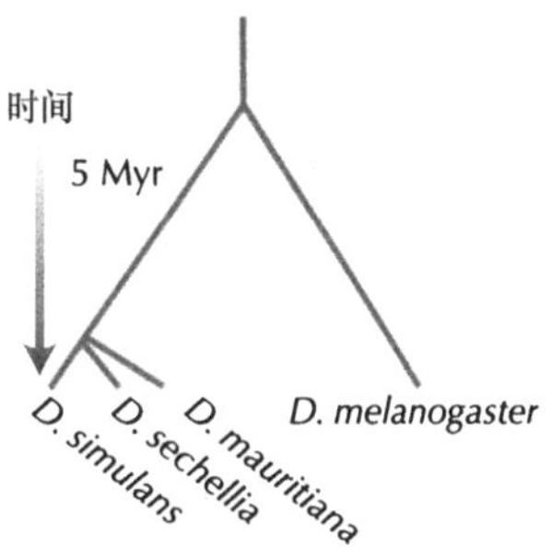

图 22.9　这个系统发生表示了 *D. melanogaster* 种组中物种的关系，我们在这一章要讨论这个问题，并将贯穿始终。

估算分歧时间需要认真对待的理由有几个。我们在第 19 章讨论过分子钟的差异大于**中性理论**下预期的稳定速率；这可能反映了选择的作用。通过不影响氨基酸序列的非编码区或同义突变位点拉平许多位点的突变速率，可以降低这种速率差异引起的错误（图 22.9）。

另一个难题来自种内的多态性。甚至如果两个种最近才分离，各自的序列还是有差异；平均地，它们在大约 $2N_e$ 代以前有共同的祖先（图 22.10）。在这种情况下，相对于合在一起的时间尺度物种分离是最近发生的事件，单个基因的谱系与种的系统发生不匹配（图 22.10A），这种现象叫做**谱系排序**。最终，甚至分离后的低频率的基因交流可以大幅度地降低分歧。如果两个物种有非常长时间的分歧，序列差异可以稳定在一种平衡状态，这反映了基因交流的速率而不是反映它们（部分）分离的时间（图 22.10B）。

尽管这些很复杂，但是有一点是清楚的，显然，哪怕最近的近缘种也是很久以前开始分歧。举个最熟悉的例子，人与黑猩猩分歧于 500 万～800 万年前。然而，应该铭记于心的是，这些都是现在还存活物种间的比较。之前产生的物种远远比现在还存活的物种多，因此，现存物种间长分歧时间不完全地反映了小部分现在还存活的物种。换句话

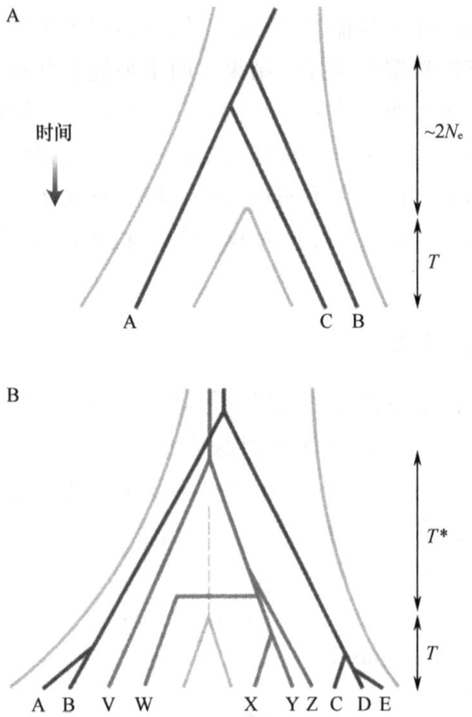

图 22.10　用遗传分歧估算群体分离时间。在时间 T，两个种从单个祖先群体分离，当时祖先群体的有效大小为 N_e。(A) 从不同群体抽样的两个世系的共祖时间平均为 $T+2N_e$。这是因为，倒推时间，当祖先支系 (A、B) 进入相同的群体，需要花大约 $2N_e$ 代使它们合并。当物种有近代血缘关系 ($T<2N_e$)，可能祖先支系 (C) 在时间 T 不能在自己物种内部合并，并且该系谱与物种的系统发生不一致。这个例子里，C 与 A 的血缘关系比它与 B 的更近。(B) 如果物种形成不是瞬间事件，在 T^* 时段内，物种间某些基因会交流。如果祖先支的一个基因没有发生基因交流，谱系可能与系统发生一致，和有血缘关系的祖先分歧一致（也就是，在 $T+T^*$ 前；A-E 是一个基因［红色］的谱系）。然而，某些位点会有基因交流，谱系与系统发生将会不一致（如 W-Y）。V-Z 是另外一个基因的谱系（绿色）。

说，我们讨论的姐妹种间的分歧时间取决于物种形成和灭绝二者的速率。最近，我们自己进化树分支上的很多人科（但是后来灭绝了；第 25 章）化石的发现很好地解释了这个观点。

生殖隔离积累缓慢

我们可以通过探索生殖隔离如何快速进化来测量生物种的形成速率。最好的数据来源于 *Drosophila* 种间的比较。图 22.11 展示了合子前和合子后隔离的实验测量值与**遗传距离** D 的一个测量值间的比较，这是分歧时间粗略的代替。**异域物种**（即生活在不同地方的物种）间合子前（行为的）和合子后（存活率和可育性）隔离以相似的速率积累，达到 50%时，分歧时间超过 100 万年（图 22.11）。鱼类、鸟类和鳞翅类的一些调查表明，它们的生殖隔离的积累也是相似的低速率（注意，这些大概的测量值反映的只是实验室里的，因此可能忽略了自然界里的一些重要因素）。

这个调查表明异域物种对与**同域物种**对间存在惊人的差异，也就是，生活在一起的近缘种与生活在不同地方的相比，有更强的合子前隔离（0.83 对 0.29，对于 $D<0.5$ 的物种；图 22.11A）。而在合子后隔离强度上没有如此大的差异。只有避免杂交，物种才可以生活在同域，即它们表现出强烈的合子前隔离。在这一章的结尾部分我们将讨论这个有意思的模型的含义。

通过**转化**接受外源 DNA 的细菌间的生殖隔离简单地取决于它们的遗传分歧。从环境中吸收的一个 DNA 片段必须通过同源重组合并到受体基因组；它必须避免被防御机

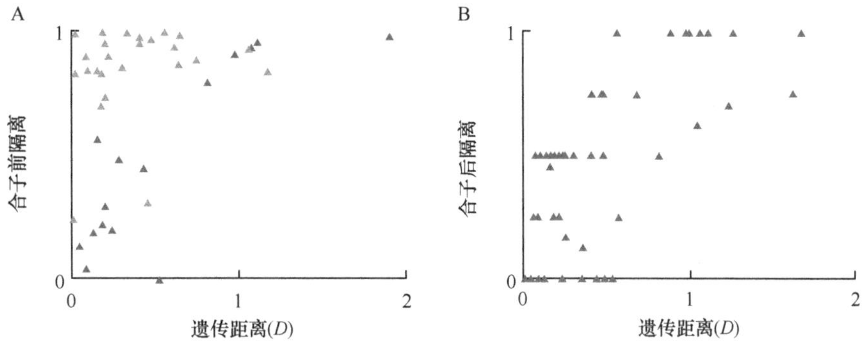

图 22.11 （A）合子前隔离的强度对应一对果蝇种间的遗传距离（D）标示在图中。合子前隔离通过实验室的交配选择实验测量。蓝色三角形表示同域物种对；红色三角形表示异域物种对。（B）合子后隔离对应 Nei 氏 D 值标示在图中。同域物种与异域物种对间没有明显的差别，所以上图中它们不能区分。合子后隔离的大概测量值是通过 4 种 F_1 杂合子部分个体的存活率或生育率得出的（雄性或雌性，从两种可能的**正反交**的每一种）。

制降解，如限制性内切核酸酶系统；并且它必须与宿主的基因组形成双螺旋，允许同源重组成功地发生。这最后一步主要取决于分歧 DNA 间形成的双螺旋的稳定性。转化速率和序列分歧程度间存在一个简单的指数关系（图 22.12）。细菌和古细菌可以从分歧度比真核生物杂种间分歧大一个数量级的供体接纳 DNA。

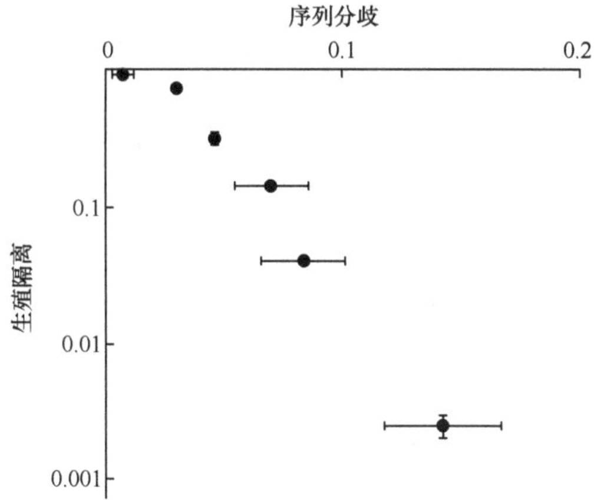

图 22.12　枯草杆菌 *Bacillus subtilis* 合并 DNA 的速率随着序列分歧程度指数降低。对应于来源于相同株系的对照 DNA，外源 DNA 合并到受体基因组的速率对应序列分歧，在图中标示出来了。线条表示标准差。

这部分的关键点是生殖隔离是缓慢积累的。换句话说，百万代以前共祖的生物体间仍然可以成功交配产生可以存活和有生殖能力的杂合子。这反映了生物体进化速率很慢。或许分子生物学最让人惊讶的是基因功能和发育系统是非常保守的（第 2 章和第

11 章)。然而，这同样反映了生物体应对遗传改变的稳固牢靠，第 23 章我们将回顾的一个话题。

物种形成的遗传学

单个遗传学改变偶尔可以使物种分离

物种彼此不同表现在哪些方面呢？它们间大量的遗传差异似乎是中性的，因此只是简单地反映了物种分歧的时间。我们对哪些遗传差异确实阻止它们交配而划分物种特别感兴趣。鉴定对生殖隔离有贡献的遗传差异在物种形成研究中或许是最直接的任务，因为它包括了现存生物体具体的遗传学问题而不是过去产生它们的过程。然而，就像我们在这一部分看到的，它仍然是复杂的问题。至今，在分子水平也只鉴定了少数几个这样的“物种形成基因”。

最初遗传学家强调单个突变作为新物种形成原因的重要性。他们认为新物种是通过单个基因突变的巨大效应直接产生的。事实上，因为两个原因，这种例子很罕见。第一，巨大表型效应的改变几乎总是破坏生物体的，是有害的。第二，当导致生殖隔离的突变稀有时可能会受到相反的选择。例如，一个使杂合子不育的大的染色体重排，当它来源于一个杂合子，它自身可能是不育的，甚至如果它可以持续足够长时间最终成为纯合子，但是它与群体里其他成员杂交的后裔可能是杂合子，并因此不育。相似的观点同样适用于合子前隔离。雌性可能不会偏好一个新的雄性性状，反之，一个新性状雌性的偏好会导致花很多的代价去寻找稀有的那些携带该性状的雄性。随后，我们看到当生殖隔离是多个遗传改变积累的结果时可以避免这样的问题。然而，很难看到引起生殖隔离的一个大改变如何一步就建立起来。

尽管存在这些观点，有时生殖隔离也可以一步进化产生。在这部分和接下来的部分，我们讨论两个最重要的例子：无性繁殖克隆从有性生殖物种起源和多倍体物种的产生，在多倍体物种里整个基因组的拷贝数突然增加。

如果我们保持严格的生物种概念，那么一个无性繁殖的群体里每个成员都是一个分离的“种”，因为不和任何一个其他个体杂交。然而，我们仍然认为从有性生殖祖先进化而来的一个无性繁殖群体的产物是物种突然形成的一个实例。在既可以无性繁殖又可以有性生殖的有机体（如马铃薯和香蕉）里，简单地通过失去有性生殖的功能，无性生殖可以建立起来。然而最有意思的例子涉及未受精卵的发育，即**孤雌生殖**。如果产生雌性，然后无性生殖可能连续发生。通常，成功的孤雌体是两个不同物种杂交的产物。然后后代常染色体所有位点都是杂合的，并且因为掩盖了隐性有害等位基因从而可能获得强烈的优势（**杂种优势**）。另外，无性繁殖的群体避免了在寻找配偶时的浪费，并通过产生基因型一致的姐妹而不是贡献一半的精力给另外一个个体的基因从而获得 2 倍的优势。孤雌生殖的结果可能是极大地扩大了它们的领域。然而，最后几乎所有无性繁殖的物种都灭亡了，并且没有产生姐妹种。在下一章，我们将讨论无性繁殖群体罕见的可能原因。

广为人知的物种起源机制是通过多倍体产生新物种

每个细胞内一个基因组的拷贝数可以通过几种方式增加并偶尔产生一个多倍体的群体，这样一个群体与它的祖先产生了生殖隔离。这种整个基因组突变并不常见。例如，多倍体受精（**多精入卵**）的结果是 2%～4%的人类合子是**三倍体**的，虽然这些几乎总是自发地流产。在开花植物中，在一个物种里**四倍体**个体的生殖率大概是 10^{-5}。

一旦一个四倍体个体形成，如果在一个新种里，它必须寻找一个足够维持它的群体。其中关键的困难是它产生二倍体的配子，反之祖先群体产生单倍体的配子。因此与最初群体的回交将产生三倍体，即产生不育的个体。像前面讨论的，多倍体的个体可以一起放弃有性生殖，建立一个无性繁殖的生殖系。如果四倍体自体受精，并因此产生彼此间可以交配的多个后代并建立一个新的群体，那么就产生了一个新的有性生殖的物种。只有当亲本有很长的寿命，这种情况才比较有可能发生，而在植物里实际上多倍体往往是自体受精且为多年生的。然而，甚至在性别明显分化的生物体中也可以发现多倍体，显然，它们不能自体受精（如很多鱼类和两栖动物）。在这样的例子里，两个四倍体个体可以偶尔产生并且彼此间可以交配。

像前面讨论的，多倍体可以由一个物种的一个基因组加倍产生（**同源多倍体**）。然而，在开花植物和动物里大部分的多倍体是通过不同物种间的杂交而产生的（**异源多倍体**）。异源多倍体为物种形成提供了有很好的例子。因为实验室里的杂交可以再现自然界现存物种的产生（图 22.13）。异源多倍体的广泛存在可能是因为杂交破坏了细胞分裂，所以多倍体突变更常见，并同样因为杂合多倍体通过杂种优势获得高的适合度。多倍体使这种优势持久，因为新物种的每个成员携带两个祖先基因组的拷贝。因此，野生型的拷贝永久地掩盖了有害的隐性基因，并且孟德尔分离不会驱散杂交优势。

图 22.13 *Galeopsis tetrahit* 是薄荷属的一种四倍体种，它是二倍体物种 *Galeopsis pubescens* 和 *Galeopsis speciosa* 杂交的产物。1930 年，Arne Muntzing 展现了人工杂交的四倍体，其特征类似自然界的 *G. tetrahit* 并能与之杂交。

多倍体分布的广泛性如何？很多种子植物是多倍体的，包括咖啡、棉花、烟草、小麦、玉米和甘蔗。有些很久以前就成为多倍体了（玉米是 1100 万年前），反之另外一些，如小麦，在家养驯化过程中成为多倍体。有些植物通过多个多倍化循环进化出特别多的染色体数目（图 22.14）。在蕨类植物里，估计有 42%最近的染色体数目的变化伴随多倍化（图 22.15）。因为蕨类里 16%的物种形成事件涉及染色体数目的变化，大约 7%（16%×42%）的物种形成事件包括多倍化。相似的观点认为，在被子植物（开花植物）里，2%～4%的物种形成事件包括一个基因组的加倍。与植物相比，动物里多倍体物种非常罕见，或许是因为动物普遍存在分离的性别，所以建立一个新的物种至少需要两个多倍体个体。相反，每个植物通常个体都结合了雌性和雄性的功能，所以单个多倍体突变可以通过自体受精繁殖。

可以通过现存的大量重复基因检测很久以前基因组的加倍。当基因的复制区域仍然

图 22.14　高度多倍化植物的染色体。景天科的 *Sedum suavelous*（如图所示）保持了高数目染色体的记录；它有一个二倍体数目 $2n=640$ 条染色体，并且大约 80 个祖先基因组的拷贝。在所有植物里，蕨类植物 *Ophioglossum pycnostichum* 是迄今已知有最多染色体数目的植物，有 $2n=1260$ 条染色体和约 84 个祖先基因组拷贝。

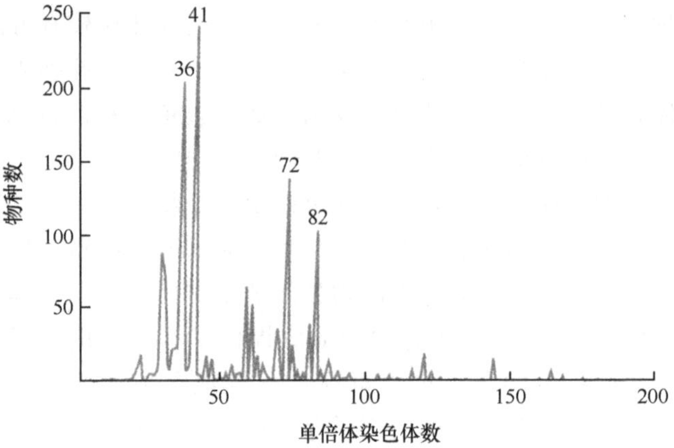

图 22.15　可以用奇数和偶数染色体数目的比例估算多倍化的发生。基因组的加倍得到偶数的染色体数目，反之其他类型的染色体改变将导致偶数和奇数间的随机摇摆。这个图展示了蕨类植物里单倍体染色体数目的分布［省略了单倍体基因组染色体数目多于 200 的 14 个物种（如图 22.14)］。整体上，1092 偶数条染色体和 637 奇数条染色体导致了正文里给出的估算。

沿着染色体保留相同的线性顺序，将是古老多倍化的强有力证据。全基因组测序揭示了几个这样的例子，包括酿酒酵母和拟南芥。追溯脊椎动物的历史，似乎发生过两次连续的多倍化事件，虽然证据不是很清楚。在这种整个基因组复制之后，每个基因的一个或另外一个拷贝可能会丢失，以至于该物种返回到它最初单倍体的基因数目。然而，重复通常可以保留下来并可能在功能上产生分歧。我们将在第 24 章讨论在新功能进化过程中基因重复的作用。

通常很多遗传差异导致物种分离

研究物种差异遗传学基础的一个重要难题是生殖隔离阻止遗传学研究需要的杂交。然而，被认为是良好生物种的很多物种偶尔也可以杂交，并且在一些例子里，优良生物种通常可以在实验室成功交配，哪怕在自然界它们从来不这样。我们将探讨在第 14 章讲述的方法，怎样将像研究物种内部数量变异一样的方式应用到调查物种间的差异上。

我们最感兴趣的是确定的几种类型的差异：造成每个物种特有适应性的差异、导致生殖隔离划分物种的差异。通过无性繁殖或多倍化这样的差异突然起源是例外。我们将看到适应性和生殖隔离二者通常是由于多个遗传位点的改变。然而，我们应该牢记，现在看到的物种间的差异是长时间积累的。了解什么差异最初导致生殖隔离，或这些关键的差异是怎么产生的是很困难的。在这一章的后面部分，我们讨论与物种形成机制相关的这些比较困难的问题。

利用分子标记将反映物种差异的**数量性状位点**（QTL）标记到一系列的生物体上（第 14 章）。酸浆属植物的两个种 *Mimulus lewisii* 和 *Mimulus cardinalis* 提供了一个很好的例子（图 22.16）。甚至当它们的生活环境重叠时，这些种几乎不会杂交。然而，通过人工授粉容易获得不育的 F_1。因此，它们存在强烈的合子前隔离，几乎没有合子后隔离。很多花性状上的差异降低了杂交授粉，对于这些的大多数，一个主效的 QTL 解释 F_2 群体里很多的遗传差异和物种间很多差异（图 22.17）。最奇怪的是类胡萝卜素色素的产生，这几乎完全由单个孟德尔式的位点 *yup* 决定（图 22.17）。

图 22.16　*Mimulus lewisii*（顶部）和 *Mimulus cardinalis*（底部）的花和它们特有的授粉者。

在这个例子里，某些主效等位基因的发现表明，合子后隔离最初可能是通过简单的遗传改变进化产生，它使花从原来由蜜蜂授粉转变为由蜂雀授粉。一旦大多数的花由蜂雀授粉，选择将偏好微效基因，这将修改新的适应性。当然，我们没有这个猜想的证据。事实上，每个微效基因通过一系列的在同一基因上的替换形成我们

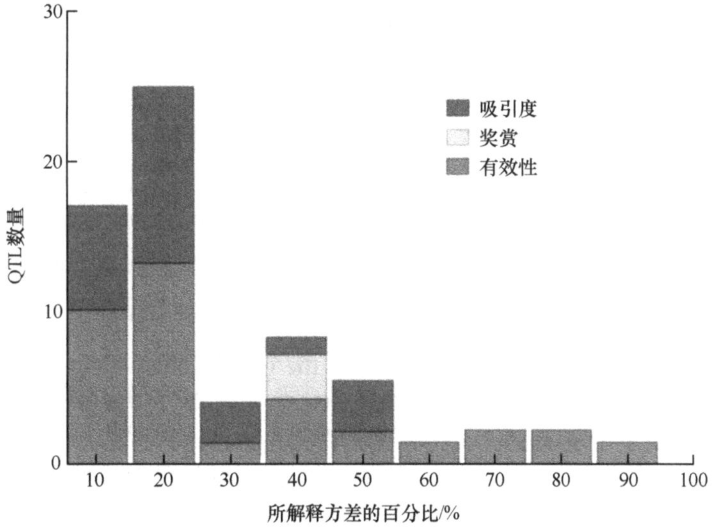

图 22.17　*Mimulus* 中影响授粉特征的数量性状位点（QTL）的分布。作为 QTL 解释的回交群体差异的一部分，它们被测量。从与 *Mimulus lewisii* 和 *Mimulus cardinalis* 回交估算分布库，这些性状划分为“吸引度”（如花的颜色）、“奖赏”（花蜜体积）和“有效性”（如雄蕊和雌蕊长度）。

现在看到的主效基因，这也是可能发生的。总体上，了解很多差异里的哪些最初导致了生殖隔离是困难的。

除家养的动植物外，还有比较少的物种间表型差异的研究，这些大多数是针对 *Drosophila* 和 *Mimulus* 的研究。最吸引人的是基于物种差异的大范围的遗传复杂性。有些表现出简单的孟德尔遗传——回顾对 *Ubx* 导致刚毛模式差异的解释（图 11.19）。反之，其他包括大量的基因。这种差异不只是因为分歧时间的差异。甚至相同物种对间可以发现相反的例子。

经典遗传学对果蝇生殖不相容性的精细分析

大多数物种差异的遗传学分析集中于果蝇杂交不育和不相容。这是因为这些性状是划分生物种生殖隔离的关键因素，同样还因为果蝇的遗传学发展很好。早期 Dobzhansky 和 Muller 的工作表明，每条染色体典型地对杂交适合度有一些效应。分子标记的发展使更加细节的分析成为可能。这里，我们讲述一些描述已发现的各种各样的遗传相互作用的例子。

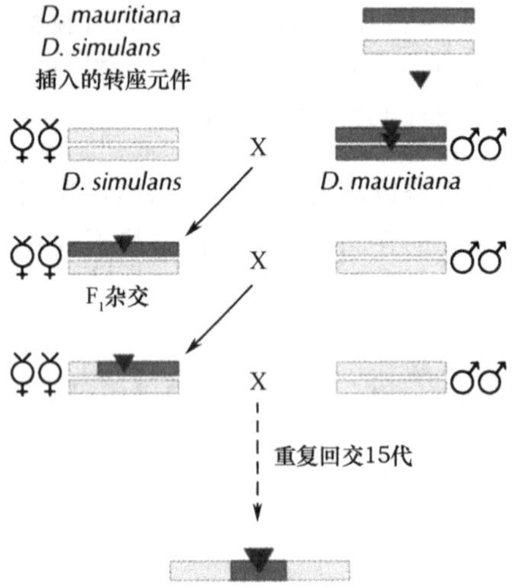

图 22.18　果蝇 *Drosophila mauritiana* 和 *Drosophila simulans* 间不相容性的遗传学分析。一群白眼的 *D. mauritiana*，隐性等位基因 w^- 的纯合子，通过注射转座元件到胚胎而进行改造。这些元件插入到基因组的随机位点。改造过的果蝇是红眼的，因为它们被设计成携带野生型 w^+ 等位基因。复制系与白眼的 *D. simulans* 群体回交，*D. simulans* 同样携带 w^- 等位基因，如此操作 15 代，在每一代里都可以选出红眼果蝇。15 代后，每个回交系含有 *D. mauritiana* 的一个片段，平均而言，它占基因组的 7%。

D. mauritiana 和 *D. simulans* 间的不相容性

最详细的一个研究包括 87 个人工系，每个系主要携带 *D. simulans* 的基因，但也含有 *D. mauritiana* 基因组随机位点的小片段（图 22.18）。当是杂合子时，这些基因渗入片段对生存力和生育力有轻微的影响。事实上，如果它们有严重的影响，这个试验将不能成功。然而，基因渗入片段纯合的果蝇大约有 5%的个体不能存活。此外，9%的个体表现出生存力的母系影响，当它们的母亲也是纯合体时，这种基因渗入片段纯合的果蝇会死亡（可能有些必需的基因产物需要从母亲的细胞质或胚胎二者之一获得）。当是纯合子时，大约 5%的基因渗入片段导致雌性不育，反之，50%导致雄性不育。这些数字是对常染色体上的片段而言的；雄性单个 X 染色体携带的片段导致 75%的个体不育。在下一部分我们将回顾这个例子，到时候我们会讨论为什么雄性不育如此普遍。现在主要关心的是大量的导致这些物种间不相容的基因组区域。

D. pseudoobscura 的波哥大亚种

在这个和其他例子里导致生殖隔离的大量

基因只是反映这些物种长时间的分歧。虽然它们是姐妹种，分子钟认为 *D. mauritiana* 和 *D. simulans* 分离了大约 90 万年（图 22.19）。两个比较近缘群体的研究表明在 *D. pseudoobscura* 物种形成早期，主要分布在美洲的群体里产生了一支较小的分歧，但是它在哥伦比亚的波哥大附近建立了一个隔离的群体（划分为一个亚种）。这种果蝇与主要（USA）群体在同工酶和 DNA 序列上相似，因此认为它们的分歧相对比较近（15 万～23 万年前）。当波哥大亚种的雌性与 USA 雄性交配，雌性后代可育而雄性后代完全不育。反过来杂交，所有后代都是可育的。X 染色体上的 3 个区域与常染色体上的基因复杂的相互作用决定了雄性的可育性。X 染色体左臂的波哥大基因没有效应，除非 X 染色体右臂的波哥大基因同样存在；相反地，USA 种第三条染色体上的基因对雄性可育性没有效应，除非 USA 种第二条染色体上的基因同样存在。这些相互作用的净结果是 34 个检测到的基因型里只有 3 个显示明显的不育。

关键是 X 染色体和常染色体的几个区域根本没有检测出效应。这显示，大概只有 15 个位点使 F_1 雄性不育。*D. pseudoobscura* 亚种间的比较和前面 *Drosophila* 种间比较结果的差异可能是由于群体分化的时间不同造成的。然而，甚至当群体有类似的分歧时间时，相当大数目的基因差异涉及不同的性状。例如，一个单独的基因导致 *D. simulans* 和 *D. mauritiana* 间幼虫毛状物的差异（图 22.19）。生殖隔离积累不如 DNA 序列分歧积累稳定。

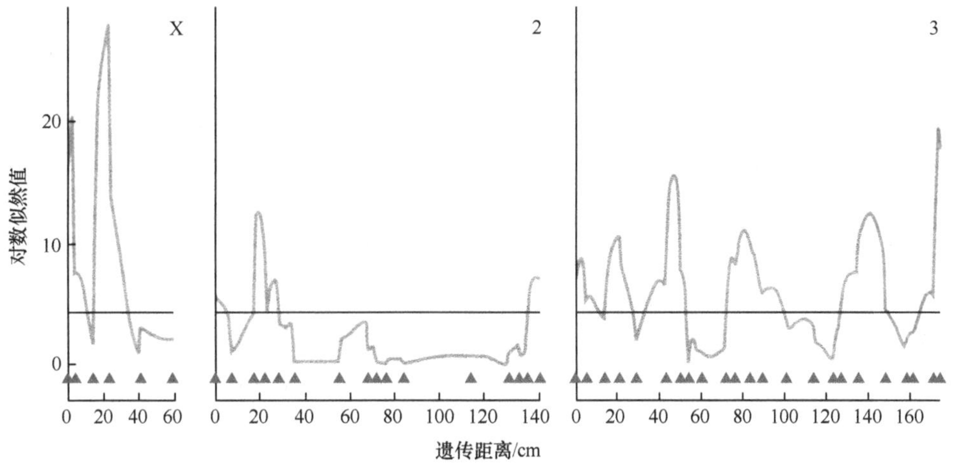

图 22.19　*Drosophila simulans* 和 *Drosophila mauritiana* 的雄性生殖器官间差异的多基因基础。这些种尾部生殖叶形状的不同大约是 35 个环境标准差（$\sqrt{V_e}$）。至少 19 个 QTL 导致这些不同。似然性的对数值相对沿着 3 条染色体的位置（X、2、3）用蓝色线标示在图中。这是 QTL 对生殖器形状存在影响的统计学证据；统计显著性的阈值用水平线标出。在回交试验中使用的 63 个遗传标记的位置用红色三角形标出。

杂交不相容性和前面讨论的表型差异间最惊人的不同是前者包括基因间的相互作用（即**上位**），反之，后者通常包括一些基因间加性效应。例如，*D. pseudoobscura* 中复杂的相互作用影响杂合不育，反之，在 *D. simulans* 和 *D. mauritiana* 中，影响生殖器官的 QTL（图 22.19）有简单的加性效应。当然，杂交不育和不能存活几乎不可避免地包括上位。在一个异质的遗传背景下导致问题产生的一个等位基因，在它自己的遗传背景下必须很好地运转。然而，有几个例子（包括 *D. pseudoobscura* 的 USA 亚种与波哥大亚种的杂交）显示出更复杂的相互作用，这样的特定等位基因的联合体必须在不相容性表达前出现。

杂种修复等位基因是最惊人的相互作用类型之一

D. melanogaster 和 *D. simulans* 大约分歧了 540 万年（图 22.9）。二者杂交的 F_1 后代里雄性完全不能存活，雌性不能存活或者不育。因此，直到最近研究 *D. melanogaster* 才能利用精细的遗传工具。现在鉴定了 5 个突变可以拯救这种 F_1 雄性，并且最近发现的一个等位基因可以修复 F_1 雌性的可育性，第一次允许这种杂交可以做遗传分析。**杂种修复**等位基因的存在暗示雄性生存能力有一个简单的遗传基础，尽管前面讨论过不相容性的多基因基础的证据。下面我们回到这个明显的悖论。

已经鉴定的一些引起生殖隔离的基因

哪一类的基因引起杂交不育和不能存活？迄今为止，在分子水平上只鉴定了少数几个“物种形成基因”，但是可能很快就会发现更多的基因。这里，我们讲述两个最初的例子。

新月鱼 *Xiphophorus maculatus* 的色素细胞存在多态性，而剑尾鱼 *Xiphophorus helleri* 中没有这种现象（图 22.20A）。二者的 F_1 杂合子携带很夸张的斑点，当其与 *X. helleri* 回交后，一半的后代没有斑点，反之另外一半的斑点范围介于与 F_1 类似的斑点到恶性黑素瘤之间（图 22.20B）。这表现了这些物种间强烈的合子后隔离。在经典遗传学早期，基本的遗传学理论可以解释这种现象。*X. maculatus* 携带一个性连锁的 *Tu* 等位基因，它决定色素细胞，并且 *X. maculatus* 在常染色体的一个位点有纯合的一对抑制基因 *R*（图 22.20C）。现在这两个位点已经分离并定性。

我们的第二个例子是用一种有力的方法精细定位导致 *D. simulans* 和 *D. melanogaster* 不相容的基因。当与 *D. melanogaster* 雌性杂交时，*D. simulans* 雄性携带杂种修复等位基因 *Lhr*。通常 F_1 雄性在胚胎发生早期死亡，但是在这个试验里它们被 *Lhr* 拯救。然而 *D. melanogaster* 雌性携带了一个小的常染色体上的缺失。F_1 雄性只携带 *D. simulans* 中没有被这个缺失覆盖的基因组该区域的等位基因和 *D. melanogaster* 单个 X 染色体的等位基因。F_1 雄性的死亡显示了 *D. melanogaster* X 染色体与 *D. simulans* 常染色体的这个小区域间的一种隐性的不相容。调查大概 7%的基因组显示 20 个小区域含有不相容的等位基因。通过**互补检测**确定了这些区域里的某个区域包括的一个精确的基因（注解框 13.1）。候选基因点突变实验取代缺失实验用于不相容性的精确定位。任何导致该 *D. melanogaster* 等位基因功能丢失的突变不能被这个纯合的 *D. simulans* 等位基因引起的不相容性掩盖（图 22.21A）。*Nup96* 是核孔复合物的一种结构组分，负责 mRNA 从细胞核转运到细胞质，它的氨基末端（N 端）突变引起不相容性。

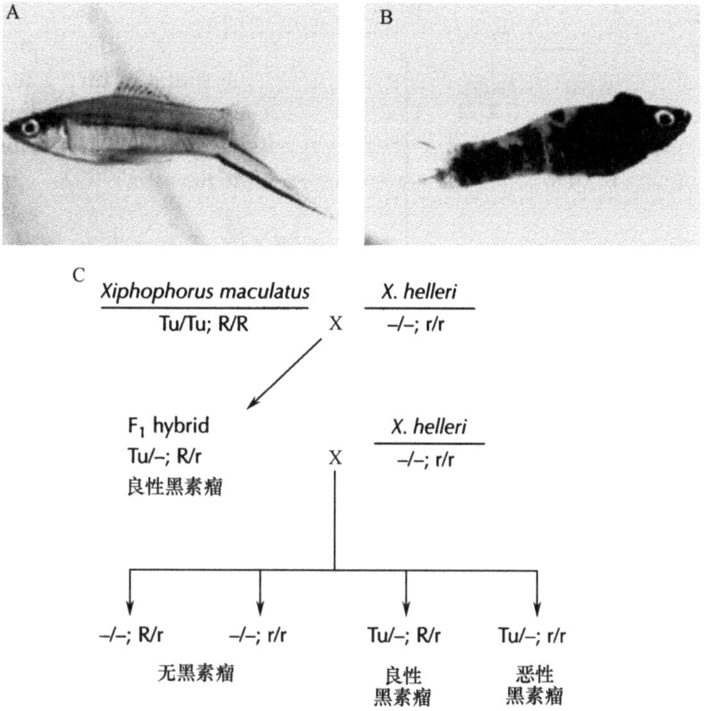

图 22.20　新月鱼 *Xiphophorus maculatus*（图 A 所示）和剑尾鱼 *Xiphophorus helleri*（图 B 所示）杂交的杂合子不能存活的遗传机制。与 *X. helleri* 回交的 F_2 后代鱼有极端的黑素瘤，这种现象是由两种基因间的相互作用而引起（C）。

D. melanogaster 种内 *Nup96* 的序列间比较表明自然选择作用只使携带不相容性区域的氨基酸序列快速分歧（图 22.21B）。分歧的暴发存在 *D. melanogaster* 支系和 *D. simulans* 与 *D. mauritiana* 的共同祖先支系（图 22.21C）。选择地驱动一个在其他方面高度保守的且有重要功能的蛋白质分歧，这种现象令人吃惊。

我们希望迅速鉴定“物种形成基因”，特别是在 *D. melanogaster* 种的群体里。此外，在第 19 章描述的方法将告诉我们分歧是否是选择驱动的，就如 *Nup96* 的例子一样。然而，这些“物种形成基因”并不是造成生殖隔离的基因，这一点必须清楚。它们对杂合子的效应是分歧的不可预测的副作用，但是它们正常的功能（色素沉着的控制或 mRNA 运输）与物种形成无关。

霍尔登氏法则告诉我们物种差异的遗传学基础

1922 年，J. B. S. 霍尔登（J. B. S. Haldane）写道：

当在两个不同动物类群的后代中，出现一种性别不存在、稀少或不育情况时，那种性别即为杂合性染色体性别。

“杂合性”，Haldane 的意思是这种性别有杂合的性别染色体。在哺乳动物和很多昆虫群体里，如果蝇，雄性是杂合性性别染色体（XY），反之雌性携带两条 X 染色体。

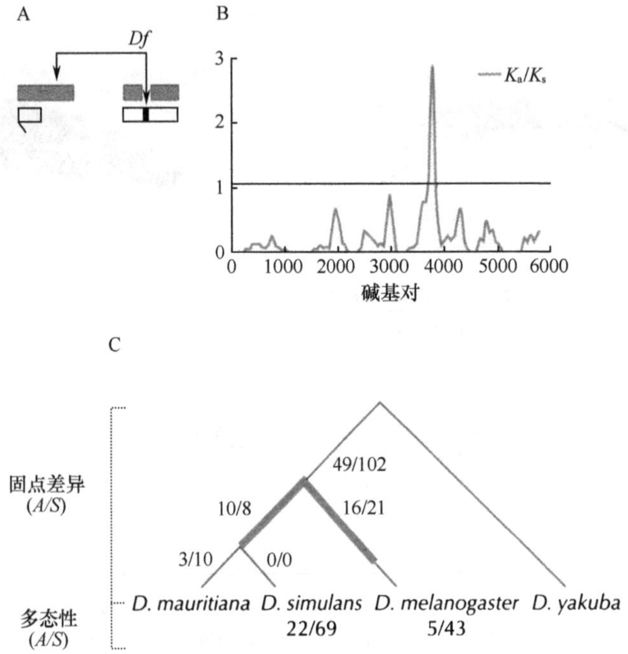

图 22.21　*Drosophila simulans* 和 *Drosophila melanogaster* 不相容的遗传机制。(A) 杂合子携带一条 *D. melanogaster* X 染色体（红色，左边）和常染色体上一个小片段的缺失（红色，右边）。这个缺失不能掩盖 *D. simulans* 基因组相应的区域的任何隐性等位基因（黑色条）与 *D. melanogaster* X 染色体上的隐性等位基因间的相互作用，并且这些基因型的杂合雄性将死亡。(B) 顶峰表示包含不相容性的 *Nup96* 区域的一个额外的氨基酸替换。灰色曲线表示氨基酸替代相对于同义替换的速率（K_a/K_s）。(C) 物种间比较揭示了氨基酸的改变存在于 *D. melanogaster* 与连接 *D. simulans* 和 *D. mauritiana* 的一支（粗线表示），但是在后两者分歧之前。这个图给出了 *Nup96* 进化史每个分支上替代与同义替换数目的比值（*A/S*）。

鳞翅类（蝴蝶和蛾）和鸟类表现出相反的模式：雌性的基因型用 ZW 表示，雄性的基因型为 ZZ。因此，霍尔登氏法则（Haldane's rule）的陈述为，在哺乳动物和果蝇中，F_1 杂合雄性倾向不能存活或者不育，反之在像鸟类和蝴蝶之类的群体里，F_1 杂合雌性倾向会比雄性遭受更多困难。

这是一个非常强大和相容的模式。这类例子大部分服从这个原则，在这类例子里杂合的性别比另外一个性别遭受更多有害的效应（表 22.2）。此外，在物种形成的早期阶段不对称是普遍存在的；在纯合性别丢失适合度之前杂合性别彻底地丢失适合度。例如，果蝇杂交研究表明，只有遗传距离 Nei 氏 *D* 值大约为 0.26 的雄性杂合子会出现不育或不能存活，反之，平均遗传距离大约为 0.88 的雌性杂合子才会出现不育或不能存活。这些数字间的巨大差异暗示，在果蝇物种分歧过程中，F_1 雄性变成不育和（或）不能生存相对很迅速；在 F_1 雌性开始丢失适合度时这种状态已经持续很长时间了。这种效应的强度可以通过观察图 22.11B 左下角而感受到，几乎所有年轻物种的例子里，F_1 雄性死亡。

表 22.2 霍尔登氏法则

组	表型	不对称杂交	遵守霍尔登氏法则的数目
异型配子的雄性			
果蝇	不育	114	112
	不能存活	17	13
哺乳动物	不育	25	25
	不能存活	1	1
异型配子的雌性			
鳞翅类	不育	11	11
	不能存活	34	29
鸟类	不育	23	21
	不能存活	30	30

引自 Orr H. A. 1997. *Annu. Rev. Ecol. Syst.* **28**：195～218（© Annual Reviews）的表 1。

Muller 首次提出了霍尔登氏法则的可能解释，但是直到最近才被确认和阐明。现在称之为**显性学说**。基本的观点是，如果不相容性是由 X 染色体上隐性基因导致的，在杂合子性别这不会被掩盖。如果一个物种携带一个 X 连锁隐性等位基因 a，当在 F_1 遗传背景下会引起一些问题，这将在只携带一个拷贝的 F_1 雄性中表现出来。然而，F_1 雌性的基因型为 Aa，所以因为 a 等位基因被掩盖不会遭受这些问题。更确切地说，不相容的等位基因一般是隐性的，因此我们将看到霍尔登氏法则体现在其中（我们假设雄性是杂合性别；显然，当雌性是杂合性别时符合相似的观点）。

果蝇物种间杂交的遗传分析是这种解释的直接证据。例如，*D. mauritiana* 基因组的小部分基因渗入到 *D. simulans* 中，当其为杂合子时有一点害处，但是当其为纯合子时经常引起不育或不能存活。相似地，为了筛选"物种形成基因"，如图 22.20A 所示，鉴别出的常染色体上某些等位基因会导致不能存活和不育，因为当缺失存在，隐性基因不能被掩盖时，就像在雄性果蝇里整个 X 染色体没有被掩盖一样。

霍尔登氏法则预测了大 X 效应

显性学说巧妙地解释了物种形成遗传学中的另一个惊人的模式。根据霍尔登氏法则，X 染色体比根据其大小所期望的更容易发生不相容性。这种**大 X 效应**是由于 Dobzhansky 和 Muller 早期的研究而为人所知的。尽管大部分证据来源于果蝇，在蝴蝶和哺乳动物的合子后隔离事件中，涉及的性染色体的作用不成比例。关键是，没有证据表明在"正常的"物种分歧或总的数量遗传差异中性染色体有任何不寻常的作用。这种模型反映了在杂合性性别里性别连锁的隐性不相容性，而不是 X 染色体本身在进化速率方面的任何差异。

在雄性为杂合性性染色体的物种里，另外一个因子对霍尔登氏法则有贡献：雄性不育进化比雌性不育快。因为存在性选择，我们看到与雄性生殖相关的基因快速进化（图 19.13）。雄性快速进化和显性学说二者的重要性可以通过比较蚊子的两种群体而得出。*Anopheles* 蚊子与果蝇有一样的性别决定系统，有一个大的 X 染色体和一个退化的 Y 染色体。相比之下，*Aedes* 蚊子的性别是由单个位点决定（雄性为杂合，雌性为纯合）。X 和 Y 染色体仍然都携带这个位点，但是它们是同源的，并且二者都携带一套完整的功能基因。因此，在 *Aedes* 蚊子里显性学说并不适用，因为 X 染色体上隐性的不相容性不能被雄性 Y 染色体弥补。然而，性选择作用于两种蚊子群体的方式相同。因此，比较它们可以辨别是性选择的贡献或是显性学说的贡献。

表 22.3 表明，在 *Aedes* 蚊子中因为不育可以看到霍尔登氏法则。在 11 个物种杂交的试验里，只有雄性不育，反之没有只有雌性不育的例子。相比之下，和预期一样，在 *Aedes* 里几乎不存在单一一个性别杂合不能生存。在单个位点性别决定的物种里既不是性选择也不是显性学说引起不能存活。在 *Anopheles* 蚊子中，两种因子都对杂交不育有贡献，因此，与 *Aedes* 相比，相对于两种性别都不育，雄性不育更常见（56∶20 与 11∶10）。最终，*Anopheles* 的杂合不能存活表现出霍尔登氏法则，这只是显性学说的结果。这个比较表明，在蚊子里性选择引起雄性不育的快速进化与显性学说二者都对霍尔登氏法则有贡献。然而，重要的是知道在鸟类和蝴蝶之类的雌性杂合性别的群体里，性选择的作用方向与显性学说相反。

表 22.3　比较蚊子的两种群体可以区分显性学说和性选择引起的雄性快速进化的贡献

	受到影响的雌性	受到影响的雄性	两种性别都受到影响的	显性学说?	雄性快速进化?
Aedes(完整的 Y 染色体)					
不育	0	11	10	否	是
不能存活	1	1	11	否	否
Anopheles(退化的 Y 染色体)					
不育	0	56	20	是	是
不能存活	3	21	40	是	否

霍尔登氏法则与大 X 效应为“引起合子后隔离的等位基因主要是隐性的”提供了强有力的证据。目前我们不能理解为什么会是这样。有害的突变通常是隐性的，因为它们导致功能丢失；然而，相同的解释应用到不相容的等位基因，这一点还不清楚，不相容的等位基因只在杂合遗传背景下表现。在下一章我们将讨论显性进化。

物种形成的机制

自然选择可以对抗生殖隔离的进化

寻找某种类型的差异去辨别物种，特别是寻找某种可以成功阻止杂交的差异，是相当直接的方法。新的分子工具结合经典遗传学方法迅速加快了这个领域的进程。现在我们回到一个难的问题：生殖隔离是如何进化的?

这个问题很难回答，仅仅因为它涉及过去的事件和过程而不是现在的差异。然而，对应于过去的其他进化事件理解生殖隔离的进化是非常困难的。像前面解释过的，预期选择可以消除降低杂合子适合度或使杂交困难的等位基因。

我们已经看到了几个选择对抗导致某种程度生殖隔离的变异体例子。例如，染色体重排导致杂合子减数分裂出现问题，并且在**缪勒氏拟态**（Müllerian mimicry）中，当蝴蝶的警戒色罕见时它就会失去效应。这种性状倾向以嵌合形式分布，伴随对抗杂合体、重组体或稀有的维持窄的**杂交地带**（hybrid zone）的等位基因的选择，这个杂交地带分离大而同源的区域（图 17.22、图 18.16 和图 18.17）。在这样的例子里，新的染色体重排或警戒色是怎样建立的呢？

用 Wright **适应性分布**（adaptive landscape）来理解生殖隔离的进化显然很困难（图 17.12）。处于**适应峰**的群体有高的平均适合度。选择对抗任何向新峰的移动，因为这将包括穿过一个低平均适合度的适应谷。物种被看做共适应基因的阵列，选择使它们在一起更好地起作用，它们抵制改变，这是 Dobzhansky 和 Mayr 强调的观点。了解生殖隔离如何进化这个难题，本质上与理解复杂生物进化的难题一样，它要求很多基因或性状协调作用（第 24 章）。我们首先解释**随机漂变**如何反作用于产生生殖隔离的选择。然后，用很多方式列出一个不同且简单的观点，即生殖隔离是进化改变过程不可避免的负效应。

随机漂变可以使群体从一个适应峰移动到另外一个峰

在任何群体，等位基因频率仅仅因为个体生殖产量非常随机而波动（第 15 章）。随机漂变可以战胜选择并驱动一个群体穿越一个适应谷。例如，如果一个染色体重排杂合体的生殖力降低一个常数 $1-s$，然后含有 50% 杂合子的中间群体的平均适合度 $\overline{W}_{\mathrm{V}}/\overline{W}_{\mathrm{P}}=1-s/2$。染色体突变被固定，推动群体移向一个新的适应峰的概率为 $(\overline{W}_{\mathrm{V}}/\overline{W}_{\mathrm{P}})^{2N_e}=(1-s/2)^{2N_e}\approx e^{-N_e s}$（来源于图 18.1 的公式）。如果 $N_e s$ 小于 10 左右，一个染色体有可观的概率被固定，尽管当其稀少时处于选择不利的状况（图 22.22）。例如，如果 $s=1\%$，染色体进化可以通过随机漂变在 1000 个个体或更少的群体里存在。

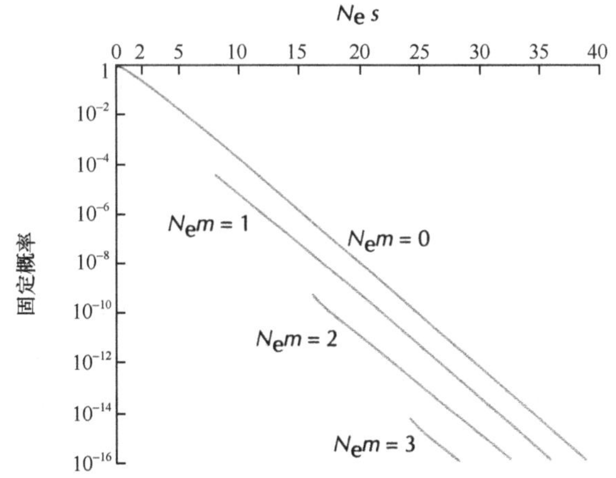

图 22.22　引起适合度降低一个常数 $1-s$ 的染色体重排固定的概率，其对应于 $N_e s$ 以一个对数刻度标出。当 $N_e s$ 的值大时固定变成极端不可能。$N_e m=1$、2、3 的线表示，如果基因以每代 m 的速率流入同类群时，一个新重排的固定概率如何降低。

非常小数目的物种不能持续很久。因此，只是在小的地方群体里或者整个群体经过一个严重的**瓶颈效应**（bottleneck）时，随机漂变才能有效地对抗温和的选择（如 $s \geqslant 1\%$）。首先，考虑到一个物种可以划分成地方**同类群**。在一个 $N_e s$ 足够小且没有很多外来移民流入的同类群里，通过突变产生的一个新的染色体重排可以在该群体里建立起来（图 22.22）。如果地方群偶然灭亡并且相邻个体重新建立了群体，那么它就可以扩散。以**中性理论**类推，整个物种进化的速率等于任何一个地方群改变的速率（如果新的染色体重排获得了一些优势，无论是对携带它的个体或者这个地方群体，然后这个扩散速率比物种进化的速率相对大一些）。观察到的染色体进化速率与这个模型一致，其中随机漂变伴随着随机灭绝和重建群体而发生。这里，生殖隔离的进化是进化的 Wright **摇摆平衡**模型的一个负效应。

这个假设的一个根本问题是随机漂变不能推动群体穿过深的适应谷；但是另一方面，浅的适应谷对生殖隔离没有很多贡献。这些对立的因素暗示生殖隔离更可能是通过弱的不相容性产生的，它对适合度降低值为 $s \approx 1/N_e$。因此，基于漂变理论的隔离积累非常缓慢。

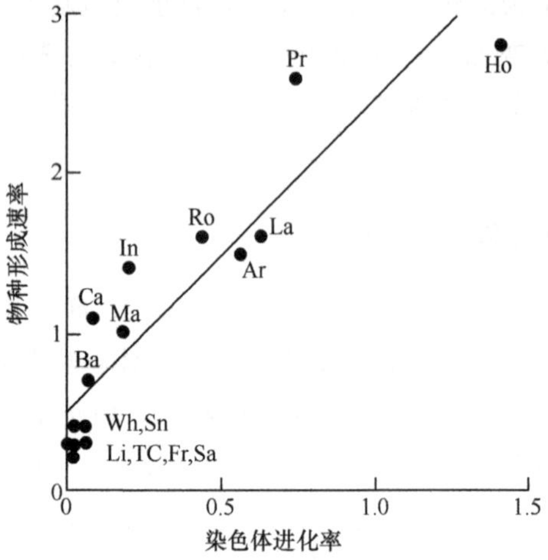

图 22.23　脊椎动物里染色体进化速率和物种形成速率间的相关性。刻度是每百万年。Ar，偶蹄动物；Ba，蝙蝠；Ca，食肉动物；Fr，蛙；Ho，马；In，食虫目；La，兔形目动物；Li，蜥蜴；Ma，有袋动物；Pr，灵长类；Ro，啮齿目；Sa，蝾螈；Sn，蛇；TC，海龟和鳄目动物；Wh，鲸类。

染色体进化和随机遗传漂变引起的生殖隔离更普遍的证据是什么？通过对很多动植物群体的研究发现，物种形成的速率和染色体进化的速率相关（图 22.23）。例如，灵长类和马的染色体变化速率很高，它们分成了很多物种；反之，鲸类染色体很相似，因此物种少很多。然而，染色体改变不直接引起物种形成。染色体差异对生殖隔离只有较小的贡献（尽管通过多倍化的物种形成是一个明显的例外）。更确切地，图 22.23 表现出的相关性被认为是由一个共同的因素而产生，即随机漂变，染色体进化和物种形成二者都是由它引起。然而，这种解释不是非常有说服力的。如在图 22.22 中的模式里，漂变实际上能否导致染色体进化还是不清楚的。选择不能完全合理解释。重排可以获得进化上的优势［如通过**减数分裂驱动**或改变遗传连锁产生的效应（第 23 章）］，超越它们对可育性轻微的影响。在这一章的后面，我们将看到染色体重排是促进物种形成的另外一种方式。

没有短暂的适合度降低生殖隔离也可以进化

陷入分离适应峰的群体只有通过随机漂变才能移动到新的峰，这是一种误解。适合度随着环境变化和其他物种进化而波动。如果我们把适应性地标本身描绘为波动的，那么，研究群体如何穿过它移动就比较容易。更重要的是，群体可以以多种方式进化，这使我们通常使用的一维或二维的地标（图 17.12）不合适。甚至如果限定到我们自身编码区的点突变，每个碱基有 3 种可能的替换，得到人的编码区单步改变的总数大约为 10^8。适应性地标的维数足够与一个群体基因库改变的可能方式的数目一致。如果我们假设群体在这个复杂的多维空间徘徊，很明显，它们将不可避免地采取不同的路径，并且甚至变得无法共存。

理解这个直观论点的另一种方式是意识到在进化过程中只有少数可能的基因型永远受到选择的检验。假设大概 100 万年前两个物种分离。假如有 1 万个基因，每个基因长 1000bp（碱基对），并假设每个碱基每年的替换速率大约为 10^{-9}，我们预期这两个物种的编码序列有两万个差异（系数 2 的产生是因为两支后代都产生分歧）。现在，如果替代接连地产生，然后在分歧过程只在大约 2 万个不同的基因型中高频产生（图 22.24）。然而，F_1 的基因型以前从来没有产生过，并且在 F_2 或回交杂合子里，可以产生大量的新基因型（大约 $3^{20\,000}$ 种二倍体基因型）。因为这些没有受自然选择的作用。我们预期它们的适合度，平均而言低于任何一个亲本物种。换句话说，我们预期会看到生殖隔离。

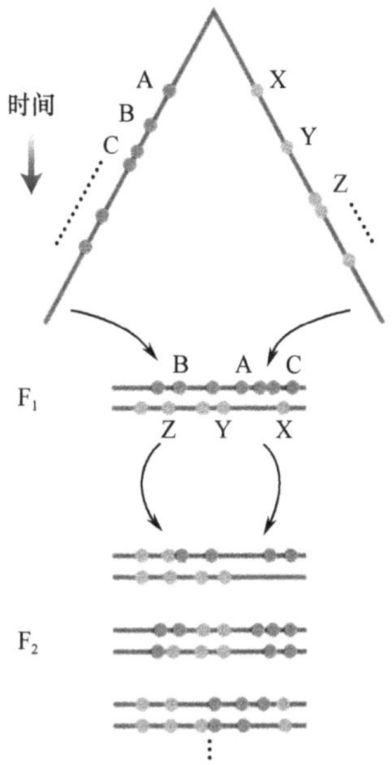

图 22.24　两支后代独立分化并在不同的位点积累替换（一个中是 A、B、C…另外一个中是 X、Y、Z…）。对所有这些替换而言，F_1 的基因型是杂合子，并且以前从来没有出现过。在 F_2 里，大量的新的重组基因型产生；这里只展示了 3 个例子。

这种方式里，分歧的基因组只要保持相容性就仍然保持相容，这一点值得注意。在非常长的进化历史中，单个基因可以保留功能上的相容。例如，人的同源基因可以修复缺失细胞循环必要基因的酵母。另外一个例子，果蝇和老鼠里 *sonic hedgehog* 基因在组织眼睛发育过程中起相同的作用（见第 11 章的其他例子）。在整个生物体水平，分歧数百万年的物种可以杂交并产生能够存活且可育的杂合子后代（图 22.11），尽管它们的基因组在 F_1 减数分裂时非常混乱。

在 Dobzhansky-Muller 模型里选择并不对抗物种形成

把握这种论点的最简单遗传学模型是 **Dobzhansky-Muller 模型**。最初，一个位点携带等位基因 a 并且第二个位点携带等位基因 b。在一支后代中，等位基因 A 代替了第一个位点的 a，并且在另外一支后代，B 代替了 b。个别例子里，这些新的等位基因没有导致适合度的丢失；它们可以获得一点轻微的优势，所以它们通过选择固定下来。当在 F_1 杂合子里 A 和 B 两个等位基因首次相遇，它们可能会产生不相容。如果这个 F_1 是完全不能存活或者不育，那么这两个替换将导致两个完好生物种的分离（图 22.25）。

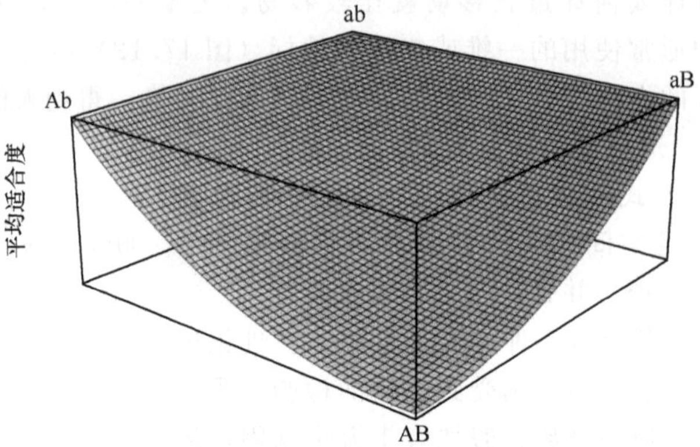

图 22.25 在 Dobzhansky-Muller 模型里，一个 aabb 的祖先群体可以一个位点被等位基因 A 替换，另外一个位点被等位基因 B 替换，而适合度没有任何丢失。然而，如果任何携带 A 和 B 二者的基因型死亡或者不育（也就是适合度为 0），然后将产生完全的生殖隔离。这个适应性分布表示，一个随机交配的群体平均适合度是两个位点等位基因频率的函数。a 和 b 的祖先群体可以沿着“高适合度的脊”进化，但是当衍生群体（Ab 和 aB）杂交，适合度丧失。

Dobzhansky-Muller 模型允许群体沿着适应性地标上的一个平坦的脊分歧。这个脊围绕着一个低适合度的孔，而杂合子位于其中（图 22.25）。这个观点适用于大量的基因。然后，我们假设分歧的群体跟随高适合度的途径，这样低适合度的区域将使它们分离。

果蝇中杂合子可育性和存活力的分析符合 Dobzhansky-Muller 模型，其中少数几个特定的基因相互作用导致适合度的严重丧失。此外，这些相互作用是不对称的。例如，在新月鱼 *Xiphophorus* 里，*Tu* 和 *r* 等位基因不相容是因为它们一起出现会导致黑素瘤（图 22.20）。相比之下，在 Dobzhansky-Muller 模型里，*tu*/*R* 是祖先基因型，正如预测一样，互补的重组体 *tu*/*R* 是野生型。

染色体融合为“强烈的生殖隔离在进化过程中没有任何表达也可以进化”提供了一个真实的例子。例如，地鼠 *Sorex araneus* 在欧洲分成了几种染色体种，每种携带不同的染色体臂间融合产生的复合体。这些染色体种间杂交的 F_1 杂合子大部分不育，因为在减数分裂过程中多条融合染色体配对（图 22.26A）。然而，融合很容易由一个没有融合的祖先进化产生，因为在减数分裂时杂合体容易配对，并因此不会经历适合度的大量丢失。实际上，在杂合群体里找到了这种推测的祖先基因型，因为它降低不相容性的水平，所以是选择偏好的（图 22.26B）。

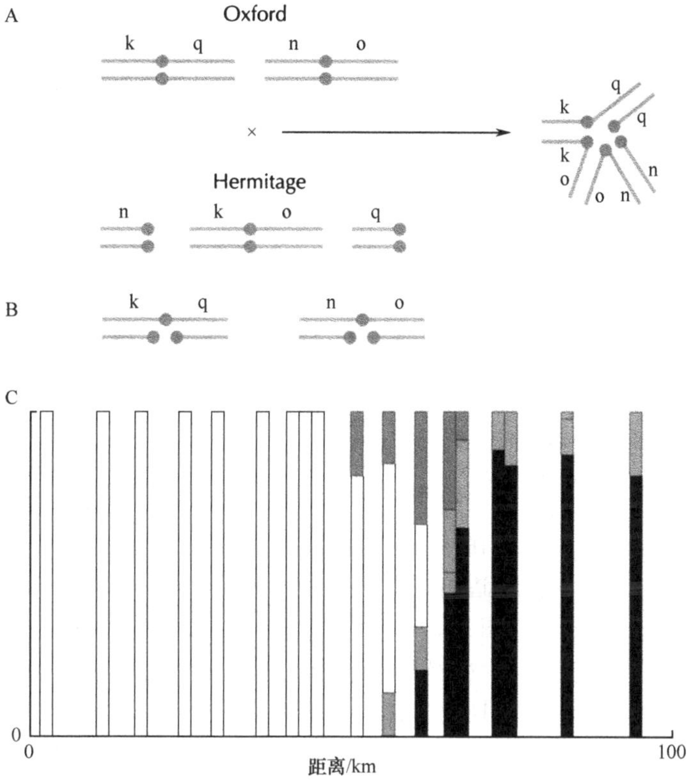

图 22.26 (A) 地鼠的“Oxford”种和“Hermitage”种在几个染色体融合上不同：在 Oxford 种，染色体臂 k 与 q 融合，n 与 o 融合，反之在 Hermitage 种，k 与 o 融合（点表示**着丝粒**）。在 F_1 杂合子的减数分裂过程中，染色体臂配对，产生了 5 条染色体配对的一种混乱状态。这导致不合适的分离，所以 F_1 是不育的。(B) 相比之下，**近端着丝粒**染色体与融合染色体间的杂合体配对形成简单结构，在减数分裂时可以正确分离。(C) 当两个染色体种相遇，存在少数不育个体，因为近端着丝粒染色体 k 和 o 高频率产生（红色柱状表示）。因此，个体倾向形成简单复合体的杂合子，它是高度可育的（如 B）。白色，纯合的 Oxford 基因型；黑色，纯合的 Hermitage 基因型；红色，纯合的近端着丝粒染色体；蓝色，其他杂合基因型。

物种形成的地理学

物种形成不需要地理障碍

历史上，大部分关于物种形成的讨论集中在地理学上。我们可以对比三种模型（图 22.27)。至今为止，我们讨论过最简单的：分区物种的形成，即两个种群在地理位置上完全分离。邻域性物种形成在连续分布中会发生分离，伴随着种群分离而变成一系列的渐变群。最后，同地物种形成是指一个单独的随机交配群体分裂成两个孤立的种群，但

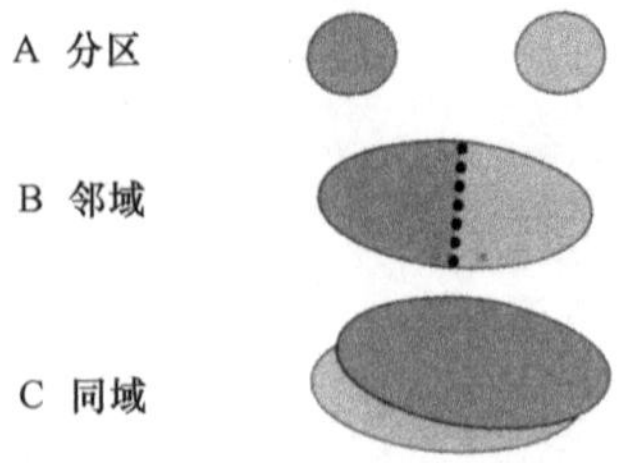

图 22.27 (A)在分区物种形成中，两个种群被一些地理障碍隔离，它们因此完全分离。(B)在邻域性物种形成中，分离发生在广阔的连续分布区域；分离的物种被一些渐变群隔离（虚线）。(C)在同地物种形成中，没有空间上的分离；非随机交配提高了基因差异，而不是空间分离。这三个例子代表极端的情况。实际上，物种形成包括所有这些方式的成分。地理可能随着时间改变也可能在基因和特征中改变。

并没有地理隔离。

当然，物种形成实际上是这三种理想化物种形成可能性的混合。核心问题是基因交流阻碍物种分离的程度。那究竟是地理学上的严格隔离导致物种分离，还是正在分离的种群可以继续基因交换而导致物种形成？

在他的早期笔记中，达尔文强调地理上的隔离是物种分离的一个原因。分区物种形成的重要性分别被 Moritz Wagner 在 19 世纪中期、David Star Jordan 在 20 世纪初期和 Mayr 从综合进化论到现在强调过。支持这个观点的关键发现是姐妹物种经常生活在不同的区域，被地理上的隔离而分离（如河流、山脉或者海洋）。这种模式证明物种分离要求至少支持一些外在的障碍阻碍基因交流。

我们可以定量地理隔离和物种分离的联系。例如，生活在河流两边的篱笆蜥蜴在形态学上的差异会比生活在同一边的大很多，即使在河流同一边它们之间也有一定距离（图 22.28）。在许多种群中，即使是最近缘的物种也有分区物种形成的趋势，但是总体上它不够清晰以至于不能被早期的博物学家所认识。

然而，这些观察显然与我们在第 18 章中看见的尽管基因交流也会发生物种分离的例子相反。负责物种分离的过程——自然选择和随机漂变对于基因交流应该是有效的，尤其是如果种群覆盖了一个广大的区域。我们发现自然选

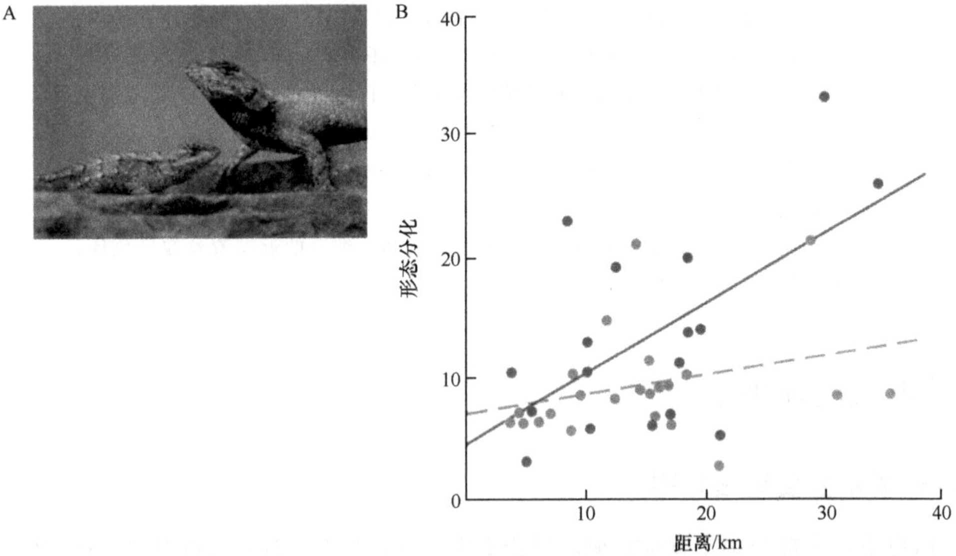

图 22.28 (A)篱笆蜥蜴（*Sceloporus undulates*）。(B)在美国东南部，被河流分开的物种在形态学上的差异（红）比被相同的地理距离隔离但是没有活动障碍分离的物种（蓝）形态学上的差异大一些。

择如果在比特征尺度更长的距离范围内保持，即 $l=\sigma/\sqrt{s}$（σ 是传播距离，s 是自然选择的强度），它可以在不同的地区维持不同的等位基因。更直接的，有许多自然选择维持的渐变群比物种范围狭窄很多的例子（图 18.14～图 18.17）。随机漂变可以在基因交流的情况下导致等位基因频率上的起伏现象。我们在本章前面了解到新的染色体重排可以通过一个当地的同类种群的转移和传播来建立。

关于物种分离的 Dobzhansky-Muller 模型对于基因交流可能是最敏感的。然而，如果物种范围足够大也会产生不相容性。不同的等位基因可以在不同的地区产生［如人群抵抗疟疾有很多方式（图 18.4）］。如果这些等位基因彼此之间都不相容，它们会以渐变群的形式保持分离；时间久了，差异就会更大（鼩鼱的染色体竞赛是这种进程的一个例子）。在这种情况下，基因交流的障碍将会促进物种分离，但是并不是必需的。

辨别种群是分区物种分离，彼此之间没有基因交换，还是邻域性物种分离之间有基因交流是很困难的。对于现在的渐变群是在原地进化，没有地理隔离，还是趋异进化的群体第二次交流有过很多的争论。有许多在原地进化的例子如剪股颖在重金属污染后的本土化适应（图 18.14）。然而，许多不同的渐变群能在混合区域共存，很可能是因为它们都在一起发生了第二次交流［像马鹿和梅花鹿一样（图 16.19）］。实际上，在北纬，混合区域必须在第一次冰川作用之后才能形成，大约在 10 000 年以前。然而，进化差异必须要比这个时间长，所以现在的分布几乎让我们了解不到最原始的差异。大部分的物种都发生了进化，覆盖了大部分的区域，所以我们预测最开始发生的是邻域性分化。我们观察到的遗传分歧和地理障碍的存在的关系显示了物种范围随着时间的慢慢移动但是并不能告诉我们更多最初的原始分歧（图 22.29）。

谱系和染色体重排为物种形成过程中的基因交流提供了证据

最近对向日葵和果蝇的研究提供了间接的但是强有力的证据说明基因交流的障碍确实可以促进进化差异，但是生殖隔离在基因交流存在的情况下也可以进化。

果蝇 *D. psuedoobscura* 和 *D. persimilis* 在美国的西海岸分布在一起。尽管它们是不同的物种，但它们确实偶尔会杂交。它们在染色体倒位方面存在差异从而本身不会带来不育，但它们却有效地阻止了杂合后代的重组。参与在生殖隔离中的因素已经在果蝇 *D. psuedoobscura* 和 *D. persimilis* 的杂交中标记出来。这包括表皮的碳氢化合物和雄性在求偶期的翅膀振动、雌性的交配对象选择、杂种活力不足和杂种不育。很明显，所有这些差异标记在基因或者其附近区的染色体上的排列有所不同（图 22.30A）。在这些区域内或者这些区域附近的基因组同物种分类是一致的，但是基因组内余下的基因的历史与物种分类并没有关系（图 22.30B）。正如我们在第 16 章看到的，只有一小部分基因交换需要以这种方式来打乱谱系，大概每一代有一个或者更多成功的杂合子。

这个研究表明“生殖隔离基因”集中在染色体的不同区域，这些有效地阻止了基因交换。在这个例子中，基因倒位保持了多个遗传差异。这允许具有不同行为和生态位的不同物种在同一地区共存，尽管基因组的大部分都存在基因交流（在本章的最后，我们将看到一个同样模式的在樱桃绕实蝇上的例子）。实际上，果蝇属物种在同一个地区染

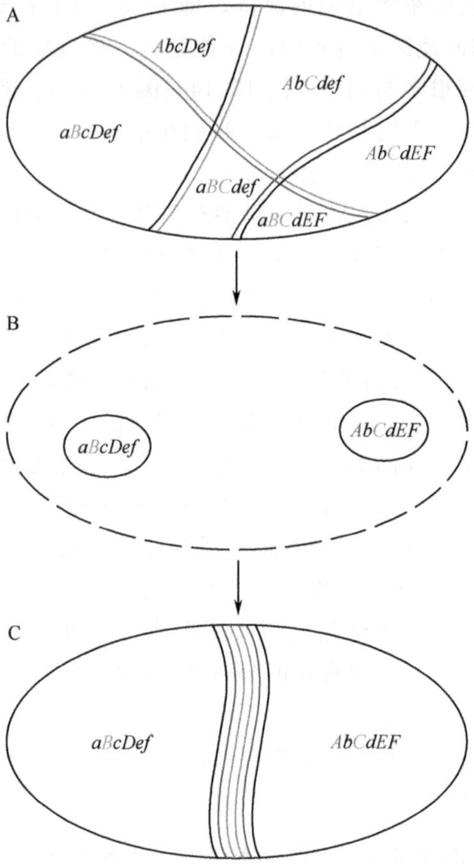

图 22.29　在邻域性进化中物种范围的变化可以将独自进化的差异聚集在一起。(A) 如果一个物种分布在一个广大的区域，将会产生分歧。在这个例子中，等位基因 A 与等位基因 B 是不相容的，等位基因 C 与等位基因 D 是不相容的，等位基因 E 与等位基因 F 是不相容的；然而，在这些独自的不相容的系统中没有交流，所以它们可能会在不同的区域形成渐变群。如果一个物种的范围缩减到两个小的生物避难所 (B)，分别包括 aBcDef 和 AbCdEF，之后当范围再次扩张时 (C)，所有这些独立进化的差异将在独自的混合区域聚集在一起。

色体没有差异的情况下是不存在的，染色体差异随处可见。

染色体在有丝分裂上差异的直接效果对于生殖隔离的作用很小。然而，染色体差异和物种分化的速度有关（图 22.23）。在果蝇的例子中，用于生殖隔离的基因在基因组的重组区域中被发现。这可能是因为染色体的巨大差异会降低重组率并提高分离率。在前面的章节中，我们讨论了这个可能发生的途径。位于重组区域的合适的等位基因会被足够长的用于重组的不相容的等位基因包围。当多个不相容的等位基因与基因重排联系在一起，它的障碍作用将会被增强，甚至会导致更强的生殖隔离。

总体上来说，生物种群的进化在分离的群体中有一个重组率的降低，这将促进分离。在下一章中，我们将发现相反的因子，在有性生殖物种间保持高水平的重组率。

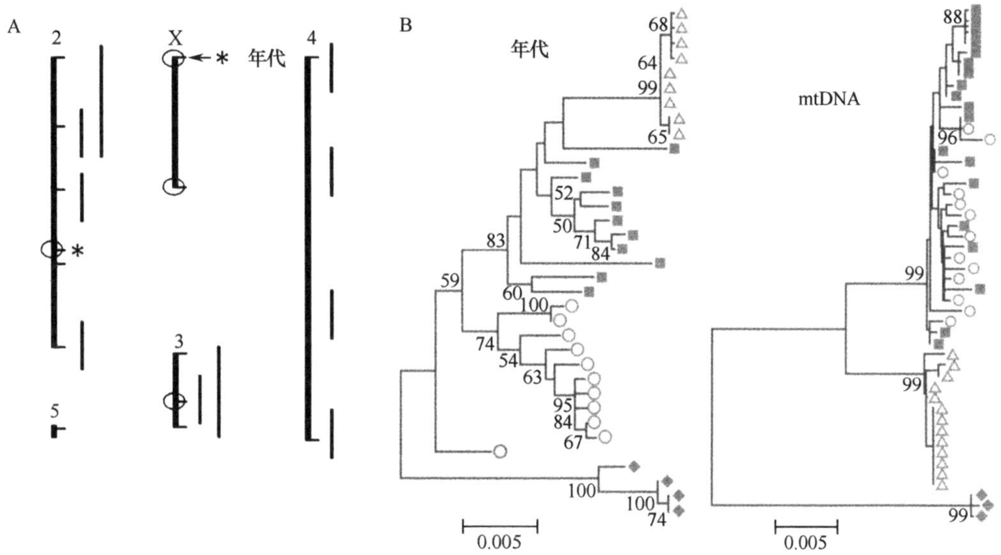

图 22.30 （A）在果蝇 *D. psuedoobscura* 和 *D. persimilis* 中所有负责生殖隔离的 QTL 被标记在两个基因组上，标记为红色星号。圆圈表示物种之间的倒置差异。基因的位置已经标明。染色体右端的标记为基因组片段在物种之间发生基因渗入。（B）X 染色体上的谱系（如年代）决定物种分类，果蝇 *D. psuedoobscura* 和 *D. persimilis* 形成分离的种群。然而，非重组部位（线粒体 DNA）为最近的基因交流提供了证据：两个物种的顺序混合在一起并且紧密联系。其他的常染色体位置，除了倒位区域，提供了和基因交流一样的重组证据。框值范围显示了每个碱基的核苷酸分歧。果蝇 *D. psuedoobscura*，实心的方形；果蝇 *D. persimilis*，空心的圆圈；果蝇 *Drosophila pseudoobscura bogotana*，空心的三角形；果蝇 *Drosophila miranda*，实心的菱形。

对抗杂交的自然选择可以增强生殖隔离

迄今为止，我们把生殖隔离看做物种分离中许多原因的一个方面，包括本土化、性别选择、随机漂变或者不相容的有利等位基因的积累。然而原则上自然选择可以直接导致更强的生殖隔离。个体选择与本群中的其他个体交配将会传递更多的基因，因为这将会在不合适的杂种中浪费更少的生殖能力。这个过程被认为是强化过程。认识到自然选择可以支持合子前隔离而不是合子后隔离是非常重要的。可以进一步降低杂种适合度的基因一定是有害的（这个争论假设子孙后代没有竞争资源。如果它们竞争，一个前途可怜的杂种个体的夭折更倾向于血缘淘汰，因为它的同胞可能会生活得更好）。

斑纹京燕鸟（姬鹟属）与黑色和白色的领圈京燕鸟（白喉扇尾鹟属）在欧洲中部和东部生活在一起。它们在慢慢地杂交，尽管比预期中随机杂交的速度还要低一些（据观察异种交配比例为 2.6%，预期值为 13.8%）。这有一个很强的合子后隔离——当双亲中至少有一方是杂种时，相比与其他种群的 5%，将近 3/4 的受精卵无法孵化。当一个个体想拥有漂亮的羽毛时（第 20 章），雌性领圈京燕鸟倾向于拥有黑色和白色羽毛的雄性个体，因为雄性斑纹京燕鸟没有重复的区域（图 22.31A）。相应地，两种物种的雄性个体在重复区域之外都是黑色和白色。然而，雄性的斑纹京燕鸟在重复区域有类似雌性的棕色羽毛，在同一个区域内的雌性斑纹京燕鸟倾向于选择这些迟钝的雄性个体。这种模式证明了雄性的羽毛和雌性对其的偏好是通过自然选择降低了异种交配。也存在一些其他这样的例子。例如，测试在同区域种群果蝇 *D. psuedoobscura* 和 *D. persimilis* 显示了更强的相比于异域果蝇种群的选型交配。

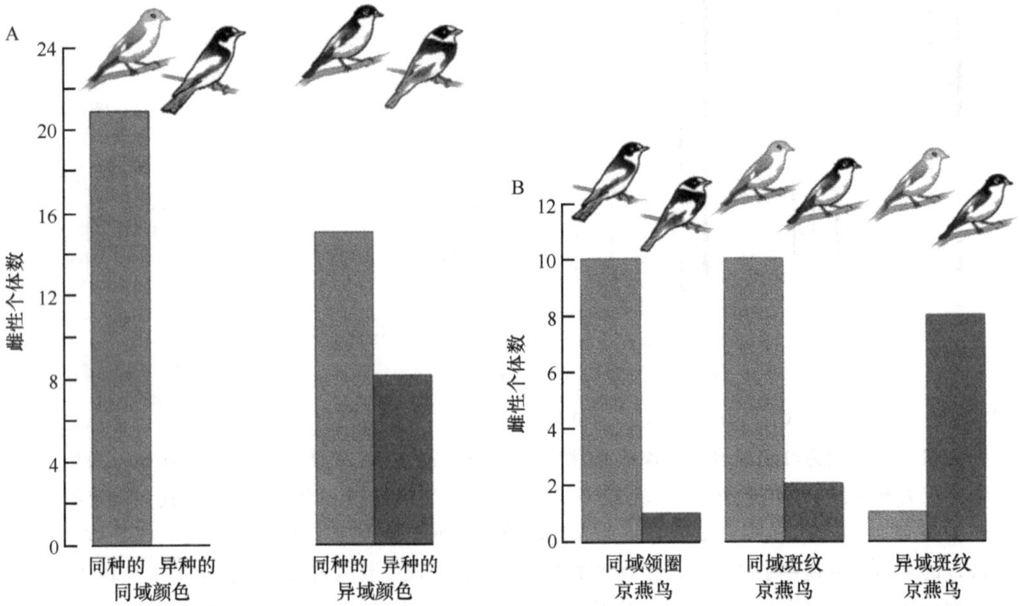

图 22.31　斑纹京燕鸟和领圈京燕鸟（姬鹟属和白喉扇尾鹟属）之间的强化作用。(A) 在同区域种群中雄性的斑纹京燕鸟和领圈京燕鸟有相似的黑色和白色的羽毛（最上端右图）。然而，两个物种的范围有重复的区域，雄性的斑纹京燕鸟有棕色羽毛，而雄性的领圈京燕鸟有更多的白色的碎片（最上端左图）。同区域的雄性物种之间羽毛差异越大就越少杂交：同域内的两个物种的雌性个体，总是会在同区域内雄性个体中选择同物种的（左图），但是在不同区域内的雄性个体中选择常常会辨别失败（右图）。(B) 雌性个体的偏向喜好在同区域内种群和不同区域内的种群也是不相同的。在同区域内的雌性的领圈京燕鸟倾向于选择带有大的白色碎片的雄性个体（左图），在同区域内的雌性的斑纹京燕鸟倾向于选择钝色羽毛的雄性个体（中间）。然而，不同区域的种群的雌性斑纹京燕鸟有相反的偏好，它会选择黑色和白色的雄性个体（右图）。

更多证明强化作用的证据来自对相似的果蝇种属的观察，相比于它们在自然界不能相遇的情况，在同区域内它们在一起时有更强的合子前隔离。因为合子前隔离的强度几乎使遗传上相似的同区域和异域的物种不能重复（图 22.11A 的左图），很难讲这是一个筛分效应，因为那些拥有很强合子前隔离强度的物种可以生活在一起。

这些强化的例子包含物种间覆盖大面积区域而仍然有很强的生殖隔离。在这里，一旦有一个广阔的区域，自然选择的强化作用将在大面积区域内有效。然而，在合子前隔离和地理隔离都很弱的情况下强化作用是否仍有效变得很不清晰，所以最开始的物种在一个很窄的渐变群里共同生存。然后，选型交配的自然选择被限制在一个很小的区域内。强化作用在很窄的渐变群内起作用的最好的例子来自 *A. tenuis*，已经适应了重金属污染（图 18.14）。那里，开花时间在污染区域边界的植物之间已经发生了分化，降低不适应的基因交流；自身受精的比率也在增加。然而，很少有其他例子证明强化作用在很窄的渐变群内起作用。

一个独立的种群可以分离成两个种群：同域物种形成

当没有基因交流的障碍时物种可以形成吗？换句话说，一个独立的随机交配群体可以分离成两个独立的基因库吗？这种同地物种形成的可能性已经被大量例子证明，这些例子是大量的物种都是从一个单独的原始物种在一个有限地理区域内辐射状形成。最著名的例子是在非洲许多湖里的淡水鱼的物种辐射。

在三大湖中的任意一个（马拉维湖、喀湖和维多利亚湖；图 22.32），物种在繁育方法、形态学和摄食行为中的差别很大。一些物种食用其他鱼类的鳞屑；一些食用大的无脊椎动物；一些把海藻作为食物；一些通过偷袭和追逐捕食其他鱼类。喀湖已经有 900 万～1200 万年的历史，里面有大约 200 种棘鳍类热带淡水鱼。马拉维湖有 400 万～900 万年的历史，但 70 万年前才有鳍类热带淡水鱼。但是它现在有超过 400 个物种。维多利亚湖比另外两个湖要年轻而且浅一些（大约 50 万年，不超过 80m 深）。尽管如此，它仍然包含超过 300 个棘鳍类热带淡水鱼物种。这三个类群都是从其在江河中生活的祖先独立进化而来的。因此，这些引人注目的违反生态位的辐射状排列在很短的时间内发生了。

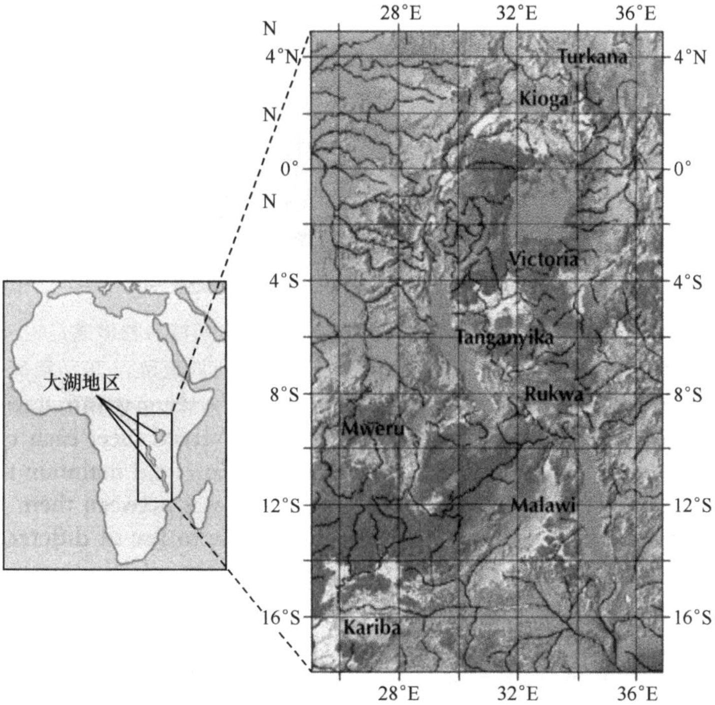

图 22.32　非洲大湖的地理位置。在右图上淡阴影显示了更高的高度。

这种多样化是发生在异域性、领域性还是同域性？在大一点的湖里，湖水的水面升降会使种群分离形成异域性物种分离。另外，那些湖边物种的扩散范围有限并在很小的距离内显示很明显的遗传分化。

最好的同域性物种分离的事例来自非洲西部的一个很小的湖。喀麦隆的 Barombi Mbo 湖和 Bermin 湖很小（分别是 4.2km^2 和 0.6km^2）并和一个古老的圆锥形的火山口结合在一起，现在已经被周围的河流完全地隔离起来。因此，湖水的水面升降不会导致任何物种的分离。诚然，这些湖里有大量的棘鳍类热带淡水鱼物种（分别是 11 和 9 种）。这些物种都是单起源的，分子钟显示它们起源于大约 10 000 年以前。有趣的是，彼此之间最深的分离是在深海中那些食用浮游生物和食用基质的物种之间。最令人惊奇的是 Ejagham 湖，也是一个很小（0.5km^2）的湖，里面棘鳍类热带淡水鱼的 5 种变形体都可以区别出来。其中两种已经被详细研究过，它们与不同的小生境相关（图 22.33）。它们可以种间交配，也可以根据大小进行选型交配（图 22.34），这证明了在同域内的成种雏形。

图 22.33 （A～C）喀麦隆 Ejagham 湖的罗非鱼，包括两次同域物种形成，“小黑鱼”与浅水区相连，“大黑鱼”与深水区相连。（A）在浅水区小黑鱼的繁殖。（B）雌系大黑鱼的形成，在一个圆洞的前面（它典型的繁殖位点）。（C）亚成年鱼群，在背鳍的基部显示了一条长的黑色的标记用来同其他的物种区别。

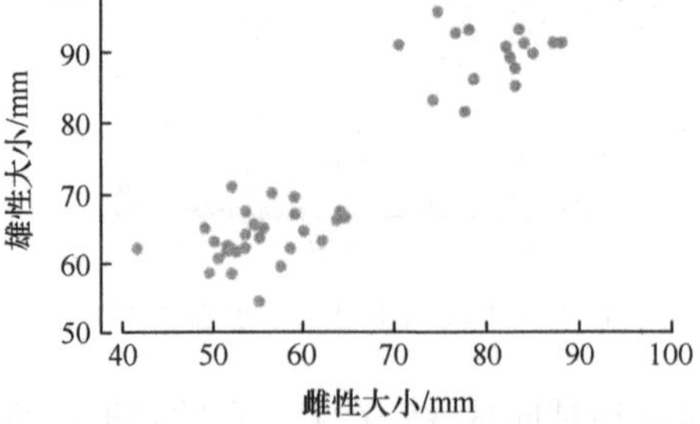

图 22.34　通过大小进行选型交配使 Ejagham 湖中两种 *Tilapia cf. deckerti* 分离开。

我们已经知道两种共存的生物利用不同的资源。稀少的物种会获得优势，因为它本身的资源用得很少；这导致负向的频率依赖的自然选择从而维持一个平衡状态（表 22.1）。如果这两个物种种间杂交产生不适应的后代，自然选择将会降低交叉繁殖。因此，同域性物种形成和自然选择通过强化与生态多样性相关的生殖前隔离。

一旦种间杂交稀少，情况就变得容易解释，如两个相遇的种群彼此之间多少有一些分离。然而，当自然选择排斥它们的中间体时，很难理解怎样的随机交配群体可以维持两个不同的物种（注解框 22.1）。这是因为利用不同资源的负向频率依赖性选择与正向频率依赖性选择是不同的。稀少的物种在杂交中会承受更大的破坏。更进一步的困难是如果不同的基因需要食用不同的资源进行交配，那么为了减少不适应后代的产生，这些物种之间必须彼此相联系（如它们必须**连锁不平衡**）。除非这些基因恰巧是紧密相连的（如在染色体倒位内），这些联系会被重组破坏。

注解框 22.1　由分裂选择维持的变异

在数量性状上的分裂选择可以维持有性生殖种群的变化，假设在相似表型之间有竞争。假设资源在一个连续的轴上都有提供，如这可能代表种子大小。资源在两个顶峰周围成簇（小的和大的种子）。个体在数量性状上变化，所以当有充足的资源时有确定性状价值的个体是最合适的（性状可能显示鸟嘴的大小，拥有中等尺寸鸟嘴的鸟在中等尺寸种子丰富的情况下是最占优势的）。一个无性生殖的种群在所有的显型都同样适合的情况下将达到一个平衡，因为不同的个体将完美匹配不同的资源（图 22.35A）。一个有性生殖的种群在遗传多样性的情况下可能达到平衡，这允许它们去利用共同的资源。然而，有性生殖种群的数量性状必须遵守正态分布，以至于许多个体很少有中间表型。自然选择倾向于选型交配，最终导致同域性物种形成（图 22.35B）。如果一个种群有很低的遗传多样性，它将转移到利用其他的高峰资源。匹配另一个高峰资源的个体将有很高的适合度，因为资源是待开发的。然而，这些个体将同普通表型的个体交配，产生出不适合的中间型后代，最终消失。因此，在分裂选择的情况下很难维持一个有性生殖物种的遗传多样性（图 22.35B）。

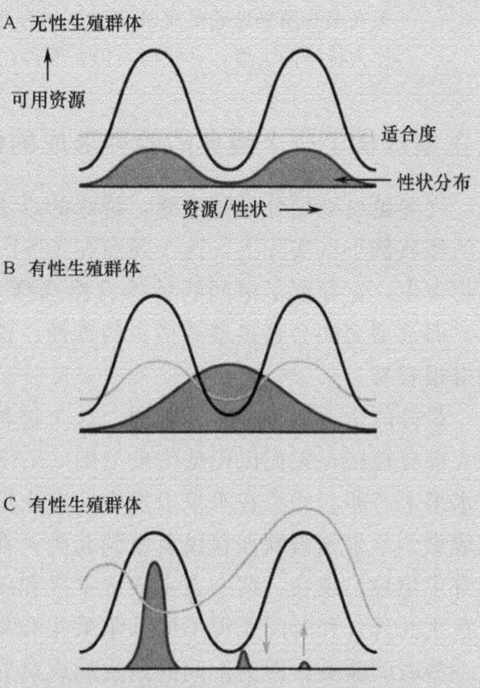

图 22.35　在数量性状上的分裂选择。适合度，蓝色；有效资源，黑色；性状分布，红色。

一个很好的例子来自英格兰哥伦比亚湖的棘鱼。它说明了尽管杂交产生不适应的后代，但仍能维持遗传多样性。这些湖在大约 10 000 年以前形成。在许多湖中，发现**深**

海和**湖泊**的类型，分别在浅水区和深水区觅食。它们在形态上、摄食行为上、交配喜好上都有不同，但是它们频繁地杂交，杂交后代看起来并不是很适应。然而，尽管这个例子与后来的同域性物种形成是一致的，核基因家系的决定作用显示同区域内物种分离度并没有上升。相反，在这些湖中有大量祖先海生类群侵入的例子。在这些湖中的第一个鱼类占有了一个广大的生态位；后来侵入的鱼类有专门的食用限制，并且居住环境也从一个适中的地方转移到专门的地方（图 22.36）。

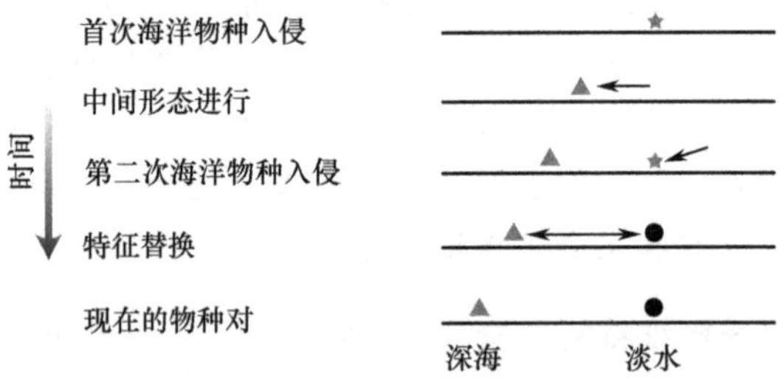

图 22.36　生长在各自环境中的深海和浅水棘鱼 *Gasterosteus aculeatus* 的形式，深海的靠近海滩，浅水的在开放水面。杂种生长比上述两种形式都缓慢，因此比两种亲本都要差。英格兰哥伦比亚的冰河时期后形成的湖第一次是被来自海里的棘鱼侵入，有类似淡水区的食物。这次侵入产生了一个中间的形态——今天在那些湖里见到的单独变种。从海里侵入的生物在一定程度上有生殖隔离，作为特殊的类群，一些鱼类仍表现为在深海里的特殊性。

寄主族提供了一个经典的雏种形成的例子

许多昆虫被划分成**寄主族**，特殊的以不同的植物物种为食。这已经被认为是雏种形成的经典例子（实际上，这个观点在 1864 年第一次提出）。多样性适应需要利用不同的植物寄主，这导致了中间物种的自然选择。此外，如果昆虫在它们最喜爱的宿主上交配，那选型交配会直接遵循宿主的选择。这让我们观察分离和分类在同区域内怎样发生变得很容易。

最好的学习例子是苹果食蝇。这个物种在墨西哥被发现，并贯穿了美国中部和东部的大部分地区，它们以山楂为食（图 22.37A、B）。成虫在宿主植物上交配，在未成熟的水果上产卵。幼虫在水果上发育，在土壤里化蛹，接着进入**冬眠期**，在下一年春天变成成虫。苹果树被欧洲移民者带到北美；在大约 150 年以前，苹果食蝇开始利用这个新的寄主物种。现在，两个寄主族（苹果和山楂）在美国东北部共存。在它们进化成成虫后宿主的喜好和时间变得不同（苹果花和果实比山楂早几个星期）（图 22.37C）。这导致一些时间隔离，因为不同的宿主的成员并没有准备好在同一时间交配。另外，不同宿主的行为偏好会降低种族之间约 5%的杂交。最后，在错误宿主上发育的虫子不会进入正确的冬眠期，这将导致很高的致死率。

这两个种族在 6 个异型酶位点的等位基因频率不同，在基因组的三个区域上有标记。这令人惊奇，因为寄主族之间的基因交流应该会迅速地消除差异，除非异型酶本身直接进行自然选择。这个难题最近被解决，人们发现两个种族在三个倒位上有差异，这

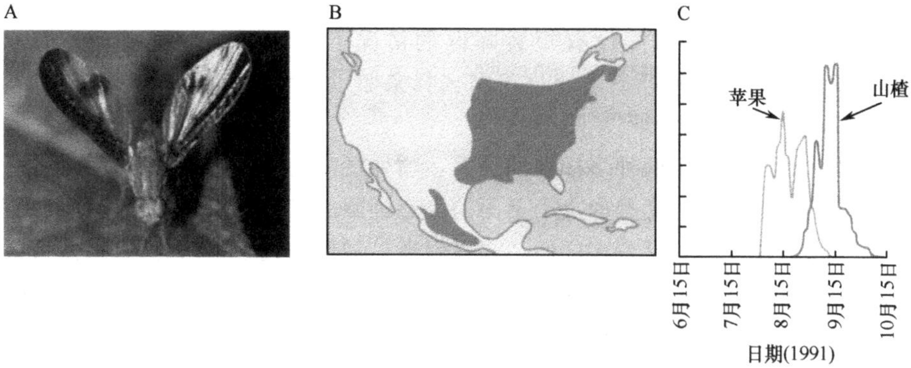

图 22.37　苹果食蝇（A）分布在美国和墨西哥（B）。在美国东北部，发现两个宿主族，苹果和山楂。幼虫在苹果上发育比在山楂上提前 3～4 个星期（C），如果经历了一个暖和一些的冬天，那么冬眠期作为蛹的时间会长一些。

阻止了近一半的基因组的重组。异型酶的标记因此同受选择的基因区域连锁，强有力的自然选择可以作用在三个相连的基因区域中的任意一个。在墨西哥的苹果族上发现的倒位，可能在东北部的原始期时已预适应为早期的苹果树。可能，在墨西哥发现的倒位中的一个侵入了东北部的种群，通过利用培养苹果产生的新的生态位。这个最初的多形性后来可能被倒位中的基因的进化所强化以适应新的宿主，通过补充两个更进一步的倒位产生了现在的多样性。这个情形包括邻域性物种形成和同域性分离。

用于生殖隔离和倒位基因之间的联系与上面讨论过的果蝇 *D. psuedoobscura* 和 *D. persimilis* 相似。在这两个比较中，倒位抑制的重组促进了不同的等位基因的重组的进化以适应不同的生态位。

一般来说，证明分歧确实是同域性的非常困难，因为有可能只是本地种群的短暂隔离或者发生在一个广大的连续分布之中。非洲东部湖中的棘鳍类热带淡水鱼显著的辐射分布很可能参与了种群细分，至少是岸边居住的种群。最合理的同域性物种形成的事例来自喀麦隆的一个孤立的火山口的湖中的棘鳍类热带淡水鱼（图 22.33）。这里，湖的尺寸很小且均一性很差，很难产生地理隔离。

小结

进化的连续性使它很难在物种之间划清界限。但因为它们的遗传关联和它们适应不连续的生态位，生物体的确会形成不同的簇。无性生殖的生物体因为它们的表型聚类而被划分为“物种”。然而，因为有性生殖，最清晰的定义是生物种，这和独立的基因库一致。

物种可以产生单性生殖克隆或者多倍体物种。然而，在大部分事件中生殖隔离都积累得慢一些。这是因为当被引入到一个外来的遗传背景中等位基因会产生问题，如分歧的负效应。这种不相容性通常都是隐性的，当它们在一个性染色体上以单独的复制本存在时会表现出来。

乍一看，自然选择会阻碍生殖隔离的进化，所以随机漂变对于物种形成是必需的。然而，物种形成可以在适合度没有短暂降低的情况下发生，可以通过Dobzhansky-Muller模型解释。如果物种分离是通过正向选择来驱动，那么在领域性分布时尽管有基因交流也可以发生。

在这一章，我们考察了两种多样性的关系：物种之间的遗传变化和共存在同一地区的物种多样性。两种变化的类型取决于不同的生态资源的存在。如果表型个体利用不同的资源，频率依赖选择可以维持多样性，它可以通过降低彼此之间的竞争允许不同物种的共存。我们发现，原则上自然选择可以降低利用不同资源的表型物种的种间杂交，这导致同域性物种形成。这个可能性提出了一个进化生物学的主要问题。物种形成导致的大部分的分歧的副作用是因为其他原因，还是被自然选择所驱动，即通过重组以适应减少良好适应的基因的分布？在下一章中，我们将看见相反的问题：为什么如此多的物种维持高水平的有性生殖和重组，尽管这些会阻止它们有效的适应多种多样的生态位？

延伸阅读

Coyne J.A. and Orr H.A. 2004. *Speciation*. Sinauer Press, Sunderland, Massachussetts.
对本章内容的很好概述。

Howard D.J. and Berlocher S.H. 1997. *Endless forms: Species and speciation*. Oxford University Press, Oxford.
一本关于物种起源各种观点的论文集。

Orr H.A. 1997. Haldane's rule. *Annu. Rev. Ecol. Syst.* **28:** 195–218.
一篇在Haldane法则刚刚被阐明后所写的综述。

Orr H.A. and Presgraves D.C. 2000. Speciation by postzygotic isolation: Forces, genes and molecules. *BioEssays* **22:** 1085–1094.
一篇关于生殖隔离遗传基础的综述。

Schluter D. 1996. Ecological causes of adaptive radiation. *Am. Nat.* **148:** S40–S64; Schluter D. 2000. *The ecology of adaptive radiation*. Oxford University Press, Oxford.
讨论适应辐射的情况，即许多物种占据多样的生态位。

Trends Ecol. Evol. 2001. **16(7):** 325–413.
关于物种形成的特刊。包括讨论Hey讨论物种概念，Orr对物种差异遗传学的综述，Turelli等对相关理论的概述以及Schluter对生态因素重要性的讨论。

棘鳍类系统

Danley P.D. and Kocher T.D. 2001. Speciation in rapidly diverging systems: Lessons from Lake Malawi. *Mol. Ecol.* **10:** 1075–1086; Kornfield I. and Smith P.F. 2000. African cichlid fishes: Model systems for evolutionary biology. *Annu. Rev. Ecol. Syst.* **31:** 163–196.
最近关于棘鳍鱼类系统的不错综述。

Goldschmidt T. 1998. *Darwin's dreampond: Drama in Lake Victoria*. MIT Press, Cambridge, Massachusetts.
关于棘鳍鱼显著多样性的很好描述。

第 23 章

遗传系统的进化

在本书的第二部分，我们追溯了生命的历史。我们看到了在染色体上和细胞里分子是怎样复制的；在携带遗传信息的 DNA 分子和解释这种信息的蛋白质分子之间是如何进行劳动分工的；寄生关系是怎样导致真核细胞的生成，而真核细胞的特征就是细胞器之间的合作及正常的减数分裂；多细胞生物是怎样发展复杂的形态和行为从而产生多样的生活方式。现在，像我们一样的生物有一个成熟的遗传系统，这个系统带有许多显著的特征：令人惊讶的准确复制系统、通过重组而产生的新表型、减数分裂的配子公平分离、带有不同性别的二倍体生活周期、促进**异型杂交**(outcrossing）的机制和一个强有力的发育系统能够产生复杂的生物。

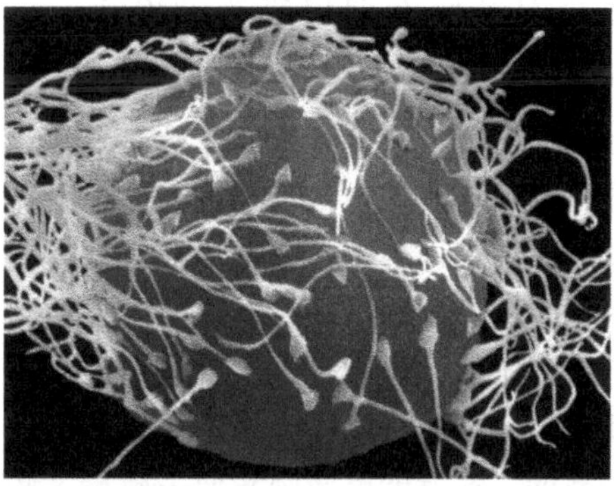

目前为止，我们通常将这些特征看做是被赋予的并且计算出其结果。群体遗传学用孟德尔遗传定律和不同表型的适合度去计算出一个群体的组成变化。例如，在第 18 章中，我们清楚了选择是怎样与突变重组过程相互作用来决定变化；在第 20 章，我们清楚了性选择是如何导致具体且明确的不适应行为；在第 22 章我们见到群体分化是怎样变成分离的物种。然而，进化生物学远远不止这些，它试图去理解遗传系统自身。为什么会有遗传发育的自身遗传机制呢？

遗传系统进化的研究

遗传系统进化的方方面面

遗传系统的每一个方面都提出了一个进化问题。什么决定了突变速率？为什么有性生殖是如此的广泛？为什么会有分开的性别：雄性制造精子或花粉，雌性产生大的卵子或胚珠？什么决定了调控基因表达系统的结构？现在进化生物学的大部分是为了回答许多类似这样的问题。

然而，研究这样的问题是非常困难的。遗传系统的许多关键特征（如减数分裂和遗传密码）是唯一的并且在遥远的过去只进化过一次。这就使得很难使用实验或者比较的方法去研究这些关键方面。遗传系统方面也许是随意的。例如，克里克争论遗传密码是一种“冷冻事件”并且一个特别的基因是怎样控制的大体上是偶然的。因而，我们很难知道寻求对这样问题的普遍解释究竟走了有多远和遗传系统究竟是怎样适应而不是随机适应的。

贯穿整个20世纪，人们广泛接受了遗传系统的进化是为了“物种的优化”。这样的争论的确有一部分在起作用；涉及竞争群体之间的平均适应度，我们能够明白不同突变速率的非有性生殖克隆之间的竞争或者有性生殖群体和非有性克隆之间的竞争。而且，**物种选择**在检验有性生殖的普遍性方面的确起过一定作用。不管怎样，这样的争论并不能完全地解释这样的特征是怎样出现的，正如一个非有性生殖群体内的个体之间的变化或现在它们是怎样保存的。我们知道遗传系统的大部分方面（如突变速率、重组速率等）的变化，所以我们必须解释尽管有这样的变化，它们是怎样保持这种稳定状态的。在1960年和1970年，John Mynard Smith、George Williams 和其他一些人认识到对**群体选择**或自然选择讨论是不够的，从而促进了现在这个领域研究的繁荣。

多种方式研究遗传系统的进化

当考虑到为什么在群体或个体水平上的一些特征是特别受欢迎的，需要小心安排这样的口头争论。常常需要分析一个计算模型或计算模拟，以便于能够解决争论问题及计算出结果。关于遗传系统进化理论上的争论要追溯到群体遗传学的早年。最近，这个领域的大部分进展都是来自理解各种模型之间是怎样以普遍的方式联系起来的。正如在这一章我们讲到的，现在有一个清晰的理论框架来指导我们。

理论的一个重要作用就是确定影响遗传系统进化的关键特征。例如，我们会明白有性生殖能够进化的原因是它有助于去除有害突变，但前提是这些有害突变的总速率是足够高的。这就能够激励我们去衡量这些数量，如有害突变的整体速率、适应度中的遗传变化成分和适应性替代的速率（第19章）。

尽管所有的生物共享相同的基本遗传机器，但同样也有不同于一般的多样性。我们将会看到来自物种之间的比较和对于有不一般的生命周期的生物研究的重要证据。这样的比较借助于从分子数据估计出来的可靠的系统发育关系从而使得统计上是非常严格的。此外，随着全基因组序列数据的累积，我们现在能够比较基因组的不同部分（如在高重组率和低重组率的地方；图19.21）。

我们能够使用快速繁殖的生物（像果蝇、酵母或大肠杆菌）甚至在体外复制的RNA分子来进行实验研究遗传系统的进化（图17.2）。我们也能够直接在遗传系统上进行选择（如选择高重组率的）或者我们能够检查突变、重组不同速率或有性生殖的后果。尽管这样的实验只限于在实验室培养的少部分生物，但它们至少确定了几个提出理论的可能性。

在这一章，我们将阐明所有4种方法：理论上的、观察到的、比较的和实验性的。事实上，我们已经看到这些方法的很多例子并且已经讨论了遗传密码的进化（第4章）、优选配偶的进化（第20章）和尽管会被自私遗传元件所破坏但仍维持减数分裂公平性的进化（第21章）。在这章的剩余部分，我们集中在3个方面：突变速率的进化、性和重组的进化和基因调控的进化和发育。遗传系统所有这些特征的3个方面影响着自然选择作用的遗传变化程度。因而，通过整章我们会问：什么样的遗传变化产生的程度能够视为有助于选择作用有效性的适应？

突变速率的进化

阻止有害突变的代价可以驱动突变速率的进化

突变是不可避免的因为遗传物质不能够非常精确地复制。然而，突变速率是由遗传物质控制的。我们在第 12 章看到生物在复制期间有精细的校正和修复机制以及改正因 DNA 破坏因素引起错误的机制。在错误校正系统的这些突变会导致**突变等位基因**的产生，它能够提高突变速率。然而，也有一些证据表明突变速率并不是像预期的这么低。在果蝇中的一个实验成功地选择出低突变速率，在大肠杆菌和噬菌体中都发现了抗突变等位基因。对于突变速率的遗传控制来自对物种之间的比较。微生物中尽管基因组的大小达到 4 个数量级的差别，但它们具有非常相似的基因组突变速率（图 12.23）。因此，每一个碱基的突变速率变化是非常大的，这表明在小基因组的微生物里突变速率可能比实际要低很多（图 23.1）。

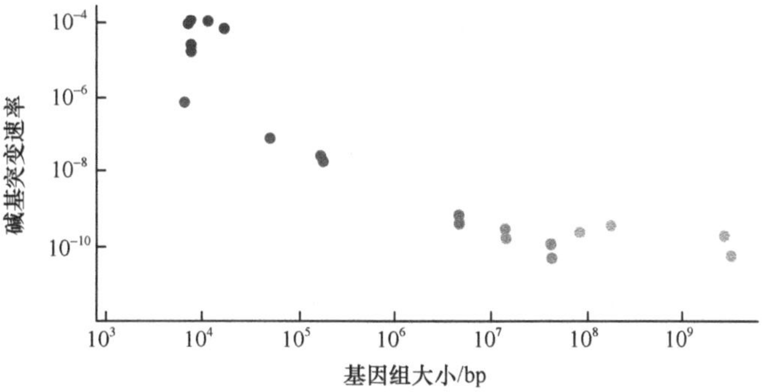

图 23.1　生物之间单个碱基的突变速率的差别大约为 6 个数量级。紫色，RNA 病毒；红色，DNA 病毒；橘黄色，大肠杆菌；绿色，真菌；蓝色，线虫、果蝇、小鼠、人类（从左到右）。

所以，我们需要解释突变速率为什么是这样。这涉及两个主要因素。第一，减少突变速率代价是很大的，无论在因校正和修复机器所花费的能量方面还是在涉及的额外时间方面。第二，突变常常是有害的，因为突变打乱了一个正常适应的生物。若是在整个基因组上突变加剧的话，那么这就引起了适合度的大大降低，称为**突变负荷**，并且每一个有害突变必定会被**选择性死亡**消除。我们已经明白因为有害突变是独立于其选择效应的，从而有害突变引起群体平均适合度的降低。对于非有性生殖的群体来说，平均适合度是以因子 e^{-U} 降低的，这里的 U 指的是整个基因组范围的突变速率（在有性生殖群体中，这个负荷可以在一定程度上改善）。带有大的功能基因组的生物如人类或者高突变的基因组（如 RNA 病毒 HIV）可能携带接近最大限度的突变负荷。

简单来看，我们希望在选择之间能够有一个平衡来降低突变负荷和做这样工作的生理代价。严格来说，非有性生殖生物进化到在两种因素的平衡中能够最简单地扩大适合度的突变速率（图 23.2A）。然而，因为我们不知道降低突变速率的适合度的代价，所以也就很难检验这种理论预测。

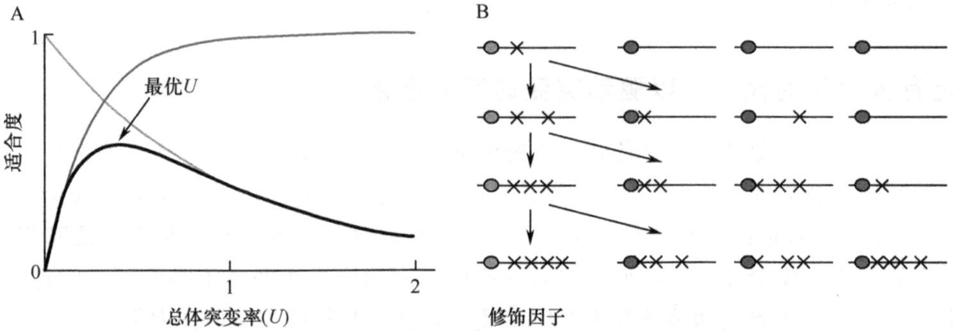

图 23.2 突变速率的进化是突变负荷和降低突变速率之间的妥协。(A) 在非有性生殖群体中，整体的适合度（黑色曲线）是作用于适合度上的突变效应［exp（$-U$）；蓝色曲线］和降低突变速率的生理代价（紫色曲线）的产物。(B) 一个非有性生殖群体以比优化情况下更高的速率进化。本图表明了增加突变速率的修饰等位基因的效应（蓝色圆圈）。随着时间的变化，在相同基因组上会积累由这种修饰的等位基因而引起的有害等位基因（左栏）。然而，重组携带突变到其他基因组内，这种基因组在修饰过的位点有低突变速率（绿色圆圈）。最后，这样一种平衡就达到了其中高突变速率，也许与有害突变数目的微量增加相关（底部一栏）。正是这些不同才导致抵抗高突变速率的间接选择。

在有性生殖中，突变速率比优化状态下的进化要高很多。这是因为一个增加突变速率的等位基因通过避免校正和修复代价而增加突变速率以获得迅速和直接的优势适合度。这使得其由于携带相邻的突变而承担了额外的突变负担。因而，由突变者等位基因产生的额外负荷是分散于整个有性生殖群体的而不是完全通过突变者等位基因自身来承担（图 23.2B），这就很难知道有性生殖群体是否有高的突变率，因为多细胞真核生物与微生物在很多方面都不同。

突变者等位基因可通过搭车效应伴随有利等位基因达到高频率

突变是自然选择适应所需变异的最终来源。因而，我们期望看到选择会有利于增加高的突变率因为这就能导致快速适应。这会在非有性生殖群体中发生但不会在有性生殖群体中发生。

突变者等位基因常常在 DNA 修复系统中是有缺陷的，但这在自然的细菌群体中是非常普通的。常常在进行长期选择实验的细菌上发现突变者等位基因。例如，当 12 个细菌群体在糖分限制的培养基上连续繁殖上千代，其中 3 代在错配修复上是缺陷的，从而使得它们能够迅速地积累有利突变（图 17.23 和图 18.5）。即使它们产生的几乎所有突变都是有害的，为什么突变者等位基因还可以达到那么高的频率？

假设一个非有性生殖群体发现自身处于一个新的环境中，那么必须要获得新的突变以适应这样的环境。如果一个突变者等位基因大大地增加了其突变速率，如敲掉修复途径，那么即使这种突变者是罕见的，第一种有利突变很有可能是由于这种突变者产生的。携带突变者和有利等位基因的基因组将会增加而取代原始的低突变速率的基因型。随着这样的基因组增加，也会开始获得一些有害突变，最终整个突变体群体承担 e^{-U} 的压力（图 23.3A）。然而，这样的等位基因可能提前被固定下来或者从额外的有利突变中获得更长远的进步（图 23.3B、C）。

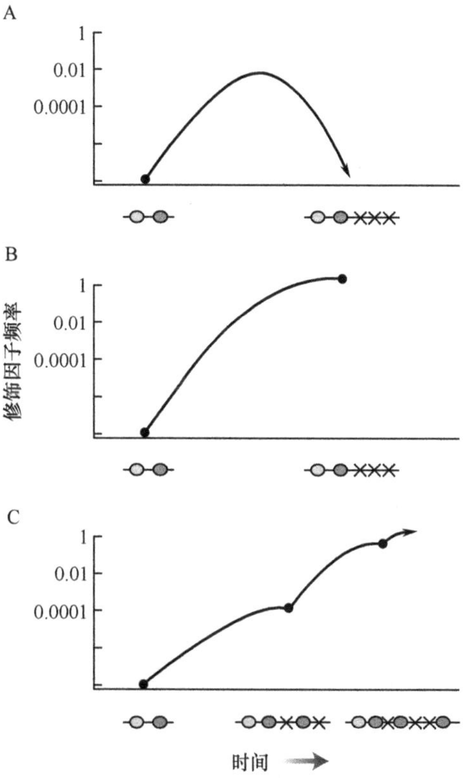

图 23.3　在非有性生殖群体中，突变者等位基因能够随着其引发的有利等位基因而增加。（A）如果修饰因子的等位基因（蓝色圆圈）引起突变速率增加的话，那么大多数的有利突变（红色圆圈）都是因为这个修饰因子引起的，即使这个修饰因子等位基因开始是很罕见的。这种修饰因子会随着有利突变增加而增加，但即使这样其仍然积累了很多的有害突变（交叉）从而会被消除（A 右边）。然而，其他的结果也是有可能的。修饰因子在被突变去除之前也许会被固定在群体中（B），或者会被成功的有利突变所增强（C），因此其会继续增加而不管积累的突变压。

尽管突变者等位基因在自然界中存在并因其携带的有利突变而不断增加（图 23.4），但它们通常还是例外。大多数群体大部分时间有极低的突变速率。带有突变者等位基因的群体因此必须被它们最终所积累突变负荷的结果所去除或者它们必须回到低突变速率。我们已经讨论过了很少改变基因的细菌群体。在有性生殖主导的群体中，突变造成者等位基因是不可能从它们产生的突变中获得任何重要优势的，因为它们与产生的突变之间分离得很快。

高突变就一定能导致快速适应吗？在动植物培养中，使用突变来增加对于人工选择回应的概率是不值得考虑的。即使在体外实验中，其目标就是改善一些特殊的分子而突变就是针对一些特殊的位点（图 17.2）。正如我们所看见的，突变作为一种产生有用突变的方法比起重组并不是很有效。

关于为什么适应的速率也许不是被突变速率所限制有几个原因。首先，在一个大的群体中，所有可能的单碱基的改变在每一代会发生很多次（实际上对于一个群体比起每个碱基的突变概率的倒数要大很多，$>10^9$ 的个体）。其次，限制因素也许是生物和物理环境改变的速率而不是突变的数目。最后，在非有性生殖的群体中，我们会见到突变

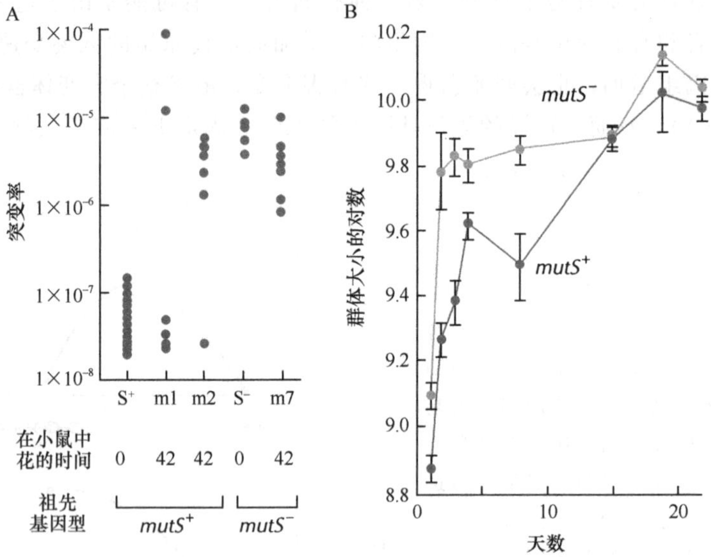

图 23.4　*E. coli* 的一个突变者品系是通过一个 mutS 错配修复基因缺陷产生的。在感染没有微生物的小鼠的早期要比野生型（$mutS^+$）更具有持续的优势，这主要是因为其积累了突变以便能迅速地适应小鼠的内脏（图 23.4B）。这种解释是通过观察当以低频率引进时，突变者失去其优势的现象所体现的。假使那样，野生型群体会更易获得有利突变，首先因为其数量是巨大的。此外，可以直接观察到一种突变者品系在小鼠的内脏期间获得有利突变。然而，突变者品系也同样获得有害的突变从而阻止其在基本培养基上生长。

肯定是以串联的形式固定下来的（图 23.18）。如果许多不同有利突变在同一时间发生的话，那么它们将彼此之间相互竞争，只有一个能够固定下来（这称为无性干涉）。在有性生殖群体中，重组会一起带来不同的突变从而使适应过程加快。

一些基因进化出增加突变速率的机制

如果生物体达到了优势的表型的话，那么在稳定的条件下突变的大部分将会是有害的并且选择会将突变速率最小化。然而，环境并不是一成不变的，所以基因选择会倾向于那些产生出新的适应变化的随机改变。我们通过理解细菌病原体和其宿主之间的共同进化从而产生多样的选择来探讨这个话题。在宿主和病原菌之间有一种持续的军备竞赛从而导致选择在病原菌中产生的一些新的变化使其能够攻破宿主的防线，同时宿主也可以形成反适应。这种**红皇后（Red Queen）**方式的共同进化导致了两者都能在涉及相互作用的基因上快速改变并且**间接选择**了基因组内特定位置的高突变速率。

病原菌已经进化出很多的机制来增加**特定关联位点**（contingency loci）的突变速率。大多数涉及**微卫星**，这是一种短序列的多重拷贝，并由于在复制期间的链滑动导致拷贝数目的变化。其他一些机制包括在非同源序列和**基因转变**之间的基因组内的重组。这些变化机制的效果要么随机改变基因的表达要么在 RNA 序列或蛋白质序列上产生随机突变。

产生多样性特别机制最让人惊讶的例子就是脊椎动物的免疫系统，这在第 9 章里讲到过。其含有两个关键成分：B 细胞，在其表面含有抗体并且能够分泌这些**抗体**；T 细胞，在其表面携带有特别的受体分子。抗体和受体两者都是**免疫球蛋白**亚家族的成员并且两者产生多样性的方式是相似的。

这个系统依靠抗体产生的巨大多样性，因此所有的外源**抗原**都能为特异的 B 细胞所识别。由几种机制产生的这种多样性事实上引起一种高的体细胞突变率，所以抗体的这些部分能够识别抗原（图 9.10）。总的说来，在 B 细胞之间产生了至少 10^{10} 多样的抗体序列。更进一步说，当 B 细胞克隆在免疫反应期间增殖时发生体细胞突变而产生了这种多样性。免疫反应的成熟是因为对体细胞突变产生变化的选择。

在上面提到过的细菌例子里变化是有利的，要么因为其能够引起替换性发育阶段的交换（如 *H. influenzae* 的伞和囊的形成），要么因为其引起表面抗原的变化从而有助于入侵宿主免疫反应（如 *H. influenzae* 的脂多糖）。脊椎动物免疫系统产生的多样性是有利的，因为其为在不同的 B 细胞和 T 细胞之间的选择提供了材料从而增加了免疫反应的额外特异性。在这章的剩余部分，我们将会明白有性生殖和重组是怎样产生变化从而有利于适应性选择的。

有性生殖和重组的进化

几乎所有的生物都有一些重组的形式

本章的大部分致力于理解为什么所有的生物都有一定的有性生殖和重组。有性生殖是在同样的个体里含有不同的基因组的集合。通常我们知道配子结合形成受精的合子，这是典型的真核生物形式（有时也称为有性生殖；图 23.5A）。然而，我们使用有性生殖概念的范围很广泛，包括了细菌和古细菌基因组整合其他基因组的片段（图 23.5B）。

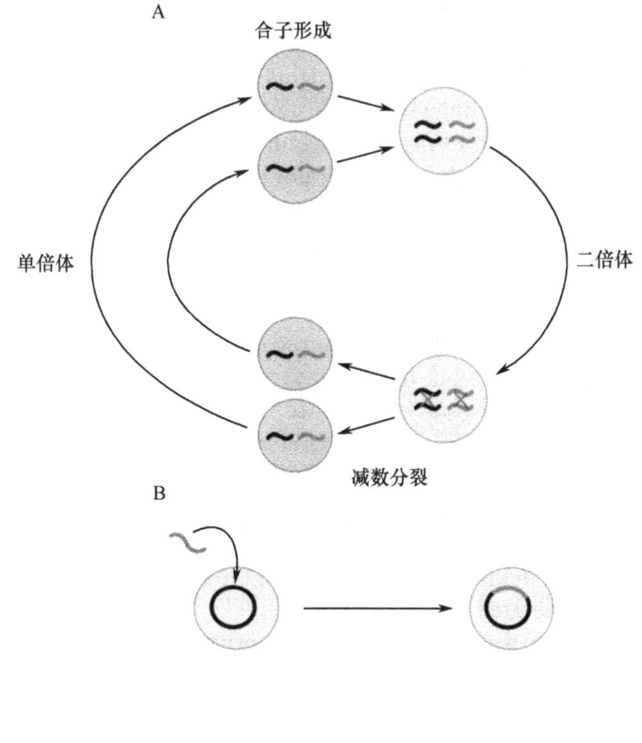

图 23.5　真核生物与细菌和古细菌的有性生殖。（A）真核生物基本生命周期涉及单倍体细胞形成二倍体（配子结合）并且通过减数分裂产生单倍体细胞。这幅图展示了一个基因组在两条染色体上的布置。通过在减数分裂过程中，整个染色体分离和交叉而产生重组（红色×）(B) 在细菌和古细菌中，性是非对称的并且不涉及有性生殖（如细胞分裂）。DNA 的一个片段通过转化、转导或者结合而掺入到基因组内。

重组是基因新组合形式的产物。在**减数分裂**中，它以两种方式发生：通过整个基因组的**分离**和通过同源重组序列之间的**联会**。结果都是相似的，即产生含有来自亲本基因组的一些基因和来自另一亲本的一些基因；所以我们都称之为重组形式。尽管我们大部分集中于减数分裂重组，细菌和古细菌同样也能产生新的重组基因型（图 23.5B）。

真核生物的一个关键特征就是生命周期包括有性生殖和重组（第 8 章）。这必然涉及在单倍体阶段和二倍体阶段之间的更替：单倍体配子的结合产生二倍体合子，以及二倍体细胞的减数分裂产生单倍体后代（图 23.5A）。有性生殖也许是生命周期的一部分；在哺乳动物中如我们自身有性生殖都需要生殖和减数分裂（图 23.6A）。其他生物没有有性生殖也能够生殖（如植物的营养生殖、**刺胞动物**水螅后代的出芽生殖或者单细胞微生物的有丝分裂）。不过，在大部分真核生物中，有性生殖是经常发生的，要么在一定的季节或一定的环境（图 23.6B～D）。

即使有性生殖和减数分裂是生命周期的正常部分，但重组的效率仍然变化很大。染色体的数目决定了借助于分离发生的重组的程度，并且交叉的位置决定了通过重组两个基因分离的概率（图 23.7）。除此之外，在每个碱基的重组率上有很大的异质性。通常，从相同二倍体个体而来的配子结合导致自体受精［如果从单个合子而来的寄生虫 *Plasmodium* 感染了人类宿主，那么自体受精就会发生，因为当蚊子叮咬人时，这种寄生虫可以相互交配（图 23.6C）］。如果二倍体亲本不止在一个位置是杂合子，这些配子将会产生新的基因型。然而，重复的这种自体受精将会导致迅速固定单一的纯合子基因型，因为重组没有效应了。因此，持续的自体受精将导致低的有效重组率。

尽管减数分裂并不在细菌和古细菌中发生，但它们仍然通过**接合**、**转导**和**转化**进行基因转移。事实上，我们会明白偶尔的有性生殖对于长期的生存是必需的，且还能通过有利性状的扩散而带来明显的利益，如抗生素的特性。然而，细菌和古细菌中的有性生殖也许是其他过程的负效应而不是通过选择进化出来的适应性。接合和转导是质粒和病毒扩增的附效应并且看起来不需要进一步的解释。转化涉及吸入 DNA 片段，其可能作为主要的营养来源，因为吸收的 DNA 会被断裂成核苷酸，如在 *Haemophilus* 里面，当核苷酸资源非常少时，负责吸收 DNA 的基因就会表达。在这章的剩余部分，我们将集中于真核生物的有性生殖的进化。

非有性生殖的类型不会持续

大部分真核生物都有有性生殖作为其生命周期的一部分。然而，也有许多种类是完全或基本上非有性生殖的（图 23.8）。我们在前一章见到当有性生殖物种之间进行杂交产生遗传上一致的物种时，非有性生殖的“物种”就产生了，这样能够保持**杂种优势**［这样的例子包括蜥蜴 *Cnemidophorus* 和鲦鱼 *Poeciliopsis monacha*/*lucida*（图 23.8A、B)］。许多开花植物已预留了自体受精；更罕见的是，它们也能够产生遗传型一样的种子（图 23.8C），从而避免了杂合性的丢失和通过持续自交产生的**近交衰退**。许多植物都是营养生殖，正如水螅动物一样。

非有性生殖生物在短期内是非常成功的，并且常常比起有性生殖的近亲来说要扩散得更快。然而，在进化过程中，非有性生殖很少能持续很长时间，这可以通过它们的系

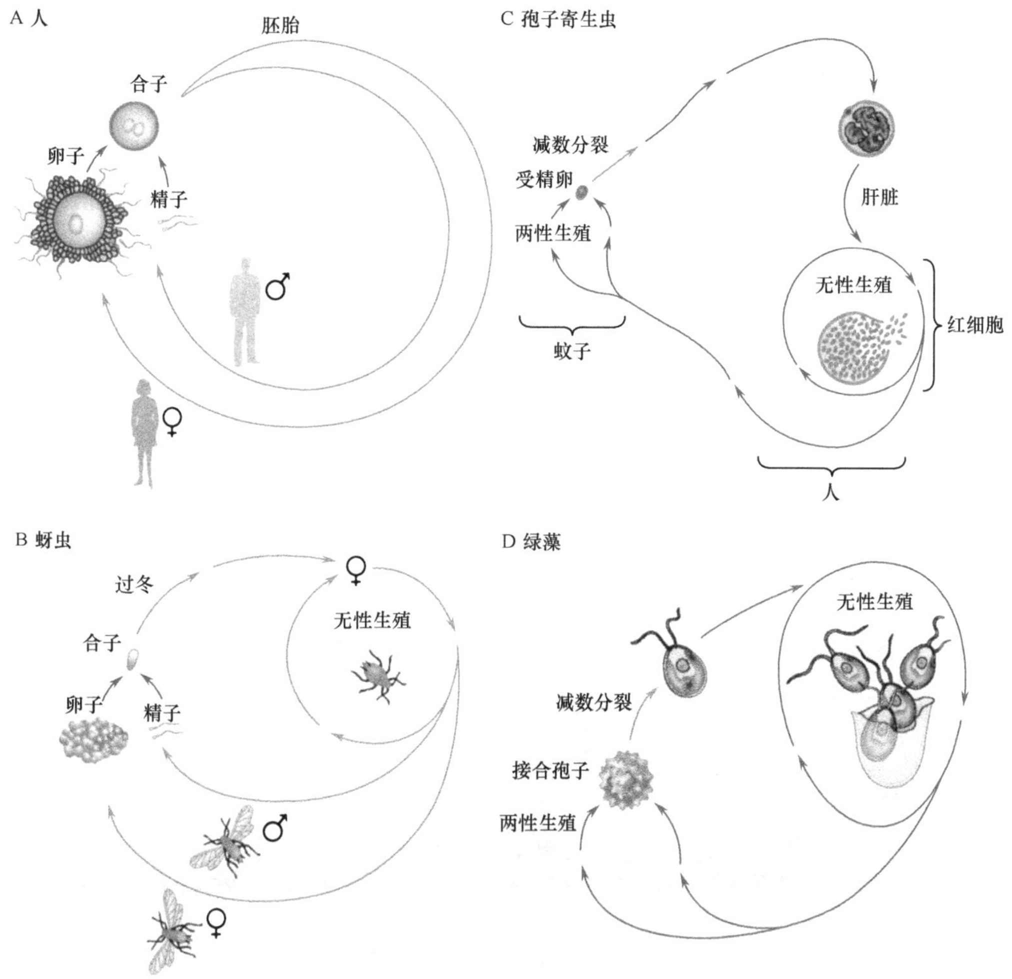

图 23.6　真核生物生命周期的例子。(A) 人类女性和男性通过减数分裂产生卵子和精子，能够产生一个二倍体的合子从而能够发育成一个新的男性和女性个体。生殖需要有性生殖并且单倍体阶段（红色）并没有分裂。(B) 在蚜虫中，有性生殖是任意的，生命周期是相似的。雌性在春季和夏季进行单性生殖从而携带遗传上一致的后代。在季节的末期，产生二倍体有性生殖的雄性和雌性。这些通过减数分裂产生的单倍体精子和卵子在过冬时期融合之后产生受精的卵子。(C) 孢子寄生虫是疟疾产生的主要原因，*Plasmodium* 生命周期的大部分时间是作为单倍体存在的。在宿主体内经历了几个无性生殖的阶段，先在肝脏中进行无性生殖而后在红细胞中。一些无性生殖的单倍体分化为配子母细胞可以被蚊子吸收。在蚊子体内就可以产生合子从而迅速进行减数分裂开始一个新的生命周期。(D) 绿藻 *Chlamydomonas* 与 *Plasmodium* 的生命周期相似，大部分时间是单倍体。然而，营养条件可以引起有性生殖从而产生高度抗性的接合孢子。当条件改善时，这个合子就可以通过减数分裂和孵化产生新的单倍体细胞。生命周期的单倍体部分以红色表示；二倍体部分以蓝色表示。

统发育分布来得到清晰的展示。非有性生殖的生物常常处于系统发育树的末端并且几乎很难产生子代物种（图 23.9）。当我们比较两类**孤雌生殖**（**parthenogenesis**）时这种模

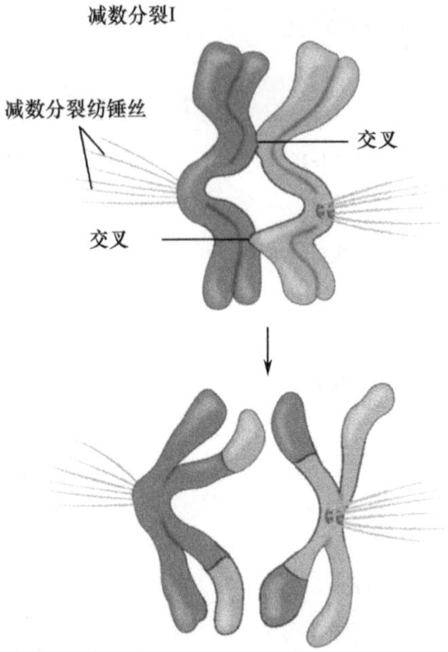

图 23.7　如果减数分裂过程中染色体正常分离的话，那么至少发生一次交叉。在减数分裂第一次分裂时期，同源染色体附着纺锤体并且以相反的方向被拉动。它们仍然通过交叉一段时间而保持附着对方；这种附着对于正确的分离是必需的。然而，如果这种交叉发生在染色体的末端，那么几乎没有基因经历有效的重组。

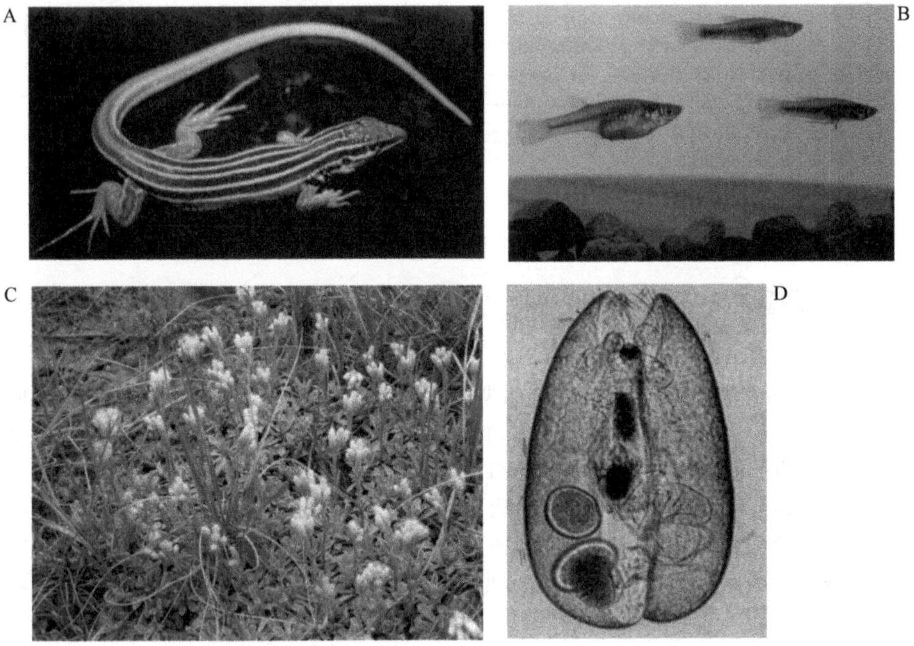

图 23.8　真核生物非有性生殖的例子。(A) 蜥蜴 *Cnemidophorous uniparens* 全部都是雌性。(B) *Poeciliopsis monacha-lucida*，这种鱼是两种性别物种的杂交物种，能够产生二倍体的卵子从而可以产出遗传类型一样的后代。在 B 中，发育过程需要借助于 *P. monacha* 的精子进行受精，但精子的基因组最终会被抛弃（大鱼就是非有性生殖物种 *P. monacha-llucidahe* ，两个小鱼就是雄性鱼 *P. monacha*）。(C) 植物物种 *Antennaria parvitolia* 含有进行有性生殖和非有性生殖的雌性。(D) 孤雌生殖介形亚纲动物物种 *Darwinula stevensoni*。注意到下面右图育儿袋中的卵。这个物种的所有的化石都有这样的卵，这暗示这个物种成为非有性生殖约有 1 亿年了（然而，最近已经发现活着的雄性物种，这表明它也许有偶尔的有性生殖）。

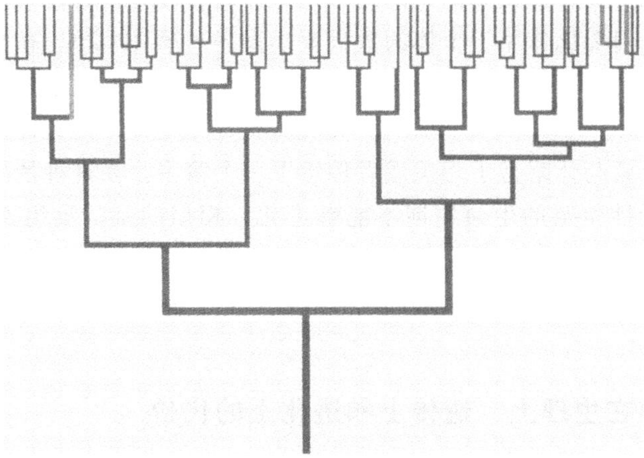

图 23.9　非有性生殖物种类别（绿色）几乎常常处于系统发育树的末端，这提示它们在进化中短暂存在。

式就会清晰可见。当未受孕的卵子产生单倍体的雄性和受孕的卵子产生雌性个体时，那时我们就有一个单倍体的生命周期，这肯定是涉及有性生殖的。这至少进化了 8 次，大多数情况下产生大而多样的种类，如膜翅目（蚂蚁、蜜蜂和黄蜂）、缨尾目（蓟马）和 Monogononta（轮虫）。相反的是，未受精的雌性可以进行非有性生殖而且已经进化了很多次，但几乎都能导致一个接近于两性生殖的前体物种的形成。这种单性生殖的形式基本上不能够导致主要类群的分化。

然而，正如我们所看见的也有一些例外从而造成了对有性生殖理论的重要挑战。因为有性生殖理论预测非有性生物的长期退化。这样的例子包括在全世界范围内的淡水环境和湿地（图 23.10）发现的介形亚纲动物（图 23.8D）和蛭形动物轮虫。蛭形化石在 3500 万～4000 万年的琥珀里被发现，根据分子钟它们大约在 1 亿年前有一个共同的祖先。减数分裂是不存在的，既没有在雄性里面发现也没有找到其他的有性生殖的证据。

这种系统发育的模式中非有性生殖处于系统发育树的末端表明了物种选择（第 21 章）对保持有性生殖起到一定的作用。非有性生殖群体很容易消失，因为它们一旦积累有害突变便不能适应改变的环境。在这章的后面部分，我们将详细解释为什么会这样。

一般说来，我们不能用物种之间的选择来解释普遍存在的有性生殖和重组。物种之间的选择在进化动力上是非

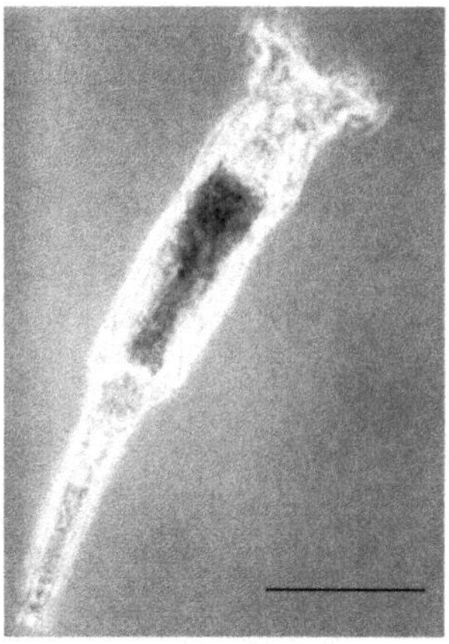

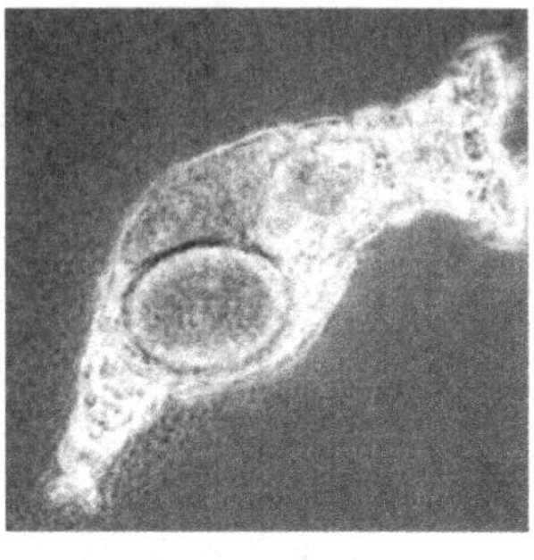

图 23.10　成体蛭形轮虫的两个物种。（上图）*Philodina roseola*（吃水藻）；（下图）*Macrotrachela quardricornifera*（这个大椭圆形是一个成熟的卵子）。标尺长度，100μm。

常弱的，只不过因为物种形成和消失的速率与个体的有性生殖相比要慢得多，也因为选择作用于物种的数目要比作用于个体的数目要小得多（第 21 章）。在图 23.8A～C 的例子中，我们必须解释为什么有性生殖在短期内能与无性生殖的近亲进行竞争。在许多物种（如 *Plasmodium*、*aphids*、*Chlamydomonas* 和 *Daphnia*）内有性生殖发生在生命周期的特别阶段，常常与休眠孢子相关或者传给下一个宿主。在这种情况下，很难明白为什么一个完整的无性生殖的生命周期不能够进化。相似的是，重组速率要么高、要么低；如人工选择果蝇和其他物种的重组速率会产生迅速的反应。因此，我们必须解释什么决定了有性生殖和重组的当前频率，这与我们在这一章前面部分解释突变速率大体是一致的。

有性生殖和重组在生理上、遗传上和进化上的代价

有性生殖和重组涉及很多方面的代价从而使得我们很难理解为什么它们会如此广泛。当我们去理解它们进化上的持续性时，我们必须不仅确定有性生殖和重组的选择优势，而且也要说明这些优势是足够超过很多明显逆势的，这里我们列举这些逆势。

有性生殖需要两个个体在一起。在大多数情况下，这涉及增加掠夺行为和传递疾病的危险性，正如从其他活动转移资源一样。当有性生殖是生殖所必需时，个体也许不能够产生后代因为它们不能够找到配偶。有性生殖的群体在低密度的情况下是极易灭亡的，并且如果一个雄性和一个雌性需要找到一个新的群体，那么它们很难再开拓出新的生境。简单说来，当生殖需要两个个体而非一个时，生殖并不是很有效的。

减数分裂和有丝分裂来相比不是很有效的细胞分裂方式。典型的减数分裂需要10～100h 来完成；有丝分裂在 15min～4h 就可以完成。在减数分裂中，同源染色体必须配对并且配对的染色体必须极其准确地断裂和重新结合。

基因组稀释的代价。最受关注的代价称为“减数分裂代价”，但称其为基因组稀释的代价要更准确。这个想法很简单：如果雌性将其所有的资源都用来培养遗传上一样的后代，那么这些后代将会有 2 倍于那些从父亲继承一半基因的雌性后代的适应度。因而，如果单性生殖雌性在一个有性生殖群体内增加的话，那么其雌性基因组每一代的频率会加倍从而很快取代其有性生殖祖先。关键的是，只有当两种不同性别贡献不一样时，这种代价会不断增加（如异配生殖）。如果两类细胞平等共用其资源的话，那么一个无性生殖的个体将不会得到任何优势（我们在这章的后面会考虑为什么有性生殖会进化）。

性选择的代价。长期看来，有性生殖作为整个群体来说有一个不利的结果。一旦分开的性别各自进化时，性选择会引起雄性产生具体的特征和行为来吸引雌性并且雄性之间还会竞争来争夺配偶（第 20 章）。但这些会大大减少雄性的生存。例如，生活在 St. Kilda 野外的雄性索艾羊（图 13.19 和图 18.27）大部分在第一个冬季就会死去，然而母羊却能生活很多年。然而，如果一旦公羊被阉割掉的话，它们也能像母羊一样生活很长。如果雄性对于后代没有贡献任何资源的话，那么减少雄性的生存能力并不破坏整个群体。不管怎样，从在雄性和雌性中不同生殖利益基因表达而产生的性竞争来看确实减少了雌性的适合度（回顾果蝇的例子）。

自私基因的扩增。另一个长期的有性生殖后果就是使得自私基因迅速扩散（如细胞器、B 染色体和转座元件；图 21.4）。这些都能大大减少有性生殖群体的适合度；然而，在无性生殖群体内所有的基因都以相同的方式继承并且分享相同的利益（与此一致的是，蛭形的轮虫缺少潜在有害的转座元件，这也在相关有性生殖的类别发现过）。不管怎样，尽管性选择和自私基因的扩散都有严重的后果，但很难说它们那会在短期内抑制有性生殖。

重组破坏了那些通过选择构建起来的基因组合。迄今为止，我们重点讨论了有性生殖和减数分裂的代价。重组同样是有代价的，因为其能破坏那些通过选择构建起来的基因组合。除此之外，在转座元件之间也有**异位重组**而引起的代价从而产生了致死的缺失和重复（第 21 章）。在本章的后面部分，我们将在整体上看到这种情况，这种重组负担导致对于减少重组的选择。对 *D. melanogaster* 的实验表明重组确实稍微减少了适合度；然而，在**重组负荷**的程度方面几乎没有其他的证据。

只有等位基因的关联是非随机的有性生殖才会影响群体

有性生殖和重组将基因重新排列组合。一个简单的例子是，一个位点上的杂合子 Aa，产生两种类型的基因，A 和 a。如果这些遗传单位是随机的，将会产生群体内 3 种不同的基因型。这里，通过减数分裂产生了单倍体配子的一个多样的群体，并且通过随机组合这些配子结合产生了多样的二倍体后代群体。重组向不止一个位点提供了更多的多样性。两个位点上的杂合子 AB/ab，产生了 4 类配子（ab、aB、Ab、AB），这样就可以产生 10 种不同的二倍体后代（AB/ab 和 Ab/aB 是不同的）。如果有 $n=10$ 的位点，那么将会有 $2^n=1024$ 种不同的配子和 $2^{n-1}(2^n+1)=524\,800$ 种不同的二倍体基因型。如果在一个异型杂交群体内的一个个体有成千上万的位点是典型的杂合子类型的话（对于人类有 $n\approx2.3\times10^6$），那么很明显将会产生很大数目的基因型。

有性生殖和重组是产生多样性的强大机器。此外，与突变相反的是，这种多样性是重排那些存在的基因型里工作得很好的等位基因。从单个基因的角度来看，有性生殖和重组打乱了这些遗传背景。单个位点上的两个等位基因，每一个基因都能与 A 或 a 配对，若是很多个位点，每一个基因都能与其他位点上的等位基因进行随机组合。这种随机化现象使得选择作用于个体基因的平均效应而不是整个基因组的联合效应（第 14 章）。这里与实验设计非常类似。为了估计在多样条件下新种作物的产量最好在所有的处理组合下进行生长实验（受精、土壤类型等）。

这些直觉的争论倾向将变异作为自然选择的材料来源，这是 19 世纪末由 August Weisman 提出来的，直到 1970 年才毋庸置疑地被人们所接受。然而，人们做了很多努力才明白重组是怎样被选择来维持这种变化并且理论框架也只是最近才变得明朗起来。关键的概念就是只有当**哈迪-温伯格平衡（Hardy-Wennberg proportion）**和**连锁平衡（linkage equilibrium）**中有偏差时，有性生殖和重组就能改变群体的组成。换句话说，在单个位点上的两个不同的等位基因或不同位点上的等位基因之间肯定有着联系（第 15 章）。如果我们考虑单个位点的话，处于哈迪-温伯格平衡的群体将会保持不变的比例即使生殖是完全无性生殖类型（aa 产生 aa，Aa 产生 Aa 等）。而移向有性生殖并没有效应，因为尽管每一个个体产生多样的后代，但群体的总体成分是不会变的（图23.11A）。同样的争论可以应用于多个位点（图23.11B）。重组的作用在于降低连锁不平衡，但一旦有连锁平衡将不会保持不变。

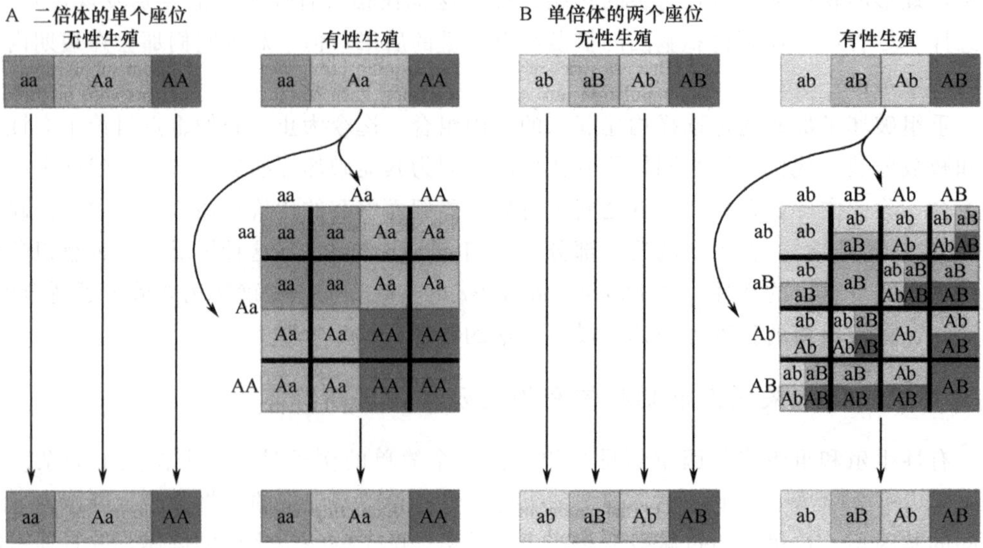

图 23.11　只有基因之间存在非随机联系时，有性生殖和重组才改变群体的组成。(A) 在一个位点上，有性生殖对处于哈迪-温伯格平衡的群体没有效应。左手边的图说明无性生殖每一个基因型产生了相同的后代。右手边的图说明有性生殖。4×4 的图说明了 16 种交配方式及其后代：aa×aa 产生 aa 的后代（上左），Aa×Aa 产生 aa∶Aa∶AA 为 1∶2∶1 的比例等。如果交配是随机的话，那么下一代的比例还将处于哈迪-温伯格平衡。(B) 简单说来，如果有连锁平衡的话，有性生殖和重组并不能改变单倍体基因型的比例。正如图 A 所示，但现在有两个位点则会有 4 种单倍体基因型（ab、aB、Ab、AB）。

我们集中于位点之间（如连锁不平衡）的相关性是怎样产生的以及重组是怎么样通过打断它来获得优势的。表 23.1 表明了简单的分类将会引导我们接下来的讨论。栏中展现了可能产生连锁不平衡的过程，这些连锁不平衡过程也是重组在起做用。选择有利于一定组合的等位基因（称之为**上位**）；迁移也许会使一个群体的一部分基因的组合带入另一个群体；并且随机漂变将导致基因型频率的随机波动从而在等位基因之间会产生随机的相关。这说明了涉及作用于等位基因的选择种类（清楚的是，在适合度上没有效

表 23.1　重组进化的经典模型

选择形式	连锁不平衡产生过程	
	上位	随机漂变
有害突变	突变负荷的减轻	缪勒氏齿轮 背景选择
波动选择	波动上位，如宿主-寄生物之间的共进化	同胞竞争
优势等位基因	数量性状上的稳定选择	Fisher-Muller 争论 搭车效应

应的中性等位基因是无关的)。我们也许关心有害突变的消除，对于选择在时间和空间上的回应或者在有利等位基因或数量性状的直接选择作用。在下面的部分，我们讨论几个模型，它们在表 23.1 中进行了分类。

亲缘之间的竞争有利于基因型的多样性

几个理论都关注家族内或大的亲缘群体内的多样性优势。在两种方式上多样性是有优势的。第一，一个遗传多样性的家族在其居住的范围内可以更有效地使用各种资源，因此可以抚养更多的后代。在第 18 章和第 19 章我们说明了当不同的遗传型开发不同的资源时，潜在的遗传变化可以通过**频率依赖型选择**保持。这可以从作物变异品系混合的产量比其纯种要高得多，以及比较有性生殖和无性生殖群体多样性的差异中找到证据。第二，另外一个稍微不同的可能性是，来自多样家族的幸存者会更有活力因而在生命后期表现更好。这可以与买彩票进行类比，因为从一个家庭的观点来看，最好的策略是选择不同的号码，这样每一个都有赢的可能而不是大家选择一个号码。

尽管这些理论看似正确，但它们不能对有性生殖的普遍性给予一个通用的解释。困难在于亲属之间必须相互竞争同样的资源。遗传多样性在大的群体里可以增加适合度，但增加重组的修饰基因则不会增加多样性，所以增加重组的修饰基因通过直接选择是不会增加的。依赖于亲属之间竞争的解释只能应用于一小部分物种。此外，物种间有性生殖的分布并不表明任何与同胞之间竞争程度相关。

这些理论依赖于那些将群体随机分割为一个个小群体产生的连锁不平衡。每一个家庭有两个亲本正好有 4 个随机的基因组（认为二倍体）。有性生殖和重组在后代之间产生很大的基因型数目，实质上是通过打断群体内发生的极端随机漂变产生的连锁不平衡。因此，不管什么时候群体分为小的群体时，同样的理论都可以说明。然而，尽管模型看似正确，对于有性生殖和重组的一个强大的优势就是需要大的群体的分割和依赖选择的高频率。

变动的环境一般不会有利于有性生殖和重组

有人也许认为通过时空的选择变动会有利于重组，适应混杂的和不能预测的环境会有利于混杂基因组合。然而，正如我们在第 18 章见到的，波动选择自身并不能维持多样性。同样的方式，我们将明白波动选择需要特别的条件来维持重组。

Maynard Smith 借助于一两个基因的简单模型来进行讨论，每一个基因适应不同的环境条件（如冷对热和潮湿对干燥）。新生个体由于出生在不同环境的地方而受到相应的选择，它们在成年时又在一起随机进行交配（图 23.12)。如果环境波动因而适合度也在波动的话，那么在最简单的情况下每一个位点上携带有最大几何数适合度的等位基因将会被固定。如果要保持变异，那么选择肯定有利于稀有等位基因。如果从每一个环境出现的数目分开调

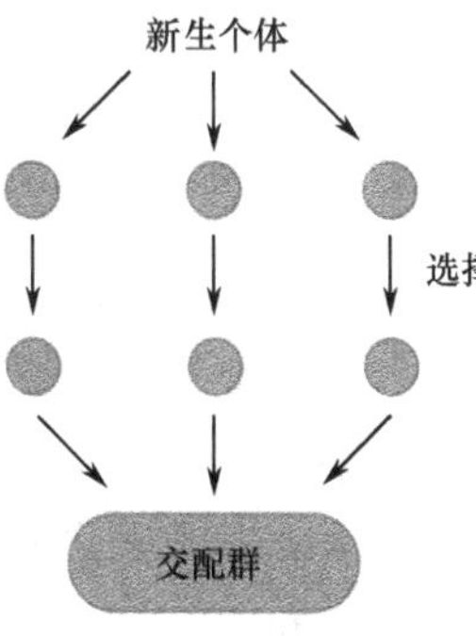

图 23.12 一个简单的关于经历混杂环境的群体模型。

控的话，那么这肯定是增加的。换句话说，如果没有上位将不会有连锁不平衡来驱动重组的进化。然而，如果在环境之间没有持续的相关性的话（如冷的环境会潮湿，而热的环境会干燥），那么将会有持续的上位因而重组将会是不利的（图 23.13B）。这是因为重组打断了通过选择建立起的有利基因之间的组合（带有“潮湿”的“冷”相关的等位基因，带有“干燥”的“热”相关等位基因）。这种重组负荷导致间接地对减少重组的选择。

对于在此模型里重组的增加，肯定是在多位点保持变化的那种频率依赖型选择并且关键的是，每隔几代之后肯定会有改变方向的上位（图 23.13C）。在一代中，选择倾向于带有“潮湿”的“冷”和带有“干燥”的“热”，但不久又倾向于相反的联系。然后重组便获得优势，因为其打断了曾经受欢迎的基因组合，这种组合现在是不受欢迎的（图 23.13D）。

这种模型对于有性生殖和重组是古怪的，因为重组通过干扰选择来获得优势。加上波动的上位，对于选择的反应是不利的，因为将会倾向于不同基因的组合。这表明寄主和宿主之间的共进化能够产生反常类型的选择：寄主适应宿主当前比较普遍的基因型，因此这些基因型在未来更容易被感染。在物种之间的这种持续斗争称为红皇后进化。

我们在图 18.24 见到过这种宿主和寄主之间的共同进化的例子，在非有性生殖蜗牛 *Potamopyrgus antipodarum* 的群体里，如果是一样的克隆很容易受与其生活在一起的寄生虫感染。这些蜗牛非常有趣，因为在一些群体中二倍体异型交配的有性生殖个体与三倍体无性生殖克隆可以共同生活在一起。有性生殖的频率与受感染的水平是非常有关系的（图 23.14），这也表明宿主寄生物之间的共进化的确对这些蜗牛的有性生殖有利。然而，没有任何证据表明这种优势是通过上面总结过的受欢迎基因的组合和波动来起作用的。一般来说，计算机模拟宿主和寄生物共进化的确显示了有性生殖的优势要大于无性生殖，但这并不表明这是因为波动上位引起的。在下一章节中，我们将会讲到有性生殖和重组是怎样通过有利选择来获得优势的，这首先是由 Weimann 提出来的，也许红皇后进化是对于适合度变化起着重要的作用，因为这些有道理的模型都需要这种红皇后进化。

当存在负连锁不平衡时重组增加了适合度的加性方差

Fisher 的基本理论认为因为选择而增加的平均适合度等于适合度加性遗传方差除以平均值。加性遗传方差因而是群体中衡量有用方差的关键。只有当其增加适合度中的加性遗传方差时，重组才有利于自然选择。我们已经解释过如果没有连锁不平衡，那么重组在群体上将不会有效应，并且特别是不改变适合度的方差。在这部分，我们解释如果重组通过增加对于选择是有利适合度加性遗传方差来获得优势的话，那么就需要一种特殊的连锁不平衡。

我们将增加适合度的主效应标记为“＋”而减少的则标记为“－”。如果有正相关则以“＋＋”和“－－”表示，那么适合度的方差要比连锁平衡的高，因为这些极端的类型都过度呈现了（图 23.15A）。重组将打断这些联系所以也将减少适合度方差而回到连锁平衡的值。相反的是，如果有负相关的话，那么＋－和－＋比期望中的要普遍，适

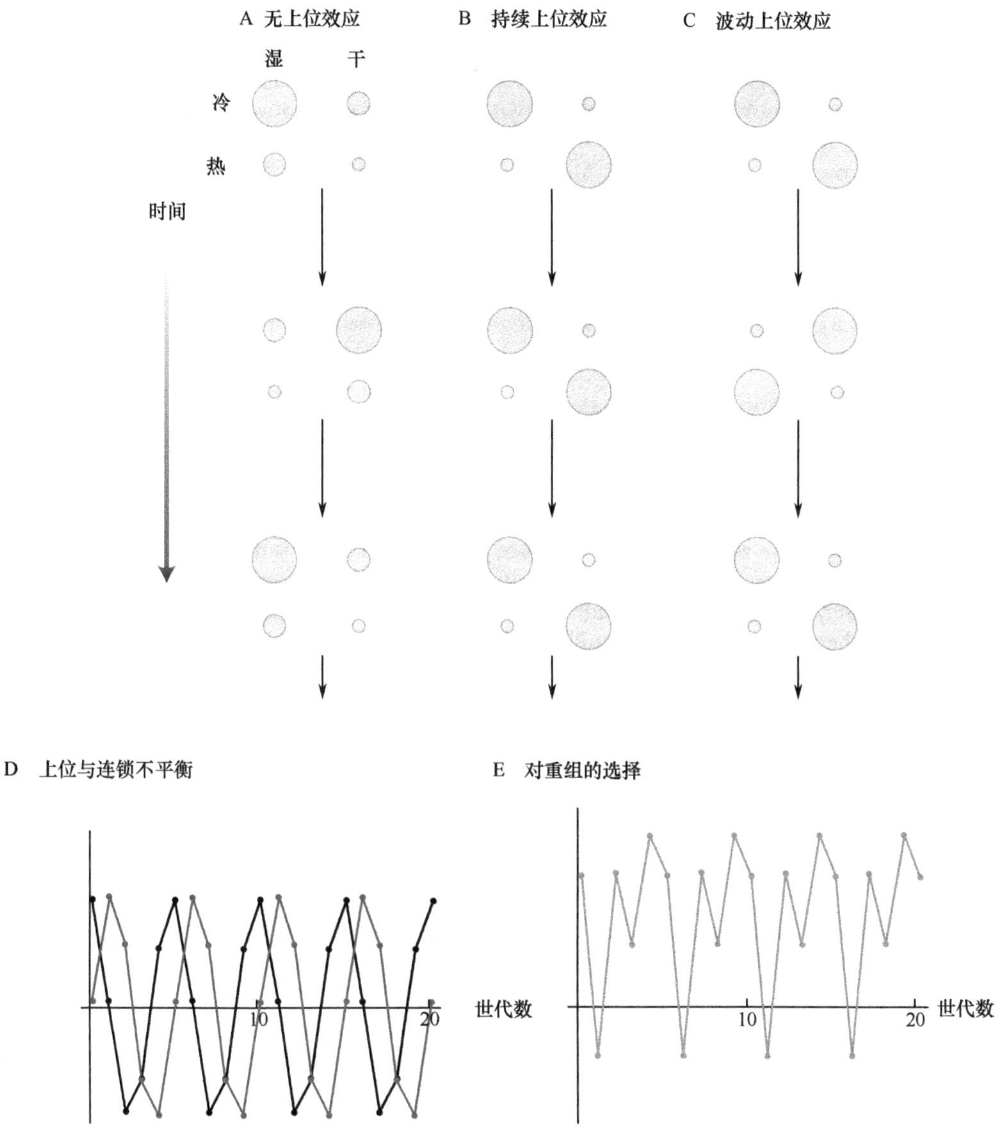

图 23.13　波动选择只有在限制的条件下才倾向重组。一些种类的频率依赖型选择通过有利于稀有基因来保持多样性。这个例子说明的是 Levene 模型，其中年轻个体之间相互竞争不同环境的地盘，进而从每一处地盘产生的数目就是固定的了［用圆圈的大小来表示（A～C）］。(A) 假设选择作用于决定对两种环境因素适应的两个位点，如果这些因素之间没有关联的话，那么将不会有上位，将不会产生连锁不平衡并且重组将没有作用和影响。(B) 如果这些因素之间有持续的相关的话，那么将会有不变的上位并且抑制选择重组因为其打断了有利基因的组合。(C) 如果环境因素之间的关系随着时间变化的话，重组将会受欢迎，所以上位效应会变动。(D) 然后，显性上位（黑色）建立起正向的连锁不平衡（灰色），但随着时间的迁移，这些都会变得很强，上位会发生逆转而有利于负向不平衡。(E) 重组的选择强度。图中显示的只是相对值。如果没有连锁，所有的等位基因频率在 1/2，并且上位在 0.1 和－0.1 之间波动，对抗减少重组 0.1 的修饰基因的平均选择只有 0.000 008 4。

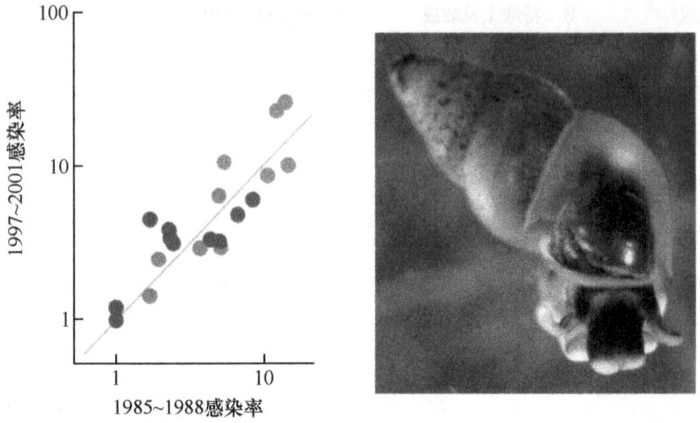

图 23.14 （左图）淡水蜗牛 *Potamopyrgus antipodarum*（右图）的群体，受吸虫类寄生虫感染很严重，所以更倾向于含有有性生殖个体。（深色圆圈）严格意义上的无性生殖群体；（浅色圆圈）混合的无性生殖和有性生殖群体。感染水平 10 多年来都保持不变。

合度的方差也因此而降低，所以重组会试图去增加其值（图 23.15B）。

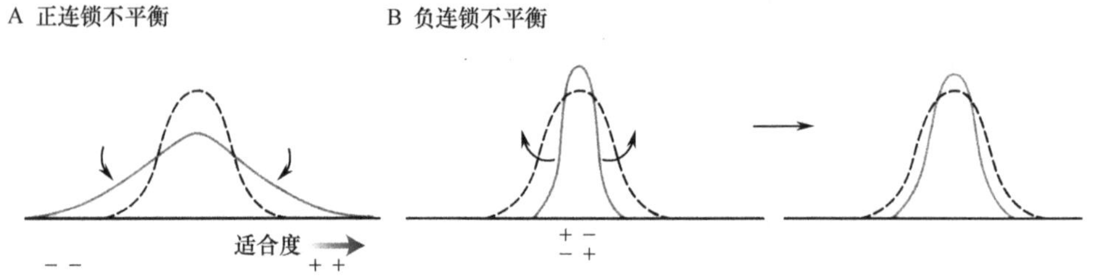

图 23.15 重组对适合度方差的效应取决于连锁不平衡是正的还是负的。（A）如果＋＋和－－组合是过度的话（即正连锁不平衡），那么方差将会比随机组合的等位基因（短划线）要高很多。重组因此会减少方差（箭头）。（B）相反的是，如果是＋－和－＋的组合过度的话（即负连锁不平衡），那么方差将会比连锁平衡要低很多（短划线）。并且重组会增加方差（上图）。

我们定义连锁不平衡为正或负是根据等位基因在适合度上的效应来得出的。只有存在一定种类的直接选择并且因此增加了适合度中的加性方差，这种等位基因标记为“＋”或“－”才会有意义。在前一部分，我们集中于上位效应并且说明了只有上位效应在正确的时间范围内波动的话，上位效应本身才会有利于重组。这里我们概述的机制与其有很大的不同。它依赖于定向选择与负连锁不平衡之间的相互作用。

现在我们明白一种普遍的方式，即重组能够增加一个群体的适合度，自身也能够通过间接选择来增加（图 23.16）。如果在有利等位基因之间存在负的连锁不平衡的话，那么重组将会增加适合度的加性方差从而引起对选择的快速反应。这可以赋予整个群体优势从而也解释为什么无性生殖群体竞争不过有性生殖群体（如在图 23.14 中的 *Potomapyrgus* 例子）。此外，一个增加重组的等位基因将会找到与其产生有利组合的基因，所以也会随着它们而增加。如果修饰基因与被选择的基因紧密连锁的话，那么间接选择的作用是非常大的，从而借助于这种间接选择对重组赋予了个体水平上的优势［回顾同样类型的间接选择作用于修饰基因的速率（图 23.2B)］。

理解为什么连锁不平衡倾向于负的这才是最关键的，因为它可以与选择相互作用。为什么在不同的基因组内会发现比期望更多的有利等位基因？本质上来说，有两种类型的解释：一个是基于选择的决定论；另一个是基于遗传漂变的随机效应（表 23.1）。

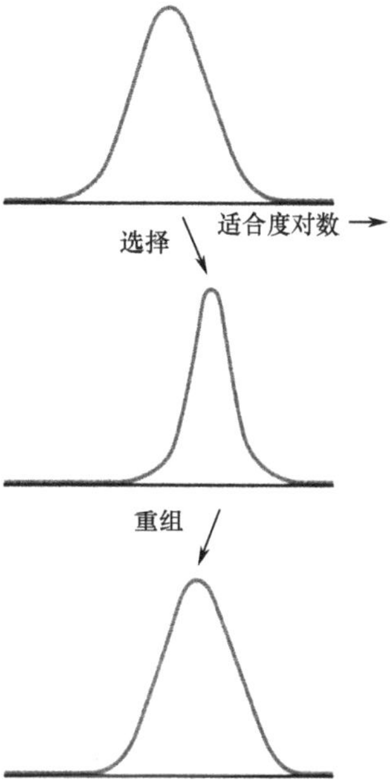

图 23.16　选择和重组的结果就是适合度分布的变化。选择增加适合度平均对数值的程度等同于适合度中加性方差。如果选择倾向于负相关，就会产生负的连锁不平衡从而减少适合度的方差（图 23.15B），因此也减少未来对定向选择的反应。重组通过打断有利基因组合从而造成适合度对数值的减少。增加重组的修饰基因之所以受到欢迎是因为它们与适合度中的适应性变异相关即使它们也与即时的重组负荷相关。

通过上位效应或漂变产生负的连锁不平衡

最直接的可能性就是存在负的上位效应；换句话说，选择倾向于（＋ －）和(－ ＋)的组合（图 23.16）。然而，这种上位并不很强，否则的话立即产生的重组负荷将超过因为适合的加性方差增加而带来的长期优势。当然也存在一些用负上位来解释的理由。例如，如果数量性状特征是处于**稳定选择**之下的话（注解框 17.3），那么选择将会拮抗＋＋、－－的组合并且负相关将会发展。然而，迄今在上位的迹象和程度上很少有直接的证据（图 23.17）。

随机遗传漂变的确会分离有利等位基因从而产生负的连锁不平衡。如果我们考虑新的有利突变进入到无性生殖群体的极端例子的情况，这是很容易明白的。R. A. Fisher 和 Hermann Muller 提出这样的突变必须要一个接一个积累起来。如果几个有利突变在同一时间产生的话，它们也将在不同的基因组内产生，所以其中的一个将会被固定（图 23.18B）。此外，如果促进重组的修饰基因与其产生的有利组合相关的话，那么将获得优势（图 23.18B）。

这种对于有性生殖和重组的优势源于随机遗传漂变。如果群体极大，那么在每一代中双突变就会产生并且重组将不会使其在一起。单独的随机遗传漂变产生随机的连锁不平衡，平均来看没有相关性是正或负的趋势。然而，正相关（＋＋、－－）通过选择会迅速地被清除掉，而负相关（＋－、－＋）会持续更久，因为它们之间在适合度上几乎没有差别。因此，久而久之，负相关逐渐积累并且减慢了选择。

总而言之，如果有性生殖和重组是通过增加选择的功效来获得优势的话，那么其需要负连锁不平衡。上位选择能够产生负连锁不平衡，但并不清楚的是为什么普遍都需要这样。随机遗传漂变的确导致干扰选择的负相关，但并不清楚的是当地群体是否足够小或者选择性清洗的频率是否足够从而能够对大范围分布的物种大有好处。

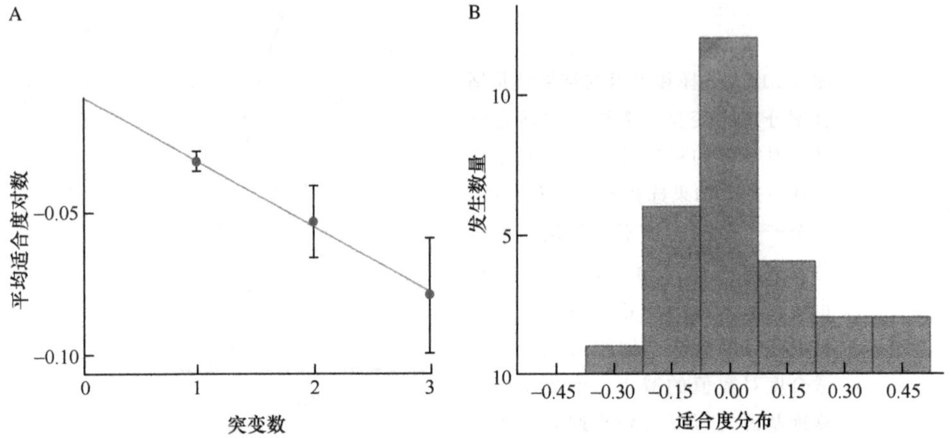

图 23.17　大肠杆菌（*Escherichia coli*）中的一个例子说明没有系统性正或负的上位性。（A）基底群体在葡萄糖限制的培养基上已适应了 10 000 代（图 17.32）。转座子元件随机地插入 1、2 或 3 个位点从而产生了 225 个突变品系。平均适合度的对数值与突变数目呈线性关系，说明每一个额外的突变效应是独立于已经存在的突变数目的。（B）在单独分开的实验中，组合不同个体的突变对数和对数的适合度比上通过增加其个体效应所期望的适合度。这些存在显著性差异（提示显著性的上位），但没有趋势表明系统性的正或负上位性。

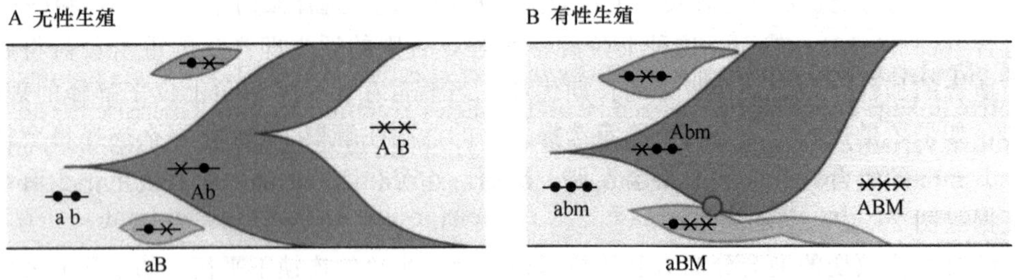

图 23.18　Fisher-Muller 理论。（A）在无性生殖群体里有利的突变必须有顺序地建立。例如，如果等位基因 A 注定要被取代的话，那么任何一个在其他位点上发生有利的等位基因（如 B）只有在基因组内与 A 一起发生，才能被固定。（B）在有性生殖群体里，不同位点上的有利突变可以组合起来；这也导致了引起有性生殖和重组的修饰基因的优势地位。一个有利等位基因 B 与一个不利的等位基因一起被固定如果其能重组到与 A 相关（红色圆圈）；如果这需要一个修饰基因 M 存在的话，那么等位基因 M 将通过搭便车效应而增加。

在下一部分，我们将在不同的方面考察产生负相关的过程；所有的这些模型都在表 23.1 中有描述。

随机连锁不平衡扩大了遗传漂变的效应

通过将随机连锁不平衡看做产生随机遗传漂变的额外来源，这样我们也能理解为什么随机连锁不平衡会干扰选择。这个思想首先是由 W. G. Hill 和 Alan Robertson 在 1996 年提出来的，称为**希尔-罗伯森效应**。

在第 9 章中，我们明白了一个位点上的选择会导致在其他位点上的随机扰动并且平均上会减少遗传多样性。在一个完全的无性生殖群体里，当有利突变与产生突变的唯一基因组固定的话，那么所有的变化都会丢失。而在有性生殖群体里，选择性清洗会消除基因组限制区域内的突变（图 19.17）。相反的是，消除有害突变会减少连锁位点上的变化，这一过程称为**背景选择**。从单个基因来看，在遗传背景上适合度的随机效应导致其增加或减少而不管在适合度上的直接效应。

在一个位点上的选择实际上会在连锁位点上产生随机遗传漂变的思想通过由适合度随机变化引起的基本漂变就可以理解了（第 15 章）。通常我们认为变化的存在是因为随机性，不论是生物个体的产生还是个体基因在减数分裂时的传递。换句话说，将适合度看做数量性状的话，我们只考虑变化的非遗传环境成分。然而，变化的可遗传成分同样起作用。此外，因为在好的或坏的遗传背景上存在的效应能够持续很多代，这种适合度上继承的变化产生不成比例的漂变程度（图 23.19A）。因而，即使适合度中变化的可遗传成分（如适合度的遗传能力）是非常小的，它仍然能够对随机遗传漂变起巨大的作用。事实上，在第 15 章，我们讨论过了至少在大量物种的那种可能性，大多数的随机漂变是因为在一些连锁位点上的某些方式的选择。

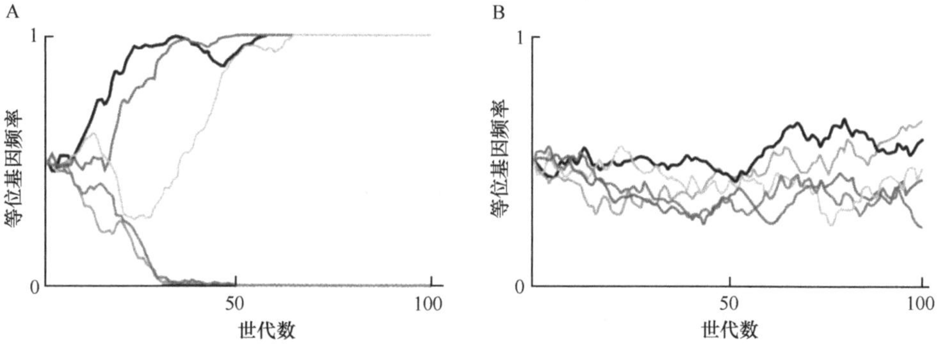

图 23.19　适合度中可遗传变异增加了随机遗传漂变的概率，即希尔-罗伯森效应的过程。(A) 中性等位基因频率随机增加或减少因为它们与固定或未固定的遗传背景相关。例如，一个复制子（绿色）在 30～50 代是稳定增加的，因为它正好适合背景。而在 5 个复制子之间，中性变化到了 70 代就消失了。这个模拟显示了一个 400 个基因组的群体，相对适合度中的方差为 0.1，重组率为 0.05。(B) 若没有选择的话，等位基因频率的波动从一代到另一代并不相关，所以中性变化可以持续很久。

目前为止，我们已经讨论过了**中性位点**。然而，因希尔-罗伯森效应引起增加的随机漂变也影响被选择的位点并且有一种干扰选择的倾向。如果某些人认为选择就是试图挑出那些整体上有高适合度的基因的话，那么任何随机噪音的来源肯定会干扰这种度量。不断增加的随机漂变一方面将会减少有利基因被固定的可能性，另一方面会增加有害基因被固定的概率（图 18.6）。选择事实上在果蝇的基因组内不是很有效的，因为果蝇重组率很低。

试想一个位点上的选择是引起其他位点上的随机漂变的话，这就等同于假设在有利等位基因之间存在负连锁不平衡。这里和前一部分概括出的两种方法是对相同过程的不同看待方式。我们现在转到具体的例子和作为有利选择过程中重组的具体证据。

有利等位基因通过重组而组合在一起

如果选择或漂变产生负的连锁不平衡的话，那么当重组起作用的时候，对选择的回应就会很快，这种预测已在果蝇（图 23.20）和体外（图 23.21）实验检验过。事实上，遗传算法通过在竞争性电脑程序之间进行选择也是一种进化软件（图 17.13），依赖于程序之间的重组产生合适的变化。

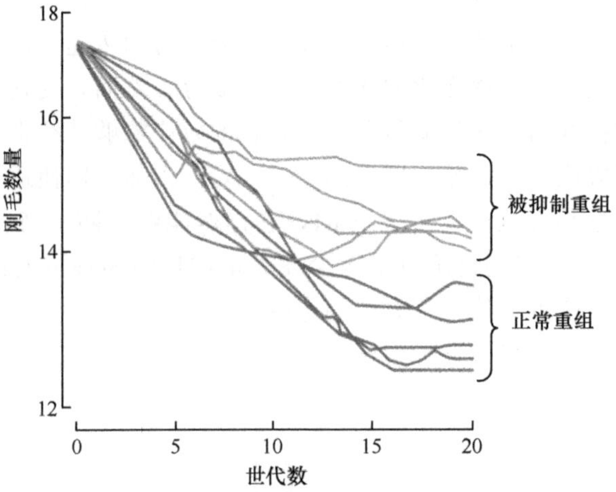

图 23.20　常染色体之间的重组因为使用平衡染色体而被抑制，所以黑腹果蝇中减少刚毛的选择不是很有效。

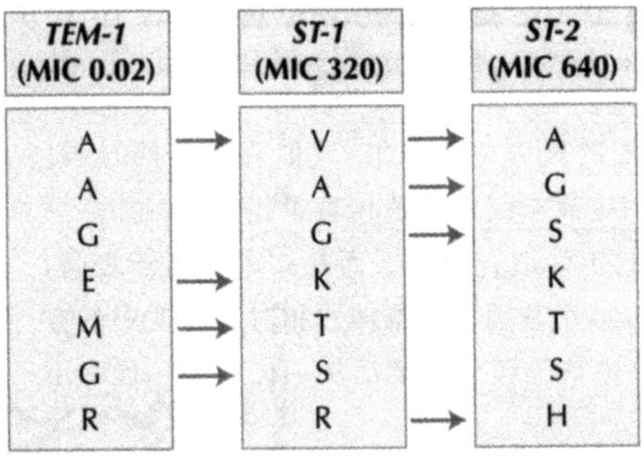

图 23.21　重组选择抗生素基因是非常有效的。在体外实验 *E. coli* 中的 β-内酰胺酶基因 *TEM-1* 抵抗抗生素氨噻肟头孢菌素能力很差。拮抗 *E. coli* 中带有这种基因的最小抑制浓度（MIC）为 0.02μg/ml。这个基因可以被打断为片段并且可以为 PCR 反应所扩增，这也导致了片段之间的重组和引起的突变。这个过程重复三次并且产生 *ST-1* 基因，从而使得抗性增加了 16 000 倍。这里有 4 个氨基酸的替换，也有 4 个沉默改变和一个增加启动子区长度的突变。在大量野生型 DNA（一种“回交”）存在情况下，两代的重组不仅消除对于抗性来说没有必要的突变，而且有了长远的氨基酸替换从而使抗性加倍，最终的产物比先前发表的 *TEM-1* 衍生基因要多 64 倍的抗性；一个相似的实验单独使用突变只有 16 倍的抗性提高（字母表示已进化的氨基酸位置）。

这些实验并没有准确说明重组是如何增加适合度中加性方差因而增加了对选择的回应。这个问题已经在一个实验中解决了，这个实验中绿藻 *Chlamydomonas reinhardii* 的群体扩增了近 200 代。开始时，这些群体遗传上是一样的，所以适应取决于新的突变。一组群体进行有性生殖而另一组保持严格上的无性生殖。两组都经过了可变群体大小的瓶颈。无性生殖群体当经过不是很严重的瓶颈时要适应得更快点，但斜率的减小正如群体的增加一样（图 23.22A）。这大概是因为在小的群体里很少产生有利突变所以相互之间并不干扰。然而，随着新突变掺入率的增加，它们将开始相互干扰，所以它们正如 Fisher 和 Muller 所预测的那样正以逐渐缩小的趋势回到增长的群体（图 23.18A）。相应的是，有性生殖在小的群体上几乎没有优势，但可以在大的群体里进行快速适应（图 23.22B），大概是因为可以携带有不同的有利突变，正如图 23.18B 所示。

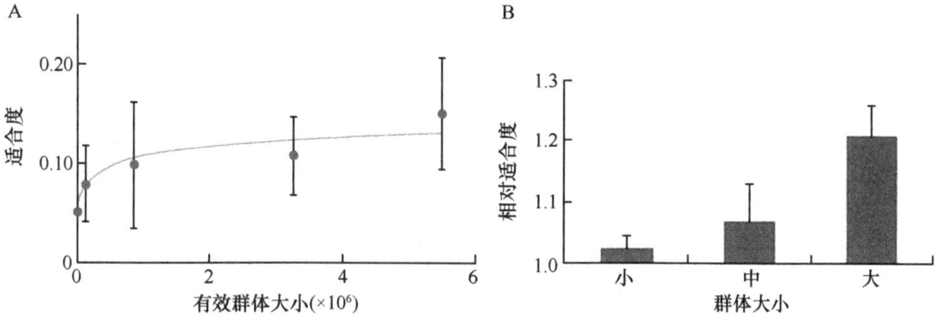

图 23.22　(A) 适应新的培养基之后的无性生殖群体的适合度的增加与它们有效群体大小的比例。(B) 相对于同样无性生殖群体的有效群体大小的有性生殖系的平均适合度。

如果重组的确是增加对于选择的回应，那么我们就有理由期望进化出高重组率，因为增加的重组搭车效应伴随着它们产生有利基因的组合。这可以通过观察家养动物比起它们的近亲在减数分裂期间有更多的交叉而得到印证（图 23.23），并且实验室群体的重组率受人工选择的影响也在增加（图 23.24）。

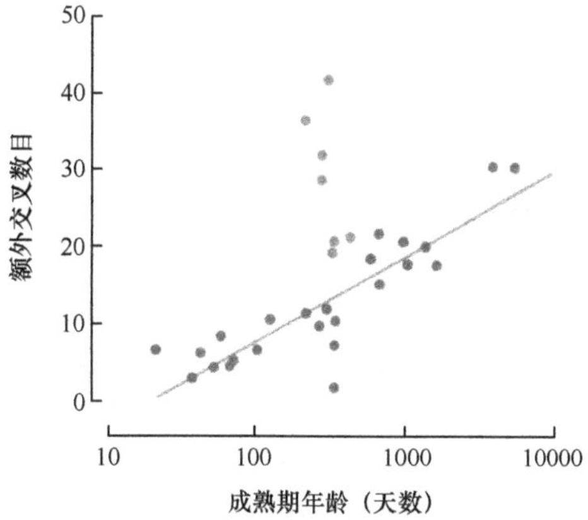

图 23.23　家养动物的物种（蓝色）比起野生型动物（红色圆圈和灰色的回归线）在成熟期有很多的交叉。这个图表明了交叉的数目减去单倍体的染色体，因为对于每一个染色体需要在一个交叉上进行合适的分离。

多种证据支持了理论上的预测，即重组和有性生殖可以获得优势因为它们有利于选择。然而，不管这种优势是否足够强而能超过在前面描述的有性生殖和重组各种各样的代价，取决于直接选择的净效应，这可以通过适合度中的加性方差来衡量，这个问题目前我们没有什么好的证据。

没有有性生殖就会积累有害等位基因

所有的群体如果要存在于这个地球上必须要持续不断地消除有害突变。如果有重组的话，那么这种消除会变得更加有效。在这一部分，我们将会了解有性生殖和重组的主要功能就是阻止突变的致命积累。因为所有的生物都承受突变负荷，这也是对于近年来一直关注的有性生殖的一个吸引人的解释。

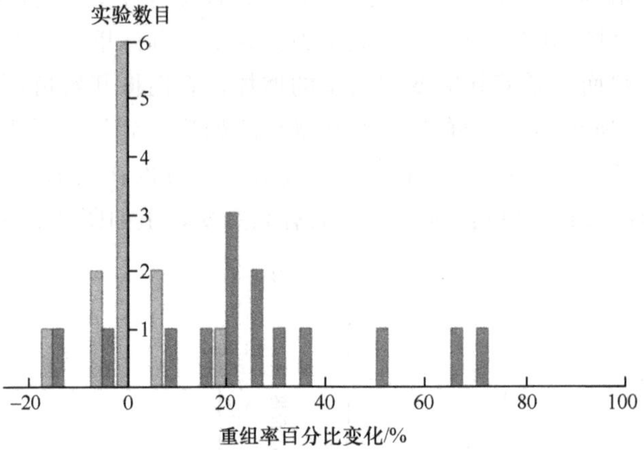

图 23.24 当群体进行人工选择随机性状时，重组率就会增加（如苍蝇穿过迷宫的能力），这里总结的是几个研究的平均，对于 50 代的选择，约 100 个个体的群体。蓝色，没有显著性的结果；红色，有显著性的结果。

有性生殖可以减少突变负荷。如果突变总是从好到坏的话（一个合理的近似），那么一个无性生殖的群体是以因子 e^{-U}减少的，这里的 U 是基因组的突变率。如果影响适合度的不同突变的效应总乘的话，那么有性生殖将不会发挥作用，所以也没有连锁不平衡。然而，如果存在负的上位的话，那么随着突变数目的增加，每一个额外突变的效应会变得很严重，然后负的连锁不平衡就会产生。重组打断了这些从而大大地减少了突变负荷（图 23.16）。比起无性生殖来说有性生殖有一种群体水平的优势并且也间接选择了增加重组率的修饰基因。

Alexey S. Kondrashov 认为如果整个基因组上的突变率 U 很高的话，那么突变负荷的决定效应在维持有性生殖和重组方面肯定很重要。在那种情况下，除非既有负的上位又有有性生殖存在，否则群体将不能存在。对于带有大的功能基因组的生物来说，整个突变率必须足够高。然而，大多数生物突变负荷由于太小而不能对有性生殖和重组间接选择（第 19 章）。此外，不同种类生物的实验表明突变之间的负上位几乎没有证据（图 23.17）。

借助于希尔-罗伯森效应，随机的连锁不平衡也能够干扰选择。我们已经明白了任何种类的选择都会导致在连锁位点上的随机波动，有机会的话就能固定有害突变。对严格意义上的无性生殖群体来说，这种效应是极其严重的。为了更好理解，我们考虑一个简单的模型，即只有一种方式的突变和倍增的适合度。这个群体将会接近平衡分布，在每基因组有 U/s 个突变（注解框 18.2）。例如，抵制有害等位基因的选择系数 $s=2\%$，基因组突变率 $U=0.1$，那么每个个体平均携带的突变等位基因的数目为 $U/s=0.1/0.02=5$（图 23.25）。

Muller 指出即使在一个很大的群体里，也必须以一种称为**缪勒氏齿轮**的过程来积累有害突变。没有携带有害突变群体系数为 $e^{-U/s}$，如果 U/s 很大的话，那么 $e^{-U/s}$ 是很小的（如果 $U/s=5$，$e^{-U/s}=0.0067$，若 $U/s=10$，那么 $e^{-U/s}=0.000\,045$）。因而，最适应的基因型可能会偶然丢失，而一旦丢失的话再也不能复原了。正如我们在图 19.19 中见到的，整个群体必须追溯其祖先直到最适合的那一类，即使那一类非常罕见。一旦最适应的种类丢失了，这个过程又重新开始，但所有的个体携带了额外的一份突变（图 23.25）。即使群体的大小很大，以百万计，微弱的选择性突变也会积累。简单来说，无性生殖群体不能够阻止带有适合度效应小于$s=U/10$ 的等位基因的积累。

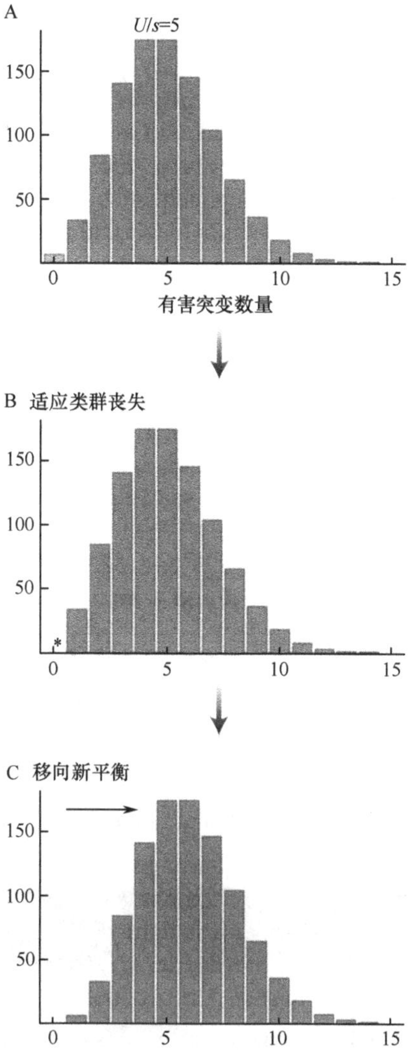

图 23.25　在无性生殖群体里借助于缪勒氏齿轮，有害突变积累。(A) 突变之间的平衡，$U=0.1$，选择 $s=0.02$，当平衡达到时，平均每个基因组的有害突变为 $U/s=5$。然而，在 1000 个基因组的群体里，平均来说，$1000e^{-U/s}=6.7$ 的个体是没有突变的最左边矩形。(B) 这种最适应的种类最终会偶然消失。如果没有重组和回复突变，那么没有突变的个体不能够恢复。(C) 在缪勒氏齿轮中整体分布会移向右边，并且这个过程还在继续。

Y 染色体退化因为其不能够重组

对于无性生殖长期有害结果的最好证据来自性染色体，因为其不能够重组。为了理解这种证据，我们首先需要明白性染色体是怎样进化的。动植物的祖先状态是**雌雄同体**或者**两性个体**，每一个个体都能产生雄性和雌性的配子（如大多数开花植物从同一个个体产生花粉和种子）。分开性别物种的进化（如雄性个体和雌性个体）是简单的进化转换，因为需要丢失雄性或雌性功能而不是拥有一个具体的新的复杂通路。分开的性别借助多种多样的性别决定机制已独自进化了很多次。在许多群体中，性别是由环境信号决定的。例如，如果短吻鳄的蛋处于关键温度阈值下的话就会发育成雌性个体，否则就发育成雄性。遗传性别决定已经发生了很多次。最常见的是在性别决定位点上，一种性别是纯合的，另一种就是杂合的。雄性若是杂合（在大多数昆虫和哺乳动物里），那么雄性和雌性遗传型可以表示为 XY 和 XX。当雌性是杂合的（如鸟和鳞翅类），它们可表示为 ZW 和 ZZ。我们假设雄性杂合子涉及染色体 X、Y，但同样的争论也可应用在相反的例子。

分离性别的第一步可能是固定导致雄性不育的隐性突变。这就将建立一个雌雄两性花异株的群体，含有雌性和雌雄两性花异株。这种雄性不育突变能够获得一种优势，因为雌性不能自体受精，所以它们的后代不能够承受不育抑制。同样，如果资源分配来产生雄性配子转到雌性的功能，那么后代的数目不需要减少。一旦雌雄两性花异株群体建立，性别比例就会移向雌性功能，所以雄性获得优势因为它们是更稀有的性别。因此，如果与第一个雄性不育位点紧密连锁，一个显性的雌性不育基因就能够建立（图 23.26）。尽管许多现今性别决定机制只涉及一个开关基因（如人类的 *SRY* 基因）或者多个基因，但我们认为这些都是我们刚刚讨论过的两基因系统的精细化。

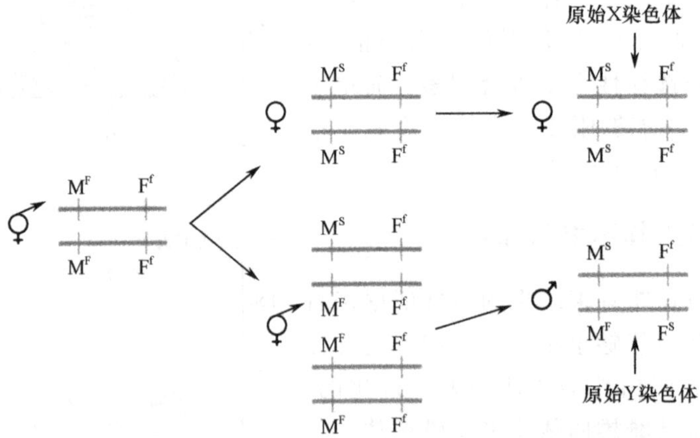

图 23.26　通过两个突变的固定，分离的性别可以从开始的雌雄同体的群体内进化而来。首先，导致雄性不育的隐性等位基因 M^s 产生，纯合子（M^sM^s）就只能产生雌性。其他一些基因型（M^sM^F、M^FM^F）仍保持为雌雄同体，所以形成一个多态性的雌雄两性花异株群体。接下来，一个显著的雌性致死突变基因 F^S 在相邻的位点上产生。现在，个体若是 M^sM^f 纯合子就是雌性，并且要是 M^sM^f/M^fM^S 的杂合子就是雄性。存在对两个位点上的紧密连锁的强烈选择，因为重组基因型（如 M^sM^S/M^sM^f）是完全不育的。

图 23.27　虹鳉鱼雄性个体华丽的体色受到性选择作用，而雌性个体暗淡的体色也受到性选择作用。导致决定华丽体色的基因位点与性别决定的基因位点紧密连锁。

现在很容易观察性染色体的进化。雌性或雄性不育基因座发生重组受到非常强的限制，选择作用避免了产生不育的后代（图 23.26）。选择作用在很大一段区域内限制了重组的发生，就好像雌雄性别决定基因座的染色体区段发生**倒位现象**。同时，该区段上的许多维持多态性的等位基因也是为维持更好性别选择特征而服务，这些与性别决定基因座连锁的等位基因也表现出很强的被选择作用（图 23.27）。这是一个通过上位效应选择而降低重组的**降低原则**的很好例证。

一旦 X 与 Y 染色体之间的重组受到抑制，Y 染色体就处于一个很特殊的地位。雄性的 Y 染色体总处于杂合状态，进而限制了无性繁殖的发生。相反，X 染色体上的基因就可以在雌性个体发生重组。导致 Y 染色体退化的主要原因是由于缺乏重组以及无效的选择作用导致有害突变的积累。导致 Y 染色体上的众多基因停止行使功能甚至完全丢失，以及转座成分变成固定成分。最终，Y 染色体积累了大量的重复序列，位于 Y

上的基因最终可能会完全丢失。为确保基因表达水平的稳定性而进化出基因的**剂量补偿效应**，不同性别之间这一机制是一致的（至少对于没有性别特异性的基因来说是一致的）。真核**哺乳动物**的两条 X 染色体有一条随机失活，而在果蝇上则表现为雄性的 X 染色体上的基因表达水平比雌性 X 基因表达水平高 1 倍。当一条 X 染色体与一条常染色体发生融合时，这条被常染色体融合的同源染色体就被限制于雄性个体而变成新 Y 染色体（见节肢动物，图 18.16）。从而，新 Y 染色体开始新的退化过程。

性进化的结果

这一节将关注重点由性别间重组转向性进化的结果方面。有性生殖产生了许多被认可的显著性特征。最基本的就是：单倍体时期和二倍体时期的交替循环、两性的进化和近亲交配的避免机制。

二倍体时期循环可能是为矫正有害突变等位基因而进化出来的机制

性别进化导致产生了单倍体时期和二倍体时期的交替循环。配子结合将基因组的数目加倍，而减数分裂又使基因组数目减半。但是两个时期的代时相对长度变化很大（图 23.26 和图 23.28）。有些生物表现为单倍体和二倍体阶段一样长的代时，如海白菜类的石莼（图 23.28C），也有可能它们仅仅是为行使不同的角色而分化出来。

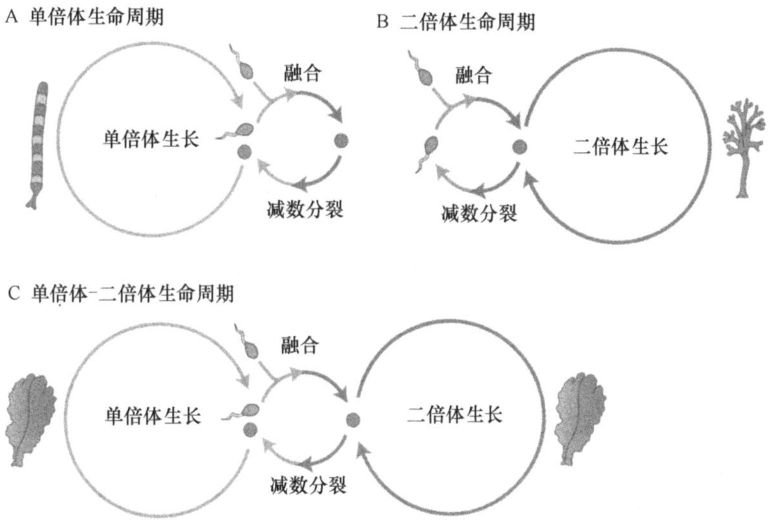

图 23.28　真核生物的生活周期随时间变化在单倍体和二倍体之间循环交替。(A) 多数原生生物的有丝分裂和生活过程都在单倍体阶段，配子融合之后立即就发生减数分裂。(B) 绝大多数动物的生活过程几乎都在二倍体阶段，不存在单倍体阶段的有丝分裂及该种生活过程。(C) 许多生物体在单倍体和二倍体之间交替。这两个阶段的形态有可能相似，也有可能像本图所显示的那样存在显著不同。利用藻类的物种来揭示三种可能性：(A) Ulothrix；(B) Fucus；(C) Ulva。大环代表植物体生长过程而小环代表有性生殖过程。

蕨类中大型的二倍孢子体通过减数分裂产生单倍体孢子并通过孢子传播，之后孢子分化为多细胞的单倍型配子体。单倍型配子体产生出精子和卵子，它们融合之后就开始新一轮的生活周期。

真核细胞是如何从有丝分裂的无性繁殖方式转变为具有配子融合和减数分裂的周期性循环生活方式？目前还不清楚是否先出现简单版的减数分裂并伴随基因组加倍的**核内有丝分裂**（如没有细胞分裂的有丝分裂过程；图 23.29A）。事实上，有许多生物就是这种生活周期方式。需氧单孢体 Pyrsonympha 具有一个无性生活时期，这个时期基因组数目通过核内有丝分裂而增加，之后连续发生几次减数分裂。问题随之产生，为什么生物体要不厌其烦地变换单倍体和二倍体生活时期？

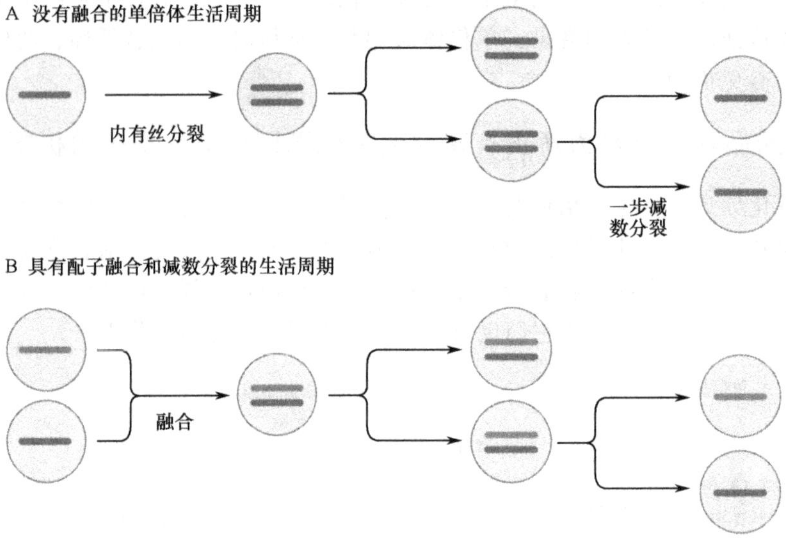

图 23.29 （A）现存真核细胞生活周期性进化的第一个阶段可能通过核内有丝分裂使基因组数目加倍的方式。单倍体阶段能够通过简单版的一步有丝分裂方式产生。（B）携带不同基因组的配子融合方式在后来取代了核内有丝分裂方式。

我们已经看到通过同源重组，拥有两个拷贝的基因组可以修复其中一条双链上产生的损伤（第 12 章）。体细胞的基因组中的一个拷贝发生突变可由另一个拷贝来弥补，因此二倍体可以形成大型的多细胞生物（癌症包含调控基因的多个突变，由于这些突变通常是隐性的，假如人类是单倍体而非二倍体，癌症的这些突变就是致命的）。然而，在营养物质有限的条件下单细胞的二倍体生长比单倍体明显的慢，因为相对于它们的体积而言拥有比单倍体生物更小的表面积。同时，二倍体生物长期积累的突变也是单倍体生物的 1 倍，实际上是因为二倍体比单倍体多携带了 1 倍的可突变基因。在早期的单倍体/二倍体生活周期进化阶段，关键的因素是二倍体具有修复双链上产生的损害的能力而单倍体又具有快速的生长速度。生活周期变换就会根据需求而发生，当 DNA 可能发生损害的时候形成二倍体，而当生长需要的时候形成单倍体。在单细胞真核生物中，事实上二倍体的产生与在苛刻条件下存活而要求休眠孢子囊的形成相关。

为什么配子结合大量地取代了核内有丝分裂作为基因组加倍的方式？我们已经讨论

了有性繁殖的长期优势。然而，配子融合方式将有利于调节和隐性化有害突变的效应；将两个不同个体的基因组结合也可能将不同的突变融合到一起（杂种优势）。因为在二倍体阶段有害突变可逃避选择作用，这种隐性化也具有将有害突变等位基因的频率推高的后果。二倍体最终积累了 2 倍于单倍体的突变。相对于生活周期以二倍体为主的群体，这种突变的积累方式对拥有较长单倍体阶段的群体更有利。生活周期中较长的二倍体阶段能体现出杂种优势，并且增加有害突变等位基因频率的有害效应不会仅限于二倍体，而是整个群体来共同分担。因此，在一个有性生殖群体中，这种长期积累突变的方式也不倾向于延长生活周期中的单倍体阶段（回顾图 23.2，关于突变率进化的类似讨论）。

目前还不清楚为什么如此多的生物拥有生活周期中包括较长的单倍体和二倍体阶段（图 23.28C）。当在不同环境中单倍体和二倍体分别有各自适应优势情况下，这种生活周期交替的方式通常情况下能维持下来（见配子融合之前的单倍体/二倍体交替的早期进化部分）。我们可以看到一些比较全面的模式，如多细胞真核生物的生活周期主要维持为二倍体阶段，这也许就是因为二倍体可以隐性化体细胞突变。

通过大小不同配子分工的两性进化

即使在配子大小相同的情况下也通常会出现不同的**交配型**。例如，在酿酒酵母中存在交配型 α 和 a，在莱茵衣藻中交配型有＋和－之分。只有不同的交配型间才可以成功交配。两性交配型的出现被看做是两性（雌雄性别）进化的早期阶段模式。

交配型的出现是避免近亲交配的选择作用的结果。进行配子融合的两个单倍体细胞表面（至少）包含两个分子（图 23.30）。我们称这两个等位基因为 A 和 B。其中一个个体失去其中一个基因的功能（表示为 aB）后仍然能和 AB 个体交配，但是它不可能再与相同基因型的近亲交配，因此获得了相当的选择优势。同样地，Ab 基因型因为另一个等位基因失去功能后也在群体中产生。一旦 aB 和 Ab 在群体中变得很普遍之后，因为 ab 个体完全不育，选择作用就会促使这两个基因紧密连锁。一旦这两个基因完全连锁之后，祖先单倍型 AB 将丢失，取而代之的是两种交配型（aB 和 Ab）（注：这个过程与因雌雄性别功能分化而形成两种性别的模型相似，图 23.26。性别的产生主要考虑的是多细胞二倍体生物，它们能够产生形态不同的配子。这里我们主要考虑单倍体单细胞生物的更早期的两型配子的进化）。

两性之间还有一个显著的差别表现为细胞器官的遗传方面。在已知的例子中最典型的就是线粒体和叶粒体的遗传都是分别来自两亲本的一方。这不是简单的细胞质遗传的结果。在人类中，大约有 50 个线粒体基因组拷贝由精子贡献给卵子，但是这些拷贝会被专一性地降解。在贻贝中存在两种线粒体，一种由父本遗传而另一种由母本遗传。尽管两性都可以遗传给后代线粒体，但是遗传上仍然是很严格地限制为单亲遗传。在配子形态差别很小的交配中，细胞器的遗传也仅仅来自一种交配型，如莱茵衣藻的线粒体遗传物质只来自－交配型，而叶绿体遗传来自＋交配型。

单亲遗传现象可以被认为是防止自私细胞器传递的一种适应（图 21.4）。一个能清除来自相反配子型中的细胞器的核基因将不再受累于任何交配过程带来的自私成分效应

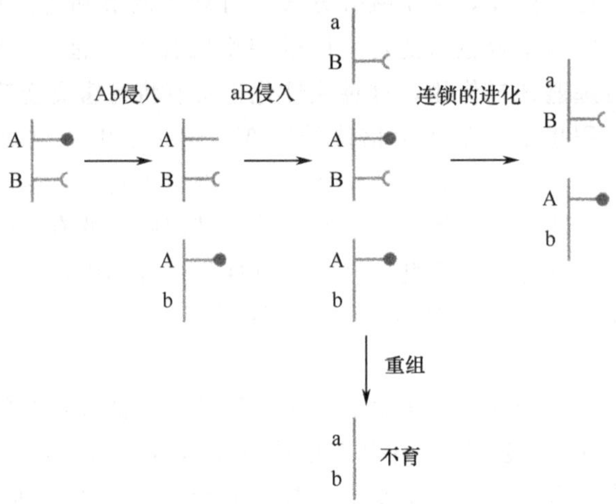

图 23.30 交配型进化可能是通过在两个位点上分别发生一个功能丢失而完成。开始两个分子（A、B）在配子融合过程中是必需的，有个体失去其中一个分子（表示为 Ab）之后获得选择优势，因为它们不再发生近亲交配。互补的基因型也以同样的方式产生。Ab 与 aB 重组产生不能交配的 ab 细胞。因为这两个基因进化成非常连锁状态，导致群体最终只有两种交配型 Ab 和 aB。

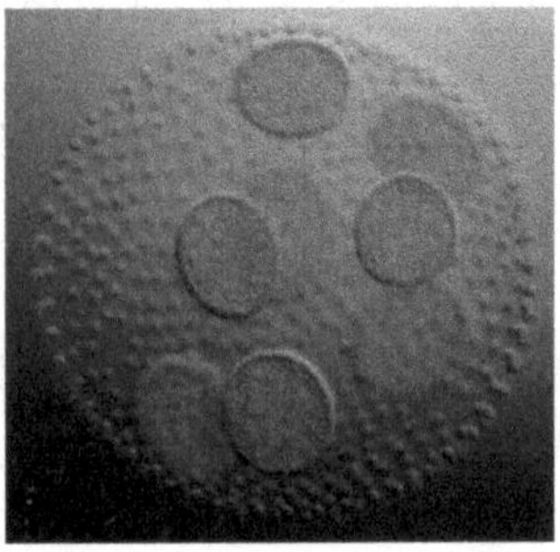

图 23.31 团藻目都是一些有序的藻类，有些团藻形成巨大的细胞群体并伴随一些细胞的特化现象（图 9.1）。形成小细胞群体的种倾向于同配生殖方式，而形成大细胞群体和细胞特化的种，细胞群能产生小的可移动配子和大的卵子。这也支持了异配生殖方式青睐产生大受精卵的理论，因为一个复杂的细胞群体需要由一个受精卵发育成，这种生殖方式是最适合的。图中显示了一个团藻的细胞群体，细胞数目超过 5 万，能看到子细胞群在母细胞群中发育。

的作用。相反地，一旦所有细胞器都遗传自亲本一方，由于它们对寄主依赖的成功，对它们的选择作用就很温和。有趣的是，多交配型形式只出现于真菌类群，因为真菌的配子融合只有核发生融合，不出现细胞质的融合也就不发生细胞器的传递。这种现象是预想得到的，一旦交配过程伴随着细胞器的传递，就不可能进化出超过两种以上的多种交配型（如假如 1 型传递细胞器，那么交配型 2 和 3 的融合就产生没有细胞器的后代）。

产生出两种不同的配子来区分性别差异：小的雄性花粉或精子和大的雌性卵子。为什么如此多的物种进化出两性性别差异而不是保持**同配生殖**或进化成多交配型？最可能的解释是：为提高授精概率需要产生大量数目的小配子，相反地，为提高受精卵的生存能力需要产生少量而较大的大配子，在这两者之间维持一种适应性的平衡。这种平衡的关键在于受精卵的大小与适应性高低成比例，这就促使了向大受精卵方向的进化。这个解释有来自团藻目中不同物种间比较结果的支持（图 23.31）。

我们已经讨论了同配生殖系统下两种交配型、细胞器的单亲遗传特性和异配生殖如何进化出来。一旦这些特征建立起来，能特定地产生雌雄配子的个体进化就开始了；这些多细胞个体的性别可能由环境或遗传因素决定（图 23.36）。不看产生雌雄配子是否由不同性别个体来完成这一方面，性选择阐述了为增加雄性配子成功率而选择出需付出高昂代价的特征（第 20 章）。许多有意思的生物现象也要追溯到两性进化上来。

避免近亲交配而进化出来的多种机制

我们已经看到由于大多数有害突变都是以隐性方式存在，近亲交配将会产生适应能力弱的后代（第 18 章）。因此近交衰退现象具有深远的影响。同时我们也看到配子生殖和相对延长二倍体阶段的好处。这就驱使不同配子型不停地进化和雌雄性别功能的个体分化。这一节我们将关注生物避免远缘杂交的其他一些方式。

图 23.32　*Cyanella alba*（上）和 *Wachendorfia paniculata*（中）类群的多态性来自其手性镜像的左右对称花结构；昆虫用左右手的习惯差异在不同花间传播花粉非常有效。赤道姜 *Alpinia*（下）有些花上午表现为雄性（传播花粉），下午表现为雌性，而另一些花则是相反的表现。第一种变体（左）在上午表现为弯曲向上，以至于柱头不能接触到传粉的蜜蜂，在下午当花粉囊中花粉传播完之后弯曲向下。第二种变体（右）表现与第一种相反。图中显示上午的变体表现形式。

被子植物（开花植物）具有非常特殊的分化交配系统，这是被子植物为最大限度地避免近交衰退的适应性进化的体现。我们已经看到有些类群已经进化出不相容系统，以至于花粉只要与卵子拥有相同的不相容座位等位基因就不能交配受精。不相容系统在被子植物、真菌和纤毛虫类群中是分别独立地进化出来的。

大多数被子植物的雌雄性别功能集中在同一朵花上，因此存在自交的风险。依靠动物传粉的植物的花粉囊和柱头是分离的，以此来减少自交的可能性。但这些方式会降低传粉的效率。花柱异长类群以**不同的方式**将花粉囊和柱头的位置安排，由此避免自交与传粉效率的冲突。现有的花柱异长系统分别有 28 次独立的进化，在有些类群的**三花柱**系统还进化出三种不同的位置安排方式（图 23.33）。因为伴随着**性别比例**和**自交不相容**，频率依赖的选择方式倾向于选择低频率的变种，导致这种系统下的多样性个体间频率最终趋于一致。还有其他类型的多样性系统也已经被发现。左右手性的镜像对称花型的多样性来自三类独立的进化（图 23.32A），一个典型的例子也在最近被发现，两种变体每天都按相反方向不停地变换结构（图 23.32B）。

许多被子植物的花在功能上特异地分化为雌花和雄花，但是雌雄花仍出现在同一个植株上。通过诱使昆虫传粉者在不同植株间来回传播而不是在同一株传播花粉也可以减少自花授粉。例如，同一植株的雌花和雄花不同时开放。当整个植株完全变为雌性或雄性之后，自交就完全避免了。

也有很多被子植物进化出可自交型。因为开始的第一步就发生了以上所讨论的多种避免自交的机制中的某一种，这种进化转变比较直接。例如，因为随机漂变而使 *Eichornia paniculata* 丢失了三花柱系统（图 23.33）。此外，可自交型也获得现实的好处，因为它们能将自己的基因传给后代，但不影响它们与群体内其他植株的交配授精（这种优势叫**自动筛选**，与基因组稀释代价相关）。同时，自交型不存在传粉失败的危机（一种优势叫**繁殖保障**）。因此，自交进化与以上讨论的性进化一样将产生相同的进化问题。

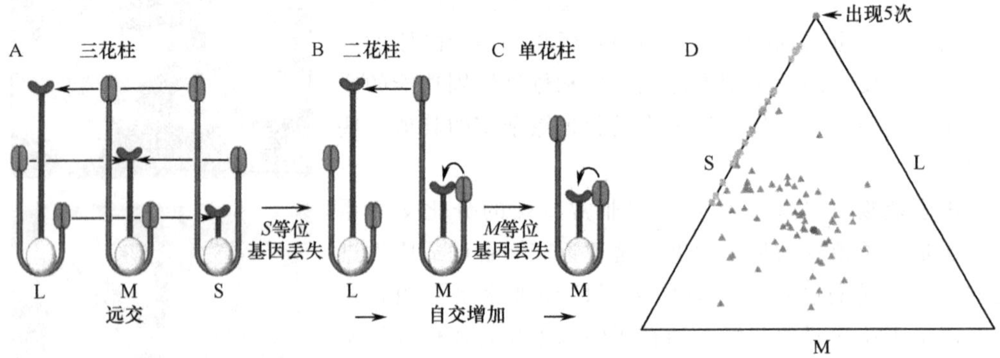

图 23.33　水生植物 *Eichornia paniculata* 为三花柱系统。(A) 具有三种花型，不同形态之间传播花粉非常有效（L、M 和 S）。生活于巴西东北部的群体却丢失了其中一种或两种花型（见 D 图）；这种现象可能是由于小群体中发生了随机遗传漂变。因此，大多数群体保留了 M 和 L 两种花型（蓝色三角形）或仅留下 M 单花型（红点）。二花型和单花型群体包含自交型 M 的变异体，这种自交型变异体的花粉囊和柱头邻近（如 B 和 C 中所示）。在 D 图中，用到各个边界线的距离表示群体中的三种花型的频率（L、M 和 S）。橙色的方框代表三花型群体。

与无性繁殖（图 23.9）方式一样，自交型倾向分布于系统进化的末端位置（图 23.34A）。这就意味着它们通常是一些生活代时很短并且相对会很快灭绝的物种。与此一致的是自体授精植物尽管不再需要吸引传粉者，通常还会保留花的结构（图 23.34B）。因为近交衰退的害处远大于自交所带来的自动筛选和繁殖保障的好处，进化出自交的物种很稀少。

这一部分我们关注开花植物，因为它们进化出如此多样的交配系统，以及它们很好试验操作。同样的原理也应用于其他的类群，鸟类和哺乳类也进化出多种避免自交的机制（图 23.35）。通常只有一种性别扩张，这种不对称性被认为是为确保远缘杂交而进化出来。然而在适应性研究上（第 20 章）很难明确解释为什么会通过避免近交衰退的选择能进化出一种特殊的性状。例如，人类具有很强的近亲结婚的禁忌。近交造成的经济和社会效应至少与近交造成的遗传后果一样重要（第 26 章）。

小鼠避免近交的一种可能的机制就是倾向于选择具有不同的**主要组织相容性复合物**（MHC）基因型的个体作为交配对象。这种选择交配倾向在仅有 MHC 区域差异的小鼠之间被观察到，是基于气味的选择方式：发情期的雌性小鼠更喜欢具有不同

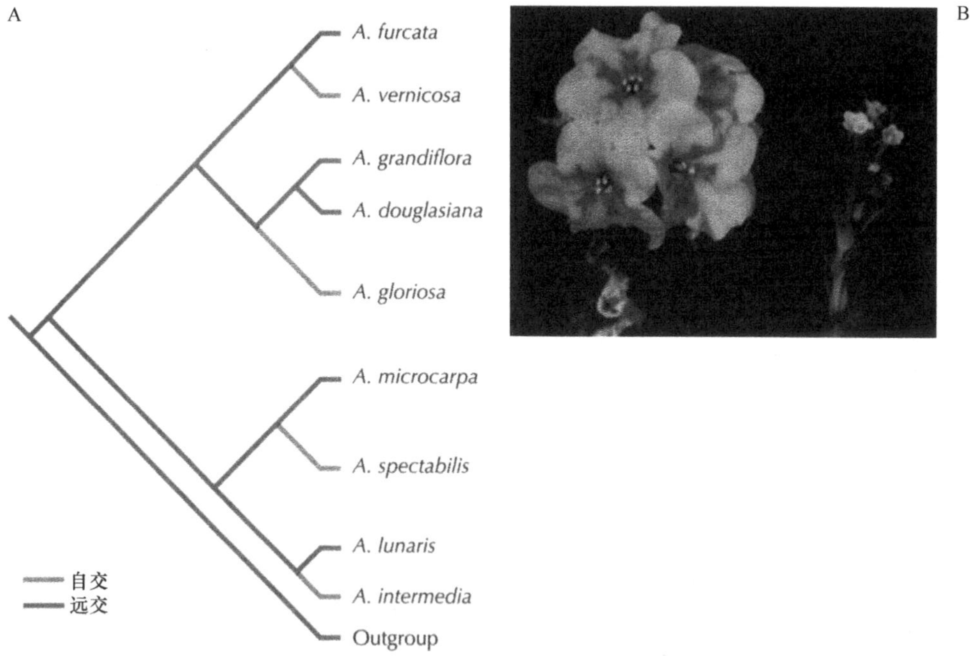

图 23.34　(A) *Amsinckia* 属的自交方式曾经发生过多次独立进化。该属的自交种即使是最近发生的种也都处于系统分类的根部。(B) 自交种仍保留了开花，但花很小。*Amsinckia furcata*（左）为一种远缘杂交种；它的近亲种 *Amsinckia vernicosa*（右）是以自交方式为主的种。

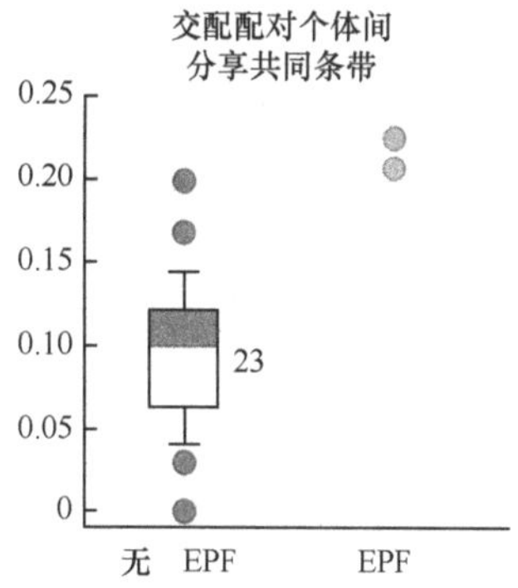

图 23.35　在交配配对个体间的遗传背景很相似的情况下，额外配对受精（EPF；图 20.34）发生很普遍，就像衡量多位点 DNA 指纹一样分享共同条带（注解框 13.3），使得近亲雌性与雄性交配后避免了产生近交衰退的后代。同胞个体间分享 50％的条带。没有额外配对群体的数值居于中间，线条代表第 10 和第 90 百分位数，实际数值点超出百分位数范围（红点）。框边数为群数。额外配对群体的个体数值点（蓝点）。数据来自西部矶鹞(*Calidris mauri*)；在肯特珩科鸟（*Charadrius alexandrinus*）和普通矶鹞（*Actitis hypoleucos*）中也观察到相同的模式。

MHC 的雄性小鼠的气味。包括人类在内其他一些物种中也有类似的基于 MHC 的交配选择方式。倾向于不同 MHC 基因型的交配选择方式的进化可能是因为这种交配方式可以给后代提供更适应的 MHC 基因型，本质上不是为避免近交退化而产生的进化方式（回顾 MHC 多态性是由平衡选择来维持，可能因为 MHC 杂合子或稀少的 MHC 等位基因提供了抵御疾病的强大能力）。将避免近交方式与其他交配选择因素区分开来非常困难。

进化能力的进化

基于基因型与表型之间关系的进化

进化能力的进化近来引起广泛的关注，这个术语目前有多种定义。在这一节中，其意指群体具有产生表型变异的能力，这种表型变异就是自然选择的可用素材。有时使用其狭义定义，特指相对于其平均变异水平所增加的遗传变异。这里我们使用其定性而非定量的广义定义。因此，进化能力包括突变率的进化以及上面所讨论的性进化和重组进化。目前对进化能力的讨论主要来自发育和分子生物学研究者，他们关注遗传的变异是如何转变成形态的变异。

这一章我们关注基于基因型频率的遗传变异系统。生物学者对整个生物体的特征更感兴趣（包括体型、行为等），这些特征是一个复杂发育过程的产物，是多个基因作用的综合结果。在第 14 章中我们看到数量性状的进化。尽管从基因型转换为表型要经过一个复杂的过程，但对数量性状进化的描述却非常简单。基于这种基因型和表型关系，我们不禁要问它们为什么会是这样。在何种程度上基因型和表型之间的关系受到选择？是否这种进化仅仅是反映出适应性变异的产生？

假如变异是“自然选择的素材”，那么这些变异将会产生一些功能上的进步，而不会对群体内其他个体产生影响。由此引出针对进化能力进化的两种互补的观点：①生物体是如何缓冲由于遗传变异带来的潜在的有害突变效应？②功能上进步的表型如何才能产生？这两方面的矛盾类似于我们讨论突变和重组进化。我们更关注由于有害突变所带来的遗传负荷以及有利突变所带来的综合效应（表 23.1）两方面。在本章的余下部分我们将关注生物体对有害突变的缓冲能力。在接下来的一章中，我们将探讨存在遗传缓冲条件下生物体是如何变异等补充问题。

显性野生型等位基因仅仅是弱选择的结果

在一个位点有野生型和突变型两种等位基因的最简单例子中，什么因素决定了三种基因型的表型？为什么大多数的突变等位基因都是隐性的而野生型却是显性（第 13 章）？Fisher 认为因为稀有的突变主要出现在杂合个体，选择作用就针对于杂合子而产生。尽管突变一开始产生的时候可能是增加功能，最终也可能进化为隐性（因为突变等位基因进化对杂合子带来很小的功能影响，这就不会太多地减少突变压。只要杂合子表现出轻微的选择不适应，杂合子致死选择就会出现，并把所有导致这种不适应的突变清除）。

Sewall Wright 不赞成 Fisher 的观点，主要是因为突变率在整个基因组中基本是恒定的，要在某个基因位点上发生显性效应选择的突变是非常少见的。实际上，Wright 认为突变体在适应能力上也许会产生**多效性**，这种多效性比起变异位点发生显性效应选择的强度更强。同时，Fisher 理论要求存在大量等位突变位点，而功能效应只出现于某个特殊位点或某一特别的突变等位基因上。Wright 关于生理学方面的解释目前已经被广泛认可。假如一个等位基因位点的变异导致其编码蛋白酶活力的减少，那么这个突变等位基因在遗传传递过程中倾向变成隐性（图 23.36）。

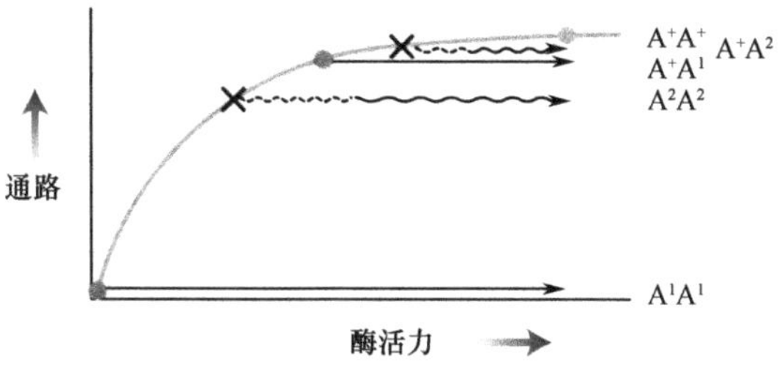

图 23.36 随着代谢通路上发生酶活力水平降低的变异，经过一段时间之后，显性野生型就自然地出现。蓝色点代表野生纯合子（A^+A^+），在正常生活条件下它能产生足够的酶活力。红色点代表突变等位基因 A^1，其纯合子完全没有酶活力。在遗传传递过程中该突变能降低杂合子的酶活力水平以至于表现近似于隐性等位基因。相反，当一个等位基因突变产生微效的功能增加（A^2），那么杂合子 A^+A^2 水平就处于两个纯合子 A^+A^+ 和 A^2A^2 水平的中间。

为什么生物酶会进化产生过剩机制，以至于把它们的酶活力减半也基本看不到表型效应？J. B. S. Haldane 认为这是为适应不断变化的生存环境而选择出一种“保险机制”的结果。通常情况下，代谢通路对任何参与其生理功能的酶的活性的微小变化都很敏感；这就为 Wright 理论的核心观点提供了数量遗传学证据。关于代谢通路上酶活性的进化引起大家的关注，但是这种进化看起来似乎还与调控网络有关。就像生理学理论所预期的那样（图 23.36），果蝇上观察到微效影响生活力的等位基因很少是显性的，这是支持生理学解释的证据。更有说服力的是 *C. reinhardtii* 中自然发生的突变大多是隐性的。因为这种藻类的大部分生活史是单倍体世代，选择作用不能将突变位点转化为显性遗传。

近来的争论关注与发育相关的基因网络的各方面特性。尽管外界环境和遗传组分在不断变化，精确调控如何构建（图 23.37；第 9 章和第 11 章）？相反地，在对生物体不产生致死效应的条件下，进化所需的新突变如何产生？在第 13 章我们看到在极端环境或在新遗传背景下，被紧密调控的表型下其实隐藏了大量的遗传突变。例如，C. H. Waddington 的经典实验表明黑腹果蝇的少横脉突变体 CV 的表达水平是高度易变的。发生于纯合子 CV/CV 遗传背景下的横脉大间隔翅型的选择最终会产生有翅脉间隔的野生型果蝇，尽管翅型的变异受到严格的限制（图 14.20A）。在下一章中我们将介绍一种新的表型是如何以这种方式被选择的。

另一个在果蝇上有隐含变异的著名例子就热休克蛋白 Hsp90，这种**分子伴侣**帮助变性的蛋白质正确折叠组装（图 23.38A）。该蛋白质是细胞中最丰富的蛋白质之一，它在压力条件下（如高温）大量被生产出来。具有弱 Hsp90 表达能力的果蝇表现出相当大的表型变异，这是由多个基因的多样性所决定的；通常情况下这些基因多样性的效应受到 Hsp90 效应的调节而被隐藏起来（图 23.38）。拟南芥中减少 Hsp90 水平也具有相似的表现。*E. coli* 中如果超表达一个分子伴侣 GroEL，对于在 3000 代中积累许多有害突变的株系能够极大地增强其适应性。因此，分子伴侣就是生物体应对环境和遗传变异

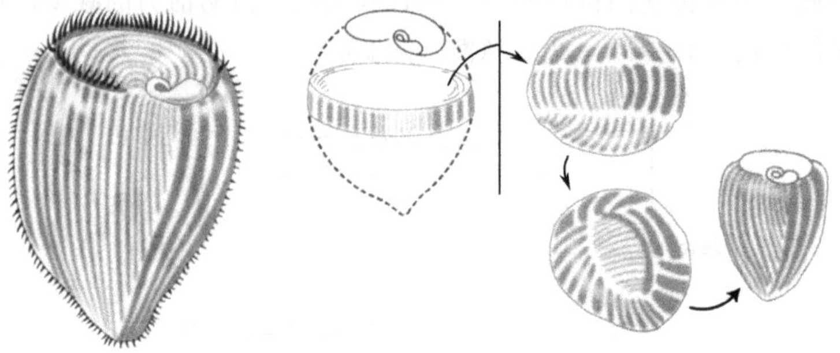

图 23.37　单细胞纤毛虫 *Stentor coerulus* 能够从严重的分解破坏后得以恢复。普通细胞（0.5～1mm 长）具有一系列色素条纹（左）。除了一条细纹集中的区域（细胞右前方）外，这些条带的宽度沿着细胞横向均匀变化。假如用手术的方法切下一块环状的组织来培养，尽管新培养出的细胞比较小，但正常的细胞形态在几天之内就会得到恢复。

的缓冲机制的一个例证。

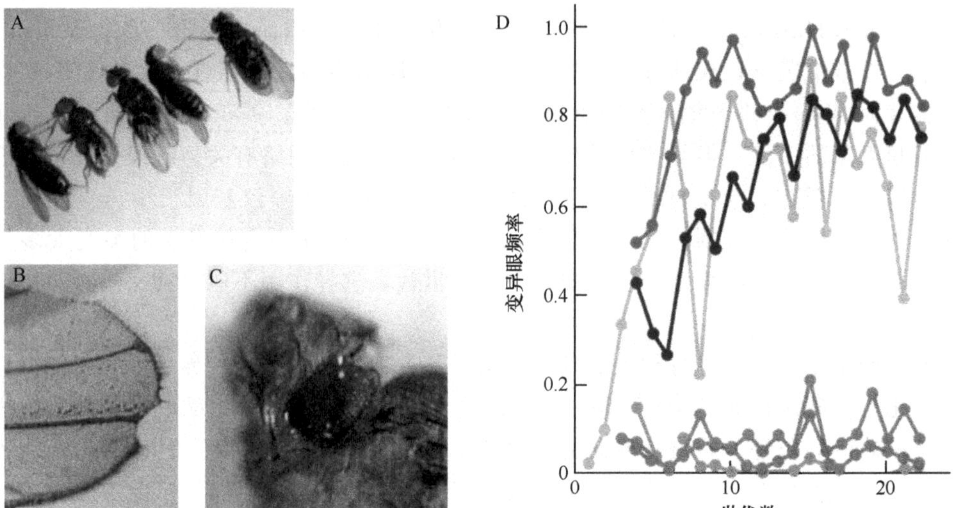

图 23.38　减少热休克蛋白 Hsp90 水平就产生了众多的变异体［如（A）小翅；(B) 切口翅；(C) 变异眼］。当这种果蝇与特定的野生型杂交之后，特定的野生表型上就出现变异，揭示出 Hsp90 与决定这些通常情况下不表现出来的表型变化的遗传变异有相互作用。(D) 对弱表达 Hsp90 水平的果蝇品系的选择很快就表现出变异眼（红色、深紫色和橙色）分化品系，这也证实隐藏的遗传变异是真实存在的。对无变异眼（蓝色、绿色和浅紫色）果蝇品系进行选择作为对照。

稳健性可以由几种方式进化而来

通常情况下，我们可以鉴别出几种稳健性（robustness）的进化。特殊的系统已经被进化出来以减少变化程度，如分子伴侣（如 Hsp90）、生物钟上的温度补偿以及 DNA 修复系统。包括基因或者具有重叠功能的非同源基因的重复产生出大量的遗传冗余。前面我们已经看到一个关于调控 evenskipped 表达的一批重叠的转录因子的例子（图 19.31）。通常情况下在真核生物中，大多数的基因表现为被敲除后没有任何表型效应，这种现象在被检测过的生物中都很普遍。许多基因的功能不是特别精确，仅仅是以类似于自然选择的“试验和误差”方式发展出来的。假如一个特别复杂的生物体具有有限的基因组编码信息，那么**探索系统**是非常必要的；对于环境和遗传变化它们也会发展出稳健性。我们将在下一章详细讨论这些机制。

稳健性是如何进化的？在某种程度上，稳健性可能只是任何庞大功能网络的一个特征。然而，自然选择作用更倾向于选择对随机干扰和对生物生存环境的极端变化具有稳定缓冲能力的系统（在显性进化一节中，这就是 Haldane 关于代谢酶进化产生出“保险机制”的论点）。近似地，可能也存在对遗传变化的稳定力方面的自然选择作用。对影响许多基因功能活性（如 Hsp90）变化的了解不是很清楚，这比 Fisher 理论的由单个位点突变而产生的变异复杂，因为 Fisher 理论下的选择压力是按比例分配到各个功能变化基因的净突变率上。在这一方面，环境变化的稳健性比遗传稳健性重要，可能是环境的变化相对比较大的原因所致。

小结

遗传系统进化包括那些影响遗传信息世代传递方式的特性：突变率和重组率、生活周期中二倍体与单倍体世代的代时长度比例、自交水平、有性繁殖程度等。即使是没有直接适应能力效应的变异等位基因也会以搭车者效应达到一个很高的频率，因为这些变异可能使后代的适应能力提高。这就是所谓的间接选择。突变等位基因的理论预测可以通过物种间大量的比较来检测，通过对自然群体的检测或利用快速繁殖的实验手段产出突变生物体的方式来完成。

由于大量的突变都是有害突变，因此选择作用主要表现为减少突变率。在无性繁殖群体中，由于搭车者效应，许多突变等位基因会伴随一些有利的突变等位基因一起达到一个很高频率。然而，这种高突变率的间接选择在有性繁殖群体中是无效的。受到彷徨选择的基因（尤其是那些联系寄主和病原体相互作用的基因）可能进化出一种产生高水平随机变异的特殊机制。

有性生殖也会付出许多代价，最重要的就是雌性要提供以维持雄性基因的资源（这就是所谓的基因组稀释代价）。重组也要付出很大的代价，因为重组打断了由选择作用而构建出来的等位基因的适应性组合。此外，有性过程和重组广泛存在。而无性繁殖种类几乎都是很短代时的类群，但是有性繁殖和无性繁殖类群的不同生存方式（物种选择）不能解释有性繁殖方式的广泛性。有些物种具有可选择的有性生殖过程以及可变的重组率；因此，我们必须解释增加有性繁殖和重组的单个等位基因是如何被选择的，尽管这里存在明显的代价。

假如不同的等位基因之间可以分离并存在恒定的相关性，有性过程和重组仅仅对有这种特性等位基因的类群有效。因此，任何群体的遗传学解释都可依据哈德-温伯格比例的偏离或连锁不平衡。大多数理论认为：重组打散了有利等位基因之间的负相关性，并选择了增加适应性的额外的遗传变异。负相关性可能是由某种上位选择效应或随机遗传漂变产生。这种负相关可能包含许多有害突变、振荡选择或是多个选择纯化效应。就像我们在第 19 章所看到的一样，这些不同种类的选择作用的相对重要性仍然是一个有待解决的问题。

有性生殖将产生多种结果，最直接的就是生活周期中出现二倍体与单倍体世代的转换。二倍体被优选的原因可能是该方式有利于双链 DNA 破损的修复，以及可以把有害突变隐性化。为避免自交而发展出来不隐性化有害突变的许多特殊遗传体系，这些体系丢掉了二倍体的优势。避免自交的选择驱使着不同配子型的进化和性别的分化，以及开花植物进化出避免自交的特殊结构。

进化依赖于可进化的能力，即生物群体具有产生出被自然选择所利用变异的能力。对可进化能力而言，遗传系统的进化非常重要，但是这个术语目前主要用来表示基因型与表型之间的相关性：突变是否能产生遗传变异以及重组是否能产生很好的适应性表型而不干扰现有功能？我们将在下一章新基因进化中讨论这些观点。

延伸阅读

突变率的进化

Sniegowski, P.D., Gerrish P.J., Johnson T., and Shaver A. 2000. The evolution of mutation rates: Separating causes from consequences. *BioEssays* **22:** 1057–1066.

阐述进化力量对突变率的影响及其重要性证据。

性与重组的进化

Barton N.H. and Charlesworth B. 1998. Why sex and recombination? *Science* **281:** 1986–1990; Burt A. 2000. Sex, recombination and the efficacy of selection—Was Weissman right? *Evolution* **54:** 337–351; Otto S. and Lenormand T. 2002. Resolving the paradox of sex and recombination. *Nat. Rev. Genet.* **3:** 252–261; Rice W.R. 2002. Experimental tests of the adaptive significance of sexual recombination. *Nat. Rev. Genet.* **3:** 241–246.

几篇最近关于为什么有性生殖中的重组如此普遍的综述。

有性生殖的后果

Barrett S.C. 2003. Mating strategies in flowering plants: The outcrossing-selfing paradigm and beyond. *Philos. Trans. R. Soc. (Lond.) B Biol. Sci.* **358:** 991–1004.

关于有些植物避免正交的结构的全面综述。

Charlesworth B. 1991. The evolution of sex chromosomes. *Science* **251:** 1030–1033. Charlesworth D., Charlesworth B., and Marais G. 2005. Steps in the evolution of heteromorphic sex chromosomes. *Heredity* **95:** 118–128.

两篇包括性染色体进化理论和证据的综述。

Felsenstein J. 1974. The evolutionary advantage of recombination. *Genetics* **78:** 737–756. Maynard Smith J. 1978 *The evolution of sex.* Cambridge University Press, Cambridge.

有关我们目前对性和重组理解的经典工作。

进化能力

Kirschner M. and Gerhart J. 1998. Evolvability. *Proc. Natl. Acad. Sci.* **95:** 8420–8427. Kirschner M. and Gerhart J. 2005. *The plausibility of life: Resolving Darwin's dilemma.* Yale University Press, New Haven, Connecticut.

作者讨论基因表达和生育进化从而加速进一步进化的观点。这是一个有争议的观点。

第 24 章

新性状的进化

生命的早期，一系列惊人的新特征出现并存在于所有现在生命中，包括复制、传递遗传信息的基本机制以及为这些机制提供能量和物质的基本新陈代谢。基于这些共同的基本机制，生命演化出了令人吃惊的各种新性状，它们对生命的多样性是极为关键的。在数以千计的例子中，我们将看到特化的代谢途径，如降解和合成纤维素的能力、细胞器的产生（如内质网和线粒体）、器官的发育（如眼睛和心脏）；还有新行为模式的建立，如鸟类储存种子和水獭建筑堤坝。比这些个案更重要的例子是那些产生主要物种分化的新性状。例如，真核生物基因组中出现的内含子元件可以产生 RNA 可变剪接从而翻译出更多种类的蛋白质（图 8.22）并且使不同蛋白质结构域之间产生重组（图 8.23)。单个基因组片段和相关附加物在不同动物中的特化可以使动物分布到更广、更多样的环境中去（第 11 章)。

在本章中，我们将讨论新性状是如何进化的。我们已经介绍了有缺陷的遗传如何产生新的遗传变异（第 12 章)、不同的遗传变异是如何互相作用共同决定表型的（第 14 章)，以及选择是如何塑造表型和遗传多样性从而导致复杂的适应性现象（第 17 章)。这一章将把以前介绍的这些案例和概念综合起来，不过重点仍然是理解新性状中那些最难被解释的地方。进化产生出令人惊奇的大量复杂而多样的新适应性现象，但这中间仍存在一些普遍的原则：细微的变化是逐步积累的；在现存的功能上添加新的用途；水平传递（lateral transfer）和共生（symbiosis）产生新的基因组合；尽管环境改变和遗传变化存在，适应仍是普遍和起作用的；适应性系统演化产生复杂的功能不需要清晰的蓝图。这些原则使我们有可能了解最复杂的性状是如何演化的。

新性状的基本特征

性状上的量变会产生新的质变

那种认为新性状的进化就是由一次主要突变产生新性状关键特征的想法是诱人的。第一代遗传学家的确强调主要突变是物种形成的基础。大效应的**数量性状位点**（quantitative trait loci）对物种之间和物种内的性状差异具有一定的贡献，而在一些例子中，主要突变的确参与了新性状的形成。然而，现有的独特性状事实上是生物经历长时间进化的结果；即便是姐妹物种一般也经历了几百万年的分化，所以没有留下有关新性状产生的痕迹。因此现存生物的性状差异一般是许多微小变化积累的结果。现在看上去非连续的转变实际上也可能是逐渐连续变化的结果（图 24.1）。类似地，主效应的数量性状位点可能是由很长一段时间内的一系列微小效应突变积累而成（图 14.27）。

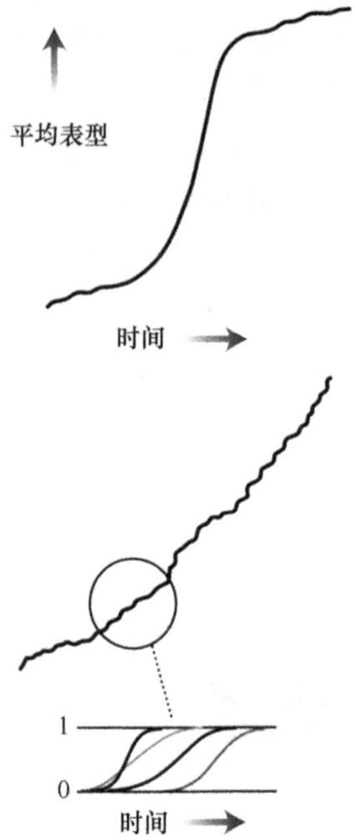

图 24.1 表型上发生改变的原因可能是大效应的主要突变被固定的结果（上图）。相比之下，许多微小效应突变的积累也可能产生表型的改变。两图中的垂直轴表示平均表型。这一连续变化可以当作影响表型变化的基因频率改变。

性状的质变可以通过两种方式产生。第一种方式，一个足够大的连续变化可以看成一个质变（如羽毛颜色从红色到绿色的变化包括反射光波长的改变）。不同形态之间的差别可能是由仅只改变少数关键生长率的连续转变形成的。不同的生长速率［被称为异速生长（allometry）］和发育事件在时间上的改变［被称为异时生长（heterochrony）］为身体形态的剧烈变化提供了一个简单的路径（图 24.2）。类似的可能性也存在于其他方面的表型变化；举例来说，在蚂蚁收集食物的方式上重大改变可能源于它们用于跟踪和识别信息素踪迹规则上细微的改变。

第二种方式更加基础，细微而连续的变化可以将系统慢慢地从一种状态转变为另一种状态，从而产生一个足够大的质变。在一些潜在变量上发生连续变化，如一个基因的表达水平，可以导致结果的突然改变并产生一种完全不同的新结果。C. H Waddington 说明了这一基本观点，通过将器官的发育过程描述为类似保龄球从多个滑道的斜面上滑落时的情况。一个微小的扰动可以改变保龄球的滑道，从而产生一个显著不同的结果（图 24.3）。在第 11 章中，我们提供了一个例子，*Hox* 基因，来说明这一理论。通过改变 *Hox* 基因的表达时间和表达水平可以导致主要形态的改变。Waddington 的模型假设发育限定指向几个可能的路径，每一种可能的路径对微小的扰动都

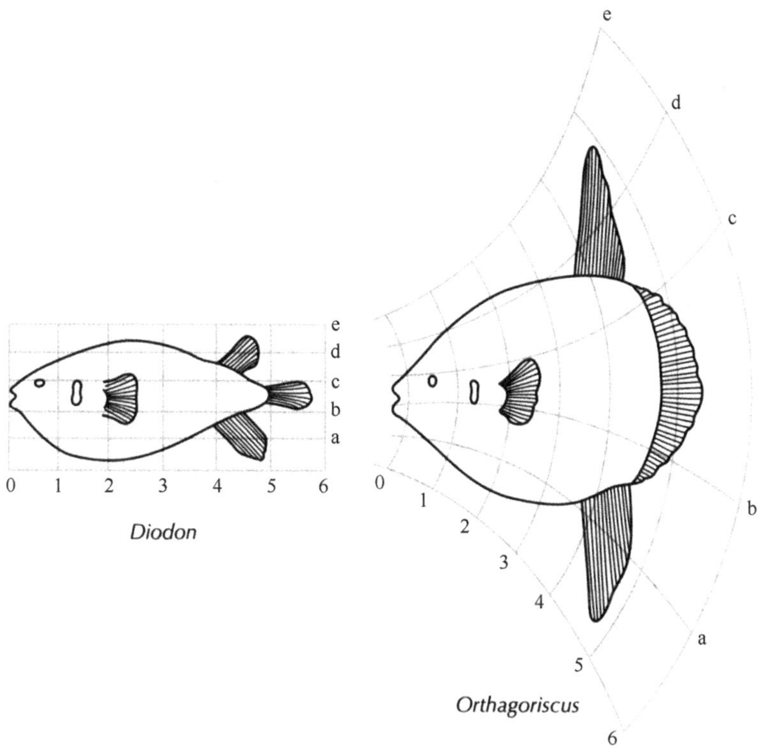

图 24.2　在 D'Arcy Thompson 的著作《生长与体形》(1917) 中提到极其不同的形态可以通过生长速率上的差异引起的简单几何学转换而生成。这里的例子表明刺鲀（*Diodon*）如何变形成翻车鱼（*Orthagoriscus*）。

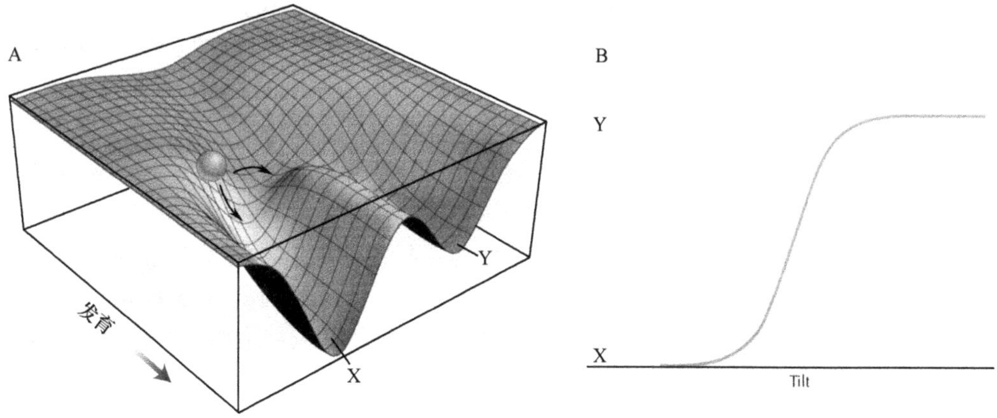

图 24.3　在器官发育过程中的微小变化会突然改变发育过程并导致一个不同的发育结果。(A) 我们可以将发育比作保龄球从斜坡上滚落。在表面上倾斜的细微不同可以改变滑落的通道。(B) 当倾斜越过临界点时，发育成表型 X 的可能性将迅速的变为发育成表型 Y 的可能性。

很敏感。这一现象为什么会出现已经在第 23 章的末尾讨论过，我们在稍后将回到这一关键问题上来。

图 24.3 表明单个器官发育过程中的连续变化会导致发育结果突然显著地转变为一种完全不同的表型。然而，即便个别表型连续变化，选择方向上的变化可以导致整个群体突然变为一个全新的群体。这可以用**适应性分布**（adaptive landscape）来很好的说明，适应性分布是指一个群体的平均适合度如何依赖于几个数量性状的平均水平。如果这一分布包括两个**适应峰**（adaptive peak），那么选择将把群体适合度水平提高到最接近的适应峰上。如果细微的变化使环境水平不时偏离波谷，那么在较低适应峰上的群体可以演化为处于较高适应峰上的群体。图 24.4 表示的是斑蛾科拟态行为的例子，它已在遗传和选择压力两方面被很好地研究过。

我们在第 22 章中提过群体可以不同的途径移向一个新的适应峰。就像环境上的变化一样，随机遗传漂变可以使群体越过低适合度的波谷，尽管自然选择对抗这种变化。这种变化在有效群体大小不是太大以及低适合度的波谷不是太深时可以发生，并且将是我们唯一可评估的变化。我们还将看到群体演化越过适应性分布的“山脊”，因而它们可以被一个深的适应谷分开，尽管这种分歧从来没有受强选择的推动。在图 24.4 的例子中，现有花纹向一个新的警告花纹发生变化是很容易的，因为一个基因向新等位基因的转变提供了一个向新警告花纹转变的类似模式，随后的改进可以通过在第二基因上的替代而获得。让我们详细地解释一下这个例子。

斑蛾科的 *Zygaena ephialtes* 以两种形态存在，每一种都模拟一个不同的毒性物种：*Zygaena filipendulae*（图 24.4A，左侧）和 *Amata phegea*（图 24.4A，右侧）。这是一个缪勒氏拟态的例子，几种拥有讨厌味道的蛾类通过共享相同的警告花纹来获得一种进化优势，即可以更好地向潜在的掠食者提出警告。两种形态的 *Z. ephialtes* 在颜色和花纹上表现不同，它们性状的各个方面由单个基因座上的不同等位基因控制。一个位点上的显性基因导致红色斑点取代黄色斑点，另一个不连锁基因座上的显性基因使“E”花纹变成“P”花纹，即后翅上出现一个巨大的斑点（图 24.4C）。这样一来，红色 P 花纹形态的 *Z. ephialtes* 模仿 *Z. filipendulae*（图 24.4，对比图 A 的左侧和图 C 的左侧），而黄色 E 花纹形态的 *Z. ephialtes* 模仿 *A. phegea*（图 24.4，对比图 A 的右侧和图 C 的右侧）。

两种形态的 *Z. ephialtes* 在澳大利亚共存于一个狭小的**杂交地带**（hybrid zone），并在该处出现了重组形态的后代，红色 E 花纹和黄色 P 花纹（图 24.4C，中间）。这些重组后代不带任何一种警告花纹，所以针对它们的选择使两个亲本的基因组合分别发生。这样一来，两种形态体现不同的适应峰：两类基因的新等位基因将不会插入进来。在图 24.4B 中，中间的图表示当两类毒蛾存在于同一地区时的适应性地标，我们可以看到两个适应峰并存。

在选择存在时，一种新的拟态如何产生？一个可能的假说是这样解释的，在南意大利，*A. phegea* 远远多于 *Z. filipendulae*，因而即便拥有糟糕但常见拟态的蛾子也比拥有罕见拟态的蛾子更有优势。所以低频的 E 花纹基因频率上升。一旦它变得常见以后，黄色翅膀基因就拥有巨大的潜在优势并可能固定，从而产生新的黄色 E 花纹形态（注意图 24.4B 中的箭头，右侧图中）。

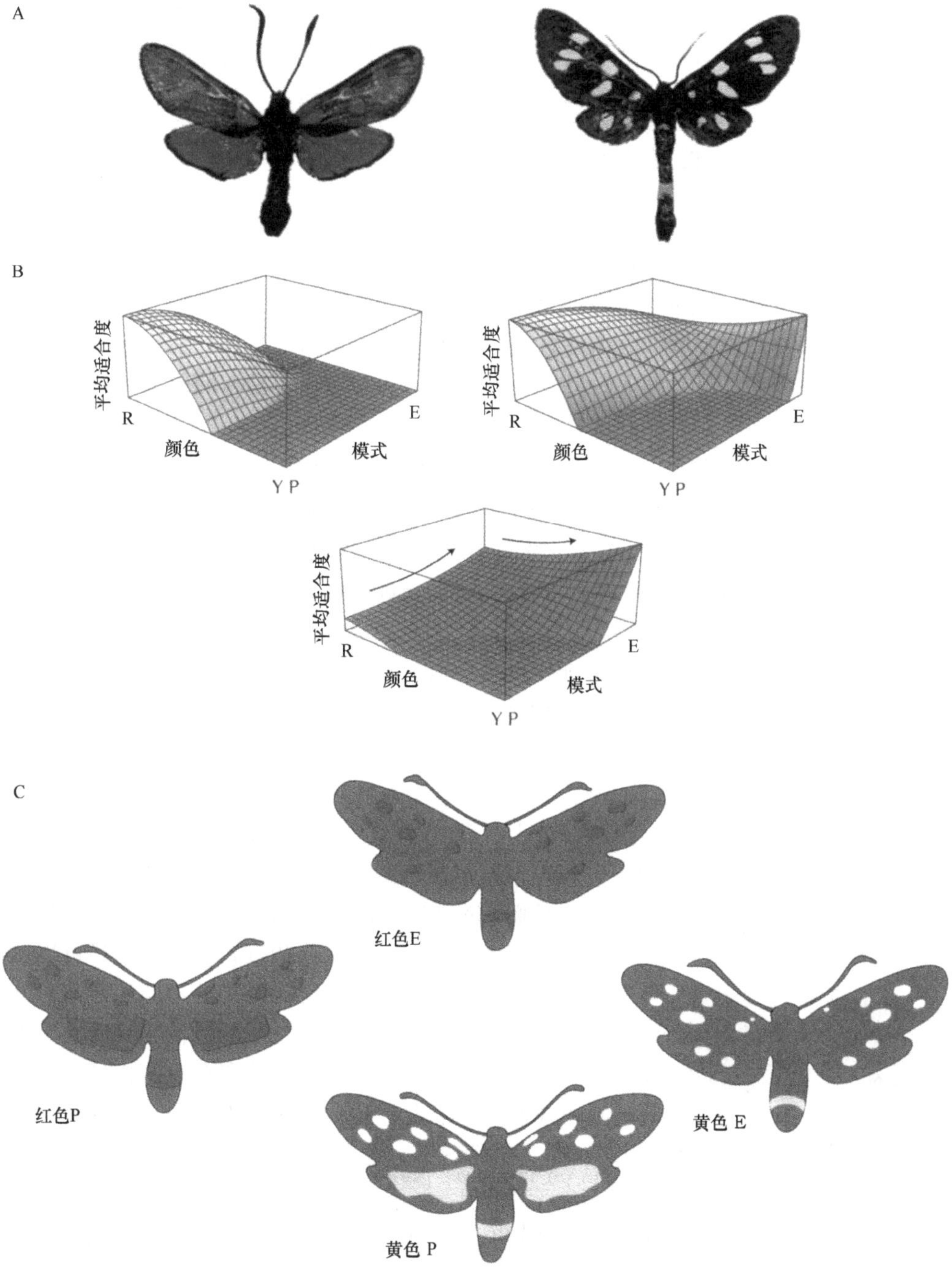

图 24.4　斑蛾科 *Z. ephialtes* 表现的缪勒氏拟态现象说明群体如何在变化的选择压力下分化到不同的适应峰上。(A) 两种拥有讨厌味道的蛾类，*Z. filipendulae*（左侧）和 *Amata phegea*（右侧）。(B) 平均适应度对 *Z. ephialtes* 中决定颜色和花纹的基因频率作图（“适应性地标”）。左侧的图表示一个常出现 *Z. filipendulae* 的地区中的情况，右侧的图表示一个常出现 *A. phegea* 的地区中的情况；中间的图表示当两种毒蛾都出现时两个可变适应峰并存时的情况。(C) *Z. ephialtes* 的两种拟态（红色 P 花纹，左侧；黄色 E 花纹，右侧），以及重组形态（中间）。

在这个例子中，分化的群体可以分别进化，在适应性分布中表现为群体水平分布上升，最终被一个适应谷分开。当我们考虑多个相互依赖的变化如何建立时，如何绕过适应谷这一问题变得重要起来，我们将在下文中探讨这一问题。

新性状常常要求多个相互依赖的变化

新性状最难被解释的地方是它们要求许多特征协同作用。复杂的适应性（如脊椎动物的眼睛、一些鸟类储存种子的行为或者是作为分子机器的核糖体）令人印象深刻，因为它们都拥有许多组成成分，并以一种复杂方式互相依赖。多个不同部分之间的互相作用使任何变化都可能打乱整个系统。同时，也使了解一组新成分是如何集合起来变得很难。这类例子在本章中随处可见。在这一节，我们将总结一些基本问题并讨论前几章中提到的一些相关论证。

在第 14 章中，我们叙述过 Fisher 的几何论证，即复杂的功能最可能通过微小作用的变化而演变。尤其当选择的作用是将 n 个成分协调在一起时，那么有利突变产生的影响将以 n 的平方根（约 $1/\sqrt{n}$）作为系数减小。然而，这个论证并不是决定性的。这里存在几个原因解释为什么维数的有效数目 n 在生物进化中会逐渐变小，从而导致实质性变化可以在没有不适当扰乱时发生。首先，发生在某些特定因素中的变化（如胚胎不同部分的生长率或者是发育过程中关键转录因子表达上的微妙变化）对形态发生可以产生剧烈的作用（图 24.2 和图 11.28）。其次，近似最优状态下的形态也可具有一定优势（图 24.4）。再次，如果生物体是由一些模块组织而成的，那么一个模块可以在不影响其他模块的情况下发生变化。

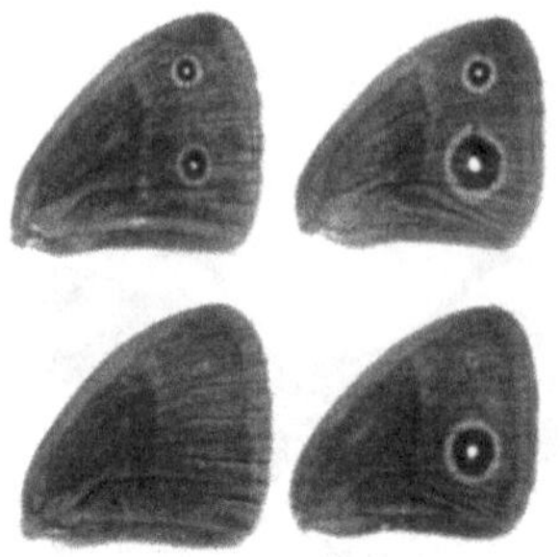

图 24.5　选择可以轻易打乱确定模式从而产生出新表型。在蝴蝶 *Bicyclus anynana* 群体中，前后两个眼状斑点之间存在很强的遗传相关。但在 25 代人工选择后，所有 4 种可能的性状组合都在群体中出现了。

在经验上，我们知道尽管性状的不同部分是紧密相关的，但选择仍能快速产生出一个与以前所见性状十分不同的新性状。我们在第 14 章中已经介绍过这类例子。在苍蝇群体中，不同翅膀的形状尺寸变化相近，但人工选择可以快速改变翅膀的形状和大小，并产生一个十分不同的新翅膀（图 14.23）。这是因为尽管决定翅膀大小的遗传变异要大于决定翅膀形状的遗传变异，但形状上依然存在一些变异，所以选择仍可对翅膀的形状起作用。一个类似的例子见于蝴蝶 *Bicyclus*。在正常情况下，这种蝴蝶翅膀上不同的眼状斑点的相对大小之间存在密切的关系。在人工选择条件下，这种确定的关系同样可以被打乱，并导致新表型的出现（图 24.5）。

真正的问题不是变异是否可以正确地穿过进化可能性的持续空间，而是这类变异在选择下是否有优势。假定变异可以破坏现有的功能而不产生任何优势直至几个新功能的组分被集合起来。不同的物种进化出不同的复杂功能，并且被适应谷分离开来。然而，这些适应谷可能与物种从共同祖先进化而来的过程没有关系。在前面的章节中，我们介绍了几种绕过适应谷的途径。在后面几节中，我们将关注新性状的进化机制以及出现过程并介绍几个具体的例子。

这些机制可能在任何一种生物学水平上起作用：从基因到发育再到形态与行为。但重点是新性状起源的方式：哪种遗传变化在起作用以及进化过程如何产生遗传变化（最根本的方式是选择）。尽管在许多例子中，生物体的**革命性新性状**（invention）需要多个复杂遗传改变，但并不总是如此。相反地，尽管**革新**（innovation）常常是简单而细微的遗传变异的结果，但它们有时也需要许多进化步骤。

这一章的余下部分将分成 6 节。我们先讨论新性状如何从单个基因产物的活性改变中直接产生。接下来我们还将讨论新性状的起源是如何由生物学变化生成的，这些变化包括调节、冗余、模块性和共生（symbiosis）。最后我们将讨论自然选择在新性状起源中的作用，尤其是自然选择如何使简单的细微变化综合在一起从而产生生物体的主要改变。

基因产物活性的变化

产生新性状的最简单途径是当一个或少数突变改变某个单基因产物的功能时，某些重要的生物表型特征将发生直接的变化。例如，产生色素的生物合成酶的一个改变可能直接导致皮肤颜色的变化，或是消化酶活性的一个变化可能改变生物的食性。在这一节中，我们将看到在蛋白质或核酸序列上的简单改变如何引起大分子活性的直接变化、构象上的间接变化以及功能的完全丧失。所有这些类型的变化都能导致新物种的出现。

记住关于适应性的突变是随机产生的这一点很重要。由此我们可知大部分突变都是不合理的或有害的。但是也有一些突变是有利的并且能导致增加适合度的新性状出现。

在活性位点上的细微序列变化可以极大地影响酶的催化活性

一个改变酶功能的直接方法是通过改变酶的活性位点。酶的活性位点是酶催化活性的关键部分并且常常只包括很少的几个氨基酸。当这些氨基酸改变时，底物特异性也发生变化。一个很好的例子是核酸聚合酶，它在生物体利用现存的核酸作为模板合成新的 RNA 和 DNA 的过程中起催化作用。尽管这些不同的核酸聚合酶的功能是非常不同的，但一种构型可以相对容易地转变为另一种——有时仅是单个氨基酸变化的结果（图 24.6）。

酶活性位点上的变化同样能导致酶动力学的改变（如酶促反应速率），并且一样可以产生主要的生物学效应。一些极好的例子来自在代谢酶中发现结构多态性引发的实验研究。例如，在蝴蝶 *Colias* 中，磷酸葡萄糖异构酶（PGI）氨基酸序列的细微不同导致糖酵解速率的改变。这些速率上的变异影响一系列蝴蝶中适合度相关的性状多样性，如它们在不同温度下飞行的能力和一天中它们活动的模式。PGI 中的差异说明即便氨基酸序列变异相对于蛋白质全部结构而言是微小的，但仍可对蝴蝶产生重要的影响：它们改变蝴蝶的行为模式以及影响蝴蝶成功繁殖的能力（图 24.7）。

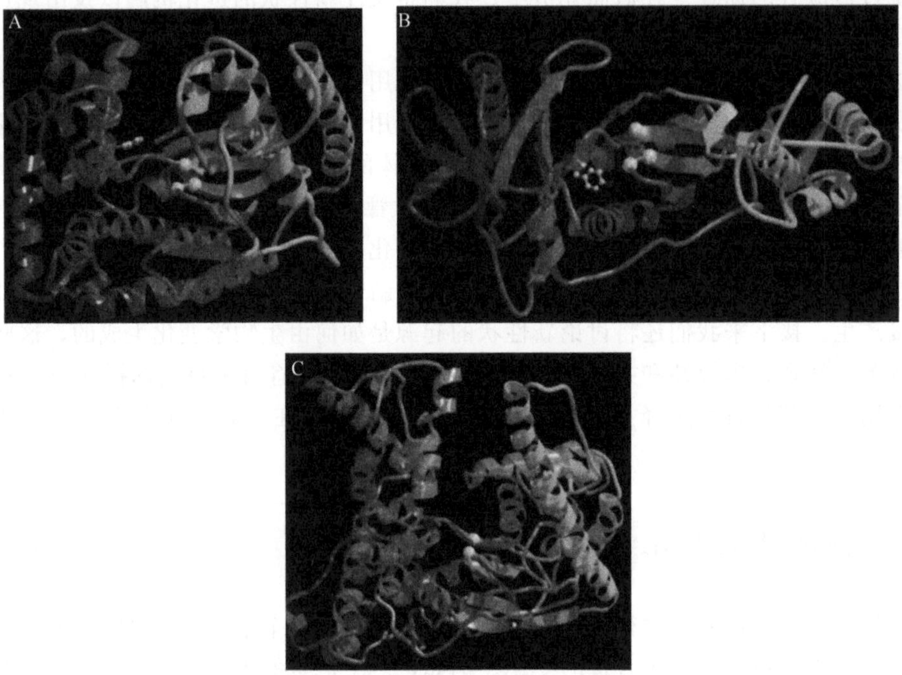

图 24.6　核酸聚合酶特异性的变化。这里表示的是三种不同类型的核酸聚合酶的晶体结构。(A) 依赖 DNA 的 DNA 聚合酶的 Klenow 片段；(B) 人类免疫缺陷病毒 (HIV) 依赖 RNA 的 DNA 聚合酶（也被称为逆转录酶）；(C) T7 噬菌体依赖 DNA 的 RNA 聚合酶。这些蛋白质的三维结构非常相似，暗示存在共同的起源。每种酶都有非常类似手掌形状的三个主要结构域：掌形结构域（蓝色表示）、拇指结构域（绿色表示）、指形结构域（紫色表示）。在每种酶中对糖特异的区域用黄色和红色表示。这些氨基酸上的改变均是改变这些酶的特异性所必需的。

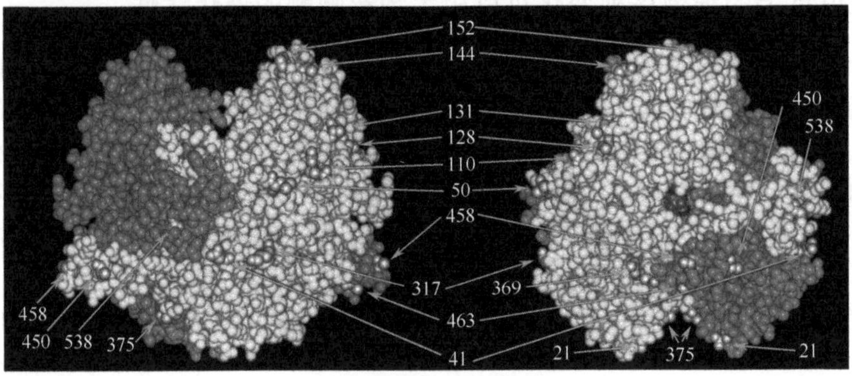

图 24.7　在蝴蝶 *Colias eurytheme* 中磷酸葡萄糖异构酶氨基酸序列的差异导致温度敏感的酶动力学差异，这又引起行为和生理上一系列实质性的变化。该酶是由两个单体组成的二聚体，在这里两个单体用绿色和黄色表示。在蝴蝶群体中存在几个可变的等位基因；它们的不同是由 4 个氨基酸引起的，这些氨基酸通常都有不同的极性。数字表示多态氨基酸在蛋白质序列中的位置。右图和左图分别表示从不同角度看到的蛋白质结构。

氨基酸序列上的细微变化可以导致蛋白质构象上（和由此导致的功能上）巨大改变

核酸聚合酶的例子（图 24.6）说明了在酶活性位点上氨基酸变化导致的表型效应。微小变化同样可以改变蛋白质的整体形状。蛋白质的形状（也被称为蛋白质构象）对它的功能而言是重要的。即便单氨基酸变化也可能通过扰乱现存结构特征（如 **α 螺旋**、**β 折叠**、褶皱以及疏水核心）或通过产生新的结构特征（例如，通过在一个主要由疏水氨基酸组成的蛋白质区域中疏水残基取代极性残基从而产生一个新的疏水核心）从而导致蛋白质形状的显著改变。

构象上的变化可以通过许多途径影响蛋白质功能。例如，这类变化可以影响**变构相互作用**（allosteric interaction），即蛋白质的一个区域变化影响相邻区域的活性。一个构象变化同样可以影响酶同它的协同因子之间的互相作用。在红色视蛋白的视黄醛结合部位的三个氨基酸改变可以将其光吸收特性转变为绿色（图 24.8），从而影响颜色视觉。

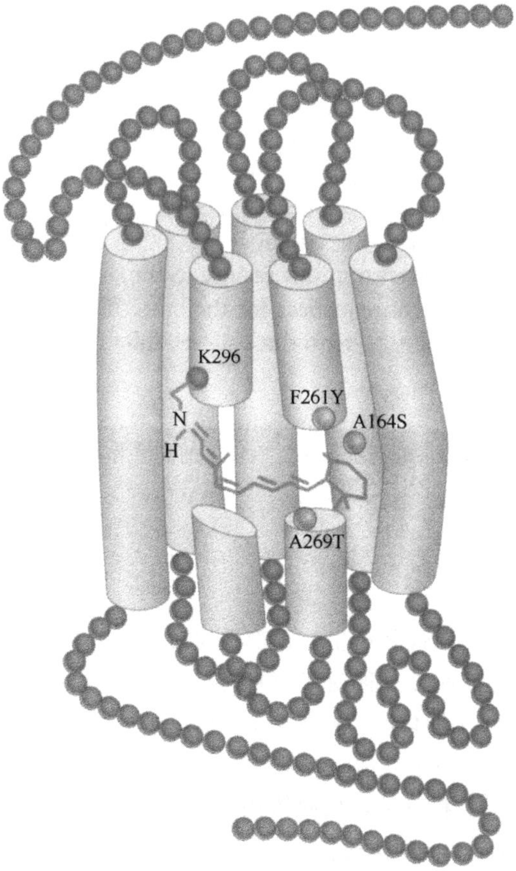

图 24.8　在人类中，红色视蛋白和绿色视蛋白之间颜色转变仅仅是三个氨基酸的差别造成的，位置分别在 164、261 以及 269。它们都参与结合视黄醛分子（橙色）。

构象上变化导致功能改变的潜在能力可以扩展到所有的蛋白质中，而不仅仅是在酶中。也许最好的例子来自参与**分子识别**（molecular recognition）的蛋白质中（图 24.9）。在这里，蛋白质的形状调节其与其他分子的相互作用（如与它们结合），并引发应答反应。一个关于这种变化如何产生新性状的例子是**噬菌体**识别并结合它们目标细菌表面分子以获得进入宿主的通道的现象。细菌可以通过遗传变异改变作为靶点的表面分子拓扑结构和电化性质从而进化出对噬菌体的抵抗力。如果噬菌体也发生遗传变异从而允许它们再次结合被修改的细菌表面分子，噬菌体可以重新获得传染力。同样类型的"军备竞赛"发生在人类免疫系统同人类的病原体之间。在这类例子中，简单的遗传变异，包括单核苷酸替代，可以改变病原体感染宿主的能力或是提高宿主对病原体的免疫应答能力。

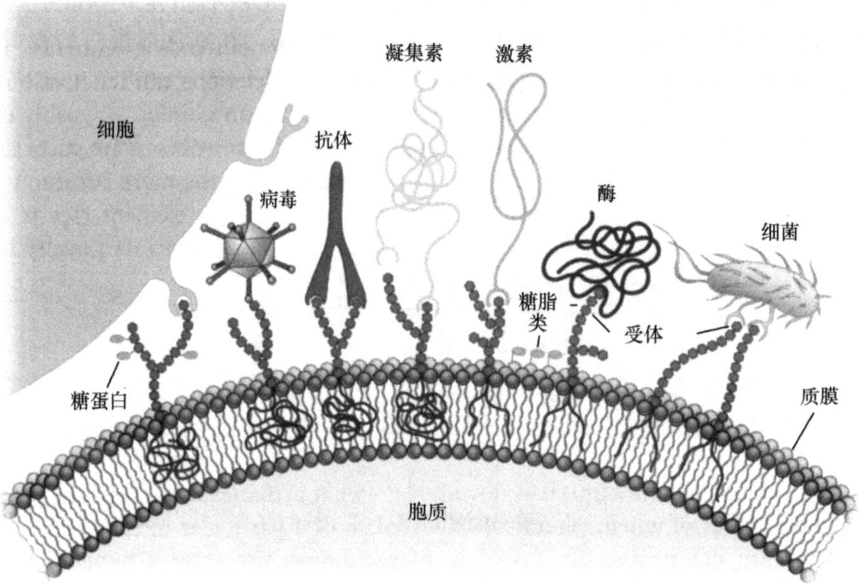

图 24.9　分子识别。所列举的例子包括抗原抗体的相互作用、激素与受体的结合以及酶与抑制因子的结合。

功能丧失可以产生新的表型

到目前为止我们介绍的新性状产生方式都是通过将一种功能的活性转化为另一种功能的活性。然而，新性状也能通过一种现存功能的丧失而产生。致病性的进化为我们提供了一个这样的例子。在一些病原体中，基因进化的结果是抑制病原体对宿主机体产生有害效应，如果病原体的传播需要宿主存活时，这是一种优势。因此这类基因的失活可以导致新病原体的出现（图 24.10）。相反地，病原体用于识别宿主的蛋白质的缺失可能赋予宿主抵抗力；回想一下 CCR5-Δ32 缺失的例子，它提供了某种 HIV 感染的抵抗力。

一个类似的例子出现在导致肿瘤的病毒中。肿瘤发育的通路常常需要肿瘤抑制基因的失活。这类基因对细胞生长起微妙的调节作用因此需要维持正常功能。当足够多的这类基因失活时，细胞生长变得失控从而生成肿瘤。许多病毒以这类基因作为靶点从而导致基因失活，这意味着这些病毒直接或间接地导致肿瘤的形成，这可能对它们的传播是有利的。从这类病毒的观点看来，引发肿瘤就是一个新性状，但这包括了宿主肿瘤抑制基因功能的失活。

功能丧失是怎样发生的？点突变或移码突变可以使一个基因失活，如通过给蛋白质编码序列加上一个过早的终止密码子。一个基因的缺失同样可以导致功能的丧失。大规模的缺失可以一次失活许多基因，其结果可能是机体生物学水平上一系列的变化，也可能创造出重要的新性状[回想一下在人类群体中插入和缺失多态性出现的频率异常的高（图 13.32）]。最后，一个较常见的基因失活方式是通过转座因子的插入而实现的。当转座因子活性很高时，它们可以通过改变基因表达水平或是基因失活来重复产生新性状。

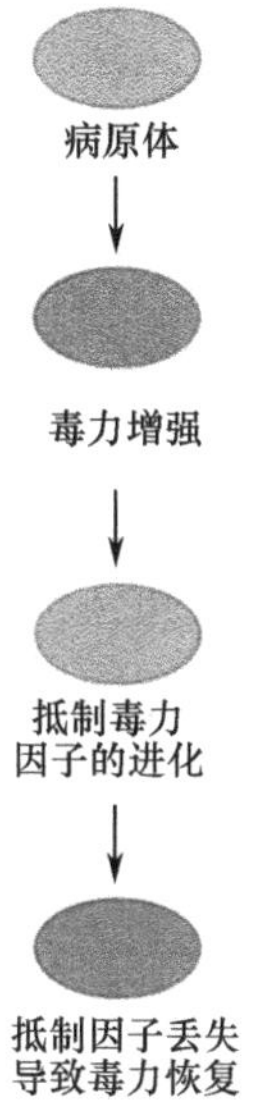

图 24.10 致病性的抑制。

代谢网络中基因调控与互作的变化：分子识别、分化与发育

在生物系统中，可以通过哪些活性分子起作用以及何时、何地和有多少特定的分子表达等详细信息来决定功能。根据调节处理的变化来决定特定分子的表达。在这些处理过程中发生变化是产生新性状的主要原因之一。在这一节中我们将讨论在一个基因中的变化如何影响它的调节。我们还将讨论进化新性状的一个更普遍深入的源头：单基因产物或单一环境条件的改变可以在调节网络上产生级联变化。

功能不仅仅依赖生化活性的潜力，还依赖于这种活性在何时、何地以何种程度表达出来

大体上，一个基因产物在“何时、何地以何种程度表达”是由三个步骤联合起来共同回答的：产生（如转录和翻译）、降解和识别。这些步骤中的每一个都部分地受基因序列控制，并且依次影响特征的改变从而产生新性状。例如，RNA 和蛋白质的稳定性依赖于特定基序的存在，这些特定基序决定了分子的命运是降解还是受到保护。如果一个突变产生了一个降解基序，那么这个基因的最终产物（RNA 或蛋白质）表达将会被下调。类似地，启动子上发生的突变能够通过改变转录因子结合基序来影响转录活性（图 24.11）。

RNA 和蛋白质分子的最终命运同样受这些分子中存在的序列基序控制。改变识别信号的突变可以影响蛋白质和 RNA 在何处降解、在何处出现新功能和新调控过程。例如，一个在 *Arabidopsis thaliana* 中导致脂肪酸去饱和酶（这种酶在脂肪酸中通过脱氢产生出碳碳双键）从细胞质中移往叶绿体的单突变已被鉴定出来。这种位置上的改变使酶催化不同的反应，因为在两个位置上出现的底物并不相同。

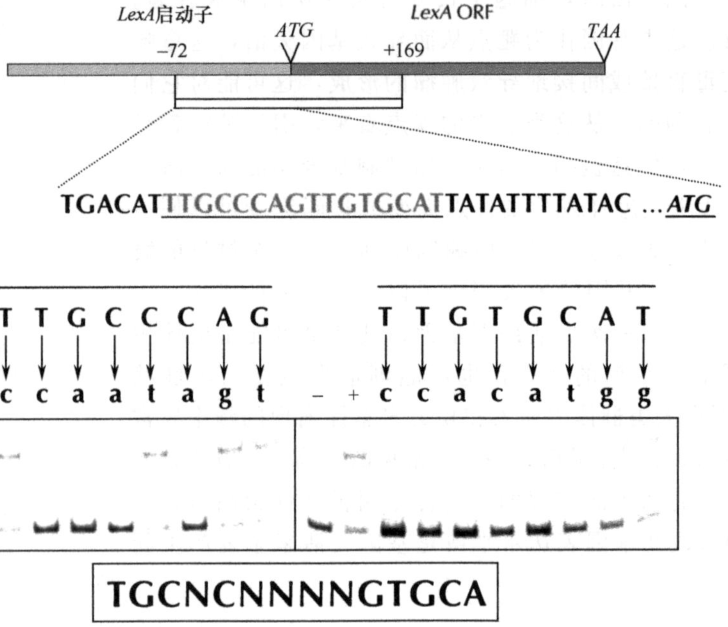

图 24.11 LexA 转录抑制子与 DNA 的结合依赖一种简单的序列基序。这里表现的是利用细菌 *Fibrobacter succinogenes* 的 Lex 蛋白进行的凝胶迁移率变化实验结果。这一蛋白质与不同的 DNA 片段混合后进行电泳。与较强的 LexA/DNA 结合相对应的是在泳道靠近胶块上部的地方出现较多的总 DNA 片段。对照放在左侧：(−) 表示 LexA 蛋白未与该物种中 LexA 基因上游发现的野生型 LexA 框混合（除了调控许多别的基因，该蛋白质还调控自身表达），(+) 表示 LexA 蛋白与野生型 LexA 框混合。其他的泳道表示野生型 LexA 框中发生单核苷酸替换的突变型以及这些片段混合 LexA 蛋白后的迁移率。注意许多突变完全破坏结合（这表现在大部分 DNA 都跑到了胶的底部），反之则是对结合影响很小或完全没有影响。ORF，可读框。

在上面描述的系统中有两个关键特性使产生新性状变得十分容易。首先，调节信号常常由短的简单序列模式组成，如蛋白质识别信号大都不超过 10 个氨基酸。另外，在调控中工作的很少是“on/off”开关，相反是一些通过测定特定序列被其他一些分子结合得很好的弹性开关在工作。举例来说，转录因子同其结合位点之间完美结合可能导致强转录活性。然而，如果在二者之间存在一些错配并导致弱的结合，那么转录活性依然存在，只是将处于一个较弱的水平上［回想一下偶数跳读基因的例子（图 19.31）］。这两个特性（短的基序以及弹性开关标准）使进化出新的基序以及其他特异性的改变变得相对容易。

调控过程对环境条件变化的响应

几乎所有生物体都存在一个共同特征，同时也是多细胞生物体中所有细胞的共同特征，即对环境改变的快速反应能力。这些应答反应常常发生在细胞或生物体的许多结构和关联机制中，如代谢通路的活化和抑制、细胞形状的改变、心率的变化以及迁移（细胞或有机体的）等许多变化。因此，刻画某个生物体的并不是单个表型，而是一组在变化条件下最适合生物体的表型。这种复杂的环境依赖表型被称为**反应规范**（reaction norm）（图 14.5B）。

变化环境下的适应性可以通过两种方式促进新性状的起源。首先，环境扰动的稳健性可以同步稳定生物体的遗传扰动，因此拥有显著表型效应的突变对生物体功能的影响并没有预想的那样明显（回顾第 23 章）。其次，因为单个基因组可以产生依赖环境的多个表型，新表型可以通过现存表型元件的联合而非常容易地产生。在某种程度上，生物体拥有的潜在表型可以经调控网络的改变而引出。

转录调控是被人们了解得最深的调控过程之一。在 *E. coli* 的 SOS 系统中，一组大约 20 个基因在它们的启动子区域中拥有蛋白质 LexA 的结合基序（图 24.11）。当 LexA 蛋白结合到这些启动子上后，这些基因的转录被抑制。当 *E. coli* 暴露在特定的环境压力下时，如紫外辐射下，一系列的步骤被激活并最终导致 LexA 蛋白将自身表达量减半。一旦 LexA 蛋白的表达下调，LexA 蛋白便从它结合的位点上脱离下来，这样一来导致被 LexA 蛋白抑制着的“SOS”基因转录活性上升。在这些激活基因中就有 DNA 修复基因，它在紫外辐射的细胞应激反应中起救护作用（图 24.12）。

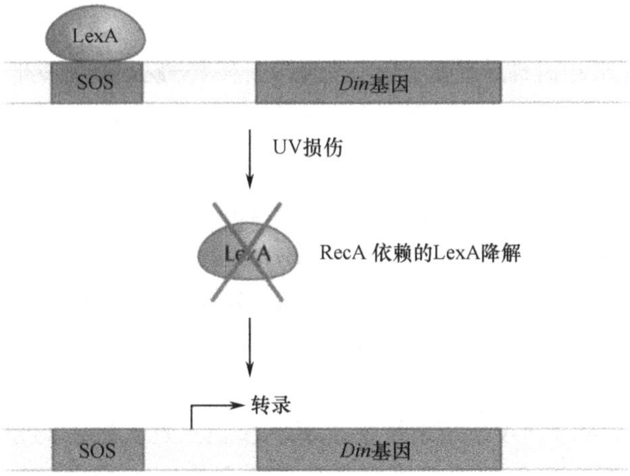

图 24.12　在 *E. coli* 中的 SOS 反应通过 LexA 蛋白基因的负调控而激活。LexA 蛋白结合在 *Din* 基因（DNA 损伤诱导，因为激活 SOS 反应的一个主要途径是通过 DNA 损伤）的上游区域（被称作 SOS 框）。当细胞遇到一个激活信号（如 DNA 损伤）时（在这个例子中是紫外辐射），LexA 蛋白降低自身表达量（在 RecA 蛋白的协助下）。这导致所有含 SOS 框基因的“去抑制”（即活化）。

对多种细菌中类似 SOS 系统的比较分析指出这一系统是如何进化的。一种途径是通过 LexA 蛋白抑制的靶位发生改变。上文略述的调控机制的两个特点有助于新性状的进化。LexA 结合基序是比较小的（约 20 个核苷酸），并且它对表达的抑制作用是连续变化的，不像“on/off”开关。因此，少数核苷酸改变可以影响被 LexA 蛋白抑制的任一基因的抑制强度，同时只需少数突变便可在其他基因的调控区域产生出新的 LexA 结合位点。这便可以使一组诱导的基因（以及它们的诱导水平）发生相当快速的改变。

新性状也能在 LexA 基因内部的 DNA 结合位点发生改变的情况下产生。LexA 结合基序是由 LexA 蛋白的基本结构以及与 DNA 互相作用的特定氨基酸决定的。因而通过一次或少数几次突变步骤，在整个生物体内由 LexA 作用的基因抑制模式就可被改变(图 24.13)。

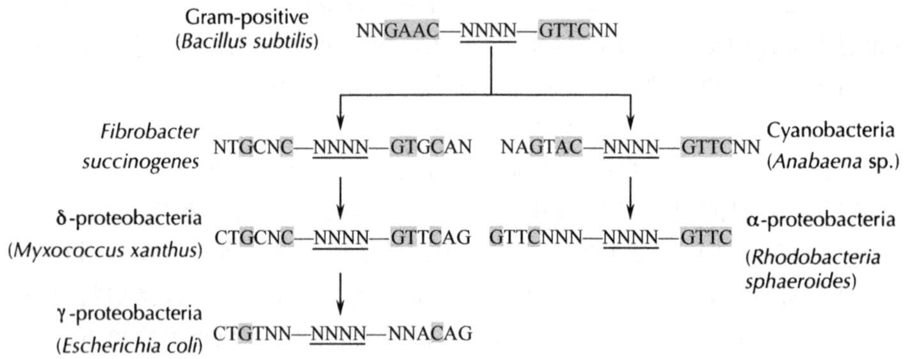

图 24.13　在不同细菌种中的 LexA 识别位点。本图显示不同物种中的 LexA 蛋白识别序列尽管不同但却有类似之处。在革兰氏阴性细菌识别位点中类似的碱基用阴影标记。N 表示四种碱基中的任意一种。

尽管 SOS 系统是相对简单的，但它对理解新调控模式如何产生却是一个极好的例子：调控序列上的改变允许靶点基因改变它的调控模式，调节基因上的变化可以一次改变整个通路。LexA 的例子是关于转录抑制的，但能以同样方式激活而非转录抑制，事实上我们已经知道许多关于进化改变发生在转录激活基因和激活基因结合位点上的例子。进化改变同样可以发生在基因表达的其他组分上，事实上，级联调控上的每一个步骤都可以看做是能演化产生新性状的地方。这对由起始因子和小 RNA 分子（microRNA）调控的翻译过程、磷酸激酶催化的磷酸化级联反应、分子伴侣控制的蛋白质折叠以及通过代谢通路中的反馈抑制来调节的代谢物流来说确实如此。在第 9 章中，我们给出了关于信使 RNA（mRNA）可变剪接、mRNA 稳定性、转录调控、蛋白质磷酸化以及在发育中的多细胞生物体内扮演重要作用的蛋白质定位等机制是如何发生改变的例子。第 11 章中我们则关注在形态进化中起特定作用的转录调控机制。所有这些水平的遗传变化与许多额外变化一起形成了多重机制，正是这一多重机制导致通过基因调控改变所产生的进化。

分化和发育允许编程性调控的变化和分工

调控上的变化并不总是对一个变化的环境做简单的应答。在大部分物种中，存在对基因调控和基因产物调控进行的预编程。这类例子包括驱动细胞周期变化的机制、单细胞生物出芽和改变交配型时的分化过程、多细胞生物中的细胞分化（第 9 章）以及社会性生物中等级的产生，如在蚂蚁中（见注解框 21.2）。

在所有这些例子中调控过程所起的作用在于允许出现分工，这个概念与经济学家 Adam Smith 有关（图 1.13）。Smith 认为当一个进程被分成不同部分来完成时将更有效率，因为每个部分的工作都是由熟悉这方面的专家来完成的。如果祖先基因需要完成两个功能时，基因复制将带来优势，即通过单个复制基因能更有效的完成不同功能。分工同样能出现在暂时性的分离事件中［如在许多单细胞真核生物的生活史中存在有性与无性两个阶段（图 23.28C）］或者将任务安排在不同的细胞或个体中完成。后一种情况的例子发生在植物和动物的发育途径中，就像我们在第 9 章和第 11 章中看到的。在不同生物的生活史策略中也可看到类似的例子，如蝉在幼虫期摄食而在短暂的成虫期则进行交配繁殖和迁徙。这些分化过程的存在并不仅仅提供一个由特化带来的暂时优势，同时在生物出现质变上也打开了新的可能性。颜色视觉的进化为我们提供了一个例子来说明分化在新性状进化中所起的作用。

在动物中，感光神经细胞中的视紫红质可以吸收光子从而产生电信号。在进化过程中，视紫红质基因通过复制进化出编码最大吸收波长不同（也就是颜色不同）的视紫红质的基因。然而为了拥有高效的颜色视觉，生物必须进化出分化的感光神经元。例如，在 *Drosophila* 的每个小眼中存在特化的感光细胞，即表达紫外线敏感视紫红质的感光细胞和表达可见光敏感视紫红质的感光细胞。这两种细胞的轴突连接到大脑的不同部分。通过这种方式，果蝇可以辨别紫外线光源和可见光光源。大体上，同样类型的补充和替代可能出现在所有发育方式和生理事件中，因此从细胞周期进程到有机体发育中的新性状都可以这种方式产生出来。

发育机制和通路演化（我们在第 9 章和第 11 章中介绍过一些例子）研究揭示了一些调控机制的关键特征，发现它们对在调控过程中产生的复杂性状和新性状有贡献。这些特征包括以下一些（但不仅仅只是这些）：①在不同的细胞和组织中存在的调控可能是不同的；②拥有多个功能的特定调控基因在不同环境下的作用方式可能不同（如在不同的时间点或不同的组织中）；③调控的靶位上常常有多个互相作用的调控基因在起作用；④许多调控基因在功能上重叠，导致进化上的弹性很大。事实上，对简单调控网络和复杂调控网络的研究都提供了一些关于调控网络大体上是如何进化的关键知识。特别是通过一些相对简单的规律（例如，如果蛋白质 A 结合，转录上升；如果蛋白质 B 结合，转录下降）联合作用，生命就可以产生出极大数量的多样性模式。这种方式类似于任意复杂的计算都可以通过某组简单的逻辑规则（是、与和非）来实现。

冗余性

上面给出的许多例子都是关于某些基因功能的改变（如酶特异性的变化或基因表达在时间和空间上的变化）。尽管出现一个新功能对生物体来说可能是有利的，但如果新功能影响到现存的更重要的功能的话，进化就不能出现。甚至当旧的功能还没有完全消失时，相互冲突的选择压力可能阻止单基因进化出多个功能。例如，乳酸脱氢酶（LDH）有一项额外的功能，在鸟类的眼球中作为形成晶状体的晶状体蛋白。所以这个例子中的蛋白质有两种功能：酶或结构蛋白。进化研究指出鸟类中的这类双功能蛋白特定位点氨基酸发生了改变；而在其他脊椎动物 LDH 中该位点上的氨基酸是保守的，同时 LDH 也只在代谢中起作用。这一例子表明 LDH 在视觉中进化出新功能的后果之一便是它的代谢活性下降（图 24.14）。绕过这一进化限制而产生新功能的方法之一便是从基因组中无功能的区域进化出新基因。尽管这看起来很有可能（详细讨论见注解框 24.1），但实际中却很少见。另一种进化中较常见的途径是通过基因复制。

```
      60                   80                          114 118                  250           310
hb   XEMMXLQHGSLFL      IVADKDYAVTAN                   NVNVFKFIIPQIMK
sw                      IVADKDYAVT                 NLVQXNVNVFKFIIPQVMK     GYTNXAXGL    LKDDEVVQLKK
de  KGEMMDLQHGSLFLQ    KIVADKDYAVTANSK       RLNLVQRNVGVFKGIIPQIVK    KGYTNWAIGL    LKDDEVAQLKK
cb  KGEMMDLQHGSLFLQ    KIVADKDYAVTANSK       RLNLVQRNVNVFKFIIPQIVK    KGYTNWAIGL    LKDDEVAQLKK
pb  KGEMMDLQHGSLFLQ    KIVANKDYSVTANSK       RLNLVQRNVNVFKFIIPQIVK    KGYTNWAIGL    LKDDEVAQLKN
ca  KGEMMDLQHGSLFLX    KIVAGKDYSVTAHSK       RLNLVQRNVNIFKFIIPNVVK    KGYTNWAIGL    LKPDEEEKIKK
```

图 24.14 在一个基因上的相互冲突的进化压力。多种脊椎动物乳酸脱氢酶和鸟类中的晶状体蛋白序列片段排列（cb，鸡 LDH-B；pb，猪 LDH-B；ca，鸡 LDH-A；hb，蜂雀 ε-晶状体蛋白；sw，雨燕 ε-晶状体蛋白）。图中还有水鸭中该类蛋白质（标记为 de），同时作为 LDH-B 和晶状体蛋白存在。注意其中的一些氨基酸残基（箭头标记）在其他 LDH 中（包括许多没有列出的）和一些晶状体蛋白中是保守的，但在双功能的酶中是变化的。这体现了互相冲突的选择压力将变为晶状体蛋白的 LDH 的催化活性除去。阴影残基表示雨燕、蜂雀和水鸭中的 ε-晶状体蛋白序列不同之处。

注解框 24.1 新的基因可以从非功能序列区演变而来

这里我们考察的一些例子将说明新基因是如何从非功能序列中演化而来的。

这类机制之一是将非编码 DNA 转变为编码 DNA。例如，当转录和翻译信号都整合到基因组的一段非编码区域时，细胞的转录机制将把这段 DNA 序列转录成 mRNA，接下来这段 mRNA 可被翻译，在某些例子中可能产生出新的蛋白质。尽管转录和翻译信号插入非编码区域的事件可能是随机产生的，但新蛋白质的出现不是完全的随机过程。在基因组富含鸟嘌呤和胞嘧啶的区域事件发生的概率较高，因为这段区域的终止密码子出现概率很低（终止密码子包括 TAA、TAG 和 TGA，都富含腺嘌呤和胸腺嘧啶）。更进一步的是，这会导致在物种中发生分化的概率不同，因为高 GC 含量的生物体比低 GC 含量的生物体出现新基因的可能性高。

在那些已有基因存在的基因组区域中的非编码 DNA 转变成编码 DNA 是很容易的。通过点突变或移码突变（图 12.2）改变终止密码子都能产生新的**可读框**（open reading frame）和新的或修饰后的基因产物。终止密码子的改变可以在原有蛋白质的 C 端加上新的氨基酸。尽管移码突变主要导致蛋白质功能丧失，但在一些例子中它们也会产生出新功能，如在蛋白质三维结构中产生新的结构域（图 24.19 和图 24.20 中对结构域的讨论）。

移码突变和终止密码子的通读并不仅仅产生基因 DNA 序列的变化。在许多物种中发现一种被称为程序性移码突变的移码突变，它由翻译因子控制并导致翻译系统跳跃到新的可读框上。在调控方式中利用程序性移码突变，生物体可以通过一个基因产生不同的蛋白质。当程序性移码突变发生在基因组的多个区域时，控制移码突变的翻译因子改变可以一次改变许多蛋白质序列。在另一类例子中，通过识别终止密码子的选择性转运 RNA（tRNA）将终止密码子误读为“正常的”第 61 号密码子可以产生通读。能识别终止密码子的选择性 tRNA 将（类似正常 tRNA）一个氨基酸插入到正在延伸的多肽链中。下一个例子是当遗传密码子自身发生变化时（表 5.3）。这能通过多种方式产生（如氨酰 tRNA 合成酶或 tRNA 中发生突变），并导致显著的新性状产生。新基因还能通过修饰其他基因中的非编码区并将其转变为编码区的方式产生。这方面的例子有鱼类中的抗冻蛋白（图 24.15）。

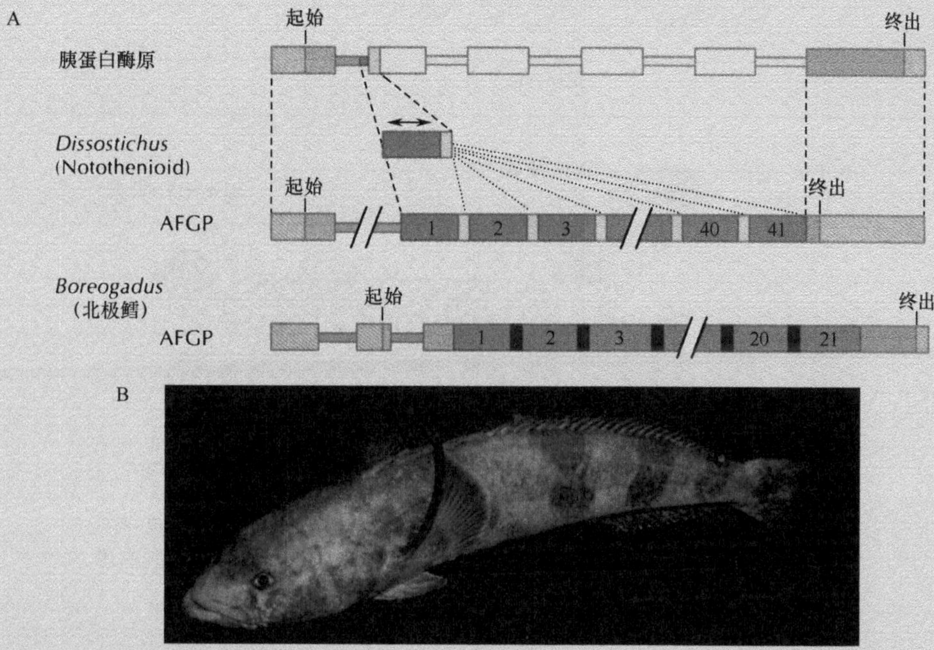

图 24.15　新基因的起源。（A）三种蛋白质编码基因的结构示意图，包括两种抗冻糖蛋白（AFGP）和胰蛋白酶原。粗框对应外显子，细框对应内含子。阴影表示不翻译区域。点状图表示信号肽。基因之间相类似的序列区域用同一种颜色表示。来自大西洋鱼类 *Dissostichus* 的胰蛋白酶原和 AFGP 基因中的同源区域用虚线联系。该图说明 *Dissostichus* 的 AFGP 是通过一个 DNA 序列元件的一次扩张而从胰蛋白酶原演化而来，该 DNA 序列元件编码 AFGP 中的蛋白质重复元件。图的下方是另一种鱼中非同源的 AFGP 示意图。（B）*Dissostichus mawsoni*。

酵母朊蛋白 PSI^+ 提供了一个无法正确终止翻译而导致复杂效应的例子。它是参与识别终止密码子的蛋白质不正常形态。朊蛋白形态的蛋白质将正常蛋白质转变为异常形态并且将它隔离在非活性的复合物中（图 24.16）（朊蛋白有一种引人注目的遗传方式，即不依赖核酸的遗传，如朊病毒引起的库鲁病和羊瘙痒病，它通过将蛋白质转变成不正常构象而传播）。结果蛋白质表现出序列无关的变种，因此导致野生表型上的变异。

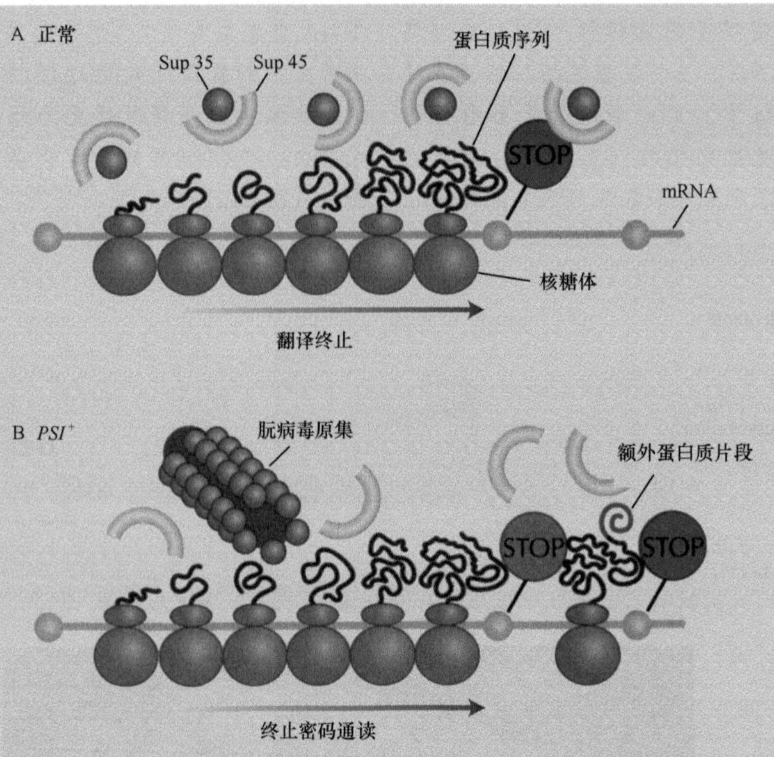

图 24.16 酵母朊蛋白 PSI^+ 是蛋白质 Sup35 的异常形态，正常的蛋白质 Sup35 结合蛋白质 Sup45 后形成的复合物辅助实现翻译终止（A）。朊病毒形态集合体干扰正常的翻译终止并增加额外蛋白质片段（B）。

基因拷贝和分歧能产生现存功能未失活条件下的功能分化

基因拷贝产生冗余性。由于基因复制可以维持原有调控信息不变，所以当原有基因维持最初功能时，基因的一个拷贝可以自由地进化出新功能。在进化中复制是经常发生的。复制能在基因水平上发生，产生的拷贝大多数情况下是邻近原有基因的。大片段的基因组序列或者整个染色体也能发生复制，同时在极端情况下，全基因组的复制产生多倍体（polyploid），所有现存的基因都将同时产生多个拷贝（第 22 章）。

我们在前面讨论过，基因组中发生的基因复制被称为**旁系同源**（paralogs），因为它们在一个物种中是平行进化的。这方面的例子有组成血红蛋白和延伸因子两种形态（Tu 和 G）的不同球蛋白的祖先分子在生命的早期是同一种蛋白质。经历了一次基因复制事件以后，当一个拷贝维持原有功能时另一个拷贝可能进化出了新功能（图 24.17）。正是这个原因，生物体内的旁系同源基因功能常常是不同的，而直系同源基因功能则常常相同（我们曾提过直系同源基因就是不同物种中一个基因的相同形态，如人类和小鼠中的延伸因子 Tu）。

尽管基因复制在进化中是常见的，但通过一个基因拷贝的分化产生的新功能却不多。原因很可能是基因拷贝会富集有害突变并最终退化变成一个**假基因**（pseudogene）。

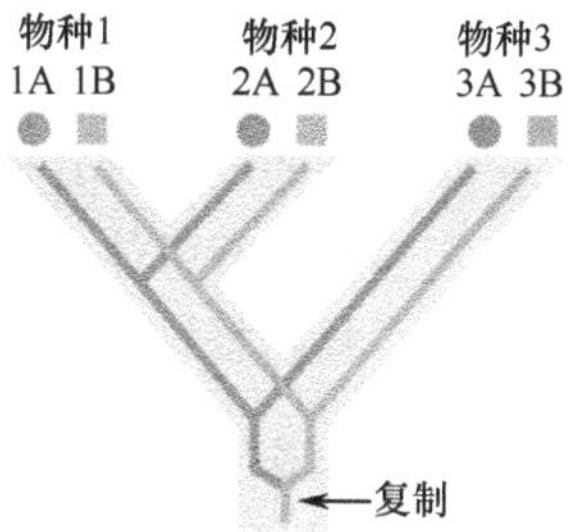

图 24.17　复制和分歧。本图表示三个物种构成的进化树（由粗灰色分支表示）。在树的根部，也就是三物种的共同祖先处，一个基因经历了一次复制事件产生了旁系同源基因，这两个旁系同源基因分化产生两种显著不同的功能表型，由红色和蓝色表示。随着物种在进化中渐渐分成 1、2、3 三个分支，每个分支都含有两个旁系同源基因以及各自不同的功能。诸如此类的复制事件表明在生物中产生的冗余性可以成为功能分化的基础。

相比之下，如果增强原有功能是有利的，两个基因拷贝都会维持它们原有的功能而不发生改变。不仅如此，复制基因以一种不同于非复制基因的途径在进化——发生在它们之间的**基因转变**（gene conversion）阻止它们产生分歧，通过重组产生的缺失可以删除其中一个拷贝（第 12 章）。

如果原有基因的功能不止一个（就像在晶状体蛋白这个例子中的情况），那么选择会导致在基因拷贝之间产生功能的分化。这是产生分歧的一个快速途径。相反，通过基因拷贝的新功能从头进化需要存在最终结果是丢失功能的中性进化阶段。一种基因分化的直接而普遍方式是通过改变基因拷贝的调控序列进而导致拷贝表达在时间和空间上的细微变化。例如，在人类胚胎中表达一组血红蛋白基因。出生以后，胚胎表达的血红蛋白基因被关闭而另一组血红蛋白基因开始表达。这种基因表达的时间模式反映出某种调控进化。类似地，*Hox* 基因的复制产生出许多拷贝，这些拷贝的蛋白质产物进化出不同的结构域和结合到不同位点序列上的特性（第 11 章）。

基因拷贝的存在允许一个拷贝或是两个拷贝的功能都发生分化。通过正选择导致的基因特化和富集中性或近似中性突变，基因拷贝能在基因适合度高的适应峰间穿梭并能以某种方式避开在单拷贝条件下不能避开的那些适应谷。这样一来新功能的进化就加速了。

尽管由分歧带来的基因复制是研究冗余性对新性状的贡献的最好途径，同样的情况可以出现在任意一个冗余系统中。例如，当一个有机体拥有多个可交换底物的代谢途径时，其中一个途径可以在不危及有机体正常功能的情况下发生分歧。在大多数情况下，冗余性并不依赖于基因复制的出现，而是反映出有机体中普遍存在的稳健性（举例来说，我们之前介绍过多个转录因子可以形成多种组合共同调节基因表达）。

稳健性、模块化和区域分隔

生命系统的另一个有助于新性状起源的特点是系统以多个不同亚单位的形式存在。许多术语用来描述这种系统分隔。例如，**区域分隔**（compartmentalization），我们在第 4 章中讨论过，它常常指一个系统分离到身体的不同部分（在第 4 章中，我们关注的是多细胞的有机体起源；在这里，我们的注意力将集中在组成单个有机体的不同部分）。当系统可以分成功能上不同的一些亚单位时，也就是我们常常将其称之为**模块化**（modularity）。为了简单而易于理解，我们使用模块化这一术语来指那些将系统分成不同部分且每一部分相对独立又各自带有某些功能的情况。模块化可以在生命系统的任何层次上发生，从蛋白质到细胞再到多细胞生物。就像我们上面解释过的，模块化对新性状产生的关键意义是它允许有机体的不同部分（模块）发生相对独立的进化。这意味着，一个部分的改变对其他部分的功能将只产生有限的直接影响。这并不是说这种变化并不会影响整个有机体，而是一个部分的改变不会受另一个部分的严格限制。在接下来的这节中，我们将讨论不同的模块化类型和它们对新性状起源有何贡献。

蛋白质结构域的混合与匹配可以产生多种活性

当我们检查直系同源蛋白的序列时，可以发现一些区域是高度保守的而另一些区域保守性很差。一个主要的原因是存在三维结构不同的蛋白质结构域。举例来说，在许多酶蛋白中，位于活性位点上的或靠近活性位点的氨基酸在物种间是高度保守的，但在其他区域的氨基酸保守性却倾向减弱。在多功能的酶中常常有多个结构域是保守的，分散在那些非保守的区域中［这可能说明，在一些蛋白质中三维结构在物种间是高度保守的，但在一级结构中却无法发现结构域的保守性，因为在三维结构中互相作用的氨基酸在序列上并不是相邻的。然而，在大部分情况下一级结构上保守的片段却可能存在于相当不同的结构域中（图 24.18）］。

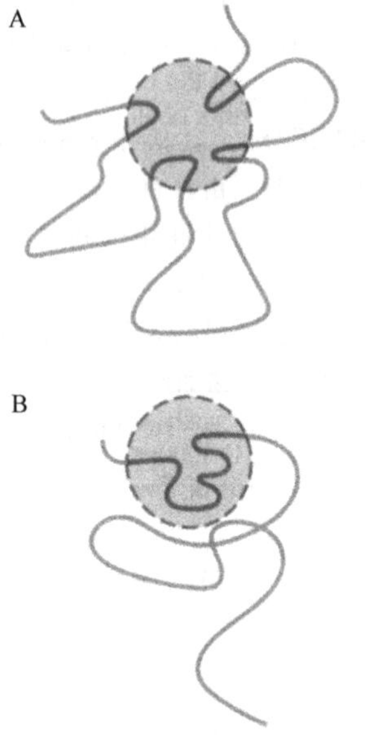

图 24.18 （A）蛋白质中的活性位点（红色）可能由几个一级序列中不相连的片段组成。然而，常常出现的情况却是一整段序列包含在一个结构域中（B），这一序列将倾向保守。

这种一级序列组成不同结构域的情况通过两种方式有助于新性状的产生。首先，一个结构域的改变可以通过改变蛋白质构象影响另一个结构域的活性。我们在第 2 章中已经知道，这种变构相互作用允许任意功能的结构域之间产生调控连接。其次，重新组合结构域将会相当容易。这种混合和匹配可以存在许多类型。在一些例子中，一组蛋白质可以共享同一个核心结构域而其他结构域则可以有多个来源（图 24.19）。在其他例子中，大的变异出现在物种间的结构域混合中（图 24.20）。

这些混合和匹配是如何发生的？已知的一种途径是通过**外显子洗牌**（exon shuffling），就是 DNA 中编码蛋白质结构域的外显子和内含子区域发生重组。内含子越长，外显子发生随机重组并导致结构域混合的概率就越大。因为已知在不同蛋白质的内含子中都会有一些序列是类似的，这些不同基因的内含子之间发生同源重组可以产生出新蛋白质。尽管外显子洗牌可能发生，在许多例子中表现出的却是蛋白质结构域没有相对应的外显子存在，因此内含子中发生的重组可能确实打乱了结构域。所以我们需要更多的理由来说明结构域模式的多样性。

在真核生物中，可变的基因剪接模式能产生新性状，它通过两种途径发生。第一，一个基因的剪接模式能在不同条件下改变，如在不同的温度下或是不同的细胞类型中。理论上，可变剪接可以让单基因通过不同的序列剪接组合编码出几千甚至上万种不同的

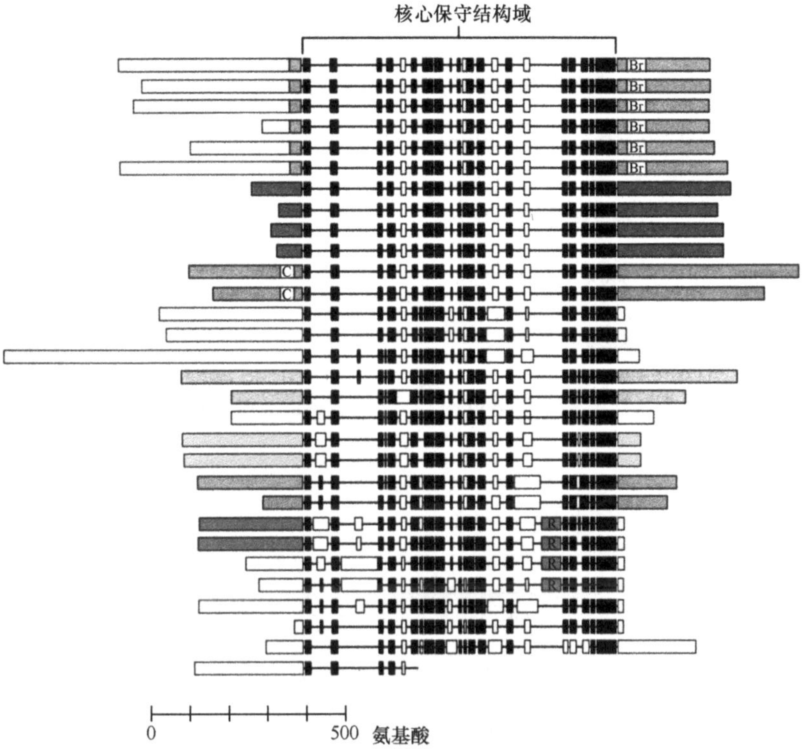

图 24.19　DNA 依赖的 ATP 酶结构域 SNF2 家族在不同蛋白质中的示意图。图中不同蛋白质用水平柱状图表示，蛋白质中不同的结构域用不同颜色表示。这一家族中的所有蛋白质都共享核心结构域 SNF2（黑色）并且所有蛋白质中该结构域的功能也都是保守的。许多蛋白质都有额外的结构域（其他颜色）以提供反应的特异性。

蛋白质。但在实际中，生物体内可变剪接产生的不同种类蛋白质却是非常少的。不过它提供了产生大量新型蛋白质的一种可能性。第二，一个基因的剪接模式可以在突变改变内含子-外显子边界位置的情况下发生改变。剪接模式的变化提供了一种比外显子洗牌更直接的产生多样性的机制。

蛋白质由多个功能上显著不同的结构域组成这一特点还允许其他的进化机制起作用。例如，一个简单的结构域缺失能导致不危及另一功能正常工作的情况下蛋白质功能的丧失。如果在基因复制事件后发生这种状况，生物体存活下来的概率很高而且这个结构域的缺失可以导致两个拷贝功能的分化。

区域分隔对新性状产生有重要贡献

在生物体中产生模块的一个最简单方法是产生区域分离，如细胞核与细胞质、植物和动物中的不同器官以及革兰氏阴性菌的内膜和外膜。这类区域分隔的辨别是通过寻找那些控制许多不同基因表达的特征信号，如决定哪种基因在哪些部分表达的 *Hox* 基因。区域分隔使那些影响单独区域的系统进化变得较易产生。形成区域的信号分子控制的那些特定基因和基因产物是这类进化所必需的。晶状体中表达的晶状体蛋白（见上文）和体

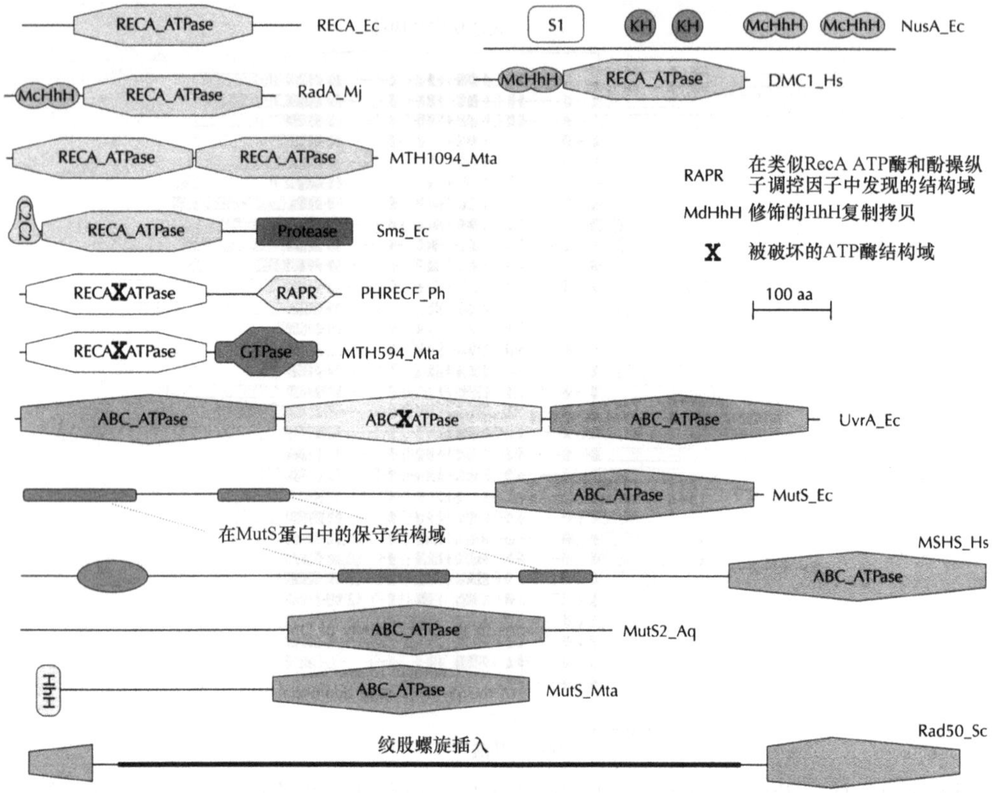

图 24.20　在已知蛋白质 ATP 酶中发现的结构域在模式上表现出极大的多样性。这仅仅是在少数物种中找到的一小部分 ATP 酶。因此 ATP 酶中全部多样性的种类将是惊人的。蛋白质以近似比例表示出来。可能的非功能基序用 X 符号标记出来。蛋白质 ID 和基因名来自 Swiss-Prot 数据库。物种简写：Af，*Archaeoglobus fulgidus*；Aq，*Aquifex aeolicus*；Ce，*Caenorhabditis elegans*；Dm，*Drosophila melanogaster*；Ec，*Escherichia coli*；Hs，*Homo sapiens*；Mj，*Methanococcus jannaschii*；Ma，*Methanobacterium thermoautotrophicum*；Mtu，*Mycobacterium tuberculosis*；Ph，*Pyrococcus horikoshii*；Sc，*Saccharomyces cerevisiae*。

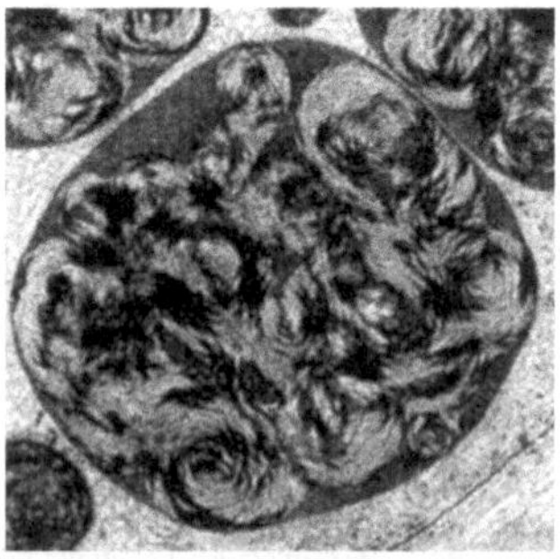

图 24.21　溶酶体。溶酶体中存在的 pH 为 4.8 的内环境（比 pH 为 7 的细胞质酸性高得多）极有利于降解过程。溶酶体蛋白的氨基酸序列和氨基酸成分进化出在低 pH 条件下能更有效地工作的新特性。

节识别中的变化（第 11 章）是两个例子。在这里我们还将给出另外一些例子以说明区域分隔在新性状的形成中有何种作用。

细胞器官将真核细胞分隔为各种膜结构的亚单位能使细胞中维持特定的内环境。一个细胞器官维持其内环境不同于细胞内其他部分的能力确实有利于新性状的产生。例如，溶酶体富含的消化性酶能降解大分子（图 24.21），如果没有消化大分子的分隔区域存在，溶酶体中基于不同酸碱度的降解途径将不会进化出来。

大多数生物都能在某种程度上控制它们生存的环境。细菌可以利用它们的纤毛沿着化学或物理梯度移动，植物能影响它们的花粉和种子传播到何处，动物能选择搜索不同的生存环境。生境偏好的不同可能有一个简单的遗传基础，但可能使生物经历一次整个基因组发生改变的选择过程。例如，在第 22 章中，我们看到 *Rhagoletis* 所寄生植物的一个变化如何导致对这些植物的多种适应性出现并最终产生出两个分化明显的物种。

调控模块化和发育网络

就像我们讨论过的模块化和区域分隔对基因结构存在影响，我们同样可以想到它们在发育机制中也有功能。遗传上互相作用形成的网络和通路塑造的模块也能在发育中同样利用。例如，特定的细胞间信号系统参与分子相互作用的级联反应和反馈环（第 9 章)。任何一个信号系统都有这一功能，并且常常在发育中起作用，但由于这些信号产生的环境不同，通过调配同一个信号通路能产生不同的结果。这使生物利用相对较少的遗传信息就可以产生大量不同的表型。这同时意味着导致这些信号在新区域表达的突变会给发育带来复杂的影响，就像它们能够激活整个遗传相互作用的级联反应。尽管在大多数例子中这种突变都是有害的，但在某些例子里它却能为发育带来有利的改变。

调控重要遗传基因的这些方式同样可以产生模块化。就像我们在第 11 章中所描述的，*Pitx-1* 在棘鱼不同结构中的表达，即 *Pitx-1* 在不同组织中的表达被假定由不同的顺式调控元件控制。由于这个原因，发生的突变可以改变 *Pitx-1* 在盆腔中的表达但不影响其在头部中的表达。这能防止潜在广域多效效应并推测在盆腔棘中调节 *Pitx-1* 的进化改变不会影响到棘鱼头部的正常发育。*Hox* 基因为我们提供了另一个以这种方式进化的例子。通过进化，*Hox* 基因的不同拷贝可以将 *Hox* 基因的功能进一步细分并产生功能分歧。与此同时，在单个 *Hox* 基因调控中的精细改变同样可以在形态进化中起重要作用。例如，在不同种果蝇中腿刚毛形状的进化改变是通过 *Ubx* 基因上相对精细改变而产生的，这种改变导致在不同种果蝇的腿发育过程中 Ubx 蛋白表达水平有差异(图 11.19)。这种类型的调控模块化，即在生物体中不同区域的调控网络的单独控制，是许多发育基因的关键特性。同时，它们使顺式调控突变成为进化的主要机制之一，并且有助于生物不同躯体部分的单独进化。

在第 11 章中给出的例子有助于了解发育中的模块化和区域分隔的概念。诱导昆虫附肢发育的模块由特定信号引发的级联反应汇集而成，这些反应依次激活一组转录因子；在图 11.13 中所展示的 *Dll* 表达就是这种模块的一部分。昆虫附肢发育在每个体节中都有潜在的可激活性，但 *Hox* 基因的活性阻止它在腹部被激活。在那些附肢发育被激活的体节中，*Hox* 基因决定发育的附肢类型（如翅膀和**平衡棒**)。在下面的详细解释中，我们将看到组织化的系统既能使发育稳健化，同时也能让产生潜在优势的变异出现。

探索系统为新性状提供可靠途径

复杂有机体仅靠少数遗传信息就可精确发育成形是令人印象深刻的。即便是人类基因组，尽管它比大多数生物的基因组都要大，但仍只提供 10 亿碱基的遗传信息，与个人电脑的操作系统的复杂程度差不多。我们在第 14 章中提过，有机体并不仅由它的基因组决定：DNA 的序列必须放在细胞环境内来解读。不过单单一个受精卵就能发育成一个有复杂形态和行为的个体是太不寻常了。我们必须依靠合子中所包含的有限的遗传信息来揭示发育。更重要的是，尽管存在随机的环境变异，这些信息仍能确保发育的正常。

发育过程是由多个调控系统控制的，这些系统根据很少的信息就能生成大量可靠而复杂的产物。一些生物学家特别强调**探索系统**（**exploratory system**）的重要性，它能限制和改变起始的随机变异并产生出一个协调得很好的最终结果。这大致同自然选择相类似，它能改变经历了许多生物世代的随机变异并最终产生一个高适合度的生物。在某些例子中这些系统确实依赖于在发育的生物中复制世系之间的自然选择。此外，在这种类型的系统中，发育步骤通过反馈环紧密结合，从而允许发育事件之间产生协同而无须分别确定这些事件。这可使系统忍受一定的变异但结果并不会由于处理过程中的随机变异而丧失。同时，这种协同也使系统关键步骤改变后导致的实质变化可以发生。

一个简单例子是脊椎动物肢体的发育。这不仅仅包括在正确的位置长出骨头，还包括与之相伴的肌肉、血管和神经的正确发育。如果每种组织都是通过某种精确的蓝图独立形成的，那么一大堆遗传信息就是不可缺少的。以这种观点看来，我们确实需要一个**雏形人**（**homunculus**）存在于卵中，包含着所有精确发育成熟个体所必需的信息，但是作为原型的雏形人自身也需要以同样的方式才能形成。如果发育过程是以这种方式进行的，那么不仅仅需要在卵中含有大量的信息，而且一旦不同的成分出了一点问题，一系列的结果就会出错。

事实上，一个简单的分子浓度梯度就决定了原始肢体的分化起始。一旦最初的肢体幼芽出现，紧接着就是肌肉在上面自动生长，然后是由肌肉出现而诱导的神经和血管分化。这种基本的过程可以应用于躯体的所有部分并使四肢骨干的每一部分都产生出一套功能附肢必需的复杂结构。这些发育事件同样可以被局部信号模块化从而在四肢之间与同一肢体不同部分之间产生相对细微的区别。

在这一例子中，不同组织间的协同使得单个信号就可以决定整个复杂的结构。类似的例子还可在第 11 章中找到。例如，单独的转录因子，Pax6，在果蝇的幼虫成体器官原基中异常表达时，可以引发发育眼结构所需的全部级联反应事件（图 11.33 和图 11.34）。因此，Pax6 的异常表达可以在触角、腿和翅膀部位生成器官化的眼组织。这种情况不仅仅意味着出现随机的感光细胞，而是全部必需的眼组织都能出现，所有的组织都被准确地组织好，包括适合的晶状体与色素细胞，有准确感光型的正常模式的小眼。同时生成的神经元最终可以与中央神经系统相连并尝试与大脑中处理视觉的区域建立适当的关联。

当仔细检查这些例子时，我们可以看到发育过程常常以一种特定的方式达到这种协调性：一种遗传结构最先被激活然后一步步精细修改达到严格特化的最终形态。例如，成熟肌细胞接受来自单个运动神经元的信号。然而一个未成熟肌细胞受到多个神经元的控制，相互之间发生拮抗。这些神经元将更多信号传递到发育中的肌肉然后再从肌肉那接受作为反馈信号的神经细胞生长必需的生长因子，结果使神经元生长得更多，最终导致每个肌细胞都受单个运动神经元的控制。类似的拮抗过程也发生在神经发育中。在大脑发育过程中出现的神经元和神经元形成的突触连接比最终保留下来的要多出许多，而哪些神经元和突触连接最终能保留下来取决于它们传导的信号。因此，尽管全部大脑结构的形成条件是非常严苛的，但这些精巧结构的发育仍需要与外界环境的相互影响（图 24.22）。

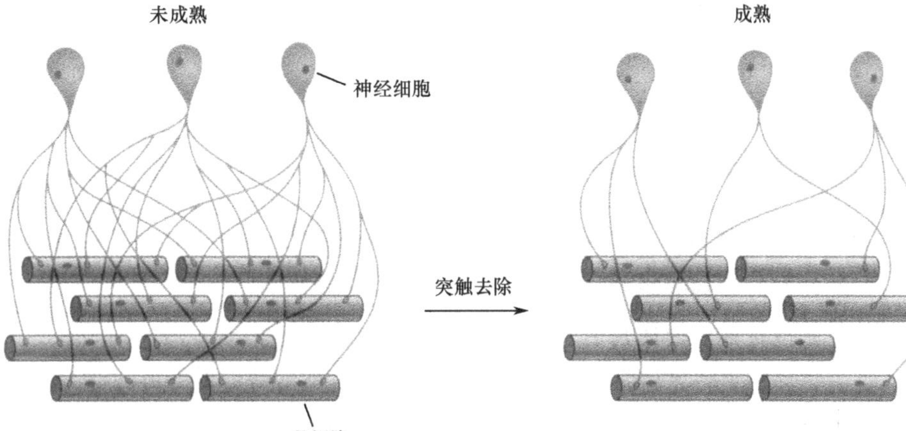

图 24.22　在运动神经元之间的拮抗可以使每个肌细胞最终只与一个单独的神经元相连。

脊椎动物免疫系统成熟需要在产生识别外来抗原（这种抗原不能来自机体自身）的特定抗体的细胞系生成过程中进行自然选择。在免疫系统早期发育过程中，通过重组和突变机体产生出许多种遗传上不同的免疫细胞，每种细胞都产生一个独特的抗体（图 9.10）。如果细胞产生的抗体同机体自身发生抗原-抗体反应，那么这种细胞将被除去。但剩下的细胞仍然拥有极为可观的多样性足以识别外来抗原（机体外的蛋白质和其他大分子，如入侵的某种细菌）。接下来，当一个细胞识别特定的抗原后，这个细胞在刺激下发生分裂，因而短短几天内机体就能产生出大量的特异抗体。这种特殊的细胞将保留在机体中，当下次遇见同样的抗原时机体便可以快速动员起免疫反应。这种被称为**免疫记忆（immune memory）**的现象是疫苗工作的基础。这里的关键就是如果系统没有如此的弹性，那么这种种类极其巨大的抗体想要产生出来就需要同样巨大数量的遗传信息预先存在于机体中。不仅如此，这种非弹性系统不能应付生物体在其存活期间所要面对的各种不同的挑战。而探索系统，基于单个生物体内存在的自然选择，可使生物利用有限的遗传信息产生出一个复杂而有适应性的系统。

在这节中，我们重点解释了那些允许生物利用简洁的基因组编码产生复杂机体结构和在不可预测的环境干扰中正确地发育出完整结构的机制。这些特点同时也使生物能更容易地产生新性状，因为任何变化都能在至少维持现有功能的同时形成一组新的有优势的互相协调的表型变化，而且还不需要在基因组中发生多个几乎不可能同时发生的变化。所以举例说来 *Hox* 基因在表达模式上的改变可以引发一整套级联反应，这些反应导致所有组织，包括外胚层、中胚层和神经系统发生互相协调的变化并最终导致体节转换。这个特点极大地提高进化调节 *Hox* 基因表达产生具潜在优势表型的可能性。同样的原理可以应用到大多数发育基因中，它们在发育中互相协调以产生各种不同的结构、器官和细胞类型。

从其他物种获得新功能：基因水平转移与共生

模块并不是完全独立的，因为它们都是由基因编码的而这些基因又都在同一个基因组中进化。这个潜在的限制不利于遗传机制在不同物种中分别进化然后又结合在一起。有两个例子可以拿来讨论：基因水平转移与共生。基因水平转移已经在第 7 章和第 12 章中讨论过，而共生则在第 8 章和第 21 章中讨论过。在这里，我们考虑这两种机制如何对新性状的起源产生贡献。

基因水平转移允许生物从其他物种中获取遗传多样性

基因水平转移以三种方式对进化上的新性状出现产生贡献。

第一，它能使一种生物从其他生物那里获得一个完整的新功能。通过这种方式，物种可以将整个星球的遗传多样性看成富含功能基因的天然宝库从中获取 DNA 并利用。这方面的例子有抗生素抗性基因在人类肠道细菌中的扩散、病原体中共享病原性和毒性因子、土壤微生物中降解通路的获得以及真核生物从线粒体和叶绿体祖先中获取基因。

第二，基因水平转移可使编码某些生理活动的外来基因取代一个生物体中具有类似功能的基因。有时这一事件的发生是通过获取基因可疑的同源基因，这种方式非常类似基因复制，其结果都是在物种中产生两套相同的基因。这类冗余性可以产生功能分歧，这也与基因复制类似。不同的是，即便这一基因与基因组内原有基因都没有同源性，基因水平转移获取的基因仍可能编码某种内源性的生化功能。在基因组中随后发生的缺失和突变，诸如发生在专一编码相关生化功能的捐赠基因中，被称为**非同源性基因置换(nonhomologous gene displacement)**（图 24.23）。这一机制在生化通路中产生分歧，因为尽管新基因可以编码执行同一生化反应的蛋白质，但这种蛋白质与原有蛋白质相比仍有一些特性是明显不同的，如调控上的不同或者额外的生化反应。

第三，通过将生物体活跃的转移基因功能组合起来，基因水平转移可导致生物体内产生一个全新的功能。基因水平转移的这类作用类似共生，我们将在下面接着讨论。

生物体的共生是产生新性状的沃土

基因水平转移是生物从其他物种上获取功能基因的一种复杂手段。这类转移存在许多困难，而且转移成功常常也不会导致物种中出现新功能。这里的原因是不匹配，如密码子偏好和启动子信号不同。然而有一种可以绕开这些困难从其他生物中获得功能基因并将其整合进宿主基因组的方法：**共生 (symbiosis)**。

在这里，共生是指两种不同的生物以非常密切的方式生活在一起，不需要存在互惠的关系，一种生物是寄生的还是非寄生的并不影响结果。这里所需要的只是二者之间存在密切的联系。共生能产生类似区域分隔和基因水平转移那样的效果。就类似基因水平转移的效果而言，一个生物通过共生可以不需自己进化就获得一种新功能。因为生物中发生共生比基因水平转移要容易得多，还因为共生可以发生在任意两个物种间，共生有

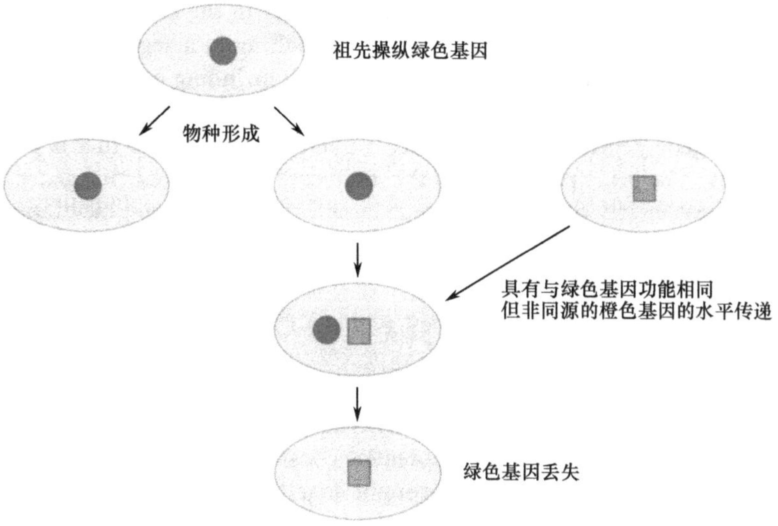

图 24.23　非同源性基因置换。一个拥有与内源基因功能相同却又不与内源基因同源的基因从另一物种中水平转移而来。接下来内源基因丢失，导致新的生物体中功能与祖先和亲缘相同，但经历了一次非同源性基因置换。

助于快速获得多种不同的功能。共生还可提供类似区域分隔的效应，因为一旦形成共生，不同的参与者可以各自独立地进化。由于它们的基因组是分离的，它们并不像那些同一个基因组编码的不同功能模块那样处于同样的限制条件下。

假定共生的效果与基因获取或区域分隔的效果是一样的，那么我们认为共生是生物产生新性状的一个主要途径便不是出乎意料的。共生对真核细胞的起源、藻类和绿色植物的分化、动物在深海中的生存能力、多种真核生物界的出现以及病毒的出现都有贡献。

一些很有趣的共生现象是参与者之间形成联盟共同执行一些分离条件下不可能完成的功能。例如，经常可以发现以一氧化碳环境为能量来源并将氢气作为代谢废物的细菌与产甲烷的古细菌生活在一起，这种古细菌可以利用一氧化碳食性细菌产生的氢气生成甲烷。这对一氧化碳食性细菌有极大的好处，因为它们的代谢很昂贵，需要另一种生物快速利用它们的代谢产物以使这种代谢可以进行下去。这对产甲烷的古细菌也有好处，因为它们可以利用氢气来生成甲烷。由于共生的关系，这些各个物种代谢中的特点细节很可能经历过微调，如果共生不存在，这些代谢中的一些反应可能不会进化出来。

共生如何产生新性状的极端例子就是线粒体和叶绿体。真核生物能够进行光合作用是在获得叶绿体之后，因此我们今天看到的所有植物与藻类之间的分歧是共生产生的，与真核生物同藻类发生第二次和第三次共生事件生成不同品系一样。进化中的大部分**重大转变**（表 21.3）就是将独立生活的**生物**整合在一起以生成新物种或是更复杂的器官。在真核细胞的起源过程中，真核细胞祖先同线粒体和叶绿体的原核生物祖先的共生关系如此亲密以至最终导致了这些器官通过基因水平将几乎全部的基因转移到细胞核中。类似的共生现象可能在生命早期进化中发生，当自我复制的分子进入原始细胞后，接下来发生的就是将其整合成最早的染色体。

长期的自然选择导致新性状的起源

在这一章的开头，我们强调复杂新性状进化的主要障碍是它们需要多个相互作用的变化。尽管这并不容易，但如果选择产生了连续性的变化，新性状仍能出现，一个群体在进化上可以被看成正在沿着高的平均适合度山脊跨越一个适应性分布。有许多例子可以说明遗传机制如何产生新性状，这种方式主要是通过变异在不干扰现有功能的情况下慢慢的形成新功能，再由选择将它们筛选出来。

我们现在关心进化机制（主要是选择）如何生成新性状。就像我们在这一章的开头介绍的，想要进化出这些性状，生物或是通过极少见的多个遗传变化同时产生带来的突变方式，或是通过一系列微小变异产生的渐进改变方式。这两种进化方式都需要两个条件：时间和自然选择。看似不可能的性状最终进化出来，但更重要的一点是选择在一步步地积累着变化。

多个有利突变不可能一起产生

由于存在许多个世代和大量的个体，即便是很不可能的突变也会产生并被选择筛选出来。但是，数个有利突变偶然性地一次产生却不太可能。相反，多个有利的遗传变化通过选择才能积聚起来。通过我们之前在第 17 章中提过的 RNA 分子体外选择实验，我们可以量化这种可能性。这一实验一开始在一段 140bp 的 RNA 区域上以很高的频率（5%每位点）产生突变。起始群体非常大（大约 1012 个分子），突变率又如此之高，很可能原始分子序列中的所有 4 碱基变异都能出现在多个突变分子中。然而，特定的 7 碱基变异出现的概率非常低。因此，很可能四个快速增长的变异（图 17.2 中绿色曲线）在起始群体中就已存在，而其他三个变异（蓝色和黄色曲线）稍后才出现，并依次产生在 4 碱基变异的序列上。这是一个极端的例子，因为参与实验的分子数量如此之多，而突变率又被人为提高了。即便如此，在这个例子中，我们也不太可能看到同时随机出现多个有利变异。不仅如此，在这个实验中重组的影响是可以忽略的，因此适合度最高的序列可以一个突变接着一个突变的一步步积累起来（图 23.18）。在有性生殖群体中，多个有利突变之间的组合可以被打断，尽管它们可能是偶然产生的。

即便不完全的功能也能带来相对于之前状态强得多的优势

复杂的新性状需要发生许多次遗传改变因而它的产生不可能是靠单个突变或是偶然地同时出现的几个不同的突变。不仅如此，在有性群体中，多个突变可以被打断。因而新性状的出现需要通过一步步积累突变的方式来实现。举例来说，即便生物体内新出现的一个器官是利用之前已存在的基因和蛋白质，只是将它们以正确的方式组合起来执行新功能，这也需要一系列的步骤才能实现，而且这些步骤几乎不可能是随机产生的。

尽管时间和群体数量都允许在生物体内发生大量的罕见突变事件，但这不能解释所有的复杂新性状的出现。即便是最简单的结构也不太可能是由随机产生的突变形成的。

单个变异的产生都有助于提高适合度才是关键所在，即便提高得很小。群体只有通过这种方式才能够沿着适应性分布中的山脊稳健地向上爬（图 24.4）。

图 24.24　John Maynard Smith。

产生复杂新性状过程中出现的每一个小变化都是有优势的（第 17 章）。就像 John Maynard Smith 说的，看不清总比什么都看不见的好（图 24.24）。因此原始的眼睛可能一开始只是简单的感光细胞。在现今许多无眼生物中仍能在利用视紫红蛋白感光并产生趋光反应。事实上，这类蛋白质的生化功能在所有生物中都是高度保守的，它们在眼功能中起的新作用是由于组织环境的改变而不是因为新生化功能的出现。在很短的时间里，这些简单感光细胞的周围会慢慢出现一些遮光的色素细胞以使生物体可以检测到光是来自何方。视紫红蛋白也开始产生分化以鉴别不同的颜色，更大数量的感光细胞中发生物理上的排列组合，精巧的晶状体和反光的表面以及复杂程度不断增加的神经系统最终导致在眼睛中反映出这个世界清晰而准确的图像。形成复杂结构过程中的每一步都能稍微增强视力。相反，即使发生在当前眼睛（微调好的）上的改变是有害的，这仍然是一种增加适合度以产生优势的途径。

表明新性状是通过步移进化方式产生的方法可以通过化石记录或是利用现代生物推断历史特征的**特征状态重建（character state reconstruction）**。这种方法被用来研究许多恐龙化石上的翅状结构，许多科学家希望以此来了解鸟类飞行的起源。有翼但无飞行能力的恐龙的发现提供了一个强有力的证据说明鸟类用于飞行的双翼并不是受到飞行能力的选择才出现的，而是用于其他一些目的。然而一旦出现双翼，它们就渐渐被修改以产生现在鸟类飞行必需的结构（图 3.17 和图 10.33）。

同样地，化石记录在某些细节上揭示了早期脊椎动物如何从水中生活进化成为陆生动物的：鳍演化成四肢的大部分变化发生在水中。生活在浅水中的鱼类逐渐进化出肢状结构并进一步获得现存陆生动物的四肢相关的大部分骨骼结构。这些鱼类利用它们原始的四肢在浅水中缓慢地爬行，慢慢地出现了能更好地支持它们身体重量的四肢，最后它们终于能依靠四肢离开浅水走上了陆地（图 24.25）。

昆虫飞行翼的进化同样是逐渐产生的。一些研究者认为昆虫的肢是从水栖甲壳类祖先的鳃演化而来。随着昆虫的祖先离开水中，它们进化出气管系统用于气体交换，但鳃仍然保留下来并且偶尔用来滑行。今天在蜉蝣中还能见到这类行为。最后这类附肢精巧进化成飞行昆虫的翼。另一种假说认为昆虫的翼是由腿上的叶状结构进化而来，这类结构原是当原始昆虫从植物间滑行下来时用来调整姿态的。这种滑行还能在许多无翼昆虫中看到。

在体外进行的选择实验和电脑模拟选择过程表明需要多久才能产生一个新性状

在最近几年中，RNA 和 DNA 分子体外复制实验吸引了许多注意（既有学术上的

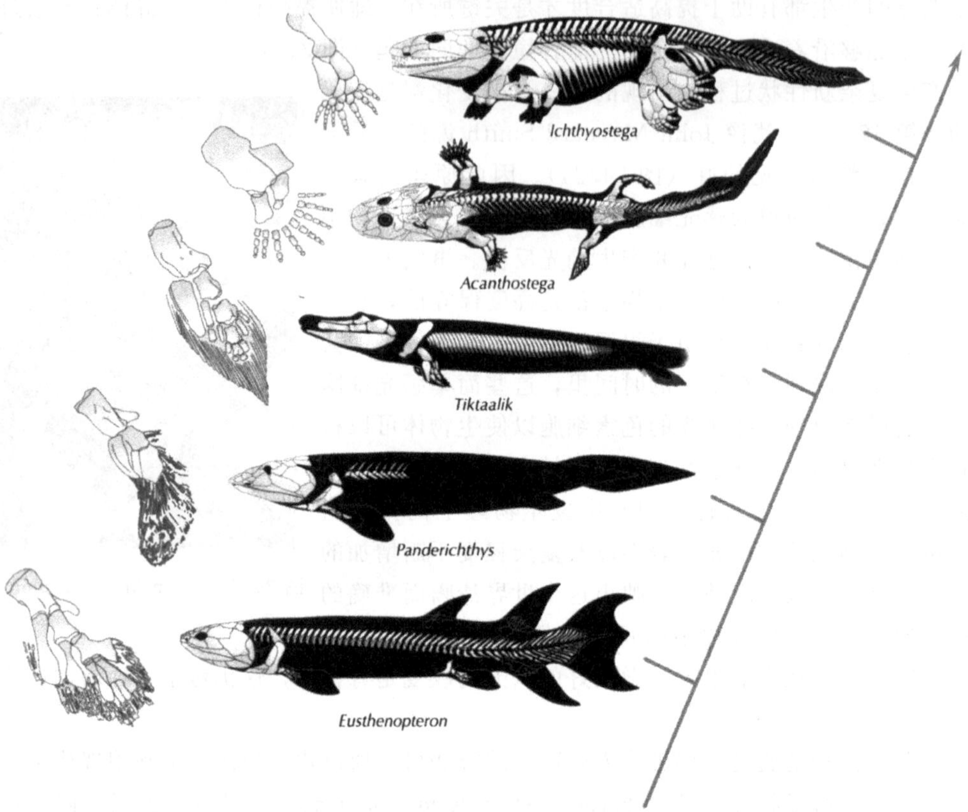

图 24.25 四肢的进化。化石记录表明从古老的鱼类到现代四足动物（像我们一样拥有四肢的动物）的不同物种中附肢形态上的进化。这里展示的化石全部来源于泥盆纪中期和晚期（3.98亿～3.59亿年，在每种动物旁单独画出的是单个前肢的骨骼结构，除了 *Ichthyostega*，是画出的后肢）。*Ichthyostega* 和 *Acanthistega* 是早期的四足动物，它们四肢中的骨骼同现代四足动物中的骨骼很类似，包括腕关节、踝骨和趾骨。而 *Eusthenopteron* 是拥有圆形鳍的鱼类，它的四肢结构是鳍状结构。*Panderichthys* 和 *Tiktaalik* 是水栖的肉食鱼类，它们拥有类似鳄鱼的头骨，并且可以在河底“行走”，这类生物的附肢的结构是从鳍向肢转变的中间结构。

也有商业上的）。在体外进行的选择实验的目标是产生可以执行特定功能的新分子，如可结合药物靶点或是催化特定反应的新分子。尽管控制核酸的化学原理研究得很好，但我们还做不到利用这一原理设计核酸分子。在体外进行的选择研究提供了一种产生新分子但不需要先验地设计的大致方法。

现在已知的几个例子指出新的生化功能可以在短短几个世代的时间中进化产生。在本书的开始，我们提到如何利用选择来生成新的荧光蛋白。在第 4 章中，我们看到体外选择如何生成一个可以催化小 RNA 分子复制的**核酶（ribozyme）**——生命起源的关键步骤。在第 17 章中，我们看到选择在 12 代的时间里产生一种核酶，它在钙离子存在时比镁离子存在时（这是它原本的辅助因子）催化效率更高。当然，这类实验无法产生更复杂的新性状，因为这些实验只包括单个短的核酸序列变化。然而，我们能从这些实验里看到选择可以快速产生新的功能，包括多个位点上协同改变生成的新功能。

选择同样可用来处理复杂的计算问题，如发现一个芯片上几百万个元件的最优排列（图 24.26）或是找到网络中传递信息包的最优路径。处理这些问题超过了人类的极限，而且人为编写的计算机算法的效力常常不够。相对应地，在多种算法中的选择过程可以直接用来处理这类问题而且得到的结果常常同应用合理算法费力地计算之后获得的结果同样可靠。例如，在第 17 章中，我们看到人工选择怎样产生几个精巧的电子电路设计，在早先，这样新颖的电子电路足够获得一项专利了（图 17.13）。

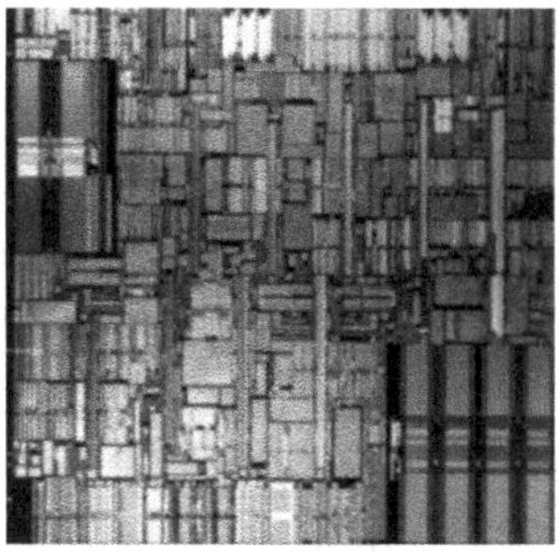

图 24.26　计算机芯片元件的布局常常利用遗传算法（genetic algorithm）来设计，这种算法利用自然选择来寻找最优的解决办法。这块微型处理器上有 1500 万个半导体管。

这类**进化计算（evolutionary computation）**的目的是利用选择尽可能有效地完成预定的功能。一般说来，现有的计算能力只能运行几百个相互竞争的程序以模拟生物群体。在每一代中最优的将被选出并复制。就像任何类型的选择一样，这里存在某种平衡，即选择较少的个体（可以对选择反应得更快些）还是繁殖一个足够大的群体以维持应付选择必需的变异。变异是

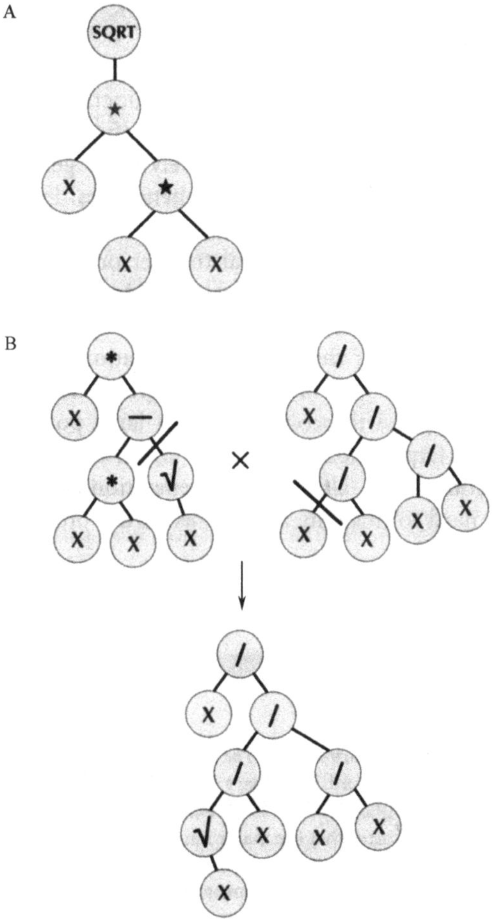

图 24.27　Kepler 第三定律表明星球轨道周期的平方 P^2 同它与太阳的平均距离 X 的立方成比例，并用公式表达：$P=X^{3/2}$。在一个常规程序语言诸如 Fortran 中，这一关系用一组符号表示如下，$P=\mathrm{SQRT}(X*X*X)$。在每个符号上产生随机改变（如将 SQRT 变为 SRT 或去掉一个圆括号）会产生无法解释的代码。然而，这种关系也可用树状图表示，每一个节点表示两个下游分支的计算结果。现在，在节点上合法值范围内的随机改变（如从 * 到＋）或者不同树结合在一起表示的重组将仍是有意义的。举例说来（B），重组发生在两个表达式 $X*(X^2-\sqrt{X})$ 和 $X/((X/X)/(X/X))$ 之间是如何给出一个“后代”表达式 $X/((\sqrt{X}/X)/(X/X))$。如果适合度增加了，就像表达式变得于正确形式（A）更接近了，接下来选择、突变和重组将产生一群在开始时随机的树以趋进 A 表示的解决方案。

由突变（通过对程序做随机改变）和有性重组（通过组合两个或更多个成功的解决方法）产生的。由于那些在第 23 章中解释过的理由，有性繁殖增加选择效能；更重要的是，它可使两个不同品系中进化的优势变异通过重组结合在一起。然而，模拟成功的关键在于选择基因型和表型之间的关系。也就是说，困难在于如何编码实现突变和重组产生的可估量的优势变化的同时又不损害现有功能。常规的程序语言（如 Fortran 和 C 语言）是非常脆弱的；将两个工作中的程序组合起来或是制造随机改变都能产生灾难性的后果。因此我们需要在突变和重组发生时能保持稳定的特别语言（图 24.27）。在设计有效的进化算法时出现的问题与生物系统进化中的问题有相似性。

小结

在这一章中我们介绍了新性状是如何通过发生在简单突变上的选择进化产生的。在质上发生飞跃的新性状是由许多小的改变积累产生的。关键的问题是理解由多个相互作用的成分组成的性征是如何在不影响现存功能的条件下进化的。生物系统中存在的几个特点对这种进化很有帮助。在单基因水平上，基因序列上的细微改变可以影响催化活性和调控功能；一个简单的功能丧失有时也能产生新表型。发育和调控网络进化出对环境变化的稳健性，同时出现模块结构，这两个特点都有助于新性状的出现。基因复制和冗余性使得功能分歧可以在维持现有功能的情况下出现；区域分隔和诱导分化使功能表达的时间和空间发生改变导致分化；同时"探索系统"保证遗传变化最大可能地产生出有功能表型。在不同生物体中进化的功能可以通过基因水平转移和共生被组合在同一个生物体内。所有这些遗传和发育机制的特性都是使生物体能较容易地进化新功能。即便产生某些新性状需要的突变步骤是很多的，但由于巨大的群体数量、极漫长的进化时间以及自然选择的作用，这类性状还是能产生的。因此，尽管新性状的产生是很难想象的，但它并不像一开始想的那样困难。

延伸阅读

一般阅读

Carroll S.B., Grenier J.K., and Wetherbee S.D. 2005. *From DNA to diversity: Molecular genetics and the evolution of animal design.* Blackwell Publishing, Oxford.

Coen E. 2000. *The art of genes: How organisms make themselves.* Oxford University Press, Oxford.

讨论复杂有机体的发育是基因和发育中有机体的相互作用，而不是一个对预设"蓝本"的简单执行。这使我们更容易理解新性状如何在不影响现有功能的情况下进化。

Kirschner M.W. and Gerhart J. 2005. *The plausibility of life.* Yale University Press, New Haven, Connecticut. Kitano H. 2004. Biological robustness. *Nat. Rev. Genet.* **5:** 826–837.

讨论生物系统特征中使其保持稳健性从而加速新性状产生的因素。

Kitano举出在细胞调控网络方面的例子，而Kirschner和Gerhart着重探讨发育过程。

Long, M., Betran E., Thornton K., and Wang W. 2003. The origin of new genes: Glimpses from the old and young. *Nat. Rev. Genet,* **4:** 865–875. Otto S.P. and Yong P. 2002. The evolution of gene duplicates. *Adv. Genet.* **46:** 451–483.

综述基因复制在新性状起源中的作用。

Maynard Smith J. and Száthmary E. 1995. *The major transitions in evolution.* W.H. Freeman, Oxford. Száthmary E. and Maynard Smith J. 1995. The major evolutionary transitions. *Nature* **374:** 227–231.

讨论进化中的重大转变是由于先前独立复制的个体聚集在一起形成更为复杂的有机体。

共生

Moran N.A. 2006. Symbiosis. *Curr. Biol.* **16:** R866–R871.

Smith J.M. 1989. Evolution: Generating novelty by symbiosis. *Nature* **341:** 284–285.

基因的多样性与起源

Long M., Betrán E., Thornton K., and Wang W. 2003. The origin of new genes: Glimpses from the young and old. *Nat. Rev. Genet.* **4:** 865–875.

Ohta T. 1989. Role of gene duplication in evolution. *Genome* **31:** 301–310.

Ohta T. 1991. Multigene families and the evolution of complexity. *J. Mol. Evol.* **33:** 34–41.

第四部分　人类进化

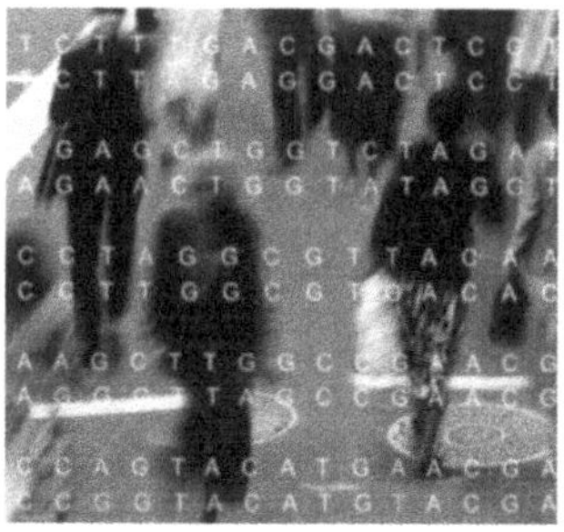

在最后几章中，我们将关注人类自身。在第 25 章的开头，我们将追溯人类的祖先直至人科物种从大猿祖先那里分化出来之时。在这些内容中，针对一系列新发现化石的大量研究将大大加深我们对这一过程的了解。现在已知人类历史的大部分时期都是同时存在着不同人科物种的，但现今地球上只剩下现代人这一支。遗传学证据可以帮助我们了解形态解剖学意义上的现代人离开非洲后的迁徙历史。最近通过比较人类同大猿之间的基因组序列为我们揭示了一些可能与独特人类特质相关的遗传差异。然而我们依旧难以搞清这些特质的进化历史，尤其是语言这类缺乏直接生理佐证特质的进化历史。

在最后一章中，我们介绍进化生物学如何帮助我们了解现今的人类。我们关注两类问题：人类遗传学知识在医学上的应用以及利用进化思想理解人类的本性。在治疗上应用的可能性推动研究者们在发现决定疾病的基因组序列上做了大量的工作。大部分的疾病是受多基因同环境之间复杂相互作用影响的。因此，在第 14 章中介绍过的方法可以直接应用在这类研究中。人类的本性（尤其是社会行为）是有生物学基础的，而且毫无疑问在一定程度上是进化的，就像那些可以提高个体存活率和繁殖率的适应性性状一样。然而想要精确地理解产生这些特质的选择压力是很难的，同样困难的还包括把生物学因素同文化因素区分开来。

第 25 章

人类的进化史

为什么会出现人类？人类是怎样进化的？人类是在何处进化的？我们同现存大猿的亲缘关系是怎样的，同有化石证据的已灭绝类人猿的关系又是怎样的？什么样的选择压力促使我们进化出直立行走与语言？什么力量导致人类为了自己的目的利用了这个星球上如此多的资源？又是什么决定了人类有能力思考这些问题？

在这一章中，我们将回顾**人科物种**（**hominin**）的进化历史，也就是最终演化成现代人而不是其他大猿的那些灵长类的历史。这一历史的开端在500万～800万年前，人科物种与黑猩猩发生物种分歧之时。接下来我们将看到人科物种如何分化成不同的物种并从非洲扩散至旧大陆的其他地方，直到距今20万年前出现了生物学意义上的现代人。人科物种的主要历史存在于化石和人造工具中。到目前为止我们没有遗传信息（而且也不太可能获得这类遗传信息）来了解人科的历史。但是遗传分析为了解现代人的出现已经做出了决定性的贡献，它主要解决了人类学家中长期存在争论而一直得不到解决的关于人类起源的问题。我们还将讨论人科物种在进化历史中是在何时、何地获得那些被认为是人类特有的性状。现在已知的关于人科物种如何演化出人类特有性状，如我们那令人吃惊的认知能力和为什么会演化出这类性状的知识还很少。在这一章的最后，我们将介绍几个新的遗传学和语言学上的研究，这类研究提供了新的视角以解决人类进化的最大问题：什么使我们不同于那些大猿？

人类在生命之树中的位置

人类抽象思维的能力以及社会结构的复杂性远远超过人类的那些近亲，因此存在一种观点将"人性"看成是唯一和不可分割的整体。根据那些人类特性，我们将自己看成是一种很独特的生物，远远不同于那些近亲，也从不去分辨在黑猩猩和大猩猩中存在的属人特征的区别。也许是这个原因，现存大猿物种中的形态特征常用来证明非洲大猿之间密切的亲缘关系和它们同人类之间存在远得多的亲缘关系。基于分子数据的最新证据指出人类同非洲大猿之间的关系是很近的。现在让我们稍微花点时间来了解灵长类的系统发育树。

灵长类包括所有与猴、狐猴、跗猴、大猿相关的物种（图 25.1）。在灵长类系统树中有一支包含三个科：旧大陆猴（Cercopithecidae）、小猿（Hylobatidae）以及人科同其他大猿（Hominidae）。对大多数科学家来说，人科（Hominidae）和大猿这两个词是可以互换的。大猿的家族包含几个分支：猩猩、黑猩猩、大猩猩和人类（图 25.2）。这个家族又可分成不同的支系。包含有人类和人类已灭绝祖先的那一支被成为人科（Hominini）（图 25.3）。这一分支的成员都可定义为人。

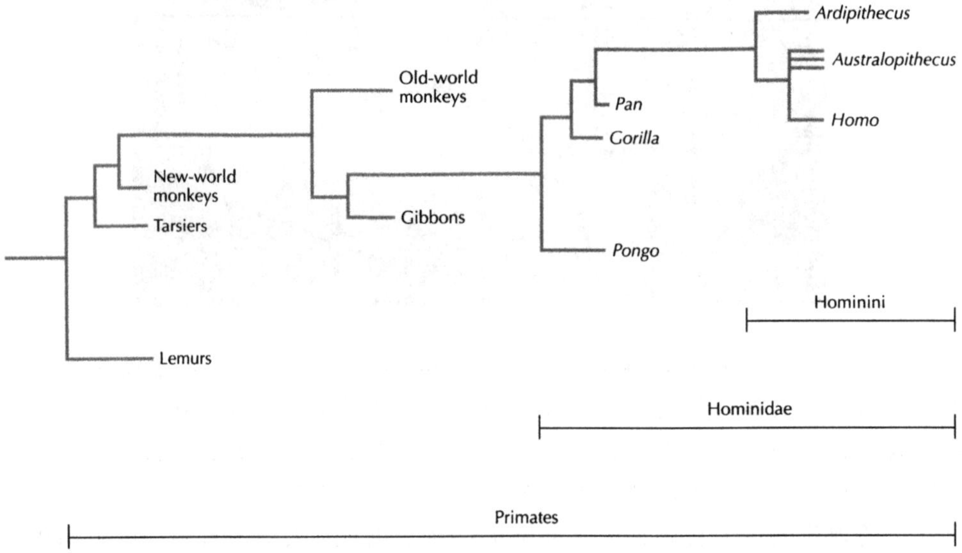

图 25.1 灵长类的分类结构。这个系统树只表示单一系谱。分支长度没有实际意义。

图 25.2　从左至右。黑猩猩（*Pan*）、大猩猩（*Gorilla*）、猩猩（*Pongo*）以及人类（*Homo*，达尔文）。

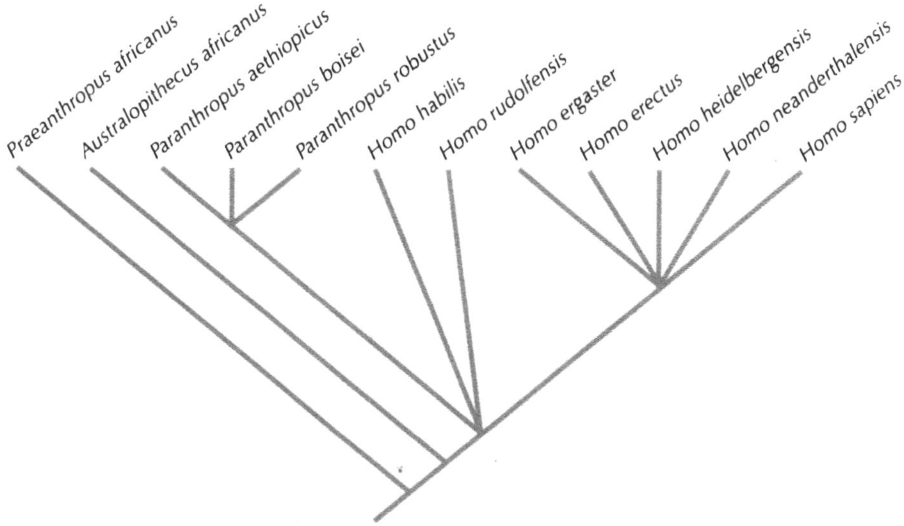

图 25.3　人科中的系统发育关系。拥有超过两个后裔的分支表明系统关系不明确。注意尽管所有的分类都在同一水平上表示出来，但它们生活的年代不同。

黑猩猩与人的关系最近

直到 20 世纪 60 年代，可用于确定最近亲缘物种和人类溯祖时间的方法只有通过一些很少的、大部分非分子生物学的数据（如形态学和解剖学）。这类数据的不精确性造成研究者之间很难就大猿的亲缘关系达成一致意见。

随着研究系统发育史的分子生物学方法的发展（见注解框 5.1），我们可以了解大猿（包括人类）之间的关系。最早利用分子数据进行系统研究的例子之一就是通过**免疫距离（immunological distance）**估算人类、大猿和旧大陆猴的分歧时间。这一方法的原理是随着蛋白质积累分歧，抗体结合的程度将下降。如果利用的是来自物种 A 的抗原产生的抗体，那么这些抗体同来自物种 A 的蛋白质结合程度最高，但同物种 B 中直系同源的蛋白质结合程度将低一些，这是因为蛋白质中产生氨基酸替换。蛋白质亲和度改变的大小可以作为粗略的进化钟。利用这一技术估算出人类同其他大猿的分歧时间大约在 500 万年前（图 25.4）。在进行免疫距离分析之前，大部分科学家相信这一分歧出现在 2000 万年前。拉玛古猿（*Ramapithecus*）曾经被当作现代人的直系祖先，估计其生活时期大约距今 1400 万年前。利用分子生物学数据得到的这一戏剧性结果迫使研究者重新研究早期人类进化。

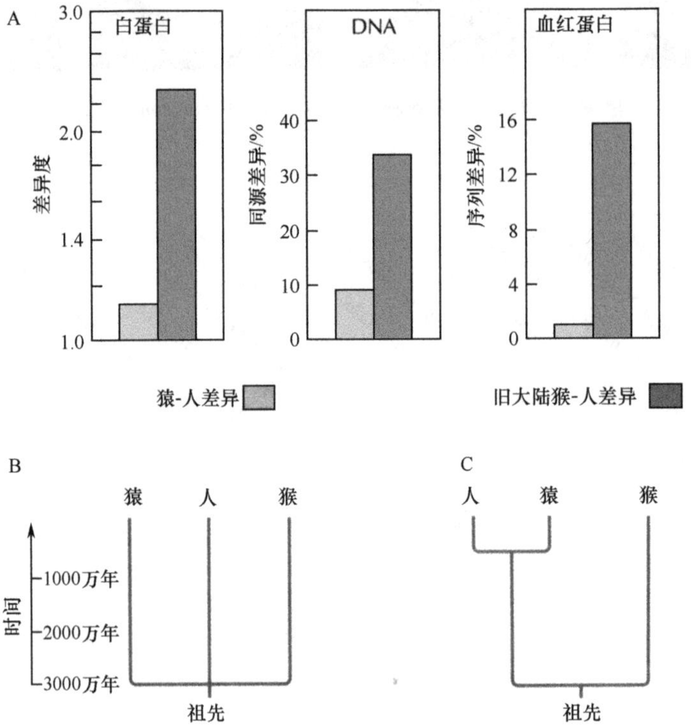

图 25.4　（A）人类、非洲大猿和旧大陆猴中大分子之间差异程度比较。这些比较的结果表明人类、非洲大猿和旧大陆猴之间的系统发育关系更接近图 C 而不是图 B。“相异指数”和“同源差异”用来衡量抗体交联反应和 DNA 退火温度差异体现的分歧。

通过多基因系谱分析进一步确认了基于**分子钟（molecular clock）**研究得出的人类同黑猩猩的分歧时间是 500 万～800 万年这一结论。因此，在大多数位点上的人类基因同它们在黑猩猩中的直系同源基因的关系要比其他现存的灵长类近。在大猿中，黑猩猩同人类的关系最为接近（图 25.5）。然而，请注意大猩猩分歧时间并不比人类-黑猩猩分歧的时间早，所以人类基因组中相当大的一部分基因同大猩猩中的同源基因的关系要比同黑猩猩中同源基因的关系近。

基于化石的分类存在技术上和概念上的困难

关于人类进化模式的理论包括了从通常意义上的大猿祖先开始直到人类的单线进化

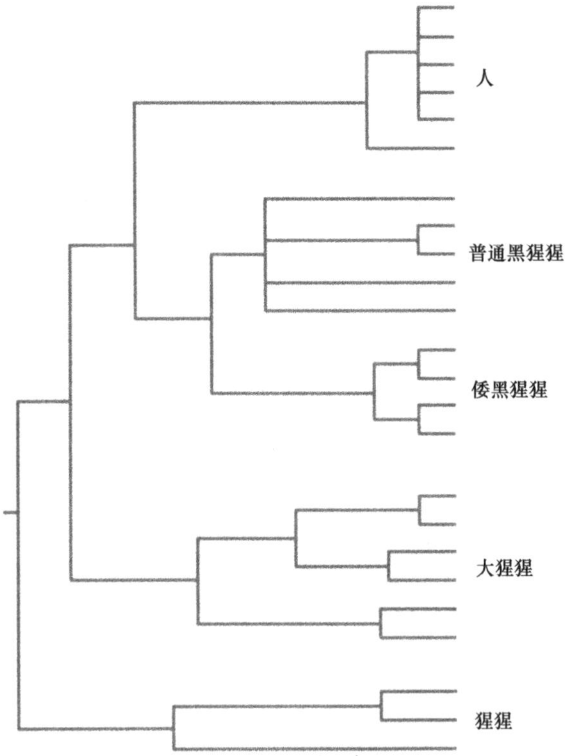

图 25.5　基于线粒体 COⅡ基因构建的大猿系统发育树。

模式和系统发育中含有多个分歧物种（而这些分歧物种除了人类以外都已灭绝）的多线进化模式［我们以前曾提过，一般说来，由现存生物组成的系统发育树要比包括已灭绝物种在内的历史上全部物种组成系统发育树简单得多（图 5.11)］。

在第 22 章中我们提到定义物种和鉴定物种是很难的，即便我们处理的是活着的生物。当鉴定一个有性生殖的物种时，大多数科学家利用**生物种概念**（**biological species concept**），这种概念是指共享同一个基因库的生物群体，它们的基因库通过基因交换上的障碍与其他物种的基因库分离开来。但是，就人类进化而言，化石能提供的关于交配行为的线索是非常少的，即便是形态学上的数据也是很不够的。因此，辨别过去特定时间点上存在的物种是一个相当大的挑战。更关键的是，生物随着时间发生改变，生物种概念并没有告诉我们如何在生物连续的后代中定义两个不同的物种。事实上，人科分类是根据同一时间点的不同物种之间和同一物种在不同时间点出现的差异来进行的。为了分类上的方便，在不同时间点上对单个演化中的物种进行的分类是没有生物学意义的。尽管存在分类上的争议，穿过时间寻找那些将人类与其他近缘生物分离开的“人性”特征是很有趣的，我们将在下节介绍这一内容。

人科的进化

最近两个新发现再度掀起了关于原始人类进化树上分叉方式的争论。此前发现较为晚近的人类化石的同一地点又出土了现在已知非洲以外最古老的人类化石。这暗示在**人科物种**历史中的某个阶段存在一个变异程度很高的物种，这可能是与它分布的地理结构非常广泛相适应的。在另一方面，在乍得和中非发现的距今 600 万～700 万年的早期的原始人 *Sahelanthropus* 骨骼中，研究者发现原始的人类特征和非常现代的人类特征令人吃惊地混合在一起。这暗示在人科的不同阶段存在高水平的**异源同型（homoplasy）**：这意味着在不同的物种中表现出类似形态是趋同进化和平行进化的结果而非系统发育的原因。

这一节介绍的是一个大致的概况，即那些将人类同其最近物种区别开来的“属人的”特征是如何随时间而改变的。因为基于化石证据进行分类存在先天的不确定性，我们关注的重点不是这些物种的名称和分类地位而是那些将人同其他近缘物种区分开来的表型特征。上溯至大约 20 万年前，属于人科的物种可能不止一种，在最近的 200 万年间地球上出现的人科物种可能还有许多种。不仅如此，许多人科物种中存在的特征现只存在于人类中，而在现存的其他灵长类中是找不到这类特征的。

在人科这一谱系中已知最老的人科物种化石是在西非发现的，它们生存在距今 600 万年前。*Sahelanthropus* 的化石只有一些颅骨的碎片（图 25.6）。但是，在齿形上的变化和颅骨基本结构决定了 *Sahelanthropus* 更接近人科物种而不是黑猩猩，也许还有一些特征将它与人和猿的共同祖先（大约生活在 600 万年前）区别开来。尽管古人类学家相信 *Sahelanthropus* 是属于人科这一世系上的，但如此少的特征也可能说明 *Sahelanthropus* 是属于人猿共祖世系，它表现出的极少的类人特征可能在该世系演化成黑猩猩的过程中丢失了。*Sahelanthropus* 的发现说明在人类世系根部的物种并没有以打包形式获得一整套人科特征，这与我们期望在进化中看到的情况是吻合的。人科从现存其他灵长类祖先那里分出并独立进化的时间超过了 500 万年。可以预期在这段时间中人科物种获得了那些专属于人类的特征，这些特征出现在各种不同的人科物种中，它们在这段进化历史中不断出现又消亡（图 25.7）。

图 25.6 *Sahelanthropus* 的头骨化石。（左图）正面视图。（右图）侧面视图。这些样本在中非的乍得发现的，有距今 600 万～700 万年的历史。它离东非大裂谷中发现最早人科化石地点的距离表明早期人科物种分布是很广泛的。标尺为 5cm。

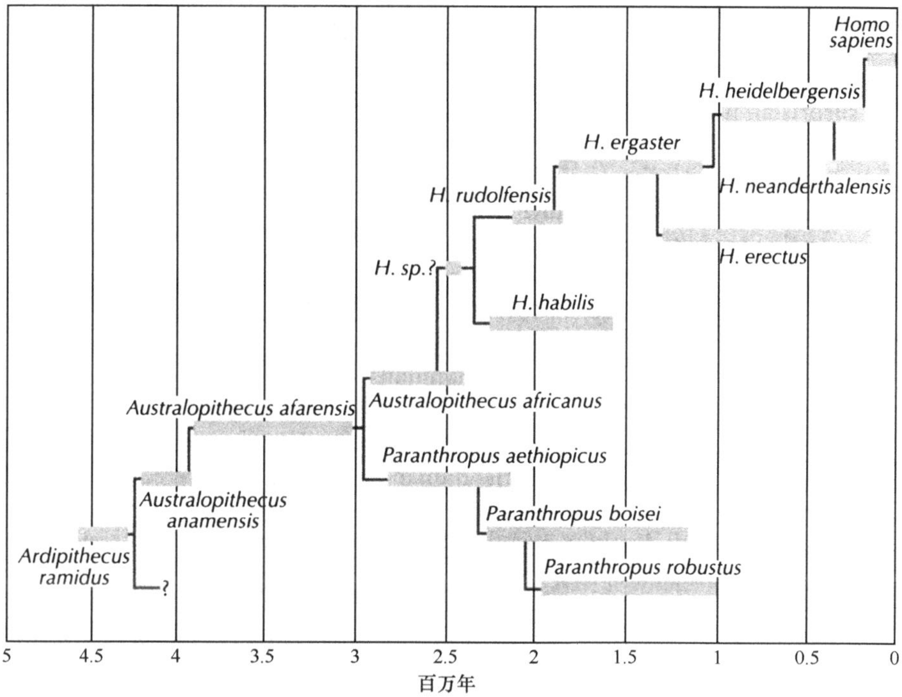

图 25.7 假设的人科物种时间跨度和亲缘关系图。

南方古猿（*Australopithecus*）是最早的直立人科物种之一

人科物种化石中有一些引人入胜的发现，包括著名的“露西”，这是一副 *Australopithecus afarensis* 的部分骨骼，距今大约 318 万年（图 25.8）。但是大部分的发现也仅仅是一些头骨和四肢骨的碎片，因而需要人类学家们补上这些骨骼遗骸的细节。他们通过对比其他物种的骨骼，或是基于人体工程学原理的推断来完成这一工作，尽管这些结论常常是模糊和有争议的。

最早的南方古猿是 *A. anamensis*，第一次被报道是在肯尼亚，相信其生存年代距今约有 420 万年（图 25.9；同时见图 25.7）。尽管 *A. anamensis* 同其他的古猿化石一样也只保留有一些细小的骨骼碎片，甚至在早期阶段猿人中出现了明显的多样性以后，一种稍早出现的更接近大猿的物种 *Ardipithecus* 可能与 *A. anamensis* 同时并存过一段时间。但是 *Ardipithecus* 中存在人科物种世系中没出现过的一些演化性状和推断出的不同祖先。因此，它很可能是人科家族最早出现的许多分支之一。

因为通过两条后肢直立行走（二足直立行走）是人类的关键适应性状之一，许多理论解释它的起源问题。达尔文认为它进化出来是为了解放双手以更好地操作工具，这种解释在今天仍然流行。其他的解释包括长距离行走时提供更好耐力、更高的狩猎能力和携带更多食物的能力。然而很可能二足直立行走的出现并不是由单一的原因产生的，而是由于不同的进化优势和用途嵌合在一起产生的。许多理论认为两足直立行走的优势存在于萨瓦纳环境下，如直立行走的视野较广。发现 *A. anamensis* 化石的地点在

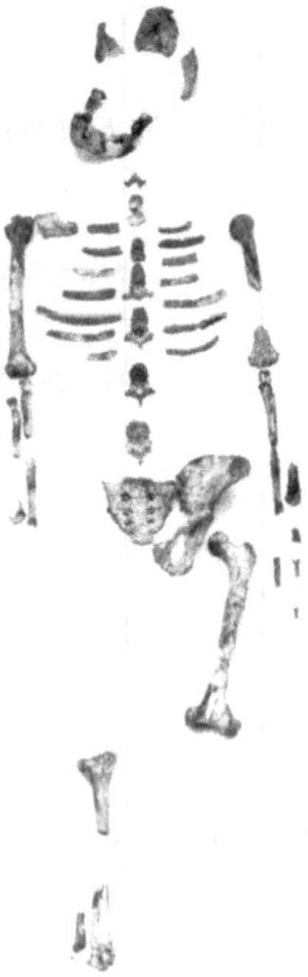

图 25.8 著名的 *Australopithecus afarensis*“露西”的骨骼化石（左图）是在埃塞俄比亚的阿法地区发现的，距今约 330 万年。（右图）人科物种的脚印痕迹保存在火山灰中。在 1978 年，Mary Leakey 在坦桑尼亚的 Laetoli 地区考察发现了 70m 长的脚印痕迹。这一痕迹距今的年代大约是 360 万年，它表明人科物种在当时已经获得直立、两足行走和类似现代人自由交替步态等特征。这些脚印表明在足部已经有了发育非常好的拱状结构和没有分开的大脚趾。脚印是由两个可能属于 *A. afarensis* 的成年个体留下的，还有一组脚印可能是一幼年个体踩着其中一个成年个体的脚印行走时留下的。

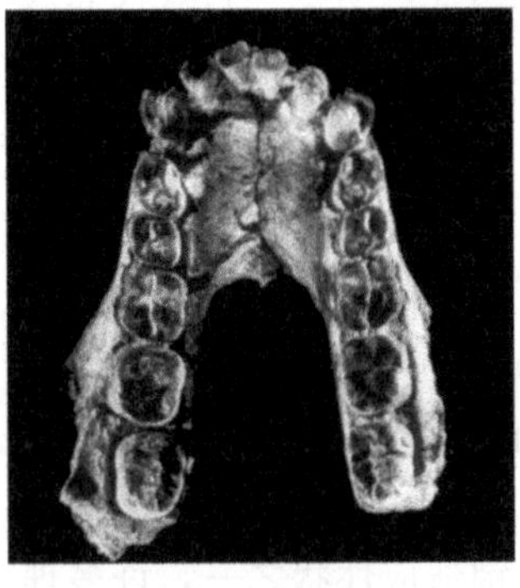

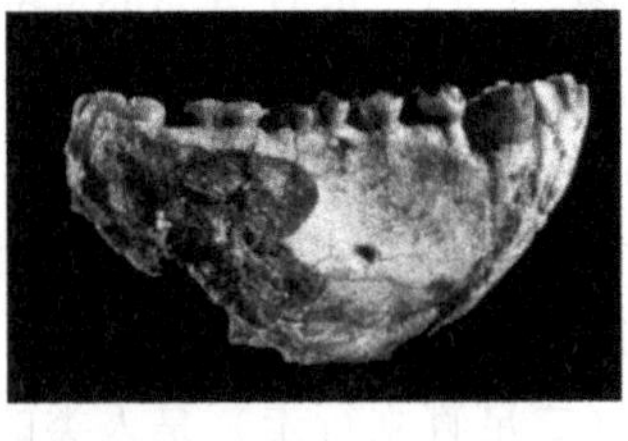

图 25.9 *Australopithecus anamensis* 的下颚骨化石，距今 410 万年。下颚骨中同时存在原始性状和演化性状，意味着该物种可能是 *Australopithecus afarensis* 的祖先之一。

A. anamensis 生活时代被认为是一片稀树草原。然而，这一假定用来解释 *Ardipithecus* 却有些不足。尽管基于少量可信证据表明它也可能是两足行走的，但我们知道 *Ardipithecus* 的栖息环境是一片茂密的森林。尽管 *A. anamensis* 的化石证据很不够，但我们能看到这些化石同 *A. afarensis* 的化石有一些不同，而后者的化石证据要丰富得多。随着 *A. afarensis* 的出现，我们可以肯定这是第一种了解充分的二足直立行走的人科物种，

通过保存在火山灰中的三个个体的脚印可以进一步得到确认（图 25.8）。

从化石证据中可以了解到，向二足直立行走的转变并未伴随其他人类特征的发育。相对身体大小，*A. afarensis* 的大脑容量同今天的大猿差不多。同时也没有证据表明 *A. afarensis* 进化出现代发声器官、使用工具的能力以及人科物种一直表现出的显著的性别二态性。

我们很容易就能分辨出 *A. afarensis* 中的少数进化特征是从某些类似猿的阶段向更趋近人的阶段过渡的中间状态。事实上，*A. afarensis* 是一种稳定而成功的物种，在长达 100 万年的时间中它的形态只发生过很少的改变。然而这一阶段同时也是人科物种多样性在不断增加的一个阶段。化石证据表明，大约在 300 万年前 *A. afarensis* 世系分裂成各种不同形态，这些形态大致可分成**纤细型**和**粗壮型**（图 25.10）。

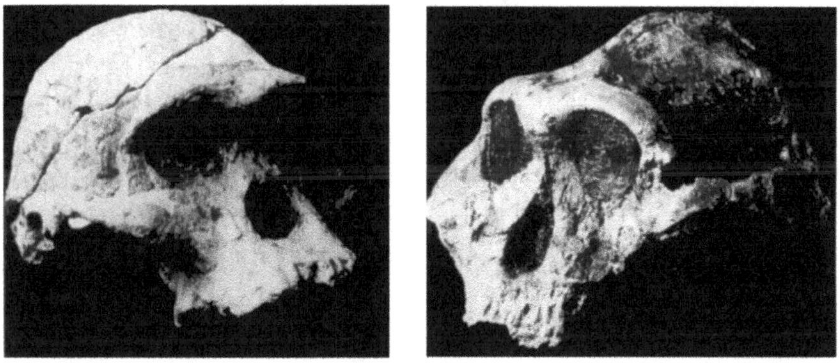

图 25.10　纤细型南猿的头骨化石（左图）和粗壮型南猿的头骨化石（右图）。这些种类清楚表明在人科物种的一些阶段，种类之间存在相当大的形态变异。在相当历史时期，或者就是同一历史时期中共同生活着不同的人科物种种类表明它们在生活习性、社会性和生态位上都有很大的不同。

能人（*Homo habilis*）是第一种可以使用复杂工具的人科物种

在埃塞俄比亚的 Gona 地区发现了最早的人造工具，距今约有 250 万年。古人类学家将人造工具分成简单工具和有不同用途的复杂工具，并将后者定义为制造工具。最早的制造工具是在 1971 年从 Olduvai Gorge 出土的，伴随它出土的还有混合了纤细型和粗壮型特征的古人类化石；它们的时间距今约有 180 万年。尽管这些工具是同南方古猿化石一起发现的，但南方古猿不太可能是工具的制造者，因为它们在 100 万年的时间里没有表现出任何适合使用工具的进化，同时还因为它们的脑容量与现代大猿脑容量之间没有太大区别。第一种确定拥有制造工具能力的人科物种应该是一种比南方古猿进化得多的人科物种。在 Olduvai 发现的这类工具被证实是由一类非常纤细的人科物种制造的，并在同一地点最终找到了它们的化石。我们将这种人科物种称为 *Homo habilis*，即能人。能人的脑容量只比南方古猿的稍微大一点，远远小于任何一种可以称之为人类的大脑标准（图 25.11）。

尽管有关南方古猿的信息很少，仍可知道它们具有许多属人的特性。我们找到了一些证据表明南方古猿具有狩猎能力、使用相对复杂工具的能力和较长的未成年阶段（图

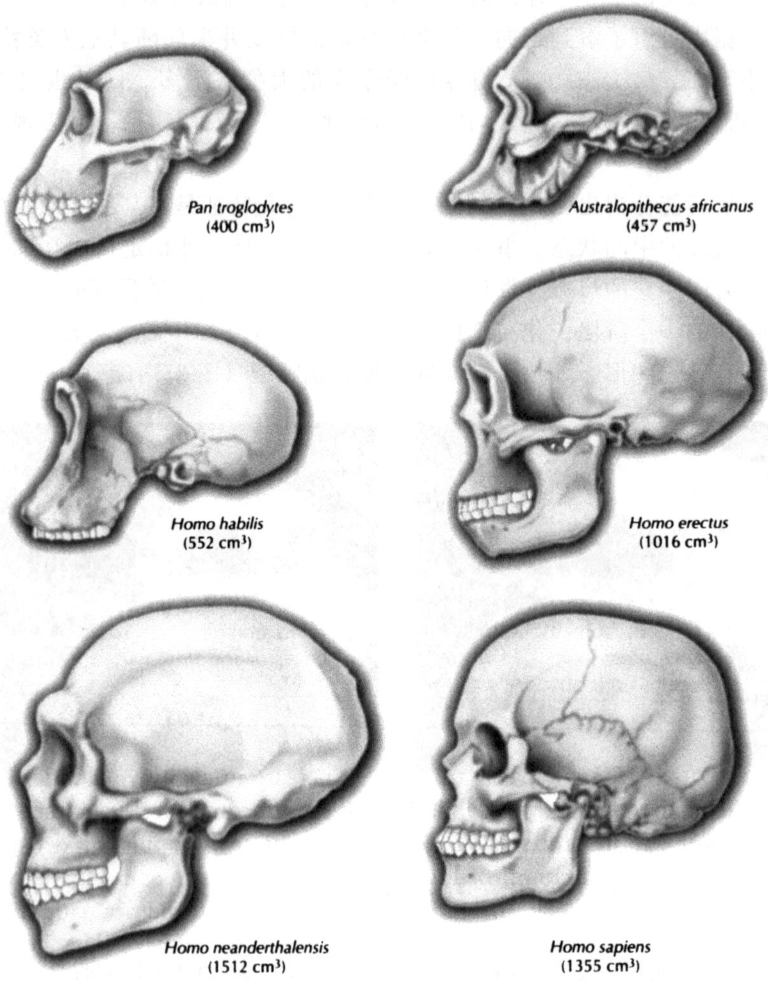

图 25.11　不同人科物种的头骨反映了不同的脑容量大小。注意尼安德特人（*Homo neanderthalensis*）的脑容量比现代人的还大。

25.12)。但是有关早期人类的社会组织形式和觅食习性的细节仍然很不清楚。不过看起来很可能在早期人科物种中认知能力也获得了巨大的增长。认知能力的增强以及随之而来的社会组织复杂性提高可能导致了人科物种群体密度的增长，这可以解释为什么早期人科物种的化石证据如此之多。而且这些进化特征同样可以使 180 万年前的人科物种具有扩张至一个极大地理范围的能力（图 25.13)。

人科物种从非洲扩散出来的具体细节还未搞清

180 万年前到底是何种人科物种从非洲迁徙出来仍是一个悬而未决的问题。直到最近，那种认为现代人世系的进化发生在能人出现以后，随后扩散到旧大陆的不同地点并分别进化出现代人的理论被认为是相当直接明白的。一种早期人类，直立人（*Homo erectus*)，在非洲分化产生后扩散到整个旧大陆（图 25.13A)。然而这一假说不能解释

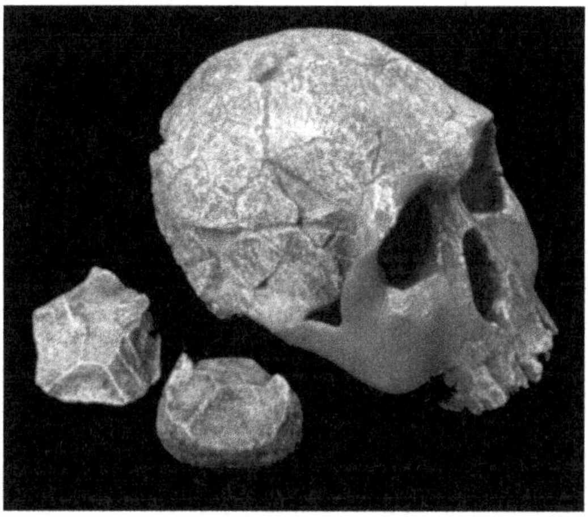

图 25.12 能人的头骨化石，距今大约 180 万年，发现地点是在肯尼亚。同时人造工具的复杂性表明出现了比之前人科物种复杂得多的文化和社会组织。在左下角的是两块被打制过的石制工具。

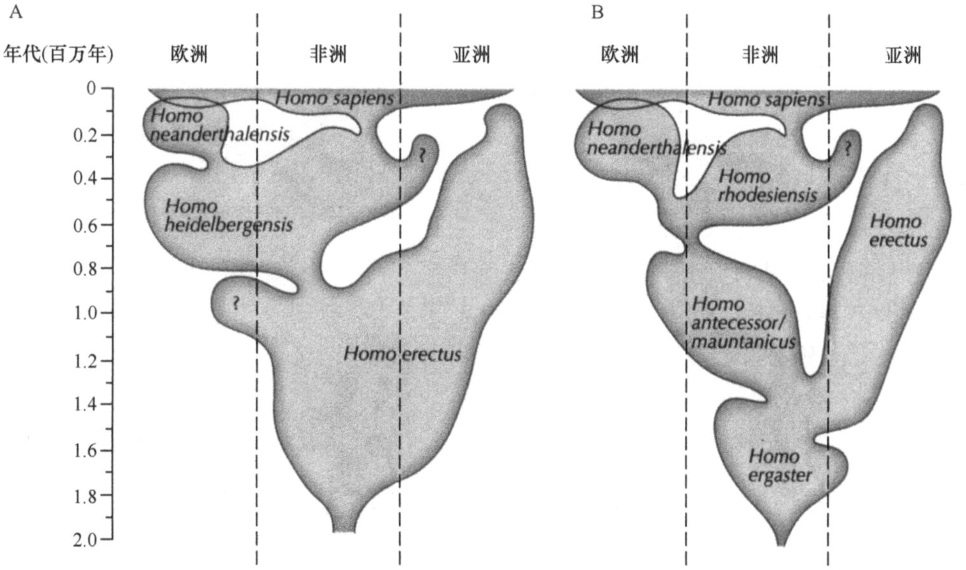

图 25.13 两种基于化石发现和不同的分类方案画出的关键人科物种种类地理分布和时间跨度的示意图。(A) 这一示意图中的尼安德特人和现代人都源于 *Homo heidelbergensis*。(B) 这一示意图反映了不同的观点，现代人 (*Homo sapiens*) 源于 *Homo rhodesiensis*，并且假定现代人起源时间较为古老，祖先种类也较多。

两个不同的早期人类世系（*Homo rudolfensis* 和能人）提供的数据，同时它也不能很好地解释现在偶尔发现的两种由上面两个种类演化出的稍后类型：*Homo ergaster* 和直立人。不仅如此，尽管我们很清楚 *H. ergaster* 是在非洲进化的，而直立人生活在距今 160 万～180 万年的中亚和东南亚。这些化石与最古老的来自东非的同一种类的化石在年代上是无法分开的。这些化石证据与两种不同的进化途径相吻合。

1. 直立人是由能人/*H. rudolfensis* 的后代演化而来，它们最早出现在非洲然后扩散到整个旧大陆。

2. 能人/*H. rudolfensis* 的后代中可能有一部分离开了非洲，而且有一些非洲外的个体（很可能是在东南亚的个体）演化成直立人，这些直立人分布到整个旧大陆，也包括非洲。

无论直立人是在非洲演化的还是在东亚演化的，它们都在起源之后扩散到了整个旧大陆，接下来这些个体就在不同的环境中各自演化出不同的形态。

注解框 25.1 有争议的不同古人类的化石遗骸

大多数的古人类学家认为至少有四种类似直立人的人科物种：直立人、*H. heidelbergensis*、尼安德特人以及现代人。但另一些古人类学家认为存在一个较早期的分化，类似在直立人和 *H. ergaster* 中发生的分化。最老的 *H. heidelbergensis* 化石是在欧洲发现的，而类似的化石也在亚洲的多个地点被发现（图 25.14）。*H. heidelbergensis* 同时拥有一些古老的直立人特征和一些进化的现代人特征，这意味着该种人科物种或一些类似的人科物种可以演化成现代人。但由于那些 *H. heidelbergensis* 后出现的人科种类的特征无法在古人类学家中达成共识，就像古人类学家无法就现代人起源达成共识一样。这一争论的核心问题是 *H. heidelbergensis* 产生了哪些种类并出现生殖隔离，最后形成分离的生物种。当讨论这些不同观点时，我们将大致简单地定义形态解剖学上的现代人特征以及既类似直立人又类似古人类的那些特征。就像我们已看到的，这些争论的主要特点是可以在不考虑到底那些种类的古人类可以看做不同直立人种类的情况下，甚至是不考虑这些除开现代人以外存在的人科物种之间是否存在生殖隔离的情况下进行讨论。近期发现的一些直立人化石来自黑海东岸，距今 180 万年，它们表明许多形态上差异很大的个体事实上是同一物种中的不同个体。

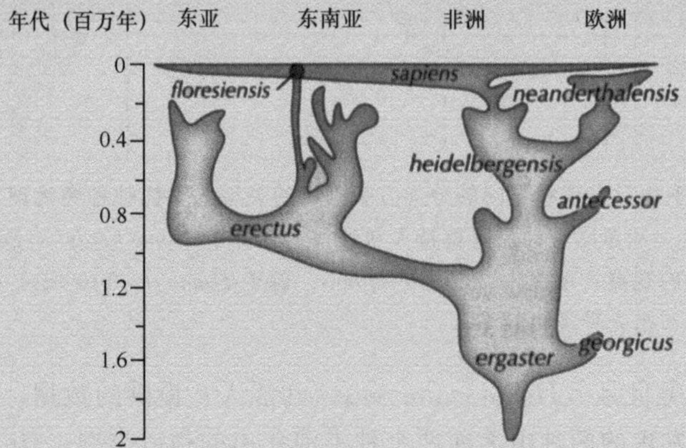

图 25.14 直立人以及类似直立人的古人类的分布示意图。

形态解剖学上的现代人最早出现在东非

H. rudolfensis 的后代在它们生存的全部时期中进化出了不同类型，包括

H. ergaster、直立人、*H. antecessor*、*H. heidelbergensis* 以及尼安德特人（见注解框 25.1）。为了简单起见，常将这些不同类型统称为古人类（即早期人类物种）。在这些种类中存在很强的地域分化，这意味着有可能识别出更多类型。然而，并没有多少基于形态学数据的证据可以用来决定哪些类型是不同的生物种。尽管存在如此多种类的人科物种，而且各个物种或多或少都带有一些现代人的特征，但没有一种可以称得上是真正现代意义上的人。举例来说，一些尼安德特人的颅骨容量可能比现代人的还要大。

人类学家们找到的具有全部现代特征的人科物种统称为**形态解剖学上的现代人（anatomically modern human）**，最早发现化石的地点是今天的埃塞俄比亚。对 20 世纪 60 年代在靠近埃塞俄比亚的 Kibish 地区发现的两个头骨 Omo1 和 Omo2（图 25.15）进行放射性年代测定分析表明他们生活在距今约 20 万年前。从埃塞俄比亚和厄立特里亚的不同地点收集到的人类遗骸的古老性表明这里很可能就是现代人最古老的家园。从化石记录上找到的所有特征表明他们同现代人几乎不存在差异。一个常常被研究者默认的假设认为正因为他们同现代人的解剖学差异很小，所以他们的认知能力也接近现代人（包括高度发达的语言），但这里也可能存在一些永远不会弄明白的情况。

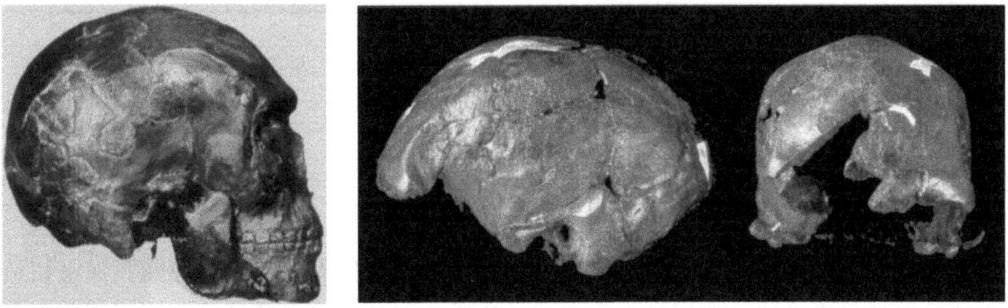

图 25.15　Omo1（左图）和 Omo2（右图）。形态解剖学上的现代人，这些头骨是在埃塞俄比亚的 Omo 盆地发现的，早先估计的年代距今约 13 万年前。然而，经较先进的放射性年代测定后，研究者们将他们的年代往前推至约 20 万年前，这使他们成为现今已发现的最古老的现代人样本。Omo1 是经修复复原的，Omo2 只有颅骨部分。

在某些情况下，考古学告诉我们的远远不止是我们的祖先生存在什么地方。某些很幸运地保留下来的证据可以让我们一窥这些古人类是如何生存的。这些早期发现当中最有趣的一个来自今天的厄立特里亚。我们对这些现代人了解得很少，但我们确信他们生活在海边或是离海不远的地方。这看起来像是现代人的一处新的栖息地，这一发现支持那种宣称现代人是沿着海岸线迁徙从而离开非洲的假说。一些人类学家认为现代人最早的从非洲大规模迁徙离开的路线是从今天的索马里开始，然后沿着亚洲南部的海岸线迁徙（图 25.16）。既没有遗传学上的数据也没考古学上的数据可以帮助我们弄清楚人类从非洲迁移出来的具体路线。尽管也没有发现支持海岸线迁移假说的决定性证据，但这种理论仍是相当可能的。不论如何，它提出了有关形态解剖学上的现代人进化和扩张的普遍问题，这是一个在人类进化上存在最激烈争论的问题。

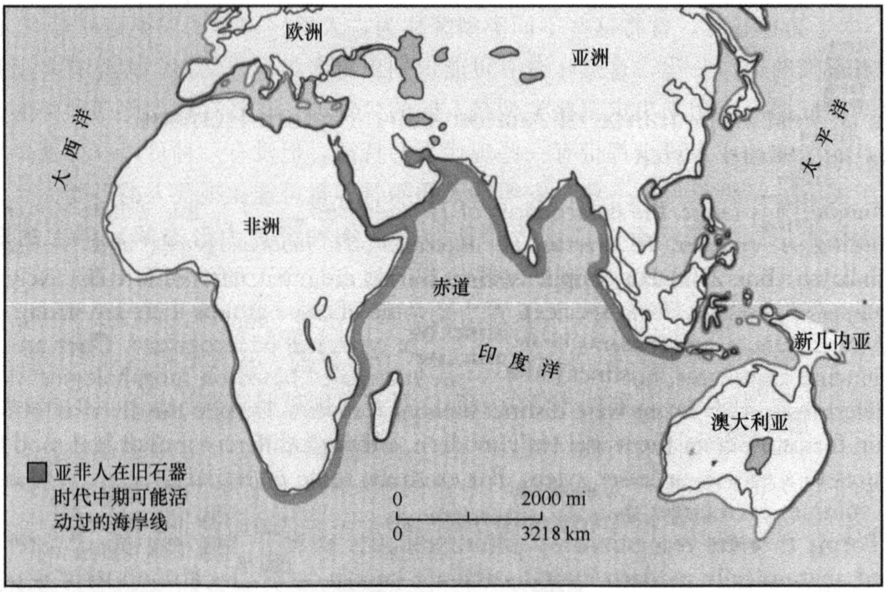

图 25.16 现代人 65 000 年前可能活动过的海岸线以及现代人早期从非洲迁徙出来的海岸线路线。红色的线条代表今天的海岸线。

现代人总是单独存在的吗?

早期的古人类并不会将生存的地域让给现代人。现代人同古人类曾经非常密切地共同生活过很长一段时间。直到最近仍有观点认为我们是自尼安德特人在 2 万～3 万年前消失后唯一幸存的人科物种。但在 2003 年，一个靠近巴厘岛的印度尼西亚小岛 Flores 上出土了一个惊人的人类学发现，考古学家发现了一个新的可能是人类近亲的物种。距今 1.8 万年前，这个岛上生活着一种体型很小的**古人类**，他们可能是经历过一种岛屿生活动物常见的体型快速缩小的变化后出现的人种。人类学家称之为 *Homo floresiensis*，它们的体重大约只有 22.7kg（图 25.17）。然而也有观点认为用来定义这个物种的颅骨来自一个患有小脑症的现代人个体。这是一种遗传疾病，其表型包括颅骨容量的急剧减小和其他一些特点。截至本书完成时，这一争论还在持续。

现代人的遗传起源：非洲起源还是多地区起源?

形态解剖学意义上的现代人是在什么时间以及怎样扩散至全世界的？有关现代人的最古老考古证据是在东非发现的，距今大约 20 万年前。在非洲以外的地区，最古老的现代人化石是在今天的以色列境内发现的，距今大约 10 万年前。在以色列境内的化石地点有特别的意义，因为现代人可能在此处遇到了较早迁徙到此处的尼安德特人并一起生存过一段时间（图 25.18）。由于一些未知的原因，在现代人离开非洲迁移至其他地区之前存在一大段未知的空白。令人好奇的是，许多早期化石发现地点是在东南亚和大洋洲的小岛上，这与可能的海岸线迁徙假说相吻合，这种假说认为人类从东非迁徙出来的路线是沿今天的阿拉伯半岛、南亚次大陆最后到达东南亚（图 25.16）。这里提出的问题是：从现代人出现到他们最终扩张至新旧大陆其间发生了一些什么事件？这个问题同时也属于高度两极化争论的一部分，即人类迁徙的问题牵扯到人类进化的两种模式之争，现在一般将其称为**走出非洲模式**（**out-of-Africa model**）和**多地区起源模式**（**multiregional evolution model**）。注意这些争论关心的只是现代人起源问题。关于较早的古人类是从非洲分散到旧大陆的观点是没有争论的。

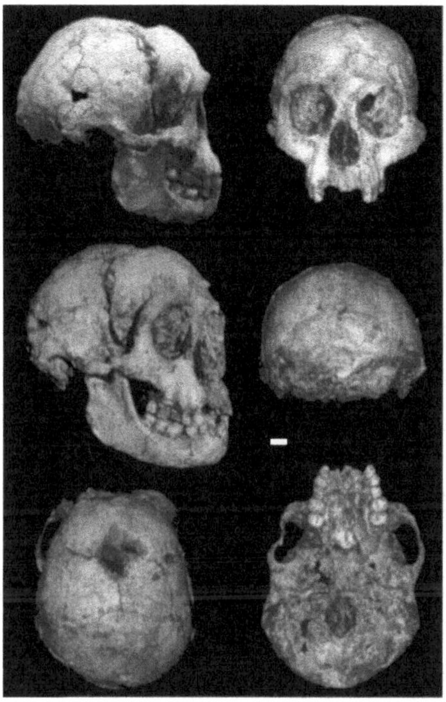

图 25.17 *Homo floresiensis* 的颅骨和下颚骨。这个物种生存在距今 3.8 万～1.8 万年前的印度尼西亚小岛 Flores 上。在这个物种中可以同时看到古老的性状和较现代的性状。他们同现代人在这一地区共存过一段时间，这个物种的体型非常之小，直立的成年个体高度大约只有 1m。

多地区起源假说中较极端的观点认为人科物种及其群体进化发生在旧大陆的各个地区，如尼安德特人在欧洲进化、直立人在东亚进化，在不同地点进化的结果就是分别产生了相应地区的现代人。尽管缺乏明确地讨论，这一模式认为现代人的不同祖先物种并不是真正意义上的生物种（第 22 章）。支持多地区起源的最强有力的形态学证据来自不同地区保存的从古人类各个阶段直到现代人的完整化石记录，这些地区包括欧洲、中国和爪哇。

另一方面，走出非洲假说认为现代人是最近才从非洲起源然后分散至全世界的，在这个过程中现代人取代了其他地区的古人类。然而，对支持该假说的化石证据进行客观而精

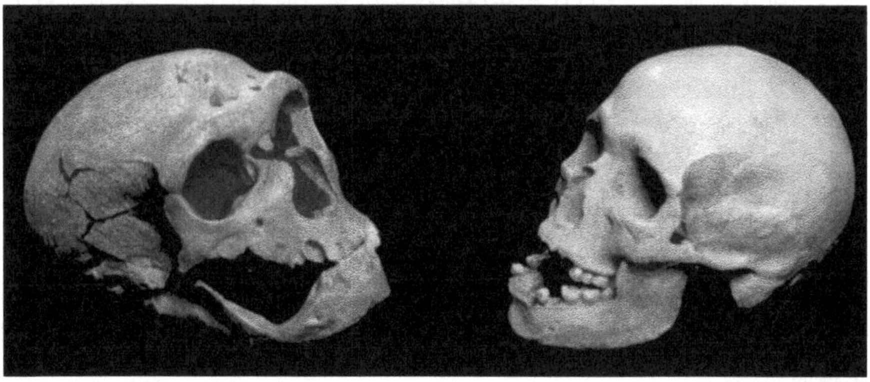

图 25.18 尼安德特人的头骨（左图）与现代人的头骨（右图）。尼安德特人生活在距今 15 万～3 万年前的欧洲。

细的分析是一项复杂的工作。例如，从不同地理区域收集的样本是很难极其详尽地研究的，同时在对它们进行解释时还存在不可避免的偏差。在许多人类学家中对宣称不同区域的化石具有连续性存在激烈的争论，许多人认为化石证据表明在不同的地理区域中存在着一个大致的伴随现代人扩张而发生的群体取代事件。

尽管两种假说部分反映了人类语言存在高度分化的状况，事实上它们都较合理地考虑了模式的层次。两种假说争论的中心问题是非洲之外的古人类群体是否对现代人的基因库有遗传上的贡献。尽管现代人起源的争论一直以来就存在非常不同的观点，但最好能将走出非洲假说和多地区起源假说看做是古人类基因影响现代人基因库的两种极端情况。这种观点对于理解接下来介绍的人类进化的遗传学证据是十分重要的。我们将看到现存的遗传学证据难以支持不同的古人类群体对现代人基因库产生大规模影响的观点，也就是多地区起源假说所提出的观点。

遗传学与人类进化

最早关于人类进化的遗传学研究可以追溯到重组 DNA 的年代，随后研究者关注的是决定血型的基因位点编码蛋白质中出现的变异，以及免疫球蛋白和决定**抗原反应多样性（antigenic diversity）**的 HLA（人类白血球抗原）复合物中的变异。然而，1966 年出现的蛋白质电泳技术的发展可以使研究者系统地检验大量基因位点编码的蛋白质的变异程度。但这些技术能提供的信息也只是进化研究所需的很小一部分。同时还需要了解这类数据能解决哪些类型的问题。还有在早期，从遗传数据上得到的解释并不能为建立进化理论提供坚实的基础。

在进化模型的发展过程中一直存在真实性和处理难度上的平衡问题。如果模型太简单，基于它的推论就不能反映出生物学上的真实情况。但是如果模型太复杂，那么利用它来解决生物学问题就太难了，这既是因为在数学上不易处理又是由于它需要利用一些未知的和无法定义的参数，还有就是因为它将已知的任何东西都组织在一起成为一个强迫的而不可能的复杂过程（回顾一下我们之前在第 16 章中关于系统地理学的讨论）。当我们开发一个进化模型时，其目标是获得能代表感兴趣的过程中的足够真实性而又有足够特异以便检测（见注解框 25.2；图 25.19）。为了在简单性同真实性之间达到平衡，意大利遗传学家 Luca Cavalli-Sforza 和其他一些遗传学家假定在全球规模上，随着人类群体分布到不同的地理区域中，新出现的群体被有效地从它的祖先群体那里隔离出来。由于环境不同，基因流可能伴随着选择和随机漂变的影响共同产生**渐变（cline）**和**距离隔离（isolation by distance）**，就像我们在第 16 章和第 18 章中介绍的一样。然而在大尺度上，人类群体历史可以大致用有效隔离群体的分支树来表示。这看起来像是一个说的过去的假设，但我们有必要记住由于这类迁徙只不过发生在每代群体中的少数个体上，这会大大减少群体间的中性分歧（第 16 章）。就像我们将看到的，群体间有限迁徙的假设是很关键的。

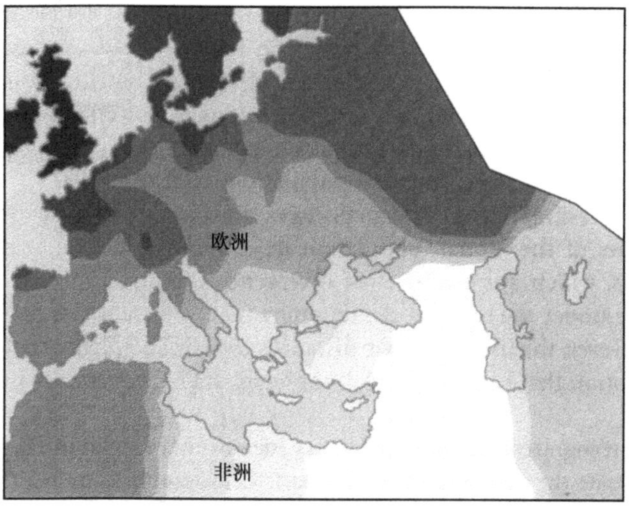

图 25.19　早期农业人群携带着一组特有的基因在欧洲扩张。随着他们同本地居民的混合，这类基因的频率下降了，留下从东到西的渐变印记。这张图表示早期农业人群特有的基因的平均频率。用较浅阴影表示的地区是大约在 8500 年前进入农业文明的，而较深阴影表示的地区进入农业文明的时间不会早于 5500 年前。

人口统计学可以用等级结构来模拟

假定向新地理区域的扩张会导致完全的遗传隔离，人类各个群体之间的亲缘关系可以通过系统发育树来表示，类似于那种用来表示不同物种间亲缘关系的系统发育树。在这种模型下，不同地区的群体间的亲缘关系可以通过树状图很好地反映出来，树上的每个节点代表一次祖先群体分裂产生两个遗传上隔离的群体的事件。因而在全球尺度上理解人类群体进化历史的努力就集中到估计祖先群体发生分裂的时间上。

建立系统发育树的方法在第 27 章（在线）中详细讨论。人类群体研究常常基于对**遗传距离（genetic distance）**的应用，遗传距离是用来衡量在相关人群（如伴随完全隔离的恒定大小群体）中随着时间推移预期发生线性增长的分歧程度。然而，利用遗传距离构建系统发育树的做法依赖于一个关键假设，人类群体相互之间确实存在遗传隔离。

然而首先必须确认如图 25.20 中画出的系统发育树不是通过循环论证证明人类群体学上的那些基本假设的。如果人类群体在实际中并没有出现生殖上的隔离，相反群体间一直存在某种程度上的迁徙，那么遗传距离的模式、估算的系统发育树以及反映出的基因流模式都与它们的实际情况不一致。一些人类群体分裂成隔离群体的基本假设可以通过比较考古数据推测的分离时间来验证。例如，非洲以外的最早现代人化石记录的时间在黎凡特（东地中海沿岸国家）是 10 万年前，在大洋洲是 7 万年前，而在新大陆是 1.5 万～2 万年前。如果不同大陆上的人群间的遗传距离主要是由迁徙率，而不是分离时间决定的，那么便不会看到遗传推测的分离时间同人类到达新的大陆的估计时间之间存在相关（图 25.21）。尽管数据不多，但这一分析至少能反映生活在不同大陆上的人群分离历史并没有受到不同大陆上人群内部迁徙事件太大的影响。

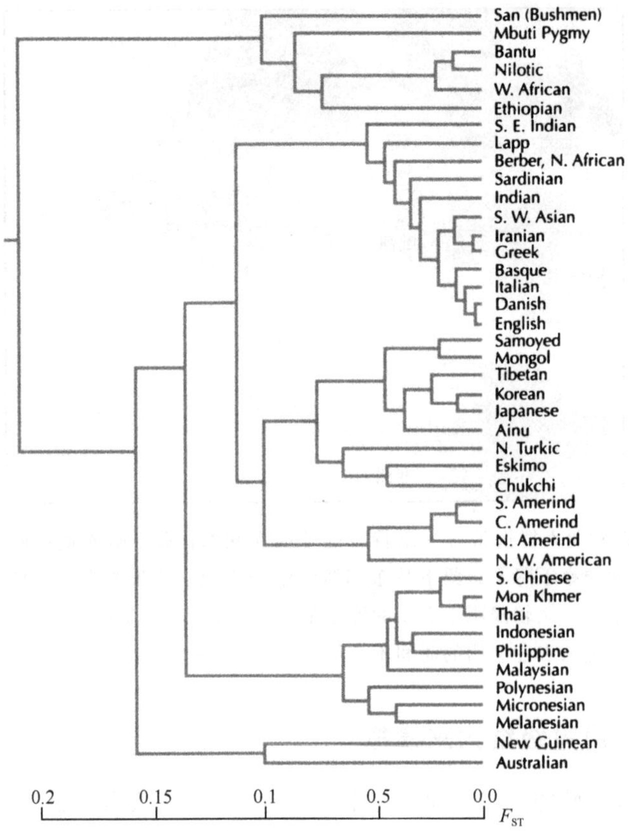

图 25.20　这张聚类图表明通过比较 120 个基因的频率得到的不同人群间的相似程度。

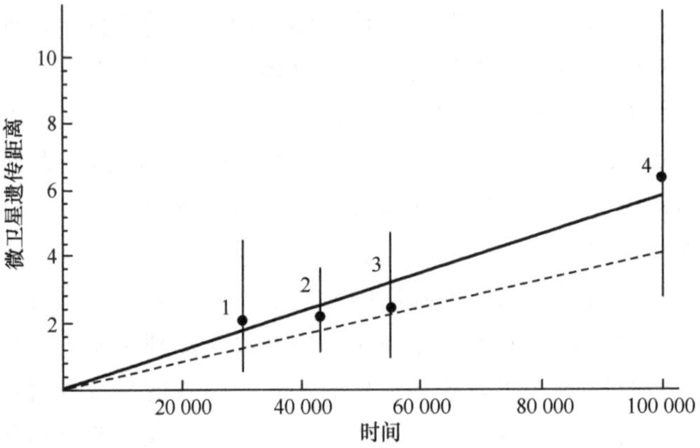

图 25.21　x 轴表示的基于考古学证据估计的人类主要群体间分离的时间，y 轴表示基于微卫星变异估计的遗传距离。群体间比较是基于考古学数据估算的形态解剖学上的现代人到达不同大陆的时间。1. 美洲印第安人群 vs 东亚人群；2. 欧洲人群 vs 东亚人群和美洲印第安人群；3. 美拉尼西亚人群 vs 澳大利亚人群和新几内亚人群；4. 非洲人群 vs 非洲以外人群。（实线）过原点的与各点最吻合的直线。（点状线）基于不同世系估算的突变率构建的遗传距离的变化。

今天大部分的遗传学家并不愿意先验地假定不同人类群体在他们大部分的历史中是相互隔离的，甚至是在不同大陆间人群的比较中也是如此。然而，在许多方面，模型的正确性远没有模型带给我们的启发重要。通过详细说明一个精确人类群体学模型以及利用标准群体遗传学估计的模型参数，Cavalli-Sforza 和他的同事开创了现代人类遗传变异研究。幸运的是，新的推测方法学上的进展大大提高了模型的真实性和复杂性（见注解框 25.2）。

注解框 25.2　遗传人类学中的统计推论

大量遗传学数据的涌现和大运算能力的新型计算机的出现使研究者可以开发出新方法来推断遗传数据。不同于通过统计学来概述这些数据，如 F_{ST} 值，我们可以通过数据推导出某些模型出现的概率，这被称为一个模型的**似然值（likelihood）**。在大多数情况下，这种概率并不能被解析地测定，但可以通过计算机模拟估算出来。应用模拟估算这些概率将会很容易，这是因为模拟进化过程的**共祖方法**具有相对简单性和有效性（第 15 章）。

举例说来，Lounes Chikhi 和 Mark A. Beaumont 开发出一种新方法来估计一个群体（P_1、P_2）中各有多少部分来自两个祖先群体（图 25.22）。这种模型将每个祖先群体后代中的基因型和混合群体中的基因型作为输入文件。接下来估计 P_1 和 P_2，而三个群体中的各个群体遗传漂变大小是用参数公式 t/N_e 来估算的，在这里 t 是混合事件发生后的时间，而 N_e 是有效群体大小。与通过这类简单模型可以了解到的人类群体历史信息同样重要的是它可以告诉我们哪些信息是利用这类模型无法可靠地推测出来的。例如，在一个常常被称为**系统地理学（phylogeography）**的研究领域中，一些研究者试图通过直接观测现在不同地理区域中人群基因频率来推断群体在历史中的详细迁徙状况。例如，一些研究者认为一些基因在欧洲人群中出现而在近东人群中检测不到意味着在近东的农业人群到达欧洲之前这里就已经有人类居住了（图 25.19），这类基因在现今群体中的频率可以用来估计迁徙群体和非迁徙群体最早的混合情况。然而，通过 Chikhi-Beaumont 模型我们可以知道自从欧洲有人定居以来存在的遗传漂变使得即便准确鉴定了迁徙群体和非迁徙群体，目前的群体比例也只能提供一个关于起源时群体比例的糟糕估计（图 25.22）。

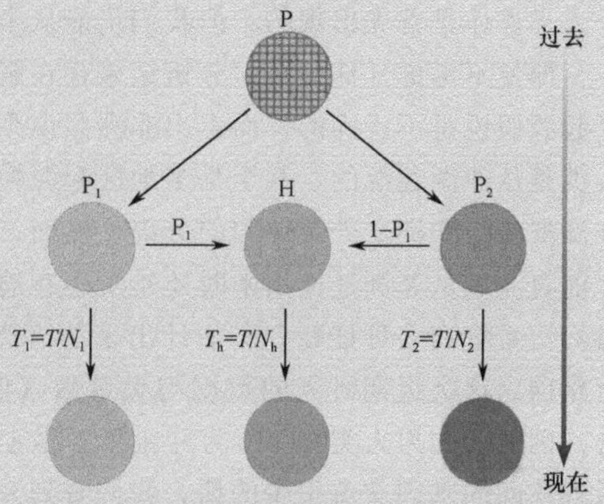

图 25.22　用于估计群体间混合情况的模型。P 是奠基者群体。H 是一个由祖先群体 P_1、P_2 中个体杂合后形成的群体。在所有群体中基因频率上的遗传漂变影响依赖于时间的推移和有效群体大小（N_1、N_h、N_2）。这类模型可用来估算杂合群体形成后经历的时间（通过群体大小来衡量）以及来自各个祖先群体的贡献比例。

当进行一些更详细的分析之后，我们发现利用单基因座系统，如**线粒体 DNA（mtDNA）**和 Y 染色体，进行的许多系统地理学研究成果是令人怀疑的。

在人类进化研究中，当外在的历史信息可以准确说明哪一类的模型合适时，开发特定的专用模型是很有用的。在这种情况下，发展出的模型可用来估计现代欧洲人群基因库中所保留下的不同于史前欧亚群体基因的比例。使用诸如此类高度特定模型的原因是我们现在并没有一个合适的模型可以应付所有的情况。例如，我们现在还没有一个模型可以在混合任意类型群体的条件下很好地工作，这种混合状况本身就是一个相当特定的条件。为什么群体遗传推断并不能通过敲键盘来完成，这是原因之一。它同时也说明为什么在人类群体历史研究中仍然需要更多和更新的分析方法。

遗传证据帮助我们理解形态解剖学上现代人的起源

当利用大量遗传数据第一次构建出系统树后，我们可以看到撒哈拉以南非洲群体同所有非洲以外群体在树的根部就已分开了，这种模式得到了所有近期研究的证实。假定群体分裂成分离的世系，我们可知第一个人类群体是在非洲出现的，而所有非洲以外的群体都是从其分离出来的，这个群体分裂出非洲群体并且在非洲以外的大陆上进一步分化产生的不同群体。如果群体分歧的假设是不正确的，那么这些结果就不能告诉我们哪个人类群体是首先出现的；但我们仍能从中得知主要的迁徙模式。

即便不考虑迁徙是否对分析结果存在影响，我们也不可以仅凭这个结果就认为多地区起源假说是不正确的，而走出非洲假说则反映了真实的情况。所有的人类学家都认为人类是从非洲起源的，甚至是多地区起源模式也认为在人类群体的最早时期发生过一次非洲群体与非洲之外群体间的分离。然而二者之间的分歧在于这次分离是发生在 170 万年前直立人从非洲迁徙出来时还是发生在遗传学估计的现代人离开非洲时。这类利用大量标记系统和多种推断方法估计出来的人类群体系统树的根部分离发生时间大约是 20 万年前。这类近期研究的数据与大多数（但不是全部）多地区起源模式的观点不相符合。因此，如果人类在 170 万年前就扩散至全球并建立了各个不同的群体，而且在这以后群体间的基因交流很少的话，我们看到系统树在根部分离时间应该远远不止 20 万年，事实上应该是接近 170 万年。尽管这些估计的数据不是确定值，但在不同遗传标记系统中估算的数据都表现出明显的一致性，从经典的血型和同工异型酶到微卫星和单核苷酸多态性系统都是如此。很显然，如果群体分歧的模型是正确的，那么现代人便是很晚近时期才从非洲起源的一个在人类群体学上很年轻的物种。

通过分析这些数据我们可以排除多地区起源假说，但是也只有在存在更多额外理由的情况下，我们才能认为在全球规模上的现代人群体分歧模式是准确的。如果在不同区域的群体间存在相当规模的基因流，那么通过这些方法估算的“分离时间”就没有多少意义了。举例来说，在非洲群体与非洲之外群体间存在经常发生的基因交流会使估算出的群体分离时间比实际的第一次群体分离时间晚得多。

Y 染色体和线粒体 DNA 谱系关系的推断

Y 染色体是**父系遗传**的（从父亲到儿子），因此它携带了通过男性传递的进化历史信息，而相对应的母系遗传携带的信息可以从**线粒体 DNA** 分子上获得。Y 染色体上不发生重组的区域大约有 22Mb，约占它全长的 43%。

根据非重组片段的大小，Y 染色体可以携带大量的多态位点，这些位点可以用来推测 Y 染色体之间的谱系学关系。精密分析可以发现，在长的 DNA 区域上含有多种突变特性各异的分子标记。例如，在 Y 染色体上的单核苷酸多态性和插入/缺失片段变化的频率很低，因此这类多态性常常被用来追踪人类进化历史中的单个突变事件。在同一位点上发生多次突变是不太可能的。由于这一原因，这些标记可以看做是**唯一多态性事件**(unique event polymorphism) **或者叫做 UEP**。因为在染色体中共享某个突变的群体应该是拥有相同祖先的，所以它们可以组成一个亲缘组。由此根据 UEP 我们可以将 Y 染色体分入系谱关系清晰的不同组中（图 25.23；回顾图 13.12）。

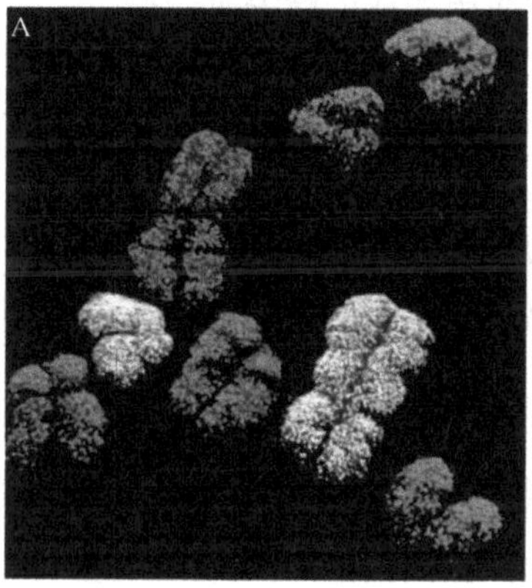

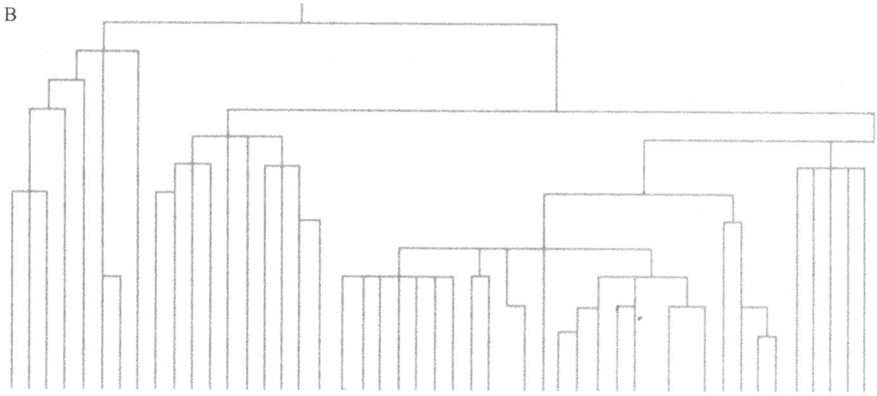

图 25.23　Y 染色体中的一部分是不发生重组的。(A) 人类的 X 染色体（蓝色）与人类的 Y 染色体（粉红）。一长段的 Y 染色体 DNA 序列共享单独的系谱学历史，因此序列中发生的许多突变可以揭示单个系谱关系。(B) Y 染色体上的部分系谱关系图，这是根据人类进化历史中发生的大量低频突变构建的，这些突变事件可被认为只发生过一次。

除了 UEP 以外，Y 染色体上还有许多快速变异的微卫星标记。它们的平均突变率大约是每一百个后代中有两个发生改变，也就是在一个 Y 染色体上的微卫星将会增加或是减少一两个重复单位。这种快速进化速率足以使 Y 染色体主要系谱种类的内部出现分化，这些系谱种类是通过 UEP 区分开来的，因而我们可以估计群体内更精细的系谱关系以及更好的估计系谱的时间跨度。这同时也是为什么选择微卫星标记作为 Y 染色体法医学工作的工具。

在 Y 染色体上的遗传标记可以告诉我们有关人类群体的历史。有一种方法是基于**歧点分布（mismatch distribution）**。在一个增长的群体中，大部分的溯祖事件发生的时间是当群体很小时的遥远过去。因此大部分的染色体对相互分离的时间应该也是在那时，由此构建出的系谱关系倾向于拥有很长的分支（图 15.8）。正是由于这个原因，染色体对序列差异的分布表现为一个单独的峰，位于分歧程度的正当中，高度约相当于基因树全长的一部分（图 25.24）。与此不同的是，在一个大小恒定的群体中，溯祖时间是指数分布的，因而歧点分布中相应的峰要宽一些。

然而，意识到基于单个遗传位点的推断结果是高度可变的这一点很重要。就像我们在第 15 章中看到的，在单个位点上的变异源于进化过程中的单个事件。这意味着系谱关系是从给定进化情况相关的系谱分布中随机产生的。由于这个原因，单个系谱关系在推断群体参数上的任何努力都将先天性地缺乏统计效应。而且一个更根本的问题是选择有可能对系谱关系产生影响，导致出现异常的系谱关系和群体参数估计的系统偏差。因此尽管类似歧点分布的统计方法被用来推断整个群体的增长速率，它们到底能告诉我们多少关于单个系谱关系的真实情况还是个问题。就像我们先前讨论的，想要弄清单个位点上选择与漂变对整个人类群体关系有何影响，唯一的办法是分析多个遗传位点上的情况。

Y 染色体与线粒体 DNA 世系之间密切的系谱关系与多地区起源假说不吻合

大多数多区起源假说的观点都预测在人类群体中出现深的系谱结构，如果生活在不同大陆上的人类群体都可回溯到相同地域中的古人类祖先群体那里，从各个人群中获得的基因构建的系谱结构就应该是这样的。例如，古人类分布到欧洲和东亚的时间大约是 100 万年前，而且在这两个群体间是很难产生基因交流的。因此我们可以预期这两个群体的世系回溯到他们共同祖先那里的时间将不会小于 100 万年。但是通过估算人类 Y 染色体和线粒体 DNA 的最近共同祖先可以发现这两个群体线粒体 DNA 的最近共同祖先出现是在 10 万～15 万年前，而 Y 染色体的最近共同祖先出现的时间还要晚一些。尽管目前对系谱结构长度的估计还不太精确，但这些太过年轻的年代估计在统计学上是与溯祖时间超过 100 万年的结论不相符的。

这些相当年轻的年代估计并没有随着人们获得更多更精确的 Y 染色体和线粒体 DNA 序列信息而改变。我们还不能肯定人类的这两套遗传系统中不存在古人类遗传信息的影响，但它们的影响肯定不是非常普遍的。因此目前能找到的最有力的反对多地区起源假说的证据同时也是最简单的：没有找到古老群体的线粒体 DNA 与 Y 染色体。

不幸的是，从这两个遗传系统中获得的数据并不能完全排除多地区起源假说。如果在古人类群体中存在适度频率的基因交流，那么尽管他们群体中的大部分世系可以回溯到 100 万年前，仍有一些位点上估算的溯祖时间受偶尔发生的迁徙事件影响将会很小

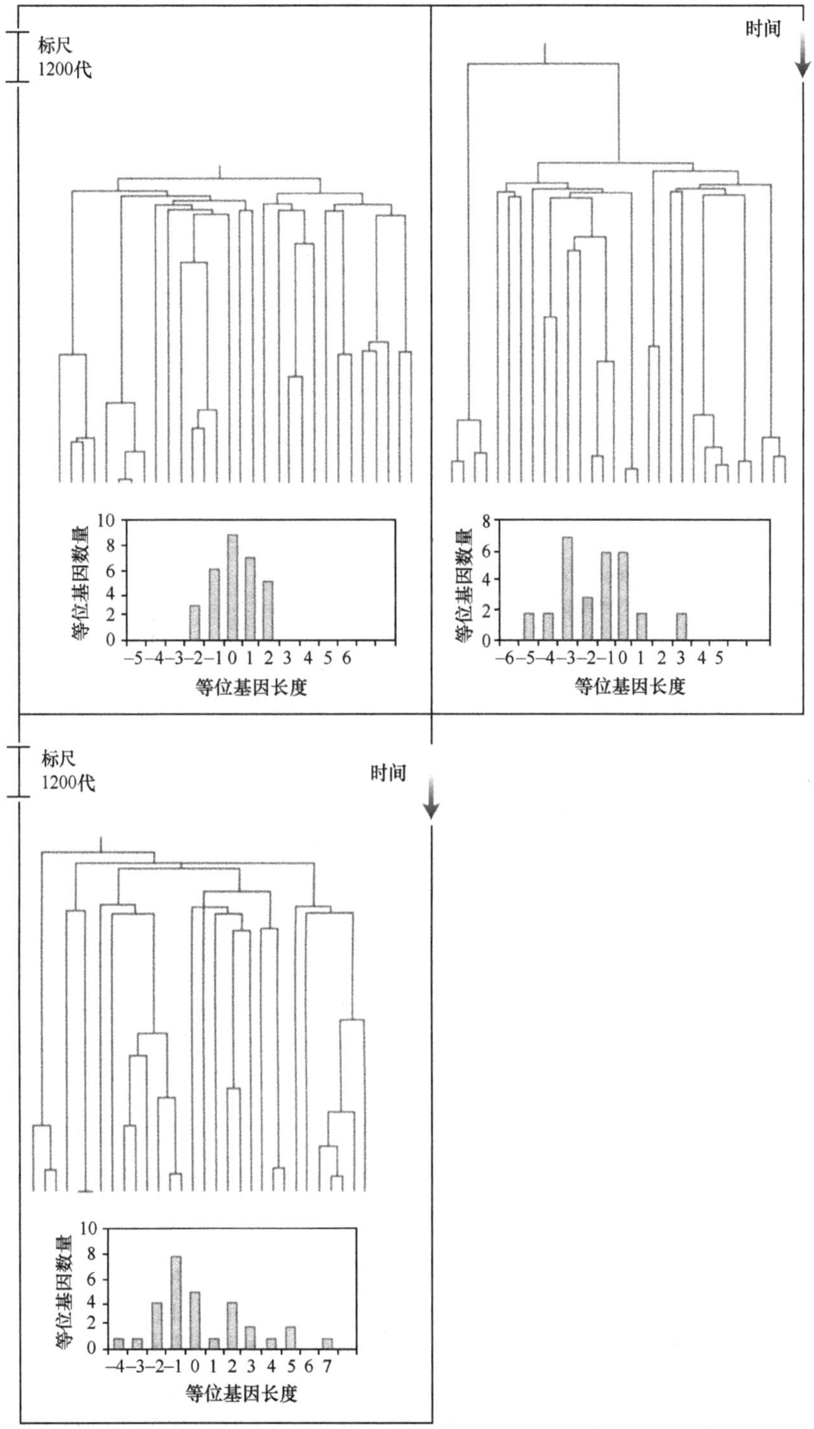

图 25.24　群体增长影响基因系谱图的形状进而影响从群体中获得的基因位点变异的分布。人类群体关系对基因系谱图的形状的影响可以通过不同类型的遗传标记看出来。这里列出了从高速增长的群体中模拟出的三个系谱图。这类系谱图表现出多个较深的分支，相应的微卫星位点长度的分布也是比较平均的。

(图 22.10)；也许 Y 染色体和线粒体 DNA 就是这种情况。如果单性系统曾经经历过世界范围内的**选择性清洗 (selective sweep)**，这个问题就更复杂了，这种选择性清洗可能导致最近起源的优势基因即便在很少的迁徙条件下也能在群体中扩散。

尽管在 Y 染色体和线粒体 DNA 中没有找到古老世系这一事实不支持多地区起源假说，但在基因组中存在古老世系可能也不是多地区起源假说成立必需的条件。如果随机交配群体到达平衡时，该群体所有基因的最近共同祖先出现的期望时间是 $4Ne$（第 15 章）。大多数的研究者估计的人类有效群体大小是 10 000，用它来估计一个常染色体位点的最近共同祖先出现的预期时间是 40 000 代，如果假设 1 代是 20 年的话那就是 80 万年。然而这只不过是进化过程的许多状态的平均结果（或者可以说在单个群体中的许多非连锁位点的平均结果）。一个给定的位点估算的结果可以会是更远的，或是更近的时间。由于这个原因，一个常染色体基因座上的某些基因对可能的分歧时间是几十万年（如一组“古老的”世系），并不能成为支持多地区起源假说的证据。而且，**平衡选择**可以在很长一段时间内维持基因分离状态，就像有些多态的主要组织相容性复合体存在于人类和黑猩猩之间所表现出的情况。要对这些情况做判别检测需要一个基于多个常染色体位点的清晰的系谱关系。如果从不同大陆人群中取样得到的主要世系聚合在一起的时间相当晚近（就像 Y 染色体和 mtDNA 所表现的），那么无论哪种多地区起源假说都会是不现实的。

古 DNA 的分析结果不支持多地区起源假说

从古 DNA 分析得到的结论也不支持多地区起源假说。根据这种假说我们可以预期现今欧洲人群同现代人到达之前的欧洲人群存在的遗传亲缘关系要比现今欧洲人群同其他地区的现代人群之间的遗传亲缘关系近得多。这样一来，我们可以通过一个简单的方法知道现代欧洲人群中的 mtDNA 序列是与尼安德特人的序列类似还是与其他非欧洲现代人群的序列类似。从尼安德特人样本中获得的线粒体 DNA 序列并不仅仅与现代欧洲人的序列没有关系（图 25.25），同时也与所有现代人的线粒体 DNA 序列存在高度分歧，从现代人序列中估计的平均分歧时间大约是 60 万年。最近对尼安德特人核基因序列进行的类似研究也得到了相同的结果。

然而，我们并不需要立即接受那种认为 3 万～4 万年前，当尼安德特人同现代人在欧洲并存时，二者之间没有发生任何基因交流的说法。也许在现代人同古人类之间存在过明显的基因交流，但在二者并存时期之后的长时间中发生的基因漂变将古人类基因丢失了。在线粒体 DNA 中没有发现古人类的序列并不能排除古人类基因存于基因组其他地方的可能性。

但据此接受多地区起源假说也是不合适的。在单个群体中的确很有可能发生基因漂变而将 3 万年前通过基因交流注入现代人基因库中的尼安德特人基因丢失。然而根据多地区起源假说，不同的地理区域间至少存在部分的隔离。因此如果我们没有发现在现今任何人群中存在有古人类的线粒体 DNA，我们必须假定它们在所有群体中都发生了独立的丢失事件。因此古 DNA 的证据对多地区起源假说不支持的程度要远远大于只考虑单个随机交配群体时。我们很难相信随机发生的古人类基因丢失事件会在多个半隔离群

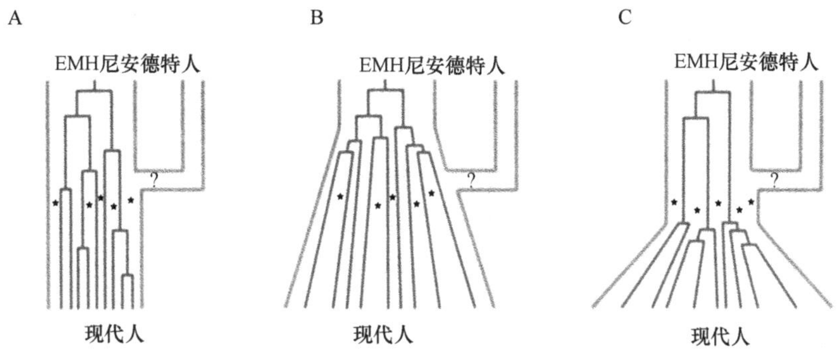

图 25.25　在单个古老的现代人样本中没有发现尼安德特人的序列并不能排除尼安德特人同现代人之间可能的混血情况，但基于假定的人类群体知识可以将这种混血的程度勾画出来。在恒定群体大小模型中（A），数据表示有 25%的尼安德特人影响，但在群体增长模型中（B），数据表示尼安德特人的影响将只有很小的一点。如果群体规模保持恒定直到与尼安德特人混血后才扩张，那么尼安德特人的贡献将会很大。EMH，早期现代人。

体中一再发生；较合理的解释就是这些古老的基因根本没有在现今人群基因库中出现过。也就是说，人类是一个在群体结构上很年轻的物种。

基因组学与人类的特质

我们在这一章的开头提到过，有许多人类进化中的重大问题我们还未涉及。我们知道人类埋葬习俗存在超过了一万年。但我们并不知道语言是何时进化的，现在人类的认知能力是何时进化的，还有哪些灵长类动物拥有自我意识，尽管在这些问题上都曾有过许多不同的理论解释。有一种观点认为 5 万年前发生的快速生物学改变导致了文化行为复杂性的突然增加和反映在化石记录中的现代人的突然扩张。

尽管我们已经知道我们祖先同一些灵长类近亲某些行为的细节情况，但通过化石证据了解到的只是真实情况的很小一部分。另外，我们不知道哪些选择压力是人类特质出现过程中最重要的。在这一章的余下部分，我们描述现代人类特质进化研究中两个有前途的方向。首先，我们将讨论现代遗传学与基因组学的新进展如何帮助我们回答这些问题。接下来，我们将在最后讨论语言怎样通过不同成分各自发生调节与检验进化过程而最终出现的。

人类中基因表达模式的进化要快于其他灵长类动物

尽管存在明显的表型差异，人类同黑猩猩之间的 DNA 序列其实是极其相似的，大约每 100 个碱基中只有一个不同。正如我们在第 22 章中提供，如此相似的序列意味着他们是一对典型的姐妹物种，大概只有几百万年的分歧时间，因而表现出的分歧水平相对较低。这种序列相似现象导致有假说认为进化更多的是由基因表达上发生的变化而不是蛋白质结构变化导致的。这是可能的，因为蛋白质与 DNA 中相对重要的结构和调控改变还不清楚。不仅如此，选择对非编码区序列的保护至少同编码区序列的保护程度一样，这很可能是因为这些序列有控制基因表达的功能。然而，尽管这类说法也许是正确的，但我们必须要记住在人同黑猩猩的任何一对同源蛋白之间的差异可以通过两个氨基酸的不同而区别开来，通过充分发挥蛋白质序列中的差异来起一定作用。

调控变化在人类进化中起的作用可以通过**微阵列（microarray）**比较人、黑猩猩和其他物种的基因表达模式来详细研究。在实验中，人们检测了来自多个灵长类动物的肝脏、血白细胞和脑组织中的12 000个不同基因转录物的表达水平（图25.26）。实验结果表明在人类的三种组织中存在基因表达的快速改变。然而，在这里存在一个方法学上的偏差，由于用来构建微阵列的寡聚核苷酸是来源于人的，这会造成非人灵长类序列低的杂合率从而导致实验结果表现出低的基因表达水平。然而在人类大脑组织中的进化速率是黑猩猩中的5倍，这是一个令人吃惊的差异。

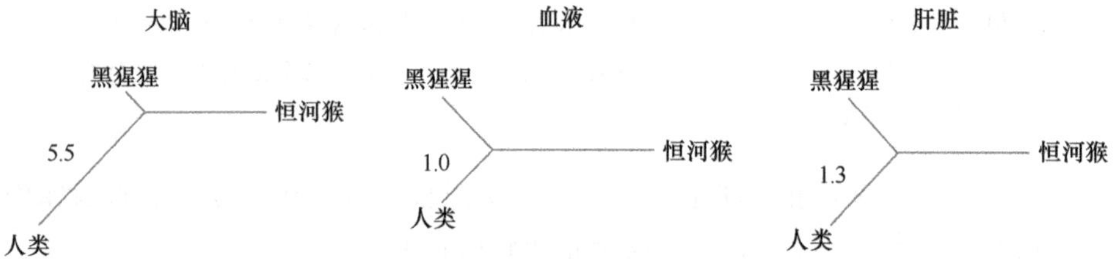

图25.26　三种灵长类动物的三种组织里的基因表达的相对变化程度。数字表示人类相对黑猩猩的基因表达变化程度。

接下来的研究表明在其他灵长类动物中，大脑中的基因表达模式变化比大多数组织中的慢得多；相反的，在睾丸中的变化则比大多数组织中的快。氨基酸序列分歧也反映出类似的模式：在脑中表达的基因分化很缓慢，而在睾丸中表达的基因分化要快得多。这可能是因为在大脑中的基因表达受到较为严格的限制而睾丸中表达的基因则普遍受到了**正选择**（回忆一下之前我们提到的在其他物种中发现的雄性性别相关功能的快速分化，如图19.13）。然而，重要的是我们发现相对于黑猩猩来说，在人类大脑中表达的基因序列与基因表达模式的变化速率是所有组织中最快的，就像图25.26中表现的一样。这里离最终发现人类认知能力出现相关的变化还有很长一段距离，但反映出人类同其他灵长类动物相区别之处包括了大脑中转录物水平变化速率的不同。

鉴定语言相关的特定基因是困难的

语言是所有人类特征中最令人惊奇和明显的特征之一。人类拥有先天能力可以出现一套用以交流的复杂符号系统，在隔离的失聪人群中可以找到证据，他们也要发展出一种复杂程度和适应性不亚于有声语言的信号语言。不幸的是，语言也是一种无法在化石和考古学记录中发现进化过程的人类特征。举例来说，我们几乎没有任何证据表明人类是什么时候出现复杂语言的。一些观点认为语言出现在人类进化的较早时期，大约100万年前，但其他人认为语言的出现是很晚近的事，大约10万年前随着现代人的出现才最后形成。目前我们还没有办法回答是否所有现存人类语言都有一个共同的源头这类更具体的问题。

另外一种研究人类语言起源的方法是通过研究一种罕见的人类遗传疾病——一类语言发育障碍，这种疾病的特征包括严重的发声障碍与语法障碍。通过对一个家系中的多个患病个体进行连锁分析研究，科学家（第 14 章与第 26 章）发现相应的致病突变发生在 *FOXP2* 基因上。这种基因编码一种抑制基因表达的**转录因子**，但它影响的那些基因还没有被详细的说明。这种基因在肺上皮细胞发育过程中起重要作用，在神经发育中也起一定作用。*FOXP2* 基因表达分化的模式在人类、几种灵长类以及小鼠中都已被研究。这类研究表明在人类基因表达中存在冗余的替代置换，意味着这类基因在人类同黑猩猩产生分化后受到某种选择影响（图 25.27）。在人类中基因模式的变异也表明基因受正选择影响。当受选择影响的突变最终固定下来时，连锁的中性位点也同时被固定或是提高到一个高频的水平。因此在一个固定的突变两侧出现降低的变异水平以及额外的高频突变意味着存在正选择。这种方法可以发现某种选择性清洗在最近大约 12 万年间发生在 *FOXP2* 基因上。因为形态解剖学上的现代人出现的时间正好就是这一选择性清洗发生的时间上限，这意味着 *FOXP2* 中的氨基酸变化在语言发展过程中起了一定作用。

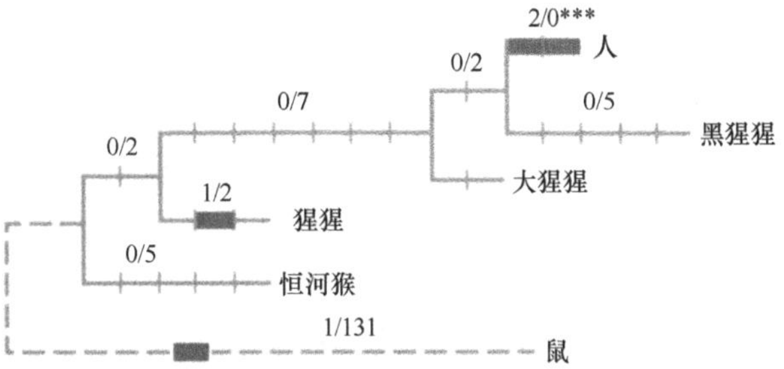

图 25.27　*FOXP2* 基因是研究者发现的第一种如果其上携带突变则导致人类特异语言缺陷的基因。发生在该基因上的无义突变与替代核苷酸置换被标记在这张灵长类动物系统发育图上。（红色粗框）氨基酸改变事件；（蓝色竖线标记）核苷酸改变事件。年代表明 *FOXP2* 基因是人类同黑猩猩产生分化后的最近进化中受到选择的一个基因。数字表示各个分支上发生的非同义突变与同义突变之比。

如果 *FOXP2* 基因上的突变导致语言障碍，一种可能性是任意发生在 *FOXP2* 基因上的选择都与语言能力的出现相关。然而这是最好情况下的例子。尽管物种内和物种间的序列变异模式都表明存在选择，但请记住有许多基因表现出同样的模式。仅仅根据单个影响语言的突变还不足以说明这个基因本身的主要功能，或许是语言能力引起的选择导致了该基因的进化。

那么我们如何跨越猜想的阶段？也许最重要的工作是了解 *FOXP2* 的生物学功能。例如，哪些基因的表达模式是由 *FOXP2* 修饰的，以何种方式修饰？发现更多 *FOXP2* 的生物学特性可以帮助我们了解特定的与语言相关的选择。*FOXP2* 的功能分析最终可能导致情况好转，也可能导致情况恶化，尽管设计一种方法研究 *FOXP2* 基因细微变化在语言能力上的影响是很难的；利用转基因小鼠来进行研究的常规方法在这里几乎没有什么用。

前强啡肽基因的顺式调控变异暗示可以通过另一种方法鉴定“人类特征”

最近对基因 *PDYN*（也就是编码神经传递素前强啡肽的基因）的研究提供了一种研究人类大脑相关表型的有用模型。前强啡肽是一种内啡肽，可以结合阿片受体。同样地，它也调节人类痛苦经历、社会连带、学习、记忆和成瘾的神经活动。在距离 *PDYN* 基因转录起始位置 1250bp 的启动子区域中有一段 68bp 的**串联重复**被认为影响了基因的可诱导性。相关性研究（第 14 章与第 26 章）暗示这一串联重复影响一系列的疾病，包括精神分裂症、可卡因成瘾和癫痫。

由于有如此多的影响，*PDYN* 是一个用来研究人类本质的几个关键的好材料。原则上，在它的顺式调控区域内的变异能够导致基因表达水平上数量性的精细变化。因此，我们可以问这种序列变异模式是否有选择的作用，就同我们研究 *FOXP2* 基因一样。

三种不同类型的方法可以让我们检测到是否有选择存在于 *PDYN* 基因上：群体遗传学上的、系统发育学上的以及功能学上的。第一种方法是通过获得连锁中性突变的**频率谱**。在澳洲群体的一个含有 74 种单倍型的样本中，可以看到一种额外的高频变异；相反地，在黑猩猩群体样本中没有看到这样的分离。另外，在基因不同的上游区可以看到额外的地理变异，这表现在 6 个旧大陆群体间的 F_{ST} 统计值是上调。这是一个显著的地理异质化的正选择，由它造成不同群体间基因频率的分化要比遗传漂变和迁徙造成的快得多。6 个群体中的 3 个群体在连锁微卫星位点上也表现出变异程度的下降，就像预计在选择性清洗中看到的情况一样。

物种间的比较也表明 *PDYN* 位点上存在选择，尽管这涉及的时间更长。在系统发育树的一个分支上存在明显过度的 5 个碱基替换事件，正好这一分支代表人类。明显地，正选择在这一调控区域上发生过。所有这些结果暗示发生了最近的选择，但并不暗示任何特定位点或功能。

第三种方法是功能学上的。已知上游可变区域中的变化调节基因的可诱导性，但我们可以进一步探求人类中被固定的假定受选择的核苷酸的作用是什么。将一段带有人类或黑猩猩 *PDYN* 基因顺式调控序列的 3kb 长 DNA 片段转染到人类神经细胞系中后，不考虑两侧序列来自于人类还是黑猩猩，我们可以看到人类中的 68bp 元件可以显著地调高 *PDYN* 基因的表达，而黑猩猩中的元件则没有这样的效果。相反地，在人类非神经细胞系中进行此类实验则发现不论人的序列还是黑猩猩的序列都无法影响 *PDYN* 基因的表达，意味着受选择序列的功能效应是大脑特异的。

选择总是依情况而定的。但在这里，三类汇集一处的证据和事实表明这一基因与一组被视为“人类”特异的性状有强的相关性，因而近一步研究 *PDYN* 基因是很有价值的。

语言的进化

就像我们在第 24 章中提过的，复杂的适应性一般是通过一系列不同的步骤进化出来的，每一进化步骤其实都是相对简单的。人类语言的进化也是符合这种情况的。人类的语言能力可以分成几种相对独立的能力，每种能力都是各自独立地受到选择的。语言进化的精细观点可以使我们想象自然选择是如何造成语言能力增强的，通过在各个缺乏现代语言能力的人群中选择那些在交流能力上有特定增加的群体进行研究可以带给我们启发。这种观点与其他复杂结构进化的观点是类似的，如眼睛的起源以及相关的感知能力（好比视觉）的出现（第 24 章）。

这些语言能力进化的不同步骤仍有一些可以在现代语言特征中看到。让我们考虑语言进化中的几种可能的步骤（图 25.28）。首先是建立一组有限的符号用于非特定的用途，这些符号可以同其他动物特定情况下的交流行为区别开来，如呼救信号。从这种状态进化到现代语言需要两个主要创新，这两个都是相对独立出现的。第一步是将音节联合在一起产生几乎无限多的符号或词汇的能力。有些研究者认为现代的单词汇表达的语言就是人类语言早期单词汇阶段的活化石。因此，诸如“喔”和“啊”这类的词可以独立地表示一个完整意思而不需要上下文。

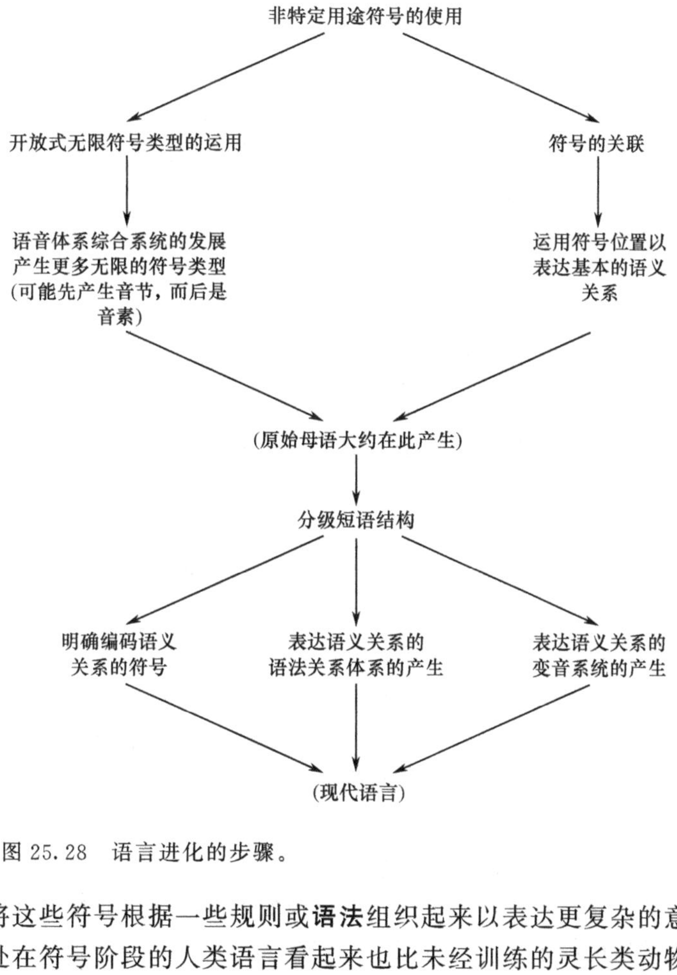

图 25.28　语言进化的步骤。

第二步是将这些符号根据一些规则或**语法**组织起来以表达更复杂的意思。甚至在语法出现以前，处在符号阶段的人类语言看起来也比未经训练的灵长类动物的交流系统要更有用处和弹性。大猿可以经过训练掌握最多几百个不同的符号。相对地，在缺乏语法的情况下的人类语言能力也要远远超过这些大猿，而且不难想象更大的词汇量本身就是一种优势并且是由自然选择精心塑造的。支持这一观点的证据是这种能力可以独立于语法进化，至少是部分独立的；在较年长时学习第二语言的人可以很容易地应付词汇，但常常在处理语法时遇到困难。

最后便到进化出语法的阶段了。在这一步中发现明显不同要素的进展不太顺利，但有一些是清楚的。例如，在语言的某个早期阶段可能只有一些单纯联合的词汇，人们通过控制词汇的语境来表达意思。意思表达清晰的一个简单规则是词汇顺序，当然这一规则仍然应用在现代语言的许多方面。在词序上的进一步改进可能是通过一个短语结构性地置换某个词，这也与现代语言以及已知历史语言的情况相吻合。在组成现代语言的语法规则的最后出现的部分可能是一句话中将分散的词与词组联系起来的规则，还有转折词的出现。

从进化生物学的观点看来，试图解析语言的努力是重要而有效的。它们的重要性在于解释清楚某些复杂问题，如人类语言的特质是如何通过许多个简单的步骤进化出来的。这些努力也是有效的，因为它们暗示通过分析现代语言的结构也是理解人类语言能力进化的一种途径。

预言未来总是要冒很大的风险，但是下一代人类进化学家的兴趣很可能转向表型进化研究（诸如我们提到的关于人类大脑中前强啡肽的研究）。是哪些遗传变化造成我们与其他灵长类动物的不同又是哪些遗传差异造成人类个体之间彼此不同的？我们仅仅站在回答这些问题的起点，但回答这些问题所需的方法慢慢地出现了。在下一章中，我们的注意力将从人类进化历史转向人类的遗传差异以及这些差异在医学以及更广泛的社会问题上的应用。

小结

进化遗传学与古人类学共同描绘了人类进化的大致模式。人类从大猿分化出来已有500万年的时间。接下来发生的大量进化改变导致现代人最终在非洲的出现。现代人的绝大部分，即便不是所有，遗传信息来源于5万～10万年前在非洲生活的一个很小群体。人类群体历史的大致轮廓已被很好的描绘出来。那么人类进化领域还留下些什么呢？

被认为是人类中首次出现的特征曾经多次重新认定，但还有许多这类特征出现在那些并非现代人直系祖先的人科物种中。尽管我们将人类的特征当成一个整体，但由于现今并没有其他人科物种存活下来，我们就根据化石或遗迹观察到的部分特征（如制造工具的能力、脑容量或是两足直立行走）来命名那些已灭绝的人科物种。即便是语言学家也倾向于将人类的语言能力解析成不同的进化步骤，我们通过现代语言的各种特征以及其他动物的交流本能还有语言能力障碍患者的表征来定义这些步骤。这一拼图模式很可能就是我们期望的进化过程。在不同时间段出现的不同人类特征是人科物种大家族中的物种对不同环境的适应结果。这些特征中的某些部分可能特定存在于一类人科物种中，而在早期祖先那里出现的特征则会在不同的人科物种中看到。在今天，人类（*Homo sapiens*）是唯一生存着的人科物种，因此我们容易倾向于将那些把我们与其他灵长类动物显著区别开的特征视为一个整体。

延伸阅读

化石记录

Lewin R. and Foley R. 1995. *Principles of human evolution*. Blackwell Science, London

Tattersall I. 1995. *The fossil trail: How we know what we think we know about human evolution*. Oxford University Press, Oxford.

人性的遗传学

Cavalli-Sforza L.L., Menozzi P., and Piazza A. 1994. *The history and geography of human genes*. Princeton University Press, Princeton, New Jersey.

一篇系统论述人群等位基因频率变异如何运用在推导进化关系上的综述。它同时提供了对各个大陆人群历史的简明易懂的描述。

Enard W. and Pääbo S. 2004. Comparative primate genomics. *Annu. Rev. Genomics Hum. Genet.* **5:** 351–378; Khaitovich P., Enard W., Lachmann M., and Pääbo S. 2006. Evolution of primate gene expression. *Nat. Rev. Genet.* **7:** 693–702.

这些文章综述了我们对灵长类基因组和基因组学的知识积累过程，特别强调有利于发现对人类特征产生贡献的变化的研究手段。

Tishkoff S.A. and Verrelli B.C. 2003. Patterns of human genetic diversity: Implications for human evolutionary history and disease. *Annu. Rev. Genomics Hum. Genet.* **4:** 293–340.

讨论新近遗传学分析如何帮助我们了解人群历史。讲述遗传变异模式对医学遗传学的意义，即第26章的内容。

语言的进化

Pinker S. 1995. *The language instinct: The new science of language and mind*. Penguin, New York; Jackendoff R. 2003. *Foundations of language: Brain, meaning, grammar, evolution*. Oxford University Press, Oxford.

Pinker讨论人类具有内在“语言本能”的能力。Jackendoff进一步对这一问题进行探讨。他们均讲述我们应用语言的能力是如何进化而来的。

第 26 章

当前人类进化研究的议题

进化生物学可以为我们研究人类提供许多帮助，既有助于我们解决那些实用性问题，又能使我们更好地理解人类自身。在这一章中，我们首先关注的是影响人类对疾病易感性的那些遗传变异，以及这些遗传变异对疾病治疗有何影响。以进化的观点看来，在这类研究中最重要的是如何从人类群体中获得大量有意义的遗传数据并进一步最优化地利用这些数据分析疾病易感性。接下来，我们将试图回答一些更普遍的问题，人类遗传变异的本质是什么以及何种程度上是由选择塑造这些变异的。我们还将探讨人类生理和疾病，同其他生物中进行的类似研究一样，被进化地理解到了何种程度。

人类疾病的遗传基础

为什么要研究疾病遗传学?

几十年来，人类遗传学关注的中心一直是寻找疾病在遗传上的原因。首先，研究者将注意力集中在**孟德尔式（遗传）疾病（Mendelian disease）**上，这一类遗传疾病基本上取决于单基因的突变。由 *CFTR* 基因的两个突变拷贝导致的囊性纤维化便是一个众所周知的例子。这是在欧洲西北部人群中最常见的**常染色体隐形疾病（autosomal recessive disease）**，但尽管如此，该病在欧洲西北部人群中也相当罕见，发病率约为1/2000。最近以来，研究者们开始将注意力转向那些拥有更复杂遗传模型的常见疾病上。揭示这两类疾病的遗传原因的动机有些不同。在孟德尔式疾病中，遗传突变常常就是导致疾病发生的直接遗传原因。因此，对遗传突变的认识可以为治疗疾病提供直接帮助，甚至可以为诸如补偿性植入缺陷基因功能性拷贝这类基因疗法打开大门。

另一类常见疾病的遗传基础却没有如此简单。大多数这类疾病有很强的遗传性；也就是说，与患者拥有血缘关系的个体要比普通人发病风险高。然而，这类疾病易感性的遗传变异却几乎不由单基因决定（第 14 章），而是多个基因共同决定，每一个基因都能或多或少地增加疾病风险。研究这一类**风险授予等位基因（risk conferring allele）**有两个主要原因，这类基因可能为治疗方法指明一条道路，同时也可以用来评估一个个体患特定常见疾病的风险。一个用来说明第一个目的的例子是 PPARg 基因，该基因编码一种转录因子，编码区多态性与Ⅱ型糖尿病有十分显著的相关性。实际上，经过计算可知如果高风险的 PPARg 等位基因不存在，美国Ⅱ型糖尿病患者数将减少 20%。由 PPARg 基因编码的蛋白质是一类治疗糖尿病的重要药物的靶点。如果这类药物目前并不存在，那么 PPARg 基因多态性的发现可以提示我们该基因产物是新药作用的重要靶点。

要成功地进行一个药物相关的风险基因预测非常困难，既是因为风险基因的预测并不十分准确，又是因为我们对风险基因潜在的作用不清楚。在介绍完如何鉴定孟德尔式遗传疾病和复杂遗传疾病的致病基因后，我们将进一步探讨这些问题。

孟德尔疾病的基因可以被遗传定位

在 20 世纪初重新发现孟德尔遗传定律后不久，就有几种**遗传疾病**（**inherited disease**）被证实是由单基因的遗传缺陷所造成的。这些遗传疾病的分离特征取决于疾病等位基因是显性基因还是隐性基因，是常染色体连锁基因还是 X 染色体连锁基因（图 26.1）。以前，人们认为人类疾病是由“先天代谢紊乱”造成的，就是说由编码必需酶的基因缺陷导致关键生化步骤上的故障引起疾病。在一些案例中，表型的生化效应使缺陷基因能够被鉴定。例如，在 1934 年，Asbjorn Folling，一位挪威医生，注意到一些智障病患者的尿液中有陈腐味或“鼠嗅味”。后来发现这是由于**苯丙酮酸**（**phenylpyruvic acid**）的积累造成的，并进一步导致一种生化遗传病，即**苯丙酮尿症**（**phenylketonuria，PKU**）的发现。

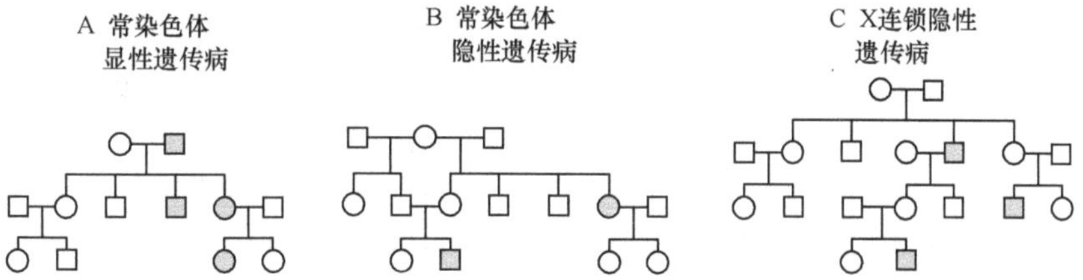

图 26.1　典型的由单基因导致的罕见疾病遗传模式图。女性个体（圆形），男性个体（正方形），患病个体（红色）。（A）常染色体显性遗传病：患者必定有一位患病的亲代，患者子代中有 1/2 将患病。（B）常染色体隐性遗传病：患者常常有两位携带者的亲代，两位杂合的携带者每生育一次，有 1/4 的机会生出致病后代。近亲婚配而生出的子女中发病风险增高，因为近亲从共同祖先继承相同致病基因的可能性非常高（见注解框 15.3）。（C）X 连锁隐性遗传病：母亲携带者（如图示最上方的左侧）表型是正常的，但她的儿子有 1/2 风险从母亲那继承一个 X 连锁的隐性致病基因并表达出相应的疾病。男性患者的儿子不会患病，但他的女儿都将是携带者，因此他的外孙中将有 1/2 为患者（如图示最下一行）。

经典遗传学为寻找致病基因提供了另外一种方法，就是将**具多态性的分子标记**（**polymorphic molecular marker**）与致病基因连锁在一起。通过多个分子标记，能够建立同染色体上物理重组相一致的**遗传图谱（genetic map）**。在 20 世纪 30 年代，通过将遗传疾病与诸如血型或色盲等标记联系起来分析，第一个人类中的连锁现象被发现了。随后几年，研究者发展了数种用来估算标记同致病基因位点之间重组率的统计方法（图 26.2）。我们可以预计一个家系中患相同遗传疾病的患者之间共享同致病基因位点连锁的标记，但不与致病基因位点连锁的标记不会出现这种现象。利用这种关联现象，我们可以将致病基因位点定位到染色体上特定区域。但一直以来这种方法存在相当大的局限，因为能够找到的与致病基因位点紧密连锁的遗传标记实在太少。此外，即便致病基因位点能够被准确地定位到染色体上，我们仍然没有方法进一步确定和分离致病基因。

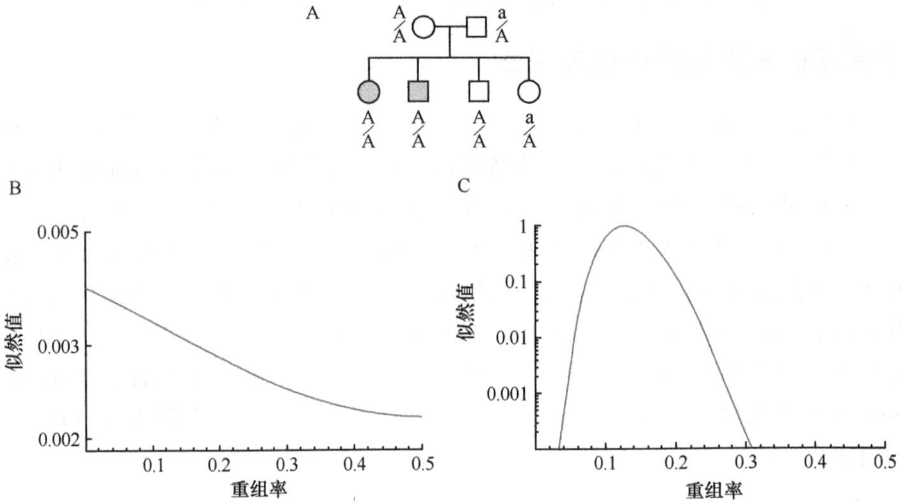

图 26.2 系谱可以用来估计致病基因座与遗传标记之间的重组率。（A）2 个患罕见常染色体隐性基因决定的遗传疾病的同胞个体（阴影表示），两个亲代都是致病基因的杂合携带者。用标记基因（A、a）标记家系个体，父亲和一个女儿是杂合体（女性个体：圆形，男性个体：正方）。（B）致病基因座位同遗传标记之间的重组率的发生概率可以观察到，并被看做这种重组率的**似然值（likelihood）**。就这个数据很少的例子而言，遗传标记 A 同致病基因座之间完全连锁的可能性非常高（$r=0$，左侧）；完全不连锁的可能性非常低（$r=0.5$，右侧）。（C）在数据量相当大时（200 个同 A 一样大的家系），可以得到一个更好的重组率估计值。最可能的重组率估计值是 $r=0.13$（图形的峰值）。$r=0.1$ 是这组数据模拟出来的，所以它是非常准确的。可能性接近最大值 1。在第 14 章有关 QTL 定位的内容中可以找到该方法的详细说明。

20 世纪 80 年代，遗传操作技术的发展才使应用经典遗传学方法定位和鉴定致病基因成为可能。首先，数量上几乎不受限制的具多态性的遗传标记被发现，这使得研究者可以构建精细的遗传图谱。其次，一旦一个基因被定位后，对其进行直接操作的技术也已成熟。基因组上相关区域可以被**显微克隆（microbial clone）**并测序。这种新方法在一段时间内被称为**反向遗传学（reverse genetics）**，但现在更多地将这种方法称之为定位克隆。

一张包括所有人类染色体的详细遗传标记图谱是定位克隆必需的关键条件。最初，研究者利用**限制性片段长度多态性**（**restriction fragment length polymorphism**，见注解框 13.3）来构建这张图谱。而这种想法是继**人类基因组计划**（**Human Genome Project**）之后，推动构建物理图谱和遗传图谱的主要动力。构建物理图谱需要了解覆盖整个基因组的专一序列，研究者们能够利用这些序列确定他们检测的是基因组的哪些部分。遗传图谱则需要一系列高密度的遗传标记，并估计这些标记之间的重组率。

在使用高密度遗传标记之前，寻找孟德尔疾病致病基因是十分困难的，如同定位**数量性状位点**（**QLT**）的工作一样困难（第 14 章）。对系谱的遗传数据进行连锁分析只能将致病基因定位在 1 厘摩（centimorgan，cM）之内（这是因为 1cM 距离的基因组在一个家系的几代人之内，通过减数分裂发生重组是不太可能的。因而，更高密度的遗传基因也无法提供更多的信息）。在人类基因组中，1cM 遗传距离约相当于一百万个碱基对的长度。即便以今天的观点看来，对这样大段的 DNA 片段进行测序以找到一个致病的突变也需要巨大的工作量。而且在这样长的序列中通常存在大约 10 个基因。在早先，研究者们在这段复杂的序列上做了大量而繁重的工作以发现那些显而易见的致病原因，如一个突变在编码氨基酸的序列中产生出新的终止密码子。不过，即便没有发现这样一个明显的致病原因，更多的家系分析或者利用关联方法（我们接下来将要讨论这一方法）对致病基因进行精细定位的工作也是必要的。

推动人类基因组计划（HGP）是进行人类基因组序列测序的主要动机之一，当致病基因被定位于基因组的某个区域上后，这些序列有助于将致病基因最终鉴定出来。人类基因组计划已经鉴定出许多已知的和预测的功能基因。因此，一旦致病基因已经定位到 1Mb 长度的 DNA 中之后，检查这段序列中存在哪些基因，并对患者的这些基因外显子进行测序常常可以发现致病突变。尽管研究生们曾经需要花上几年的时间去寻找致病基因，他们的学术生命还时常依赖于碰运气找到一个致病基因，但现在类似的工作简化为发现一个新的家族遗传病，证明它是由单基因引起的，并用大约一个月的时间找到它。感谢人类基因组计划带来的新技术，这些技术曾经是高端技术，不过大部分现已成为实验室常用的技术。这一变化带来的一个结果是，已经有大约 1200 个孟德尔疾病致病基因鉴定出来（图 26.3）。

遗传标记同表型之间的相关性能告诉我们复杂性状的遗传基础

人类遗传学家们在鉴定一系列致病基因上的成功是令人印象深刻的，人类基因组计划的实施立即为人类遗传学家们的研究带来了显而易见的好处。不幸的是，这些进展对提高整个人群的健康帮助不大，原因很简单，标准孟德尔式遗传疾病是很罕见的，并且只在少数人中发现。与此相对应，大部分人患的是那些遗传规律复杂的常见疾病，如哮喘、糖尿病、肥胖症、心血管疾病和精神疾病等。这些疾病的易感性具有很强的遗传性，但却不表现出典型的孟德尔遗传模式。多个基因共同决定这些疾病，而且这些疾病同环境之间还存在复杂的并未被充分理解的相互作用。对人类遗传学家而言，开发新方法以确定复杂性状的遗传特性是一个极大的挑战。

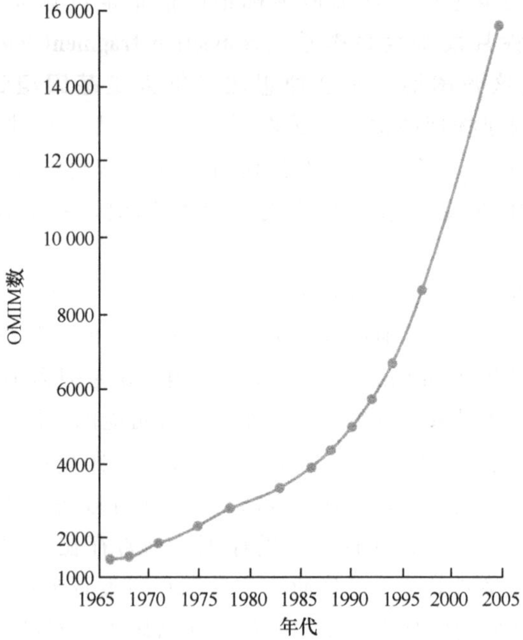

图 26.3 从 1965 年以来发现的全部孟德尔基因可以在**人类在线孟德尔式遗传数据库**（Online Mendelian Inheritance in Man，OMIM）中检索到。截止到 2007 年 1 月，已经鉴定了 17 238 个基因，其中孟德尔式疾病的致病基因约有 1200 个。

在上一节中，我们介绍了如何利用家系中遗传标记与疾病关联分析简单地定位孟德尔疾病的致病基因。在第 14 章中，我们还介绍了如何利用这种方法定位决定复杂性状的 QTL：通过家系间杂交与家系内自交实验寻找遗传标记与性状之间相关性。但是，有几个因素使这种方法在任何人类自然群体中的应用变得十分困难：只能在小规模家系而非产生大量后代的可控交配系统中进行观察；不同家系中等位基因分离的差异；无法控制的环境因素等。由于这些因素使仅仅观察家系几乎不可能定位一个拥有复杂遗传基础的疾病 QTL。此外，家系中只会发生相当少的重组事件，因而使用该方法原则上不可能将基因定位在 1cM 遗传距离之内。

一般认为相关性分析是用于研究常见疾病遗传基础的最有效方法，因为这类方法对探测并定位微效等位基因有很高的统计功效（图 26.4）。在这种方法中，我们是在整个群体中而不是在家系具有亲缘关系的家系内个体之间寻找相关性。一般来说，经常被使用的**病例对照（case-control）**实验设计如下：将病例样本的基因型与尽可能地从同一群体中挑选的对照样本基因型相比较；也就是说，从同一民族和同一社会阶层等各方面相同的群体中挑选对照样本。

相关性分析一般有两种研究方法：直接方法或间接方法。直接方法先假设我们观察到的遗传变异的确是致病原因，因而将注意力放在这些遗传变异上。这些变异包括导致氨基酸替换的外显子变异、造成 mRNA 可变剪接的内含子-外显子边界上序列变化和影响基因表达的调控序列变化等。然而，这种方法存在一些很严重的问题。首先，这类变异的数量十分惊人，而且现有 QTL 研究手段对确定基因上何种变异造成疾病并不十分在行。就我们已提到过的果蝇中 ADH 多态性为例，几个紧密连锁的变异可能互相作用共同影响这一性状（图 14.27）。其次，相当多的非编码基因组序列，至少同编码基因组序列相比是相当多的，是受到进化上的约束的。这意味着许多影响疾病易感性的遗传变异可能是发生在非编码区，而仅靠我们已有的非常有限的基因调控机制的知识是不能找到这些区域的。由于以上原因，现在已被找到的影响数量性状的序列变异是很少的，这些序列大都不改变蛋白质序列，同时也往往不是预测时估计的那些基因。

相关性分析的直接方法得益于孟德尔疾病研究经验，即主要的致病突变是那些改变蛋白质序列的变异（表 26.1）。然而，孟德尔疾病的研究方法可能并不适用于常见的复杂疾病。孟德尔突变的表型非常显著，对生物极其有害，常导致早期的死亡。此外，影响常见疾病的等位基因仅仅只轻微地改变患病概率，甚至只改变特定环境下的患病概率。常见疾病的遗传机制在许多方面同孟德尔式疾病有极大的差异。我们将在稍后详细讨论这一问题。

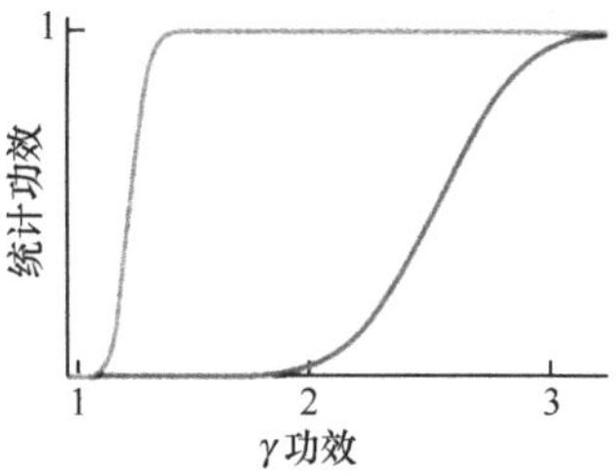

图 26.4 对整个群体进行的有关疾病与标记的相关性研究比只对家系内个体所做的相关性研究能更加准确地检测到连锁关系。曲线图表示：调查 1000 个家系中的患病同胞后，发现通过因子 γ 提高致病危险的等位基因的可能性（这种可能性可称之为统计功效）。红色曲线表示基于检测同胞之间是否共享一个致病基因的可能性结果。这一检测仅仅包含家系内的相关性，它的统计功效相对较弱：只有能提高致病危险性 2.5 倍以上的等位基因才能被发现。蓝色曲线表示基于**传递不平衡检验（transmission disequilibrium test，TDT）**的可能性结果，TDT 寻找那些倾向于传递给患病后代的等位基因。这种方法需要整个群体中存在相容性关联（即连锁不平衡），并且原则上可以找到提高致病危险性 25%的等位基因。

表 26.1 可能致病的突变类型的相对频率

类型	数量	百分比/%
缺失	6085	21.8
插入/复制	1011	6.8
复杂重排	512	1.8
拷贝数变异	38	0.1
错义/无义突变	16 441	58.9
剪接	2727	9.8
调控子	213	0.8
总计	27 027	100

注：数据来源于人类基因突变数据库 http://www.hgmd.cf.ac.uk。

连锁不平衡是相关性研究的基础

相关性研究的间接方法不依赖假设多态性会直接导致疾病。相反，这一方法基于这一事实：紧密连锁的多态性之间的相关性是统计显著的；换句话说，它们是**连锁不平衡**

(**linkage disequilibrium**) 的。我们在第 15 章中提到紧密连锁位点倾向拥有一个共同祖先，同时也倾向拥有相同模式的多态性（图 26.5）。一般说来，紧密连锁位点之间只有很少的**单倍型**（**haplotype**）会发生分离，与非连锁不平衡位点之间发生大量重组的情形不同。

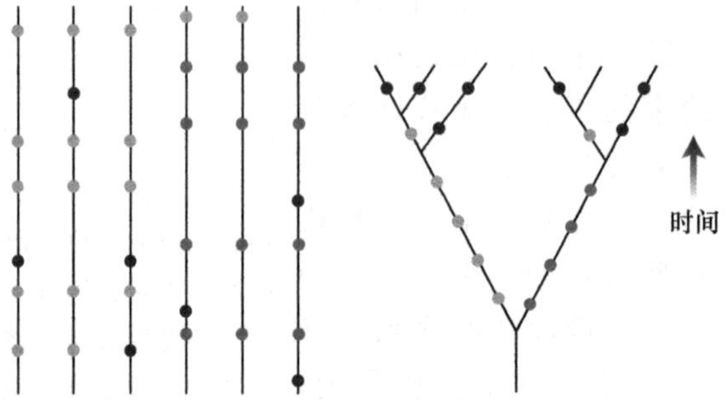

图 26.5 任意一段短的基因组序列都拥有共祖谱系（右图）。顶端表示 6 条抽样获得的序列。世系中发生的任何突变都将传递给它们（彩点）。每一个突变都被假设发生在基因组上一个独特的位置（即无限位点模型 the infinite-sites model）。这些序列分成两个独特的单倍型，同两个主要谱系分支相对应。单倍型能够通过检测图上红色或淡蓝色的突变而确定，这些突变因此被称为标记单核苷酸多态性（tSNP）。

对相关性研究而言，邻近多态性位点之间表现很强的连锁不平衡会有两个结果。首先，它使直接方法研究相关性变得不可行。我们在这种情况中通常会看到有好几个遗传标记与疾病之间存在强相关性。而我们在第 14 章中提过，仅凭统计学证据原则上不能告诉我们到底是哪种原因导致疾病——至少需要几种实验上的证据。其次，在连锁条件下，任意基因组区域内单倍型很少发生分离，我们不需要检测单倍型中包含的每个遗传标记。通过选择一组合适的遗传标记，我们称为**标记单核苷酸多态性**（**tagging-nucleotide polymorphism，tSNP**），就可以更有效地确定单倍型（图 26.5，回忆图 15.15）。这种想法是**人类基因组单倍型计划**（**HapMap Project**）的主要推动力，这一计划试图通过描述人类全基因组的连锁不平衡模式使确定 tSNP 更加容易。

在 HapMap 数据中挑选一组反映整个人类基因组遗传变异的标记多态性位点的方法已获得肯定。通过对来自北欧人群的样本进行检测表明只需 300 000 单核苷酸多态位点（SNP）就可以很好地反映基因组中主要的多态性。例如，超过 80%的多态性可以由其中至少一个标签 SNP 反映，相关系数至少在 0.8 以上。这意味着标签 SNP 可以代表人类基因组中 1000 万 SNP 中的 800 万个 SNP，这一结论的统计检验功效仍然很强（在这里，SNP 是指少见等位基因频率大于 1%的多态性位点）。然而，在西非人群中，同样的研究得到非常不理想的结果。这是因为已知非洲人群中的连锁不平衡要比其他人群弱得多。因此，在非洲人群中进行定位研究具有较低统计功效这一特性要求在更多的多态性位点存在下进行可靠的研究。

用间接方法进行相关性研究的效率取决于在遗传图谱上连锁不平衡能扩展多远。在最近几年，研究者对这一问题进行了详尽的研究。我们在第 15 章中曾提过，连锁不平衡扩展得比期望值高，如果这个期望是来自**标准中性理论模型（standard neutral model）**，即假定群体没有混合其他群体、群体大小稳定同时重组率不变时（图 15.20）。这些长连锁不平衡表明，大段的基因组序列来源于同一祖先序列，因此好几千碱基对长的大段序列拥有相同的系谱。这一差异（连锁不平衡扩展得比期望值高）是因为群体分化、群体瓶颈效应或反复出现的选择性清洗造成的。然而，我们确定塑造连锁不平衡模式的一个关键因素就是重组热点的存在：联会集中发生在一些位点上，在这些热点之间有很长的区域连锁不平衡不会被打断。

长连锁不平衡既能帮助我们进行相关性研究，又能使相关性研究变得更困难。一方面，就像我们介绍的一样，长连锁不平衡使通过更少的标记描述个体间的变异成为可能；另一方面，长连锁不平衡让定位一个相关等位基因的精度不可能高于非重组单倍型区域的平均长度。在这些区域内，通常会有好几个候选位点，而这些位点是无法区分和识别的。在这一章的稍后部分，我们将要看到这些局限对相关性研究的潜在用处有多大影响。

在基因组中寻找数量性状的相关性是困难的

相关性研究可以很容易的检测类似“某个确定的多态位点影响某个确定的疾病”一类的假说。如果仅仅只是几种假设需要检测，这种方法十分简单。但据估计，人类基因组中有 1000 万个多态位点。同时，假定这个星球上生活着 60 亿人，而核苷酸突变率大约是每代每位点 5×10^{-9}，因此除了致死的变异以外，每个个体的基因组上都有许多位点是多态的。我们怎样才能从如此众多的多态性位点中找到那些确实会导致疾病的位点呢?

从原则上来说，发现影响数量性状的位点的方法是很简单的，即通过寻找随机散在分布于基因组中的标记与位点的相关性。这种利用疾病与标记在整个群体中存在的相关性的想法是诱人的，因为我们以前讨论过，对这类性状而言家系研究不能精确定位那些决定复杂性状的基因。但这里存在难克服的，或者可以说是不可逾越的障碍。

第一个难题是当统计检验用于大量的标记相关性检验时，许多明显“显著的”结果是随机出现的。即使是在无相关性的零假设（null hypothesis）条件下，理论上每 20 个检验就可能出现一个 p 值小于 5%的水平上的显著结果。这意味当进行大量检验时，其中任意一个检验的显著性阈值都必须更加严格；因此，我们不太可能发现处于统计“噪声”中的一个真实的相关性。一个试图重复检验**候选基因（candidate gene）**同阿尔茨海默病相关性的研究很好地说明了这一点。通过研究一个从苏格兰群体中获得的样本，121 位阿尔茨海默氏病患者以及作为对照的 151 位正常个体，54 个基因被标记出来，并被认为很有可能影响疾病。这些基因中有 13 个基因已被报道过，并在单独的研究中发现同阿尔茨海默病有显著相关性。总的说来，2.8%的检验在 p 值小于 5%的水平上是显著的（略微小于随机出现的可能），而在同一群体中获得的新样本中进行重复研究发现，除了一个以外所有之前显著的检验都变得不显著了（图 26.6）。这一研究中更加让人困惑的是对 $ApoE*4$ 基因的研究，在许多家系和全群体研究中表明这一基因同阿尔茨海默病的高危性有强的相关性。该等位基因在研究中也的确表现出同疾病的强相关性，但当对多重检验做校正后，这一相关性变得几乎不显著了。关键是当研究从 54 个候选基因扩展到基因组中散在的数以千计的标记时，这一统计上的问题将变得更加严重。

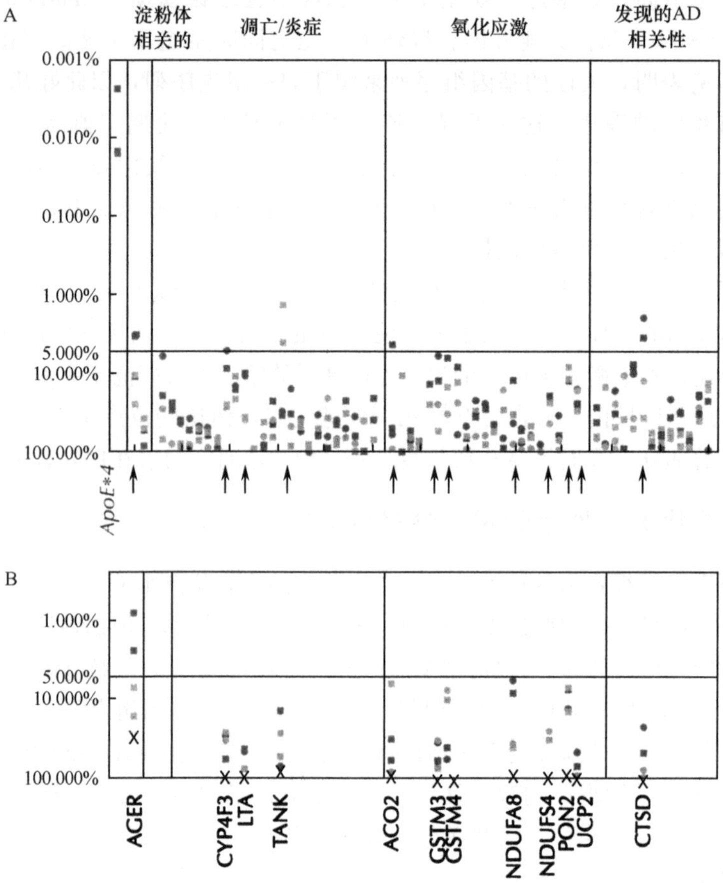

图 26.6　寻找遗传标记同阿尔茨海默病（AD）之间相关性的研究表明联合多重统计检验的困难。(A) 依次考虑相关性的统计显著性。已研究的 54 个基因被分成不同的功能层；右区表示先前研究中显著性相关的 13 个基因。A 表示初步研究而 B 表示利用不同的样本和一部分标记（箭头表示）进行的重复研究。在初步研究中表现出显著性的基因中，只有一个基因（AGER）在重复研究中仍是显著的。B 中的 x 表明多重检验中适当校正后的 P 值：无一显著。

相关性研究中的限制因素不仅包括遗传标记的数量，也包括样本中个体的数量。因而，即便知道每个个体的所有 DNA 序列也很难解决我们的难题。在一个遗传同质群体中，弱的相关可以通过一个足够大的样本来检测到。然而，真实群体中的杂合性使这种方法不可行。一方面，引起复杂疾病的真实遗传变异在群体之间是不同的，同时也受环境影响。从家系研究中可知，某些性状遗传特性了解得很清楚的家系可以用来鉴定性状基因。然而，这些基因和涉及的等位基因座在家系之间是不同的，对整个群体而言每一个特殊的等位基因对变异的贡献可能是微不足道的。另一方面，如果群体是由不同遗传背景的源群体混合而成的（第 16 章），相关性研究也可能得到假的结果。例如，在美国人群中，镰状贫血等位基因相关的标记同时也是非洲裔美国人群中常见的标记。

系统地寻找基因突变的方法直到最近才出现，大部分人认为常见疾病的遗传研究仍处于相当早期的阶段。这一领域仍然存在相当严重的问题，如方法学上的不足、严重的发表数据的偏差（即偏向阳性结果而不是阴性结果）。看上去不错的相关性结果往往不能重复，就如同我们在刚才讨论的阿尔茨海默病研究中看到的一样。这些问题是可以预期的，既是由于在大规模研究中也无法避免的统计误差，也是因为研究群体之间存在真实的异质性。即便如此，多重研究的一项分析表明可重复的相关性结果的显著性明显高于仅仅由随机性带来的结果，同时大约一半的研究得到的相关性真实地揭示了那些同升高特殊常见疾病风险相关的标记（表 26.2）。同样地，我们还需要强调有大约 70 种变

表 26.2　相关性研究的重复性

相关基因、表型	研究的数目（总计）	原始文献中相同趋势的研究数目（$P<0.05$）	原始文献中相反趋势的研究数目（$P<0.05$）
ABCC8，2 型糖尿病[a]	9	1	1
***ABCC8*，2 型糖尿病[a]**	**4**	**2**	**0**
***ADD1*，高血压**	**18**	**5**	**2**
APOE，精神分裂症	12	0	1
BLMH，阿尔茨海默病	5	0	0
***COL1A1*，骨质疏松性骨折**	**12**	**5**	**0**
COMT，双相情感障碍	12	0	0
COMT，精神分裂症	9	0	1
***CTLA4*，1 型糖尿病**	**20**	**8**	**0**
***DRD2*，精神分裂症**	**8**	**2**	**1**
***DRD3*，精神分裂症**	**48**	**5**	**2**
GSTM1，乳腺癌	15	0	0
***GSTM1*，头颈部肿瘤**	**25**	**3**	**1**
GYS1，2 型糖尿病	3	0	1
***HTR2A*，精神分裂症**	**48**	**3**	**1**
INSR，2 型糖尿病	4	1	0
INSR，2 型糖尿病	4	0	0
KCNJ11，2 型糖尿病	6	0	0
NTF3，精神分裂症	7	0	0
***PON1*，冠心病**	**14**	**5**	**0**
***PPARG*，2 型糖尿病**	**14**	**4**	**1**
SERPINE1，心肌梗死	13	1	0
***SLCA1*，2 型糖尿病**	**3**	**2**	**0**
SLCA1，2 型糖尿病	3	0	0
TPH，双相情感障碍	5	0	0
总计	**301**	**47**	**12**

来自 Lohmueller K. E. et al. 2003. Nat. Genet. 33:177～182 表 1(© Macmillan Publishers)。

a 第一排和第二排中关于 ABCC8 的条目分别表示内含子和外显子中的变异。

在总计基于 301 个重复研究的一项对 25 个遗传标记与复杂疾病之间相关性的调查。其中，59 项研究在 5%水平上是显著的，远高于如果初步研究是“假阳性”结果的预期值（$301\times0.05\sim15$）。但同总数比仍然是少数。不仅如此，许多重复研究中显著结果是相反的。显著性的重复结果集中在 11 种相关性中（黑体字表示），这意味着这些相关性中大约一半是真实存在的。

异影响一种或多种处方药的反应。假如我们考虑到在全基因组水平上的变化同疾病风险的相关上所做的工作是多么少，那么很自然地随着大规模研究的开展，有越来越多的变异将被鉴定出来。在这一章的稍后，我们将讨论这些变异实际上是多么有用。

常见疾病是由常见变异导致的吗?

如果不了解变异的性质是很难设计出最优策略来发现致病变异的。一个关键问题是这些变异在人类群体中是罕见的还是常见的。我们可以设想两类不同的场景。一个极端是对常见疾病起主要作用的那些突变与导致罕见孟德尔式疾病的突变类似，它们可能由于有害而在选择中被很快的去掉。因而每个突变都可能保持低频并只特定地存在于那些引发突变的局部群体中。另一种情况是，引发常见疾病的基因变异在群体中频率比罕见孟德尔式疾病的致病基因要高得多。这些变异可能是有效中性；它们也可能正处在从群体中清洗出来或清洗进去的过程中；也可能某些**平衡选择**（**balancing selection**）使它们保留在群体中。

当然，哪些变异导致了遗传性的复杂性状以及选择是如何对它们起作用的一类问题是进化生物学中普遍性的问题。如同我们在第 19 章中看到的，对于是什么在维持那些我们所知的大多数群体中的大部分性状的普遍可遗传变异，我们总体上知道的很少。特别是关于变异的经典观点与平衡观点之间的分歧可一直追溯到群体遗传学的早期并且仍未得到解决。但是，我们手边有几个非常明显的例子说明对疾病反应导致的平衡选择[如镰状细胞贫血（见注解框 14.1）与**主要组织相容性复合物**（**major histocompatibility complex，MHC**）]，同时许多自然选择起源于病原体同宿主之间持续的共进化。

一个存在争议的地方是增加疾病易感性的变异同数量变异大体上是不同的，因为它导致适合度降低。在单个显性等位基因决定一个早期发作的严重疾病情况下，这种说法明显是正确的。但是，我们一点也不清楚大部分决定疾病的等位基因是否降低适合度或在过去的世代中降低适合度。即便一个基因被证明明显提高了患病的风险，也就是说，提高了 5%的风险，它也可能只温和地降低适合度，并且很容易被其他未知的作用抵消。在繁殖年龄以后发作的效应将完全不会受到直接选择。例如，亨廷顿舞蹈病是由一个导致中年早衰的显性突变引起的。但突变可以存在许多世代并产生出大量的患者，这说明这个突变没有对繁殖适合度产生大的影响。当疾病由隐性基因决定时，纯合个体中的不利影响可以被杂合个体所产生的优势抵消，因而隐性致病基因的频率一般是非常高的[根据 Hardy-weinberg 公式，$2p(1-p) \gg p^2$，p 表示少数等位基因的频率]。一个明显的例子是 Hb^s 血红蛋白基因，这一基因纯合个体的镰状细胞贫血致死效应和杂合个体的抗疟疾作用处于平衡中（图 14.29）。

现代人类生活的环境与他们最近祖先生活的环境有显著不同；因此，常见疾病可能是由于基因同环境之间的不协调而产生的。基因可能曾经是适合得很好的，而现在则处于被更适合的基因取代过程之中，不过在群体中仍保持高频。一个经常被用来支持“常见疾病-常见变异”假说的例子是 *ApoE*4* 基因，它似乎是由这类不协调机制产生的。*ApoE*4* 基因与冠心病和阿尔茨海默病相关，它在不同人群中的频率为 10%～40%。引人注目的是，它在那些经历过很长高级农业阶段的人群中是很罕见的。我们可以认为

ApoE * 4* 基因可能在我们祖先所生活的那种营养匮乏环境下是有优势的，但在现在这种发达的营养丰富环境下却是有害的。不过，我们了解的常见疾病致病基因太少；因而目前很难说哪种情况更重要一些。

另一个存在争议的地方是一个使基因功能失活的变异很可能很有害的，毕竟，从长远来看任何功能基因都通过正选择维持。然而，尽管大部分导致罕见孟德尔疾病的突变都是使基因功能失活的（表 26.1），引发常见疾病的突变作用很可能很微妙，类似影响数量性状的基因作用（图 14.29）。同时在环境改变的情况下，功能失活可能带来实际上的优势：回忆一下 *CCRΔ5* 缺失，通过除去病毒进入免疫系统细胞利用的受体分子来保护机体免受人类免疫缺陷病毒（human immunodeficiency virus，HIV）病毒的感染。这一缺失在欧洲人群中是常见的，因为缺失曾经以类似机制保护机体免受历史上著名疾病的侵害。

除了这些可遗传的好处，变异的特性使人类疾病透露出一些有用的暗示。如果涉及很少的常见变异（图 26.7A）而不是大量个别罕见的杂合突变（图 26.7B），基于群体的基因定位将会十分容易。尽管我们对常见疾病的遗传对照所知甚少，但对单个位点引起的简单疾病的遗传对照了解很多。大部分孟德尔疾病的等位基因座上有多个等位基因频率谱；同一座位上有许多不同的致病突变。举一个典型的例子，在 *SCN1A* 基因上许多不同的突变被证明导致了孟德尔型的癫痫症：一项对 93 个患严重癫痫症的婴儿所做的研究发现 33 个个体有改变蛋白质序列的突变，这些突变几乎全是不同的。这种异质性是可以预期到的。任何对基因有影响的随机突变几乎都会使基因现存功能失活，而这些功能是由选择塑造的。

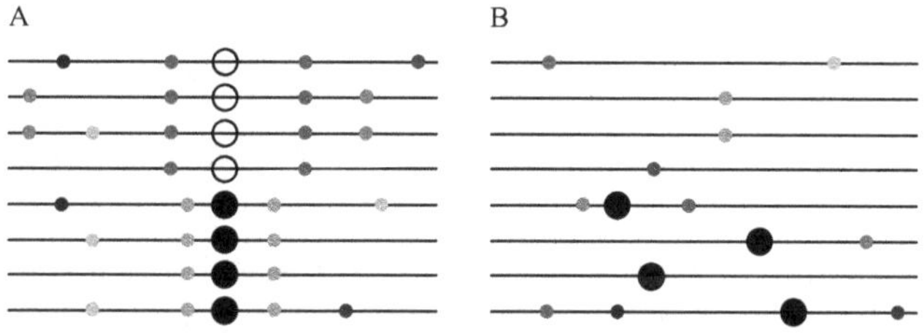

图 26.7　（A）常见疾病可能受由平衡选择维持的常见变异影响。在本例中，很可能涉及的起作用的突变是很少的。图上表示的是由平衡选择维持的两个影响疾病风险的对应等位基因（实心圆和空心圆）。同致病突变（红点和蓝点）紧密连锁的位点上也存在一些中性突变（其他彩点），二者之间有强连锁不平衡存在。然而，因为长期存在的平衡多态性，这种方式只影响很小一段基因组区域（r～μ）。（B）相比之下，每一个基因上有许多不同有害突变可能影响常见疾病（实心圆）：干扰基因功能的方式有很多，所以我们能期望这种情况是普遍的。

引发简单孟德尔式遗传疾病突变的复杂多样不能排除常见变异引发常见疾病的可能性。如果医学意义上的性状变异主要是平衡选择的不良反应而非有害突变的不良反应，那么在每个基因座上只可能发现很少的变异。这些变异必须拥有特殊性质才能允许它们在群体中共存；因而，尽管每类等位基因随时间延长积累了可观的中性变异，它仍可能有同质的生物学性质，尤其是同一等位座位上所有基因成员可能都对疾病风险产生类似的影响（图 26.7A）[注意这不是绝对的，一些平衡选择可以在同一个基因座上维持大量不同的等位基因，如在 MHC 基因座上或是植物**自交不亲和**（**self-incompatibility**）基因座上]。

另一种可能的情况是即便常见疾病主要由有害等位基因引起，这些等位基因也比导致罕见孟德尔式疾病的等位基因要常见。一个导致严重疾病的等位基因将很快地被强选择除去而且在它丢失前频率将降得很低（约 $1/s$，s 表示负的选择系数）。相比之下，一个等位基因的致死效应如果很小，它受到的选择会很弱，所以它能以较高频率在群体中存在很长一段时间。不仅如此，人类群体的最近扩张一直在强化这些差异。弱的有害等位基因（$s<1\%$）一般可以回溯好几百代（它们的平均年龄是约 $1/s$ 次世代）直到群体规模很小的时候。因此，这些有害等位基因的数量会同人群整体增长而增长。最终结果就是弱的有害等位基因会更多地以纯合状态存在，反映出它们在较小群体中起源时的状态；而强有害等位基因是较年轻的并更多地以杂合的形式存在于群体中（图 26.8）。

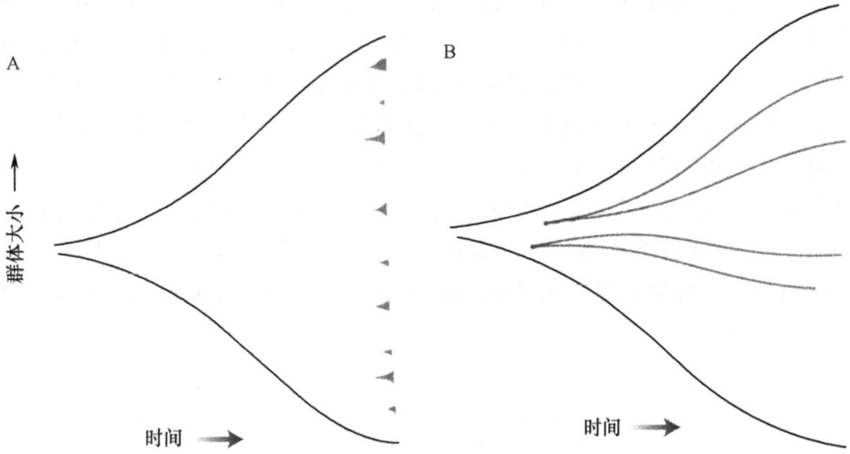

图 26.8　群体扩增影响等位基因的杂合性。(A) 在现代大群体中的强有害等位基因（蓝色）一定是最近起源的。因而可能是由许多不同突变导致的。(B) 弱有害等位基因（红色）倾向年代古老并能回溯到一个较小的古代群体中。许多突变可能由于随机漂变而丢失，但幸存的突变会随群体扩增而增长。这里表示有贡献的是两个基因。

有了遗传信息我们能做些什么？

在本章的开头，我们说明了定位疾病基因的两个理由：发现致病原因可以帮助我们进行治疗与遗传标记的相关性帮助我们评估疾病的风险。在这一节中，我们将重新评价这些理由并更广泛地讨论这类遗传信息实际上用处到底有多大。

第一个理由是直接易懂的。基因组计划提供了一个用来鉴定人类或其他生物一整套基因的框架。这种了解对回答生物学的基本问题有极大的价值，也能带来医学上极大的进步。了解孟德尔式遗传的罕见疾病致病原因也能告诉我们很多关于常见疾病致病原因的知识，就像基因敲除研究对我们研究机体的正常功能有极大的帮助一样。最新的进展不仅使特定遗传治疗成为可能（最简单的就是替换缺陷基因的基因疗法），同时也使鉴定不同病原体和不同类型癌症的灵敏诊断工具变为现实，从而可以提出更适合的治疗方法。我们可能会担心这些新医疗手段的费用，担心它们是否实用，有限的资源是否应该花费在这些复杂技术上。不过，这些是一般性的考虑，并不包括进化上或群体遗传上的特殊考虑。

当我们转向第二个理由时，就是我们怎样将遗传标记应用到医疗上或更广的领域中，这里存在的问题是相当复杂和有争议的。理解进化上的群体遗传变异理由并不能解决这些问题，但对一个启发性的讨论是十分必要的。这里我们将简要地指出不同领域中详细遗传信息的涌现所带来的困难。

医学上的意义

对于资助大规模人类群体遗传调查和发展个体快速基因分型技术的理由之一就是**个体化医学（personalized medicine）**，也就是提供适合个体的最优治疗方案。举例来说，个体之间对药物的代谢有很大差异，这会影响到药物的疗效和药物毒性反应。先确定负责药物代谢基因的基因型有助于提高治疗的安全性和成功率（这一方法类似于为了找到对个体癌症最优的治疗方案而对肿瘤进行特征描述。不同之处在于这种方法是描述个体而不是肿瘤的特征）。

也许对一般群体进行基因分型带来的最直接好处是可以在筛查类似癌症这样的疾病时集中到那些风险最高的疾病上。举例来说，目前 *BRCA1* 等位基因可对有家族乳腺癌病史的妇女进行分型。这一等位基因的存在与显著提高的乳腺癌发病风险相关。然而，我们远谈不上了解对评估健康人群的患病风险的其他好处是什么。举例来说，假设我们可以准确预测一个个体患心脏病或糖尿病的风险。大部分生活方式上的变化（如更多的运动和改进的饮食）可以降低这类疾病的风险，每个人都可能从这种变化上受益。预测的高致病风险可能导致人们倾向一种更健康的生活，但如果预测的低致病风险是不是会导致相反的情况？不能提供特定治疗的遗传信息是否有价值，对家族病史中有晚期发作疾病的人群来说这是一个十分直接的问题。亨廷顿氏舞蹈症患者的孩子和同胞兄弟姐妹会有 50%的概率携带这一疾病的显性致病基因；如果他们确实携带了，那么他们不可避免地在中年时会出现早衰。因为这是不可治愈的，大多数高危人群选择不去检测疾病。

产前筛查

目前，遗传信息最广泛的用途是在产前筛查中。从母亲的血样中可以检测到一些缺陷。例如，一条 21 号染色体额外拷贝导致后代个体患 Down 氏综合征，或是 21 三体综合征。这类胎儿会导致母亲血液中出现低水平的甲胎蛋白和游离雌三醇以及高水平的人绒毛膜促性腺激素。然而，根据这些现象的检测是不准确的。只有通过**羊膜穿刺术（amniocentesis）**，一种获取胎盘组织样本的方法，才能检测到胚胎的基因型。对于那些已准备好考虑进行流产的母亲而言，在确有严重疾病的高风险情况下，获取遗传信息将是有用的（例如，较年长的母亲生育 21 三体患儿的风险较高，因此需要进行羊膜穿刺术）。当存在异常高的风险时（如同胞已患有纯合隐性等位基因导致的疾病或双亲都已知是这类基因的杂合个体时），可以考虑进行体外受精。利用体外受精的常规技术产生多个胚胎，从中选择一个健康基因型的胚胎进行移植。然而，对大众群体而言羊膜穿刺术的风险太高了，因此对胚胎的常规遗传筛选是没有得到认可的。如果对母亲血液中循环的少量胎儿细胞进行基因分型成为可能的话，这一情况可能会发生改变。

随着更多地了解人类变异的遗传原因，从一个胚胎的基因型中可以发现更详细的信息。父母亲在原则上可以被告知后代患大量早期和晚期疾病风险的估计值，而不是像目前这样只能知道少数几种严重遗传疾病的风险，每个个体不可避免地会带些高危的严重疾病。父母亲处理如此大量的统计信息和判断多少信息是有价值的时候将会感到非常吃力。

当我们考虑到认识变异大体情况的可能性时，这一问题会变得更加模糊难解。现在已经能够鉴定诸如眼睛和头发颜色这类离散性状。虽然不太可能但并非难以想象从诸如体重和智商这样的数量性状中能获得有用的遗传信息，因为许多基因与环境共同影响这些性状。但是这里仍然存在一个基本问题，在体外受精操作中，父母亲能否根据这类特征来选择后代。在体外受精操作中进行这类挑选在许多国家是禁止的。但是在现实中，已经有通过选择性流产女婴以挑选性别合适的后代的做法（图 26.9）。

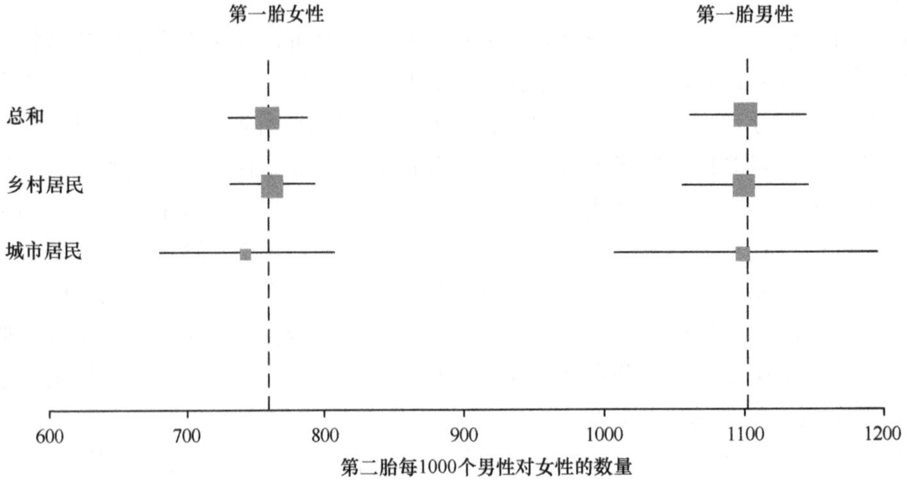

图 26.9 在印度和中国，当第一次生育的是女婴时，性别比是向男婴倾斜的。一项对 110 万个印度家庭进行的调查表明当第一胎是女婴时，第二胎的女婴比例显著降低。

保险业

一个人可以购买人寿保险以使他的家庭在他死亡或丧失能力时获得经济帮助。在那些医疗保健由私人负担的国家里，保险还必须包括治疗时无法预计的支出。基本原则，即任何被保险人可以获得的信息也必须提供给保险公司，那些已知将患严重疾病的人购买保险的费用将与其他人的不同。然而，尽管保险公司要求进行医学检查，在目前他们还没有要求做任何遗传上的检查。而且，保险公司也没有要求根据那些同死亡有强相关性的因素，如体重和社会地位，来支付不同的保险费。这同其他种类的保险是不同的：汽车保险需要支付的费用就是根据汽车质量、驾驶者的年龄以及其他因素而变化的。

我们很关心当遗传信息可以用来准确估计未来的健康状况以及预期寿命时，保险公司将会要求知道他们顾客的基因型。一些人可能会从降低的保险费中获益，但另一些人将不会得到任何保险。然而，我们不知道保险公司会在多大程度上根据估计的疾病风险来调节保险费，尽管我们知道直到现在他们一直不愿这么做。

个体识别

现在我们有非同寻常的能力可以根据微量的 DNA 鉴定出某个个体。在英国国立 DNA 数据库分类存放着警察搜集的犯罪嫌疑人和证人的样本，现已拥有大约 340 万人的资料，包括 50 多万儿童。即便不在这一数据库中的个体也可以鉴定出来，因为可以通过鉴定在多位点上拥有相同基因和已知基因型的近亲个体来发现嫌疑人。现在利用遗传标记鉴定民族、眼睛颜色和其他这类特征已成为可能。这类进步改变了警务工作，也减少了许多冤假错案。另一好处是鉴定自然灾害和人为灾害中遇难者的身份。不过仍有人关心这一强大的手段是否影响了个人隐私并给予政府太多的权力。

在所有这类应用中，有一个普遍存在的担忧是基于遗传信息所做的估计实际上有多准。在大众媒体里，我们常常读到"决定"这一或那一性状的基因被发现了。这常常意味着在一项对几百个个体进行的调查中，发现一些遗传变异和性状之间存在统计上显著的相关性。就像我们之前讨论的，我们预期在不同群体和不同环境中的结果会有很大不同，而且这类相关性研究结果常常不能重复（图 26.6；表 26.2）。把最近研究遗传标记的狂热同我们在流行病学中的长期经验对比一下是有好处的。尽管研究者们做了大量的调查，付出巨大的努力，在饮食因素同疾病之间公认被接受的相关性仍是非常少的。在异质性的群体和环境下，想要发现一个疾病与任意因素（不管是遗传上的还是其他的）可靠的相关性是极其困难的。不仅如此，任何这类相关性都可能与环境和其他遗传因素互相作用而发生改变。

另一个稍微不同的关注点是即便在一个等位基因与特定疾病中存在真实的相关性，这个等位基因同时也可能与另一些疾病相关。我们已知的一个例子是等位基因 *AopE * 4*，它同时影响着阿尔茨海默病和冠心病。如果我们只关心一种疾病，如决定是否筛查癌症时，这种**多效效应（pleiotropic effect）**没有多大影响。但我们不能完全确定只通过考虑特定基因对特定疾病的易感性就能估计出有关健康和预期寿命的全部风险。这里特别需要注意的是如果平衡选择是普遍的，那么选择压力的平衡将维持常见变异，每一种选择通过不同的生物学途径起作用。举例来说，纯合的等位基因 Hbs 导致严重的贫血，但在杂合状态下个体对疟疾有一定的抗性；尽管已知主要组织相容性位点上的等位基因与特定罕见疾病相关，但在许多我们完全不了解的条件下，它们仍能影响易感性。在常规流行病学研究中已经明显表现出的统计学困难和基因潜在的复杂效应使我们在利用遗传信息时必须极其小心。

理解人类的本性

在前面的章节中，我们已经介绍了我们这一物种在它与最近的亲缘物种分歧后的进化历史。到目前为止，我们在本章中一直在讨论人类群体遗传学，关注的是如何发现影响疾病的基因这类特定的问题。现在我们转向更普遍的问题。我们先总结人类遗传变异的一般模式，然后考虑那些由选择塑造的特征及其在医学上的应用。最后，我们将谈到试图通过生物学来理解我们自身将会有哪些局限。

人群的变异不能划分为明确的种族

试图通过有差异的特征将人类分成不同种族的做法已经有很长的历史了。就有关人类群体遗传差异的本性来说，现代遗传知识能告诉我们什么呢？

在人类群体中等位基因频率是显著不同的。概述这一现象最好的工具是 F_{st} 的统计值，即测量亚群体之间的遗传多样性相对于总群体遗传多样性的值[$F_{st}=\mathrm{var}(p)/p(1-p)$]。在自然界中，动物的 F_{st} 值一般是 0.15（图 16.10）。大致说来，80%的多样性存在于群体中，20%的多样性存在于群体间；一般来说，群体之间的等位基因频率差别是不大的。形态上的多态性（如头骨的形状）遵循类似的模式，因而 Q_{st} 的统计值与 F_{st} 值是一致的。

我们同样要考虑到祖先基因的问题。在地方群体中，一对世系可能合并到共同祖先上，但更可能回溯几千代直到现代人走出非洲之前的那些古老群体［回忆一下两个随机选定的序列差异概率 π 大约在 0.001。假定突变率 μ 约是每年每位点 5×10^{-9}，可以推测共祖的时间大约是 $2N_e=(\pi/2\mu)=10^5$ 年］。如果我们只考虑我们家系的祖先（如我们的曾曾……曾祖父），我们只需回溯 40 代（大约 1000 年）就会看到我们的祖先基本上是同一个人。

这种群体间不强的多样性并不反映种族之间巨大的差异，但也不包括全部的稳定**渐变**（cline）。我们发现人类遗传数据适合树状模型并且个体的基因型与他们起源的大陆存在可靠的一致性。在欧洲，根据明显的遗传差异划分的边界与语言学上的边界是一致的（图 26.10）。不过在这些例子中都不存在大的等位基因频率差异；它们是根据许多细微差别从统计上得到的结论。如果我们根据单个基因的频率调查，我们看到的地理模式是所有空间尺度上多样性混合的结果。同时回想一下不支持多地区起源的遗传学证据。目前生活在不同大陆上的人群都能回溯到一个起源于非洲的现代人群体，而不是在每块大陆上独立起源的。所有这些结论与我们已知的人类群体结构是相吻合的。人类由于地理和文化上的隔绝产生了微弱的分化，但在进化尺度上存在足够的基因流使人类群体产生有意义的混合。

自然选择一直在塑造人类多样性

我们描述的变异的模式基本上都是中性的。理论上，这类变异对适合度没有显著影响，同时它们也不太可能影响到我们关注的那些特征。中性变异表明我们的祖先在很大

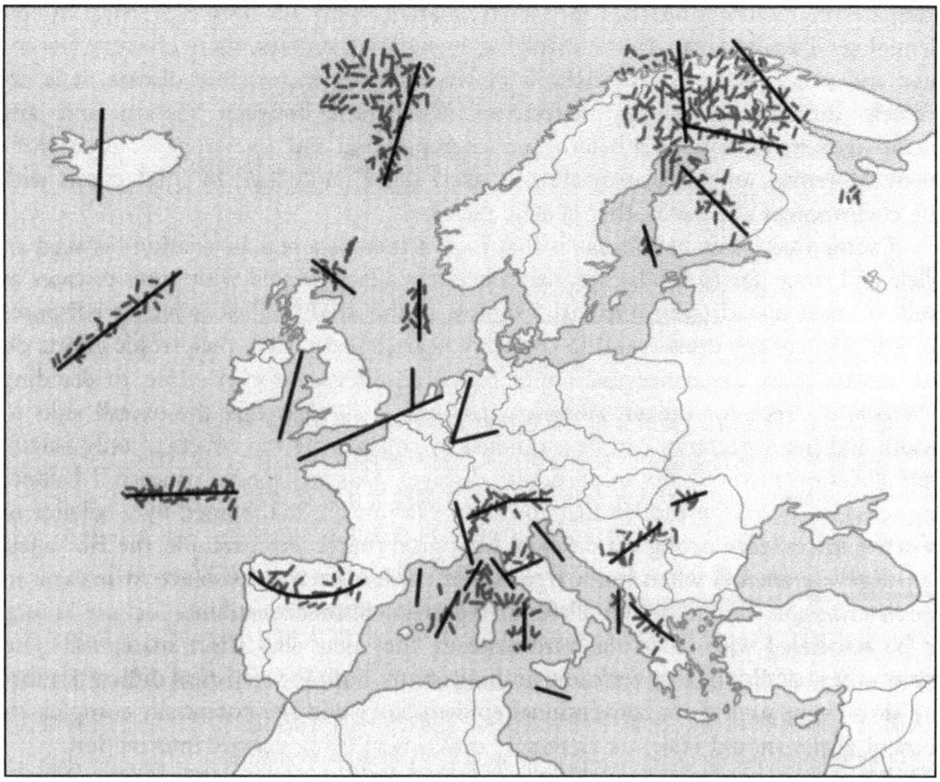

图 26.10　在欧洲，遗传和语言上的边界是吻合的。红线表示通过对 3119 个地方群体中 60 个基因的调查得到的基因频率的平均梯度。用它估计出 33 个有明显基因变化的地区，紫线表示。在这中间，除了两个以外其他都与语言学边界吻合。邻近陆地之间的边界画在海洋中（如爱尔兰和冰岛）。

程度上是相同的，但不能告诉我们影响存活和繁殖概率的差异是什么。

在第 16 章中我们了解到低水平的基因流，在很长时间尺度上起作用的随机漂变（对人类而言 N_e 大约是 10^4 代），都可以极大地降低遗传分化水平。全球范围内的 F_{st} 大约为 0.15，这相当于每一代不同大陆上有一个个体的交换［如 N_m 约为 1（见注解框 16.2)］。这样低的基因流即便对弱选择（s 约为 10^{-3}）所能造成的变化也不会有大的影响。

一些基因表现出异常高的地理分化。我们已经注意到几个例子。其中一个是 *ApoE* * *4* 基因，它增加心脏病和阿尔茨海默病的风险，在经历过高级农业阶段的人群中是很罕见的；还有 *CCRΔ5* 基因，它在欧洲群体中较常见，对 HIV 病毒有一定的抗性。即便在没有选择的位点上，我们也能看到 F_{st} 值有相当大的变异，但在一些位点上看到的 F_{st} 值明显高于在简单**岛屿模型**（**island model**）下的预期值（图 26.11）。在果蝇中我们已经发现欧洲群体相对非洲群体较低的遗传分化表明能更好地适应北方新环境的基因在最近被固定下来（图 19.18）。在人类中，系统的调查群体内和群体间基因组水平上的变异很可能鉴定出许多分歧选择作用的位点（图 26.11）。

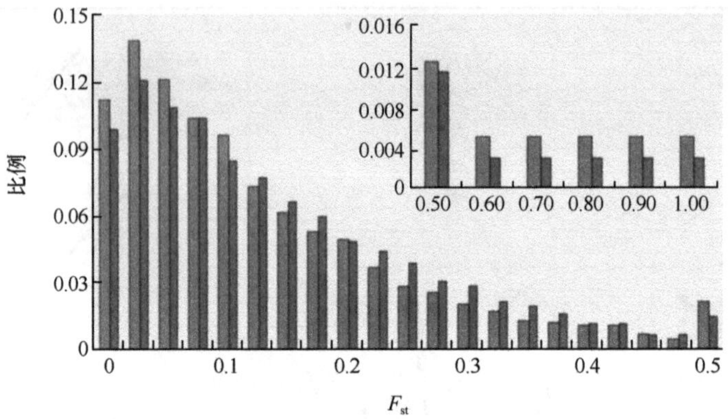

图 26.11　位点间 F_{st} 值的分布。蓝色柱状表示在三个群体中观测到的 F_{st} 值的分布：东亚群体、非洲裔美国人、欧洲裔美国人（每个群体 42 个个体），利用的是 26 530 个 SNP 标记。红色柱状表示利用岛屿模型在同等群体规模条件下估计的 3 个群体的 F_{st} 值的分布。插入图片表示分布的尾部，F_{st} 值大于 0.5 的部分。有异常高的 F_{st} 值的位点可能受到分歧选择，尽管一个复杂的人口群体结构也能导致同样效应。

对人类中的自然选择研究得最充分的一个例子是欧洲人群中的乳糖耐受现象。乳糖是奶类中唯一含量丰富的碳水化合物，可以被小肠中的一种酶——乳糖酶分解成葡萄糖和半乳糖从而被人体吸收利用。在整个哺乳期中，乳糖酶一直是活化的，但几乎所有哺乳动物断乳后乳糖酶的活性都将降到一个很低的水平。因而成年人不能消化乳糖，对大量未发酵的奶类也不耐受。不过北欧群体中的成年人乳糖耐受是常见的，这使他们能消化奶类。在编码乳糖酶的 *LCT* 基因上游有两个多态位点互相之间存在相关性，并与乳糖耐受有相关性。它们的频率高低与奶制品分布的区域相吻合，在斯堪的那维亚半岛上可以达到 77%。这一基因所在的单倍型以纯合状态在基因组中存在很长的一段区域［大约有 1cM 长，也就是 100 万碱基对（图 26.12)］。这表明该基因是由一个最近发生的单突变产生，因此重组还没来得及打断古老序列。单倍型长度与 10 000 年前起源的估计相对应，大约就是畜牧业刚出现时；需要选择才能使基因从很低的频率升高到现在的高频状态。

肤色是另一个可能受到选择的性状。尽管肤色长久以来一直用于定义人类种族，在世界范围内它的变化或多或少是连续的（图 26.13)。黑色肤色被认为是古老性状，既因为我们的灵长类亲戚拥有黑色肤色，又因为我们较近的非洲祖先肤色也是黑的。黑色皮肤能保护我们免受紫外线的伤害，但合成维生素 D 却需要紫外线。所以在紫外线水平较低的高纬度地区，黑色肤色的人会患维生素 D 缺乏症。因此在高纬度地区进化出白色皮肤以解决这一问题；肤色与紫外线水平确实存在紧密的相关性（图 26.13)。决定人类肤色的遗传基础是复杂的，有好几个基因参与进来。最近在人类中新发现一个与斑马鱼色素沉淀基因的同源的基因，该基因可以解释欧洲人与非洲人肤色差异的 1/4。氨基酸序列中一个丙氨酸替换苏氨酸的改变与混合的非洲裔美国人群中较浅的肤色紧密相关；这一变异在黑色肤色的人群中不存在，但以高比例存在于浅肤色的欧洲人群中。就像上文提供的乳糖酶基因一样，浅肤色紧密相关基因两侧区域序列变异下降，意味着晚近发生的对该等位基因的选择作用并提高它的频率。

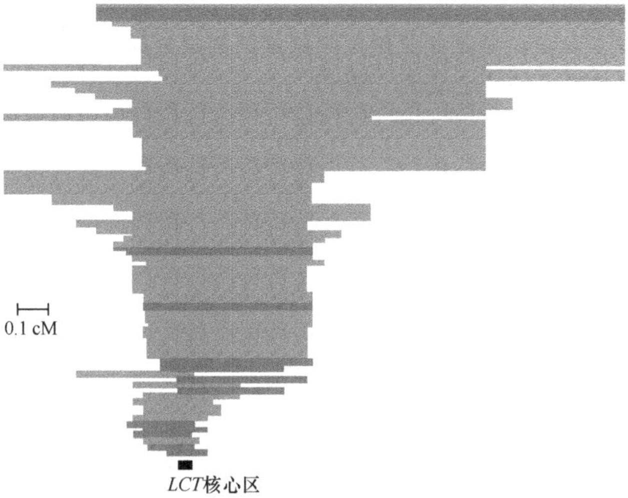

图 26.12　乳糖耐受的选择证据。长距离的纯合为导致欧洲人群中产生乳糖耐受的 *LCT* 基因受到最近选择提供了证据。每一排表示相同序列中单倍型的长度。总体上，带有耐受基因的单倍型（红色）要远远长于不带这一位点的单倍型（蓝色），并且延伸到几乎 1cM 的长度。

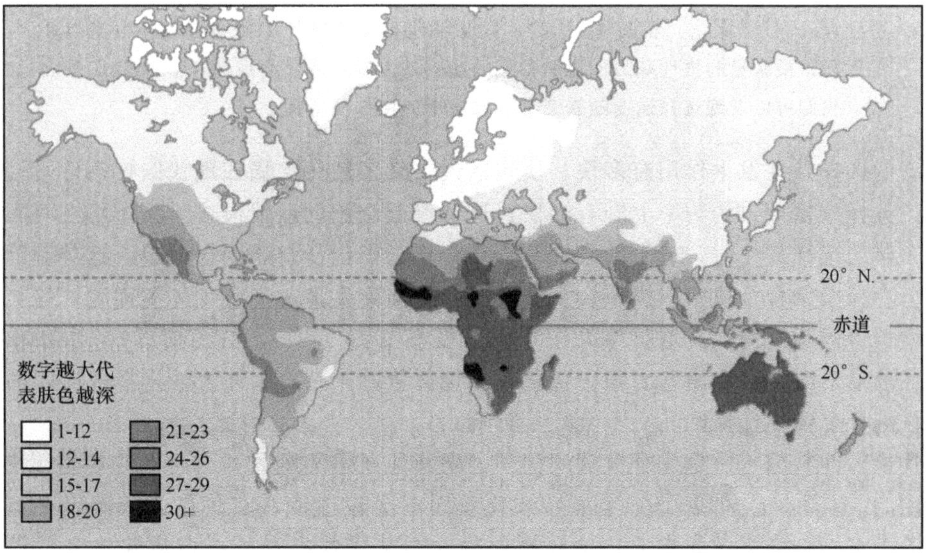

图 26.13　人类肤色的改变与紫外线水平紧密相关，在接近赤道时肤色较深。

选择放松最终导致遗传疾病发病率上升

一些进化学家认为选择将不会在优势群体中进行，因为它们处在一个良好的环境下，选择已经很好地塑造了它们。在许多国家里，流行性疾病和饥饿已不再是主要的死亡原因（尽管新的疾病如艾滋病和新型流感会影响这一结论）。然而，这并不表明这些人群中就不会发生选择。一些人会比另外一些人拥有更多的后代，影响适合度的变异很可能就是这样遗传下去的；与适合度相关的数量性状会有高的遗传方差。我们应当能够看到一些正处在强选择下的特定基因（图 26.14）。

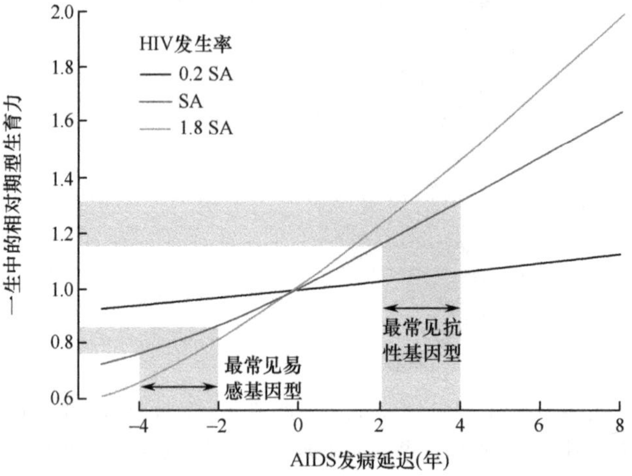

图 26.14　*CCRΔ5* 基因对艾滋病的易感性有强的效应，因而处在强选择下。这张图表示的是影响艾滋病发作的相对适合基因型对延缓疾病发作时间作图；中间的曲线是基于南非的数据，那里的 HIV 病毒感染率在 1999 年是 20%。较高和较低的曲线分别表示高（1.8 倍）和低（0.2 倍）HIV 病毒感染率群体中的适合度。根据南非的数据，最常见的抗性基因型比最常见的易感基因型的适合度高 50%。比较三条曲线，我们可以发现选择强度随着艾滋病发病率的增加而增加。

新的选择条件发生作用有多快？换句话说，许多遗传疾病在现代医疗条件下被治愈造成的选择放松导致的频率上升有多快？这依赖于它们的遗传模式。当对隐性有害基因纯合个体的选择放松时，有害的隐性基因频率增加得很慢。原因很简单，这类基因的绝大部分存在于杂合个体中。当杂合个体的适合度与野生型的纯合个体一样时，这类基因频率增长得极为缓慢，其增长率几乎等于突变率（图 26.15，红色曲线）。当杂合个体也处在选择下时，短期内基因频率变化几乎全部依赖于杂合个体上的选择效应，而对罕见隐性纯合个体的选择则几乎不会产生影响。

这里隐性基因不过是一个极端的例子。对其他遗传类型的基因而言，变化就快得多了（图 26.15，蓝色曲线）。一个显性致死基因不会被遗传，因而在单个世代中基因频率就等于基因突变率。如果通过治疗使携带这类基因的患者可以存活到生育后代的年龄，基因频率的增长速率等于基因突变率。不过，与隐性致病基因不同，这类基因频率的上升可以很快通过疾病发病率表现出来，在第一代中增长 1 倍，在第 t 代中增长 t 倍。根据实证分析，发生在 Y 染色体上的缺失将导致严重的不育。不过，拥有这类缺失的男性仍能通过体外受精而生育，因为尽管他们的精子活性很低，但仍可以使卵子受精。这类缺失可以传给男性后代，所以这类不育症的频率增加很快，与广泛应用体外受精治愈男性不育症的趋势相一致。

我们看到的是有害突变导致的适合度丢失与每代每基因组中总突变率 U 处于平衡

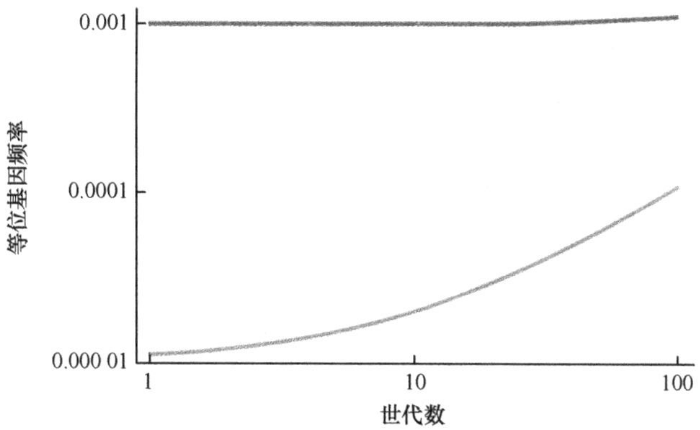

图 26.15　选择放松后等位基因频率的变化。一个隐性致死等位基因（上）的频率在 100 个世代都没有显著变化，其纯合子可以生存并繁衍，因为多数拷贝由于是杂合子而避开选择，相对应的，一个最初在杂合子中不利于选择（$s=10\%$）的显性等位基因的频率在选择放松时增加更快，其频率在 10 个世代以后加倍，在 100 个世代后增加 11 倍。

中；在最简单的例子中，平均适合度降低的系数是 exp（$-U$）[假设不同突变的作用可累积。在有性生物群体中，**突变负荷**（mutation load）可减弱某些类型的基因相互作用]。因为在人类中总突变率很高（U 很可能大于 1），标准突变负荷也可能很高，所以当选择不存在时积累大量有害突变是很快的。如果选择完全消失（这当然是极端假设），负荷增加的速率大约是每代 Us，这里的 s 代表有害突变的平均选择系数。大部分的有害突变效用可能都很小，因而退化可能持续许多代（t 约为 $1/s$）。注意这里计算给出的适合度丢失值没有考虑治疗的影响；我们的假设是在现代条件下，不存在实际上的适合度丢失。不过，我们关注是因为这些推论的时间尺度是几百个世代，尽管从人一生的角度看很长，但从进化的角度看很短。

现在还不清楚我们晚近历史中的有效自然选择如何作用。在一方面，我们相对低的有效群体大小（N_e 约为 10^4）使我们无法拒绝温和有害突变的积累，并且有证据表明我们这一物种中积累有害突变的速率要大于我们的亲缘物种黑猩猩。不过，这可能是我们低的有效群体大小确实反映了大量选择性清洗（selective sweep）的效应，这是自然选择的成就（回忆一下 N_e 与遗传漂变是负相关的。它能被低的群体大小和选择性清洗降低）。当一个有利突变被固定时，与它紧密连锁的弱有害基因也可能随之固定。因而我们可对在人类中看到的低遗传多样性做出两个截然不同的解释：一方面，它可能是历史上低的群体规模造成的，意味着选择不起主要作用；另一方面，它也可能是剧烈的适应性选择造成的。

基因组医学的应用需要深入了解人种多样性

基因组医学的进展提出了一系列关于人种的问题，从是否所有的民族和人种都能均等地从基因组研究进展中获益到是否鉴定不同种族和民族的遗传差异会为种族主义提供一个新土壤。种族和遗传学的相互关系是现代科学中最富争议的领域之一。由于宣称种族上的不平等部分地导致了 20 世纪所发生的一些最极端邪恶的行为，在一些例子中人类遗传学研究甚至扮演了直接支持者的角色。

然而在第二次世界大战后的几十年时间里，绝大部分人类遗传学家和群体遗传学家之间达成了一项广泛的共识，即人种之间的遗传差异是微小的。就像我们之前提过的，分子变异模式强烈支持这一点。大部分的遗传变异是共享的，尽管选择会造成群体之间一些基因存在不同，但这些人群地理模式在基因与基因之间是不一致的，也与传统上定义的人种不吻合。

不过在最近，地理祖先与遗传学有怎样的关系这一问题又作为一个有争议问题提出了，而且许多研究者认为由于这一问题在医学上的潜在应用价值，否认群体差异是不负责任的。举例来说，美国食品药品监督局（FAD）最近批准了 BiDil，一种用于治疗充血性心力衰竭的联合疗法，特定使用在非洲裔美国人群中。BiDil 是一种将两类老的仿制药品联合使用以共同降低血压从而保护心脏并使血管免受心血管疾病损伤的疗法。这是第一种在混合人种群体内的心力衰竭患者中批准进行药物临床试验的疗法，但由于试验中药物疗效并不理想因此无法赢得对这种方法的认同。然而后续分析发现，它在非洲裔美国人中疗效突出，导致该方法在 2001 年专一用于非洲裔美国人群中。在 2005 年，FDA 批准了该药品在非洲裔美国人中的使用，这是第一个提到药品的种族特异性的药品说明。

这有两个原因说明为什么同一种药在欧洲裔美国人和非洲裔美国人中效果不同。第一个原因可能是两个群体生活环境不同。一般来说，非洲裔美国人被认为更倾向摄入较多的高脂肪食物和较少的新鲜蔬菜和水果。他们的卫生保健也可能较差一些。另一个原因是两个群体内存在遗传差异影响了药物反应。关于人种和民族中人种差异是微小的这一经典观点似乎排除了药物功效不同的遗传上的解释。不过，正如我们强调的，这一观点忽视了事实上许多多态性都反映着人群的地理结构。一项对基因变异的分析，该变异一直被认为与药物反应有相关性，清楚表明非洲裔美国人同欧洲裔美国人之间的平均差异是常见的。这并不是说造成 BiDil 效果不同的原因一定是遗传上的，但可以认为不能根据传统观点排除遗传上的解释。不过，即便遗传学原因是一个贡献因素，但还不能作为主张基于种族和民族标记进行治疗是有道理的。

我们在临床上的目的是使患者获得正确的药物。如果我们准确知道起作用的遗传和环境因素，我们可以更好的区分某种药物能起作用的个体和不能起作用的个体。一个例子可以很好的解释这一点。可待因是一种应用广泛的止痛药，但它的本身并不能止痛。一种名曰 CYP2D6 的酶将可待因转化成一种相关化学吗啡后才能止痛。大约 1/10 的北欧人没有这种酶，因此给他们服用可待因是不起止痛作用的。然而阿拉伯半岛上至少有 97%的人可以产生这种酶。因而与来自欧洲的人相比，可待因在来自阿拉伯半岛的人中更能起作用。然而我们关于 CYP2D6 决定可待因作用的知识不意味着我们在治疗时要考虑患者来自瑞典还是沙特阿拉伯，这样的做法远没有直接考虑患者的 *CYP2D6* 基因有意义。但对 BiDil 而言，考虑基因的做法是不可能的，因为我们还不清楚到底什么在起作用。在这样的例子中，了解导致药物反应不同的潜在遗传原因可以帮助我们更好的使用药物。

许多研究者担心不断接受人种与民族间遗传差异的观点可能会导致现代基因组学研究支持下的种族主义复活。对某些假定模式的特别关注一直是存在的，这类模式假设有利性状（如认知能力）相关的基因方差表明种族之间的确存在基因频率差异。现在认定认知或其他敏感性状相关的基因方差已被发现还为时尚早，但目前的证据使我们没有理由相信这些方差具有人群地理模式并显著地偏向一些群体。由于选择和遗传漂变，不同地理区域中的人群之间普遍存在遗传差异（回忆一下上文提过的乳糖耐受和人类肤色的例子）。我们认为遗传学家们对人群遗传差异不断增长的研究兴趣只来自历史兴趣和潜在的医学意义而非我们担忧的那些领域，希望这不会是过分乐观的估计。

达尔文医学探求最终解释

进化生物学扮演解释人类疾病的最终原因的角色这一说法是由 George C. Williams 首先详细而清楚地表述的，并常常将其称为达尔文医学。这里的基本观点是疾病是进化塑造的，疾病的治疗方法能够通过了解操纵它的进化力量而改进。在一系列不同条件下，或多或少可能的进化解释已经被提出。举例来说，孕妇表现的恶心和对特定食物的偏爱可能是保护胎儿免受日常饮食中有毒物质伤害的一种适应性机制（图 26.16）。发烧可能也有进化上的好处，如产生一个病原体无法寄生的内环境。类似地，全球范围内的肥胖流行来源于我们对狩猎-采集时代饮食特点的长期适应，还有包括我们在内的所有哺乳动物共有的容易被呛住的弱点是一个古老限制的直接结果，即气管和食道在咽部完全分开在发育上似乎是不可能的。

达尔文医学特别关注对衰老的研究。正如我们在第 20 章中看到的，在进化生物学上对衰老所做的解释是与幼年的生存与繁殖相比，对较老时期的生存与繁殖起作用的选择较弱。原因很简单，大部分生物在它们衰老之前就死去，因而在晚期生活史中起作用的基因表达机会很少，受选择的机会也少。在较老个体中弱化选择意味着在较早生育和未来更多的生育机会之间存在平衡，较早生育对生物的负担较大。另外，在晚期生命中有害突变会大量涌现，因为它们被选择掉的概率较小。

对人类衰老而言，我们通过进化理论能了解些什么呢？首先，衰老并不是不可避免的。这一结论直接来自对物种间的比较。那些不容易被捕食的物种，如鸟类、蝙蝠、海龟等比其他类似物种的寿命长得多，因为它们不易受到外来的威胁。然而，这并不意味着扩展人类寿命长度是很容易的事情。进化理论认为许多不同的途径导致衰老，因为原则上任何生理学过程都会受选择影响，因而一般说来早期生育和存活质量要优于晚期生育和存活的质量。如果某种药理学效用攻克了一个老年性疾病（如阻止痴呆的神经保护），那么新的功能退化很快将出现在老年个体上，如心血管功能退化。简而言之，衰老的“神奇药丸”是不太可能找到的。

这一结论也许是对的，但我们不太确定的是了解衰老是“顽固的”是否有助于发现对抗它的新方法。更重要的是，我们甚至还不清楚衰老是否是真的“顽固”，因为它比其他常见的困扰人类的问题有更复杂的生理病理特点。如同上文描述的，衰老可能意味着由一大堆不同的有害突变引发的罕见和常见疾病，通过不同途径导致的各个罕见异常功能和多个功能的退化。以这种观点看来，所有常见疾病可能都是同等“顽强的”，一个特定疾病的原因在不同个体间也是不一样的。每位患者需要的“神奇药丸”可能也是不同的。

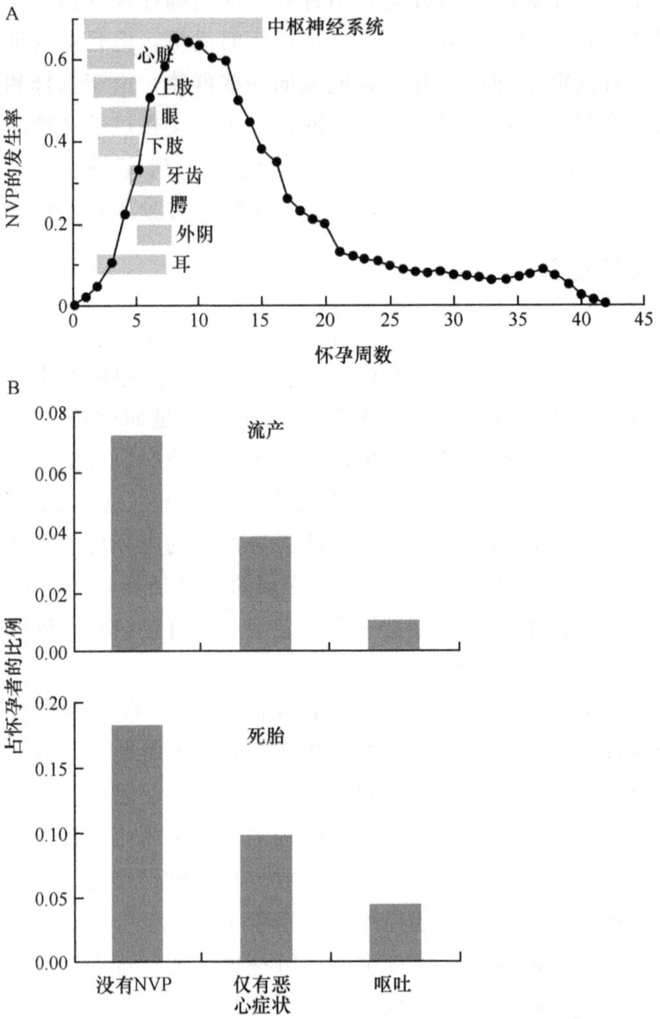

图 26.16 （A）怀孕中的恶心和呕吐（NVP）发生最多的时期是发育中的胎儿结构对外界致畸剂最敏感的时候（柱状）。（B）流产和死胎在有恶心和呕吐经历的妇女中是较罕见的。CNS，中枢神经系统。

我们认为衰老机制很可能是非常复杂的，衰老会导致许多功能失效，但这与一个新的发现有冲突，这个发现是有机体中广泛存在能大大延长寿命的突变。这些突变通过一个保守的信号通路起作用，它们在食物匮乏时会将营养从繁殖上转移到生存上。这一通路被进化出来以使生物在恶劣环境下能存活到环境改善、繁殖成功率较高之时。这与我们在生物中（从酵母到人类）发现的减少食物摄取可以延长寿命这一现象相一致。这是到目前为止唯一可信的环境作用延长生存期的结论。

尽管进化解释可以提供一个较好的框架来理解人类对病原体的反应和衰老的本质，但它们基本上不能为更好地治疗疾病提供一个明显可行的路线。相反，进化方法更多地用于理解机体中疾病的进化。也许说明这一点的最好例子是抗生素抗药性的进化。如果没有对细菌适应性进化研究导致的对过去 50 年中抗药性增强的理解，很难相信会有人得出结论认为使用抗生素预防疾病的做法应当受到控制。类似地，了解病毒对药物的抗药性进化对治疗 HIV 病毒感染是重要的，利用系统发育方法了解流行疾病的传播和历史也是很重要的（图 15.19）。一般来说，医学更为关注那些大致的原因而不是对疾病的终极解释，进化方法一直是确定常见疾病遗传基础的努力中的关键组成部分。

进化心理学试图理解人类本性

达尔文关于自然选择的进化学说最伟大的影响在我们对自身物种的理解上。这一学说认为我们与灵长类动物拥有共同的祖先，而这二者之间截然不同的适应特点是自然选择的结果。尽管达尔文在《物种起源》中没有谈到人类，但他仍热切地希望应用他的理论来理解人类在自然中的位置以及通过两本著作来进一步讨论人类心理学和它与动物行为的连续性。与我们在第一章中看到的一样，其他人却没有接受和发展这类自然选择的概念。进化的思想广泛应用在人性上，但却与达尔文的工作关联很小。《物种起源》出现后一百年中，影响最大的是进步以及进化是直接指向人类这一概念。甚至在生物学家中，进化也常常看做是“对物种有好处”的。

通过 Williams、Maynard Smith 和 William Hamilton 的努力，达尔文自然选择在个体和基因上的重要性到 20 世纪 70 年代才又重新被提出。它在动物行为上的应用（包括在人类行为上）通过 Edward O. Wilson 的《社会生物学：新的综合》（1975）以及 Richard Dawkin 的《自私的基因》（1976）得到了阐述。进化原则的应用改变了动物行为研究并使这一研究兴旺起来（第 20 章）。这一研究扩展到人类领域引起了很大争议和严厉的批评。这些批评部分来自社会学家，他们反对将任何生物学原理应用到人类上。不过，进化生物学家 Stephen Jay Gould 和 Richard Lewontin 也提出激烈批评，他们反对假设人类行为特征是自然选择塑造出的适应而不是演化过程中随意的不良反应。

最近，一些使用进化原理来研究人类行为的研究项目已被提出。其中最突出的是进化心理学，它的研究集中在最广泛的人性特征上，特别是社会协作、配偶选择和亲代投资。进化心理学家认为我们不是绝对适应当前条件；就是说，在当前环境下我们的行为没有使我们自身和亲属的繁殖成功机会最大化。相反，人类被认为是**适应更新世（Pleistocene，250 万～10 万年）**环境的，那时我们是猎人和食物采集者。这被称为**进化适应性环境（environment of evolutionary adaptation，EEA）**。

进化心理学家们还认为我们进化出特定的识破欺骗、选择配偶等行为模块。这类模块被认为类似计算机程序中的子程序，它们致力于增加适合度的特定功能。现在已知基本的认知过程也被组织成模块（例如，在视觉中，一组神经元可以探测边缘，甚至面部），但进化心理学家的“大规模模块化”假说也存在相当大的争论。不过这类心理学机制上的争论并不是进化上关注的重点问题，这类问题是通过自然选择是否能进化出特定行为。我们在第 14 章中提到，只要受选择的性状存在可遗传的变异，选择就可塑造表型；遗传机制和心理学机制并不是直接对应的。

理解人类本性如何进化是困难的

研究人类心理和行为进化存在一些特殊的困难。我们几乎不能使用人工选择进行研究，跨物种的比较研究也是困难的，因为我们感兴趣的许多性状是特定存在于人类中的。在研究其他物种中类似的困难也曾遇到过，但我们仍能在感兴趣的物种中进行行为的详细研究［我们有关性别选择的许多知识是来源于这类研究的（第 20 章）］。不过在人类中我们还有额外的困难需要克服，就是如何将生物学影响同文化上的影响区分开，这些问题还存在一些固有的富于争议的方面。由于以上这些原因，想要找到一个清楚表明已知选择压力促使适应性特定行为演化的例子是困难的。

但在原则上一些研究是可以进行的。主要的方法是调查这些正被讨论的性状是否拥有一些选择相关的特征，如果它们因为特定功能而受到选择，我们将会看到这些特征。一个可能的案例是怀孕中的恶心和呕吐［NVP，或者“妊娠恶阻”（图 26.16）］。这种出现在所有人类群体中大部分女性身上的反应已被研究。NVP 被认为是进化产生的一种保护胚胎免受毒素伤害的防御措施。根据这种假说，NVP 反应最激烈的时期就是胚胎最敏感的时期（8～16 周），而且有剧烈 NVP 反应的妇女一般流产概率较低。但在实际中引发反应却大多是肉类和蛋类而不是可能有毒的蔬菜。这又导致另一种假说的出现：NVP 的进化意义是为了降低感染的风险（在怀孕时，免疫能力部分下降以降低流产的风险）。

这个例子很直接明了，因为 NVP 不太可能受太多文化因素的影响。它更像一个生理学现象而不是心理学现象。进化心理学家研究的大部分案例都可解释为一种**文化演变（cultural evolution）**而非单单由生物效应塑造的简单先天性行为。当然，我们的文化也是有生物学基础的。关键的问题是特殊性状为什么会出现。例如，为什么人类喜欢特定类型的配偶？为什么他们爱他们的孩子？为什么他们会被欺骗激怒？这些心理学特性的出现可能是因为在生物学上这会增加他们繁殖成功率，或者因为这些特性由于文化传播而在人群中扩散开来。也就是说，他们的出现可能是自然选择的结果，也可能是“文化选择”的结果。

进化心理学家给予极大关注的一个领域是配偶选择。他们认为男性挑选配偶时倾向腰臀比小的年轻女性，因为年轻和较小腰身都与繁殖能力相关。相对的，女性倾向挑选地位高的男性作为配偶，因为他们看起来可以为养育后代提供更多的资源。事实上，大量的研究都在讨论这类行为是否是人类本性的一部分。在许多社会中，男性倾向挑选丰满的女性作为配偶。我们可以证明，当食物较匮乏时，丰满的体型是有繁殖能力的体现，而在较富裕的社会中，低腰臀比的体型则体现较高的繁殖能力。在女性择偶行为中的证据同样是模棱两可的；对择偶行为严格的分类表明配偶的社会地位和教育背景是类似的，这使要辨别全部偏爱男性地位的行为是很困难的。所有这些现象都不能完全排除生物进化上的解释，但也很难对其进行精确研究。

当然，我们的心理行为可能是在生物和文化影响相互作用下进化出来的。也许最好的一个案例是我们在前面几章中讨论过的语言的演化。我们身上一定存在着一些先天的能力使我们能通过有限的经验来学习复杂的语法。但这不意味着这些详细的语法规则会像硬件电路一样存在，很难相信它们会以这种形式存在。相反的，一些特定的语法可能比其他的要容易熟习，在文化选择的过程中它们的传播较容易。这解释了为什么一些复杂的语法规则在所有种类的语言中是相同，这里并不需要了解生物学上它们是否有特定的解释（回忆一下我们在“探索系统”一节中给出的类似例子，见第 24 章）。

进化心理学家们提出了许多假说来解释我们的本能。不过，偏爱年轻或富有的配偶，辨别谎言的能力这些本能并不会令人惊讶。进化心理学家认为它们体现出自然选择下的演化，但也可能是合理计算的结果（有意识的或无意识的）。在后一个例子中，繁殖的理由和动机可能是自然选择进化出的，但社会交往中的特殊行为可能不是以这种方式演化。

我们是否仍然适应石器时代？这不一定。我们知道选择在几十代时间里就可能产生可观的改变。在这一章的前些部分，我们看到一些类似乳糖耐受的例子，即在最近几千年的时间中对饮食的变化产生了适应性进化。现在可以通过发现基因周围序列模式的变化来发现晚近受选择的基因。这一方法将很快用于鉴定那些使我们适应农业社会特点的基因。然而，就像我们在所有复杂性状中看到的那样（第 14 章以及本章的早些章节），使用这些信息是很难发现那些改变表型的精确序列变化的。

小结

有超过 1200 种简单孟德尔遗传性的致病基因被鉴定。但这些疾病数量很少，真正的挑战在于发现常见疾病的致病基因。在家系中研究疾病与遗传标记的相关性仅可以定位效应大的基因，精度也只有 1cM。一般来说，依赖群体范围内连锁不平衡的相关性研究存在更大的效用并且可以检测大量微小效应基因。这一方法可以在全基因组中应用。然而，解释大量检测结果需要解决统计学上的难题，而且重复阳性结果很难。

成功的相关性研究依赖基因组中连锁不平衡（LD）的扩展。如果连锁不平衡很长，需要考虑的遗传标记就很少，尽管当显著相关性存在时它使发现疾病的准确遗传变异变得很难。但成功找到疾病基因依赖于它是由少数常见基因变异决定的而不是大量罕见基因变异决定的。

鉴定致病基因对新的治疗方法有直接的帮助。遗传数据也用来估计个体的患病风险，并用于“个体化医疗”、产前筛查和为保险业者提供信息。不过现今遗传信息最重要的应用是在司法中。

人类遗传变异存在一些空间结构，与其他物种类似。但这些变异不可以用来对“种族”进行定义。一些基因的地理结构表现出对不同环境的晚近适应。现代社会中自然选择有改变，但仍在起作用：在适合度中存在可遗传的变异。选择的放松对隐性基因的影响微乎其微，但可使显性基因和性别连锁基因的频率在少数几代中有极大地提高。

自然选择根据生物界通行的法则塑造人类。例如，人类衰老是因为晚期生命中的选择是弱的。尽管这类进化学上的进步使我们能了解健康和疾病的本质，但治疗上的应用却不成熟。进化心理学试图解释人类本性，但遗传和文化进化的相互作用使准确地验证这类假说变得很困难。

延伸阅读

定位致病基因

http://www.ncbi.nlm.nih.gov/entrez/query.fcgi?db=OMIM: Online Mendelian Inheritance in Man.

有关主要人类致病基因的数据库。

Ott J. 1999. *Analysis of human genetic linkage*, 3rd ed. Johns Hopkins University Press, Baltimore.

系统综述根据家系检测连锁的方法。

Risch N. and Merikangas K. 1996. The future of genetic studies of complex human diseases. *Science* **273:** 1516–1517; Carlson C.S., Eberle M.A., Kruglyak L., and Nickerson D.A. 2004. Mapping complex disease loci in whole-genome association studies. *Nature* **429:** 446–452; Terwilliger J.D., Haghighi F., Hiekkalinna T.S., and Goring H.H. 2002. A *bias*-ed assessment of the use of SNPs in human complex traits. *Curr. Opin. Genet. Dev.* **12:** 726–734; Terwilliger J.D. and Hiekkalinna T.S. 2006. An utter refutation of the 'Fundamental Theorem of the HapMap'. *Eur. J. Hum. Genet.* **14:** 426–437.

Risch和Merikangas提出以简单算法支持相关性测量的有效性。Terwilliger强烈反对这种方法。

人类变异

Bamshad M., Wooding S.P., Salisbury B.A., and Stephens J.C. 2004. Deconstructing the relationship between genetics and race. *Nat. Rev. Genet.* **5:** 598–609.

Kittles R.A. and Weiss K.M. 2003. Race, ancestry and genes: Implications for defining disease risk. *Annu. Rev. Genomics Hum. Genet.* **4:** 33–67.

人类中的自然选择

Bamshad M. and Wooding S.P. 2003. Signatures of natural selection in the human genome. *Nat. Rev. Genet.* **4:** 99–111.

Barsh G.S. 2003. What controls variation in human skin color? *PLoS Biol.* **1:** e27.

Bersaglieri T., Sabeti P.C., Patterson N., Vanderploeg T., Schaffner S.F., Drake J.A., Rhodes M., Reich D.E., and Hirshhorn J.N. 2004. Genetic signatures of strong recent positive selection at the lactase gene. *Am. J. Hum. Genet.* **74:** 1111–1120.

Müller J. and Kelsh R.N. 2006. A *golden* clue to human skin colour variation. *BioEssays* **28:** 578–582.

遗传信息的应用

http://www.wellcome.ac.uk/knowledgecentre/

英国Wellcome Trust网页，其中有几篇关于遗传信息使用的伦理问题的讨论。

http://www.ma.hw.ac.uk/ams/girc/

遗传与保险研究中心，网页上有关方面几个有用的链接。

Jobling M.A. and Gill P. 2004. Encoded evidence: DNA in forensic analysis. *Nat. Rev. Genet.* **5:** 739–751.

达尔文医学

Frank S.A. 2002. *Immunology and evolution of infectious disease.* Princeton University Press, Princeton, New Jersey.

Nesse R.M. and Williams G.C. 1994. *Why we get sick: The new science of Darwinian medicine.* Crown, New York.

Stearns S.C. 1999. *Evolution in health and disease.* Oxford University Press, Oxford.

进化心理学

Barkow J.H., Cosmides L., and Tooby J. 1992. *The adapted mind: Evolutionary psychology and the generation of culture.* Oxford University Press, Oxford; Buss D. 2003. *Evolutionary psychology: The new science of the mind.* Allyn & Bacon, London; Pinker S. 2002. *The blank slate: The modern denial of human nature.* Viking, New York; Barnett L., Dunbar R., and Lycett J. 2002. *Human evolutionary psychology.* Princeton University Press, Princeton, New Jersey.

有关这一领域主要文献的节选。

Buller D.J. 2005. *Adapting minds.* MIT Press, Cambridge, Massassachusetts; Buller D.J. 2005. Evolutionary psychology: The emperor's new paradigm. *Trends Cogn. Sci.* **9:** 277–283.

Buller对进化心理学经验证据的批评。这些经验证据包括人的思维是模块化的，我们适应更新世的环境，人的特殊特征是人性整体的一部分，适应是自然选择造就的。

图片来源

Note: Permissions for use of the images shown in these sample pages are in process and provisional. Every effort has been made to contact the copyright holders of figures and tables in this text. Any copyright holders we have been unable to reach or for whom inaccurate information has been provided are invited to contact Cold Spring Harbor Laboratory Press. Figure credits, pending permission, are listed below.

Abbreviations: AAAS, American Association for the Advancement of Science; APS, American Philosophical Society; ASBMB, American Society for Biochemistry and Molecular Biology; ASM, American Society for Microbiology; CSHL, Cold Spring Harbor Laboratory; CSHLP, Cold Spring Harbor Laboratory Press; GSA, Genetics Society of America; NAS USA, National Academy of Sciences, U.S.A.; NLM, National Library of Medicine; PNAS, Proceedings of the National Academy of Sciences; PR, Photo Researchers, Inc.; VU, Visuals Unlimited. BL, bottom left; BR, bottom right; ML, middle left; MR, middle right; TL, top left; TR, top right.

封面和标题页

1st Image: A map of the genome of the bacterium *Deinococcus radiodurans* R1. A portion of Fig. 1 from White O. et al., Genome sequence of the radioresistant bacterium *Deinococcus radiodurans* R1. *Science* **286:** 1571–1577, © 1999 AAAS. **2nd Image:** Mineral skeleton of a radiolarian (marine). The hard skeleton is composed of silica. SEM ×145. © Dr. Dennis Kunkel/Visuals Unlimited. **3rd Image:** Grasshopper embryo (image duplicated and rotated fivefold). Courtesy of Sabbi Lall and Nipam H. Patel, University of California, Berkeley. **4th Image:** Photo of enhanced brain MRI image, © Scott Camazine.

前言

Earthrise—Apollo 8. Courtesy of NASA.

开篇部分

Part I left, *HMS Beagle,* Mt. Sarmiento, reprinted from Darwin, Charles, *The Voyage of the Beagle*; **Part I middle,** fossil lotus leaf, © Ken Lucas/VU; **Part I right,** microscope view DNA SEM, © Science VU/LL/VU; **Part II left,** trilobite fossil, © Ken Lucas/VU; **Part II middle,** enterobacter SEM, © Dr. David Phillips/VU; **Part II right,** humpback whale, © Masa Ushioda/VU; **Part III left,** cichlid fish, © Fredrik Hagblom; **Part III middle,** small ground finch, © Gerald and Buff Corsi/VU; **Part III right,** rotifer, © Science VU/VU; **Part IV left,** stone tool, © Javier Trueba/Madrid Scientific Films/PR; **Part IV middle,** school assembly, © David R. Frazier/ PR; **Part IV right,** people, U.S. Department of Energy Human Genome Program.

本书的目的和范围

A&S.1 TL, Antarctic dry valley, Laura Connor and Effie Jarret, © 1999; **A&S.1 TR,** tubeworms, © Science VU/VU; **A&S.1 ML,** moth antennae Rippel Electron Microscope Facility, Dartmouth College; **A&S.1 MR,** screech owl, © Bowers Photo; **A&S.1 BL,** crow, Gavin Hunt, Department of Psychology, University of Auckland; **A&S.1 BR,** honeybees, © Simon Fraser/SPL/PR; **A&S.2,** apicoplasts, courtesy of Geoffrey McFadden, University of Melbourne; **A&S.3 B,C,** RNA folding, adapted from Wimberly B.T. et al., *Nature* **407:** 327–339, © 2000 Macmillan; **A&S.4,** Fluorescent proteins, reprinted from Crameri A. et al., *Nat. Biotechnol.* **14:** 315–319, © 1996 Macmillan.

第1章

1.0 left, Darwin, reprinted from Darwin C., 1859, *On the Origin of Species by Means of Natural Selection,* title page, John Murray, London from facsimile edition published by Harvard University Press, 1966, courtesy of CSHL Library and Archives; **1.0 middle,** Mendel, reprinted from Mendel G.J., *Versuche über Pflanzen-Hybriden. Vorgelegt in den Sitzungen vom 8. Februar und 8. März 1865.* Verhandlungen des naturforschenden Vereines in Brünn, Band IV, Heft 1 (1865): 3–47, title page, Brünn: Verlag des Vereines, 1866, courtesy of Special Collections, Falvey Memorial Library, Villanova University; **1.0 right,** Watson–Crick double helix, courtesy of CSHL Library and Archives; **1.1,** adapted from Crick F., *Nature* **227:** 461–563, © 1970 Macmillan; **1.3,** redrawn from http://web.clas.ufl.edu/users/rhatch/images/greatChain.gif, credit: Robert A. Hatch; **1.5,** engravings of fossils reproduced in Robert Hooke's *Posthumous Works,* Museum of the History of Science, Oxford; **1.6 top,** Regional Nature Park of the Auvergne Volcanoes, located in France, © Mark Boulton/PR; **1.6 bottom,** National Portrait Gallery, London; **1.7,** NLM; **1.8,** reprinted from Buckland W., *Transactions of the Geological Society of London,* series 2, V.1 (1824), pp. 390–396, courtesy of Linda Hall Library of Science, Engineering and Technology; **1.9,** courtesy of the Syndics of Cambridge University Library; **1.10,** reprinted from *The Endeavour Journal of Joseph Banks 1768–1771,* Sydney, Public Library of New South Wales, 1962, edited by J.C. Beaglehole, available as part of the "Sir Joseph Banks Electronic Archive" Web site; **1.11,** National Portrait Gallery, London; **1.12A,** NLM; **1.13,** courtesy of Adam Smith Institute, http://www.adamsmith.org; **1.16,** courtesy of the Syndics of Cambridge University Library; **1.18,** Wellcome Institute Library, London; **1.20,** reprinted from Drawings by Ape from Vanity Fair (**left**) July 24, 1869, (**center**) January 28, 1871, (**right**) Sept. 30, 1871; **1.21,** engraving, "Adventure with curl-crested toucans," frontispiece to Vol. I of Bates H.W., 1863, *The Naturalist on the River Amazons,* image courtesy of James Mallet, University College London, http://www.ucl.ac.uk/taxome/; **1.22,** courtesy of Nipam H. Patel; **1.23,** British Marine Life Study Society, © Chris Rowe; **1.24,** reprinted from Desmond A. et al., 1992 (©1991), *Darwin,* Fig. 53, "Fancy pigeons" (facing p. 301), Warner Books, New York (first published in Great Britain), collection of CSHL Library and Archives; **1.25,** modified from Galton F., 1885, Regression towards mediocrity in hereditary stature. *J. Anthropol. Inst.* **15:** 246–267; **1.26 left,** Courtesy of CSHL Library and Archives; **1.26 middle,** NLM; **1.26 right,** Galton F., 1908, *Memories of My Life,* Methuen & Co., London, collection of CSHL Library and Archives; **1.27,** courtesy of APS; **1.28,** data from Mendel's 1866 paper; **1.29,** reprinted from Boveri T., 1910, *Die Potenzen der Ascaris-Blastomeri bei abgaederter Furchung, Zugleich ein Beitrag zur Frage qualitativungleicher Chromosomen-Teilung. Festschrift zum sechzig-*

sten Geburtstag Richard Hertwigs, Band III, Gustav Fisher, Jena; **1.30,** courtesy of APS; **1.32,** redrawn from Nilsson-Ehle H., 1914, Vilka erfarenheter hava hittills vunnits rörande möjligheten av växters acklimatisering? Kunglig Landtbruksakadamiens Handlingar och Tidskrift, after Gould J. et al., *Biological Science, 6e*, Fig. 1.32, © 1996 W.W. Norton and Co.; **1.33,** Reproduced from Castle W.E. et al., 1914, *Piebald rats and selection/An experimental test of the effectiveness of selection and of the theory of gametic purity in Mendelian crosses*, Plate 1 (facing p. 56), The Carnegie Institute of Washington, Washington, D.C., courtesy CSHL Library and Archives; **1.35 top,** courtesy of APS, Bronson Price papers; **1.35 middle,** courtesy of APS, Wright papers; **1.35 bottom,** reprinted from Clark R.W., *J.B.S.: The Life and Work of J.B.S. Haldane*, © 1969 Coward-McCann; **1.36,** The Rockefeller University Archives, photo by Don C. Young; **1.38 top,** © Rob & Ann Simpson/VU; **1.38 bottom,** © Leroy Simon/VU; **1.39A,** reprinted from Lewontin R.C. et al., *Dobzhansky's "Genetics of Natural Populations,"* Fig. 34, © 1981 Columbia University Press; **1.39B–D,** redrawn from Dobzhansky T., *Genetics* **28:** 162–186, © 1943 GSA; **1.40 top,** courtesy of APS; **1.40 bottom,** courtesy of Ernst Mayr Library of the Museum of Comparative Zoology, Harvard University.

第2章

2.0, Hemoglobin, reprinted from Barrick D. et al., *Methods Enzymol.* **379:** 28–54, © 2004 Elsevier, image courtesy of Chien Ho, Carnegie Mellon; **2.1,** Annenberg Rare Book and Manuscript Library, University of Pennsylvania; **2.2 top,** NLM; **2.3,** Edgar Fahs Smith Collection, University of Pennsylvania Library; **2.4,** Science Museum Pictorial; **2.5,** adapted from Hunter G.K., *Vital Forces: The Discovery of the Molecular Basis of Life*, © 2000 Elsevier; **2.6,** redrawn from Svedberg T. et al., *Proc. R. Soc. Lond. A, Math. Phys. Sci.* **170:** 40–79, © 1939 Royal Society; **2.7,** reprinted from Sumner J., 1964, *Nobel Lectures, Chemistry 1942–1962*, p.117, Elsevier, Amsterdam, © The Nobel Foundation 1946; **2.8,** © 1939 Cornell University Press; **2.9,** © 1953 Los Angeles Times, reprinted with permission; **2.10,** © Dr. James W. Richardson/VU; **2.11,** © Dr. Dennis Kunkel/VU; **2.12,** © Department of Chemistry, University of Cambridge; **2.13,** Courtesy of APS; **2.14,** Courtesy of The Rockefeller University Archive Center; **2.16,** © A.C. Barrington Brown/PR; **2.17 left,** courtesy of the James D. Watson Collection, CSHL Library and Archives; **2.17 right,** © King's College Archives, King's College London; **2.18,** courtesy of the James D. Watson Collection, CSHL Library and Archives; **2.19,** adapted from Watson J.D. et al., *Nature* **171:** 964–967, © 1953 Macmillan; **2.20,** reprinted from Meselson M. et al., *PNAS* **44:** 671–682; **2.21,** reprinted from Ingram V., *Nature* **178:** 792–794, © 1956 Macmillan; **2.22 top,** courtesy of CSHL Library and Archives; **2.22 bottom,** redrawn from Gamow G., *Nature* **173:** 318, © 1954 Macmillan; **2.23,** redrawn from http://www. biochem.ucl.ac.uk/bsm/dbbrowser/jj/aastruct.html with permission of Nancy Watson; **2.24,** adapted from Stryer L., 1981, *Biochemistry*, 2e, Fig. 12-12c,© 2004 John Wiley, based on a drawing by Dr. Sung-Hou Kim; **2.25 top,** Collection of NLM, courtesy of Marshall W. Nirenberg; **2.25 bottom,** reprinted from Jones O.W. et al., *PNAS* **48:** 2115–2123; **2.26,** adapted from Crick F.H.C., *Cold Spring Harbor Symp. Quant. Biol.* **31:** 3–9, © 1966 CSHLP; **2.28,** © Institut Pasteur; **2.29, 2.30A,** adapted from Judson H.F., *The Eighth Day of Creation; Makers of the Revolution in Biology*, expanded edition pp. 372, 392, CSHLP, © 1996 by Horace Freeland Judson; **2.30B,** adapted from Pardee A.B. et al., *J. Mol. Biol.* **1:** 165–178, © 1959 Academic Press; **2.31,** adapted from Crick F., *Nature* **227:** 461–563, © 1970 Macmillan; **2.32,** © BBC; **2.33 top,** reprinted from Perutz M.E., 1962 *Nobel Lectures, Chemistry 1942–1962*, p. 665, Elsevier, Amsterdam, © The Nobel Foundation 1946; **2.33 bottom,** adapted from Judson H.F., *The Eighth Day of Creation: Makers of the Revolution in Biology*, expanded edition, p. 497, CSHLP, © 1996 by Horace Freeland Judson; **2.34,** redrawn from Voet D.D. et al., *Biochemistry, 3e*, Fig 10.16, © 2004 John Wiley; **2.35,** reprinted from Wimberly B.T. et al., *Nature* **407:** 327–339, © 2000 Macmillan; **2.36,** modified from Michel F. et al., *J. Mol. Biol.* **216:** 585–610, © 1990 Academic Press Limited; **2.38,** adapted from Kimura M., *The Neutral Theory of Molecular Evolution*, Fig. 4.4, © 1983 Cambridge University Press; **2.39,** reprinted from Kimura M., *Genetics* **140:** 1–5, © 1995 GSA; **2.40,** © Dr. Gopal Murti/VU; **2.41,** © Joe McDonald/VU; **2.42,** Kipling R., *Just So Stories*, "The Elephant's Child," p. 53, 1926 Macmillan, London; **2.43,** Rousseau H., *Fight between a Tiger and a Buffalo*, 1908, gift of the Hanna Fund, © The Cleveland Museum of Art.

第3章

3.0, Rheinhold's monkey, courtesy, University of Edinburgh; **3.1,** courtesy, CSHL Archives; **3.3A left,** © Arthur Morris/VU; **3.3A right,** © Bill Beatty/VU; **3.4 A–C,** photos courtesy of Nipam H. Patel; **3.6,** adapted from *Spice Island Voyage*, University of Limerick, Ireland Project; **3.7A,** © Dr. John Cunningham/VU; **3.7B,** © David Sieren/VU; **3.7C,D,** © Inga Spence/VU; **3.7E,** © Wally Eberhart/VU; **3.8A,** modified from Carroll S.P. et al., *Evolution* **46:** 1052–1069, © 1992 Society for the Study of Evolution; **3.9,** redrawn from Molla A. et al., *Nat. Med.* **2:** 760–766, © 1996 Macmillan; **3.10 left, middle,** Web source, no longer available; **3.10 right,** Nikola Repke, Institute of Systematic Botany and Botanic Garden, University of Zurich; **3.11 top,** © Adam Jones/VU; **3.11 bottom,** from http://staff.science.nus.edu.sg/~scilooe/srp_2003/sci_paper/botanic/research_paper/ lim_yifan.pdf; **3.13,** modified from Sheldon P.R., *Nature* **330:** 561–563 and references therein, © 1987 Macmillan; **3.14 top,** © Natural History Museum, London; **3.14 bottom,** © William J. Weber/VU; **3.15,** Woodburne M.O. et al., *Science* **218:** 284–286, © Robert A. Hicks, rahicksphoto.com; **3.16,** © Dr. John Cunningham/VU; **3.17,** reprinted from Xu X. et al., *Nature* **431:** 680–684, © 2004 Macmillan; **3.18,** redrawn from de Muizon C., *Nature* **413:** 259–260, © 2001 Macmillan; **3.19,** courtesy, Fisher Papers, Barr Smith Library, University of Adelaide; **3.21,** adapted from Eldredge N., *Darwin: Discovering the Tree of Life*, © 2005 W.W. Norton, New York, London.

第4章

4.0, Yellowstone hot spring, © Inga Spence/VU; **4.2,** © Kevin and Betty Collins/VU; **4.3,** reprinted from Buick R., *Paleobiology 2e*, Briggs D. et al., eds., p.14, © 2001 Blackwell Publishing; **4.4,** modified from Joyce G.F., *Nature* **418:** 214–221, © 2002 Macmillan; **4.6A,** photo courtesy of NASA; **4.8,** redrawn from Orgel L.E., *Trends Biochem. Sci.* **23:** 491–495, © 1998 Elsevier; **4.9,** photo courtesy of the Canadian Scientific Submersible Facility; **4.10,** redrawn from Hazen R.M., *Sci. Am.* **284:** 76–85, © 2001 Scientific American; **4.11,** redrawn from Lee D.H. et al., *Curr. Opin. Chem. Biol.* **1:** 491–496 © 1997 Elsevier; **4.12,** reprinted from Lewis R.J. et al., *Nature* **298:** 393–396, © 1982 Macmillan; **4.13A,B,** redrawn from Maynard Smith J. et al., *The Major Transitions in Evolution*, Figs. 4.1, 4.2, © 1998 Oxford University Press; **4.14A,** redrawn from Web source, no longer available; **4.14B,C,** adapted from Berg J.M. et al., *Biochemistry 5e*, Figs. 12.10, 12.12, © 2002 W.H. Freeman; **4.16A,B,** redrawn from Lodish H. et al., *Molecular Cell Biology*, Fig. 4.12, © W.H. Freeman; **4.17,** adapted from Alberts B. et al., *Molecular Biology of the Cell, 4e*, Figs. 6.92, 6.99, © 2002 Garland Science; **4.18,** redrawn from http://www.lpi.usra.edu/publications/MSR/Bada/ Fig3.GIF; **4.19A,B,** redrawn from Brown T.A., *Genomes 2e*, Fig. 15.3, © 2002 Wiley-Liss.

第5章

5.0, 70S ribosome, http://rna.ucsc.edu/rnacenter/ribosome_images. html; **5.1,** reprinted from Darwin C., *On the Origin of Species*; **5.10,** redrawn from Morrison C.L. et al., *Proc. R Soc. Lond. B* **269:** 345–350, © 2002 The Royal Society; **5.15,** redrawn from Whitaker R.H., *Science* **163:** 150–160, © 1969 AAAS; **5.17,** redrawn from Pace N.R., *Science* **276:** 734–740, © 1977 AAAS; **5.20A,B,** redrawn from Eisen J.A., *Genome Res.* **8:** 163–167, © 1998 CSHLP; **5.21,** redrawn from Brown J.R. et al., *Microbiol. Mol. Biol. Rev.* **61:** 456–502,

© 1997 American Society for Microbiology; **5.22C,D**, redrawn from Forterre P. et al., *Bioessays* **21:** 871–879, © 1999 Wiley-Liss, Inc.; **5.23A**, adapted from Penny D. et al., *Curr. Opin. Genet. Dev.* **9:** 672–677, © 1999 Elsevier; **5.23B**, redrawn from Doolittle W.F., *Sci. Am.* (Feb) 2000: 90–95, © Scientific American, Inc.; **5.24A**, redrawn from Eisen J.A., *Curr. Opin. Microbiol.* **3:** 475–480, © 2000 Elsevier; **5.24B**, redrawn from Huynen et al., *Science* **286:** 1443, © 1999 AAAS; **5.25**, modified from Rohwer F. et al., *J. Bacteriol.* **184:** 4529–4535, © 2002 ASM.

第6章

6.0 **left**, *Escherichia coli* 0157:h7, © Gary Gaugler/VU; **6.0 right**, *Methanococcus jannaschii*, © B. Boonyaratanakornkit, D.S. Clark, G. Vrodoljak/EM Lab, University of California, Berkeley/VU; **6.1A**, © Dr. David Phillips/ VU; **6.1B,C**, © Dr. Dennis Kunkel/VU; **6.1D**, © Gary Gaugler/VU; **6.1E**, © Tina Carvalho/VU; **6.1F**, © Gary Gaugler/VU; **6.1G**, © Science VU/VU; **6.1H**, © Dr. David Phillips/VU; **6.2 top**, © Arthur Siegelman/VU; **6.3A**, © Dr. Fred Hossler/ VU; **6.4 top, middle**, © Dr. Gopal Murti/VU; **6.6A**, http://www. uoguelph.ca/~gbarron/MISCELLANEOUS/ nov00.htm; **6.6B**, reprinted from Wang J. et al., *Appl. Environ. Microbiol.* **68:** 417–422, © 2002 ASM; **6.6C**, reprinted from Schulz H.N. et al., *Science* **284:** 493–495, © 1999 AAAS; **6.7 top**, http://uninews.unimelb.edu.au/mediaComms/Collage_C23_Jun14_fig3.jpg; **6.7 middle**, © B. Boonyaratanakornkit, D.S. Clark, G. Vrodoljak/EM Lab, University of California, Berkeley/VU; **6.7 bottom**, http://www.wissenschaft-online.de/sixcms/media.php/591/nanoarch2.102460.jpg, © Karl Stetter; **6.8 top**, reprinted from Pereiera S.L., *PNAS* **94:** 12633–12637, © 1997 NAS USA; **6.8 bottom**, source unknown; **6.9**, unattributable; **6.10**, redrawn from Embley T.M. et al., *Syst. Appl. Microbiol.* **16:** 25-29, © 1993 Elsevier; **6.11**, redrawn from Hugenholtz P., *Genome Biol.* **3:** reviews0003.1–0003.8, © 2002 BioMed Central; **6.13, 6.14**, redrawn from Amann R.I. et al., *Microbiol. Rev.* **59:** 143–169, © 1995 ASM; **6.16**, redrawn from Madigan M.T. et al., *Brock Biology of Microorganisms, 9e*, Figs. 5.12, 5.13, © 2000 Prentice Hall; **6.17**, adapted from Web source, no longer accessible; **6.18**, redrawn from Suhre K. et al., *J. Biol. Chem.* **278:** 17198–17202, © 2003 ASBMB; **6.19**, redrawn from Madigan M.T. et al., *Brock Biology of Microorganisms, 9e*, Fig. 5.19, © 2000 Prentice Hall; **6.20**, redrawn from Battista J.R. et al., *Trends Microbiol.* **7:** 362–365, © 1999 Elsevier; **6.21D**, Web source no longer available; **6.22**, redrawn from Whitmarsh J. et al., *Concepts in Photobiology: Photosynthesis and Photomorphogenesis*, Singhal G.S. et al., eds., Fig. 1, © 1999 Narosa Publishers and Kluwer Academic; **6.23**, adapted from Whitmarsh J. and Govindjee, *The Photosynthetic Process*, Fig. 6, http://www.life.uiuc.edu/govindjee/paper/fig6.gif and from Madigan M.T. et al., *Brock Biology of Microorganisms, 9e*, Fig. 13.6, © 2000 Prentice Hall; **6.24**, adapted from Madigan M.T. et al., *Brock Biology of Microorganisms, 9e*, Figs. 9.10, 9.11, © 2000 Prentice Hall; **6.25 top**, reprinted from http://www.ascidians.com/families/didemnidae/Lissoclinum_patella/lissoclinumpatella.htm; **6.25 bottom**, photo courtesy of Jacques Ravel; **6.27**, redrawn from Taga M.E. et al., *PNAS* **100:** 14549–14554, © 2003 NAS USA.

第7章

7.0, *Deinococcus radiodurans* genome, White O. et al., *Science* **286:** 1571–1577, © 1999 AAAS; **7.1**, adapted from Bentley S.D. et al., *Annu. Rev. Genet.* **38:** 771–791, © 2004 Annual Reviews, based on data from DOGS http://www.cbs.dtu.dk/databases/DOGS/; **7.2**, adapted from Brown T.A., *Genomes, 2e*, Fig 2.2, © 1999 Bios Scientific Publishers Ltd, by permission of Taylor & Francis Books U.K.; **7.4**, adapted from Ptashne M. et al., *Genes and Signals*, Fig. 1.2, © 2002 CSHLP, and from Brown T.A., *Genomes, 2e*, Fig. 2.20, © 1999 Bios Scientific Publishers Ltd, by permission of Taylor & Francis Books U.K.; **7.5**, redrawn from Moran N.A. et al., *Genome Biol.* **2:** research0054.1–0054.12, © 2001 Nancy A. Moran; **7.7**, redrawn from Welch R.A. et al., *PNAS* **99:** 17020–17024, © 2002 NAS USA; **7.8A–C, 7.9B–E**, modified from Helfman J. 1996. *Dotplot Patterns: A Literal Look at Pattern Languages, Theory and Practice of Object Systems (TAPOS)*, special issue on Patterns, V2(1), pp. 31–41 and Helfman J., *Similarity Patterns in Language, Proceedings of the 1994 IEEE Symposium on Visual Languages*, St. Louis, Missouri, pp. 173–175, October 1994; **7.11**, redrawn from Casjens S., *Annu. Rev. Genet.* **32:** 339–377, © 1998 Annual Reviews; **7.12**, redrawn from Barloy-Hubler F. et al., *Nucleic Acids Res.* **29:** 2747–2756, © 2001 Oxford University Press; **7.13**, redrawn from Wu M. et al., *PLoS Biol.* **2:** 0327, © 2004 Public Library of Science; **7.14A,B,C**, redrawn from Eisen J.A. et al., 2000. *Genome Biol.* **1:** research0011.1–0011.9, © 2000 BioMed Central Ltd; **7.15A**, Web source no longer available; **7.15B**, © Science VU/Visuals Unlimited; **7.16, 7.17**, adapted from Bushman F., *Lateral DNA Transfer*, Figs. 1.4, 1.3, © 2002 CSHLP; **7.18A**, © Science VU/VU; **7.19, 7.20**, adapted from Collignon P.J., *Med. J. Australia* **177:** 325–329, © 2002 Australasian Medical Publishing Co; **7.21**, adapted from Schmidt H. et al., *Clin. Microbiol. Rev.* **17:** 14–56, © 2004 ASM; **7.22**, redrawn from Lawrence J.G. et al., *J. Mol. Evol.* **44:** 383–397, © 1997 Springer; **7.23**, redrawn from Ochman H. et al. *Nature* **405:** 299–304, © 2000 Macmillan; **7.24, 7.25**, redrawn from Lerat E. et al., *PLoS Biol.* **3:** E130, © 2005 Public Library of Science; **7.26**, reprinted from Wu M. et al., *PLoS Genetics* **1:** e65, © 2005 Public Library of Science.

第8章

8.0, Liver cell, © Dr. Gopal Murti/VU; **8.1A**, © Dr. T.J. Beveridge/VU; **8.1B**, © Dr. Gopal Murti/VU; **8.1C,D**, adapted from Madigan M.T. et al., *Brock Biology of Microorganisms*, 9e, © 2000 Prentice Hall; **8.2A**, adapted from http://biology.kenyon.edu/courses/biol114/Chap01/chrom_struct.html; **8.4A**, adapted from Keeling P.J. et al., *Annu. Rev. Microbiol.* **56:** 93–116, © 2002 Annual Reviews; **8.4B**, redrawn from Phillippe H. et al., *Mol. Biol. Evol.* **17:** 830–834, © 2000 Oxford University Press; **8.5**, redrawn from Baldauf S.L. et al., *Science* **300:** 1703–1706, © 2003 AAAS; **8.6A**, © Jerome Paulin/VU; **8.6B,C**, © Wim van Egmond/VU; **8.6D**, © CSIRO Marine Research/VU; **8.6E**, © Joe Scott/VU; **8.6F**, © Dr. David M. Phillips/VU; **8.6G**, © Linda Sims/VU; **8.6H**, © Dr. Richard Kessel and Dr. Gene Shih/VU; **8.6I**, © Ken Lucas/VU; **8.7**, reprinted from Javaux E.J. et al., *Nature* **412:** 66–69, © 2001 Macmillan; **8.8**, redrawn from Marechal E. et al., *Trends Plant Sci.* **6:** 200–205, © 2001 Elsevier; **8.9**, adapted from Dyall S.D. et al., *Science* **304:** 253, © 2004 AAAS; **8.10**, redrawn from Gray M.W., *Curr. Opin. Genet. Dev.* **9:** 678–687, © 1999 Elsevier; **8.11A(a)**, © Michael Abbey/VU; **8.11A(b)**, © Dr. James W. Richardson/VU; **8.11A(c)**, © Dr. Philip Size/VU; **8.11A(d)**, © Michael Abbey/VU; **8.11B**, redrawn from Archibald J.M. et al., *Trends Genet.* **18:** 577–584, © 2002 Elsevier; **8.11C**, redrawn from Gilson P.R., *Genome Biol.* **2:** 1022.1–1022.5, © 2001 BioMed Central Ltd.; **8.12**, redrawn from Doolittle W.F., *Nature* **392:** 15–16, © 1998 Macmillan; **8.13**, redrawn from Akhmanova A. et al., *Nature* **396:** 527–528, © 1998 Macmillan; **8.14**, redrawn from Roger A.J. et al., *PNAS* **93:** 14618–14622, © 1996 NAS USA; **8.15A**, reprinted from Wang J. et al., *Appl. Environ. Microbiol.* **68:** 417–422, © 2002 ASM; **8.15B**, reprinted from Fuerst J.A. et al., *PNAS* **88:** 8184–8188, © 1991 NAS USA; **8.16**, modified from Lake J.A. et al., *PNAS* **91:** 2880–2881, © 1994 NAS USA; **8.17A**, modified from Brown T.A., *Genomes, 2e*, Fig 13.24, © 2002 Wiley-Liss Publishers; **8.17B**, based on Alberts B. et al., *Molecular Biology of the Cell, 4e*, Fig 5.34, © 2002 Garland Science; **8.18A**, adapted from Alberts B. et al., *Molecular Biology of the Cell, 4e*, Fig. 4.50, © 2002 Garland Science; **8.18B**, redrawn from Lin X. et al., *Nature* **402:** 761–768, © 1991 Macmillan; **8.19**, redrawn from International Human Genome Sequencing Consortium, *Nature* **409:** 860–921, © 2001 Macmillan; **8.20**, redrawn from Brown T.A., *Genomes, 2e*, Fig 2.26, © 2002 Wiley-Liss Publishers; **8.22**, modified from Lees-Miller J.P. et al., *Mol. Cell. Biol.* **10:** 1729–1742, © 1990 ASM; **8.24**, posttranslational modification section, modified from Seet B.T. et al., *Nat. Rev. Mol. Cell. Biol.* **7:** 473–483, © 2006 Macmillan.

第9章

9.0, Zebrafish embryo, photo courtesy of Nipam H. Patel; **9.1A,C,D**, photos courtesy of Aurora M. Nedelcu, University of New Brunswick; **9.1B**, M.J. Wynne, University of Michigan; **9.2, 9.3**, sources unknown; **9.5A**, redrawn from King N., *Dev. Cell.* **7:** 313–325, © 2004 Elsevier; **9.5B,D**, reprinted from Kent W.S., *A Manual of the Infusoria*, Plates 1V-13, X-2, © 1880, David Brogue, London; **9.5C**, photo courtesy of Nicole King, University of California, Berkeley; **9.6**, human figure, redrawn from da Vinci L., *Vitruvian Man*; alveoli, © Dr. Fred Hossler/VU; red blood cells, © Dr. David M. Phillips/VU; stomach, © Dr. Michael Webb/VU; small intestine, © Dr. Dennis Kunkel/ VU; skeletal muscle, © Science VU/VU; **9.8**, adapted from Reyer R.W., *Q. Rev. Biol.* **29:** 1–46, © 1954 University of Chicago Press; **9.9 left**, © Naylah Feanny/CORBIS; **9.9 right**, reprinted from Chan A.W.S. et al., *Science* **287:** 317–319, © 2000 AAAS; **9.10**, redrawn from deVillartay J.-P. et al., *Nat. Rev. Immunol.* **3:** 962–972, © 2003 Macmillan; **9.11**, modified from Alberts B. et al., *Molecular Biology of the Cell, 4e*, Fig. 7.59, © 2002 Garland Science; **9.12**, redrawn from http://homepages.strath.ac.uk/~dfs99109/Brain/Calcitoningene.gif; **9.13**, reprinted from Hall A., *Science* **279:** 509–514, © 1998 AAAS; **9.14A,B,C**, adapted from Web source, no longer available; **9.14D**, modified from www.northland.cc.mn.us/biology/AP2Online/Fall2001/Nervous/images/motor_sensory_neuron.gif; **9.15**, adapted from Stewart T.A. et al., *PNAS* **78:** 6314–6318, © 1981 NAS USA; **9.19 left**, photo courtesy of Nipam H. Patel; **9.19 middle**, photo courtesy of Nipan H. Patel; **9.19 right**, © James R. McCullagh/VU; **9.20**, photos courtesy of Nipam H. Patel; **9.21 A,B,D,E,F**, photos courtesy of Nipam H. Patel; **9.21C**, © Alex Kerstitch/VU; **9.21G,I**, © Tom Adams/VU; **9.21H**, © James McCullagh/VU; **9.22A–D**, photos courtesy of Nipam H. Patel; **9.22E**, © Steven Haddock, haddock@lifesci.ucsb.edu; **9.22F**, © Erling Svenson; **9.22G**, © Dr. James Castner/VU; **9.23A**, redrawn from www.devbio.com/images/ch11/1101fig1.jpg; **9.23B**, redrawn from www.ls.berkeley.edu/images/divisions/bio/gallery_mcb/fish_embryo>lg.jpg, © Sharon Amacher; **9.23C top**, © Mike Noren; **9.23C bottom**, redrawn from Parichy D.M., *Heredity* **97:** 200–210 © Macmillan; **9.24**, photo courtesy of Nipam H. Patel; **9.25**, modified from McManus M.T. et al., *Nat. Rev. Genet.* **3:** 737– 747, © 2002 Macmillan; **9.26A–C**, modified from Lai E.C. et al., *Dev. Biol.* **269:** 1–17, © 2004 Elsevier; **9.26D–F**, reprinted from Roegiers F. et al., *Nat. Cell. Biol.* **3:** 58–67, © 2001 Macmillan; **9.27 top**, redrawn from Hall D.H. et al., C. elegans *Atlas*, Fig. 8.27B, © CSHLP; **9.27 bottom**, redrawn from www.wormatlas.org/handbook/reproductivesystem/reproductivesystem1.htm.

第10章

10.0, de la Beche, *Duria Antiquor—A More Ancient Dorsetshire*, National Museum of Wales; **10.1**, based on data in Gradstein F. et al., *A Geologic Time Scale*, © 2004 Cambridge University Press; **10.2**, adapted from Smith A.B., *Systematics and the Fossil Record*, p. 62, © 1994 Blackwell Publishing; **10.3**, reprinted from Ostrom J.H., *Bulletin of the Peabody Museum of Natural History*, frontispiece, © 1969 Linda Hall Library; **10.4**, adapted from Wegener A., *Die Entstehung der Kontinente und Ozeane*, © 1915; **10.5A,B**, adapted from Hill R.S. et al., *Palaeobiology 2*, p. 457, © 2001 Blackwell Publishing; **10.5C**, photo courtesy of Joy and Bob Coghlan, Australian Plants Society Tasmania Inc; **10.7A**, photo courtesy of Dr. Shuhai Xiao, Virginia Polytechnic Institute; **10.7B,C**, reprinted from Yuan X. et al., *Doushantuo Fossils: Life on the Eve of Animal Radiation*, pp. 95, 88, © 2002 University of Science and Technology of China Press; **10.8**, reprinted from Bengtson S. et al., *Science* **277:** 1645–1648, © 1997 AAAS; **10.9**, adapted from Selden P.A. et al., *Evolution of Fossil Ecosystems*, p. 10, © 2004 Manson, London; **10.10 top**, redrawn from Fedonkin M.A. et al., *Nature* **388:** 868–871, © 1997 Macmillan; **10.10 bottom**, photo courtesy of Derek Briggs; **10.11**, photo courtesy of Yale Peabody Museum; **10.12**, reprinted from Bengston S. et al., *Science* **257:** 367–369, © 1992 Macmillan; **10.13**, adapted from Fortey R.A., *Fossils: The Key to the Past, 2e*, p. 150, © 1991 Natural History Museum, London; **10.14 left**, modified from Selden P.A. et al., *Evolution of Fossil Ecosystems*, p. 20, © 2004 Manson, London; **10.14 right**, reprinted from Whittington H.B., *The Burgess Shale*, p.12, © 1985 Yale University Press; **10.15**, modified from Briggs D., *Am. Sci.* **19:** 130–141, © 1991 Sigma Xi, The Scientific Research Co.; **10.16**, adapted from original drawing by Susan Butts, based on design by Matthew Wills; **10.17**, adapted from Blaxter M., *Nature* **413:** 121–122, © 2001 Macmillan; **10.18**, reprinted from Shu D.G. et al., *Nature* **421:** 526–529, © 2003 Macmillan; **10.19**, adapted from Benton M.J., *Palaeobiology 2*, Briggs D. et al., eds., p. 215, © 2001 Blackwell Publishing; **10.20A,C**, adapted from Gould S.J., *Wonderful Life*, p. 46, © 1989 Norton; **10.20B,D**, adapted from Wills M.A. et al., *BioEssays* **22:** 1142–1152, © 2000 John Wiley & Sons; **10.21**, modified from Cracraft J. et al., eds., *Assembling the Tree of Life*, p. 505, © 2004 Oxford University Press; **10.22**, MacNaughton R.B. et al., *Geology* **30:** 391–394, © 2001 Geological Society of America, photo courtesy of Robert MacNaughton, Geological Survey of Canada; **10.23A,B**, reprinted from Wilson H.M. et al., *J. Paleontol.* **78:** 169–184, © 2004 Paleontological Society; **10.23C**, adapted from Gray J. et al., *Am. Sci.* **80:** 444–456, © 1992 Sigma Xi, The Scientific Research Co.; **10.24**, adapted from McKerrow W.S., *An Illustrated Guide*, p. 132, © 1978 MIT Press; **10.25**, adapted from Selden P.A. , *Palaeobiology 2*, Briggs D. et al., eds., p. 73, © 2001 Blackwell Publishing; **10.26**, adapted from Willis K.J. et al., *The Evolution of Plants*, p. 58, © 2002 Oxford University Press; **10.27**, adapted from Selden P.A., et al., *Evolution of Fossil Ecosystems*. p. 50, © 2004 Manson, London; **10.28**, adapted from Dimichele W.A., *Palaeobiology 2*, Briggs D. et al., eds., p. 79, © 2001 Blackwell Publishing; **10.29**, adapted from Coates M., *Palaeobiology 2*, Briggs D. et al., eds., p. 75, © 2001 Blackwell Publishing; **10.30 top**, modified from Engel M.S. et al., *Nature* **427:** 627–630, © 2004 Macmillan; **10.30 bottom**, reprinted from Engel M.S. et al., *Nature* **427:** 627–630, © 2004 Macmillan; **10.31**, reprinted from Benton M.J., *The Book of Life*, p. 23, © 1993 Hutchinson; **10.32**, reprinted from Mayr G. et al., *Science* **310:** 1483–1486, © 2005 AAAS; **10.33A**, reprinted from Xu X. et al., *Nature* **421:** 335–340, © 2003 Macmillan; **10.33B**, reprinted from Chang M.M., ed., *The Jehol Biota*, p. 124, © 2003 Shanghai Scientific; **10.34**, modified from Ridley M., *Evolution*, p. 562, © 1996 Blackwell Publishing; **10.35**, adapted from Sepkoski J.J., *Paleobiology* **10:** 246–267, © 1984 Paleontological Society; **10.36**, adapted from Taylor P.D., ed., *Extinctions in the History of Life*, p. 14, © 2004 Cambridge University Press; **10.37**, © John Sibbick; **10.38**, adapted from Benton M.J., *When Life Nearly Died*, pp. 182, 118, © 2003 Thames and Hudson; **10.39**, modified from the Intergovernmental Panel on Climate Change (IPCC) report, Climate Change 2001: The Scientific Basis, Web source, no longer available.

第11章

11.0, *Hox* gene mRNA expression in crustacean embryo, Danielle Liubicich and Nipam H. Patel; **11.1**, Nipam H. Patel; **11.2**, redrawn from Gilbert S.E., *Developmental Biology, 6e*, p. 366, © 2000 Sinauer Associates; **11.3A**, modified from Lawrence P.A., *The Making of a Fly. The Genetics of Animal Design*, p. 112, © 1992 Blackwell Science; **11.3B**, Nipam H. Patel; **11.4**, image courtesy of Flybase http://flybase.org, credit Rudi Turner, Indiana University; **11.5B**, redrawn from http://www.biosci.ki.se/groups/tbu/homeo.html; **11.6**, modified from Carroll S.B. et al., *From DNA to Diversity: Molecular Genetics and the Evolution of Animal Design, 2e*, p. 115, © 2005 Blackwell Publishing; **11.7**, redrawn from Gilbert S.E., *Developmental Biology, 6e*, p. 366, © 2000 Sinauer Associates; **11.8A**, modified from Ramirez-Solis R. et al., *Cell* **73:** 279–294, © 1993 Elsevier; **11.8B**, modified from Wellik D.M. et al., *Science* **301:** 363–367, © 2003 AAAS; **11.9A–C**, Nipam H. Patel; **11.9D–F**, modified from Carroll S.B. et al., *From DNA to Diversity: Molecular Genetics and the Evolution of Animal Design, 2e*, p. 148, © 2005 Blackwell Publishing; **11.10A–C**, Nipam H. Patel; **11.11A-H**, Nipam H. Patel; **11.12**, adapted from Carroll S.B. et al., *From DNA to Diversity: Molecular Genetics and the Evolution of Animal Design, 2e*, p. 155, © 2005 Blackwell

Publishing; **11.13**, Nipam H. Patel; **11.14**, Nipam H. Patel; **11.15**, redrawn from Lewis D.L. et al., *PNAS* **97:** 4504–4509, © 2000 NAS USA; **11.16, 11.17, 11.18**, modified from Averof M. et al., *Nature* **388:** 682–686, © 1997 Macmillan; **11.19**, based on Stern D.L., *Nature* **396:** 463–466, © 1998 Macmillan; **11.20A**, redrawn from http://www.beesies.nl/stekelbaarsje.htm; **11.20B**, redrawn from http://mednews.stanford.edu/mcr/archive/2004/04_21_04.html; **11.20C**, redrawn from http://www.speciesatrisk.gc.ca/search/speciesDetails_e.cfm?SpeciesID=554; **11.20D**, redrawn from Bell M. et al., *The Evolutionary Biology of the Three Spine Stickleback*, pp. 1–27, © 1994 Oxford University Press; **11.22**, redrawn from Peichel C.L. et al., *Nature* **414:** 901–905, © 2001 Macmillan and also Shapiro M.D. et al., *Nature* **428:** 717–723, © 2004 Macmillan; **11.23A**, reprinted from Logan M. et al., *Development* **125:** 2825–2835, © 1998 Company of Biologists Ltd; **11.23B,C**, Lanctot C. et al., *Development* **126:** 1805–1810, © 1998 Company of Biologists Ltd; **11.23D**, Marcil A. et al., *Development* **130:** 4555, © 1998 Company of Biologists Ltd; **11.24**, Shapiro M. et al., *Nature* **428:** 717–723, © 2004 Macmillan; **11.25**, photo by John Doebley; **11.26**, Nipam H. Patel, photo by John Doebley; **11.27**, modified from Doebley J. et al., *PNAS* **87:** 9888–9892, © 1990 John Doebley; **11.28**, reprinted from Doebley J., *Annu. Rev. Genet.* **38:** 37–59, © 2004 Annual Reviews; **11.29**, reprinted from Hubbard L. et al., *Genetics* **162:** 1927–1935, © 2002 GSA; **11.30**, modified from http://teosinte.wisc.edu; **11.31**, reprinted from Jaenicke-Despre V. et al., *Science* **302:** 1206–1208, © 2003 AAAS; **11.32A**, Julia Serrano; **11.32B**, courtesy of Maria del Pilar Gomez and Enrico Nasi; **11.32C**, Nipam H. Patel; **11.32D**, BIODIDAC, biodidac.bio.uottawa.ca; **11.32E,F**, modified from Gehring W.J., *J. Hered.* **96:** 171–184, © 2005 Oxford University Press; **11.33A**, Halder G. et al., *Science* **267:** 1788–1792, ©1995 AAAS; **11.33B**, Gehring W.J., *J. Hered.* **96:** 171–184, © 2005 Oxford University Press.

第12章

12.0, *Escherichia coli* chromosome, reprinted from Cairns J.P., *Cold Spring Harbor Symp. Quant. Biol.* **28:** 44, © 1963 CSHLP; **12.2**, based on Lodish H., *Molecular Cell Biology*, Fig. 8.4, © W.H. Freeman; **12.3B**, modified from Griffiths A.J.F. et al., *Modern Genetic Analysis, 2e*, Fig. 12.4, © 1999 W.H. Freeman; **12.4**, source generated by author, using the MUMMER program, Comprehensive Microbial Resource; **12.6**, modified from http://www.uic.edu/classes/bms655/lesson9.html, Fig. 8; **12.7**, adapted from Madigan M.T. et al., *Brock Biology of Microorganisms, 8e*, Fig. 6.17, © 2006 Pearson Prentice Hall; **12.8A**, modified from Griffiths A.J.F. et al., *Modern Genetic Analysis, 2e*, Fig. 10.6, © 1999 W.H. Freeman; **12.8B**, redrawn from Gardner E.J. et al., *Principles of Genetics, 5e*, © 1984 John Wiley & Sons; **12.9**, modified from Goldstein D.B. et al., *Microsatellites: Evolution and Applications*, © 1999 Oxford University Press; **12.10**, adapted from Friedberg E.C., *DNA Repair*, © 1985 W.H. Freeman; **12.11**, modified from Nelson D.L. et al., *Lehninger Principles of Biochemistry, 3e*, Fig. 10.34, © 2000 Worth Publishers; **12.12**, redrawn from Griffiths A.J.F. et al., *Modern Genetic Analysis, 2e*, Fig. 8.16 © 1999 W.H. Freeman; **12.13A**, modified from Brown T.A., *Genomes, 2e*, Fig. 14.19, © 1999 Wiley-Liss; **12.13B**, redrawn from Watson J.D. et al., *Molecular Biology of the Gene, 3e*, © 1976 W.A. Benjamin; **12.13C**, adapted from Alberts B. et al., *Essential Cell Biology*, Fig. 6.30, © 1998 Garland Publishing; **12.14**, adapted from Alberts B. et al., *Essential Cell Biology*, Fig. 6.18, © 1998 Garland Publishing; **12.15**, Lodish H., *Molecular Cell Biology*, Fig. 12.24, © W.H. Freeman; **12.16A–D**, adapted from http://www.medgen.ubc.ca/wrobinson/mosaic/tri_how.htm; **12.17A**, redrawn from Griffiths A.J.F. et al., *An Introduction to Genetic Analysis, 8e*, Fig. 15.24, © 2005 W.H. Freeman; **12.17B**, redrawn from Griffiths A.J.F. et al., *Introduction to Genetic Analysis, 8e*, Fig. 15.23, © 2005 W.H. Freeman; **12.18A**, http://www.ncbi.nlm.nih.gov/books/bv.fcgi?rid=cooper.figgrp.823; **12.18B**, Strachan T. et al., *Human Molecular Genetics*, Figs. 9.7, 9.8, © 1999 Garland Science; **12.19**, modified from Griffiths A.J.F. et al., *Modern Genetic Analysis, 2e*, Fig. 8.16, © 1999 W.H. Freeman; **12.21**, Web source, no longer available; **12.22**, reprinted from Baron S., *Medical Microbiology, 4e*, Fig. 5.4, © 1996 University of Texas Medical Branch; **12.23**, modified from Sniegowski P. et al., *BioEssays* **22:** 1057–1066, © 2000 John Wiley & Sons; **12.24B**, modified from Griffiths A.J.F. et al., *An Introduction to Genetic Analysis, 8e*, Fig. 4.6, © 2005 W.H. Freeman; **12.24C**, modified from Griffiths A.J.F. et al., *An Introduction to Genetic Analysis, 8e*, Fig. 4.9, © 2005 W.H. Freeman; **12.25**, based on http://www3.niaid.nih.gov/news/focuson/flu/illustrations/antigenic/antigenicshift.htm.

第13章

13.0, *Colias* phosphoglucose isomerase, redrawn from Wheat C.W. et al., *Mol. Biol. Evol.* **23:** 499–512, © 2005 Oxford University Press; **13.4**, adapted from Carlson E., *Mendel's Legacy: The Origin of Classical Genetics*, p. 188, © 2004 CSHLP; **13.5A**, adapted from material supplied by Peter Mordan, Natural History Museum, London; **13.5B**, redrawn from Jong P.W. et al., *J. Exp. Biol.* **199:** 2655–2666, © 1996 Company of Biologists Ltd., and other sources; **13.7**, photo courtesy of Nipam H. Patel; **13.9**, modified from Vogel F. et al., *Human Genetics: Problems and Approaches, 3e*, Fig. 12.4, courtesy of U. Barthe-Witte, © 1997 Springer-Verlag; **13.10**, redrawn from Valdes A.M. et al., *Genetics* **133:** 737–749, © 1993 GSA; **13.11, 13.14**, adapted from Aquadro C.F. et al., *Genetics* **114:** 1165–1190, © 1986 GSA; **13.15A**, reprinted from Hubby J.L. et al., *Genetics* **54:** 577–594, © 1966 GSA; **13.15B**, reprinted from Patil N. et al., *Science* **294:** 1719–1723, © 2001 AAAS; **13.15C**, courtesy of Mark Blaxter, IEB, University of Edinburgh; **13.15D**, data supplied by Silvia Perez-Espona; **13.16**, adapted from Nevo E. et al., in *Lecture Notes in Biomathematics*, Levin S., ed., *V 53: Evolutionary Dynamics of Genetic Diversity*, Mani G.S., ed., pp. 23, 25, © 1984 Springer-Verlag; **13.17A,B**, modified from Lynch M. et al., *Science* **302:** 1401–1404, © 2003 AAAS; **13.18**, © Richard Herrmann/VU; **13.19**, photo courtesy of Ian Stevenson; **13.20**, redrawn from Gillespie J.H., *The Causes of Molecular Evolution*, Fig. 1.17, © 1991 Oxford University Press; data from Nei M. et al., *Evol. Biol.* **17:** 73–118, © 1984 Kluwer Academic Publishers; **13.21**, modified from Cargill M. et al., *Nat. Genet.* **22:** 231–238, © 1999 Macmillan; **13.22**, modified from Livingston R.J. et al., *Genome Res.* **14:** 1821–1831, © 2004 CSHLP; **13.23**, redrawn from The International SNP Map Working Group, *Nature* **409:** 928–933, © 2001 Macmillan; **13.24**, drawn from data from Table 2 in The International SNP Map Working Group. *Nature* **409:** 928–933, © 2001 Macmillan; **13.26A,B**, modified from Kimura M., *The Neutral Theory of Molecular Evolution*, Figs. 4.2, 4.4, © 1983 Cambridge University Press; **13.28A,B**, modified from Sibley C.G. et al., *Sci. Am.* **254:** 82–93, © 1986 Scientific American; **13.29**, redrawn from Kimura M., *Philos. Trans. R. Soc. Lond. B* **312:** 343–354, © 1986 The Royal Society; **13.31**, redrawn from Dobzhansky T. et al., *Genetics* **23:** 28–64, © 1938 GSA; **13.32**, modified from Sebat J. et al., *Science* **305:** 525–528, © 2004 AAAS; **13.33**, reprinted from Eichler E.E. et al., *Science* **301:** 793–797, © 2003 AAAS.

第14章

14.0, Dog breeds, © Carolyn A. McKeone/PR; **14.1**, redrawn from Rutherford S., *Nat. Rev. Genet.* **4:** 263–274, © 2003 Macmillan; **14.2A**, graph, modified from Quackenbush J., *Nat. Rev. Genet.* **2:** 418–427, © 2001 Macmillan; **14.2A**, photo, courtesy of U.S. Dept. of Energy Genomics: GTL Program; **14.2B**, graph, redrawn from Falconer D.S. et al., *Introduction to Quantitative Genetics*, Fig. 6.2C, © 1995 Longman, London; **14.2B**, illustration, redrawn from Patterson J.T., *Studies in the Genetics of Drosophilae of the Southwest*, Plate 1V, © 1943 University of Texas; **14.2C**, graph, redrawn from Berthold P., *Bird Migration: A General Study*, Fig. 7.3, © 2001 Oxford University Press; **14.2C**, photo, © Johann Oli Hilmarsson; **14.3, 14.5A**, data from Powers L., *Biometrics* **6:** 145–163, © 1950 International Biometric Society; **14.5B**, data courtesy of Sara Via, University of Maryland; **14.5C,** data from Pearson K. et al., *Biometrika* **2:** 357–462, © 1903 Biometrika Trust, University College London; **14.9A,B,** redrawn from Clark A.G. et al., *Genetics* **147:** 157–164, © 1997 GSA; **14.11, 14.12,** based on data from Allison A.C., *Ann. Hum. Genet.* **21:** 67, © 1956 Cambridge University Press, and Allison A.C., *Council for International Organisations for Medical Science Symposium on Abnormal Haemoglobins,* © 1964 Blackwell Publishing; **14.15,** redrawn from McClearn G.E. et al., *Science* **276:** 1560–1563, © 1997 AAAS; **14.19,** redrawn from Mousseau T.A. et al., *Heredity* **59:** 181–198, © 1987 Macmillan; **14.20A,B,** reprinted from Gibson G. et al., *BioEssays* **22:** 372–380, © 2000 John Wiley & Sons; **14.23A–D,** redrawn from Weber K. et al., *Genetics* **153:** 773–786, © 1999 GSA; **14.25, 14.26,** reprinted from Frary A. et al., *Science* **289:** 85–88, © 2000 AAAS; **14.27A,B,** redrawn from Stam L.F. et al., *Genetics* **144:** 1559–1564, © 1996 GSA; **14.28,** redrawn from Barton N.H. et al., *Nat. Rev. Genet.* **3:** 11–21, © 2002 Macmillan; **14.29A,** redrawn from Hayes B. et al., *Genet. Sel. Evol.* **33:** 209–230, © 2001 EDP Sciences; **14.29B,** redrawn from Shrimpton A.E. et al., *Genetics* **118:** 445–459, © 1988 GSA; **14.30,** redrawn from Azevedo R.B.R. et al., *Genetics* **162:** 755–765, © 2002 GSA.

第15章

15.0, Genetic drift; **15.3A–C,** redrawn from Buri P., *Evolution* **10:** 367–402, © 1956 Society for the Study of Evolution; **15.4,** redrawn from Clayton G.A. et al., *J. Genet.* **55:** 131–151, © 1957 Indian Academy of Sciences; **15.9,** data courtesy of Leigh-Brown A.J., Centre for HIV Research, University of Edinburgh; **15.12B,C,** redrawn from Derrida B. et al., *Phys. Rev. Lett.* **82:** 1987–1990, © 1999 American Physical Society; **15.15,** reprinted from Patel N. et al., *Science* **294:** 1719–1723, © 2001 AAAS; **15.16,** modified from Maynard Smith J., *Annu. Rev. Ecol. Syst.* **21:** 1–12, © 1990 Annual Reviews; **15.18,** from data in Stephens J.C. et al., *Am. J. Hum. Genet.* **62:** 1507–1515, © 1998 University of Chicago Press; **15.19,** modified from Phillips M.S. et al., *Nat. Genet.* **33:** 382–387, © 2003 Macmillan; **15.20A,B,** redrawn from Reich D.E. et al., *Nat. Genet.* **32:** 135–142, © 2002 Macmillan.

第16章

16.0, Glanville fritillary, courtesy of Tapio Gustafsson; **16.1A,** adapted from material supplied by Peter B. Mordan, Natural History Museum London; **16.1B,C,** adapted from Ochman H. et al., *PNAS* **80:** 4189–4193, © 1983 Ochman et al.; **16.4A,** reprinted from Dobzhansky T.G., *Dobzhansky's Genetics of Natural Populations,* Fig. 37, © 1981 Columbia University Press; **16.4B,** drawn from data in Dobzhansky T.G. et al., *Genetics* **28:** 304–340, © 1943 GSA; **16.5,** photo courtesy of Nicholas Barton; **16.10,** redrawn from Morjan C.L. et al., *Mol. Ecol.* **13:** 1341–1356, © 2003 Blackwell; **16.16,** redrawn from Hewitt G., *Nature* **405:** 907–913, © 2000 Macmillan; **16.17A,B,** adapted from Avise J.C., *Molecular Markers, Natural History and Evolution,* pp. 243, 244, © 1994 Chapman & Hall; **16.18A,** photo courtesy of Darren E. Irwin, University of British Columbia; **16.18B,C,** redrawn from Irwin D.E., *Evolution* **56:** 2383–2394, © 2002 Society for the Study of Evolution; **16.19A,** photo courtesy Josephine Pemberton, University of Edinburgh; **16.19B,C,** drawn from data from Goodman S.J. et al., *Genetics* **152:** 355–371, © 1999 GSA.

第17章

17.0, Deepsea tubeworms, © Science VU/VU; **17.2A–C,** redrawn from Lehman N. et al., *Curr. Biol.* **3:** 723–734, ©1993 Elsevier; **17.3A,** courtesy Louise Matthews, CTVM Edinburgh; **17.3B,** modified from Woolhouse M. et al., *Nature* **411:** 258–259, © 2001 Macmillan; **17.4,** courtesy CSHL Archives; **17.7A,** NASA/JPL/Malin Space Science Systems; **17.7B,** image from Journal of Chemical Education software; **17.7C,** © Dr. Harold Fisher/VU; **17.7D,** reprinted from Hofer T. et al., *Proc. R. Soc. Biol. Sci.* **259:** 249–257, © 1995 Royal Society; **17.8,** © Ken Lucas/VU; **17.10,** Museum Boijmans-van Beuningen, Rotterdam; **17.11,** adapted from Bell G., *Selection: The Mechanism of Evolution,* © 1997 Chapman and Hall, with permission of Springer Science and Business Media; **17.13,** Redrawn from Koza J.R. et al., *Evolution as Computation,* Figs. 6, 9, 10, 13, © 2002 with permission of Springer Science and Business Media; **17.18,** © Rob and Ann Simpson/VU, © Leroy Simon/VU; **17.22,** redrawn from White M.J.D., *Modes of Speciation.* Fig. 16, © 1978 W.H. Freeman; **17.23A,B,** modified from Schappert P., *A World For Butterflies: Their Lives, Behavior and Future,* p. 98, © 2000 Key Porter Books, photo by John Lightfoot, Light Art & Design Inc.; **17.24A,** reprinted from Grant P.R. et al., *Science* **313:** 224, photo courtesy of B. Rosemary Grant; **17.24B,** photo, © D. Parer and E. Parer-Cook; **17.24C,D,** reprinted from Grant P.R. et al., *Science* **313:** 224, photo courtesy of B. Rosemary Grant; **17.25, 17.26,** redrawn from Grant P., *The Ecology and Evolution of Darwin's Finches,* Figs. 55, 56, 60, © 1986 Princeton University Press; **17.27B,** data from Moore A.J., *Evolution* **44:** 315–331, © Society for the Study of Evolution; **17.29A,** photos by John Doebley; **17.29B right,** © Beth Davidow/VU; **17.29B left,** © Inga Spence/VU; **17.30,** modified from Gingerich P.D., *Science* **222:** 159–161, © 1983 AAAS; **17.31A,** redrawn from Dudley J. et al., *Plant Breeding Reviews,* V. 24, Part 1, © 2004 John Wiley & Sons; **17.31B,** redrawn from Barton N.H. et al., *Nat. Rev. Genet.* **3:** 11–21, © 2002 Macmillan; **17.32,** redrawn from Lenski R.E. et al., *PNAS* **91:** 6608–6618, © 1994 NAS USA; **17.33,** redrawn from Barton N.H. et al., *Nat. Rev. Genet.* **3:** 11–21, © 2002 Macmillan; **17.34,** redrawn from Yoo B.H., *Genet. Res.* **35:** 1–17, © Cambridge Unversity Press; **17.35,** redrawn from Clegg M.T. et al., *Genetics* **83:** 793–810, © 1976 GSA; **17.36A,** P&A Macdonald/SNH; **17.36B,** redrawn from Berry R. et al., *J. Zool.* **225:** 615–632, © 1991 Zoological Society of London.

第18章

18.0, Trelogan mine clines, photo courtesy of Janis Antonovics, University of Virginia; **18.3,** Web source, no longer available; **18.4,** modified from Vogel F. et al., *Human Genetics: Problems and Approaches,* Fig. 12.19, © 1997 Springer; **18.5A,B,** redrawn from Cooper V.S. et al., *Nature* **407:** 736–739. © 2000 Macmillan; **18.5C,** redrawn from Lenski R.E. et al., *PNAS* **91:** 6608–6618, © 1994 NAS USA; **18.5D,** redrawn from Cooper V.S. et al., *J. Bacteriol.* **183:** 2834–2841, © 2001 ASM; **18.10A–D,** redrawn from Shigesada N. et al., *Biological Invasions,* Figs. 2.1, 2.11, © 1997 Oxford University Press; **18.11,** modified from McCaskill J.S. et al., *PNAS* **90:** 4191–4195, © 1993 NAS USA; **18.12,** reprinted from Nachman M.W. et al., *PNAS* **100:** 5268–5273, © 2003 NAS USA; **18.13A,** © Rudolf Svensen; **18.13B,C,** Christiansen F.B., *Lecture Notes in Biomathematics: Measuring Selection in Natural Populations,* Christiansen and Fenchel, eds., **19:** 21–49, © 1977 Springer Verlag; **18.14A,** photo courtesy of Janis Antonovics, University of Virginia; **18.14B,** redrawn from McNeilly T., *Heredity* **23:** 99–108, © 1968 Macmillan; **18.15,** redrawn from Lenormand T. et al., *Nature* **400:** 861–864, © 1999 Macmillan; **18.16A,B,** photos courtesy of Nick Barton; **18.16C,** redrawn from Barton N.H. et al., *Nature* **341:** 497–503, © 1989 Macmillan; **18.16D,** photo courtesy of Nick Barton; **18.17,** modified from Mallet J.L.B. et al., *Evolution* **43:** 421–431, © 1989 Society for the Study of Evolution; **18.18,** photo courtesy of Walt and Mimi Miller; **18.19,** redrawn from Lu Y., *J. Mol. Evol.* **57:** 784–793, © 2002 Springer-Verlag; **18.20,** photo courtesy of Nipam H. Patel; **18.21A–C,** reprinted from Rainey R.B. et al., *Nature* **394:** 69-72, © 1998 Macmillan; **18.23,** redrawn from Bell G., *Selection: The Mechanism of Evolution,* p. 550, © 1997 Chapman and Hall; **18.24A,** http://www.esg.montana.edu/aim/taxa/mollusca/pag1044b.jpg; **18.24B,C,** redrawn from Lively C.M. et al., *Nature* **405:** 679–691, © 2000 Macmillan; **18.24D,** redrawn from Dybdahl M.F. et al., *Evolution* **52:** 1057–1066, © 1998 Society for the Study of Evolution; **18.25,** redrawn from Jenkins G.M. et al., *Mol. Biol. Evol.* **18:** 987–994, © 2001 Oxford University Press; **18.27A,** photo courtesy of Kathie Miller, www.soayfarms.com; **18.27B,C,** redrawn from Coltman D.W. et al., *Evolution* **53:** 1259-1267, © 1999 Society for the Study of Evolution; **18.28A,** photo courtesy of Tari Haahtela; **18.28B,C,** redrawn from Saccheri I. et al., *Nature* **392:** 491–494, © 1998 Macmillan; **18.30,** redrawn from Crnokrak P. et al., *Evolution* **56:** 2347– 2358, © 1999 Society for the Study of Evolution.

第19章

19.0, Barn swallows, photo courtesy of Matthew Evans, University of Exeter in Cornwall; **19.1A,** modified from Thatcher J.W. et al., *PNAS* **95:** 253–257, © 1998 NAS USA; **19.1B,** modified from Fowler K. et al., *Proc. R. Soc. Lond. B* **264:** 191–199, © 1997 Royal Society; **19.2,** modified from Giaever G. et al., *Nature* **418:** 387–391, © 2002 Macmillan; **19.3A,** modified from van Delden W. et al., *Genetics* **90:** 161–191, © 1978 GSA; **19.3B,** modified from Berry A. et al., *Genetics* **134:** 869–893, © 1993 GSA; **19.4,** modified from Ridley M., *Evolution, 1e,* p. 77, © 1993 Blackwell; **19.5,** modified from Rozenzweig R.F., *Genetics* **137:** 903–917, © 1994 GSA; **19.6A,** © Gary Meszaros/VU; **19.6B,** modified from Bell G., *Proc. R. Soc. Lond. B* **224:** 223–265, © 1985 Royal Society; **19.7,** modified from Schluter D., *Evolution* **42:** 849–861, © 1988 Society for the Study of Evolution; **19.8A,** modified from Merila J. et al., *Genetica* **112–113:** 199–222, © 2001 Springer; **19.8B,** photo courtesy of Dr. Loeske Kruuk; **19.9A,** photo courtesy of Matthew Evans, University of Exeter in Cornwall; **19.9B,** redrawn from Rowe L.V. et al., *Behav. Ecol.* **12:** 157–163, © 2001 Oxford University Press; **19.10A,** redrawn from Kingsolver J.G. et al., *Am. Naturalist* **157:** 245–261, © 2001 University of Chicago Press; **19.10B,** redrawn from Butlin R.K. et al., *Philos. Trans. R Soc. Lond. B* **334:** 297–308, © 1991 Royal Society; **19.11,** data from Kimura M., *The Neutral Theory of Molecular Evolution,* © 1983 Cambridge University Press; **19.12,** modified from Gillespie J.H., *The Causes of Molecular Evolution,* © 1991 Oxford University Press; **19.13,** redrawn from Yang Z. et al., *Mol. Biol. Evol.* **17:** 1446–1455, © 2000 Oxford University Press; **19.14,** redrawn from Kimura M., *The Neutral Theory of Molecular Evolution,* Fig. 8.3, © 1983 Cambridge University Press; **19.16,** modified from Skibinski D.O.F. et al., *Genetics* **135:** 233–248, © 1993 GSA; **19.17C,** redrawn from Kim Y. et al., *Genetics* **160:** 765–777, © 2002 GSA; **19.18,** modified from Harr B. et al., *PNAS* **99:** 12949–12954, © 2002 NAS USA; **19.20,** data from Baudry E. et al., *Genetics* **158:** 1725–1735, © 2001 GSA; **19.21A,** modified from Andolfatto P. et al., *Genetics* **158:** 657–665, © 2001 GSA; **19.21B,** modified from Hudson R.R. et al., *Philos. Trans. R. Soc. Lond. B* **349:** 19–23, © 1995 Royal Society; **19.22,** redrawn from Richman A., *Mol. Ecol.* **9:** 1953–1964, © 2000 Blackwell, and references therein; **19.23,** redrawn from Charlesworth D., *Curr. Biol.* **12:** R424–R426, © 2002 Elsevier; **19.24A,** photo courtesy of Jeffrey L. Feder, University of Notre Dame; **19.24B,** redrawn from Stolz U. et al., *PNAS* **100:**14955–14959, © 2003 NAS USA; **19.25,** redrawn from Akashi H., *Curr. Opin. Genet. Dev.* **11:** 660–666, © 2001 Elsevier; **19.26,** redrawn from Smith N.G.C. et al., *J. Mol. Evol.* **53:** 225–236, © 2001 Springer; **19.27A,B,** redrawn from Ke A. et al., *The RNA World, 3e,* p. 124, Gesteland R.F. et al., eds., © 2006 CSHLP; **19.28,** redrawn from Parsch J. et al., *Genetics* **154:** 909–921, © 2000 GSA; **19.29,** redrawn from Kirby D.A. et al., *PNAS* **92:** 9047–9051, © 1995 NAS USA; **19.30,** redrawn from Shabalina S.A. et al., *Trends Genet.* **17:** 373–376, © 2001 Elsevier; **19.31,** courtesy of Nipam H. Patel; **19.32,** redrawn from Kruuk L.E.B. et al., *PNAS* **97:** 698–703, © 2000 NAS USA.

第20章

20.0 left, Peacock feather, © John Gerlach/VU; **20.0 right,** northern saw whet owl, © Joe McDonald/VU; **20.1 top, middle,** © Gary Meszaros/VU; **20.1 bottom,** © Richard Walters/VU; **20.2,** reprinted from Timsit Y. et al., *J. Mol. Biol.* **284:** 1289–1299, © 1998 Elsevier, photo courtesy of Youri Timsit; **20.3A,** © Stephen Cresswell; **20.3C,** reprinted from Parker G.A. et al., *Nature* **370:** 53–56, © 1994 Macmillan; **20.4A–C,** modified from Ibarra R.U. et al., *Nature* **420:** 186–189, © 2002 Macmillan; **20.5,** Kipling R., *Just So Stories,* © 1926 Macmillan; **20.7,** redrawn from Szathmary E., *Proc. R Soc. Lond. B* **245:** 91–99, © 1991 The Royal Society; **20.8A,** redrawn from Promislow D.E.L., *Evolution* **45:** 1869–1887, © 1991 Society for the Study of Evolution; **20.8B,** redrawn from Ricklefs R.E., *Am. Nat.* **152:** 24–44, © 1998 University of Chicago Press; **20.9,** © Dr. David Phillips/VU; **20.10, 20.11,** redrawn from Partridge L. et al., *Nature* **362:** 305–311, © 1993 Macmillan; **20.12,** redrawn from Ricklefs R.E., *Am. Nat.* **152:** 24–44, © 1998 University of Chicago Press; **20.13,** redrawn from Partridge L. et al., *Nature* **362:** 305–311, © 1993 Macmillan; **20.14,** redrawn from Partridge L. et al., *Nat. Rev. Genet.* **3:** 165–175, © 2002 Macmillan; **20.17A–C,** modified from Kerr B. et al., *Nature* **418:** 171–174, © 2002 Macmillan; **20.18A,** reprinted from Sinervo B., *Nature* **380:** 240, © 1996 Macmillan; **20.18B,** redrawn from Sinervo B., *Genetica* **112:** 417–434, © 2001 Kluwer Academic Publishers; **20.19A,** © Tom J. Ulrich/VU; **20.19B,** © Gerald and Buff Corsi/VU; **20.19C,** © Rob and Ann Simpson/VU; **20.19D,** © Rick and Nora Bowers/VU; **20.19E,** reprinted from Anderson B., *Am. J. Botany* **92:** 1342–1349, © 2005 Botanical Society of America; **20.20,** redrawn from Eberhard W.G., *Sexual Selection and Animal Genitalia,* Fig 1.4, © 1985 Harvard University Press; **20.21 top,** © Wally Eberhart/VU; **20.21 bottom,** © Dr. Dennis Kunkel/VU; **20.22,** reprinted from Hagen D.W. et al., *Evolution* **34:** 1050–1059, © 1980 Society for the Study of Evolution; **20.23 top, bottom,** © Arthur Morris/VU; **20.24,** redrawn from Harcourt A.H. et al., *Nature* **293:** 55–57, © 1981 Macmillan; **20.25A top,** © Gerard Fuehre/VU; **20.25A bottom,** © Arthur Morris/VU; **20.25B,** redrawn from O'Donald P. et al., *Heredity* **33:** 1–16, © 1974 Macmillan; **20.26,** redrawn from Eberhard W.G., *Sexual Selection and Animal Genitalia,* Fig. 2.3, © 1985 Harvard University Press; **20.27,** Dave Menke, U.S. Fish and Wildlife Service; **20.28,** redrawn from Clark A.G., *Heredity* **88:** 148–153, © 2002 Macmillan; **20.29,** © Ray Coleman/VU; **20.30A,** © Gregory G. Dimijian/PR; **20.30B,** redrawn from Kirkpatrick M. et al., *Nature* **350:** 33–38, © 1991 Macmillan; **20.32A,** © Arthur Morris/VU; **20.32B,** redrawn from Moore A.J., *Behav. Ecol. Sociobiol.* **35:** 235–241, © 1994 Springer-Verlag GmbH & Co; **20.32C,** redrawn from Norris K., *Nature* **362:** 537–539, © 1993 Macmillan; **20.33A,** http://gallery.insect.cz; photo courtesy of Josef Dvorak; **20.33B,** redrawn from Moore A.J., *Behav. Evol. Sociobiol.* **35:** 235–241, © 1994 Springer-Verlag GmbH & Co; **20.34A,** http://www.camacdonald.com/birding/GreatReed-Warbler(PD).jpg, photo courtesy of Pascal Dubois; **20.34B,** redrawn from Hasselquist D. et al., *Nature* **381:** 229–232, © 1996 Macmillan.

第21章

21.0, Rufous hummingbird, © Charles Melton/VU; **21.1,** modified from Watson J.D. et al., *Molecular Biology of the Gene, 5e,* Fig. 10.14, © 2004 Pearson Education Inc; **21.2,** redrawn from Whitehouse H.L.K, *Towards an Understanding of the Mechanics of Heredity,* Plate 16.1B, © 1973 E. Arnold, London; **21.3,** APS Library, photo courtesy of NLM; **21.6A,** photo courtesy of Michael E. Clark; **21.6D,E,** reprinted from Nur U. et al., *Science* **240:** 512–514, © 1988 AAAS; **21.7,** reprinted from Partridge L. et al., *Science* **281:** 2003–2008, © 1998 AAAS; **21.10A–C,** modified from Lyttle T.W., *Genetics* **91:** 339–357, © 1979 GSA; **21.12,** modified from Bartolome C. et al., *Mol. Biol. Evol.* **19:** 926–937, © 2002 Oxford University Press; **21.13A,** redrawn from Cavalier-Smith T., *Annu. Rev. Biophys. Bioeng.* **11:** 273–302, © 1982 Annual Reviews; **21.13B,** modified from Bennett M.D., *Proc. R Soc. Lond. B* **181:** 109–135, © 1972 Royal Society of London; **21.14,** photo courtesy of Alessandro Catenazzi; **21.15,** reprinted from Lynch M. et al., *Science* **302:** 1401–1404, © 2003 AAAS; **21.16,** redrawn from International Human Genome Sequencing Consortium, *Nature* **409:** 860, © 2001 AAAS; **21.18A,** © Wendy Dennis/VU; **21.18B,** © E. S. Ross/VU;

21.18C, Courtesy of Ben Hatchwell; **21.18D**, © Fritz Polking/ VU; **21.18E**, reprinted from Chao L. et al., *PNAS* **78**: 6324–6328, © 1981 NAS USA; **21.21A,B**, redrawn from Cook J.M. et al., *Trends Ecol. Evol.* **18**: 243, © 2003 Elsevier; **21.22**, modified from Herre E.A., *Science* **228**: 896–898, © 1985 AAAS; **21.23A**, © Arthur Morris/VU; **21.23B**, redrawn from Kilner R.M. et al., *Science* **305**: 877–879, © 2004 AAAS; **21.24**, based on Watson J.D. et al., *Molecular Biology of the Gene, 5e*, Fig. 21.27, © 2004 Pearson Education Inc; **21.26A**, photo courtesy of David Pfennig, University of North Carolina; **21.26B**, modified from Pfennig D.W., *Proc. R. Soc. Lond. B* **266**: 57–61, © 1999 Royal Society of London; **21.27**, modified from Griffin A.S. et al., *Science* **302**: 634–636, © 2003 AAAS; **21.28**, based on data from Wright S., *Evolution: Selected Papers*, Fig. 4, © 1986 University of Chicago Press; **21.29A**, © Dr. David M. Phillips/VU; **21.29B**, © Dr Dennis Kunkel/ VU; **21.29C**, courtesy of Mathieu Joron, © 2006; **21.29D**, © Greg Vandeleest/VU; **21.30**, reprinted from Griffin A.S. et al., *Trends Ecol. Evol.* **17**: 15–21, © 2002 Elsevier, photo courtesy of Ashleigh Griffin; **21.31**, © Charles Melton/VU; **21.32**, reprinted from Clutton-Brock T., *Science* **296**: 69–72, © 2002 AAAS; **21.34A**, © Ken Wagner/VU; **21.34B**, redrawn from Pellmyr O. et al., *Nature* **372**: 257–260, © 1994 Macmillan; **21.35**, redrawn from Kiers E.T. et al., *Nature* **425**: 78–81, © 2003 Macmillan; **21.37**, adapted from Maynard Smith J. et al., *The Major Transitions in Evolution*, Fig 4.11, © 1996 W.H. Freeman.

第22章

22.0, American Southwest desert species; **22.1 top**, © Ken Lucas/VU; **22.1 bottom**, © Gerald & Buff Corsi/VU; **22.2A**, © Rod Williams/ naturepl.com; **22.2B**, © David Fox/www.osfimages.com; **22.2C**, redrawn from Murray J. et al., *Proc. R. Soc. Lond. B* **211**: 83–117, © 1980 Royal Society of London; **22.3**, reprinted from Keeling P.J., *Nature* **414**: 401–402, © 2001 Macmillan; **22.5**, © Tom Brakefield/CORBIS; **22.6A**, © Doug Sokell/VU; **22.6B**, modified from Howard D.J. et al., *Evolution* **51**: 747–755, © 1997 Society for the Study of Evolution; **22.8A**, photo courtesy of Takayuki Ohgushi, University of Kyoto; **22.8B**, © Adam Jones/ VU; **22.11**, modified from Coyne J.A. et al., *Evolution* **51**: 295–303, © 1997 Society for the Study of Evolution; **22.12**, modified from Roberts M.S. et al., *Genetics* **134**: 401–408, © 1993 GSA; **22.13**, Connecticut Botanical Society, photo courtesy of Eleanor Saulys; **22.14**, www.sedumphotos.net, photo courtesy of Wayne Fagerlund; **22.15**, redrawn from Otto S.P. et al., *Annu. Rev. Genet.* **34**: 401–437, © 2000 Annual Reviews; **22.16**, photo courtesy of Doug Schemske and Toby Bradshaw; **22.17**, modified from Bradshaw H.D. et al., *Genetics* **149**: 367–382, © 1998 GSA; **22.18**, redrawn from True J.R. et al., *Genetics* **142**: 819–837, © 1996 GSA; **22.19A,B**, redrawn from Zeng Z.B. et al., *Genetics* **154**: 299–310, © 2000 GSA; **22.20A–C**, reprinted from Orr H.A. et al., *Bioessays* **22**: 1085–1094, © 2000 John Wiley & Sons; **22.21A–C**, redrawn from Presgraves D.C. et al., *Nature* **423**: 715–719, © 2003 Macmillan; **22.22**, modified from Lande R., *Evolution* **33**: 234-251, © 1979 Society for the Study of Evolution; **22.23**, redrawn from Bush G.L. et al., *PNAS* **74**: 3942–3946, © 1977 NAS USA; **22.26B**, redrawn from Searle J.B., *Proc. R. Soc. Lond. B* **229**: 277–298, © 1986 Royal Society of London; **22.28A**, © Rob and Ann Simpson/VU; **22.28B**, modified from Pounds J.A. et al., *Evolution* **35**: 516–528, © 1981 Society for the Study of Evolution; **22.30A**, redrawn from Noor M.A.F. et al., *PNAS* **98**: 12084–12088, © 2001 NAS USA; **22.30B**, redrawn from Machado C.A. et al., *Proc. R. Soc. Lond. B* **270**: 1193–1202, © 1986 Royal Society of London; **22.31A,B**, redrawn from Stre G.-P. et al., *Nature* **387**: 589–592, © 1997 Macmillan; **22.32**, modified from http://www.jason.oceanobs.com/html/actualites/image_du_mois/200303_uk.html; **22.33**, **22.34**, reprinted from Schliewen U.K. et al., *Mol. Ecol.* **10**: 1471–1488, © 2001 Blackwell Publishing; **22.36**, modified from Pritchard J.R. et al., *Evol. Ecol. Res.* **3**: 209–220, with permission of authors; **22.37A**, © Bill Beatty/VU; **22.37B**, redrawn from Feder J.L. et al., *PNAS* **100**: 10314–10319, © 2003 NAS USA; **22.37C**, redrawn from Filchak K.E. et al., *Nature* **407**: 739–742, © 2000 Macmillan.

第23章

23.0, Human egg and sperm, © Dr. John Cunningham/VU; **23.1**, redrawn from Sniegowski P. et al., *BioEssays* **22**: 1057–1066, © 2000 John Wiley & Sons; **23.4A,B**, modified from Giraud A. et al., *Science* **291**: 2606–2608, © 2001 AAAS; **23.8A**, photo courtesy of Carl Lieb, Laboratory of Environmental Biology, University of Texas, El Paso; **23.8B**, photo courtesy of Robert C. Vrijenhoek, Monterey Bay Aquarium Research Institute; **23.8C**, © Robert Bielesch; **23.8D**, reprinted from Butlin R., *Nat. Rev. Genet.* **3**: 311–317, © 2002 Macmillan; **23.9**, redrawn from Rice W.R., *Nat. Rev. Genet.* **3**: 241–246, © 2002 Macmillan; **23.10A,B**, reprinted from Butlin R., *Nat. Rev. Genet.* **3**: 311–317, © 2002 Macmillan; **23.14A**, redrawn from Lively C.M. et al., *Evol. Ecol. Res.* **4**: 219–226, © 2002 Evolutionary Ecology Ltd; **23.14B**, photo courtesy of Dr. Daniel L. Gustafson, Montana State University; **23.16**, redrawn from Barton N. et al., *Science* **281**: 1986–1990, © 1998 AAAS; **23.17A,B**, modified from Elena S.F. et al., *Nature* **390**: 395–398, © 1997 Macmillan; **23.18**, redrawn from Barton N. et al., *Science* **281**: 1986–1990, © 1998 AAAS; **23.20**, modified from Burt A., *Evolution* **54**: 337–351, © 2000 Society for the Study of Evolution; **23.21**, modified from Smith G.P., *Nature* **370**: 324–325, © 1995 Macmillan; **23.22A,B**, redrawn from Colegrave N., *Nature* **420**: 664–666, © 2002 Macmillan; **23.23**, redrawn from Blirt A. et al., *Nature* **326**: 803–805, © 1987 Macmillan; **23.24**, redrawn from Otto S.P. et al., *Nat. Rev. Genet.* **3**: 252–261, © 2002 Macmillan; **23.26**, modified from Chadwick D. et al., *The Genetics and Biology of Sex Determination*, p. 211, © 2002 J. Wiley; **23.27**, reprinted from Lahn B.T. et al., *Nat. Rev. Genet.* **2**: 207–216, © 2001 Macmillan; **23.28**, redrawn from Mable B.K. et al., *BioEssays* **20**: 453–462, © 1998 John Wiley & Sons; **23.29**, redrawn from Maynard-Smith J. et al., *The Major Transitions in Evolution*, Fig. 9.1a,b, © 1995 W.H. Freeman; **23.31**, © Wim van Egmond/VU; **23.32A,B**, reprinted from Barrett S.C.H., *Nat. Rev. Genet.* **3**: 274–284, © 2002 Macmillan, photo credit L.D. Harder, University of Calgary; **23.32C**, reprinted from Barrett S.C.H., *Nat. Rev. Genet.* **3**: 274–284, © 2002 Macmillan, photo credit Q.-L. Li, Xishuangbanna Tropical Botanical Garden, Mengla, China; **23.33A–C**, redrawn from Otte D. et al., *Speciation and Its Consequences*, Barrett, Figs. 3 and 4, © 1989 Sinauer Associates; **23.34A**, redrawn from Barrett S.C., *Nat. Rev. Genet.* **3**: 274–284, © 2002 Macmillan; **23.34B**, reprinted from Barrett S.C., *Nat. Rev. Genet.* **3**: 274–284, © 2002 Macmillan, photo courtesy of Daniel J. Schoen, McGill University, Canada; **23.35**, redrawn from Blomqvist D. et al., *Nature* **419**: 613–615, © 2002 Macmillan; **23.37**, redrawn from Kirschner M. et al., *Cell* **100**: 79–88, © 2000 Elsevier; **23.38A–C**, reprinted from Rutherford S.L. et al., *Nature* **396**: 336–346, © 1998 Macmillan; **23.38D**, redrawn from Rutherford S.L. et al., *Nature* **396**: 336–346, © 1998 Macmillan.

第24章

24.0, Western U.S. beaver, beaver dam, © Thomas & Pat Leeson/PR; **24.2**, redrawn from Thompson D., *On Growth and Form*, Bonner J.T., ed., p. 301, © 1961 Cambridge University Press; **24.4A**, photo courtesy of Nipam H. Patel; **24.4C**, modified from Turner J.R.G., *Ecological Genetics and Evolution*, E.R. Creed, ed., Fig.11.1, © 1971 Oxford, Blackwell Scientific; **24.5**, reprinted from Brakefield P.M., *Zoology* **106**: 283–290, © 2003 Elsevier; **24.6**, reprinted from Joyce C.M., *PNAS* **94**: 1619–1622, © 1997 NAS USA; **24.7**, reprinted from Wheat C.W. et al., *Mol. Biol. Evol.* **23**: 499–512, © 2006 Oxford University Press; photo courtesy of Christopher Wheat; **24.9**, adapted from http://www.slic2.wsu.edu:82/hurlbert/micro101/images/lock_key.gif; **24.11**, redrawn from Mazon G. et al., *Microbiology* **150**: 3783–3795, © 2004 MAIK Nauka/Interperiodic Publishing; **24.12**, adapted from Fry R.C. et al., *Annu. Rev. Microbiol.* **59**: 357–377,

© 2005 Annual Reviews; **24.13,** redrawn from Mazon G. et al., *Microbiology* **150:** 3783–3795, © 2004 MAIK Nauka/Interperiodic Publishing; **24.14,** redrawn from Wistow G. et al., *PNAS* **87:** 6277–6280, © 1990 NAS USA; **24.15,** redrawn from Logsdon J.M. et al., *PNAS* **94:** 3485–3487, © 1997 NAS USA; photo courtesy of Paul A. Cziko; **24.16,** modified from Partridge L. et al., *Nature* **407:** 457–458, © 2000 Macmillan; **24.17,** redrawn from Eisen J.A., *Genome Res.* **8:** 163–167, © 1998 CSHLP; **24.19,** modified from Eisen J.A., *Nucleic Acids Res.* **23:** 2715–2723, © 1995 Oxford University Press; **24.20,** redrawn from Aravind L. et al., *Nucleic Acids Res.* **27:** 1223–1242, © 1999 Oxford University Press; **24.21,** © Dr. Don W. Fawcett/VU; **24.22,** modified from Kirschner M.W. et al., *The Plausibility of Life: Resolving Darwin's Dilemma,* Fig. 24, © 2005 Yale University Press; **24.23,** adapted from Koonin E.V. et al., *Curr. Opin. Genet. Dev.* **6:** 757–762, © 1996 Elsevier; **24.24,** photo courtesy of University of Sussex; **24.25,** Ichthyostega limb skeleton, http://www.geocities.com/gilson_medufpr/icthiostega.html; **24.25,** skeletal limbs, redrawn from Shubin N.H. et al., *Nature* **440:** 764–771, © 2006 Macmillan; **24.25 top two images,** adapted from Coates M., *Palaeobiology II,* p. 75, Briggs and Crowther, eds., © 2001 Blackwell Science; **24.25 bottom three images,** adapted from Ahlberg P.E. et al., *Nature* **440:** 747–749, © 2006 Macmillan; **24.26,** photo Tom Way, courtesy of International Business Machines Corp; **24.27,** modified from Mitchell M., *An Introduction to Genetic Algorithms,* pp. 36–39, © 1998 MIT Press.

第25章

25.0, *Australopithecus* skulls, © Daniel Herard/PR; **25.1,** Based on data at http://www.tol.org; **25.2,** chimp, © Fritz Polking/VU; gorilla, © Joe McDonald/VU; orangutan, © Theo Allofs/VU; Darwin, © Library of Congress/PR; **25.3,** adapted from Wood B. et al., *Science* **284:** 65–71, © 1999 AAAS; **25.4,** adapted from Wilson A.C. et al., *PNAS* **63:** 1088–1093, © 1969 NAS USA; **25.5,** adapted from Ruvolo M. et al., *PNAS* **91:** 8900–8904, © 1994 NAS USA; **25.6,** reprinted from Brunet M. et al., *Nature* **418:** 145–151, © 2002 Macmillan; **25.7,** adapted from Johanson D. et al., *From Lucy to Language,* p. 38, with permission of Nèvraumont Publishing Co.; **25.8,** © John Reader/PR; **25.9,** Johanson D. et al., *From Lucy to Language,* p. 123, with permission of Nèvraumont Publishing Co., photo by Robert I.M. Campbell, courtesy of National Museums of Kenya; **25.10,** Lewin R., *Human Evolution, An Illustrated Introduction, 3e,* p. 107, © 1993 Blackwell Scientific; **25.11,** adapted from http://www.scientific-art.com/portfolio%20palaeontology%20pages/skulls.htm, © 1994 Deborah Maizels; data for brain volumes from Carroll S., *Nature* **422:** 849–857, © 2003 Macmillan; **25.12,** © Pascal Goetgheluck/PR; **25.13,** adapted from Hublin J.-J., pp. 99–121 and Rightmire G.P., pp. 123–133, *Human Roots: Africa and Asia in the Middle Pleistocene,* L. Barham et al., eds., © 2001 Western Academic & Specialist Press; **25.14,** adapted from Lahr M.M. et al., *Nature* **431:** 1043–1044, © 2004 Macmillan; **25.15 left,** The Natural History Museum, London, © Michael Day; **25.15 right,** © The Natural History Museum, London; **25.16,** adapted from Ferris M. et al., *Nature* **396:** 226–228, © 1998 Macmillan; 25.17, reprinted from Brown P. et al., *Nature* **431:** 1055–1061, © 2004 Macmillan; **25.18,** © Pascal Goetgheluck/PR; **25.19,** adapted from Menozzi P. et al., *Science* **201:** 786–792, © 1978 AAAS; **25.20,** adapted from Cavalli-Sforza L. et al., *The History and Geography of Human Genes,* © 1994 Princeton University Press; **25.21,** adapted from Goldstein D.B. et al., *PNAS* **92:** 6723–6727, © 1995 NAS USA; **25.22,** adapted from Barbujani G. et al., *Annu. Rev. Genomics Hum. Genet.* **5:** 119–150, © 2004 Annual Reviews; **25.23,** photo, © Dr. K.G. Murti/VU; **25.23,** illustration, adapted from Underhill P.A. et al., *Nat. Genet.* **26:** 358–361, © 2000 Macmillan; **25.24,** adapted from Reich D.E. et al., *PNAS* **95:** 8119–8123, © 1998 NAS USA; **25.25,** adapted from Serre D. et al., *PLoS Biol.* **2:** E57, © 2004 Public Library of Science; **25.26,** adapted from Enard W. et al., *Science* **296:** 340–343, © 2002 AAAS; **25.27,** adapted from Enard W. et al., *Nature* **418:** 869–872, © 2002 Macmillan; **25.28,** reprinted from Jackendoff R., *Trends Cogn. Sci.* **3:** 272–279, © 1991 Elsevier.

第26章

26.0, Human crowd, © Mark Burnett/PR; **26.3,** modified from Hamosh A. et al., *Nucleic Acids Res.* **33:** D514–D517, © 2005 Oxford University Press; **26.6,** redrawn from Emahazion T. et al., *Trends Genet.* **17:** 407–413, © 2001 Elsevier; **26.9,** adapted from Jha P. et al., *Lancet* **367:** 211–218, © 2006 Little, Brown & Co.; **26.10,** modified from Barbujani G. et al., *PNAS* **87:** 1816–1819, © 1990 NAS USA; **26.11,** redrawn from Akey J.M. et al., *Genome Res.* **12:** 1805–1814, © 2002 CSHLP; **26.12,** redrawn from Bersaglieri T. et al., *Am. J. Hum. Genet.* **74:** 1111–1120, © 2004 University of Chicago Press; **26.13,** modified from Barsh G.S., *PLoS Biol.* **1:** 019, © 2003 Public Library of Science; **26.14,** redrawn from Schliekelman P. et al., *Nature* **411:** 545, © 2001 Macmillan; **26.16,** adapted from Flaxman S.M. et al., *Q. Rev. Biol.* **75:** 113–148, © 2000 University of Chicago Press.

后环衬

Courtesy of Sandie Baldauf, University of York.

词 汇 表

absolute fitness（绝对适合度）：见适合度。

acritarch（疑源类）：一种具有机物壁的微化石，存在于古老的岩石中，被认为是真核细胞的生殖包囊。

acrocentric（近端着丝粒染色体）：在一端或近端具有中心粒的染色体。

adaptation（适应）：一个能够增加适合度的功能进化性状。

adaptationist program（适应主义程序）：一种研究进化的方法，这种方法假设所有的性状都是适应性状。

adaptive landscape（适应性分布）：见适合度分布。

adaptive peak（适应峰）：在适应度地标分布上的局部极大值。

adaptive radiation（适应辐射）：单一的世系分化为多个物种，并且不同的物种占据不同的生态位。

additive genetic variance（加性遗传方差）：总方差 V_A 是每个单基因效应的综合(也就是基因相加效应的方差)。一个数量性状对选择的反应将按比例计入 V_A。

additive genetic variance in fitness（适合度的加性遗传方差）：适合度的加性遗传方差 V_W。Fisher 基本定理规定平均适合度的增加将按比例记入 V_W。

additive model（加性模型）：一个数量性状是所有相关基因的效应和随机环境效应的总和。

additive tree（加性树）：系统发育树的枝长与两个节点间的进化距离成正比。也称系统发育图。

ADH：乙醇脱氢酶。

aging（老化）：生存力和繁殖能力随着年龄的增长而下降。等同于衰老。

align，aligned，alignment（比对）：将 DNA、RNA 或蛋白质序对比排列。通常情况下比对包括对序列间插入或缺失的填补。系统发育分析中，比对的每一个位置（每一列）应该含有来自不同分子的同源残基（碱基或氨基酸）。

allele（等位基因）：一个基因的一种特殊形式。

allele frequency（等位基因频率）：群体中某一等位基因的频率。

allelic（等位的）：如果两个等位基因处于同一个遗传座位，那么这两个变化是等位的。

allometry（异速生长）：生长变化与身体的大小成比例。例如，鹿角的大小与身体成正比并随身体的变大而增大。

allopatric speciation（异域物种形成）：物种的生殖隔离是因种群的地理隔离而造成。

allopatry（异域性）：种群间由于地理障碍所致的完全隔离。

allopolyploid（异源多倍体）：来自不同种群或不同物种的基因组所构成的多倍体。

allosteric interaction（变构相互作用）：见变构效应。

allostery（变构效应）：蛋白质或核糖核酸酶的构型变化是由于其在某一个位点结合了一个分子而导致在某一远端位点活性发生的变化。

allozyme（同工酶）：由单一遗传座位的不同等位基因编码的同一种酶的多种变异形式。

α-helix（α 螺旋）：蛋白质的常见结构单元，氨基酸链骨架上原子间形成的内部氢键稳定地将线性氨基酸链构成右手螺旋状结构。

α-proteobacteria（α-变形菌）：细菌的一个主要类群，包括许多光合种、许多病原菌（如发疹伤寒等的病原体）和互惠共生菌，也包括形成线粒体的祖先菌。

alternative splicing（选择性剪接）：将由单一基因编码的初始 RNA 剪切成成熟的不同信使 RNA，并产生不同蛋白质的过程。

altruistic（利他性）：一个基因、特性或行为能降低其拥有者的适合度，但是却能增加其他个体的适合度。

alveolate（具泡类）：囊泡虫类的成员，包括顶复类、沟鞭毛藻类和纤毛虫类。

amelioration（DNA 改良）：横向基因转移获得的 DNA 通过变化其组成成分（如 GC 含量和密码子使用情况）而使其类似于其所在基因组的过程。

AMH：见形态解剖学上的现代人。

amniocentesis（羊水诊断）：抽取胚胎周围的羊水，羊水中包含的胎儿细胞可用于出生前诊断。

amoeba（变形虫）：一种没有固定形态的单细胞真核生物，这种表型在多个真核世系中存在。

Amoebozoa（变形虫界）：真核生物的一个主要类群，大多数种异养类群，其中一些种没有线粒体。

amphipathic（两性分子）：一个同时具有亲水基团和疏水基团的分子（如组成膜的磷脂分子）。

analogy（类似）：非直系的相似性（即共同祖先）。

analysis of variance（方差分析）：将分离的方差合并成一个总体来分析，方差分析作为数量遗传学的基础是一种广泛使用的统计方法。

anatomically modern human（AMH）（形态解剖学上的现代人）：人类学家认可的与现代人具有相同的、必要的解剖结构的人类世系中的一个组成成员。

ancestral characteristic（祖先特征）：在一种生物中和该生物所在类群的共同祖先物种中都同时能看到的特性。

aneuploid（非整数倍染色体）：具有不正常染色体组成的细胞或生物体。

angiosperm（被子植物）：开花植物。

anisogamy（异配生殖）：配子分化为两种或多种不同的大小。

annelids（环节动物）：环节动物门的成员，属于冠轮动物的一个门。这一门的分段蠕虫包括蚯蚓纲、水蛭纲和海毛虫纲。

antagonistic pleiotropy（拮抗多效性）：用于描述那些一方面增加适合度但在另一方面又减少适合度的等位基因。它也用来描述在衰老理论中的类似等位基因。

anther（花粉囊）：开花植物中产生花粉的雄性生殖器官。

antibody（抗体）：结合特异抗原的蛋白质。

antigen（抗原）：通过结合特异抗体而触发免疫反应的化学物质。

antimutator（抗突变基因）：能够减少突变率的基因的一个等位形式或基因型。

antisense oligonucleotide（反义寡聚核苷酸）：与 mRNA 序列互补的一小段合成的核苷酸序列。反义寡聚核苷酸能够通过多种机制干扰 mRNA 产生相应蛋白质产物而使正常基因功能失活。

apicomplexan（顶复生物）：顶复动物亚门的成员，属于囊泡虫类的一个真核生物门。该生物门的多数种是寄生生物（如现恶性疟原虫是疟疾的致病因子）。

apicoplast（质体样细胞器）：顶复亚门生物具有的一个参与代谢过程的细胞器。该细胞器尽管不再参与光合作用，它是由光合叶绿体进化而来。

archaea（古细菌）：生命体的三界之一，该生物界因没有核而与细菌一起归为原核生物。通过 rRNA 序列分析它们被鉴定为一个独立的界。

archaic human（古人类）：没有现代人解剖学上特征的人亚科成员。与解剖学上的现代人相对应的命名。

argument from design（神创论）：一种观点认为生物界所观察到的进化顺序暗示它们是神的力量所创造。

arthropod（节肢动物）：节肢动物门的成员，节肢动物门属于蜕皮动物类群的一个主要门。这一门的生物具有关节腿特征，包括昆虫纲、蜈蚣纲、倍足纲、蜘蛛纲和甲壳纲。

association study（相关性研究）：调查遗传标记与数量性状的相关性研究（包括人类疾病），目标是定位产生性状变异的遗传数量性状基因座。

ATP：三磷酸腺苷。

autocatalytic network（自身催化网络）：一个化学反应体系，其产物能够催化该产物产生的化学反应或者其产物能够催化其他反应并产生能够催化最初反应的化学物质。

autoinducer（自身诱导子）：由细胞分泌的参与行使群体效应并最终决定细胞密度的化学物质。

autoinduction（自身诱导）：群体效应调控层次的诱导。环境中自身诱导子的横向浓度阈值调控该诱导的启动。

automatic selection（自动筛选）：能增加自交率的等位基因频率的增加。它几乎等于基因组稀释值的 2 倍。

autopolyploid（同源多倍体）：多倍体包含同一群体来源的多个基因组。

autosome（常染色体）：相对于性染色体和线粒体 DNA 而言，按照标准孟德尔方式遗传的染色体。

average effect（等效性）：一个数量性状等位基因效应与隐性基因一致。对于一个连锁平衡的随机交配群体，等同于强效性。

average excess（强效性）：携带某一等位基因个体的平均性状值与群体平均值不一致。对于一个连锁平衡的随机交配群体，等同于等效性。

B chromosome（B 染色体）：在两性中均没有功能影响的额外染色体，只存在于少数个体中。

backcross（回交）：杂交后代与任一亲代基因型个体的交配。

background selection（背景选择）：因连锁位点有害等位基因剔除导致遗传多样性的降低。

bacteria（细菌）：生物界三界之一，该类群的物种因没有核而与古细菌一起合称原核生物。

bacteriocin（细菌素）：细菌产生的杀死其竞争者的毒素。

bacteriophage（噬菌体）：感染细菌的一种病毒。通常也指感染古细菌的病毒。

balanced polymorphism（平衡多样性）：平衡选择维持的稳定多样性。

balancer chromosome（平衡染色体）：携带有大量倒置位点、隐性致死基因和显性遗传标记的果蝇染色体。这类染色体不能重组、不能形成杂合子，因此能用于保持个体的野生型染色体的完整存在。

balancer view（平衡理论）：该观点认为遗传变异的维持主要是因为平衡选择。与传统认为大多数的遗传变异是有害突变的观点相反。

balancing selection（平衡选择）：维持遗传多样性的选择。

Batesian mimicry（贝氏拟态）：一种美味的物种微进化成一种不能被食用物种的形态，因此而逃避被捕食。

benthic（底栖）：生活于水体底部。

β-sheet（β 折叠）：蛋白质的一种常见结构单元，由位于不同氨基酸链骨架上的原子所形成的氢键维持的多条线性氨基酸链联合组成的结构，β 折叠可位于多肽链的任何区域。

bilaterian（两侧对称生物）：包括动物门的主要类群，以及左右对称的所有动物。

binmonial distribution（二项分布）：假如 n 个基因来自 P 等位基因频率为 p 的群体，那么出现 j 个 P 等位基因的频率为 $\frac{n!}{j!(n-j)!}p^j(1-p)^{n-j}$。

binomial nomenclature（双命名法则）：一个物种的命名中必须包含有属名和种名。

biological species concept（BSC）（生物种概念）：一群能够自然地成功交配的个体组成的群体，它们与其他类似的群体之间出现了生殖隔离。这一群体就定义为一个种。

biometry（生物统计）：生物学上的一种统计方式的运用。

body plan（体制）：生物体的所有形态都是由可再生的不同形态的细胞所处的不同空间位置所决定。

bootstrap（自展法）：通过重复取样而产生一个新的模拟数据集来衡量原数据集连贯性的统计方法。在系统进化推导过程中，自展值代表某一分支在不同模拟数据集下形成相同分支次数的百分比。

bottleneck（瓶颈效应）：见群体瓶颈效应。

brachiopod（腕足类）：冠轮动物中的腕足动物门的成员之一，由非常类似于文蛤但距离上与软体动物更近的一群海洋生物组成。

branch（分支）：进化树上连接两个节点之间的部分。

branch length（支长）：进化树上各个分支的长度。在进化树上，支长用于代表该进化分支的分歧时间或进化变异的总和。比例尺代表衡量的单位长度。

breeding value（育种值）：所有基因的相加效应。当一个个体随机与群体内的其他个体交配，它的后代将偏离于群体育种值的一半。

broad-sense heritability（H^2）广义遗传力：见遗传力。

bryozoan（苔藓虫类）：营固着生活的苔藓动物门或外肛动物门的成员之一，通常指藻苔虫或苔藓动物，该类群非常类似于珊瑚虫类却又不同于冠轮动物。

BSC：见生物种概念。

C 值：见基因组大小。

canalization（生长轨迹现象）：发育缓冲力，如尽管遗传和环境不一致，但也能形成同样的形状。

candidate gene（候选基因）：被认为与所研究特征性状有关系的基因，该基因的主要突变型通常能影响该性状。

canonical code（典型遗传密码）：被广泛应用的遗传密码。

capsid（衣壳）：病毒颗粒外面包裹的蛋白质外壳。

case-control study（病例对照研究）：对病例个体的一种相关性研究，如病例与正常个体的比较。

catalysis（催化作用）：通过一类不参与化学反应的分子来加快一个化学反应的过程。

cDNA：见互补 DNA。

centiMorgan（cM）（厘摩）：在遗传图谱上相对应于1%重组率的距离。见摩尔根。

central dogma（中心法则）：遗传信息可以从核酸传递到蛋白质但不能从蛋白质传递到核酸。

centromere（着丝粒）：有丝分裂和减数分裂过程中连接纺锤体的染色体区段。

chaetognath（毛颚类）：毛颚动物门的所有物种，通常称为剑虫。该类群生物是身体透明的海生蠕虫，身体呈水平左右对称、具尾鳍和口两侧有能运动的曲形刺。

chaperone（分子伴娘）：一种能够帮助其他蛋白质完成正确空间折叠的蛋白质分子。

characte（性状重建）：一种推导重建祖先和衍生性状的方法。

chemical evolution（化学进化）：生命起源之前的由简单化学反应组合而产生的复杂反应复合体。

chemostat（恒化器）：培养微生物的恒温设备。

chert（燧石）：沉积岩中分层或有序节结的颗粒状二氧化硅晶体。

chiasma（交叉）：减数分裂过程中形成的交叉结构。

chlorophyte（绿藻）：绿色单细胞真核藻类构成的一个门，它们与绿色植物关系很近。

chloroplast（叶绿体）：在大多数植物、藻类和真核微生物存在的光合细胞器，该器官被认为是由蓝藻进化而来。

choanoflagellate（领鞭毛虫）：属于真核生物的一个门的成员，该类群包括单细胞具鞭毛种。对于动物是一个姐妹门。

chordate（脊索动物）：后口动物中的主要门（脊索动物门）的成员，其中包括脊椎动物、与无脊椎动物关系很近的被囊动物和文昌鱼。所有的脊索动物都具有在胚胎发育过程中沿身体纵向的实心棒被称为脊索、背神经索和咽囊。

chromatid（染色单体）：染色体复制后的两个拷贝中的任何一条都称为染色单体。

chromatin（染色质）：真核生物核中由 DNA 和蛋白质形成的致密结构。

chromosomal fusion（染色体融合）：见融合、染色体。

chromosomal inversion（染色体倒位）：见倒位、染色体。

ciliate（纤毛虫）：属于真核生物中的一个门的成员，包括单细胞种类。大多数种体外包裹用于运动和行使细胞能的纤毛。它们都归属于囊泡虫类群。

cis-regulation（顺式调控）：指一个基因的转录是由于一段位于该基因两端（5′端或 3′端）或内含子中的 DNA 序列来调控的。

clade（进化分支）：指一群物种或基因是由一个祖先物种或基因进化而来的。见单系进化。

cladistics（分支分类学）：一种居于系统进化树的分支顺序的分类方法，区别于形态相似性。

cladogram（进化分支图）：一种只给出分类关系的系统进化树（其中支长是无义的）。

classical view（经典遗传观点）：该观点认为所有遗传变异都是导致有害突变的。这与遗传变异的维持主要是因为平衡选择的平衡观点相反。

cline（渐变）：在连续空间居住地上发生的连续性变异。该术语指任何衡量特征的空间梯度，如等位基因频率或数量性状的平均值。

clonal interference（无性干涉）：在无性繁殖群体中，两个都受选择偏好的不同克隆，在竞争中只能留下其中的一个克隆。

clone（克隆）：遗传上同一的一群个体。在遗传工程中，指携带来自其他物种的一段序列的细菌系。

cM：见厘摩。

CMS：见胞质雄性不育。

cnidarian（刺胞动物）：一个主要动物门（刺胞动物门）的成员，包括珊瑚虫、海葵、水螅和水母。这一类群特征是具有刺细胞。

coalescence（溯祖）：两个遗传世系聚类合并为一个共同祖先的后代。

coalescent time（溯祖时间）：倒推到两个基因的共同祖先的时间。

coalescence process（溯祖过程）：一种倒推时间的计算模型，每对世系以 $1/2N_e$ 的速率聚合。

coalescent（共祖）：两个个体关系的衡量标准。从两个个体间随机分别选取一个基因，这两个基因是由同一基因进化而来的概率。

codon（密码子）：3 个碱基编码一个氨基酸，这 3 个碱基就称为一个密码子。

codon usage（密码子使用率）：编码同一氨基酸的多个密码子的使用频率。

coefficient of kinship（亲缘系数）：见共祖。

coevolution（共进化）：两个物种共同进化，任何一个对选择的反应都由两个物种共同完成。

colloid（胶体）：一种包含多相成分的物质（如液体中包含固体小颗粒）。

compartmentalization（分隔）：在时间上连续但空间上隔离的条件下将分子、细胞或遗传功能进行亚分隔。例如，不同的蛋白质在细胞的不同位置聚积，或者遗传相互作用网络可分隔为不同的功能单元。

competence（感受力）：直接从环境中获取 DNA 的能力。

competitive exclusion（竞争排除）：利用同一资源的不同物种不能稳定共存。

complementary DNA（cDNA）（互补 DNA）：mRNA 互补的 DNA，通过逆转录方式从 mRNA 产生 cDNA，并可以用来检测表达基因。

complementation test（互补检测）：一种判断两个突变是否位于同一基因（它们不互补）或位于不同基因（它们互补）的检测手段。

component of fitness（适应度成分）：见适应度成分。

component of variance（成分变异系数）：见方差分量。

concerted evolution（协同进化）：因为存在不等交换和基因转变过程而使重复序列的进化倾向于一致。

confidence interval（置信区间）：参数值的范围没有显著偏离零假设，该范围就是置信区间。

conjugation（结合）：细菌和古细菌通过纤毛将 DNA 从一个细胞转到另一个细胞的方式。

conservative DNA transposon（保守 DNA 转座子）：在基因组中从一个位点转到另一个位点后，不在原来位置留下拷贝的一个 DNA 转座单元。

constitutive（组成型）：指一个一直表达的基因。

contingency loci（关联位点）：由微卫星重复序列构成的位点（如 ATATATAT），当这些重复序列的重复拷贝数发生变化时细胞表型也发生巨大变化。这种序列在噬菌体基因组中很常见。

convergence（also convergent evolution）[趋同（也叫趋同进化）]：因为选择的作用使两个非同源的特征变化趋向于一致。

correlation coefficient（相关系数）：通常用于衡量两个变量（x，y）的相关性。该系数由卡尔·皮尔森推导出并定义为协方差占方差平方根的比例：$\frac{\mathrm{cov}(x,y)}{\sqrt{\mathrm{var}(x)\mathrm{var}(y)}}$。

correlation，genetic（相关性，遗传）：见遗传相关性。

cosexual（两性个体）：能同时产生雄性配子和雌性配子。与雌雄同体一致。

cost of genome dilution（基因组稀释代价）：在有性生殖条件下由于产生对雌性不利的变异，导致其利用所有资源将其配偶的有利基因传递下去。

cost of meiosis（减数分裂代价）：见基因组稀释代价。

cost of natural selection（自然选择代价）：见替换负荷。

covariance（协方差）：两个变量（x，y）之间聚合的衡量值。定义为两个值偏离其平均数的期望值。

$$\mathrm{cov}(x,y)=E[(x-\bar{x})(y-\bar{y})]$$

注：cov（x，x）=var（x）。

covariance matrix（协方差矩阵）：由一个有 n 变量的数据集中两两变量之间产生的协方差构成的 $n\times n$ 的矩阵。对角线是每个变量与自身产生的协方差（也就是方差）。

covirus（协同病毒）：两个病毒成对存在，两个病毒间的功能互补使它们必须共同感染细胞才能成功传播。

cristae（嵴）：内膜向内折叠形成的结构。见线粒体和质体。

crossover（联会）：减数分裂过程中染色体内发生的重组。

crown group（主干组）：化石生物和现生生物分支进化树的部分分支，其中包括所有生命形式的共同祖先和其所有后裔。见主干组。

ctenophore（栉水母）：动物门中的单胶层动物的一个主要成员。称为栉水母或环栉水母（栉水母门）。这一类群的成员具有用于运动的、成排的纤毛组成的小梳子。

cultural evolution（文化演变）：文化的改变（如信息传递是通过学习和模仿而不是通过遗传来进行的）。

culturing（培养）：一个特定的微生物在与其他生物有机体隔离的情况下在实验室里的生长。

cyanobacteria（蓝藻细菌）：主要的细菌类群之一。大部分的细菌种类是行光合作用的，叶绿体就来自于这一类群。

cytology（细胞学）：研究细胞的学科。

cytoplasmic male sterility（CMS）（细胞质雄性不育）：在开花植物中由于一种细胞质遗传的因子而导致的雄性功能的丧失。

cytoskeleton（细胞骨架）：真核细胞的细胞质中维持细胞的形态与定向运动的能力以及参与细胞内分子的定向运输的蛋白纤维系统。

D：这个符号有多种用法。见遗传距离与连锁不平衡。D_n 与 D_s 也作为 K_a 与 K_s 的另一种表示法。

Darwin（d）（达尔文）：形态变化速率的单位。由 J. B. S. Haldane 引入，等于每百万年 1 个因子 $e=2.718\cdots$的变化或每年百万分之一的变化。

Darwinian Demon（达尔文精灵）：具有无限高的生存率和繁殖率的一种假想生物。这是用来强调所有现实生物的适合度一定是受到限制的。

Darwinian medicine（达尔文医学）：将进化原理应用到医学中。

defective interfering virus（DIV）（缺损干扰病毒）：一种丧失了部分功能的病毒，其传播需依赖于与其他完整病毒的共感染。

deism（自然神论）：认为上帝通过固定的自然法则行事的一种观点，即事件在没有超自然干预的情况下发生。

deme（同类群）：一个不相关联的地方种群。

dendrogram（系统树图）：一类系统发育树，其中限定所有分支与根之间的距离等长。也称作超度量树。

density-dependent selection（密度依赖型选择）：当相对适合度依赖于种群密度时发生的选择。

derived characteristic（衍生性状）：在一种生物中存在，而不在所研究的一类生物的共同祖先中所存在的一种性状。

descent with modification（后代渐变）：达尔文的进化名词。

deuterostome（后口动物）：两大两侧动物门之一中的成员，包括棘皮动物类、半索动物类和脊索动物类。在该动物门中，最初的胚胎开口处形成肛门。见原口动物。

developmental constraints（发育限制）：对何种生物能够发育的一种限制。

diapause（滞育）：一种允许生物度过严酷条件的休眠期。

differentiation（分化）：通过基因表达和生化活动的调控使一个细胞的功能和形态变得越来越专门化的一种过程。

diffusion（扩散）：由于小的随机运动的累积效应导致的扩散。

diffusion approximation（扩散近似）：运用微分方程来描述扩散的一种数学近似方法。它描述了化学浓度或等位基因频率通过物理空间的扩散以及一种概率分布通过等位基因或基因型频率的空间的扩散。

dimer（二聚体）：相互结合在一起的两个分子。同样地，三聚体和四聚体分别是 3 个或 4 个分子的聚合体。

dinoflagellate（甲藻）：蜂窝状藻类原生生物界中的一种真核生物门的成员，全部是单细胞生物并且许多是行光合作用的。

diploid（二倍体）：携带每条染色体的两个拷贝。

directional selection（定向选择）：有利于一种等位基因或有利于一种数量性状增加值的选择。等同于正向选择。

discicristate（圆形冠毛生物）：一种真核生物界生物。它包括 kinetoplastids（如锥虫）和眼虫藻。

disruptive selection（分裂选择）：有利于一种性状极端值的选择。

distyly（两型花柱）：花药和柱头的两种不同组合形成的多态性，这种多态性能促进远缘杂交。

DIV：见缺损干扰病毒。

divergence（分歧）：（如物种）在进化分离之后获得的差异。

dizygotic twins（异卵双生）：由两个分离的受精卵形成的双胞胎，因此它们具有与同胞一样的亲缘关系。

DNA ligation（DNA 连接）：两条 DNA 链的化学连接。它用于 DNA 修复、复制及其他分子过程。

Dobzhansky-Muller model (Dobzhansky-Muller 模型)：生殖隔离进化的一种简单模型，在此过程中两个种群积累不同的等位基因。这些等位基因在它们生活的遗传背景中不会引起适合度的丧失，但与其他种群派生出来的等位基因之间不能并存。

dominance (显性)：如果杂合子恰好介于两个纯合子之间的话，则没有显性。任何偏离于此加性模型的现象称为显性。

dominance deviation (显性偏差)：一个基因型的性状值与其在没有显性情况下的期望值之间的差异。

dominance theory (显性学说)：对霍尔登氏法则 (Haldane's rule) 的一种解释，该法则假定 F_1 代的不育或不能存活是由隐性等位基因引起的。

dominance variance (V_D) (显性方差)：一个数量性状中由显性作用引起的方差。它被定义为显性偏差的方差。

dominant (显性的)：如果一个等位基因在以其一个或两个拷贝呈现的情况下均能产生某种表现型的话，该等位基因针对于该种表现型而言是完全显性的。

dominant lethal (显性致死)：见致死。

dosage compensation (剂量补偿)：保证性别连锁基因在雄性与雌性中均有适当表达水平的一种机制。

drift (漂变)：见随机遗传漂变。

ecdysozoan (褪皮动物)：原口动物门内一个主要分支中的成员，包括节肢动物类、线虫类以及许多更小的类群。该类群的成员具有一种随着动物生长而蜕皮的叫做角质层的外层覆盖层。

echinoderm (棘皮动物)：隶属于后口动物门的一个主要类群中的成员，包括海胆类、海星、海百合类和海参类。尽管它们最初具有两侧对称性，但成年后通常都表现为一种五角对称性。

ecotype (生态型)：一种适应于特定环境的基因型。

ectoderm (外胚层)：在两侧动物胚胎中发现的三类细胞层中的一类 (另外两类是内胚层和中胚层)。外胚层接着形成诸如外表皮、口和神经系统等结构。

ectopic recombination (异位重组)：位于基因组不同区域中的重复 DNA 单元之间的重组 (如不同部位的转座子之间的重组)。这种重组可以引起染色体重排与缺失。

EEA：见进化适应性环境。

effectively neutral (有效中性)：一个改变略小于 $1/N_e$ 适合度的等位基因，其被固定的概率就如同假定它是完全中性的一样。

effective population size (有效群体大小)：与所考虑的真实群体具有同样随机漂变速率的一个理想 Wright-Fisher 群体的大小。

electrophoresis (电泳)：通过电场在多孔介质中牵引分子，并根据分子的电荷和迁移率将它们分离的一种技术。

endocytosis (胞吞作用)：通过用细胞膜包围的方式将细胞外物质吞食。

endoderm (内胚层)：在两侧动物胚胎中发现的三类细胞层中的一类 (另外两类是外胚层和中胚层)。内胚层接着形成诸如消化系统内层以及肝脏、肺脏和胰脏等器官的部分。

endomembrane system（内膜系统）：在真核细胞中发现的一系列细胞内膜间室。

endomitosis（核内有丝分裂）：没有细胞分裂的有丝分裂，该过程导致细胞倍性的加倍。

endoplasmic reticulum（内质网）：参与蛋白质翻译、折叠和运输的一种真核细胞膜间室。

endosymbiosis（内共生）：一种生物生活在另一生物的细胞内的一种共生关系。

entropy（熵）：对无序状态的一种量化。热力学第二定律规定一个封闭系统中熵是永远不会减少的。

environmental deviation（环境偏差）：一个给定的基因型的期望性状值与其真实值之间的差值 E。

environmental genomics（环境基因组学）：对直接从环境样品（如土壤、空气和水）中分离的 DNA 的大规模测序。

environmental variance（V_E）（环境方差）：环境偏差的方差，$\mathrm{Var}(E) = V_E$。

environmental variation（环境变异）：遗传上完全相同的个体之间的变异。

environment of evolutionary adaptation（EEA）（进化适应性环境）：进化心理学上，适应性人类性状进化的更新世环境。

epigenesis（渐成论）：一个生物由一个受精卵通过细胞分化和形态形成等进行的发育。该术语还指生物是通过这种方式而不是通过预先形成的方式发育的理论。

epistasis（上位）：等位基因之间的相互作用对一个性状的影响。如果一个数量性状是由不同位点的贡献累加产生的话，我们就说这个性状上没有上位效应。

ESS：见进化稳定策略。

euchromatin（常染色质）：真核细胞基因组的一部分，其中的染色质没有浓缩且包含大多数活跃基因。

eugenics（优生学）：那种通过选择性婚配来改良人类基因库的思想。

euglenoid（眼虫）：一类长有鞭毛的真核微生物的成员。大多数成员生活在淡水中并且许多具有叶绿体。

eukaryote（真核生物）：三大生物类群中的一种。该生物类群物种的特征是具有细胞核。

eusocial（完全社会性的）：完全社会性的生物，其中一个群体中仅有一个或少数个体进行繁殖。

eutherian mammal（真兽类哺乳动物）：具有胎盘的一类哺乳动物。包括除单孔类动物和有袋类动物之外的全部哺乳动物。

evolutionary stable strategy（ESS）（进化稳定策略）：一种不能被任何其他策略所替代的策略。当群体中的其他个体执行 ESS 时，执行 ESS 的个体心须至少具有与任何可能的替代策略一样的适合度。

evolutionary character state reconstruction（进化性状重建）：见性状重建。

evolutionary computation（进化计算）：利用进化过程（尤其是自然选择）去解决

计算问题。见遗传编程、遗传算法。

evolutionary ecology（进化生态学）：研究物种之间以及物种与其环境之间相互作用的进化后果的科学。

evolutionary game（进化博弈论）：一种个体间的相互作用，其中每个个体所获得的回报取决于它们所采取的策略。

evolutionary psychology（进化心理学）：一个应用进化原理来理解人类共性（universal human traits）的领域。它通常假定人类适应其过去的“进化适应环境”。

evolutionary synthesis（综合进化论）：对20世纪30年代和40年代的群体遗传学与其他生物学领域（如古生物学、系统分类学和植物学）的综合。

evolvability（进化力）：产生可以被选择所利用的可遗传变异的能力。

excavate：真核生物界的成员。全部都是单细胞物种并且已知没有一个是具有线粒体的。

exon（外显子）：一个蛋白质编码基因的一段蛋白质编码区域。

exon shuffling（外显子洗牌）：从两个不同基因中组合外显子的重组事件。

expected heterozygosity（期望杂合度）：见基因多样性。

exploratory system（探索系统）：塑造初期的随机变异以便产生一个协调良好的功能结果的系统。

exponential（指数）：以 r 为恒定的增长率，使数目以 e^{rt} 的速率增加的增长方式。

extended phenotype（延伸表型）：受一个基因影响的所有个体的表现型。

extremophile（嗜极微生物）：生活在通常能发现生命的极端条件环境中的一类生物。

fitness（适合度）：经过一代之后一个个体所留下的后代的数量。一个等位基因的适合度是指携带该等位基因的所有个体的平均适合度。

fitness component（适合度组分）：指存活率、交配成功率以及繁殖等联合起来决定适合度的那些性状。

fitness landscape（适合度分布）：一个以适合度作为个体基因型或表现型的函数的曲面图或一个以群体平均适合度作为等位基因频率或性状平均值的函数的曲面图。

fitness，mean（适合度，平均值）：一个群体的平均适合度。

fitness，relative（适合度，相对值）：适合度除以平均适合度或适合度除以一个标准基因型的适合度。

fixation probability（固定概率）：见固定的概率。

fixed (also fix)（固定）：当一个基因的所有拷贝都携带相同的等位基因时，该等位基因就被认为是固定了。

fluctuation test（变异反应试验）：衡量突变速率以及确定突变是发生在选择前还是对选择做出的反应的一种实验方法。

founder effect（奠基者效应）：当由少数个体组建一个新群体时产生的遗传多样性减少以及随之而来的基因型频率的改变。它等同于一种突然暴发的随机遗传漂变。

frameshift mutation（移码突变）：能够导致一个蛋白质编码基因的可读框发生改变

的一种插入或缺失突变。

frequency-dependent selection（频率依赖型选择）：当相对适合度依赖于基因型频率时发生的选择。

frequency spectrum（频率谱）：等位基因频率的分布。

F_{st}：亚群体之间的遗传多样性相对于总群体遗传多样性的一种测量值：$F_{st} = \mathrm{var}(p)\ \sqrt{pq}$。它是由 Sewall Wright 发明的。

Fundamental Theorem（of Natural Selection）[（自然选择的）基本定理]：由于对等位基因频率的选择导致的平均适合度的增加等于适合度的加性遗传方差除以平均适合度：$\Delta\overline{W} = \mathrm{var}_A(W)/\overline{W}$。

fusion，chromosomal（融合，染色体的）：通过两条染色体的末端将二者连接起来的一种突变。其产物是一条具中间着丝粒的染色体。

gall（瘿）：在植物中由一种寄生虫（如一种细菌或一种昆虫）诱导的用来养育该寄生虫的结构。

game（博弈）：见进化博弈论。

game theory（博弈论）：见进化博弈论。

gametophyte（配子体）：在植物中，产生配子的单倍体结构。对应于孢子体。

γ：见选择梯度、二次方程式。

gas hydrate（天然气水合物）：在深海底部产生的一种富含碳氢化合物的冰冻沉积物。

Gaussian distribution（高斯分布）：见正态分布。

gene（基因）：与调控元件联合起来编码一个蛋白质或 RNA 分子的一段 DNA（或在某些病毒中的 RNA）序列。

genealogy（谱系学）：在一个单一的遗传位点上将一组基因连接起来的树状祖先关系。

gene conversion（基因转变）：由于在减数分裂过程中发生的遗传信息的非相互交换而在非姐妹染色单体之间形成的异源双链核酸分子。因此，杂合子位点被转变成了其中一个等位基因的纯合子位点。

gene diversity（H）（基因多样性）：两个随机选择的基因携带不同等位基因的概率。它等于一个随机交配的二倍体群体在不受选择的情况下的杂合度。

gene dosage（基因剂量）：一个个体内一个基因的拷贝数。

gene flow（基因流）：基因从一个地方到另一个地方的流动。该术语通常指基因在空间中的流动，但还可以指基因在小生境之间的流动或基因在不同群体或物种间的基因渐渗现象。

gene therapy（基因治疗）：将功能基因引入到患者体内的一种治疗方法。

genetic algorithm（遗传算法）：为了解决计算问题而将选择、突变和重组等应用到计算机程序中的群体中的方法。

genetic assimilation（遗传同化）：通过选择使通常只在一种特定环境中表达的某种表现型在该种环境中表达量增加的一种过程，该过程可能还会使该种表现型在正常条件下表达。

genetic background（遗传背景）：与某个特定基因相关联的一组基因。重组将基因从一种遗传背景迁移到另一种遗传背景中。

gene code（遗传密码）：将 64 种可能的三联体密码子翻译成氨基酸和翻译终止信号的密码。

genetic correlation（遗传相关）：对不同性状的育种值之间的相关。这可能是由于作用于不同性状的基因之间的连锁不平衡或是由于作用于不同性状的等位基因的多效性造成的。

genetic distance（遗传距离）：不同群体之间等位基因频率差异的一种测量值。应用最广泛的遗传距离的测量值是 Nei 氏 D 值。

genetic drift（遗传漂变）：见随机遗传漂变。

genetic engineering（遗传工程）：为了改变生物性状而进行的通过人工导入 DNA 序列来控制生物的方法。

genetic load（遗传负荷）：平均适合度相对于某种理想适合度的减少：$L = (1 - \overline{W}/W_{\max})$，它包括突变、替换、重组以及分离负荷。

genetic locus（遗传位点）：见位点。

genetic map（遗传图谱）：通过测量基因之间的重组率来构建的基因的线性次序图谱。

genetic marker（遗传标记）：用来观测遗传变异的一个多态位点，但是多态位点本身并不是兴趣所在。

genetic programming（遗传编程）：通过选取一群变量程序来产生的计算机程序。它类似于遗传算法的应用。

genetic recombination（遗传重组）：见重组。

genetic system（遗传系统）：直接负责遗传信息传递的系统。

genome size（C-value）基因组大小（C 值）：一个单个单倍体基因组的大小。它有时表示为用皮克（$1\text{pg} = 10^{-12}$ g）量度的一个单个单倍体基因组的质量，对应于大约 1000Mb 的 DNA。

genomic imprinting（基因组印记）：见印记、基因组。

genotype（基因型）：一个个体携带的一组等位基因。

genotypic value（基因型值）：具有一种特定基因型的个体的平均性状值 G。

genotypic variance（V_G）（基因型方差）：基因型值的方差 $\mathrm{var}(G) = V_G$。

geometric mean（几何平均数）：由 n 个值的乘积的 n 次方根定义的一个平均数

$$\overline{x}_G = \left(\prod_{i=1}^{n} x_i\right)^{1/n}$$

germ line（生殖系）：在一个多细胞生物中，通过减数分裂产生配子的细胞的谱系。它相对于体质。

glaucocystophyte：包含单细胞光合作用物种的真核生物界的成员。

good genes（优良基因）：不是由于对某个单一性状的性选择的原因而导致适合度

增加的基因。通常将该种适合度组分认为是生存能力，但生育力和交配成功率可能也包括在内。

gracile（纤弱的）：优雅的、细长的、细软的。该术语被用来描述某种南方古猿的大后牙。它与强健对应。

Gram stain（革兰氏染色）：特异性地检测存在于某种细菌物种的细胞壁和膜结构的一种染色。这些细菌称之为“革兰氏阳性”种。

great plate count anomaly（大平板计数异常）：来自自然环境中的细胞其在培养基中生长的数量远远少于通过显微镜观察到的数量的一种现象。该迹象是培养环境中存在的众多微生物所面临的首要难题之一。

group selection（组选择）：对可以增加一组个体的存活率和增殖率的那些性状的选择。

gynodioecious（雌花两性花异株）：包含有雌株和两性花植株的一个群体。

Haldane's rule（霍尔登氏法则）：当在两个不同动物类群的后代中，出现一种性别不存在、稀少或不育情况时，那种性别就称为杂合性染色体性别。此法则由 J. B. S. 霍尔登在 1922 年定义。

halophilic（嗜盐的）：描述一种生物在高盐环境中生长的一种偏好。

haltere（平衡棒）：存在于双翅目（昆虫）的第二个胸节中的感觉器官，是在进化过程中由翅膀改进而来。它们是用来在飞行过程中辅助平衡的。

Hamilton's rule（汉密尔顿法则）：假定一个等位基因使其相邻个体的适合度增加 B，但使其携带者的适合度减少 C，如果 $rB > C$，则该等位基因的适合度会增加，其中 r 为该等位基因的相邻个体与其携带者之间遗传相似度。

handicap（累赘原理）：显示雄性遗传质量的一个性状。该性状保持与优良基因的关联，因为这将减少高质量雄性个体的代价。

haplodiploid（单倍二倍体）：一种性别决定系统，其中受精卵发育成二倍体雌体而未受精卵发育成单倍体雄体。

haploid（单倍体）：携带每条染色体的一个拷贝。

haplotype（单倍型）：在单倍体中等位基因的特定组合，即一种单倍体单倍型。

Hardy-Weinberg proportion（哈迪-温伯格比例）：随机交配后产生的二倍体基因型的频率。在最简单的情况下，假定两个等位基因的频率为 $p + q = 1$，则三种基因型 QQ、PQ、PP 的频率分别为 q^2、$2pq$、p^2。

harmonic mean（调和平均数）：由以下公式定义的平均数 $\bar{x}_H = 1/\left(\frac{1}{n}\sum_{i=1}^{n}\frac{1}{x_i}\right)$。它对小的数值赋予了最大的权重。有效群体大小是每一代群体大小的调和平均数。

Hemichordate（半索海生动物纲）：各种海生动物类群中的成员，包括囊舌虫和羽鳃类（半索动物门）。

hemimetabolous（不完全变态的）：直接从与成体形态相似的一系列幼虫阶段开始发育（如蚱蜢和臭虫）。它相对于完全变态的。

heritability（遗传力）：可遗传的表现型方差的组分。广义遗传力是指总的基因型方差（$H^2 = V_G/V_P$），而狭义遗传力是指加性遗传方差（$h^2 = V_A/V_P$）。

hermaphrodite（雌雄同体）：产生雄配子和雌配子的个体。

heterochrony（异时性）：通过改变特定发育过程的开始或结束时间来改变发育过程中某个发育事件的相对时序或持续时间。

heterogametic（异形配子的）：携带不同性染色体的性别。例如，在哺乳动物中，雄性是异形配子性别的。

heterokont（长短鞭毛体）：真核生物界中的一类。它包括硅藻类在内的各种单细胞物种的集合。

heterosis（杂种优势）：在不同群体之间的杂交中观察到的适合度的增加。

heterostyly（花柱异长）：对花药和柱头的不同排列的一种多态型。

heterozygosity（杂合度）：杂合子在群体中的比例。

heterozygote（杂合子）：在一个位点上携带两种不同等位基因的二倍体个体。

heterozygote advantage（杂合子优势）：见超显性。

hierarchical classification（层次分类）：用域、界、门、纲、目、科、属、种等嵌套的等级系列来分类生物的系统。

Hill-Robertson effect（希尔-罗伯森效应）：对连锁位点的选择之间的干扰。它是首次由 Hill 和 Robertson 在 1966 年分析的。

hitchhiking（搭车效应）：与位于另一个位点上具有选择有利的等位基因关联的一个中性等位基因的增加。它有时广义上指任何间接选择。

HLA：人类白细胞抗原。见主要组织相容性复合体。

Holliday junction（Holliday 交叉）：通过两个 DNA 双螺旋之间的交叉形成的十字形结构。

holometabolous（完全变态的）：经历一个蛹阶段的变态（如蝇类、蝴蝶和甲虫）。它相对于不完全变态。

homeobox（同源异形框）：一段长约 180 个核苷酸的序列，它可以翻译成一个叫做同源异形结构域的 DNA 结合结构域。这种序列存在于很多转录因子上，这些转录因子在特征形成以及细胞分化中发挥作用。

homeodomain（同源异形结构域）：一段长约 60 个氨基酸的序列，由同源异形框 DNA 序列编码。这个蛋白质基序形成一个 DNA 结合结构域，后者存在于很多转录因子上，这些转录因子在特征形成以及细胞分化中发挥作用。

homeotic（同源异形的）：描述一类突变，这种突变可以把生物体的一个部分转变成另一个部分。例如，果蝇的一个特定的同源异形突变把触角变成了腿。

hominid（人猿超科）：大猿的成员（人猿超科），现包括人、大猩猩、黄猩猩和黑猩猩。

hominin（人科）：所有分类上与人类关系比与黑猩猩更近的支系。除了人类，其他的物种都已经灭绝。

homologous recombination（同源重组）：两个相同或者相近的 DNA 片段（如同源的染色体）排列在一起并交换一部分 DNA 的过程。

homology（同源）：由于来自同一个祖先特征而导致的相似性。在遗传学的研究中，它是指在基因组上相同位置的基因。在表型研究中，它指存在于一些物种和它们的共同祖先的具有特点的表型。

homoplasy（异源同形）：不是由于同源而是由于趋同或平行进化而导致的相似性。

homozygote（纯合子）：一个二倍体的个体在同一个遗传位点带有两个相同的等位基因。

homunculus（雏形人）：：一个微型的，充分成形的个体，它被认为通过精子细胞而带到受精卵中，并指导它的发育。

horizontal transmission（水平传递）：基因信息不是通过父母到后代的方式传递，而是在不同个体间传递。

host race（寄主族）：遗传背景不同的群体专一地寄生于不同的寄主。

hot spot，recombination（热点，重组）：见重组热点（recombination hot spot）。

human immunodeficiency virus，HIV（人免疫缺陷病毒）：AIDS 的致病病毒。

hybrid rescue allele（杂种恢复等位基因）：一个能够减轻杂种不育或杂种致死的等位基因。

hybrid zone（杂交地带）：遗传背景不同的两个群体共存、交配以及杂交的狭窄地带。

hydrogenosome（氢化酶体）：一些真核生物拥有的一种能产生氢气和 ATP 的细胞器。它可能是起源于线粒体。

hydrophilic（亲水的）：分子或分子的一部分通过形成氢键而直接溶于水。

hydrophobic（疏水的）：分子或分子的一部分不能直接溶于水。

hydrophobic core（疏水核心）：蛋白质的不能溶于水的一部分，它们由一组疏水氨基酸组成。

hypercycle（超循环）：一组正在复制的分子（A，B，…，Z）相互协作，其中 A 帮助 B 复制，B 帮助 C 复制，…，Z 帮助 A 复制。它被提出是早期生命的复制基因信息的一种方式，尽管存在很高的突变率。

hyperthermophile（超嗜热菌）：一种喜欢在 80℃以上生存的生物。

IBD：见血统一致。

identical twins（同卵双生）：来自于同一个受精卵的双胞胎，因而它们具有相同的遗传背景。见同卵双胞胎。

identity by descent（IBD）（血统一致）：来自同一个祖先群体的基因由于血统原因而相同。

immune memory（免疫记忆）：免疫系统对曾经遇到过的抗原有更加强烈的免疫反应。这是接种的基础。

immunoglobulin（免疫球蛋白）：一个免疫系统的蛋白质家族。它包括抗体。

immunological distance（免疫距离）：一种衡量系统发生关系的方法，它基于不同物种间的抗体抗原亲和力的不同。这种差异的量可以作为一种粗糙的进化钟。

imprinting，genomic（印迹，基因组的）：一种杂合子的表型取决于哪个等位基因来自父本，哪个来自于母本的现象。

inbred（近交）：由近亲交配产生。

inbred line（近交系）：通过不断的自体受精或者近亲交配产生的群体。在几代近交之后，近交系的遗传背景变得相似。

inbreeding（近亲交配）：近亲之间交配。

inbreeding coefficient（近交系数）：一个二倍体的个体的等位基因来自共同的祖先基因的概率。

inbreeding depression（近交衰退）：近交个体的生活力减弱。

inclusive fitness（广义适合度）：一种衡量个体适合度的方法，它包括个体对其亲属适合度的影响，但扣除亲属对个体本身适合度的影响。

incomplete dominance（不完全显性）：杂合子表现出和两种纯合子都不相同的表型的情况。

indel（插缺）：少数碱基的插入或缺少突变。

indirect selection（间接选择）：一个性状由于和别的性状相关联而不是因为直接影响适合度而受到选择。也表示一个个体的一个基因影响其他个体的适合度而受到选择。

induction（诱导）：基因感应调控信号而表达量增加。

infinite-alleles model（无限等位基因模型）：一个假定每个突变都产生一个新的等位基因的模型。

infinitesimal model（微量模型）：一个模型，它假定数量性状多样性是由大量具有微量加性效应的位点导致的。选择改变平均值，但是遗传多样性保持不变。也相当于假定后代围绕着亲本中值呈正态分布，而方差不变。

infinite-sites model（无限位点模型）：一个模型，它假定位点相当多，每个位点的突变率都很低，以至于每个突变都是唯一的。

informational gene（信息型基因）：参与核心的信息加工包括 DNA 复制和修复、转录和翻译的基因。一般认为它们比操纵型基因更不容易发生水平基因传递。

inheritance of acquired characteristics（习得特征的遗传）：生物体将其在生活中获得的特征传递给其后代。这个观点和拉马克有关，但是在遗传学建立之间被广泛接受。

innovation（革新）：改变先前存在的特征。

insertion sequence，IS（插入序列）：在细菌和古细菌中发现的一类转座元件。

in situ hybridization（原位杂交）：一个标记的 DNA 或 RNA 探针杂交到一个组织切片或者整个胚胎并在显微镜下观察以确定特异探针的时空表达模式。另一种是，探针杂交到一个散开的染色体上并在显微镜下观察以确定特定序列在染色体上的位置。

intelligent design（智能设计）：一种学说，它认为生物体是不可或缺地复杂，因此一定是一个智能的设计者创造的。它是一个神创论的版本。

interaction variance（上位方差）：数量性状的一个方差，V_I，由不同位点的上位性互作产生的，它是基因型方差与加性方差和显性方差的总和的差值，$V_I=V_G-V_A-V_D$。

intercalating agent（嵌合剂）：一种能组合 DNA 碱基，并在 DNA 复制过程中嵌入到 DNA 骨架的化学试剂，它导致复制中的插入或缺失错误。

introgression（基因渗入）：基因在不同遗传背景中的传递，它是不同群体的个体相互杂交的结果。

intron（内含子）：分割编码区的非编码序列。

invention（发明）：生物体的根本性的新特征。

inversion，chromosomal（倒置，染色体的）：一种突变，其后代的一段 DNA 序列与亲本相比发生了倒置。该过程涉及 DNA 的切除和重新插入。

irreducibly complex（不可或缺地复杂）：一个系统，任何部件的缺少都会导致该系统无法运作。

island model（岛屿模型）：群体结构的最简单的模型。繁殖群里的一部分（m）基因来自外部。可能是从大陆群体或者其他繁殖群迁移来的。

isogamous（同配生殖的）：只产生一种配子。

isolation by distance（距离隔离）：一个空间连续的群体，在不同的地理位置，其等位基因的频率产生的分化。它经常用来表示随即漂变导致的分化。

isotope（同位素）：一种元素的不同形式，其原子质量不同。

isozyme（同工酶）：催化相同反应的氨基酸序列不用的酶。这包括不同遗传座位所编码的不同类型以及同一遗传座位的同源基因编码的等位基因同工酶。

junk DNA（垃圾 DNA）：由突变累积成的中性或有害的序列。

just-so story（如此理论）：无法检测的对适应性的解释。

K_a：导致氨基酸改变的非同义替换率。有时用 D_n 表示。

kerogen（油母岩质）：在沉积岩上发现的一类有机化合物，它们被认为来源于活的生物体的有机分子。

kinase（激酶）：一种为其他分子添加磷酸基团的酶。

kin discrimination（血缘识别）：区分相近个体和无关个体的能力。

kinetoplast（动基体）：动质体鞭毛基部附近的一种自主复制的细胞器。

kinetoplastid（动质体）：真核生物 Excavata 界一个门的成员，它们的特点是具有动基体。

kinorhynch（动吻虫）：微小的多刺动物门（动吻动物门）的成员。

kin selection（亲缘选择）：一个等位基因的频率变化是由于该等位基因会影响带有该等位基因的其他个体的适合度。

K_s：不导致氨基酸改变的同义替换率。有时用 D_s 表示。

labyrinthulid（拟网黏菌类）：真核的异鞭毛门的成员。

lagging strand（后随链）：在 DNA 复制的过程中，通过连接从 $5'\rightarrow3'$ 方向不连续合成的小的 DNA 片段而使该链沿 $3'\rightarrow5'$ 方向合成的那条链。

Lamarckism（拉马克学说）：见习得特征的遗传。

large X effect（大 X 效应）：X 染色体比根据其大小所期望的更容易发生不相容杂交。

last universal common ancestor，LUCA（最近共同祖先）：所有现存生命形式的共

同祖先。

lateral gene transfer，LGT（横向基因传递）：DNA在不同的进化谱系间传递。也称为水平基因传递。

leading strand（前导链）：DNA复制过程中，由5′→3′方向通过在延伸的3′端不断聚合而连续合成的那条链。

lek（择偶场）：雄性聚集在一起供雌性选择作为交配对象的场所。

lethal（致死的）：隐性的致死等位基因会导致纯合的携带者死亡，而显性的致死等位基因即使只有一个拷贝也会使携带者死亡。

Levene model（Levene模型）：一个结构化的群体模型，在该模型里，所有的个体来自一个基因库而大部分生命过程是在小片区内竞争。

life history（生活史）：一个生物体生活与繁殖的方式。

life-history trait（生活史性状）：如死亡率、生育率或生殖年龄等和适合度紧密相关的性状。

likelihood [似然值（率）]：根据假设，观测到特定数据的可能性。

limnetic（淡水的）：发生在湖泊或池塘的较深的活动水中。

lineage sorting（谱系排序）：两个物种分化后，每个基因的祖先都汇聚到物种总的系统发生的过程。这个过程需要$2N_e$代，不完全的谱系排序暗示谱系学的不一致。

linkage（连锁）：同一条染色体上的基因称为连锁。

linkage disequilibrium（连锁不平衡）：两个或多个遗传座位的等位基因的关联不随机。

linkage equilibrium（连锁平衡）：不存在连锁不平衡，因此单倍型频率完全由等位基因的频率决定。

liposome（脂质体）：球形的双层脂质。

lobopod（叶状假足）：一门单边刺形骨针形的动物的化石成员。现存的是生活在陆地上的，并通常指柔软的幼虫。化石是生活在海里的，在寒武纪有很多种类。

local mate competition，LMC（局域配偶竞争）：一个局域群体内的配偶竞争（如一棵无花果树上的无花果与黄蜂之间）。

locus（座位）：基因组上的位置。它可能指单个的核苷酸位点或者一段重要的DNA序列。

long-branch attraction（长枝吸引）：在系统发生分析中，快速进化的谱系会比较接近，无论它们真实的进化关系是什么样的。

long interspersed nucleotide element，LINE（长散在重复序列元件）：一类转座元件。

lophotrochozoan（触手担轮类）：原肢类一个主要分支，它包括环节动物、软体动物、苔藓虫类、腕足类和几种其他的小门。

LUCA：见最近共同祖先。

lycophyte（石松类）：一类早期陆生植物，包括石松属植物（lycopod）和工蕨植物（zosterophyll）。

lycopod（石松属）：一类植物，包括石炭纪煤沼泽的巨型树和现存的石松藓类（club mosses）。

lycopsid（石松亚门植物）：见石松属。

lysogenic（生成细胞溶素的）：描绘有噬菌体整合到基因组的细菌和古细菌。噬菌体可能被活化而裂解细胞。

macroevolution [宏（观）进化]：导致物种或物种之上变化的进化。

macronucleus（大核）：纤毛虫细胞的两个核中的较大的核。它行使功能的方式和动物的体细胞相似。

major histocompatibility complex，MHC（主要组织相容性复合物）：脊椎动物的在免疫应答中发挥关键作用的一组紧密连锁的基因。在人中为 HLA（human leukocyte antigen）复合物。

major transitions（重大转变）：由 Maynard Smith 和 Szathmary 提出的遗传信息传递方式的重大变化。几乎都涉及先前独立的复制元件聚在一起形成复杂的实体。

mating type（交配型）：个体只能和一个不同类型交配的多样性。见自交不亲和。

mean（平均数）：通常指算术平均数：对于 n 个数值，z_1，z_2，…，z_n，。见调和平均数和几何均数。

meiosis（减数分裂）：和真核细胞有性生殖有关的细胞分裂的过程，在该过程中，配子每条染色体的数目都只有亲本的一半。

meiotic drive（减数分裂驱动）：减数分裂中细胞向两极运动以产生配子过程中染色体的偏向性运动。

mesoderm（中胚层）：两侧对称动物（bilaterian）三层胚胎中的一层（其他两层为外胚层和内胚层）。中胚层会形成一些结构，如肌肉、内骨骼和部分内脏，如肾脏和生殖系统。

mesophile（嗜温的）：一种喜欢生活于中温的生物体。

Mesoproterozoic（中元古生代）：16 亿～10 亿年前的一段时间。

messenger RNA，mRNA（信使 RNA）由 DNA 转录产生并在核糖体翻译成蛋白质的 RNA 分子。

messenger RNA processing（信使 RNA 加工）：真核 RNA 进入细胞质进行翻译前的一系列必要的加工过程的总称。

metagenomics（环境基因组学）：对直接从环境样本（如土壤、空气和水）中分离的 DNA 大规模测序。

metapopulation（联种群）：一群离散的繁殖群。第一个联种群模型是关于灭绝和再度移民的，但是现在这个概念应用的范围更广泛。

metazoan（后生动物）：包括所有动物门的一个分类，包括海绵动物、栉水母、刺胞动物和两侧对称动物。

MHC：见主要组织相容性复合物。

microarray（微阵列）：一个固定在固体上的短核酸阵列，它可以用于同时检测大量不同的 DNA 或 RNA 的浓度。

microfilament（微丝）：组成参与结构整合和真核细胞运动的肌动蛋白原的微纤维。和微管一起组成细胞骨架。

micronucleus（小核）：纤毛虫细胞中两个核中较小的那个。它行使功能的方式与动物的生殖细胞类似。

microRNA（小 RNA）：一个 RNA 分子家族，大约 22 个核苷酸长，它调节一些真核基因的表达。

microsatellite（微卫星）：一系列短的重复序列，每个重复长为几个核苷酸。微卫星有高度的多态性所以广泛应用于遗传标记。

microsporidia（微孢子虫）：一类单细胞的真核生物，曾经被划分为单独的门，但是现在归为真菌门的一部分。

microtubule（微管）：细胞骨架的主要组分，由微管蛋白组成。在真核细胞中用于调节细胞的性状以及运动控制。

migration（迁徙）：从一个地方移动到另一个地方。这里和基因流动同义。

mimicry（拟态）：一种生物和另一种生物的适应性的相似。见贝氏拟态和缪勒氏拟态。

minisatellite（小卫星）：9 个到几百个核苷酸长的短序列多个拷贝。它们分散在多个位点，有 10～100 个拷贝，并且有非常高的多态性，因而可以作为遗传标记。

mismatch distribution（歧点分布）：从一个群体内随机选取两条序列，它们的差异个数的分布叫做歧点分布。

mismatch repair（错配修复）：DNA 完成复制后，对 DNA 损伤进行修复的过程。

missense mutation（错义突变）：发生在基因的蛋白质编码区并导致氨基酸改变的核苷酸替换。

mitochondria（线粒体）：和有氧呼吸有关的真核细胞的细胞器。它起源于 α-变形菌。

mitochondrial DNA，mtDNA（线粒体 DNA）：线粒体内的基因组。动物的mtDNA被广泛用作遗传标记，因为它不重组。

mitosis（有丝分裂）：和真核细胞的无性生殖有关的细胞分裂的过程，在此过程中，每个子代细胞获得母细胞染色体的一个拷贝。

mixed strategy（混合策略）：个体随机使用两种或更多的策略。

modifier（修饰因子）：严格意义上，一个等位基因对适合度并没有直接的效应，但是对遗产系统有其他效应并可能间接地被选择。更广义地讲，它指一个等位基因改变了其他座位上的等位基因的表达。

modularity（模块性）：分成独立发挥功能的不同的部分或模块。在进化心理学上，它指独立的精神功能。

molecular clock（分子钟）：以恒定的速率积累氨基酸或 DNA 序列差异。

molecular recognition（分子识别）：两个分子通过非共价键结合，它们的性状对它们结合的强度很关键。

molecular recombination（分子重组）：物理切割并连接 DNA 分子。

mollusks（软体动物）：冠轮动物（lophotrochozoa）中主要的一门。这类动物包括蛤（clams）、贻贝（mussels）、多板类（chitons）、章鱼（octopus）、鱿鱼（squid）、裸鳃亚目动物（nudibranchs）。

monandrous（一夫制的）：雌性只和一个雄性交配。

monophyletic（单系的）：描绘来自共同的祖先分类单元的一组分类单元。就是说，拥有共同祖先的一组生物或基因的而不包括其他的实体。

monosomy（单体性）：在细胞核内只有一条染色体，而不是一对染色体。

monozygotic twins（同卵双胞胎）：见同卵双生。

Morgen（摩尔根）：遗传图谱的距离单位。在近的距离上，两个座位的摩尔根距离和它们的重组率相等。在长距离上，重组率低于遗传距离因为会发生很多交叉。

Müllerian mimicry（缪勒氏拟态）：一个味道不佳的物种进化成类似的另一种味道不佳的物种。二者都可以得到更好的保护，因为捕食者会很快避免这类共同的特征。

Müller's ratchet（缪勒氏齿轮）：由于随机的并且不可恢复的丢失具有最适合度的基因型，而导致无性生殖群体衰退。

multiple testing（多重检验）：如果同时进行多个显著性检验，有些就会由于偶然因素而拒绝零假设。所以多重比较的时候显著水平必须降低。

multiregional model（多区域模式）：一种假说，认为旧大陆的不同的人（如直立人和尼安德特人）在自身所在的区域进化而形成现存的人类群体。它和走出非洲模式对立。

mutation（突变）：生物体遗传物质不涉及相互重组的可遗传的变异。

mutational heritability（突变的遗传力）：V_M/V_E，突变方差和环境方差的比值。

mutational variance，V_M（突变方差）：由每代新产生的突变所造成的数量性状的方差。

mutation load（突变负荷）：由有害突变造成的平均适合度的降低。公式如下：

$$L = 1 - (\overline{W}/W_{max})$$

式中，W_{max}表示没有突变的野生型的适合度。

mutation rate，μ（突变速率）：突变产生的速率。

mutator（突变造成者）：会提高突变速率的等位基因。

mutualism（互利共生）：物种间共同获利的相互作用。

NADPH：还原型烟酰胺腺嘌呤二核苷酸磷酸（nicotine adenine dinucleotide phosphate，in its reduced form）。在所有的生物体内用作能量和氧化还原的携带者。

narrow-sense heritability，h^2（狭义遗传力）：见遗传力。

naturalistic fallacy（自然主义谬误）：关于什么是对的，什么是应该的争论的错误学说，比如用进化或者进化的机制来证明特定的道德标准。

natural selection（自然选择）：在群体中，高适合度的基因型频率增加的过程。

natural theology（自然神学）：基于推理和平常经验而不是基于特定的或想象上的超自然揭示的神学。

N_e：见有效群体大小。

nearly isogenic line，NIL（近等基因系）：一个遗传材料通过不断地回交，并同时对其进行选择而产生的株系。近等基因系包含来自一个系的基因组的一小片段，它富集了影响被选择的性状的 QTL。

neighborhood size（邻区尺寸）：与基因流动的速率（σ^2），单位面积的有效群体大小（如有效密度）（ρ）的乘积成正比，它决定了空间连续的群体的基因流动的速率和随机漂变，在二维，它被定义为 $Nb=4\pi\rho\sigma^2$。

nematode（线虫类的）：蜕皮动物（ecdysozoa）中的一个主要的门，非常丰富和多样的蠕虫样动物，包括蛔虫（round worm）和螺纹蜗杆（thread worm）。线虫动物门（Nemata）。

Neoproterozoic（新元古代）：地质年代划分之一。始于 10 亿年前，结束于 5.42 亿年，即寒武纪的开端。

neoteny（幼态成熟）：幼虫阶段已达到性成熟，如美西蝾螈不需要经过蜕变就可以繁殖。

neutral（中性的）：对适合度没有影响。

neutral evolution（中性进化）：在没有自然选择的影响下进化。

neutralist（中性学说者）：支持大多数分子层面的分化或变异的产生对适合度没有什么影响的观点的学者。

neutral mutation（中性突变）：不影响适合度的突变。

neutral theory（中性理论）：认为遗传变异是中性的，主要通过突变和随机的遗传漂变产生的理论。

niche（生态位）：一个物种生存和繁衍所需的特定生态环境的总称。

NIL：见近等基因系。

node（节点）：系统发生树上分支分叉的地方。

nonhomologous gene displacement（非同源性基因置换）：一个基因被另一个非同源基因所替换。

non-Mendelian inheritance（非孟德尔遗传）：不符合孟德尔定律的遗传模式（不包括连锁和伴性连锁）。

nonsense mutation（无义突变）：位于编码区的点突变使某种氨基酸的密码子变成终止密码子，提前终止蛋白质翻译。

nonsynonymous mutation（错义突变）：位于编码区的点突变使某种氨基酸的密码子变成另一种氨基酸的密码子。

normal distribution（正态分布）：一种概率分布，呈钟形曲线。如果一个变量受到许多微小的独立因素的影响，则服从正态分布。

nucleolus（核仁）：细胞核的组分之一，是核糖体加工的主要场所。

nucleomorph（类核体）：一个高度压缩的细胞核残余物。存在于成为一种真核生物的内共生体的另一种真核生物体内。

nucleotide（核苷酸）：一种由含氮碱、核糖或脱氧核糖以及磷酸组成的化合物。是核酸的基本组成单位。

nucleotide diversity（π）（核苷酸多样性）：随机选取的两个拷贝在同一位置上携带不同碱基的可能性。这个概念与基因多样性的概念相似，可用于单个核苷酸。

null allele（无效等位基因）：一个完全没有功能的等位基因，相当于整个基因的缺失。

null hypothesis（零假设）：假设检验中先假定为真的假设，与备择假设对立。

Occam's razor（奥卡姆剃刀定律）：如果不同的理论都能够得到同样的结论，简单的那个最好。常用于简约法推导系统发生树的过程中。

Okazaki fragment（冈崎片段）：DNA 复制过程中后随链产生的小片段 DNA。

oligonucleotide（寡聚核苷酸）：不超过 20bp 长的小片段 DNA。

Onychophoran（有爪动物门）：毛虫类动物的一个门。现生的物种通常叫做天鹅绒虫，地域性分布。化石种生活在海洋中，在寒武纪多种多样。

open reading frame（ORF）（开放性阅读框）：基因组上编码蛋白质的区域。在细菌和古细菌中是连续的片段，而在真核生物中因含有内含子而呈非连续片段。

operational gene（运行基因）：参与代谢和其他外围过程的基因。它们和信息基因相对应，被认为同信息基因相比更易发生基因水平传递。

operational taxonomic unit（OTU）（操作分类单元）：用于系统发生分析的单元（如生物、基因、物种或群体）。

operon（操纵子）：一系列相邻的基因，其转录被一个共有的单位调控。

opisthokont（后生鞭毛生物）：真核生物界的成员，包括后生动物、真菌和领鞭毛虫。

orthogenesis（定向进化学说）：认为后代的变化是由内在的遗传趋势决定并向特定方向发展的。

orthologous gene（直系同源基因）：同源基因的一种，即存在于共同祖先中的某个基因由于物种的分化而分化开来（如人和小鼠的 α-globin 基因）。与之相对的是旁系同源基因。

outcrossing（异型杂交）：不相关的个体之间的杂交。

outgroup（外群）：产生于研究对象的共同祖先分化之前的生物或基因。

out-of-Africa model（走出非洲假说）：现代人的祖先起源于非洲，他们走出非洲后代替了当地的古人类。与之相对的是多区起源假说。

overdominance（超显性）：杂合子比任一纯合子具有更好的性状（通常表现为更高的适合度）。

ovule（胚珠）：雌性开花植物的配子。相当于动物中的卵子。

Palaeoproterozoic（始元古代）：地质年代之一。25 亿～16 亿年前。

panmictic（随机交配的）：一个群体中的每个个体都有同样的机会与其他个体交配。也就是说没有群体结构。

paracentric inversion（臂内倒位）：倒位区段没有跨越着丝粒。

parallel evolution（平行进化）：不同物种各自独立产生相似的某种特征。

paralogous gene（旁系同源基因）：同源基因的一种。通过物种分化后的基因复制产生。与之相对的是直系同源基因。

parapatric（邻域的）：地理分布中不同种类的事物被分隔在不同的地理位置，只相交于狭窄的地带。

parapatric speciation（领域性物种形成）：出现在地理分布区相邻的两个种群间的物种形成。

paraphyletic（并系群）：用于描述一组具有共同祖先的生物或基因，但其中一些成员不在其中。

parsimony（简约法）：进化重建的常用方法，即用最少数目的进化事件得出某个理论，如推导进化分支的结构。

parthenogenesis（孤雌生殖）：一种配子未经受精就能发育成新个体的生殖方式。

pathogenicity islands（致病性岛屿）：病原体基因组中包含异常高比例的致病因子的连续区域。

patrilineal（父系的）：遗传自父亲，如哺乳动物的 Y 染色体。

payoff（盈利）：竞争而导致的适合度的增加。

payoff matrix（盈利矩阵）：用矩阵来描述策略之间的关系以及每种策略能带来的盈利。

pedigree（系谱）：家庭中各个个体之间的相互关系。

pericentric inversion（臂间倒位）：倒位跨过中心粒。

peroxisome（过氧物酶体）：真核生物中一种膜包被的细胞器官，参与解毒作用。

personalized medicine（个体化医学）：利用个体的基因型信息促进健康。

phenocopy（拟表型）：一种环境影响引起的表现型，如温度巨变，以及遗传突变引起的表型类似。

phenogram（谱系图）：根据不同事物之间的相似度聚类连接而成的分支图。

phenotype（表型）：个体特征。

phenotypic value（表型值）：数量性状的实际值，受基因型和环境两个因素影响（$P = G + E$）。

phenotypic value（V_p）（表型变异）：表型值之间的差异，var（P）$= V_p$。

phosphorite（磷矿）：富含磷的沉积石。

phylogenetic anchor（系统发生锚）：利用一个基因的系统发生树来分辨 DNA 来源于什么物种。用于环境基因组学。

phylogenetic tree（系统发生树）：描绘生物或基因的进化历史的图。

phylogeny（系统发生）：生物或基因的进化历史。

phylogeography（系统地理学）：利用不同地理分布的基因样本推导群体的进化历史。经常以用线粒体 DNA 推导出来的谱系为基础。

phylogram（系统发生图）：系统发生树的一种，其分支长度和遗传距离成正比。也叫加性树。

phylotype（系统发育型）：根据核糖体 RNA 的序列分析推导出的某种未分类的生物的类别。

physical map（物理图谱）：给出特定遗传变异物理位置的图谱。与之相对的是利用经典遗传学知识做出的遗传图谱。

placental mammal（有胎盘哺乳动物）：见真兽亚纲哺乳动物。

plasmid（质粒）：能自我复制的遗传因子，长度通常小于染色体。一般在特定条件下起作用，常见于细菌和古细菌，偶尔也在真核生物中发现。

plastid（质体）：在植物、藻类和单细胞真核生物发现的特化的细胞器，如叶绿体、质体样细胞器。

plate tectonics（板块地质学）：研究地球表面板块相互作用的机制，包括大洋板块的形成和消亡。

pleiotropy（多效性）：一个等位基因影响多个性状。

Pleistocene（更新世）：地质年代之一。从 180 万年前到 11 000 年前。包括大部分冰期。

ploidy（倍性）：生物体中每条染色体的拷贝数。

pluripotency（多能性）：分化成多种细胞的能力。

point mutation（点突变）：一个碱基变化成另一种碱基。

Poisson distribution（泊松分布）：发生 j 次事件的概率为（$\lambda^j/j!$）$e^{-\lambda}$，λ 是期望的发生数。

polyandrous（一雌多雄的）：雌性和多个雄性交配。

polygenic（多基因的）：受多个基因影响的。

polymerase chain reaction（PCR）（聚合酶链反应）：利用引物和特定核酸片段互补结合的原理，扩增少量核酸片段的方法。

polymorphism（多态性）：多个等位基因或可遗传的表型以一定频率共同存在。

polyphyletic（多源的）：一组生物由一个以上的祖先类型发展而来。

polyploid（多倍体）：一个细胞或染色体携带两个以上的基因组，如三倍体、四倍体。

polyspermy（多精入卵）：在受精过程中数个精子进入一个卵细胞。

polytene chromosome（多线染色体）：多股染色单体平行排列而成的巨大染色体。其染色体结构清晰可见。

polytomy（多歧分叉）：系统发生数上一个节点分出来两个以上分支。用于描述辐射进化事件或不确定事件。

population bottleneck（种群瓶颈）：群体大小的急剧减小，会导致随机遗传漂变的发生。可能由于奠基者效应引起。

population genetics（群体遗传学）：研究群体水平的遗传组成变化的学科。

population structure（群体结构）：任何和理想的随机交配群体相背离的群体，如个体倾向于与同一个地方或同一个小环境的其他个体交配。

positional cloning（定点克隆）：利用遗传杂交的数据去得到一段想要的 DNA 片段。

positive selection（正选择）：见定向选择。

postzygotic isolation（合子后隔离）：F_1 代的接合子杂交致死或不育而导致的生殖隔离。

prebiotic synthesis（生物出现前的合成）：生命产生前就有的自然有机物合成。

performation（简单扩张说）：认为胚胎发育是由预先存在的形态扩张而成。和渐成论相对。

prezygotic isolation（合子前隔离）：通过阻止异种交配使 F_1 代无法产生而导致的生殖隔离。

priapulid（曳鳃动物）：蠕虫样动物门的一员。

primary contact（初级联系）：群体在整个分化过程中都保持联系。与之相对的是次级联系。

primase（引发酶）：起始 DNA 复制的酶。

prion（朊病毒）：有可改变的稳定构象，是羊搔痒症和牛海绵状脑病等的传染因子。

Prisoner's Dilemma（囚徒困境）：在一个游戏中，如果两人都采取 ESS 策略，他们获得的适合度会比采取另一种策略低。

probability of fixation（固定概率）：等位基因中的其中一个拷贝最终在整个群体中固定的概率。

prokaryotes（原核生物）：没有细胞核的生物。包括细菌和古细菌两个不同的进化分支，所以代表多源群。

proofreading（校正）：DNA 聚合酶校正 DNA 复制时发生的错误。

protein electrophoresis（蛋白质电泳）：利用不同蛋白质大小或等电点不同等特征分离蛋白质混合物的方法。

protostome（原口动物）：两侧对称动物中两大分支的其中之一，包括褪皮动物和触手担轮类。在这一分支中，胚胎期的开口发育成口。

pseudogene（假基因）：丧失功能的基因。通过突变和漂变退化。

psychrophiles（适冷微生物）：偏好在低温下生长的生物。

punctuated equilibrium（间断平衡）：德莱奇（Eldredge）和古尔德（Gould）在 1972 年提出的学说。他们发现化石记录的物种通常保持长时间的稳定，然后突然发生快速的形态改变和物种分化。

punishment（惩罚）：导致他人适合度降低的行为会使其本人的适合度最终降低。

purifying selection（纯化选择）：针对有害等位基因的选择。

purine（嘌呤）：一类核酸，包括腺嘌呤（A）和鸟嘌呤（G）。

pyrimidine（嘧啶）：一类核酸，包括尿嘧啶（U）、胞嘧啶（C）和胸腺嘧啶（T）。

quadratic selection gradient（二次选择梯度）：见选择梯度，二次。

quantitative genetics（数量遗传学）：研究复杂性状的遗传机制。

quantitative trait（数量性状）：受多基因影响的性状，利用数量遗传学手段研究。

quantitative trait locus（QTL）（数量性状位点）：基因组上影响数量性状的区域。

quorum sensing（群体感应）：使细菌个体能感应的其群体密度的机制。

radioisotope dating（放射性同位素年代测定）：见放射性测量年代。

radiolarian（放射虫）：放射对称真核生物的一员，存在于 Rhizaria Kingdom。有很多化石证据。

radiometric dating（放射性测量年代）：利用放射性同位素和其衰变产物的分析测定样品年代的方法。

random (genetic) drift（随机遗传漂变）：个体的随机变异导致的基因型频率的随机改变。这种过程可用于溯祖理论。

random segregation（随机分离）：减数分裂时，染色体会随机的分配到合子中。

rDNA：见核糖体 DNA。

reaction norm（反应规范）：同一个基因型在一系列环境下表现出的一系列表型。

recessive（隐性的）：当两个拷贝都在，即纯合时才能表现出表型的等位基因即隐性的。

recessive lethal（隐性致死）：见致死。

reciprocal cross（正反交）：如果雌性 A 和雄性 B 交配，那么正反交即雌性 B 和雄性 A 交配。

reciprocal translocation（相互易位）：两个不同的染色体互相间一部分进行交换。

recombination（重组）：基因重组的产生。

recombination hot spot（重组热点）：有非常高的重组率的局部区域。

recombination load（重组负荷）：由于重组破坏了被上位效应偏好的等位基因的重组而导致的平均适合度的降低。公式如下：

$$L = 1 - \overline{W}/W_{\max}$$

式中，$W_{\max}$表示最适合的重组的适合度。

recombination rate（重组率）：重组的合子的比例。

Red Queen（红皇后）：两个物种的连续的共进化，如宿主和寄生虫之间。

reduction principle（降低原则）：如果只有选择的作用，重组率会有降低的趋势。

regression（回归）：变量 y 和变量 x 的关系可以用一元回归模型来解释：

$$y = \alpha + \beta x + \varepsilon$$

式中，ε 表示随机背离；β 表示回归系数。

reinforcement（强化）：通过互交产生的后代适合度很低这种方式造成对合子前隔离的加强。

relative fitness（相对适合度）：见适合度，相对的。

replicase（复制酶）：能够复制任何一种基因组的酶。也就是指生命起源时，基因组可能不是由 RNA 或 DNA 组成的。

replicative DNA transposon（DNA 转座子）：依赖于 DNA 的转座子。能移动到基因组的其他位置并保持原有拷贝不变。

replicator（复制子）：任何能复制的成分。包括 DNA 组成的基因组、朊粒、通过文化传遍的语言。

reproductive assurance（生殖保证）：保证个体能够自己使其卵子受精。

reproductive isolation（生殖隔离）：不同基因库的隔离。是由于物种间遗传上的不同导致的不能杂种繁殖。

rescue，hybrid（援救，杂种）：见杂种援救等位基因。

restriction enzyme（限制性内切核酸酶）：切割 DNA 上特定位点的酶，通常 4～6 个碱基长。在生物体中的功能是摧毁进入细胞的外源 DNA。

restriction fragment length polymorphism（RFLP）（限制性片段长度多态性）：通过检测 DNA 在限制性内切核酸酶酶切后形成的特定 DNA 片段的大小来检测不同样本 DNA 序列的差异。

retroposon（逆转座子）：一种 DNA 转座元件。通过形成 RNA 中间物来完成复制。两端没有长末端重复。

retrotransposon（逆转录转座子）：一种 DNA 转座元件。通过形成 RNA 中间物来完成复制。两端有长末端重复。

retrovirus（逆转录病毒）：RNA 病毒的一种，通过产生 DNA 中间物复制。其产生的 DNA 能被插入到宿主的基因组中。

reverse genetics（反向遗传学）：用以描述这样一类分子方法，即用工程突变的等位基因去代替野生型基因。见位置克隆。

reverse transcription（逆转录）：一些病毒可以制造一种酶，这种酶能以 RNA 为模板，转录出一条互补的 DNA 链。这种情况见于逆转录病毒和逆转录转座子中。

RFLP：见限制性片段长度多态性。

rhizaria（有孔虫界）：真核生物丝足虫类的别称。

rhyniophyte：维管植物的一员。

ribosomal DNA（rDNA）（核糖体 DNA）：编码核糖体 RNA 的 DNA 序列。核糖体 RNA 是核糖体的主要组成。

ribosomal RNA（rRNA）（核糖体 RNA）：核糖体组成中一类高度保守的 RNA 分子。广泛用于估计系统发生关系。

ribosome（核糖体）：负责翻译 DNA 的蛋白质-RNA 复合物。

ribozyme（核酶）：具有催化活性的 RNA。

ring species（环物种）：物种因地理区隔（如湖泊、山岳、峡谷）等因素而沿着该区隔繁衍产生多个亚种，各相邻亚种之间有着可以相互杂交，有着连续性的基因变化，当此一连续亚种之首尾物种亦相邻，但首尾两亚种无法进行杂家繁殖繁殖。

RNA-mediated interference（RNA 干扰）：以 RNA 为基础的调控基因功能的一种机制。其原理是通过双链 RNA 的形成抑制基因的表达。

RNA world（RNA 世界）：DNA 进化出来之前 RNA 负责遗传和催化的世界。

robust（粗壮的）：用来形容早期人类化石。特别指有大后牙的某些南方古猿。与之相对的是纤弱的。

rock-paper-scissors game（剪刀-石头-布游戏）：一种游戏，其中策略 A 能赢策略 B，策略 B 能赢策略 C，策略 C 能赢策略 A。

root（根）：系统发生数上最古老的一枝。

runaway process（优胜过程）：雄性性状的产生和雌性对此性状的偏好性的正反馈体系。

saltation（巨变）：有巨大效应的变异。当然，指突变。

satellite DNA（卫星 DNA）：高度重复 DNA 序列，因其在基因组中有很高密度，像卫星一样。也见微卫星和小卫星。

SBT：见摇摆平衡理论。

secondary contact（第二联系）：从前地理隔离的群体的联系。与之相对的是主要联系。

segregation sites（分离位点）：在一组样本中是多态性位点。

segregation（分离）：两条同源染色体在减数分裂时分别走向细胞的一端。也指杂合体的后代因为减数分裂时的随机分配产生不同的基因型。

segregation distortion（分离畸变）：杂合体减数分裂时其等位基因的分离比背离预期的 1∶1。原因包括减数驱动和单倍体的不同存活率。

segregation load（分离负荷）：纯合子分离造成的平均适合度的降低。原因是多态性由于杂合优势而被保留。公式为

$$L=(1-\overline{W}/W_{\max})$$

式中，$W_{\max}$指有最高适合度的杂合子的适合度。

selection coefficient（s）（选择系数）：相对适合度的不同。

selection differential（差异选择）：原始群体和其后代的平均性状值的不同。

selection，direct（选择，直接的）：不同等位基因的适合度不同导致的基因型频率改变。

selection gradient（β）（选择梯度）：性状的适合度的回归梯度。

selection gradient，quadratic（γ）（选择梯度，二次的）：某一性状适合度的方差的回归系数，负值暗示受平衡选择。平衡选择的作用可以导致减小性状间的差异。

selectionist（选择论者）：持分子分化和变异是选择的结果这种观点的学者。与之相对的是中性论者。

selection response（选择反应）：一代后平均性状值的改变。

selective death（选择性死亡）：不能生存或不能繁衍；也表示由于基因型上的差异失去了适应性。

selective sweep（选择性清洗）：指通过一个有利的突变，搭便车式的增加某个中性等位基因在种群中的频率。这种清洗效应将会降低有利突变附近基因组区域的多态性。

self-fertilization（自体受精）：雌雄同体动物中，同一个个体产生的精子和卵细胞进行受精的过程。

self-incompatibility（自交不亲和）：同一个体不能够自体受精。

selfish（自私基因）：降低生物个体适应性但增加自身传播繁衍的基因。

selfish DNA（自私 DNA）：降低生物个体适应性但自身繁衍复制比基因组其他区域快的 DNA 序列。

self-replication（自复制）：用于描述一个分子或是某个结构体能够自我拷贝更新的

特性。

semiconservative（半保留复制）：描述双链 DNA 复制产生两个新 DNA 分子时，每个新 DNA 都携带了一条新产生的互补链，而另一条则是原始链的特点。

sensory bias（感官偏差）：雄性先天性的一些特征表现，但此类表现与性选择无关。

sex（性）：双亲不同基因型相互融合的子代产物。

sex-biased inheritance（性别偏向遗传）：指某基因通过一种性别传播衍生（如母性遗传，性别连锁基因）。

sex chromosome（性染色体）：一类与性别相关的染色体。在哺乳动物中，雄性个体携带一个 X 染色体和一个 Y 染色体，而雌性携带两个 X 染色体。在鸟类中，雄性携带两个 Z 染色体，而雌性携带一个 Z 染色体和一个 W 染色体。

sex ratio（性别比）：一个群体里面雄性与雌性个体比例。

sexual selection（性选择）：一种多态性的个体之间为争取同异性交配的选择。

Shifting balance theory（SBT）（摇摆平衡理论）：由 Sewall Wright 发展的，在众多适应的环境下，物种趋向最适演化的一套理论。

short interspersed nucleotide element（SINE）（短散在重复序列）：一类转座因子。

shotgun sequencing（鸟枪法测序）：一种基因组测序的方法，基本策略是先将样品的 DNA 随机片段进行测序，然后用计算机算法进行序列的组装。

simple sequence repeat（SSR）（简单序列重复）：小片段序列在基因组上的串联重复。

simulated annealing（模拟退火）：一种通过选择随机变化而改进期望特性的优化算法。

single-nucleotide polymorphism（SNP）（单核苷酸多样性）：在一个群体中，基因组某个核苷酸位点出现了多种形式称为 SNP。

sister chromatid（姐妹染色单体）：一个染色体被复制后的形式。

slime mold（黏液菌）：多细胞真核门，通常以似变形虫的单个细胞存在，但有时也会多个细胞聚成一团形成一个移动单元。

slip-strand mispairing（SSM）（滑链错配）：指 DNA 聚合酶在复制过程中多合成或少合成了重复序列数目的过程。

SNP：见单核苷酸多样性。

Social Darwinism（社会达尔文主义）：这种思想认为，在人类社会中也会类似自然选择，通过个体或团体间的竞争得以演化。

soma（体细胞）：多细胞生物体不能产生生殖细胞的一类细胞，它有别于生殖细胞系。

spandrel（拱背）：拱形外部弯曲的左边或右边与支撑它的长方形框架之间的三角形空间。Grould 和 Lewontin 用这个单词来形容那些副产物结构，这些结构是必要的，但是还没有找这些结构存在的功能意义。

speciation（物种形成）：指新物种产生的过程。

species selection（物种选择）：加快物种分化或是物种灭绝的物种间的选择。

species tree（物种树）：表示物种之间系统发生关系的进化树。它不同于那些包括了基因复制、基因转移的基因树。

specificity（特异性）：指一个稳定的生物分子具有特异性的功能。

sponges（多孔动物）：被认为动物界最早的生物分支——海绵动物门的通用名称。这些多孔动物通过一个特化的带纤毛的环细胞从水中摄食。

sporangium（sparangia 复数，孢子囊）：指植物生命周期中通过减数分裂，再通过配子融合产生后代的双倍体时期。它不同于配子体时期。

stabilizing selection（稳定选择）：稳定中间态的位点选择。

standard (genetic) code（标准遗传密码）：见典型遗传密码。

standard neutral model（标准中性理论模型）：中性理论中最简单的一种模型，它认为在一个有限群体中，突变和随机漂变的随机固定起主要作用。

star genealogy（星形系谱）：一种所有的进化分支在同一阶段归为一个共同祖先的系谱发生图。这种系谱图一般产生于群体的瓶颈效应或是选择性清洗。

statistical power（统计把握度）：指在数据产生于不同的模型，我们拒绝无效假设的可能性的多少。

stem group（进化主干）：一系列灭绝生物以及现有生物或是化石物种共同汇合的进化支，它在进化顶端以下。见主干组。

stem-loop structure（臂环结构）：在 RNA 分子中通过碱基互补形成的一种发夹结构。

steranes（羧苯甲酰磺乙酰胺）：一种化学甾酮衍生物，被看做化合物的化石。

stereoisomer（立体异构体）：分子中各个原子的排列是一致的，但是在空间位置却不同（如镜像关系分子），这类分子互称立体异构体。

sterol（固醇）：一类在许多生物体尤其是真核生物的细胞膜中存在的双性分子。

stigma（柱头）：开花植物中雌性个体的生殖器官，获得花粉。

strategy（策略）：比赛理论中的一个术语。它等同于个体在一定的环境条件下所采取的动作和行为。

structured coalescent（结构合并）：世系间追溯到它们相互汇合的过程。

style（花柱）：开花植物中柱头与胚珠之间很长的一个结构，花粉必须通过这段结构才能授粉成功。

substitution（置换）：一个核苷酸或是一个氨基酸被另外的核苷酸或氨基酸所替换。

substitution load（置换负荷）：非瞬间而是在自然选择下一个等位基因的置换造成了个体适应性大大降低。在对于时间数学上的积分公式为 $1-\overline{W}/W_{max}$，适合度的均值无限的接近适合度的最大值 W_{max}。

supercoiling（超螺旋）：双链 DNA 的高级结构。

supergene（超基因）：指在一个群体内部，染色体较长的区段能维持其多样性的一组紧密连锁的基因簇。

suppressor mutation（抑制基因突变）：指第二个位点的突变能够使得第一个位点突变的功能失效，是有机体回复到野生型的特征。

symbiosis（共生）：两种生物体关系很亲近的一种现象，这种关系对两方都有益。

sympatric speciation（同域物种形成）：在没有地理隔绝的情况下，一个群体内被分成几个能够自行繁衍的隔离群体。

sympatry（同域分布）：物种在同一分部区共同存在。

synapsis（染色体联会）：在减数分裂中同源染色体的配对。

syngamy（有性生殖）：两个基因组相互融合，最终导致双倍体有机体。

synonymous mutation（同义突变）：一种改变了核苷酸序列但是没有改变氨基酸序列的一种点突变。

syntax（语法）：指单词要合并成一定句式要遵循的规则。

tagging single-nucleotide polymorphism（tSNP）（标记的单核苷酸多样性）：在一个群体内，能够区分其他单倍型的一组单核苷酸多样性位点。

tandem（DNA）repeat（串联重复）：同一序列多拷贝连续排列。

tandem duplication（串联复制）：指一个复制后的 DNA 片段，它的突变位点在邻近的原始 DNA 序列中也存在，这样的复制成串联拷贝。

tautomerization（互变异构化）：指一个氮原子从原先的去质子化（或氨基化）状态变成质子化（亚氨基化）状态的同步互变过程。

taxon（复数 taxa，分类单元）：指一种归类分组的单元（如物种，类）。

taxonomy（分类学）：将现存生物体进行分类的一门学科。

telocentric（中着丝粒染色体）：着丝粒在染色体中部的一种染色体。

telomerase（端粒酶）：在真核生物细胞分裂过程中，维持端粒长度的一种酶复合体。

telomere（端粒）：染色体的末端。

tetraploid（四倍体）：每条染色体上的基因都有四份拷贝。

theistic evolution（有神进化论）：这是一种试图与生物进化论相妥协的一种宗教观点。它认为所有的物种都有一个共同的祖先，这些物种在自然选择或是其他一些进化过程中发生一些变化，但是这种变化受神的指使。

theory（理论）：一些相互联系的假设最终形成的一种可检测的预测推断。

thermophile（喜温生物）：指最适生长温度为 50～80℃的生物体。

θ：即 $4N_e\mu$，它衡量随机漂变（$1/2N_e$）与突变（μ）之间的比值，最终决定在这两种过程相互作用下物种内的多样性程度。

threshold model（阈值模型）：认为一个离散的性状能够存在必须是潜在的连续性状特征数量超过了一定的阈值的理论模型。

tip（进化顶端）：进化树的末梢。

tit-for-tat（以牙还牙）：一种在囚徒困境游戏中的制胜策略。

tracheid（管胞）：一种在植物体中有着坚硬的细胞壁能够输送液体的特化细胞。

trade off（权衡）：指一种性状的获得必然伴随着另外一个有利性状的失去时进退

两难的状况。这种情况一般在最优化选择中经常出现。

tragedy of the common（公用品悲剧）：自私的开发公共资源最终导致集体所有人受损。见囚徒困境。

transcription（转录）：与 DNA 链互补的复制一条 RNA 链的过程。

transcription factor（转录因子）：一类结合在启动子区域调节转录的分子。

transduction（转导）：一个基因通过病毒或者载体从母体细胞转移到受体细胞的过程。

transfer RNA（转运 RNA）：一种将氨基酸联合到特定三联核苷酸序列的结合器 RNA 分子，负责遗传密码子编译。

transformation（转化）：把一个 DNA 片段引入到另外一个基因组的过程。自然条件下，它一般发生在某些细菌和古生菌中，它也是遗传基因工程的基础。

transgenic（转基因）：用遗传的手段操作某个物种或个体的基因到另外一个有机体的过程。

transition（转换）：指碱基由嘌呤变成另外一个嘌呤，嘧啶变成另外一个嘧啶的突变。

translation（翻译）：通过 RNA 分子合成氨基酸序列的蛋白质过程。

translocation（转座）：一种染色体断开后又连接起来的重排突变。

transmission disequilibrium test（TDT）（传递不平衡检验）：基于家系检测疾病位点与标记位点之间连锁与连锁不平衡的一种检验方法。

transposable element（转座元件）：能从基因组一个位置跳跃到另外一个位置的遗传元件。

transversion（颠换）：碱基由嘌呤变换成嘧啶或是嘧啶变换成嘌呤的突变。

tree of life（生命树）：展现所有生物体亲缘关系的系统生物树。

trigonotarbid（蛛形类）：一种已经灭绝的似蜘蛛的陆地动物（Trigonotarbida 目）。

trimerophyte：早期的一种维管植物。

triploid（三倍体）：有三份基因组。

trisomy（三倍型）：一种染色体拥有三份（在人类，三倍型是不正常的，通常人是两倍型个体。）

tristyly（三花柱）：一种含有三种花粉囊和柱头组合形式的表现型。这种多样性有利于杂交。

trochophore（担轮幼虫）：多种水生无脊椎动物，体型很小能自由游动的、有纤毛的幼虫，包括某些软体动物和环节动物的幼虫。

true breeding（纯合繁殖）：一个群体或是个体能够繁衍出遗传背景完全相同的后代。

truncation selection（截断选择）：在群体种排除过大或者过小性状的选择。

ultracentrifuge（超速离心）：用于分离生物大分子的高速离心。

ultrametric tree（等距进化树）：每一个进化枝长都相等的一种系统进化树。

uncultured microbe（不可培养微生物）：至今未能在实验室条件下隔离培养的微

生物。

underdominance（显性不足）：描述一个杂合子较之纯合子性状表现值下降（一般为适应性下降）。

unequal crossover（不等交换）：指两个含串联重复的序列不能正确的匹配，重组交换后形成串联重复数目不等的基因组事件。

uniformitarianism（均变论）：一种理论，将所有现象解释为从地球起源到现在是均匀作用的结果。

unique event polymorphism（UEP）（唯一多态性事件）：一个等位基因，它所有的拷贝都来源于一个单独的突变事件。

universal genetic code（通用遗传密码子）：见典型遗传密码。

universal homology（普遍同源）：指一个性状在所有细胞生物体都能够找到。

unrooted tree（无根树）：一种没有树根的系统进化树（通常我们不知道树根）。

variable number tandem repeat（VNTR）（可变串联重复序列）：一类简单顺序长度多态性，由次数不等的重复单位串联而成，包括卫星、小卫星、微卫星序列。

variance（方差）：标准偏差数的平方。

variance component（方差分量）：一个表型各个分量的贡献程度，分量包括环境因素、可累加因素、显性因素，还有各因素间的协同作用等。

vascular plant（维管植物）：分化出维管组织，行使运输液体功能的一种植物。

vertical descent（垂直进化）：物种通过分叉的形式进行的演化。

vertical inheritance（垂直遗传）：一个性状从双亲直接遗传给子代。

virulence（毒性）：害虫的致病性程度。

wave of advance（波前进）：一个有利的等位基因在渐变群后再显现出来。

wild type（野生型）：某一个位点最为常见的一种等位基因型。

wobble pairing（摆动配对）：指转运 RNA 在识别三联密码子时，前两个碱基严格遵循 G-C、A-U 配对法则，而最后一个碱基不是很严格的配对方式。

Wright-Castle estimator：预测有多少个基因影响数量性状的一种方法。它基于 F_2 代中性状方差与双亲型性状均值的比较。

Wright-Fisher model：标准遗传漂变模型，指每个基因从上一代 $2N$ 个基因中随机遗传。

xerophile（旱生植物）：喜好在干旱条件下生存的植物。

zosterophyll：早期在主干侧面上产生孢子的一种维管植物。

zygote（受精卵）：通过两个单倍体的配子融合形成的双倍体细胞。

索　引

译 后 记

进化论是19世纪三大科学发现之一。自1859年达尔文发表《物种起源》至今，人们对生命进化的探索从来都没有停止过，已经取得了丰硕的成果并对当今生命科学产生了重大影响。本书系统阐述了进化理论发展的历史，包括重要的历史人物、历史事件和科学发现，以及进化论的经典理论和当今进展。本书的翻译是由我和我的同事、学生共同完成的。在翻译的过程中得到了中国科学院昆明动物研究所其他学科同事的帮助和支持，在此一并致谢。由于时间和本人学识所限，译文中的不当和错误之处在所难免，敬请读者批评、指正。

宿 兵
中国科学院昆明动物研究所
2009年10月1日